U0352662

河北省基层气象台站简史

河北省气象局　编

气象出版社
China Meteorological Press

内容简介

本书全方位、多角度地反映了新中国成立 60 年来河北省气象事业的发展变化,真实记录了全省各级(省级、地市级、县(区级)气象事业的发展进程、机构历史沿革、气象业务发展、职工队伍建设、法制建设、文化建设、台站基本建设等情况,是一部具有留存价值的台站史料,同时也是一本进行台站史教育的教科书。

图书在版编目(CIP)数据

河北省基层气象台站简史/河北省气象局编.—北京:
气象出版社,2013.7
ISBN 978-7-5029-5736-0

Ⅰ.①河…　Ⅱ.①河…　Ⅲ.①气象台-史料-河北省
②气象站-史料-河北省　Ⅳ.①P411-092

中国版本图书馆 CIP 数据核字(2013)第 137405 号

Hebeisheng Jiceng Qixiang Taizhan Jianshi

河北省基层气象台站简史

河北省气象局　编

出版发行:气象出版社

地　　址:北京市海淀区中关村南大街 46 号	邮政编码:100081
总 编 室:010-68407112	发 行 部:010-68409198
网　　址:http://www.cmp.cma.gov.cn	E-mail: qxcbs@cma.gov.cn
责任编辑:白凌燕　黄红丽	终　　审:章澄昌
封面设计:燕　彤	责任技编:吴庭芳
印　　刷:北京中新伟业印刷有限公司	
开　　本:787 mm×1092 mm　1/16	印　　张:47.25
字　　数:1210 千字	彩　　插:6
版　　次:2013 年 8 月第 1 版	印　　次:2013 年 8 月第 1 次印刷
定　　价:155.00 元	

《河北省基层气象台站简史》编委会

主　　任：姚学祥

副主任：郭春德

委　　员：李立宪　　张　晶　　王月宾

《河北省基层气象台站简史》编写组

主　　编：李立宪

副主编：田竹节

成　　员：孙青宁　　孙贵顺　　张冀梅　　张永红
　　　　　胡晓蓉　　刘中谦

总　序

　　2009 年是新中国成立 60 周年和中国气象局成立 60 周年,中国气象局组织编纂出版了全国气象部门基层气象台站简史,卷帙浩繁,资料丰富,是气象文化建设的重要成果,是一项有意义、有价值的工作,功在当代,利在千秋。

　　60 年来,气象事业发展成就辉煌,基层气象台站面貌发生翻天覆地的变化。广大气象干部职工继承和弘扬艰苦创业、无私奉献,爱岗敬业、团结协作,严谨求实、崇尚科学,勇于改革、开拓创新的优良传统和作风,以自己的青春和智慧谱写出一曲曲事业发展的壮丽篇章,为中国特色气象事业发展建立了辉煌业绩,值得永载史册。

　　这次编纂基层气象台站简史,是新中国成立以来气象部门最大规模的史鉴编纂活动,历史跨度长,涉及人物多,资料收集难度大,编纂时间紧。为加强对编纂工作的领导,中国气象局和各省(区、市)气象局均成立了编纂工作领导小组和办公室,制定了编纂大纲,举办了培训班,组织了研讨会。各省(区、市)气象局编纂办公室选调了有较高文字修养、有丰富经历的人员从事编纂工作。编纂人员全面系统地收集基层气象台站各个发展阶段的文字、图片和实物等基础资料,力求真实、客观地反映台站发展的历程和全貌。我谨向中国气象局负责这次编纂工作的孙先健同志及所有参与和支持这项工作的同志们表示衷心感谢。

　　知往鉴来,修史的目的是用史。基层气象台站史是一座丰富的宝库。每个气象台站的发展史,都留下了一代代气象工作者艰苦奋斗、爱岗敬业的足迹,他们高尚的精神和无私的奉献,将永远给我们以开拓进取的力量。书中记载的天气气候事件及气象灾害事例,是我们认识气象灾害规律、发展气象科学难得的宝贵财富。这套基层气象台站简史的出版,对于弘扬优良传统和作风,挖掘和总结历史经验,促进气象事业科学发展,必将发挥重要的指导和借鉴作用。

中国气象局党组书记、局长　郑国光

2009 年 10 月

序

　　《河北省基层气象台站简史》由中国气象局组织、我省编委会及广大基层气象台站广泛参与编写的史志型丛书,是向新中国成立60周年和中国气象局建局60周年献出的一份厚礼。该书对于完善中国气象史乃至回顾国家经济、社会的发展历史都具有重要意义,也为今后河北省气象事业的科学发展提供了极具参考价值的珍贵史料。

　　新中国成立以来,河北省气象局共编纂了两部《河北省志·气象志》(1949—1985年、1986—2005年),详细记载了河北省气象事业发展的历史。此次编撰的《河北省基层气象台站简史》,既是中国气象局2009年部署的一项重点工作任务,也是我省气象部门推进精神文明建设和气象文化建设的重要载体,更是对《河北省志·气象志》的重要补充和完善。《河北省基层气象台站简史》作为河北省气象部门建站以来最为全面、最为准确的一部台站史,是迄今为止河北省气象部门信息量最大、涵盖面最广、最具权威性的大型史料书籍,将为各级领导机关进行科学决策提供重要的历史借鉴和科学依据,是社会各界了解我省气象事业发展历程、获取气象领域第一手权威资讯的信息窗口。是一件"功在当代、利在后人"的盛事,具有重要的现实意义和历史意义。

　　新中国成立以来,经过几代气象人的艰苦奋斗,成就了今天的河北气象事业。《河北省基层气象台站简史》真实地反映了河北气象人艰苦奋斗、勇于开拓的精神,反映了在中国共产党领导下,广大气象干部职工及其家属在曲折中前进的历史,汇集了全省气象行业优秀楷模的先进事迹和河北气象的光辉业绩。河北气象事业走过的近60年峥嵘岁月,共经历了五个不同时期:数迁局址,初具规模(1950—1966年);十年浩劫,举步维艰(1966—1976年);业务复苏,蓬勃发展(1976—1983年);改革开放,快速发展(1984—1999年);扩大开放,持续发展(2000年至今)。20世纪50年代,十几名毕业于丹阳气训大队的年轻人来到河北,背着气压表,冒着严寒酷暑,跋山涉水,勘察站址,规划设计,筹料施工,不辞辛苦地建立起了河北第一批5

1

个气象站,开创了河北气象事业的历史。1966—1976 年的"文化大革命"中,河北气象事业的发展遭受到空前的破坏。这一时期气象工作机构瘫痪,制度废弛,大批气象资料转移或销毁,领导干部被揪斗、批判或被迫下放劳动,气象技术人员受到政治打击和压制,全省气象业务工作受到损失,气象服务质量严重下降。但河北广大气象工作者怀着强烈的事业心和责任感,对"文化大革命"的干扰破坏进行了坚决抵制,克服各种困难,坚守工作岗位,基本保持了河北气象资料的完整性和连续性,使得气象业务、科研和技术装备有一定发展。1976 年 10 月,"十年动乱"结束,河北气象事业迎来了发展的春天。1978 年以来,在改革开放大潮推动下,河北气象事业进入到一个新的历史发展时期。进行了气象管理体制和机构的改革,气象工作重点逐步转移到气象事业现代化建设上来。全省气象部门面貌日新月异,开展了专业有偿气象服务和综合经营,深入拓展服务领域,人才、科研、教育、技术、装备等方面全方位飞速发展。2000 年以来,河北气象事业开始步入科学发展的阶段。依法行政得到加强,服务领域不断拓展,现代化建设投入成倍增加,气象雷达等重大工程相继建成并在气象业务和服务中发挥效能,各项气象现代化建设成绩斐然。如今,河北省气象事业已基本形成了地基、空基和天基相结合、门类比较齐全、布局基本合理的现代化综合气象探测体系;实现了气象预报预测技术的重大转变,建立了以数值预报为基础、人机交互系统为平台、综合运用多种技术方法的预报预测体系,气象预报水平得到很大提升;建立了兼容决策服务、公众服务、专业服务、科技服务为一体的公共气象服务体系。目前,河北气象服务已基本覆盖了全省经济建设和社会发展与国家安全各个领域。

负责编写《河北省基层气象台站简史》的同志们坚持实事求是的原则,通过大量查阅省志资料、历史档案、走访座谈,向当事人、见证者、知情人士核实史实,广泛收集资料,并多次组织对台站史资料进行集中会审,对各方面史志材料的客观性、真实性进行了严格审核,确保了台站史全面客观真实地反映河北气象事业发展历史。为此他们付出了辛勤的努力,正是由于他们的辛勤劳动,才有了这本书的正式出版。

几十年悠悠岁月,几十载弹指一挥间。回首往日,我们百感交集、倍感欣慰;展望未来,我们充满期待、永不懈怠。真诚地希望站在河北气象事业新的历史起点的后来人,能从《河北省基层气象台站简史》中汲取力量,获得教益,总结经验,秉承传统,薪火相传,努力奋斗,为 21 世纪河北气象事业科学发展谱写新的华章!

河北省气象局党组书记、局长

2009 年 11 月

1995年11月24—29日，中国气象局局长邹竞蒙到河北视察（图为邹竞蒙局长在河北省省长叶连松陪同下视察省气象台）

2007年7月11日，全国政协人口资源环境委员会副主任委员温克刚视察河北省气象工作

2007年1月22—23日，中国气象局局长秦大河视察河北省气象局和基层台站（图为秦大河局长慰问河北省气象局厅级离退休干部）

2007年12月，中国气象局党组书记、局长郑国光到河北省检查指导工作（图为郑国光局长在省气象台视察指导）

2004年1月13—15日，中国气象局副局长刘英金到河北省气象局和石家庄、沧州市气象局及藁城、泊头、任丘等市（县）气象局视察和慰问干部职工（图为刘英金副局长在省气象台会商室听取汇报）

2004年6月11日，中国气象局副局长许小峰到河北省气象局检查指导工作，视察了省气象台、财务核算中心、气象影视中心、人影指挥中心

2000年11月26日，中国气象局副局长李黄在河北张家口市张北县气象局视察天气雷达观测工作

2006年8月20日，中国气象局副局长张文建参加承德新一代天气雷达奠基仪式，并视察了承德市气象局和在建的滦平县气象局新址

2007年11月，中国气象局副局长宇如聪视察河北省气象台、人影办、气科所、气象影视中心、平山县气象局等地

2008年6月24日，中国气象局副局长王守荣陪同财政部农业司的同志到三河市气象局、大厂县气象局进行工作调研和指导

2008年3月11日，河北省副省长张和视察省气象台、省气象科学研究所、省气象科技服务中心、省人工影响天气办公室

2006年4月21日，全省气象部门业务技术体制改革工作会议在省气象局召开

2007年1月31日，河北省气象局副局长姚学祥在秦皇岛市气象局调研轨道产品制作发布情况

省气象台预报科2009年6月24日例会，加强短临预报和地面图分析

2008年7月25—31日，河北省气象台出色完成"北京奥运会火炬在石家庄传递"的气象服务保障工作

2006年10月28—29日，河北省气象局举办第八届地面气象测报技术比赛

石家庄新一代天气雷达2003年12月19日通过现场测试，2004年1月1日投入业务运行

2007年3月31日，大气监测自动化系统项目（一期工程）"河北省自动气象站子系统"通过专家验收

2008年6月17日，省农气中心科技人员到农村麦田了解情况，把麦收农气服务材料直接送到当地干部和农民手中

2008年12月3-4日，河北省遭遇了入冬以来最强的一次寒潮天气过程，3日，河北省气象局启动气象灾害应急预案Ⅲ级应急响应命令后，影视制作中心积极响应，迅速组织人员做好寒潮天气过程的电视气象服务工作

2007年12月21日省级重点实验室项目"河北省气象与生态环境实验室"通过省科技厅、省财政厅、省发改委联合组织的验收

2008年12月26日，河北省防雷中心技术人员进行大地网测试

2008年12月10日，有关专家对省气象局研究型业务专项课题进行了验收。这些课题分别是由省人影办、省气象台、省气象科技服务中心、省气科所、省气候中心承担

2003年9月1日，省气象局与省农林科学院正式签署合作协议

2004年3月5日，在河北省气象局会议室里，首次召开河北省气候问题新闻发布会

2004年6月2日，省气象局举行驻冀新闻单位座谈会，近30家新闻单位参加座谈

"12·4"法制宣传日，省气象局积极参加法制宣传活动（2004年12月4日）

2007年8月7日，新华通讯社河北分社、河北省气象局签署气象新闻信息共享与发布合作协议

2007年1月29日，省气象局邀请奥地利气象局数值天气预报专家、优秀爱国华人科学家、优秀专家学者、中国气象局数值预报创新基地顾问王勇做学术报告

2007年4月25日，古巴人工影响天气专家代表团参观河北省人影指挥中心和增雨飞机

2008年3月23日，河北高校学子参观省气象台）

2008年3月27日，省气象局局长姚学祥与石家庄等11个市气象局局长签订《气象观测环境保护责任书》，明确了各市局在气象观测环境保护中的责任

2008年4月17日，石家庄市气象局参加河北省危险化学品事故灾难应急救援演习

2008年10月9日，河北省气象局召开深入学习实践科学发展观活动动员大会。

2005年7月1日，机关党委办公室组织新党员到西柏坡进行入党宣誓

2007年5月15日，省气象局在石家庄市世纪公园组织举办"迎奥运 健步走"比赛

2008年9月26日举行"迎国庆 庆奥运"歌咏比赛

省气象局工会被评为2006—2007年度先进厅（局）直属机关工会委员会

河北省气象局举办摄影书画比赛作品展（2008年）

保定市满城县气象局

保定市雄县气象局

保定市易县气象局

沧州市吴桥县气象局

保定市涿州市气象局

沧州市东光县气象局

沧州新一代雷达楼

承德市滦平县气象局

承德市围场满族蒙古族自治县气象局观测场

邯郸市肥乡县气象局

承德市兴隆县气象局

廊坊市霸州市气象局

秦皇岛市卢龙县气象局

唐山市气象局

廊坊市大厂回族自治县气象局

张家口市怀来县气象局

唐山市迁安市气象局

邢台市清河县气象局

目 录

河北省气象台站概况

河北省地处中纬度欧亚大陆东岸,北接蒙古高原,南连黄淮平原,西倚太行山,东临渤海。位于东经 113°27′~119°50′,北纬 36°03′~42°40′,东西经度差 6°23′,南北纬度差6°37′,面积 19 万平方千米。

天气气候特点

河北省大部分地区四季分明,寒暑悬殊,雨量集中,干湿期明显,具有冬季寒冷干旱,雨雪稀少;春季冷暖多变,干旱多风;夏季炎热潮湿,雨量集中;秋季风和日丽,凉爽少雨的特点。省内总体气候条件较好,温度适宜,日照充沛,热量丰富,雨热同季,适合多种农作物生长和林果种植。河北省光能资源丰富,全省年总辐射量为 4828~5981 兆焦/平方米,年平均气温 1~15℃,年平均降水量为 350~750 毫米,年均日照时数 2150~3050 小时,年无霜期 120~200 天。

主要气象灾害

河北省自古以来气象灾害频繁,主要有旱、涝、大风、冰雹、暴雨、连阴雨、高温、干热风、霜冻、低温冻害及沿海地区的风暴潮,以上气象灾害每年均在不同范围、不同程度出现,其中以旱、涝为甚。旱灾以春旱最多,有"十年九旱"之说,且范围广、影响大、灾情重,局地旱情严重时人畜饮水亦困难。涝灾多发生在某一区域,但大范围水涝亦不乏其例,如 1963 年的洪涝,使河北平原一片汪洋。中华人民共和国成立以来,河北多次遭受特大气象灾害袭击,如 1954 年、1956 年、1963 年、1977 年、1996 年的洪涝灾害,1965 年、1972 年、1975 年、1992 年、1997 年,以及 1980 年起出现的连续 10 年的旱灾等。频繁严重的气象灾害给河北省的工农业生产及人民生命财产带来严重损失,20 世纪 90 年代后,平均每年损失达上百亿元,且呈逐年增加趋势。

历史沿革及隶属演变

河北省气象局历史沿革　1952年8月河北省军区司令部设立气象科,是河北省气象事业的第一个管理机构。1954年12月河北省气象局成立,地址设在保定市金线胡同。1958年春河北省气象局迁往保定市红星路13号(现保定市气象局院内)。1958年秋河北省气象局由保定市迁往天津市。1966年5月因天津市改为直辖市,河北省气象局又由天津市迁回保定市。1968年河北省气象局迁往石家庄市。1970年1月省气象局和省水利局水文总站合并,成立了河北省水文气象工作站。1971年5月恢复河北省气象局。1973年河北省气象局迁入石家庄市体育中大街(现体育南大街178号)至今。

管理体制　1953年9月原属河北省军区建制的气象科改称河北省气象科,归省财委领导。1958年全省气象台站的管理体制下放到当地,各地区相继成立专区气象局。1962年恢复以气象部门领导为主的管理体制,增设了地区级管理机构。1971年河北省气象局实行军队与地方双重领导,以省军区领导为主的管理体制。1973年河北省气象局划归省革命委员会直接领导。1980年开始实行气象部门与地方政府双重领导,以气象部门领导为主的管理体制并延续至今。

人员状况　1952年河北省军区司令部设立气象科,从华东军区和军委气象训练班调来和分配了34人。1954年河北省气象局成立,共26人。1956年河北省气象局迁往保定市,人员扩编为49人。截至2008年底河北省气象部门在职职工2224人,其中,干部2088人,工人136人;博士2人,硕士73人,学士644人,本科906人;高级专业技术任职资格189人(其中正研级高工4人),中级专业技术任职资格794人。离退休人员1302人。全省气象部门在职党员1334人,占职工总数的60%;基层台站共成立党支部143个,占台站总数的100%。

文明创建　截至2008年底全省气象部门全部建成精神文明单位,其中国家级精神文明单位2个,省级精神文明单位20个,市级精神文明单位98个,市级及以上精神文明单位比数达到82%。

全省基层台站概况

自民国元年(公元1912年)直隶农事试验场在保定建立农业测候所起,河北省就开始有了自己的气象观测机构。从那时到1949年新中国成立前的38年中,除日伪占领时期所建的气象台站外,铁路、海关、农业、教育、水利等部门以及解放区人民政府都曾先后在河北境内建立过气象台、站、所。此外,新中国成立前,民国"顺直水系改良委员会"也曾在河北建立过数十个雨量测站。然而由于部门各自为政,建站目的不一,加上战事不断,政权迭变,经费短缺,台站时建时撤,以至到1949年新中国成立前夕,河北只存留了6个气候观测站,气象事业始终没有形成规模。

新中国成立后,气象台站网建设迅速发展。截至2008年底,河北省气象部门共建有人值守气象台站143个(其中市气象台11个,县(市、区)气象局(站)132个);国家级无人自动气象站3个,区域气象观测站1602个,总计1748个。另外,隶属其他部门的气象站16个。

按照承担的气象观测任务划分,河北省气象部门的气象台站情况如下:

地面气象观测站　河北省共有142个气象台站承担人工地面气象观测任务,其中国家基准气候站5个、国家基本气象站15个、国家一般气象站122个。这些台站按照《地面气象观测规范》进行观测。地面气象观测项目包括云、能见度、天气现象、气压、气温、湿度、风向、风速、降水、日照、蒸发、地温、冻土、积雪等。在这些站中,2002年12月首批建成28个地面自动气象站;2003年12月建成16个地面自动气象站;2007年建成40个地面自动气象站;2008年建成8个地面自动气象站,共计92个,进行气压、气温、湿度、风向、风速、雨量、地温24小时连续观测,部分站还进行大型蒸发的观测。同时,在省气象台建立了中心站,负责全省各地面自动气象站观测资料的汇总与上传。在省气象技术装备中心建立了综合观测系统运行监控平台。

国家级无人自动气象站　2007—2008年河北省建成国家级无人自动气象站3个。其中,唐山、秦皇岛沿海岸基无人自动气象站2个,石家庄驼梁无人自动气象站1个,承担气压、气温、相对湿度、风向、风速、雨量、5~20厘米地温24小时连续观测。同时,在省气象台建立了中心站,负责无人自动气象站观测资料的汇总与上传。在省气象技术装备中心建立了综合观测系统运行监控平台。

区域气象观测站　2003年河北省自筹资金建设区域气象观测站。截至2008年底全省共建成区域气象观测站1602个,主要布设在乡镇和11个地级城市,多数站进行雨量、气温24小时连续观测,少数站还进行风向、风速的观测。同时,在省气象台建立了中心站,负责区域气象观测站观测资料的汇总与上传。在省气象技术装备中心建立了综合观测系统运行监控平台。

高空探测站　河北省有3个高空气象观(探)测站,其中邢台、张家口是探空观测站,乐亭是雷达单测风观测站。1978年6月1日邢台、张家口使用701型探空雷达跟踪探测。1982年乐亭县小球测风观测站测风仪器改用北京Ⅱ型经纬仪,1988年7月1日起使用701B雷达。

酸雨观测站　1990年3月河北省在石家庄、承德、秦皇岛建立3个酸雨观测站。2005年新增南宫、张北2个酸雨观测站。

太阳辐射观测站　河北省建有1个太阳辐射观测站,设在唐山市乐亭县城关气象观测站内,观测场地海拔高度为10.5米。1992年1月1日建成并开始进行观测。

沙尘暴监测站　河北省建有1个沙尘暴监测站,设在张家口市张北县气象局观测站内,观测场地海拔高度为1393.3米,2002年3月建成。

闪电定位监测站　截至2008年底,全省共完成19个闪电定位监测站的建设。其中,中国气象局布点建设7个,争取地方资金建设12个。建成闪电定位中心站5个。

GPS/MET水汽监测站　截至2008年底,共建成GPS/MET水汽监测站30个。其中,中国气象局布点建设3个,同省测绘局合作建设27个。

干旱监测站　1985年4月开始,全省132个气象观测站开展干旱监测业务。

天气雷达站　20世纪70—80年代,河北省先后安装了10部711型3厘米天气雷达,探测距离为 300 千米。1992 年 6 月省气象台引进了 713 型天气雷达,2003 年沧州市气象台更新安装 718 型天气雷达。与此同时,省气象台和沧州市气象台的 711 型气象雷达停止使用。2003—2007 年,河北省先后完成石家庄、张北、承德、秦皇岛 4 部新一代多普勒天气雷达的安装。

风廓线雷达站　2007 年河北省先后建成张北、唐山 2 部风廓线雷达。

气象卫星地面接收站　1973 年河北省气象台安装 APT 气象卫星云图接收机和 118 型传真收片机。1982 年配备 WT-1A 卫星云图接收机、121 型传真机设备,先后接收艾萨(ESSA)、泰罗斯(TTROS-N)极轨卫星和日本葵花(GMS)同步静止卫星发送的高分辨和低分辨云图照片。1992 年 10 月省气象台引进了诺阿(NOAA)极轨卫星云图数字化处理系统。1996 年省气象台将诺阿(NOAA)极轨卫星接收设备,移交给河北省气象科学研究所。1996—2002 年省气象台与省气象科研所合并使用极轨卫星接收的云图资料。目前,全省气象卫星地面接收站有 6 个,其中省气象台、张北、石家庄、沧州 4 个为风云-2 静止卫星接收站;省气象科研所、衡水站是极轨遥感卫星接收站。

农业气象观测站　1979 年河北省气象局所属管辖内的农业气象观测站由原来的 51 个缩减为 41 个。1986 年河北省气象局再次开始缩减农业观测站点 12 个,增加了沧县 1 个。目前,河北省共有 30 个农业气象观测站,其中国家一级基本观测站 17 个,二级基本观测站 13 个。30 个农业气象站进行观测的大田作物主要是小麦、玉米、棉花、谷子、高粱等。有的县还开展了花生、大豆、甘薯、黍子、马铃薯和蔬菜类中的白菜、西红柿、黄瓜、豆角,以及果类中的苹果、板栗、枣、葡萄、红果、核桃、柿子、花椒等观测。根据农业气象新技术发展的需要,省农气中心设有小麦卫星遥感监测。

气象灾害防御　2006 年河北省政府把气象灾害监测预警与应急气象服务保障等 4 项工程,列入"十一五"发展规划,重点支持,集中投入。2008 年底,河北省政府办公厅出台了全省首个《河北省重大气象灾害应急预案》。目前 95%以上的县(市)布设了火箭发射系统。河北省气象局在全省建立了城乡气象灾害防御网络,成立了 5 万余名的气象信息员队伍。与其他部门联合建立了气象灾情调查收集网络、气象灾害数据库、灾害性天气预警信息插播和字幕滚动发布机制、手机短信气象灾害预警平台等。针对偏远农村存在信息盲区的问题,研制开发农村专用气象灾害预警信息接收系统,并在山洪、地质灾害易发区的 200 多个行政村进行了试点。天气雷达覆盖全省,雨量、雷电监测网络遍布城乡。

省级主要气象业务

天气预报　负责全省天气监测、气象预报和灾害性天气预报预警及其次生灾害的制作与发布;对市气象台提供气象信息产品、灾害性天气警报技术指导;承担向省委、省政府等提供决策气象服务,负责社会公众气象服务;负责全省通信网络运行保障和气象信息收集、传输、存储和加工;开展以提高天气预报准确率为中心技术研究和预报方法研究等。

气象服务　决策气象服务:向省、市、县领导及有关部门提供重要气象报告(重大灾害性、关键性、转折性天气的不同时段预报、预测)和气象信息(一般的天气预报、短期气候预测、雨情、灾情、评价、公报等)。公众气象服务:通过广播、电视、电话、手机短信、报纸等为公众提供天气预报及城市环境气象预报(空气质量预报、生活气象指数预报、紫外线强度预报)等。专业气象服务:为农业、航空、海洋、港口、电力、盐业、交通运输、城市规划与建设、能源生产与管理等行业提供专业气象服务。

生态与农业气象 开展卫星遥感监测农作物长势、旱涝监测、生态环境监测,提供农作物产量预报、土壤墒情分析报告等;开展省级农业气象相关学科的科学研究、应用技术开发、成果推广和应用服务工作,河北省粮食安全气象保障体系的科学研究工作;资源卫星遥感技术的应用研究工作,开展 MODIS 卫星遥感资料的应用研究、技术开发和服务工作;开展省级生态、农业气象、地理信息和 3S 技术(遥感〔RS〕、地理信息系统〔GIS〕、全球定位系统〔GPS〕)相关学科的科学研究、应用技术开发、成果推广和应用服务工作,开展人类活动对生态环境影响的科学研究工作;开展大气化学和环境科学相关学科的科学研究。

气候预测与气候变化 监测气候变化和气候灾害,提供气候灾害监测报告、气候影响评价、气候档案资料及气候资源评估报告等;开展全省气候资源普查、气候资源区划和评价;承担全省大中型建设项目的气候影响论证等科技服务工作;开展气候影响评估(包括气候变化)。

防雷减灾 贯彻执行国家和省内有关防雷减灾工作的方针、政策,制订并组织实施全省防雷减灾工作发展规划,负责防雷工作的法规建设,拟定各项管理办法;管理防雷和与气象有关的防静电等安全设施的设计、施工、技术检测;协同省技术监督部门,对进入本省市场的防雷和与气象有关的防静电产品进行质量监督管理;会同有关部门做好雷电灾害调查、鉴定工作;组织开展雷电防护技术的科学试验、技术指导和业务培训。

人工影响天气 组织实施全省飞机人工增雨作业;负责全省火箭人工增雨和高炮人工防雹工作的指导和业务管理;负责人工影响天气作业规范、技术装备的管理;负责全省人工影响天气作业的资质管理和资格认证;承担人工影响天气作业科研、技术开发和现代化建设任务。

技术装备 承担全省气象探测设备保障业务,大气探测技术、规范、方法的试验、研究与对市、县的技术指导;拟定全省气象技术装备的配备标准、消耗器材定额和器材经费指标;负责全省气象行业的气象计量检定与管理工作;承担装备运行监控、维护维修、技术支持、气象物资保障等工作。

气象法规 1998 年 10 月《河北省气象探测环境保护办法》正式公布实施。2002 年 9 月、2007 年 4 月进行两次修订。2002 年 9 月《河北省实施〈中华人民共和国气象法〉办法》正式施行。2005 年 11 月修订印发了《河北省施放气球管理实施办法》。2008 年 1 月《河北省防雷减灾管理办法》正式实施。

【气象服务事例】 1963 年 8 月上旬,河北连续遭到大暴雨袭击,洪水席卷大半个河北平原。8 月 4 日临城县灰山降雨 642 毫米,为河北历年未有。河北省气象局严阵以待,严密会商,昼夜投递天气公报,并提出了分洪建议。由于预报准确,服务及时,使得天津市和首都北京免受重大损失,得到了省委、省政府领导的表彰和肯定。8 月 14 日,《河北日报》刊登了《气象台十天十夜》的报道。

1972 年河北省出现近 60 年来少见的少雨干旱,省气象台准确发布了"河北少雨大旱"的预报。中共河北省委、省革命委员会根据预报要求紧急动员全省人民,坚持持久抗旱,为夺取农业丰收而斗争。

1980年河北省遭遇新中国成立以来少有的严重旱灾,造成夏、秋两季粮食大幅度减产。联合国拟对河北省予以援助。省气象局提前发布预报,并编写绘制了《为什么今年我省夏秋两季粮食减产》,被选用为向联合国调查组的汇报材料之一。

1996年8月3—8日河北省大部分地区连降大暴雨和特大暴雨,造成山洪暴发,河水猛涨,水库溢满,全省经济损失多达456.3亿元。河北省气象局提前做出准确预报,并在决定水库是否炸坝的关键时刻,做出降水减弱的预报,建议水库减少泄洪,确保了滹沱河两岸的安全。

1997年8月20日河北省东部沿海发生了新中国成立以来最强的1次风暴潮,由于预报服务准确及时、防范措施得力,强风暴潮袭来时没有造成一人死亡。

2005年8月台风"麦莎"登陆河北沧州、唐山、秦皇岛沿海一带。河北省气象局及沿海气象部门提前发布台风预警,并建议海上作业船只回港避风,沿海地区做好防风防潮工作。由于措施及时,台风"麦莎"未造成大的损失。

2007年7月河北出现强降雨天气,河北省气象局首次启动了河北省重大气象灾害一级预警应急预案。

省级主要荣誉

集体荣誉 1998年河北省气象局被中共河北省委授予"两个文明建设先进单位"称号。1999年中共河北省委、省人民政府授予河北省气象局"文明单位"称号。2000年中国气象局和河北省精神文明建设委员会联合授予河北省气象部门为河北省文明系统。2001年河北省气象局被中共河北省委、省人民政府授予"文明单位"称号。2005年河北省气象局被中央文明委授予"全国精神文明建设工作先进单位"称号。

个人荣誉 截至2008年12月,河北省气象局(局本级,不包括市县局)个人获省部级以上综合表彰及奖励15人次。

石家庄市气象台站概况

石家庄市地处河北省中南部,平均海拔高度 77.9 米。属于暖温带大陆性季风气候。石家庄 1 月平均气温最低-3.2℃,7 月平均气温最高 26.5℃。极端最低气温-19.8℃,出现在 1966 年 2 月 22 日;极端最高气温 42.9℃,出现在 2002 年 7 月 15 日。石家庄冬季受西伯利亚冷高压的影响,盛行西北风;气候寒冷干燥,天气晴朗少云,少有降水。全年降水集中在 6、7、8 三个月平均 324.7 毫米,占全年总降水量的 67%。主要气象灾害有冰雹、暴雨和高温。

气象工作基本情况

所辖台站概况 石家庄市气象局下设 17 个县(市)气象局(台、站),其中石家庄气象观测站为国家气象观测站一级站,平山、井陉、灵寿、行唐、无极、新乐、晋州、辛集、藁城、赵县、高邑、元氏、赞皇、深泽、栾城、正定均为国家气象观测站二级站。

历史沿革 1954 年 12 月石家庄建站。1955 年 11 月井陉建站。1956 年底束鹿(现辛集市气象局)建站。1957 年 1 月赞皇建站。1958 年 6 月正定建站。1958 年 8 月藁城建站。1959 年 1 月平山、新乐、赵县建站。1960 年 1 月元氏建站。1962 年 4 月灵寿建站。1964 年 6 月栾城建站。1964 年 7 月晋州建站。1964 年 10 月高邑建站。1965 年 1 月深泽、行唐建站。1965 年 5 月无极建站。1973 年获鹿(今鹿泉市)建站,1988 年 1 月 1 日撤站,现为鹿泉市农业局股级单位,作为行业气象站相当于国家气象观测站二级站。

管理体制 1974 年以前,管理体制经历了从气象部门到地方政府管理,再到地方政府和军队双重领导的演变。1975—1980 年又转归地方政府领导。1981 以后实行气象部门与地方政府双重领导,以气象部门领导为主的管理体制。

人员状况 2008 年全市气象部门定编为 190 人。截至 2008 年 12 月 31 日,有在编正式职工 187 人。其中:硕士学位 4 人,本科学历 74 人,专科学历 58 人;中级以上职称 61 人(其中高级职称 7 人)。

党建与精神文明建设 全市气象部门设机关党总支 1 个,党支部 22 个,党员 111 人。石家庄市气象局每年与各科室和县(市)气象局签订党风廉政责任状,没有出现违法违纪现象。截至 2008 年底,全市气象部门共有省级文明单位 1 个,市级文明单位 10 个,全国气象部门文明台站标兵 1 个。

领导关怀 1997 年 1 月中国气象局局长温克刚到平山县气象局视察工作。2003 年 1 月中国气象局局长秦大河到平山县气象局视察工作。2003 年 11 月和 2005 年 11 月中国气象局纪检组组长孙先健 2 次到市气象局调研和视察工作。

主要业务范围

地面气象观测 石家庄市气象观测始于 1954 年 12 月 1 日。截至 2008 年 12 月 31 日全市地面气象观测站 18 个,其中 1 个国家气象观测站一级站,16 个国家气象观测站二级站,1 个无人值守自动气象观测站。全市共有 185 个区域气象观测站。

石家庄市气象台站承担的观测项目包括:云、能见度、天气现象、气压、气温、湿度、风向、风速、降水、日照、蒸发(小型、大型)、地面温度、地温(浅层、深层)、冻土、雪深、雪压、电线积冰。

2002 年建成石家庄、辛集、新乐、赞皇、平山 5 个自动气象站,现为自动站单轨运行。2007 年建成正定、栾城、晋州、元氏、赵县、井陉、藁城 7 个自动气象站,现为自动站并轨运行。

2005 年深泽、赵县、井陉、行唐安装闪电定位仪,用于探测闪电发生的强度、方向、频率及其变化情况。

2004 年 6 月 18 日建成石家庄新一代多普勒天气雷达站,同年 12 月投入运行。

2005—2008 年在藁城、行唐、正定、晋州、平山、辛集、无极、深泽、赵县、井陉、灵寿、栾城、元氏、赞皇安装观测站视频监控系统。

2008 年 10 月平山、晋州、赵县分别建成河北省卫星定位综合服务系统 GPS 基准站。

农业气象观测 1979 年 12 月栾城定为国家农业气象基本站,目前物候观测内容有:冬小麦和夏玉米,木本植物有小叶杨,草本植物为马兰,动物是家燕。2002 年 1 月高邑定为全国农业气象观测站二级站,目前物候观测内容有:黄瓜、长豇豆、大白菜、刺槐、蒲公英、蚱蝉和气象水文观测。2003 年 6 月藁城定为全国农业气象观测站二级站,目前物候观测内容有:冬小麦、夏玉米、小叶杨、家燕等。

酸雨观测 1992 年 10 月 1 日市气象台观测组增加酸雨采样观测。

天气预报 1954 年石家庄市气象台开始制作天气预报,最早通过大喇叭广播,后通过广播电台发布天气预报。1985—1995 年期间广泛使用气象警报发射机,1996—1999 年各县相继建立天气预报节目制作系统。1996 年开通天气预报电话自动答询系统。2004 年建立兴农网站。2006 年开通手机短信平台,以短信方式向各级领导和有关单位发送气象灾害预警信号。2008 年建立了以各乡(镇)、村干部和各直属单位有关人员为成员的气象灾害应急防御联系人队伍。服务手段和服务方式越来越多样化、高科技化。

人工影响天气 由最初的土火箭、高炮防雹,发展到现在的增雨专用车、火箭发射架和火箭弹增雨(雪)、防雹。自 1995 年 5 月开始,各县(市)相继成立人工影响天气办公室,挂靠当地气象局。

石家庄市气象局

机构历史沿革

始建及站址迁移情况　1954 年 12 月 1 日建立河北省气象台,位于石家庄市中山路西头"郊外",观测场位于北纬 38°04′,东经 114°26′,观测场海拔高度 81.8 米;1993 年 9 月 1 日观测场西移 15 米,北移 5 米。石家庄市气象局现位于石家庄中山西路 636 号,位于北纬 38°02′,东经 114°25′,海拔高度 81.0 米。

历史沿革　1954 年 12 月 1 日建立河北省气象台。1957 年 1 月 1 日更名为石家庄专区气象台。1960 年 1 月 1 日更名为石家庄市气象局。1962 年 1 月 1 日更名为石家庄专员公署气象局。1968 年 1 月 1 日更名为石家庄地区气象台革命委员会。1971 年 1 月 1 日更名为石家庄地区气象局。1979 年 1 月 1 日更名为石家庄行署气象局。1981 年 1 月 1 日更名为石家庄地区气象局。1984 年 3 月,更名为石家庄地区气象管理处。1986 年 1 月更名为石家庄地区气象局。1993 年 1 月 1 日更名为石家庄市气象台。1993 年 8 月更名为石家庄市气象局。

1981 年 4 月 1 日—2006 年 12 月 31 日,为国家基本站;2007 年 1 月 1 日,改为国家气象观测站一级站。

管理体制　1954 年 12 月—1957 年 12 月隶属河北省气象局。1958 年 1 月—1961 年 12 月隶属石家庄专员公署。1962 年 1 月—1965 年 12 月隶属河北省气象局。1966 年 1 月—1970 年 12 月隶属石家庄地区行署。1971 年 1 月—1974 年 12 月隶属中国人民解放军石家庄军分区,实行中国人民解放军石家庄军分区和石家庄地区行署双重领导体制。1975 年 1 月—1980 年 12 月隶属石家庄地区行署。1981 年 1 月—1985 年 12 月隶属河北省气象局。1986 年 1 月起实行气象部门与地方政府双重领导,以气象部门领导为主的管理体制,隶属河北省气象局。

机构设置　石家庄市气象局机构规格为正处级。4 个内设机构:办公室、计财科、人事科、业务科,3 个直属事业单位:气象台、服务中心、影视中心。1 个由石家庄市气象局管理的地方机构:石家庄市人工影响天气办公室。

单位名称及主要负责人变更情况

单位名称	姓名	职务	任职时间
河北省气象台	朱玉峰	台长	1954.12—1956.12
			1957.01—1959.08
石家庄专区气象台	彭东风	台长	1959.09—1960.01
		局长	1960.01—1960.03
石家庄市气象局	任　健	局长	1960.03—1961.12

续表

单位名称	姓名	职务	任职时间
石家庄专员公署气象局	任 健	局长	1962.01—1965.03
	刘庆海	局长	1965.04—1967.12
石家庄地区气象台革命委员会		主任	1968.01—1970.12
石家庄地区气象局		局长	1971.01—1974.05
	刘宝元	局长	1974.06—1978.12
石家庄行署气象局			1979.01—1980.12
石家庄地区气象局		处长	1981.01—1984.02
石家庄地区气象管理处	骆 英	处长	1984.03—1985.12
石家庄地区气象局		局长	1986.01—1989.02
		局长	1989.03—1993.01
石家庄市气象台	宋永芳	台长	1993.01—1993.07
石家庄市气象局		局长	1993.08—2002.09
	王春彦	局长	2002.10—

人员状况 建站初期有预报员 35 人。截至 2008 年底,市气象局人员编制为 87 人,实有在职人员 84 人。在职职工中:男 38 人,女 46 人;汉族 80 人,少数民族 4 人;大学本科以上 41 人,大专 31 人,中专以下 12 人;高级职称 7 人,中级职称 36 人,初级职称 29 人;30 岁以下 11 人,31～40 岁 37 人,41～50 岁 20 人,50 岁以上 16 人。

气象业务与服务

1. 气象业务

①地面气象观测

观测项目 1954 年 12 月 1 日建站时观测项目有云、能见度、天气现象、气压、气温、湿度、风向、风速、降水、日照、大(小)型蒸发、地温、地面状态。1955 年 1 月 1 日开始增加 80、160、320 厘米地温,1966 年 1 月—1979 年 12 月中断。1956 年 7 月 1 日增加电线积冰观测。2008 年 1 月 1 日增加草温(雪温)观测。

观测时次 1954 年 12 月 1 日—1960 年 7 月 31 日采用地方时,每天进行 01、07、13、19 时 4 次观测,昼夜守班。1960 年 8 月 1 日—2008 年 12 月采用北京时,每天进行 02、08、14、20 时 4 次观测,昼夜守班。

发报种类 天气报的内容有云、能见度、天气现象、气压、气温、风向风速、降水、雪深、地温等。重要天气报的内容有暴雨、特大降水、大风、雨凇、积雪、冰雹、龙卷风、霾、雾、浮尘、沙尘暴等。

气象报表制作 气象站编制的报表有气表-1 和气表-21,上报省气象局资料室归档。2007 年 1 月停止报送气表-1 纸质报表,气表-21 纸质报表一直报送至 2008 年 12 月。

②现代化气象观测系统

石家庄新一代多普勒天气雷达 2004 年 12 月石家庄新一代多普勒天气雷达站建成,

位于新乐市境内,北纬 38°21′,东经 114°42′,海拔高度 134.8 米。

自动气象站建设 2002 年 12 月建成 CAWS600-Ⅰ型自动气象站。2003 年 1 月 1 日—2003 年 12 月 31 日自动站和人工站双轨运行;2004 年 1 月 1 日—2004 年 12 月 31 日自动人工站并轨。2005 年 1 月 1 日开始自动站单轨运行。观测项目除云、能见度、天气现象、冻土、雪深雪压、蒸发、电线积冰、日照由人工观测外,其余均采用仪器自动采集、记录。

区域气象观测站 2000 年 8—9 月建成市气象台、地表水厂、第五水厂、污水处理厂、花卉中心和烈士陵园 6 个四要素城区气象观测站。2001 年 5 月建成高新技术开发区和卓达小区 2 个四要素城区气象观测站。2006 年 6 月建成机场路、工人街、火车站、槐安路、土贤庄 5 个两要素城区气象观测站。

闪电定位仪 2005 年 7 月在井陉、行唐、深泽、赵县安装了探测子站,数据处理和监控中心设在石家庄市气象局,依托市—县网络实现资料共享。

观测站视频监控系统 2007 年 11 月安装观测站视频监控系统。实现了天气实景监控、观测场地环境、探测设备运行与安全监测的有机结合,通过专用网络线路将监测实况传递到监控业务平台。

③气象信息网络

建站初期采用莫尔斯通信接收报文,专业技术人员将电码进行编译后交由填图人员进行填图。1978 年通过传真接收中央气象台和日本地球同步卫星云图。1979 年使用德国电传机通过无线接收报文。1986 年建成高频无线电话网络,市气象局报务员抄收县气象局的报文再向河北省气象局发报。1993 年撤销传真机收图,通过计算机打印传真图。1994 年 1 月加入电信部门的 X.28 公用分组交换网(X.28 异步拨号入网),同时气象台局域网建成。1998 年 6 月气象卫星综合业务系统("9210"工程)投入业务运行,与 X.28 线路并轨运行。1999 年 7 月市—县建立有线通信,加入公用分组数据交换网。2001 年 7 月建成卫星云图接收系统,实时接收 FY-2B 云图,并通过 2 兆光纤接入互联网,建立 WEB 网站。2002 年 6 月建成与河北省气象局的 2 兆 SDH 同步光纤数字电路,完成省市电视会商系统的建设;2002 年 7 月市—县 X.28 异步拨号方式升级为 X.25 同步专线方式,同时完成县气象局局域网的建设,实现省—市—县三级公文信息传输。2004 年 12 月 X.25 切换为 2 兆 VPN 光纤。2007 年 12 月 2 兆 SDH 电路升为 8 兆(MSTP)电路。

④天气预报

1954 年 12 月建站时主要任务是制作全省大范围天气预报。1956 年开始正式公开发布天气预报。1957 年衡水、邢台、邯郸还没有建立气象台,当时主要由石家庄地区气象台负责制作中南部的天气预报,业务指导也由石家庄地区气象台负责。1958 年"大跃进"期间台站由束鹿、赞皇、井陉 3 个站增加到 14 个。1962 年衡水成立行署并设气象台,当时由石家庄行署气象局抽调一部分人员和物资在衡水建台,至此石家庄、衡水分为两处独立工作。1971 年 9 月曾组织了一个以民兵为骨干的 14 人气象战备小分队。

常规天气预报按时效分为短时、短期、中期预报和短期气候预测;按内容分为要素预报和形势预报;按性质分为天气预报和天气警报;按预报精度分为分片预报、分县预报和乡镇预报。

除常规天气预报业务外,还开展了地质灾害气象等级预报,空气质量预报预警,雷电监测预报,灰霾预报,一氧化碳中毒气象条件潜势预报,人工影响天气作业条件预报,旅游物候期预报等专业专项预报业务和穿衣、晾晒、感冒、晨练、闷热等生活指数预报。

⑤农业气象

最早的农业气象预报服务开展于1958年,主要服务内容包括:作物长势分析、旱情分析、灾害性天气对农业生产的影响分析以及小麦适宜播种期预报、棉花适宜播种期预报和冬小麦产量预报。2000年建立农业气象服务业务系统。2001年5月建立极轨卫星接收系统,并研发石家庄市气象卫星遥感综合业务系统,开展森林防火、山区绿化、作物长势、土壤墒情监测。2002年建立冬小麦遥感测产模式,增加低温寡照等灾害性天气对棚室蔬菜的影响分析,开展设施蔬菜的气象服务。2006年市气象局与农业局联合下发《关于农业气象服务工作的合作意见》(石农〔2006〕33号)文件,双方就建立农业气象灾害预警系统、重大农业气象灾害和病虫害灾损评估模式、健全合作制度、实现农业资料和气象资料共享等方面合作达成一致意见。2008年建立石家庄农业气候资源服务系统。

2. 气象服务

公众气象服务　公众气象服务最早始于1954年,主要通过广播电台向公众发布天气预报。1985年1月市气象局开始为石家庄电视台提供天气预报。1993年3月成立气象广播电视部,由市气象局制作电视天气预报节目,向电视台报送录像带。1996年市气象局和市广播电视局联合下发了《关于进一步加强我市电视天气预报工作的通知》(石气字〔1996〕26号)。2002年1月石家庄市气象影视中心成立。2004年10月1日电视天气预报节目首次设主持人。截至2008年12月气象影视中心在石家庄电视台4个频道开播气象节目,每天6套节目9次播出,节目时间长达20分钟。

1996年5月28日开通"121"天气预报自动答询系统。2001年将"121"天气预报自动答询系统升级为"121"气象信息平台。2002年7月对"121"平台进行数字化改造,升级为7号信令数字化网络型平台。2002年12月石家庄铁通"121"开通。2003年小灵通电话"121"开通。2004年4月石家庄电信"121"开通,11月"12121"开通。2005年1月1日"121"停止使用。2003年"96121"气象信息电话开通。2005年9月停用。2005年"121"气象信息查询电话号码升位为"12121"。

2001年建立实时气象网站。2002年建立了城区防汛预警网、政府决策气象服务网等网上气象台。2003年10月同《燕赵晚报》合作开辟天气预报信息专栏。2006年3月在市区繁华地段建立10块电子显示屏,及时向公众提供天气预报和发布灾害性天气预警信息。2007年1月与石家庄最大的桥西蔬菜批发市场合作,利用电子显示屏为商户提供气象信息。

决策气象服务　1991年3月市气象台制定决策服务方案。2005年下半年逐渐规范了决策气象服务发布机制,不断完善决策气象服务周年方案。建立决策气象服务系统,为市委、市政府提供《重要天气报告》、《雨情快报》、《天气预报信息》、《专题农业气象报告》、《农业气象预报》、《气候公报》、《空气质量周报》和《遥感监测信息》等系列化的气象决策服务材料,制定《石家庄市气象灾害应急预案》。从2006年6月起通过手机短信发送气象信息。

2006 年与水利部门合作实现市防汛抗旱指挥部气象水文信息共享；与农业局建立农业气象信息共享系统，实现农业生产动态、气象信息实时共享；与森林防火指挥部合作建立防火气象服务网，开展森林火灾遥感监测和森林火险等级预报。

专业与专项气象服务　1982 年开始逐步开展专业服务工作，当时的服务单位主要有炼油厂和储运公司，定期邮寄中长期预报和电话服务短时天气预报。1984 年成立专业服务组，增加了力量，扩大了服务范围。

1985 年国务院下发《关于气象部门开展有偿服务和综合经营的报告的通知》（国办发〔1985〕25 号），服务对象由几个行业扩展到商业、纺织、交通运输、供电、粮食、农林、冷饮、建材、环保等 30 多个。1986 年，安装了天气警报发射塔，为用户安装警报接收机 100 多台。1988 年，警报接收机增至 200 多台。同时完成制砖、电力、建筑施工、交通运输、商业、飞播、电气化铁路与气象等专题总结，编写了《应用气象汇编》。

气象科技服务　1993 年 12 月 28 日成立石家庄市气象市场经济预测服务中心。主要利用气象科研和天气预报成果，为生产和流通领域提供气象信息服务。1994 年开展了商品销售气象市场预测研究，建立空调器、T 恤衫等销售市场气象预测模型。1998 年完成城市供水气象条件分析研究，建立电力、保险、防汛等气象服务系统，相继开展了污闪预报、空调器启动预报、空气质量预报等与电力有关的专业预报。2000 年开展高速公路气象服务系统的研究。2002 年建立高速公路网上气象服务系统。2003 年与高速公路部门合作，在"121"信箱中开辟高速公路路况信息及高速公路封路等级预报。

1978 年 3 月 29 日河北省石家庄地区革命委员会下发建立人工防雹领导小组通知，将防雹领导小组办公室设在市气象局。当时利用土火箭进行作业。1995 年恢复人工影响天气工作，购买 4 门"三七"高射炮用于人工影响天气作业。1999 年开始购买 WR 型增雨（防雹）火箭弹。截至 2008 年底共组建太行山东麓与东部平原网区两个作业网，共有 WR 型增雨（防雹）火箭发射架 16 部。

2000 年石家庄市机构编制委员会办公室下发编办〔2000〕9 号文件，正式批准石家庄市人工影响天气办公室机构编制。2002 年—2008 年底，全市共进行火箭作业 350 多次，发射 WR 型火箭弹 1700 多枚。

气象科普宣传　石家庄地区气象学会于 1959 年成立。理事会成员由气象局、河北师范大学地理系、省地理所、地区农科所、水利局、水文站以及驻石空军机场等单位人员组成。1969 年、1970 年编写《石家庄地区气象农历》。1984 年编写《气象农历》。1986 年 7 月，举办青少年气象夏令营。1986 年 3 月—1990 年 12 月编写《应用气象》、《石家庄气象》、《气象科普文集》。1994 年编写《气象科普历书》，印刷达 20000 册以上。2005 年、2007 年以挂历的形式出版了《石家庄物候历》。2007 年 6 月为加强防雷知识的普及和宣传，向全市中小学赠送防雷宣传挂图和光盘 1100 套，并深入校园进行雷电知识科普宣传。2008 年 4 月编写了《石家庄市气象科普知识》，参加石家庄市"5·17"科技宣传周活动，发放气象科普和防雷减灾宣传材料千余份。2008 年 1 月石家庄市气象台被市政府命名为石家庄市科普教育基地。

气象法规建设与社会管理

1. 法规建设

1999 年石家庄市气象部门开始开展气象行政执法工作。2003 年健全执法机构,重新办理执法证件,出台《石家庄市气象局行政执法责任制》。2006 年 12 月 31 日石家庄市政府出台《关于进一步加快气象事业发展的实施意见》。

2. 社会管理

探测环境保护 2004 年 11 月将石家庄市气象台观测场探测环境和设施保护范围、气象探测环境保护标准和具体范围材料在市规划局进行备案。自 2008 年起每年与各县(市)气象局签订保护气象探测环境责任书,制作保护气象探测环境警示牌。

施放气球管理 1993 年 3 月 8 日市气象局与公安局下发了《关于加强充放氢气气球管理的通知》。2001 年 9 月 18 日市气象局、公安局联合下发《关于加强气球灌充施放管理的通知》(石气字〔2001〕35 号)。2004 年 4 月河北省气象局下发《关于调整石家庄市区施放气球管理的通知》,将石家庄市区施放气球行政管理职能和业务指导职能全部移交石家庄市气象局。2005 年 6 月与石家庄市安全生产监督管理局联合下发《关于进一步加强灌充施放氢气球安全管理的通知》(石气发〔2005〕19 号)。

2004—2008 年共进行施放气球安全大检查 50 余次,对 25 个无施放气球资质证的单位下达了停止违法行为的通知书。举办施放气球资格证培训班 5 期,培训人数达 128 人次。为全市 25 个广告、庆典公司和单位颁发施放气球资质证,为 112 人颁发施放气球资格证。

防雷管理 2000 年组建石家庄市雷电灾害防御管理办公室。1997 年 8 月 1 日石家庄市编办下发《关于成立石家庄市防雷安全中心的批复》(市编办〔1997〕38 号)。2002 年 3 月 26 日河北省防雷中心与石家庄市防雷中心合并,实行一个机构、两块牌子,列入河北省气象局直属事业单位,承担省防雷中心和石家庄市防雷中心各项职能。石家庄市气象局承担所属各县(市)气象局的防雷管理任务。

3. 政务公开

对气象行政审批办事程序、气象服务内容、服务承诺、气象行政执法依据、服务收费依据及标准等通过户外公示栏、电视广告、发放宣传单等方式向社会公开。

党建与气象文化建设

1. 党建工作

党的组织建设 1954 年 12 月,成立党支部,有党员 7 人。1989 年 8 月,成立机关党总支,分设 2 个党支部,有党员 48 人。截至 2008 年底,有党员 85 人(其中离退休党员 36 人)。

党风廉政建设　2003 年开展"树、讲、求"(树正气、讲团结、求发展)、"两个务必"、"立党为公、执政为民"等主题教育活动。2005 年 2 月 16 日—6 月 21 日开展以实践"三个代表"重要思想为主要内容的保持共产党员先进性教育活动。2006 年开展"八荣八耻"教育活动,牢固树立社会主义荣辱观。参加了石家庄市直农口系统举行的社会主义"八荣八耻"荣辱观主题教育活动演讲比赛。2007 年开展"为民、务实、清廉"主题教育活动。

2006 年制定《石家庄市气象局党风廉政建设责任制实施细则》。自 2006 年起每年与各县(市)气象局签订党风廉政建设责任状。2007 年制定《石家庄市党风廉政建设责任制的考核办法》。

2. 气象文化建设

精神文明建设　1984 年开展"五讲四美三热爱",争当文明气象员活动。相继开展"学习孔繁森、陈金水同志先进事迹"、"强局建设工程"、"明星气象台"等一系列活动。1998 年开展创建"三讲(讲学习、讲政治、讲正气)"文明机关活动。2003 年成功组织了抗击"非典"(急性传染性非典型肺炎)工作。2006 年 4 月完成"两室一网"(图书室、荣誉室、气象文化网)建设。2004 年举办"气象在我心中"演讲活动,并在河北省气象局"气象在我心中"演讲活动中获优秀组织奖。2007 年 6 月举办了"发展、改革、创新"主题演讲比赛。

文明单位创建　1997 年、1998 年被石家庄市委、市政府评为实绩突出单位。1998—2008 年被石家庄市委、市政府命名为市级文明单位。1999 年被河北省气象局和省文明办授予石家庄市气象部门文明气象系统称号。2002—2008 年被河北省委、省政府命名为河北省文明单位。

3. 荣誉与人物

荣誉　2003 年被评为河北省气象系统环境优秀达标单位;石家庄市气象台被命名为"三星级窗口"行业单位。2005 年被石家庄市政府评为普法先进集体、森林防火先进单位。2008 年获得全国气象部门文明台站标兵称号。1978—2008 年市气象局在气象业务中获得集体奖项 105 个,科研成果获得奖项 21 个,课题研究获得奖项 17 个,各类精神文明奖项 26 个。获得市级以上奖励个人达 59 人次。

人物简介　刘金堂(1933—2000 年),男,汉族,河北省行唐县人。大专文化,1956 年 7 月参加工作,1980 年 9 月加入中国共产党,1981 年 3 月任工程师,1993 年 9 月退休。

刘金堂于 1956 年 7 月在河北省石家庄市气象局参加工作,从事农业气象试验研究达 12 年,先后主持了中央气象局和河北省气象局下达的科研项目"棉花热量指标鉴定和高产麦田农业气象条件研究",并和省内有关技术人员到唐山、衡水、石家庄等地区对高产稳产样板田进行农业生产中的气象问题研究。通过十几年的实践工作,对石家庄地区的棉花、玉米、冬小麦等农作物生长期间所要求的农业气象条件有了比较系统的认识,掌握了影响作物产量和品质关键时期的气象要素变化规律,使气象为农业生产服务更加有针对性。他在负责农业气象服务和管理工作期间,举办了 3 次全区性的农业气象学习班,并指导全区 11 个站点进行了干热风试验工作。由他负责的农业气候区划成果被评为省区划成果二等奖,由于他在农业气候资源调查和区划工作中成绩显著,1979 年获得河北省人民政府农业劳动模范称号。

台站建设

台站综合改造与办公生活条件改善 1978年投资18万元建成三层办公楼1栋，建筑面积1820平方米。1999年投资60万元对预报会商室和部分办公室进行装修改造，外墙美化1000平方米。2003年2月28日—4月28日市气象局投资25万元对办公楼进行整体的维修改造和部分装修。2004年在原锅炉房旧址上建设气象影视中心。2007年底至2008年5月市气象局对办公楼进行外装修。

园区建设 2003—2005年开展创建优美环境活动。2004年对机关大院院落环境布局进行重新规划，新增绿地800平方米，使绿地面积达到近4000平方米。修建职工自行车棚和停车场，新建篮球场和羽毛球场。2007年建成物候观测园区。2006—2008年配合市政府做好"三篇大文章"，实现省会"三年大变样"的号召，对局机关及家属院进行拆墙透绿。截至2008年底，绿地面积达6062平方米，种植灌木1860株，乔木508棵，建成了四季常青、三季有花的花园式庭院。

石家庄市气象局旧貌（1983年）

石家庄市气象局新貌（2007年）

高邑县气象局

机构历史沿革

始建情况 1964年10月建成高邑县气象服务哨，哨址在高邑县城西南关西侧。

站址迁移情况 1981年7月1日由于观测环境遭破坏迁站。迁移距离500米。高邑县气象局现位于高邑县城西南关西南角，南邻南环路，西邻顺城街，位于北纬37°36′，东经114°37′，海拔高度48.9米。

历史沿革 1968年1月1日于西关外正西约200米处建成高邑县气象服务站。1968年3月1日更名为高邑县气象站。1981年7月1日迁至高邑县西南关西南角，1989年7

月 1 日更名为高邑县气象局。

1968 年 1 月 1 日—1988 年 12 月 31 日为国家一般气象站;1989 年 1 月 1 日—1998 年 12 月 31 日为河北省辅助站;1999 年 1 月 1 日—2006 年 12 月 31 日恢复为国家一般气象站;2007 年 1 月 1 日—2008 年 12 月 31 日为国家气象观测站二级站。

管理体制 高邑县气象局为正科级全民事业单位。1968 年 1 月—1970 年 12 月隶属高邑县农业局。1971 年 1 月—1973 年 12 月隶属高邑县人民武装部。1974 年 1 月—1981 年 3 月隶属县农林局。1981 年 4 月起实行气象部门与地方政府双重领导,以气象部门领导为主的管理体制至今,1981 年 4 月—1993 年 7 月隶属石家庄地区气象局和高邑县政府双重领导。1993 年 8 月起隶属石家庄市气象局和高邑县政府双重领导。

单位名称及主要负责人变更情况

单位名称	姓名	职务	任职时间
高邑县气象服务哨	无法查到记载资料		1964.10—1964.12
	葛广义	负责人	1965.01—1967.12
高邑县气象服务站		站长	1968.01—1968.02
			1968.03—1971.08
高邑县气象站	李贵贤	站长	1971.09—1977.12
	郭崇孝	站长	1978.01—1989.01
	梁焕申	站长	1989.02—1989.06
		局长	1989.07—1995.12
高邑县气象局	郭 明	局长	1996.01—2007.04
	董国华	局长	2007.05—2008.10
	朱慧钦	副局长	2008.11—

注:由于建站初期台站档案记录不完善,因此 1964 年 10 月至 1964 年 12 月单位负责人和职务无法找到记载。

人员状况 建站初期有测报员 1 人。截至 2008 年底高邑县气象局人员编制 7 人,实有在职职工 7 人。在职职工中,男 3 人,女 4 人;汉族 7 人;大学本科以上 3 人,中专以下 4 人;中级职称 1 人,初级职称 6 人;30 岁以下 3 人,41～50 岁 1 人,50 岁以上 3 人。

气象业务与服务

1. 气象业务

①地面气象观测

观测项目 有云、能见度、天气现象、气压、气温、湿度、风向、风速、日照、蒸发(小型)、降水、地面温度、浅层地温、冻土、雪深。

观测时次 从建站初始,每天进行 08、14、20 时 3 次观测。1999 年 1 月 1 日开始,每天 08、14、20 时 3 次向河北省气象台发送天气加密报,不定时发送重要天气报。每月 1、11、21 日发送气象旬月报。

发报种类 1971 年 1 月县气象站向河北省气象局、石家庄市气象局拍发月、旬报、灾害性天气报、雨情报。1973 年 1 月 1 日每天 14 时向石家庄市气象台发送天气报;每月 1、

11、21 日向石家庄市气象台发送气象旬（月）报；不定时向石家庄市气象局发送重要天气报。1974 年 3 月 9 日停止向河北省气象台拍发绘图报。1978 年 10 月 9 日将 06 时向河北省气象台拍发的雨情报，改为 08 时拍发。

气象报表制作　1965 年建站后，开始制作地面气象记录月报表和年报表。每月编制 3 份地面气象记录月报表，每年编制 4 份地面气象记录年报表。2007 年 1 月通过网络传输地面气象资料，停止报送纸质报表。

②现代化观测系统

区域气象观测站　2004 年 4 月 28 日建成中韩、富村 2 个乡镇区域气象观测站。2006 年 5 月 10 日建成万城、大营 2 个乡镇的区域气象观测站。2007 年 9 月 1 日建成高邑城区区域气象观测站。观测要素有气温和降水。

观测站视频监控系统　2008 年 4 月安装观测站视频监控系统。实现天气实景监控、观测场地环境、探测设备运行与安全监测的有机结合，通过专用网络线路将监测实况传递到监控业务平台。

③气象信息网络

建站初期使用手摇电话发报，报文由县电信局以电报形式传送。1984 年 5 月改为邮局电话传报。1987 年 4 月使用高频电话发报与石家庄市气象局进行天气会商，取代了通过邮局电话传报。1999 年 8 月使用 586 计算机，1999 年 8 月建立县市有线通信，利用 X.28 异步拨号方式加入公用分组数据交换网，用于气象数据和公文传输。2000 年 4 月配置了奔腾 Ⅱ 计算机。2002 年 7 月以电话拨号方式通过互联网调取石家庄市气象局天气图等预报产品资料，同时 X.25 同步拨号方式替代 X.28。2004 年 9 月购置了奔腾 Ⅳ 计算机，安装使用 2 兆 VPN 局域网专线，代替 X.25 数据交换网。2006 年 7 月省—市—县可视会商系统正式开通。

④农业气象

2002 年 1 月被确定为全国农业气象观测站二级站，增加农业气象观测业务，观测项目有黄瓜、长豇豆、大白菜。自然物候观测包括刺槐、蒲公英、蚱蝉和气象水文观测。为县政府提供农业气象服务内容包括：冬小麦适宜播种期预报、作物长势分析、产量预报等关键农事预报。2003 年 1 月开始利用卫星遥感资料为县政府提供植被监测、土壤墒情监测、粮食测产、林火监测等服务。

⑤天气预报

短期天气预报　制作天气预报始于 1971 年 1 月，主要是根据河北省、石家庄市气象台天气预报做出本县订正预报，每天定时发布 1～2 次 24～48 小时的天气预报，内容包括最高、最低气温、天空状况、风向、风速、灾害性天气预报。1985 年 5 月完成了 1971—1984 年间的各项基本资料、简易天气图、三线图等基本图表和气候图集的整理绘制。

中、长期天气预报　1981 年 1 月根据石家庄市气象台的旬、月天气预报，再结合分析本地气象资料、天气形势、天气过程的周期变化等制作一旬天气过程趋势预报、春播预报、汛期（6—8 月）预报、秋季预报和年度气候预测。1985 年 4 月开始转发石家庄气象台中长期天气预报。

2. 气象服务

公众气象服务　1968 年 1 月开始通过高邑县广播站的有线广播进行天气预报服务。2004 年 5 月与县广播电视局协商开通电视天气预报,提供天气预报信息,县电视台制作节目,通过字幕或语音播出。2006 年 10 月由字幕机播放改为数字非线性编辑机播放,天气画面由录像带传递改为 U 盘传递。

1996 年 12 月开通"121"模拟信号自动答询电话。2004 年 1 月 8 日"121"并入石家庄市气象局数字网络化化平台。2005 年 1 月号码改为"12121"。信息内容包括主信箱每日 3 次的 24 小时天气预报;10 个分信箱内容包括每日更新的滚动周预报,每月 1 次的短期气候预测。

决策气象服务　1974 年 4 月在西富村、王同庄、中韩、庄头 4 个公社设立雨情监测点,向县、公社提供汛期气象服务。1993 年 2 月,以专题气象报告、电视广播为主要载体对县委、县政府进行气象服务。为县政府提供的气象专题报告有:周预报、月预报、重要天气预报、气象灾害预警、专题农业气象报告。2004 年 5 月气象灾害预警平台开通,以短信形式向手机发送气象短信息。

人工影响天气　1980 年 5 月使用土火箭开展人工防雹工作,由高邑县革命委员会领导,高邑县气象站、县人民武装部组织各公社民兵小分队负责实施。1999 年 5 月成立高邑县人工影响天气办公室,由石家庄市人工影响天气办公室统一指挥,使用 WR 系列防雹增雨火箭弹开展人工防雹、增雨(雪)等人工影响天气作业。

气象科普宣传　1987 年 4 月开展农业气候普查、县志气象部分编写及高邑历史气象资料编辑等工作。每年利用世界气象日、集会、节假日开展气象科普宣传,发放宣传材料。

气象法规建设与社会管理

2004 年 7 月高邑县政府法制办批复确认高邑县气象局具有独立的行政执法主体资格,并先后为县气象局 2 名工作人员办理了行政执法证,县气象局成立行政执法队伍。2008 年 6 月 4 日高邑县政府办公室下发了《印发高邑县突发气象灾害应急预案的通知》(高政办〔2008〕25 号)。2008 年 7 月 8 日高邑县政府办公室下发了《印发高邑县自然灾害救助应急预案的通知》(高政办〔2008〕39 号)。

2008 年 6 月 3 日高邑县政府下发了《关于进一步加强气象探测环境和设施保护工作的通知》(高政函〔2008〕23 号)。2004 年 10 月,将气象探测环境保护材料在高邑县国土局、规划局、建设局进行备案。2008 年 3 月 31 日与石家庄市气象局签订保护气象探测环境责任书。2008 年 1 月开始每月向石家庄市气象局报送气象探测环境月报告书。2008 年 11 月与气象局周围个人房屋业主签订气象探测环境保护合同书。

1990 年 3 月成立高邑县防雷中心,对全县各企事业单位、液化气站、加油站的防雷设施进行检查,对不符合防雷技术规范的单位,责令其进行整改。2000 年 4 月被列为县安全生产委员会成员单位,将防雷三项职能纳入气象行政管理范围,负责全县防雷安全的管理。

党建与气象文化建设

党的组织建设　1965 年 1 月—1980 年 6 月有 2 名党员,编入县农业局党支部。1981 年 7 月成立党支部,隶属县直党委。2003 年气象局党支部再度挂靠在县农业局。2007 年 7 月高邑县气象局重建党支部,有党员 3 名。截至 2008 年底有党员 4 人(其中离退休党员 2 人)。

气象文化建设　2007 年 4 月开展"两室一网"(荣誉室、图书室和气象文化网)建设。2007 年 4 月 3 日高邑县气象局门户网站开始试运行,与石家庄市气象局链接,及时发布新闻,为气象事业发展提供良好的舆论环境。

荣誉　1996—2008 年高邑县气象局观测组共创地面测报"百班无错情"9 个。2003—2008 年被石家庄市气象局评为优秀达标单位。1996—2007 年被高邑县委、县政府评为"文明单位"。2006 年被高邑县委评为"巾帼文明岗"。1968—2008 年获得省部级以下综合表彰达 17 人次。

台站建设

1968 年 1 月 1 日县气象站建成,有砖木瓦房结构房屋 8 间,其中工作用房 3 间 48 平方米,生活用房 5 间 90 平方米,总占地面积 4002 平方米。1981 年 7 月 1 日站址迁至现址,建成板楼结构办公房屋 3 间,总占地面积 4669.7 平方米。1999 年进行综合改造,于原址南约 20 米处建成办公室 5 间,车库 2 间,厨房、锅炉房、卫生间各 1 间。1999 年 6 月县政府修路及兴建职工家属院,占用面积 1803 平方米,现高邑县气象局实有面积 2866.7 平方米。

2003—2005 年高邑县气象局在创建优美台站环境上共投入资金 3 万元,硬化路面 366 平方米。栽植各类草木 3000 余株,草坪 800 平方米,绿化总面积 2275.7 平方米,绿化覆盖率达 79%。形成了三季有花、四季常青的优美环境。

高邑县气象局观测场(1984 年)

高邑县气象局观测场(1999 年)

藁城市气象局

机构历史沿革

始建情况　1958年8月成立藁城县气象站,站址位于市府路南100米,四明街西侧,1959年3月开始开展地面气象观测。

站址迁移情况　第1次迁站:1969年7月14日为改善观测环境迁站,迁移距离1800米,海拔高度为51.8米。第2次迁站:1999年1月1日由于观测环境破坏以及城镇规划原因迁站,迁移距离1500米,海拔高度为53.5米。藁城市气象局现位于藁城市南城区,廉州西路192号,气象观测站位于307国道北、石津灌区北岸的水上公园内。东经114°50′,北纬38°02′,海拔高度53.5米。

历史沿革　1960年3月更名为藁城县气象服务站。1971年1月更名为藁城县气象站。1989年7月更名为藁城县气象局,同年10月更名为藁城市气象局。

1971年1月1日—1988年12月31日为国家一般气象站;1989年1月1日—1998年12月31日为地面气象辅助观测站;1999年1月1日—2006年12月31日恢复为国家一般气象站;2007年1月1日—2008年12月31日为国家气象观测站二级站。

管理体制　藁城市气象局为正科级全民事业单位。建站至1963年2月隶属县政府。1963年3月—1966年12月隶属石家庄专员公署气象局。1967年1月隶属县政府。1971年1月隶属县人民武装部。1973年1月隶属县农林局。1981年4月起实行气象部门与地方政府双重领导,以气象部门领导为主的管理体制,1981年5月—1993年7月隶属石家庄地区气象局,1993年8月起隶属石家庄市气象局。

单位名称及主要负责人变更情况

单位名称	姓名	职务	任职时间
藁城县气象站	娄计宋	站长	1958.08—1960.02
藁城县气象服务站			1960.03—1962.05
	龙维和	站长	1962.06—1970.12
			1971.01—1971.05
	康玉来	站长	1971.06—1983.06
藁城县气象站	李和光	副站长	1983.07—1984.05
		站长	1984.06—1987.10
		站长	1987.11—1989.06
藁城县气象局	刘明玉		1989.07—1989.09
		局长	1989.10—1991.02
藁城市气象局	马　源	局长	1991.03—1991.12
	杜朱保	局长	1991.12—

人员状况 1958年建站时有职工6人。截至2008年底,编制7人,实有在职职工7人,其中:男3人,女4人;汉族7人;大学本科以上1人,大专3人,中专学历2人,中专以下1人;中级职称1人,初级职称6人;30岁以下1人,31~40岁3人,41~50岁2人,50岁以上1人。

气象业务与服务

1. 气象业务

①地面气象观测

观测项目 1959年3月1日建站时观测项目有:云、能见度、天气现象、气压、气温、湿度、风向、风速、降水、地面温度、浅层地温和较深层地温、日照、蒸发(小型)、地面状态、雪深、冻土。1961年1月1日开始取消地面状态观测。1962年1月1日停止能见度观测。1980年1月1日停止较深层地温和地面状态观测,恢复能见度观测。

观测时次 建站初始每天进行08、14、20时3次观测。1972年1月1日—1973年6月30日增加02时定时观测。

发报种类 1960年4月1日开始编发14时天气报和气象旬(月)报;同年开始每年5月20日—9月30日每天08、14、20时共编发3次小图报和重要天气报,发往河北省气象台和天津市气象台,1984年6月10日停止向天津市气象台发报。1983年10月15日开始编发重要天气报。1999年1月1日改为编发08、14、20时天气加密报,使用计算机编发报、制作报表。

气象报表制作 1959年3月开始制作地面气象记录月报表和年报表,每月编制3份地面气象记录月报表,每年编制4份地面气象记录年报表。2007年1月通过网络传输地面气象资料,停止报送纸质报表。

②现代化观测系统

自动气象站 2007年6月建成CAW600-B(S)型自动气象站。2008年1月1日—12月31日自动站与人工观测站双轨运行。观测项目:气压、气温、湿度、风向、风速、降水、地面温度(含草温)、浅层地温、深层地温。

区域气象观测站 2004年5月建成南董、增村、南营、刘海庄4个区域气象观测站。2005年5月建成张家庄、丘头、梅花、贾市庄、兴安5个区域气象观测站。2006年5月建成张村、城区、里庄、岗上、西关5个区域气象观测站。观测项目为降水和气温。

观测站视频监控系统 2005年4月建成观测站视频监控系统,实现了天气实景、观测场地环境、探测设备运行的实时监控。

③农业气象

2003年6月开始开展农业气象观测业务,观测项目有冬小麦、夏玉米、小叶杨、家燕等。编制作物生育状况记录年报表、土壤水分观测记录报表和自然物候观测记录年报表。

④气象信息网络

1960年4月1日通过自动电话传送气象电报。1982年5月使用无线传真机接收卫星天气图。1986年5月15日开始使用甚高频电话发报,并与石家庄市气象局天气会商,取代电话传报。1999年8月建立县—市有线通信,以X.28异步拨号方式加入公用分组数据交换网,用于气象数据和公文传输。2002年6月升级为X.25同步拨号方式。2004年9月安装使用2兆光纤通信线路,代替X.25数据交换网。

2003年2月开通"9210"卫星接收系统。2006年7月建成省—市—县视频会商系统。

⑤天气预报

短期天气预报 1971年1月开始制作天气预报,主要是根据省、市气象台的天气预报及实况信息,做出订正预报。1981年1月—1985年3月根据预报需要抄录整理了各项资料和气候图集,绘制简易天气图、三线图等基本图表,为准确制作天气预报提供依据。

中、长期天气预报 1981年1月根据石家庄市气象台的旬、月天气预报,再结合分析本地气象资料、天气形势、天气过程的周期变化等制作一旬天气过程趋势预报、春播预报、汛期(6—8月)预报、秋季预报和年度气候预测。1985年4月开始转发石家庄气象台中长期预报。1985年4月上级业务部门对预报业务不做考核,但因服务需要,这项工作仍在继续。

2. 气象服务

①公众气象服务

1971年1月通过藁城县广播站播发天气预报。1996年4月与藁城市广播电视局协商开通电视天气预报节目。2004年11月采用高标准视频采集卡,以信息文件形式传送。2005年6月,电视天气预报制作系统升级为非线性编辑系统,每天播报24小时天气预报、3～5天天气预报和温度实况等。

1996年11月开通模拟信号"121"天气预报自动答询系统。2004年1月天气预报电话自动答询系统"12121"升级为数字式平台。信息内容包括:24小时天气预报、周预报、短期气候预测、旅游景点预报、交通路况信息等。

2005年6月建成兴农网站。2007年10月通过市政府门户网站发布天气预报。

②决策气象服务

为市政府提供的气象专题报告有:周预报、月预报、重要天气预报、气象灾害预警、雨情报告和专题农业气象报告。从2001年9月开始每年定期报送卫星遥感图。2006年6月开通企信通短信平台系统,为市委、市政府领导提供气象服务。

【气象服务事例】 1996年8月4—5日,藁城市出现三十年一遇的暴雨,市气象局于8月3日做出未来24～48小时有大到暴雨、局部大暴雨过程预报,及时给政府领导和防汛办提供了气象服务信息和防汛工作建议。

③专业与专项气象服务

人工影响天气 1995年1月开始人工影响天气工作,5月,成立藁城市人工影响天气办公室,挂靠藁城市气象局。购置解放客货车1辆,石家庄市气象局配发WR火箭发射架1台,开展人工增雨(雪)、防雹作业。2002年12月购置中兴皮卡汽车1部,新购置WR火箭发射架1台。1995年1月—2008年12月共进行火箭作业60多次,发射火箭弹220余枚。

专项气象服务 1990年4月使用气象警报发射机为各乡镇和砖厂等单位提供气象服

务。1991年4月开展气球庆典服务、防雷服务等气象科技服务。

④气象科普宣传

在每年的"3·23"世界气象日、安全生产月、秋交会等活动中,开展多种形式的气象科普知识宣传活动。2005年7月,通过《新藁城》报发表12期气象防雷专刊。电视台《平安藁城》节目专题报道了气象局防雷和探测环境保护工作情况。2007年7月为全市中小学校师生发放了气象灾害防御挂图和气象科普知识光盘。

气象法规建设与社会管理

2004年4月市政府法制办公室批复确认市气象局具有独立的行政执法主体资格,并为3名干部办理了行政执法证,市气象局成立行政执法队伍。

2005年4月将气象探测环境保护标准和具体范围在市国土资源局、发展计划局、建设局进行备案。2008年5月12日市政府办公室下发《关于进一步加强气象探测环境和设施保护工作的通知》(藁政字〔2008〕12号)。2008年6月与石家庄市气象局签订保护气象探测环境责任书。

2004—2008年对施放气球活动进行了规范,对非法从事气球施放的单位进行了制止和行政处罚。2005年9月对藁城市东方明珠超市、2006年10月对藁城市地下商城及维明超市等未经审批擅自施放氢气球等违法行为进行了制止。

2003年6月12日市政府下发《关于进一步加强防雷安全工作的通知》(藁政〔2003〕19号)。2004年7月6日市气象局、安监局、公安局、教育局、文体局联合下发《关于加强学校、网吧防雷安全工作的通知》(藁气办〔2004〕1号)。2004年5月进驻市行政服务中心,同时成为市安全生产委员会成员单位,将防雷三项职能纳入气象行政管理范围。2007年7月16日,市政府下发《转发石家庄市气象局等部门关于做好学校防雷安全工作的通知》(藁政字〔2007〕37号)。

党建与气象文化建设

党的组织建设 1958年8月—1962年5月有党员1人,编入农林局党支部。1971年6月和10月调来2名党员后,编入县人民武装部党支部。1973年1月编入县农林局党支部。1973年10月成立党小组。1981年4月成立党支部。截至2008年12月,有党员8人(其中离退休党员5人)。

气象文化建设 始终坚持以人为本,自力更生,不断加强精神文明建设,逐年制定精神文明建设计划和实施方案。2006年4月进行了荣誉室、图书室和气象文化网的"两室一网"建设。

荣誉 1983—2008年共创地面测报"百班无错情"40个、"250班无错情"3个。1983年测报组被河北省气象局评为先进单位。1998—2008年藁城市气象局被藁城市委、市政府评为市级精神文明单位。1999—2008年连续10年被石家庄市气象局评为先进单位。2001年被河北省气象局评为河北省气象系统三级强局单位。2002—2003年被石家庄市委、市政府评为市级文明单位。2003年被藁城市委、市政府评为实绩突出领导班子。2003

年被河北省委、省政府评为二星级窗口单位。2004 年被河北省气象局评为气象法制工作先进单位。2003—2008 年,获得省部级以下综合表彰达 9 人次。

台站建设

1969 年 7 月 14 日观测场迁至城关南郊。1999 年 1 月 1 日观测场迁入水上公园内,新建 137 平方米观测楼。2002 年 10 月在原址新建面积 3022 平方米的综合楼。

2002—2008 年,新建车库 283 平方米、硬化路面 600 平方米、栽种乔灌木 65 棵、绿化面积达 400 平方米。藁城市气象局正努力向着一流台站的目标不断迈进。

藁城市气象局观测场(1969 年)

藁城市气象局观测场(1999 年)

晋州市气象局

机构历史沿革

始建情况 1964 年 7 月成立晋县气象哨。

站址迁移情况 1978 年 6 月 1 日由于原站址不符合《地面气象观测规范》要求迁站,迁移距离 165.0 米。晋州市气象局现位于晋州市东南,西邻和平街,东经 115°04′,北纬 38°01′,海拔高度 42.4 米。

历史沿革 1968 年 1 月更名为晋县气象站。1989 年 10 月更名为晋县气象局。1991 年 11 月撤县建市,更名为晋州市气象局。

1971 年 1 月 1 日—1987 年 12 月 31 日为国家一般气象站;1988 年 1 月 1 日—1996 年 12 月 31 日为辅助站;1997 年 1 月 1 日—2006 年 12 月 31 日恢复为国家一般气象站;2007 年 1 月 1 日—2008 年 12 月 31 日为国家气象观测站二级站。

管理体制 晋州市气象局为正科级全民事业单位。1964 年 7 月—1971 年 2 月隶属晋县农业局。1971 年 3 月—1971 年 5 月隶属晋县武装部。1971 年 6 月—1981 年 3 月隶属晋县农业局。1981 年 4 月起实行气象部门与地方政府双重领导,以气象部门领导为主的管理体制,1981 年 4 月—1989 年 9 月隶属石家庄地区气象局,实行石家庄地区气象局和晋县政府双重领导。1989年10月—1991年10月隶属石家庄地区气象局。1991年11月—1993年7月隶属石家庄地区气象局,实行石家庄地区气象局和晋州市人民政府双重领导。1993年8月起隶属石家庄市气象局,实行石家庄市气象局和晋州市人民政府双重领导。

单位名称及主要负责人变更情况

单位名称	姓名	职务	任职时间
晋县气象哨	刘建民	站长	1964.07—1967.12
			1968.01—1969.06
晋县气象站	王清凯	站长	1969.07—1978.04
	刘建民	站长	1978.05—1981.06
	李 刚	站长	1981.07—1982.04
	杨继山	站长	1982.05—1986.03
	龚登水	站长	1986.04—1988.04
	齐英才	站长	1988.05—1989.07
晋县气象局	葛兵河	副站长	1989.08—1989.09
		副局长	1989.10—1991.10
		局长	1991.11—1992.02
晋州市气象局	张月荣	局长	1992.03—2008.07
	贾永强	局长	2008.08—

人员状况 建站初期有预报员1人、测报员2人。到2008年底人员编制6人,实有在职人员6人。在职人员中:男3人,女3人;汉族6人;大学本科3人,大专1人,中专以下2人;中级职称2人,初级职称4人;30岁以下1人,31~40岁3人,41~50岁1人,50岁以上1人。

气象业务与服务

1. 气象业务

①地面气象观测

观测项目 1968年1月开始气象观测,观测项目有:云、能见度、天气现象、风向、风速、气温、湿度、气压、降水、日照、冻土、地温(地面及浅层)雪深,蒸发(小型)。1980年1月,观测项目调整为:云、能见度、天气现象、气压、气温、湿度、风向、风速、降水、日照、蒸发(小型)、地面温度、浅层地温(5、10、15、20厘米)、冻土、雪深。

观测时次 1968年1月起每日进行08、14、20时3次观测。1970年3月1日开始编发天气报。1972年1月1日—1974年7月1日增加02时观测,后又恢复为08、14、20时3次观测,夜间不守班。1999年1月1日配备计算机和AH测报软件后,由原来只发旬月报、重要天气报、雨量报,增加编发08、14、20时天气加密报。

发报种类 1968年10月开始向省气象局编发小图报。1976年6月15日向天津发送雨情报。1979年3月7日发06—06时雨量报。1980年5月7日恢复08—08时雨情报。1981年6月1日对省内小图报重要天气报规定补充说明。1983年1月11日执行全国统一的旬月报电码。1983 年 10 月 15 日执行重要天气报电码。1984 年 3 月 26 日执行重要天气报电码补充说明。1984 年 6 月 10 日停止向天津气象台拍发雨情报。1986 年 8 月 11 日向石家庄地区气象台增发气象旬月报。1989 年 9 月 21 日修改地方天气报和重要天气报电码。1991 年 7 月 15 日正式执行气象旬月报电码(HD-03)。1991 年 8 月 23 日执行关于编发气象旬月报电码(HD-03)补充规定。1991 年 10 月 5 日执行新版重要天气报电码。1997 年 6 月 1 日开始编发 06—06 时雨量报。1999 年 1 月 1 日开始编发 08、14、20 时天气加密报,原小图报规定不再执行。2002 年 3 月 21 日执行 2002 版重要天气报电码。2008 年 6 月 1 日执行 2008 版重要天气报电码。

气象报表制作　1971 年 1 月开始制作地面气象记录月报表和年报表,每月编制 3 份地面气象记录月报表,每年编制 4 份地面气象记录年报表。2007 年 1 月通过光纤给省市气象局传输电子版原始资料和报表,停止报送纸质报表。

②现代化观测系统

自动气象站　2007 年 6 月建成 CAW600-B(S)型自动气象站,7 月 1 日试运行。观测项目:气压、气温、湿度、风向、风速、降水、地温、草温等,全部采用仪器自动采集、记录,替代了人工观测。2008 年 1 月 1 日自动气象站与人工观测站双轨运行。

区域气象观测站　2004 年 5 月建成槐树、总十庄、营里、桃园 4 个区域气象观测站。2005 年 5 月建成东里庄、周家庄、东卓宿、马于、小瞧和晋州城区 6 个区域气象观测站,对晋州市的雨量、气温进行加密观测。

观测站视频监控系统　2006 年 8 月安装观测站视频监控系统。实现了天气实景监控、观测场地环境、探测设备运行与安全监测的有机结合,通过专用网络线路将监测实况传递到监控业务平台。

GPS 卫星定位综合服务系统　2008 年 10 月建成河北省卫星定位综合服务系统 GPS 晋州基准站,并投入运行。

③气象信息网络

1987 年 4 月开始使用甚高频电话发报,用于与石家庄市气象局进行天气会商,取代了最初的邮局电话传报。1998 年 7 月建成市—县有线通信,利用 X.28 异步拨号方式加入公用分组数据交换网,用于气象数据和公文传输。2002 年 6 月升级为 X.25 同步拨号方式。2004 年 12 月 25 日安装使用 2 兆光纤通信线路,代替 X.25 数据交换网。2006 年 7 月省—市—县可视会商系统正式开通。

1998 年 11 月以电话拨号方式通过互联网调取石家庄市气象局天气图等预报产品资料。2002 年 7 月安装 1 兆宽带代替电话拨号方式。

2003 年 8 月开通"9210"卫星接收系统,建成 PC-VSAT 小站和以 MICAPS 为工作平台的业务流程,可随时接收各种气象信息。

④天气预报

短期天气预报　1971 年 1 月开始制作天气预报,主要根据河北省、石家庄市气象台天气预报做出晋州市的订正预报。每天定时发布 1～2 次 24～48 小时的天气预报,内容包括最高气温、最低气温、天空状况、风向、风速、灾害性天气预报。1981 年 1 月根据预报需要抄录整理各项资料,绘制简易天气图、三线图等基本图表和气候图集,为准确制作天气预报提供依据。1984年12月取消抄录整理项目。

中、长期天气预报 1981年1月根据石家庄市气象台的旬、月天气预报,再结合分析本地气象资料、天气形势、天气过程的周期变化等制作一旬天气过程趋势预报、春播预报、汛期(6—8月)预报、秋季预报和年度气候预测。1985年4月开始转发石家庄气象台中长期天气预报。

2.气象服务

①公众气象服务

1972年1月通过广播电台向社会公众发布天气预报。1996年3月开始制作电视天气预报节目并在晋州电视台开播,同时停止广播电台播送天气预报。2004年12月投资2.6万元购置北京伍豪天气预报制作系统一套,将天气预报制作系统升级为非线性编辑系统,以信息文件形式报送天气预报,节目内容包括24小时、48小时及3~5天预报、交通线路预报等。

1996年8月购置模拟信号"121"天气预报电话自动答询系统,开通"121"天气预报自动咨询电话。2004年1月8日"121"并入石家庄市气象局数字网络化平台,2005年1月接入号码改为"12121",内容有:主信箱每日6次的24小时天气预报;10个分信箱内容包括每日更新的滚动周预报、每月1次的短期气候预测、天气实况、旅游景点预报、高速公路路况信息等。

2004年6月开通"晋州气象网站"、"晋州市兴农网"。2005年5月开通晋州市政务网,及时发布气象信息。2007年4月对晋州市气象局门户网站进行了改版,同年6月开始在晋州市各市直部门、各乡镇组建气象信息员队伍,促进农村气象信息传播。

②决策气象服务

为晋州市政府提供的气象专题报告有:周预报、月预报、重要天气预报、气象灾害预警、专题农业气象报告。2007年6月通过移动通信网络开通了气象短信平台,以手机短信方式向各级有关领导发送气象信息。为晋州市政府提供的气象专题报告有:周预报、月预报、重要天气预报、气象灾害预警、专题农业气象报告。

③专业与专项气象服务

人工影响天气 1974年5月利用土火箭开展人工影响天气作业。1995年1月规范人工影响天气工作,同年4月成立晋州市人工影响天气办公室,购置解放客货车1辆及WR火箭发射架1台。2002年3月新购置皮卡汽车1辆。开展人工增雨(雪)、防雹作业。1995年1月以来全市共进行火箭作业62次以上,发射WR型火箭弹240多枚。

专业气象服务 1990年4月安装使用气象警报发射机,用于为乡镇和砖厂提供天气预报服务,每天08、11、17时各广播1次,服务单位通过警报接收机定时接收气象服务。2006年12月制定晋州市决策气象服务周年方案,每年进行更新和完善。2006—2009年成功为晋州市四届梨花观赏周准确预报梨花最佳观赏期,并滚动做好梨花观赏周期间的天气预报。

④气象科普宣传

在每年的"3·23"世界气象日、安全生产月等活动中进行多种形式的气象科普知识宣传。2007 年 8 月晋州市政府组织召开气象灾害防御培训会议,邀请石家庄市气象专家和河北省气象局防雷专家讲授了雷电灾害预防知识,分析雷电产生原因,针对农村特点介绍了雷电防护措施及自救、互救的方法,呼吁公众要加强防雷安全意识和法制意识。2008 年 8 月晋州市政府召开关于加强气象灾害应急防御联系人工作会议,强调气象灾害应急防御联系人工作的重要性。

气象法规建设与社会管理

2005 年 3 月晋州市政府法制办确认晋州市气象局具有独立的行政执法主体资格,为 5 名干部办理了行政执法证,市气象局成立行政执法队伍,参加每年的行政执法培训。

2003 年 10 月晋州市政府下发了《关于加强保护气象探测环境工作的通知》(晋政函〔2003〕45 号)。2003 年 11 月将气象探测环境保护标准和具体范围材料在城建局、环境保护局、国土资源局备案,制作了"气象探测环境和设施受法律保护,任何单位和个人不许破坏"的警示牌。

1992 年 5 月成为市安全生产委员会成员单位,负责全市防雷安全的管理,每年定期对化工企业、易燃易爆场所、楼房建筑物等单位的防雷设施进行检查。对不符合防雷技术规范的单位,责令进行整改。1997 年 6 月成立晋州市防雷中心,将防雷工程从设计、施工到竣工验收全部纳入气象行政管理范围。2006 年 3 月晋州市防雷管理、施放气球管理正式入驻地方政务大厅。

党建与气象文化建设

党的组织建设　1965 年 1 月成立党支部。截至 2008 年底,有党员 5 人(其中退休党员 2 人)。

气象文化建设　2006 年 4 月完成了荣誉室、图书室和气象文化网"两室一网"建设,购买文化读物 5000 余册,订阅各类报刊、杂志,开辟党风廉政建设宣传栏。建成乒乓球、羽毛球等活动场所,购置文体活动器材,组织职工开展各项文体活动。1996—1997 年被晋州市委、市政府评为市级文明单位。1998—2008 年被石家庄市委、市政府评为市级文明单位。

荣誉　1983 年被评为河北省气象系统先进集体。1997 年被评为河北省气象部门县(市)三级强局单位。1998—2008 年创地面测报"百班无错情"10 个,"250 班无错情"2 个。1999—2008 年被石家庄市气象局评为优秀达标单位。2000 年被评为河北省气象部门县(市)二级强局单位。2001 年被河北省气象局评为农村气象警报网建设二等奖。2004 年被河北省省会精神文明委员会评为二星级窗口单位。2005 年被河北省建设厅评为园林式单位,被中国气象局评为气象部门局务公开先进单位。2006 年被河北省气象局评为气象法制工作先进集体。2007 年被河北省气象局评为一流台站。1978—2008 年获得省部级以下综合表彰达 19 人次。

台站建设

1978 年 6 月 1 日东移观测场 165 米。1992 年投入 16 万元,占地 4133 平方米,新建办公楼 1 栋 412 平方米,新建职工宿舍楼 1 栋 712 平方米,2 间车库 100 平方米。

2003 年投入 15 万元对全局大院进行整体规划建设:垫土 2100 立方米,新增绿化面积 1350 平方米,草坪 500 平方米,铺设彩砖小路 150 米,种植各类花草 10 余种,对旧围墙进行翻新,硬化路面 450 平方米。2004 年,种植乔木 18 棵,灌木 300 棵。2006 年,铺设路岩石,安装路灯。全局绿化覆盖率达到 80%,硬化路面 1100 平方米。

晋州市气象局(1984 年)

晋州市气象局(2007 年)

井陉县气象局

机构历史沿革

始建情况　1955 年 11 月井陉矿区建立井陉气候站。

站址迁移情况　第 1 次迁站:1959 年 9 月 1 日由于一县一站合并原因迁站,迁移距离 10000 米,海拔高度 255.5 米。第 2 次迁站:1962 年 1 月 1 日根据上级指示原因迁站,迁移距离 2000 米,海拔高度 238.2 米。第 3 次迁站:1964 年 1 月 1 日根据上级指示迁站,迁移距离 2000 米,海拔高度 255.5 米。井陉县气象局现位于井陉县微水镇微水村官官岭,东经 114°08′,北纬 38°02′,海拔高度 255.5 米。

历史沿革　1958 年 9 月井陉县建立井陉县人民委员会气象站。1959 年 9 月井陉气候站与井陉县人民委员会气象站合并,称井陉县人民委员会气象站。1963 年 6 月更名为井陉县气象服务站。1971 年 10 月更名为井陉县气象站。1989 年 7 月更名为井陉县气象局。

1956 年 1 月 1 日—2006 年 12 月 31 日为国家一般气象站。2007 年 1 月 1 日—2008 年 12 月 31 日为国家气象观测站二级站。

管理体制　井陉县气象局为正科级全民事业单位。1955 年 11 月—1959 年 9 月隶属井陉矿务局。1958 年 9—12 月隶属县农工部。1959 年 1 月—1961 年 12 月隶属县农业局。1962 年 1 月—1966 年 12 月隶属石家庄专员公署气象局。1967 年 1 月—1971 年 1 月隶属石家庄地区气象局,实行石家庄地区气象局和井陉县人民政府双重领导体制。1971 年 2

月—1973 年 6 月隶属县人民武装部。1973 年 7 月—1981 年 3 月隶属县农业局。1981 年 4 月起实行气象部门与地方政府双重领导,以气象部门领导为主的管理体制,1981 年 4 月—1993 年 7 月隶属石家庄地区气象局,实行石家庄地区气象局和井陉县人民政府双重领导。1993 年 8 月起隶属石家庄市气象局,实行石家庄市气象局和井陉县人民政府双重领导。

单位名称及主要负责人变更情况

单位名称	姓名	职务	任职时间
井陉气候站	马良骥	副站长	1955.11—1958.08
井陉县人民委员会气象站	马义斌	负责人	1958.09—1961.07
	高 辉	副站长	1961.08—1963.05
井陉县气象服务站			1963.06—1971.06
	冀瑞祥	站长	1971.06—1971.09
			1971.10—1972.05
	高 辉	副站长	1972.06—1975.02
井陉县气象站	张策政	站长	1975.03—1976.12
	许 均	站长	1977.01—1978.01
	赵尔文	站长	1978.02—1984.05
	高 辉	站长	1984.06—1989.04
	杜凤梅	站长	1989.04—1989.06
井陉县气象局		局长	1989.07—1998.03
	李金锁	局长	1998.04—2002.03
	门秀文	局长	2002.03—2003.06
	李金锁	局长	2003.07—

人员状况 建站初期有职工 3 人。截至 2008 年底,井陉县气象局编制 7 人,实有在职职工 7 人。在职职工中:男 3 人,女 4 人;汉族 7 人;大学本科以上 1 人,大专 2 人,中专以下 4 人;中级职称 3 人,初级职称 4 人;30 岁以下 1 人,31～40 岁 2 人,41～50 岁 3 人,50 岁以上 1 人。

气象业务与服务

1. 气象业务

①地面气象观测

观测项目 1955 年 11 月 16 日建站时观测项目有:气温、风向风速(维尔达式)、云、降水、日照、地温(0、20 和 40 厘米)。1958 年 11 月 24 日,增加气压计。1959 年 4 月 1 日增加温度计和湿度计。1961 年 10 月 21 日安装雨量计,增加雨量自记观测。1970 年 4 月 30 日维尔达式风改为 EL 型电接风后,观测项目有:云、能见度、天气现象、气压、气温、湿度、风向、风速、降水、日照、蒸发(小型)、地面温度(浅层)、地温、冻土、雪深。

观测时次 1955 年 11 月 16 日—1960 年 7 月 31 日为 01、07、13、19 时(地方时)4 次,夜间不守班。1960 年 8 月 1 日—1960 年 12 月 31 日为 02、08、14、20 时(北京时)4 次,夜间

不守班。1961年1月1日—1971年12月31日为08、14、20时3次,夜间不守班。1972年1月1日—1973年1月31日观测时次为02、08、14、20时4次定时观测,夜间守班。1973年2月1日—2008年12月为08、14、20时3次定时观测,夜间不守班。

发报种类　1960年1月编发小图报。1963年7月执行河北省区域电码。1964年11月执行河北省绘图天气电码。1965年1月向河北省气象局转发旬报。1965年10月停发绘图报。1970年9月增加航危报。1980年5月17日恢复向河北省气象台拍发08时雨情报。1981年1月调整航危报。1981年4月16日停发绘图报。1981年4月修改向京津冀拍发重要天气报。1983年10月增加重要天气电码。1983年10月执行新旬报电码。1999年3月重要天气报告电码取消过一段时间。1999年11月拍发天气加密报,原小图报规定不再执行。2002年3月执行河北省重要天气报告电码(2002版),原有重要天气报有关规定作废。2008年6月1日执行2008版重要天气报电码。

气象报表制作　1956年1月开始采用手工制作年、月报表,分别向河北省气象局和石家庄市气象局报送1份报表。1956—1960年制作的报表种类有气表-3、气表-23、气表-4、气表-24、气表-5、气表-25、气表-7等。2007年1月通过光纤向省、市气象局传输电子版原始资料和报表,停止报送纸质报表。

②现代化观测系统

自动气象站　2007年6月建成CAW600-B(S)型自动气象站,7月1日运行。观测项目:气压、气温、湿度、风向、风速、降水、地温、草温。2008年1月1日—12月31日自动站、人工站双轨运行。

区域气象观测站　2004年5月建成上安、障城、辛庄、吴家窑、矿区5个单雨量自动气象站。2005年5月建成苍岩山、南峪、南王庄、贾庄、南岙、于家6个雨量、气温两要素自动气象观测站。2006年5月建成小作、天长、威州、孙庄、南陉、秀林6个两要素自动气象观测站。

闪电定位仪　2004年3月安装闪电定位仪一部,用于探测县域内闪电发生的强度、方向、频率及其变化情况。

观测站视频监控系统　2008年4月建成观测站视频监控系统,实现天气实景、观测场地环境、探测设备运行的实时监控,通过专用线路将监测实况传递到河北省气象局监控业务平台。

③气象信息网络

1986年4月前主要通过邮局发报。1986年5月使用甚高频电话发报。1999年8月建成县市有线通信,利用X.28异步拨号方式加入公用分组数据交换网,用于气象数据和公文传输。2002年7月升级为X.25同步拨号方式。2002年7月以电话拨号方式通过互联网调取石家庄市气象局天气图等预报产品资料。2004年9月安装使用2兆光纤通信线路,代替X.25数据交换网。2006年7月省—市—县可视会商系统正式开通。

④天气预报

短期天气预报　建站之初,主要使用无线电收音机收听河北省气象台、石家庄地区气象台及山西省阳泉市气象台的广播,结合当地实况做出短期天气预报。1982年5月利用北京的气象传真、欧洲的500百帕、850百帕等传真图表制作预报。2002年1月改为订正预报。

中、长期天气预报　1981年1月根据石家庄市气象台的旬、月天气预报,再结合分析本地气象资料、天气形势、天气过程的周期变化等制作一旬天气过程趋势预报、春播预报、汛期(6—8月)预报、秋季预报和年度气候预测。1985年4月开始转发石家庄气象台中长期预报。

2. 气象服务

①公众气象服务

1979年1月开始通过县广播站播送天气预报。1997年3月开通"121"模拟信号自动答询电话。2004年1月8日"121"并入石家庄市气象局数字网络化平台。2005年1月号码改为"12121"。1998年6月开始在县电视台播放天气预报节目。天气预报信息由县气象局提供,电视节目由县电视台制作,每天播报24小时预报及3~5天预报、温度等。2006年天气预报制作系统升级为非线编辑系统。

②决策气象服务

1990年4月安装使用警报接收机。2005年12月安装了区域气象观测站短信平台,为各级领导提供各种气象信息和雨情汛情。2006年6月井陉县政府下发《关于建立井陉县防灾减灾信息监控系统的意见》(井政〔2006〕25号),并委托县气象局进行该系统的建设。该系统主站设在县气象局,依托预报预测产品和17个区域气象观测站的雨情实时监控资料,实现了与县政府、17个乡镇及相关部门资源共享,遇有重要天气及时向县防汛办、地质灾害办公室及有关领导汇报天气情况。

③专业与专项气象服务

人工影响天气 井陉县人工影响天气工作起步于1967年。1974年7月以后人工影响天气由防雹发展到用土火箭进行人工降水试验。1995年7月恢复人工影响天气工作,同年10月成立井陉县人工影响天气办公室。1999年4月购置客货车1辆,WR火箭发射架1台。主要开展春秋季人工增雨作业、夏季的防雹作业、冬季的增雪作业。

专业气象服务 1990年4月安装使用警报接收机。2003年10月31日—2004年9月30日完成上安电厂三期工程的气象资料采集工作,为工程做好前期准备。2004年6月—2009年5月为河北省重点工程张河湾抽水蓄能有限公司电站工程筹建了自动气象站,并代为观测。2006年3月为西气东输工程提供气象服务。2007年1月—2008年11月利用气象信息短信平台为上安电厂三期工程提供天气预报。

④气象科普宣传

2006年起每年与县科协联合在井陉公园门口设固定展牌宣传气象知识。每年"3·23"世界气象日积极宣传气象知识、雷电知识等,参加县安检局组织的安全知识宣传活动。2008年为全县各中小学校发放挂册、光盘等材料。

气象法规建设与社会管理

1992年10月县气象局成为县安全生产委员会成员单位。2002年3月县气象局成立行政执法队伍,参加每年的行政执法培训,10名同志办理了行政执法证。

2005年9月在观测场周围设立警示标志,在县政府、县人大、建设局、环保局、土地局、微水镇政府、微水村委对气象探测环境进行了备案,并同附近户居民签订了保护协议。

2005 年 6 月县安全生产监督管理局下发《关于开展防雷安全专项检查活动的通知》（井安监管〔2005〕9 号）和《关于进一步加强防雷安全管理工作的通知》（井安监管〔2007〕4 号），对防雷工作加以规范和管理。2008 年 7 月下发了《井陉县人民政府关于加强防雷安全工作的通知》（井政〔2008〕15 号）。

党建与气象文化建设

党的组织建设　1958 年 9 月编入县农工部党支部。1959 年 1 月—1971 年 1 月编入县农业局党支部。1971 年 2 月—1973 年 6 月编入县人民武装部党支部。1973 年 3 月—1978 年 3 月编入县农工部党支部。1978 年 4 月建立独立党支部，有党员 3 人。截至 2008 年 12 月有党员 5 人（其中离休职工党员 1 人）。

气象文化建设　1998—2008 年被井陉县委、县政府评为县级精神文明单位。1998—2003 年、2006—2008 年被石家庄市委评为市级文明单位。2006 年 4 月建成图书阅览室、职工学习室，有图书 500 册，完成了荣誉室、图书室和气象文化网的"两室一网"建设。

荣誉　1979—2008 年共获集体荣誉奖 66 项。1979 年被石家庄地区气象局评为测报工作先进集体。1982 年被评为河北省气象系统先进集体。1996 年分别被中国气象局和河北省气象局评为汛期气象服务先进集体。1998 年被河北省气象局评为"优质服务、优良作风、优美环境"先进单位。共创地面测报"百班无错情"56 个，5 人获"250 班无错情"6 个。2001 年被河北省气象局评为河北省气象系统三级强局单位。2003 年被河北省精神文明委员会评为二星级窗口单位。2004 年被河北省气象局评为优秀观测组。1979—2008 年井陉县气象局个人获奖共 110 人次。

台站建设

1992 年 2 月将原办公用瓦房拆除，新建 550 平方米办公楼。1999—2007 年先后投资 30 万元，对全局进行综合改造，更换铝合金门窗，办公楼和宿舍楼内外墙进行了粉刷，院落进行了硬化，新盖车库 60 平方米。2006 年完成集中供热工程，解决了冬季采暖问题。

2002—2006 年绿化面积 160 平方米，种植多种乔木，全局绿化率达 80%。

井陉县气象站老观测场（1983 年）

井陉县气象站旧貌（1983 年）

井陉县气象局现观测场(2012 年)

井陉县气象局现办公楼(2012 年)

灵寿县气象局

机构历史沿革

始建情况　1962 年 4 月成立灵寿县气象服务哨。

站址迁移情况　1964 年 7 月 1 日由于水灾原因迁站,迁移距离 1500 米,海拔高度 108.9 米。灵寿县气象局现位于灵寿县正南路 5 号,北纬 38°08′,东经 114°23′,海拔高度 108.9 米。

历史沿革　1966 年 2 月更名为灵寿县气象服务站。1971 年 5 月,正式建成灵寿县气象站。1989 年 7 月更名为灵寿县气象局。

1980 年 1 月 1 日—1988 年 12 月 31 日为国家一般气象站。1989 年 1 月 1 日—1998 年 12 月 31 日为辅助站。1999 年 1 月 1 日—2006 年 6 月 30 日恢复为国家一般气象站。2006 年 7 月 1 日—2008 年 12 月 31 日为国家气象观测站二级站。

管理体制　灵寿县气象局为正科级全民事业单位。1962 年 4 月—1962 年 7 月隶属灵寿县农林局。1962 年 7 月—1966 年 11 月隶属石家庄地区气象局。1966 年 12 月—1971 年 4 月隶属灵寿县革命委员会农业局。1971 年 5 月—1973 年 3 月隶属灵寿县人民武装部。1973 年 4 月—1981 年 3 月隶属灵寿县农业局。1981 年 4 月起实行气象部门与地方政府双重领导,以气象部门领导为主的管理体制,1981 年 4 月—1993 年 7 月隶属石家庄地区气象局,实行石家庄地区气象局和灵寿县政府双重领导。1993 年 8 月起隶属石家庄市气象局,实行石家庄市气象局和灵寿县政府双重领导。

单位名称及主要负责人变更情况

单位名称	姓名	职务	任职时间
灵寿县气象服务哨	张庆和	负责人	1962.04—1964.04
	万 全	负责人	1964.05—1965.03
灵寿县气象服务站	吴正栋	负责人	1965.04—1966.01
		站长	1966.02—1971.04
		站长	1971.05—1972.03
灵寿县气象站	黄怀孝	站长	1972.04—1977.08
	赵书海	站长	1977.09—1978.04
	吴录丰	站长	1978.05—1984.04
	史美玉	站长	1984.05—1989.06
灵寿县气象局		局长	1989.07—1991.02
	李庆海	局长	1991.03—1994.07
	袁学让	局长	1994.08—2000.11
	胡希文	局长	2000.12—2002.10
	许 雷	局长	2002.11—2006.06
	高 杨	局长	2006.06—

人员状况 1962年4月建哨时有职工2人。截至2008年底,人员编制6人,实有在职职工5人,退休职工3人。在职职工中:男3人,女2人,均为汉族;大学本科以上2人,大专1人,中专及以下2人;中级职称1人,初级职称4人;30岁以下2人,31~40岁1人,41~50岁1人,50岁以上1人。

气象业务与服务

1. 气象业务

①地面气象观测

观测项目 1962年4月1日建哨时观测项目有:云、天气现象、气压、气温、风向、风速(维尔达式)、降水、蒸发、地温、冻土、雪深、日照。1970年3月24日维尔达式风改为EL型电接风。1988年12月23日取消冻土观测。1963年7月取消320厘米地温观测。1970年4月取消160厘米地温观测。1982年12月31日取消40厘米、80厘米地温观测。观测项目有:云、能见度、天气现象、气压、气温、湿度、风向、风速、降水、日照、蒸发(小型)、地面温度、浅层地温、雪深。

观测时次 从1962年4月1日起每日08、14、20时3次观测并编发天气加密报。1972年1月1日增加02时观测。1974年7月1日恢复为08、14、20时3次观测,夜间不守班。

发报种类 1962年4月开始向河北省气象局编发小图报。1972年1月年增发雨情报。1972年7月增加电接风观测并报表。1975年7月恢复能见度观测。1982年1月1日执行新电码。1983年1月1日执行新旬报电码。1983年10月25日增加重要天气报。1989年1月1日执行辅助站业务规定。1999年3月1日开始拍发天气加密报,原小图报规定不再执行。2008年6月1日执行2008版重要天气报电码。

气象报表制作 1971 年 1 月开始制作地面气象记录月报表和年报表,每月编制 3 份地面气象记录月报表,每年编制 4 份地面气象记录年报表。2007 年 1 月通过光纤给省、市气象局传输电子版原始资料和报表,停止报送纸质报表。1989 年 1 月 1 日—1998 年 12 月 31 日只发旬月报、重要天气报、雨量报。1999 年 1 月 1 日配备计算机和 AH 测报软件,增加编发 08、14、20 时天气加密报。

②现代化观测系统

区域气象观测站 2004 年 4 月建成五岳寨、寨头、谭庄 3 个区域气象观测站。2005 年 5 月建成北洼、塔上、燕川、南营、陈庄、青同 6 个区域气象观测站。2006 年 3—5 月建成狗台、岔头、慈峪、灵寿镇 4 个区域气象观测站。截至 2008 年底共有 13 个两要素区域气象观测站,观测要素为气温和降水。

观测站视频监控系统 2008 年 4 月建成观测站视频监控系统,通过专用线路将监测实况传递到河北省气象局监控业务平台,实现天气实景、观测场地环境、探测设备运行的实时监控。

③气象信息网络

1984 年 1 月使用录音电话发报,安装 CE-80 型传真机接收传真图,此前通过邮局发报。1985 年 7 月用 301 无线对讲机进行天气会商,初步构建了气象灾害区域联防系统。1987 年 4 月 1 日架设开通高频无线对讲通讯电话,实现与其他气象局的直接业务会商。1990 年 11 月使用 PC-1500 袖珍计算机编报代替手工编报。1997 年 10 月观测编报程序投入运行。1999 年 1 月报表使用微机编制,并将报表数据录入省气象局资料库。

1999 年 8 月建成市县有线通信,利用 X.28 异步拨号方式加入公用分组数据交换网,用于气象数据和公文传输,2002 年 6 月升级为 X.25 同步拨号方式。2004 年 11 月安装使用 2 兆光纤通信线路,代替了 X.25 数据交换网。2006 年 7 月省—市—县可视会商系统正式开通。

④天气预报

短期天气预报 1971 年 1 月开始制作天气预报,主要根据河北省、石家庄市气象台的天气预报做出本县的订正预报,每天定时发布 1 次 24～48 小时的天气预报,内容包括最高气温、最低气温、天空状况、风向、风速、灾害性天气预报。1984 年 1 月完成了 1963—1983 年各项基本资料、简易天气图、三线图等基本图表和气候图集的整理绘制,为提高天气预报准确度提供依据。

中、长期天气预报 1981 年 1 月根据石家庄市气象台的旬、月天气预报,再结合分析本地气象资料、天气形势、天气过程的周期变化等制作一旬天气过程趋势预报、春播预报、汛期(6—8 月)预报、秋季预报和年度气候预测。1985 年 4 月开始转发石家庄气象台中长期天气预报。

2. 气象服务

①公众气象服务

1989 年 6 月农村服务警报网正式建成,实现了气象信息为广大人民群众服务。1999 年 5 月 1 日开始制作电视天气预报节目并在县电视台播放。2003 年 2 月天气预报制作系统升级为非线性编辑系统,节目内容包括24小时和48小时天气预报、山区预报、交通线路预报、森林防火警报等。

1996年5月"121"天气预报自动答询系统开通。2004年1月8日"121"并入石家庄市气象局数字化网络平台。2005年1月号码改为"12121"。主信箱每日3次的24小时天气预报,10个分信箱每日更新的滚动周预报,每月1次的短期气候预测、旅游景点预报、高速公路路况信息,历史同期回顾等。

2003年起每年5月20日—6月10日向全县提供麦收期间气象服务,根据天气情况对麦收前田间管理做简单指导。2007年4月开通灵寿县兴农网,主要内容有每日3次的24小时天气预报、每日更新的周预报、短期气候预测、气象科普、重要农时预报、政务信息公开、法律法规公开等内容。

②决策气象服务

1976年1月开始为县委、县政府等62个单位提供气象服务,主要内容包括气温、降水、风的短期预报、长期预报、灾害性天气、农业气象资料等,服务方式为电话传送和书面抄送。1983年底服务单位增至75家。1996年8月和1998年7月灵寿县出现罕见暴雨,县气象局及时为县政府领导和防汛办提供预报服务信息和雨情信息。2006年6月制定灵寿县决策气象服务周年方案,每年都不断进行更新和完善。2007年建成气象灾害预报预警发布平台,通过手机短信向县委、县政府有关领导及相关部门提供气象服务。为县政府提供的气象专题报告有周预报、月预报、雨情报告、重要天气预报、气象灾害预警、专题农业气象报告。

③专业与专项气象服务

人工影响天气 1998年3月成立人工影响天气办公室,但未进行人工影响天气作业。2000年1月恢复人工影响天气工作后,在横山岭水库设作业区,用人工增雨(雪)火箭发射架发射火箭弹进行人工消雹作业和人工增雨(雪)作业。

专业气象服务 自1976年1月起为气象业务和科研服务提供气象资料,为保险赔付提供气象凭证,为公安司法办案提供气象查询,为各种纠纷等提供气象实况,为各行各业提供咨询服务。1985年7月在县防汛抗旱办公室及重点防汛厂矿等单位安装了20余台气象警报发射机,定时播报气象预报。2002年4月起为灵寿五岳寨采茶节做好采茶节期间气象服务工作。

④气象科普宣传

每年"3·23"世界气象日,发放防雷减灾资料、灾害性天气应对措施挂件、科普知识宣传画册。2007年开始利用兴农网向公众宣传预防灾害的知识。2008年5月对灵寿县300多名气象信息员进行防灾减灾、雷电灾害防御知识和应对突发性气象事件的培训。

气象法规建设与社会管理

2004年6月灵寿县政府法制办批复,确认灵寿县气象局具有独立行政执法主体资格,为县气象局3名干部办理行政执法证,县气象局成立行政执法队伍。

2006年11月县政府下发《灵寿县气象探测环境保护方案》(灵政〔2006〕57号),要求加强气象探测环境保护,并将气象探测环境保护材料在建设局、国土局进行备案。2008年3月31日与石家庄市气象局签订了保护气象探测环境责任书。

2003年9月对1个释放气球单位进行资格认定,并对其进行监督,对违反《河北省施放气球管理条例》的单位和个人进行依法查处。

2004年6月灵寿县政府下发《关于进一步加强防雷安全工作的通知》、县安委办下发《关于加强防雷安全工作的通知》。同年,县气象局被列为县安全生产委员会成员单位,将防雷三项职能纳入气象行政管理范围,负责全县防雷安全的管理。2006年10月县气象局进入灵寿县行政审批大厅,防雷三项职能得到进一步落实。

党建与气象文化建设

党的组织建设　1962年4月建哨时有党员2人,编入县农林局党支部。1966年7月—1973年3月编入县人民武装部党支部。1973年4月—1981年3月编入农业局党支部。1981年4月成立灵寿县气象站党支部。截至2008年底有党员4人(其中离退休党员1人)。

气象文化建设　2006年4月完成了荣誉室、图书室和气象文化网"两室一网"(荣誉室、图书室、气象文化网)建设,方便职工阅读图书、查询资料。2008年度被石家庄市委、市政府评为文明单位。

荣誉　1998—2008年创地面测报"百班无错情"18个,地面测报"250班无错情"1个。2003—2007年被石家庄市气象局评为优秀达标单位。2003年被河北省气象局精神文明建设委员会评为一星级窗口单位。2008年被石家庄市气象局评为特别优秀达标单位。1998—2008年获得省部级以下综合表彰达20人次。

台站建设

1962年4月建哨时,站址设于苗圃场。1964年7月1日迁站至县城东郊,占地6526.7平方米。1976年5月1日观测场南迁25米。1995年5月1日观测场垫高0.5米,东移8.5米,南移5.0米。1998年5月建成312平方米办公楼1栋。2003年装修办公楼,改造业务值班室,完成了业务系统的规范化建设。2006年拆除旧平房,新建锅炉房及车库3间。

1999年3月对单位院内环境进行改造,整修道路,修建花坛和草坪。1999—2005年对单位环境进行逐步改造,共硬化路面1380平方米,绿化面积3820平方米,种植丁香、梧桐、塔松、翠竹等乔木120棵,绿化覆盖率达到65%。

灵寿县气象局旧貌(1984年)

灵寿县气象局新貌(2007年)

栾城县气象局

机构历史沿革

始建情况 1964 年 6 月 1 日成立栾城县气象哨。

站址迁移情况 第 1 次迁站:1976 年 10 月 1 日由于城镇建设规划所需,迁移距离为西迁 200 米,海拔高度 50.5 米。第 2 次迁站:1980 年 6 月 1 日为改善观测环境,迁移距离为 3500 米,海拔高度 52.9 米。栾城县气象局现位于栾城县城西北,东邻丰泽大街,西邻惠源路,东经 115°39′,北纬 37°52′,海拔高度 52.5 米。

历史沿革 1970 年 10 月建立栾城县气象站,站址在原良种场西边。1971 年 1 月 1 日正式进行观测。1989 年 10 月栾城县气象站更名为栾城县气象局。

1971 年 1 月 1 日—2006 年 12 月 31 日为国家一般气象站;2007 年 1 月 1 日—2008 年 12 月 31 日为国家气象观测站二级站。

管理体制 1970—1975 年栾城县气象站实行"军管",隶属县人民武装部。1975—1980 年隶属栾城县革命委员会,农业局代管。1981 年 4 月起实行气象部门与地方政府双重领导,以气象部门领导为主的管理体制,1981 年 4 月—1993 年 7 月隶属石家庄地区气象局,实行石家庄地区气象局和栾城县人民政府双重领导。1993 年 8 月起隶属石家庄市气象局,实行石家庄市气象局和栾城县政府双重领导。

单位名称及主要负责人变更情况

单位名称	姓名	职务	任职时间
栾城县气象哨	无记载资料		1964.06—1970.10
栾城县气象站	赵维增	站长	1970.10—1972.10
	常林子	站长	1972.10—1980.12
	董振梅	站长	1980.12—1984.06
	赵秀兰	站长	1984.06—1985.08
	常振祥	站长	1985.09—1986.03
栾城县气象局	张英春	站长	1986.04—1989.10
		局长	1989.10—1992.11
	许振平	局长	1992.11—1994.08
	脱松桥	局长	1994.08—2002.02
	吴彦丽	局长	2002.03—

注:由于建站初期台站档案记录不完善,1964 年 6 月—1970 年 10 月负责人和职务无法找到记载资料。

人员状况 1970 年 10 月,建站时有 4 人。截至 2008 年底,编制数为 7 人,实有在职职工 5 人,在职职工中:男 2 人,女 3 人;本科学历 2 人,大专学历 3 人;中级职称 1 人,初级职称 4 人。30 岁以下 2 人,31~40 岁 2 人,41~50 岁 1 人。

气象业务与服务

1. 气象观测

①地面气象观测

观测项目 有云、能见度、天气现象、气压、气温、湿度、风向、风速、日照、蒸发(小型)、降水、地面温度、浅层地温、冻土、雪深。

观测时次 1970 年 1 月 1 日起每日进行 08、14、20 时 3 次观测,夜间不守班。1999 年 1 月 1 日配备计算机和 AH 测报软件后,由原来只有发旬月报、重要天气报、雨量报这三类报文,增加编发了 08、14、20 时天气加密报,并使用计算机取代人工编报、制作报表。天气观测发报时次为 08、14、20 时。

发报种类 1974 年 1 月发旬月报。1979 年发 06—06 时雨情报。1980 年 5 月向省气象台拍发汛期雨情报。1983 年 10 月执行重要天气电码。1999 年 1 月 1 日 14 时发小图报。1999 年 3 月 1 日开始拍发天气加密报,原小图报规定不再执行。2008 年 6 月 1 日执行 2008 版重要天气报电码。

气象报表制作 1971 年 1 月开始制作地面气象记录月报表和年报表,每月编制 3 份地面气象记录月报表,每年编制 4 份地面气象记录年报表。2007 年 1 月,通过光纤给省、市气象局传输电子版原始资料和报表,停止报送纸质报表。

②农业气象观测

1979 年 9 月栾城县气象站成立农业气象观测组;12 月栾城县气象站被定为国家农业气象基本站。观测项目有:小麦、玉米、棉花。物候观测有:木本植物(杨、柳、榆)、草本植物(马兰、龙葵、苍耳)和动物(青蛙、大雁、小燕、布谷鸟)。1989 年 1 月,因棉花的种植面积逐年减少,停止对棉花进行观测。1992 年 1 月 1 日因工作调整停止物候观测。1997 年 1 月 1 日恢复物候观测。现观测作物有冬小麦和夏玉米,木本植物有小叶杨,草本植物为马兰,动物是家燕。

2. 现代化气象观测系统

自动气象站 2007 年 6 月建成 CAW600-B(S)型自动气象站。2007 年 7 月 1 日自动站试运行。2008 年 1 月 1 日自动站、人工站双轨运行。

区域气象观测站建设 2004 年 4 月建成郗马镇、窦妪镇、西营乡、柳林屯乡 4 个区域站,2005 年 5 月建成南高乡、冶河镇 2 个区域站,2006 年 5 月建成栾城镇、楼底镇 2 个区域站。开始对全县 8 个乡镇的雨量、气温进行加密观测。

观测站视频监控系统 2008 年 6 月安装观测场实景观测网络监控系统,实现了天气实景监控、观测场地环境、探测设备运行与安全监测的有机结合,通过专用网络线路将监测实况传递到河北省气象局监控业务平台。

3. 气象信息网络

1986 年 4 月前主要通过邮局发报。1986 年 5 月使用甚高频电话发报,并用于与石家庄市气象局进行天气会商。1998年11月购置微机1台,用于测报查算、编报、编制报表。1999年8月安装使用X.28分组数据交换网用于测报传输数据。2002年6月升级为X.25同步拨号方式,用于气象数据和公文传输。2003年4月安装ADSL宽带,开始使用宽带网访问Internet调取石家庄市气象局天气图等预报产品资料。2004年9月安装使用2兆VPN局域网专线。2006年7月省—市—县可视会商系统正式开通。

4. 天气预报

短期天气预报 1979年7月—1986年4月开始收听电台要素广播,绘制小图报和本站温压湿三线图。1986年5月—1987年6月接收北京气象传真和日本传真图表,制作预报。1987年7月开通高频无线对讲通讯电话,实现与地区气象局直接业务会商。1996年1月改为订正预报。

中、长期天气预报 1981年1月根据石家庄市气象台的旬、月天气预报,再结合分析本地气象资料、天气形势、天气过程的周期变化等制作一旬天气过程趋势预报、春播预报、汛期(6—8月)预报、秋季预报和年度气候预测。1985年4月开始转发石家庄气象台中长期预报。

5. 气象服务

①公众气象服务

1996年4月购置电视天气预报制作设备一套,经与栾城县广播局协商,在栾城县电视台播出天气预报,每天播出2次。

1996年11月开通"121"模拟信号自动答询电话。2004年1月8日"121"并入石家庄市气象局数字网络化平台。2005年1月号码改为"12121"。信息内容包括主信箱每日3次的24小时天气预报;10个分信箱内容包括每日更新的滚动周预报,每月1次的短期气候预测、旅游景点预报、高速公路路况信息等。2007年9月开通兴农网。

②决策气象服务

为栾城县政府提供的气象专题报告有:周预报、重要天气预报、气象灾害预警信号、雨情报告、专题农业气象报告等。2007年5月为更好地做好气象服务,通过网通公司开通"信息魅力"业务平台,以手机短信方式向县、乡、村各级领导、县有关单位以及气象灾害应急防御联系人发送气象灾害预警信号。2007年7月组建栾城县气象灾害应急防御联系人队伍,成员为各村党支部书记或村长以及教育、交通、建设、文化等部门有关人员,共计230人。

③专业与专项气象服务

人工影响天气 1999年6月开始进行人工影响天气工作。2000年8月成立人工影响天气办公室,人员列入地方编制,编制2人,所需经费列入地方财政预算。1999年6月购置解放客货一辆和WR火箭发射架一台。2002年8月购置中兴皮卡汽车1辆。

专业气象服务 1988年购置气象警报系统,安装到全县16个乡镇及有关部门,对外开展服务。每天上午、下午各广播1次,服务单位通过警报机定时接收气象预报服务。1998年为栾城县草莓采摘节、物资交流会等活动及环保局做专业气象服务工作。

④气象科普宣传

利用讲课、集会、电视等形式,开展气象知识宣传,2006年6月开展防雷知识"进农村、进企业、进学校、进社区"活动,发放宣传挂图、光盘、宣传材料 10000 余份。

气象法规建设与社会管理

2003 年成立县气象局行政执法队伍,栾城县政府法制办为 3 名同志办理了行政执法证。2004 年县气象局被列为县安全生产委员会成员单位。

2008 年 6 月,县政府办公室下发《关于进一步加强气象探测环境和设施保护工作的通知》(栾政办函〔2008〕39 号)。2007 年 5 月树立警示牌。2004 年 4 月将气象探测环境保护标准和具体范围在栾城县国土局、规划局、建设局进行备案。2008 年 3 月与石家庄市气象局签订保护气象探测环境责任书。

2003 年栾城县气象局对县域内施放气球活动进行规范,对非法从事气球施放的单位进行了制止。

2004 年负责全县的防雷减灾管理工作,定期对石油、化工等易燃易爆场所及其他企事业单位防雷设施进行检查,对不符合防雷技术规范要求的单位,责令进行整改。

2007 年县政府办公室下发《关于加强防雷减灾工作的通知》(栾政办函〔2007〕40 号),将新建、改建、扩建建(构)筑物的防雷设施设计、施工、竣工验收纳入气象行政管理范围。

党建与气象文化建设

党的组织建设 1971 年气象站成立党支部,有党员 2 人。1981 年 1 月—1984 年 8 月有党员 2 人。1984 年 8 月—1985 年 11 月有党员 3 人。1986 年 4 月—1993 年 3 月有党员 3 人。1994 年 8 月—2003 年 5 月有党员 4 人。截至 2008 年 12 月有党员 4 人(其中离退休职工党员 1 人)。

气象文化建设 栾城县气象局十分重视精神文明建设,始终坚持"内强素质,外塑形象",坚持抓好班子,带好队伍,开展经常性的政治理论、法律法规、业务知识学习,营造风清气正的工作环境。2006 年 4 月完成"两室一网"(栾城气象文化网、阅览室、荣誉室)建设,购买气象科普图书 300 余册。

荣誉 1982—2008 年栾城县气象局共获得集体荣誉奖 16 项。2002—2008 年栾城县气象局被石家庄市委、市政府授予"文明单位"称号。2005 年被中国气象局授予局务公开先进单位。2007 年,荣获市级花园式单位称号。1971—2008 年栾城县气象局个人获奖 43 人次。

台站建设

1976 年 10 月栾城县气象站向西迁移 200 米,占地面积 3333.4 平方米。1980 年 6 月迁站至栾城镇王家庄村南(现址),占地 10000 平方米。1999 年 3 月栾城县气象局原办公楼部分被拆除,建业务楼 1 栋,2000 年 8 月交付使用。栾城县气象局现占地 4210 平方米,业务楼面积 1497 平方米,辅助用房 457 平方米,车库 3 间 75 平方米。

2003 年 3 月栾城县气象局聘请专业园艺师对院落进行整体设计规划并进行绿化,4 月对院落道路进行了硬化。2004 年 4 月在楼前绿地种植迎春花、月季、菊花、玉兰花等花 100 余棵。现在院落硬化道路 850 平方米,绿地面积 2242 平方米,绿化用地面积比例 72%,使机关大院三季有花,四季常青。

栾城县气象局（2007 年）

平山县气象局

机构历史沿革

始建情况　1958 年 11 月成立平山县岗南气象服务站。1959 年 1 月开始观测。

站址迁移情况　第 1 次迁站：1961 年 9 月 1 日由于观测环境原因迁站，迁移距离 18000 米，海拔高度 142.3 米。第 2 次迁站：1964 年 1 月 1 日由于当地政府规划原因迁站，迁移距离 5000 米，海拔高度 136 米。第 3 次迁站：2000 年 1 月 1 日由于当地政府规划原因迁站，迁移距离 5000 米，海拔高度 131 米。平山县气象局现位于平山县苗圃地，东经 114°13′，北纬 38°16′，海拔高度 131 米。

历史沿革　1961 年 1 月迁至平山县国营农场（孟贤壁村），更名平山县气象服务站。1971 年 4 月更名平山县气象站。1989 年 7 月更名平山县气象局。

1981 年 4 月 1 日—2006 年 12 月 31 日为国家一般站；2007 年 1 月 1 日—2008 年 12 月 31 日为国家气象观测站二级站。

管理体制　平山县气象局为正科级全民事业单位。1958 年 11 月—1962 年 12 月 31 日隶属县政府。1963 年 1 月 1 日—1966 年 12 月 31 日隶属石家庄专员公署气象局。1967 年 1 月 1 日—1971 年 2 月隶属县农业局。1971 年 3 月 1 日—1973 年 5 月 31 日隶属县武装部。1973 年 6 月—1981 年 3 月 31 日隶属县农业局。1981 年 4 月起实行气象部门与地方政府双重领导，以气象部门领导为主的管理体制，1981 年 4 月—1993 年 7 月隶属石家庄地区气象局，实行石家庄地区气象局和平山县人民政府双重领导。1993 年 8 月起隶属石家庄市气象局，实行石家庄市气象局和平山县政府双重领导。

单位名称及主要负责人变更情况

单位名称	姓名	职务	任职时间
平山县岗南气象服务站	闫文甫	站长	1958.11—1961.01
			1961.01—1962.01
平山县气象服务站	史宏杰	站长	1962.02—1969.01
	焦喜增	站长	1969.02—1971.03
平山县气象站	秘景书	站长	1971.04—1971.12
			1972.01—1983.01
	张雅芬	站长	1983.02—1987.10
	康二忠	站长	1987.11—1988.10
	邓明贵	站长	1988.11—1989.01
	闫瑞书	副站长	1989.02—1989.06
平山县气象局		副局长	1989.07—1992.06
	康二忠	副局长	1992.07—1994.11
		局长	1994.12—2002.04
	霍顺英	副局长	2002.04—2004.04
		局长	2004.05—

人员状况 1959年建站,有2名观测人员。2008年底县气象局人员编制6人,在职人员6人;人工影响天气办公室编制3人,在职人员3人。在职职工中:男7人,女2人;全部为汉族;大学本科以上4人,大专5人;中级职称2人,初级职称3人;30岁以下6人,31~40岁1人,41~50岁2人。

气象业务与服务

1. 气象业务

①地面气象观测

观测项目 有云、能见度、天气现象、气压、气温、湿度、风向、风速、日照、蒸发(小型)、降水、地面温度、浅层地温、冻土、雪深。

观测时次 1959年1月1日—1960年7月31日,每日进行01、07、13、19时4次观测,夜间守班。1960年8月1日—1961年3月14日改为02、08、14、20时4次观测,夜间守班。1961年3月15日—1971年12月31日改为08、14、20时3次观测,夜间不守班。1972年1月1日—1974年6月30日恢复02、08、14、20时4次观测,夜间守班。1974年7月1日起又变更为08、14、20时3次观测,夜间不守班。

发报种类 1960年4月1日开始编发天气报。1961年5月17日,开始编发航空报。1965年1月10日开始编发旬月报。1971年2月13日增加发雨量报、墒情报。1974年4月1日—8月10日向省气象局发小图报。1976年6月5日—9月30日向天津市气象局发雨情报。1978年10月19日恢复08—08时雨情报。1979年6月15日增发06—06时雨情报。1980年5月17日恢复向省台拍发08时雨情报。1981年4月16日停发绘图报。1983年10月15日编发重要天气报。1999年3月1日开始拍发天气加密报。2007年1月

1日停发航空报。

气象报表制作 1971年1月开始制作地面气象记录月报表和年报表,每月编制3份地面气象记录月报表,每年编制4份地面气象记录年报表。2007年1月通过光纤向省、市气象局传输电子版原始资料和报表,停止报送纸质报表。

②现代化气象观测系统

自动气象站 2002年11月建成CAW600-B(S)型自动气象站。2003年1月1日起自动站、人工站双轨运行。2004年1月1日并轨运行。2005年1月1日单轨运行。观测项目有:气压、气温、湿度、风向、风速、降水和地温。

无人值守自动气象观测站 2005年11月建成平山驼梁无人值守自动气象观测站。2006年1月1日正式运行,观测项目有:气压、气温、湿度、风、降水、地面温度、浅层地温、深层地温。

区域气象观测站 2004年6月建成天桂山、小觉、西柏坡、蛟潭庄4个单要素(降水)区域气象观测站。2005年8月建成下观水库、宅北、观音堂、营里、下口、石板水库、温塘、三汲8个两要素区域气象观测站。2006年7月建成东回舍、古月、大吾、杨家桥、苏家庄、下槐、南甸7个两要素区域气象观测站。

观测站视频监控系统 2006年8月安装观测站视频监控系统。实现了天气实景监控、观测场地环境、探测设备运行与安全监测的有机结合,通过专用网络线路将监测实况传递到河北省气象局监控业务平台。

GPS卫星定位综合服务系统 2008年10月建成河北省卫星定位综合服务系统平山基准站。2008年11月1日投入运行。

③气象信息网络

1986年4月前主要通过邮局发报。1986年5月使用甚高频电话发报。1999年8月建立市—县有线通信,利用X.28异步拨号方式加入公用分组数据交换网,用于气象数据和公文传输。2002年7月,升级为X.25同步拨号方式。2002年7月以电话拨号方式通过互联网调取石家庄市气象局天气图等预报产品资料。2004年9月安装使用2兆光纤通信线路,代替X.25数据交换网。2006年7月省—市—县可视会商系统正式开通。

④天气预报

短期天气预报 1979年7月—1986年4月开始收听电台要素广播,绘制小图报和本站温压湿三线图。1986年5月—1987年6月接收北京气象传真和日本传真图表,制作天气预报。1987年7月开通高频无线对讲通讯电话,实现与地区气象局直接业务会商。1996年1月,改为订正预报。

中、长期天气预报 1981年1月根据石家庄市气象台的旬、月天气预报,再结合分析本地气象资料、天气形势、天气过程的周期变化等制作一旬天气过程趋势预报、春播预报、汛期(6—8月)预报、秋季预报和年度气候预测。1985年4月开始转发石家庄气象台中长期天气预报。

2. 气象服务

①公众气象服务

1970年3月—1974年6月通过平山县广播电台和人民公社广播站播送天气预报,由电话传送,后因"文化大革命"中断。1986年5月—1993年12月平山县广播电台开始播出24小时天气预报,电话传送。1994年1月购置天气预报电视制作系统,开始制作天气预报节目,向电视台报送录像带,每天播出2次。

1997年3月开通"121"模拟信号自动答询电话。2004年1月8日"121"并入石家庄市气象局数字网络化平台。2005年1月号码改为"12121"。信息内容包括主信箱每日3次的24小时天气预报;10个分信箱内容包括每日更新的滚动周预报,每月1次的短期气候预测、旅游景点预报、高速公路路况信息等。2005年3月开通兴农网。

2007年1月为部分中小学校提供手机短信气象服务,2008年1月增加村级信息员手机短信服务。

②决策气象服务

1976年1月开始为县委、县政府、县人民武装部等单位提供气象服务,主要内容包括气温、降水、风的短期预报、长期预报、农业气象预报、农业气象情报、卫星遥感防火信息等,服务方式为电话传送和书面抄送。2003年1月增加人大、政协、乡镇及防汛成员单位。2006年1月服务方式增加手机短信。

③专业与专项气象服务

人工影响天气 1970年3月—1974年12月利用土炮开展防雹作业。1995年6月开始恢复人工影响天气工作。1995年6月—1998年12月利用"三七"高炮开展人工影响天气作业。1999年1月购买火箭发射架1台。2004年5月经平山县政府批准成立平山县人工影响天气办公室,人员编制3名,经费列入财政预算。2006年10月购买1台新型火箭发射架。2007年12月购买专用车辆1台。

专业气象服务 1990年7月—1998年12月安装使用气象警报发射机,对部分重点工矿国有企业单位开展气象有偿专业服务,每天上、下午各广播1次,服务单位通过接收机定时接收气象信息。

④气象科普宣传

在每年"3·23"世界气象日、平山县科技周、安全生产月进行多种形式的气象科普知识宣传。2007年6月与平山县教育局联合下发了《关于加强学校安全防雷工作的通知》,并对全县中小学校校长进行防雷安全培训,在部分学校发放气象灾害防御挂图和气象科普知识光盘。

气象法规建设与社会管理

2005年11月县委办公室、县政府办公室下发《关于进一步加强气象工作的通知》(平办字〔2005〕95号)。2004年7月为县气象局5名干部办理了行政执法证,县气象局成立行政执法队伍。

2006年4月将气象探测环境保护标准和具体范围,在平山县国土局、环保局、建设局进行备案。2008年5月平山县政府办公室下发《关于加强气象探测环境保护的通知》(平政办〔2008〕32号)。

1999年12月经平山县编办批准成立平山县防雷中心,负责全县防雷安全工作,挂靠县气象局。2003年1月被列为县安全生产委员会成员单位,将防雷三项职能纳入气象行政管理范围,负责全县防雷安全管理。2005 年 7 月入驻平山县行政审批中心大厅,防雷三项职能得到进一步落实。

党建与气象文化建设

党的组织建设 1955 年 1 月—1966 年 5 月有党员 2 人,编入县委办公室党支部。1967 年 1 月—1971 年 2 月有党员 2 人,编入县农业局党支部。1971 年 3 月—1973 年 5 月有党员 5 人,编入县人民武装部党支部。1973 年 6 月—1981 年 3 月有党员 9 人,再次编入农业局党支部。1981 年 4 月成立党支部。2008 年 12 月有党员 8 人(其中离退休职工党员 3 人)。

气象文化建设 1959 年全体干部职工发扬革命老区精神,自力更生,艰苦奋斗,改善生活。2006 年 4 月完成"两室一网"(荣誉室、图书室、气象文化网)建设,购置图书 1000 余册。1998—2005 年被平山县委、县政府评为县级文明单位。2005—2008 年被石家庄市委、市政府评为市级文明单位。

荣誉 1983 年 1 月—2006 年 12 月平山县气象局共获集体荣誉奖 55 项。2001 年 12 月被河北省气象局命名为河北省气象系统三级强局单位。2005 年 10 月被中国气象局评为局务公开先进单位。2006 年 10 月被河北省气象局评为环境建设先进单位。2007 年 1 月被河北省气象局评为一流台站。2007 年 12 月被石家庄市人民政府授予花园式单位称号,同年被河北省建设厅授予园林式单位称号。建站以来共有 65 人次获得各种奖励。

台站建设

1964 年 1 月迁至县城北郊,建成 90 平方米办公平房。1976 年 6 月增建一排办公室。1982 年 12 月建 150 平方米二层办公楼。1994 年建二层住宅楼。2000 年 1 月迁至县苗圃地,占地 1 公顷,建成 587 平方米办公楼。2005 年 9 月实现集中供暖。2006 年 6 月投资 20 万元装修办公楼。

2002 年 4 月—2008 年底,投资近 10 万元,栽种乔木 137 棵,绿化面积 5000 平方米,硬化路面 1300 平方米。绿化覆盖率达 61%。

平山县气象局旧貌(1983 年)

平山县气象局新貌(2004 年)

深泽县气象局

机构历史沿革

始建情况 1965年1月1日深泽县成立气象服务哨,只有1名观测人员,负责记录观测资料。

站址迁移情况 第1次迁站:1977年10月4日由于农业局原种场规划调整占地迁站,迁移距离30米,海拔高度为36.5米。第2次迁站:1993年6月1日由于观测环境原因迁站,迁移距离700米,海拔高度38.1米。深泽县气象局现位于深泽县城西南,北邻南苑路,西邻西环路,东经115°11′,北纬38°11′,海拔高度38.1米。

历史沿革 1966年2月更名为深泽县气象服务站。1971年1月1日正式建立深泽县气象站,站址位于深泽县城郊外,占地面积1192.3平方米。1989年10月深泽县气象站更名为深泽县气象局。

1971年1月1日—1988年12月31日为国家一般气象站。1989年1月1日—1998年12月31日为辅助站。1999年1月1日—2006年12月31日恢复为国家一般气象站。2007年1月1日—2008年12月31日为国家气象观测站二级站。

管理体制 深泽县气象局为正科级全民事业单位。1965年1月1日—1970年12月隶属深泽县农业局领导。1971年1月—1973年12月隶属深泽县人民武装部领导。1974年1月—1981年3月隶属深泽县农林局领导。1981年4月起实行气象部门与地方政府双重领导,以气象部门领导为主的管理体制,1981年4月—1993年7月隶属石家庄地区气象局和深泽县政府双重领导。1993年8月起隶属石家庄市气象局和深泽县政府双重领导。

单位名称及主要负责人变更情况

单位名称	姓名	职务	任职时间
深泽县气象服务哨	杨福荫	负责人	1965.01—1966.01
深泽县气象服务站		站长	1966.02—1970.12
深泽县气象站			1971.01—1975.10
	张明朝	站长	1975.11—1989.09
深泽县气象局	孙福军	局长	1989.10—1991.07
	王更会	局长	1991.08—1995.12
	魏玉水	局长	1996.01—1997.06
	刘彦卿	局长	1997.07—2008.09
	梁立锋	局长	2008.10—

人员状况 1965年建哨,有1名观测员。2008年底编制6人,实有在职职工5人。在职职工中:男3人,女2人;汉族5人;大学本科及以上2人,大专学历1人,中专学历2人;

初级职称 3 人;30～40 岁 3 人,41～50 岁 1 人,50 岁以上 1 人。

气象业务与服务

1. 气象业务

①地面气象观测

观测项目 1965 年 1 月 1 日建哨,观测项目有:气温、风向、风速(维尔达式)、云、地面温度。1966 年 2 月 24 日增加浅层地温观测。1970 年 12 月 30 日维尔达式风改为 EL 型电接风。1971 年 1 月 17 日,开始气压观测后,观测项目有:云、能见度、天气现象、气压、气温、湿度、风向、风速、降水、日照、蒸发(小型)、地面温度、浅层地温、冻土、雪深。

观测时次 建站初始为 08、14、20 时 3 次观测。1972 年 1 月 1 日—1974 年 6 月 30 日增加夜间 02 时观测。1974 年 7 月 1 日开始恢复 08、14、20 时 3 次观测,夜间不守班。1999 年 1 月 1 日配备计算机和 AH 测报软件后,由原来只发旬月报、重要天气报、雨量报三类报文增加编发 08、14、20 时天气加密报。1999 年 1 月 1 日使用计算机取代手工编报、制作报表。

发报种类 1971 年 1 月 1 日开始编发旬月报。1971 年 2 月 13 日增加发雨量报、墒情报。1974 年 4 月 1 日—8 月 10 日向河北省气象局发小图报。1976 年 6 月 5 日—9 月 30 日向天津市气象局发雨情报。1978 年 10 月 19 日恢复 08—08 时雨情报。1979 年 6 月 15 日增发 06—06 时雨情报。1980 年 5 月 17 日恢复向河北省气象台拍发 08 时雨情报。1981 年 4 月 16 日停发绘图报。1999 年 3 月 1 日拍发天气加密报。

气象报表制作 1959 年 3 月开始制作地面气象记录月报表和年报表,每月编制 3 份地面气象记录月报表,每年编制 4 份地面气象记录年报表。2007 年 1 月通过网络向石家庄市气象局传输地面气象资料,停止报送纸质报表。

②现代化观测系统

区域气象观测站 2004 年 5 月建成铁杆、白庄站。2005 年 5 月建成桥头、羊村站。2006 年 6 月建成赵八站。2007 年 5 月,建成深泽城区站,共建 6 个区域气象观测站,形成以深泽县气象站为中心,5 个乡镇区域气象观测站为辅的区域气象观测系统,观测要素有气温和降水。

闪电定位仪 2004 年 3 月安装闪电定位仪一部,用于探测县域内闪电发生的强度、方向、频率及其变化情况。

观测站视频监控系统 2008 年 4 月建成观测站视频监控系统,实现天气实景、观测场地环境、探测设备运行的实时监控,通过专用线路将监测实况传递到河北省气象局监控业务平台。

③气象信息网络

1971 年 1 月 1 日—1987 年 8 月 31 日电报数据通过邮局传报。1987 年 9 月 1 日开始使用甚高频电话发报,用于与石家庄市气象局进行天气会商,取代通过邮局电话传报。1999 年 8 月建立县—市有线通信,利用 X.28 异步拨号方式加入公用分组数据交换网,用于气象数据和公文传输。2002 年 6 月升级为 X.25 同步拨号方式。2002 年 7 月以电话拨号方式通过互联网调取石家庄市气象局天气图等预报产品资料。2004 年 9 月安装使用 2 兆光纤通信线路,代替 X. 25 数据交换网。2006 年 7 月省—市—县可视会商系统正式开通。

④天气预报

短期天气预报　1971 年 1 月根据河北省、石家庄市气象台天气预报做出本县的订正预报,每天定时发布 1～2 次 24～48 小时的天气预报。1981 年 1 月开始根据预报需要抄录整理各项资料、绘制简易天气图、三线图等基本图表和气候图集,为准确制作天气预报提供依据。1987 年 1 月,不再绘制天气图、三线图等。

中、长期天气预报　1981 年 1 月根据石家庄市气象台的旬、月天气预报,再结合分析本地气象资料、天气形势、天气过程的周期变化等制作一旬天气过程趋势预报、春播预报、汛期(6—8 月)预报、秋季预报和年度气候预测。1985 年 4 月开始转发石家庄气象台中长期天气预报。

2. 气象服务

①公众气象服务

1971 年 1 月—1980 年 12 月在深泽县广播站播送天气预报。1996 年底与县广播电视局协商开通电视天气预报,提供天气预报信息,县电视台制作节目,通过字幕或语音播出。2001 年 1 月建成多媒体天气预报制作系统,开始独立录制天气预报节目,县电视台每天播出 1 次。2004 年 11 月采用高标准视频采集卡,以信息文件形式传送,提高了画面清晰度和稳定度。2005 年电视天气预报制作系统升级为非线性编辑系统。预报内容包括每天 24小时及 3～5 天预报、交通线路预报等。

1997 年 3 月购置天气预报自动答询系统,开通模拟信号"121"天气预报电话自动答询系统。2004 年 1 月天气预报电话自动答询系统"12121"升级为数字式平台。信息内容包括主信箱每日 3 次的 24 小时天气预报;10 个分信箱内容包括每日更新的滚动周预报,每月1 次的短期气候预测、旅游景点预报、高速公路路况信息等。2005 年 8 月开通兴农网对公众发布天气预报,延续至 2008 年底。

②决策气象服务

1976 年 1 月开始为县委、县政府、县生产办公室等 15 个单位提供气象服务,主要内容包括气温、降水、风的短期预报、长期预报、灾害性天气、农业气象资料等,服务方式为电话传送和书面抄送。至 1983 年底服务单位增至 41 家。至 2008 年 12 月,为县政府提供气象专题报告有周预报、月预报、重要天气预报、气象灾害预警、专题农业气象报告。2006 年 12月制定深泽县决策气象服务周年方案,每年不断进行更新和完善。

【气象服务事例】　1996 年 8 月 4—5 日深泽县出现 30 年一遇的暴雨,县气象局于 8 月3 日做出未来 24 到 48 小时有大到暴雨、局部大暴雨过程预报。8 月 5 日晨,上游水库泄洪,滹沱河水位上升,县气象局及时给县政府领导和防汛办提供气象服务信息和防汛工作建议。

③专业与专项气象服务

人工影响天气　2002 年 3 月成立深泽县人工影响天气办公室,挂靠深泽县气象局。

2002年4月购置中兴皮卡汽车1辆,石家庄市气象局配发WR火箭发射架1台,开展人工增雨(雪)、防雹作业。2003年3月人工影响天气经费列入地方预算。

专业气象服务 1990年4月正式安装使用气象警报发射机,为各乡镇和有关单位对外开展气象服务。每天上午、下午各广播1次,服务单位通过接收机定时接收气象信息。

2006年8月县气象局为河北深泽金秋文化观光采摘节积极做好气象服务工作,受到深泽县委、县政府的表扬。2008年4月,依据深泽县铁杆镇特色果品种植的特点,为该镇开通气象短信和灾害性天气预警短信。

④气象科普宣传

在每年的"3·23"世界气象日、深泽县科技节(农历9月27日开始,为期5天)、安全生产月(6月)等活动中进行多种形式的气象科普知识宣传。2007年6月与深泽县教育局联合下发《关于加强学校安全防雷工作的通知》,向全县中小学校发放了气象灾害防御挂图和气象科普知识光盘,增强中小学校师生的气象灾害防御知识。

气象法规建设与社会管理

2004年6月深泽县政府法制办批复确认深泽县气象局具有独立的行政执法主体资格,为县气象局3名干部办理了行政执法证,县气象局成立行政执法队伍。

2003年11月21日、2005年4月15日、2008年1月15日将深泽县气象站现状图、深泽县气象站规划图等气象探测环境保护材料,在深泽县国土局、规划局、建设局进行备案。2008年5月6日深泽县人民政府下发了《深泽县人民政府办公室关于加强气象探测环境和设施保护工作的通知》,逐年加大对探测环境保护力度。2008年3月31日与石家庄市气象局签订保护气象探测环境责任书。

2004年6月对县域内从事施放气球活动进行了规范,对非法从事气球施放的单位进行了制止和行政处罚,对2家有资质放球单位进行了备案。

2004年3月19日深泽县政府下发《关于进一步加强防雷安全工作的通知》(深政通字〔2004〕15号)。2004年7月,县气象局被列为县安全生产委员会成员单位,将防雷三项职能纳入气象行政管理范围,负责全县防雷安全的管理。2005年4月10日,县安委办下发《关于加强防雷安全工作的通知》(深安委办〔2005〕2号)。2005年10月3日,县气象局进入深泽县行政审批大厅,防雷三项职能得到进一步落实。

党建与气象文化建设

党的组织建设 1971年1月—1973年12月有党员4人,编入县人民武装部党支部。1974年1月—1983年11月编入农业局良种场党支部。1983年12月成立党支部,截至2008年底有党员6人(其中离退休职工党员3人)。

气象文化建设 身处革命老区的深泽县气象局始终坚持以人为本,弘扬自力更生、艰苦创业精神,不断加强精神文明建设,制定精神文明建设规划和主要指标实施方案。2006年4月进行荣誉室、图书室和气象文化网"两室一网"建设。2006年5月参加县政府组织的倡廉画展活动,2008年7月参加县团委组织的迎奥运健步走活动。1998—2008年度连续被深泽县委、县政府评为精神文明单位。

荣誉 2001年被河北省气象局评为优秀测报组。2003年被河北省委、省政府命名为二星级窗口单位。2007年被县委县政府授予"六型机关"先进单位。2009年4月被深泽县委、县政府授予科普工作先进单位称号。2000—2008年获得省部级以下综合表彰达12人次。

台站建设

1971年1月—2008年12月深泽县气象局的台站面貌发生了翻天覆地的变化。1977年10月4日观测场由原种场东南向西平移30米迁至原种场西南。1993年6月1日由原种场西南迁至现址,占地面积4000平方米。2004年3月在制定台站综合改造总体规划的基础上,将办公平房和西面紧临观测场的2套职工住房拆除,在东北方临街新建二层办公楼。2005年6月26日新科技业务楼开始动工。2006年6月13日竣工,8月投入使用。新建科技业务楼占地256.8平方米,建筑面积513.7平方米,地上二层砖混结构建筑,总投资48.81万元。院内新建车库2间,面积58平方米。改造了锅炉房,院内垫土3678立方米,观测场向西平移7米,修建了大门。安装了供暖设备、无塔供水系统,污水处理接入县政管网。

2003—2005年,深泽县气象局在创建优美台站环境上共投入资金1.9万元,硬化路面460平方米,绿化面积3210平方米,种乔木70棵,完成旱厕所改造,努力向着"一流台站"建设目标不断迈进。

深泽县气象局旧貌(1977年)

深泽县气象局新貌(2007年)

无极县气象局

机构历史沿革

始建情况 1965年5月11日成立无极县气象站,建站时有职工2人,开始记录观测资料。

站址迁移情况 第1次迁站:1967年4月3日由于"离县城太近不符合要求"迁站,迁移距离3000米,海拔高度45.1米。第2次迁站:1996年1月1日由于观测环境遭到破坏迁站,迁移距离3500米,海拔高度45.4米。无极县气象局现位于无极县城西北,东临县城西环路,南临乡间路。北纬38°11′,东经114°57′,海拔高度45.4米。

历史沿革 1966年1月更名为无极县气象服务站。1971年1月更名为无极县气象站。1989年7月更名为无极县气象局。

1971年1月—2006年12月为河北省基本站。2007年1月—2008年12月为国家气象观测站二级站。

管理体制 无极县气象局为正科级全民事业单位。1965年5月11日—1981年3月,隶属无极县农业局。1981年4月起实行气象部门与地方政府双重领导,以气象部门领导为主的管理体制,1981年4月—1989年6月隶属无极县政府,实行无极县政府和石家庄地区气象局双重领导。1989年7月—1993年7月隶属石家庄地区气象局,实行石家庄地区气象局和无极县政府双重领导。1993年8月起隶属石家庄市气象局,实行石家庄市气象局和无极县政府双重领导。

单位名称及主要负责人变更情况

单位名称	姓名	职务	任职时间
无极县气象站	苗润英	站长	1965.05—1965.12
无极县气象服务站			1966.01—1970.12
			1971.01—1971.05
无极县气象站	齐汉杰	站长	1971.06—1971.10
	张卫东	站长	1971.11—1975.09
	姚文林	站长	1975.10—1976.09
	裴建明	站长	1976.10—1979.09
	成永太	站长	1979.10—1981.03
	周志国	站长	1981.04—1984.04
	曹黑仁	站长	1984.05—1989.06
无极县气象局		局长	1989.07—1992.07
	郭忠敏	局长	1992.08—1998.05
	兰会民	局长	1998.06—1999.06
	吴振军	局长	1999.07—2001.06
	兰会民	局长	2001.07—

人员状况 1965 年建站时有职工 2 人。2008 年底,编制 6 人,实有在职职工 6 人。在职职工中:男 5 人,女 1 人;汉族 6 人;大学本科及以上 2 人,大专 2 人,中专以下 2 人;中级职称 2 人,初级职称 4 人;30 岁以下 2 人,31～40 岁 2 人,41～50 岁 2 人。

气象业务与服务

1. 气象业务

①地面气象观测

观测项目 1965 年 5 月 11 日开始气象观测。观测项目有:云、能见度、天气现象、气温、湿度、风速、风向、降水、雪深、蒸发(小型)、地面温度、浅层地温、冻土。1965 年 6 月 1 日增加日照观测。1966 年 3 月 1 日增加气压观测。1968 年 1 月 1 日增加 40、80、160 厘米地温观测。1973 年 1 月 1 日取消 80 厘米、160 厘米地温观测。1976 年 5 月 1 日取消 40 厘米地温观测。

观测时次 1965 年 5 月建站至 2008 年 12 月观测时次为每日 08、14、20 时 3 次。

发报种类 1958 年 10 月开始向省气象局编发小图报。1961 年 7 月每年增发雨情报,取消夜间 02 时实测。1961 年 2 月发农气 5 日旬报。1961 年 7 月增发雨量报。1961 年 9 月停发 5 日旬报。1963 年 7 月编发绘图报。1964 年 7—9 月每日 3 次向省气象台发气象报,1964 年 10 月向省气象局转发旬报。1965 年 10 月改每日 14 时发 1 次报。1965 年 10 月停发绘图报。1970 年 9 月增加航危报。1974 年 4 月 1 日—8 月 10 日向省气象局发绘图报、灾害报。1979 年 6 月 15 日增发 06—06 时雨情报。1980 年 5 月 17 日恢复向省气象台拍发 08 时雨情报。1981 年 4 月 16 日停发绘图报。1999 年 3 月 1 日开始拍发天气加密报,原小图报规定不再执行。2008 年 6 月 1 日执行 2008 版重要天气报电码。

气象报表制作 1971 年 1 月开始制作地面气象记录月报表和年报表,每月编制 3 份地面气象记录月报表,每年编制 4 份地面气象记录年报表。2007 年 1 月通过光纤给省、市气象局传输电子版原始资料和报表,停止报送纸质报表。1991 年 11 月 1 日起使用 PC-1500 袖珍计算机编报,1999 年 1 月 1 日配备计算机和 AH 测报软件后,计算机编报取代人工编报。

②现代化气象观测系统

区域气象观测站 2004 年 5 月建成里城道、北苏、郝庄 3 个区域气象观测站。2005 年 6 月建成张段固、郭庄、七汲 3 个区域气象观测站。2006 年 5 月建成大陈、南流 2 个区域气象观测站,2007 年 5 月建成无极城区区域气象观测站。观测要素为气温和降水。

观测站视频监控系统 2008 年 4 月安装观测站视频监控系统。通过专用网络线路将监测实况传递到河北省气象局监控业务平台,实现了天气实景监控、观测场地环境、探测设备运行与安全监测的结合。

③气象信息网络

1987 年 4 月开始使用甚高频电话发报,用于与石家庄市气象局进行天气会商,取代了最初的邮局电话传报。1998 年 8 月建成市—县有线通信,利用 X.28 异步拨号方式加入公用分组数据交换网,用于气象数据和公文传输。2002 年 7 月升级为 X.25 同步拨号方式,同时开始以电话拨号方式通过互联网调取石家庄市气象局天气图等预报产品资料。2004年9月安装使用2兆光纤通信线路,代替 X.25 数据交换网。2006年7月开通省市县可视会商系统。

④天气预报

短期天气预报 1989年6月开始根据省、市气象台的天气预报做出本县订正预报,每天定时发布1~2次24~48小时的天气预报。内容包括最高、最低气温、天空状况、风向风速、灾害性天气预报。

中、长期天气预报 1989年6月根据石家庄市气象台的旬、月天气预报,再结合分析本地气象资料、天气形势、天气过程的周期变化等制作一旬天气过程趋势预报。1973年5月开始制作长期天气预报,主要有春播预报、汛期(6—8月)预报、秋季预报和年度气候预测。1990年1月开始转发石家庄气象台中长期天气预报。

2. 气象服务

①公众气象服务

1996年1月与县广播电视局协商开通电视天气预报,提供预报信息,由县电视台制作节目。1999年10月起独立制作电视天气预报节目。2004年8月建成非线性视频编辑系统。截至2008年底预报内容:24小时及3~5天预报、交通线路预报。

1999年10月购置天气预报电话自动答询系统,开通"121"天气预报自动答询系统。2004年1月8日"121"并入石家庄市气象局数字网络化平台。2005年1月号码改为"12121"。信息内容包括主信箱每天3次24小时天气预报。

2007年4月开通无极县兴农网,发布天气预报信息、预警信息、气象科普、农业气象知识以及气象法律法规。

②决策气象服务

1989年6月7日起开始使用气象警报发射机,为县领导、乡镇政府以及有关服务单位每天3次定时广播天气预报、气象信息。2007年5月开通气象短信发布平台,为县领导、乡镇及相关单位发送气象信息和预警信息。提供的决策气象服务有:周预报、月预报、重要天气预报、灾害天气预警、专题农业气象报告。

③专业与专项气象服务

人工影响天气 1999年10月成立无极县人工影响天气办公室,挂靠无极县气象局,投入7万元购置火箭发射系统。2000年9月配备1辆微型货车。2002年1月筹集资金6万元,购置皮卡车等人工影响天气工作设备,开展人工增雨(雪)、防雹作业。

专业气象服务 2006年2月制定决策气象服务周年方案,每年进行更新和完善。2007年4月利用气象短信、天气预警,适时做好"以七汲为中心无公害蔬菜基地"的气象服务工作,为果品主产区、张段固镇皮革业等做好气象服务。

④气象科普宣传

1984年整理编辑出版《无极气候手册》及《无极县综合气候区划报告》。每年利用"3·23"世界气象日、安全生产月集中开展气象科普宣传。2007年5月向全县中小学校发放防雷知识材料、宣传图画、科普知识光盘。

气象法规建设与社会管理

2004 年 7 月无极县政府法制办批复确认无极县气象局具有独立的行政执法主体资格,并为县气象局 4 名干部办理了行政执法证,县气象局成立行政执法队伍。

2003 年 10 月将气象探测环境保护标准和具体范围,在无极县国土局、规划局、建设局进行了备案。2008 年 3 月无极县政府下发《关于加强气象探测环境和设施保护工作的通知》(无政办〔2008〕10 号)。2008 年 3 月 31 日与石家庄市气象局签订《保护气象探测环境责任书》。2007 年 3 月制作"气象探测环境和设施受法律保护,任何单位和个人不许破坏"的警示牌。2008 年 3 月与石家庄市气象局签订保护气象探测环境责任书。

2004 年 1 月开始对县域内从事施放气球活动进行了规范并跟踪监督,对多起非法从事气球施放单位进行制止和行政处罚。

2004 年 7 月无极县政府下发《关于加强防雷设施安全工作的通知》(无政办发〔2004〕29 号)。同月,无极县安委会下发《关于进一步加强防雷安全工作的通知》。2004 年 9 月县气象局成为县安委会成员单位。2007 年 10 月入驻无极县行政审批大厅,防雷三项职能得到进一步落实。

党建与气象文化建设

党的组织建设　1965 年 5 月有党员 1 人,编入农林局党支部。1975 年 10 月成立党支部。2008 年 12 月底有党员 5 人(其中离退休职工党员 1 人)。

气象文化建设　始终坚持以人为本,弘扬自力更生、艰苦创业精神,深入持久地开展文明创建工作。政治学习有制度、文体活动有场所、电化教育有设施,职工生活丰富多彩,文明创建工作明显加强。2006 年 8 月建成"两室一网"(荣誉室、图书室、气象文化网),购置图书 3000 余册。1999—2007 年连续被县政府评为文明单位。2008 年度被石家庄市委、市政府评为市级文明单位。

荣誉　建站至 2008 年底共创"百班无错情"11 个。1998 年被河北省气象局评为"优秀服务、优良作风、优美环境"先进单位。2001—2008 年连续 8 年被石家庄市气象局评为工作实绩突出单位。2003 年被河北省精神文明建设委员会评为星级窗口单位。1983—2008 年获得省部级以下综合表彰达 18 人次。

台站建设

1965 年 5 月始建时,站址位于县城西关北口。1967 年 4 月 3 日迁至县城北王家庄,占地 5527.8 平方米。1996 年 1 月 1 日迁至现址,占地 4253 平方米。2004—2006 年共新建办公楼 270 平方米,职工宿舍 830 平方米。

2004 年 3 月对院落路面进行硬化。2005 年种植草坪、花木。2006 年进行业务值班室改造。2008 年 12 月全局绿化覆盖率达到了 70%,硬化路面 1000 平方米。

无极县气象局（2008 年）

辛集市气象局

机构历史沿革

始建情况   1956 年 12 月建立束鹿气候站。

站址迁移情况   1991 年 12 月 1 日由于观测环境受到影响迁站,迁移距离 2400 米,海拔高度 35.9 米。辛集市气象局现位于辛集市西华路北头,东邻西华路,北距方碑大街约 100 米,北纬 37°56′,东经 115°12′,观测场海拔高度 35.9 米。

历史沿革   1960 年 2 月更名为束鹿县气象服务站。1970 年 1 月更名为束鹿县气象站。1986 年 3 月更名为辛集市气象站。1987 年 11 月更名为辛集市气象局。

1957 年 1 月 1 日—1958 年 12 月 31 日为气候站。1959 年 1 月 1 日—2006 年 12 月 31 日为国家一般气象站。2007 年 1 月 1 日—2008 年 12 月 31 日为国家气象观测站二级站。

管理体制   1956 年 12 月—1957 年 12 月隶属河北省气象局。1958 年 1 月—1962 年 12 月,隶属束鹿县农林局。1963 年 1 月—1965 年 12 月隶属石家庄地区气象局。1966 年 1 月—1970 年 12 月隶属束鹿县政府。1971 年 1 月—1972 年 12 月隶属束鹿县人民武装部。1973 年 1 月—1979 年 1 月隶属束鹿县农林局。1979 年 2 月—1980 年 12 月隶属束鹿县政府。1981 年 4 月起实行气象部门与地方政府双重领导,以气象部门领导为主的管理体制,1981 年 1 月—1993 年 7 月隶属石家庄地区气象局,实行石家庄地区气象局和束鹿县政府双重领导。1993 年 8 月起隶属石家庄市气象局,实行石家庄市气象局和辛集市政府双重领导。

单位名称及主要负责人变更情况

单位名称	姓名	职务	任职时间
束鹿气候站	吴正栋	站长	1956.12—1960.01
			1960.02—1965.04
束鹿县气象服务站	万 全	站长	1965.05—1969.12
束鹿县气象站			1970.01—1986.02
辛集市气象站			1986.03—1987.10
		局长	1987.11—1988.08
辛集市气象局	陈胜利	局长	1988.09—1990.10
	黄永贵	局长	1990.11—1991.09
	田树群	局长	1991.10—2001.11
	王青旺	局长	2001.12—

人员状况 建站初期有测报员2人。2008年底编制6人,实有在职职工6人。在职职工中:男4人,女2人;全部是汉族;大学本科以上1人,大专3人,中专以下2人;中级职称2人,初级职称4人;30岁以下2人,41~50岁3人,50~60岁1人。

气象业务与服务

1. 气象业务

①地面气象观测

观测项目 1957年1月开始进行气候观测。观测方式有目测和器测两种。观测项目有:云、能见度、天气现象、气温、湿度、降水量、风向、风速、积雪深度、日照、浅层地温(5、10、15、20厘米)、小型蒸发等。1958年10月1日增加冻土。1959年1月1日增加地面温度、气压和深层地温。1961年1月1日取消深层地温。2008年1月1日增加草面温度。

观测时次 1957年1月开始进行气候观测,以地方时为准,每天进行01、07、13、19时4次观测。1960年8月改用北京时,每天进行02、08、14、20时4次观测。1962年11月取消02时观测。1972年1月—1974年6月增加夜间02时观测和守班。1974年7月1日—2008年底,改为08、14、20时3次观测,夜间不守班。

发报种类 1958年10月开始向省气象局编发小图报。1964年10月向河北省气象局转发旬报。1979年6月15日增发06—06时雨情报。1983年10月执行重要天气电码。1999年3月1日开始拍发天气加密报,原小图报规定不再执行。2008年6月1日执行2008版重要天气报电码。

气象报表制作 1971年1月开始制作地面气象记录月报表和年报表,每月编制3份地面气象记录月报表,每年编制4份地面气象记录年报表。2007年1月通过光纤给省、市气象局传输电子版原始资料和报表,停止报送纸质报表。

②现代化气象观测系统

自动气象站 2002年11月建成CAW600-B(S)型自动气象站。2003年1月1日自动站、人工站双轨运行。2004年1月1日并轨运行。2005年1月1日单轨运行。观测项目有：气压、气温、湿度、风、降水和地温。

区域气象观测站 2004年5月建成南智邱、位伯、旧城、小辛庄4个区域站。2005年5月建成田庄、新城、马庄、张古庄4个区域站。2006年5月建成和睦井、王口2个区域站，观测项目为气温、降水。形成以辛集市气象局为中心，10个区域站为辅助的覆盖全辛集市的气象观测网。

观测站视频监控系统 2008年4月安装观测站视频监控系统。实现了天气实景监控、观测场地环境、探测设备运行与安全监测的有机结合，通过专用网络线路将监测实况传递到河北省气象局监控业务平台。

③气象信息网络

1982年5月使用无线传真接收卫星天气图。1986年5月配备CL-80型传真机、PC-1500袖珍计算机，测报股使用甚高频电话发报，并用于与市气象局进行天气会商。1999年8月安装使用X.28分组数据交换网用于测报传输数据。2002年7月升级为X.25同步拨号方式，用于气象数据和公文传输，通过互联网调取石家庄市气象局天气图等预报产品资料。2004年9月安装使用2兆VPN局域网专线。2006年7月省—市—县可视会商系统正式开通。

④天气预报

短期天气预报 1979年7月—1986年4月开始收听电台要素广播，绘制小图报和本站温压湿三线图。1986年5月—1987年6月接收北京气象传真和日本传真图表，制作预报。1987年7月开通甚高频无线对讲通讯电话，实现与地区气象局直接业务会商。1996年1月改为订正预报。

中、长期天气预报 1981年1月根据石家庄市气象台旬、月天气预报，再结合分析本地气象资料、天气形势、天气过程的周期变化等制作一旬天气过程趋势预报、春播预报、汛期（6—8月）预报、秋季预报和年度气候预测。1985年4月开始转发石家庄气象台中长期天气预报。

2. 气象服务

①公众气象服务

1976年，束鹿县气象站开始为县委、县政府、水利等17个单位提供气象服务。主要内容包括气温、降水、风的短期预报、长期预报、灾害性天气、农业气象资料等，服务方式为电话传送和书面抄送等方式。至1983年，服务单位增至41家。1990年4月安装使用气象警报发射机，用于为砖厂、乡镇及有关单位提供天气预报，1996年6月开通"121"模拟信号自动答询电话。1998年开始播出电视天气预报节目，停止电话传送和书面抄送方式。2004年1月8日"121"并入石家庄市气象局数字网络化平台。2005年1月号码改为"12121"。信息内容包括主信箱每日3次24小时天气预报。10个分信箱内容包括每日更新的滚动周预报，每月1次的短期气候预测、旅游景点预报、高速公路路况信息等。2005年1月在辛集广播电台增设天气预报栏目。2006年3月开通辛集市兴农网。2007年5月在辛集公众信息网上发布天气预报信息。2008年7月开通"800"免费灾情报告电话。

②决策气象服务

建站以来一直坚持为辛集市委、市政府提供各类决策气象服务产品。主要为周预报、月预报、重要天气预报、气象灾害预警、雨情信息及重大活动期间专题预报。2006年开始制作辛集市决策服务周年方案，每年都不断进行更新和完善。2008年7月开通短信平台，以手机短信方式向各级领导、有关单位发送气象灾害预警信号。

③专业与专项气象服务

人工影响天气 1995年5月成立辛集市人工影响天气办公室,挂靠辛集市气象局,购置解放客货车1辆及WR火箭发射架1台。2007年5月购置1台防雹增雨火箭发射架,主要开展人工增雨(雪)、防雹作业。2003年1月1日人工影响天气经费列入地方预算。

专业气象服务 1990年4月安装使用气象警报发射机,为砖厂和有关单位提供天气预报。1998年—2008年底每年9月、10月为历届中国(辛集)皮革博览会提供气象预报及其他气象保障服务。2002年1月开始为辛集市项目建设提供气象资料。2004年1月开始为辛集市环保局环境监测提供气象服务。

④气象科普宣传

2006年5月成为辛集市青少年科技教育基地之一,与辛集市科协联合开展气象科技知识普及参观活动。2007年6月对全市中小学校发放了气象灾害防御挂图和气象科普知识光盘。2008年5月完成《辛集市气象服务手册》编写工作。

气象法规建设与社会管理

2004年7月成立气象局行政执法队伍,辛集市政府法制办为4名同志办理了行政执法证。2004年6月被列为辛集市安全生产委员会成员单位。

2005年4月辛集市政府办公室下发《关于加强气象探测环境和设施保护工作的通知》(辛政办〔2005〕12号)。2005年8月将气象探测环境保护标准和具体范围在辛集市国土局、规划局、建设局进行了详细备案。2008年3月31日与石家庄市气象局签订保护气象探测环境责任书。

2004年1月对辛集市区域内施放气球活动进行规范,施放系留气球和升空气球严格按照《施放气球管理规范》进行审批和监督。

2003年4月辛集市政府办公室下发《关于加强防雷安全工作的通知》(辛政办〔2003〕3号)。2003年开始每年以辛集市安委会名义下发《关于进一步加强防雷安全工作的通知》。2004年6月辛集市气象局被列为市安全生产委员会成员单位,同时将防雷三项职能纳入气象行政管理范围,负责全市的防雷安全管理工作。2005年9月防雷中心进入辛集市行政审批大厅,防雷设施审批成为新建设施审批项目之一。2007年6月与辛集市教育局联合下发《关于做好学校防雷安全工作的通知》(辛气发〔2007〕1号),并对全市中小学进行防雷检测。

党建与气象文化建设

党的组织建设 1956—1970年编入县农林局党支部。1956年12月—1964年无党员。1965年有党员1人。1970年—1987年1月共有党员8名。1971年1月—1972年12月编入县人民武装部党支部。1979年2月成立气象局党支部,有党员9人。1988年有党员10人。1991年7月有党员13人。截至2008年底有党员10人(其中离退休职工党员6人)。

气象文化建设 2006年10月完成"两室一网"(荣誉室、图书室、气象文化网)建设。2002年、2004年和2007年被石家庄市委、市政府命名为石家庄市级文明单位。2002—

2008年被辛集市委、市政府评为县(市)级文明单位、精神文明窗口单位。

荣誉 1998年、1999年和2001年,被河北省气象局评为优秀观测组。1999—2005年,连续7年被石家庄市气象局评为县级达标单位。2001年被河北省气象局评为河北省气象系统二级强局单位。2003年被河北省委、省政府命名为二星级窗口单位,同年被评为石家庄市气象系统先进单位。2003年被辛集市委命名为优秀基层党组织。1956年以来获得省部级以下综合表彰98人次。

台站建设

1956年12月建站,位于辛集镇东北角,辛集市建设街80号(后门牌改为顺城街140号,未迁站),占地4000平方米。1991年12月迁至现址,占地4911平方米。办公用房由低矮平房换成框架结构的三层办公楼,办公面积1600平方米。2006年9月对办公楼进行了整体装修,搬迁了业务室,扩大了办公面积。2006年7—10月对暖气管道进行改造,由锅炉自供暖改为集中供暖。

2002年5月加大院内绿化建设力度,目前院内绿化面积2900平方米。栽植月季、洋槐等乔、灌木200余株,荷花、串红、石竹等观赏性花卉527平方米。2007年9月对院内地面进行硬化,面积672平方米,从根本上改善了院内环境,提升了气象部门形象。

辛集市气象局现貌(2007年)

新乐市气象局

机构历史沿革

始建情况 1959年1月建成新乐县气象站,地处新乐县长寿公社东名村。

站址迁移情况 第1次迁站:1961年5月21日由于当地政府要求迁站,由东名村迁至东长寿镇,迁移距离 1500 米,海拔高度 75.9 米。第 2 次迁站:1963 年 12 月 1 日由于当地政府要求迁站至城北,迁移距离 800 米,海拔高度 75.9 米。第 3 次迁站:1989 年 5 月 1 日由于观测环境受到影响迁站至城北郊外,迁移距离 1500 米,海拔高度 74.6 米。第 4 次迁站:2003 年 1 月 1 日由于建设雷达站原因迁站,迁移距离 3000 米,海拔高度 70.8 米。新乐市气象局现位于新乐市城东新华东路东头南侧。处于北纬 38°21′,东经 114°41′,海拔高度 70.8 米。

历史沿革 1960 年 10 月更名为新乐县气象服务站。1989 年 7 月更名为新乐县气象局。1999 年 1 月更名为新乐市气象局。

1959 年 3 月 1 日—2006 年 12 月 31 日为国家一般气象站。2007 年 1 月 1 日—2008 年 12 月 31 日为国家气象观测站二级站。

管理体制 1959 年 1 月—1962 年 12 月隶属新乐县政府,实行新乐县政府和石家庄地区气象局双重领导体制。1963 年 1 月—1966 年 12 月隶属河北省气象局。1967 年 1 月—1970 年 12 月隶属新乐县革命委员会。1971 年 1 月—1972 年 12 月隶属石家庄军分区,实行石家庄军分区和石家庄地区气象局双重领导体制。1973 年 1 月—1980 年 12 月隶属新乐县政府。1981 年 4 月起实行气象部门与地方政府双重领导,以气象部门领导为主的管理体制,1981 年 1 月—1993 年 7 月隶属石家庄地区气象局,实行石家庄地区气象局和新乐市政府双重领导。1993 年 8 月起隶属石家庄市气象局,实行石家庄市气象局和新乐市政府双重领导。

单位名称及主要负责人变更情况

单位名称	姓名	职务	任职时间
新乐县气象站	周王更	站长	1959.01—1959.11
	杨双彦	站长	1959.12—1960.08
	杨德文	站长	1960.09
			1960.10—1960.11
新乐县气象服务站	吕秀琴	站长	1960.12—1971.08
	马彦杰	站长	1971.09—1981.07
	李翠玲	站长	1981.08—1989.03
	李素琴	站长	1989.04—1989.06
新乐县气象局		局长	1989.07—1998.12
新乐市气象局	杨玉超	局长	1999.01—

人员状况 建站初期有 3 人。截至 2008 年底,编制 10 人,实有在职职工 9 人。在职职工中:男 7 人,女 2 人;汉族 9 人。大学本科以上 3 人,大专 1 人,中专及以下 5 人;中级职称 2 人,初级职称 7 人。30 岁以下 4 人,31~40 岁 2 人,41~50 岁 2 人,50 岁以上 1 人。

气象业务与服务

1. 气象业务

①地面气象观测

观测项目 1959 年 3 月 1 日建站时观测项目有:气温、湿度、气压、风向、风速、能见度、云、降水、天气现象、日照、地温、冻土、积雪深度、小型蒸发、地面状况。1961年1月1日开始浅层地温观测。1964年6月1日开始毛发湿度计由周转型改为日转型,同日双金属片温度计由周转型改为日转型。1965年12月14日空盒气压计由周转型改为日转型。1966年7月23日启用虹吸式雨量计。1970年4月23日维尔达测风改为EL型电接测风。现观测项目有:气压、气温、湿度、风向、风速、降水、地面温度(含草温)、浅层地温。

观测时次 1959年3月—2008年12月每天进行08、14、20时3次观测,夜间不守班。发报内容:云、能见度、天气现象、气压、气温、风向、风速、降水、雪深、地温等;重要天气报的内容:暴雨、大风、雾、雷暴、雨凇、积雪、冰雹、龙卷风等。

发报种类 1960年1月开始编发小天气图报、旬月报、重要天气报。1963年5月21日拍发雨情报。1979年6月15日增发05—05时雨情报。1999年3月1日开始拍发天气加密报,不再执行原小图报规定。

气象报表制作 每月编制3份地面气象记录月报表,每年编制4份地面气象记录年报表。2007年1月通过光纤给省、市气象局传输电子版原始资料和报表,停止报送纸质报表。

②现代化气象观测系统

自动气象站 2003年1月1日建成自动气象站并开始运行,观测项目有:气压、气温、湿度、风向、风速、降水、地温等,全部采用仪器自动采集、记录,替代了人工观测。2004年1月1日并轨运行,以自动站观测为主。2005年1月1日自动站单轨运行。

区域气象观测站 2005年8月建成邯郸、木村、协神、正莫区域气象观测站。2006年8月建成城安铺、杜固区域气象观测站。

多普勒天气雷达 多普勒天气雷达位于新乐市新华东路东头南侧,雷达塔高59米,共计11层。该项目2002年10月26日奠基,2004年6月18日工程竣工,2004年12月投入运行。多普勒天气雷达是由中国气象局通过引进当时世界上最先进的第三代天气雷达技术,高起点、高水平建设的中国新一代天气雷达。具有雷达联网,数据互传,资料共享,计算机控制,连续运行,实时监控,实时标校,高精度,高可靠性等特点。最大探测距离半径为460千米,尤其对局地强暴雨、雷暴大风等中小尺度的灾害性天气能进行有效监测。新一代天气雷达投入运行,对于提高河北省中南部灾害性天气监测预警能力、减轻气象灾害所带来的损失将发挥重要的作用,为及时准确采取防范措施提供科学依据。同时,该雷达也是2008年奥运会气象保障项目。

位于新乐市气象局的石家庄新一代天气雷达站(2004年)

观测站视频监控系统 2006年4月开通观测站视频监控系统。实现天气实景监控、观测场地环境、探测设备运行与安全监测有机结合,通过专用线路将监测实况传递到河北省气象局监控业务平台。

③气象信息网络

1983年12月以前主要通过邮局发报。1984年1月使用录音电话发报,安装传真机用于接收传真图。1984年7月使用PC-1500袖珍计算机用于编发报。1985年7月安装301无线对讲机用于天气会商。1996年4月无线数据接收机开通,利用微机接收石家庄市气象局的气象资料。1998年7月安装使用X.28分组数据交换网用于测报传输数据。同年11月Internet网络开通。2002年6月安装使用X.25同步拨号方式分组数据交换网,代替了X.28异步拨号方式,用于气象数据和公文传输。2003年4月安装1兆光纤通信线路。2005年3月安装使用2兆VPN局域网专线,代替X.25数据交换网。

④天气预报

短期天气预报 1971年1月开始制作短期天气预报,主要是根据河北省、石家庄市气象台的天气预报做出本县的订正预报。每天定时发布1～2次24～48小时的天气预报,内容包括最高、最低气温、天空状况、风向风速、灾害性天气预报。

中、长期天气预报 1981年1月根据石家庄市气象台的旬、月天气预报,再结合分析本地气象资料、天气形势、天气过程的周期变化等制作一旬天气过程趋势预报、春播预报、汛期(6—8月)预报、秋季预报和年度气候预测。1985年4月开始转发石家庄气象台中长期天气预报。

2. 气象服务

①公众气象服务

1976年1月开始向县委、县政府、农业局、广播站、水利局、北京空军导弹地勤部队、农场等部门,以书面、电话形式提供气象预报、雨情报告服务。1996年5月购置天气预报电话自动答询系统一套(同方P4微机1台),开通模拟信号"121"天气预报答询系统。2004年3月天气预报电话自动答询系统升级为数字式平台。2005年1月接入号码改为"12121"。2000年4月购置电视天气预报制作系统一套,用于制作电视天气预报节目。

②决策气象服务

1976年1月开始为新乐县委、县政府、安全生产办公室、农业局、各公社等单位提供气象服务。1976年为180人次进行服务,提供资料10册。1982年服务单位数已达23个,接受服务人次数达到221人次。在1998年防汛抗洪的关键时刻,为市委、市政府、水利局、城建局、各乡镇提供预报服务材料26份。2005年7月为完善汛期气象服务系统,与防汛办、农业局等单位共同架设光纤共享雨量信息平台。2004年12月投入运行的石家庄新一代天气雷达是目前世界上最先进的雷达系统,有"超级千里眼"之称,是监测灾害性天气演变过程、向有关部门提供准确的实时气象信息的重要设备。

③专业与专项气象服务

人工影响天气 2001年6月成立新乐市人工影响天气办公室,挂靠新乐市气象局。同年,市气象局配发中兴皮卡汽车1辆和WR火箭发射架1台,用于开展人工影响天气工作。

专项气象服务 1985 年 7 月安装使用气象警报发射机 20 余台,为有关单位提供天气预报。

气象法规建设与社会管理

2007 年 8 月 16 日新乐市行政服务中心成立,并设立气象服务窗口,办理防雷装置竣工验收许可、防雷装置设计审核许可、施放无人驾驶自由气球许可、施放气球作业审批等审核审批事项。

气象探测环境保护材料于 2003 年 8 月在新乐市建设局、规划局、国土局进行备案。2007 年 5 月 8 日发现在石家庄新一代天气雷达站东南方 680 米处,新乐市东方美术学院拟建 82 米高办公楼,按照有关规定,其建筑高度必须控制在 56 米以下。2008 年 4 月 16 日该楼建筑高度达到 60.04 米。河北省气象局、石家庄市气象局、新乐市政府对石家庄市新一代天气雷达站气象环境遭破坏一事非常重视。新乐市政府共召开协调会 17 次,派建设局现场执法 4 次,对其进行没收施工工具 300 多件套,并书面通知警告。石家庄市气象局多次到新乐进行协调,对东方美术学院进行 3 次书面警告。最终,东方美术学院负责人认识到保护气象环境的重要性和破坏气象探测环境的严重性。于 2008 年 7 月 15 日同意拆除超高部分 4.04 米,使综合楼高度严格控制在 56 米以内。

2004 年 6 月对县域内从事施放气球活动进行了规范,对非法从事气球施放的单位进行制止和行政处罚,截至目前共现场执法 8 次。

2006 年 8 月 3 日新乐市政府办公室下发《新乐市人民政府办公室关于加强防雷减灾工作的通知》(新政办〔2006〕15 号)。

党建与气象文化建设

党的组织建设 1959 年 1 月建站—1982 年 9 月,有党员 2 人,编入县农业局党支部。1982 年 10 月—1989 年 3 月成立气象局党支部,有党员 4 人。1989 年 4 月—1998 年 3 月有党员 4 人。截至 2008 年 12 月,有党员 9 人(其中离退休职工党员 5 人)。

气象文化建设 以做好气象服务为天职,把群众"满意不满意"作为工作的出发点和落脚点,文明创建工作得到加强。2006 年 8 月完成"两室一网"(荣誉室、图书室、气象文化网)建设。指定专人负责日常维护气象文化网站,搜集素材、及时更新;购置了 400 余本图书和书柜,并根据工作需要和职工的兴趣爱好每年不定量增加图书;在"3·23"世界气象日组织科技宣传,制作科技展板,印制、发放宣传画册普及气象灾害等知识。2004 年、2005 年被新乐市精神文明建设委员会评为精神文明单位。2006—2007 年被新乐市委、市政府评为"文明单位"。

荣誉 1981 年被河北省委、省政府联合嘉奖。1997 年、2003 年、2004 年先后被新乐市委、市政府评为工作实绩突出单位。2003 年被新乐市政府评为项目建设先进单位。2007—2008 年被河北省气象局评为河北省气象部门法制工作先进集体。2002—2008 年个人获奖 3 人次。

台站建设

2003 年建成石家庄新一代多普勒天气雷达,占地面积 13340 平方米,雷达塔楼主体 11 层。同年建成建筑面积 1800 平方米的配套办公楼、5 排宿舍楼。

2003 年 5 月院内进行路面硬化,面积达 920 平方米;绿化建设种植白杨、柳树、梧桐、火炬、桃树、石榴、紫叶李、地锦等 30 多种乔、灌木,形成了高、中、低树种错落有致的园林式景观,绿化覆盖率达 99%。

新乐市气象局旧貌(1990 年)

新乐市气象局新貌(2008 年)

行唐县气象局

机构历史沿革

始建情况 1965 年 1 月设行唐县气象服务哨,有 2 名同志负责测报。1970 年 1 月 1 日在行唐县城东北建成行唐县气象站。

历史沿革 1989 年 10 月更名为行唐县气象局。行唐县气象局现位于行唐县城东北,南邻龙州大街,西邻香港路,北纬 38°27′,东经 114°33′,海拔高度 96.2 米。

1970 年 1 月 1 日—2006 年 12 月 31 日为国家一般气象站;2007 年 1 月 1 日—2008 年 12 月 31 日为国家气象观测站二级站。

管理体制 行唐县气象局为正科级全民事业单位。1965 年 1 月—1969 年 12 月隶属行唐县农业局。1970 年 1 月—1973 年 2 月隶属行唐县人民武装部。1973 年 3 月—1981 年 3 月隶属行唐县农林局。1981 年 4 月起实行气象部门与地方政府双重领导,以气象部门领导为主的管理体制,1981 年 4 月—1993 年 7 月隶属石家庄地区气象局,实行石家庄地区气象局和行唐县政府双重领导。1993 年 8 月起隶属石家庄市气象局,实行石家庄市气象局和行唐县政府双重领导。

单位名称及主要负责人变更情况

单位名称	姓名	职务	任职时间
行唐县气象服务哨	无记载资料		1965.01—1969.12
行唐县气象站	南伟生	站长	1970.01—1974.02
	王金龙	站长	1974.03—1976.06
	祖志明	站长	1976.07—1977.11
	王青贵	站长	1977.12—1978.10
	崔满贵	站长	1978.11—1979.03
	王 英	站长	1979.04—1982.06
	孟绍宏	站长	1982.07—1989.09
行唐县气象局	李庆海	局长	1989.10—1990.04
	李名原	局长	1990.05—1991.04
	门秀文	局长	1991.05—1992.04
	刘素君	局长	1992.05—2000.02
	王建华	副局长	2000.02—2000.10
	安军力	副局长	2000.10—2005.08
		局长	2005.08—

注:由于建站初期台站档案记录不完善,其中1965年1月—1969年12月负责人和职务无记载资料。

人员状况 1965年建哨时有职工2人。2008年底编制6人,实有在职职工6人,其中:男5人,女1人;汉族6人;大学本科以上1人,大专1人,中专以下4人;初级职称5人;30岁以下1人,30~39岁3人,40~49岁1人,50~55岁1人。

气象业务与服务

1. 气象业务

①地面气象观测

观测项目 1965年建哨时观测项目有:雨量、气温、地温(地面及5、10、15、20厘米)、风(重型压板式)。1972年1月压板式风改为EL型电接风。观测项目有:云、天气现象、气压、气温、湿度、风向、风速、降水、日照、蒸发(小型)、地温(地面及5、10、15、20厘米)、冻土等。1975年11月增加能见度观测。现观测项目有:云、能见度、天气现象、气压、气温、湿度、风向、风速、降水、日照、蒸发(小型)、地面温度、雪深、浅层地温、冻土。

观测时次 08、14、20时3次观测,夜间不守班。1999年1月1日配备计算机和AH测报软件后,由原来只发旬月报、重要天气报、雨量报三类报文增加编发08、14、20时天气加密报,并使用计算机取代人工编报、制作报表。

发报种类 常规报自1970年1月1日起编发雨情报、旬月报。1977年1月1日起开始编发重要天气报。1997年6月1日开始编发汛期06—06时雨量报。1999年1月1日全年 14 时向省气象台拍发小图报;5 月 20 日—10 月 2 日拍发 08、20 时小图报。2000 年 6 月 1 日全年向省气象台拍发 3 次天气加密报。

气象报表制作　1972 年 1 月开始制作地面气象记录月报表和年报表,每月编制 3 份地面气象记录月报表,每年编制 4 份地面气象记录年报表。2007 年 1 月通过光纤给省、市气象局传输电子版原始资料和报表,停止报送纸质报表。

②现代化气象观测系统

区域气象观测站　2005 年在上方、北河、上阎庄、九口子、城寨、南桥、安香、翟营 8 个乡镇安装区域气象观测站。2006 年在口头、玉亭、独羊岗、只里、上碑 5 个乡镇安装区域气象观测站。2007 年在花沟和观测场内安装 2 个区域气象观测站。形成了以县气象站为中心,14 个乡镇为辅助的区域气象观测系统,对行唐县的雨量、气温进行加密观测。

闪电定位仪　2005 年 10 月安装闪电定位仪一部,用于探测县域内的闪电发生的强度、方向、频率及其变化情况。

观测站视频监控系统　2006 年 2 月开通观测站视频监控系统。实现了天气实景监控、观测场地环境、探测设备运行与安全监测的有机结合,通过专用线路将监测实况传递到河北省气象局监控业务平台。

③气象信息网络

1983 年 12 月前主要通过邮局发报。1984 年 1 月开始使用录音电话发报。1985 年 7 月安装 301 无线对讲机用于天气会商。1997 年 10 月购买 586 微机一台,用于测报编报试运行。1998 年 7 月建立县—市有线通信,利用 X.28 异步拨号方式加入公用分组数据交换网,用于气象数据和公文传输。2000 年 5 月以电话拨号方式通过互联网调取石家庄市气象局天气图等预报产品资料。2002 年 6 月升级为 X.25 同步拨号方式,代替 X.28。2004 年 9 月安装 2 兆-VPN 局域网专线,替代 X.25。2006 年 7 月省—市—县可视会商系统正式开通。

④天气预报

短期天气预报　1971 年 1 月开始制作短期天气预报,根据省、市气象台的天气预报做出本县的订正预报。每天定时发布 1～2 次 24～48 小时的天气预报,内容包括:最高、最低气温、天空状况、风向、风速、灾害性天气预报。1981 年开始根据预报需要抄录整理各项资料,绘制简易天气图、三线图等基本图表和气候图集,为准确制作天气预报提供依据。

中、长期天气预报　1981 年 1 月根据石家庄市气象台的旬、月天气预报,再结合分析本地气象资料、天气形势、天气过程的周期变化等制作一旬天气过程趋势预报、春播预报、汛期(6—8 月)预报、秋季预报和年度气候预测。1985 年 4 月开始转发石家庄气象台中长期天气预报。

2. 气象服务

①公众气象服务

1996 年 5 月购置天气预报电话自动答询系统一套,开通"121"天气预报答询系统。2004 年 1 月天气预报电话自动答询系统"121"升级为数字式平台。2005 年 1 月接入号码改为"12121"。信息内容包括主信箱每日 3 次的 24 小时天气预报；10 个分信箱内容包括：每日更新滚动的周预报,每月 1 次的短期气候预测、旅游景点预报、高速公路路况信息等。1999 年 4 月购置电视天气预报制作系统一套,用于气象预报声像业务的制作。同年 5 月 1 日县电视台开始播放电视天气预报,每天播出 1 次。2008 年 10 月 1 日电视天气预报制作系统升级为非线性编辑系统。预报内容包括：每天 24 小时及 3～5 天预报、交通线路预报等。

②决策气象服务

决策服务材料包括：重要天气报告、天气周预报、雨情快报、气象灾情报告、重大活动气象服务等。2007 年 6 月建立手机短信服务平台,发布天气预报信息。从 2006 年开始制定行唐县决策气象服务周年方案,每年都不断进行更新和完善。

【气象服务事例】 2006 年 9 月 21 日行唐县首届大枣采摘节在口头镇隆重开幕,省内外近 150 名各界领导参加开幕式。县气象局提前 3 天开始连续不断地将未来 24 小时天气情况向活动指挥中心进行专题报告。县气象局与石家庄市气象台多次利用可视会商系统进行天气会商,并对开幕式当天上午无降水过程以及风力、气温等做出了详细报告,送到指挥部主要领导手中。

③专业与专项气象服务

人工影响天气 2002 年 4 月购皮卡(人工增雨专用车)1 辆。11 月 10 日购买火箭发射架和火箭弹。2002 年 9 月 22 日第一次实施人工增雨作业。除春、秋季开展人工增雨作业外,还实施夏季的防雹作业和冬季的增雪作业。2002—2008 年共进行人工影响天气作业 13 次,发射 WR 型火箭弹 20 余枚。

专业气象服务 1985 年 7 月安装使用气象警报发射机 20 台,为砖厂和有关单位提供天气预报。2006 年以来行唐县每年举办大枣采摘节,气象局根据天气变化,积极做好采摘节期间气象服务工作,随时向组织部门提供最新的气象信息和预报。2007 年为山区乡镇开通了气象预报短信和灾害性天气预警短信。

④气象科普宣传

在每年"3·23"世界气象日和安全生产月活动中,宣传气象科学、防灾减灾、人工增雨作业原理等气象知识,结合本地气候特点,详细讲解雷电、高温和暴雨等灾害性天气的防护措施,最大限度减少气象灾害造成的人员伤亡和财产损失。

气象法规建设与社会管理

2005 年 6 月行唐县政府下发《关于进一步加强气象探测环境和设施保护工作的通知》(行政办〔2005〕21 号)。2004 年 3 月行唐县法制办批复确认县气象局具有独立的行政执法主体资格,并为县气象局 3 名工作人员办理了行政执法证,县气象局成立行政执法队伍。2008 年 7 月 1 日行唐县政府颁发《行唐县 2008 年突发性地质灾害应急预案》。

2004 年 11 月将气象探测环境保护材料在行唐县国土局、规划局、建设局进行备案。2008 年 5 月一房地产开发商在观测场南侧 80 米处拟建三层楼房,行唐县气象局严格按照《气象探测环境和设施保护办法》及相关法律法规,成功制止了这起影响探测环境的事件。建立和完善相关协作沟通机制,力求实现城镇建设与气象探测环境保护协调发展。

严格执行《施放气球管理办法》的相关规定,对县域内从事施放气球活动进行了规范,对非法从事气球施放的单位进行了制止和行政处罚。

2007年12月负责全县防雷安全的管理。行唐县气象局入驻行唐县行政服务中心,行使防雷装置设计审核和竣工验收及防雷装置检测、防雷工程专业设计、施工单位资质认定的行政审批权。

加强气象政务公开建设,完善政务公开栏。对干部职工最关心、反映强烈的问题,与职工切身利益相关的事项进行公开。公开内容包括:气象服务内容、服务承诺、大项财务支出、重大决策、党建与精神文明建设情况、重大改革情况等。

党建与气象文化建设

党的组织建设 1970年1月—1973年2月有党员2人,编入行唐县人民武装部党支部。1973年3月—1981年3月有党员6人,编入行唐县农林局党支部。1981年4月—2006年2月有党员6人,编入行唐县种子公司党支部。2006年3月成立独立的党支部。2007年7月有党员6人。截至2008年12月有党员7人(其中离退休职工党员3人)。

气象文化建设 2006年8月建成"两室一网"(荣誉室、图书室、气象文化网),购置500余册图书,丰富了职工业余文化生活。每年到帮扶对象家中进行慰问,为贫困家庭解决实际困难。多次参加清洁市政公共设施行动。多次组织职工献爱心、送温暖,支援南方遭遇低温雨雪冰冻灾害侵袭的省份,为四川地震灾区捐款捐物,共计6000余元。1997—1999年、2003—2004年被行唐县委、县政府评为县级文明单位。1998—1999年被石家庄市委、市政府评为市级文明单位。2007—2008年被石家庄市委、市政府评为市级文明单位。

荣誉 1993年被石家庄市气象局评为气象服务先进单位,被行唐县委、县政府评为小麦丰收突出贡献单位。1996—1999年连续4年被行唐县委、县政府命名为实绩突出领导班子。1999年被石家庄市气象局评为先进单位,被河北省气象局命名为河北省气象系统三级强局单位。2006年被县委、县政府授予群众灌渠修复工程先进集体荣誉称号。2007—2008年被石家庄市人民政府授予园林式单位称号。2008年被河北省建设厅授予河北省园林式单位荣誉称号。1982—2008年获得省部级以下综合表彰达6人次。

台站建设

行唐县气象局占地面积3893.05平方米,建站以来台站面貌发生翻天覆地的变化。1997年投资20余万元,拆除砖木结构的起脊瓦房,新建二层办公楼,建筑面积333.6平方米。1998年4月投入使用。新建院内车库2间,面积80平方米。2006年投资8万元,改造水暖设施和业务室。2008年投资48万元对台站进行全面综改。

2003年开始行唐县气象局逐年加大院区环境建设力度。聘请专门苗木公司负责院落绿化,每年进行维护和管理。2004 年种植乔木 2 棵,灌木 22 株,草坪面积 1150 平方米,绿化覆盖率达 64%。2008 年 10 月将院内路面全部重新硬化,硬化面积 908 平方米。补种三叶草,绿化面积达 1461 平方米,使机关院内变成风景秀丽的花园。

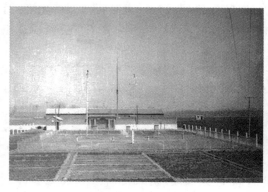

行唐县气象局(1981 年)　　　　　　　　　行唐县气象局(2008 年)

元氏县气象局

机构历史沿革

始建情况　1960 年 1 月建成元氏县气象站,站址位于元氏县良种繁殖场。

站址迁移情况　1982 年 2 月 17 日迁移观测场,迁移距离 100 米,海拔高度 63.0 米。1998 年 1 月 1 日由于观测环境受影响迁站,迁移距离 6000 米,海拔高度 50.7 米。2007 年 1 月 1 日,迁移至 6000 米以外的位于元氏县文化路与昌盛街交叉口北(即现址),东经 114°31′,北纬 37°46′,海拔高度 66.4 米。

历史沿革　1985 年 1 月 1 日更名为元氏县气象局。

1971 年 1 月 1 日—1988 年 12 月 31 日为国家一般气象站。1989 年 1 月 1 日—1998 年 12 月 31 日为河北省辅助站。1999 年 1 月 1 日—2005 年 12 月 31 日恢复为国家一般气象站。2007 年 1 月 1 日—2008 年 12 月 31 日为国家气象观测站二级站。

管理体制　元氏县气象局为正科级全民事业单位。1960 年 1 月 1 日—1962 年 12 月隶属元氏县农业局。1963 年 1 月—1966 年 12 月隶属石家庄专员公署气象局。1967 年 1 月—1971 年 4 月隶属元氏县革命委员会。1971 年 5 月—1973 年 5 月隶属元氏县人民武装部。1973 年 6 月—1979 年 11 月隶属元氏县革命委员会。1979 年 12 月—1981 年 3 月隶属元氏县农业局。1981 年 4 月起实行气象部门与地方政府双重领导,以气象部门领导为主的管理体制,1981 年 4 月—1993 年 7 月隶属石家庄地区气象局和元氏县政府双重领导。1993 年 8 月起隶属石家庄市气象局和元氏县政府双重领导。

单位名称及主要负责人变更情况

单位名称	姓名	职务	任职时间
元氏县气象站	王丙戌	站长	1960.01—1964.12
	王局信	站长	1964.12—1969.12
	无资料		1970.01—1971.04
	张根全	站长	1971.05—1979.11
元氏县气象局	刘明玉	站长	1979.12—1984.12
		局长	1985.01—1985.11
	石连庆	局长	1985.12—1990.12
	杨风联	局长	1991.01—2001.09
	吴艳丽	局长	2001.10—2002.03
	李荣淑	局长	2002.03—

注:因档案记录不完善,1970年1月—1971年4月负责人和职务无法找到记载资料。

人员状况　1960年建站时有职工2人。截至2008年底人员编制6人,实有在职职工6人,其中:男3人,女3人;汉族6人;大学本科学历3人,大专学历1人,中专及以下学历2人;中级职称1人,初级职称5人;30岁以下2人,31~40岁2人,40~49岁2人。

气象业务与服务

1. 气象业务

①地面气象观测

观测项目　云、能见度、天气现象、气压、气温、湿度、风向、风速、日照、蒸发(小型)、降水、地面温度、草温、浅层地温、冻土、雪深、地面状态。

观测时次　建站初始为07、13、19时(地方时)3次观测;1964年9月1日改为08、14、20时(北京时)3次观测,并沿用至今,夜间不守班。

发报种类　1999年1月1日配备计算机和AH测报软件后,由原来只发旬月报、重要天气报、雨量报三类报文,增加编发08、14、20时天气加密报,计算机取代人工编报、制作报表。

气象报表制作　1971年1月开始制作地面气象记录月报表和年报表,每月编制3份地面气象记录月报表,每年编制4份地面气象记录年报表。2007年1月通过光纤给省市气象局传输电子版原始资料和报表,停止报送纸质报表。

②现代化气象观测系统

自动气象站　2007年6月建成CAW600-B(S)型自动气象站,7月1日试运行。2008年1月1日自动站、人工站双轨运行。2009年1月1日开始并轨运行。观测项目有气压、气温、湿度、风向、向速、降水和地温。

区域气象观测站　2004年5月建成东张、赵同、南佐、北褚4个单要素区域气象观测站。2005年5月建成苏阳、正庄、宋曹3个单要素区域气象观测站和前仙、南因、殷村3个两要素区域气象观测站。2006年5月建成苏村、黑水河、北正、槐阳4个两要素区域气象观测站。

观测站视频监控系统　2007 年 5 月安装观测站视频监控系统。实现了天气实景监控、观测场地环境、探测设备运行与安全监测有机结合,通过专用网络线路将监测实况传递到河北省气象局监控业务平台。

③气象信息网络

1986 年 4 月前,主要通过邮局电话发报。1986 年 5 月开始使用甚高频电话发报,用于与石家庄市气象局进行天气会商。1999 年 8 月建立县市有线通信,利用 X.28 异步拨号方式加入公用分组数据交换网,用于气象数据和公文传输。2002 年 6 月升级为 X.25 同步拨号方式。2002 年 7 月以电话拨号方式通过互联网调取石家庄市气象局天气图等预报产品资料。2004 年 9 月安装使用 2 兆-VPN 局域网专线,代替 X.25 数据交换网。2008 年 8 月省—市—县天气预报可视化会商系统正式投入使用。

2003 年 2 月开通"9210"卫星接收系统,建立了 PC-VSAT 小站和以 MICAPS 工作平台的业务流程,可随时接收各种气象信息。

④天气预报

短期天气预报　1970 年 3 月—1974 年 6 月主要以物候观测发布短期预报。1979 年 7 月—1986 年 4 月开始收听电台要素广播,绘制小图报和本站温压湿三线图。1986 年 5 月—1987 年 6 月接收北京气象传真和日本传真图表,制作预报。1987 年 7 月架设开通甚高频无线对讲通讯电话,实现与地区气象局直接业务会商。1996 年 1 月改为订正预报,延续至今。

中、长期天气预报　1981 年 1 月,根据石家庄市气象台的旬、月天气预报,再结合分析本地气象资料、天气形势、天气过程的周期变化等制作一旬天气过程趋势预报、春播预报、汛期(6—8 月)预报、秋季预报和年度气候预测。1985 年 4 月开始转发石家庄气象台中长期天气预报。

2. 气象服务

①公众气象服务

1960 年 1 月开始每天通过广播站播送天气预报。1996 年 4 月购置微机、录像机、电视机、音响等器材,用于电视天气预报节目的制作,在元氏电视台、元氏有线电视台播出。2006 年 10 月电视天气预报制作系统升级为非线性编辑系统。预报内容包括:每天 24 小时及 3～5 天预报、交通线路预报、森林火险预报等。

1996 年 11 月开通"121"模拟信号自动答询电话。2004 年 1 月 8 日"121"并入石家庄市气象局数字网络化平台。2005 年 1 月,号码升级为"12121"。信息内容包括主信箱每日 3 次的 24 小时天气预报。10 个分信箱内容包括每日更新的滚动周预报,每月 1 次的短期气候预测、旅游景点预报、高速公路路况信息等。2007 年 4 月 3 日建成兴农网。

②决策气象服务

1982 年 5 月为县委、县政府、县农业局、县林业局提供专业气象服务,包括气温、降水、风的短期预报、长期预报、灾害性天气、农业气象资料等,服务方式为电话传送和书面抄送。提供的气象专题报告有:周预报、月预报、重要天气预报、气象灾害预警、专题农业气象报告。2005年3月由元氏县气象局牵头、元氏县农业局、元氏县国土资源局等单位协助完成了《元氏县气象灾害应急预案》。2006年3月开始制定元氏县决策气象服务周年方案,每年进行更新和完善。2008年5月利用短信平台为县政府部门、县安委会各成员单位、气象信息员(共223人,涵盖县域内所有村庄、乡镇)发送气象短信和灾害性天气预警信号。与县国土资源局、县林业局联合发布地质灾害预报、森林火险等级预报等预报产品以及各类灾害预警信息。

③专业与专项气象服务

人工影响天气 1995年5月成立人工影响天气办公室。2000年10月购置福田货车1辆及WR火箭发射架1台。2003年4月购置皮卡汽车1辆。用增雨火箭开展人工增雨(雪)、防雹作业。1995年—2008年底,全县共进行火箭作业50次以上,发射WR型火箭弹200多枚。2003年1月人工影响天气经费列入地方预算。

专业气象服务 1990年4月安装使用气象警报发射机为政府等部门提供天气预报。每天上、下午各广播1次,服务单位通过接收机定时接收气象信息。

④气象科普宣传

在每年的"3·23"世界气象日、元氏县科技节、安全生产月等活动中进行多种形式的气象科普知识宣传。自2006年起每年与县水利局联合举办水库防汛知识培训班。2007年6月与元氏县教育局联合下发了《关于加强学校安全防雷工作的通知》,并在全县中小学校发放了气象灾害防御挂图和气象科普知识光盘。

气象法规建设与社会管理

2004年6月为县气象局4名工作人员办理了行政执法证,县气象局成立行政执法队伍。

2006年1月将气象探测环境保护标准和具体范围,在县政府、城建局、国土局、环保局进行了备案。2008年7月开始每月向石家庄市气象局报送气象探测环境月报告书。2008年1月10日与石家庄市气象局签订《保护气象探测环境责任书》。2008年1月元氏县气象局观测站西侧有建设住宅小区动向。元氏县气象局高度关注并多次与开发商交涉,要求提供规划施工图等有关材料,及时制止这起影响气象探测环境的行为。

2004年6月被列为县安全生产委员会成员单位,将防雷三项职能纳入气象行政管理范围,负责全县防雷安全的管理。2008年11月26日元氏县政府下发文件《元氏县人民政府办公室关于做好防雷设施安装检测工作的通知》(元政办函〔2008〕10号文)。

党建与气象文化建设

党的组织建设 1971年5月—1973年12月有党员4人,编入县人民武装部党支部。1974年1月—1983年12月编入农业局良种场党支部。1983年12月成立党支部。截至2008年12月有党员6人(其中离退休职工党员2人)。

气象文化建设 2007年4月3日元氏县气象局门户网站开始运行,及时发布天气预报、气象新闻、气象科普知识。2007年4月进行荣誉室、图书室和气象文化网"两室一网"

建设,购置图书1000册。不断加强与县宣传部和文明办的联系,树立部门形象。2007年8月参加县委、县政府组织的"迎国庆歌咏比赛"活动。2008年7月参加县委、县政府组织的迎奥运健美操比赛活动。

荣誉　2007年度被河北省气象局评为优秀测报组。2003—2008年连续6年被石家庄市气象局评为优秀达标单位。2006年被县委、县政府评为"文明单位"。2008年被元氏县政府评为"巾帼文明"单位。2000—2008年创地面测报"百班无错情"10个。获得省部级以下综合表彰达6人次。

台站建设

1960年1月在元氏县良种繁殖场建成县气象站,办公用房为数间平房。1995年1月1日办公用元氏县气象大厦建成并投入使用,共四层36间,计1200平方米。2008年8月8日完成局站的整体搬迁,新址占地9120平方米,建筑面积640平方米,为两层半欧式建筑。同年完成办公楼整体装修、道路硬化、院落绿化及业务工作室的建设任务。配有厨房2间,车库4间。

2008年4—12月,在创建优美台站环境上共投入资金15万元,硬化路面1174平方米,绿化面积5300平方米,种植各类草木5000余株,植被4000平方米,绿化覆盖率达80%。

元氏县气象局旧址办公楼(1996年)　　　　　　　元氏县气象局(2008年)

赞皇县气象局

机构历史沿革

始建情况　1957年1月1日建成赞皇县气候站,开始记录观测资料。

历史沿革　1958年12月更名为元氏县气象站。1961年12月更名为赞皇县气象服务站。1971年6月1日正式建成赞皇县气象站。1989年10月更名为赞皇县气象局。赞皇县气象局现位于育新街 37 号,东经 114°22′,北纬 37°39′,海拔高度 135.6 米。

1957 年 1 月 1 日—1958 年 12 月 31 日为气候站。1959 年 1 月 1 日—2006 年 12 月 31 日为国家一般气象站。2007 年 1 月 1 日改为国家气象观测站二级站。

管理体制　赞皇县气象局为正科级全民事业单位。1957 年 1 月—1958 年 11 月隶属河北省气象局。1958 年 12 月—1961 年 11 月隶属元氏县农业局。1961 年 12 月—1962 年 12 月隶属赞皇县人民委员会。1963 年 1 月—1970 年 4 月隶属石家庄地区气象局。1970 年 5 月—1971 年 5 月隶属赞皇县武装部。1971 年 6 月—1979 年 11 月隶属赞皇县革命委员会。1979 年 12 月—1981 年 3 月隶属赞皇县农业局。1981 年 4 月起实行气象部门与地方政府双重领导,以气象部门领导为主的管理体制,1981 年 4 月隶属石家庄地区气象局和赞皇县政府双重领导。1993 年 7 月起隶属石家庄市气象局和赞皇县政府双重领导。

单位名称及主要负责人变更情况

单位名称	姓名	职务	任职时间
赞皇县气候站	许际平	站长	1957.01—1958.11
元氏县气象站			1958.12—1961.11
赞皇县气象服务站			1961.12—1971.05
赞皇县气象站			1971.06—1989.04
	丁苍虎	站长	1989.05—1989.07
	田英菊	站长	1989.08—1989.09
赞皇县气象局		局长	1989.10—2000.12
	李荣淑	局长	2001.01—2002.02
	李淑文	局长	2002.03—

人员状况　1957 年建站时有职工 2 人,截至 2008 年底人员编制 6 人,实有在职职工 6 人,其中:男 4 人,女 2 人;均为汉族;大学本科学历 1 人,大专学历 2 人,中专学历 3 人;中级职称 2 人,初级职称 4 人;30 岁以下 1 人,41~50 岁 2 人,50 岁以上 3 人。

气象业务与服务

1. 气象业务

①地面气象观测

观测项目　云、能见度、天气现象、气压、气温、湿度、风向、风速、日照、蒸发(小型)、降水、地面温度、浅层地温、冻土、雪深。

观测时次　1957 年 1 月 1 日—1960 年 7 月 31 日每天进行 01、07、13、19 时(地方时)4 次定时观测。1960 年 8 月 1 日起每天进行 02、08、14、20 时(北京时)4 次定时观测。1961 年 1 月 1 日取消 02 时观测,保留 08、14、20 时 3 次定时观测。

气象报表制作　1971 年 1 月开始制作地面气象记录月报表和年报表,每月编制 3 份地面气象记录月报表,每年编制 4 份地面气象记录年报表。2006 年 1 月通过光纤给省市气象局传输电子版原始资料和报表,停止报送纸质报表。

②现代化气象观测系统

自动气象站 2002 年 12 月建成自动 CAW600-B(S)型气象站。2002 年 12 月 1 日与人工站双轨运行。2004 年 1 月 1 日单轨运行。观测项目有气压、气温、湿度、风向、风速、降水、地温等。

区域气象观测站 2004 年 7 月建成嶂石岩、许亭、平旺 3 个区域气象观测站。2005 年 4 月建成邢郭、张楞、白草坪 3 个区域气象观测站。2006 年建成土门、院头、清河 3 个两要素区域气象观测站,同时对赞皇县的雨量、气温进行加密观测。

观测站视频监控系统 2008 年 4 月安装观测站视频监控系统。实现了天气实景监控、观测场地环境、探测设备运行与安全监测的有机结合,通过专用线路将监测实况传递到河北省气象局监控业务平台。

③气象信息网络

1983 年 10 月安装 CE80 型传真机 1 台,用于接收传真图。1986 年 4 月前主要通过邮局电话发报。1986 年 5 月安装甚高频电话用于发报和天气会商,取代邮局电话传报。1999 年 8 月建立县市有线通信,利用 X.28 异步拨号方式加入公用分组数据交换网,用于气象数据和公文传输。2002 年 7 月以电话拨号方式通过互联网,调取石家庄市气象局天气图等预报产品资料,同时 X.25 同步拨号方式代替 X.28。2004 年 9 月安装使用 2 兆-VPN 局域网专线,代替 X.25 数据交换网。2006 年 7 月省—市—县可视会商系统正式开通。

④天气预报

短期天气预报 1970 年 1 月开始根据省、市气象台的天气预报做出本县的订正预报,每天定时发布 1~2 次 24~48 小时的天气预报,内容包括:最高、最低气温、天空状况、风向、风速、灾害性天气预报。1981—1988 年根据预报需要抄录整理了各项资料,绘制简易天气图、三线图等基本图表和气候图集,为准确制作天气预报提供依据。

中、长期天气预报 1983 年 10 月通过传真机接收中央气象台,省气象台的旬、月天气预报,再结合分析本地气象资料,天气过程的周期变化等制作一旬天气过程趋势预报、春播预报、汛期(6—8 月)预报、秋季预报和年度气候预测。1985 年 4 月开始转发石家庄气象台中长期天气预报。

2.气象服务

①公众气象服务

1970 年 1 月开始每天在赞皇县广播电台播出天气预报,由电话传送。1997 年 12 月与县广播电视局协商开通电视天气预报,由县气象局提供天气预报信息,县电视台制作天气预报节目。2001 年 5 月县气象局建成多媒体电视天气预报制作系统,开始录制天气预报,将节目录像带送电视台播放。2007 年 10 月将电视天气预报制作系统升级为非线形编辑系统。预报内容包括 24 小时及 3~5 天预报,交通线路预报等。

1996 年 11 月开通"121"模拟信号自动答询电话。2004 年 1 月 8 日"121"并入石家庄市气象局数字网络化化平台。2005 年 1 月号码升级为"12121"。信息内容包括主信箱每日 3 次的 24 小时天气预报。10 个分信箱内容包括每日更新的滚动周预报,每月 1 次的短期气候预测、旅游景点预报、高速公路路况信息等。

②决策气象服务

自建站起坚持为赞皇县委、县政府提供各类决策气象服务产品。主要有:周预报、月预报、重要天气预报、气象灾害预警、雨情信息、专题农业气象报告及重大活动期间专题预报。2006年4月开始制订赞皇县决策气象服务周年方案,每年不断进行更新和完善。

【气象服务事例】 1996年8月2—5日赞皇县出现30年一遇特大暴雨。8月1日县气象局做出未来24～48小时有大到暴雨、局部大暴雨的预报。8月4日槐河大坝溃口,县气象局及时为县政府领导和防汛办提供气象服务。

③专业与专项气象服务

人工影响天气 2001年1月成立赞皇县人工影响天气办公室,挂靠县气象局。同年3月在赞皇县土门乡土门村北建设人工影响天气作业基地。2001年4月石家庄市气象局配发WR火箭发射架1台,开始开展人工影响天气工作。2001年—2008年底,每年进行3～4次人工影响天气作业。

专业气象服务 1991年4月正式安装使用气象警报发射机,安装到县防汛办公室、县林业局、县农业局和各乡镇,建成气象预警服务系统,并于当月对外开展服务。每天早中晚3次播送天气预报,服务单位每天通过接收机定时接收气象信息。

2007年9月9日赞皇县举办首届大枣采摘节,县气象局根据天气变化,积极做好采摘节期间气象服务工作。9月1日作出采摘节期间基本无雨的预报。

④气象科普宣传

每年在"3·23"世界气象日、安全生产月等活动中进行多种形式的气象科普知识宣传。2007年7月为全县中小学校发放了气象灾害防御挂图和气象科普知识光盘,增强了中小学校师生的气象灾害防御知识。

气象法规建设与社会管理

2008年7月县政府下发《赞皇县人民政府办公室关于加强气象灾害应急防御联系人工作的通知》(赞政办〔2008〕39号)。2004年1月为县气象局3名干部办理了行政执法证,气象局成立行政执法队伍。

2003年11月赞皇县政府办公室下发《赞皇县人民办公室关于加强保护气象探测环境工作的通知》(赞政办〔2003〕86号)。2003年9月县气象局将气象探测环境保护材料在赞皇县国土局、建设局、环保局进行了备案。2008年8月赞皇县政府下发《赞皇县人民政府关于进一步加强气象探测环境和设施保护工作的通知》(赞政通〔2008〕68号)。县气象局经常对观测场四周可能影响探测环境的植被进行修整。

1999年5月赞皇县政府下发《赞皇县人民政府办公室关于加强防雷安全工作的通知》(赞政办〔1999〕46号)。2003年5月下发《关于进一步加强防雷安全工作的通知》(赞政办〔2003〕20号)。2003年6月,被列为县安全生产委员会成员单位,负责全县防雷安全的管理,对新建、改建、扩建建设项目防雷装置进行设计审核和竣工验收工作。定期对建筑物、液化气站、加油站、炸药仓库、水塔、通讯设施、计算机房的防雷设施进行检测,对不符合防雷技术规范的单位,责令进行整改。对于无资质或超越资质范围擅自从事相关活动、拒不接受防雷装置设计审核和竣工验收,拒不接受防雷装置安全检测以及使用不合格防雷产品的单位和个人,依法严肃查处,维护防雷安全生产秩序。2003年7月县气象局进入赞皇县行政审批大厅,防雷三项职能得到进一步落实。

党建与气象文化建设

党的组织建设　1957年1月—1962年12月有党员2人,编入县农业局党支部。1963年1月成立赞皇气象站党支部,有党员2人。截至2008年底有党员3人。

气象文化建设　逐年制订精神文明建设规划和实施方案。开展文明创建规范化建设,改造观测场,装修业务值班室,统一制作局务公开、学习园地、法制宣传和文明创建等专栏。2006年4月进行荣誉室、图书室和气象文化网的"两室一网"建设,购置图书1000册。

荣誉　建站至2008年底共获集体荣誉奖56项。1982年汛期工作突出被县委、县政府记集体三等功1次。1982年、1983年被河北省气象局评为全省气象部门先进集体。1986年被石家庄市气象局评为"文明单位"。1999—2008年被赞皇县委、县政府评为精神文明单位。2002—2008年被石家庄市气象局评为优秀达标单位。2003年被石家庄市气象局评为先进单位。2002—2008年创地面测报"百班无错情"10个,创地面测报"250班无错情"2个。获得省部级以下综合表彰达8人次。

台站建设

1957年建站时只有数间小平房。1980年6月新盖9间办公室。1998年4月投资8万元进行外墙瓷砖改造,更换了铝合金门窗,粉刷了内墙。2007年投资65万元对办公室进行翻新重建,扩建了业务值班室和会议室,购置新业务平台。院落进行了硬化,重新修建了大门。2008年7月1日迁入新办公室。气象局现占地面积3466.7平方米,办公面积500平方米,车库2间。

2003—2008年赞皇县气象局陆续对院内环境进行绿化改造,在庭院内修建花坛和草坪1900多平方米,整修硬化路面720平方米,全局绿化覆盖率达61%,使机关院内形成四季有绿、三季有花、环境宜人的花园式单位。

赞皇县气象局(1998年)

赞皇县气象局(2008年)

赵县气象局

机构历史沿革

始建情况　1959年1月建成赵县气象站,站址位于赵县县城西北苏村村东。

站址迁移情况　第1次迁站:1963年8月31日由于暴雨房屋倒塌原因迁站,迁移距离2500米,海拔高度41.8米。第2次迁站:1970年1月1日由于赵县机械厂扩建盖房原因迁站,迁移距离2500米,海拔高度40.1米。第3次迁站:1986年5月1日由于观测环境原因迁站,迁移距离5000米。赵县气象局现位于赵县城关镇东关村东,北临辛赵路,北纬37°45′,东经114°47′,海拔高度38.5米。

历史沿革　1959年8月并入宁晋县气象站,站址迁于宁晋县农场,更名为宁晋县气象站赵州分站。1961年6月与宁晋分县后又在赵县城西北苏村农场内重建赵县气象站。1962年11月更名为赵县气象服务站。1969年11月更名为赵县农林牧工作站革命委员会气象站。1971年9月更名为河北省赵县气象站。1989年10月更名为赵县气象局。

1971年1月1日—2006年12月31日为国家一般气象站。2007年1月1日改为国家气象观测站二级站。

管理体制　赵县气象局为正科级全民事业单位。自建站至1963年9月隶属赵县人民政府,由县农业局代管。1963年10月起隶属石家庄专员公署气象局。1966年12月开始隶属赵县政府,由县农业局代管。1971年5月起隶属赵县武装部。1973年4月又改回隶属赵县政府,由县农林局代管。1981年4月起实行气象部门与地方政府双重领导,以气象部门领导为主的管理体制,1981年4月—1993年7月隶属石家庄地区气象局,实行石家庄地区气象局和赵县政府双重领导。1993年8月起隶属石家庄市气象局,实行石家庄市气象局和赵县政府双重领导。

单位名称及主要负责人变更情况

单位名称	姓名	职务	任职时间
赵县气象站	杜景魁	站长	1959.01—1959.08
宁晋县气象站赵州分站			1959.08—1961.05
赵县气象站	杨建华	站长	1961.06—1962.09
	许振平	站长	1962.10—1962.11
赵县气象服务站			1962.11—1968.11
	李天真	站长	1968.12—1969.10
			1969.11—1969.12
赵县农林牧工作站革命委员会气象站	王居信	站长	1970.01—1971.04
	高孟虎	站长	1971.05—1971.08
河北省赵县气象站			1971.09—1975.03

续表

单位名称	姓名	职务	任职时间
河北省赵县气象站	李新英	站长	1975.04—1977.12
	杜秀成	站长	1978.01—1979.12
	孙新胜	站长	1980.01—1986.04
	张中才	站长	1986.05—1989.09
赵县气象局	白世茹	局长	1989.10—2000.12
	吴文海	局长	2001.01—2001.06
	苏芃	局长	2001.07—2005.05
	高杨	局长	2005.06—2006.05
	许雷	局长	2006.06—2008.10
	董国华	局长	2008.10—

人员状况　建站初期有测报员2人。2008年底人员编制6人,实有在职职工6人,其中:男4人,女2人;汉族6人;大学本科以上3,大专1人,中专以下2人;中级职称2人,初级职称4人;30岁以下2人,31～40岁1人,41～50岁1人,50岁以上2人。

气象业务与服务

1.气象业务

①地面气象观测

观测项目　1959年1月1日建站时的观测项目有云、能见度、天气现象、风向、风速(维尔达式)、气温、湿度、最高最低温度、降水、日照、地面温度(包括最高最低)、浅层地温、气压(只读数不订正)、雪深、冻土;同年2月增加蒸发(小型)观测。1964年1月—1969年12月观测深层地温。1964年4月1日开始气压自记订正。1970年5月6日维尔达式风改为EL型电接风。现在观测项目有气压、气温、湿度、风向、风速、降水、地面温度(含草温)、浅层地温、深层地温。

观测时次　建站初进行08、14、20时3次观测,夜间不守班。1961年6月1日—1961年12月31日、1972年1月1日—1973年12月31日增加夜间02时观测。1963年7月1日开始编发天气报。1999年1月1日配备计算机和AH测报软件,由原来只发旬月报、重要天气报、雨量报三类报文增加编发08、14、20时天气加密报,并用计算机取代人工编报、制作报表。

发报种类　1975年1月1日有报文记录,当时报文主要有:绘图补助报、旬月报(AB)、雨量报(SL)、重要天气报(WS)、AI报、SN报。1982年1月1日增加天气报(SX)。1991年6月21日正式执行气象旬(月)报电码(HD-03)。1993年2月取消14时小图报。1997年5月13日增发06—06时雨量报。1998年12月12日试发14时小图报。1999年1月1日正式拍发14时小图报。1999年3月1日开始拍发天气加密报(GD-05),原有小图报规定作废。2002年3月21日开始执行2002版重要天气报告。2008年6月1日开始执行2008版重要天气报告。

气象报表制作　1963年1月开始制作地面气象记录月报表和年报表,每月编制3份地面气象记录月报表,每年编制4份地面气象记录年报表。2007年1月通过光纤给省市气象局传输电子版原始资料和报表,停止报送纸质报表。

②现代化气象观测系统

自动气象站 2007年6月建成CAW600-B(S)型自动气象站,7月1日试运行。观测项目:气压、气温、湿度、风向、风速、降水、地温、草温等,全部采用仪器自动采集、记录,替代了人工观测。2008年1月1日—2008年12月,自动气象站与人工观测站双轨运行。

区域气象观测站 2004年6月建设北王里、前大章、谢庄、杨户乡镇4个区域气象观测站。2005年4月建成县城城区、沙河店、谢庄3个区域气象观测站。2007年4月建成韩村区域气象观测站1个。

闪电定位系统 2004年11月,安装闪电定位仪1部,用于探测县域内的闪电发生的强度、方向、频率及其变化情况。

GPS卫星定位综合服务系统建设 2008年10月10日建成河北省卫星定位综合服务系统GPS基准站,并投入运行。

观测站视频监控系统 2008年4月开通观测站视频监控系统。实现天气实景监控、观测场地环境、探测设备运行与安全监测的有机结合。通过专用线路将监测实况传递到河北省监控业务平台。

③气象信息网络

1983年12月前主要通过邮局发报。1984年1月使用录音电话发报,安装CE80型传真机用于接收传真图。1985年7月安装301无线对讲机用于天气会商。1997年10月购买586微机一台,用于测报编报试运行。1999年8月建立县—市有线通信,利用X.28异步拨号方式加入公用分组数据交换网,用于气象数据和公文传输。2002年6月升级为X.25同步拨号方式。2002年7月以电话拨号方式通过互联网调取石家庄市气象局天气图等预报产品资料。2004年9月安装使用2兆光纤通信线路,代替X.25数据交换网。

④天气预报

短期天气预报 县站开始只负担观测任务,不制作天气预报。自1971年开始制作短期天气预报。每天定时发布1～2次24～48小时的天气预报,内容包括:最高、最低气温、天空状况、风向、风速、灾害性天气预报。

中、长期天气预报 1981年1月根据石家庄市气象台的旬、月天气预报,再结合分析本地气象资料、天气形势、天气过程的周期变化等制作一旬天气过程趋势预报、春播预报、汛期(6—8月)预报、秋季预报和年度气候预测。1985年4月开始转发石家庄气象台中长期天气预报。

2. 气象服务

公众气象服务 1985年7月安装使用气象警报发射机20余台,为砖厂和有关单位提供天气预报。1996年5月购置天气预报电话自动答询系统一套,开通"121"天气预报答询系统。1997年3月购置电视天气预报制作系统一套(联想微机1台,录像机1台)用于制作天气预报节目,5月1日县电视台开始播放电视天气预报。2005年3月天气预报电话自动答询系统"121"改为"12121",同时升级为数字式平台,内容有:主信箱每日3次24小时天气预报;10个分信箱内容包括:每日滚动周预报、每月1次的短期气候预测、旅游景点预报、高速公路路况信息等。2008年6月14日赵县电视台午间天气预报栏目正式开播,提供每日午后到夜间以及次日全县天气形势预报。

决策气象服务 1979年3月开始为县委、县政府、农业局、县种子公司等17个单位提供气象服务,包括气温、降水、风的短期预报、长期预报、灾害性天气、农业气象资料等。为县政府提供周预报、月预报、重要天气预报、雨情简报、人工影响天气专题、农业专题报告、气象灾害预警信息。

人工影响天气 1979年6月开展人工防雹作业,使用土火箭采用爆炸法防雹,效果不明显后中断近20年。1996年5月恢复人工影响天气工作,成立赵县人工影响天气办公室,挂靠县气象局。同年购买了人工增雨(雪)火箭车载发射架和火箭弹,购置1辆汽车作为炮车使用。2002年8月由河北省人工影响天气办公室配备人工增雨专用车1辆。2004年7月建成贤门楼、南庄、郝家庄3个固定作业点。除夏季防雹外,还开展春秋季人工增雨、冬季人工增雪作业。

气象法规建设与社会管理

2004年4月赵县政府法制办批复确认县气象局具有独立的行政执法主体资格,县气象局成立行政执法队伍,为4名干部职工办理了行政执法证。2005年3月进入赵县行政审批大厅。2008年9月赵县政府将气球释放管理、防雷工程图纸和防雷工程验收三项审批事项纳入网上审批系统。

赵县气象局逐年加大对探测环境的保护力度,2003年10月将气象探测环境保护材料在赵县国土、规划局、建设局进行备案。

2004年6月开始对县域内从事施放气球活动进行了规范,对非法从事气球施放的单位进行制止和行政处罚。

1996年4月县气象局为赵县第一礼花厂做防雷安全检测服务,开始开展防雷设施检测安装、图纸审核、竣工验收、工程施工等多项防雷服务。2003年4月赵县政府下发《赵县人民政府关于进一步加强防雷安全工作的通知》(赵政字〔2003〕45号)。2004年4月赵县气象局成为县安全生产委员会成员单位,将防雷三项职能纳入气象行政管理范围。2005年4月赵县安全生产委员会下发《关于加强防雷安全工作的通知》(赵安委办〔2005〕12号)。2008年6月赵县人民政府办公室下发《关于在全县范围内开展防雷减灾安全大检查的通知》(赵政办函〔2008〕22号)。

党建与气象文化建设

党的组织建设 1959年1月—1981年3月有党员9人,编入县农业局农场党支部。1981年4月成立党支部,有党员3人。1986年5月有党员4人。1989年9月有党员5人。2001年10月有党员5人。2005年6月有党员5人。2006年6月有党员6人。截至2008年12月有党员9人(其中离退休职工党员4人)。

气象文化建设 紧紧围绕气象为经济建设服务这个中心,狠抓文明单位创建活动,成立了精神文明建设领导小组,把方便群众、服务群众作为文明创建的根本出发点和立足点,大力提倡科学、文明、健康的生活方式。深入开展各项文体活动,增强干部职工凝聚力。开辟体育活动场地,购置羽毛球、乒乓球等器材。"3·23"世界气象日组织职工开展健康、文明、科学的文体娱乐宣传活动,充分展现气象队伍建设的新风貌。1998—2000 年、2003—2008 年被县委、县政府评为精神文明单位。

荣誉 2000 年被河北省气象局评为河北省气象部门县(市)三级强局单位。1998 年被河北省气象局评为"优质服务、优良作风、优美环境"先进单位。2002 年被河北省气象局评为优秀测报组。2003 年被河北省精神文明建设委员会评为一星级窗口单位。1971—2008 年获得省部级以下综合表彰达 9 人次。

台站建设

1963 年 8 月 1 日迁至赵县西关外。1970 年 1 月 1 日迁至县城西北苏村农场内。1986 年 5 月 1 日迁至现址。1997 年 9 月在制订台站综合改造总体规划的基础上,拆除原有的 6 间办公平房,新建 400 平方米的综合办公楼。2004 年 7 月投资 16 万元对办公楼进行装修,更换门窗,安装太阳能热水器、暖气、无塔供水设备,新建车库 3 间。2007 年 10 月投资 8.6 万元,重建了锅炉房、职工食堂、职工文体活动室。

2000—2008 年对机关院内环境进行绿化改造,种植了法国歌梧桐、冬青等多种乔、灌木植物,实现四季皆有绿色。绿化面积 2500 平方米,绿化覆盖率达 67%,硬化面积 760 平方米,覆盖率达 80%。

赵县气象站旧貌(1959 年)

赵县气象局新貌(2008 年)

正定县气象局

机构历史沿革

始建概况 正定县气象局始建于 1958 年 6 月,当时的名称为正定县人民委员会气象站,位于正定县城西东柏棠村,东经 114°33′,北纬 38°09′,海拔高度 75.4 米。

站址迁移情况　第1次迁站：1971年8月1日为方便工作、生活迁至正定县城内西北街，迁移距离5000米，海拔高度70.8米，1973年1月站址东移100米，1994年9月1日填土增高50厘米，海拔高度变为71.3米。第2次迁站：2002年1月1日由于当地政府要求迁至正定县科技馆，迁移距离1700米，海拔高度68.1米。第3次迁站：2003年1月1日由于观测环境原因迁至正定县城内的府西街79号，南邻恒山西路，东邻府西街，东经114°34′，北纬38°09′，海拔高度71.0米，迁移距离1700米。

历史沿革　1958年6月成立正定县人民委员会气象站。1959年1月开始地面气象观测。1961年1月更名为正定县气象服务站。1964年1月更名为正定县气象哨。1971年1月更名为正定县气象站。1989年7月更名为正定县气象局。

1959年1月1日—2006年12月31日为国家一般气象站。2007年1月1日起改为国家气象观测站二级站。

管理体制　正定县气象局为正科级全民事业单位。自建站至1963年12月隶属县人民委员会。1964年1月—1965年12月隶属石家庄专员公署气象局。1966年1月—1970年12月隶属县农业局。1971年1月—1972年12月隶属县人民武装部，实行正定县人民武装部和石家庄地区气象局双重领导体制。1973年1月—1981年4月隶属县农业局。1981年4月起实行气象部门与地方政府双重领导，以气象部门领导为主的管理体制，1981年5月—1993年7月隶属石家庄地区气象局，实现石家庄地区气象局和正定县人民政府双重领导。1993年8月起隶属石家庄市气象局，实行石家庄市气象局和正定县人民政府双重领导。

单位名称及主要负责人变更情况

单位名称	姓名	职务	任职时间
正定县人民委员会气象站	无记载资料		1958.06—1958.12
	杨根深	站长	1959.01—1960.12
正定县气象服务站			1961.01—1963.12
正定县气象哨			1964.01—1970.12
			1971.01—1971.07
正定县气象站	高治学	站长	1971.08—1972.07
	郜东之	站长	1972.08—1976.09
	钱朝杰	站长	1976.10—1986.02
	吴志英	站长	1986.03—1989.07
正定县气象局	周兆坤	局长	1989.07—1990.01
	邓明贵	局长	1990.02—1998.02
	马金娥	局长	1998.03—1998.10
	葛兵河	局长	1998.11—2002.01
	牛朝阳	局长	2002.02—

注：由于建站初期台站档案记录不完善，因此自1958年6月—1958年12月负责人和职务无法找到记载。

人员状况　1958年建站时只有1人。2008年底，编制6人，实有在职职工8人，退休职工11人。在职职工中：男4人，女4人；全部为汉族；大学学历2人，大专学历3人，中专及以下学历3人；中级职称2人，初级职称6人；30岁以下2人，31~40岁4人，41~50岁2人。

气象业务与服务

1. 气象业务

①地面气象观测

观测项目 1959年1月开始气象观测,观测项目有云、能见度、天气现象、气压、气温、湿度、风向、风速、降水、日照、蒸发(小型)、雪深、冻土。1972年1月增加地面温度、浅层地温观测。

观测时次 每天进行08、14、20时3次观测,白天守班。

发报种类 1972年11月开始编发气象旬(月)报、重要天气报和雨情报。1999年1月31日—2月28日编发14时天气加密报;3月1日—4月30日编发08、14时天气加密报。5月1日开始编发08、14、20时3次天气加密报。使用计算机编发报。

气象报表制作 1959年1月开始制作地面气象记录月报表和年报表,每月编制3份地面气象记录月报表,每年编制4份地面气象记录年报表。2007年1月通过光纤给省市气象局传输电子版原始资料和报表,停止报送纸质报表。

②现代化气象观测系统

自动气象站 2007年6月建成CAW600-B(S)型自动气象站。2008年1月1日—12月31日自动站与人工观测站双轨运行。观测项目有气压、气温、湿度、风向、风速、降水、地面温度(含草温)、浅层地温、深层地温。

区域气象观测站 2004年5月建成诸福屯、新城铺、里双店、曲阳桥4个区域气象观测站。2005年5月建成新安、西平乐、正定县城3个区域气象观测站。观测项目为降水、气温。

观测站视频监控系统 2006年4月安装使用观测站视频监控系统。实现了天气实景监控、观测场地环境、探测设备运行与安全监测的有机结合,通过专用网络线路将监测实况传递到河北省气象局监控业务平台。

③气象信息网络

1984年1月开始使用录音电话发送天气报,同时安装2台CE80型气象传真机接收传真图。1985年7月安装301无线对讲机与石家市气象局进行天气会商。1996年4月停止使用气象传真机,安装使用无线数据接收机。1998年7月建立市县有线通信,利用X.28异步拨号方式加入公用分组数据交换网;11月开始以电话拨号方式通过互联网调取石家庄市气象局天气图等预报产品资料。2002年6月X.28异步拨号方通信方式升级为X.25同步拨号方式。2003年4月安装1兆的宽带,替代电话拨号方式。2004年9月安装使用2兆光纤通信线路,代替X.25数据交换网。2006年7月开通省—市—县视频会商系统。

④天气预报

短期天气预报 1971年1月开始制作天气预报,主要根据河北省、石家庄市气象台天气预报做出正定县的订正预报。1981年1月开始根据预报需要抄录整理各项资料,绘制简易天气图、三线图等基本图表,为准确制作天气预报提供依据。

中、长期天气预报 1981年1月根据石家庄市气象台的旬、月天气预报再结合分析本地气象资料、天气形势、天气过程的周期变化等制作一旬天气过程趋势预报、春播预报、汛期(6—8月)预报、秋季预报和年度气候预测。1985年4月开始转发石家庄市气象台的中长期天气预报。

2. 气象服务

①公众气象服务

1997年1月以前主要通过县广播电台和人民公社广播站播送天气预报,电话传送。1997年1月《天气预报》节目在正定县电视台开播。2000年4月购置电视天气预报制作系统,开始制作电视天气预报节目,以录像带形式传送。2001年5月购置双顺达天气预报制作系统,升级天气预报制作系统为非线性编辑系统。2007年10月采用高标准视频采集卡,以信息文件形式传送。

1996年8月开通"121"天气预报自动答询系统。2004年1月8日"121"并入石家庄市气象局数字网络化化平台。2004年3月"121"天气预报电话自动答询系统升级为数字式平台。2005年1月号码改为"12121"。内容有主信箱每日3次的24小时天气预报;10个分信箱内容包括每日更新的周预报、短期气候预测、旅游景点预报、交通路况信息等。

2004年6月建成正定气象网站、正定县兴农网站。2007年4月县气象局门户网站进行了改版运行,同时组建了全县气象信息员队伍。

②决策气象服务

1976年1月开始为县委、县政府、生产办公室等单位提供气象服务,主要内容包括气温、降水、风的短期预报、长期预报、灾害性天气、农业气象资料等。2006年1月开始制订正定县决策气象服务周年方案,每年进行更新和完善。2007年1月开通气象短信平台,以手机短信方式向全县各级领导发送气象信息。

【气象服务事例】 1996年8月3—5日正定县出现30年一遇的暴雨。县气象局在8月3日做出未来24~48小时有大到暴雨、局部大暴雨过程预报,及时给县政府领导和防汛办提供了气象服务信息和防汛工作建议。

目前为县政府提供的气象专题报告有:周预报、月预报、重要天气预报、气象灾害预警、专题农业气象报告。

③专业与专项气象服务

人工影响天气 1998年3月成立正定县人工影响天气办公室,挂靠正定县气象局。2000年10月购置解放客货1辆及WR火箭发射架1台。12月3日开始开展人工增雨(雪)、防雹作业,进行了第一次人工增雪作业。2002年12月购皮卡汽车1辆。2000年12月—2008年12月,共进行火箭作业25次,发射WR型火箭弹100多枚。

专业气象服务 1985年7月使用气象警报发射机为乡镇和砖厂提供天气预报服务。2008年4月26日正定县举办首届小商品市场博览会,县气象局及时向组织部门提供最新的气象信息和预报服务,受到活动组织部门好评。

④气象科普宣传

在每年"3·23"世界气象日、正定县科技节、安全生产月、防灾减灾日等活动中进行气象科普知识宣传。2007年6月与县教育局联合对全县中小学校师生发放气象灾害防御挂图和气象科普知识光盘。

气象法规建设与社会管理

2005 年 5 月县政府法制办批复确认县气象局具有独立行政执法主体资格,并为 5 名干部办理了行政执法证,气象局成立行政执法队伍。

2004 年 10 月正定县政府办公室下发《关于加强保护气象探测环境工作的通知》(正政办函〔2004〕26 号);11 月将气象探测环境保护标准和具体范围在县城建局、环境保护局、国土资源局备案。2004 年 10 月制作了"气象探测环境和设施受法律保护,任何单位和个人不许破坏"的警示牌。2008 年 1 月 10 日与石家庄市气象局签订《保护气象探测环境责任书》。

2004—2008 年对县域内从事施放气球的活动进行了规范,对多起非法从事气球施放的单位进行了制止和行政处罚。

1997 年 6 月成立县防雷中心,开展防雷技术服务。2003 年 8 月县建设局、气象局联合下发文件《进一步加强建筑防雷安全工作的通知》(正建〔2003〕6 号)。2004 年 10 月县政府办公室下发《转发石家庄市气象局、市建设局〈关于加强项目防雷管理工作的通知〉的通知》(正政办函〔2004〕27 号)。2005 年 8 月县政府办公室下发《关于进一步做好防雷安全工作的通知》(正政办函〔2005〕12 号);同年 8 月成为县安全生产委员会成员单位,将防雷三项职能纳入气象行政管理范围。2006 年 4 月县政府办公室下发《关于加强防雷安全工作的通知》(正政办函〔2006〕9 号)。2004—2009 年对违反防雷管理的事件立案调查 22 件,移交法院执行 4 件。

党建与气象文化建设

党的组织建设 1959 年 1 月—1971 年 4 月有党员 1 人,编入县委办公室党支部。1971 年 8 月成立党支部,有党员 3 人。截至 2008 年 12 月有党员 7 人(其中离退休职工党员 3 人)。

气象文化建设 县气象局把领导班子的自身建设和职工队伍的思想建设作为文明创建的重要内容,通过开展经常性的政治理论、法律法规学习,锻炼出一支高素质的职工队伍。2006 年 4 月建成"两室一网"(图书阅览室、荣誉室、气象文化网),有图书 4000 余册。

荣誉 1993—2009 年累计创地面测报"250 班无错情"5 个、"百班无错情"26 个。1988 年被河北省气象局评为先进集体。1989 年被河北省气象局评为气象专业有偿服务先进单位,被地区气象局评为气象系统先进单位。1990 年被地区气象局评为气象系统先进单位,荣获地区气象局气象知识竞赛第三名。1992 年被河北省气象局评为"一先两优"先进气象局。1993 年被国家气象局授予全国先进气象局称号。1998 年被河北省气象局评为二级强局。1997 年、2003—2004 年、2007—2008 年被县委、县政府评为工作实绩突出单位。2002—2008 年被县委、县政府评为精神文明单位,被河北省省会精神建设委员会命名为二星级窗口单位。2004 年被石家庄建委评为石家庄市园林式单位,被县委、县政府评为实绩突出领导班子。2002—2005 年被石家庄市气象局评为先进达标单位。2007 年被石家庄市委、市政府评为市级精神文明单位。1993—2008 年共获得省部级以下综合表彰达 63 人次。

台站建设

1991年5月建成505平方米的三层办公楼。2008—2009年共投资28万元,更换办公楼的窗户,进行内部粉刷,改造外墙瓷砖、下水管道和暖气管道。

2003年4月开始整修道路,修建1800多平方米草坪,种植灌木5000余株,硬化路面500平方米,全局绿化覆盖率达到了50%。2004年种植灌木1000余株,补建草坪230平方米。2004年被石家庄市政府评为园林式单位。

正定县气象站旧貌(1985年)

正定县气象局新颜(2007年)

承德市气象台站概况

承德市位于河北省东北部,南临北京、天津市,北靠内蒙古自治区,东与辽宁省接壤,西与张家口市相连。全市面积近 4 万平方千米,辖 8 县 3 区,总人口 366 万,其中满、蒙古、回、朝鲜等 46 个少数民族人口占总人口的 40%。承德地处冀北燕山区,境内地形多样,山脉纵横,河流交错,地貌复杂。气候类型属于暖温带向寒温带过渡,半湿润半干旱大陆性季风型山地气候,具有四季分明,雨热同季,光照充足,昼夜温差大的特点。

承德古称"热河",素有"紫塞明珠"之美誉。历史上清代康熙、雍正、乾隆三位皇帝在此修建了避暑山庄(即热河行宫)和外八庙,成为当时处理朝政的第二个政治中心。雍正十一年(1733 年)设承德直隶州,始称"承德"。1923 年建热河省,承德为省会。1956 年热河省建制撤销,划归河北省。1994 年 12 月避暑山庄及周围寺庙被联合国教科文组织列入世界文化遗产名录,承德是著名的历史文化名城和优秀的旅游城市。

气象工作基本情况

所辖台站概况 承德市气象局下辖 8 个县级气象局和 1 个气象观测站,分别是:丰宁满族自治县气象局、围场满族蒙古族自治县气象局、隆化县气象局、平泉县气象局、滦平县气象局、兴隆县气象局、承德县气象局、宽城满族自治县气象局和承德市气象站。其中丰宁满族自治县气象局为国家基准观测站,围场满族蒙古族自治县气象局和承德市气象站为国家基本气象站,其他为一般站。

历史沿革 1938 年 1 月承德建立观象台。1946 年 5 月改建为承德气象所。1948 年 11 月 12 日承德及热河全境获得解放,1949 年 5 月热河省农林厅接管气象所,下半年在赤峰(1956 年 1 月划归内蒙古自治区)、围场各建气象所 1 处。1951 年 7 月将承德气象所改建为承德气象站。1952 年在朝阳和叶柏寿建气象站(两站于 1956 年 1 月划归辽宁省)。1955 年 10 月建丰宁和御道口两气象站(御道口 1991 年 1 月并入塞罕坝机械林场气象站。1998 年 5 月移交林场管理)。1956 年 1 月建鱼儿山气象站(1992 年 5 月撤销)。1957 年 1 月建成青龙县气象站(1983 年 8 月移交秦皇岛市气象局)。1959 年 3 月陆续建成隆化、滦平、承德、兴隆县气象站。当年 6 月建成平泉县气象站。1979 年 1 月建承德市气象站(1984 年撤销,1986 年 1 月恢复建站)。

1956—1959 年,先后建立丰宁县凤山、围场县新拨、承德市大庙、隆化县张三营、隆化县郭家屯和丰宁县窄岭气象站,这些站点于 1962 年全部撤销。1972 年、1977 年和 1978 年恢复建立了丰宁县凤山气象站、隆化县郭家屯气象站和围场县新拨气象站,至 1988 年 1 月全部撤销。丰宁县窄岭气象站于 1974 年 1 月恢复建站至 1981 年 1 月撤销。1954 年 9 月、1959 年 5 月分别建立了承德县冯营子农业气象试验站和承德机场气象站,均于 1962 年撤销。1976 年、1980 年 1 月分别建立了承德县三家、宽城县汤道河气象站,又分别于 1988 年 1 月、1983 年 5 月撤销。20 世纪 50 年代和 70 年代后期,全市组建了数百个气象哨,因缺乏维持经费而陆续撤销。

管理体制 1949 年 12 月—1953 年 12 月为军队建制管理。1953 年 12 月—1969 年转到地方管理。1970 年 6 月—1981 年 4 月又经历军队和地方革命委员会领导,再到地方政府管理的演变。1981 年 4 月实行以气象部门与地方政府双重领导,以气象部门领导为主的管理体制。

人员状况 全市气象部门 1950 年有在职人员 14 人,1960 年有 80 人,1970 年有 95 人,1980 年有 205 人,1990 年有 187 人,2000 年有 182 人。截至 2008 年底有在编职工 168 人,其中:大专以上学历 110 人(含研究生 2 人,本科 72 人);中级以上职称 75 人(含高级职称 9 人);30 岁以下 35 人,31～40 岁 35 人,41～50 岁 56 人,51～60 岁 42 人;汉族 95 人,满族 62 人,蒙古族 9 人,回族 2 人。离退休职工 76 人。

党建与文明单位创建 全市气象部门有党总支 1 个,党支部 11 个,党员 97 名。9 个创建单位中有省级"文明单位"1 个,市级"文明单位"4 个,县级"文明单位"4 个。中国气象局"气象部门政务公开先进单位"2 个,河北省气象局"创建一流台站先进单位"2 个,河北省气象局"环境建设先进单位"1 个,河北省"园林式单位"2 个,承德市"园林式单位"4 个,承德市"绿色单位"4 个。全市气象部门担任过河北省政协委员 1 人,承德市政协委员 3 人,承德市人大代表 2 人;县级人大代表、政协委员 18 人;民主党派 4 人。1959—2008 年获得省级以上先进集体 32 次、先进个人 130 人次。

主要业务范围

地面观测 全市有地面气象观测站 9 个,其中国家基准气候站 1 个,国家基本气象观测站 2 个,国家一般气象观测站 6 个;农气观测站 4 个;七要素自动气象站 9 个;两要素区域气象自动站 171 个;新一代天气雷达站 1 个。

隆化、滦平、平泉、承德县、兴隆、宽城县 6 个国家一般气象观测站承担全国统一观测项目任务,内容包括云、能见度、天气现象、气压、气温、湿度、风向、风速、降水、雪深、日照、蒸发(小型)和地温(距地面 0、5、15、20 厘米),每天进行 08、14、20 时 3 次定时观测,向河北省气象台拍发省区域重要天气加密报。

承德市、围场国家基本气象观测站、丰宁国家基准气候观测站每天进行 02、08、14、20 时(北京时)4 次定时观测和 05、11、17、23 时 4 次补充定时观测,向河北省气象台拍发电报;承德市气象站是国际气象情报交换站;丰宁国家基准气候站按照国家基准气候观测站要求的观测项目,每天进行 24 次气象观测;承德、丰宁站增加电线积冰厚度与重量观测,与围场站同时增加 E-601 大型蒸发观测。丰宁、围场、承德市和滦平、兴隆观测站分别承担着 24

小时和 08—18 时航空危险天气发报任务。

2007 年 1 月 1 日—2008 年 12 月底,承德市国家基本气象观测站改为国家气候观象台;丰宁国家基准气候观测站、围场国家基本观测站改为国家气象观测站一级站;平泉国家气象一般观测站改为国家气象观测站一级站;隆化、滦平、承德县、兴隆、宽城改为国家气象观测站二级站。

2003 年 1 月全市台站陆续装配七要素自动观测站,至 2007 年 6 月全部装配齐备,实现了地面气压、气温、湿度、风向、风速、降水、地温(包括地表、浅层和深层)和草面温度的自动记录。

全市台站的历史气象资料按时按规定上交到河北省气象局档案馆。

1954 年 1 月—1990 年 2 月承德市气象台承担气球升速 200 米/分,高空光学经纬仪观测的小球测风业务。

农业气象观测　1978 年和 1982 年河北省气象局分别确定丰宁、承德县气象站为国家农业气象基本站,围场、兴隆气象站为河北省农业气象基本站。按照国家气象局编定的《农业气象观测规范》,承担指令性玉米、大豆、冬小麦、水稻等粮食作物及自然物候观测,以及土壤湿度测定。向河北省、承德市气象局上传农业气象旬、月报,逢 6 日发土壤墒情加密报,向各级领导和有关部门发布旬、月、季农业气象预报,及时提供土壤墒情、灾情、雨情和农业生产建议。

天气雷达观测　1978 年装配了波长 3 厘米的 711 型天气雷达;1983 年起参加河北省天气雷达联防网;1995 年 8 月进行数字化改造,升级为 711B;2007 年 6 月启用新一代天气雷达,取代了 711B 型天气雷达。

天气预报　天气预报业务始于 20 世纪 50 年代初期,主要以手工填绘、分析天气图表和本地实况资料、预报经验发布短期预报。1958 年以后陆续增加补充预报、旱涝和各季趋势预报,县站制作单站预报。1972 年规范发布月、季、年长期预报;1974—1983 年主要采用天气学、数理统计方法制作各种预报;1984—1996 年制作"MOS"预报、专家系统,建立短期预报业务系统;1996 年起 MICAPS 系统投入业务使用,借助此平台进行二次开发,建立本地各类天气预报业务系统,在预报中得到应用。各县气象局分别于 1984 年、2003 年转发市气象台长期天气预报和短期指导天气预报进行服务。

气象服务　气象服务由建站初期的单纯为军事部门服务发展到既为国防建设服务,同时又为经济、社会、生态建设服务。服务内容从单纯提供天气预报增加到 20 世纪 80 年代以来情报、预报、资料、农业气象、气候分析、农业气候区划、人工增雨(雪)、防雹、防雷减灾,以及科学研究等多方面的气象灾害防御、决策服务、公众服务、专业专项服务。服务领域从农、林、水利、畜牧、交通拓展到环保、仓储、工程、电力、旅游、城建、保险等多个行业和部门。服务方式从 20 世纪 80 年代以前的书面文字信函邮寄、电话,发展到 90 年代的传真、微机终端、气象警报接收机、甚高频电话、固定电话"121"自动答询,进入 21 世纪又增加了手机气象短信、互联网、气象预警电子显示屏,自行制作电视天气预报节目多频道多时次播出。

承德市气象局

机构历史沿革

始建情况 1938年1月伪满洲国沈阳观象台在承德建立了观象台。1946年5月国民党南京政府中央气象台将承德观象台改建为承德气象所。1949年5月热河省农林厅接管气象所。承德气象所位于承德市南营子大街小佟沟南坡,北纬40°58′,东经117°50′,海拔高度370.9米。

历史沿革 1951年7月将承德气象所改建为承德气象站。1954年8月改建为承德气象台。1955年3月成立热河省气象局。1956年1月随着热河省建制撤销,改称承德专区气象台,划归河北省气象局领导。1959年12月改称承德市气象局。1961年5月—1993年6月随着地方行政体制变化曾改称承德专区气象局(1961年4月—1969年6月)、承德地区气象台(1969年7月—1974年11月)、承德地区气象局(1974年11月—1993年6月)。1993年6月改称承德市气象局。

管理体制 1949年12月—1953年12月为东北军区气象处、热河省军事部、热河省军区管理。1954年1月—1955年3月由热河省财政经济计划委员会领导。1955年3月到1956年1月由热河省气象局领导。1956年1月—1969年7月由河北省气象局领导。1969年7月—1978年7月由承德地区革命委员会领导(其间1970年6月—1973年3月实行由军分区和地区革委会双重领导)。1978年7月—1981年4月归承德地区行政公署领导。1981年4月气象部门体制改革,实行气象部门与地方政府双重领导,以气象部门领导为主的管理体制。

机构设置 1956年1月起下设观测组、预报组、报务组和填图组。

1974年11月起下设办公室、政工科、业务科和气象台。

1981年1月起下设办公室、业务科和农业气候区划办公室。

1983年12月起下设观测组、预报组、通讯组、雷达组和填图组。

1984年3月起下设人事秘书科、计划财务科、行政管理科、预报科和测报农气科。

1993年6月起下设办公室、人事科、计划财务管理科、业务科、气象台、气象技术咨询服务中心和监察室。1994年5月增设人工影响天气办公室。1997年增设防雷中心。

2002年5月起其内设管理机构有办公室(与政策法规科合署办公)、业务发展科(2006年5月更名为业务科技科)、计划财务科、人事教育科(与党组纪检组合署办公)4个职能科室,管理机构的工作人员纳入依照国家公务员制度管理的范围。直属事业单位4个:气象台、人工影响天气办公室、气象科技服务中心、防雷中心。

单位名称及主要负责人变更情况

单位名称	姓名	职务	任职时间
承德气象所	王怡庵	负责人	1949.05—1950.12
	徐 珍	负责人	1951.01—1951.07
承德气象站	曹福海	站长	1951.07—1953.09
	才文瑞	站长	1953.10—1954.07
承德气象台	姜英华	台长	1954.08—1955.02
热河省气象局	韩恩富	局长	1955.03—1956.01
承德专区气象台	王文学	台长	1956.01—1959.11
承德市气象局		局长	1959.12—1961.04
承德专区气象局	朱亚平	局长	1961.05—1962.05
	王文学	局长	1962.05—1964.12
	曹力民	副局长	1964.12—1969.06
承德地区气象台革命领导小组	宋风良	组长	1969.07—1974.11
承德地区气象局革命委员会	叶常山	主任	1972.05—1972.12
承德地区气象局	王尚海	局长	1974.11—1979.10
承德地区行政公署气象局	王文学	局长	1979.10—1983.10
承德地区气象局	张秀得	局长	1983.10—1985.08
	祝崇明	局长	1985.08—1987.07
	冯长钧	局长	1987.12—1991.03
	袁春才	局长	1991.03—1993.06
承德市气象局		局长	1993.06—2000.12
	刘 健	局长	2000.12—

人员状况 1950 年承德市气象局建立初期有职工 8 人。1990 年有 97 人。2000 年有 77 人。截至 2008 年底有在编职工 75 人,其中:研究生 2 人,大学本科 32 人,大专学历 13 人;高级工程师 8 人,工程师 33 人;30 岁以下 14 人,31~40 岁 12 人,41~50 岁 21 人,51~60 岁 28 人;满族 15 人,蒙古族 5 人,回族 1 人。离退休人员 49 人。

气象业务与服务

1. 气象业务

①气象观测

地面观测 1949 年 5 月—1999 年 12 月,观测站址在承德市南营子小佟沟南坡。2000 年 1 月观测业务迁至承德市气象站,地址位于承德市喇嘛寺安远庙北,北纬 40°59′,东经 117°57′,海拔高度 385.9 米,距原址 4500 米的东北方。承担国家基本气象观测站观测任务,负责拍发定时观测、补充定时观测报、航空报、重要天气报。1992 年 7 月增加酸雨观测任务。1954 年 10 月—1990 年 2 月担负小球测风任务,历史最高施放高度达 14000 米,平均施放高度为 3900 米。

雷达监测 1978 年配备波长 3 厘米的 711 型测雨雷达。1995 年 8 月进行数字化改造,升级为711B。2007年6月新一代天气雷达取代了711B型测雨雷达。监测能力,从1983年通过电报传输参加华北区联网拼图,到2007年7月8兆光纤专线传输全国联网拼图,实现资料共享。提升了本地监测暴雨、冰雹等强对流天气的预警能力和为人工影响天气、灾害性天气监测的服务能力。为2008年北京奥运会、残奥会召开及时提供雷达监测气象服务。

②天气预报

天气预报业务开始于1954年8月承德气象台的成立。发布形式:20世纪50年代初期通过机要交通传递给用户单位内部参考使用。1957年开始由广播电台向社会发布。20世纪90年代以来广播、报纸、电视、手机、网络等多媒体多时次发布。发布项目从开始的短期天气预报,逐步增加到短时临近预报、短期预报和周、月、季、年、春播、汛期气候趋势预报,以及气象灾害预警信号的发布。预报范围由市区本站扩展到各县具体指导预报,时效从24小时、48小时延伸到144小时,灾害性天气预警信号发布10~12种。预报技术方法,从初期天气图加经验和本站实况反映的主观定性预报,逐步发展为采用数值预报产品释用、卫星云图、新一代天气雷达、区域观测资料、计算机系统等人机交互处理技术制作出的客观定量定点预报产品。对县站预报从最初的技术指导到制作出具体指导预报提供基层服务。

③气象信息网络

承德气象通讯网络建设经历了四个阶段:1949—1974年,通讯使用的是国产7512和M138收信机,手工抄收无线广播莫尔斯电码,译电员解密后,填图员手工填图,计算用手摇计算机。1975—1991年电传打字机取代了手工抄报,传真机、计算机、甚高频电话等设备逐步投入业务使用。1992—1996年通讯设备由电传打字机改用微机收发报,高档次微机大量投入业务使用,开通了局域网、省、市、县政务信息网,信息传输实现数字数据网。1997—2008年气象卫星综合应用业务系统建成投入使用,数据传输经X.28、X.25、2兆-VPN专线后升级到8兆。省—市—县电视电话会商系统开通,气象演播、雨量快速反应、县级气象综合服务、自动编发报等业务系统投入应用。

2. 气象服务

①公众气象服务

20世纪90年代以前主要是通过电话、广播、报纸等宣传媒体向公众提供常规预报产品和气象情报资料。1996年10月起陆续开通固定、移动、联通、网通、铁通电话"121"自动答询台。1997年1月承德天气预报在本地电视台播出。2003年11月承德气象信息网建成,可登录互联网查询承德气象信息。2004年开始发展手机气象短信用户,服务内容也逐步增加了生活指数、空气质量、森林火险、地质灾害等预报和重大气象灾害预警信号。

②决策气象服务

设立专兼职服务人员,跟踪、超前服务于各级政府领导及有关部门指挥生产和防灾减灾的决策。制订《决策气象服务周年方案》,设立《重要天气报告》、《专题气象报告》、《重大气候事件分析报告》、《气象灾害预警信号》、《农业气象信息》等10多种制式决策服务产品。

对 2000 年特大干旱、1994 年 7 月 13 日和 2005 年 8 月 12 日的特大暴雨、2007 年 3 月 4 日大暴雪等灾害性天气都做出了准确的预报。2003 年避暑山庄肇建 300 周年庆典和 2008 年北京奥运会、残奥会气象服务，以及历年春播、夏汛的气象服务都得到各级政府领导和相关部门的好评。

③专业与专项气象服务

承德专业气象服务始于 1984 年，设立服务组，对农、林、水、畜牧、交通、仓储、城建、环保、旅游、保险、建筑施工、重点工程等用户提供全方位多层面的专项及有偿服务。1988 年 5 月设立气象科技咨询服务中心(正科级事业单位)。1993 年 7 月改称气象科技产业中心。2002 年 5 月更名为气象科技服务中心，气象科技服务工作不断加强。1984—1995 年连续 10 年为飞播造林种草进行气象保障和现场服务。多年在为交通运输、粮食仓储、水库蓄水、观光索道、供热节能等气象服务中都取得一定经济社会效益。

人工影响天气 试验始于 20 世纪 50 年代，70 年代用"三七"高炮开展增雨防雹作业，80 年代曾一度停止。全区性的人工增雨防雹工作恢复于 1992 年。1994 年承德市政府成立人工影响天气领导小组，办公室设在市气象局。1999 年全市有防雹"三七"高炮 11 门，布设在 4 个县的 9 个作业点。2000 年开始利用火箭开展大规模人工增雨作业。到 2008 年共配备 WR 型火箭发射系统 25 部，作业车 12 辆，57 人持证上岗，布设作业点 57 个，有效控制面积 1700 平方千米。2006 年投资 535 万元的《开发承德空中水资源服务首都可持续供水工程》项目得到批复和实施，此项目推动了承德市人工增雨作业指挥系统、通信网络系统、车载移动气象要素监测系统等软硬件的建设。

雷电灾害防御 雷电防御工作开始于 1991 年，从单一的易燃易爆场所防雷检测发展到文物古建古树、游缆索道、旅游设施、矿山设备、雷管炸药库、加油加气站等易燃易爆场所的每半年一次检测，覆盖率达 100%，一般企事业单位防雷检测覆盖率达 95% 以上。2004 年以来依法对建(构)筑物防雷装置设计审核，施工阶段检测、竣工验收的监督管理。从部门的技术服务发展到对防雷工程专业设计、施工资质管理和依法对全社会防雷减灾管理。多次与承德市安委会、建设局、公安局、教育局等部门联合下发加强防雷安全工作的通知，社会防雷工作得到加强。

④气象科普宣传

承德市气象局、承德市气象学会十分重视气象科普宣传，每年都利用"3·23"世界气象日、安全生产宣传月、"12·4"法制宣传日等机会，制作展板，发放宣传材料，编发科普专版，组织开展多种形式的宣传活动，送气象防灾知识进机关、进学校、进农村、进社区。承德市气象学会连续 10 多年被市科协评为先进气象学会。

气象法规建设与社会管理

法规建设 2000 年以来承德市气象行业的法律法规建设不断加强。2005 年 6 月承德市政府颁发《承德市防雷减灾管理规定》(〔2005〕第 2 号)。2007 年承德市政府办公室下发《关于印发承德市重大气象灾害预警应急预案的通知》(承市政办〔2007〕22 号)。2008 年下发《关于加强涉外气象探测和资料管理工作的通知》(承市政办〔2008〕55 号)和《关于加强气象探测环境保护工作的通知》(承市政办〔2008〕121 号)。2002—2004 年承德市人大农村经济工作委员会与承德市气象局对 8 县落实《中华人民共和国气象法》、《河北省实施〈气象法〉办法》情况进行联合执法检查。2004 年 4 月成立承德市气象行政执法支队,50 名气象行政执法人员持证上岗。2003—2004 年对某单位非法施放气球案、2005 年对某公司非法传播气象信息案、2008 年对某单位破坏丰宁气象站气象探测环境案都及时进行了查处。

社会管理 承德市气象局重点加强了防雷减灾的社会管理职能。1991 年承德市安全生产委员会等 6 委局文件(承德市安字〔1991〕第 3 号)同意成立承德市防雷装置检测中心。1997 年依据承德市机构编委办文件(承市机编办〔1997〕9 号),成立承德市防雷中心,明确管理职能:承担本行政区域内防雷工程设计、审核、监审和防雷的检测、雷灾鉴定、防雷科普宣传等工作,并对各县防雷中心进行管理、监督、技术指导和咨询任务。实行了防雷工程专业设计或施工资质管理、施放气球单位资质认定和防雷装置设计审核、竣工验收、施放气球活动许可制度。

政务公开 对单位干部任用、职称聘任、目标考核、财务收支、住房公积金等重大事项通过召开职工大会、公示栏等形式向职工公开和说明。2004 年开始通过公开栏、发放宣传单、当面告知等形式向社会公开气象行政审批程序、服务内容、服务承诺、行政执法依据、服务收费标准及依据。2006 年编制了气象工作的职责、机构设置、政策法规,行政执法事项、依据,单位内部管理制度等公开目录、办理流程图。2008 年建设政务公开系统,全面整理、公布了公开内容,及时添加公开事项。

党建与气象文化建设

1. 党建工作

党的组织建设 1951 年建台初期有党员 1 人,参加军区的党员活动。1954 年 7 月建立承德市气象局党支部,有党员 4 人。1960 年有党员 6 人,1980 年有党员 12 人。2002 年 7 月成立承德市气象局党总支,下设行政、业务、离退休 3 个党支部。截至 2008 年底有党员 39 人(其中在职党员 22 人,离退休职工党员 17 人)。

1999—2008 年连续 10 年被市直机关党委评为基层先进党组织。

党风廉政建设 2002 年制订承德市气象部门党风廉政建设责任制实施细则,同时每年制订承德市气象局领导干部党风廉政建设职责及反腐败工作分工,开展党风廉政教育月和廉政文化建设活动。2004 年开始,承德市气象局每年与各县气象局签订党风廉政责任书。制定和完善了党组议事规则和各类会议制度,以及人事、财务、行政、机关纪律、局务公开等规定和办法,认真执行廉政责任审计制度和集中采购制度。

2. 气象文化建设

文明单位创建 2000—2001 年度首次被评为市级"文明单位",保持荣誉到 2006 年。2006—2007 年度被评为省级"文明单位"。

精神文明建设 2007 年建成职工活动室、荣誉室、图书室、老干部活动室、气象文化网。经常参加承德市组织的乒乓球等体育项目比赛,多次获得组织奖和个人前三名的荣誉。2006 年被河北体育局授予"河北省职工体育先进单位"称号。参观传统教育展览,组织重大节日纪念庆祝活动,2007 年首次举办了全市气象部门迎新春联欢会。

3. 荣誉与人物

集体荣誉 1959 年被评为河北省农业系统先进单位;1980 年被评为河北省气象局农业气候区域先进单位;1983 年被评为国家气象局全国农业气候区划工作先进集体;1989 年被评为承德市支援承德地区经济建设成绩显著单位;2005 年被评为承德市绿化先进单位、承德市园林式单位;2000—2006 年度被评为承德市"文明单位";2006—2007 年度被评为河北省"文明单位";2005—2007 年被评为承德市扶贫开发先进单位;2006 年被评为河北省职工体育先进单位、承德市绿色创建先进单位、承德市森林草原防火先进单位;2007 年、2008 年被评为承德市安全生产目标管理先进单位;2008 年被评为承德市卫生先进单位。

人物简介 ★王凤辉,男,1924 年 11 月出生,党员,副科长,气象工程师,1949 年 12 月参加工作,1988 年退休。20 世纪 50 年代积极主持并参加人工增雨、防霜、闪电制肥等试验;地面测报质量、报表制作技术、小球测风、观云识天等工作经验丰富,多次在全国气象部门会议上交流。在农业气候区划、测报业务管理、农业气象服务等方面成绩突出,先后编写多份气象测报和报表审核讲义,多次主办测报业务技术培训。1956 年被评为承德地区农业系统先进个人。1957 年被评为全国气象先进工作者,受到毛泽东主席、朱德副主席、邓小平总书记的接见,并合影留念。1977 年被评为河北省气象先进工作者。1979 年被评为河北省劳动模范。

参政议政 李天存任政协河北省第七届委员会委员。王学任政协承德市第九、十届委员会委员,人口资源环境委员会副主任。刘健任政协承德市第十一、十二届委员会委员,人口资源环境委员会副主任。

台站建设

台站综合改造 承德气象事业始建于伪满洲国时期的原热河省。20 世纪 50 年代初期,市气象局机关在原日伪时期炮楼基础上扩建办公房 650 平方米,用于气象台、观测、机要等办公场所。1984 年建设测雨雷达、办公综合楼 1800 平方米。2007 年建设新一代天气雷达控制中心 3300 平方米,办公条件得到改善。职工住房条件也逐步改善,20 世纪 50 年代初不足 600 平方米,1987 年 12 月、1990 年 10 月、1999 年 12 月 3 栋家属楼 7500 平方米分别投入使用。

办公与生活条件改善 承德市气象局自 2003 年开始每年都投入资金对机关院内的环境进行硬化、绿化、美化、净化,栽植了乔、灌树木,修建了草坪。2008 年 7 月进行拆墙透绿改造。2004 年被双桥区评为花园式单位,2005 年被评为市级园林式单位,2006 年被评为市级绿色单位。

日伪时期修建的办公用房（2006 年 2 月拆除）

承德市新一代天气雷达塔楼（2007 年）

承德市气象局新办公楼（2007 年）

丰宁满族自治县气象局

丰宁满族自治县位于河北省北部，承德市西北部，地处张北高原和冀北山地。西靠张家口市的沽源县和赤城县，东连围场满族蒙古族自治县和隆化县，北接内蒙古自治区多伦县，南邻滦平县和北京市怀柔区。全县总面积 8765 平方千米，在河北省县级国土面积中位居第二。乾隆四十三年（1778 年）改四旗厅设立丰宁县，"丰宁"为水草丰芜、安宁康乐之意。沿境内的牛圈子坝、宜肯坝和哈德门坝一线为界，将全县分成坝上和坝下两个自然气候区域。气候属于中温带、半湿润、半干旱、大陆性、季风型、高原山地气候。春季干旱少雨多风沙;夏季温和多雨;秋季凉爽少雨;冬季干燥寒冷。

机构历史沿革

始建情况 1955年3月热河省气象局始建丰宁县气象站,同年10月1日正式开展工作。站址在丰宁县大阁区北园子村,观测场位于北纬41°13′,东经116°38′,海拔高度661.2米。

历史沿革 1956年,更名为河北省丰宁气象站。1960年6月更名为丰宁县气象服务站。1971年8月更名为河北省丰宁县气象站。1980年根据《国家基准气候站实施方案》,确定丰宁县气象站为国家基准气候站。1986年12月2日国务院批准丰宁县在原区域改建丰宁满族自治县,随之1987年4月24日更名为丰宁满族自治县气象站。1992年12月20日更名为丰宁满族自治县气象局。1993年1月1日丰宁基准气候站正式开展工作。2007年1月1日起改为国家气象观测站一级站。

1955年11月在丰宁县13区建立鱼儿山气象站,1992年5月经河北省气象局批准撤销。1956年在丰宁县凤山区建立凤山气象站,1962年撤销;1972年恢复,1988年底站网调整再次撤销。1959年在丰宁县窄岭公社建立河北省第一处民办气象站,并于当年投入工作;1962年撤销,1973年重建,1974年1月1日正式工作,1988年再次撤销。

管理体制 1955年10月1日—12月31日隶属热河省气象局领导。1956年1月1日热河省撤销,隶属河北省气象局领导。1963年由承德地区气象局和丰宁县政府双重领导。1970年6月归丰宁县武装部领导,同年11月改为丰宁县政府和丰宁县武装部双重领导。1973年改为由丰宁县政府领导。1974由丰宁县农业局领导。1981年4月起实行气象部门与地方政府双重领导,以气象部门领导为主的管理体制。

单位名称及主要负责人变更情况

单位名称	姓名	职务	任职时间
热河省丰宁县气象站	杜文彬	站长	1955.10—1955.12
河北省丰宁气象站			1956.01—1956.09
	王洪兴	站长	1956.09—1960.06
			1960.06—1969.09
丰宁县气象服务站	王立堂	站长	1969.09—1970.12
	毛本玉	站长	1970.12—1971.07
			1971.08—1977.03
	孟兆瑞	站长	1977.03—1979.04
	刘兴甫	站长	1979.04—1983.01
河北省丰宁县气象站	刘文甲	站长	1983.01—1984.02
	怀兴仁	站长	1984.03—1984.08
	王洪兴	站长	1984.08—1985.09
	张洪书	站长	1985.09—1986.06
	王洪兴	站长	1986.06—1987.04
丰宁满族自治县气象站			1987.04—1989.03
	王玉才	站长	1989.03—1992.12

单位名称	姓名	职务	任职时间
丰宁满族自治县气象局	王玉才	局长	1992.12—1993.12
	张万友	局长	1994.01—2000.04
	陈铁贵	局长	2000.04—2007.01
	王占卿	局长	2007.01—

人员状况 丰宁县气象站建站初期有 8 人。1959—1961 年增至 15 人左右。1962—1970 年减至 5～7 人。1971—1980 年又增至 20 人左右。截至 2008 年底,有在职职工 17 人,在职职工中:男 14 人,女 3 人;汉族 7 人,少数民族 10 人;大学本科以上 9 人,大专 1 人,中专以下 7 人;高级职称 1 人,中级职称 3 人,初级职称 8 人;30 岁以下 6 人,31～40 岁 5 人,41～50 岁 3 人,50 岁以上 3 人。

气象业务与服务

丰宁满族自治县气象局属国家基准气候站,每天 24 小时人工和自动地面气象观测,发 4 次绘图报和 4 次补充绘图报,同时有重要天气报、旬月报、航危报观测发报任务;农业气象为国家基本农业气象观测站,进行作物、物候和土壤湿度观测。气象服务以公益服务为主,有偿服务为辅。通过广播、电视等发布短期天气预报,提供年、季、月气候预测和墒情、雨情等服务。

1. 气象观测

①地面气象观测

观测项目 云、能见度、天气现象、气压、气温、湿度、风向、风速、地温、降水、日照、蒸发、雪深雪压、冻土、电线积冰等。1993 年 1 月 1 日调整为国家基准气候站,增加了深层地温和大型蒸发观测项目。

观测时次 1955 年 10 月 1 日—1960 年 6 月 30 日每天进行 01、07、13、19 时(地方时)4 次观测。1960 年 7 月 1 日执行北京时,每天进行 02、08、14、20 时 4 次观测。1993 年 1 月 1 日调整为国家基准气候站后,昼夜守班,每天 24 小时定时观测。

发报种类 发 8 次(02、05、08、11、14、17、20、23 时)天气报,承担 06—20 时 OBSAV 北京航危报、重要天气报、气象旬月报。

电报传输 丰宁县气象站始建时使用手摇专线电话发报,通过电话将气象电文经县邮电局上传。2000 年 1 月使用 X.28 异步拨号上网传输天气报、重要报、旬月报,结束了气象电报通过电信部门传输的历史。2002 年 9 月分组数据交换网 X.25 取代 X.28,实现实时在线。2004 年 10 月建成 2 兆 VPN 局域网,数据上传数量和频次大幅度增加。为保证数据的正常传输,增加了备份通讯路由,通过 MODEM 实现数据电文拨号上传。

气象报表制作 丰宁县气象站从建站至 1994 年,气象月报表、年报表用手工以抄写方式编制,一式 4 份,分别上报国家气象局、河北省气象局、承德市气象局各 1 份,本站留底 1 份。1994 年 1 月观测数据用 386 型微机进行查算、编制报表,报表数据用磁盘报送承德市气象局,气象报表由承德市气象局审核后打印。1997 年由县气象局预审打印报表,上传数据文件,邮寄报表。2004 年取消打印纸质报表,数据文件直接上传、审核、保存。

自动气象观测站 2002 年建成遥测 Ⅱ 型自动气象站,自动观测项目包括气压、气温、湿度、风向、风速、降水、大型蒸发、地温(包括地面温度、浅层地温、深层地温)、草面温度。2003 年仍以人工观测为主进行编发报。2004 年后用自动观测数据编发各类气象电报,并制作月报表、年报表,但全部人工观测任务不变。2005—2006 年在丰宁县主要流域和乡镇建成自动雨量站 24 个,通过 GPRS 网络每 5 分钟将数据上传省中心站,用户通过 2 兆-VPN 局域网显示实时数据来了解观测点的气温和降水。

②农业气象观测

1959 年丰宁县先后建起 4 个气象站,均有农业气象观测任务,主要为当地农业服务。观测项目有玉米、谷子。1966 年 5 月农业气象工作中断。1971 年下半年恢复农业气象服务。1978 年 8 月 14 日河北省气象工作会议确定丰宁县气象站为"国家农业气象基本站",成立农业气象组。指令性观测项目有玉米和谷子;自然物候观测项目有杨树、柳树、杏树、马兰、车前子及水文气象观测。1983 年 1 月开始向河北省气象台编发农业气象旬月报,同年承德地区气象局在丰宁县气象站进行农业气象四个基本建设(基本资料、基本档案、基本图表、基本方法)试点。1985 年确定丰宁县气象站指令性观测项目有玉米、谷子、柳树、杏树、车前子等。1988 年丰宁县气象站调整为河北省农业气象基本站,设有专职农业气象观测员,进行作物、物候和土壤湿度观测。作物观测项目经过多次调整。1992 年固定观测为玉米、大豆 2 项。

2. 气象信息网络

1982 年预报服务配备 ZSQ-1B 型无线气象传真机。1983 年地面观测配备 PC-1500 袖珍计算机,使用 PC-1500 袖珍计算机进行查算和编报。1988 年配备了甚高频电话。2001 年建成 PC-VSAT 小站和 MICAPS 预报工作平台,2004 年 10 月建成 2 兆-VPN 局域网,并开通了省—市—县公文信息传输系统。

3. 天气预报预测

短期天气预报 1958 年开展县站预报,主要收听大台的天气预报广播,再结合当地地理特点和局部地区天气变化规律,运用本站气象资料和群众观天经验制作短期天气预报。1982 年通过无线气象传真机接收北京气象中心和日本气象厅的气象传真图表,每日获取大量不同时空分布的气象资料和预报产品,弥补了过去单站资料不足的缺陷,增加了预报依据。1988 年通过甚高频电话开展台站之间天气会商和联防协作。2001 年通过 PC-VSAT 小站和 MICAPS 预报平台接收实时气象资料和收看全国天气气候会商,并开展天气预报预测服务。2003 年由承德市气象台制作分县预报,县气象局进行转发。

中长期天气预报 1972 年开始利用时间序列、方差分析、概率转移等统计学方法通过时间剖面图、曲线图、点聚图、相关图等多种预报工具制作中长期气象预报。以群众经验为基础,结合天气形势的分析和单站气象要素的变化制作中长期预报。1984 年业务体制改革,丰宁县气象站中长期预报改为转发承德地区气象台的预报产品。

4. 气象服务

①公众气象服务

丰宁县气象站建站初期以提供气象情报为主,之后逐步扩展为情报、预报、资料、农业气象、农业气候区划等多种服务内容。20世纪90年代初期,气象预报通过有线广播发布,后来停播两年多。1995年丰宁县气象局发展天气警报接收用户35个,形成县城警报接收网,通过甚高频电话发布当日天气预报。1996年恢复了天气预报广播。1998年5月丰宁县电视台播出电视天气预报节目,天气预报广播停播。2008年成立的调频广播电台恢复了天气预报广播。

②决策气象服务

丰宁县气象局通过发布预警信息、天气预报简报、重要天气报告等多种形式为领导提供春播、抗旱、防汛、森林草原防火、飞播造林和冬季严寒暴雪等决策气象服务。

根据农业气象观测,及时掌握农作物的生长状况,利用每月逢3日、8日进行土壤湿度观测的资料提供墒情服务。

1982年在承德地区气象局的领导下,对丰宁县气候进行系统的全面调查,并编辑出版了《丰宁县农业气象手册》。

1998年根据承德市气象局制作的中长期天气预报,结合丰宁县的气候特点编辑《丰宁气象》小报,分旬、月、季、年定期印发。在主要农事季节、重要天气过程、重大活动时不定期印发,根据实际需要发放到各乡镇和县直有关部门。

③专业与专项气象服务

人工影响天气 1958年开展人工防雹工作,在南关骆驼鞍用土炮"驱散"雹云,又相继在白塔、账房沟开展防雹实验。1970年秋至1973年夏,抽调人员对丰宁县雹线进行普查。1973年在丰宁县科委的支持下,购置土炮200门,办土炮弹厂1座,年生产土炮弹6000~10000发,年作业3~7次。1975年人工防雹作业点遍及12个公社,有土炮1000门,2个土炮弹厂。1981年4月根据中央气象局关于人工控制局部天气试验工作,今后不再搞大范围的群众运动式作业,重点进行试验研究的指示精神,人工防雹工作转向社队自搞。1973年6月在大阁镇西河滩利用"三七"高炮进行人工增雨作业。1976年有作业高炮4门。2001年配备WR型火箭发射系统2部,开始用火箭弹进行人工影响天气。2002年配备皮卡汽车、RY-6300型车载火箭发射架,购置GPS定位系统和移动通讯设备,方便联系与指挥,提高增雨作业的机动性和效果。为解决北京城市用水和增加地下水资源,春播期干旱,冬春季森林草原防火,每年都要抓住有利天气形势开展人工增雨(雪)作业。2008年圆满完成北京奥运会、残奥会开闭幕式人工消减雨气象保障任务。

防雷技术服务 1991年3月丰宁县安委会、公安局、物价局、保险公司和气象局联合行文,批准丰宁县气象站成立避雷检测中心,同年5月开展避雷检测工作。定期对液化气站、民爆仓库、加油站等易燃易爆场所和其他建筑物的防雷设施进行检测,对不符合防雷技术规范的单位,责令进行整改。1997年成立丰宁满族自治县防雷中心,挂靠丰宁满族自治县气象局,加强了丰宁县防雷检测和管理工作,使全县防雷工作步入了正轨。

2008年丰宁县建设5座70米高测风塔,完成了风能资源专业观测网建设。

气象科技服务　1996年购置486微机用以开通"121"天气预报自动答询系统。2004年7月"121"自动答询系统升级,增加多通道多信箱服务,小灵通也能拨打"121"电话,提高了用户覆盖率。2005年3月自动答询电话"121"升位为"12121"。

1998年5月丰宁满族自治县气象局与广播电视局协商在电视台播放天气预报,天气预报内容由气象局提供,通过电话传到广播电视局,天气预报画面由电视台制作。

2003年在中国电信开通信息魅力短信平台,通过手机短信发送气象信息,提高气象灾害预警信号的发布速度。2008年利用全县公共场所安装的电子显示屏开展常规气象预报和气象灾害预警信息发布工作。

④气象科普宣传

1959年9月5日丰宁县举办农业展览会,丰宁县气象站单设气象馆,通过大量数字、资料、图片,向群众宣传讲解气象知识。1991年通过防雷检测工作的开展,加强了防雷知识的宣传和普及。1998年在《丰宁气象》小报上刊载气象科普知识,发往县直部门及各乡镇。在2004年"3·23"世界气象日,丰宁县电视台录制气象工作专题片;同年5月25日丰宁县电视台对人工增雨作业全过程进行了跟踪报道。2008年"3·23"世界气象日,丰宁县主管农业副县长发表题为"观测我们的星球　共创美好的未来"的电视讲话。

气象法规建设与社会管理

制度建设　2005年3月重新制订了各项管理制度,主要包括会议制度、机关考勤制度、财务管理制度、招待费管理制度、车辆管理制度、奖惩制度、科技服务管理制度、临时工管理制度等。每年根据实际情况进行补充完善。

社会管理　加强防雷、气球施放、气象信息传播、气象防灾减灾的社会管理,积极保护气象探测环境。重点加强雷电灾害防御的依法管理工作,定期对液化气站、加油站、烟花爆竹厂、雷管炸药库等高危行业的防雷设施进行严格检查,对不符合防雷技术规范的单位,责令进行整改。依法履行防雷装置的设计审核和竣工验收行政许可。

政务公开　对气象行政审批办事程序、气象服务内容、气象行政执法依据、服务收费依据及标准等向社会公开公布。对干部任用、财务收支、目标考核、基础设施建设、工程招投标等内容通过职工大会或公开公示栏方式向职工公开。

党建与气象文化建设

党建工作　1956年建站初期只有党员1人,参加农场党组织活动。1970年6月丰宁县气象站归属县人民武装部领导,人民武装部指派专人任丰宁县气象站党支部书记并建立党支部,有党员9人。1988年12月有党员5人。截至2008年底有党员7人。

气象文化建设　丰宁满族自治县气象局自文明单位创建以来,从职工的思想道德素质、民主管理制度、环境综合治理等几个方面坚持高标准、严要求。1998—1999年度被丰宁县委、县政府授予"文明单位"。2000—2001年度被丰宁县委、县政府确认为"文明单位"。2002年从硬件投入、党支部和班子建设、基础业务和帮扶工作等多方面加强市级文明单位的创建力度。2002—2003年度被承德市委、市政府授予"文明单位"。2004—2005

年度被承德市委、市政府确认为"文明单位"。

荣誉 1965 年鱼儿山气象站被评为河北省气象系统"红旗站"。1979 年丰宁县气象站被评为河北省气象系统先进站。1988—2008 年丰宁满族自治县气象局累计创"百班无错情"199 个,创"250 班无错情"48 个,先后有 12 人被中国气象局授予全国质量优秀测报员。

参政议政 2003 年 4 月孙庆川当选为丰宁满族自治县政协委员。

台站建设

台站综合改造 丰宁县气象站 1955 年始建时仅有 1 座约 120 平方米的小楼,3 间用于办公,3 间职工宿舍。1967 年建职工食堂约 60 平方米。1977 年在观测室西侧盖办公室 260 平方米(10 间)。1979 年建职工宿舍 380 平方米(16 间)。1993 年台站综合改造建办公楼 1 栋 300 平方米(15 间),职工宿舍楼 1 栋 896 平方米(16 户)。

1993 年 3 月 24 日丰宁满族自治县政府以丰政通〔1993〕11 号文件批转了丰宁满族自治县气象局《关于保护基准气候站观测环境的报告》。1994 年春拆除原观测值班室小楼,在小楼东侧盖平房 91.4 平方米(4 间),同年 7 月投入使用。1996 年被河北省气象局命名为河北省气象部门县(市)三级强局单位。1997 年修建 37 平方米的锅炉房,实现了办公楼与职工宿舍楼集中供暖。2002 年丰宁县气象局争取资金 50 多万元,建成 518.6 平方米的防雷减灾办公楼,完善水、暖、排污等基础设施。2008 年丰宁满族自治县气象局有台式微机 15 台,笔记本电脑 1 台,针式打印机 3 台,彩色激光打印机 1 台,黑白激光打印机 1 台,数码照相机 2 部,电话传真机 1 部。

园区建设 2003—2006 年,丰宁满族自治县气象局按照规划平垫院落、硬化路面,改造大门;并咨询林业专家意见,在院内栽种龙爪槐、云杉、桧柏、泡桐、柳树、松树等 6 个品种的树木 600 余株,桧柏墙 45 米。全体职工义务栽植羊胡子草 3400 平方米。绿化面积 6592 平方米,硬化面积 1450 平方米,硬绿化面积占整个院落的 85%。2006 年 10 月被河北省气象局评为"环境建设先进单位";被承德市政府命名为"绿色单位"。

丰宁县气象站旧貌(1980 年)

丰宁满族自治县气象局新貌(2007 年)

围场满族蒙古族自治县气象局

围场满族蒙古族自治县位于河北省的最北部,全县地域面积 9219 平方千米,为河北省第一大县。围场史称木兰围场。木兰围场,是满语、汉语的混称。木兰是满语"哨鹿"的意思,围场是界桩圈定的哨鹿之所。公元 1681 年,康熙皇帝在这里建立了含 72 围的狩猎场。通过木兰秋狝活动,达到了遏止沙皇侵略,维护多民族国家的团结统一之目的。

围场属大陆性季风型气候。冬长夏短。年平均气温为 5.1℃,降水量为 449.5 毫米,极端最高气温为 39.4℃,极端最低气温为 -28.7℃。夏季受副热带暖高压影响,盛行偏南风,天气温暖多雨;冬季受西伯利亚冷高压控制,盛行偏北风,气候寒冷干燥;春季多风沙、气温回暖快,天气干燥降水少;秋季则气温迅速变凉,气候宜人。

机构历史沿革

始建情况　围场满族蒙古族自治县气象局 1949 年筹建,时称东北军区气象处围场气象所。1950 年 1 月 1 日正式开展工作。位于围场镇二道街 59 号,地理位置北纬 41°57′,东经 117°33′,海拔高度 847.63 米。

站址迁移情况　1957 年 8 月 1 日向北偏东方向迁移约 300 米,地理位置北纬 41°56′,东经 117°45′,观测场海拔高度 842.3 米。后因城市建设造成周边地势增高,1986 年观测场垫高 0.5 米。2007 年因城市建设影响和规划需要在围场镇东山征用土地 1.1449 公顷拟再次搬迁。截至 2008 年底完成拟迁新址建设,待中国气象局批准。

历史沿革　1950 年 1 月 1 日命名为东北军区气象处围场气象所。1951 年 7 月 1 日更名为热河省围场气象站。1956 年 1 月 1 日更名为河北省围场气象站。1960 年 6 月 15 日更名为围场县气象站。1962 年 6 月改名为围场气象服务站。1969 年 2 月更名为围场县气象服务站革命领导小组。1971 年 8 月更名为河北省围场县气象站。1981 年 1 月更名为围场县气象站。1989 年 6 月 29 日围场满族蒙古族自治县成立,改名为围场满族蒙古族自治县气象局。

1955 年在本县御道口牧场建立气象站,由承德市气象局领导。1958 年建立塞罕坝机械林场气象站,用于林业气象服务。1991 年 6 月御道口气象站与塞罕坝机械林场气象站合并,站名为机械林场气象站,站址为机械林场,归承德市气象局管理。1998 年机械林场气象站归回机械林场管理,围场气象局负责业务指导。

管理体制　1950 年 1 月 1 日属东北军区气象处领导。1951 年 7 月 1 日先后由热河省军事部参谋处、热河省军区气象科领导。1953 年 8 月改由热河省人民政府气象科领导。1955 年 1 月 1 日改由热河省气象局领导。1956 年 1 月 1 日因撤销热河省编制,改由河北省气象局领导。1960 年 6 月 15 日由围场县人民政府领导。1963 年再次收归气象部门领导,由承德地区气象局领导。1971 年 8 月因体制改革由围场县武装部和围场县革命委员会领导,围场县武装部委派了指导员。1974 年改由围场县政府领导。1980 年体制改革为气象部门与地方政府双重领导,以气象部门领导为主的管理体制。

单位名称及主要负责人变更情况

单位名称	姓名	职务	任职时间
东北军区气象处围场气象所	徐尔克	负责人	1950.01—1951.06
热河省围场气象站	乌延林	负责人	1951.07—1952.05
	徐 珍	站长	1952.05—1952.12
	张国相	站长	1953.01—1955.09
河北省围场气象站	李国明	站长	1955.10—1956.01
			1956.01—1960.06
围场县气象站			1960.06—1961.06
围场县气象服务站	南化文	站长	1961.06—1962.06
			1962.06—1962.08
	李再生	站长	1962.08—1969.01
围场县气象服务站革命领导小组	宋保山	站长	1969.02—1969.08
	李再芳	站长	1969.09—1971.07
河北省围场县气象站	唐 显	指导员	1971.08—1973.06
	古耀隆	站长	1973.07—1976.07
	王 俊	站长	1976.08—1981.12
围场县气象站	王自安	负责人	1982.01—1986.01
	那福山(满族)	负责人	1986.02—1987.05
	张洪书	站长	1987.05—1989.06
围场满族蒙古族自治县气象局		局长	1989.06—1995.01
	魏荣民(蒙古族)	局长	1995.01—2000.01
	李云强(满族)	局长	2000.01—2004.07
	朱国良(蒙古族)	局长	2004.08—

人员状况 1950 年有职工 5 人,1960 年有 8 人,1970 年底有 11 人,1980 年底有 20 人,1990 年有 15 人。截至 2008 年底有在职职工 17 人(其中在编人员 13 人、聘用人员 4 人),离退休人员 4 人。在职职工中:男 12 人,女 5 人,汉族 7 人,少数民族 10 人,大学本科以上学历 8 人,大专 1 人,中专以下 8 人,中级职称 5 人,初级职称 4 人;30 岁以下 5 人,31~40 岁 2 人,41~50 岁 5 人,50 岁以上 5 人。

气象业务与服务

1. 气象观测

①地面气象观测

围场县地面气象观测站为国家基本气象观测站,其资料参加欧亚国际间交换。2007 年 1 月 1 日起改为国家气象观测站一级站。

观测项目 云、能见度、天气现象、气温、湿度、风向、向速、气压、降水、蒸发、日照、积雪、冻土、地面温度、地中温度、草面(雪面)温度。

观测时次 每天进行 02、05、08、11、14、17、20、23 时 8 次气象观测,24 小时航空天气观测。

发报种类 地面气象报、航空天气报、航危报、天气加密报;雨情报、重要天气报、旬月报。

业务变更 1950 年 1 月 1 日执行《测候需知》等技术规范。1951 年 1 月 1 日执行《气象测报简要》。1954 年 1 月 1 日,气象观测业务执行中央气象局编制的《气象观测暂行规范(地面部分)》,定时气象观测使用地方时。1961 年 1 月 1 日执行中央气象局编制的《地面气象观测规范》,定时气象观测由地方时改为北京时。1980 年 1 月 1 日执行中央气象局编定《地面气象观测规范》(1979 年版)。

1950—1955 年气象电报使用密码发报。1956 年 6 月取消了加密发报电码,气象电报电码由 4 字组改为 5 字组。1957 年 3 月使用陆地测站定时绘图天气观测报告电码(GD-01)、航空天气报告电码(GD-21)及航空危险天气报告电码(GD-22)。

1968 年 1 月正式启用国产 EL 型电接风向风速计。

1980 年 1 月 1 日停止直管地温及电线积冰观测。

1997 年 5 月安装了 E601B 型大型蒸发,并与小型蒸发进行对比观测,2002 年 6 月大型蒸发与小型蒸发开始切换观测,即非结冰季节观测大型蒸发,结冰季节观测小型蒸发。

电报传输 1999 年 7 月前电报用电话传到电信部门,由电信部门向北京气象中心及用报单位发送。1999 年 7 月使用分组数据交换 X.28 异步拨号上网试验传输天气报、重要天气报、旬月报。同年 8 月重要天气报、旬月报正式使用 X.28 传输。到 2000 年 1 月航空报及危险天气报改用电传机发送,结束了用电话传送气象电报的历史。2002 年 9 月分组数据交换网 X.25 取代 X.28,实现实时在线。2004 年 10 月建成 2 兆-VPN 局域网,为了保证数据的正常传输,同时增加了备份通讯路由,采用 MODEM 实现数据电文拨号上传。

气象报表制作 自建站始到 1999 年 3 月前报表制作均采用手工制作抄录,使用纸质介质保存。1999 年 3 月报表编制改由电脑制作、打印。2004 年 1 月 1 日取消纸质报表的制作与报送,气象报表改用数据网络传输及磁盘存储。

1959 年在新拔乡建立气象分站,由围场县气象站管理。1988 年 1 月撤销。

自动气象站 2002 年 10 月 10 日建成自动气象站,并开始试运行。2003—2004 年进行了两年的人工和自动对比观测,并通过了河北省气象局评估,2005 年自动气象站正式单轨运行。

区域气象观测站 2005 年、2006 年全县建成气温、雨量两要素加密自动站 25 个,通过GPRS 网络进行数据传输,可随时监控全县降水情况,对于抗旱、防汛、服务全县工农业生产提供了可靠的气象数据。

②农业气象观测

围场农业气象观测为省级农业气象基本站。1958 年开始农业气象观测。1966—1978年农业气象工作中断。1979 年恢复农业气象工作,成立了农气组,定为国家农气基本站。1989 年 12 月由国家农气基本站改为省级农气基本站。

观测项目 1958 年开展了玉米、谷子、高粱、小麦等作物观测。1962 年只保留了玉米、谷子发育期的观测,增加土壤湿度的测定。1979 年恢复农业气象工作后,开展了玉米、谷子、马铃薯 3 种农作物生育状况观测。1980 年开展自然物候观测,包括木本植物、草本植物、候鸟等观测项目。1994 年执行国家气象局编定的《农业气象观测规范》(上卷),开始制作土壤水分观测报表。1996年因农业产业结构调整,取消谷子生育状况观测,农业气象观测任务有玉米、马铃薯生育状况和地段土壤墒情观测及物候观测。

观测仪器 皮尺、游标卡尺、取土钻、烘干箱。

农业气象报表 根据不同观测项目报表有《谷子作物生长发育状况观测记录年报表》、《马铃薯作物生长发育状况观测记录年报表》、《玉米作物生长发育状况观测记录年报表》、《土壤水分观测年报表》、《自然物候观测记录年报表》。

2. 气象信息网络

通信现代化 1986年6月配备单边带对讲机与承德地区气象台和各县站组成天气联防无线通讯网络。

2004年10月通过2兆-VPN局域网,实现省—市—县气象公务网络,实现公文信息网络传输。

信息接收 1959年通过收音机收听上级天气预报获取天气预报信息。

1982年配备ZSQ-1A、CZ-80型传真机2台,接收中央气象台、日本及欧洲气象中心的气象传真图。包括地面、高空实况图,天气形势分析图,物理量、数值预报图。

1999年11月建成PC-VSAT气象卫星接收小站,使用MICAPS工作平台接收各类天气实况资料、分析资料、卫星云图、数值预报产品。

信息发布 1958年利用小黑板、悬挂小红旗、有线广播(小喇叭)发布短期预报,接收范围仅为县城。1983年10月围场广播电台成立,短期天气预报通过广播电台向社会进行发布。

1996年7月开通了天气预报自动答询系统,公众可以通过拨打固定电话"121"收听天气预报。

1999年4月开始在围场电视台向公众发布天气预报。

2003年以前,中长期预报信息及各种情报主要传输方式为信件邮寄。2003年4月通过传真机传递,时效得到提高。

3. 天气预报预测

短期天气预报 1958年开展了天气预报工作。1959年天气预报业务正式纳入县站日常业务工作。利用单站资料统计、时间剖面图、实况图、天气谚语、收听省气象台天气预报广播等方式,进行综合分析,做出辖区内24、48小时天气预报。

1982年短期天气预报制作由传真资料的接收和使用向天气学预报方法转变,预报质量有了提高。

2003年由承德市气象台制作分县预报,县气象局转发。

中期天气预报 20世纪50年代末,始用数理统计、因子分析、时间韵律、年度变化曲线等预报工具,参考省市气象台预报意见制作旬天气趋势等中期天气预报。1982年开始用传真机接收中央气象台旬天气趋势预报、欧洲气象中心和日本中期预报图,参考承德市气象台的中期预报按旬发布天气预报。

短期气候预测 20世纪70年代开始制作中长期气象预报,预报员利用统计学方法,如时间序列、方差分析、概率转移,时间剖面图、曲线图、点聚图、相关图等方法制作多种预报工具,参考省市气象台预报意见制作年气候展望和季、月气候预测。并依据实况进行检验对预报工具进行修正。1984 年业务体制改革,短期气候预测改由承德市气象台进行制作,县站进行数据修正后发布。

4. 气象服务

①公众气象服务

围绕农业生产所需,全年提供气象预报(长期、中期、短期)和气象情报(灾情、雨情、墒情)服务。每年 9 月到次年 5 月,根据逐日气象要素变化制作森林草原火险等级预报。

1996 年 7 月开通了天气预报自动答询系统,公众可以通过拨打固定电话"121"收听天气预报。

1999 年 4 月增加了机械林场、御道口牧场和辖区 11 个乡镇天气预报,通过县电视台向全县发布。

②决策气象服务

依托市气象局的指导预报,及时形成并提供决策气象服务产品,为领导指挥工农业生产、防灾减灾提供决策依据。重点做好大风、暴雨、雷电、洪涝、干旱等灾害性、异常性气候的监测、预报、预警和服务。决策服务产品主要有:《重要天气报告》、《气象专题分析报告》、《人工增雨快报》、《雨情快讯》、《专项天气预报》、《气象灾情分析报告》、《气候预测》等。

③专业与专项气象服务

人工影响天气 1958 年根据中央气象局关于"开展人工控制局部天气试验研究"的指示进行人工影响天气活动。1960 年承德地区气象局派人来围场用土炮和土火箭进行人工增雨、人工消雹的试验研究工作。1962 年试验研究工作停止。1973 年重新启动了人工增雨、人工消雹工作。1976 年秋由于春旱播种晚,又逢夏秋低温,作物生长期后延,受到秋霜严重威胁,全县范围进行熏烟防霜工作,取得了延长生长期 10 天的效果。2001 年 4 月配备了 3 部人工增雨火箭发射架,开始用火箭弹进行人工影响天气活动。同年 7 月配备了 1 辆皮卡汽车,购置了移动通讯设备,方便了联系指挥,提高了增雨作业的机动性。2005 年新增了 RY-1 型增雨火箭架 1 部。

防雷减灾 1992 年 4 月成立围场县防雷中心,履行防雷管理职能。负责全县的防雷工程管理、防雷科普宣传和防雷装置检测工作。2006 年 12 月根据政企分开的要求成立华安防雷公司围场服务部,从事防雷工程施工。防雷中心主要履行防雷管理职能,负责防雷设施检测工作。

风能资源开发 1981 年进行全县气候资源普查后,提出建议"对于风力资源的利用,应纳入议事日程。在坝上高原,可试办风力发电,这对节约能源、利用资源是有重要意义的"。1997 年 10 月开始在红松洼建测风点,与县城风资料进行对比分析,为风电场建设可行性研究提供基础数据。同时协助华北电力公司对围场风力资源状况进行实地调查和外出对比调研等工作。2001 年 10 月红松洼风电场开工建设。

5. 科学技术

气象科普宣传 每年利用"3·23"世界气象日、安全生产宣传月等活动走上街头,设置展板、发放科普宣传单、图片、接受咨询,走进校园放映科普视频、发放科普挂图等方式进行科普宣传。

气象科研 1999 年与县农业局植保站联合进行时差菜种植课题研究。2000 年开始与县农业局进行水稻种植北移课题研究。2003 年获承德市政府科技富农三等奖。

气象法规建设与社会管理

防雷管理 1992 年围场县防雷中心成立时是与公安消防部门联合进行防雷安全管理,防雷设施检测由消防部门配合开展工作。1997 年开始以独立执法部门进行防雷设施检测工作,其管理范围由对防雷设施进行年检逐渐扩大到新建工程项目的竣工验收,微机网络的防雷安全管理等方面。2000 年围场本地设计部门设计的工程图纸,加入了电源防雷设施的设计。新建、改建、扩建项目的防雷安全管理贯穿于工程项目始终。

气象探测环境保护 围场气象局依据相关气象法律法规加强气象探测环境保护工作,通过向县规划部门进行气象探测环境保护备案,加强了气象探测环境保护工作。围场气象局为县规划委员会成员单位,新建项目规划审批需气象局出据气象探测环境影响评估意见方可核发规划许可证进行规划设计施工。

天气预报发布 围场气象局依据《中华人民共和国气象法》和《气象灾害预警信号发布和传播办法》规范辖区内天气预报传播途径,对宾馆、超市等场所及报刊、广播、电视、电讯等媒体发布天气预报进行管理。严禁非法制作发布和传播天气预报及其他气象信息。

依法行政 依据《中华人民共和国气象法》等相关法律法规之规定,围场气象局每年对全县易燃易爆场所、重点企业进行防雷设施年度检测。对新建、改建、扩建建筑物进行防雷设计方案核准和竣工验收工作。

政务公开 对气象行政审批事项、办事程序、法律依据、收费标准等内容,通过设立公示栏、电视广告、网上公开等形式向社会公开。

党建与气象文化建设

1. 党建工作

围场气象局建站初期没有党员,后有 1 位党员编入围场县农业局党支部。1969 年 10 月成立了支部委员会,有党员 3 人。

改革开放后围场气象局注重基层党组织建设,自 1985—2008 年共发展新党员 8 人,到 2008 年底有党员 7 人。

气象局党支部连年被县直机关党委评为先进基层党组织。1997 年 7 月 1 日董学友获承德市优秀共产党员称号。

2. 气象文化建设

围场气象局通过设立公开栏、展板、橱窗等形式增加单位文化品位,设置乒乓球活动室、购置健身器材,开展健康有益的文体活动,积极组织参加摄影、书画比赛等活动,促进气象文化建设。积极开展文明单位、绿色单位创建活动。

1997年10月获县级"文明单位"称号。1999年被承德市委、市政府命名为市级"文明单位",到2007年连续5届保持此荣誉。

2006年3月被承德市委、市政府评为"绿色单位"。

3. 荣誉与人物

集体荣誉　1978年被评为全国先进气象台(站),王俊站长出席了河北省及全国气象系统先进代表会议,受到党和国家领导人的接见。

1999—2008年连续10年被县委县政府评为实绩突出领导班子。2005年被中国气象局授予"全国气象部门局务公开先进单位"。

个人荣誉　1979年刘秀芝获河北省劳动模范称号。1983年3月张淑芝被评为河北省气象系统先进工作者,出席了河北省气象系统先进代表会。1988年3月王式辉参加了河北省气象局"双先"代表大会。1996年以来共有33人次获"全国质量优秀测报员"称号。

人物简介　刘秀芝,女,1939年3月出生,气象工程师,1956年4月参加工作,1994年退休。多年工作在气象测报业务岗位上,高质量高效率地完成观测和气象报表制作审核任务,积极参加测报质量竞赛。1977年获得全市首个地面观测"百班无错情"好成绩,此后,又连续2次获得此殊荣。热心培养10多名新同志,补充到业务第一线,为解决"文革"后技术人员紧缺做出了贡献。多次获得省、地、县先进工作者等奖励,1979年被评为河北省劳动模范。

台站建设

台站综合改造　1994年全局占地面积5336平方米,共有办公用房14间,使用面积240平方米,分别建设于1971年、1975年。1994年进行第一次综合改造,建二层办公楼288平方米。2006年7月在县城东北方向距原址2.5千米处征地1.1449公顷筹建新址,办公楼建筑面积958平方米。2008年底完成新址建设,具备办公条件。

办公与生活条件改善　1980年征地700平方米建土木结构宿舍27间,解决职工住房问题,1988年建砖混结构宿舍楼二层600平方米。职工住房条件得到改善。

围场县气象局旧貌(1980年)

围场县气象局新貌(2008年)

隆化县气象局

隆化县位于承德市东北部,总面积 5497 平方千米,为"八山一水一分田"的山区。气候属中温带、半湿润间半干旱、大陆性季风型、冀北山地气候,四季分明,雨热同季。年平均气温为 7.2℃,年平均降水量为 517 毫米,全年无霜期在 150 天左右。灾害性天气主要有冰雹、暴雨、大风、寒潮、霜冻、干旱、连阴雨等。隆化县是全国著名战斗英雄董存瑞牺牲地,董存瑞烈士陵园是全国爱国主义教育示范基地,是国家确定的红色旅游景点之一。

机构历史沿革

始建情况 隆化县气象站建于隆化镇,1959 年 4 月开始正式观测。

站址迁移情况 1978 年 11 月迁站于原址东北方,距离 650 米处,北纬 41°19′,东经 117°44′,海拔高度 561.6 米。

历史沿革 1959 年 4 月隆化县气象站开始正式观测。1963 年 1 月更名隆化县气象服务站。1968 年 5 月更名隆化县气象服务站革命领导小组。1971 年 9 月更名隆化县气象站。1991 年 12 月更名隆化县气象局。

2007 年 1 月 1 日起改为国家气象观测站二级站。

1956—1960 年在张三营建立隆化县气候站。1977 年 1 月建成郭家屯气象站。1988 年 1 月撤销。

管理体制 建站至 1960 年 12 月由隆化县水文气象科领导。1961 年改由隆化县农业局领导。1962 年归承德专区气象局领导。1971 年 6 月由隆化县人民武装部领导。同年 11 月由隆化县人民武装部、县农业局双重领导。1973 年归隆化县革命委员会生产指挥部领导。1975 年归农业局领导。1981 年 9 月体制改革,实行气象部门与地方政府双重领导,以气象部门领导为主的管理体制。

单位名称及主要负责人变更情况

单位名称	姓名	职务	任职时间
隆化县气象站	吕焕文	站长	1959.04—1960.04
隆化县气象服务站	肖师学	站长	1960.05—1962.12
			1963.01—1965.12
	蔡清	站长	1965.12—1968.04
隆化县气象服务站革命领导小组			1968.05—1970.01
	岳俊荣	站长	1970.01—1971.08
隆化县气象站			1971.09—1971.11
	王永峰(满)	站长	1971.11—1975.09
	任惠来	指导员	1971.09—1973

单位名称	姓名	职务	任职时间
隆化县气象站	查无资料		1973—1975.09
	项保利（满）	站长	1975.09—1979.03
	苏东海	站长	1979.03—1981.07
	袁春才	站长	1981.08—1984.08
	刘文甲（满）	站长	1984.09—1989.03
隆化县气象局	梁瑞生（满）	站长	1989.04—1991.11
		局长	1991.12—

注：1973 年—1975 年 9 月文化大革命后期资料不全，无从考证。

人员状况　建站时有 3 人。1971 年有职工 12 人。1991 年有 10 人。截至 2008 底，有职工 18 人（其中在职职工 11 人，聘用 2 人，退休人员 7 人）。在职职工 11 人中：男 6 人，女 5 人；汉族 4 人，少数民族 7 人；大学本科以上 7 人，中专以下 4 人；中级职称 5 人，初级职称 4 人；30 岁以下 2 人，31～40 岁 2 人，41～50 岁 4 人，50 岁以上 3 人。

气象业务与服务

1. 气象观测

①地面气象观测

隆化县气象局属于国家一般观测站，每天 3 次定时观测，发 3 次天气加密报，编制地面气象月报表和年报表。

观测项目　云、能见度、天气现象、气温、湿度、风向、风速、气压、降水、蒸发（小型）、日照、积雪、冻土、地面温度、地中温度、草面（雪面）温度。1966 年 5 月安装了虹吸式雨量计。1971 年 1 月 1 日安装了电接风向风速计。

观测时次　建站至 1960 年 7 月观测时制用地方时。1960 年 7 月起观测时制采用北京时。建站至 1960 年 7 月 31 日气象观测时间为每天进行 02、08、14、20 时 4 次定时观测，夜间守班，同时每天 01、07、13、19 时进行物候观测。1962 年 1 月 1 日取消 02 时观测，夜间不守班。1972 年 1 月 1 日—1974 年 6 月 30 日恢复 02 时定时观测，夜间守班，为 4 次定时观测。1974 年 7 月 1 日起每天进行 08、14、20 时 3 次定时观测，夜间不守班。

发报种类　向河北省气象台发定时天气加密报，重要天气报，气象旬（月）报，雨量报和其他临时天气报告。每年 5 月 20 日—10 月 1 日，每天向河北省气象台发 08、14、20 时 3 次天气加密报，其他时段发 14 时 1 次天气加密报。自 2000 年 6 月 1 日起，全年向河北省气象台每天发 08、14、20 时 3 次天气加密报。

电报传输　建站起用专线电话经邮局转发电报。1993 年 5 月安装甚高频电话，向承德市气象台发报。1999 年 8 月 1 日使用 X.28 异步拨号，用网络直接传送各种报文。2002 年 9 月 1 日使用 X.25 通信系统传输各种报文。2004 年 11 月使用 2 兆-VPN 局域网专线传输报文。

气象报表制作　隆化县气象站建站后，手工抄写编制气象月报表、年报表，各一式 3

份、4 份,上报河北省气象局、承德市气象局各 1 份,本站留底 1 份,年报上报中国气象局 1 份。1994 年开始使用微机打印气象报表,上报数据文件。2004 年停止纸质报表打印,全部采用数据文件上报、审核、保存。

自动气象站 2007 年 10 月 15 日建成自动采集气压、气温、湿度、风向、风速、降水、地温、草温的 CAWS600 型八要素自动气象站。2008 年 1 月 1 日人工站和自动站同步进行观测,以人工站为主。

区域气象观测站 2005 年 6 月全县建成 12 个气温、雨量两要素区域气象观测站。2006 年 7 月又先后建成 7 个气温、雨量两要素区域气象观测站。

②农业气象观测

1979 年 2 月设立农业气象组,进行农业气象观测,观测作物玉米。1980 年冬取消。

③土壤湿度观测

每年 2 月 28 日起,每旬逢 8 日测量 10、20 厘米土壤墒情,直至第一场透雨结束。1996 年起 3 月 1 日—6 月 30 日、9 月 1 日—11 月 30 日,每旬逢 8 日测量 10、20、30、40、50 厘米土壤墒情,旬月报中加发土壤墒情。

2. 气象信息网络

1987 年 6 月安装甚高频电话。1988 年配备 PC-1500 袖珍计算机,结束手工查算编报的历史。1994 年 1 月起采用微机制作报表,报表数据用磁盘报送。1999 年 3 月配备了 EPSON 打印机和测报专用微机。1999 年 8 月 1 日使用 X.28 异步拨号传输气象资料。2002 年 9 月 1 日使用 X.25 通信系统传输气象资料。2004 年 11 月使用 2 兆-VPN 局域网,实现数据、信息的及时上传下载。

1982 年配备 ZSQ-1A 型和 CZ-80 气象传真机。1999 年 11 月建成 PC-VSAT 小站和 MICAPS 工作平台。2005 年 10 月开通隆化县气象局网站。2008 年 10 月 21 日由河北省气象局、河北省测绘局、66240 部队联合建设的河北省 GPS 卫星定位综合服务系统隆化基准站开始正式运行。

3. 天气预报预测

短期天气预报 建站时收听广播加看天制作天气预报,后来通过单站资料统计、绘制时间剖面图、实况图、验证天气谚语、收听广播等进行综合分析,做出本县天气预报。1982 年利用气象传真机,接收我国、日本等国家的气象传真图。包括地面、高空实况图,形势分析图,物理量、数值预报图,使预报质量有了很大提高。1983 年开始"MOS"预报方法的试用。1986 年 6 月用单边带对讲机同承德地区气象台和各县站进行预报会商。1999 年 11 月利用 PC-VSAT 小站和 MICAPS 工作平台,接收气象卫星资料和收看全国天气气候会商。2003 年由承德市气象台制作分县预报,由县气象局转发。

中长期天气预报 20 世纪 80 年代初,通过传真接收中央气象台和河北省气象台的旬、月天气预报,再结合分析本地气象资料、短期天气形势、天气过程的周期变化等制作一旬天气过程趋势预报和一周天气预报。制作长期天气预报在 20 世纪 70 年代中期开始起步,运用数理统计方法和常规气象资料图表及天气谚语、韵律关系等方法,建立一整套长期预报的特征指标和方法。20 世纪 90 年代末,中长期天气预报改为转发承德市气象台的预报结果,县气象局结合当地气候进行服务。长期预报主要有:春播预报、汛期(6—8 月)预报、年度预报、季预报。

4. 气象服务

公众气象服务 主要围绕农业生产和农事活动开展服务。在春播期提供"三情"(墒情、雨情、地温)和春播期预报;在汛期主要抓好重大灾害性天气预报和转折性天气预报;10 月—次年 5 月制作森林火险等级预报;在飞播造林期进入现场服务。1996 年自筹资金 2 万元,建成"121"天气预报自动答询系统,拓展了天气预报传播途径。2005 年 3 月气象信息答询电话号码升位为"12121"。

1998 年购置天气预报制作设备,由气象局独立制作天气预报在电视台播出,并增加了郭家屯、张三营等 6 个乡镇预报。2004 年更换天气预报制作设备,增加虚拟节目主持人,制作紫外线和人体舒适度预报。2005 年 10 月开通隆化县气象局网站,公众可随时了解天气和全县雨情情况,成为气象知识和防灾减灾知识宣传窗口。

决策气象服务 2006 年制订《隆化县气象局决策气象服务周年方案》,重点做好大风、暴雨、雷电、低温冻害等灾害性天气的监测、预报、预警和服务。产品主要有:《重要天气报告》、《专题气象报告》、《人工增雨快报》、《雨情快讯》、《气象灾情报告》、《气候预测》等。

专业与专项气象服务 1985 年起开展有偿气象服务,用电话为用户提供短期天气预报和临时天气预报,邮寄中长期天气预报。1993 年为用户安装气象警报接收机,为重大建设项目提供气象资料和气候论证。

1972 年开始开展人工防雹,试制土炮弹。1973 年成立人工控制局部天气组。1975 年 6 月筹建防雹炮弹加工厂一处。1979 年 10 月配备 2 门"三七"高炮。1981 年 9 月撤销人工控制局部天气组,防雹炮弹厂移交隆化县。1992 年恢复以防雹为主的人工影响天气工作。1999 年 1 月购买第一辆人工增雨车。2000 年有 2 部 WR 火箭增雨作业车,由隆化县气象局组织指挥,水利局具体实施人工增雨作业。2001 年人工增雨工作全部移交隆化县气象局。2002 年河北省气象局匹配中兴皮卡人影作业车 1 辆,WR 车载火箭架 1 部。2005 年北京市气象局匹配 1 辆作业车和 RY-6300 型车载增雨火箭架 1 部。购置了 GPS 定位系统和移动通讯设备。2008 年圆满完成北京奥运会、残奥会开闭幕式人工消(减)雨气象服务任务。

1991 年开始防雷检测,1997 年成立防雷中心。负责全县新建、改建、扩建设施的防雷工程设计、施工、常规检测和分阶段跟踪检测任务。定期对液化气站、加油站、民爆仓库等易燃易爆场所和非煤矿山的防雷设施进行检查,对不符合防雷技术规范的单位,责令进行整改。

1998 年开展气球广告业务。按照《施放气球管理办法》和《通用航空飞行管制条例》的有关规定开展工作。

气象科普宣传 加强气象防灾减灾科普宣传工作。每年在"3·23"世界气象日、"12·4"法制宣传日、安全生产月组织科技宣传,普及气象法律法规、防雷减灾知识。

气象法规建设与社会管理

社会管理 重点加强雷电灾害防御工作的依法管理。隆化县政府下发了《关于加强避雷设施设计、安装、检测的通知》(隆政办〔1998〕34 号)、《关于加强建设项目防雷工程设计、施工、验收管理工作的通知》(隆政办〔1999〕32 号)和《关于进一步做好防雷减灾工作的通知》(隆政办〔2006〕79 号)等有关文件。隆化县防雷中心负责全县防雷工程的设计审核、监审和防雷装置的安全检测、雷灾鉴定、防雷科普宣传等工作。防雷行政许可和防雷技术服务正逐步规范化。

2007 年 5 月隆化县政府办公室下发《隆化县重大气象灾害应急预案》的通知(隆政办〔2007〕34 号),全面提升了应对气象灾害的能力,最大限度地减灾避灾,确保人民生命财产安全。

2008 年将探测环境保护标准及法律、法规重新在县政府、国土资源局、建设局、环保局进行了备案。隆化县政府办公室下发了《关于保护气象探测环境和设施的通知》(隆政办〔2008〕33 号文件),使隆化县的气象探测环境保护工作成为政府行为。

政务公开 2001 年制订《政务公开实施方案》和《关于全面推行局务公开制度的实施细则》。对外公开内容:单位工作职责、机构设置,行政许可审批事项、办理程序,社会服务收费项目、标准及依据,职业道德规范、服务承诺、执法依据、监督举报电话、投诉的途径和方法等,以展板形式或电子显示屏进行公示。对内公开的内容主要将单位发展规划、年度工作计划、评优评先条件、干部职工年度考核、目标责任制实施等情况,以文件或会议形式通报或在公开栏中公布。财务收支情况每季度公示一次。

强化内部管理,制定了比较规范的管理制度。

党建与气象文化建设

党建工作 1965 年 12 月气象站只有 1 名党员,编入农业局党支部。1975 年批准成立气象局党支部,有党员 3 人。1989 年气象局党支部撤销,编入农经委机关党支部。1992 年批准恢复成立气象局党支部,有党员 4 人。截至 2008 年底有党员 8 人。

2006 年气象局党支部被中共隆化县委评为"先进基层党组织",连续 10 年被县直工委和县直机关党委评为"先进基层党组织"。

认真落实党风廉政建设目标责任制,建立健全惩治和预防腐败体系工作规划,利用"党风廉政宣传教育月"活动,开展反腐倡廉"大宣教"工作。开展社会主义荣辱观教育,加强机关作风建设。

气象文化建设 气象局把领导班子的自身建设和职工队伍的思想建设作为文明创建的重要内容,开展经常性的政治理论、法律法规学习,对政治上要求进步的,党支部进行重点培养,条件成熟及时发展。注重职工业务技术培养,多名职工由原来中专学历,经过函授或脱产学习,取得本科学历。

开展文明创建规范化建设,制作局务公开栏、学习园地,建设"图书室、荣誉室和气象文化网站"。开展职业道德教育,工作讲称职、业绩求争先。建设学习型单位,购买图书 1000册,用以满足职工的业余文化需求,经常组织文体比赛活动,丰富职工生活。从 2000 年起先后开展"三讲"、"三个代表"、"学、转、办、促"、"保持共产党先进性"等教育活动。1992 年起开展与贫困村户结对帮扶工作。1996—1997 年获得县级"文明单位"称号。1998—1999年获市级"文明单位"称号,已连续五届保持荣誉。

荣誉 1978 年被评为全国先进站,袁春才站长出席了承德地区、河北省及全国气象系统先进代表会议,受到党和国家领导人的接见。

1997 年 10 月被河北省气象局命名为河北省气象部门县(市)三级强局单位。2004 年评为省级园林式单位。2005 年被中国气象局授予局务公开先进单位。2006 年评为"河北省绿色机关"。2007 年被河北省气象局评为"一流台站建设先进单位"。

1996—2008 年测报股共创"百班无错情"34 个。2005—2008 年测报股 3 人 7 次被国家气象局授予"质量优秀测报员"。

台站建设

台站综合改造 1958 年建站时有办公、宿舍用房 120 平方米。1976 年迁址新站,占地面积 6352 平方米,房屋 1 幢面积 286.6 平方米。1995 年台站综合改善投资 16 万元,在原址建成 237 平方米二层综合业务楼,添置了办公桌椅。2007 年投资 107 万元改建和扩建办公楼面积 608 平方米,附属用房面积 120 平方米,硬化院落,安装了电动大门。自筹资金 18 万元全部更换了办公家具,购买了电脑、打印机、投影仪,安装了监控系统和电子显示屏,开通可视会商系统,办公条件和工作环境焕然一新。

园区建设 2002 年开始绿化院落,建起柏树墙 318 米,栽植爬山虎、云杉、爬地柏等乔灌木相结合绿化植被,绿化覆盖率达 70%以上。使机关成为花园式单位。

隆化县气象站旧貌(1979 年 10 月)

气象局办公楼和观测场(2005 年)

气象局办公楼和观测场(2008 年)

隆化县气象局办公楼(2008 年)

平泉县气象局

平泉县因县城中心有一股泉水自平地喷涌而出得名,泉水冬不结冰且长年不枯,清澈见底。平泉县位于河北省北部承德市东部,北与内蒙古自治区宁城县相连,南部、西部与宽城县、承德县相邻,东与辽宁省凌源县接壤。是辽宁、内蒙古与京津冀、华北内陆交通必经之地。平泉旧称"八沟",清雍正七年(1729 年)设八沟直隶厅,乾隆四十三年降厅为平泉州,民国二年(1913 年)撤州建平泉县。由于地貌复杂,高山丘陵交错起伏,川谷纵横;气候属于中温带、半湿润、半干旱、大陆性、季风型山地气候;四季分明,雨量集中,夏季日照充足,昼夜温差大;灾害性天气多以干旱、大风、暴雨、冰雹、雷电、霜冻为甚。

机构历史沿革

始建情况　平泉县气象站始建于 1959 年 6 月,位于北纬 40°59′,东经 118°37′,海拔高度 502.1 米。

站址迁移情况　1960 年 1 月 1 日站址迁移至原址东北 100 米处,1983 年 1 月观测场位置修正为北纬 41°00′,东经 118°40′,海拔高度 502.3 米。

历史沿革　初建时名为平泉县气象站。1960 年 6 月更名为平泉县气象服务站。1971 年 9 月更名为河北省平泉县气象站。1991 年 4 月更名为平泉县气象局。

1959 年建站时为省一般气象站,1963 年改为省基本气象站,1981 年改为国家一般气象站,2007 年 1 月—2008 年 12 月为国家气象观测站一级站,2008 年 12 月 31 日改为国家一般气象站。

管理体制　建站时由平泉县农业局领导。1960 年 11 月归属承德地区气象局领导。1963 年 1 月属河北省气象局领导。1970 年由承德地区气象局和平泉县政府双重领导。1970 年 6 月—1973 年 12 月由平泉县人民武装部领导。1974 年 1 月—1980 年 8 月由平泉县人民政府领导。1981年9月开始实行气象部门与地方政府双重领导,以气象部门领导为主的管理体制。

单位名称及主要负责人变更情况

单位名称	姓名	职务	任职时间
平泉县气象站	梁振民	站长	1959.06—1960.05
			1960.06—1962.04
平泉县气象服务站	毕文光	站长	1962.05—1963.03
	陈玉山	站长	1963.04—1965.08
	孔庆昌	站长	1965.08—1969.02
	查无资料		1969.02—1970.11
河北省平泉县气象站	潘宗启	站长	1970.11—1971.08
			1971.09—1973.01
	迟景新	站长	1973.01—1979.05
	蔡瑞国	站长	1979.05—1984.10
	邹诒和	站长	1984.10—1987.05
平泉县气象局	蒋福荣(满族)	站长	1987.05—1991.03
		局长	1991.04—2005.09
	张亚男(女、蒙族)	局长	2005.09—

注:因档案记录不完善,1969年2月—1970年11月无法查证。

人员状况　1959年建站时有职工4人;1971年有13人;2008年定编为10人。截至2008年底实有在职职工11人(其中聘用3人),在职职工中:男7人,女4人;汉族5人,满族6人;大学本科以上3人,大专以下4人,中专以下4人;中级职称4人,初级职称4人;30岁以下2人,31~40岁5人,41~50岁3人,50岁以上1人。

气象业务与服务

1. 气象观测

平泉县气象站的基本业务是完成地面气象观测,每天向河北省气象台和承德市气象台传输定时观测电报,制作月报表、年报表和年简表。

①地面气象观测

观测项目　云、能见度、天气现象、气压、气温、湿度、风向、风速、降水、雪深、日照、蒸发、地温(地面温度、5、10、15、20、40、80、160、320厘米地温、草面温度)、冻土等。

观测时次　1959年6月1日—1961年12月31日,每天进行02、05、08、11、14、17、20、23时8次定时观测,夜间守班;1962年1月1日—1971年12月31日,每天进行08、14、20时3次定时观测,夜间不守班;1972年1月1日—1974年6月30日,每天进行02、05、08、11、14、17、20、23时8次定时观测,夜间守班;1974年7月1日—2006年12月31日,每天进行08、14、20时3次定时观测,夜间不守班;2007年1月1日起,每天进行02、05、08、11、14、17、20、23时8次定时观测,夜间守班。

发报种类 1959年12月—1980年3月每天预约06—20时向北京空军司令部、唐山飞机场、遵化飞机场、绥中飞机场和赤峰飞机场编发航危报;每月向河北省气象台、承德市气象台发月报1次,旬报3次;向北京、石家庄、承德三地编发天气报和重要天气报。

发报内容 天气报的内容有云、能见度、天气现象、气压、气温、风向、风速、降水、雪深等;航空报的内容只有云、能见度、天气现象、风向风速等。当出现危险天气时,5分钟内及时向所有需要航空报的单位拍发危险报;重要天气报的内容有暴雨、大风、雨凇、积雪、冰雹、龙卷风等。

电报传输 建站起用专线电话在规定时间内经邮局转发电报;1985年7月安装甚高频电话,向承德市气象台发报;1999年8月1日使用X.28异步拨号,用网络直接传送各种报文;2002年12月开通X.25分组数据交换网,2004年11月安装使用2兆-VPN局域网专线,代替X.25数据交换网,用于测报传输数据。

气象报表制作 编制的报表有气表-1、气表-21、气表-23、气表-24,向河北省气象局、承德市气象局报送1份,本站留底本1份。向市气象局报送纸质报表1份。

自动气象站 20世纪90年代末县级气象现代化建设开始起步;2007年6月建成CAWS600型自动气象站并试运行;2008年1月1日正式运行。自动气象站观测项目有气压、气温、湿度、风向、风速、降水、地温等,观测项目全部采用仪器自动采集、记录,2008年实行人工、自动观测双轨运行,以人工观测为主,自动站为辅。

区域气象观测站 2005年6月在柳溪乡、蒙和乌苏乡、黄土梁子镇、榆树林子镇、台头山乡、杨树岭镇、松树台乡、大庆水库、七沟镇、南五十家子镇、党坝镇、郭杖子乡建成区域气象自动观测站12个。2006年6月在七家岱乡、卧龙镇、王土房乡、平泉镇又增建4个,同年投入使用。

②农业气象观测

1963年曾开展了一年的农气观测,建立高粱物候观测、土壤温度观测项目。

2. 气象信息网络

1984年1月正式开始接收北京和日本的气象传真图表,利用传真图表独立地分析判断天气变化;1985年7月安装甚高频电话,承德市气象台与县站互通信息;1986年1月正式使用PC-1500袖珍计算机用于编发报;1996年6月无线数据接收机开通,利用微机接收气象资料,气象传真机停用;1999年8月1日使用X.28异步拨号,用网络直接传送各种资料;2002年12月开通X.25分组数据交换网,2004年11月安装使用2兆-VPN局域网专线,代替X.25数据交换网,用于测报传输数据、局域网与省、市、县进行气象公文传输。

3. 天气预报预测

短期天气预报 1962年4月县气象站开始做补充天气预报,天气预报的制作方法主要是收听大台预报广播加看天经验与天气实况结合进行预报。

1973—1984年间,根据预报需要共抄录整理55项资料、绘制简易天气图表9种。进行基本档案建设,主要对建站以来各种灾害性天气个例、气候分析材料、预报服务调查与灾害性天气调查材料、预报方法使用效果检验、预报质量月报表、预报技术材料、中央、省、地各类预报业务会议材料等建立业务技术档案。

1984 年,按省、市业务部门要求完成县站的基本资料、基本图表、基本档案和基本方法,即"县站预报四个基本建设"并达标。

1996 年开始应用承德市气象台的指导预报,开展短期、短时临近预报服务工作。

中期天气预报 20 世纪 80 年代初通过传真接收河北省、承德市气象台旬、月天气预报,再结合分析本地气象资料,短期天气形势,天气过程的周期变化等制作一旬天气过程趋势预报。此种预报作为专业专项服务内容延续至 2008 年底。

短期气候预测(长期天气预报) 20 世纪 70 年代中期开始运用数理统计方法和常规气象资料图表及天气谚语、天气韵律等方法,做出具有本地特点的长期补充订正预报。20 世纪 80 年代为适应预报工作发展的需要,进一步贯彻执行中央气象局提出的"大中小、图资群、长中短相结合"的指导方针,组织力量,多次会战,建立一整套长期预报的特征指标和方法。到 20 世纪 90 年代末业务技术体制改革,县气象站不做长期预报,转发市承德市气象台预报,并辅以原有预报指标和方法开展服务。主要有春播预报、汛期(6—8 月)预报、年度预报、秋季预报。

4. 气象服务

①公众与决策气象服务

1985 年 7 月开通甚高频电话,实现与承德地区气象台直接天气会商。同年安装使用气象警报发射机 20 余台,建成气象预警服务系统,每天上午、中午、下午广播 3 次,服务单位通过预警接收机定时接收气象服务信息。

1996 年 6 月平泉县气象局同电信局合作正式开通"121"天气预报自动咨询电话。2004 年 4 月根据承德市气象局的要求,全市"121"答询电话实行集约经营,主服务器由承德市气象局建设维护。2005 年 1 月"121"电话升位为"12121"。此后,由于固定电话受拨号升位和手机短信及手机直接拨打等多重影响,固定电话"12121"逐显萎缩。

2000 年 1 月 1 日平泉县气象局与广播电视局协商同意在电视台播放平泉天气预报,天气预报信息由气象局提供,电视节目由电视台制作。预报信息通过电话传真传输至广播电视局,广播电台、电视台每天在平泉新闻节目后播出 2 次。

2007 年为了更及时准确地为县、镇、村领导服务,通过移动通信网络开通了气象商务短信平台,以手机短信方式向全县各级领导发送气象信息。

②专业与专项气象服务

1985 年开始推行气象专业有偿服务,主要为全县各乡镇(场)或相关企事业单位提供中、长期预报和气象资料,一般以旬天气预报为主;多年配合林业部门开展飞播造林种草、飞机撒药灭虫、森林火险预报;2004 年被平泉县政府评为春季森林草原防火工作先进单位。每年为粮食仓储部门晾晒粮食服务;为开发种植食用菌提供专项资料及气象预报服务;为重点工程,开发风能、太阳能气候资源提供依据;提供氢气球庆典服务。

人工影响天气 从 1974 年开展人工防霜、消雹工作。当时县政府成立人工控制局部天气办公室,由县革命委员会副主任主管,办公室设在气象站。从平泉酒厂借调 1 名工程师研究试验土炮、土火箭,1978 年在七沟公社、崖门子公社、圣佛庙公社搞防雹试验,并扩展到茅兰沟公社、南岭等公社。

1980年春夏连旱，5月30日承德地委、行署、军分区派人工降雨民兵作业连携带2门"三七"高炮同气象科技人员，到平泉搞人工增雨，6月6日抓住有利的天气形势作业成功。

20世纪80年代中期到90年代人工影响天气一度停止。2000年7月恢复成立平泉县人工影响天气办公室，常务副县长任指挥长，农业副县长任副指挥长，办公室设在气象局，办公室主任由气象局长兼任。使用WR-98型火箭开展人工增雨作业。2000年7月27日与县水利局进行了第一次人工增雨作业。2001年7月购皮卡（人工增雨专用车）1辆；同年县政府出资又购买了WR-98型火箭发射架2部和火箭弹进行多次增雨作业。2007年承德市人工影响天气办公室又调拨1部RY1-6300型火箭架。从2001年起人工增雨工作已作为气象局的一项常规业务。2005年荣获平泉县服务经济发展贡献奖。

防雷减灾工作　1991年成立避雷装置检测站，对各企业事业单位防雷装置进行安全检测。1997年平泉县机构编制委员会批复成立平泉县防雷中心，正科级事业单位，中心主任由气象局长兼任，负责全县的防雷减灾技术服务。2003年荣获承德市气象系统"防雷减灾工作"创新工作二等奖。2008年防雷中心有7人，其中工程师3人，助理工程师2人，技工2人。

③气象科技服务

农业气候区划与资料　1972—1983年全县共建农村气象哨10个，农村气象哨的建立为当地气象服务，为1980年平泉县农业气候区划提供了翔实的气象资料。1979—1980年完成农业气候考察和农业气候区划。

气象科普宣传　每年在"3·23"世界气象日、安全生产月期间、"12·4"法制宣传日，组织科技宣传，普及防雷知识，开展气象科普进农村进校园活动。在1973—1976年间曾编印有《平泉气象》小报和《农业气象简报》，发放到各公社及服务单位。2008年编发《防雷减灾资讯》，加强社会宣传。

1976—1977年平泉气象站根据县革命委员会安排，曾兼管地震工作，并设有简易的地震仪器，于1977年底平泉县地震办公室成立后平泉县气象站不再兼管地震工作。

气象法规建设与社会管理

社会管理　重点加强雷电灾害防御工作的依法管理工作，并积极保护气象探测环境。为规范防雷市场的管理，提高防雷工程的安全性，平泉县气象局依据《中华人民共和国气象法》《河北省实施〈中华人民共和国气象法〉办法》，征得平泉县政府法制办的支持，在平泉县安全生产委员会办公室、平泉县安全生产监督管理局和平泉县建设局的配合下，使防雷行政许可和防雷技术服务逐步规范化。2000年平泉县气象局被列为平泉县安全生产委员会成员单位，负责全县防雷安全的管理，定期对液化气站、加油站、烟花爆竹仓库等高危行业和非煤矿山、建筑业等行业的防雷设施进行检查，对不符合防雷技术规范的单位，责令进行整改。2003年平泉县气象局成立行政执法队伍，将防雷工程从设计审核、施工阶段检测到竣工验收，全部纳入气象行政管理范围。陆续在全县范围内开展建设项目防雷装置设计审核和竣工验收工作。履行防雷社会管理职责和行政执法工作。2007年4月27日平泉县政府下发《平泉县重大气象灾害预警应急预案》（平政办〔2007〕48号）。

政务公开　加强气象政务公开，对气象行政审批办事程序、气象服务内容、服务承诺、气象行政执法依据、服务收费依据及标准等,通过平泉县纪检监察网、户外公示栏、电视广告、发放宣传单等方式向社会公开。干部任用、财务收支、目标考核、基础设施建设、工程招投标等内容则通过采取职工大会或上局公示栏张榜等方式向职工公开。财务一般每半年公示一次,年底对全年收支、职工奖金福利发放、领导干部待遇、劳保、住房公积金等向职工作详细说明。

党建与气象文化建设

党建工作 1959 年 6 月—1965 年有党员 3 人,编入农业局农场党支部。"文化大革命"期间的 1970 年 6 月—1973 年,因气象站和邮电局同归县人民武装部领导,编为一个党支部。1974 年气象站编入农业局党支部。1989 年气象站成立党支部,有党员 3 人。截至 2008 年底有党员 3 人。

1993 年被中共平泉县农业委员会评为先进党支部。1997 年受到承德市气象局表彰。同年被中共平泉县委授予先进基层党组织荣誉称号。2001 年被平泉县县直机关党委授予先进党支部荣誉称号。

气象文化建设 平泉县气象局把领导班子的自身建设和职工队伍的思想建设作为文明创建的重要内容,经常开展政治理论、法律法规学习,提高职工素质,政治学习有制度、文体活动有场所、电化教育有设施。近几年来,对政治上要求进步的同志,党支部进行重点培养,条件成熟及时发展;多名职工到南京信息工程大学、中国气象局培训中心学习深造。全局干部职工及家属子女无一人违法违纪,无一例刑事民事案件,无一人超生超育。1999 年被评为承德市气象系统目标考核优秀达标单位。

开展文明创建规范化建设,改造观测场,装修业务值班室,统一制作局务公开栏、学习园地、法制宣传栏和文明创建标语等宣传用语牌。建设"两室一场"(图书阅览室、职工学习室、小型运动场),拥有图书 300 册。1989 年县气象学会被平泉县政府评为学会工作先进集体。1997—1998 年度被县委、县政府评为县级"文明单位"。积极参加县里组织的文艺汇演和户外健身,丰富职工的业余生活。2005 年 8 月在县羽毛球协会组织的首届"金海利"杯职工羽毛球比赛中获得"体育道德风尚奖"。

集体荣誉 1962 年被评为地区级先进气象站。1982 年被评为河北省先进气象站。1983 年被评为承德地区先进气象站。1991 年被承德市气象局授予先进气象局称号。1998 年被河北省气象局评为"优质服务、优良作风、优美环境"先进单位。1998 年 11 月被河北省气象局命名为"河北省气象系统三级强局单位"。1999 年被评为承德市气象系统目标考核优秀达标单位。2008 年 3 人次获得全国质量优秀测报员称号。

参政议政 1980—1984 年邢树人担任平泉县政协委员。

台站建设

综合改造 1959 年建站时只有 75 平方米 5 间平瓦房,设值班室、办公室和职工宿舍;1966 年修建 45 平方米 3 间宿舍;1971 年建砖木结构职工宿舍 48 平方米 3 间;1976 年 7 月 28 日唐山丰南地震波及平泉造成房屋严重损坏,1976—1977 年新建、改造房屋 15 间 240

平方米;1991年省气象局派帮扶工作组对平泉县气象局进行综合改善,投入扶贫资金8万元,地方政府配套资金2万元建造了1栋两层303平方米的办公楼。1995年17间340平方米家属房经河北省气象局批准进行房改。1997年确权土地4010平方米;2003年河北省气象局批准续接办公楼105.8平方米。

截至2008年,平泉县气象局占地面积4250.8平方米,其中有240.8平方米属于永久租用农业局土地(2004年8月气象局与农业局签署协议),办公楼1栋408.8平方米。

园区建设 1997—2004年平泉县气象局分期分批对机关院内的环境进行了绿化改造,规划整修了道路,在庭院内修建了草坪和花坛,改造了业务值班室,完成了业务系统的规范化建设。修建了500多平方米草坪、花坛,栽种了风景树,全局绿化覆盖率达到了60%,硬化了350平方米路面,使机关院内变成了风景秀丽的花园。

办公与生活条件改善 在20世纪70年代以前由于经费紧张,办公条件特别简陋,除观测值班室和站长办公室外,全站人员都挤在1间办公室内办公,两人合用1张办公桌。1991年在河北省气象局和地方政府的支持下建造了1栋303平方米办公楼,原有的办公用房改造维修用于职工家属房,从此改善了办公与生活条件。从1996年的第1台微型计算机开始到2008年全局共有8台电脑,基本每个办公室都配置了计算机,办公条件和设备得到进一步提高。

平泉县气象站全貌(1977年)

平泉县气象局观测场(2008年)

平泉县气象局(2008年)

滦平县气象局

滦平县位于承德市中西部,冀北山地燕山山脉中段,毗邻北京,全县面积3213平方千米。境内的金山岭长城有"万里长城,金山独秀"之美誉。气候属中温带向暖温带过渡、半干旱间半湿润大陆性季风型燕山山地气候,四季分明,冬长夏短。

机构历史沿革

始建情况 1958年建站于滦平镇后营子,1959年1月1日正式开展工作。位于北纬40°50′,东经117°19′,海拔高度505.0米。

站址迁移情况 1964年11月13日第一次迁移到滦平镇南山坡。2007年1月1日迁站至滦平镇北山办公新区,位于北纬40°56′,东经117°20′,海拔高度529.0米。

历史沿革 初建时名为滦平县气象站,1960年6月更名为滦平县气象服务站,1965年7月更名滦平县气象站,1971年1月更名为河北省滦平县气象站,1990年6月更名为滦平县气象局。

自建站到1979年底为省基本站,1980年1月1日为国家一般气象站,2007年1月—2008年12月为国家气象观测站二级站,2008年12月31日改为国家一般气象站。

管理体制 建站至1962年12月由承德专区气象局和滦平县农业局双重领导。1963年1月—1971年8月归承德专区气象局领导。1971年9月—1974年2月由滦平县人民武装部领导。1974年3月—1981年12月由滦平县农业局领导。1982年1月气象部门体制改革,实行气象部门与地方政府双重领导,以气象部门领导为主的管理体制。

单位名称及主要负责人变更情况

单位名称	姓名	职务	任职时间
滦平县气象站	王维学	站长	1958.01—1958.12
	郝殿阁	站长	1959.01—1960.06
滦平县气象服务站			1960.06—1965.07
			1965.07—1966.04
滦平县气象站	孟昭德	站长	1966.05—1968.11
	不详		1968.12—1971.01
			1971.01—1971.07
河北省滦平县气象站	石进柱	站长	1971.08—1974.12
	韩文奎	站长	1975.01—1977.01
	孙万志	站长	1977.02—1979.04
	李文儒	站长	1979.05—1984.09
	杨永学	站长	1984.10—1990.05
滦平县气象局		局长	1990.06—1991.06

续表

单位名称	姓名	职务	任职时间
滦平县气象局	刘 永	局长	1991.07—1998.02
	马宗坤	局长	1998.02—2000.01
	杨永学	局长	2000.01—2002.05
	丁 力(满族)	局长	2002.05—2003.06
	刘怀玉(满族)	局长	2003.06—2008.06
	曹丽华(女,满族)	局长	2008.06—

注:1968年12月—1971年7月负责人不详。

人员状况 1959年建站时有职工4人。截至2008年底有在职职工10人(其中聘用3人、地方人工影响天气办公室编制1人);在职职工中:男5人,女5人,汉族4人,满族5人,回族1人;大学本科以上学历5人,大专学历2人,中专以下3人;中级职称1人,初级职称4人;30岁以下7人,31~40岁2人,50岁以上1人。

气象业务与服务

1. 气象观测

滦平县气象局的基本业务是完成地面气象观测,每天向河北省气象台和承德市气象台传输定时观测电报,制作月报表和年报表。

①地面气象观测

观测项目 滦平县气象站建站初期观测项目有云、能见度、天气现象、气压、气温、湿度、风向、风速、降水、雪深、雪压、日照、蒸发、冻土、地面状态、地温等。1961年1月1日取消地面状态观测,1980年1月1日取消雪压观测。1971年8月1日开始使用虹吸式雨量计自动观测降雨量,1974年8月开始使用EL型电接风向风速计,连续记录一日风向风速的变化。

观测时次 建站至1961年12月31日,每天进行4次定时观测,夜间守班;1962年1月1日—1971年12月31日每天进行3次定时观测,夜间不守班;1972年1月1日—1974年6月30日每天进行4次定时观测,夜间守班;自1974年7月1日开始,每天进行08、14、20时3次定时观测,夜间不守班。

发报种类 承担每天08、14、20时天气加密报、不定时的重要天气报和气象旬月报的发报任务;每年6—8月每天06时增发汛期雨量报。自1964年9月17日开始担负向军委空司及遵化、平泉空军机场拍发每天06—20时预约航危报任务,1990年1月1日开始航危报任务调整为每天08—18时每小时1次向OBSAV北京拍发。

电报传输 自建站开始气象电报通过专线电话经邮局转报,1987年6月安装甚高频电话,向承德市气象台发报。1999年8月1日开始使用X.28异步拨号传输气象数据,天气加密报和旬月报也开始使用网络传输。2002年9月1日开始使用X.25分组数据交换网传输气象数据。2005年安装使用2兆-VPN局域网专线代替X.25分组数据交换网,用于气象数据传输、局域网建设和公文传输。2005年6月1日起汛期雨量报通过网络发报。2006年11月1日起航空报也实现了网络发报。

气象报表制作 按照规定每月和年终向河北省气象局、承德市气象局报送地面气象观测记录月报表(气表-1)和年报表(气表-21)。自建站到 1993 年底,观测员每月手工抄录 3 份月报表、年底制作抄录 4 份年报表,报送河北省气象局、承德市气象局和本站留底。1994 年 1 月微机制作报表代替手工抄录。2004 年停止报送纸质报表,经网络上传。

自动气象站 2007 年 6 月 8 日建成自动采集气压、气温、湿度、风向、风速、降水、地温、草温的 CAWS600 型八要素自动气象站,2008 年 1 月 1 日开始自动站和人工站双轨运行,以人工观测为主,自动站观测为辅。自动站每分钟采集 1 次数据,每 5 分钟上传资料到河北省气象局中心站。

区域气象观测站 2005 年、2006 年在 17 个乡镇建成两要素区域气象观测站,实时自动采集气温和降水数据,成为防汛抗旱气象服务的重要手段和依据。

②农业气象观测

滦平县农业气象服务工作,紧密结合农业生产实际,于 1977 年在虎什哈农业中学试验基地成功进行了玉米分期播种试验。1980 年在虎什哈、火斗山、张百湾等公社建 7 个气象哨,进行部分气象要素和农业气象观测。1982 年完成《滦平县农业气候资源调查和区划报告》、《滦平县旱涝分析》、《滦平县低温冷害分析》、《滦平县冰雹气候分析》。大力推广气候区划成果,完善灾害性天气气候规律的调查论证,促进滦平县农业发展趋利避害。

2. 气象信息网络

1987 年 6 月安装甚高频电话。1988 年配备了 PC-1500 袖珍计算机,用于编发各类气象电报,结束了手工查算编报的历史,提高了编报品质,1994 年 1 月开始用 386 型微机进行查算、编报。2005 年安装使用 2 兆 VPN 局域网专线,并开通了省市县公文信息传输系统。

3. 天气预报预测

天气预报业务建站初期为专人负责,1978 年后设立预报组,开始向专业化发展。预报业务人员经过大量统计本站积累的气候要素资料,基本掌握了滦平气候变化规律和天气演变特点,初步摸索出了一整套预报方法和手段,制作出了"单站要素时间剖面图"、"点聚图"等预报工具。1987 年开始接收、分析北京和日本的气象传真图表,分析判断天气变化,同年开通甚高频电话,实现与承德地区气象台直接天气会商,预报准确率明显提高。长、中、短期预报产品为滦平县各级领导安排部署生产、防灾减灾起到了气象参谋作用。2003 年以后转发承德市气象台制作的指导预报进行服务。

4. 气象服务

滦平县气象局坚持以经济社会需求为牵引,把为政府决策气象服务、公众气象服务、专业气象服务和气象科技服务融入到经济社会发展和人民群众生产生活之中。

①公众与决策气象服务

1994 年安装了 QJP-83 型气象警报发射机 1 台,接收机 13 部,为用户和有关部门提供天气预报、警报服务。每天下午 17 时广播 1 次,服务单位通过预警接收机定时接收气象服务信息。

1996 年 10 月开通"121"天气预报自动咨询电话。2004 年 4 月全市"121"答询电话实行集约经营,主服务器由承德市气象局建设维护。2005 年 1 月"121"电话升位为"12121"。

2000 年 3 月开始每月编辑出版一期《滦平气象》简报,服务各级党政领导和使用者,到 2008 年底已编辑 106 期。

2004 年 6 月在电视台播出滦平天气预报。2006 年 1 月购置电视天气预报制作系统,增加模拟主持人,自行制作天气预报节目在滦平新闻节目后播出。2007 年 6 月与广播电视局实现 VPN 联网,电视天气预报节目实现网络传输。

2006 年制订《滦平县气象局决策气象服务周年方案》,重点做好大风、暴雨、雷电等灾害性天气的监测、预报、预警和服务。决策服务产品主要有:《重要天气报告》、《专题气象报告》、《人工增雨快报》、《雨情快讯》、《专项天气预报》、《气象灾情报告》、《气候预测》等。

2008 年 5 月在滦平县委、县政府及全县 21 个乡镇安装气象预警信息显示屏,每天 3 次发送天气预报及灾害天气预警信息。同时通过移动通信网路开通了决策短信服务平台,以手机短信方式向全县各级领导发送气象信息。

2008 年开始与环保部门合作,向社会发布空气质量预报。

②专业与专项气象服务

人工影响天气 1974 年开展人工影响天气工作,主要在防霜、防雹、人工降雨等方面进行试验。1977 年滦平县气象站筹建人工影响天气炮弹厂一处,制作人工消雹炮弹和增雨土火箭。2000 年开始利用火箭开展人工增雨作业,由气象部门组织指挥,水利部门具体实施。2001 年 5 月人工增雨工作移交气象部门主管。2007 年滦平县政府成立人工影响天气办公室,挂靠县气象局。到 2008 年配备人工增雨火箭发射架 4 部,增雨车 2 辆,为滦平县农业增产、农民增收发挥重要作用。

气象科技服务 1985 年开始推行气象有偿专业服务,主要为全县各乡镇或相关企事业单位提供各类天气预报、气象数据以及专业性气象服务;配合林业部门开展飞播造林;提供氢气球庆典服务。

防雷技术服务 1991 年 3 月成立避雷检测中心,开展防雷检测工作。1997 年滦平县机构编制委员会批复成立滦平县防雷中心,挂靠县气象局,加强了滦平县防雷检测和管理工作,使全县防雷工作步入了正轨。

③气象科普宣传

加强气象防灾减灾科普宣传工作。每年在"3·23"世界气象日、"12·4"法制宣传日、安全生产月组织科技宣传,普及气象法律法规、防雷减灾知识,并积极开展气象科普进农村、进校园活动。到 2008 年连续 4 年被承德市气象局评为信息宣传先进单位。

气象法规建设与社会管理

法规建设 依据《中华人民共和国气象法》、《河北省实施〈中华人民共和国气象法〉办法》、《防雷减灾管理办法》,2004 年与建设局联合下发《关于加强建设项目防雷工程设计、施工、验收管理工作的通知》,使防雷行政许可和防雷技术服务逐步规范化。积极保护气象探测环境,认真履行防雷、施放气球等社会管理职责和行政执法工作。

2008 年,滦平县政府办公室下发了《滦平县重大气象灾害应急预案》(滦政办〔2008〕49

号）、《关于保护气象探测环境和设施的通知》（滦政办〔2008〕57 号）等文件。

政务公开　通过设置局务公开栏将本单位机构设置、职能、办事程序；收费项目、依据；行政许可事项、依据、程序、期限；公开承诺、监督举报电话等内容对社会公开。同时通过滦平气象网站将气象灾害应急预案、预警信息、气象法律法规、政府信息公开等内容全部予以公开，接受社会监督。对内公开的内容通过每月一次的全局会议或公示栏粘贴等方式予以公开，包括"三重一大"、财务收支等职工关心的重点问题。

党建与气象文化建设

党建工作　建站开始由于党员人数少，编入农业局党支部，1983 年编入滦平县委机关党支部，1994 年转入畜牧局党支部，2004 年 11 月县直机关党委批准建立党支部，有党员 4 人。党支部将党员的发展、教育、管理有机结合，加强党员队伍建设，促进气象事业健康发展，2007 年 1 月在编的 7 名干部职工已经全部为党员。截至 2008 年底有党员 5 人。

认真落实党风廉政建设责任制，深入开展党风廉政宣传教育月活动，按时召开领导班子民主生活会，不断加强领导班子的自身建设，先后开展了"三讲"、"三个代表"、保持共产党员先进性教育、解放思想大讨论等学习教育活动。

气象文化建设　坚持以精神文明创建，推动气象文化建设广泛开展，2002—2003 年度被县委、县政府授予县级"文明单位"。保持荣誉到 2006 年；2006—2007 年度被承德市政府评为市级"文明单位"。

创建文明环境。在办公楼设置艺术画屏，内容涵盖了党风廉政建设、气象业务、行业文化等内容，同时设置局务公开栏、学习园地，营造了浓厚的文化氛围。2006 年建成滦平气象信息网站，2007 年建成图书阅览室、荣誉室、气象文化网，购买图书千余册，以满足职工的业余文化需求。

注重人才培养。2004 年之后新进毕业生 5 人被选送参加河北省气象局组织的 3 个月的气象基础知识培训班，2 人分别参加了南京信息工程大学本科脱产和函授学习。

荣誉　2000—2008 年共获得集体荣誉奖 30 项。2007 年被评为河北省气象局创建"一流台站"先进单位，2008 年被评为省级园林式单位。

李国辉于 2001 年 12 月—2003 年 1 月、2004 年 10 月—2006 年 3 月先后两次参加中国第 18 次和第 21 次南极越冬科学考察，2003 年被中共承德市委、市政府授予"承德市十大优秀青年"称号，记三等功奖励。

观测股 5 人先后 6 次被中国气象局授予"质量优秀测报员"称号。

参政议政　马宗坤、李国辉曾担任滦平县政协委员。2006 年 3 月李国辉当选为滦平县优秀政协委员。

台站建设

台站综合改善　滦平县气象站 1959 年建站时办公用房为 120 余平方米的 8 间瓦房。1964 年 11 月 13 日迁站后，使用日军侵华时所建的二层炮楼作为办公用房。1979 年建设 50 平方米业务办公用房、210 平方米职工住宅。1989 年建设 210 平方米的办公平房、120

平方米住宅用房。由于站址在山上，职工生活极为不便。2005年争取国家投资139万元，成功实施了迁站项目，2007年1月1日正式迁入滦平镇北山办公新区。新址占地5373平方米，办公楼房626平方米。自筹资金20多万元购置了办公家具、投影仪、大屏幕显示屏、数码相机、计算机等现代化办公设备。

    园区建设　2007年迁入新址以来，按照创建"山地型、生态园林式单位"目标，做好绿化美化工作，投入资金17万元，铺设草坪3300平方米，种植各种乔、灌木1000余株，建绿篱400余延长米，铺设小路300余延长米，建成自动喷灌系统。2008年被河北省建设厅评为"省级园林式单位"。

滦平县气象局南山坡旧址观测场全貌（1984年）

滦平县气象局南山坡办公用房（2005年）

滦平县气象局办公楼（2007年）

滦平县气象局观测场全貌（2007年）

承德市气象站

    承德市区地处冀北燕山东段，经长期地质变化形成了独特的承德丹霞地貌特征。地势由西北向东南逐渐降低，构成低山环绕的山间盆地，海拔高度在313～1074米之间，属于低山丘陵区。承德市区，北、东、南同承德县接壤，西部与双滦区毗邻，西南部与滦平县交界。

位于北纬 40°57′～41°05′,东经 117°48′～118°03′之间。

承德市区处于暖温带向寒温带过渡地带,属于温带半湿润半干旱大陆性季风型山地气候,其气候特点是冬季寒冷干燥,时间长;春季多风干燥,历时短;夏季清凉多雨,适宜避暑消夏;秋季天高气爽,昼夜温差大,降水年、季变化大。多年平均气温 9.1℃,年极端最低气温－24.2℃(出现在 1 月份),极端最高气温 43.3℃(出现在 7 月份),历年平均降水量 537.7 毫米,降水主要集中在 6—8 月。

机构历史沿革

始建情况　承德市气象站始建于 1977 年 3 月,1979 年 1 月 1 日正式开展工作。站址位于承德市郊喇嘛寺安远庙北,北纬 40°59′,东经 117°57′。观测场海拔高度 383.9 米,属国家一般站。

历史沿革　1984 年 1 月 1 日承德市气象站撤销,只保留气象哨的管理工作。

1986 年 1 月 1 日恢复承德市气象站,台站级别为国家一般站,主要为承德市政府提供气象服务。

1988 年 1 月 1 日—1993 年 12 月 31 日承德市气象站由国家一般站调整为辅助站。1994 年 1 月 1 日停止了承德市气象站的观测业务。

2007 年 1 月 1 日起,承德市气象站台站级别调整为国家气候观象台,承担国家基准站地面气象观测任务,每天 24 次定时观测。

管理体制　承德市气象站 1977 年 3 月—1979 年 9 月,由承德市革命委员会农业畜牧局领导。1979 年 10 月—1981 年 11 月由承德市人民政府农业畜牧局领导。1981 年 12 月起由承德市气象局领导。

单位名称及主要负责人变更情况

单位名称	姓名	职务	任职时间
承德市气象站	周杰三	站长	1977.03—1984.06
	李宁生	站长	1984.07—1985.07
	李彦清	站长	1985.08—

人员状况　1977 年有人员 10 人。截至 2008 年底,有在职职工 15 人,其中:男 10 人,女 5 人;汉族 13 人,少数民族 2 人;大学本科以上 4 人,大专 1 人,中专以下 10 人;中级职称 3 人,初级职称 6 人;30 岁以下 2 人,31～40 岁 3 人,41～50 岁 3 人,51～55 岁 7 人。

气象业务与服务

1. 气象观测

①地面气象观测

1979 年 1 月—1983 年 12 月、1985 年 1 月—1993 年 12 月为承德市气象站地面气象测报组。1994 年 1 月 1 日停止观测任务。直至 2000 年 1 月 1 日承德市气象台地面气象观测业务迁至承德市气象站,才又恢复地面气象观测,并进行酸雨观测。

观测项目 1979 年 1 月 1 日—1983 年 12 月 31 日、1986 年 1 月 1 日—1987 年 12 月 31 日,观测项目有云、能见度、天气现象、气压、气温、湿度、风向、风速、降水、积雪深度、冻土、日照、蒸发、地面温度、浅层地温(5、10、15、20 厘米)、深层地温(40 厘米)等。

1988 年 1 月 1 日—1993 年 12 月 31 日,由一般站改为辅助站,观测项目没有变化。

2000 年 1 月 1 日—2006 年 12 月 31 日,观测项目有云、能见度、天气现象、气压、气温、湿度、风向、风速、降水、日照、蒸发、地面温度、浅层地温(5、10、15、20 厘米)、深层地温(40、80、160、320 厘米)、积雪深度、雪压、冻土、电线积冰等。

2007 年 1 月 1 日—2008 年 12 月 31 日,观测项目有云、能见度、天气现象、气压、气温、湿度、风向、风速、降水、日照、蒸发、地面温度、浅层地温(5、10、15、20 厘米)、深层地温(40、80、160、320 厘米)、积雪深度、雪压、冻土、电线积冰等。

观测时次 1979 年 1 月 1 日—1983 年 12 月 31 日、1986 年 1 月 1 日—1987 年 12 月 31 日,每天进行 08、14、20 时 3 次定时观测,夜间不守班。

1988 年 1 月 1 日—1993 年 12 月 31 日,由一般站改为辅助站,观测时次没有变化。

2000 年 1 月 1 日—2006 年 12 月 31 日,每天进行 02、08、14、20 时 4 次定时观测,昼夜守班。

2007 年 1 月 1 日起按照国家基准气候站规定每天进行 24 次定时观测,昼夜守班。

发报种类 天气报:承德市气象站因和承德地区气象台同处一地,故 2000 年之前只观测不发报,各种气象电报由承德市气象台观测组拍发。2000 年 1 月 1 日开始拍发天气电报,每天进行 02、08、14、20 时 4 次定时观测和 05、11、17、23 时 4 次补充绘图报观测,向北京区域气象中心(现为华北区域气象中心)传输绘图天气报告和补充绘图天气报,天气报的内容有云、能见度、天气现象、气压、气温、湿度、风向、风速、降水、积雪深度、电线积冰、地温等。

航危报:2000 年 1 月 1 日—2008 年 12 月 31 日每天 00—24 时向 OBSZC 北京、04—18 时向 OBSAV 北京、06—18 时向 OBSAV 锦州、赤峰,4 个单位发固定航空(危险)报,即每小时整点前观测发航空报 1 次,危险报则是当有危险天气现象时,5 分钟内及时拍发。航空报的内容有云、能见度、天气现象、风向风速等。

旬月报:每月 1 日、11 日、21 日向河北省气象台发旬月报 3 次。

气候月报:每月 4 日向河北省气象台发气候月报 1 次。

重要天气报:有重要天气达到发报标准时每日向河北省气象台拍发定时和不定时重要天气报。重要天气电报的内容有定时降水量、大风、龙卷、积雪、雨凇、冰雹、雷暴、视程障碍现象、预约降水量、初终霜、暴雨、特大降雨量等。

电报传输 2000 年 1 月 1 日开始使用 X.28 异步拨号传输天气报和旬月报;2002 年 9 月 1 日起使用 X.25 分组数据交换网传输气象电报;2005 年安装使用 2 兆-VPN 局域网专线代替 X.25 分组数据交换网传输气象电报,2006 年 11 月 1 日航危报也实现了网络传输。

气象报表制作 1979 年 1 月—1983 年 12 月、1986 年 1 月—1987 年 12 月,承德市气象站按照业务规定每月制作地面气象观测记录月报表(气表-1)和每年制作地面气象观测记录年报表(气表-21),只保留资料,无上报任务。1988 年 1 月—1993 年 12 月报表按辅助站任务,只向承德市气象局上报地面气象观测记录年报表(辅助)。2000 年 1 月资料实行网络传输,全部采用数据文件进行上报、审核、保存,停止报送纸质报表。

自动气象站　2002 年 11 月 CAWS600 型地面监测自动气象站建成,2003 年 1 月 1 日自动气象站正式投入业务运行。观测项目有气压、气温、湿度、风向、风速、降水、地温等,2008 年 1 月 1 日增加草面温度观测项目,观测项目全部采用传感器自动采集、记录,每小时向河北省气象台传输实时监测数据及 5 分钟加密观测数据上传。2003 年 1 月 1 日—2004年 12 月 31 日自动气象站与人工观测双轨运行;2005 年 1 月 1 日—2006 年 12 月 31 日自动气象站单轨运行;2007 年 1 月 1 日—2008 年 12 月 31 日,由于台站级别改为观象台,自动气象站与人工观测同时运行,并分别上报报表数据文件。

②温度梯度观测

2003 年 3 月河北省气象局技术装备中心在承德市气象站建成温度梯度自动观测系统,观测项目有草面温度、水泥面温度、沥青面温度及 50、100、150 厘米不同高度的温度实时监测数据,每小时向河北省气象台传输观测数据。

③酸雨观测

2000 年 1 月 1 日—2005 年 12 月 31 日每月向中国气象局大气成分中心及河北省气象局气候中心档案科报送酸雨观测月报表。2006 年 1 月 1 日酸雨观测业务软件(OSMAR 2005)正式投入业务运行,每日 16 时之前向河北省气象台传输酸雨观测日数据文件,每月 4日传输 1 次酸雨观测月数据文件。同时每月向中国气象局大气成分中心及河北省气象局气候中心档案科报送酸雨观测月数据纸质报表。

2. 气象信息网络

2000 年 1 月 1 日使用 X.28 异步拨号传输气象资料,2002 年 9 月 1 日使用 X.25 分组数据交换网传输气象资料;2005 年安装使用 2 兆-VPN 局域网专线代替 X.25 分组数据交换网传输气象资料,提高了传输速度,保证了传输质量。2006 年 11 月 1 日航危报使用地面测报业务软件实现了网络传输。

3. 天气预报预测

承德市气象站于 1980 年 1 月开始制作发布天气预报。制作有 12、24 小时、3～5 天和春播期、汛期、三秋季节的天气预报。另外,还制作发布干旱、霜冻等灾害性天气预报。预报工具有三线图、剖面图、气候资料图等。每天收听河北省气象台、承德市气象台的天气形势预报和要素预报广播,以地面图和高空图为主要预报技术手段,同时采用了"周期韵律"、"阴阳历叠加"、"洞卡"和"方差分析"等统计预报方法。1981 年 12 月取消了承德市气象站天气预报服务工作,由承德市气象台统一制作和发布。

4. 气象服务

承德市气象站于 1979 年 1 月在大庙、鹰手营子、偏桥子及大石庙建立了 4 个气象哨。每天 3 次定时观测,进行墒情、雨情、灾情的观测、收集和上报。

承德市气象站从 1979 年 1 月开始业务工作时起,就对外开展了气象服务工作。为农业生产、多种经营、防汛抗洪、农业气候区划、旅游等提供天气预报、气象情报和气候资料。

每年提供春播期的平地、梯田、阴坡、阳坡不同地段 10 厘米和 20 厘米土壤湿度,通过分析,提出生产建议,提供给领导和生产指挥部门使用。汛期及时搜集各地雨情,绘制成全市雨量分布图,为领导决策提供依据。到 1983 年承德市气象站与 30 多个单位建立了服务关系,制订出服务一览表,针对用户的不同需要,开展气象服务。为开发承德市的旅游资源,1983 年在避暑山庄内设立观测点,进行气候对比观测,撰写了《避暑山庄的春、夏、秋、冬四季气候》。为编写《承德旅游手册》提供气象资料,1983 年完成了《承德市农业气候区划》任务。

气象法规建设与社会管理

制度建设 2002 年 4 月重新制订了各项管理制度,每年初进行补充完善。主要内容包括工作职责、工作制度、学历教育、职工休假、病事假、业务值班管理制度、业务质量奖惩制度、会议制度、财务制度、安全保卫工作制度和根据业务工作性质、任务制订的突发事件应急处置预案等。

社会管理 认真贯彻落实《中华人民共和国气象法》和《河北省气象探测环境保护办法》,积极保护气象探测环境,严格执行《施放气球管理办法》和《防雷减灾管理办法》。

政务公开 财务收支、目标考核、基础设施建设、干部任用等内容,通过职工大会的方式向全体职工公开。财务收支情况在每月全体职工大会上公布,年底对全年财务收支情况、职工福利发放、干部待遇、住房公积金等向职工详细说明。

党建与气象文化建设

党建工作 1977 年 3 月—1981 年 12 月有党员 2 人,编入承德市农业畜牧局党支部。2002 年 3 月—2007 年 7 月有党员 1 人,2007 年 8 月后有党员 2 人,编入承德市气象局党总支业务支部。积极参加"三个代表"、"党的先进性"、"社会主义荣辱观"等教育活动,认真落实承德市气象局党组党风廉政建设目标责任制,积极开展廉政教育,努力建设和谐、廉政、文明的单位形象。

气象文化建设 承德市气象站始终坚持以人为本,弘扬自力更生、艰苦创业精神。通过开展经常性的政治理论、法律法规、业务理论学习,创建学习型单位,强化爱岗敬业、精益求精的职业道德,树立发展创新、争创一流的形象,锻炼出一支高素质的职工队伍。

荣誉 2003—2008 年承德市气象站先后有 16 人次被中国气象局授予"质量优秀测报员"称号。

台站建设

台站综合改造 承德市气象站地处城乡结合部,距旅游景点较近,限制了综合改造。1978 年建成的办公用房使用面积 220 平方米,设有业务值班室、办公室、宿舍、厨房等。

办公与生活条件改善 1986 年新建 1 栋办公用房 340 平方米,并对原来的房屋进行了大修,使工作和生活环境得到了改善。1999 年和 2002 年先后两次对业务值班室和职工休息室进行了全面改造装修,工作生活环境进一步的改善。2002 年 11 月 CAWS600 型地面监测自动气象站建成,先后购置了办公家具,以及计算机、打印机、传真机等现代化办公设备,配备汽油发动机,保障了气象业务工作的正常运转和气象电报、数据资料的及时、准确传输,完成了业务系统的规范化建设。

承德市气象站观测场全貌(2003 年)

兴隆县气象局

机构历史沿革

始建情况　兴隆县气象局 1958 年开始筹建,1959 年 3 月 1 日正式建成工作。建站初期定名为兴隆县气象站。

站址迁移情况　1974 年气象探测环境遭到破坏,决定迁址。新站址位于原址偏西方向 500 米处,仍位于兴隆县兴隆镇西关村,观测场位于北纬 40°25′,东经 117°29′,海拔高度 582.3 米。1977 年 5 月新址完成基建任务,并于同年 7 月 1 日开始进行观测发报。1996 年观测场垫高,海拔高度变为 583.2 米。

历史沿革　1959 年 3 月 1 日定名为兴隆县气象站,1960 年 10 月 1 日更名为兴隆县水文气象中心站,1963 年 8 月 1 日更名为兴隆县气象服务站,1971 年 8 月 1 日更名为兴隆县气象站,1992 年 1 月 1 日更名为兴隆县气象局。

兴隆县气象局建站初期被定为国家一般气象站,2006 年业务体制改革,2007 年 1 月 1 日改为国家气象观测二级站。

管理体制　建站初期由兴隆县农业局领导,1960 年 10 月 1 日由兴隆县水利局管理,1963 年 8 月 1 日由承德气象局和兴隆县政府双重领导,1970 年兴隆县气象局归兴隆县人民武装部领导,并由武装部派一名同志任指导员,1974 由兴隆县政府直接领导。1981 年 8 月 7 日机构改革,改由气象部门与地方政府双重领导,以气象部门领导为主的管理体制。

单位名称及主要负责人变更情况

单位名称	姓名	职务	任职时间
兴隆县气象站	冯志山	站长	1959.03—1959.09
	马舜民	站长	1959.10—1960.09
兴隆县水文气象中心站			1960.10—1963.07
兴隆县气象服务站			1963.08—1970.11
	常怀远	站长	1970.12—1971.07
			1971.08—1976.11
兴隆县气象站	马舜民	站长	1976.12—1978.01
	马振华	站长	1978.02—1979.05
	马舜民	站长	1979.06—1984.09
	张宝泉	站长	1984.10—1989.06
	饶芳（女）	站长	1989.07—1991.12
兴隆县气象局		局长	1992.01—2000.09
	付文波	局长	2000.10—2006.05
	苗成凯	局长	2006.06—

人员状况 1959年建站初期仅有5人,截至2008年底,有在职职工12人(含退休职工1人),在职职工中:男5人,女6人;汉族9人,少数民族2人;本科4人,专科4人,中专以下3人;中级职称5人,初级职称3人,技术工人2人;30岁以下2人,31～40岁4人,41～50岁4人,51～55岁1人。

气象业务与服务

1. 气象观测

①地面气象观测

观测项目 建站时观测项目有云、能见度、天气现象、气压、气温、湿度、风向、风速、降水、雪深、日照、蒸发、冻土、地温等。1980年1月1日取消直管地温观测,其他观测项目延续至今。1967年6月1日开始使用虹吸式雨量计自动观测降雨量,1968年11月30日开始使用EL型电接风向风速计,连续记录一日风向风速的变化,1983年开始使用翻斗式遥测雨量计。

观测时次 1959年3月1日—1971年12月31日每天进行08、14、20时3次观测,夜间不守班;1972年1月1日—1974年6月30日每天进行02、08、14、20时4次观测,夜间守班;1974年7月1日以来每天进行08、14、20时3次观测,夜间不守班。

发报种类 天气加密报、航危报、重要天气报、旬月报、雨量报等。

天气加密报包括云、能见度、天气现象、气压、气温、露点、风向、风速、降水、雪深、地温等。航危报包括云、能见度、天气现象、风向、风速等,当出现危险天气时,5分钟内及时向所有需要航空报的单位拍发危险报。重要天气报包括暴雨、大风、冰雹、积雪、龙卷风、恶劣能见度等。旬月报包括旬平均气温、旬平均气温距平、旬极端气温及出现日期、旬降水量、旬降水量距平百分率、旬大风日数、旬日照时数、旬日照百分率、月平均气温、月平均气温距平、月大风日数、月降水量、月降水量距平百分率等。

电报变动情况 航危报:1959 年 12 月开始向北京空军司令部发航危报。1966 年 10 月开始向遵化拍发 06—20 时航危报。1978 年 8 月开始向北京民航拍发预约报。1980 年 2 月将遵化航危报发报时间更改为 05—12 时,同时向平泉拍发 06—18 时航危报。

其他电报:1959 年每旬向承德地区气象台发旬报;1959 年 4 月每天白天 3 次发报;1959 年 6 月发 05、11、17 时辅助绘图报;1960 年 1 月向承德地区气象台发小图报;1972 年向河北省气象台拍发旬报、灾情报;1978 年 6 月增发天津绘图报、灾情报;1982 年向水利防汛部门拍发雨情报

电报传输 自建站起至 1987 年 6 月气象电报通过邮电局转报;1987 年 6 月安装了甚高频电话,用甚高频电话向承德市气象台发报;1994 年 1 月起用微机制作报表,报表数据用磁盘报送;1999 年 8 月 1 日使用 X.28 异步拨号传输气象资料,用网络直接传送各种报文和报表数据;2002 年 9 月 1 日使用 X.25 通信系统传输气象资料;2005 年 3 月使用 2 兆-VPN 局域网专线传输。

自动气象站 2005 年开始乡镇自动雨量观测站建设,相继安装 18 套 HY-SR-002 型加密自动气象站,2006 年开始运行。2007 年兴隆县气象局开始 CAWS600 型地面监测自动气象站建设,2008 年 1 月 1 日开始双轨运行。

气象报表制作 编制的报表有气表-1、气表-21、气表-23 和气表-24。向河北省气象局、承德地区(市)气象局各报送 1 份,本站留底本 1 份。

②农业气象观测

1959 年 3 月 1 日开始农业气象观测,1966 年农业气象观测中断,1979 年恢复农业气象观测。主要观测发报项目包括土壤墒情、农作物、果树等。

2. 气象信息网络

1987 年 6 月安装了甚高频电话,用甚高频电话向承德市气象台发报。1988 年配备了 PC-1500 袖珍计算机用于编报。1994 年 1 月起用微机制作报表,报表数据用磁盘报送。1999 年 3 月配备了 EPSON 打印机和测报专用微机,1999 年 8 月 1 日使用 X.28 异步拨号传输气象资料,用网络直接传送各种报文和报表数据。1999 年 11 月建成了 PC-VSAT 小站。2002 年 9 月 1 日使用 X.25 通信系统传输气象资料。2005 年 3 月使用 2 兆 VPN 局域网专线取代了 X.25。

3. 天气预报预测

短期天气预报 建站初期转发承德地区气象台天气预报。1973 年 4 月成立预报组,通过单站资料统计、绘制时间剖面图、实况图、验证天气谚语、收听广播等进行综合分析,做出本县天气预报。1982 年配备 ZSQ-1A 型和 CE-80 无线电气象传真机,接收我国、日本等国家的气象传真图,包括地面、高空实况图,开始分析图,物理量、数值预报图,使预报质量有了很大提高。1983 年正式开始接收传真图,利用传真图表独立地分析判断天气变化,并开始了"MOS"预报方法的试用。1986 年 6 月用单边带对讲机同地区气象局和各县气象站进行预报会商。1987 年 8 月配备了甚高频无线电话。1991 年架设开通甚高频无线对讲通讯电话,实现与承德市气象台天气预报会商。1999 年 11 月开始使用 MICAPS 工作平台。

2003年由市气象台制作分县预报,县气象局进行转发。

中长期天气预报 20世纪80年代初,通过传真接收中央气象台和河北省气象台的旬、月天气预报,再结合分析本地气象资料、短期天气形势、天气过程的周期变化等制作一旬天气过程趋势预报和一周天气预报。

兴隆县气象站主要运用数理统计方法和常规气象资料图表及天气谚语、韵律关系等方法,分别做出具有本地特点的补充订正预报。兴隆县气象站制作长期天气预报在20世纪70年代中期开始起步,80年代为适应预报工作发展的需要,组织力量,多次会战,建立了一整套长期预报的特征指标和方法。长期预报主要有:春播预报、汛期(6—8月)预报、年度预报、季预报。2003年开始由承德市气象台制作分县预报,县气象局进行转发。

4. 气象服务

兴隆县气象局按照"决策服务让领导满意,公益服务让群众满意,专业服务让用户满意"的要求,努力做好气象服务。

公众气象服务 1998年兴隆县气象局与兴隆县邮电局合作正式开通"121"天气预报自动咨询电话,2005年为了更及时准确地为县、镇、村领导服务,通过移动通信网络开通了气象短信平台,以手机短信方式向全县各级领导发送气象信息,2006年10月购买了非线性编辑系统,开始独立制作天气预报,将节目送兴隆县电视台播出。

专业与专项气象服务 1977年兴隆县气象哨工作全面铺开,由水利、水文、气象三家单位出人、出资、出技术,在全县建起42个气象哨。同时建起炸药厂,试制土炮、土火箭,在18个公社、32个大队、64个消雹点开展防雹、防霜、人工增雨工作。

1987年开始专业有偿气象服务,主要为全县各乡镇或相关企事业单位提供长、中、短期天气预报和气象资料,以旬报和周报为主。1992年12月开始使用气象警报器,服务单位通过预警接收机接收气象信息。

1991年继续开展人影防雹工作,建成防雹点5个。现有高炮防雹作业点3个,火箭人工增雨点6个。2001年配备了人工增雨火箭发射架,开始用火箭弹进行人工影响天气业务。2002年配备了皮卡汽车、车载火箭发射架,购置了GPS定位仪和移动通信设备。

1991年3月兴隆县安委会、公安局、物价局、保险公司、气象局联合行文,委托成立避雷检测中心(设在气象局),开始开展防雷检测工作。1993年开始介入防雷工程。兴隆县防雷中心于1998年5月成立(设在气象局),负责全县防雷安全管理工作,定期对液化气站、加油站、民爆仓库等高危行业和非煤矿山的防雷设施进行检测,对不符合防雷技术规范的单位,责令进行整改。

2000年《中华人民共和国气象法》开始实施,气象局成立行政执法队伍,有4人取得了行政执法证。

气象科普宣传 每年在"3·23"世界气象日、安全生产月期间、法制宣传日,组织科技宣传、普及防雷知识、气象科普进农村进校园活动。编发气象信息及防雷知识,发放到各乡镇及服务单位。

气象法规建设与社会管理

制度建设 2005年5月1日兴隆县气象局对原有的规章制度进行了补充、修改和完善,同时对省、市气象局的规范性文件进行整理,制订了《兴隆县气象局规章制度汇编》。主要内容包括干部职工休假、业务值班、会议制度、环境卫生制度、财务福利制度、法制建设、队伍建设等。

社会管理 认真贯彻落实《中华人民共和国气象法》和《河北省气象探测环境保护办法》,积极保护气象探测环境,严格执行《施放气球管理办法》和《防雷减灾管理办法》。

政务公开 对气象行政审批办事程序、气象服务内容、服务承诺、气象行政执法依据、服务收费依据及标准等,通过户外公示栏、电视广告、发放宣传单等方式向社会公开。干部任用、财务收支、目标考核、基础设施建设、工程招投标等内容则通过职工大会或公示栏公示等方式向职工公开,财务一般每半年公示一次,年底对全年收支、职工奖金福利发放、领导干部待遇、劳保、住房公积金等向职工做详细说明。干部任用、职工晋职、晋级等及时向职工公示或说明。

党建与气象文化建设

党建工作 1958年9月建站初期有党员3人。1980年有党员2人,编入兴隆县土地局党支部。1995年党员人数达到3人,成立兴隆县气象局党支部。截至2008年12月有党员8人(其中离退休职工党员2人)。

兴隆县气象局党支部严格执行"三会一课"制度,开展"党风廉政宣传月"活动;组织全体党员学习邓小平理论和"三个代表"重要思想,认真开展"讲学习、讲政治、讲正气"的教育活动,把社会主义荣辱观教育和学习贯彻党章结合起来,引导广大党员干部坚持党的宗旨,增强党的观念,发扬优良传统,牢记"八荣八耻",始终保持共产党员的先进性。

气象文化建设 近年来,随着精神文明创建工作的不断深入,兴隆县气象局文明创建阵地建设得到加强,开展文明创建规范化建设,改造观测场,装修业务值班室,统一制作局务公开栏、学习园地、法制宣传栏和监督台,投资建设了乒乓球室、羽毛球场地、卡拉OK室、图书阅览室等。积极参加县里组织的体育比赛,丰富职工的业余生活。每年在"3·23"世界气象日和"12·4"法制宣传日组织科技宣传,普及防雷知识,宣传气象法律法规。

荣誉 1978年10月兴隆县气象站站长马舜民参加全国气象系统先进工作者会议,受到党和国家领导人的接见并合影。1994年兴隆县气象局被中国气象局授予"汛期气象服务先进集体"称号,被兴隆县委、县政府授予"支持兴隆建设贡献突出单位"称号。被河北省气象局评为"优质服务,优良作风,优美环境"的三优单位。2003年5月被河北省气象局评为县三级强局单位。

参政议政 饶芳,1993—1998年任兴隆县第五届政协委员,承德市第十届人大代表。

台站建设

兴隆县气象局原站址位于县农场场地中央,由于农场每年都进行基建,于1974年在观测场的西侧20米处建了一个较大的仓库,另外观测场设在农场中央,四周又种植高秆作物。鉴于上述原因观测数据已完全失去代表性、准确性、比较性,经河北省气象局和承德地区气象局调研决定迁址,并于1977年5月底前全部完成了基建任务,新址办公用房总面积219.2平方米,于 7 月 1 日开始迁至新址进行观测发报。1996 年观测场加高,移植了适合本地气候的草皮。1997 年建成 1 座二层办公楼,总面积 238.7 平方米,水、电、通讯畅通,楼内设有办公室、会议室,办公区内做了合理规划,种植草皮和花卉,硬化路面,修建了假山和喷水池。

兴隆县气象局旧貌(1980 年)

兴隆县气象局新貌(2007 年)

承德县气象局

承德县位于河北省东北部,东邻平泉,南接宽城,西靠承德市和滦平县,西北界隆化县,东北、西南分别与内蒙古宁城县和北京密云县接壤,属冀北山地地貌。属于温带向暖温带过渡,半干旱向半湿润过渡,大陆性季风型燕山山地气候。

机构历史沿革

始建情况 1959 年 11 月 1 日建立承德市下板城区气象哨,位于下板城镇东窑村。

站址迁移情况 1965 年 1 月 1 日迁至下板城镇下板城村,位于原址西侧 487 米处,2007 年 1 月 1 日迁至下板城镇中磨村,位于原址西侧 600 米处,北纬 $40°46′$,东经 $118°09′$,海拔高度 269.2 米。

历史沿革 1960 年 6 月更名为承德县气象服务站。1962 年 7 月撤销,同年夏季全县遭受严重洪涝灾害,于 9 月恢复。1965 年 7 月 1 日更名为承德县气象站,1971 年 7 月更名为河北省承德县气象站,1991 年 9 月更名为承德县气象局。

1980 年被确定为国家一般气象站,2007 年 1 月 1 日—2008 年 12 月 31 日改为国家气象观测站二级站。

1975 年 5 月建 3 个气象分站,1976 年 1 月 1 日开始观测,1987 年 12 月 31 日撤销。

管理体制 1959 年 11 月 1 日建站,由下板城区人民委员会领导;1960 年 6 月由承德县农业局领导;1971 年 7 月由承德县人民武装部、承德县人民政府共同领导;1974 年由承德县人民政府、承德市气象局共同领导;1981 年 10 月起实行气象部门与地方政府双重领导,以气象部门领导为主的管理体制。

单位名称及主要负责人变更情况

单位名称	姓名	职务	任职时间
承德市下板城区气象哨	邵树清	负责人	1959.11—1960.06
			1960.06—1961.12
承德县气象服务站	马振飞	站长	1961.12—1962.07
			1962.09—1964.01
	韩云龙	站长	1964.01—1965.07
			1965.07—1967.07
承德县气象站	杨兆祥	负责人	1968.07—1970.07
	刘 汉	负责人	1970.07—1971.07
	庞裕民	站长	1971.07—1975.04
	王振邦	站长	1975.05—1978.07
河北省承德县气象站	庞裕民	站长	1978.07—1981.03
	韩云龙	站长	1981.03—1988.05
		副站长	1988.05—1988.12
	张国华(女)	站长	1989.01—1991.08
		局长	1991.09—1997.06
承德县气象局	刘桂琴(女)	负责人	1997.06—1998.04
	魏荣民(蒙古族)	局长	1998.04—

注:1962年7月气象站撤销,于同年9月恢复

人员状况 1959年建哨时有3人;1991年9月有职工13人;截至2008年底编制7人,实有在职职工12人(正式职工11人,聘用职工1人),其中:男9人,女3人;汉族9人,少数民族3人;大学本科以上4人,大专4人,中专以下4人;中级职称3人,初级职称7人,高级技工1人;30岁以下3人,31~40岁2人,41~50岁3人,51~60岁4人。

气象业务与服务

1. 气象观测

①地面气象观测

观测项目 云、能见度、天气现象、气压、气温、湿度、风向、风速、降水、日照、蒸发、地面温度、草温、雪深、冻土等。

观测时次 1959年11月1日起,观测时次采用地方时07、13、19时每天进行3次观测;1960年8月1日起,改为北京时每天进行08、14、20时3次观测。1972年6月1日—1973年10月31日曾增加02时观测,夜间守班。1973年11月1日起改为每日08、14、20时3次观测,夜间不守班。

发报种类 1964年1月1日开始担负定时区域绘图报、重要天气报、气象旬(月)报、雨情报和其他临时天气报告任务。每年5月20日—10月1日期间向河北省气象台发08、14、20时3次绘图报,其他时段发14时1次绘图报,2000年6月1日改为全年向河北省气象台发每日08、14、20时3次天气加密报。

电报传输 自建站至 1993 年 5 月气象电报通过邮电局转报,1993 年 5 月开始利用甚高频电话传递气象电报,1999 年 10 月起通过网络传输各种报文。2007 年自动气象站建成后,分钟数据每间隔 5 分钟、整点数据每小时 1 次向河北省气象台自动上传。

气象报表制作 自建站至 1993 年底,每月手工抄录 3 份地面气象观测记录月报表(气表-1)、年终手工抄录 4 份年报表(气表-21),用于向上级报送和本站留底。1971—1979 年曾制作气表-5(降水)、1975—1979 年曾制作气表-6(风向风速),气表-5、气表-6 于 1980 年并入气表-1。1994 年 1 月开始用微机制作打印报表,向承德市气象局报送数据磁盘,1999 年 10 月起数据文件实行网络传输。

自动气象站 2007 年 6 月安装 CAWS600SE 系列遥测 II 型自动气象站,2008 年 1 月 1 日起与人工观测双轨运行,实现气温、湿度、气压、风向、风速、降水、地温等气象要素的实时数据采集和上传,实现气象观测的自动化升级。

2005、2006 年分别在岔沟、头沟、三沟、下板城等乡镇建成 20 个 HYSR002 型两要素区域气象站。

②农业气象观测

自 1980 年开始农业气象观测,是河北省农业气象基本站;1982 年改为国家农业气象基本站。担负物候、土壤墒情测定及指令性农作物观测。

③物候观测

1981—1985 年有加拿大杨、车前等 18 个观测项目,1986—1995 年仅观测榆树、刺槐、马蔺,1996—1997 年停测,1998—2008 年观测加拿大杨、车前、家燕。

1985 年以后增加土壤墒情测定任务,1990 年开始制作固定地段土壤墒情报表。1980 年开始冬小麦观测,2000 年停测一年,2001—2006 年恢复冬小麦观测,2007 年取消冬小麦观测,增加水稻观测;1986 年开始玉米观测。向河北省、承德市气象局报送作物和自然物候等农业气象报表,编发农业气象旬、月报,逢 6 日发土壤墒情加密报。向各级领导和有关部门发布旬、月、季农业气象预报,提供土壤墒情、灾情和农业生产建议。

2. 气象信息网络

1999 年 10 月安装 X.28 异步拨号上网,2002 年更换为 X.25 分组数据交换网,2004 年 11 月更换为 2 兆 VPN 局域网专线用于气象数据传输、局域网建设和公文传输,2008 年升级为 4 兆,提高了传输速度。

1986 年 8 月配备 PC-1500 袖珍计算机,用于测报查算和编报。1999 年起配备微机编发报和打印报文。1986 年 7 月安装 ZSQ-1B 型传真机。1987 年 10 月配备单边带电台。1993 年 5 月安装甚高频电话。1996 年自购联想 386 计算机一台和天气预报电话自动答询系统 1 套。2000 年 6 月建成 PC-VSAT 卫星小站和 MICAPS 工作平台。

3. 天气预报预测

1963 年开始在收听天气形势、大台天气预报广播和应用本站观测资料制作单站气象要素时间剖面图、曲线图和要素综合点聚图基础上,运用统计预报方法(如洞卡)结合当地地理特点、天气变化规律制作当地补充天气预报。

1986 年 7 月利用 ZSQ-1B 型传真机接收北京和日本的气象传真图表,判断天气变化。1987 年 10 月利用单边带电台用于天气会商。1993 年 5 月起利用甚高频电话用于台站间天气会商和联防。1996 年 6 月利用微机接收承德市气象台的气象资料,气象传真机停用。2000 年 6 月起,使用亚洲 2 号卫星接收实时气象资料和收看全国天气气候会商。

2003 年起由承德市气象台制作分县预报,县气象局进行订正转发。

1964 年开始制作年展望、春播期、汛期、秋季等长期预报。主要运用数理统计、常规气象资料图表、特征指标、谚语、韵律关系等方法。2003 年起转发承德市气象台长期预报进行服务。

4. 气象服务

公众气象服务　1964 年开始对外广播发布 24～72 小时天气预报,发布旬、月、季、年等中长期天气预报。

1986 年 6 月购置 QJP-83 型气象警报发射机 1 台,接收机 19 部,安装到县防汛指挥部、县农办等用户,每天 11、16 时进行天气预报广播。

从 20 世纪 60 年代中期至 90 年代末,通过广播电台播送天气预报。2001 年 5 月购置电视天气预报节目制作设备,将自制节目送县电视台播出。2005 年 6 月购置模拟主持人电视天气预报节目制作设备,增加地质灾害、火险等级和人体舒适度预报。

1996 年正式开通"121"天气预报电话自动答询系统。2004 年 4 月全市"121"答询电话实行集约经营,主服务器由承德市气象局建设维护。2005 年 1 月"121"电话升位为"12121"。

1980 年 12 月完成承德县农业气候区划,编写了《承德县农业气候手册》。2003 年 8 月完成承德县细网格农业气候区划。2007 年组织编写了《承德县气象服务手册》。

1998 年开始每月编辑一期《承德县气象》简报,刊登中期预报、气象知识、作物生育状况、农业生产建议和气象法规等内容。

决策气象服务　为气象服务的需要,1975 年建起 3 个气象分站,同时在头沟、三沟等区建起 7 个气象哨,开展地面气象观测、土壤墒情测定。2006 年建成覆盖全县的区域气象站网,为做好防汛抗旱、防灾减灾等服务奠定了基础。

2008 年制订了《承德县气象局决策气象服务周年方案》,依托承德市气象台指导预报,重点做好雷电、暴雨等灾害性天气的监测、预警,为当地政府防汛、抗旱、防火等提供气象服务。决策气象服务产品有:重要天气报告、灾害天气警报、各种气象灾害预警信息。

1987—1999 年为林业飞播造林提供现场服务。1994 年 7 月 13 日、2005 年 8 月 12 日大暴雨预报服务及时,县委、县政府提前采取措施,将灾害损失降到最低。为 1991 年 9 月 25 日承德县第二届苹果节,2006—2007 年滦河、老牛河水力发电、橡胶坝工程,2006 年乾隆醉酒业有限公司建厂 50 周年庆典等重大活动提供气象服务受到好评。

专业与专项气象服务　在做好公益服务的前提下,于 1984 年开始为全县各乡镇及相关企事业单位提供中、长期天气预报和气象资料等专业气象有偿服务,涉及工业、农业、电力、基建、粮食等行业。

1976—1980 年开展人工影响局部天气试验,建有火器制造厂,主要生产人工消雹炮弹,全县装备土炮 500 余门,"三七"高射炮 2 门,进行人工消雹作业。2000 年 7 月成立承德县人工影响天气办公室,配备 WR-98 型增雨防雹火箭发射架,2001 年 7 月配备皮卡车 1 辆用于人工增雨作业。2008 年参加了第 29 届北京奥运会开、闭幕式人工消(减)雨气象保障服务。

1992 年 4 月成立承德县避雷装置检测站,防雷减灾服务工作起步。1997 年 10 月成立承德县防雷中心,负责全县防雷装置设计审核、竣工验收和科普宣传、雷灾事故鉴定等工作。每年定期对防雷设施进行检测。

1998 年 6 月增加气球、彩虹门服务项目。

气象科普宣传　1999 年起开展"3·23"世界气象日、"安全生产月"等科普宣传活动,宣传气象法律法规,普及气象知识。

气象法规建设与社会管理

社会管理　2005 年 3 月承德县政府下发《承德县人民政府落实省政府办公厅关于进一步加强气象工作通知的意见》,对地方气象事业发展、保护气象探测环境、搞好防雷安全工作等提出实施意见。

2005 年承德县气象局纳入承德县安全生产委员会成员单位。2005 年 12 月依据《中华人民共和国气象法》、《防雷减灾管理办法》等,将防雷工程设计审核、竣工验收纳入气象行政管理范围,使防雷工作向规范化和法制化方向发展。

制度建设　2003 年起逐步加强惩防体系和相关制度建设。一是加强对干部的监督,确保党的路线、方针、政策和上级的决定、决议不折不扣地贯彻执行。二是加强机关作风和效能建设,维护单位正常工作秩序,改进工作作风,增强服务意识,提高办事效率和工作质量,加强公务用车管理,规范公务接待行为,修订下发了《承德县气象局机关工作规章制度》。三是加强财务管理,充分发挥资金效益,确保资金安全,制定下发了《承德县气象局财务管理制度》。

政务公开　2001 年制订《政务公开实施方案》和《关于全面推行局务公开制度的实施细则》。对外公开内容:单位工作职责、机构设置,行政许可审批事项,办理程序,社会服务收费项目、标准及依据,职业道德规范、服务承诺、执法依据、监督举报电话、投诉的途径和方法等,以展板形式进行公示。对内公开主要是将单位发展规划、年度工作计划、评优评先条件、干部职工年度考核、目标责任制实施等情况,以文件或会议形式通报或在公开栏中公布。财务收支情况每季度公示一次。

党建与气象文化建设

党建工作　1978 年以前有党员 2 名,编入县农业局党支部,1979 年成立了党支部,有党员 3 人。后因党员不足 3 人,1997 年 4 月编入承德县林业局党支部。1998 年 4 月恢复气象局党支部,截至 2008 年底有党员 5 人。

1984 年、1998 年韩云龙、魏荣民分别被县直机关党委评为模范党员和优秀党员。

认真落实党风廉政建设目标责任制,积极开展廉政教育和廉政文化建设活动,按时召开领导班子民主生活会,先后开展了"三个代表"、"党员先进性"、"社会主义荣辱观"等教育活动,增强了党支部的凝聚力和战斗力。

气象文化建设　承德县气象局把领导班子建设和职工队伍的思想建设作为文明创建的重要载体,通过开展政治理论、法律法规学习,造就了积极向上、爱岗敬业的干部队伍。先后有多名职工参加本、专科函授学习。1999年首创农气"百班无错情"3个,2001年首创地面测报"百班无错情"3个,2008年首创承德市气象系统农气"250班无错情"2个。

1996年开始文明单位创建工作,1996—2007年连续被承德县委、县政府评为县级"文明单位"。

以文明创建为契机,促进宣传阵地建设。在办公楼走廊、会议室统一制作宣传展板,内容涵盖了党风廉政建设、气象业务、行政许可项目、审批流程、行业文化等内容,2007年建起图书室、荣誉室、文体活动室,营造浓厚的文化氛围。

集体荣誉　1976、1977年连续被省、地、县评为先进单位。1980年农气组被河北省气象局评为采集样本第二名。

个人荣誉　1978年韩云龙出席全国气象系统"双先"代表大会。1980年姚淑敏被省、地、县评为"三八"红旗手。

参政议政　魏荣民2007年被选为政协承德县第八届委员会委员。

台站建设

台站综合改造　1964年有80平方米砖木结构两层办公楼,1976年建4间平房73平方米,1980年建8间平房148平方米。

1999年9月建2043平方米综合楼1栋,一层为办公用房204.3平方米,其余为职工住宅,大部分职工住上108平方米楼房。2002年投资7万余元硬化了院落地面,绿化、美化了局内环境。2004年被承德市评为市级园林式单位。

2006年实施了迁址项目,新址占地面积5530平方米,新建办公楼558平方米,附属用房60平方米。2006年12月31日正式迁入新址,2007年购置了办公用品和微机、打印机、摄像监控等现代化设备。2007—2008年投资5万余元进行了绿化改造,种植草坪4000余平方米,栽种了风景树、果树、花卉,使局机关变成了园林式单位。

承德县气象局办公用房和观测场(1984年)

承德县气象局综合楼和观测场(2003年)

承德县气象局现观测场（2007 年）

承德县气象局现办公楼（2008 年）

宽城满族自治县气象局

宽城原名宽城河,因地处宽河(今称瀑河)而得名。宽城满族自治县位于河北省东北部,承德市东南部,西邻兴隆县,北与平泉县和承德县相连,东与辽宁省凌源县接壤,南面隔长城与秦皇岛市和唐山市交界。属暖温带、半湿润、半干旱、大陆性季风型的山地、丘陵气候。

机构历史沿革

始建情况　1965 年 1 月 1 日宽城县气象服务站成立,站址位于北纬 40°36′,东经 118°29′,观测场海拔高度 303.7 米。

站址迁移情况　1993 年 5 月整修观测场,在原址的基础上同时向东、南各移 5 米,垫高 1 米,海拔高度 304.7 米。

历史沿革　1971 年 7 月 1 日更名为宽城县气象站。1989 年 6 月 29 日随宽城满族自治县的成立,宽城县气象站更名为宽城满族自治县气象站。1992 年 12 月更名为宽城满族自治县气象局。

1965 年 1 月 1 日为省一般站,1988 年 1 月 1 日改为辅助站,1989 年 1 月 1 日改为国家一般站,2007 年 1 月 1 日改为国家气象观测站二级站。

1980 年建立汤道河分站,1981 年 1 月 1 日开展工作,1983 年 5 月撤销。

管理体制　1965 年 1 月—1967 年隶属于河北省气象局;1967—1971 年由宽城县农业局代管;1971 年 6 月—1973 年 12 月由宽城县人民武装部领导;1974 年 1 月—1979 年 12 月由宽城县生产指挥部、农业局领导;1979—1981 年由承德地区气象局和宽城县人民政府双重领导;1981 起实行气象部门与地方政府双重领导,以气象部门领导为主的管理体制。

机构设置　宽城满族自治县气象局下设 4 个股室:即观测股、预报服务股、防雷中心、人工影响天气办公室。

单位名称及主要负责人变更情况

单位名称	姓名	职务	任职时间
宽城县气象服务站	吴光前	站长	1965.01—1971.05
	潘详清	站长	1971.06
			1971.07—1973.12
宽城县气象站	郭振龙	站长	1974.01—1976.02
	周晓清	站长	1976.03—1977.09
	唐广祥	站长	1977.10—1981.06
	王洪兴	站长	1981.07—1984.06
	姜国勃	站长	1984.07—1984.12
	魏荣民	站长	1985.01—1986.09
	王玉明	站长	1986.10—1988.03
宽城满族自治县气象站	唐广祥	站长	1988.04—1989.06
		站长	1989.07—1992.12
		局长	1992.12—1998.03
宽城满族自治县气象局	赵占宇	局长	1998.05—1999.09
	陈国兴	局长	1999.10—2003.05
	张曙光（满族）	局长	2003.06—

人员状况　1965 年建站时有职工 3 人；1970 年有职工 7 人；1980 年有职工 11 人；1990 年有职工 6 人；2000 年有职工 7 人。截至 2008 年底有在职职工 9 人，其中：男 4 人，女 5 人；汉族 2 人，少数民族 7 人；大学本科以上 4 人，大专 1 人，中专以下 4 人；中级职称 2 人，初级职称 6 人；30 岁以下 2 人，31～40 岁 4 人，41～50 岁 2 人，50 岁以上 1 人。

气象业务与服务

宽城满族自治县气象局是国家一般站，主要承担地面气象观测任务，每天向河北省气象台传输 3 次定时天气加密报，制作气象月报和年报报表；预报服务股在承德市气象台的指导下进行每天的天气预报、重要天气报告、专题气象报告、每日 2 次"12121"天气预报和气象服务工作；防雷中心主要进行防雷检测及防雷减灾的社会管理；人工影响天气办公室主要实施人工影响天气作业，包括防雹、增雨等。

1. 气象业务

①地面气象观测
观测项目　宽城满族自治县气象局观测业务包括人工观测和自动站观测。人工观测项目有风向、风速、气温、气压、湿度、云、能见度、天气现象、降水、日照、小型蒸发、地面温度、浅层地温 5～20 厘米、冻土、积雪、雪深等。自动站观测项目有风向、风速、气温、气压、湿度、降水、地面温度、浅层地温（5～20 厘米）、深层地温（40～320 厘米）、草温。

观测时次　每天进行 08、14、20 时的人工地面观测（其中 1972 年 6 月 1 日—1973 年 7 月 31 日由 3 次观测改为 4 次观测，夜间守班）。每天在 08、14、20 时按规定的种类和电码及数据格式编发天气加密报、重要天气报。6—8 月加发 06—06 时加密雨量报。按统一的格式和规定统计整理观测记录,进行记录质量检查。按时形成并传送观测数据文件和月报表、年报表数据文件。

发报种类 天气加密报的内容有云、能见度、天气现象、海平面气压、气压变量、气温、露点、风向、风速、降水、雪深等。重要天气报的内容有定时降水量、暴雨、特大暴雨、大风、雨淞、积雪、冰雹、龙卷风、初终霜及视程障碍现象等。气象旬月报的内容有气温、降水、日照、最大积雪深度及大风日数。每年的 3—6 月、9—11 月增发土壤墒情组。

电报传输 1965 年建站起每天 3 次地面绘图报,通过地方电信局以电报形式分别传至承德地区气象台和石家庄地区气象台。1995 年 1 月开始使用网络传输报文。2002 年 12 月通过 X.25 分组数据交换网,传输数据、建局域网和传输公文;2004 年 11 月安装使用 2 兆-VPN 局域网专线,代替 X.25 数据交换网。

气象报表制作 制作气象月报、年报,1973 年 4 月—1979 年 10 月制作气表-5,1973 年—1979 年 12 月制作气表-6,其中 1988 年 1 月 1 日—12 月 31 日改为辅助站期间不上报,其他时间一律每月一式 2 份,上报承德市气象局 1 份,本站留底 1 份。从 1995 年 1 月开始使用微机打印气象报表,并保存资料档案。

自动气象站 2007 年建成 DYYZ-Ⅱ型自动气象站,于 2008 年 1 月 1 日投入业务运行。自动站观测项目包括气温、湿度、气压、风向、风速、降水、地面温度、草面温度,现在以自动站资料为准发报,自动站采集的资料与人工观测资料存于计算机中互为备份。

2005 年 6 月建成区域自动雨量站 4 个,2006 年又增建 8 个,对 12 个乡镇实现了雨量实时监测。

②气象信息网络

1986 年安装 QJP-83 型气象警报发射机 1 台,接收机 6 部,配备了 PC-1500 袖珍计算机取代人工查算编报。1987 年配备了单边带电台用于天气会商,同年又购置了联想电脑 1 台用于天气预报自动答询系统,开通模拟信号"121"天气预报自动答询系统。1999 年安装使用 X.28 分组数据交换网,用于测报传输数据。2002 年安装使用 X.25 分组数据交换网,代替了 X.28 组数据交换网。2003 年购置 2 台联想微机用于业务。2004 年购置传真机 2 部、激光打印机 1 台和卫星定位系统(GPS)1 个。2005 年购置电脑笔记本和联想电脑各 1 台。2006 年购置 1 套电视天气预报制作设备,用于天气预报制作。2007 年购置 3 台空调、2 台联想微机。2008 年购置联想微机 1 台、摄像机 1 个、监控器 1 套。

③天气预报预测

1965 年建站时每天 2 次以板报形式发布天气预报;1971 年以广播形式发布天气预报;1984 年 1 月开始使用传真机接收各种天气图,主要接收北京气象中心的气象传真和日本气象厅的传真图表,分析判断天气变化,预报天气。1985 年 7 月,使用甚高频电话,与承德地区气象台会商天气;1996 年 6 月无线数据接收机开通,利用微机接收承德市气象台的气象资料,气象传真机停用。

2. 气象服务

①公众气象服务

1996 年 6 月宽城满族自治县气象局同电信局合作正式开通"121"天气预报自动答询

系统。2004 年 4 月根据承德市气象局的要求,全市"121"答询电话实行集约经营,主服务器由承德市气象局建设维护。2005 年 1 月"121"电话升位为"12121"。2004 年 1 月 1 日宽城满族自治县气象局与广播电视局协商同意在电视台播放宽城天气预报,天气预报信息由气象局提供,电视节目由电视台制作,预报信息通过电话传真传输至广播电视局,每天在宽城新闻节目之后播出 2 次。2005 年 9 月天气预报由气象局制作。

②决策气象服务

为政府决策气象服务提供重要依据,在重要天气过程前,提供短期预报,预警报告,并且准确、及时的报送政府、县委以及相关单位做好防灾减灾准备工作。在重要天气过程中,密切监视天气变化,例如:在降水过程较强时 24 小时监测降水量,施行监视区域内,乡镇降水量每增加 10 毫米,通过手机短信方式向相关领导报告雨情,为政府防汛决策提供重要依据。在每一次天气过程后,向县委、县政府及防汛相关单位报送天气公报,报告内容包括此次过程全部乡镇降水量,未来天气变化等。2007 年为了更及时准确地为县、镇、村领导服务,通过移动通信网络开通了气象商务短信平台,以手机短信方式向全县各级领导发送气象信息。

③专业与专项气象服务

人工影响天气 1974 年开展人工防霜、消雹工作,设立了化皮、亮甲台、汤道河、龙须门防雹炮点 4 个。宽城县革命委员会成立人工控制局部天气办公室,由宽城县革委会副主任主管,办公室设在气象站,抓住有利的天气形势开展人工影响天气作业。2000 年 7 月成立宽城县人民政府人工影响天气办公室,常务副县长任指挥长,主管农业副县长任副指挥长,办公室设在气象局,办公室主任由气象局局长兼任,使用 WR-98 型火箭开展人工增雨作业。2000 年 7 月 27 日与宽城满族自治县水利局进行了第一次人工增雨作业。2001 年 7 月购置皮卡(人工增雨专用车)1 辆;同年宽城县政府出资又购买了 2 部火箭发射架和火箭弹,并多次进行增雨作业。人工增雨工作已成为气象局的一项常规业务。

防雷技术服务 防雷减灾工作从 1991 年开始,成立了避雷装置检测站,对县境内的所有防雷设施进行安全检测。1997 年宽城满族自治县机构编制委员会批复成立宽城满族自治县防雷中心,挂靠气象局,与气象局一个单位、两块牌子,中心主任由气象局局长兼任。防雷中心现有 5 人,其中工程师 1 人,助理工程师 3 人,技工 1 人。

科学管理与气象文化建设

社会管理 2000 年宽城满族自治县气象局被列为县安全生产委员会成员单位,负责全县防雷安全的管理,定期对液化气站、加油站、烟花爆竹及弹药仓库等高危行业和非煤矿山、建筑业等行业的防雷设施进行检查,对不符合防雷技术规范的单位,责令定期整改。履行防雷社会管理职责和行政执法工作,将防雷工程从设计审核、施工阶段检测到竣工验收,全部纳入气象行政管理范围。

政务公开 2002 年起对气象行政审批办事程序、气象服务、气象行政执法依据、服务收费依据及标准等内容向社会公开。对各股室的目标责任、各项规章制度、局务工作、财务状况及管理等工作进行局内公开,上墙张榜公布。

党建工作 建站初期有党员 1 名,编入农业局党支部。1993 年 4 月有党员 3 名,成立气象局党支部。2003 年有党员 4 名。截至 2008 年底有党员 4 名。

荣誉 1994 年被宽城满族自治县县委、县政府评为县级"文明单位";1997 年被宽城满族自治县总工会评为优秀之家;2004 年被承德市气象局评为落实地方气象事业项目优胜单位;2005—2008 年连续 4 年被宽城满族自治县县委、县政府评为优秀领导班子。

台站建设

1965 年建站时有平房 70 平方米,砖木结构,设有观测值班室、办公室、宿舍、厨房等。1975 年新建平房 70 平方米(6 间),补充业务用房。1976 年唐山大地震,对房屋造成很大损坏,对所有房屋进行了整修。1979 年建造气象家属住房 160 平方米(8 间)。1997 年与宽城满族自治县科技局合建办公、住宅综合楼,办公建筑面积为 208 平方米。

宽城县气象站旧貌(1975 年)

宽城满族自治县气象局现貌(2008 年)

张家口市气象台站概况

气象工作基本情况

张家口市位于河北省西北部,华北平原与蒙古高原的过渡地带,东经 113°50′~ 116°30′,北纬 39°30′~42°10′。张家口市辖 7 区、13 县,全市总面积约 3.7 万平方千米。阴山山脉横贯中部,将全市分为坝上、坝下两个自然区。坝上面积 1.35 万平方千米,属蒙古高原南端典型的波状高原,海拔高度在 1400~1600 米,地势宽阔平坦;坝下面积 2.35 万平方千米,河川、丘陵、山区相间分布。境内桑干河、洋河、白河、黑河注入密云、官厅两大水库,是北京重要的水源地;南部蔚县境内的小五台山主峰高达 2882 米,是河北省最高山峰;中部桑干河和洋河形成狭窄的河谷盆地,海拔只有 500~800 米。其气候类型为东亚大陆性季风气候,属中温带亚干旱区。

所辖台站概况 张家口市气象局下辖 13 个县气象局和市气象台,包括 14 个地面观测站(其中,2008 年底前建成 12 个自动气象站),3 个农气观测站,1 个探空雷达站,1 个天气雷达站,1 个大气成分观测站(含酸雨、沙尘暴),1 个风廓线雷达站,1 个 GPS 水汽监测站,2 个闪电定位监测站。

历史沿革 民国八年(公元 1919 年)5 月,京绥铁路工程处在直隶省口北道万全县(现张家口市察哈尔烈士陵园附近),开始了连续 17 年的降水观测,是张家口市气象系统现存的最早降水资料。民国二十六年(公元 1937 年)1 月,建成察哈尔张家口(万全)测候所,站址与上述雨量观测地址位置相同,开始了气候观测,同年 7 月 1 日起记录中断。民国二十八年(公元 1939 年)1 月,伪蒙疆联合自治政府统治期间,重新开始了气候观测(测点在前述站址以东附近),持续观测 6 年,现仅存该时期气温记录。民国三十六年(公元 1947 年)4 月,在张家口市和平公园建张家口测候所,公元 1948 年 2 月改称张家口气象站。民国三十七年(公元 1948 年)12 月张家口第二次解放,中国人民解放军空军察绥航空站,接管了设在张家口市和平公园(1949 年 3 月改称张家口市人民公园)内的张家口气象站,成为市人民政权下的第一个气象站。新中国成立后,气象事业得到快速发展,1954 年蔚县、怀来,1956 年张北先后建起气象站,到 1965 年沽源、康保、尚义、崇礼、赤城、怀安、涿鹿、宣化、阳原、万全陆续建起气象站,并开始了气象观测,形成较为完善的张家口地区气象台站监测网。

新中国成立前气候测站沿革表(1)

测站名称	持续时间	归属部门
京绥铁路工程处观测站	1919.05—1936.12	铁路系统
察哈尔省张家口(万全)测候所	1937.01—1937.06	国民党政府
伪蒙疆联合自治政府时期观测	1939.01—1943.12	日伪政府
张家口测候所	1947.04—1948.11	国民党政府
张家口气象站	1948.12—1949.09	中国人民解放军
崇礼县天主教堂观测站	1948年(西湾子解放前)	天主教设立(资料已散失)
沙岭子农业试验观测站	日伪统治时期	日伪政权农业科研系统(资料已散失)

新中国成立后气象观测站隶属沿革表(2)

持续时间	归属部门
1949.10—1953.12	中国人民解放军空军察绥航空站建制
1954.01—1955.07	中国人民解放军2536部队2支队管辖
1955.08—1958.12	河北省气象局
1959.01—1960.12	张家口市直单位(由林业局代管)
1961.01—1963.04	张家口地区行政公署
1963.05—1969.08	河北省气象局,同时受张家口专署行政领导
1969.09—1975.08	张家口地区革命委员会
1975.09—1981.06	张家口行政公署
1981.07—	河北省气象局,气象部门与地方政府双重领导,以气象部门领导为主的管理体制

人员状况 全市气象部门1948年只有3人,到1970年增加到101人,1980年达到247人,1990年有233人,截至2008年底有207人。大专以上学历142人,其中本科以上71人,研究生6人(含在读)。中级以上职称87人,其中高级职称9人(含资格)。有1人被河北省委、省政府授予省拔尖人才,享受国务院专家津贴;有2人被张家口市委、市政府授予优秀人才,享受市政府优秀人才津贴。少数民族12人,其中满族4人、蒙古族4人、回族3人、俄罗斯族1人;50岁以上45人,40~50岁66人,36~40岁27人,35岁以下69人。

党建与精神文明建设 截至2008年底,全市气象部门有党支部13个,党总支1个。党员人数149人(含离退休43人)。1996年张家口市气象局被张家口市委、市政府评为"文明单位";1998年所辖13个县气象局被张家口市各县评为"文明单位";2004年康保县气象局、宣化县气象局被市委、市政府评为市级"文明单位";2006年万全县、怀安县、怀来县、沽源县及尚义县气象局被市委、市政府评为市级"文明单位";2008年赤城县、蔚县、崇礼县、涿鹿县和阳原县气象局被市委、市政府评为市级"文明单位"。

1996年张家口市气象局被评为市级"文明单位"以来,曾于2006年和2008年先后两次被张家口市精神文明委员会推荐为省级精神"文明单位",并且在《张家口日报》进行了公示,因名额限制到2008年底一直保持市级"文明单位"称号。

人物简介 ★于生今,男(1933—1961年),北京市平谷县人。1958年北京气象学校大专班毕业,1960年到张家口地区气象台任预报员。1961年天遇大旱,商都县委、县政府要求地区协助开展人工降雨以解除旱情。地区气象台组织流动台配合行动,于生今同志被委派为该流动台预报员,并曾于行前提出过当时的科技水平尚无法解决人工降雨问题的意见,未被采纳,即服从领导决定,深入商都县气象站开展工作。在采用土火箭人工降雨的过程中,于 7 月 10 日因火药爆炸,造成严重烧伤,经抢救无效而牺牲。经中共张家口地委批准,授予革命烈士称号。

★余根实,男,1929 年生,福建省古田县人,曾任张家口地区气象台副台长,预报工程师,中共党员。因忠于职守,不畏艰难,踏实工作,在平凡的工作岗位上做出不平凡的业绩。于 1982 年经河北省人民政府批准,授予劳动模范称号,发给了劳动模范证书。

★钱文斐,女,1938 年生,上海市人,曾任怀来县气象局测报员、张家口地区气象局业务管理人员,助理工程师。因忠于职守,不畏艰难,踏实工作,在平凡的工作岗位上做出不平凡的业绩。于 1986 年 5 月经河北省人民政府批准,授予劳动模范称号,颁发劳动模范奖章和证书。1999 年 11 月 23 日因病去世。

主要业务范围

地面气象观测 张家口气象观测始于 1919 年,因各种专项需要和政府更迭,观测断断续续,直到 1947 年 4 月张家口测候所建立后,才开始了较系统的气象观测、有了完整的气象记录。

截至 2008 年底,全市共有地面气象观测站 14 个,其中 1 个国家基准气候站,3 个国家基本气象站,10 个国家一般气象观测站。常规自动气象站(七要素以上)14 个,区域自动气象站 232 个,均为两要素气象站。

国家一般气象观测站承担全国统一观测任务,内容包括云、能见度、天气现象、气压、气温、湿度、风向、向速、降水、雪深、日照、蒸发(小型)和地温(距地面 0、5、10、15、20 厘米),每天进行 08、14、20 时 3 次定时观测,向省气象台拍发省区域天气加密报。

蔚县、张北气象站除一般站观测项目外,增加电线积冰厚度与重量观测。张北、张家口、蔚县、怀来气象站增加 E-601 大型蒸发观测。张北站每天逐小时定时观测,并拍发天气电报。张家口、蔚县、怀来 3 个国家基本气象站每天进行 02、08、14、20 时(北京时)4 次定时观测,并拍发天气电报;进行 05、11、17、23 时补充定时观测,拍发补充天气报告。张家口、张北气象站有 40、80、160、320 厘米直管地温观测。张家口、怀来气象站是全球气象情报交换站。蔚县、张北为亚洲区域气象情报资料交换站。全市有蔚县、怀来、张北、赤城 4 个站承担航空危险天气发报任务。

2002 年开始建设地面自动观测站,改变地面气象要素人工观测的历史,实现地面气压、气温、湿度、风向、风速、降水、地温(包括地表、浅层和深层)自动记录。到 2008 年底,除宣化外,其他县均改造成自动气象站。2004—2008 年全市分三批先后建成 232 个降水、气温两要素区域自动气象站。

农业气象观测 全市农业气象观测始于 1956 年 4 月。全市有农业气象观测站 3 个,其中一级观测站 2 个,二级观测站 1 个。测墒点 14 个。全市农气站主要观测作物(如玉米、黍子、谷子、马铃薯等),同时进行物候观测(杨树、大杏扁、蒲公英、大雁等)。观测内容和方法主要执行国家气象局编写的《农业气象观测规范》。

天气预报 1958 年 5 月 25 日张家口气象站扩建为张家口民航气象台。建台后开始了天气预报服务工作,是张家口市天气预报服务工作的开端。1959 年 2 月,中央气象局在云南省昆明召开"补充天气预报"工作会议,推广了云南省镇雄县气象站天气预报方法,即从当地生产需要出发,在收听气象台天气形势预报的基础上,结合本地气象资料和天物象反映以及当地地理条件影响,进行补充订正,做出当地的天气预报。自此张家口各县气象站打破了只搞测报、不做天气预报的旧观念,开创了县站进行天气预报服务新局面。天气预报是气象业务中心和服务主要手段,张家口地区开展的内容主要有:年、季、月、旬的长期预报,3 天以上 10 天以内的中期预报,3 天以内的短期预报和 6 小时以内的短时预报。20 世纪 50 年代主要依据天气图预报方法;60 到 70 年代中期县站预报兴起,主要依据单站资料和群众经验,由于"左"的思想影响,一度强调了以"群"为主,以"小"为主,以"土"为主,而削弱了天气图预报方法。80 年代以来传真机、甚高频电话的配备,促进地、县两级气象台站预报依据进一步客观化,为提高预报准确率创造了条件。90 年代计算机在预报中普遍应用,调取中央、省、市气象部门的信息,天气图、数值预报图、云图、雷达图等多种资料就更加便捷,从而使县站预报工作更进一步走向科学化、客观化,预报准确率又有了一定的提高。进入 21 世纪后气象部门进行规模较大的体制改革,将县一级预报改为订正预报,减少了重复劳动。天气预报方面,通过卫星单收站的建成以及多方面微机设备的应用,增强了天气信息多渠道的获取以及针对性和及时性,为提高天气预报质量提供了有力支持。天气预报也由单一的公众服务方式,发展到公众、决策、专项服务全方位的综合服务体系,覆盖社会经济生活各个领域。发布方式也由最早单一的电台,发展为目前的电台、电视、报纸、网站、电话自动答询、手机短信等多种渠道。

人工影响天气 人工影响天气工作始于 1961 年 7 月,当时为贯彻中央气象局 1958 年 9 月提出的《关于开展人工控制局部天气试验研究工作的指示》精神,为探索人工控制局部天气的可能性,以解决张家口地区"十年九旱"的问题,张家口市气象服务台派出流动气象台和专业技术人员,协助商都县气象站(后划归内蒙古管辖)开展土火箭人工降雨的试验研究,后因火药爆炸造成人员伤亡事故试验终止。1974 年张家口地区革命委员会决定成立人工防雹指挥部,在全区部署开展土火箭防雹作业。同时,引进了"三七"高炮,设置 39 个高炮防雹试验点,是张家口市大规模开展人工防雹的开端。1975 年 6 月出现全区范围的严重干旱,地区气象局在地革委的大力支持下,与省人工降雨办公室联系,同意派飞机进行播撒尿素的人工降雨作业,但因飞机到张家口后,适宜作业的天气系统已过,故未能作业,但这是张家口市飞机增雨作业的开端。1982 年 7 月 14 日张家口地区大部分县发生重雹灾,地区行署决定在全区进一步配备"三七"防雹高炮,8 月落实 56 门,加上原来 44 门,达到 100 门,形成国内规模最大的"三七"高炮防雹网。由于高炮防雹与空军和民航安全关系密切,常因空域受控不能开展防雹作业而受灾,且作业成本较高,非经济作物粮食高产区均感经济负担过重,而难以普遍推行这种方法。截至 2008 年底有"三七"高炮 60 门,主要集中在高经济作物区。火箭增雨始于 2000 年,当年市政府出资 60 万元配备 4 部车载式人工增雨火箭装备,布设在市区,由张家口市气象局统一调度作业。2002 年各级政府投入资金,每个县气象局购置了 1 台人工影响天气车载式移动火箭发射装置。截至 2008 年底全市共有火箭作业车辆 21 部,火箭发射架 28 套,从事专业作业人员 56 名。人工增雨是一项科学性强、作业要求精度高的综合性科学,为了提高科学作业效率,市财政投入专项资金,建立了张家口市人工影响天气指挥中心,建成了张家口市人工增雨 GPS 指挥调度系统。使张家口市人工增雨工作逐步向科学化、规范化迈进,步入了一个健康持续发展的阶段。技术已由过去的单一依靠人工观测云层、采用"三七"高炮发射碘化银炮弹作业,发展到利用气象卫星、多普勒天气雷达等先进探测手段,形成与车载式火箭、"三七"高炮作业相结合的新局面。2003 年以来张家口成功实施人工增雨作业,为农业连年丰收、生态环境改善做出重要贡献,2008 年成功实施了北京奥运会人工消减雨作业。

气象法规建设　张家口市气象局从 2000 年开始加强法制建设,成立了法制科(与办公室合署办公),各县气象局也相应成立了法制机构。到 2008 年底全市具有气象行政执法资格人员达到 30 人。同时加强规章制度建设,推进了气象执法力度。2008 年张家口市政府下发了《关于进一步加强气象探测环境和设施保护工作的通知》(张政办发〔2008〕46 号)和《关于加强全市高炮防雹作业安全管理的紧急通知》(张政办传〔2008〕76 号)。

探测环境保护　张家口市气象局历来重视气象探测环境保护工作,特别是随着地方经济发展,城市化加剧,给气象探测环境保护带来更大困难。从 2008 年开始各县气象局、市气象台与省气象局签订探测环境保护责任状。同时制作了《保护气象探测环境公告牌》,并将公告牌内容在当地建设规划部门备案。在地方政府支持下,联合有关部门制止或拆除了多起影响气象探测环境的建筑物。避免了对探测环境有严重影响的事件发生。

张家口市气象局

机构历史沿革

始建情况　1947 年 4 月建立张家口测候所,地址在张家口市和平公园内,北纬 $40°53'$,东经 $115°08'$,观测场海拔高度 784.4 米。1948 年 12 月张家口第二次解放后改名为张家口气象站,成为张家口市人民政权下的第一个气象站。

站址迁移情况　1947 年 4 月建站,位于张家口市长青路和平公园;1951 年 1 月 1 日迁至张家口市姚家庄村;1966 年 1 月 1 日迁至张家口市桥东区盛华东大街 2 号,东经 $114°53'$,北纬 $40°47'$,海拔高度 725.3 米。

历史沿革　1954 年 1 月张家口站更名为第六航空学校气象站。1955 年 7 月又改为 2536 部队 2 支队气象站。根据 1953 年 8 月 1 日军委主席毛泽东和政务院总理周恩来联合签署的命令,气象台站由军队建制移交政府建制的要求,随后又恢复张家口气象站名称。1958 年 5 月成立张家口民航气象台和张家口专区气象台。由于张家口航空干部训练班的迁移,没有航干班的训练任务,气象台的民航名称停止,改称张家口专区气象台。1959 年 9 月张家口地、市合并,张家口专区气象台改称张家口市气象台。1961 年 9 月张家口地、市分家,又划归张家口地区行政公署领导,改为张家口地区气象服务台。1963 年 5 月在原气象台基础上,建立了河北省张家口专区气象局,属河北省气象局建制。1969 年 9 月恢复张家口地区气象台。1975 年 6 月恢复局级建制,张家口地区气象台改称张家口地区气象局。1981 年 7 月河北省气象局接管了领导权限,改名河北省张家口地区气象局。1993 年 6 月张家口地、市合并,更名为张家口市气象局。

管理体制　1949 年 10 月中华人民共和国成立后张家口气象站属中国人民解放军空军察绥航空站建制。1954 年 1 月张家口站更名为第六航空学校气象站,属中国人民解放军第六航空学校二支队。1955 年 7 月又改为 2536 部队 2 支队气象站,属中国人民解放军 2536 部队 2 支队管辖。同月根据 1953 年 8 月 1 日军委主席毛泽东和政务院总理周恩来联合签署的命令,气象台站由军队建制移交政府建制的要求,恢复张家口气象站名称,行政受张家口市林业局领导,业务上受河北省气象局领导。1958 年 5 月成立张家口民航气象台和张家口专区气象台,一套人马、两块牌子,仍属河北省气象局建制。1958 年上半年根据中央气象局"桂林会议"的决定,气象系统体制下放,张家口民航气象台和张家口专区气象台划归张家口专署领导。由于张家口航空干部训练班的迁移,没有航干班的训练任务,气象台的民航名称停止,改称张家口专区气象台,由专区林业局代管。1959 年 9 月张家口地、市合并,张家口专区气象台改称张家口市气象台,由林业局代管。1961 年 9 月张家口地、市分家,又划归张家口地区行政公署领导,改为张家口地区气象服务台。1963 年 5 月在原气象台基础上,建立了河北省张家口专区气象局,属河北省气象局建制,同时受张家口专署行政领导,实行局、台合一,一套人马、两块牌子。1966 年 5 月以后由于"文化大革命"动乱影响,机构瘫痪。1969 年 9 月恢复张家口地区气象台,属地区革委会领导。1971 年 10 月根据中央军委和国务院决定,气象部门实行军队与地方双重领导,以军队领导为主管理体制。张家口地区军分区接管了张家口地区气象台。1973 年 10 月根据中央军委和国务院的批示,气象部门从军队和地方双重领导以军队领导为主的管理体制,改为由同级政府建制、领导。地区革委会收回对地区气象台的领导权,由农业办公室管理。1975 年 6 月恢复局级建制,张家口地区气象台改称张家口地区气象局,属张家口地区革委会领导。1980 年 5 月国务院批准全国气象部门实行部门与地方政府双重领导,以气象部门领导为主的管理体制,1981 年 7 月河北省气象局接管了领导权限,改名河北省张家口地区气象局,受河北省气象局和地方政府双重领导。1993 年张家口地、市合并,更名为张家口市气象局。

机构设置　2002 年按照中国气象局机构改革要求,根据河北省气象局冀气发〔2002〕13 号文件关于印发《张家口市气象系统机构改革方案》的通知,市气象局进行机构改革,内设办公室、业务发展科、计划财务科、人事教育科 4 个职能科室和气象台、防雷中心、科技服务中心、人工影响天气办公室 4 个直属事业单位,均为正科级单位。

单位名称及主要负责人变更情况

单位名称	姓名	职务	任职时间
张家口测候所	肖树旬	负责人	1947.04—1948.12
张家口气象站			1948.12—1952.06
	马　光	副站长	1952.07—1954.01

续表

单位名称	姓名	职务	任职时间
第六航空学校气象站	马 光	副站长	1954.01—1955.06
2536 部队 2 支队气象站			1955.07—1958.05
张家口民航气象台	吉福龙	副台长（主持工作）	1958.05—1959.05
张家口专区气象台	刘长兴	台长	1959.06—1959.09
			1959.09—1961.06
张家口市气象台	刘玉衡	台长	1961.07—1961.09
			1961.09—1962.07
张家口地区气象服务台	李朋泽	台长	1962.08—1963.04
			1963.05—1966.10
河北省张家口专区气象局	张耀海	副局长（主持工作）	1966.11—1967.04
	李振雄	副台长（主持工作）	1967.04—1969.09
	文革小组		1969.09—1971.09
张家口地区气象台	周玉珍	教导员	1971.10—1973.07
	许靖国	台长	1973.08—1975.04
	常 庚	台长	1975.05—1975.06
张家口地区气象局		局长	1975.06—1978.12
			1979.01—1980.03
	骆 英	局长	1980.03—1981.07
河北省张家口地区气象局			1981.07—1984.02
	刘美荣	副局长（主持工作）	1984.03—1986.06
		局长	1986.07—1993.06
			1993.06—1995.02
张家口市气象局	贾文忠	代局长	1995.02—1996.03
		局长	1996.04—2004.04
	李兴文	副局长（主持工作）	2004.04—2006.03
		局长	2006.03—

人员状况 在职人员由 1947 年建站时的 3 人到 2008 年 12 月增至 81 人。现有 81 人中：大学专科以上 71 人，大学本科以上 27 人，研究生 5 人（含在读）；工程师以上 36 人，高级工程师 9 人（含资格）；50 岁以上 30 人，40～50 岁 18 人，36～40 岁 9 人，35 岁以下 24 人。

气象业务与服务

1. 气象观测

①地面气象观测

观测项目 风向、风速、气温、气压、云、能见度、天气现象、降水、日照、大、小型蒸发、地面温度、草面温度、雪深、电线积冰等。

观测时次 每天进行 02、05、08、11、14、17、20、23 时 8 次观测发报，昼夜守班。

发报种类 发报主要为 4 次定时绘图报，4 次辅助绘图报，重要天气报、气象旬月报，降雪加密报。

电报传输 2001年5月1日天气报通过X.28发报;2002年9月1日天气报通过X.25发报并组建局域网;2006年11月1日所有发报内容均通过局域网发出,停止经网通报房转发报。

1986年1月1日启用PC-1500袖珍计算机进行数据处理和编报;1999年4月1日更换为P4计算机,同时启用AHDM 4.0程序进行数据处理编发报。

气象报表制作 按照《地面气象观测规范》制作气象月报、年报气表上报。气象资料原始记录每两年向市气象局资料室交送1次。

自动气象站 2003年1月1日张家口市气象局CAW600-B型自动气象站建成并投入业务试运行。自动站观测的项目有气压、气温、湿度、风向、风速、降水、地温等。2004年1月1日自动站和人工站并轨运行。2005年1月1日自动站实行单轨运行,观测项目全部采用仪器自动采集、记录,替代了人工观测,人工站只进行20时对比观测。

②高空观测

探空观测站位于张家口市气象局院内,现为国家一类探空站。于1973年3月1日启用701测风雷达,代替了经纬仪测风;同时应用该雷达开展了无线电探空业务。每天进行08、20时2次观测高空气压、气温、湿度和高空风速、风向,最高探测高度为3.5万米。使用701测风雷达,59型探空仪。1982年6月1日701测风雷达移入新落成测风雷达楼室内,并且由车载式改为固定式,经过调试完毕正式开展工作,使最低工作仰角由10°降低到8°,进一步改善了工作条件和雷达探测性能。1984年11月1日探空记录的计算编报改用PC-1500袖珍计算机。2000年引进59-701微机数据处理系统。701测风雷达1998年、2001年经过两次大修继续使用。1985年9月1日起启用电解水制氢机制氢,代替了人工化学制氢,使观测人员从繁重的体力劳动中解放出来。

③雷达观测

711测雨雷达于1981年5月1日起正式投入业务运行,位于市气象局院内;1999年5月1日张北713天气雷达站完成数字化改造,开始投入业务运行,取代了市气象局711测雨雷达;2006年新一代多普勒天气雷达落户张北气象局,为5厘米CB型,取代713天气雷达,实现了天气的连续监测,每6分钟可以提供一个体积扫描,雷达产品也多达30多种,为灾害性天气监测和预警以及人工影响天气提供及时准确服务信息。

2. 天气预报预测

气象台建于1958年,负责天气预报的制作发布,为地方人民政府组织防御气象灾害提供决策依据。按时效分有短时、短期、中期、长期天气预报;按内容分有要素预报和形势预报;按性质分有天气预报和天气警报。从初期单纯的天气图加经验的主观定性预报,逐步发展为采用气象雷达、卫星云图、并行计算机系统等先进工具制作的客观定量定点数值预报。

3. 气象服务

公众气象服务 1994年9月开辟电视天气预报节目;2002年7月电视天气预报制作系统升级为非线性编辑系统,服务内容更加贴近生活,产品包括常规预报、生活指数预报、森林火险等级、地质灾害预报等内容;2006年10月电视天气预报由播报改为由气象专业主持人直播。1997年7月张家口市气象局和张家口市网通公司、联通公司先后合作正式开通"121"天气预报自动咨询电话;2002年11月张家口市气象局和张家口市移动公司合作开通手机短信天气预报,后来根据河北省气象局的要求,全省手机短信天气预报实行集约经营。

决策气象服务 20世纪80年代初决策气象服务主要以书面文字发送为主;90年代后决策产品由电话、传真、信函等向电视、微机终端、互联网等领域发展,各级领导可通过电脑随时调看实时云图、雷达回波图、加密雨量站的雨情等气象信息。1990年气象服务信息主要是常规预报产品和情报资料。2003年9月可视化天气预报会商系统建成并投入使用。2005年春季开通了张家口兴农网,为天气预报信息进村入户提供了有利条件。张家口市气象局还通过电话、信函、无线警报机为专业用户提供气象资料和预报服务。

专业与专项气象服务 1996年后陆续为辖区内防汛、铁路、电力、保险、水库、公路等部门建成气象终端,为张家口市委、市政府主要领导和主管领导建立了气象终端开展预报和资料服务,并于2004年通过Internet网络向所有公众和专业用户提供气象预报服务。2003—2008年开展了特色农业气象服务、增绿添彩工程气象服务、城市规划与建设工程气象服务,气象科研成果《张家口农业气候资源图集》《张家口区域气候与荒漠化治理及草业恢复》《建设张家口城市集雨工程的研究》等项目,均获得张家口市社会科学一等奖,为当地经济建设和社会发展做出了贡献,多次受到市委、市政府表彰。

气象法规建设与社会管理

法规建设 《中华人民共和国气象法》自2000年1月1日起施行。2000年张家口市气象局注重抓好对《中华人民共和国气象法》的宣传工作,旨在创造《中华人民共和国气象法》贯彻实施的良好社会环境和舆论环境,争取社会各界和人民群众的广泛支持。

张家口市气象局从2000年开始加强法制建设,成立了法制科(与办公室合署办公),各县气象局也相应成立了法制机构。截至2008年底全市具有气象行政执法人员达到30人。同时加强规章制度建设,推进了气象执法力度。2008年张家口市政府下发了《关于进一步加强气象探测环境和设施保护工作的通知》(张政办发〔2008〕46号)和《关于加强全市高炮防雹作业安全管理的紧急通知》(张政办传〔2008〕76号)。

社会管理 对防雷工程专业设计或施工资质管理、施放气球单位资质认定、施放气球活动许可制度等实行社会管理。雷电防护社会管理始于1991年。1997年7月年成立张家口市防雷中心。1998年7月张家口市政府办公室发文,明确张家口市防雷工程检测统一由张家口市气象部门负责;2001年9月26日张家口市计划委员会、张家口市建设委员会、张家口市气象局联合发文,将防雷工程从设计、施工到竣工验收,全部纳入气象行政管理范围。经过几年发展,雷电防护已建立了一套有序的管理运行程序。

党建与气象文化建设

党建工作 1958年张家口气象台成立时有党员2人,参加国防体委张家口干部训练班党支部的组织生活。1960年张家口气象台成立第一个党支部。2005年7月气象局成立党总支,下辖3个支部,党建工作归地方市直机关工委直接领导。截至2008年底市气象局有党员 64 人（其中在职党员 45 人，离退休职工党员 19 人）。

党总支 2006 年、2007 年、2008 年连续被中共张家口市委评为"先进基层党组织"。

气象文化建设　市气象局院内有篮球场、乒乓球室、阅览室、荣誉室及干部职工活动室。园区内绿化、美化、亮化建设取得显著成效，2008 年 12 月被评为河北省园林式单位。

台站建设

1976 年以前，干部职工都在平房办公，约有办公用房 900 平方米；1976 年建办公楼 720 平方米；1981 年建成 711 测雨雷达楼 1970 平方米；1982 年建成 701 探空雷达楼 360 平方米；2006 年扩建 711 测雨雷达楼 1120 平方米，同时拆除 1976 年建设的 720 平方米办公楼。

干部职工住房和宿舍 1976 年前均为平房，共有 420 平方米；1987 年建成五层职工宿舍楼 1 栋，共计 35 户，2235 平方米，使职工住房条件有所改善；1995 年张家口市开始房改，1997 年时任领导班子面对干部职工住房困难压力，积极争得河北省气象局和张家口市有关部门支持，搭乘房改末班车，建设五层职工宿舍楼 2 栋，共计 55 户，4720 平方米，使职工住房条件进一步得到改善。

张家口市气象局新貌（2008 年）

张北县气象局

张北县位于冀西北坝上地区，冬季严寒而漫长，最低气温可达 −35℃，多大风沙尘天气，春季尤盛。夏季短暂，无霜期仅 110 天左右，风能、太阳能富集。

机构历史沿革

始建情况　张北县气象站始建于 1955 年 7 月，原单位名称河北张北县气候站。1956

年1月开始观测,站址位于张北县东门外农业实验站(张家口坝上农科所前身)。

站址迁移情况 1958年初农业实验站迁至张北县公会公社东号村,张北气候站随之一同迁往。1958年成立张北联合大县,辖张北、康保、沽源、尚义和商都(今属内蒙古)五县。根据河北省气象局指示,在张北镇西号村东侧新建张北中心气象站,东经114°42′,北纬41°09′,观测场海拔高度1393.3米。1959年5月中心气象站正式开始观测,并负责坝上其他四县气象站的管理工作。

历史沿革 1956年建站时名为河北张北县气候站;1959年5月更名为张北县中心气象站;1960年4月更名为张北县综合气象服务站;同年12月更名为张北县气象站;1971年1月更名为河北省张北县气象站;1989年1月更名为河北省张北县气象局至今。

张北县气象站的地理位置对天气过程下游气象台站预测天气、气候变化具有参考价值和指标意义。由于地处高寒,工作生活条件艰苦,1963年被定为六类艰苦台站,后被调整为五类艰苦台站。

1956年1月1日—1988年12月31日为省基本站,1989年1月1日升格为国家基准气候站。承担国家基准气候站任务。2006年5月组建国家气候观象台。2008年12月31日又改为国家基准气候站。

管理体制 1956年建站时行政上由张北农业实验站代管。1959年5月之后由张北县农业局代管。1971年6月—1973年10月实行军管,由县人民武装部领导。1973年11月撤销军管后,继续由张北县农业局代管。1980年5月全国实行气象部门与地方政府双重领导,以气象部门领导为主的管理体制,即由张家口市气象局和张北县政府双重领导。

单位名称及主要负责人变更情况

单位名称	姓名	职务	任职时间
河北张北县气候站	侯喜礼	站长	1956.01—1958.07
	奚满	副站长	1958.08—1959.04
张北县中心气象站			1959.05—1960.03
张北县综合气象服务站			1960.04—1960.11
张北县气象站	郭书章	站长	1960.12—1970.12
			1971.01—1974.09
河北省张北县气象站	霍跃	副站长	1974.09—1976.07
	孙福	站长	1976.08—1979.04
	李树根	站长	1979.04—1981.11
	霍跃	站长	1981.12—1988.12
河北省张北县气象局		局长	1989.01—1991.02
	李焕文	局长	1991.03—1994.04
	刘世儒	副局长	1994.05—1996.11
	张德贵	副局长(主持工作)	1996.11—1999.03
		局长	1999.04—

人员状况 建站之初仅有2人,50多年来在张北县气象站工作过的人数已逾60余人。截至2008年底有在职职工22人(其中编外职工1人)。在职职工中:工程师4人;本科5人,大专5人,中专7人。

气象业务与服务

1. 气象观测

①地面气象观测

观测项目 自建站起观测项目有气温、湿度、风向、向速、日照、降水、小型蒸发、云、能见度、天气现象、地温。1960年1月1日增气压观测。

观测时次 1956年1月1日—1988年12月31日为省基本站。除1962年4月—1971年12月31日为3次定时观测,其余时段为4次定时观测。1989年1月1日升格为基准气候站,每日24次定时观测。2003年1月建六要素自动气象站,6月增AG10B超声自动蒸发,建成后人工与自动一直双轨运行。

自1959年7月始一直承担航危报任务,为昼夜24小时固定拍发。

②农业气象观测

1979年12月25日河北省气象局转发中央气象局(79)中气业字第231号文件"关于组织全国农业气象基本观测站网"和执行《农业气象观测方法》的通知,张北县气象站被定为国家农业气象基本站,从1980年正式开始观测。

观测品种 1980年观测作物有春小麦、胡麻和莜麦,几经调整现保留品种为春小麦、马铃薯、胡麻和设施蔬菜(黄瓜)。

墒情观测 除作物地段外,1990年增加固定地段(本站)测墒。

物候观测 1980年观测项目有小叶杨、车前草、苍耳、大雁、燕子、果树;1998年后调整为:小叶杨、车前草、布谷鸟。

报表 1980—2008年制作农气表-1,1990—2008年制作农气表-2,1980—1993年及1998—2008年制作农气表-3。

业务质量 农气观测与报表质量一直位于全省前列,截至2008年底,已累计创"百班无错情"12个。

③酸雨观测

2006年5月开始仪器安装和人员培训,2007年1月正式开始业务运行。观测内容包括:降水的pH值(酸碱度);降水的电导率。

自1998年始张北县气象站业务进入跨越式发展期,现已成为全省最重要的大气综合探测基地。

2. 天气雷达

1988年开始建张北雷达站,1998年中国气象局批准立项,将张北闲置的713天气雷达进行数字化升级改造,并纳入国家天气雷达网。1999年5月1日雷达正式投入业务运行。中国气象局正式下文,站名定为张北国家713天气雷达站。

713天气雷达在每年5月1日—9月30日开机,每日进行08、11、14、17、20、23时6次定时观测。如遇天气过程或临时任务则进行加密跟踪观测。资料通过设在张北县茴菜梁的扩频通讯设备向上传送。2006年6月1日该雷达停止使用。

2002年11月30日中国气象局批准张北新一代天气雷达(C波段)正式立项。2004年4月26日张北新一代天气雷达开工奠基。2006年6月1日各项工程顺利完工,经中国气象局、河北省气象局验收正式投入业务运行。

张北新一代天气雷达每年6月1日—8月31日24小时开机观测,每6分钟生成一次产品并自动上传。其他时段每日10—15时开机,如有天气过程或临时任务则加密观测。由于张北新一代天气雷达地理位置居上游,在国家天气雷达网中举足轻重,自1999年承担天气雷达业务以来,对张家口以及周边地区的气象预报及服务起到了非常重要的作用。2006年4月汛前,经中国气象局、河北省气象局检查考核,综合得分94.5分,达优秀档次。

3. 张北GLC-24A型对流层风廓线雷达

2006年春季进行可行性论证和选址。2007年6月南京电子14所派人来张北安装调试设备。2007年8月1日设备投入业务运行并实时上传资料。张北GLC-24A型对流层风廓线雷达探测高度为6～8千米,每5分钟刷新一次数据。

2008年7月17日由中国气象局监测网络司主持,在张北召开现场验收会,经验收组严格测试、审查,顺利通过验收并移交张北县气象站正式投入业务运行。

4. 沙尘暴监测(A类)

2002年1月根据中国气象局建设沙尘暴预警服务系统有关文件精神,张北县气象站被定为沙尘暴监测站(A类)。2002年5月依照中国气象科学研究院下发的技术要求,张北县气象站如期完成土建、观测场等项工程,各承包单位陆续进场安装调试设备,各仪器调试正常即投入使用。截至2003年12月全部设备安装到位,进入全面正常运行阶段。观测项目主要为:地表土壤水分、大气总悬浮颗粒物浓度(TSP)、大气降尘总量、环境颗粒物(PM$_{10}$)、大气光学能见度、整层大气气溶胶观测(太阳光度计)、20米5层风、温梯度。

5. 天气预报预测

1958年1月开始对外发布天气预报。受条件所限,制作依据为"收听预报加看天",准确率低而不稳。天气预报用电话传至县广播站,早晚播出。1987年6月增无线传真设备接收天气图、预报产品及物理量图等,预报水平有所改进。随着互联网用于通讯,预报得到省、市气象台指导并可会商,24小时降水预报准确率不低于70%,社会各界逐渐认可。2003年1月张北县气象局与张北县广播电视局合作,在《张北新闻》中采用虚拟主持人播出《天气预报》节目,成为最受公众欢迎的节目之一。

6. 气象服务

公众气象服务 20世纪60年代开始广播本县24小时内晴雨状况、风向、风速,最高、最低气温,48小时的天气趋势预报。到20世纪80年代家家户户每天都可以收听到天气预报。90年代,随着电视机的普及,每天定时在本县所办的电视节目中播出天气预报。1996年7月开通"121"天气预报自动查询电话。2001年8月开始广播电视音像节目的制作。2008年7月开通气象信息短信服务,随时将重要天气、预报信息、雨情、灾情等发送到县委和各部门领导手机。除常规项目外,根据市气象局指导预报,开展了森林火警预报、冻害、冰雹、大风、强降水的灾害性预警信号预报,从而增加了人们对天气变化的认识和了解。

【气象服务事例】 1998年1月10日张北发生里氏6.0级地震。1月11日在省、市气象台精心指导下,通过河北电视台向外发布1月17日将出现寒潮大风的预报。省抗震救灾指挥部据此下令,将原定1月20日完成的灾民临建工程提前至1月17日。寒潮大风如期而至,预报十分成功,各级领导十分满意,评价甚高。在抗震救灾表彰大会上,张北气象局被授予"抗震救灾先进集体"。

2001年夏在北京举办世界大学生运动会,张北713天气雷达提供加密观测,为开幕式气象保障发挥了重要作用。2001年9月13日北京市气象局专门发来感谢信,赞扬谢忱有加。

2008年8月北京奥运会,张北新一代天气雷达是气象保障的主力雷达之一。在中国气象局、河北省气象局驻站专家组的指导下,在南京电子14所的有力保障下,全局上下尽职尽责,一丝不苟,出色地完成了保障任务。张北天气雷达站被河北省气象局授予"奥运气象服务先进集体"。

决策气象服务 1979年11月河北省科委将张北定为农业气候资源普查重点县后,由地区气象局组织,抽调精干力量,在张北开始普查工作。资料年代为20年,两年完成。1981年12月《张北县农业气候手册》与《张北县农业气候和灾害性天气图集》出版。这一成果对张北农业气候资源开发、新品种引进、防灾减灾、风能太阳能开发等有重要指导作用。

2005年由张北县政府出资建设加密自动雨量点,乡镇全覆盖,共18个。此设备采用太阳能电源,准确、及时、可靠,6分钟刷新数据,自动上传。为全县防汛抗旱提供准确及时的雨情信息,避免了决策的盲目性,县领导及各界对此评价很高。县气象局精心维护设备,逢重要天气及时发布雨情或预警,服务更加到位

专业与专项气象服务 张北风能充沛,沿坝头地带为全省风能最富集区。开发风能对地方经济关系重大。张北气象局为各风电企业精心服务,提供技术支持。

1993年5月张家口长城风电公司在坝头建风电场,张北气象局积极参与参加论证,答复咨询,提供资料,帮助测风。

2002年6月后张北风电快速发展,截至2008年6月已有14家风电企业落户张北,开发规模超百万千瓦。

张北县十年九旱,水资源匮乏。县委、县政府格外重视人工增雨工作。自2001年,先后配备2辆火箭增雨作业车,遇有利天气,作业人员依靠雷达指引,不分昼夜,不怕辛苦,安全科学作业,成效明显。2006年8月11日晚10时天气有利,出动2辆增雨火箭车作业,实况大范围降水,最多降水达104毫米,县委、县政府发文对张北气象局通令嘉奖。

2006年5月15日被张家口市委、市政府授予"人工增雨先进集体"。

气象法规建设与社会管理

2007年7月,张北县政府下发《会议纪要》,将防雷装置图纸审批与竣工验收正式列为行政审批事项。随即,张北县气象局进入县行政审批大厅办公。遵照河北省委、省政府"行

政权力公开透明运行"的有关要求,张北县气象局将审批事项及依据等向社会公布并接受社会监督。

作为县安委会成员单位,张北县气象局积极参与对易燃易爆场所的安全检查,及时提出整改意见,并多次到现场进行技术指导。

健全内部规章制度。2003年6月制订了《张北县气象局局务公开制度》和《张北县气象局局务会制度》之后,又进一步修订完善了财务、预算、科技服务、车辆、锅炉、发电机、雷达机房、值班室等项管理制度,做到了事事有章可循。

自1959年5月张北县气象站迁建至现址已逾五十载,张北历代气象工作人员对保护气象探测环境尽职尽责,使张北县气象站的探测环境长期处于良好稳定状态。据河北省气象局监测网络处2008年3月评估通报,张北县气象站环境现状综合得分98.78分,中国气象局7号令项目得分99.54分,位居前列。

2007年10月张北县气象站员工克服困难,彻底拆除了院内三层结构家属楼,进一步优化了气象探测环境。稳定而优良的探测环境为张北气象事业的可持续发展奠定了坚实基础。

党建与气象文化建设

党建工作 自建站至1985年1月仅有1名党员,先后参加张北电信局、张北农业局党支部活动。1985年1月后,张北县气象局重视在气象技术人员中发展党员,截至1992年12月,先后发展和调入的党员达到4名。1993年7月经中共张北县机关党委批准,张北县气象局成立党支部,共有党员5人。截至2008年12月有在职职工党员10人,占在职职工总数一半。

1998年1月10日张北地震,抗震救灾中张北县气象局党员充分发挥了先锋模范作用,顶严寒,冒风雪,到单晶河乡组织救灾工作,圆满完成张北县委交办的任务。1998年6月张北713天气雷达工程上马,在坝头茴菜梁1648米高的山头建扩频通讯站,野外施工极为困难。局长每天与两名党员自带干粮乘班车到坝头,再爬山路3~4千米到工地组织施工。傍晚再下山赶到公路边等班车返回,非常辛苦,毫无怨言。经一个多月苦干,通讯机房和20米高铁塔顺利完工,为713天气雷达投入运行创造了条件。近10年来张北陆续新上了多个气象现代化建设工程。面对急难险重任务,党员和领导干部不计报酬名利,放弃休假,甘愿奉献,关键时刻顶得上。他们以严谨细致的科学态度,以特别能吃苦,特别能战斗的实干精神,均圆满完成各项工程。

张北气象局党支部在县委领导下,先后参加了"三讲"(讲学习、讲政治、讲正气)和保持共产党员先进性教育活动。党员的理想信念和政治觉悟明显提高,党支部的战斗堡垒作用日益凸显。2006年张北气象局党支部被县委授予"先进基层党组织"称号。张北条件艰苦,业务繁重。党支部平时十分注重对年轻同志的教育培养,为他们创造宽松健康的成长环境。2006年后又陆续发展5名党员。

气象文化建设 始终坚持以人为本,弘扬自力更生、艰苦奋斗精神,深入持久地开展文明创建活动,努力建设文明台站、廉洁台站、和谐台站,1998年9月被评为县级精神文明单位,2004年市级精神文明单位。单位统一制作了局务公开栏、学习园地、法制宣传图,领导办公室制作了廉政文化书画,建有"两室一网"(荣誉室、图书室、廉政气象文化网),办公楼内养植了许多花卉,张北县气象局成为宣传张家口坝上气象的窗口。

荣誉 1998年9月—2008年12月先后被市委、市政府及县委、县政府授予"人工增雨先进集体"、"抗震救灾先进集体"等荣誉7次。截至2008年底测报累计创"百班无错情"73个,12人次创"250班无错情"并获得中国气象局"优秀测报员"奖励。

张德贵,1985年5月,在由共青团中央等部委组织的"为边陲优秀儿女挂奖章"活动中被授予铜质奖章。

台站建设

台站综合改造 1959年初气象站迁建至现址。恰逢国家三年经济困难时期,工作生活条件异常艰苦。租用西号村民房1间用以值班,煤油灯照明,从西号村水井挑水,取暖做饭用火炉,煤限量供应,劳保条件差,测站地处偏僻。当时因建站征地1公顷,开春后盖6间土木结构平房。直到1972年6月才逐步通水通电,由于时常停电,常备马灯和蜡烛。

1988年河北省气象局与中国气象科学研究院合作,将北京气象中心退下来的713天气雷达移至张北供科研使用。为此省气象局安排资金20余万元,征地6670平方米,建雷达楼1座(三层700平方米)。1989年雷达移装调试完毕,因未纳入国家天气雷达网,经费等难落实,设备一直闲置。1998年1月10日张北地震后,张北713天气雷达纳入国家天气雷达网。

办公与生活条件改善 1989年新建砖混结构值班用房6间,值班条件有所改善。1994年省气象局投资30万元,加个人集资在院内建家属楼(三层1250平方米、21户)。2007年底因筹建张北国家气候观象台,为改善气象探测环境,将院内旧家属楼彻底拆除。

2003年因张北新一代天气雷达建设,市政府出征地款45万元,再征地5300平方米,至此张北县气象局土地面积达2.2万平方米。

新一代天气雷达兼办公楼于2005年建成,又建附属房6间,配备1吨供暖锅炉和110千伏安进口发电机,楼内配备新家具和电热水器,旧值班室亦安装了土暖气供暖,办公值班条件有明显改善。

张北县气象站(1980年)

张北县气象局全景(2007年)

张北县气象局新一代天气雷达楼(2007 年)

蔚县气象局

机构历史沿革

蔚县位于河北省张家口市的西南部,地处恒山余脉与燕山山脉的交汇处,全县总面积 3220 平方千米,总人口 48 万。

始建情况 1953 年 6—11 月始建蔚县气象站,12 月试运行,站址位于西合营镇西庄村;1954 年 1 月 1 日正式开始地面观测记录。

站址迁移情况 1967 年 1 月 1 日搬至县城蔚州镇大泉坡村,东经 114°34′,北纬 39°50′,海拔高度 909.5 米。

历史沿革 1954 年 1 月建站时名为蔚县气象站;1960 年 1 月更名为蔚县气象服务站;1971 年 1 月更名为蔚县气象站;1981 年 7 月更名为河北省蔚县气象局。

管理体制 1954 年 1 月—1959 年 12 月蔚县气象站隶属河北省气象处;1967 年前年归属县人民政府管理,1967 年后归属革命生产指挥部管理;1971 年 1 月—1980 年 12 月蔚县气象站归属县人民武装部的革命生产指挥部管理;1981 年 7 月开始实行气象部门与地方政府双重领导,以气象部门领导为主的管理体制。

单位名称及主要负责人变更情况

单位名称	姓名	职务	任职时间
蔚县气象站	黄世强	站长	1954.01—1954.12
	张墨方	站长	1955.01—1956.12
蔚县气象服务站	佟树茂	站长	1957.01—1959.12
			1960.01—1970.12
			1971.01—1971.12
蔚县气象站	秦文雄	站长	1972.01—1980.12
	靳元明	站长	1981.01—1981.06
		局长	1981.07—1988.10
河北省蔚县气象局	张聪德	副局长(主持工作)	1988.10—1989.12
	米占友	局长	1990.01—2002.05
	胡德玉	局长	2002.05—

人员状况 1954 年建站时有职工 10 人；1954 年 5 月增加 2 人，1954—1980 年人员比较稳定；2002 年 1 月定编 13 人；2006 年 5 月改为国家气象观测一级站，定编 13 人；2008 年改回国家基本站，定编 12 人；截至 2008 年 12 月有在职职工 14 人，其中：大学学历 6 人，大专学历 4 人，中专学历 4 人；中级职务 11 人，初级职称 2 人；50 岁以上 4 人，40～50 岁 6 人，30～40 岁 2 人，30 岁以下 2 人。

气象业务与服务

1. 气象观测

①地面气象观测

观测项目 蔚县气象站是国家地面基本观测站。观测项目有风向、风速、气温、气压、云、能见度、天气现象、降水、日照、大、小型蒸发、地面温度、草面温度、雪深、电线积冰等。

发报种类 发报主要为 4 次定时绘图报，4 次辅助绘图报，24 小时的航空天气报、危险天气报、重要天气报、气象旬月报。并制作气象月报、年报气表上报。

电报传输 新中国成立初期采取手摇发电机，以无线电发报形式发报。20 世纪 60 年代到 2002 年 7 月均经邮电局报房上传。2002 年 8 月天气报通过 X.28 业务上传至省气象台。以后逐步升级为由 X.25 和 VPN 网络 2 兆光纤上传省气象台至今。除此之外，其他各类报仍通过报房发出。2006 年 11 月航危报采用新一代传输系统发报。结束了通过邮电局报房发报的近 50 年历史。

1986 年起使用 PC-1500 袖珍计算机取代人工编报。1987 年 7 月开始使用微机打印气象报表。1997 年进行对比观测。1999 年使用新版 AHDM-4.0 测报软件，停用 PC-1500 袖珍计算机，使用 586 型微机。

自动气象站 2002 年蔚县气象站建成了遥测Ⅱ型自动气象站，2003 年进入正式业务运行。2005—2006 年在全县 22 个乡镇陆续建成自动雨量、气温观测站，并开始运行。

②农业气象观测

1957 年 1 月 1 日开始制作农气旬报，内容有：前 5 日总降水、风力、日照总时数、旬内最低、最高气温、当地主要农作物在出苗、三叶、分蘖、拔节、抽穗、完熟等时期的生长状况、田间工作情况、病虫害、天气灾害等,"文化大革命"期间被迫停顿。1979 年 1 月 1 日重新开始,蔚县被定为省级农业气象观测站。观测的主要作物为:黍子、谷子、玉米以及杨树、柳树、杏树、蒲公英和家燕等物候。定期发出的《蔚县农业气象情报》,对各级领导指挥农业生产起到了参谋作用。

1984 年 8 月专门抽出人力,进行农业气候区划工作。对当地的光、热、水等气候资源和主要农业气象灾害进行分析和野外调查。对玉米、谷子、黍子、水稻以及造林、林果业与气候条件关系进行相关分析,出版了《蔚县农业气候区划手册》、《蔚县农业基本情况手册》。2006 年 3 月又进行了一次系统的气候资源分析和区划工作。

2007 年 3 月对当地从解放以来的暴雨、冰雹、霜冻、大风等气象灾害进行了调查、分析、分类、统计,编制了《气象灾害防御编制规划》《蔚县气象灾害影响分析及风险性评估》,为当地领导指挥防御自然灾害提供科学依据。

2. 天气预报预测

从 20 世纪 60 年代初期的"收听预报加看天"发展到天气图、卫星云图、雷达图、数据预报结果等综合分析。1961—1972 年的预报依据和方法主要是收听上级预报加看天,访问老农,预报准确率及效果较差;1973—1981 年则通过绘制区域小天气图,数值统计方法、韵律,加上级业务技术指导、预报会战,注重对关键性、转折性、天气变化规律的分析和重大灾害天气的研究,预报针对性增强,准确率有了较大提高;1982—1997 年期间通过接收各种传真图、高频电话会商,在各乡镇建立了气象预报、警报系统,从微机中调取市气象局有关气象资料,应用预报业务系统,服务范围有所扩大,更具有时效性;1998 年后按照上级要求不再做天气预报,只做县站订正预报;2002 年开始制作电视天气预报,预报准确率进一步提高。长、中、短期预报均为各时段预报内容。

3. 气象服务

①公众气象服务

20 世纪 60 年代开始广播本县 24 小时内晴雨状况、风向、风速和最高、最低气温,48 小时天气趋势预报。随着业务技术水平的提高和广播事业发展,到 20 世纪 80 年代家家户户每天都可以收听到天气预报。90 年代随着电视机的普及,每天定时在本县所办的电视节目中播出。1996 年 7 月开通"121"电话天气预报自动查询系统。2002 年 9 月开始广播电视音像节目的制作。2008 年 7 月开通信息魅力短信服务平台,随时将重要天气、预报信息、雨情、灾情等发送到县委和各部门领导手机。除常规项目外,根据市气象局指导预报,开展了森林火警预报、冻害、冰雹、大风、强降水的灾害性预警信号预报,从而使人们对常规天气加强了认识和了解。

②决策气象服务

蔚县是农业大县,天气气候变化直接影响到农业的丰歉。20 世纪 70 年代中期,蔚县种植了大面积杂交高粱(26670 公顷),根据当地气候特征,蔚县气象局作了秋季霜冻的 12、24 小时预报,在霜冻来临之际,及时向县领导汇报。当温度在 2℃左右时,全县开始点火防霜,在很大程度上减轻了霜冻危害,延长了杂交高粱的生长期,增加了全县的粮食产量。80年代中期的汛期曾遇到过多次是否对壶流河水库(最大库容 8900 万立方米)开闸放水的决策问题,蔚县气象局与县防汛办共同协商,在地区气象台短期预报的指导下,提出后续天气变化将趋于减弱可以不开闸放水,避免了开闸放水给下游良田造成很大损失。

20 世纪 90 年代开始蔚县烟草种植面积已达 3340 公顷。1994 年 9 月中旬初,蔚县政府收到上级关于近期有可能出现霜冻灾害的通知后,立即召开烟叶、气象、农业等有关部门的调度会,讨论是否对烟叶提前采收,避免霜冻造成重大影响(而一旦抢收,比后续 7 天内不出现霜冻中上等烟叶要损失 50%~60%)。蔚县气象局及时召集工作多年的老同志,结合各自经验及对物候、气象要素的全面分析,做出近几日虽气温偏低,但最低气温不会降至 0℃,不会影响烟叶的后期生长和采收。正确的预报为县领导正确决策提供了可靠的科学依据,也受到了有关部门的好评。

蔚县杏扁种植面积 40000 公顷,占全国产量的 10%。而制约杏扁产量的主要气象因素是花期到结果期的冻害问题。从 2005 年开始与市气象台联合制作蔚县河川区、丘陵区、山区的杏扁花期到幼果期的预报,为县领导指挥抗御杏扁冻害工作起到了关键的作用。

③专业与专项气象服务

人工影响天气　人工防雹工作是从 20 世纪 70 年后期开始的,先是利用土火箭进行驱云防雹,对低于 1000 米的低云能起到一定的驱散作用。70 年代末张家口军分区调用"三七"高炮,蔚县气象部门与之配合,在南留庄电厂、西合营等处进行高炮防雹作业,以减少冰雹对粮食生产的影响。以后 10 多年中,因分田到户,管理分散,经费不到位,高炮防雹搁置。20 世纪 80 年代末蔚县扩大了烟草种植面积,蔚县气象局作为蔚县烟叶生产领导小组成员,1991 年 3 月以书面形式建议县领导"为减少冰雹对烟叶生产的损失,应尽快建立人工防御冰雹灾害系统",得到县里重视。县领导要求县烟草专卖局和县保险公司等有关部门就防雹工作进行研究,尽快拿出实施方案。当年底由县保险公司出资 10 万元保险基金,开始了人工防雹的前期准备工作。从 1992 年由开始的 3 门高炮发展到现在的 15 门高炮,在宋家庄、下宫村、暖泉、南留庄等 12 个乡镇均有高炮炮位,有效防御面积近 0.2 万平方千米,用弹量最多年份达 7000 多发。

从 2000 年开始起步,2002 年 5 月开始,气象部门从保险公司接管了这一工作。目前每年作业 20 多次,发射火箭弹 100 多发。2008 年 8 月奥运会期间,参加了北京周边人工消减雨的任务。

防雷技术服务　从 1991 年开始增加了防雷检测工作。当时检测对象主要是机关、部分工矿企业、高层建筑以及加油站,尚未与劳动部门完全分明职责。2000 年中国气象局《防雷减灾管理办法》实施后,蔚县气象局进入正规独立的工作。并使之扩展为防雷检测、工程设计审核、竣工验收、防雷工程设计、防雷执法等项工作。

蔚县西北部山区有国营和私营煤矿大小上百个,而这一地区是县内雷暴多发区。2003 年蔚县气象局主动向县政府汇报应加强这一地带的防雷工作,连续两年以蔚县安委会名义发文件,与县安监局联合执法。经过两年的工作,使这一地区的防雷工作及防雷工程步入正轨。

④气象科技服务

蔚县是我国北方高海拔地区烟草种植大县,由于无霜期较短,限制了烟草的生长,蔚县气象局与农业、烟草部门的科技人员经过多年观测、实验、研究,从 1980 年 3 月开始将播种期和移栽期从每年 4 月上旬、6 月上旬提前到 3 月上旬和 5 月上旬,从而使烟叶的产量和质量都有了很大的提高。

杏扁从花期萌动到幼果多个物候期中,每个物候期所经受的低温程度不同,蔚县气象局根据多年的观测分析,确定这一作物不同物候期的临界温度值,为果农抗御冻害提供科学依据。1984 年 3 月利用 PC-1500 袖珍计算机编制程序,对当地进行气候区划,受到了当地科委的表彰。

⑤气象科普宣传

每年"3·23"世界气象日都要组织宣传活动,1985 年"3·23"世界气象日,组织了规模较大的科普宣传,活动持续一周之久。1989 年在县科普论坛上,蔚县气象局撰写的《气候变暖及其应对策略》《蔚县发展杏扁的广阔前景》均获县科技一等奖。

2004 年以来积极参与"安全月"等科普活动,上街散发科普传单,宣讲科普知识。每年"3·23"世界气象日,对中小学生进行了实地讲解,使学生们对观测、预报、人工影响天气等气象工作有了进一步的了解。

气象法规建设与社会管理

法规建设 2002 年 9 月经过张家口市法制办考试,3 人确定为蔚县气象执法人员。2004 年 4 月与县安监局共同起草了《关于对各加油站防雷检测的通知》和《关于对我县矿区防雷检测的通知》等文件。

2005 年 3 月以后对施放气球、厂矿、加油站等有关部门进行了多次执法和检查。整顿和规范了施放气球、防雷工作的秩序。

政务公开 对外主要将气象行政审批、办事程序、气象服务内容、服务承诺、气象行政执法依据、服务收费依据及标准等,通过室内公示栏、电视广告、发放宣传单等方式向社会公开。对内认真执行财务制度,做到收支两条线,资金账目日清月结,按时向市气象局上报月报表。建立健全各项规章制度,认真落实局务会制度,遇有重大问题、重大决策和大额开支等都坚持了集体研究决定,严格按照程序运作。加强对重点项目安排、大额资金使用和气象科技服务收入资金的监督管理。每年定期对全局的财务、政务在公开栏公布,以接受大家的监督和建议。

党建与气象文化建设

党建工作 1973 年以前仅有 1 名党员,参加农业局党支部活动。1973 年后建立了蔚县气象站党支部,有 4 名党员。截至 2008 年底有党员 9 名。每年与市气象局签订党风廉政建设责任书,有利地促进了党内廉政建设和反腐工作。

2006—2007 年被县农工部评为基层先进党支部。

气象文化建设 自建站以来,蔚县气象局就树立了一种勤奋工作、好学上进的好风气,注重学历教育和人才培养。目前,在职深造的已有 9 人,有的是业务骨干,有的担任领导职务。2000 年前参加工作的同志进行 2~3 次再教育的占现在人数的 73.0%。

20 世纪 80 年代初期,由工会组织大家开展学唱革命歌曲活动。2006 年投资 3 万元,建立了"两室一网"(即图书(荣誉)室、活动室、气象文化网),活跃了蔚县气象局的文化生活。2002—2006 年为县级"文明单位"。2007—2008 年为市级"文明单位"。

集体荣誉　蔚县气象局集体获得的主要荣誉奖有 37 项(次):2001—2008 年连续 8 年被省气象局评为"优秀测报股"。2000—2008 年连续 9 年被县政府评为"支持地方经济建设先进单位"。2003 年、2008 年在全市目标管理综合评比中获第二名。2004—2007 年连续 4 年在全市目标考核评比中获第一名。2006 年获市"人工增雨先进单位"。2007 年被省气象局评为"一流台站"和环境建设先进单位。

个人荣誉　1980—2008 年蔚县气象局多人获国家气象局和省气象局优秀测报员称号,创"250 班无错情"47 个,"百班无错情"201 个。

台站建设

1966 年蔚县气象站由西合营镇西庄村搬迁至蔚县县城外大泉坡村南,占地面积为 8066 平方米,盖平房 15 间,建筑面积 225 平方米,其中有办公室、宿舍、库房等,并新建观测场一个。1973 年将气象站周围的土打围墙改建成青砖围墙 350 米。1976 年扩征气象站以西闲散用地 1800 平方米。1981 年建造家属住房 24 间,建筑面积 360 平方米。1983 年扩征气象局以东闲散用地 1600 平方米。1989 年 10 月因地震原建砖木结构家属住房大多发生裂缝,1990 年由省气象局和县政府各投资 10 万元建造砖混结构家属住房共 840 平方米。1991 年省气象局投资 25 万元,建 480 平方米两层新办公楼,1994 年投入使用。2002 年中国气象局投资 50 万元,在原有办公楼的基础进行了改扩建,建筑面积扩大为 699 平方米。2002 年 9 月建自动观测站,11 月观测场仪器装备安装完成。2003 年 1 月 1 日试运行。2005 年自动观测站单轨运行。市气象局配皮卡车 1 部。2003 年将家属区的土路铺成了砖路,共计 300 平方米。重修了下水道和渗水井,修建锅炉房、伙房共 70 平方米。2004 年将已快倒塌的南墙垒成长城院墙共 70 米,铺水泥路面 750 平方米。2005 年将大门改建为自动门,仿古式库房 9 间,建筑面积 216 平方米,建起仿古凉亭 1 座。2006 年硬化车库前的路面,240 平方米,将方形观测场改为圆形,建立了单站雷达观测,并在当年投入使用。2007 年对办公区的空地、观测周围进行了绿化、美化。购置北京现代轿车 1 辆。

蔚县气象局旧貌(1984 年)

蔚县气象局新貌(2004 年)

怀来县气象局

机构历史沿革

始建情况　怀来县气象站始建于 1953 年秋,位于河北省怀来县沙城镇西堡村,东经 115°30′,北纬 40°25′,海拔高度 517.7 米,占地面积 5203 平方米,观测场为边长 25 米的正方形。1954 年 1 月 1 日开始正式观测记录。

站址迁移情况　1957 年 2 月 1 日观测场海拔高度改为 536.6 米。由于多年风沙淤积,1977 年 11 月测量观测场海拔高度为 536.8 米。1978 年 7 月将本站纬度改为北纬 40°24′。1992 年 5 月 13 日—5 月 31 日经上级主管部门批准,将观测场向北平移 5 米。

2004 年 2 月经中国气象局批准,开始重新选址,准备迁站。2007 年开始新址建设。新址位于怀来县沙城镇文昌北路西,北纬 40°25′,东经 115°30′,占地面积 12480 平方米。观测场为圆形,直径 25 米,海拔高度 569.9 米,气压表水银槽海拔高度为 571.3 米,自动站气压传感器海拔高度为 571.0 米。2008 年 1 月 1 日,新址正式开始观测记录。

历史沿革　1954 年创建时名称为河北省怀来县气象站;1959 年 4 月 1 日,县农业局局务会议决定改为怀来县沙城气象站;1960 年 2 月 1 日,根据上海全国气象会议精神,改为怀来县气象服务站;1972 年 2 月,改为怀来县气象站;1980 年被定为气象观测国家基本站;1981 年 7 月根据气象部门体制改革批文,改为河北省怀来县气象站;1996 年 1 月根据县委组织部的批文,改为怀来县气象局;2007 年 1 月 1 日改为河北省怀来县气象局,定为国家气象观测一级站;2008 年 12 月 31 日改为国家气象观测基本站。

管理体制　1954—1957 年归河北省气象局领导;1958—1961 年归县农林局领导;1962—1965 年归张家口地区气象台领导;1966—1980 年为怀来县农林局和武装部代管;1981 年 5 月,气象部门体制改革,实行气象部门与地方政府双重领导,以气象部门领导为主的管理体制。

单位名称及主要负责人变更情况

单位名称	姓名	职务	任职时间
河北省怀来县气象站	张树勋	站长	1953.09—1954.10
	逯俊喜	站长	1954.10—1956.02
	王援军	站长	1956.03—1959.04
怀来县沙城气象站			1959.04—1960.02
			1960.02—1964.06
怀来县气象服务站	张其林	副站长(主持工作)	1964.06—1972.02
怀来县气象站		站长	1972.02—1981.07
河北省怀来县气象站			1981.07—1984.04

单位名称	姓名	职务	任职时间
河北省怀来县气象站	肖师震	站长	1984.05—1996.01
怀来县气象局		局长	1996.01—1997.08
	任淑兰	局长	1997.09—2003.12
	郭淑华	副局长(主持工作)	2004.01—2006.07
		局长	2006.08—2007.01
河北省怀来县气象局			2007.01—

人员状况 1953 年建站时只有 5 人。2002 年定编为 13 人,2006 年定编为 14 人,2008 年定编为 12 人。截至 2008 年 12 月有在职职工 13 人,退休职工 6 人,临时工 1 人。在职职工中:本科学历 4 人,大专学历 7 人,中专学历 1 人,高中学历 1 人;中级职称 5 人,初级职称 8 人;50 岁以上 2 人,40~50 岁 5 人,40 岁以下 6 人。

气象业务与服务

1. 气象业务

①地面气象观测

1954 年建站初观测时间采用地方时,1960 年 8 月 1 日改为北京时;1980 年 1 月 1 日执行新的地面气象观测规范。

观测项目 云、能见度、天气现象、气压、气温、湿度、风向、向速、降水、雪深、日照、蒸发(小型)、地温(地面)。1955 年启用维尔达风压器的观测,同年 4 月增加 5~20 厘米曲管地温观测,11 月增加冻土观测,12 月增加 40~320 厘米直管地温观测;1956 年 4 月增加风向计观测,5 月增加雨量计观测;1962 年 4 月,停止直管地温观测项目;1997 年 4 月 1 日启用 E-60 型大型蒸发器(面积为 3000 平方厘米玻璃钢材料)。

观测时次 02、05、08、11、14、17、20、23 时共 8 次,昼夜守班观测并发报。

发报种类 发报主要为 4 次定时绘图报,4 次辅助绘图报,重要天气报、气象旬月报。

1954 年 12 月 1 日增加 24 小时航空天气报、危险天气报观测发报;1955 年 6 月增发气候旬报;

电报传输 2001 年 5 月 1 日开始,天气报通过 X.28 发报;2002 年 9 月 1 日起天气报通过 X.25 发报并组建局域网;2006 年 11 月 1 日所有发报内容均通过局域网发出,停止经网通报房转发报。

1986 年 1 月 1 日启用 PC-1500 袖珍计算机进行数据处理和编报;1999 年 4 月 1 日更换为 P4 计算机,同时启用 AHDM 4.0 程序进行数据处理编发报。

气象报表制作 按照地面气象观测规范制作气象月报、年报气表上报。

资料管理 2005 年前气象资料原始记录存放在县气象局,2005 年把自建站以来的原始资料交市气象局资料室统一保管,以后每两年向市气象局交一次资料。

20 世纪 90 年代后期,开始了气象信息自动化建设,气象部门组建了自己的局域网,所有气象信息和公文通过网络传输,真正实现了无纸化办公。

　　自动气象站　2003 年 1 月 1 日怀来县气象局 CAW600-B 型自动气象站建成并投入业务试运行。自动站观测的项目有气压、气温、湿度、风向、风速、降水、地温等。2004 年 1 月 1 日自动站和人工站并轨运行,增加 23 时补助报发报,2005 年 1 月 1 日自动站实行单轨运行,观测项目全部采用仪器自动采集、记录,替代了人工观测,人工站只进行 20 时对比观测。

　　区域气象观测站　2005 年 9 月在怀来县新保安、东花园、官厅、存瑞 4 个乡镇,建成 4 个气温、雨量两要素加密自动站。2006 年 10 月底完成了全县 13 个乡镇的雨量加密自动站的安装工作,至此,全县 17 个乡镇的雨量加密自动站全部建成并投入业务运行。

　　②农业气象观测

　　怀来农业气象观测站为国家基本农气观测站,最早的观测项目开展于 1959 年,进行生育状况观测的作物有玉米、谷子、冬小麦、春小麦、水稻,同时进行自然物候观测。1959—1967 年每年的观测项目都不一样(详见下表),有的年份没有观测资料。1965 开始固定地段测墒,同时进行作物观测地段的测墒工作。1968 年农气工作中断,1974 年恢复工作。

农业气象历年观测项目

观测项目	年份
自然物候	1959—1960 年、1980—1993 年、1998—2008 年
玉米	1959—1960 年、1966—1967 年、1978—2008 年
高粱	1961 年、1966 年、1974 年、1982—1991 年
冬小麦	1959—1961 年、1964 年、1977—1980 年
春小麦	1959—1960 年
水稻	1959 年
谷子	1959 年、1961 年、1965 年、1976 年、1979—1986 年、1990—2008 年
黑麦	1975—1976 年
马铃薯	1961 年

　　除以上观测项目外,还制作各类农气报表和编发农气旬报。1980 年开始执行《农业气象观测方法》、《农业气象工作岗位责任制》、《农业气象观测记录报表审核办法》、《农业气象观测质量考核办法》、《农业气象业务基本建设要求》;1983 年试行《气象旬(月)报电码 HD-02》;1989 年正式使用并填写《农业气象测报质量统计表》、《农业气象工作值班日记》。1991 年正式执行气象旬(月)报(HD-03)。中国气象局于 1993 年 6 月下发《农业气象观测规范》,自 1994 年起正式执行。

　　1987—1989 年增加龙眼葡萄生育状况观测,主要为网状防雹装置提供科学依据。1995 年增加中子仪土壤水分观测项目,同年底取消该项目观测。

　　1997 年执行中国气象局下发的《农业气象观测质量考核办法》、《农业气象情报质量考核办法》、《农业气象产量预报业务质量考核办法》。

　　1998 年农气测报人员进行持证上岗考试,怀来县气象局 2 名农气人员参加考试并取得上岗证。

农业气候区划　截至 2008 年怀来县进行过二次农业气候区划,第一次在 1979—1983 年,区划的年限截至 1980 年。第二次农业气候区划在 2005 年,怀来县气象局负责气候资源部分,主要分析资料为 1971—2000 年 30 年的气象资料。

③天气预报

1958 年初县气象站开始制作补充天气预报,有短期 24、48、72 小时预报,长期预报有月预报、汛期预报、年度预报。当时预报依据,一是主要收听大台(河北、北京等)预报;二是统计本站历史气象资料,制作图表找出预报模式;三是访问老农,走群众路线;四是收集、整理、验证天气谚语;五是观察动植物对天气变化的反映。将制作的天气预报电话传到县广播站及有关直接服务单位。

1976 年河北省广播电台播送全国部分气象台站观测资料,把气象站单点气象数据和抄收各点数据填在小图上,绘制温、压、湿要素图,进行分析。再依据县站长期绘制图表的经验,找出一些规律,依靠统计外推法做短期天气预报,改进了预报手段。

④气象信息网络

1983 年气象站配备了传真机,可以直接看到各层次天气图及有关气象资料,进一步增强了天气预报的科学依据。

20 世纪 90 年代后期,随着气象卫星综合业务系统("9210")的完工,天气预报工作站的业务使用,实现了各类气象信息快速交换,气象预报人员随时在计算机上调阅大量图表资料,包括各时次高空图、地面图、卫星云图、雷达回波以及数值预报信息等。

2004 年天气预报由市气象台制作,县气象局只搞气象服务。现在怀来县气象局天气预报服务内容有 24、36、48、72 小时短期,3～10 日中期天气预报服务,短时气候预测:月、季、年气候预测服务以及《重要天气报告》、《降水公报》及《气象专题报告》。

2. 气象服务

公众气象服务　1997 年以前采用将天气预报结果电话传送到广播电台,再由广播电台、电视台播出天气预报。

1997 年 5 月底气象局与电信局合作正式开通了"121"答询电话,当时开通五条线路。2006 年根据张家口市气象局要求,全市"12121"电话实行集约经营,主服务器由市气象局建设维护。

1997 年 8 月,县气象局与广播电视局协商,同意在电视台播放怀来天气预报。由怀来县气象局制作天气预报节目录像带送电视台播放,曾制作有线和无线二套电视天气预报节目。2008 年初改为天气预报信息由怀来县气象局提供,电视节目由电视台制作、对外发布。预报信息通过电话传输到县电视台。

决策气象服务　怀来县气象局始终把为政府服务作为气象服务的重中之重,为政府防灾减灾提供气象服务。怀来县气象局开展了《气候预测》、《重要天气预报》、《降水公报》、《气象灾害预警警报》。当有干旱、洪涝等气象灾害时,为县委、县政府报送《气象专题服务报告》;中、高考期间提供《高考、中考气象服务报告》;县里有重大活动时提供《气象服务报告》,2005 年以来,对重大服务项目通过县政务网向全县有关领导和部门发送。

2008 年为了更及时准确地为县、乡、村领导服务,通过移动通信网络,开通了"信息魅力"服务平台,以手机短信方式向全县各级领导及 420 名乡村气象信息员发送气象灾害信息。2008 年 12 月怀来县委宣传部门通过《人民日报》报道了怀来县气象局利用手机短信向农村种养大户发送灾害性天气预报的先进事迹(2009 年 1 月 18 日《人民日报》刊登)。

专业与专项气象服务 怀来县防雹办公室成立于 20 世纪 70 年代,办公室设在怀来县气象站,主要为当地减少冰雹灾害服务。2000 年后依据《中华人民共和国气象法》的规定,开展了人工影响天气工作,特别是人工增雨工作开展以来,发展快、范围广、效果好,开创了气象工作新局面。

气象法规建设与社会管理

法规建设 《中华人民共和国气象法》自 2000 年 1 月 1 日起施行。2000 年怀来县气象局注重抓好对《中华人民共和国气象法》的宣传工作,旨在创造《中华人民共和国气象法》贯彻实施的良好社会环境和舆论环境,争取社会各界和人民群众的广泛支持。

《中华人民共和国气象法》颁布后,怀来县气象局立即建立了执法队伍。对气象执法人员进行了培训。通过县法制办公室的考核,4 名执法人员获得气象行政执法证。加强防雷减灾管理,加强气象探测环境的保护。

制度建设 1987 年建立了《怀来县气象局目标责任制管理办法》,以后每年随着工作任务变化进行补充完善与更改。

社会管理 2000 年 3 月怀来县防雷中心成立以来,防雷检测纳入了行业的正规管理,每年对各机关团体、学校、矿山、工厂、企业等 90 多个单位进行年度常规避雷安全检测,之后逐步开展了对在建施工单位的防雷跟踪检测、竣工验收及防雷产品设施的检测工作。

政务公开 怀来县气象局认真对内对外开展了气象政务公开。对外主要对气象行政审批、办事程序、气象服务内容、服务承诺、气象行政执法依据、服务收费依据及标准等,通过室内公示栏、电视广告、发放宣传单等方式向社会公开。2003 年怀来县气象局成立了局务公开领导小组,对内大事小事均在局务会上研究决定,意见不统一时再在全局会上讨论,做到公平、公正、透明。

党建与气象文化建设

1. 党建工作

党的组织建设 怀来县气象局建站时没有自己的党支部。1972 年党员增至 5 人,成立党支部。截至 2008 年有党员 8 人(其中在职党员 5 人)。

党风廉政建设 怀来县气象局党支部重视党风廉政建设工作,认真落实党风廉政建设目标责任制。2008 年初为推进反腐倡廉建设,组织党员干部到革命圣地——西柏坡参观,进行革命传统教育。建站至今全局干部职工无违法违纪情况发生,多名同志被县委先后授予"优秀共产党员"称号。

2. 气象文化建设

精神文明建设　在管理上始终坚持以人为本,弘扬自力更生、艰苦奋斗精神,深入持久地开展文明创建活动,努力建设文明台站,廉洁台站,和谐台站,单位统一制作了局务公开栏、学习园地、法制宣传图,建有"两室一网"(荣誉室、图书室、气象文化网),以及乒乓球活动室等。

文明单位创建　1997年被评为市级"文明单位",2000年因为市级"文明单位"名额所限,评为县级"文明单位",2006—2008年再次被评为市级"文明单位"。

3. 荣誉

集体荣誉　1978年被中央气象局授予"先进测报组",省气象系统"双学会先进单位";1979年被省气象局评为"先进农气站";1983年被评为省气象部门"双学会先进单位";1988年被河北省气象局授予先进气象站,并评为全国气象系统先进集体;1996年被中国气象局评为"全国双文明建设先进集体"。

个人荣誉　先后有2位同志获省"双学会先进个人";先后有3位同志获省气象局记大功奖励。

台站建设

台站综合改造　1953年建站初期建二层观测楼1栋(约20平方米);1957年增建3间平房,面积60平方米;1982年建二层办公楼,面积375平方米;1957年增建3间平房,面积60平方米;1982年建二层办公楼,面积375平方米;1998年建平房5间,改建家属楼及12间平房家属房,安装卫生间,更换下水管道。

办公与生活条件改善　1983年建二层家属楼,面积340平方米;1992年建平房家属房12间;1998年建平房5间改建家属楼及12间平房家属房,安装卫生间,更换下水管道;2007年迁站建设,建二层办公楼721平方米,各办公室更换所有办公桌椅等办公设施并配备了空调、饮水机,改善了办公环境;2008年在办公楼北新建家属楼1栋,三层4个单元共21户,面积3299平方米,解决了在职员工及退休职工的住房问题。

怀来县气象站旧貌(1956年)

怀来县气象站旧貌(1984年)

怀来县气象局新办公楼(2008 年)

怀来县气象局新观测场(2008 年)

康保县气象局

康保县位于河北省西北部,地处蒙古高原南缘,平均海拔高度 1450 米;西、北、东与内蒙古交界,南与河北省张北、沽源两县接壤。属于中温带亚干旱区,东亚大陆性季风气候特征明显,全年多受蒙古高压控制,冬季寒冷漫长,夏季凉爽短促,雨热同季;年均气温1.7℃,无霜期 114 天,大风日数 50 多天,年均降水量 242.4 毫米,蒸发量 1772 毫米,日照时数 3100 小时,最低气温−37.3℃,最大风速 25 米/秒,最大冻土深度 2.48 米。由于长年受大风沙尘天气影响,加之县域内没有明显区域特征的山脉及常年性河流,土壤沙化严重,土壤类型以沙土为主,土壤贫瘠,生态环境很差。

机构历史沿革

始建情况　康保县气象局始建于 1959 年,初始名称为张北县康保地区气象站,同年 6月 1 日起正式开展地面气象观测业务。站址位于东经 114°36′,北纬 41°51′,观测场海拔高度 1422.4 米;到 2008 年 12 月站址未曾变动。

历史沿革　1959 年 6 月建站时名为康保地区气象站;1960 年 6 月改名为张北县农业气象服务站;1961 年 6 月改名为康保县气象服务站;1970 年 3 月改名为康保县革命委员会农业领导小组气象站;1971 年 10 月改名为康保县气象站;1974 年 6 月改名为康保县革命委员会农业局气象站;1981 年 8 月改名为河北省康保县气象站;1992 年 5 月改名为河北省康保县气象局至今。

原属于国家一般气象站,2007 年 1 月 1 日起升格为国家气象观测站一级站,2008 年 12月 31 日起又恢复为国家一般气象站。

管理体制　康保县气象局从成立至 1961 年底由康保县农业局代管。1962 年 1 月起管理体制变动,由张家口地区气象台领导。1966 年 1 月—1971 年 5 月由康保县农业局直接领导。1971 年 6 月—1973 年 9 月实行军事管制,由康保县人民武装部领导。1973 年 1月—1981 年 4 月,由康保县农业局直接领导,业务工作不变。1981 年至今实行气象部门与地方政府双重领导,以气象部门领导为主的管理体制,隶属河北省气象局。

单位名称及主要负责人变更情况

单位名称	姓名	职务	任职时间
康保地区气象站	赵凤岐	站长	1959.06—1960.05
张北县农业气象服务站			1960.06—1961.05
康保县气象服务站			1961.06—1962.08
	贺永清	站长	1962.09—1970.02
康保县革命委员会农业领导小组气象站			1970.03—1971.09
康保县气象站			1971.10—1971.10
	王荣亭	站长	1971.11—1974.05
康保县革命委员会农业局气象站			1974.06—1979.04
	康文田	站长	1979.05—1981.07
河北省康保县气象站			1981.08—1984.10
	郭连忠	站长	1984.11—1986.04
	刘树青	站长	1985.05—1992.04
河北省康保县气象局		局长	1992.05—1998.07
	武林梅	局长	1998.08—

人员状况　成立之初有观测员 3 人,设站长 1 名。1962 年初有 6 人,到下半年先后调出 3 人,下放 1 人,剩 2 人。1963 年从地区台调入 1 人。1965 年从尚义县调来 1 名站长。1972 年由于工作任务增加,人员一度增至 11 人。此后人员调入调出频繁。到 1992 年人员有 5 人。2007 年 1 月 1 日起升级为国家气象观测站一级站,人员增至 9 人。2008 年 12 月 31 日起恢复为国家一般气象站。现有在职职工 7 人,其中:大学学历 3 人,大专学历 1 人,中专学历 3 人;中级职称 2 人,初级职称 5 人。

气象业务与服务

1. 气象业务

①地面气象观测

观测项目　从建站至 2003 年底为人工观测方式,观测项目主要有云、能见度、天气现象、气压、气温、湿度、风向、风速、降水、雪深、日照、蒸发、冻土深度、地面温度及浅层地温;1972—1980 年增加深层地温观测。从 2004 年 1 月 1 日起改为自动观测方式,观测项目有云、能见度、天气现象、气压、气温、湿度、风、降水、雪深、日照、蒸发、冻土深度、地面温度、浅层和深层地温、草面温度等。

观测时次　1959 年 6 月 1 日—2006 年 12 月 31 日,每天进行 08、14、20 时(北京时,下同)3 次定时观测,夜间不守班;2007 年 1 月 1 日—2008 年 12 月 31 日,每天进行 02、05、08、11、14、17、20、23 时 8 次定时观测,夜间守班;2009 年 1 月 1 日起恢复为每天进行 08、14、20 时进行 3 次定时观测,夜间不守班。1965 年—1994 年 6 月承担航危报观测任务,每天的 06—20 时每小时进行 1 次观测。

发报种类　地面天气报:发往省、市气象台;1961 年 1 月 1 日—2006 年 12 月 31 日每天 3 次;2007 年 1 月 1 日—2008 年 12 月 31 日每天 8 次;2009 年 1 月 1 日起恢复为每天 3 次。

气象旬(月)报:每旬编制气象旬(月)报,发往省气象台。

重要天气报:发往省、市气象台,不定时发报。

雨情报:每年 10 月 1 日到次年 5 月 19 日,每日 08 时向河北省气象台编发。

航危报:发往张家口和延庆机场;从 1965 年开始到 1989 年,06—20 时预约报;1990 年 1 月 1 日—1994 年 6 月改为每天 06—20 时固定报。

气象报表制作 编制气象月报表一式 3 份,报河北省气象局和张家口市气象局各 1 份,本站留存 1 份;年报表一式 4 份,报中国气象局、河北省气象局和张家口市气象局各 1 份,本站留存 1 份。1994 年以前采用手工制作方式;从 1994 年 1 月开始使用微机制作气象报表;从 1995 年 1 月开始报送电子版报表,本站打印留底;2003 年 10 月起通过业务网络向张家口市气象局报送报表数据文件,同时停止报送纸质报表。1985 年康保县气象站配备了 PC-1500 袖珍计算机,并自 1986 年 1 月 1 日起正式将 PC-1500 袖珍计算机运用于地面气象观测业务,取代人工计算编报方式,提高了测报质量和工作效率。随着中国改革开放的不断深入,20 世纪 90 年代县级气象现代化建设开始起步,1994 年开始使用微机制作地面气象月(年)报表。

自动气象站 2003 年 10 月建成地面自动气象站,2004 年 1 月正式投入业务运行,使地面气象观测手段由过去的人工观测发展为自动观测;自动气象站观测项目有气压、气温、湿度、风向、风速、降水、地温等,观测项目全部采用仪器自动采集、记录,替代了人工观测;自动气象站采集的数据更具有代表性、准确性和连续性,并实现了与省气象局微机联网,观测的数据自动发送到省气象局。现在以自动站资料为准发报,自动站采集的资料在计算机中备份。

2006 年 6 月在全县 15 个乡镇建立了加密自动气象站,并开始运行。

②天气预报预测

天气预报最早是根据收听上级气象台的资料通过绘制天气分析图制作,1960—1982 年通过绘制简易天气图、时间曲线、时间剖面图;1978 年新增能量扩线图,再结合分析本地气象资料、短期天气形势、天气过程的周期变化等制作天气过程趋势预报。1987 年安装传真机一部,开始使用日本东京和欧洲的传真天气图进行分析。1998 年建成卫星接收系统,开始接收卫星气象资料,提高了预报准确率。1999 年 8 月建成气象信息卫星广播接收系统("9210"工程),同时安装灾情传递系统,更进一步加快了预报的发展进程。由于网络的出现,2000 年 5 月接通了因特网,可以通过上网调阅资料,调阅市气象局预报,实现资源共享,使预报更有了一定的参考标准。2001 年 7 月安装了预报软件(MICAPS),从此制作预报有了强有力的工具,也进入了信息时代,极大地提高了预报的准确率。

天气预报主要有:天气预警、重要天气预报、专题预报、春播(3—5 月)预报、汛期(6—8 月)预报、1—8 月中期气候预测、季度预报、年度预报。

天气预报最初是以广播、电话、文印的形式进行发布,受设备成本和地域以及通信方式等因素的影响,效果很差。2001 年投资建成声像制作系统,并与县电视台协商开始每天定时播放电视天气预报,形象直观的电视天气预报画面受到群众的喜爱。1997 年 9 月开始"121"电话咨询服务,2005 年"121"电话答询系统升级为"12121",2008 年"信息魅力"平台的建立,使天气预报更加及时、准确地为公众服务。

2. 气象服务

主要开展天气预报制作发布、人工影响天气、防雷设备和设施的安装和检测、防雷工程的设计审核和验收、"12121"天气预报自动答询、测定土壤墒情等气象服务。

①公众气象服务

2001年开始在电视台播放天气预报,天气预报信息由气象局提供,电视节目由电视台制作。2001年9月康保县气象局建成多媒体电视天气预报制作系统,开始自行录制电视天气预报节目。2008年7月电视台电视播放系统升级,同时气象局电视天气预报制作系统升级为非线性编辑系统。

20世纪90年代初县气象局同县电信局合作开通"121"天气预报电话答询服务。1997年10月全市"121"天气预报电话答询服务实行集约经营,主服务器由市气象局建设维护;随后"121"电话升位为"12121"。此后,由于受电话号码升位、手机短信及手机直接拨打等多种因素影响,该项服务逐渐萎缩。

2008年7月以前通过广播、天气预报、纸质材料向政府及公众发布气象灾害预警信息,7月建立了全市气象灾害预警信息发布平台,通过手机短信方式,将气象灾害预警预报直接及时发至各县区、乡镇、行政村气象信息员手机。

②决策气象服务

2008年为有效应对突发气象灾害,最大限度地避免和减轻气象灾害造成的损失,开始采用网通公司的"信息魅力"业务平台,以手机短信、小灵通短信和固定电话语音等方式,向县政府及有关部门主要领导以及分布在全县各乡镇、行政村、中小学校的气象灾害应急防御联系人发布气象灾害预警信息。

③专业与专项气象服务

专业气象服务 1985年开始推行气象有偿专业服务。主要是为全县各乡镇或相关企事业单位提供中、长期天气预报和气象资料。康保县气象局不断完善服务内容,服务手段,涉及天气预报、土壤墒情、乡镇(月、年)降水总量等,目前此项服务还在顺利开展。

人工影响天气 康保县十年九旱,地下水资源贫乏,人工增雨工作受到当地政府的高度重视,康保县气象局2001年6月配备了第一套人工增雨火箭发射装置,开始实施人工增雨作业;2002年增配了第二套增雨作业设备,遇有降水天气过程,2台增雨车适时开展人工增雨作业,深受广大人民群众的欢迎,政府也每年及时拨付增雨经费,确保增雨作业。

风能资源调查和评估 康保县地处内蒙古高原南缘,平均海拔高度1450米,地势开阔而平坦,素有"一年一场风,年始到年终,春季刮出土豆籽,秋天刮出犁底层"的说法,风能资源开发前景可观。从2003年起先后有中国电力、山东鲁能集团等10家企业与康保县委、县政府签订了协议,目前已有4家企业落户康保。在康保县开发风能资源的工作中,气象局充分认识到风电开发对康保县经济发展的重要意义,积极支持和配合县政府的工作,开展了风能资源调查和评估,为多家风电企业提供了大量真实、准确的气象资料,为培强壮大康保风电产业,促进县域经济更好更快发展做出了应有的贡献。

科学管理与党建工作

法规建设 根据中国气象局出台的《气象探测环境和设施保护办法》,结合本局实际,经县政府同意,康保县气象局出台了《康保县气象探测环境保护实施办法》。2002年10

月、2004年11月及2007年12月多次将气象探测环境保护的有关法律法规在当地人大、政府及有关职能部门备案,保证气象探测环境长期得到保护。2008年7月,为了广泛宣传气象探测环境和设施保护的法律法规,进一步做好气象探测环境和设施保护工作,按照上级部门要求,在气象局外围醒目位置设置了康保县保护气象探测环境公告牌。

社会管理 2008年1月向建设局转发了《河北省防灾减灾管理办法》、《建设项目防雷装置、防雷设计、跟踪检测、竣工验收工作的通知》等有关文件。为规范康保县防雷市场的管理,提高防雷工程的安全性,康保县气象局还争取县政府法制办的支持,并在全县范围内实施。防雷行政许可和防雷技术服务正逐步规范化。

政务公开 对气象行政审批办事程序、气象服务内容、服务承诺、气象行政执法依据、服务收费依据及标准等,通过室内公示栏、电视广告、发放宣传单等方式向社会公开。

党建工作 康保县气象站建站之初有党员2名,编入县农业局党支部。到1975年先后有9名党员到气象站工作,但由于人员调动频繁,始终没有成立党支部。1976年7月康保县气象站正式成立党支部,有3名党员。截至2008年有党员5名。

台站建设

台站综合改造 康保县气象站位于康保县康保镇北关村外,始建脊式土瓦结构平房4间,设有观测值班室、预报室、库房等,总建筑面积72平方米;1980年在观测场南面建了24间家属平房,使用面积384平方米;近几年因风吹日晒,再加上年代已久,办公楼亟需改善。建站之初,观测场与办公室相距25米,1962年冬遇大雪和大风天气,致使观测场内外形成大量积雪,雪深达3米以上,场内百叶箱及其他仪器被雪淹没;每次观测前都需要把百叶箱挖出,将箱内积雪清除,但下次观测时就又不见百叶箱了,观测条件十分艰苦。

办公与生活条件改善 1990年由于业务需要,在原预报室西边建成二层小楼,共有11个房间,工作和生活环境得到较大改善。20世纪90年代对观测场进行了美化,铺设了水泥小路,更换了观测场围栏,使观测场更加美观,同时也改善了观测条件。

康保县气象局旧貌(1981年)

康保县气象局新貌(2008年)

尚义县气象局

机构历史沿革

始建情况 尚义县气象局始建于1959年5月1日,站址在尚义县南壕堑镇西良头村。

站址迁移情况 1997年1月1日迁于尚义县南壕堑镇河东街(郊外),北纬41°06′,东经113°59′,观测场海拔高度1376.5米。

历史沿革 尚义县气象局建站时称尚义县气象站;1959年10月1日因行政区划改变,站名改为商都县南壕堑气象服务站;1961年6月1日又改为尚义县气象服务站;1971年10月2日因行政区划的改变,又改为尚义县气象站;1980年1月1日经尚义县委决定成立了尚义县气象局;1981年7月1日更名为河北省尚义县气象站;1991年1月1日又更名为河北省尚义县气象局并沿用至今。

建站时为国家一般气象站,2007年1月1日变更为国家气象观测站二级站,2008年12月31日又恢复为国家一般气象站。

管理体制 尚义县气象局从成立至1971年5月31日属尚义县农业局管辖;1971年6月1日—1972年12月31日由尚义县人民武装部接管;1973年1月1日体制回收又交回尚义县农业局;1981年7月1日起实行气象部门与地方政府双重领导,以气象部门领导为主的管理体制,隶属于河北省气象局管理。

机构设置 局内设有人工影响天气、综合治理、防雷中心、基础业务测报等科室,承担本县行政区域内的地面气象观测任务和气象服务工作。

单位名称及主要负责人变更情况

单位名称	姓名	职务	任职时间
尚义县气象站	贺永清	站长	1959.05—1959.10
商都县南壕堑气象服务站			1959.10—1961.05
尚义县气象服务站			1961.06—1963.09
	刘源	站长	1963.10—1971.09
尚义县气象站	贺永清	站长	1971.10—1977.06
	宋致华	站长	1977.07—1980.01
尚义县气象局		局长	1980.01—1981.07
河北省尚义县气象站		站长	1981.07—1982.12
	李彬	站长	1983.01—1991.01
		局长	1991.01—1992.11
河北省尚义县气象局	王爱先	局长	1992.12—1998.08
	韩玉奎	副局长(主持工作)	1998.08—1999.11
		局长	1999.12—

人员状况 1959年5月建站时有2人,2002年8月定编7人,2006年5月定编5人,2008年1月定编6人,截至2008年12月尚义县气象局实有干部职工6人,其中:本科学历4人,大专学历1人,高中学历1人;工程师1人,助理工程师5人;汉族5人,俄罗斯族1人。

气象业务与服务

1. 气象业务

①地面气象观测

观测项目 建站至2003年底为人工观测,观测项目主要有云、能见度、天气现象、气压、气温、湿度、风向、风速、降水、雪深、日照、蒸发、冻土深度、地面温度及浅层地温。从2004年1月1日起改为自动观测,观测项目有云、能见度、天气现象、气压、气温、湿度、风、降水、雪深、日照、蒸发、冻土深度、地面温度、浅层和深层地温、草面温度等。

观测时次 1959年5月1日—1960年7月31日,每天进行01、07、13、19时(地方时)4次观测,夜间守班。1960年8月1日—1961年3月14日,每天进行02、08、14、20时(北京时)4次观测,夜间守班。1961年3月15日—1971年12月31日,每天进行08、14、20时3次观测,夜间不守班。1972年1月1日—1974年6月30日,每天进行02、08、14、20时4次观测,夜间守班。1974年7月1日起,每天进行08、14、20时3次观测,夜间不守班。

发报种类 地面天气报:发往省、市气象台;1961年1月1日14时起每天3次。气象旬(月)报:每旬编制气象旬(月)报,发往省气象台。重要天气报:发往省、市气象台,不定时发报。雨情报:每年10月1日—次年5月19日,每日08时向河北省气象台编发。

气象报表制作 气象月报表一式3份,报河北省气象局和张家口市气象局各1份,本站留存1份;年报表一式4份,报中国气象局、河北省气象局和张家口市气象局各1份,本站留存1份。1985年5月尚义气象站配备了PC-1500袖珍计算机,自1986年1月1日起使用PC-1500袖珍计算机取代人工编报;1994年以前采用手工制作方式;从1994年1月开始使用微机制作气象报表;从1995年1月开始报送电子版报表,本站打印留底。2003年10月起通过业务网络向张家口市气象局报送报表数据文件,同时停止报送纸质报表。

自动气象站 2003年10月建立了CAWS600型自动气象观测站,2004年1月正式投入使用。自动气象站观测项目有气压、气温、湿度、风向、风速、降水、地温等,观测项目全部采用仪器自动采集、记录,替代了人工观测。

2005年开始陆续在各乡镇建设加密自动气象站,2006年6月尚义县所有乡镇全部建成了气温、雨量两要素加密自动气象站。

②天气预报预测

1962年初开始作补充天气预报,有短期24、48、72小时预报,长期预报有月预报、汛期预报、年度预报。当时预报依据,一是主要收听电台(河北、北京等)预报;二是统计本站历史气象资料,制作图表找出预报模式;三是访问老农,走群众路线;四是收集、整理、验证天气谚语;五是观察动植物对天气变化的反映。将制作的天气预报通过电话传到县广播站及有关直接服务单位。

20世纪90年代后期,随着气象卫星综合业务系统("9210"工程)的完工,天气预报工作站的业务使用,实现了各类气象信息快速交换,气象预报人员可随时在计算机上调阅大量图表资料,包括各时次高空图、地面图、卫星云图、雷达回波以及数值预报信息等。1998年1月10日张北尚义交界处发生地震,尚义县气象局立即组成气象服务小组,为当地抗震救灾提供了可靠的气象安全保障。

2004年天气预报由市气象台制作,县气象局只搞气象服务。现在尚义县气象局天气预报服务内容有短期(24、36、48、72小时),中期(3~10日)天气预报服务,短期气候预测(月、季、年气候预测)服务以及《重要天气报告》《降水公报》和《气象专题报告》。

2007年2月起,值班人员每天2次做好尚义县的天气预报,以电子版向县政府网站发布,以网页的形式向公众预报尚义的天气变化。

2. 气象服务

尚义县位于河北省西北部,属内蒙高原之前沿,属大陆性季风气候。夏季凉爽短促,冬季严寒漫长,干燥少雪,春秋两季气温变化剧烈。干旱、大风、霜冻、冰雹等自然灾害频发。

公众气象服务 1961年6月开始在县广播站每日播报1次天气预报;1999年9月起在县电视台每日插播1次天气预报,天气预报节目内容由气象局负责制作,并录制成录像带送县电视台播放;2007年1月起由县广电局在尚义县有线电视台尚义频道每日播出1次天气预报,由气象局制作完成,拷贝至U盘送电视台播放。

围绕构建农村新型气象工作体系,推进现代气象业务体系向农村延伸、气象应急管理体系向农村延伸、公共气象服务向农村延伸,创新气象为"三农"服务模式,每旬将《旬预报》寄往个乡镇,每次预警信息都及时通过电话、短信告知乡镇领导和办公室做好预防工作。

决策气象服务 20世纪80年代开始以口头或书信方式向县委、县政府提供决策服务。90年代以后,逐步开发《重要天气报告》《专题气象报告》《农业气象信息》《降水公报》等决策服务产品。每次雷雨、大风、干旱等灾害都准确预报灾害天气过程,及时向县委、县政府和有关部门提供决策服务。

2008年9月与网通公司联手开通了气象服务信息平台,通过短信向县委、县政府领导,学校,工矿,农、林、水、电等部门发布寒潮预警、雷暴预警等相关服务信息。提高了应对突发气象灾害以及气象灾害预警信号的发布速度。

【气象服务事例】 2008年6月10日晚,尚义县八道沟、七甲、炕塄等乡镇遭受短时大风暴雨袭击,其中八道沟镇在不到一个小时的时间里降水量达91.4毫米。县气象局于6月8—9日做出重要天气报告送到县委、县政府;在10日测报员看到气象雷达强回波及移动走向,又及时通过手机短信给各乡镇领导发布了雷电及暴雨黄色预警信号。由于预报准确,预警及时,使各乡镇损失降到最低,受到了县委、县政府领导的好评。

专业与专项气象服务 1985年3月专业气象有偿服务开始起步,主要服务对象为全县各乡镇和相关企事业单位,为其提供中、长期天气预报和气象资料。随着科学技术的不断发展,尚义县气象局也在继续开展中不断完善,服务资料涉及预报、土壤墒情、乡镇(月、年)降水总量、重要天气报、各类预警信号等。1997年8月起将防雷工程从设计、施工到竣工验收,全部纳入气象行政管理范围。负责全县防雷安全管理,定期对液化气站、加油站、民爆公司、烟花爆竹等场所及计算机机房和安装防雷装置的单位进行防雷设施的检查、检测,对不符合防雷技术规范的单位责令进行整改;1999 年 5 月起将全县各类新建(构)筑物按照规范要求安装避雷装置。

尚义县为开发利用空中水资源,于 2001 年 6 月由张家口市气象局配备了第一部人工增雨火箭架,并开始实施人工增雨作业。2002 年市气象局又为尚义县增配了第二套增雨作业设备,2 台增雨设备基本能满足全县人工增雨需要。尚义县地下水资源贫乏,而且十年九旱,因此人工增雨工作已引起广大人民群众和当地政府的高度重视。

20 世纪 90 年代末,开发利用风能资源正在兴起,尚义县地处河北西北部高原地区,风能资源开发前景可观。从 2003 年春季开始到 2008 年 12 月先后有中国国华新能源有限公司、华能国际电力开发公司等 10 家企业与尚义县委、县政府签订了协议,并且已经有 2 家企业在尚义落户。尚义县气象局在此项工作中提供了大量的气象资料和热情周到的服务,为尚义的经济发展提供了有力支持。尚义县气象局还多次为农、林、牧、水等单位做好专项气象服务,为当地农业发展提供有利的气象保障。2004 年春季开始与县林业局、畜牧局合作开展电视森林、草原火险气象等级预报,更好地对森林、草原防火进行指导,防止重大安全事故的发生。

气象科普宣传　应用电视、手机短信、气象简报、网站等渠道,在尚义县实施气象科普入村、入校、入社区。每年的"3·23"世界气象日,尚义县气象局都要组织气象科普宣传活动,全县众多师生、民众受到气象科普教育。2008 年 7 月以前通过广播、天气预报、纸质材料向政府及公众发布气象灾害预警信息,2008 年 7 月建立了全市气象灾害预警信息发布平台,通过手机短信方式,将气象灾害预警预报直接及时发至各县区、乡镇、行政村气象信息员手机。

气象法规建设与社会管理

法规建设　2003 年中国气象局出台《气象探测环境和设施保护办法》。根据省、市气象局对气象探测环境和设施保护的要求并结合尚义县实际,尚义县政府出台了《尚义县人民政府关于加强气象探测环境保护的通知》(尚政〔2003〕90 号)。2004 年 2 月、2004 年 11 月、2007 年 12 月,尚义县气象局多次将气象探测环境保护的有关法律法规在当地人大、政府及有关职能部门备案,使气象探测环境长期得到保护。2008 年 7 月为了广泛宣传气象探测环境和设施保护的法律法规,进一步做好气象探测环境和设施保护工作,按照张家口市气象局的要求,在气象局外围醒目位置设置了尚义县保护气象探测环境公告牌。

社会管理　《河北省防灾减灾管理办法》下发后,尚义县气象局争取县政府法制办的支持,1998 年 4 月在尚义县出台了《尚义县防雷工程检测和竣工验收管理办法》,并在全县范围内加以实施。在建设项目防雷装置防雷设计、跟踪检测、竣工验收工作方面,规范了尚义县防雷市场的管理,提高了防雷工程的安全性,防雷行政许可工作和防雷技术服务也逐步正规。

2003 年 8 月张家口市气象局成立气象行政执法大队,尚义县气象局 3 名兼职执法人员均通过省政府法制办培训考核持证上岗。2005—2008 年每年都与安监、建设、教育等部门联合开展气象行政执法检查。

政务公开　尚义县气象局认真对内对外开展了气象政务公开。对外主要是将气象行政审批、办事程序、气象服务内容、服务承诺、气象行政执法依据、服务收费依据及标准等，通过室内公示栏、电视广告、发放宣传单等方式向社会公开。在对内方面，2003年尚义县气象局成立了局务公开领导小组，大事小事均在局务会上研究决定，意见不统一，再在全局会上讨论，做到公平、公正、透明。

党建与气象文化建设

党建工作　尚义县气象站从1959年建站之初有党员2名，编入农业局党支部；到1975年先后有6名党员到气象站工作，但由于人员调动频繁，始终没有达到成立党支部的人数；1977年7月尚义气象站正式成立党支部，有党员4人。截至2008年有党员5人，预备党员1人。

2006—2008年尚义县气象局党支部连续3年被县直机关党委评为先进党支部。

气象文化建设　按照河北省气象局和张家口市气象局的安排，认真开展了"两室一网"建设，即荣誉图书室、活动室和气象文化网，尚义县气象局始终坚持以人为本，弘扬自力更生、艰苦创业精神，深入持久地开展文明创建工作。

文明单位创建　2000年9月—2006年8月评为县级"文明单位"。2006年9月—2008年12月评为市级"文明单位"。

集体荣誉　1994—2000年被县委、县政府评为实绩突出单位，同时被张家口市气象局评为实绩突出单位；2000年被河北省气象局评为三级强县局单位；2004年被尚义县委、县政府评为项目开发先进集体；2006年被评为服务县域经济发展先进集体。

台站建设

尚义县气象局属于艰苦台站，建始时只有几间平房。设有观测值班室、预报室、库房等。1997年1月1日为改善观测环境和办公条件，经过河北省气象局批准，迁站至尚义县南壕堑镇河东街现址。建成二层小楼，共计300平方米，12个房间，工作和观测环境得到相应改善。2000年7月对观测场周围进行美化、绿化，使台站环境更加整洁美观，也改善了观测条件。

尚义县气象局旧貌(1981年)

尚义县气象局新貌(2007年)

沽源县气象局

沽源县位于内蒙古高原南缘,河北省最北部,平均海拔高度 1536 米,处于温带半干旱大陆性季风气候区,冬季寒冷漫长,夏季短暂。年均气温 2.1℃,年均大风日数 35 天,年平均降水量 400.5 毫米,无霜期 121 天,最大冻土深 2.93 米,年均风速 4.1 米/秒。

机构历史沿革

始建情况 沽源县气象站始建于 1957 年 9 月,1958 年 1 月 1 日正式开始运行。沽源县气象局属于国家一般气象站,为国家四类艰苦台站。

站址迁移情况 建站后本站历经两次站址迁移。1958—1970 年位于沽源县苏鲁滩劳改农场。1971—1996 年位于沽源县平定堡镇东北角。1997 年后迁站于县城平定堡镇西南,东经 115°40′,北纬 41°40′,海拔高度 1412 米。

历史沿革 1958 年 1 月—1959 年 2 月名称为河北省苏鲁滩气候站;1959 年 3 月—1960 年 6 月名称为张北县沽源地区气象站;1960 年 7 月—1961 年 8 月名称为张北县畜牧气象服务站;1961 年 9 月—1968 年 4 月名称为沽源县气象服务站;1968 年 5 月—1972 年 1 月名称为沽源县农林系统革命领导小组气象站;1972 年 2 月—1981 年 7 月为名称沽源县气象站;1981 年 8 月—1992 年 3 月名称为河北省沽源县气象站;1992 年 4 月更名为河北省沽源县气象局。

管理体制 沽源县气象站 1958 年成立之初,由河北省气象局与河北省公安厅直接管理。1958 年 9 月—1971 年 5 月管理体制变动,归沽源县农业局管理。1971 年 6 月起由沽源县人民武装部接管。1973 年 10 月沽源县农业局恢复对气象站的领导。1981 年 7 月起,实行气象部门与地方政府双重领导,以气象部门领导为主的管理体制,隶属河北省气象局管理。

单位名称及主要负责人变更情况

单位名称	姓名	职务	任职时间
河北省苏鲁滩气候站			1958.01—1959.02
张北县沽源地区气象站			1959.03—1960.06
张北县畜牧气象服务站	彭望光	站长	1960.07—1961.08
沽源县气象服务站			1961.09—1968.04
沽源县农林系统革命领导小组气象站			1968.05—1971.05
	王光启	站长	1971.06—1972.01
沽源县气象站			1972.02—1973.10
	毕生才	站长	1973.10—1981.07
河北省沽源县气象站			1981.08—1986.11

单位名称	姓名	职务	任职时间
河北省沽源县气象站	李海鹰	站长	1986.11—1988.07
	李焕文	站长	1988.08—1991.01
	侯树林	站长	1991.02—1992.03
河北省沽源县气象局		局长	1992.04—

人员状况 沽源县气象站成立时编制2人,站长是观测员也是炊事员,观测员是报务员同时还是管理员、医生。1981年7月增加到15人。从1958年建站到2008年12月,先后有46人在沽源县气象站工作过。2002年定编7人。2008年编制改为6人,截至2008年12月,有在编职工7人,其中:本科学历2人,大专学历2人;工程师2人,助理工程师4人,技术员1人;汉族6人,满族1人。

气象业务与服务

1. 气象观测

沽源县气象站从1958年成立至2008年12月,业务常有变动,大多集中在1975年之前,具有深刻的时代烙印。主要气象业务以地面气象观测为主,气象预报和农业气象观测也曾经是本站气象业务的重要组成部分,气象服务更是贯穿了本站的整个历史。

①地面气象观测

观测项目 建站之初,观测项目有气温、湿度、风向、风速、云、天气现象、降水、日照、小型蒸发、地面温度、雪深、冻土、地面状态。随着时间的推移,逐渐增加和取消的观测项目有:1958年4月增加曲管地温观测;1958年11月增加气压观测;1958年10月—1979年增加直管地温观测;1959年7月增加能见度观测;1961年初取消地面状态观测。2003年进行自动气象站建设并试运行。2004年自动站开始运行,自动观测项目有:气压、气温、湿度、风向、风速、降水量、地温(包括地面、浅层和深层地温);2008年增加草(雪)面温度观测。

观测时次 沽源县气象站从建站开始,气象观测时次历经4次调整。1958年—1960年7月观测时制以地方时为准,每天进行4次观测,时间分别为01、07、13、19时。1960年8月—2008年12月,观测时制以北京时为准;1960年8月—1961年4次观测时间调整为02、08、14、20时;1962—1971年观测次数调整为3次,取消夜间02时的观测发报任务。1972—1974年又调整为4次观测且首次规定夜间守班。1975年—2008年12月,一直为3次观测,夜间不守班。

发报种类 发报任务在本站历史上调整也很频繁,发报的种类较多,有加密报(以前称为小图报)、旬月报、重要天气报、航危报、雨情报等。航危报在1992年取消,其他报类现仍存在。现在每天编发08、14、20时3个时次的定时加密报,每月3次固定旬月报,定时不定时重要天气报,汛期6—8月06时雨情报。

自动气象站 2004—2005年自动气象站并轨观测两年;2004年以人工观测作为正式

记录;2005年以自动观测记录作为正式记录;2006年自动站进入单轨运行时代,除自动观测项目外,其余仍采用人工观测(包括日降水量)。观测实现自动化的同时,人工观测仪器照常配置安装维护未取消,以备自动站出现故障时作为备份。按照省气象局要求,每日20时人工观测1次以便和自动观测记录进行对比,及时发现自动站出现的差错。1985年配备了PC-1500袖珍计算机;1997年底配备了第一台业务用奔腾Ⅱ计算机,计算机取代人工编报,提高了测报质量和工作效率,减轻了观测员的劳动强度。

电报传输 1958年建站之初站址距离县城15千米,生活、交通、通信条件都很差。气象电报的发送只能用摇把电话将报文口传至邮电局的电报室,电报员再将报文发至河北省气象台。1971年迁址到县城后,条件逐渐有所改善,安装了直通邮电局电报室的专线电话。1991—1992年配备了甚高频电话,可以直接将报文传至张家口市气象台,再由市气象台汇总后发至省气象台。2002年7月开通了X.25分组交换网,气象电报首次实现了直接拨号上网传输,改变了气象电报口传手抄的传输方式。2005年1月开通了市县2兆VPN光纤宽带,气象电报的传输更加方便快捷,电报的传输实现了网络化、自动化。自动站单轨运行后,每天定时传输24次实时气象观测资料。为了传输的可靠性,设置了第二通道——拨号上网传输作为备份。另外,配备了不间断电源、发电机,用来保证业务的正常用电,实现资料和电报的正常传输。

气象报表制作 沽源气象站建站后一直制作气象月报表(气表-1)、年报表(气表-21)。1958年—1994年3月均采用手工抄写方式编制一式3份,2份上报市气象局业务科,本站留底1份。1994年4月—1997年10月,本站上报手工报表,经市气象局业务科审核后人工录入微机,再打印出机制报表发回本站1份作为留底报表。1997年11月实现自己用微机制作报表,彻底告别了手工抄录报表的历史。2004年自动站运行后,局域网得以快速发展完善,本站只需上报数据文件,不再通过邮局邮寄报表。

②农业气象观测

沽源县气象站曾经是省农气基本站,1966年—1985年10月农业气象观测是本站的基础业务之一。1958—1963年对马铃薯进行观测;1958—1985年对春小麦、莜麦、胡麻、苜蓿、亚麻、甜菜等进行观测。1958—1986年进行土壤湿度观测;1981—1985年进行自然物候观测;1981—1985年制作物候观测记录报表。

2. 气象服务

沽源县地处内蒙古高原南缘,属于坝上地区。主要灾害有旱灾、雹灾、局地洪涝灾害、霜冻、大风灾害、雷电灾害及沙尘灾害等,给本地工农业生产和人民生命财产造成严重影响。准确做好每一次灾害性气候、天气预报是减灾增收的科技法宝。沽源县气象局为全县防汛抗旱工作及时提供天气预报信息,抓住有利时机实施火箭增雨作业,针对本地丘陵山区的地形地貌特征,密切监测局地洪涝、冰雹等强对流天气的发生,并及时做出预警公告。

公众与决策气象服务 1988年3月正式开始天气图传真接收工作,主要接收北京气象传真和日本传真图表,利用传真图表独立地分析判断天气变化,取得较好的预报效果。1989年9月开通信号接收机无线收听服务预报,县政府拨款2.1万元购置20部无线通讯接收装置,安装到县防汛抗旱办公室、县农业委员会和各乡镇(场),建成气象预警服务系统。1990年6月正式使用预警系统对外开展服务,每天上、下午各广播1次,服务单位通过预警接收机定时接收气象服务。1991年7月开通甚高频无线对讲通讯电话,实现与地区气象局直接业务会商,1993年9月县气象局与县广播电视局协商同意在电视台播放沽源县天气预报,天气预报信息由县气象局提供,电视节目由电视台制作。预报信息通过电话传输至广播局。广播局交送电视台播放。

1997年6月,县气象局同电信局合作正式开通"121"天气预报自动咨询电话。2005年1月"121"电话升位为"12121"。此后由于固话受拨号升位和手机短信及手机直接拨打等多重影响,固话"12121"逐显萎缩。

2001年4月1日地面卫星接收小站建成并正式启用。2007年为了更及时准确地为县、镇、村领导服务,通过移动通信网络开通了气象商务短信平台,以手机短信方式向全县各级领导发送气象信息。为有效应对突发气象灾害,提高气象灾害预警信号的发布速度,避免和减轻气象灾害造成的损失,利用全县的信息发布平台开展了气象灾害信息发布工作。到了21世纪,气象服务的形式多样化,科技含量提高。

专业与专项气象服务 1985年开展气象有偿专业服务,主要是为全县各乡镇(场)或相关企事业单位提供中、长期天气预报和气象资料,一般以旬天气预报为主。

2001年7月—2002年8月共配备人工增雨车2辆及火箭发射装置1套,用来进行人工影响天气作业,增加了当地的降水量,得到地方政府和群众的肯定。

2003年1月防雷工程从设计、施工到竣工验收,全部纳入气象行政管理范围。2004年,县气象局被列为县安全生产委员会成员单位,负责全县防雷安全的管理,定期对液化气站、加油站、民爆仓库等高危行业和非煤矿山的防雷设施进行检查,对不符合防雷技术规范的单位责令进行整改。防雷检测为减少雷灾的发生,起到了积极作业。2005年全县各乡镇建成了气温、降水两要素加密气象站,使政府部门可以及时了解降水情况。

气象法规建设与社会管理

法规建设 重点加强雷电灾害防御工作的依法管理工作,沽源县政府下发了《沽源县建设工程防雷项目管理办法》(沽政办发〔2003〕13号),河北省政府《关于加强建设项目防雷装置防雷设计、跟踪检测、竣工验收工作的通知》等有关文件,在全县范围内实施。防雷行政许可和防雷技术服务正逐步规范化。

2008年4月沽源县政府法制办批复确认县气象局具有独立的行政执法主体资格,为2名干部办理了行政执法证。气象局成立行政执法队伍。

制度建设 健全内部规章管理制度。主要内容包括计划生育、干部提拔、职工脱产(函授)学习、申报职称、干部职工休假及奖励工资、医药费、业务值班室管理制度、会议制度、财务、福利制度等。

政务公开 对气象行政审批办事程序、气象服务内容、服务承诺、气象行政执法依据、服务收费依据及标准等,通过户外公示栏、电视广告、发放宣传单等方式向社会公开。干部任用、财务收支、目标考核、基础设施建设、工程招投标等内容则通过职工大会或局公示栏张榜等方式向职工公开。财务一般每半年公示一次,年底对全年财务收支、职工奖金福利发放、领导干部待遇、劳保、住房公积金等向职工作详细说明。干部任用、职工晋职、晋级等及时向职工进行公示或说明。

党建与气象文化建设

党建工作 1971年6月成立党支部,有党员3人,截至2008年底有党员4人。

党风廉政建设得到加强。认真落实党风廉政建设目标责任制,积极开展廉政教育和廉政文化建设活动,努力建设文明机关、和谐机关和廉洁机关。开展了以"情系民生、勤政廉政"为主题的廉政教育活动。组织观看了《忠诚》等警示教育片。局财务账目每年接受上级财务部门年度审计,并将结果向职工公布。

气象文化建设 沽源县气象局把领导班子自身建设和职工队伍思想建设作为文明创建的重要内容,通过开展经常性的政治理论、法律法规学习,造就了清正廉洁的干部队伍,锻炼出一支高素质的职工队伍。近几年来,对政治上要求进步的,党支部进行重点培养,条件成熟积极发展;多次选送职工到南京信息工程大学、中国气象局培训中心和县委党校学习深造。全局干部职工及家属子女无一人违法违纪,无一例刑事民事案件,无一人超生超育。

开展精神文明创建规范化建设,2008年9月改造观测场,2003年10月装修业务值班室,2008年6月统一制作局务公开栏、学习园地、法制宣传栏和文明创建标语等宣传用语牌。建设"两室一网"(图书阅览室、职工学习室、气象文化网),有图书3000册。

每年在"3·23"世界气象日组织科技宣传,普及防雷知识。积极参加县里组织的文艺汇演和户外健身,丰富职工的业余生活。

荣誉 2005年获沽源县社会治安综合治理先进单位;2006年获沽源县"窗口单位"称号;2008年获沽源县"文明单位"和张家口市"文明单位";1979年9月农气组在全省评比中获奖状、奖金;1980年12月农气组在全省评比中获观测奖第二名;2003年1人在全省测报比赛中获得单项及全能第二名,同年被省气象局记"二等功"。

台站建设

台站综合改造 沽源县气象站地处河北省北部,内蒙古高原南缘,海拔高度1412米,风大和天气寒冷,经济落后。建站之初站址位于农村,房屋简陋、设备原始、人手少任务重。几间土坯房无煤无电,为了应对寒冷的气候,建站时的气象工作人员工作之余,要到野外捡拾牛粪以供取暖之用。照明用煤油灯、蜡烛。无交通工具只能步行。1971年迁站到县城后条件有所改善,建成砖木结构办公室9间,土木结构生活用房24间,照明用上了电灯,喝上了自来水。为了下乡调查灾情及取土测墒的方便,20世纪80年代购置了1辆三轮摩托车,这是沽源站的第一辆机动车。1996年,进行台站综改,在县城西南开始新址建设,单位占地6667平方米,于南面临街建成1幢二层上下共10间的办公楼,后又修建了厕所、车库和2间库房。

办公与生活条件改善 2003年在观测场北面新建平房5间,当年10月将办公地点迁至平房,随后陆续硬化了路面,绿化了院落,增加了封闭式阳台。2001年、2002年为了人工影响天气工作需要,配备了 2 辆皮卡车。2006 年 1 辆皮卡退役,新购置 1 辆捷达轿车。

沽源县气象站旧貌(1960 年)

沽源县气象局新颜(2008 年)

崇礼县气象局

崇礼站位于坝上与坝下的过渡地区,对研究两地气候变化和天气预测具有重要意义。

机构历史沿革

始建情况　1959 年 1 月根据河北省气象局县级建站指示,在崇礼县人大南 200 米的崇礼县西湾子镇建成气象站,初始名称为张家口市崇礼区气象服务站。1959 年 10 月从原站往东 200 米处建设新站,沿用至今。

观测场现址位置历经数次测量,确定为东经 115°17′,北纬 40°58′。2003 年台站综合改造,观测场海拔高度变为 1248.0 米,水银槽海拔高度为 1249.1 米。

历史沿革　1959 年 1 月 1 日建站,名称为张家口市崇礼区气象服务站;1961 年 4 月 1 日改名为张家口专区崇礼县气象服务站;1961 年 7 月 1 日改名为崇礼县气象服务站;1962 年 1 月 1 日改名为崇礼县气象站;1981 年 1 月 1 日改名为河北省崇礼县气象站;1992 年 4 月 7 日至今名称为河北省崇礼县气象局。

管理体制　崇礼县气象局从成立至 1971 年 5 月属地方管理,由县农业局代管。1971 年 6 月开始实行军事管制,由崇礼县人民武装部领导。1973 年 10 月再次划归地方,由县农业局管理。1981 年 7 月开始实行气象部门与地方政府双重领导,以气象部门领导为主的管理体制,崇礼县气象局隶属河北省气象局和崇礼县政府双重领导。

单位名称及主要负责人变更情况

单位名称	姓名	职务	任职时间
张家口市崇礼区气象服务站	袁福贵	站长	1959.01—1961.03
张家口专区崇礼县气象服务站			1961.04—1961.06
			1961.06
崇礼县气象服务站	胡淑英	站长	1961.07—1961.12
			1962.01—1965.12
崇礼县气象站			1966.01—1980.12
	李治	站长	1981.01—1982.12
河北省崇礼县气象站	贾荫芝	站长	1983.01—1985.12
	王晓英	副站长（主持工作）	1986.01—1987.02
	姜志宽	局长	1987.03—1992.04
河北省崇礼县气象局			1992.04—2008.3
	刘剑军	副局长（主持工作）	2008.04—

人员状况 崇礼县气象局成立之初只有 3 人，截至 2008 年 12 月有在职职工 6 人，平均年龄为 41 岁，其中：本科 3 人，大专 2 人，中专 1 人；汉族 4 人，蒙古族 2 人；工程师 2 人，助理工程师 4 人。近两年随着新进大学生的到来，已完成了新老交替，人员年龄结构趋于年轻，学历状况显著提高。

气象业务与服务

崇礼县气象局为国家一般气象站，主要业务是完成一般站的气象观测，每天向省气象台传输 3 次定时观测电报，制作气象月报和年报报表。气象服务项目有影视气象服务、"121"天气预报自动答询、防雷服务、农业气象服务、专业气象服务等。

1. 气象观测

①地面气象观测

观测项目 观测项目有风向、风速、气温、气压、云、能见度、天气现象、降水、日照、小型蒸发、地面温度、草面温度、雪深、冻土等。自动站观测项目包括气温、湿度、气压、风向、风速、降水、地面及浅层、深层地温。2008 年 1 月 1 日起增加草面温度观测。

观测时次 崇礼县气象局每天进行 08、14、20 时 3 个时次地面观测。

发报种类 每天编发 08、14、20 时 3 个时次的天气加密报。除草面温度外均为发报项目。2006 年 6 月 1 日开始使用自动雨量计。

电报传输 建站时每天 3 次地面绘图报，使用邮电局的发报机传输。观测员人工编报后，送往邮电局，再通过电报传至省气象台。由于无线短波受天气变化影响很大，再加上当时经济条件及其他不确定因素的影响，有时会造成传递失败出现缺报或过时报现象，从而大大影响了测报质量和资料使用的及时性。后来，站里安装了手摇电话，电报主要靠电话形式发出。1987 年 7 月配备了甚高频电话。1992 年 6 月 1 日更换为 TM-231A 型高频电话,观测电报用口传方式发至省气象台。1999 年 7 月在计算机升级的基础上开始采用 X.25 网络传报,大大提高了报文传输的速率。

2003 年建成自动气象站,所采集的数据和电报通过网通的光纤专网传送至省气象台,观测资料每天定时传输 24 次。同时配备电话拨号网络作为备份网络,并可以实现自动切换进行数据传输,气象电报和观测资料的传输得到双重保障。气象信息传输的网络化和自动化,标志着气象现代化建设迈上了一个新的台阶。

气象报表制作 崇礼县气象局建站后气象月报、年报气表,用手工抄写方式编制,一式 3 份,分别上报河北省气象局、张家口市气象局各 1 份,本站留底 1 份。从 1999 年 7 月开始使用微机打印气象报表,并向上级气象部门报送纸制报表。现在使用自动站微机制作报表,用打印机打印,通过网络上报,本站保存资料档案。

自动气象站 崇礼县气象局建站时,每天的定时观测和发报均为人工进行。为提高测报质量和工作效率,1988 年 5 月崇礼县气象局配备了 PC-1500 袖珍计算机,开始使用计算机编报,大大减轻了观测员的劳动强度。1999 年 7 月测报微机升级为海信 P2 型计算机,极大地提高了数据的准确度。2003 年 11 月建成了 CAWS-600B 型自动气象站,并于 2006 年 1 月 1 日正式单轨运行,同时以自动站观测资料为准进行发报。自动站观测项目包括气温、湿度、气压、风向、风速、降水、地面温度。2008 年 1 月 1 日起增加草面温度观测。自动站采集的资料储存于计算机中,并进行备份,每月定时整理、归档、保存、上报。同时人工观测资料作为备份整理、保存。

区域气象观测站 2006 年在全县 10 个乡镇建成区域两要素气象自动站。2008 年 5 月气象局再次争取资金,在清水河流域增建 18 个区域自动站。这些区域自动站可以提供实时雨情与温度信息,在科学防灾、减灾决策中起到积极的作用。

GPS 观测基站 2008 年 10 月河北省气象局与河北省测绘局合作开展 GPS 观测项目,并在观测场旁边建成 GPS 观测基站,崇礼县气象局承担了主要的日常维护工作。

②农业气象观测

农业气象主要是土壤墒情的测定和为农业生产提供科学建议等。

2. 天气预报预测

最早是根据收听上级气象台的资料通过绘制天气分析图制作,1987 年安装传真机 1 部,开始使用东京和欧洲的传真天气图进行分析。1998 年建成卫星接收系统,开始接收卫星气象资料,极大地提高了预报准确率。气象预报主要有天气预报预警、气候预测和评估、地质灾害和森林(草原)防火监测预报等。

3. 气象服务

随着经济社会不断发展,对气象服务的需求也不断加大。各种气象服务已融入经济社会发展和人民群众生产生活中,并发挥着越来越重要的作用。

公众与决策气象服务 公众天气预报最初是以广播的形式进行发布,受设备成本和地域以及通信方式等因素的影响效果很差。1997 年投资建设了声像制作系统,并与县电视台协商开始每天定时播放电视天气预报,形象直观的电视天气预报画面受到群众的喜爱。

同年气象局同电信局合作正式开通"121"天气预报自动咨询电话。2005 年 1 月"121"电话升位为"12121"。

公众气象服务的方式主要有:每日发布电视天气预报,不定时发布气象灾害预警信号,及时更新"12121"气象信息自动答询系统,每月发放《崇礼气象》小报等。

2008 年气象局开始利用网通公司的"信息魅力平台"发布气象灾害预警信号。全县各级领导、中小学主要负责人以及乡村气象灾害信息员均能及时接收到预警短信。

决策气象服务的方式主要有:不定时发布重要天气报告、气象灾害预警信号,专题气象报告为主要领导提供雨情信息等。

专业与专项气象服务 崇礼县气象局人工影响天气工作虽然起步较晚,但本着"尽可能开发空中水资源和不放过一次天气过程"的原则,取得了长足进步。2001 年购置人工增雨车辆 1 台,2006 年地方政府投资 2 万元更换了火箭发射架,极大地提高了作业的安全性。2008 年市政府正式发文,将人工影响天气作业经费增加到 20 万元,保证了人工影响天气工作的有效开展。近年来,崇礼县旅游事业发展迅速,冬季滑雪已成为了当地的特色旅游项目,为此,崇礼县气象局积极做好冬季人工增雪工作,以促进旅游滑雪业的发展,从而推动县域经济的发展。

近年来,随着防雷法律体制的不断健全,防雷工程从设计、施工到竣工验收,已全部纳入气象行政管理范围。为此,防雷服务的力度也不断加大。2004 年县气象局被列为崇礼县安全生产委员会成员单位,负责全县防雷安全的管理,每年定期对液化气站、加油站、民爆仓库等高危行业和非煤矿山的防雷设施进行安全检测,对不符合防雷技术规范的单位,责令进行整改。

气象科普宣传 每年在"3·23"世界气象日利用电视和发放宣传册等形式进行科技宣传,并参加全县组织的科普知识宣传活动。积极利用每月的"气象小报"进行气象灾害的防御知识和相关法律、法规的宣传。

气象法规建设与社会管理

社会管理 为提高社会各界保护气象观测环境的意识和责任,崇礼县气象局积极宣传《河北省气象探测环境保护办法》和《崇礼县人民政府关于加强气象探测环境保护的通知》,并加大执行力度,保证气象探测工作的正常开展。

加强防雷检测工作。除常规的防雷年度检测外,对新建工程进行跟踪检测、验收工作,逐步把工程图纸的设计审核、跟踪检测、竣工验收等项目走向依法管理的规范化程序。为矿山企业、各类学校完善防雷系统,以消除安全隐患。加大防雷检测工作力度和防雷执法检查、宣传力度,加强同安监、城建等部门的合作,使防雷减灾工作得以持续、健康的发展。

政务公开 严格执行政务公开,完善约束和监督制度。让群众参与管理,接受群众监督。对气象行政审批办事程流程、气象服务内容、气象行政执法依据、服务收费依据及标准等,通过户外公示栏、发放宣传单和上县公开网等方式向社会公开。干部任用、财务收支、目标考核、基础设施建设等内容则采取上局公示栏张榜或职工大会等方式向职工公开。

党建与气象文化建设

党建工作 崇礼县气象局党支部成立于 2002 年,有党员 3 人。截至 2008 年底有党员 4 人(其中离退休职工党员 2 人)。

在党建工作中,为促进党支部和党员"两个作用"的有效发挥,建立和完善了党员访谈制度,局党支部还开展了党员和党员之间的谈心活动,结成对子,搞帮扶,沟通思想,加深感情,增强党的向心力、凝聚力。为增强党支部的后备力量,崇礼县气象局积极发展新党员,现有 2 名新进大学生成为入党积极分子。

党支部从建立之初就不断加强党风廉政建设。认真落实党风廉政建设目标责任制,积极开展廉政教育和廉政文化建设活动,努力建设文明机关、和谐机关和廉洁机关。在党建制度上,按照民主集中制的组织原则,逐步建立和完善党内情况通报制度、重大决策征求意见制度,推行党务公开,增强党组织工作的透明度,充分保障广大党员的知情权、参与权、监督权。定期组织学习贯彻三个条例,提高党员干部拒腐防变能力和严于律己、廉洁奉公的自觉性。2006—2008 年崇礼县气象局党支部连续 3 年获得县委评选的"先进党支部"荣誉称号。

气象文化建设 崇礼县气象局数年来始终把精神文明建设作为重点工作来抓。2005 年在建成办公楼的基础上,继续投资绿化美化机关环境,建成了名副其实的花园式台站。积极争取资金提高业务硬件水平,更换了一批电脑和办公设备,使硬件环境有了显著改善。坚持精神文明建设与提高人的素质相结合,不断加强干部职工思想作风建设,把学习作为基础工作常抓不懈。同时加强气象宣传,营造了良好的外部创建环境。通过努力各项文明创建工作取得了显著成绩,2004—2008 年崇礼县气象局被市委、市政府评为市级"文明单位"。

台站建设

台站综合改造 崇礼气象局始建时办公条件十分艰苦,只有几间平房,而且多为土坯房。设有观测值班室、宿舍、厨房、贮藏室、煤棚等。1979 年临街建成预报办公室。1990 年为职工新盖了家属房,使工作和生活环境得到改善。2003 年又争取资金实施了台站综合改造工程,2003 年开工,2005 年竣工,将原来的平房改建成二层综合办公楼,同时将家属院平房全部改建成二层楼。通过综合改造工程,办公楼建筑面积达到 366 平方米,同时配套实施对机关大院的道路硬化和绿化美化。2007 年崇礼县气象局再次对大院进行了院落和道路硬化,同时修建车库 2 间、锅炉房 1 间。通过 2 次综合改造,崇礼县气象局面貌焕然一新,工作和生活环境得到较大改善。

办公与生活条件改善 2003—2007 年,崇礼县气象局在新建办公楼的基础上,两次对机关院内的环境进行了绿化改造工程。规划整修了道路,硬化了院落,在庭院内修整草坪和花坛,种植了各种树木,使机关院内变成了美丽的花园。气象业务现代化建设上也取得了突破性进展,随着地面卫星接收站、自动观测站、区域自动站、短信预警平台等业务系统的建成和投入使用,气象业务正在逐步走向规范化。

崇礼县气象局旧貌(1984 年)

崇礼县气象局新貌(2007 年)

赤城县气象局

赤城县地处燕山余脉——大马群山支系的坝头地区,北部与坝上的沽源县接壤,南部和北京延庆县交界。

机构历史沿革

始建情况　1959 年 7 月成立龙关县气象站赤城分站,为国家一般气象站,站址在赤城县城关南门外"郊区"。

站址迁移情况　2008 年 1 月站址迁到赤城县赤城镇兴仁堡村北。观测场位于东经 115°50′,北纬 40°53′,观测场海拔高度 867.6 米。

历史沿革　1959 年 7 月成立龙关县气象站赤城分站,1960 年 4 月更名为龙关县赤城气象服务站;1960 年 7 月更名为赤城县气象服务站;1971 年 10 月更名为赤城县气象站;1981 年 7 月更名为河北省赤城县气象站;1992 年 4 月更名为河北省赤城县气象局。

1959 年 7 月—2006 年 12 月为国家一般气象站,2007 年 1 月 1 日升格为国家气象观测站一级站,2008 年 12 月 31 日改为国家气象观测基本站。

管理体制　自建站至 1966 年 12 月由河北省气象局管理。1967 年 1 月—1973 年 12 月由赤城县人民武装部领导。1974 年 1 月—1981 年 12 月由赤城县农业局领导。1982 年 1 月机构改革,实行气象部门与地方政府双重领导,以气象部门领导为主的管理体制,赤城县气象局归属河北省气象局领导。

单位名称及主要负责人变更情况

单位名称	姓名	职务	任职时间
龙关县气象站赤城分站			1959.07—1960.03
龙关县赤城气象服务站	李希正	站长	1960.04—1960.06
			1960.07—1962.10
赤城县气象服务站	王庆和	站长	1962.10—1963.11
	梁东峰	站长	1963.11—1968.09
	韩棣杨	站长	1968.09—1970.12
赤城县气象站	程宝仓	站长	1970.12—1971.10
			1971.10—1974.08
	孙效先	站长	1974.08—1981.07
河北省赤城县气象站			1981.07—1988.08
	郭宝库	站长	1988.08—1989.05
	武玉成	站长	1989.05—1990.08
河北省赤城县气象局	李 平	站长	1990.08—1992.04
		局长	1992.04—

人员状况 1959 年建站时有 9 人。2002 年定编为 8 人。2006 年定编为 12 人。2008 年定编为 11 人,实有在编职工 11 人,临时工 2 人。在编职工中:大学学历 8 人,大专学历 3 人;中级职称 3 人,初级职称 8 人;40～49 岁 2 人,30～40 岁 1 人,30 岁以下有 8 人。

气象业务与服务

1. 气象业务

①地面气象观测

观测项目 观测项目有云、能见度、天气现象、气压、气温、湿度、风向、风速、降水、日照、小型蒸发、地温、雪深、冻土等。

观测时次 1959 年 7 月 1 日—1960 年 7 月 31 日每天进行 01、07、13、19 时(地方时)4 次观测,夜间守班;1960 年 8 月 1 日—1961 年 12 月 31 日每天进行 02、08、14、20 时(北京时)4 次观测,夜间守班;1962 年 1 月 1 日—1972 年 10 月 31 日每天进行 08、14、20 时 3 次观测,夜间不守班;1972 年 11 月 1 日—1974 年 6 月 30 日每天进行 02、08、14、20 时 4 次观测,夜间守班;1974 年 7 月 1 日—2006 年 12 月 31 日每天进行 08、14、20 时 3 次观测,夜间不守班;2007 年 1 月 1 日—2008 年 12 月 31 日每天进行 02、05、08、11、14、17、20、23 时 8 次观测,夜间守班。

发报种类 拍发的气象电报有小图报、天气加密报、天气报、重要天气报、雨情报、旬月报、航空报、航空危险报、航空危险解除报。从 1967 年 5 月 20 日起,开始增加 06—20 时张家口预约航危报任务;1968 年 12 月 1 日张家口预约航危报改为 05—20 时;1970 年 9 月 25 日增加北京 06—18 时固定航危报;1970 年 9 月 30 日张家口航危报改为 24 小时预约;1973 年 6 月 1 日增加延庆 24 小时预约航危报;1980 年 3 月 1 日取消张家口市 21—22 时航危报任务;1980年4月1日增加06—12时民航航危报;1981年2月1日北京06—18时预约航危报改为固定航危报;1985年1月1日延庆24小时预约航危报改为06—18时固定航危报。1990年1月1日调整为06—18时AV北京、AV延庆;1992年1月1日调整为06—18时AV北京;1995年AV北京固定航危报由06—18时改为08—18时。

电报传输 1959年7月1日—1985年12月31日为手工计算编发报;1986年1月1日—1994年12月31日改为PC-1500袖珍计算机编发报;1995年1月1日以来采用微机编发报。1999年7月1日开始通过分组交换网(X.28)传输气象资料;2002年9月1日X.25通信系统正式运行;2005年1月12日报文传输路径由X.25切换为2兆光纤。

气象报表制作 建站后气象月报表、年报表,用手工抄写人工计算方式编制,月报表一式3份,省、市、县气象各1份。年报表一式4份,国家局和省、市、县气象局各1份。从1994年4月1日开始使用微机制作地面气象月报表。从2007年1月升格为国家一级站,月报表增加1份上报中国气象局。

自动气象站 县气象局GAWS600-S型六要素自动气象观测站建设于2007年6月底建成,7月1日开始试运行至年底;2008年1月1日起人工站和自动站并轨运行,以人工站为主。自动观测站观测项目比人工站增加了深层地温和草面温度的观测。

区域气象观测站 2005年HY-SR-002型气温、雨量两要素自动观测站在5个乡镇建成。2006年汛期前18个乡镇全部完成区域站建设,可以随时反映各乡镇气温、雨量状况,在防灾减灾中发挥了很大作用。

②天气预报预测

赤城县气象局天气预报业务,随着我国科学技术发展的不同时期经历了三个阶段。第一阶段:建站到20世纪80年代初。短时预报:预报1~2天的天气,预报方法和手段主要依据中央人民广播电台广播的气象资料绘制小天气图,用本站气象观测资料绘制三线图、温度对数压力图、单要素序列图,结合天气谚语、韵律关系等方法,做出天气预报后通过电话通知县广播局,通过小喇叭向全县人民广播。中、长期预报:中期预报主要发布旬预报;长期预报包括月预报、全年气候展望、春寒、倒春寒专题分析预报、春播期预报、汛期天气特点及降水趋势预报、秋收期预报、秋霜预报、冬季天气气候特点及趋势预报、寒潮、大雪专题预报。预报方法:主要是运用数理统计方法、常规气象资料图表和外推法。第二阶段:20世纪80年代中期到90年代末。1984年下半年开始接收天气图传真,利用传真图,再结合本地气候特点、短期天气形势、天气过程的周期变化,分析预报未来天气。短时预报对全县广播,进入90年代停播(农村广播线路损坏)。第三阶段:21世纪为现代化阶段。随着气象卫星、雷达、互联网、现代通信的发展和应用,县气象局天气预报由市气象局做出,县气象局结合本地天气气候特点做补充订正预报,市气象局不再考核县气象局预报质量,但对决策服务、公众服务进行考评。

2. 气象服务

赤城县山峦起伏,沟梁交错,气候多样,天气变化复杂、灾害性天气频发,尤以寒潮、大风、道路积雪(冰)、扬沙、霜冻、雷暴、暴雨、冰雹、洪涝、干旱等现象为甚。冬季受蒙古高压带和阿留申低气压带控制,盛行西北风。由于风从蒙古高原吹来,气候多寒冷干燥,降水少,仅占全年降水量的 2%～3%。春季雨雪少,易出现风沙天气,蒸发量大,经常发生干旱现象。夏季大陆增温迅速,盛行暖湿的东南和西南气流,降水日数多,降水强度大,易出现雷暴、暴雨、冰雹等灾害性天气。

公众气象服务 赤城县气象局坚持以服务经济社会为导向,把决策气象服务、公众气象服务、专业气象服务和气象科技服务融入到经济社会发展和人民群众生产生活中。1984年下半年开始使用传真机,接收国外、国内地面天气图、高空天气图、降水实况图及各种预报信息,通过分析所收到的各种信息,进行天气预报及开展气象服务。20 世纪 90 年代初,为县政府、防汛办、建筑行业等企业共安装了 20 部警报接收机,用户随时能收到气象局发布的天气预报。1996 年开通了甚高频无线对讲通讯电话,先后通过承德气象台、涿鹿县气象局中转张家口气象台会商内容。1996 年 1 月为了提高气象部门在社会的影响力,扩大服务面,开始创办气象小报,每月一期。小报内容包含上个月天气概述;历史上本月天气气候特点;预测本月天气气候变化情况;刊载气象趣闻轶事、宣传气象知识;春、夏季还增加全县土壤墒情普查报告。1997 年建成微机终端,通过拨号收集省、市气象局气象信息。2001年 4 月建成了地面卫星接收站,能够随时获得国外、国内大量适时气象信息,提高了预报准确率,服务手段不断改善。

1997 年 7 月通过自筹资金购置设备,并同县电信局合作正式开通"12121"天气预报自动答询服务,扩大了天气预报的服务面,并取得了较好的社会效益和经济效益。

2001 年 10 月 1 日赤城县气象局与县广播电视局协商,在赤城县有线电视台播放赤城县电视天气预报,天气预报节目由县气象局制作,然后将节目录像带送电视台播放。2007年电视台更新设备,气象局电视天气预报制作系统升级,录像带改为光盘,预报播出由无主持人变为有主持人,每晚首播 19:40,21:00 新闻后重播。

决策气象服务 2008 年 5 月为了更及时准确地为县委、政府、乡镇、科局等部门领导服务,通过移动通信网络开通了气象信息短信平台,以手机短信方式向各级领导发送本县各乡镇雨情信息和气象灾害预警信号,为有效应对突发气象灾害,避免和减轻气象灾害造成的损失提供了有力保障。

专业与专项气象服务 赤城县十年九旱,属于潮白河水系,首都北京三分之一的生活用水,来源于赤城,赤城的降水对北京来说至关重要。2001 年开始开展人工影响天气工作,多年来人工增雨作业效果显著,为农业丰收和北京用水做出了贡献。

2008 年北京奥运会、残奥会期间,为减轻恶劣天气对开闭幕式造成的影响,赤城县气象局积极参加在北京周边开展的人工消减雨作业,由于认真准备、周密安排,协调和县、乡、镇、村的关系,保证了增雨作业工作的开展,圆满完成了奥运会、残奥会的消减雨任务。

气象法规建设与社会管理

法规建设 1997 年赤城县政府转发了《张家口市人民政府关于对全市避雷设施检测实行统一归口管理的通知》(赤政字〔1997〕19 号),1998 年 12 月赤城县机构编制委员会批准成立赤城县防雷中心,从此赤城县的防雷工作走向了正规化,全民也增强了防雷意识,各行各业对防雷工作提出了更高的要求。2004 年中国气象局 8 号令发布了《防雷减灾管理办法》，2007 年河北省政府 11 号令发布了《河北省防雷减灾管理办法》，为了更好地落实中国气象局第 8 号令、河北省政府第 11 号令，赤城县人民政府下发《赤城县人民政府关于加强全县防雷工作实行统一归口管理的通知》（赤政字〔2001〕28 号）和《赤城县人民政府关于加强防雷安全工作的通知》（赤政字〔2008〕21 号），对防雷减灾工作专门提出要求。通过认真落实以上文件精神，进一步加强新建、改建、扩建建设工程的防雷装置的设计审核和竣工验收工作，严格落实防雷装置必须与主体工程同时设计、同时施工、同时投入使用的"三同时"制度，切实从源头把好防雷安全关。2009 年防雷行政许可纳入了赤城县行政审批大厅管理，从此防雷行政许可和防雷技术服务实现了规范化。

社会管理 为了保护气象探测环境和设施，确保获取的气象探测信息具有代表性、准确性、比较性，提高气候变化的监测能力、提高气象预报准确率，赤城县政府发布了《赤城县人民政府关于加强气象探测环境保护工作的通知》（赤政知〔1999〕25 号），县政府的通知对探测环境的保护起到了积极的促进作用。为更好的落实中国气象局 2004 年第 7 号令《气象探测环境和设施保护办法》和《河北省气象探测环境保护办法》，赤城县气象局又多次向有关单位，如县人民代表大会、县政府、县建设局、县环境保护局、县国土资源局进行了备案，很好地保护了探测环境。

党建与气象文化建设

党建工作 1970 年 12 月有 1 名党员，1971 年—1974 年 2 月有 2 名党员，1989 年 7 月 8 日增至 4 名党员，成立中共赤城县气象站党支部。近年来重视入党积极分子的培养，先后有 3 名同志光荣加入党组织。截至 2008 年底共有 7 名党员。

赤城气象局不断加强领导班子建设，每年与市气象局签订党风廉政建设责任书，按照市气象局和县委的安排部署，将气象局领导班子及成员党风廉政建设责任制及反腐败工作进行任务分解，领导干部处处严格要求自己，不断增强廉洁自律意识。

精神文明建设 积极参加市气象局和县委县政府组织的各项活动，为云州乡样墩村争取到 780 吨水泥修护村坝，解决有线电视款 1 万元；为田家窑镇大榆树村争取到 8000 元捐资助教款。积极开展精神文明创建工作，1998—2008 年一直保持县级"文明单位"荣誉，2003 年被张家口市精神文明建设委员会命名为行业系统"二星级"窗口单位。

气象文化建设 赤城县地处山区，交通不便，通信严重受阻，是对外开放最晚的地区，经济相对落后。但赤城县气象局干部职工始终发扬气象人艰苦创业的精神，努力工作，任劳任怨。赤城县气象局经历了几次创业：1958 年建站仅有 5 间平房，1975 年又扩建了 8 间。进入 20 世纪 80 年代后，由于气象经费缺口越来越严重，20 世纪 80 年代中期开始开展气象有偿服务，但是 1990 年前每年收入甚微，1991 年河北省气象服务培训会以后，学习其他台站好的经验，积极行动起来，签订了 50 多份气象服务合同，有了些收入。到 2005 年由于防雷、声像、"12121"、专业有偿服务的开展，收入有了突破，缓解了经费不足的状况，为气象事业发展奠定了良好的经济基础。

荣誉 1992 年获得张家口地区气象局"十件好人好事评比优胜单位"。1998 年在创建文明气象系统活动中，被河北省气象局评为"优质服务、优良作风、优美环境"先进单位。2002 年被评为河北省气象部门县（市）三级强局单位。在年度目标考核中，2000—2008 年连续 9 年被张家口市气象局评为优秀达标单位,其中 2002 年度综合评定获"达标优胜奖"。在县委的年度考核中,2001—2008 年连续 8 年被评为优秀单位。

1977—2008 年期间,1 人被评为省先进工作者;1 人被河北省气象局评为优秀气象局局长,同时被评为河北省奥运气象服务保障工作先进个人;1 人获张家口市气象局记三等功奖励。

台站建设

台站综合改造 1958 年赤城县气象站只有土木结构平房 5 间,建筑面积为 90 平方米;1975 年扩建了 8 间房,设有观测值班室、办公室、预报室、资料室、宿舍、库房等,原 5 间房保留,作为库房和伙房使用。赤城县气象站占地面积 5000 平方米,期间办公用房多次进行维修,1998 年又进行了综改,拆掉最原始的 5 间平房,新盖二层办公楼,建筑面积为 270 平方米。工作和生活环境得到较大改善,对大院进行了部分硬化,观测场周围种植了花草,单位购置了小型锅炉用于供暖,通过综合改造,赤城县气象局办公楼面貌焕然一新,成为赤城县花园式单位。

办公与生活条件改善 2001 年县政府为气象局配备了人工增雨作业皮卡车 1 辆,对防灾减灾工作起到了很大作用;2005 年由河北省气象局部分投资,县气象局自筹部分资金,购置了长丰猎豹车 1 辆。

赤城县气象局观测场南面建国西街因进行平房改造,对县气象局的探测环境造成了影响,经过政府协调及有关部门的配合,2007 年赤城县气象局整体迁至赤城县赤城镇兴仁堡村北。新址位于县城南部,距原址 1900 米。新建气象局占地面积 14000 平方米,办公楼建筑面积 720 平方米,设置了会议室、图书阅览室、活动室,并建有车库、库房、锅炉房、伙房等附属设施。此外,还修建了篮球场、羽毛球场、乒乓球室,活跃了职工的业余文化生活。为了各种设施的安全,在新址大院安装了摄像头。全面提高了工作和生活质量。

赤城县气象局旧貌(1981 年)　　　　赤城县气象局新颜(2008 年)

怀安县气象局

机构历史沿革

始建情况　怀安县气象观测站始建于 1959 年 1 月 1 日,位于怀安县城柴沟堡镇西门外长胜街,东经 114°24′,北纬 40°41′,海拔高度 801 米。

站址迁移情况　由于建站较早,位置相对较低,20 世纪 80 年代以后,周围陆续建起的居民住房对气象站的气象观测资料有些影响。2008 年 12 月 31 日正式迁入新址,新址位于怀安县城新区,广安街南侧、世恩广场西侧、怀安宾馆北侧地段,观测场位于东经 114°23′,北纬 40°40′,海拔高度 837.7 米。

历史沿革　1959 年 1 月 1 日—1972 年 3 月 31 日名称为怀安县气象服务站。1972 年 4 月 1 日—1981 年 6 月 30 日名称为怀安县气象站。1981 年 7 月 1 日—1991 年 12 月 31 日名称为河北省怀安县气象站。1992 年 1 月 1 日起改称河北省怀安县气象局。

管理体制　1959 年 1 月 1 日—1962 年隶属怀安县农业局。1962—1966 年隶属张家口地区气象局。1966—1971 年隶属怀安县农业局。1971 年—1973 年 10 月隶属怀安县人民武装部。1973 年 10 月—1981 年 5 月隶属怀安县农业局。1981 年 5 月起隶属河北省气象局。

单位名称及主要负责人变更情况

单位名称	姓名	职务	任职时间
怀安县气象服务站	袁维国	站长	1959.01—1965.05
			1965.05—1972.03
怀安县气象站	赵步宽	站长	1972.04—1981.06
			1981.07—1983.12
河北省怀安县气象站	李玉萍	副站长	1982.01—1984.07
	李治	副站长(主持工作)	1984.08—1987.05
		站长	1987.06—1990.06
		副站长	1990.07—1991.12
河北省怀安县气象局	黎兴林	副局长	1992.01—1993.09
		局长	1993.10—

人员状况　2002 年定编 7 人,2006 年定编 5 人,2008 年定编 6 人。截至 2008 年 12 月有在职职工 7 人,其中:大学学历 4 人,大专学历 2 人,高中 1 人;工程师 3 人,助理工程师 4 人。

气象业务与服务

1. 地面气象观测

观测项目　观测项目有风向、风速、气温、气压、相对湿度、云、能见度、天气现象、降水、日照、小型蒸发、地面温度、浅层地温、积雪深度、冻土等,除浅层地温外均为发报项目。1959 年 6 月 1 日开始使用虹吸雨量计。2008 年 6 月 1 日开始执行河北省重要天气报告电码(2008 版),观测项目有定时降水量、大风、龙卷、积雪、雨凇、冰雹、雷暴、视程障碍现象、预约降水量、初终霜、暴雨、特大降雨量等。自动站观测项目包括气温、相对湿度、气压、风向、风速、降水量、地面温度、浅层地温、深层低温。除深层地温外都进行人工并行观测。

观测时次　怀安县气象局主要业务是完成地面一般站的气象观测,每天向河北省气象台传输 3 次定时观测电报,制作气象月报和年报报表。怀安县气象局每天进行 08、14、20时 3 个时次地面观测。

电报传输　1959 年建站起使用气象专用电话线向报房传输报文。1996 年上微机联网远程终端。1999 年利用分组交换网(X.28 异步拨号入网)传输气象资料。2002 年 X.25 通讯系统正事投入业务运行。2005 年由 X.25 传输的各类气象信息资料切换至市—县 2 兆VPN 电路进行传输,X.25 停用。

气象报表制作　怀安县气象局建站后气象月报、年报报表,用手工抄写方式编制一式 3份,分别上报河北省气象局,张家口市气象局,本站留底 1 份。从 1995 年开始使用计算机打印气象报表。1991 年 6 月 1 日使用 PC-1500 袖珍计算机发报及编各类报表。1999 年 8月使用海信电脑发报及制作各类报表。

自动气象站　2004 年完成了自动站建设项目,2005 年 1 月 1 日怀安县气象局自动站并轨运行,正式启用 CAWS-600B 型自动站,联想微型计算机。2007 年 1 月 1 日自动站单轨运行,除云、能见度、天气现象、蒸发量、积雪深度、定时降水量、日照、冻土外发报所用均为自动站数据。

2. 气象服务

服务项目包括:影视气象服务、"121"天气预报自动答询、防雷服务、农业气象服务、专业气象服务、人工影响天气等。怀安县气象局多年来一直开展春播期对全县的土壤墒情测定工作,根据测定结果提出春播期的农业种植建议。同时在农作物的播种期间进行地温实况服务,以有利于广大群众抓紧农时,适时播种,增加农作物的生长期。在农作物生长期认真对天气形势进行分析,做出 10 天中期预报用于指导农业生产。

2003 年在省、市气象局的大力支持下,怀安县气象局完成了农业种植区划,这就为农业、种植业调整提供了理论依据。同时可联片生产,提高产品的供应量,促进销售。农业种植区划能够合理利用农业气候资源,减轻农业气象灾害的危害。根据热量条件合理配量作物的品种,防御低温冷害。根据一地的热量条件,确定合适的品种,使之既能充分利用热量资源,又能避免因热量不足而造成的大幅度减产,是主动防御低温灾害,实现高产稳产的重要手段。根据一地的水分条件,种植喜水的农作物,可获得高产,也可避免种植业的投资风险。

2006 年各乡镇安装区域自动观测站,及时观测降水、气温情况。

2008 年开始通过"信息魅力平台"将预警信号、重要天气等发送到有县、乡镇领导手机上,为乡镇做好服务。

党建与气象文化建设

党建工作　1978—2002 年党组织隶属怀安县农业局党总支;2003 年成立怀安县气象局党支部,属县直工委管理,成立支部时有党员 3 人,截至 2008 年 12 月有党员 5 人(其中退休党员 1 人)。

在县委、县直工委的领导下,全局党员干部认真贯彻执行党的路线、方针和政策,自觉与党中央保持高度一致。健全完善各项工作制度,设立专门的党员活动室,并配备了必要的电教设备。坚持"三会一课"制度,学习有安排、有内容、有记录。完善了《党风廉政建设责任制度》,制订了《怀安县气象局党风廉政建设责任制实施措施》和《领导干部廉洁自律规定》,局领导和各股签订了党风廉政建设、反腐败工作等 6 项内容的责任书,明确了各自在责任范围内应履行的义务和承担的责任。党支部成员分别建立了党建联系点,定期到联系点检查指导工作。

气象文化建设　为了适应新型气象技术装备保障工作的需要,提高职工科学文化素质和专业技术知识,采取自学、培训、交流等多种形式,努力提高职工的科学文化素质和专业技术知识。组织岗位练兵和知识竞赛,自讲自学。

荣誉　2006 年被张家口市委、市政府授予市级"文明单位"的称号。2006 年 2 月在怀安热电厂项目建设中做出了突出贡献,被县委、县政府授予国电怀安热电厂项目前期工作先进单位。2006 年 11 月结合《中华人民共和国气象法》积极参与全县的普法宣传,被县委、县政府授予"2001—2005 年度全县法制宣传教育先进单位"的称号。2008 年评为市级"文明单位"的称号。

台站建设

台站综合改造　1998 年怀安县气象局对局大院进行整改。装修改造了 8 间办公室,兴建办公室 5 间,车库 2 间。并对院面和道路进行了硬化,对办公区和家属区进行了隔离。建成了县级地面卫星接收小站。

截至 2008 年,怀安县气象局周边已被村民住房包围。由于过去县城规划不到位,附近村民住房比气象局办公用房高出 2~3 米,道路狭窄,且地势比单位院内高出半米,雨季经常出现雨水进院、有时进观测场的现象,严重影响观测记录。县气象局内部的排水等设施也无法和市政设施连接,因周围无倒垃圾处,周围居民常将垃圾从墙外倒进气象局院内,观测、生活环境受到影响。

办公与生活条件改善　根据河北省气象局监测网络处《关于怀安县气象局迁移站址的复函》(气测函〔2005〕19 号)和怀安县政府《关于气象局迁址请示的批复》(政字〔2006〕165 号)精神,怀安县气象局于 2007 年开始进行台站搬迁项目规划设计,实施整体迁站。2008 年 4 月开始建设项目建设,11 月底完工。2008 年 12 月 31 日正式迁入新址。建设资金全部由省预算内基本建设投资,总额为80万元。

新址位于怀安县城新区,占地总面积约4600平方米,综合业务楼建筑面积为630平方米(二层小楼),欧式结构。建筑风格与周边环境和广场的景致协调一致,附近无环境敏感点。另有200平方米的附属用房,道路和院面进行了硬化,种植了草坪,栽种了风景树,修建圆形高标准观测平台。使局机关变成了风景秀丽的花园,也为县城新区增加了一个亮点。迁址后,怀安县气象局的气象探测环境、工作环境等问题得到了根本改善,从而推动怀安县气象事业快速发展。

怀安县气象局(1984年)

怀安县气象局(2004年)

怀安县气象局新貌(2008年)

万全县气象局

万全县地处冀西北山区的"怀万盆地"之北部边缘地带。其地形地貌受地质构造和岩性的紧密制约,全县地形是自北向南,自西向东倾斜,属亚热带季风气候。灾害性天气主要是干旱、霜冻、大风、冰雹。据万全县气象局资料记载：1977年9月17日14时本站遭受龙卷风袭击,本站院墙被风吹倒60米,房顶屋瓦大部被风掀掉。

机构历史沿革

始建情况　万全县气象局于1964年筹建;1965年1月1日正式开始观测,站址在万全县万全镇城南。

站址迁移情况　1985年1月1日随县城整体搬迁到孔家庄镇,东经114°44′,北纬40°46′,海拔高度753.7米。2002年1月1日万全县教育局盖家属楼,因距离观测场达不到要求,令其降低一层,同时观测场向北平移18米;万全县政府认为盖商宅楼与观测场距离不够,又将观测场向西平移22米,并抬高1.47米。新观测场位于东经114°44′,北纬40°46′,海拔高度755.2米。

历史沿革　万全县成立时名称为万全县气象服务站,1972年1月改名为万全县气象站;1981年7月改名为河北省万全县气象站;1992年5月至今改为河北省万全县气象局。

1965年1月1日—1987年12月31日万全县气象站为国家一般气象站;1988年1月1日—1998年12月31日改为国家辅助气象站;1999年1月1日—2006年12月31日又改为国家一般气象站;2007年1月1日—2008年12月30日为国家气象观测二级站;2008年12月31日恢复为国家一般气象站。

管理体制　万全县气象局成立时由河北省军区气象科领导;1968年6月体制下放归万全县农业局领导;1970年6月归万全县人民武装部领导;1973年10月归万全县农林局领导;1981年7月起实行气象部门与地方政府双重领导,以气象部门领导为主的管理体制,属河北省气象局领导。

单位名称及主要负责人变更情况

单位名称	姓名	职务	任职时间
万全县气象服务站	刘冠群	副站长(主持工作)	1965.01—1972.01
万全县气象站			1972.01—1974.01
	尹国玺	站长	1974.01—1981.06
			1981.06—1984.02
河北省万全县气象站	胡淑英	站长	1984.03—1984.12
	王桂庭	站长	1985.01—1986.10
	李桂英	站长	1986.11—1992.05
河北省万全县气象局		局长	1992.05—1998.12
	贾红	副局长(主持工作)	1998.12—2000.12
		局长	2000.12—

人员状况　建站时只有1人,同年6月增加1人,直到1974年1月一直是2人,期间先后5人在此工作。1974年2月—1977年11月人员增至6人,1979年7月—1987年7月达到8人,截至2008年12月,实有在职职工7人,退休职工2人。在职职工中:本科学历1人,专科3人,中专1人,高中2人;中级职称3人,初级职称4人;50岁以上1人,40~50岁4人,35~39岁2人。

气象业务与服务

1. 气象业务

①地面气象观测

观测项目 观测项目先后有气温、湿度、气压、风向、风速、降水量、冻土、云、能见度、天气现象、地面温度、曲管温度、日照、蒸发、草温。辅助站期间取消了云、能见度、地面及浅层曲管地温、日照、蒸发观测项目。2008年1月1日增加草面温度观测项目。

观测时次 万全县气象局一直为3次观测,夜间不守班。

电报传输 建站时通过电话发报文,1999年1月1日起万全县气象局按冀气业发〔1998〕40号文件由辅助站改为国家一般站并按照《地面观测规范》规定的观测任务开展工作,承担有关发报任务。1999年7月1日开始利用分组交换网(X.28异步拨号入网)传输气象报文;2002年9月1日按冀气办发〔2002〕14号文件要求,县市气象局X.25通讯系统正式投入业务运行;2005年3月1日08时起由X.25传输的各类气象信息资料全部切换至市—县2兆VPN光纤进行传输,X.25线路从4月1日起停用;2008年12月31日省气象局统一和电信部门协商由2兆VPN升级为4兆。省、市、县Notes网络开通,加快了工作节奏,提高了工作效率。

气象报表制作 万全县气象局建站后每月制作《地面气象记录月报表》,年底制作年报表,用手工抄、算、审,最后报省、市气象局各1份,单位留1份。1999年1月1日开始使用微机制作报表,报上级部门数据文件,经张家口市气象局审核后,打印留底,同时保留电子版数据。

自动气象站 2003年10月建成CAWS600-B型自动站,自动观测项目有气压、气温、湿度、风向、风速、降水、地温、草温,2003年11月1日试运行;2004年1月1日—12月31日自动站与人工站开始双轨运行,以人工站资料发报;2005年1月1日—12月31日自动站与人工站并轨运行,以自动站资料发报;2006年1月1日自动站开始单轨运行,CAWS600-B型站记录作为正式地面气象观测记录,云、能见度、天气现象、定时降水仍用人工观测作为正式记录。

区域气象观测站 2005年7月1日建成膳房堡乡、万全镇、洗马林镇3个区域自动站;2006年10月1日建成其余7个乡镇及本站区域自动站,均为气温和降水两要素,利用手机卡自动形成短信息上传数据。2007年5月起将11个区域自动站纳入业务运行。

②天气预报预测

万全县气象站建站后就开展了天气预报服务,在20世纪60年代—80年代初天气预报主要靠本站资料、指标站资料和经验制作,准确率较低;80年代后期开通了甚高频无线对讲通讯电话,实现与地区气象局直接业务会商,提高了预报准确率。现在主要通过Notes网络收取市气象台的指导预报。

2. 气象服务

公众气象服务 建站后一直制作天气预报,送到县广播站播出,遇有复杂性天气、重大转折性天气将预报送往县委、县政府。1994年利用警报接收机开展专业气象服务,每天上、下午各广播 1 次,服务单位通过预警接收机定时接收天气预报。

1997 年 10 月万全县气象局和网通公司合作正式开通了"121"天气预报自动答询系统,客户可通过拨打电话收听自己需要的预报产品,2004 年 4 月根据张家口市气象局的要求,全市的"121"自动答询电话实行集约经营,主服务器由市气象局建设维护。2005 年 1 月"121"电话升位为"12121"。

1999 年 12 月争取县政府资金,购买了声像电视天气预报设备及软件;2000 年 1 月 1 日开始制作电视天气预报节目,并通过县广播局发布电视天气预报;2006 年万全县气象局投资 3 万元将声像设备更换为非线性编辑系统,通过 U 盘给县广播局送数据文件,极大地提高了节目的质量。

2008 年开始利用网通公司的"信息魅力"平台,通过手机短信的形式为县乡领导和乡村信息员发布灾害天气预警信号和重要的气象信息。

决策气象服务　定期制作旬月天气预报;遇有重大转折性、复杂性和灾害性等重大天气不定期制作重要天气报告;针对万全县的农业生产需要制作气象专报,主要是杏扁花期的防冻预报,送县委、县政府、人大、政协领导指导工农业生产。

专业与专项气象服务　2001 年 5 月县政府投入资金购置了人工增雨作业车,市政府提供了火箭增雨发射架,开展了人工增雨作业,设备为 BL-1 型火箭发射系统,2008 年 3 月淘汰,换成 RYI6300 型大火箭发射系统。几年来实施人工增雨作业,充分利用空中水资源,效果显著。2008 年 8 月北京奥运会、残奥会开(闭)幕式期间,为减轻降雨天气对其的影响,万全县气象局参与了在北京周边开展人工消减雨作业工作,通过认真准备、周密安排,圆满完成了奥运会、残奥会的气象保障任务。

1991 年 6 月万全县气象局开始进行防雷检测,2004 年 10 月 12 日经万全县编委批准成立了万全县防雷中心,负责全县防雷管理工作。进一步加强了新建、改建、扩建建设工程的防雷装置的设计审核和竣工验收工作,严格落实防雷装置必须与主体工程同时设计、同时施工、同时投入使用的"三同时"制度,从源头把好防雷安全关,也使防雷管理工作更加规范。

党建与气象文化建设

党建工作　万全县气象局成立之初,只有 2 名党员,无独立党支部。直到 1983 年党员增至 3 人后,万全县气象局才成立了独立党支部,截至 2008 年底有党员 3 人(其中离退休职工党员 1 人)。

2003 年万全县开展深入学习"三个代表"重要思想活动,由于党员人数少,万全县机关党委将万全县气象局党员划归到万全县党校党支部参加党的活动。

万全县气象局党员人数虽少,但是党风廉政建设一直没有放松过,每年都能够认真落实党风廉政建设目标责任制,积极开展廉政教育和廉政文化建设活动,努力建设文明机关、和谐机关和廉洁机关。全局干部职工及家属子女无一人违法违纪,无一例刑事、民事案件。

荣誉　万全县气象局建站之初条件非常艰苦,经过几代人的艰苦创业、无私奉献形成了气象人一丝不苟、爱岗敬业的精神风貌。2004 年、2005 年万全县气象局被评为县级"文明单位",2006—2008 年连续 3 年被评为市级"文明单位"。

2001 年张家口市气象局给予万全县气象局先进个人记三等功奖励 1 人次;另有 2 位同

志各获气象观测"百班无错情"奖 1 次。

台站建设

台站综合改造 万全县气象局建站之初有 8 间半平房,共计建筑面积 174.5 平方米,全部为平房砖木结构,场地周围无一障碍物,视线可达 20000 米以上,自然地理环境较为标准。但由于交通不便,没有水源,生活上受到影响,因此,在 1966 年 11 月 1 日迁站。新站址距原站址正东 500 米处,四周开阔,较为理想。

1985 年 1 月 1 日万全县气象局随县城搬迁到现址,建有平房 5 间,使用面积 75 平方米,无自来水,生火炉取暖。

2001 年按万全县政府要求,万全县气象局东面临街的 100 米地段必须开发盖三层商宅楼,否则政府将收回土地安排开发,令单位搬迁。经河北省气象局和张家口市气象局与县政府协商,特批万全县气象局临街的 100 米地段盖二层商宅楼,一方面满足县政府开发的要求,另一方面保护了探测环境。

办公与生活条件改善 2003 年随着河北省气象部门台站综合改善安排,万全县气象局新办公楼立项。2005 年 5 月动工,2005 年 12 月新办公楼竣工,建筑面积 430 平方米,为二层小楼,新办公楼宽敞明亮,结构合理,水电暖齐全。同年盖了 2 间车库,2 间库房,1 间锅炉房,进行了大院硬化、绿化、亮化、美化,过去的艰苦环境彻底得到改善。

万全县气象局旧貌(1984 年)

万全县气象局新貌(2003 年)

万全县气象局新办公楼(2008 年)

阳原县气象局

阳原县属于东亚大陆性季风气候中温带亚干旱区,由于地理位置和地形影响,气候四季分明:春季(3—5月)受冷空气影响天气多变,干旱少雨,风较多,升温快,气温日差较大,气候干燥;夏季(6—8月)由于受西太平洋副热带高压暖湿气流影响,气候温暖湿润,降水集中,降水量约占全年62%～67%,形成雨热同季,受特有地形影响,有时产生雷雨、冰雹、大风等强对流天气;秋季(9—11月)随着东南暖湿气流逐渐减退,蒙古高压又重新建立并逐渐加强,天气晴朗,降水明显减少,早晚凉爽,中午干热,昼夜温差大;冬季(12月至次年2月)因受蒙古冷高压控制,天气寒冷漫长,干燥、晴朗、少雪。

机构历史沿革

始建情况　阳原县气象站始建于1961年11月,1962年1月1日正式开始工作。始建时位于阳原县城西南"郊外"。

站址迁移情况　1961年11月1日始建时位于阳原县城西南"郊外"。始建时站址地形平整,无树木影响,但站址东南方有一座小型水库,距站址不足300米,再加上城西南地形较低,因此,始建站址对气象资料的代表性和准确性造成了一定影响。1967年1月1日本站迁至阳原县城北"郊外"。新旧站址水平距离相差2300米,观测场高度相差23.2米。20世纪80年代后期,国家修建大同到秦皇岛铁路穿越阳原县境内,阳原县火车站建设于本站址正北约400米处,基于这一原因,1992年9月1日本站迁至阳原县城西"郊外",站址位于东经114°09′,北纬40°06′。观测场海拔高度为937.6米。新旧站址水平距离相差2000米,观测场高度相差6.8米。

历史沿革　1962年1月成立时名称为阳原县气象服务站。1972年2月阳原县气象服务站更名为阳原县气象站。1981年7月由阳原县气象站更名为河北省阳原县气象站。1992年9月由河北省阳原县气象站更名为河北省阳原县气象局。

管理体制　1962年1月成立至1970年12月,由阳原县农业局领导,业务由张家口气象服务台管理。1971年1月—1973年12月由阳原县人民武装部和阳原县农业局双重领导,业务由张家口地区气象局管理。1974年1月—1981年3月归属阳原县农业局,业务仍由张家口地区气象局管理。1981年4月机构管理体制上收,实行气象部门与地方政府双重领导,以气象部门领导为主的管理体制,阳原县气象站隶属于河北省气象局管理至今。

机构设置　阳原县气象局下设业务股、气象科技服务股、阳原县防雷中心、阳原县人工影响天气办公室。

单位名称及主要负责人变更情况

单位名称	姓名	职务	任职时间
阳原县气象服务站	李 治	站长	1962.01—1965.12
	霍 耀	站长	1966.01—1970.09
	魏恩均	站长	1970.10—1972.01
阳原县气象站	张守英	站长	1972.02—1974.06
	刘锡美	站长	1974.07—1975.07
	王全文	站长	1975.08—1978.08
河北省阳原县气象站	怀福寿	站长	1978.09—1981.07
			1981.07—1981.11
	贾才斌	站长	1981.12—1982.11
	刘 琳	站长	1982.12—1984.07
	贾才斌	站长	1984.08—1988.03
河北省阳原县气象局	张建才	站长	1988.04—1992.08
		局长	1992.09—

人员状况 阳原县气象站成立时在职人数为 4 人。1981 年 4 月机构管理体制上收后为 9 人,2008 年 1 月定编 6 人,截至 2008 年 12 月实有在职职工 7 人,其中:本科学历 1 人,大专学历 1 人,中专学历 5 人;中级职称 2 人,初级职称 5 人;50～55 岁 2 人,40～49 岁 3 人,40 岁以下 2 人;男 3 人,女 4 人。

气象业务与服务

阳原县气象站主要气象业务:担负全国布网的地面基本站的气象观测任务,承担气象资料的测定、接收、处理、加工、分发、存储及气象资料服务等项基本气象业务工作,并制作地面气象观测月报表和年报表。负责阳原县行政区域内的气象预报发布与刊播的管理工作,承担气象科技服务工作,发布本县区域的天气预报和灾害性天气警报,为各级政府指挥农业生产,组织防灾抗灾提供气象服务。气象业务、服务从简单的人工观测和预报业务发展到现在的人工和自动化相结合的综合业务体系,气象服务也从单一的方式发展到如今全方位的综合服务体系。

1. 气象观测

①地面气象观测

观测项目 观测项目有云、能见度、天气现象、气温、气压、湿度、风向、风速、降水、日照、小型蒸发、地面温度、草面温度、雪深、电线积冰等。2004 年 5 月 1 日开始使用自动雨量计。

观测时次 阳原县气象站现在每天进行 08、14、20 时 3 个时次的地面气象观测,并编发 08、14、20 时 3 个时次定时天气报告。

发报种类 承担向省、市气象台编发地面天气报、地面天气加密报、气象旬(月)报、重要天气报、加密雨量报。

电报传输　阳原县气象站建站时通信条件十分困难,地面天气报的传输,采用电话传至电信局报务室,电信局接收后由报务员用按键式发报机发至上级气象台。1987 年 2 月安装开通了甚高频电话,地面天气报告可使用甚高频电话直接传到市气象台。2003 年 10 月建成自动气象站后,采集的数据通过 X.25 电话线路自动传输。现已开通了 4 兆光纤电路,所采集的数据通过光纤通讯电路传送至省气象数据网络中心,每 5 分钟传输 1 次,气象资料传输实现了网络化、自动化。另外,配备了自动拨号辅助通讯电路,使气象资料的传输得到双重保障。

气象报表制作　阳原县气象站建站后地面气象观测月报表、年报表,均采用手工抄写方式编制,手抄一式 3 份,分别上报省气象局、市气象局各 1 份,本站留存 1 份。从 1994 年 4 月开始使用计算机打印制作气象报表,结束了手工抄写编制报表的方式。1991 年阳原县气象站配备了 PC-1500 袖珍计算机,使用 PC-1500 袖珍计算机取代人工计算编报,提高了测报质量和工作效率,减轻了观测员的劳动强度。1999 年配备了台式计算机,用于地面气象观测业务。

自动气象站　2003 年 10 月建成了 CAWS600-B 型自动气象站,于 2003 年 11 月 1 日投入了业务试运。2004 年 1 月 1 日自动气象站业务开始执行双轨运行;2005 年 1 月 1 日自动气象站业务开始执行并轨运行;2006 年 1 月 1 日自动气象站业务开始执行单轨运行。自动站观测项目包括气温、湿度、气压、风向、风速、降水、地面温度、草面温度。

②天气预报预测

阳原县气象站于 20 世纪 70 年代开始制作天气预报,当时主要是采用天气图方法做预报,绘制天气图用的数据是用收音机抄收指标站的数据。预报流程:预报员抄收指标站的数据后,绘制简单的天气图;收听省、市气象台的预报做参考;结合本站的气象资料和群众经验制作出天气预报;用电话传至县级广播站定时播出。到 80 年代为适应预报工作发展的需要,进一步贯彻执行中央气象局提出的"大中小、图资群、长中短相结合"技术原则,上级部门非常重视基层台站的业务基本建设,要求每个台站都要有自己的基本资料、基本图表、基本档案和基本方法,并组织力量多次会战,建立了一整套天气预报的特征指标和方法。

1987 年 2 月安装开通了甚高频电话,可以每天与市气象台进行天气会商。1987 年 7 月安装了传真机,实现了气象资料共享。1997 年 7 月地面卫星接单收站建成并正式启用,实现了由计算机直接接收调用气象资料。2001 年 9 月建成了模拟多媒体电视天气预报制作系统,将自制的电视天气预报节目录像带送县电视台播放。2007 年 1 月电视天气预报制作系统更换为非线性编辑系统,每天刻制光盘送县电视台进行播放,天气预报制作实现了数字化。天气预报从初期单纯的天气图加经验的主观定性预报,逐步发展为采用气象雷达、卫星云图、计算机终端系统等先进工具制作的客观定量定点数值预报。

2. 气象服务

公众气象服务　阳原县气象站公众气象服务开始于 20 世纪 70 年代,每天制作的天气预报用电话传至县级广播站定时播出,为广大群众进行气象服务。1990 年 5 月开通了气象警报通讯网,每天分 2 次播出天气预报,此外,还播出一些突发性、灾害性天气预报、情报和信息,为广大群众进行气象预报、情报和灾害性天气信息服务。1997 年 7 月"121"天气预报自动答询系统建成并投入使用,增加了用电话形式进行气象服务。2001 年 9 月建成了模拟多媒体电视天气预报制作系统,将自制的电视天气预报节目录像带送县电视台播放,公众气象服务扩展到了电视节目中。此外,还通过报纸、互联网、电子显示屏等媒体为广大群众进行气象服务。

决策气象服务 决策气象服务主要是为地方各级人民政府和有关部门组织防御气象灾害提供决策依据。20 世纪 70—80 年代,决策气象服务产品主要以书面文字发送为主,电话、信函服务为辅。20 世纪 90 年代以后,决策气象服务产品逐步转变为用气象警报通讯网、微机终端、电视、手机短信、气象灾害预警信息发布平台、电子显示屏、互联网等发布。

专业气象服务 阳原县气象站从 20 世纪 70 年代初期就成立了阳原县人工影响天气指挥部,80 年代后期改名为阳原县人工影响天气办公室。当时配备了 9 门人工防雹"三七"高炮,以预防冰雹灾害为主,人工影响天气办公室负有管理职能,负责购买分发弹药;对炮手进行安全作业和操作规程方面的技术培训;为各炮点请示作业空域;对高炮进行检修。到 2008 年阳原县仍有 5 门"三七"高炮用于人工防雹作业。

干旱是阳原县非常严重的自然灾害之一,受自然条件的制约,阳原县年自然降水量只有 360 毫米左右,而蒸发量却高达 700~1000 毫米左右,这样就无法避免的造成了旱情。再加上地下水开发已经接近甚至已经超过临界点,地下水位持续下降,水资源的可持续利用面临非常严峻的形势。实践证明:实施人工增雨是抗旱和补充水资源的重要科学措施,是充分开发和利用空中水资源的重要手段之一,也是改善生态环境,解决缺水,农业增产,农民增收,防灾减灾的一项重要工作。针对这一情况,2001 年 7 月由阳原县政府投资为阳原县气象局购置 1 辆人工增雨车,配备 1 部 CF4-1A 型火箭发射架,开始实施人工火箭增雨作业。2008 年 4 月由张家口市气象局又调拨给阳原县气象局人工增雨车 1 辆,并配备 RYI-6300 型火箭发射架 1 部。从开展人工火箭增雨作业以来,阳原县气象局抓住每一次有利的天气条件,积极开展人工增雨作业,为阳原县的经济发展和农业增收做出应有的贡献。人工增雨作业工作得到了阳原县委、县政府的肯定,2004 年被阳原县委、县政府评为"阳原县农村工作先进单位",2005—2007 年连续 3 年被阳原县委、县政府评为"阳原县防汛抗旱工作先进单位"。

1997 年 3 月 27 日阳原县政府下发《关于对全县避雷设施检测实行统一归口管理的通知》(阳政通〔1997〕26 号),文件明确规定全县防雷业务技术工作由县气象局具体管理并组织实施。1998 年 3 月经阳原县编制委员会批复成立了阳原县防雷中心。2000 年 1 月 1 日《中华人民共和国气象法》正式施行后,阳原县气象局成立了行政执法队伍,有 2 名同志取得了行政执法证,县气象局被列为县级安全生产委员会成员单位,负责阳原县行政区域内的气象行政执法和防雷减灾、防雷装置设计审核和竣工验收工作。县气象局每年都要对危险化学品、炸药、易燃易爆行业的防雷防静电设施进行年检和专项检查。对县城其他行业和矿山企业的防雷设施进行年检和专项检查,对于年检中不合格的防雷防静电设施,凡能现场整改的一律现场整改,对于现场不能整改的下达了整改通知书,限期进行整改,整改后经过复检合格方可投入使用。

气象法规建设与社会管理

法规建设　2007 年阳原县政府办公室下发了关于印发《阳原县依法实施的行政许可项目目录》、《阳原县依法实施的非行政许可和其他审批项目目录》和《阳原县依法实施的行政审批项目取消目录》的通知(阳政办〔2007〕50 号),保留了阳原县气象局对防雷装置设计审核和竣工验收的行政许可项目;保留了阳原县气象局对人工影响天气作业组织资格和人员资格初审的非行政许可项目;保留了阳原县气象局对新建、改建、扩建建设工程避免危害气象探测环境初审的非行政许可项目,对依法做好各项工作奠定了牢固的基础。

政务公开　阳原县气象局从 2003 年下半年开展政务公开工作,政务公开的形式主要有三种,一是在办公楼的门厅建立政务公开专栏,公开的内容有:气象局机构设置及工作职能;气象工作所依据的法律法规;气象服务收费项目及标准;年度重点要抓的工作;财务收支情况;股长考察对象的确定和任命,人员的调整和变动;党风廉政责任目标;公开选拔和竞争上岗等项内容。二是召开局务会,凡是重大事项的决策;重要项目的安排;涉及到群众切身利益的事项;群众普遍关心的重要事项;大额资金的使用;年度、季度工作的计划、安排和总结;气象业务、服务项目的调整;重要资源(资产)的调整和处置;职工收入分配改革方案;股长考察对象的确定和任命,其他人员的调整和变动;上级安排部署的重要工作任务的落实,都要经过召开局务会讨论通过后再执行。三是召开全局大会,公开的内容有:年度工作安排及目标责任制管理办法;岗位工资实施办法;各种规章制度;经局务会讨论通过需要公布的内容;其他需要公开的事项等。阳原县气象局通过推进行政务公开透明运行,接受社会监督,做到了服务内容、服务标准、服务程序和办理结果"四公开"。

党建与气象文化建设

党建工作　在未成立党支部之前有 2 名党员,归阳原县科学技术委员会党支部管理。1988 年 7 月正式成立党支部,有 3 名党员,隶属阳原县政府党总支管理,1989 年 7 月划归阳原县农业局党总支分管。截至 2008 年 12 月阳原县气象局党支部有党员 3 名,预备党员 1 名,入党积极分子 2 名。

党支部成立以来,重视党建和精神文明建设工作,党员领导干部以身作则,注重发挥党支部的战斗堡垒作用和党员的模范带头作用。

荣誉　1997 年被河北省气象局评为"优质服务、优良作风、优美环境"先进单位;1998—2007 年连续 10 年被阳原县委、县政府评为县级"文明单位";2001 年被阳原县综合治理委员会命名为"安全文明单位";2001—2008 年连续 8 年在张家口市气象局年度目标考核中获得"优秀达标单位";2006—2007 年被张家口市委、市政府评为市级"文明单位"。2004 年被阳原县委、县政府评为"阳原县农村工作先进单位";2005 年荣获"全国气象部门局务公开先进单位";2005—2007 年连续 3 年被阳原县委、县政府评为"防汛抗旱工作先进单位",并颁发锦旗。

台站建设

台站综合改造　阳原县气象站建站时,办公用房为土房结构。第一次迁站时于 1966

年9月建设砖木结构房屋7间,建筑面积为150平方米,站址占地总面积为3960平方米。现站址于1992年5月开始建设,1992年9月1日正式使用。现站址占地总面积为7115.5平方米,建设二层宿办楼1栋,总建筑面积为824平方米,其中办公楼面积为250平方米,家属楼面积为574平方米。

办公与生活条件改善 阳原县气象局从2004年开始对大院内进行绿化、美化、硬化建设,院内共栽种垂柳、火炬、桧柏、龙爪槐、垂榆等110棵。栽种丁香、红瑞木、珍珠枚、四季玫瑰、连翘、锦带、黄阳等580多棵。栽种侧柏4000多棵;栽种草坪310平方米;种草花300平方米。另外在原有硬化的基础上新铺小路530平方米,使大院内的整个环境有了非常大的改观。

2007年筹措资金对办公室进行了改善,更换了塑钢门窗;把水泥地面全部铺上地板砖,所有房间安装了暖气,对办公楼内部进行了粉刷,对观测场围栏、百叶箱、仪器底座等进行了油刷,购置部分办公桌、沙发、书柜、床等,使全局办公条件焕然一新,工作和生活环境得到彻底改善。

阳原县气象局现貌(2008年)

宣化县气象局

机构历史沿革

始建情况 宣化县气象局(站)始建于1960年1月。站址位于东经115°02′,北纬40°34′的洋河南沙河东(即今洋河南镇邓家台村),站址海拔高度629.3米。

站址迁移情况 观测场始终在建站原址。1998年宣化县气象局办公地址由洋河南镇迁至宣化城区,办公地点在张家口市宣化区东草市街甲 2 号,上谷宾馆后四楼。2002 年办公地点又迁至张家口市宣化区东马道 14 号县政府南楼。

历史沿革 1960 年 1 月因当时宣化镇(含宣化县)称张家口市宣化区,故新站称张家口市宣化区气象服务站。1960 年 7 月宣化区改称河北省张家口市宣化市,张家口市宣化区气象服务站也改称宣化市气象服务站。1961 年 6 月随着张家口专区建制的恢复,张家口市重为专区辖市,宣化又分设为县、区,1961 年 7 月 15 日宣化市气象服务站改称宣化县气象服务站。1971 年 12 月 1 日宣化县气象服务站改称宣化县气象站。1981 年 1 月 1 日宣化县气象站改称河北省宣化县气象站。1992 年 4 月 7 日根据河北省气象局冀气人字发(1992)关于县站更名为县气象局的批复,宣化县气象站改称河北省宣化县气象局。

管理体制 建站时隶属张家口市宣化区农业局。1971 年 6 月 30 日由于宣化县区建制的变动,气象服务站先后隶属宣化市农业局、宣化县农业局。1971 年 7 月气象服务站由宣化县人民武装部管理。1973 年 1 月又划归县革命委员会。1981 年 7 月气象机构管理体制进行改革,县气象站的人事、业务、财务三权均交张家口地区气象局。1992 年 4 月宣化县气象站改为宣化县气象局,为河北省气象局和宣化县人民政府双重领导的双重计划财务管理体制的事业单位。

机构设置 1992 年 4 月成立宣化县气象局时内设测报股、预报服务股。2002 年县气象局内设办公室、测报股、预报股、防雷中心和气象科技服务中心,至 2008 年底未变。

单位名称及主要负责人变更情况

单位名称	姓名	职务	任职时间
张家口市宣化区气象服务站	刘志明	站长	1960.01—1960.07
宣化市气象服务站			1960.07—1961.07
宣化县气象服务站			1961.07—1968.04
	王思瑜	站长	1968.04—1971.12
宣化县气象站			1971.12—1973.05
	邸玉林	站长	1973.05—1977.09
	孙 爱	站长	1977.09—1981.01
河北省宣化县气象站			1981.01—1986.12
	梁洪俊	站长	1986.12—1992.04
河北省宣化县气象局		局长	1992.04—1997.02
	谢晋军	局长	1997.02—2003.04
	王建岐	副局长(主持工作)	2003.05—2004.05
	马 光	局长	2004.06—

人员状况 1960 年 1 月建站时有干部职工 4 人。经过近 50 年的发展,截至 2008 年底全局共有干部职工 11 人(包括退休 3 人),在职职工中:硕士研究生 1 人,本科学历 5 人,大专 1 人,中专 1 人;工程师 7 人。

气象业务与服务

宣化县气象局为国家一般气象站,主要业务是完成一般站的气象观测,每天向省气象台传输 3 次定时观测电报,制作气象月报和年报报表。气象服务项目有:影视气象服务、"121"天气预报自动答询、防雷服务、农业气象服务、专业气象服务等。

1. 地面气象观测

观测项目 1960 年 1 月 1 日开始地面观测业务,观测项目有:云、能见度、天气现象、气压、气温、湿度、风向、风速、降水、雪深、日照、蒸发(小型)、地温、冻土。1984 年后,观测项目有:云、能见度、天气现象、气温、湿度、风向、风速、气压、0～40 厘米地温、降水、雪深、日照、冻土、蒸发。

观测时次 每天编发 08、14、20 时 3 个时次的定时绘图报。

气象报表制作 建站时气象月报、年报表用手工抄写的方式编制一式 4 份。1988 年 11 月 1 日观测组正式启用地面测报程序"SRNOP-B"。1994 年 4 月地面气象月报表正式改为微机制作,向上级气象部门报送软盘。1996 年使用软件制作报表,由激光打印机打印上报并用 U 盘拷贝数据上报。2004 年上报资料开始采用网上传输的方式。

地面气象观测手段以目测和气象仪器对近地层(主要离地 1.5 米范围内)的气象要素进行观测和测定。1988 年 11 月 1 日宣化县气象站观察组正式启用地面测报程序 SRNOP-B。1994 年 4 月 1 日地面气象月报表正式改为微机制作。1996 年年报表开始微机制作。

电报传输 建站时通信条件很差,每天 4 次气象信息传输使用手摇电话和无线短波电台,由张家口气象局接收后传至省气象台。天气变化对短波信号影响很大。之后,气象旬(月)报电码经历了多次变动。1996 年配备了 X.25,传输和接收张家口市气象局天气信息。2008 年底县气象局配备有 4 兆光纤 1 条,通过专线传输数据,气象信息传输的速度和精确度得到保障。

2. 气象服务

公众气象服务 公众气象服务的主要方式为天气预报。1964 年 7 月 1 日开始编发天气预报,向乡镇发布预报信息。1993 年 4 月开通"121"天气预报电话咨询服务。1997 年开始制作电视天气预报节目。2004 年更换数字电视天气预报制作系统,每天在县区电视台播出天气预报。

决策气象服务 从 1997 年 6 月开始,每年汛期认真收集全县各地降水量资料,遇有重要天气变化,及时向领导机构汇报,为领导机关决策提供有关的气象服务。多年来,县气象局从一般天气预报拓宽到利用科技手段为党政机关决策和工农业生产广泛服务,取得明显成绩。2007 年开始通过宣化县手机灾害短信系统发布灾害、雨情等气象信息。

专业与专项气象服务 1983 年宣化县气象局开展了高炮防雹业务,在各乡镇配备防雹"三七"高炮 12 门,根据天气情况适时开展作业。2001 年开展了人工增雨业务,配备了专用人工增雨车和 RYI6300 型火箭发射系统,到 2008 年底共进行人工增雨 200 多次。

气象法规建设与社会管理

法规建设 2005 年 7 月宣化县政府下发《宣化县人工增雨实施方案》,将人工增雨工作纳入了政府预算。2006 年 8 月宣化县政府下发《宣化县区域雨量站管理办法》,从经费、人员上对区域自动站进行了管理。2007 年 5 月宣化县政府出台《宣化县进一步加强防雷工作的意见》,对宣化县防雷装置图纸审批与竣工验收正式列为行政审批事项。按照河北省委、省政府行政权力公开透明运行的有关要求,宣化县气象局将审批事项及依据等向社会公布并接受社会监督。作为县安全工作管理委员会成员单位,宣化县气象局积极参与对易燃易爆场所的安全检查,及时提出整改意见,并多次到现场进行技术指导。

政务公开 2004 年 8 月宣化县气象局制订了《宣化县气象局局务公开制度》、《宣化县气象局局务会制度》等规章制度,并汇集成册。做到了基础建设、大额财务支出、会议集体研究通过,财务支出等重大事项 3 个月公开一次,此外,又进一步修订完善了财务、科技服务、车辆、值班等事项的管理制度,做到了事事有章可循。

党建与气象文化建设

党建工作 1972 年以前宣化县气象站没有党员。1973 年 5 月—2002 年底由于党员少参加宣化县农业局党支部活动。2003 年 7 月宣化县气象局建立党支部。截至 2008 年底宣化县气象局党支部为宣化县直属机关党委下设支部,有党员 5 人。

党员领导干部认真落实党风廉政目标责任制,遵守领导班子廉洁自律制度,认真执行收入年报、礼品登记、廉政教育谈话等领导干部约束制度。在近年开展的邓小平理论、“三个代表”、科学发展观等学习实践活动中,都严格按照规定动作进行。2005 年,在保持共产党先进性教育活动中,宣化县气象局受到市县委的一致表彰。

气象文化建设 从 2002 年起,县气象局连续 7 年被评为市级“文明单位”。2005—2006 年在全县开展创建文明生态村活动中,县气象局通过确定联系点、发放培训材料等形式,向农民宣传气象知识,以及保护环境与创造有利于农业生产的气象条件之间的关系等知识,引导农民走生产发展、生活富裕、生态良好的文明发展道路。

2008 年开展创建文明单位活动,主要内容是:领导班子团结;认真执行党和国家的各项方针、政策;坚持政治、业务“两手抓”;发挥各组织作用;树立良好的行业风气;重视单位环境容貌建设等。

荣誉 1983 年县气象站完成全县农业气候资料图,获张家口地区气候资源区划普查三等奖;1987—1988 年连续 2 年被省气象局评为“双文明”建设先进单位和气象服务先进集体;2002—2008 年连续 7 年被评为市级“文明单位”;2006—2008 年宣化县气象局党支部连续 3 年被评为“先进基层党组织”。1988—2008 年宣化县气象局先后有 2 人获河北省气象系统“气象服务”先进个人;1 人获河北省气象系统“双文明建设”先进个人;1 人获宣化县“优秀共产党员”。

台站建设

建站初的 1963 年,建工作室 5 间,占地 80 平方米。1972 年在观测场西北又建起 5 间宿舍。1973 年在观测场西又建起 3 间伙房。1978 年征地两亩①半,主要建设了家属宿舍。

---

① 1 亩＝1/15 公顷,下同。

1979 年在原工作室后又建设家属宿舍 10 间及男、女厕所,在观测场西打井 1 眼。1980 年在气象站四周筑起了通风围墙,观测场东、西、南三面视野开阔,不影响观测。之后,又多次对气象站的各种设施进行维护和修缮。为提高服务质量和效率,局址曾 3 次搬迁。2002 年 4 月迁至宣化县政府南楼。2003 年向河北省气象局申请资金 5 万元,建成了县级地面气象卫星接收站。2008 年对位于洋河南的气象站院内环境进行了综合改善,气象业务现代化建设也取得突破性进展,自动气象站开始建设,能较好地保证气象局各项业务的开展。

宣化县气象局旧貌(1985 年)

宣化县气象局新颜(2006 年)

涿鹿县气象局

　　涿鹿县地处河北省西北部,张家口市东南部,在内长城以北。全县地形南北低中间高,北部是怀涿盆地,南部是太行山余脉,河谷是东灵山及小五台山以北的桑干河和以北的拒马河。涿鹿城坐落于涿鹿县北部的怀涿盆地,桑干河边上。涿鹿县处于北中温带亚干旱气候大区内,具有明显的大陆季风气候,年平均气温 9.1℃,冬季严寒而漫长,夏季较短,春秋气温变化很大,冬季干旱少雪,雨量集中于 6—8 月,全年降水量在 373 毫米左右。

　　涿鹿县的主要自然灾害是干旱、霜冻和冰雹。

机构历史沿革

　　始建情况　涿鹿县气象站始建于 1958 年 12 月,成立伊始称为怀来县涿鹿地区气象站,为国家一般站,站址在涿鹿城镇北关,东经 115°13′,北纬 40°23′,观测场海拔高度 529.6 米。1959 年 3 月 20 日开始观测。1959 年 6 月 1 日纪录作为正式纪录。涿鹿县气象站从建站伊始,注意了观测环境的保护,至今没有搬迁过。

　　历史沿革　1960 年 10 月 1 日名称由怀来县涿鹿地区气象站改为怀来县涿鹿气象服务分站;1961 年 5 月 1 日更名为涿鹿气象服务站;1972 年 4 月 1 日更名为涿鹿县气象站;1981 年 11 月 1 日更名为河北省涿鹿县气象站,1992 年 4 月 7 日更名为河北省涿鹿县气象局沿用至今。

管理体制 1958年12月—1960年9月怀来县涿鹿地区气象站归涿鹿县农林局和河北省气象局双重领导,以涿鹿县农林局领导为主;1960年10月—1962年12月涿鹿气象服务站由涿鹿县农林局领导;1963年1月1日—1966年5月31日领导体制由地方领导为主改为河北省气象局领导为主;1966年6月1日—1971年4月30日领导体制改回以涿鹿县农林局领导为主的双重领导;1971年5月1日—1973年6月30日归属涿鹿县人民武装部军管;1973年7月1日—1981年4月30日改为涿鹿县农林局和河北省气象局双重领导,以涿鹿县农林局领导为主;1981年5月1日全国气象部门机构改革,实行气象部门与地方政府双重领导,以气象部门领导为主的管理体制,这种管理体制一直延续至今。

单位名称及主要负责人变更情况

单位名称	姓名	职务	任职时间
怀来县涿鹿地区气象站	杨恩富	负责人	1958.12—1959.03
			1959.04—1960.09
怀来县涿鹿气象服务分站	王玉智	负责人	1960.10—1961.04
			1961.05—1964.02
涿鹿气象服务站	程 明	负责人	1964.03—1964.08
	杨清河	副站长	1965.09—1972.03
			1972.04—1972.10
涿鹿县气象站	贾兴斌	站长	1972.11—1978.04
	杨志河	站长	1978.05—1981.06
河北省涿鹿县气象站	李光福	站长	1981.05—1981.10
			1981.11—1992.03
河北省涿鹿县气象局		局长	1992.04—1992.11
	闫培林	局长	1992.12—

人员状况 涿鹿县气象站建站时只有4人,2002年4月定编7人,2006年5月定编5人,2008年1月定编6人。截至2008年12月有在编职工7人,其中:大学学历2人,大专学历1人,中专学历2人,高中学历2人;中级职称2人,初级职称5人;50~60岁2人,40~49岁2人,40岁以下3人。

气象业务与服务

1. 气象业务

①地面气象观测

涿鹿县气象站主要的气象业务是完成地面一般站的气象观测,每天向张家口市气象局和河北省气象局传输3次定时观测电报,制作气象月报和年报报表。

观测项目 观测项目有风向、风速、气温、气压、湿度、云、能见度、天气现象、降水、日照、小型蒸发、地温温度、草面温度、雪深、电线积冰等。

观测时次 涿鹿县气象站每天进行08、14、20时3个时次地面观测。

发报种类 每天编发 08、14、20 时 3 个时次的定时绘图报。除草面温度外均为发报项目。

电报传输 涿鹿县气象站建站时通信条件困难。每天 3 次地面绘图报的传输,由涿鹿县电信局接收后,分别传至河北省气象局和张家口市气象台。1964 年 8 月 23 日—1964 年 10 月 18 日与 1970 年 8 月 21 日—1979 年 8 月 20 日期间,每天 24 小时向张家口机场发固定航空(危险)报,即每小时整点前观测并发送航空报 1 次,危险报则是当有危险天气现象时,5 分钟内及时拍发。1986 年配备了 M7-1540 型甚高频电话,观测电报通过甚高频电话传至张家口市气象台,由市气象台转发至河北省气象局。2004 年建成自动气象站后,所采集的数据通过网络传送至河北省气象局数据网络中心,每天定时传输 24 次,气象电报传输实现了网络化、自动化。目前,涿鹿县气象局与河北省气象局数据网络中心之间采用以 4 兆光纤进行通信联络为主,拨号网络为辅的通讯方式,气象电报的传输得到双重保障。

气象报表制作 涿鹿县气象站建站后气象月报、年报气表,用手工抄写方式编制,一式 3 份,分别上报省气象局气候资料室、市气象局各 1 份,本站留底 1 份。自 1994 年 4 月开始月报表及年报表由计算机制作,极大地减轻了观测员的劳动强度。现在使用高速打印机打印气表,上报并保存资料档案。1989 年涿鹿县气象站配备了 PC-1500 袖珍计算机,自 1989 年 6 月 1 日起使用 PC-1500 袖珍计算机取代人工编报,提高了测报质量和工作效率,减轻了观测员的劳动强度。1999 年 8 月 16 日开始使用计算机,使用 AHDM4.0 测报软件处理观测数据。

自动气象站 2003 年 10 月涿鹿县气象局 CAWS600-B 型自动气象站建成,11 月 1 日开始试运行;2004 年 1 月 1 日—2004 年 12 月 31 日双轨运行;2005 年 1 月 1 日—2005 年 12 月 31 日并轨运行;2006 年 1 月 1 日起自动气象站开始单轨运行,自动气象站观测项目有气压、气温、湿度、风向、风速、降水、地温等,观测项目全部采用仪器自动采集、记录,替代了人工观测。

区域气象观测站 2005 年 8 月乡镇自动雨量观测站陆续建设,首先在大堡、大河南、矾山、卧佛寺 4 个乡镇建成自动雨量观测站。2006 年 8 月在东小庄、张家堡、涿鹿镇、温泉屯、五堡、黑山寺、栾庄、河东、谢家堡、蟒石口、武家沟、保岱、辉耀 13 个乡镇建成了 DSD-3 型气温、雨量两要素自动观测站,同时开始并网运行。

②天气预报预测

涿鹿县气象站建站后就开展了天气预报服务,20 世纪 60—70 年代,天气预报主要靠本站资料和指标站资料制作,准确率较低。1982 年正式开始天气图传真接收工作,主要接收北京的气象传真和日本的传真图表,利用传真图表独立地分析判断天气变化,取得较好的预报效果。1987 年 7 月架设开通甚高频无线对讲通讯电话,实现与地区气象局直接业务会商,提高了预报准确率。现在通过地面卫星单收站可以接收卫星云图、传真图、各种资料图表,通过市气象局网络可以接收到省市气象局的指导预报以及张北、大同的雷达回波图。

2. 气象服务

公众气象服务 涿鹿县气象站建站后,每天下午做出天气预报后,由人工送往县委、县政府办公室、县广播站,县广播站通过乡镇有线广播服务到全县。1994 年投资 1.5 万元购置 20 部无线通讯接收装置,安装到各乡镇,建成气象预警服务系统。1994 年 6 月正式使用预警系统对外开展服务,每天上下午各广播 1 次,服务单位通过预警接收机定时接收天气预报。

1997 年 6 月气象局同电信局合作,正式开通"121"天气预报自动咨询电话。2004 年 4 月根据张家口市气象局的要求,全市"121"答询电话实行集约经营,主服务器由张家口市气象局建设维护。2005 年 1 月起"121"电话升位为"12121"。

1998 年 6 月县气象局与县广播电视局协商同意在电视台播放涿鹿天气预报,县气象局投资 5 万元建成多媒体电视天气预报制作系统,天气预报节目由气象局制作,将制作的录像带送往电视台播放。2005 年 11 月投资 6000 元,将电视天气预报制作系统升级为非线性编辑系统。

决策气象服务   涿鹿县气象站在做好短期天气预报的基础上,20 世纪 60 年代初期开始制作中、长期天气预报,每月通过邮电局送往县委、县政府及各个乡镇和相关企事业单位,为全县的抗旱防汛工作提供了大量气象信息。2008 年为了更及时准确地为县、乡(镇)、村领导服务,有效应对突发气象灾害,提高气象灾害预警信号及重大灾害天气的发布速度,避免和减轻气象灾害造成的损失,通过网络开通了气象短信平台,以手机短信方式向全县各级领导发送气象信息。

专业与专项气象服务   建站至今为各有关单位,尤其是近几年为涿鹿县招商引资所需,提供了大量的气象资料。

2000 年涿鹿县气象局被列为县安全生产委员会成员单位,负责全县防雷安全的管理,定期对液化气站、加油站、民爆仓库等高危行业和矿山的防雷设施进行检查,对不符合防雷技术规范的单位责令进行整改。

2001 年涿鹿县气象局在县委、县政府的支持下开展了人工增雨作业,县政府出资 3 万元购置了人工增雨作业专用车辆。自 2006 年开始,县财政部门每年拨款 20 万元购买人工增雨作业火箭弹,为人工影响天气作业提供了有力保障。气象服务在当地经济社会发展和防灾减灾中发挥了很大作用。

党建与气象文化建设

党建工作   1981 年以前没有独立党支部,隶属县农业局党支部。从 1960 年建站至 1981 年期间,先后有 7 名党员分别在各个不同时期发挥着共产党员先锋模范带头作用。1981 年 7 月体制上收后,同年 12 月成立气象局党支部,当时有党员 4 人。截至 2008 年 12 月,涿鹿县气象局党支部有党员 4 人,预备党员 1 人。

气象文化建设   涿鹿县气象站成立以来,全体工作人员默默奉献,弘扬自力更生、艰苦创业精神,尤其在建站初期,房屋简陋,设备原始,人员少任务重,工作生活条件艰苦,全体职工自己种菜种粮,以此来改善生活。近几年来,涿鹿县气象局深入开展文明创建工作,使各方面综合条件不断改善。

荣誉   1997 年被河北省气象局评为"县(市)强局单位";2006—2008 年连续 3 年被县委、县政府评为"行政权力公开透明运行工作先进单位";2007 年 9 月被评为市级"文明单位"并且保持至 2008 年 12 月。1997 年以来,涿鹿县气象局业务人员共获得 21 个河北省"优秀测报员"奖励,3 个"全国优秀测报员"奖励。

台站建设

台站综合改造 涿鹿县气象站始建用地 3000 平方米。在观测场北建了二层观测小楼,小楼共有 24 平方米,下层是观测室,上层是办公室,无电无水;平房只有 60 平方米,设有观测值班室、办公室、宿舍、厨房等;其后又陆续建了 4 间平房,用来做办公室和职工宿舍。从气象站到北关大街没有正式道路,需走 130 米田间地埂,生活很艰苦。1963 年通了电,打了砖井。1972—1980 年为保护观测环境先后四次征地,扩大了气象站的可使用土地面积,达到了现在的 7133 平方米。1983 年 5 月把观测场南移 31.4 米,进一步改善了观测环境。1981 年得到河北省气象局资金支持,建了 7 间平房和观测小楼,工作和生活环境得到改善。1999 年初向河北省气象局申请综合改造资金 15 万元,建成了 250 平方米的办公楼 1 栋。对气象局院内道路进行硬化改造,并与北关村、建华公司合作对入院的小路进行硬化,改造了 2 间车库,工作和生活环境得到进一步改善。

园区建设 涿鹿县气象局于 2003—2007 年,分期对机关院内的环境进行了绿化改造,规划整修了道路,在庭院内修建了花坛,改造了业务值班室,完成了业务系统的规范化建设。种植 3000 平方米草坪,栽种风景树,全局绿化覆盖率达到了 60%,硬化 500 平方米路面,使机关院内变成了风景秀丽的花园。2006 年被河北省气象局评为"环境建设先进单位",2007 年被张家口市绿化委员会评为"绿化达标单位"。气象业务现代化建设上也取得了突破性进展,建起了气象卫星地面接收站、自动观测站、决策气象服务系统、气象信息短信平台等业务系统工程。

涿鹿县气象局(2008 年)

秦皇岛市气象台站概况

秦皇岛市地处河北省东北部,北纬 39°24′～40°37′,东经 118°33′～119°51′。现辖 4 县 3 区,总面积 7812.4 平方千米,海岸线长 162.7 千米,总人口 287 万。

秦皇岛属于暖温带半湿润大陆性季风气候,四季分明,冬季冷而干燥;夏季多海风,潮湿凉爽;春、秋温暖适中。年平均气温 11.0℃,最高气温一般出现在 6 月,极端最高气温为 39.9℃(1961 年),最低气温一般出现在 1 月,极端最低气温-24.3℃(2001 年),年平均降水量 634.3 毫米。由于北依燕山,南临渤海,南北向气温差异较为显著。沿海地带海陆风明显,初夏多雷阵雨,又以夜雷雨为特点。

秦皇岛境内主要气象灾害有干旱、暴雨、大风、冰雹、雷电等,尤以暴雨、大风、冰雹影响最大。

气象工作基本情况

始建情况 秦皇岛原属县级市,1983 年 5 月经国务院批准升格为地级市,实行市管县体制,将原唐山地区的抚宁、昌黎、卢龙三县和承德地区的青龙县划归秦皇岛市管辖。1983年 8 月 14 日,唐山、承德、秦皇岛三市气象部门进行正式交接,组建秦皇岛市气象台。现有地面气象观测站 5 个,其中 2 个国家基本气象站,3 个国家一般气象站。

管理体制 1953 年 12 月—1973 年 4 月,管理体制经历了从部门管理到地方政府管理、恢复部门管理、再到地方政府和军队双重领导的演变;1973 年 5 月—1981 年 11 月,转为地方同级革命委员会领导;自 1981 年 12 月起改由气象部门与地方政府双重领导,以气象部门领导为主的管理体制延续至今。

人员状况 1983 年全市气象部门有在职职工 87 人,2008 年 1 月定编为 110 人,截至 2008 年 12 月 31 日,有在编职工 101 人,其中:大专以上学历 72 人(含本科 43 人,硕士 1人;中级以上职称 61 人(含高级职称 10 人);20～30 岁 18 人,31～40 岁 27 人,41～50 岁 33 人,51～60 岁 23 人。

党建 截至 2008 年底,全市气象部门有党支部 5 个,党员 56 人。

文明创建 市气象局所属的 4 个县气象局中的抚宁、卢龙、青龙和市气象局均为省级"文明单位",昌黎为市级"文明单位"。

主要业务范围

地面气象观测　全市现有地面气象观测站 5 个,其中 2 个国家基本气象站,即秦皇岛、青龙;3 个国家一般气象站,即昌黎、抚宁、卢龙。

国家一般气象站承担全国统一观测项目任务,内容包括云、能见度、天气现象、气压、气温、湿度、风向、风速、降水、雪深、日照、蒸发(小型)和地温(距地面 0、5、10、15、20 厘米)、冻土,每天进行 08、14、20 时 3 次定时观测,向省气象台拍发天气加密电报。

国家基本气象站增加电线积冰厚度与重量和 E-601 大型蒸发观测。每天进行 02、08、14、20 时(北京时)4 次定时观测,并拍发天气电报;进行 05、11、17、23 时 4 次补充定时观测,拍发补充天气报告;秦皇岛市气象站还增加酸雨观测,青龙国家基本气象站是亚洲区域气象情报资料交换站,承担航空危险天气发报任务,向山海关、兴城(辽宁)军航和北京民航拍发报。

2002 年 12 月—2007 年 8 月,秦皇岛市气象站先后增加了温度梯度、GPS 水汽、负氧离子、紫外线观测项目。

地面自动气象站　秦皇岛、青龙建于 2002 年 10 月,卢龙、抚宁建于 2003 年 10 月,昌黎建于 2007 年 7 月,自动气象站实现地面气压、气温、湿度、风向、风速、降水、地温(包括地表、浅层和深层)自动记录,改变地面气象要素人工观测的历史。

2005 年 5 月—2007 年 7 月,全市建成两要素区域自动气象站 83 个。

2008 年 10 月建设完成昌黎翡翠岛七要素海岛无人自动气象站 1 个。

农业气象观测站　全市有农业气象观测站 2 个,其中昌黎 1990 年 1 月由省农业气象基本站升格为国家农业气象基本站,青龙 1990 年 1 月由国家农业气象基本站改为省基本站。

农气站主要观测粮食作物(如冬小麦、玉米、水稻、高粱等)、果类(如苹果、葡萄等)、物候观测等。

雷达探测　1983 年 12 月在秦皇岛市气象局大院布设了 711 天气雷达,2000 年停用。2007 年 7 月秦皇岛新一代天气雷达站(CINRAD/SA)在卢龙县建设完成。主要监测和预警灾害性天气,探测重点是暴雨及强对流天气系统活动,为人工影响天气、灾害性天气的监测提供服务。

气象服务　主要有决策气象服务、公众气象服务、专业专项气象服务和气象科技服务四大类。气象服务的主要手段有:天气预报(特别是灾害性、关键性天气预报服务)、气候分析、气象资料和情报等。

决策气象服务主要是给各级党政军领导当好参谋,为指挥防灾抗灾等重要决策提供科学依据。服务的手段和内容主要有天气预报、情报、气候分析、气象通讯、人工影响天气等。

2003 年春建立了决策服务系统,各级领导可通过电脑随时调看实时云图、雷达回波图、区域自动气象站的雨情。到 2008 年 12 月,决策服务材料有重要气象专报、天气预报信息、汛期气象日报、专题气象服务报告、综合气象信息、暑期气象日报、年度气候公报、重要天气报告、地质灾害预警、气象灾害报告、气候影响评价、重大天气气候事件影响评价等20 种。

1996 年 5 月为桃林口水库和市防汛办安装了计算机终端,除文字信息外,还有卫星云图、天气图和雷达图等图像信息。

2008 年 5 月与市国土资源局建立了地质灾害可视会商系统。

专业气象服务领域有农、林、水、航空、国防军事等方面,目前有青龙国家基本气象站承担编发航危报的任务。在专业气象服务中,根据农业生产关键季节的需要,及时开展气象服务,制作春播、麦收期、旱涝、霜冻等长期天气预报。

秦皇岛市气象局

机构历史沿革

始建及沿革情况 1953 年 12 月 1 日建立山海关气象站,位于山海关区北行太傅庙胡同 4 号。1957 年 6 月 1 日建立秦皇岛市气候站,位于秦皇岛北郊第一中学北面,同年 7 月 1 日,山海关气象站合并至秦皇岛市气候站,扩建更名为秦皇岛市气象站。1958 年 6 月更名为秦皇岛市中心气象站,同年 10 月恢复为秦皇岛市气象站。1960 年 3 月更名为秦皇岛市气象服务站,1969 年 1 月更名为秦皇岛市气象站革命领导小组,1971 年 7 月恢复为秦皇岛市气象站。1974 年 11 月更名为秦皇岛市气象台,1986 年 2 月更名为秦皇岛市气象局。位于北纬 39°56′,东经 119°36′,海拔高度 1.6 米。位置在秦皇岛市海港区建设大街 262 号。

1959 年 12 月,另组建的秦皇岛海洋水文气象站,于 1965 年春移交给国家海洋局北海分局。1997 年 9 月成立秦皇岛市海洋气象台,与秦皇岛市气象台为一套人马、两块牌子。

站址迁移情况 1999 年 1 月市气象局直属的秦皇岛市气象站由市气象局大院迁至北戴河区郊外沙窝林场,其地理位置位为北纬 39°51′,东经 119°31′,海拔高度 2.4 米。

管理体制 自建站至 1958 年 10 月,由当时河北省气象科领导。1958 年 10 月—1959 年 2 月由唐山专署气象台领导。1959 年 2 月—1963 年 1 月由秦皇岛市人民委员会领导。1963 年 1 月—1969 年,由唐山专署气象局领导。1970—1973 年由人民武装部和秦皇岛市革命委员会双重领导,以人民武装部领导为主。1973 年—1981 年 11 月由秦皇岛市革命委员会领导。1981 年 12 月—1983 年 7 月由唐山地区气象局和秦皇岛市人民政府双重领导,以唐山地区气象局领导为主。1983 年 7 月后秦皇岛市气象台升格为处级单位,由河北省气象局和市人民政府双重管理,以省气象局领导为主。市、县气象局既是上级气象部门的下属单位,同时又是当地政府的工作部门。经费实行部门与地方双重计划财务管理。

机构设置 秦皇岛市气象局内设 3 个职能科室(办公室、业务科技科、计划财务科);5 个直属事业单位(气象台、防雷中心、科技服务中心、人工影响天气办公室、市气象站)。

单位名称及主要负责人变更情况

单位名称	姓名	职务	任职时间
山海关气象站	周厚德	站长	1953.12—1957.05
秦皇岛市气候站			1957.06
秦皇岛市气象站	黄世强	站长	1957.07—1958.05
秦皇岛市中心气象站	鲁德祥	站长	1958.06—1958.09
秦皇岛市气象站	杨振先	站长	1958.10—1960.02
秦皇岛市气象服务站	郭金城	站长	1960.03—1968.12
秦皇岛市气象站革命领导小组		组长	1969.01—1971.06
秦皇岛市气象站		站长	1971.07—1974.10
秦皇岛市气象台		台长	1974.11—1983.06
秦皇岛市气象台(正处级)	蔡存耀	台长	1983.07—1986.01
秦皇岛市气象局		局长	1986.02—1988.08
	孙志泉	局长	1988.09—1994.01
	杨喜魁(满族)	局长	1994.02—1996.06
	李宝香	局长	1996.07—2003.01
	赵国石(满族)	局长	2003.02—

人员状况　市气象局现有在职人数 65 人。其中:40 岁以下 21 人,40～49 岁 27 人,50 岁以上 17 人;研究生 1 人,大学本科 30 人,大专 12 人,中专及以下 22 人;汉族 57 人,满族 7 人,回族 1 人;高级职称 10 人,中级职称 28 人,初级职称 16 人;高级工 3 人,中级工 1 人,初级工 2 人,无技术职称 5 人。

气象业务与服务

　　秦皇岛市的气象业务从简单的人工观测和预报业务发展到现在的人工和自动化相结合的综合业务体系,气象服务也从单一的方式发展到如今全方位的综合服务体系。改革开放以来,秦皇岛气象事业得到了长足发展。特别是 20 世纪 90 年代后期开始,相继建成了"9210"工程、地面气象自动站、新一代天气雷达;信息网络实现了现代化;气象数据、信息处理、资料传输、地面观测等基本实现了自动化。

　　1. 气象业务

　　①气象观测

　　秦皇岛市气象站为国家基本气象站,承担全国统一和省气象局规定的观测项目任务,内容包括云、能见度、天气现象、气压、气温、湿度、风、降水、雪深、雪压、日照、蒸发(小型、大型)和地温(浅层、深层)、冻土、电线积冰厚度与重量。每天拍发 4 次天气电报和 4 次补充天气报告。重要天气报的内容有暴雨、大风、积雪、冰雹、龙卷风、雷暴、浮尘、沙尘暴、初终霜等。1970 年 3 月 15 日—1998 年 12 月 31 日向唐山军航部门拍发航空危险天气报。

　　2002 年 12 月—2007 年 8 月,秦皇岛市气象站先后增加了温度梯度、GPS 水汽、负氧离子、紫外线观测项目。

　　2008 年 10 月建设完成昌黎翡翠岛七要素海岛无人自动气象站 1 个。

②气象雷达

1983年12月在市气象局大院布设了711天气雷达,2000年停用。2007年7月,秦皇岛新一代天气雷达站(CINRAD/SA)在卢龙县建设完成。新一代天气雷达的建成大大提高了对灾害性天气的监测预警能力,同时也是气象现代化发展的重要标志。

闪电定位 2006年4月自筹资金在市气象局、青龙和昌黎县气象局安装了闪电定位仪。

③信息传输

气象通信是气象业务系统的重要组成部分。1993年夏开通省到市速率为2400比特/秒的微波线路,市气象局建成基于NTEWARE386技术的Novell网,市县之间通过无线(甚高频电话)、有线(拨号)连接,初步形成秦皇岛气象信息网络雏形,但是微波线路非常不稳定;1995年秋省市线路升级为DDN专线,带宽达到9600比特/秒,同时市县传输采用X.28通信方式;1997年春省市通信线路升级到2兆SDH光纤,市县通信系统升级为X.25异步通信方式,同时全省开始VSAT、PC-VSAT建设,至此,基于光纤宽带和卫星通信技术的气象专用信息网络已经形成;2002年6月利用省市光纤宽带开通了省市电视会商系统;2003年市县通信线路升级为2兆光纤VPN线路,同时市气象局组成了基于三层交换技术的信息网络系统,使网络结构趋于合理;2007年PC-VSAT升级为DVBS;随着信息量的增加,2008年省市线路再次升级为8兆MSTP专线,市县VPN光纤带宽升级为8兆。

④天气预报

短期天气预报 20世纪70年代之前,短期预报仅制作24小时预报,80年代初期,短期预报开始制作72小时预报;预报时段以12小时预报为主。主要利用每日2张高空实况图、3张地面实况图、6张日本传真图制作预报,预报方法基本以外推法为主,是单纯的天气图加经验的主观定性预报。2003年夏开始开展了6小时预报。2005年秋短期预报开始制作7天预报和灾害性天气及其次生灾害落区预报,同时开展3小时短时预报和0~2小时临近预报。短期预报除利用常规的天气实况图、日本传真图外,逐步发展为采用气象雷达、卫星云图、自动气象站等先进工具制作的客观定量定点数值预报。

中期天气预报 20世纪80年代初,通过传真接收中央气象台,省气象台的旬、月天气预报,再结合分析本地气象资料、短期天气形势、天气过程的周期变化等制作一旬天气过程趋势预报。

短期气候预测(长期天气预报) 主要运用数理统计方法和常规气象资料图表及天气谚语、韵律关系等方法,分别做出具有本地特点的补充订正预报。

制作长期天气预报在20世纪70年代中期开始起步,80年代为适应预报工作发展的需要,建立一整套长期预报的特征指标和方法,这套预报方法一直在沿用。长期预报主要有:年展望、春播预报、汛期(5—9月)预报、秋季预报等。

2. 气象服务

气象服务不断融入到经济社会发展的各个领域,逐步形成了较完整的包括决策气象服务、公众气象服务、专业专项气象服务和气象科技服务的气象服务体系。决策气象服务体现了面向防灾减灾和应对气候变化的国家需求,公众气象服务不断满足精细化和广覆盖的要求,专业专项气象服务逐步深入到各行各业。

①公众气象服务

1990 年以前气象服务信息主要是常规预报产品和情报资料;1993 年冬开辟了电视天气预报节目,产品包括精细化预报、森林火险等级预报等,还通过广播、报纸、互联网等媒体为广大市民服务。1995 年秋"121"天气自动答询电话系统建成并投入使用,2004 年夏开通了"秦皇岛兴农网",为天气预报信息进村入户提供了有利条件。

②决策气象服务

20 世纪 80 年代初决策气象服务主要以书面文字发送为主;90 年代后决策产品由电话、传真、信函等向微机终端、互联网等发展。2003 年春建立了为地方政府服务的决策服务系统,各级领导可通过电脑随时调看实时云图、雷达回波图、区域气象站的雨情。

1999 年秦皇岛市气象局为北戴河暑期工作委员会办公室建立了北戴河暑期决策服务系统,除通过系统调用天气预报,还可调用天气实况;2006 年,专门为暑期工作委员会办公室建立了暑期气象服务网,除常规天气预报外,还可调用旅游景点天气预报、各种生活指数、未来一周预报及各种决策服务材料。

③专业与专项气象服务

自 1988 年秋通过电话、信函、无线警报机为专业用户提供气象资料和预报服务。1996 年春陆续为辖区内防汛、电力、水库、民航等部门建成气象终端,开展预报和资料服务。2004 年夏开始建立专业气象服务网站,2006 年 7 月引进电子显示屏,取代原有的高频警报接收系统;截至 2008 年 12 月市区内共安装电子显示屏 58 块。

圆满完成 1990 年北京第十一届亚运会帆船比赛和 2008 年北京奥运会足球比赛秦皇岛分赛区的气象保障任务。2008 年 11 月被中国气象局授予"北京奥运会、残奥会气象服务先进集体"。

人工影响天气　秦皇岛市人工影响天气工作始于 1994 年 4 月,主要开展火箭、高炮增雨、防雹业务。全市购置了 5 台人工影响天气车载式移动火箭。

防雷技术服务　1990 年春秦皇岛市安委会、公安局、人保公司、物价局、气象局五部门联合下发文件,并授权市气象局在全市范围内组织实施避雷装置安全性能检测。1997 年 7 月成立秦皇岛市防雷中心,挂靠在市气象局。

④气象科技服务与技术开发

发展专业气象、气象影视及广告、防雷技术、彩球空飘庆典等服务支柱项目,2005 年开始移动、联通手机短信气象服务。防雷技术服务已成为较好的品牌服务项目。

⑤气象科普宣传

秦皇岛市气象学会成立于 1986 年春,每年"3·23"世界气象日、科普活动周,气象学会都组织多种形式的宣传活动,普及气象科普和防灾减灾等方面的知识。2006 年 5 月与秦皇岛市科学技术协会联合出版印刷了《气象科普文集》。

气象法规建设与社会管理

法规建设　重点加强雷电灾害防御、施放气球、气象探测环境保护等工作的依法管理。

1998 年 3 月市政府下发了《关于对全市防雷安全工作实行统一归口管理的通知》。2002 年 3 月市政府办公室下发了《关于加强气球市场管理工作地通知》。2004 年 7 月市政府下发《关于印发〈秦皇岛市雷电灾害防御安全管理办法〉的通知》。2004 年 10 月市政府办公室下发了《关于贯彻实施〈气象探测环境和设施保护办法〉的通知》。2005 年 11 月市政府下发了《关于印发〈秦皇岛市气象灾害应急预案〉的通知》和《关于印发〈秦皇岛市气象预报(警报)发布与刊播管理办法〉的通知》。2005 年 1 月市政府发布实施《秦皇岛市人工影响天气工作管理办法》,地市级人民政府发布人工影响天气工作管理办法当时在全国尚属首例。

制度建设 为落实气象法律法规,2006 年 9 月制订了《行政执法考核评议制》、《执法过错责任追究制》、《行政执法责任制方案》,方案中对行政执法职责范围、行政执法程序和行政执法标准、执法法律法规依据、考评标准和方法等进行了明确。

社会管理 对防雷工程专业设计或施工资质管理、施放气球单位资质认定、施放气球活动许可制度等实行社会管理。

1997 年 7 月市机构编委办以秦编〔1997〕30 号批复成立秦皇岛市防雷中心,组织实施防雷工程设计审核、施工检测和竣工验收以及防雷装置的常规检测。防雷管理办公室履行防雷减灾工作的社会管理职能。2005 年,市防雷中心被中国气象局评为防雷减灾工作先进集体。

2003 年 4 月市政府法制办、市财政局联合为市气象局发放了《罚没许可证》,明确了行政执法主体资格,并为 11 名执法人员办理了执法证件。

业务管理 主要是防雷技术服务和施放气球服务,防雷工程专业设计或施工资质管理、施放气球单位实行资质认定,实行许可制度。

政务公开 2003 年 3 月市气象局 2 名行政许可工作人员进驻市政务服务中心,气象行政许可的办事程序、服务内容、服务承诺、行政执法依据、收费依据及标准等,通过大厅公示牌、电视广告、发放宣传单等方式向社会公开。2007 年 4 月在门户网站上公布了《秦皇岛市气象局政府信息公开指南》和《秦皇岛市气象局政府信息公开目录》,根据工作实际对信息随时进行更新和添加。

2003 年 3 月开展以下行政许可项目并予以公示:新建、扩建、改建建设工程避免危害气象探测环境审批(初审);防雷装置检测资质和防雷工程专业设计、施工单位资质初审;防雷装置设计审核;防雷装置竣工验收;升放无人驾驶自由气球或者系留气球单位资质认定;升放无人驾驶自由气球或者系留气球活动审批。

党建与气象文化建设

党的组织建设 1983 年 8 月成立中共秦皇岛市气象台党支部,有党员 8 人。1986 年 2 月更名为中共秦皇岛市气象局党支部,下辖 3 个党小组,党建工作归地方党委直接领导。1983 年 8 月—1995 年 12 月先后所属市农业局党委、市直属机关事业委员会、市直属机关工委。1996 年 1 月后属市委农村工作委员会。截至 2008 年 12 月有党员 30 人,离退休党员已于 2004 年划转归上秦家园社区党支部管理。

2006 年 7 月居丽玲当选中共秦皇岛市委第十次党代会代表、河北省委第七次党代会代表。

党风廉政建设 1989 年 10 月建立纪检监察组织机构,1996 年 6 月成立党组纪检组和监察室。

气象文化建设 2004 年 10 月制订了《秦皇岛市气象职工职业道德行为规范》。修建了乒乓球室、台球室、篮球场和多功能厅,职工的文娱体育活动丰富多彩。

2003 年获全省气象部门书法、绘画、摄影作品评比优秀组织奖。2006 年获全省气象部门廉政书画作品展览优秀组织奖。2007 年获全省气象部门发展改革创新演讲比赛获优秀组织奖。2008 年获纪念改革开放 30 周年和国庆 59 周年书法、绘画、摄影比赛优秀组织奖。

文明单位创建 1996—1997 年度,秦皇岛市气象局第一次被河北省委、省政府授予"文明单位"。此后,又连续 5 次被省委、省政府评为"文明单位"。被中国气象局授予的称号有 2000 年"全国气象部门双文明建设先进集体"、2001 年"全国文明服务示范单位"、2005 年"全国气象部门局务公开先进单位"、2006 年"全国气象部门文明台站标兵"、"全国气象部门局务公开示范点"。

荣誉 1983—2008 年,共获地厅级以上集体荣誉奖 78 项。1978—2008 年,个人获地厅级以上奖励共 262 人次。1979 年秦皇岛市气象局马玉民(女)被评为全国新长征突击手。

台站建设

台站综合改造 2006 年 5 月秦皇岛新一代天气雷达信息处理中心建成并投入使用;2007 年 9 月争取中国气象局投入资金 140 万元,对临街办公楼和机关大门进行了改造和装修。

气象局现占地面积 9756 平方米,有办公楼 2 栋 4243 平方米,职工住宅 3 栋 7261 平方米,车库 9 间 225 平方米,职工活动中心用房 275 平方米,附属用房 68 平方米。

园区建设 2005 年和 2006 年对机关大院进行两次整体绿化改造,规划整修了道路和停车位,院内栽植了草坪、花卉和常绿灌木与大型乔木,绿化覆盖率达到了 35%,硬化路面 2800 平方米。2007 年办公区和生活区都安装了电子监视系统。

秦皇岛市气象站(1999 年)

秦皇岛新一代天气雷达信息处理中心(2006 年)

昌黎县气象局

昌黎县处于暖温带半干旱半湿润大陆性季风型气候带,四季分明。暴雨、干旱、大风、冰雹、雷电等灾害性天气频发。

机构历史沿革

始建情况　1954 年 9 月河北省气象局在昌黎县建立气候站,位于河北省农林科研所果树园艺试验站院内,北纬 39°41′,东经 119°09′,海拔高度 16.2 米。

站址迁移情况　1967 年 12 月 1 日迁站至昌黎县城东何家庄至今。观测场位于北纬 39°43′,东经 119°10′,海拔高度 13.7 米。

历史沿革　1959 年 2 月正式组建昌黎县气象站,承担国家一般气象站任务。1960 年 4 月更名为昌黎县气象服务站,1971 年 6 月恢复为昌黎县气象站,1990 年 1 月更名为昌黎县气象局。

2007 年 1 月 1 日改为国家气象观测站二级站,2008 年 12 月 31 日恢复为国家一般气象站。

管理体制　1954 年 9 月 9 日—1959 年 1 月由河北省气象科领导;1959 年 2 月—1962 年 12 月由县人民委员会领导;1963 年 1 月—1968 年 9 月由唐山专署气象局领导;1968 年 10 月—1981 年 1 月 11 日先后由县委水电处、农林局、人民武装部、县革命委员会领导;1981 年 1 月 12 日后实行气象部门与地方政府双重领导,以气象部门领导为主的管理体制(隶属于唐山地区气象局)。1983 年 8 月 14 日划归秦皇岛市气象局领导。

单位名称及主要负责人变更情况

单位名称	姓名	职务	任职时间
昌黎县气候站	王英庶	站长	1954.09—1959.01
昌黎县气象站			1959.02—1959.07
昌黎县气象服务站	李亚洲	站长	1959.08—1960.03
			1960.04—1961.06
	张治中	站长	1961.07—1968.01
	刘朝生	站长	1968.02—1971.05
			1971.06—1971.07
昌黎县气象站	王 顺	站长	1971.08—1978.12
	段振民	副站长	1979.01—1984.08
	周建国	副站长	1984.09—1987.12
	段振民	站长	1988.01—1989.12
昌黎县气象局		局长	1990.01—1998.04
	宋淑英(女)	局长	1998.05—2001.12
	卢义双	局长	2002.01—2003.11
	黄士杰	局长	2003.12—

人员状况　1954 年建站时只有 3 人。2008 年 1 月定编为 7 人。截至 2008 年底实有在职职工 10 人,其中:本科学历 1 人,专科学历 4 人,中专学历 5 人;工程师 7 人,助理工程师 3 人;50 岁以上 4 人,41～50 岁 2 人,40 岁以下 4 人。

气象业务与服务

1. 气象业务

①气象观测

负责气象资料的观测,及时传递观测信息,完成资料输录、预审、整编,保证仪器设备正常运行,处理好上级审核部门的查询,做好气象资料的服务工作。

观测机构　1954 年 9 月建立昌黎县气候站后,有 3 人进行观测。1956 年 11 月为地面气象测报组,定编为 3 人。1982 年 6 月更名为地面气象测报股,定编为 4 人。2008 年 1 月定编为 3 人。

观测项目　昌黎县气象站为国家一般气象站,承担全国统一和省气象局规定的观测项目任务,内容包括云、能见度、天气现象、气压、气温、湿度、风、降水、雪深、日照、蒸发(小型)和地温(浅层、深层)、冻土。

观测时次　1950 年 1 月—1960 年 7 月每天进行 01、07、13、19 时(地方时)4 次观测;1960 年 8 月—1961 年 12 月、1972 年 1 月—1974 年 12 月,每天进行 02、08、14、20 时(北京时)4 次观测;昼夜守班;1962 年 1 月—1971 年 12 月、1975 年 1 月—2008 年 12 月,每天进行 08、14、20 时 3 次观测;夜间不守班。

发报任务　1959 年 6 月—1999 年 2 月,按照规定的观测时次和地点拍发定时天气报告。1959 年 9 月 16 日—1994 年 4 月 9 日,先后向 OBSAV 天津、OBSMH 天津、OBSNY 绥中、OBSAV 北京、OBSNY 北京、OBSPK 北京、OBSNY 北戴河、OBSNY 山海关等地拍发固定和预约航空(危险)报(OBSMH 指为民航拍发的航危报报头,其他为军航拍发的航危报报头)。1994 年 4 月 10 日取消航危报。从 1959 年开始每月向河北省气象台发月报 1 次、旬报 3 次;1974 年 3 月 25 日开始增加灾害报、08 时雨情报、农业气象旬月报;1999 年 3 月起,每日 08、14、20 时 3 次拍发天气加密报。

发报内容　天气(加密)报的内容有云、能见度、天气现象、气压、气温、风向、风速、降水、雪深、地温等;航空报的内容只有云、能见度、天气现象、风向风速等。重要天气报的内容有暴雨、大风、雷暴、雨凇、积雪、冰雹、龙卷风、视程障碍现象、初终霜等。

编制的报表有:每月一式 3 份气表-1;每年一式 3 份气表-21。向省气象局、地(市)气象局各报送 1 份,本站留底本 1 份。1999 年 1 月改手工制作报表为微机制作报表;2000 年 11 月通过 162 分组网向省气象局转输原始资料,停止报送纸质报表。

现代化观测系统　1999 年 7 月建立了 X.28 拨号分组交换网络,气象数据查算、编报、发报实现微机化、自动化。2002 年 7 月建立 X.25 分组交换气象专线。2004 年春开通了 2 兆光纤网络,大大提高了传输速率。

2007 年 7 月 CAWS 600-B 型自动气象站建成,2008 年进行双轨运行。自动气象站观测项目有气压、气温、湿度、风向风速、降水、地温等,观测项目全部采用仪器自动采集、记录、传输。

2005年6月和2006年5月,分两批在全县建成17个区域自动气象观测站,实现气温、降水量实时数据监控。

②农业气象

1959年1月开始农业气象观测任务,观测项目有梨、苹果、葡萄等果树发育期,白菜、玉米、高粱、棉花等作物的发育期。此项工作"文化大革命"期间中断了8年。1974年1月恢复了农业气象观测任务。1979年1月被确定为省农业气象基本站,开始小麦、水稻、葡萄发育期观测和一些自然物候的观测。1985年5月完成了当地农业气候考察和区划工作,出版了气候资源调查和区划报告一书。1989—1990年配合完成了河北省的冬小麦遥感测产实验。1990年1月升格为国家基本农业气象站。1990年1月起将小麦、花生产量预报、监测纳入业务工作,增加固定地段土壤墒情测定。1994年1月开始执行农业气象新规范。1994年7月完成了华北地区冬小麦优化灌溉技术推广工作,获得了中国气象局科技推广二等奖和秦皇岛市科技推广三等奖。1998年4月—2002年11月开展中子仪土壤墒情测定实验。2003年1月新增酒葡萄观测任务。

③天气预报

1959年1月开始试行对外发布单站补充天气预报,预报手段是依靠收听广播加看天。1960年春开始土法上马,搜集和总结群众看天气经验,利用单站气候资料制作大量预报模式,同时进行天、物(动、植物)象的观测,并制作了一些土仪器(土晴雨计、土湿度计)。1965年10月—1966年3月,通过搞预报攻关会战,归纳整理预报指标40多项,绘制预报图表70多份,制作出一套预报工具。至此,昌黎县气象站由补充订正预报,改为独立制作预报。1973年秋引入数理统计预报方法。1982年秋逐月建立了基本资料、基本工具、基本图表和重要天气基本档案。1993年秋购置微机用于气象预报,建立并开通市—县拨号气象终端,通过气象终端获取大量气象信息。1999年10月随着中国气象局"9210"工程的实施,建成了卫星单向气象信息接收站和气象信息综合分析处理系统。2004年1月改为转发上级制作的天气预报,县气象局取消天气预报制作。

2. 气象服务

服务方式　1981年6月正式开始天气图传真接收工作。1986年5月架设开通甚高频无线对讲通讯电话,实现与市气象台直接业务会商;1988年春建成气象预警服务系统,每天早中晚各广播1次,服务单位通过预警接收机定时接收气象服务。

1990年6月在县电视台播放天气预报,气象局提供天气预报信息,电视台制作电视预报节目。1999年6月建成多媒体电视天气预报制作系统,将节目录像带送电视台播放。2005年1月起电视台播放系统升级,电视天气预报制作系统升级为非线性编辑系统。

1996年3月同电信局合作正式开通"121"天气预报自动答询系统。2004年9月全市"121"答询系统实行集约经营,主服务器由市气象局建设维护。2005年1月"121"电话升位为"12121"。

2004年9月建立了昌黎县兴农网、昌黎县气象信息网。2008年7月9日组建了各乡、镇气象灾害防御信息员队伍。

2006年春通过移动通信网络开通了气象短信网络平台,以手机短信方式向全县各级领导发送气象信息。为有效应对突发气象灾害,启用电子显示屏开展了气象灾害信息发布工作。

服务种类 在继续做好公益服务的同时,1987 年春开始推行气象有偿专业服务。1988 年 6 月县政府办公室转发《县气象局关于开展气象有偿专业服务报告的通知》,对昌黎县气象有偿专业服务的对象、范围、收费原则和标准等内容进行规范。气象有偿专业服务主要是为全县各乡镇或相关企事业单位提供中、长期天气预报和气象资料,一般以旬月天气预报为主。

防雷服务 1990 年 5 月 30 日开展防雷检测工作,每年受检单位有 200 余家,定期对液化气站、加油站、易燃易爆场所等高危行业的防雷设施进行检查。

1998 年 6 月县政府法制办批复确认县气象局具有独立的行政执法主体资格,并为 3 人办理了行政执法证,县气象局成立行政执法队伍。2002 年 1 月县政府办公室发文,将防雷工程从设计、施工到竣工验收,全部纳入气象行政管理范围。2004 年 3 月县气象局被列为县安全生产委员会成员单位,负责全县防雷安全的管理。

人工影响天气 1974 年春开展人工防雹工作,1983—1993 年防雹工作中断;1994 年 5 月恢复人工防雹工作。同年,县政府投资购置 4 门"三七"防雹高炮,分别布设在朱各庄镇指挥村、安山镇马庄村、民兵训练基地、两山乡西张村。每个炮点有 5～6 名高炮手,持证上岗,同时组建了甚高频防雹作业指挥系统。2000 年春省政府配备人工增雨火箭发射装置 1 部,2001 年增至 2 部。2002 年 7 月县政府投资购置人工增雨车辆 1 台。2003 年春购置 1 台车载式移动火箭发射装置。1994—2008 年,平均每年进行防雹作业 10 余次。

服务效益 气象服务在当地经济社会发展和防灾减灾中发挥作用。2007 年 5 月 3 日 17 时左右,昌黎县碣石山景区山林发生火灾,县气象局从 5 月 4 日凌晨开始提供第 1 份灾区天气预报;5 时左右与市气象台紧急会商,提供第二次气象服务;8 时即派出人员赶赴火场为县委县政府领导提供现场气象服务。

酒葡萄是昌黎县的立县产业,全县栽植面积近 2000 公顷。从 2004 年开始,以酒葡萄作为特色气象服务的切入点,依托朗格斯酒庄酒葡萄生产基地提供全程气象服务。8 月份以前利用降水、温度预报指导施肥、喷洒农药,既节约资金又促进葡萄生长;9—11 月份重点是大雨、冰雹、连阴雨预报,趋利避害,提高酒葡萄的品质。2005 年春为朗格斯酒葡萄生产基地设人工防雹高炮 2 门,用于防御冰雹灾害。在气象科技服务的作用下,酒葡萄的品质得到了提高,酒葡萄生产经济效益显著。

气象法规建设与社会管理

法规建设 为认真贯彻落实《中华人民共和国气象法》等法律法规,加强雷电灾害防御工作,规范防雷市场管理,2004 年 8 月省、市、县人大领导到昌黎县气象局进行气象执法调研。同年夏昌黎县政府转发《秦皇岛市防雷减灾管理办法》,并在全县范围内实施。防雷行政许可和防雷技术服务逐步规范化。2008 年 7 月建立了气象灾害应急响应体系。

制度建设 1994 年 4 月县气象局制订了《昌黎县气象局综合管理制度》,以后每年进行修订。主要内容包括业务值班管理制度、会议制度和财务、福利等制度。

政务公开 2003 年 6 月统一制作局务公开栏,对气象行政审批办事程序、气象服务内容、服务承诺、气象行政执法依据、服务收费依据及标准等,采取了公开栏、网络、电视广告、发放宣传单等方式向社会公开。干部任用、财务收支、职工福利、目标考核、基础设施建设、工程招投标等内容则通过职工大会或上局公示栏张榜等方式向职工公开。

党建与气象文化建设

党建工作　1954 年 9 月—1959 年 1 月有党员 1 人，编入果树研究所党支部。1959 年 2 月—1970 年 1 月编入县人委党支部。1971 年 6 月气象站成立党支部，有党员 4 人。1971—2008 年间先后发展了 11 名同志加入党组织，截至 2008 年 12 月有党员 13 人（含退休职工党员 5 人）。

2004—2008 年，气象局党支部连续 5 年被中共昌黎县委评为"先进基层党组织"。

认真落实党风廉政建设目标责任制，积极开展廉政教育和廉政文化建设活动，努力创建文明机关、和谐机关和廉洁机关。局财务账目每年接受上级财务部门年度审计，并将结果向职工公布。

精神文明建设　昌黎县气象局始终把领导班子的自身建设和职工队伍的思想建设作为文明创建的重要内容，开展各类学习宣传教育活动。与贫困村（户）、残疾人结对帮扶。多次组织"送温暖，献爱心"、"博爱一日捐"等活动。2007 年"七一"前夕，与县直工委共同举办了"气象杯"党在我心中知识竞赛。近年来，选送职工多人次到北京气象学院、南京信息工程大学学习深造。1998—2006 年，连续 9 年被评为市级"文明单位"，2007 年被评为市级文明单位标兵。

每年"3·23"世界气象日，利用电视、广播，街上布置展牌，发放宣传品等方式组织科普宣传。不定期接待中小学生到县气象局学习参观。

荣誉　1978—2008 年，昌黎县气象局共获集体荣誉奖 16 项。其中 1978 年 3 月被省革委命名为先进气象站。

1978—2008 年昌黎县气象局个人获县级以上奖共 98 人次。

台站建设

利用 5 年时间对气象局机关的环境面貌和业务系统进行了大的改造。2004 年春装修改造了办公室；2007 年 7 月建成 CAWS600-B 型自动气象站。

昌黎县气象局现占地面积 6600 多平方米，有办公用房 274 平方米，2004—2008 年分批对机关院内的环境进行了绿化改造，整修了道路，在庭院内栽种了草坪、修建了花坛，改造了业务值班室，完成了业务系统的规范化建设。气象业务现代化建设也取得了突破性进展，建起了地面观测与气象服务一体化的业务运行室。

昌黎县气象站旧观测场（1977 年）

昌黎县气象局新观测场（2008 年）

抚宁县气象局

抚宁县地处燕山东麓,属北温带半湿润大陆性季风气候,四季分明。灾害性天气频发,以干旱、暴雨、大风、冰雹、雷电为主。

机构历史沿革

始建情况 抚宁气象服务站始建于 1958 年 10 月,1959 年 1 月 1 日正式观测,站址在抚宁镇东街 60 号。

站址迁移情况 2002 年 4 月 1 日迁至抚宁镇富强路东侧,2007 年 7 月 31 日迁至抚宁镇北街,北纬 39°54′,东经 119°14′,观测场海拔高度 24.3 米。

历史沿革 秦皇岛市抚宁气象服务站 1959 年 1 月正式开展业务工作,1971 年 6 月更名为抚宁县气象站。1988 年 1 月 1 日由国家一般气象站改为国家辅助观测站,1990 年 1 月更名为抚宁县气象局。1991 年 1 月 1 日恢复为国家一般气象站,2007 年 1 月 1 日改为国家气象观测站二级站,2008 年 12 月 31 日恢复为国家一般气象站。

管理体制 从成立至 1968 年 9 月归唐山专署气象局管辖。1968 年 10 月—1981 年 10 月管理体制变动,先后归县农业局、县人民武装部、县人民政府管理。1981 年 11 月再次进行体制改革,改为上级气象部门与地方政府双重领导、以气象部门领导为主的管理体制,隶属唐山地区气象局;1983 年 8 月后隶属河北省气象局。

单位名称及主要负责人变更情况

单位名称	姓名	职务	任职时间
秦皇岛市抚宁气象服务站	李士杰	站长	1959.01—1971.05
抚宁县气象站	陈 诚	站长	1971.06—1978.12
	杨守民	站长	1979.01—1981.12
	张庆云	副站长	1982.01—1983.12
	赵恩来	副站长	1984.01—1987.10
		站长	1987.11—1989.12
抚宁县气象局		局长	1990.01—2008.11
	张文财(满族)	局长	2008.12—

人员状况 抚宁站成立时只有 3 人。2008 年 1 月定编为 6 人,截至 2008 年 12 月有在职职工 7 人,其中:本科学历 2 人,大专学历 2 人,中专学历 3 人;工程师 4 人,助理工程师 3 人;50 岁以上 5 人,40 岁以下 2 人;满族 2 人,汉族 5 人。

气象业务与服务

1. 气象业务

①综合观测

观测项目 抚宁县气象站为国家一般气象站,承担全国统一和省气象局规定的观测项目任务,内容包括云、能见度、天气现象、气压、气温、湿度、风、降水、雪深、日照、蒸发(小型)和地温(浅层、深层)、冻土。

观测时次 自 1959 年 1 月—1960 年 1 月,每天进行 01、07、13、19 时(地方时)4 次观测。1960 年 2 月—1960 年 7 月,每天进行 07、13、19 时 3 次观测。1960 年 8 月起,每天进行 08、14、20 时(北京时)3 次观测,夜间不守班。

发报内容 每天 08、14、20 时拍发天气加密报,内容有云、能见度、天气现象、气压、气温、风向、风速、降水、雪深、地温等;重要天气报的内容有大风、龙卷风、积雪、雨凇、冰雹、雷暴、浮尘、沙尘暴、初终霜、暴雨、特大暴雨等。

建站后各类报表均用手工抄写方式编制,气表-1、气表-21,一式 3 份,分别上报省气象局、市气象局各 1 份,本站留底 1 份。从 1999 年 1 月开始使用微机编制打印气象报表并上报市气象局,2000 年 11 月通过 162 分组网向省气象局转输原始资料,停止报送纸质报表。

现代化观测系统 1992 年 5 月购置了第一台计算机,并建立了计算机通讯网络系统,实现了气象资料的自动化处理和气象数据、观测资料网络传输。1999 年 4 月地面观测数据实现微机编报和制作报表,1999 年 7 月开通 X.28 网络,观测数据实现了网络传输,2003 年 10 月,CAWS600-B 型自动气象站建成。2004 年 1 月—2005 年 12 月进行平行对比观测,2006 年 1 月 1 日自动气象站业务单轨运行。自动气象站观测项目有气压、气温、湿度、风向、风速、降水、地温等,观测项目全部采用仪器自动采集、记录、传输。2004 年 12 月开通了 2 兆光纤网络,大大提高了传输速率。

2004 年 4 月—2005 年 10 月,在全县建成 14 个 HY-SR-002 型气温、雨量两要素区域自动气象观测站。

②天气预报

短期天气预报 1960 年 10 月县站开始作补充天气预报,由于当时气象资料及预报条件有限,预报方法基于收听收音机、农业谚语等。1980 年 3 月开始按照上级业务部门的要求,台站建立了基本资料、基本图表、基本档案和基本方法(即四基本),使短期预报水平有所提高。

中期天气预报 1983 年 5 月开始使用传真机接收天气图及中央、省气象台的预报产品,再结合分析本地气象资料、短期天气形势、天气过程的周期变化等制作旬、月天气趋势预报。

短期气候预测(长期天气预报) 主要运用数理统计方法和常规气象资料图表及天气谚语、韵律关系等方法,分别做出具有本地特点的补充订正预报。建立一整套长期预报的特征指标和方法,这套预报方法一直在沿用。

长期预报主要有:春季预报(3—5 月)、汛期预报(6—8 月)、秋季预报(9—11 月)、冬季预报(12 月至次年 2 月)和年气象展望。

2. 气象服务

服务方式 1983 年 5 月气象传真机投入业务运行,取得较好的预报效果。1986 年 5 月开通甚高频无线对讲电话,实现与秦皇岛市气象台及周边台站直接业务会商。1988 年 6 月为相关部门和单位安装了 50 部气象预警接收机,建成气象预警服务系统,每天 3 次定时发布天气预报及临时加播重要天气信息。

1993 年 3 月与县广播电视局联合开办电视天气预报节目,由气象局提供天气预报内容和广告素材,电视台制作播放。1995 年 10 月县气象局建成多媒体电视天气预报制作系统,购买 M9000 摄像机 1 台,开始自制电视天气预报节目,由电视台播放。2005 年 2 月县气象局电视天气预报制作升级为非线编系统。

1994 年 5 月与县电信局合作开通全省县气象局第一家"121"天气预报自动答询系统,平台设在县气象局。2004 年 9 月全市"121"答询电话实行统一管理,平台设在秦皇岛市气象台。2005 年 1 月"121"电话升位为"12121"。

1995 年 7 月微机网络系统开始投入日常预报业务运行,2000 年 10 月投资 5 万元建立了 PC-VSAT 卫星气象数据广播接收系统。2003 年 12 月开通了抚宁县气象信息网和抚宁县气象兴农网。2006 年 10 月为县领导及重点单位安装了 40 块气象信息电子显示屏。2006 年 8 月开通了"企信通"短信网络平台,并以电子邮件、传真和纸质材料等方式向全县各级领导和重点单位发送气象信息。

2008 年 6 月组建了以乡、镇民政所长为主的乡、镇气象灾害防御信息员队伍。2008 年 8 月建立了以村主任和村书记为主要成员的村级气象灾害防御信息员队伍。

服务种类 1985 年 5 月以前主要通过农村有线广播播报天气信息,发放各种宣传材料,进农村走访调查。

国办发〔1985〕25 号文件下发后,开始推行气象预报有偿服务,服务范围和对象主要是全县范围内的各乡镇及相关企业,服务内容是向所需服务用户提供中、长期天气预报和气象灾害证明。1990 年 3 月开展了空飘气球、彩虹门、落地球和丝网印刷条幅业务。1993 年 5 月注册了气象科技服务中心。

1974 年 5 月县人工影响天气办公室成立,归地方政府管理;2005 年 4 月归口县气象局管理。由县政府出资购买高炮和炮弹,在冰雹多发区域设立了 7 个防雹炮点,省政府出资购买 2 部增雨火箭发射架,有效保护范围 93 平方千米。

1997 年 12 月经县政府批准,成立抚宁县防雷中心,与县气象局实行一套人马两块牌子。依据《中华人民共和国气象法》及一系列法律、法规和规章,将全县的防雷设施全部纳入气象行政管理范围,业务范围从工程设计、图纸审核、竣工验收到防雷装置年检。同时,抚宁县人民政府法制办批复确认县气象局具有独立的行政执法主体资格,并办理了行政执法证 3 个,气象局成立了行政执法队伍,所有检测人员都持证上岗。2003 年 3 月气象局被列为县安全生产委员会成员单位,负责全县防雷安全的管理。

【气象服务事例】 2003 年 7 月—2008 年 7 月连续 6 年为南戴河国际娱乐中心"荷花艺术节"提供专项气象服务和系留气球服务。2004 年 7 月中旬,因连日阴雨,第二届荷花艺术节开幕式难以露天举行,筹备工作进退两难。县气象局积极与市气象局会商,向组委会提供了18日上午(09—11时)降雨有短暂间歇的服务内容,开幕式在此间进行并取得圆满成功。艺术节组委会致信感谢抚宁县气象局。

2004年6月11日,抚宁县东北部林区遭雷击引起山火,经军民三天三夜奋力扑救,明火基本扑灭,但死灰复燃的可能性极大。根据天气变化趋势,6月16日秦皇岛市气象局调集市、昌黎、抚宁县人工影响天气办公室3部人工增雨车赶赴火场,实施人工增雨大会战,发射增雨火箭弹30枚,作业后火场区域喜降大到暴雨,有效地防止山火死灰复燃的可能性。

2005年6月13日傍晚,受中蒙边界高空冷涡影响,抚宁县北部长城沿线形成冰雹云,柳各庄和双岭2个炮点在3分钟内共发射防雹弹200发,防雹作业区域内先有软雹胚降落,随后普降大雨,未形成冰雹灾害,减少直接经济损失200余万元。

气象法规建设与社会管理

法规建设 2003年依据《河北省实施〈中华人民共和国气象法〉办法》,重点加强雷电灾害防御的依法管理工作。抚宁县防雷中心编制了《建(构)筑物防雷图纸设计审核、跟踪检测、竣工验收流程》,报抚宁县气象局审批通过后在全县实施。2006年6月县政府印发了抚宁县气象灾害应急预案。

保护探测环境 2008年11月抚宁县人民政府将抚宁县气象探测环境保护编入"抚宁县城控制性详细规划"。

局务公开 2002年6月制作局务公开栏,对气象行政审批办事程序、气象服务内容、服务承诺、气象行政执法依据、服务收费依据及标准等,通过电视公告、发放传单等方式向社会公开。干部任用、财务收支、目标考核、基础设施建设、工程招投标等内容通过职工大会和局务公开栏向职工公开。

制度建设 每年修订和完善抚宁县气象局综合管理制度(包括党风廉政建设、党员教育管理、局务会议、各项业务管理、财务管理、车辆管理、安全生产、气象服务、奖惩办法等一系列规章制度),建立局务公开档案。2005年被中国气象局评为"全国气象部门局务公开先进单位"。

党建与气象文化建设

党建工作 1959年1月—1960年10月,仅有党员1人,编入县委办公室党支部。1970年2月—1971年11月,有党员4人,编入农林局党支部。1972年7月,抚宁县气象站成立党支部,有党员4人。截至2008年12月有党员7人。

气象文化建设 政治学习有制度、文体活动有场所,职工生活丰富多彩,建设了"两室一网"(图书室、荣誉陈列室、气象文化网),现有图书3000册。

抚宁文学季刊《天马》2005年第二期以较大篇幅文字和照片刊登了抚宁县气象局各项工作取得的成绩,同时发表了赞颂县气象局气象工作者的歌曲《我是人民气象员》。

精神文明创建 开展精神文明创建规范化建设,1995年度首批跨入河北省气象部门"三级强局"行列。1998年以来先后被评为县、市级"文明单位"、市级"文明单位标兵"和省级"文明单位"。在秦皇岛市容貌环境星级达标竞赛中被评为"四星级单位"。2005年5

月,市精神文明建设办公室、市气象局在抚宁县气象局召开全市气象系统精神文明建设现场会。文明创建工作跻身于全省气象部门先进行列。

每年在"3·23"世界气象日、"12·4"法制宣传日等组织科技宣传,普及防雷知识。2006—2008年间在县电视台《农民之友》、《新闻视点》栏目上节目6期。

荣誉 1983—2008年抚宁县气象局共获集体荣誉奖55项。2004—2005年度抚宁县气象局第一次被省委、省政府授予"文明单位"称号。2006—2007年度再次被省委、省政府授予"文明单位"称号。

1983—2008年个人获县级以上奖励85人次。

台站建设

2002年10月建职工住宅楼1栋,户均建筑面积131平方米。根据县城统一规划需要,经上级批准,2007年7月迁至抚宁镇北街,位于县城西北部,占地面积6000平方米,建1栋二层750平方米的办公楼,车库7间140平方米,标准篮球场、综合活动室各1个,办公环境有了新的改善。

按照建设园林式单位的标准,2007年8月对机关院内的环境进行了绿化、美化、硬化、规范化建设。栽种了常绿灌木、乔木、草坪,绿化面积3700平方米,硬化路面1700平方米,绿化覆盖率达到了63%。

抚宁县气象站旧貌(1984年)

抚宁县气象局现观测场(2007年)

抚宁县气象局现貌(2007年)

卢龙县气象局

卢龙县历史悠久,人杰地灵,殷商时期为孤竹国,隋朝始设卢龙县,从明朝起改称为永平府,有"京东第一府"之称。1961 年 6 月复置卢龙县,1983 年 5 月始属秦皇岛市管辖。1991 年卢龙被命名为"中国甘薯之乡",2000 年被国家命名为"中国酒葡萄生产基地"。

机构历史沿革

始建情况 1961 年 6 月 15 日卢龙县气象服务站成立,同年 10 月 1 日开展地面气象观测和预报业务,站址在县城南西菜园村。

站址迁移情况 1966 年 9 月 12 日站址迁至县城东山路 60 号,观测场位于东经 118°52′,北纬 39°53′,海拔高度 54.8 米,2004 年 1 月 1 日观测场海拔高度变更为 55 米。

2006 年 8 月秦皇岛新一代天气雷达站在卢龙开工建设,于 2007 年 7 月雷达建成并开展业务运行。

历史沿革 1961 年 6 月 15 日卢龙县气象服务站成立。1971 年 7 月更名为卢龙县气象站。1988 年 1 月 1 日台站级别由国家气象一般站变更为国家辅助观测站。1990 年 1 月更名为卢龙县气象局。1999 年 1 月 1 日恢复为国家气象一般站。2007 年 1 月调整为国家气象观测站二级站。2008 年 12 月 31 日又恢复为国家气象一般站。

管理体制 1961 年 6 月—1981 年 10 月先后归唐山专区气象局、县农林局、县人民武装部、县科委管理,在此期间的业务培训指导一直由唐山地区气象台提供支持。1981 年 11 月气象部门改为上级气象部门与地方政府双重领导,以气象部门领导为主的管理体制,隶属唐山地区气象局;自 1983 年 8 月划归秦皇岛市气象局和县政府双重领导,隶属于秦皇岛市气象局。

单位名称及主要负责人变更情况

单位名称	姓名	职务	任职时间
卢龙县气象服务站	李亚洲	站长	1961.10—1971.06
			1971.07—1971.08
卢龙县气象站	付银山	站长	1971.09—1981.05
	李守文	站长	1981.06—1989.12
卢龙县气象局		局长	1990.01—1997.07
	李景锁	局长	1997.08—

人员状况 1961 年建站时只有 4 人。2008 年 1 月定编为 6 人。截至 2008 年 12 月有在编职工 7 人,其中:大专以上学历 6 人;工程师 4 人,助理工程师 3 人;35 岁以上 3 人,35 岁以下 4 人。

气象业务与服务

1. 气象业务

①综合观测

观测项目 卢龙县气象站为国家一般气象站,承担全国统一和省气象局规定的观测项目任务,内容包括云、能见度、天气现象、气压、气温、湿度、风、降水、雪深、日照、蒸发(小型)和地温(浅层、深层)、冻土。

观测时次 建站初期夜间有守班,自 1962 年 1 月 1 日开始取消了夜间守班,只在每天进行 08、14、20 时进行 3 次定时观测。

发报内容 天气加密报的内容有云、能见度、天气现象、气压、气温、风向、风速、降水、雪深、地温等;重要天气报的内容有暴雨、大风、积雪、冰雹、龙卷风、雷暴、浮尘、沙尘暴、初终霜等。

建站后各类报表均用手工抄写方式编制,气表-1、气表-21 一式 3 份,给省、市气象局各报送 1 份,本站留底本 1 份。从 1999 年 1 月开始使用微机编制打印气象报表并上报市气象局,2000 年 11 月通过 162 分组网向省气象局转输原始资料,停止报送纸质报表。

现代化观测系统 1995 年 7 月购置了第一台计算机,并建立了计算机通讯网络系统,实现了气象资料的自动化处理和气象数据、观测资料网络传输。1999 年 1 月地面观测数据实现微机编报和制作报表。1999 年 7 月开通 X.28 网络,观测数据实现了网络传输。2002 年 7 月建立 X.25 分组交换气象专线。2003 年 10 月,CAWS600-B 型自动气象站建成,2004 年 1 月 1 日—2005 年 12 月 31 日进行平行对比观测,2006 年 1 月 1 日自动气象站业务开始单轨运行。自动气象站观测项目有气压、气温、湿度、风向、风速、降水、地温等,观测项目全部采用仪器自动采集、记录、传输。2004 年 3 月开通了 2 兆光纤网络,大大提高了传输速率。

2005 年 6 月—2006 年 8 月完成了全县 12 个乡镇的两要素(气温、降水)区域自动气象站建设。

2007 年 7 月秦皇岛新一代天气雷达站在卢龙县建成并投入正常业务运行。

②天气预报预测

短期天气预报 建站初期,由于受气象资料及预报条件限制,靠收听预报加看天的方法制作补充天气预报。从 1980 年 3 月开始,按照上级业务部门的要求,台站建立了基本资料、基本图表、基本档案和基本方法(即四基本),使短期预报水平有很大提高。

中期天气预报 1984 年 5 月通过传真机接收天气图及中央、省气象台的预报产品,再结合分析本地气象资料、短期天气形势、天气过程的周期变化等制作旬、月天气预报趋势。

短期气候预测(长期天气预报) 县气象站主要运用数理统计方法和常规气象资料图表及天气谚语、韵律关系等方法,分别作出具有本地特点的补充订正预报。

长期预报主要有:春季预报(3—5月)、汛期预报(6—8月)、秋季预报(9—10月)和年气象展望。

自 2005 年 9 月开始,中长期天气预报由市气象台统一制作,县气象局转发。

2. 气象服务

卢龙县属于暖温带半湿润大陆性季风型气候,四季分明。暴雨、干旱、大风、冰雹、雷电等灾害性天气频发。

县气象局始终坚持以地方经济社会需求为主导,把决策气象服务、公众气象服务、专业气象服务和气象科技服务融入到经济社会发展和人民群众生产生活。

服务方式　1984年5月气象传真机投入业务运行,主要接收北京和日本的传真图表,通过对传真资料的综合分析和运用,提高了预报准确率。1986年5月架设开通甚高频无线对讲通讯电话,实现与秦皇岛市气象台及周边台站直接业务会商。1988年6月购置了气象预警发射、接收系统,并将50部预警接收机分别安装于各相关部门和单位,每天3次定时对外发布天气预报及临时天气信息。

1998年12月县气象局建成多媒体电视天气预报制作系统,将自制节目录像带送电视台播放。2005年2月电视天气预报制作系统升级为非线性编辑系统。

1997年春与电信局合作开通了"121"天气预报自动答询系统,每天早中晚3次录入最新天气预报信息。2004年9月全市"121"答询电话实行统一管理。2005年1月"121"电话升位为"12121"。

1995年7月县气象局微机网络系统开始投入业务运行,预报所需资料全部通过县级业务系统进行网上接收。1999年8月地面卫星接收小站建成,并于当年10月正式投入业务运行。2003年12月开通了卢龙县气象信息网和卢龙县气象兴农网。

2006年6月开通了气象短信网络平台,以手机短信方式向全县各级领导发送各种气象信息。2007年6月在全县安装天气预报预警电子信息显示屏,至2008年底达18块。

2008年7月在县气象局的组织下,组建了以各乡镇民政所长为主要成员的气象灾害防御信息员队伍。

服务种类　在做好气象公益服务的同时,自1984年4月开始推行气象有偿专业服务。服务对象主要是本县范围内的各乡镇及相关企业,服务内容是提供中、长期天气预报和气象灾害证明。

自1974年春开展防雹工作,同年新建西胡庄、横河、刘营3个气象哨。1984年秋在县城中北部地区开展了人工高炮防雹工作。1999年3月成立卢龙县人工影响天气办公室,建立完善了卢龙县人工高炮防雹体系,开展人工防雹作业。2000年5月配置了火箭人工增雨设备,同时开展人工增雨作业。

1990年3月根据河北省政府《避雷设施管理办法》,开始实施防雷技术的管理和安全检测工作。1998年3月31日经县政府批准成立卢龙县防雷中心。2003年春根据《中华人民共和国气象法》和《河北省实施〈中华人民共和国气象法〉办法》,将防雷工程从设计、施工到竣工验收,全部纳入气象行政管理范围。县气象局成立行政执法队伍,负责全县防雷安全的管理。

服务效益　气象服务在当地经济社会发展和防灾减灾中发挥作用。从2002年5月起林业部门在县北部山区多次组织实施飞播造林,卢龙县气象局始终派出技术工作人员提供现场气象服务,为飞机作业安全和播种工作提供强有力的气象保障。2007年3月3日卢龙县人工影响天气办公室在下寨乡炮点进行人工增雨（雪）作业,受益面积 120 平方千米。

秦皇岛新一代天气雷达站的建成,使秦皇岛市对灾害天气的监测、预测能力得到大幅提高,为防灾减灾、为各级政府决策提供了准确、及时的天气信息。在 2008 年 8 月北京奥运会气象服务中发挥了重要作用。

气象法规建设与社会管理

法规建设 重点加强气象服务和雷电灾害防御工作的依法管理工作。卢龙县政府办公室下发了《卢龙县人民政府办公室关于畅通气象灾害预警信息发布渠道的通知》（卢政办〔2006〕28 号）;县安监局与气象局联合下发了《关于切实加强雷电安全防御工作的通知》（卢安监〔2005〕4 号）等有关文件,加强和规范了防雷市场的管理,并在全县范围内实施。2006 年 6 月县政府行政服务中心设立综合服务窗口,承担气象行政审批职能。1999 年 1 月县气象局有 2 人办理了行政执法证。2003 年 5 月县气象局被列为县安全生产委员会成员单位,负责全县防雷安全的管理。2006 年 6 月卢龙县政府印发了卢龙县气象灾害应急预案。

政务公开 自 2002 年开始对气象行政审批办事程序、气象服务内容、服务承诺、气象行政执法依据、服务收费依据及标准等事项,采取了多种方式向社会公开。干部任用、财务收支、目标考核、基础设施建设、工程招投标等内容则采取职工大会或上局公示栏张榜等方式向职工公开。财务一般每半年公示 1 次,年底对全年收支、职工奖金福利发放、领导干部待遇、劳保、住房公积金等向职工作详细说明。干部任用、职工晋职、晋级等及时向职工公示或说明。2002 年 6 月制作了政务公开栏,

制度建设 每年修订和完善综合管理制度,主要内容包括计划生育、干部职工脱产（函授）学习、职工休假及奖励工资、业务值班管理、会议、财务、福利制度等。

党建与气象文化建设

党的组织建设 建站时只有 1 名党员,先后被编入县农林局、人民武装部、科委党支部。1981 年 7 月卢龙县气象站成立独立党支部,有党员 5 人。截至 2008 年 12 月,有党员 4 人。1999 年以来连续被县直机关党委或县委评为"先进基层党组织"。

党风廉政建设 认真落实党风廉政建设目标责任制,每年与市气象局党组签订党风廉政建设目标责任书,积极开展廉政教育和廉政文化建设活动。财务账目每年接受上级财务部门年度审计,并将结果向职工公布。

气象文化建设 政治学习有制度、文体活动有场所、电化教育有设施,职工文化生活丰富多彩。每年充分利用"3·23"世界气象日、"12·4"法制宣传日等,组织进行科普宣传,普及气象、防雷和法律法规知识。积极参加当地组织的文艺汇演和户外健身,丰富职工的业余生活。

文明单位创建 开展文明创建规范化建设,改造观测场,装修业务值班室,制作政务公开栏、学习园地、法制宣传栏和文明创建标语等宣传用语牌。建设"两室一网"（图书阅览室、陈列室、气象文化网）,有图书 3000 余册。2000—2008 年响应县委县政府号召开展文明生态村帮扶创建工作,先后与孟家沟、顾家沟、烟筒山、蔡家坟、小李庄等村结成帮扶对子。

荣誉 1983年1月—2008年12月卢龙县气象局共获县级以上集体荣誉奖52项。其中2004—2005年度、2006—2007年度连续2次被省委、省政府授予省级"文明单位"称号,卢龙县气象局个人获得县级以上奖励113人次。

台站建设

台站综合改善 1994年11月翻新扩建了9间办公平房,初步改善了职工的办公条件。2003年9月省气象局投入综合改善资金20万元,在原有办公平房东侧建造了二层办公楼,楼内功能齐全,办公环境得到了根本的改善。2005年12月秦皇岛市新一代天气雷达站确定落户卢龙,为节约资源,实行集约化管理,按照局站合一的方案进行建造。2007年6月雷达站塔楼及办公用房建设完成,雷达开始正式运行,随后开始了迁建站的综合改造。

气象局现址占地面积7461.8平方米,有办公楼1栋250.5平方米,办公平房8间,职工宿舍3间60平方米,附属用房150多平方米。拟迁新站址占地面积17000多平方米,局站办公楼1栋1832平方米,附属建筑面积300余平方米。

园区建设 2003年4月对机关院内的环境进行了分期绿化改造,规划整修了道路,在庭院内栽种了草坪、修建了花坛,重新改造了业务值班室,完成了业务系统的规范化建设。修建了2000多平方米草坪、花坛,栽种了常绿灌木与大型乔木,全局绿化覆盖率达到了60%,硬化路面1100平方米。气象业务现代化建设上也取得了突破性进展,建起了气象卫星地面接收站、自动观测站、决策气象服务、气象短信网络平台等业务系统工程。

通过几代气象人的不懈努力,卢龙县气象局已发展成为具有现代化气象观测装备、先进的网络通信技术、整洁美观的环境设施、管理措施完善的基层气象台站。

卢龙县气象站旧貌(1984年)

卢龙县气象局新颜(2007年)

青龙满族自治县气象局

青龙满族自治县位于河北省东北部燕山东麓,属暖温带半湿润大陆性季风型的燕山山地气候。灾害性天气时有发生,以干旱、暴雨、冰雹、雷电为甚。

机构历史沿革

1986 年 12 月 2 日,国务院以国函〔1986〕177 号批复河北省政府设立青龙满族自治县,其前身为 1933 年设立的热河省青龙县,因境内青龙河而得名。全县总面积 3508.1 平方千米,总人口 52 万,现辖 6 个镇、19 个乡,4 个社区、396 个行政村。

始建情况 1957 年 1 月 1 日组建并正式开展业务工作,站址位于县城所在地青龙镇。

站址迁移情况 建站以来站址始终未迁移过,1997 年 6 月观测场在原址向西移 11 米、北移 5 米,加高 0.3 米。观测场位于北纬 40°24′,东经 118°57′,海拔高度 227.5 米。

历史沿革 1957 年 1 月 1 日成立时称河北省青龙气象站,1960 年 6 月更名为青龙县气象服务站,1968 年 1 月更名为青龙县气象站革命领导小组,1972 年 1 月更名为河北省青龙县气象站,1987 年 9 月更名为青龙满族自治县气象站,1990 年 1 月更名为青龙满族自治县气象局至今。

1957 年 1 月 1 日开展气象业务工作至今,属国家基本气象站,是亚洲区域气象情报交换站。

管理体制 自 1957 年 1 月建站至 1958 年 12 月由承德地区气象局领导;1959 年 1 月—1965 年 12 月划归青龙县人民委员会领导;1967 年 1 月—1971 年 2 月由县革命委员会农业组领导;1971 年 3 月—1973 年 6 月由青龙县人民武装部领导;1973 年 7 月—1979 年 12 月由县革命委员会领导;1980 年 1 月—1981 年 10 月由青龙县政府领导;1981 年 11 月—1983 年 12 月开始由承德地区气象局和县政府双重领导;1984 年 1 月划为秦皇岛市气象局和县政府双重领导,以气象部门领导为主。

单位名称及主要负责人变更情况

单位名称	姓名	职务	任职时间
河北省青龙气象站	宁魁廷	站长	1957.01—1957.08
	王义元	站长	1957.08—1957.10
青龙县气象服务站	李秀芳	站长	1957.10—1960.05
			1960.06—1967.12
青龙县气象站革命领导小组		组长	1968.01—1970.12
	肖德勤	组长	1971.01—1971.12
河北省青龙县气象站	李秀芳	站长	1972.01—1973.04
	岳 恩	站长	1973.04—1981.07
	孙国显	站长	1981.07—1984.08
	邵兴海(满族)	副站长	1984.08—1985.05
	陈仲平	副站长	1985.05—1987.09
青龙满族自治县气象站		站长	1987.09—1988.04
	邵兴海(满族)	副站长	1988.05—1989.10
		站长	1989.11—1989.12
青龙满族自治县气象局		局长	1990.01—2006.05
	刘克义(满族)	副局长	2006.05—2007.05
	王志军	副局长	2007.05—2008.11
	王爱军(满族)	副局长	2008.12—

人员状况 青龙气象局建站初期有职工 5 人,2008 年 1 月定编 12 人,截至 2008 年 12 月实有在职职工 12 人,其中:本科学历 6 人,专科学历 5 人,高中 1 人;中级职称 7 人,初级职称 5 人;50 岁以上 1 人,40～50 岁 2 人,30～40 岁 6 人,30 岁以下 3 人;满族 7 人,汉族 5 人。

气象业务与服务

1. 气象业务

①气象综合观测

观测机构 1957 年 1 月—1976 年 5 月青龙气象站主要以地面测报业务工作为主,测报、预报工作实行业务人员大轮班。1976 年 6 月建立地面观测组,将测报、预报业务分开。1991 年 6 月县气象局明确划分为三个股,即气象观测股、预报服务股、农业气象股。1998 年 12 月观测股定编 6 人。2002 年 12 月观测股定编 8 人,现有观测员 8 人。

观测项目 青龙气象站为国家基本气象站,承担全国统一和省气象局规定的观测项目任务,内容包括云、能见度、天气现象、气压、气温、湿度、风、降水、雪深、雪压、日照、蒸发(小型、大型)和地温(浅层、深层)、冻土。

观测时次 每天进行 02、08、14、20 时 4 次定时观测,05、11、17、23 时 4 次补充定时观测;24 小时逐时固定和预约航空观测。观测项目有云、能见度、天气现象、气压、气温、湿度、风向、风速、降水、雪深、日照、蒸发(小型和 E-601 大型)、地温(地表和浅层)、草温和冻土观测。

航危报 1957 年 1 月—2002 年 12 月先后为北京、沈阳、锦州、锦西、兴城、绥中、山海关、北戴河、唐山、遵化、平泉等 14 个军航、民航单位拍发 24 小时内不同时段的固定和预约航危报,有时还根据预约拍发半小时 1 次的航危报。2003 年 1 月起每天向北京(04—22 时)、山海关(00—24 时)拍发固定航危报和兴城预约航危报。

发报内容 天气报的内容有云、能见度、天气现象、气压、气温、风向、风速、降水、雪深、地温等;航空报的内容有云、能见度、天气现象、风向风速等;当出现危险天气时,5 分钟内及时向所有需要航空报的单位拍发危险报;重要天气报的内容有暴雨、大风、雷暴、冰雹、龙卷风、恶劣能见度等。

现代化观测系统 20 世纪 70 年代以前主要采用手工编报,通过邮局电话传报。1986 年 1 月开始使用 PC-1500 袖珍计算机编报,1999 年 4 月地面观测数据实现微机编报和制作报表,同年 7 月使用 X.28 传报。2002 年 7 月建立 X.25 分组交换气象专线,同时使用电话传输航危报到县网通再转发。同年 10 月自动气象站建成,2003 年 1 月开始试运行。2004 年 1 月开始使用 OSSMO 测报业务软件编发报,2 兆光纤专线传输报文,自动站、人工站双轨运行,2006 年自动站单轨运行,2007 年 4 月 1 日开始直接传送航危报到省网通。

2005—2007 年县政府投资 25 万元,在全县 25 个乡镇建成了 HY-SR-002 型气温、雨量两要素区域自动气象站,分 3 批建设并投入运行。

②农业气象

自 1976 年 4 月开展农业气象观测工作,属国家农业气象基本站。在全县设立 9 个气象哨。每旬向县政府和有关部门发送土壤墒情、雨情简报。1990 年 1 月由国家农业气象基本站改为省农业气象基本站,观测项目有玉米和高粱,物候观测有家燕、小叶杨和车前子等。

③天气预报预测

短期天气预报　1957 年 10 月县气象站开始作补充天气预报,由于当时气象资料及预报条件有限,短期预报主要基于收听收音机和借鉴农业气象谚语等方法。1980 年 3 月—1982 年 12 月台站建立了基本资料、基本图表、基本档案和基本方法(即"四基本")。

中期天气预报　自 1981 年 5 月开始通过传真接收中央气象台和省气象台的旬、月天气预报,结合分析本地资料、短期天气形势和天气过程的周期变化等制作一旬天气过程趋势预报。

长期天气预报　主要运用数理统计方法和常规气象资料图表及天气谚语、韵律关系等方法,分别作出具有本地特点的补充订正预报。

20 世纪 60 年代开始制作长期天气预报,80 年代为适应预报工作发展的需要,执行中央气象局提出的"大中小、图资群、长中短三个相结合"技术原则,组织力量,多次会战,建立一整套长期预报的特征指标和方法,这套预报方法一直沿用至 90 年代末。

长期天气预报主要包括,春播预报、汛期(6—8 月)预报和年度预报。

2. 气象服务

服务方式　1981 年 5 月正式开始接收北京气象传真图和日本传真图表,并开始独立分析判断天气变化。1986 年 7 月架设开通甚高频无线对讲通讯电话,实现与市台及周边台站的业务会商。1989 年 4 月县政府拨款 2 万元购置了气象警报发射机 1 部,气象警报接收机 20 台,分别安装到县领导、防汛抗旱办公室和农委等服务单位,建成气象预警服务系统。1990 年 6 月正式使用预警系统对外开展服务。

1993 年 11 月通过电话传输向县电视台提供天气预报信息,电视天气预报节目由电视台制作和播出。1999 年 2 月县气象局投入使用多媒体电视天气预报制作系统,将自制节目录像带送电视台播放。

1995 年 11 月与县电信局合作开通了"121"天气预报自动答询系统。2004 年 9 月全市"121"答询电话实行集约经营,主服务器由市气象局建设维护。2005 年 1 月"121"电话升位为"12121"。

1995 年 7 月青龙满族自治县气象局计算机网络系统开始投入业务运行,预报所需资料全部通过县级业务系统进行网上接收。2000 年 10 月地面卫星接收小站建成并正式投入业务运行。2003 年底开通了青龙满族自治县兴农信息网。2006 年 10 月为县领导及重点服务单位安装了 48 块气象信息电子显示屏,每天 2 次发送天气预报,遇有重大天气时随时加发预警信息。2005 年 5 月开通"企信通"短信网络平台,以手机短信方式向各级领导发送气象信息。2008 年 5 月建立全县气象信息员队伍,每个乡镇和行政村都有一名气象信息员,每年进行一次气象灾害防御知识培训。

服务种类　1987 年春开展气象有偿专业服务,服务对象和内容主要是为全县 45 家相关单位和企业提供中、长期天气预报和气象资料,以旬天气预报为主。

1976 年 3 月成立青龙县人工控制局部天气指挥部,下设办公室,县气象站站长任办公室主任。同年在八道河乡建立土火箭厂,后因火箭厂发生安全事故,按照上级气象部门意见于 1981 年 10 月下马。1995 年 1 月成立青龙满族自治县人工影响天气领导小组,下设办公室,办公地点在县气象局,由县气象局具体负责组织与管理工作。同年县政府投入 1.7

万元购置 2 门"三七"高炮,分别设置在大石岭乡柳树漫村和土门子乡丰果村;2000 年 7 月河北省政府拨款为青龙配备 WR-98 型增雨防雹火箭发射装置 2 部,8 月 10 日县政府拨专款 6 万元购置了人工影响天气专用车 1 辆,8 月 16 日在青龙镇三门店进行首次人工增雨作业。

1998 年 10 月经县编办批准成立青龙满族自治县防雷中心,与县气象局实行一套人马、两块牌子。同年,县政府法制办批复确认县气象局具有独立的行政执法主体资格,现有执法人员 4 名。2002 年 4 月县气象局被列为县安全生产委员会成员单位。

服务效益 20 世纪 90 年代以来,每年春季都为县林业部门飞播造林提供气象预报信息,同时开展飞播现场气象服务工作。自 1997 年开始,2 门双管"三七"高炮在苹果主产区进行消雹作业,受益面积达 200 平方千米。2008 年 6 月 30 日全县出现暴雨天气,青龙县气象局提前发布《重要天气报告》和《雷电黄色预警信号》,通过电子显示屏、电话、手机短信方式及时发布预警信息。当天夜间大雨倾盆,凉水河等 4 个乡镇、20 个行政村遭受暴雨和短时大风袭击,6 小时最大降雨量达 166 毫米,导致部分乡镇发生泥石流灾害。由于预警信息发布及时,应急准备充分,受灾地区无一人员伤亡。

气象科普宣传 每年的安全生产宣传月、"3·23"世界气象日和"12·4"法制宣传日,通过发放宣传单,利用广播、电视、报刊等媒体宣传气象法律、法规和规章。深入社区、乡村和学校等场所,宣传普及气象和防灾减灾常识。

气象法规建设与社会管理

法规建设 自 1998 年开展气象行政执法工作,严格社会管理职能,规范防雷市场秩序,加大对空飘气球施放、防雷装置检测的管理工作。2008 年 3 月县政府下发《关于加强全县雷电安全防御的通知》,与县安监、公安、消防等单位联合对辖区内易燃、易爆场所进行防雷装置的安全检测和验收。

局务公开 2003 年 5 月制作局务公开栏对财务收支、目标考核、评先评优、工程建设、劳保、住房公积金等信息予以公开。

2006 年 12 月气象行政许可工作进驻青龙县政务服务中心综合窗口,办事程序、服务内容、行政执法依据、收费依据及标准等,采用公示牌、电视广告、发放宣传单等方式向社会公开。2008 年 4 月编制了《青龙满族自治县气象局政务公开指南》和《青龙满族自治县气象局政务公开目录》,上报县政府备案,并在县政府网站和县农业气象信息网上公布。

2008 年 12 月县气象局向社会作出气象服务工作的八项公开承诺,并刊登在《青龙时报》的显要位置。

制度建设 自 1989 年以来逐年制订、修订和完善奖惩综合、业务值班、会议、财务、档案管理以及重大气象应急预案等各项管理制度。

党建与气象文化建设

党的组织建设 1957 年 1 月建站时仅有 1 名党员,1959 年 11 月—1971 年 2 月间有 2 名党员,先后与农业局、林业局等单位同编一个党支部。1971 年 3 月县气象站成立独立党支部,有党员 3 人。截至 2008 年底有党员 7 人。

1976—2008 年连续 33 年被县直属机关党委或县委评为先进基层党组织。

党风廉政建设 2006—2008 年每年开展党风廉政教育活动,撰写论文、心得体会,参加省市气象部门和地方组织的廉政书法、对联和绘画等竞赛活动。采取观看录像、学习考察等方式开展警示教育。在 2007 年全县"优化杯"知识竞赛中,县气象局代表队获三等奖,一人获优秀赛手称号。

气象文化建设 2000 年以来每年举办趣味活动周,开展围棋、羽毛球、台球、歌咏、登山等比赛活动。在 2007 年度全县围棋比赛中县气象局选手获第 4 名,2008 年比赛中获第 3 名。

荣誉 1957 年 1 月—2008 年 12 月共获县级以上集体荣誉奖 54 项。其中 1959 年、1965 年被省委、省人委评为"河北省农业社会主义建设先进单位";1978 年 10 月被中央气象局授予"全国气象部门学大庆、学大寨红旗单位";1984—2008 年连续 25 年保持县、市级"文明单位"称号;2004—2005 年度、2006—2007 年度被省委、省政府授予省级"文明单位"。

1957 年 1 月—2008 年 12 月职工个人获得县级以上奖励 116 人次。

台站建设

台站综合改善 青龙气象站建站时,只有 10 间平房和 1 幢两层的观测小楼,1978 年 5 月改造为家属房;1976 年 3 月建设了面积为 322.74 平方米的简易办公房,1987 年 10 月将改造的 10 间家属房翻建为两层家属楼,面积为 610.55 平方米,职工住房得到了改善;1992 年 10 月修建了面积为 410.55 平方米的两层办公楼,安装了自来水和暖气等设施。

园区建设 为加强机关环境建设,2003 年栽种了花草树木 3000 株、草坪 2000 平方米,局院内绿化美化面积 4000 平方米,硬化面积 1200 平方米,实现了路面硬化、环境美化、庭院绿化。

青龙满族自治县气象局旧貌(1980 年)

青龙满族自治县气象局现观测场(2005 年)

唐山市气象台站概况

唐山市位于河北省东北部,东经 117°31′～119°19′,北纬 38°55′～40°28′,辖 2 市 6 县 6 区和 6 个开发区(管理区),面积 13472 平方千米,总人口 725 万。

唐山市属暖温带半湿润季风气候,气候温和。

气象工作基本情况

唐山市气象局下辖 12 个国家气象观测站,其中国家气象观测基准站 1 个(乐亭),国家气象观测基本站 2 个(唐山、遵化),国家一般气象观测站 9 个(丰润、丰南、迁安、玉田、滦县、滦南、唐海、迁西、曹妃甸)。

历史沿革 1926 年筹建开滦矿务局测候所,1931 年在乐亭县建立测候所,1950 年建立芦台农场气象站,1956 年 12 月正式建立河北省唐山气候站。1958 年建立唐山专区气象台,并于 1960 年改称唐山市气象服务台,1963 年建立唐山专区气象局,1984 年 1 月由唐山地区气象局改为唐山市气象台,并于 1984 年 7 月改为唐山市气象局。1956—1974 年唐山市辖区内相继建立了遵化(1956 年)、柏各庄(1956 年)、乐亭(1956 年)、秦皇岛(1957 年)、迁安(1957 年)、玉田(1959 年)、迁西(1965 年)、丰润(1966 年)、滦南(1966 年)、丰南(1974 年)气象站和滦州区农林水利部气象站(1959 年),其中滦州区农林水利部气象站于 1960 年更名为滦县气象服务站,柏各庄气象站于 1984 年更名为唐海县气象站。1989 年各县气象站均改名为气象局。1983 年 5 月 16 日由于行政划分,此前由唐山市气象局管理的秦皇岛市气象台分离出去,同时昌黎、卢龙、抚宁 3 县气象局划归秦皇岛市气象局管理。

管理体制 1956 年 12 月 1 日建立唐山专区气候站至 1970 年 11 月期间,受唐山专区公署领导;1970 年 11 月—1972 年 2 月为部队建制;1972 年 2 月—1979 年受唐山地区革命委员会领导,业务受上级气象部门指导;1980 年体制改革后,实行气象部门与地方政府双重领导,以气象部门领导为主的管理体制。

人员状况 全市气象部门从 1956 年建站初期的 3 人发展到 2002 年有在职人员 177 人,其中专业技术人员有 143 人(高级工程师 4 人,工程师 49 人,助理工程师 90 人)。截至 2008 年 12 月,全市气象系统有在职职工 168 人,其中:市气象局 71 人,县气象局 97 人;公务员 18 人、专业技术人员 141 人(高级工程师 4 人,工程师 58 人,助理工程师 79 人)、工人

9人;博士1人,硕士3人,本科50人,大专58人,中专以下54人;满族4人,汉族164人。有离退休职工113人。

党建与文明创建 全市气象部门现有党支部15个,党员135人。

唐山市气象局每年与各科室和县(市、区)气象局签订党风廉政责任状,没有出现违法违纪现象。全市气象部门2008年共有省级"文明单位"1个,市级"文明单位"8个,县级"文明建设"先进单位10个。

主要业务范围

地面观测 1926年成立开滦矿务局唐山测候所,开展地面观测业务,观测项目有气压、气温、湿度、风向、风速、降水量,有3年观测记录。1931年2月乐亭穆楼村测候所开始观测记录,观测项目有气压、气温、湿度、降水量,而且有自记记录,有4年观测记录。1941年3月"唐山专区劝农模范场"开始观测记录,但维持1年时间。1949年6月成立唐山农事试验场(后改为唐山专区农场)正式开展气象观测,观测项目有气压、气温、湿度、风向、风速、降水量、能见度、云、地温,并按月、按年编制记录报表,试验场的气象观测工作一直持续到1956年12月唐山气候站开始工作止。1956年1月1日遵化、柏各庄两站正式进行地面观测记录。此后,随着各县气象站的建立,观测业务也随之开展,观测项目有气压、气温、湿度、地温、风、降水量、蒸发、天气现象等。1962年2月乐亭气象站开展小球测高空风业务,1974年7月开始引进测风雷达设备,1976年6月开展固定观测业务,因1976年7月28日唐山大地震停止工作,1977年5月恢复业务运行。1985年10月乐亭气象站取消了测风绘板计算,改用PC-1500袖珍计算机编报。1986年1月1日唐山、遵化、乐亭气象站使用PC-1500袖珍计算机编制地面气象报。

1988年根据站网调整的需要,唐山市的滦南、丰南、丰润3个国家一般站改为辅助站。乐亭气象站由国家基本气象站改为国家基准气候站。1992年1月1日按照河北省气象局的要求,乐亭气象站增加了"太阳辐射"观测业务,成为河北省唯一进行日射观测的气象站。1997年4月1日唐山、乐亭、遵化气象站进行了大型蒸发换型,由原来的E-601型,改为E-601B型,其中遵化气象站为新增大型蒸发业务。1999年1月1日丰润、滦南、丰南辅助站改为国家一般站,同时增加了小图报的发报任务。

2002年12月31日20时,唐山、乐亭、遵化自动气象站正式双轨运行。2003年12月31日20时—2004年12月31日20时,自动站与人工观测并轨运行。2004年1月1日开始执行新版《地面气象观测规范》。按照中国气象局的安排,配合带辐射传感器的自动气象站从2004年1月1日0时起,由自动气象站替代原辐射观测业务,原辐射观测仪器作为自动站的备份,只打印观测记录,不再制作报表。2004年12月31日20时起,自动站单轨业务运行,唐山、遵化气象站取消人工仪器观测项目,乐亭气象站原人工观测项目全部保留。2004年12月31日20时—2005年12月31日20时,丰润、丰南、滦南、玉田、唐海气象站以自动站为主,人工观测为辅。唐海、滦南、玉田、丰润、丰南5个自动气象站从2006年12月31日20时起进入单轨业务运行阶段。

2002年8月丰润气象局闪电定位仪正式投入业务运行。

2004年7月唐山市区及各县(市、区)建成97个两要素加密(雨量、气温)自动气象站,到 2007 年底自动气象站增加到 200 个。

2007 年 12 月 31 日 20 时,全省第一个海岛无人自动气象站——曹妃甸海岛无人自动气象站正式投入业务运行。

2007 年 12 月 31 日 20 时唐山市风廓线雷达正式运行。

天气预报服务　1958 年唐山专区气候站开始开展预报业务,1958 年 7 月 25 日天津海洋台派出流动台进驻唐山,8 月 1 日正式对外发布短期天气预报,使用天气图方法制作预报,通过唐山广播电台发布。同年 10 月发布中期天气预报,每旬 1 次。1959 年唐山市气象台发布长期(月)天气预报,刊登在《唐山劳动日报》上,并向各县全面推广预报业务工作。

1963 年 12 月全区台站以会战形式研究预报方法,市台建立影响系统形式,县站根据分型建本站预报模式。

1972 年 12 月引进数理统计预报方法。1975 年完成了暴雨、冰雹、大风等五项预报方法的加工、提炼和配套工作。1982 年引进"MOS"预报方法。1984 年开展了气象业务标准化,中长期预报方法研制出了"返冻海高低空指标模式"。自 1990—2006 年先后完成了地市级长、中、短期、短时预报业务系统微机化的研究课题,并投入业务使用。1996 年各地市信息联网,实现了日本、欧洲中心高空网格点资料的自动化处理和各物理量实况及预报值的定时显示。2004 年 1 月开始应用 MICAPS 2.0 版基础上的河北省业务流程,在其基础上实现本地化预报平台,同时增添集成了本地软件。2004 年 10 月安装了全省统一的预报制作系统,11 月 1 日正式业务运行。同时编制了全部预报和服务产品网页来指导县站。

唐山市气象局

机构历史沿革

始建情况　1926 年筹建开滦矿务局测候所,1931 年在乐亭县建立测候所,1950 年建立芦台农场气象站,1956 年 12 月 1 日成立唐山专区气候站,位于唐山市胜利桥东专区农研所院内。

站址迁移情况　1958 年 10 月迁至兴隆街 1 号;1959 年 5 月迁至唐山市伍家庄;1963 年 9 月迁至唐山市山西刘庄;1982 年 10 月迁至唐山市华岩北路裕丰街 169 号,位于北纬 39°40′,东经 118°09′,海拔高度 27.8 米。

历史沿革　1956 年 12 月正式建立河北省唐山气候站。1958 年 7 月建立唐山专区气象站,并于 1958 年 12 月改称唐山市气象服务台,又于 1959 年 5 月改为唐山专区气象台,1968 年 7 月改为唐山地区水文气象台,1971 年 7 月改为唐山地区气象台,1973 年 11 月更名为唐山专区气象局,并于 1983 年 9 月改为唐山市气象局至今。

管理体制　1956 年 12 月—1970 年 11 月为唐山专区公署领导;1970 年 1 月—1971 年 7 月为部队建制;1971 年 7 月—1980 年受唐山地区革命委员会领导,业务受上级气象部门指导;1980 至今,实行气象部门与地方政府双重领导,以气象部门领导为主的管理体制。

机构设置 2002 年经河北省气象局批准,唐山市气象系统进行机构改革,局机关设置 4 个职能科室:办公室、业务发展科、计划财务科和人事教育科;局内设置 4 个直属科级事业单位:气象台、防雷中心、科技服务中心和人工影响天气办公室。

单位名称及主要负责人变更情况

单位名称	姓名	职务	任职时间
河北省唐山气候站	孟久安	站长	1956.12—1958.07
唐山专区气象站	颜木容	站长	1958.07—1958.12
唐山专区气象服务台	刘慧珍	台长	1958.12—1959.05
唐山专区气象台	林 高	台长	1959.05—1963.09
	彭 震	台长	1963.09—1968.07
唐山地区水文气象台	武继功	台长	1968.07—1970.11
	阎文阁	台长	1970.11—1971.07
唐山地区气象台	田子明	台长	1971.07—1973.11
唐山专区气象局		局长	1973.11—1983.05
唐山市气象局	翁贵宾	局长	1983.05—1983.09
		局长	1983.09—1989.06
	范永祥	局长	1989.08—1993.04
	安保政	局长	1993.04—1996.04
	宫全胜	局长	1996.04—2000.12
	何玉铸	局长	2000.12—2004.12
	秦 庚	局长	2004.12—2008.12

人员状况 河北省唐山气候站成立时只有 3 人。截至 2008 年 12 月,有在职职工 71 人,其中:博士 1 人,硕士 3 人,本科 35 人,大专 12 人,中专以下 20 人;满族 2 人,汉族 69 人;高级工程师 3 人,工程师 32 人,助理工程师 36 人;30 岁以下 13 人,31～50 岁 43 人;51 岁以上 15 人。

气象业务与服务

1. 气象业务

气象观测 1926 年成立开滦矿务局唐山测候所,开展地面气象观测业务,观测项目有气压、气温、湿度、风、降水量,有 3 年观测记录。1941 年 3 月,唐山专区劝农模范场开始观测记录,仅维持 1 年时间。1949 年 6 月成立唐山农事试验场(后改为唐山专区农场)开展气象观测,观测的项目有气压、气温、湿度、风、降水量、能见度、云、地温,并按月、按年编制记录报表,试验场的气象观测工作一直持续到 1956 年 12 月唐山气候站开始工作止。

1956 年 12 月 1 日—2003 年 12 月 31 日,每日进行 02、08、14、20 时 4 次定时和 05、17 时 2 次辅助地面气象观测,共 6 次观测,6 次发报,昼夜守班。2004 年 1 月 1 日起每日进行 02、05、08、11、14、17、20、23 时 8 次地面气象观测,8 次发报,昼夜守班。观测项目有云、能见度、天气现象、气压、气温、湿度、风向、风速、降水、雪深、雪压、冻土、日照、蒸发、地温。电线积冰从1980年开始观测,大型蒸发从1997年开始观测。

1956年12月1日—1978年10月4日,每日24小时整点前观测发航空报1次,每月向河北省气象台发月报1次、旬报3次。

1956年12月1日—2008年12月31日,天气报的内容有云、能见度、天气现象、气压、气温、湿度、风向、风速、降水、雪深、地温。航空报的内容有云、能见度、天气现象、风向风速。重要天气报不定时的内容有大风、雷暴、冰雹、龙卷、雾、霾、浮尘、沙尘暴、暴雨、初终霜,定时的有雨凇、积雪。

气象观测现代化 2002年12月31日20时,唐山自动气象站正式双轨运行。2003年12月31日20时—2004年12月31日20时,自动站与人工观测并轨运行。2004年1月1日,开始执行新版《地面气象观测规范》。按照中国气象局的安排。2004年12月31日20时起,自动站单轨业务运行,唐山气象站取消人工仪器观测项目。截至2004年7月,唐山市区有26个两要素加密(雨量、温度)自动气象站。2007年12月31日20时,全省第一个海岛无人自动气象站——曹妃甸海岛无人自动气象站正式投入业务运行。2007年12月31日20时,唐山市风廓线雷达正式运行。

天气预报 唐山市气象台建于1959年,负责天气预报的制作、发布,为地方人民政府组织防御气象灾害提供决策依据。按时效分为长期、中期、短期、短时预报;按内容分为要素预报和形势预报;按性质分为天气预报和天气警报。从初期单纯的天气图加经验的主观定性预报,逐步发展为采用气象雷达、卫星云图、并行计算机系统等先进工具制作的客观定量定点数值预报。

农业气象 农业气象在《一九五八年全国气象工作提要》的指导下,1959年出现第一个农业气象发展高潮,全区建立了50个气象哨,进行农业气象观测,同时也制作农业气象预报和情报。1974年为贯彻"气象为农业服务"的业务指导思想,掀起了农业气象的第二个发展高潮,全区建哨150个,除进行农业气象和小气候观测外,主要是进行农业气象试验和农业气象预报。

2. 气象服务

公众气象服务 20世纪80年代初,气象服务以决策服务为主,多为书面文字发送形式,主要工作任务是负责全市天气预报、警报的制作和发布,并面向服务用户制作一些简单的专业气象服务产品,为用户提供常规的预报产品、情报资料及技术指导。

20世纪90年代以后,气象服务手段和内容上有了快速和实质性的发展,决策产品由电话、传真、信函等向电视、微机终端、互联网等发展,1994年开辟电视天气预报节目,服务内容更加贴近生活,产品包括精细化预报、产量预报、森林火险等级等,1997年开通了"121"气象自动答询电话;1998年发展了大量传真用户,并开通了"121"自动答询电话;2002年与联通集团合作建立了远程寻呼终端,建成了远程气象Intener网,6月建立了云图实时显示平台和气象灾害实时监测平台。随着气象科技服务的快速发展,手机气象短信息服务成为气象信息发布新途径,2003年发展短信用户近10万户,2008年底短信用户达80万户。2005年唐山市雨情自动监测系统正式建成并投入使用,可通过互联网随时调看实时云图、雷达回波图、中小尺度雨量点的雨情。目前,气象服务已由最初的决策服务发展为公众服务、决策服务、科技服务等多种服务并行,服务水平和服务效果显著提高。

专业与专项气象服务 1978 年建立人工控制局部天气办公室(简称人控科),主要职责是负责全市人工增雨、人工防雹的组织、协调和管理。1995 年建立人工影响天气办公室(简称人影办),1998 年初步建立了市级人工增雨指挥作业系统,2002 年市、县两级人工增雨指挥作业系统建成,覆盖唐山全区,增雨火箭 16 部,遵化有 8 门"三七"高炮,作业面积达300 平方千米。

1995 年 5 月 5 日夜间,河北省人工影响天气办公室调动飞机,经北京空军司令部同意,首次对唐山市实施了飞机人工增雨作业,使中南部 8 个县(市)受益,增雨效果显著,缓解了旱情,得到了唐山市委、市政府的高度重视。此后,唐山市每年均适时开展人工增雨作业,在全市农业生产、开发空中水资源和保护生态环境方面起到积极作用。

1996 年 9 月成立唐山市防雷中心,负责全市防雷工程的技术指导、技术培训、技术咨询,组织对雷电事故的调查和防雷宣传,新技术产品的引进、推广、开发和鉴定,组织全市防雷工程设计方案的技术论证并监督工程的实施以及重大事故鉴定和唐山市区避雷检测。

科学技术 建局以来唐山市气象局承担了多项科研项目:气象数据自动采集播放装置、农业气象旬月报制作及中长期天气农业服务系统、市级暴雨灾害性天气短期预警警报系统、燕山东部地区细网格农业气候区划研究助推了当地气象科学技术的发展,主持研发的"城市气象灾害短时预报系统"获河北省科技进步三等奖,"基于 GIS 的唐山市高时空分辨率面雨量实时监测技术及应用"项目,获唐山市科技进步二等奖。

气象法规建设与社会管理

法规建设 2004 年 7 月 27 日唐山市政府第 19 次常务会议通过《唐山市防雷减灾管理办法》(唐山市人民政府令〔2004〕4 号)。并于 2004 年 9 月 1 日起施行。2004 年 7 月唐山市气象局、唐山市公安局联合下发《关于加强全市计算机网络雷电安全防护的通知》。2006 年 4 月唐山市气象局、唐山市安全生产监督管理局联合下发了《关于加强全市雷电安全防护工作的通知》(唐安气联〔2006〕第 1 号)。2006 年 9 月唐山市政府办公厅下发《关于进一步做好防雷减灾工作的通知》(唐政办函〔2006〕194 号)。2007 年 5 月唐山市气象局、唐山市教育局联合下发《关于加强学校防雷安全工作的通知》(唐气发〔2007〕14 号)。2008 年 2 月唐山市气象局、唐山市安全生产监督管理局联合下发了《关于加强全市雷电安全防护工作的通知》(唐气安联〔2008〕第 1 号)。2009 年 4 月唐山市气象局、唐山市安全生产监督管理局联合下发了《关于做好防雷安全工作有关事项的通知》(唐气函〔2009〕4 号)。2009 年 7 月唐山市气象局、唐山市公安局消防支队联合下发了《关于加强全市建筑物防雷防火安全工作的通知》(唐气公联〔2009〕1 号)。2005—2006 年唐山市气象局被河北省气象局评为"气象法制工作先进集体"。

社会管理 严格规范施放气球工作,努力做好防雷管理工作,对全市行政范围(路南区、路北区、古冶区、开平区、高新开发区、曹妃甸、南堡)内的易燃易爆场所、人员聚集场所、大型厂矿等装有防雷设施的建(构)筑物进行安全检测。

探测环境保护 唐山市气象局采取多项措施加强气象探测环境保护工作。一是与唐山市规划局联合行文,转发了河北省气象局和河北省建设厅《关于切实做好〈气象台站探测环境保护专项规划〉编制工作的通知》,以加快"气象台站探测环境保护专项规划"的编制工作。二是加大监管力度,实行基层气象探测环境月报告制度,并纳入目标考核。三是加大《中华人民共和国气象法》《气象探测环境和设施保护办法》的宣传,积极争取地方政府的支持,依法对台站周边建设项目进行控制。四是唐山市气象局与各县(市、区)气象局负责人签订了《探测环境保护责任状》。

党建与气象文化建设

党建工作 1974年成立唐山市气象局党支部时有党员17人;1995年经唐山市直机关党工委批准,成立唐山市气象局党总支,下设行政、业务和离退休干部3个党支部。截至2008年12月,共有党员46人(其中在职职工党员38人,离退休职工党员8人)。

政务公开 成立政务公开工作领导小组,把政务公开工作分解到有关科室和人员,强化"一把手挂帅,责任到科室,落实到人头"的工作机制,形成纵到底、横到边、上下联动、整体推进的工作体系。

在公开内容上,对外公开内容包括机构设置、主要职责、文明服务承诺、气象特色服务等情况;对内公开坚持把干部廉洁自律、机关财务、人事任免等作为公开的重点内容。

在公开形式上,包括内外公开栏、互联网、局域网、报纸、电台、电视台、编印简报以及咨询等形式。

气象文化建设 唐山市气象局院内设有健身园、文化宣传栏、党员学习活动室、阅览室及老干部活动室。

荣誉 获河北省气象局奖励52项,中国气象局奖励4项,唐山市委、市政府奖励22项,河北省政府奖励1个。共创"250班无错情"175个,"百班无错情"601个。

台站建设

1956年12月1日唐山成立专区气候站开始,为了改善恶劣的工作环境,历经了1958年7月、1959年5月的搬迁。虽说经过1963年9月的搬迁改造,办公环境有所改善,但是,工作和生活环境始终没有得到明显的提高,工作用房和生活用房从建站初期的几平方米到1976年的几十平方米。就是这几十平方米也在1976年唐山大地震中全部震毁。老一辈气象工作者冒着强余震,在"夏不避雨、冬不防寒"的简易房屋内昼夜从事着气象观测和气象服务工作。唐山气象人发扬"公而忘私、患难与共、百折不挠、勇往直前"的抗震精神,在党和人民政府的关心帮助下,于1982年10月建起了1栋3500平方米的办公楼,正式搬迁至今。从此唐山市气象局以"园林式、生态型"的总体设计思路为指导,开展机关大院的绿化美化工作,从2000年开始每年投入资金30万元,分季节对院内树木、花草进行更新、修剪整容,对草坪绿地进行除草、杀虫、施肥、浇灌,使机关院内绿树成荫、鸟语花香、环境优美。2005年5月投入100多万元,对机关办公楼进行内外装修,使机关面貌焕然一新。通过抓硬件设施建设,使机关大院内的基础设施得到进一步完善,办公和生活条件得到进一步改善,2006—2008 年度被河北省人民政府评为"河北省文明单位"和"河北省园林绿化单位先进单位"。

唐山市气象局大院(1984 年)

唐山市气象局(2008 年)

丰润区气象局

河北省唐山市丰润区地处河北省东部、燕山余脉南麓,属季风区暖温带半湿润地区,大陆性季风显著,四季分明,年平均气温 11.3℃,年降水量 664.2 毫米,平均无霜期 180 天。灾害性天气频发,尤以暴雨、雷电、大风、旱涝、冰雹等为甚。

机构历史沿革

河北省唐山市丰润区地处京津唐秦腹地,金大定二十七年(1187 年)建县治(永济县),明洪武元年(1368 年)始称丰润县,2002 年 6 月 1 日原丰润县与原唐山市新区合并,成立唐山市丰润区。

始建情况 1966 年 1 月开始筹建丰润县亦工亦农气象站,1966 年 7 月 1 日正式成立,站址在丰润县汽车站西。

站址迁移情况 1977 年 10 月 16 日丰润县气象站迁往丰润县南台公社南台大队西。2001 年 8 月 1 日南迁 200 米,站址在河北省丰润县城关镇南台村西,东经 118°06′,北纬 39°48′,观测场海拔高度 33.3 米。

历史沿革 1970 年 12 月更名为丰润县气象站。1989 年 4 月 21 日更名为丰润县气象局。2002 年 6 月 1 日更名为唐山市丰润区气象局。

1966 年为河北省基本气象站,1980 年为气象观测国家一般站,1988—1991 年为河北省气象观测辅助站,2006 年 7 月 1 日改为国家气象观测站二级站。

管理体制 1966 年 1 月建站时归唐山专区气象局领导;1969 年由丰润县农林局领导;1970 年由丰润县武装部领导;1973 年 4 月由丰润县农林局领导;1975 年由丰润县革命委员会领导;1981 年由唐山市气象局领导;1982 年气象体制上收,实行气象部门与地方政府双重领导,以气象部门领导为主的管理体制。

单位名称及主要负责人变更情况

单位名称	姓名	职务	任职时间
丰润县亦工亦农气象站	张　文	站长	1966.08—1969.08
	刘阔元	站长	1969.08—1970.11
	崔庆云	站长	1970.11—1970.12
			1970.12—1971.05
丰润县气象站	马贵云	站长	1971.05—1974.03
	张文彬	站长	1974.03—1984.06
	王义衡	站长	1984.06—1989.04
丰润县气象局		局长	1989.04—1997.06
	李俊英	局长	1997.07—2002.05
丰润区气象局			2002.06—2007.09
	王晓林	局长	2007.09—

人员状况　1966年7月—1969年,有职工8人;1970—1979年,有职工17人;1980—1989年,有职工9人;1990—1996年,有职工7人;截至2008年底,有职工9人,其中:大专以上学历7人;中级职称4人。

气象业务与服务

1. 气象业务

气象观测　1966年7月开始,每天进行08、14、20时3次观测,夜间不守班。观测项目有云量、云状、能见度、天气现象、气压、气温、湿度、风向、风速、降水、雪深、日照、小型蒸发、地温、草温、冻土深度、蒸发器蒸发、土壤湿度(水分),其中1988—1991年取消日照观测,1982年1月1日取消冻土深度观测,每天08、14、20时编发定时天气加密报,每旬(月)编发旬(月)天气报,每天不定时编发重要天气报。

1973年丰润县在北夏庄公社仰山大队成立第一个气象哨,1976年气象哨达到57个,1982年12月全部撤销。

1994年4月1日开始使用PC-1500袖珍计算机编发天气报。2003年10月CAWS-600B型自动气象站建成,2004年1月1日试运行,2005年正式运行,观测项目有气压、气温、湿度、风向、风速、降水、地温,观测项目全部采用仪器自动采集、记录,替代了人工观测,云、能见度、天气现象、降水、冻土、雪深继续采用人工观测。

2005年7月—2006年12月分两批建成17个区域自动气象站。

天气预报　1966年7月1日开始丰润县亦工亦农气象站通过丰润县广播站发布早、中、晚3次天气预报;1967年1月开始运用数理统计方法和常规气象资料图表及天气谚语、韵律关系等方法,制作月、季、年3个时长的长期天气预报。长期预报产品主要有:汛期(6—8月)预报、秋季预报、年预报等。

气象信息网络　1966—1985年使用电话进行传报,1986年起使用高频电话传报,1999年8月起利用分组交换网(X.28异步拨号入网)发报,2002年9月开始使用X.25通信系统发报,2004 年 12 月以后使用 2 兆光纤发报。

2.气象服务

公众气象服务 1966 年 7 月 1 日开始丰润县亦工亦农气象站开始通过丰润县广播站向社会发布早、中、晚 3 次天气预报;

1967 年 1 月开始定期发布月、季、年天气预报。

1992—2005 年每天通过气象服务警报接收系统发布 3 次预报广播警报。

1998 年 4 月与丰润县电视台联合制作播出电视天气预报节目,在《丰润新闻》后播出,2006 年 5 月增加了气象指数预报内容,预报产品更加丰富。

2004 年 12 月开通丰润气象网站。

决策气象服务 2007 年 6 月通过"企信通",借助手机短信发送平台,向区镇两级政府、区直有关单位、重大厂矿企业发布灾害性天气警报、雨情、灾情、农情气象服务。

专业与专项气象服务 1992 年 5 月丰润县气象局开始负责丰润县避雷设施安全检测。1997 年 9 月成立丰润县防雷中心。2003 年,丰润区气象局被列为丰润区安全生产委员会成员单位,负责丰润区防雷安全的管理。

1973 年 12 月丰润县开展了人工防雹工作,成立丰润县人工防雹领导小组,丰润县气象站是小组成员,于 1974 年夏季开始进行人工防雹作业,并在 1974 年、1975 年春建设了 2 处人工防雹土火箭厂,1979 年 12 月丰润县人工防雹小组取消,人工防雹工作结束

2001 年 6 月丰润县气象局成立丰润县人工影响天气办公室,并在泉河头镇作业点实施了人工影响天气作业。

气象科技服务 1997 年 7 月开通了固定电话"121"天气预报自动答询服务业务,系统采用模拟信号。2005 年升级为数字工作平台;2005 年"121"天气预报自动答询电话号码升位为"12121"。

气象科普宣传 唐山市丰润区气象局通过气象网站、图书室、"3·23"世界气象日宣传、送科技下乡等多种形式普及气象知识,宣传丰润区气象事业发展。

气象法规建设与社会管理

法规建设 重点加强对雷电灾害防御、探测环境保护、气球施放等工作的依法管理。2002 年丰润区政府下发《关于进一步加强防雷减灾工作的通知》。2003 年丰润区政府转发了丰润区气象局、建设局、发展改革局《关于进一步规范我区防雷设计审核、竣工验收有关问题的规定》。2005 年丰润区气象局与丰润区安全生产委员会联合下发《关于进一步加强防雷减灾工作的通知》。2006 年 3 月丰润区政府办公室下发《关于加强防雷安全监督管理的通知》,进一步促进了丰润区防雷工作的开展。

制度建设 1997 年 8 月制订了《丰润县气象局制度汇编》,2008 年重新修订后下发,主要内容包括党务、岗位职责、精神文明、安全、计划生育、干部职工休假、会议制度、财务制度等。

社会管理 2004 年 8 月 2 日丰润区气象局在丰润区政府、国土资源局、城建局、规划局等进行了气象探测环境保护备案。

丰润区气象局严格规范施放气球工作,对私自施放气球的行为进行了执法宣传。经丰润区政府办公室、安监局协调,对全区行政范围内的易燃易爆场所、人员聚集场所、大型厂矿等装有防雷设施的建(构)筑物进行安全检测。

政务公开　通过网上公开、会议公开、书面公开、个别解释的"四种形式"和定期公开、适时公开、及时公开"三种方式",全面推动事权、人事、财务、执法、党务五项局务公开。

党建与气象文化建设

党的组织建设　1974 年 3 月丰润县气象站建立党支部,有党员 4 人,截至 2008 年 12 月底有党员 7 人。

气象文化建设　唐山市丰润区气象局营造良好的文明创建工作氛围,做到政治学习有制度、文体活动有场所、电化教育有设施,职工生活丰富多彩,文明创建工作跻身全省先进行列,2000 年、2003—2008 年被唐山市政府评为精神文明建设先进单位、2002 年被评为唐山市"文明单位"、1998—2008 年连续 11 年被丰润县(区)政府评为文明建设单位荣誉称号。

丰润区气象局开展了文明创建规范化建设,统一制作了局务公开栏、学习园地、法制宣传栏和文明创建标语等宣传用语牌。每年在"3·23"世界气象日组织科技宣传,普及防雷知识。开辟专门的活动室,购买各种运动器材,丰富了职工的业余生活。

集体荣誉　自 1966 年 7 月建站以来,丰润区气象局共获各项集体荣誉奖 101 项。

台站建设

1997 年丰润县气象局对局机关的环境面貌和业务系统进行了改造,购置了大量的现代化设备。2001 年 8 月 1 日迁入占地 8000 平方米的机关大院进行绿化美化,绿化总面积达到 3600 平方米,硬化面积 600 平方米,绿化覆盖率达到 45%,展现出优美、整齐的园林化布局。2008 年 12 月被河北省建设厅命名为"河北省园林式单位"。

丰润县气象局(1998 年)

丰润区气象局(2003 年)

丰南区气象局

河北省唐山市丰南区地处渤海之滨,东与滦南县接壤,西与天津市的宁河县为邻,北与唐山市相连,南临渤海。1955年7月丰南、丰润合并,称丰润县,县城在胥各庄。1961年恢复丰南建制,1994年5月5日经国务院批准撤县建市。2002年2月1日撤市建区。

唐山市丰南区地处渤海湾北岸的冀东平原上,属大陆性季风气候,四季分明。灾害性天气主要为暴雨、干旱、大风、寒潮、冰雹、雷电、大雾、霜冻。

机构历史沿革

始建情况　1958年10月开始筹建丰南县气象站,站址在一街西面(现水景花苑居民小区)。

站址迁移情况　1959年初站址迁至二街(现河头里居民小区对面),同年12月又搬到三街7号(现明珠都市花园居民小区对面);1961年9月站址又迁至八一农场。办公场所经数次搬迁,直至1973年10月正式征地建站;1974年1月1日,丰南县气象站成立,站址在河北省丰南县胥各庄镇南东板桥村。观测场位于北纬39°33′,东经118°07′,拔海高度4.4米。

历史沿革　1958年10月筹建丰南县气象站,后根据唐山行署农业局长安民的指示,自1964年1月起撤消丰南县气象站直至1971年4月。1971年5月根据中央军委[70]75号文件精神,县委决定重建丰南县气象站。1973年10月正式征地建设,1974年1月1日建成并开展工作。1989年4月丰南县气象站改称丰南县气象局;1994年6月1日,丰南县气象局改称丰南市气象局;2002年8月,丰南市气象局改称为唐山市丰南区气象局。

1988年1月1日,根据河北省气象局站网调整会议精神确定为河北省辅助气象站;1991年5月23日,由河北省辅助气象站改为河北省一般气象站;2007年1月1日,由一般气象站改为国家气象观测二级站,2008年12月16日,由国家气象观测二级站改为国家一般气象站。

管理体制　1958年10月—1963年12月,隶属丰南县农业局农业科领导;1971年5月—1981年11月,由丰南县革命委员会直接领导;1981年12月气象体制上收,实行气象部门与地方双重管理领导,以气象部门领导为主的管理体制。

单位名称及主要负责人变更情况

单位名称	姓名	职务	任职时间
丰南县气象站	卢其章	站长	1958.10—1959.11
	董会英	站长	1959.11—1961.09
	韩永杰	站长	1961.09—1963.12
撤销			1964.01—1971.04

单位名称	姓名	职务	任职时间
丰南县气象站	韩永杰	站长	1971.05—1974.03
	崔胜继	站长	1974.04—1975.03
	马广殿	站长	1975.04—1980.01
	刘贺明	副站长	1980.01—1981.06
	苗云龙	站长	1981.06—1983.10
丰南县气象局	刘贺明	站长	1983.10—1989.03
		局长	1989.04—1994.05
		局长	1994.06—1994.12
丰南市气象局	张树沛	局长	1994.12—2002.02
唐山市丰南区气象局	王爱君	局长	2002.02—2002.08
			2002.08—

人员状况 1958 年建站时 2 人;1971 年重建站时共有 8 人;1974 年正式建站共有 8 人;2002 年 7 月有 6 人;截至 2008 年底有在职职工 14 人(其中在编职工 6 人,聘用职工 8 人)。在职职工中:研究生 1 人,大学学历 4 人,大专学历 6 人,中专学历 3 人;中级职称 2 人,初级职称 4 人;50～55 岁 2 人,40～49 岁 1 人,40 岁以下 11 人。

气象业务与服务

1. 气象业务

气象观测 1974 年 1 月 1 日正式恢复建站以来,每日进行 08、14、20 时 3 次观测,夜间不守班。观测项目有云、能见度、天气现象、气压、气温、湿度、风向、风速、降水、雪深、日照、蒸发、地温。每日 08、14、20 时编发定时天气加密报,每日编发不定时重要天气报,每旬(月)编发旬(月)天气报。

现代化观测系统 2003 年 10 月 CAWS600 型自动气象站建成,观测项目有气压、气温、湿度、风向、风速、降水、地温,观测项目全部采用仪器自动采集、记录,替代了人工观测。2006 年 1 月 1 日,自动气象站投入业务运行。

2005 年在丰南区丰南镇、稻地镇、钱营镇、柳树圈镇、黑沿子镇、黄各庄镇、大齐镇、西葛镇、唐坊镇、王兰庄镇、大新庄镇、小集镇、尖子沽乡、东田庄乡、南孙庄乡共建成 15 个区域自动气象站。

天气预报 1974 年 5 月开始发布补充天气预报,共抄录整理 43 项资料,绘制各种气象要素图等 11 种基本图表。1980 年开始制作一旬天气过程趋势预报。长期预报主要有:汛期(6—8 月)预报、年预报。运用数理统计方法和常规气象资料图表及天气谚语、韵律关系等方法,发布补充订正预报。

气象信息网络 1999 年 8 月开始利用分组交换网(X.28 异步拨号入网)发报;2000 年 3 月地面卫星接收小站建成并启用;2002 年 9 月开始使用 X.25 通信系统发报;2004 年 12 月以来使用 2 兆光纤发报。

2. 气象服务

公众气象服务　1980 年利用收音机定时接收河北电台气象资料,制作天气图;1985 年
10 月开通甚高频无线对讲通讯电话,实现与唐山市气象局业务会商;1988 年 6 月使用预警
系统对外开展服务。

1992 年 9 月丰南县气象局与丰南县广播电视局联合在丰南县电视台播放天气预报。
1999 年 8 月市气象局建成多媒体电视天气预报制作系统,将自制节目录像带送丰南市电
视台播放。

2008 年 3 月在公共场所、乡镇安装了 16 块电子显示屏。

决策气象服务　2007 年通过移动通信网络开通了"企信通"短信平台,以手机短信方
式向丰南区各级领导发送气象信息。

专业与专项气象服务　1992 年 5 月根据丰政办〔1992〕27 号文件精神,成立丰南县避
雷设施安全检测站,丰南县人民政府办公室将防雷工程设计、施工和竣工验收全部纳入气
象行政管理范围;1997 年 9 月丰南市防雷中心开始工作;2004 年丰南区气象局被列为丰南
区安全生产委员会成员单位,负责全区防雷安全的管理工作。

1999 年 6 月丰南市政府拨款建成丰南市人工影响天气作业系统,购置流动火箭车和
发射架。1999 年 7 月 7 日在丰南市南孙庄村实施第一次人工增雨作业。

气象科技服务与技术开发　1997 年 8 月,丰南市气象局同丰南市电信局合作正式开
通"121"天气预报自动咨询电话。2005 年 9 月,"121"电话升位为"12121",服务方式为固
定电话拨打。

气象科普宣传　每年"3·23"世界气象日组织气象科普知识宣传。每年安全生产月进
行防雷安全知识普及宣传。

气象法规建设与社会管理

法规建设　县级法规性文件 5 个,分别是 1997 年 4 月 17 日下发的《丰南市人民政
府关于加强避雷装置检测工作的通知》(丰政办〔1997〕16 号文件)、1998 年 12 月 18 日下
发的《丰南市编委关于成立丰南市防雷中心的批复》(丰机编字〔1998〕14 号文件)、1998
年 7 月 2 日下发的《关于加快我市气象事业意见的报告》(唐政办函〔1998〕61 号文件)、
2006 年 3 月 10 日下发的《唐山市丰南区人民政府办公室关于加强防雷安全监管工作的
通知》(丰政办函〔2006〕13 号文件)、2006 年 9 月 20 日下发的唐山市丰南区人民政府办
公室转发唐山市政府办公厅《关于进一步做好防雷减灾工作的通知》的通知(丰政办函
〔2006〕67 号文件)。

社会管理　严格规范施放气球工作,努力做好防雷管理工作,经丰南区政府办公室、公
安局消防队、安监局协调对全区的易燃易爆场所、企业、学校等装有防雷设施的建(构)筑物
进行安全检测。

2004 年 4 月 3 日丰南区人民政府办公室转发《河北省气象探测环境保护办法》(丰政办
函〔2004〕23 号)文件,气象探测环境在丰南区政府、区建设局、区国土资源管理局 3 个部门
备案,得到了有效保护。

党建与气象文化建设

党的组织建设　1977年6月建立丰南县气象站党支部,共有党员5人;截至2008年底有党员2人,归丰南农业局支部管理。

党风廉政建设　认真落实党风廉政建设目标责任制,积极开展廉政教育和廉政文化建设活动,努力建设文明机关、和谐机关和廉洁机关。开展了以"情系民生,勤政廉政"为主题的廉政教育。局财务每年接受气象部门和地方财政的年度审计,并公布。对政治上要求进步、工作成绩突出的同志,党支部进行重点培养,及时发展。

气象文化建设　丰南区气象局始终坚持以人为本,弘扬自力更生、艰苦创业精神,深入持久地开展文明创建工作。政治学习有制度,文体活动有场所,电化教育有设施,职工生活有保障。

丰南区气象局把领导班子的自身建设和职工队伍的思想建设作为文明创建的重要内容,通过开展经常性的政治理论、法律法规学习,锻炼了一支清正廉洁的干部队伍和高素质的职工队伍。先后7次选送职工到南京信息工程大学、河北省信息工程学校学习深造。

文明创建　开展文明创建规范化建设,改造观测场,装修业务值班室,统一制作局务公开栏、学习园地、法制宣传栏和文明创建标语等宣传用语牌。

荣誉　1974—2008年丰南区气象局共获各种集体荣誉奖40项。

台站建设

1974年1月丰南县气象站有平房297平方米,主要采用脊瓦房、砖石木结构,共有5间工作室,其他为宿舍和库房,工作条件较艰苦。1976年7月28日遭受强烈地震,房屋全部倒塌,1980年完成震后重建。

2000年以来,随着城市建设的发展,站址办公环境已经不适应气象现代化建设的需要。在丰南区政府和唐山市气象局的大力支持下,2008年10月新站址开始建设。

丰南县气象局(1984年)

丰南区气象局(2007年)

遵化市气象局

河北省遵化市位于河北省东北部燕山南麓,北倚长城,西顾京城,南临津唐,东边辽沈,2005 年被河北省政府定为首批扩权县(市)之一。

遵化市灾害性天气频发,尤以雷雨大风、冰雹、暴雨、干旱、地质灾害、岩溶塌陷、尾矿砂堤为甚。

机构历史沿革

始建情况 1956 年 1 月 1 日建立河北省遵化县气象站,为国家基本气象站。

历史沿革 1960 年 1 月遵化县气象站改称遵化县气象服务站。1971 年 1 月改称遵化县气象站。1978 年 1 月建立遵化县气象局。1992 年 4 月遵化县气象局改称遵化市气象局。

2007 年 1 月 1 日改为国家气象观测一级站。观测场位于北纬40°12′,东经 117°57′,海拔高度 54.9 米。

管理体制 1956 年 1 月 1 日—1959 年由河北省气象局领导;1960—1962 年由遵化县政府领导;1963—1968 年由河北省气象局领导;1969—1972 年由遵化县人民武装部、遵化县革命委员会双重领导,以县人民武装部领导为主;1973 年由遵化县革命委员会领导;1974—1980 年由遵化县人民政府领导为主;1981 年气象部门管理体制上收,实行气象部门与地方政府双重领导,以气象部门领导为主的管理体制。

单位名称及主要负责人变更情况

单位名称	姓名	职务	任职时间
遵化县气象站	吉海明	站长	1956.01—1959.06
	张久臣	站长	1959.07—1959.12
遵化县气象服务站			1960.01—1961.12
	屈国峰	站长	1962.01—1964.12
	邢安利	站长	1965.01—1970.12
遵化县气象站	高步升	站长	1971.01—1973.12
	丁丙奎	站长	1974.01—1974.12
	李道营	站长	1975.01—1977.12
		局长	1978.01—1979.12
遵化县气象局	任国胜	局长	1980.01—1984.06
	邢安利	局长	1984.07—1989.07
	果继博	局长	1989.08—1991.07
	孙立新	局长	1991.07—1992.04
遵化市气象局			1992.04—2002.03
	车秀芳	局长	2002.04—

人员状况 1956 年建站时有 7 人。1978 年有 14 人。截至 2008 年有在职职工 15 人（在编 11 人,聘用 2 人,政府编制 2 人）,在职职工中:硕士研究生 1 人,大学学历 2 人,大专学历 4 人,中专学历 4 人,中专以下学历 4 人;50～55 岁 7 人,35 岁以下 8 人;汉族 12 人,满族 2 人,蒙古族 1 人。

气象业务与服务

1. 气象业务

气象观测 1975 年设测报组。1956 年 1 月 1 日—2003 年 12 月 31 日,每日进行 02、08、14、20 时 4 次定时和 05、17 时 2 次辅助地面气象观测,共 6 次观测,6 次发报,昼夜守班。2004 年 1 月 1 日起每日进行 02、05、08、11、14、17、20、23 时 8 次地面气象观测,8 次发报,昼夜守班。观测项目有云、能见度、天气现象、气压、气温、湿度、风向、风速、降水、雪深、雪压、冻土、日照、蒸发、地温。电线积冰从 1980 年开始观测,大型蒸发从 1997 年开始观测。

1956 年 8 月 15 日—1978 年 10 月 4 日,每日 24 小时整点前观测发航空报 1 次,每月向河北省气象台发月报 1 次、旬报 3 次。

1956 年 1 月 1 日—2008 年 12 月 31 日,天气报的内容有云、能见度、天气现象、气压、气温、湿度、风向、风速、降水、雪深、地温。航空报内容有云、能见度、天气现象、风向、风速。重要天气报不定时的内容有大风、雷暴、冰雹、龙卷、雾、霾、浮尘、沙尘暴、暴雨、初终霜,定时的有雨凇、积雪。

气象观测现代化 1986 年地面测报开始使用 PC-1500 袖珍计算机编报,结束手工编报。1999 年 4 月 1 日地面测报使用联想 586"AHPN14.1"软件编报,结束用 PC-1500 袖珍计算机编报。2003 年 1 月 1 日地面自动气象站建成,观测项目有气压、气温、湿度、风向、风速、降水、地温（浅层地温、深层地温）,观测项目全部采用传感器自动采集记录,云、能见度、天气现象仍用人工观测代替。2005 年 1 月 1 日地面自动气象站投入业务运行。

2005 年 6 月—2006 年 5 月在苏家洼镇、建明镇、堡子店镇等乡镇和般若院水库、上关水库共建立了 20 个区域自动气象站,2006 年 6 月投入使用。

天气预报 1958 年 10 月开始制作补充天气预报。1972 年开始主攻麦收期冰雹预报。1974 年引进回归分析、判断分析、方差分析等数理统计方法,总结了 6 种常备工具来制作短期预报。1978—1985 年主攻暴雨预报。1986 年—2003 年 12 月 31 日天气预报以唐山市气象局天气预报为主,本站做订正天气预报。2004 年 1 月 1 日开始由唐山市气象局发布各县指导报,县站不再做天气预报。长期预报内容有年展望、月预报、春季预报、汛期（6—8月）预报、秋季预报。

气象信息网络 1956—1985 年使用电话进行传报,1986 年开始使用甚高频电话传报,1999 年 8 月开始利用分组交换网（X.28 异步拨号入网）发报,2002 年 9 月开始使用 X.25 通信系统发报,2004 年 12 月开始使用 2 兆光纤发报。1999 年 11 月安装卫星单收站,12 月正式使用。

农业气象 1978 年成立农气观测站,为国家农气基本站,观测项目有冬小麦、玉米、水稻、板栗、物候。

冬小麦:1979 年 9 月—2008 年 12 月 31 日。

水稻:1980 年 4 月—2003 年 10 月,由于农业结构调整,水稻种植面积逐步缩小,2004 年经河北省气象局业务处批准,水稻项目观测改为花生。

玉米:1980 年—2008 年 12 月 31 日。

花生:2004 年 4 月—2008 年 12 月 31 日。

板栗:1986 年 4 月—1989 年 10 月。

物候:1980 年—2008 年 12 月 31 日,蒲公英、银杏。

固定地段:1990 年—2008 年 12 月 31 日,土壤水分测定。

2. 气象服务

公众气象服务 1987 年购置气象警报发射机 1 台,气象警报接收机 100 台,安装在遵化市各乡镇和较大企业,每天早、中、晚 3 次播送天气预报。

1998 年 4 月遵化市电视台开始播放由遵化市气象局制作的天气预报。2005 年购置非线性编辑系统,增加了主持人和天气形势分析,节目时间由 2 分钟改为 2 分 50 秒。2007 年 3 月开始电视天气预报节目改为通过 2 兆光纤传输到遵化市广播电视局。2007 年 5 月开始在遵化市电视台综合频道播放遵化市苏家洼镇、东陵等 13 个乡镇的天气预报。

决策气象服务 2007 年 7 月安装"企信通"短信平台,以手机短信方式向遵化市各级领导发送气象信息。2008 年 7 月建立气象灾害应急联系人制度,共确立 523 位气象灾害应急联系人。

专业与专项气象服务 1998 年遵化市防雷中心正式成立,负责遵化市避雷设施安全检测、防雷装置设计、分阶段检测、竣工验收等工作。2005 年遵化市气象局被列为遵化市安全生产委员会成员单位,负责全市防雷安全的管理。

1972 年开展防雹工作。1973 年遵化县农业办公室成立防雹领导小组。1977 年下设遵化县防雹办公室,办公地点设在遵化县气象局。1986 年遵化县防雹办公室撤销,由遵化县气象局管理防雹业务,下设 6 个炮位,人员、经费等实行村、乡镇、政府三级管理。1997 年上马峪、白园成立防雹点,共拥有 8 门高炮,设有 8 个炮点,36 名炮手。2001 年11 月购置人工增雨火箭发射系统、炮弹、车辆等,经河北省人工影响天气办公室和航空管理等相关部门批准,确定提举坞、老庄子、程家沟、山里各庄为人工增雨点。2002 年 1月购置了人工增雨车 1 辆,在遵化市山区四条雹线范围内形成合理的人工增雨(雪)防雹网。2008 年 2 月购置了 2 门"三七"高炮,6 月购置了 TWR-01 120 千米测距固定天气雷达并投入运行。

遵化市气象局人工防雹近 8 年,直接经济效益达 1.2 亿元;人工增雨近 6 年,直接经济效益 4800 万元。天气预报服务近 10 年,直接经济效益 1.2 亿元。

气象科技服务 1996 年 10 月建立"121"气象预报电话自动答询系统,开展"121"电话气象预报服务工作。2001 年 12 月对"121"电话自动答询系统进行数字化改造,语音信箱由 5 个增加到 10 个,由 10 条线路增加到 30 条线路。2005 年 6 月"121"电话升位为

"12121"，开通了 3～5 天天气预报、周边城市天气预报、一周天气预报。

气象科普宣传　为提高中小学生防雷避险常识，2007 年 6 月向遵化市中小学校发放宣传光盘和挂图 110 份。2007 年 7 月遵化市气象局在遵化电视台播放防雷宣传片。2008 年在法制宣传日、安全生产宣传月活动中向社会发放《防雷知识读本》500 本，向遵化市委、市政府主要领导、25 个乡镇发放气象灾害预警信号防御指南材料 50 份。通过气象网站、"3·23"世界气象日、送科技下乡活动宣传遵化市气象事业发展状况。

气象法规建设与社会管理

法规建设　2003 年遵化市政府下发了《关于转发〈河北省探测环境保护办法〉的通知》（〔2003〕102 号）。2002 年遵化市政府办公室转发《遵化市计划发展局、遵化市城市建设局、遵化市气象局关于依法规范建设项目防雷工程设计施工验收管理的意见》，2006 年遵化市政府办公室下发了《关于加强防雷安全监督管理的通知》，规范了遵化防雷管理。

制度建设　2001 年制订了《遵化市气象局岗位目标考核办法》，内容有：岗位目标考核、车辆管理、业务质量奖励、考核制度、仪器维护制度、气象科技服务评分标准及奖励办法。

社会管理　遵化市政府办公室下发了《关于依法规范建设项目防雷工程设计施工验收管理的意见的通知》（〔2002〕9 号）、《关于转发〈经贸局、气象局、矿山安全监察局对全市重点行业单位依法开展防雷减灾专项治理的报告〉的通知》（〔2003〕41 号）、《关于加强防雷安全监察管理的通知》（〔2006〕9 号）等文件，将防雷工程设计、施工和竣工验收全部纳入了气象行政管理范围。

2008 年 8 月遵化市政府法制办公室将大气探测环境影响评价使用气象资料审查、防雷装置设计审核、防雷装置竣工验收三项批准为行政许可项目。遵化市气象局进入遵化市行政服务中心，受理遵化市气象局所有行政许可、审批及服务事项。

政务公开　遵化市行政服务中心气象局窗口的审批办事程序、服务流程、气象服务内容、服务承诺、气象行政执法依据、收费依据及标准采取网站、电视广告、发放宣传小册子的方式向社会公开。局内财务收支、目标考核、基础设施建设、环境综改、科技服务分配机制、年终评先评优、职工晋职、业务奖励均采取招投标等内容则采取职工大会、公示栏公示的方式向职工作详细说明。2002 年建立局（政）务公开工作档案册。

党建与气象文化建设

党的组织建设　1976 年遵化县气象站第一届党支部成立，1984 年气象体制改革，党支部撤销。1989 年恢复遵化县气象站党支部，有党员 11 人。截至 2008 年底有党员 11 人（离退休职工党员关系已转出）。

党风廉政建设　遵化市气象局在精神文明建设中坚持"以人为本"，提高队伍素质，改进工作作风，争创一流业绩，树文明机关形象。在党风廉政建设中，坚持立足教育，强化监督，建立健全各项规章制度，使党风廉政建设贯穿于业务和各项管理之中。参加遵化市委学习实践科学发展观教育活动，学习党风廉政建设相关文件、文明礼仪及依法行政相关知识。

气象文化建设 开展"文明用语微笑服务"、业务比武、演讲比赛、全面建设"优质服务、优良秩序、优美环境、优化管理"等活动,形成了管理求规范、办事求效果、服务讲周到、执法讲文明的良好机关形象。2004 年 9 月遵化市气象局局长车秀芳创作的演讲稿《我爱气象人的无私奉献》在河北省气象系统"气象在我心中"演讲比赛中获金奖。

集体荣誉 1956—2008 年遵化市气象局共获集体荣誉奖 42 项。

台站建设

2004 年新建 600 平方米的综合业务楼,按照园林式、生态型美化绿化标准,对大院进行了规划设计。2008 年 12 月 31 日遵化市气象局拥有 10 门高炮、2 部火箭发射系统、1 部 TWR-01 120 千米测距固定雷达、17 台计算机、2 台笔记本电脑,投影仪、数码摄像机、发电机、复印机、传真机、UPS 等办公设备齐全。开通了互联网和局域网,观测场、办公楼、火箭发射系统库等重点部位加装视频监控摄像头。

遵化市气象局旧貌(1961 年)

遵化市气象局(2004 年)

迁安市气象局

迁安市位于河北省东北部,东邻卢龙县,南接滦县,西连迁西县,北与青龙满族自治县毗邻。属暖温带半湿润季风型大陆性气候。年平均气温 10.4℃,年降水量 654.6 毫米,平均无霜期 174 天。

机构历史沿革

始建情况 1956 年 8 月 26 日成立迁安县气候站,地处迁安县城东,1957 年 1 月 1 日开展工作。

站址迁移情况 1971 年 9 月 21 日观测场由迁安县城东关迁至迁安县城南于洪庄乡崔庄村北;1971 年 11 月 2 日全站迁到迁安县崔庄村北办公;2004 年 5 月 1 日搬迁到迁安市

迁安镇马家岗子村,北纬 40°01′,东经 118°43′,观测场海拔高度 50.9 米。

历史沿革 1959 年 2 月改称迁安县气象站;1960 年 3 月改称迁安县气象服务站;1971 年 3 月改称河北省迁安县气象站;1980 年 4 月改称迁安县气象站;1982 年 8 月改称河北省迁安县气象站;1989 年 4 月改称迁安县气象局;1996 年 10 月 10 日改称迁安市气象局。

管理体制 1959 年 2 月迁安县气象站由河北省唐山市气象部门领导变为迁安县政府领导,由迁安县农林局代管。1963 年改为由气象部门领导。1969 年又改回由迁安县政府领导(迁安县农林局代管)。1971 年 6 月 9 日改为由迁安县人民武装部领导,实行军管。1973 年 2 月起由迁安县政府领导(迁安县科学技术委员会代管)。1978 年起由迁安县农业委员会领导。1982 年 1 月气象体制上收,实行气象部门与地方政府双重领导,以气象部门领导为主的管理体制。

单位名称及主要负责人变更情况

单位名称	姓名	职务	任职时间
迁安县气候站	戴国钧	站长	1956.08—1959.02
迁安县气象站			1959.02—1960.03
			1960.03—1961.05
迁安县气象服务站	马文来	站长	1961.05—1962.12
	鲍乃忠	站长	1962.12—1965.11
	朱仲勇	站长	1965.11—1966.12
	无法查证		1966.12—1970.10
	马文来	站长	1970.10—1971.02
河北省迁安县气象站			1971.03—1971.10
	张景良	站长	1971.10—1978.07
迁安县气象站	郑学庭	站长	1978.07—1980.04
			1980.04—1982.08
河北省迁安县气象站			1982.08—1988.01
	杨 贵	站长	1988.01—1989.04
迁安县气象局			1989.04—1996.10
迁安市气象局			1996.10—2002.02
	于志明	局长	2002.02—

注:因"文化大革命"期间资料缺失,1966 年 12 月—1970 年 10 月主要负责人无从查考。

人员状况 1956 年建站时有 2 人,截至 2008 年 12 月有在职职工 5 人,其中:本科学历 1 人,大专学历 4 人;40～49 岁 1 人,40 岁以下 4 人;中级职称 3 人,初级职称 2 人。

气象业务与服务

1. 气象业务

气象观测 1956 年 8 月 26 日建站。1977 年下设预报组、测报组、农气组(1981 年撤销）。1957年1月—1960年7月，每天进行01、07、13、19时（地方时）4次地面气象观测，夜间守班。1960年8月—1961年12月，每天进行02、08、14、20时（北京时）4次地面气象观测，夜间守班。1962年1月—1972年10月，每天进行08、14、20时3次地面气象观测，夜间不守班。1972年11月—1974年6月，每天进行02、08、14、20时4次地面气象观测，夜间守班。1974年7月—2008年12月，每天进行08、14、20时3次地面气象观测，夜间不守班。观测项目有云量、云状、能见度、天气现象、气压、气温、湿度、风向、风速、降水、雪深、日照、蒸发（小型）、地温、草温、冻土深度、土壤湿度（水分）等。

天气报的内容有云、能见度、天气现象、气压、气温、湿度、风向、风速、降水、雪深、地温等。

编制的报表有4份气表-1；4份气表-21。向中国气象局、河北省气象局、唐山市气象局各报送1份，存档1份。2000年11月通过162分组网向河北省气象局传输原始资料。

2007年6月CAWS600BS-N型地面自动气象站建成并试运行，2008年1月1日正式运行。观测项目有气压、气温、湿度、风向、风速、降水、地温、草温等，全部采用仪器自动采集、记录。

2005年7月建成8个区域自动气象站；2007年建成13个区域自动气象站。2008年建成野鸡坨、大五里、五重安3个多要素（七要素）地面自动气象站。

气象信息网络　1956—1985年期间，使用电话进行传报，1986使用甚高频电话传报，1999年7月利用分组交换网（X.28异步拨号入网）发报，2002年9月开始使用X.25通信系统发报，2005年3月—2008年12月使用2兆光纤发报。

2. 气象服务

公众气象服务　1997年7月15日开通固定电话"121"天气预报自动答询服务业务，系统采用模拟信号。2005年升级为数字式工作平台；2005年1月"121"天气预报自动答询电话号码升位为"12121"。

1998年9月建成多媒体电视天气预报制作系统，通过迁安市电视台发布天气预报信息。2007年7月在迁安市电视台发布早间天气预报，包括指数预报和前日实况等内容。

决策气象服务　2006年安装了气象预报、灾害性天气安全预警电子显示屏。每天3次滚动播报短时天气预报以及未来3～5天天气展望、各乡镇雨量、气象灾害预警等信息。2007年购置了2部"企信通"，借助手机短信发射平台，向迁安市、乡镇两级政府、市直有关单位、重大厂矿企业发布灾害性天气警报、雨情、灾情。

专业与专项气象服务　1992年开展专业气象服务工作，每天发3次预报广播警报，每月向有关单位寄送天气预报小报。2005年取消了气象警报机服务。

1999年，迁安市气象局增设人工增雨业务，在迁安市设5个发射点，每年实施人工增雨作业3～5次。

1998年1月5日成立迁安市防雷中心，负责全市范围内的防雷设施设计、检测、审核验收工作。

气象科技服务与技术服务　2000年3月1日地面气象卫星接收小站建成并正式启用，开始全面接收各种气象图表和资料。

气象科普宣传 2005 年 1 月建成迁安气象信息网。2008 年 7 月迁安市气象局组织全市乡镇、农村、学校气象信息员进行业务培训。在每年的"3·23"世界气象日都组织科普宣传。

气象法规建设与社会管理

法规建设 重点加强对雷电灾害防御、探测环境保护、气球施放等工作的依法管理。2000 年迁安市政府办公室下发《关于加强防雷安全工作的通知》(迁政办〔2000〕71 号)。2002 年迁安市政府办公室转发了迁安市气象局、迁安市建设局、迁安市发展改革局《关于规范建设项目防雷工程设计、施工、验收管理的实施意见的通知》(迁政办〔2002〕51 号)。2005 年迁安市政府办公室下发《关于加强对气球等升空物体安全管理的通知》(迁政办〔2005〕78 号)。

制度建设 1995 年 4 月制订了《迁安县气象局制度汇编》,2008 年重新修订后下发,主要内容包括党务、精神文明、安全生产、计划生育、业务管理、财务制度等。

社会管理 2005 年迁安市政府办公室下发《关于加强对气球等升空物体安全管理的通知》(迁政办〔2005〕78 号),进一步规范施放气球等升空物体的安全管理工作。2007 年迁安市气象局观测场设立警示牌和观测环境保护规定公示牌。做好防雷管理工作,对全市范围内易燃易爆场所、大型厂矿等装有防雷设施的建(构)筑物进行安全检测。

政务公开 进一步深化政务公开,切实保障干部职工的知情权、参与权、表达权和监督权,营造公正、透明、高效、和谐的工作氛围。通过网上公开、会议公开、书面公开、个别解释的"四种形式"和定期公开、适时公开、及时公开"三种方式",全面推动人事、财务、执法、党务四项局务公开。

党建与气象文化建设

党建工作 1971 年 10 月成立迁安县气象局党支部,有党员 3 人,截至 2008 年底有党员 6 人(其中离退休职工党员 3 人)。

认真落实党风廉政建设目标责任制,经常性地开展廉政教育和廉政文化建设活动,努力建设文明机关、和谐机关和廉洁机关。2007 年 11 月开展了以"深入学习贯彻党的十七大精神,加强气象部门反腐倡廉建设"为主题的廉政教育宣传月活动。

气象文化建设 始终坚持以人为本,弘扬自力更生、艰苦创业精神,深入持久地开展精神文明创建工作,做到政治学习有制度、文体活动有场所、电化教育有设施,职工生活丰富多彩,文明创建工作跻身于河北省先进行列,2006—2007 年被唐山市政府评为精神文明先进单位,2007—2008 年被迁安市政府评为精神文明先进单位、文明机关等。积极参加迁安市组织的迎"五一"盼"奥运"乒乓球比赛、迎"十一"革命歌曲卡拉 OK 大奖赛、"学习雷锋、奉献爱心"志愿服务月等各项文体活动。

荣誉 1988—2008 年,迁安市气象局共获集体荣誉奖 48 项。

台站建设

台站综合改善 2004 年迁址后,对机关的环境面貌和业务系统进行改造。对业务值班室计算机、打印机等设施进行更新,满足工作新需求。对院内进行绿化,种植了矮樱、核桃、玉兰等乔木,铺种草坪。安装多种健身器材,满足职工健身需求。2004 年 12 月被河北省建设厅评为"河北省园林式单位"。

迁安市气象局旧貌(2003 年)

迁安市气象局新貌(2006 年)

玉田县气象局

玉田县地处冀东燕山余脉南麓,属暖温带季风区半湿润地区,大陆性季风气候显著,四季分明。灾害性天气频发,尤以暴雨、雷电、大风、旱涝、冰雹等为甚。

机构历史沿革

始建情况 1959 年 3 月玉田县气象服务站建成并开展工作,站址位于玉田县城西大街 85 号。

站址迁移情况 2003 年 10 月局(站)址搬迁到玉田县兴玉路 1568 号。观测场位于北纬 39°53′,东经 117°44′,海拔高度 14.4 米

历史沿革 1970 年 3 月改称玉田县气象站。1979 年 8 月成立玉田县气象局。1982 年 5 月改称玉田县气象站。1989 年 4 月改称玉田县气象局。

1980 年玉田县气象站被中国气象局定为气象观测国家一般站,2006 年 7 月改为国家气象观测站二级站。

管理体制 1959 年 3 月—1963 年隶属玉田县政府,由农业局代管。1963 年体制上收由气象部门和玉田县政府领导,以气象部门为主。1969 年由玉田县政府领导。1970 年改由军事部门和当地政府双重领导,以军事部门为主。1973 年交由玉田县政府领导,由玉田县农林局代管。1979 年成立玉田县气象局,由玉田县政府领导。1982 年起实行气象部门与地方政府双重领导,以气象部门领导为主的管理体制。

单位名称及主要负责人变更情况

单位名称	姓名	职务	任职时间
玉田县气象服务站	高九龄	站长	1959.03—1970.03
			1970.03—1971.06
玉田县气象站	阎振栋	站长	1971.07—1979.08
玉田县气象局		局长	1979.08—1979.09
	王世庸	局长	1979.10—1982.03
	蔡福祥	局长	1982.04—1982.05
玉田县气象站		站长	1982.05—1984.06
	张宝金	站长	1984.07—1989.04
玉田县气象局		局长	1989.04—1993.02
	常进军	局长	1993.03—

人员状况　1959 年 3 月建站时只有 2 人,1980 年有职工 20 人。截至 2008 年底,有在职职工 8 人,其中:大学学历 1 人,大专学历 1 人,中专学历 4 人,中专以下学历 2 人;工程师 5 人,助理工程师 3 人;50～59 岁 5 人,40～49 岁 2 人,20～29 岁 1 人。

气象业务与服务

1. 气象业务

气象观测　1959 年 3 月建站,地面测报、预报合一。1977 年玉田县气象站下设测报组、预报组和农气组,其中农气组 1981 年撤销。

1959 年 3 月—1960 年 7 月,每天进行 01、07、13、19 时(地方时)4 次地面气象观测,夜间守班。1960 年 8 月—1961 年 12 月,每天进行 02、08、14、20 时(北京时)4 次观测,夜间守班。1962 年 1 月—1972 年 10 月,每天进行 08、14、20 时 3 次观测,夜间不守班。1972 年 11 月—1974 年 6 月,每天进行 02、08、14、20 时 4 次观测,夜间守班。1974 年 7 月开始北京时,每天进行 08、14、20 时 3 次观测,夜间不守班。观测项目有云、能见度、天气现象、气压、气温、湿度、风向、风速、降水、雪深、日照、蒸发、地温、冻土。

1960 年 7 月向北京空军杨村机场拍发预约航危报,1972 年 5 月向北京空军遵化机场拍发预约航危报,1977 年 6 月增加向河北民航局拍发预约航危报,1980 年 3 月向天津 MH、遵化 AV 拍发预约航危报,1990 年 1 月 1 日起停止航危报。

2003 年 10 月 29 日 CAWS-600B 型地面自动气象站建成,2004 年 10 月 1 日开始运行。项目有气压、气温、湿度、风向、风速、降水、地温等,观测项目全部采用仪器自动采集、记录,替代了人工观测,云、能见度,天气现象、降水、冻土、雪深继续采用人工观测。

2005 年 7 月—2008 年 10 月建成了 20 个区域自动气象站,覆盖玉田县各乡镇。

天气预报　1980 年开始制作每旬天气过程趋势预报,内容包括汛期(6—8 月)预报、年预报。运用数理统计方法和常规气象资料图表及天气谚语、韵律关系等方法,发布补充订正预报。

气象信息网络　1982 年 6 月使用传真机接收天气图,主要接收北京和日本的传真图资料。2000 年 12 月使用省—市—县微机数传终端系统,2002 年 12 月,卫星地面单收站建成并投入使用。

1992 年 1 月 1 日使用 PC-1500 袖珍计算机编发报。1999 年 4 月 1 日利用 X.25 专线编发报。2004 年 12 月—2008 年 12 月使用专用 2 兆光纤发报。

2. 气象服务

玉田县气象局始终坚持以服务经济社会需求为指引,把决策气象服务、公众气象服务、专业气象服务和气象科技服务融入经济社会发展和人民群众生产生活中,取得了明显的经济效益和社会效益。

公众气象服务 1989 年在玉田县广播电台常规播放天气预报的基础上,开始使用气象警报系统对外开展气象服务。每天早、中、晚各广播 1 次,遇有重要天气随时加播,主要针对玉田县各乡镇和企业,1996 年停止使用。1996 年—2008 年 12 月 31 日主要通过玉田县广播电台、电视台、"12121"天气预报自动答询电话、气象网站等方式进行预报服务。

1998 年 8 月在唐山市气象部门首批引进电视天气预报制作设备和技术,开始制作电视天气预报。2002 年 6 月引进电视天气预报节目虚拟主持人。2006 年 6 月与玉田县广播电视局联合开通了气象信息光纤网络传输系统,提高了画面播出质量,结束了天天送"预报节目"的历史。

决策气象服务 2007 年 7 月玉田县气象局开通"信息魅力"短信平台,及时为玉田县、镇(乡)、村各级领导、有关部门和人员发送气象信息,避免和减轻气象灾害造成的损失。

专业与专项气象服务 1992 年 5 月成立玉田县避雷设施安全检测站。1997 年 9 月玉田县防雷中心开始工作。2003 年玉田县气象局被列为玉田县安全生产委员会成员单位,负责全县防雷安全的管理。

1999 年 5 月开始人工增雨和防雹减灾工作。为玉田县改善生态环境、农业生产保驾护航和农业增产、农民增收发挥了积极作用。

气象科技服务 1996 年 7 月 1 日,开通"121"电话天气预报自动答询系统,社会效益和经济效益明显。1996—2008 年进行两次设备更新改造。2005 年 1 月"121"电话号码升位为"12121"。

气象科普宣传 通过气象网站、图书室普及气象科普知识,利用"3·23"世界气象日、送科技下乡等活动宣传玉田县气象事业发展。

气象法规建设与社会管理

法规建设 1997 年 5 月玉田县政府办公室下发《关于加强避雷设施设计安装检测工作的通知》;1999 年 1 月下发《关于加强防雷安全工作的通知》;2001 年 8 月县政府办公室转发《玉田县计划委员会、玉田县建设委员会、玉田县气象局关于依法规范建设项目防雷工程设计施工验收管理的意见》的通知;2004 年 1 月 2 日县政府办公室转发了《河北省气象探测环境保护办法》;2004 年 3 月县政府办公室下发了《关于进一步加强防雷安全工作的通知》；2006 年 3 月县政府办公室下发《关于加强防雷安全监督管理的通知》。

制度建设 玉田县气象局制订和完善了《玉田县气象局制度汇编》，主要内容包括精神文明建设、岗位职责、值班制度、安全生产、卫生责任、车辆管理、业务工作、职工请消假以及财务管理制度等。

政务公开 对气象行政审批办事程序、气象服务内容、服务承诺、气象行政执法依据、服务收费依据及标准等，通过公开栏、气象网站、发放宣传单等方式向社会公开。干部任用、财务收支、目标考核、基础设施建设、工程招投标等内容则采取职工大会或在局内公示张榜等方式向职工公开。职工晋职、晋级等及时向职工公示或说明。

党建与气象文化建设

党的组织建设 1972 年玉田县气象站成立党支部，有党员 4 人。1980 年成立玉田县气象局党支部，截至 2008 年 12 月有党员 8 人。

党风廉政建设 认真落实党风廉政建设目标责任制，积极开展廉政教育和廉政文化建设活动，努力建设文明机关、和谐机关和廉洁机关。开展了以"情系民生，勤政廉政"为主题的廉政教育活动。2004 年、2008 年玉田县气象局党支部 2 次被玉田县直机关党工委授予先进基层党组织。

气象文化建设 气象文化建设始终坚持以人为本，弘扬自力更生、艰苦创业精神，深入开展文明单位创建活动，政治学习有制度、文体活动有场所、电化教育有设施，职工生活丰富多彩。

玉田县气象局把领导班子的自身建设和职工队伍的思想建设作为文明创建的重要内容，通过开展经常性的政治理论、法律法规学习，造就了清正廉洁的干部队伍，锻炼出一支高素质的职工队伍。连续多年被玉田县委、县政府授予文明单位荣誉，2008 年被唐山市委、市政府授予文明建设先进单位。

积极开展以气象文化建设为主要内容的文明创建活动。制作局务公开栏、学习园地、法制宣传栏和文明创建标语等宣传用语牌，

荣誉 1992—2008 年玉田县气象局获各类集体荣誉奖 40 余项。

台站建设

台站综合改善 1970 年以前仅有 4 间办公、业务用房，建筑面积只有 70 平方米。1985 年办公用房增至 10 间，建筑面积 200 平方米，工作条件得到改善。2003 年在中国气象局和河北省气象局、唐山市气象局以及玉田县政府的大力支持下，占地近 6670 平方米、建设了面积 646 平方米的三层办公楼及 120 平方米的附属建筑。

园林绿化 2003 年 10 月以后，玉田县气象局对机关院内的环境进行了绿化美化，实现了春、夏、秋三季有花，冬季有绿的绿化目标。花园式、园林式的绿化格局已初步形成。

玉田县气象局老观测场(1984年)

玉田县气象局现观测场(2008年)

玉田县气象局现办公楼(2008年)

迁西县气象局

迁西县位于河北省东北部,唐山市北部,燕山山脉东段,古长城南侧,北与兴隆、宽城二县以长城为界,东与迁安市、青龙县毗连,南与丰润区、滦县接壤,西与遵化市相邻。属暖温带半湿润季风型大陆性气候,四季分明,冬季干旱少雪,春季干燥多风,夏季炎热多雨,秋季晴朗、冷暖适中。年平均气温10.8℃,年平均降水量744.7毫米,平均无霜期177天。境内有滦河、洒河、清河、还乡河、横河、黑河等主要河流。

机构历史沿革

始建情况　1965年1月1日成立迁西县气象服务站,地处迁西县兴城镇。

站址迁移情况　1966年12月1日第一次迁站,迁至原址正南400米处。2004年5月1日第二次迁站,迁至迁西县兴城镇东北环路东侧"集镇",位于北纬40°10′,东经118°18′,观测场海拔高度103.4米,

历史沿革　1971年7月迁西县气象服务站改称迁西县气象站。1982年8月改称河北省迁西县气象站。1989年6月改称迁西县气象局,为国家一般气象站。

管理体制　1965年1月1日建站时隶属迁西县政府领导;1966年改由迁西县革命委员会直属;1971年7月—1973年3月气象部门实行军队管辖,由迁西县人民武装部领导;1973年3月—1979年11月由迁西县农林局代管;1979年12月—1982年5月隶属迁西县政府农委;1982年5月,实行气象部门与地方政府双重领导,以气象部门领导为主的管理体制。

1974—1979年先后设立15处气象哨,1980年12月全部撤销。1977年1月建立太平寨气象分站,1982年12月撤销。

单位名称及主要负责人变更情况

单位名称	姓名	职务	任职时间
迁西县气象服务站	赵井忠	站长	1965.01—1966.06
	刘盛启	站长	1966.06—1971.06
			1971.07—1971.12
迁西县气象站	刘福森	站长	1971.12—1972.03
	李进友	站长	1972.03—1973.03
	高喜银	站长	1973.03—1982.04
迁西县气象站	王振照	站长	1982.04—1982.08
河北省迁西县气象站			1982.08—1989.06
		局长	1989.07—1998.03
迁西县气象局	赵国石	局长	1998.03—2000.12
	齐政贵	局长	2000.12—2006.11
	贾宝安	局长	2006.11—

人员状况　1965年建站时有2人,1978年有16人。截至2008年12月,有在职职工10人,其中:大学学历4人,大专学历2人,中专学历4人;中级职称2人,初级职称8人;50～59岁3人,40～49岁2人,40岁以下5人。

气象业务与服务

1. 气象业务

气象观测　1965年1月1日建站。1978年气象站下设预报组、测报组。1965年1月1日开始,每天进行08、14、20时3次观测,夜间不守班。观测项目有云量、云状、能见度、天气现象、气压、气温、湿度、风向、风速、降水、雪深、日照、蒸发、地温、草温(2007年6月8日

增加的项目)、冻土深度(1981 年 4 月取消的项目)、小型蒸发、土壤湿度。

每天 08、14、20 时 3 次编发定时天气加密报,每旬(月)编发旬(月)报,每天不定时编发重要天气报。

天气报的内容有云、能见度、天气现象、气压、气温、湿度、风向、风速、降水、雪深、地温。

迁西县气象站建站后气象月报表(气表-1)、年报表(气表-21),用手工方式编制,一式 4 份,分别向国家气象局、河北省气象局、唐山市气象局各报送 1 份,本站留底本 1 份。1999 年 4 月开始使用微机打印气象报表,向唐山市气象局报送磁盘。2004 年 12 月使用 2 兆光纤传输数据文件,停止报送纸质报表。

2007 年 6 月 8 日 CAWS600BS-N 型自动气象站建成并试运行;2008 年 1 月 1 日自动气象站和人工站双轨运行,自动气象站观测项目有气压、气温、湿度、风向、风速、降水、地温、草温;2008 年 12 月 31 日 20 时,自动气象站和人工站并轨运行。

2005 年 7 月建成三屯、洒河、东荒峪、太平寨、上营、新集、东莲花院、新庄子 8 个区域自动气象站;2006 年 5 月又陆续建设了白庙子、汉儿庄、滦阳、旧城、金厂峪、渔户寨、尹庄、罗屯 8 个区域自动气象站。

天气预报 1980 年开始制作一旬天气过程趋势预报。长期预报主要有:汛期(6—8 月)预报、年预报。运用数理统计方法和常规气象资料图表及天气谚语、韵律关系等方法,发布补充订正预报。

气象信息网络 1965—1985 年使用电话进行传报,1986 年使用甚高频电话传报,1999 年 8 月利用分组交换网(X.28 异步拨号入网)发报,2002 年 9 月开始使用 X.25 通信系统发报,2004 年 12 月开始使用专用 2 兆光纤发报。

2. 气象服务

公众气象服务 1989 年 10 月建立了 1 座 36 米高的气象警报机发射塔,在迁西县每个乡镇设置了警报接收机,每日 17 时播报天气预报 1 次,汛期每天广播 3 次。1996 年增加卫星终端接收设备,及时接收所需气象观测资料。1998 年 12 月购进电视天气预报制作系统,与迁西县电视台联合开展了电视天气预报业务,定时在晚间《迁西新闻》后播出。2004 年 5 月 1 日迁西气象信息网正式建成。

决策气象服务 2003 年 8 月购置了气象信息手机短信群发系统。2007 年 6 月"企信通"气象信息群发系统正式使用,借助手机短信发射平台,向县镇两级政府、县直有关单位、重大厂矿企业发布灾害性天气警报、雨情、灾情。

专业与专项气象服务 人工影响天气主要有人工增雨(雪)、人工防霜、人工防雹。1973 年 10 月建立了人工防雹机构;1974 年正式开展人工防雹工作;1976 年唐山军分区拨"三七"高炮 1 门,炮点设在三屯;1977 年设土火箭点 31 处;1977 年 10 月进行了人工防霜作业;1978 年共有 3 门"三七"高炮,分别设在洒河、三屯、罗屯 3 个炮点;1983 年防雹机构撤销。1995 年,建立人工影响天气办公室;1999 年 6 月购置了人工增雨火箭设备。

1992 年 5 月成立迁西县避雷设施安全检测站。1997 年 9 月迁西县防雷中心挂牌成立。2002 年迁西县气象局被列为迁西县安全生产委员会成员单位,负责迁西县防雷安全的管理。

气象科技服务与技术开发 1997 年 6 月 6 日开通了固定电话"121"天气预报自动答询

服务业务系统,系统采用模拟信号。2003 年 6 月完成电话"121"天气预报自动答询系统数字化改造。2005 年"121"天气预报自动答询电话号码升位为"12121"。

气象科普宣传 通过气象网站、图书室普及气象科普知识,通过"3·23"世界气象日、送科技下乡活动宣传迁西县气象事业发展。

气象法规建设与社会管理

法规建设 2001 年 6 月迁西县政府办公室转发了《县气象局建设委员会计划委员会关于依法规范建设项目防雷工程设计施工验收管理意见》的通知(迁政办〔2001〕58 号)。2002 年迁西县政府出台了《关于对全县重点行业、重点单位依法开展防雷减灾专项治理的报告》。2004 年 4 月迁西县政府办公室转发了《河北省气象探测环境保护办法》。2004 年 7 月迁西县气象局和迁西县公安局联合转发唐山市气象局、唐山市公安局《关于加强全市计算机网络雷电安全防护的通知》。2006 年 4 月迁西县政府办公室下发了《关于加强防雷安全监督管理的通知》(迁政办函〔2006〕35 号)。2009 年 1 月迁西县气象局和迁西县旅游局联合转发《关于河北省气象局、河北省旅游局〈关于加强旅游行业防雷安全工作的通知〉的通知》(迁气联发〔2009〕001 号)。

制度建设 1998 年 4 月制订了《迁西县气象局制度汇编》,2008 年重新修订后下发,主要内容包括党务、岗位职责、精神文明、安全、计划生育、干部职工休假、会议制度、财务制度等。

社会管理 对所辖区域内的大黑汀水库气象站、潘家口水库气象站实行行业管理。严格规范施放气球工作,努力做好防雷管理工作,经迁西县政府办公室、迁西县公安局消防队、迁西县安监局协调对全县行政范围内的易燃易爆场所、人员聚集场所、大型厂矿等装有防雷设施的建(构)筑物进行安全检测。

政务公开 为进一步深化政务公开工作,切实保障干部职工的知情权、参与权、表达权和监督权,营造公正、透明、高效、和谐的工作氛围,通过网上公开、会议公开、书面公开、个别解释的"四种形式"和定期公开、适时公开、及时公开"三种方式"全面推动事权、人事、财务、执法、党务五项局务公开。

党建与气象文化建设

党的组织建设 1979 年 11 月迁西县气象站建立党支部,有党员 4 人。1985 年 2 月第二届党支部选举时有党员 4 人。1990 年 2 月第三届党支部选举时有党员 6 人。1998 年 3 月第四届党支部选举时有党员 7 人。2000 年 12 月第五届党支部选举时有党员 6 人。2007 年第六届党支部选举时有党员 10 人。截至 2008 年 12 月有党员 9 人(其中离退休职工党员 2 人)。

党风廉政建设 认真落实党风廉政建设目标责任制,积极开展廉政教育和廉政文化建设活动,努力建设文明机关、和谐机关和廉洁机关。开展了以"深入学习贯彻党的十七大精神,加强气象部门反腐倡廉建设"为主题的廉政教育宣传月活动。

气象文化建设 始终坚持以人为本,弘扬自力更生、艰苦创业精神,深入持久地开展文明创建工作,做到政治学习有制度、文体活动有场所、电化教育有设施,职工生活丰富多彩,文明创建工作跻身于河北省气象部门先进行列。2004 年被唐山市政府评为"文明建设先进单位";2000—2008年被迁西县政府评为"文明单位"、"文明机关"。

文明创建建设 开展文明创建规范化建设,统一制作局务公开栏、学习园地、法制宣传栏和文明创建标语等宣用语牌。

集体荣誉 1965—2008年迁西县气象局共获各类集体荣誉奖36项。

台站建设

台站综合改造 自2004年搬迁后,对机关的环境面貌和业务系统进行了全面改造,对业务值班室电脑、打印机等设施进行更新,以满足工作的新需求,气象业务现代化建设也取得突破性的进展。

办公与生活条件改善 2008年12月31日共拥有办公及业务电脑13台,打印机4台,值班用宿舍4间,文体活动室1间。

园林建设 迁西县气象局高度重视院内绿化美化工作,对院内进行绿化的面积达6000平方米,绿化覆盖率达到了75%,形成了集垂柳、丁香、法桐、榕树、翠柏、北海道黄杨带、羊胡子草、垂盆草、月季等植被为一体的花园式庭院。每年定期对院内的花草进行养护,打造成迁西绿化美化"窗口单位"。2006年被河北省建设厅评为"河北省园林式单位"。

迁西县气象局旧站址观测场(1984年)

迁西县气象局旧站址一角(1984年)

迁西县气象局现观测场(2008年)

迁西县气象局现貌(2008年)

滦县气象局

滦县地处燕山南麓滦河西岸,北依燕山余脉,南部多为平原,属暖温带半湿润季风型大陆性气候,具有春季干燥多风,夏季闷热多雨,秋季昼暖夜寒,冬季寒冷少雪的特点。由于境内地形复杂,对气候影响较大。

机构历史沿革

始建情况 1959年2月1日成立唐山市滦州区农村水利部气象站,站址在滦县南关沙沟子村。

站址迁移情况 1963年12月1日迁至滦县北关北花园村东;1988年1月滦县气象站迁至高坎乡北双山村东北角;2002年10月1日迁至滦州镇毛庄村东;2004年12月1日迁至滦县新城光辉里。观测场位于北纬39°44′,东经118°43′,海拔高度43米。

历史沿革 1960年4月唐山滦州区农村水利部气象站改称滦县气象服务站;1971年6月滦县气象服务站改称滦县气象站;1979年1月滦县气象站改称滦县革命委员会气象局;1980年2月滦县革命委员会气象局改称滦县气象局;1982年7月滦县气象局改称滦县气象站;1989年4月滦县气象站改称滦县气象局。

2007年1月1日定为国家气象观测二级站。

管理体制 1959年2月1日—1960年3月由气象部门领导;1960年3月—1963年2月由滦县政府领导;1963年2月—1968年4月由气象部门领导;1968年4月—1971年6月由滦县政府领导;1971年6月—1973年4月由滦县人民武装部军管;1973年4月—1981年12月由滦县政府领导;1982年1月实行气象部门与地方政府双重领导,以气象部门领导为主的管理体制。

单位名称及主要负责人变更情况

单位名称	姓名	职务	任职时间
唐山滦州区农村水利部气象站	吴作人	站长	1959.02—1960.03
			1960.04—1962.01
滦县气象服务站	张宝林	站长	1962.01—1962.09
	陈冰琪	站长	1962.09—1971.05
滦县气象站	牛占山	站长	1971.06—1979.01
滦县革命委员会气象局	张铭	局长	1979.01—1980.02
滦县气象局	刘志启	局长	1980.02—1982.07
		站长	1982.07—1984.07
滦县气象站	李景真	站长	1984.07—1988.03

单位名称	姓名	职务	任职时间
滦县气象站	黄维平	站长	1988.03—1989.03
		局长	1989.04—1992.12
滦县气象局	李毅中	局长	1992.12—1995.06
	刘 志	局长	1995.06—2007.05
	王 川	局长	2007.05—

人员状况 1959年2月1日建站时有3人,1978年有14人。截至2008年底有在职职工8人,其中:本科学历3人,大专学历2人,中专学历1人;中级职称3人,初级职称3人;55～60岁2人,45～50岁2人,45岁以下4人;汉族7人,满族1人。

气象业务与服务

1. 气象业务

①气象观测

1959年2月1日—1974年6月30日,每天进行01、07、13、19时4次地面气象观测;1974年7月1日起,每天进行08、14、20时(北京时)3次地面气象观测。观测项目有云量、云状、能见度、天气现象、气压、气温、湿度、风向、风速、降水、雪深、日照、蒸发、地温、草温(2007年7月1日增加)、冻土深度(1981年4月取消)、蒸发量、土壤湿度等。

每天08、14、20时3次发报,每月1日、11日、21日编发气象旬(月)报,每天不定时编发重要天气报。

滦县气象站编制的报表有3份气表-1;3份气表-21,分别向河北省气象局、唐山市气象局各报送1份,存档1份。2004年12月通过2兆光纤专线向河北省气象局、唐山市气象局传输气象资料。

2005年6月—2006年6月在滦县16个乡镇建成了DSD3型区域自动气象站。

2007年6月建成CAWS600BS-N型地面自动气象站,2007年7月1日—2007年12月31日试运行。观测项目有气压、气温、湿度、风向、风速、降水、地温等,全部采用仪器自动采集、记录,替代了人工观测。2008年1月1日起自动气象站投入业务运行。

②天气预报

短期天气预报 1963年开始作补充天气预报。1972年以来,滦县气象站根据预报需要抄录整理47项资料、共绘制简易天气图等6种基本图表。在基本档案方面,主要对建站后有气象资料以来的各种灾害性天气个例进行建档,对气候分析材料、预报服务调查与灾害性天气调查材料、预报方法使用效果检验、预报质量月报表、预报技术材料、中央省地各类预报业务会议材料等建立业务技术档案。

中期天气预报 1970年开始利用三线图、天气图、能量图等工具开展了数理统计预报方法,参考中央气象台和河北省气象台的旬、月天气预报,再结合分析本地气象资料、短期天气形势、天气过程的周期变化等制作一旬天气过程趋势预报。

短期气候预测(长期天气预报) 主要运用数理统计方法和常规气象资料图表及天气谚语、韵律关系等方法,分别做出具有本地特点的补充订正预报。

滦县气象站制作长期天气预报在 1975 年开始起步,1980 年为适应预报工作发展的需要,进一步贯彻执行中央气象局提出的"大中小、图资群、长中短相结合"技术原则,组织力量,多次会战,建立一整套长期预报的特征指标和方法,这套预报方法一直沿用至今。

长期预报主要有:春播预报、汛期(5—9 月)预报、年度预报、秋季预报。

③气象信息网络

1959—1985 年使用电话进行传报,1986 年开始使用甚高频电话传报,1999 年 7 月起利用分组交换网(X.28 异步拨号入网)发报,2002 年 9 月开始使用 X.25 通信系统发报,2005 年 3 月起开始使用 2 兆光纤发报。

2. 气象服务

滦县气象局坚持以经济社会需求为牵引,把决策气象服务、公众气象服务、专业气象服务和气象科技服务融入到经济社会发展和人民群众生产生活中。

公众气象服务 1963 年利用滦县电影院、滦县广播站发布天气预报。1997 年 4 月滦县气象局同滦县邮电局合作正式开通"121"天气预报自动咨询电话。2005 年 1 月 21 日"121"电话升位为"12121"。1997 年 9 月滦县气象局建成多媒体电视天气预报制作系统,通过滦县电视台发布天气预报信息。

决策气象服务 2006 年 4 月为有效应对突发气象灾害,提高气象灾害预警信号的发布速度,避免和减轻气象灾害造成的损失,在滦县 12 个乡镇和滦县有关单位安装实时气象预警电子显示屏,开展了气象预警及气象灾害信息发布工作。2007 年 6 月开通了气象信息短信平台,以手机短信方式向全县各级领导发送气象信息。

专业专项气象服务 1988 年 1 月开通甚高频无线对讲通讯电话,实现与唐山市气象局直接业务会商。1988 年 12 月滦县政府拨款购置无线通讯接收装置,安装到滦县防汛抗旱办公室、滦县农业委员会和各乡镇,建成气象预警服务系统,正式使用预警系统对外开展服务,每天 08、17 时各广播 1 次,被服务单位通过预警接收机定时接收气象服务。

1999 年滦县气象局增设人工增雨和防雹业务,在滦县设立了 4 个作业点,每年在各作业点实施人工增雨和防雹作业 3~5 次。

1997 年 10 月 11 日成立滦县防雷中心,负责滦县范围内的防雷设施设计、检测、验收工作。2003 年 12 月滦县政府批复确认滦县气象局具有独立的行政执法主体资格,6 名人员取得行政执法证。

气象科技服务与技术开发 2000 年 3 月 1 日地面气象卫星接收小站建成并正式启用,开始全面接收各种气象图表和资料。

气象科普宣传 2005 年 1 月建成滦州气象网,促进了全县农村产业化和信息化的发展。2008 年 7 月经滦县气象局培训,681 名学校、农村、厂矿企业气象信息员正式上岗,进一步拓宽了气象科普信息传播渠道。在每年"3·23"世界气象日组织科普宣传。

气象法规建设与社会管理

法规建设　重点加强探测环境保护和雷电灾害防御工作的依法管理工作。2004 年 4 月滦县政府办公室转发《河北省气象探测环境保护办法》。2004 年 7 月滦县气象局和滦县公安局联合转发唐山市气象局、唐山市公安局《关于加强全市计算机网络雷电安全防护的通知》。2006 年 5 月滦县政府办公室下发了《滦县人民政府关于进一步加强防雷安全监督管理工作的通知》(滦政办〔2006〕11 号)。2006 年 10 月滦县政府办公室下发了《关于进一步做好防雷减灾工作的通知》(滦建〔2006〕21 号)。进一步促进了防雷安全监督管理工作的开展,防雷行政许可和防雷技术服务逐步规范化。

制度建设　健全内部规章管理制度。2005 年 3 月制订了《滦县气象局综合管理制度》,主要内容包括业务管理制度、会议制度、财务管理制度等。

政务公开　对气象行政审批程序、服务内容、服务承诺、气象行政执法依据等,通过户外公示栏、电视广告、互联网等方式向社会公开。干部任用、财务收支、目标考核、基础设施建设等内容采取职工大会、公示栏、局域网等方式公开。

党建与气象文化建设

党建工作　1959 年 2 月—1962 年 1 月有党员 1 人,编入滦县县委办公室党支部。1962 年 4 月—1977 年 12 月有党员 5 人,编入滦县农林局党支部。1978 年 1 月成立滦县气象站党支部,1979 年 1 月建立滦县气象局党组。1981 年 1 月撤销滦县气象局党组,恢复滦县气象局党支部。截至 2008 年 12 月有党员 6 人。

认真落实党风廉政建设目标责任制,经常性地开展廉政教育和廉政文化建设活动,努力建设文明机关、和谐机关和廉洁机关。开展了以"情系民生,勤政廉政"为主题的廉政教育活动。

气象文化建设　始终坚持以人为本,弘扬自力更生、艰苦创业精神,深入持久地开展文明创建工作,政治学习有制度、文体活动有场所、电化教育有设施,职工生活丰富多彩,文明创建工作跻身于唐山市先进行列。

改造观测场,装修业务值班室,制作局务公开栏、学习园地、法制宣传栏和文明创建标语等宣传用语牌。建设"两室一网"(图书阅览室、职工活动室、气象文化网)。积极参加滦县地方组织的各项文体活动。

荣誉　共获得各类集体荣誉 26 次。

台站建设

1959 年 2 月建站时,滦县气象局租用平房 2 间作为办公地点。1979 年盖尖顶水泥瓦房 10 间。2004 年河北省气象局下拨综合改善资金 95 万元,装修了滦县气象局办公楼。现占地面积 6297 平方米,有办公楼 1 栋 483 平方米,车库 3 间 72 平方米。2007—2008 年对环境进行了绿化改造,硬化了路面,修建了草坪和花坛,装修了业务值班室,全局绿化覆盖率达到了 60%,使机关院内变成了风景秀丽的花园。

滦县气象局观测场旧貌(1984 年)

滦县气象局办公楼现貌(2007 年)

滦南县气象局

机构历史沿革

始建情况　1966 年 6 月 19 日滦南县亦工亦农气象服务站成立。站址在滦南县倴城西北街西北部,北纬 39°30′,东经 118°40′,观测场海拔高度 15.9 米。1966 年 7 月 1 日开始工作。

站址迁移情况　2003 年 7 月 1 日迁至滦南县倴城镇谷家营村西,北纬 39°30′,东经 118°39′,观测场海拔高度 17.9 米。

历史沿革　1971 年 6 月改称河北省滦南县气象站;1989 年 4 月改称滦南县气象局。

1988 年 1 月 1 日确定为河北省辅助气象站;1991 年 5 月 23 日改为河北省一般气象站;1999 年 1 月 1 日改为国家一般气象站;2007 年 1 月 1 日改为国家气象观测二级站。

管理体制　1966 年 7 月—1969 年 1 月由气象部门领导;1969 年 1 月—1971 年 6 月由滦南县政府领导;1971 年 6 月—1973 年 10 月气象部门实行军队管辖,由滦南县人民武装部领导;1973 年 10 月—1982 年 1 月由滦南县革命委员会领导;1982 年 1 月起实行气象部门与地方政府双重领导,以气象部门领导为主的管理体制。

单位名称及主要负责人变更情况

单位名称	姓名	职务	任职时间
滦南县亦工亦农气象服务站	常树人	站长	1966.06—1967.07
	刘从智	站长	1967.07—1971.06
滦南县气象站	艾文海	站长	1971.06—1972.08
	刘从智	站长	1972.08—1984.10
	黄维平	站长	1984.10—1988.01
	刘从智	站长	1988.01—1989.03
滦南县气象局		局长	1989.04—1992.04
	靳久玲	局长	1992.04—1995.11
	冯玉金	局长	1995.11—1996.09
	靳久玲	局长	1996.09—1997.03
	杜春平	局长	1997.03—

人员状况　1966 年建站时有 7 人,1978 年有 13 人,截至 2008 年底有在职职工 8 人,其中:本科学历 3 人,大专学历 5 人;中级职称 4 人,初级职称 4 人。

气象业务与服务

1. 气象业务

气象观测　从 1966 年 7 月 1 日建站起,每天进行 08、14、20 时 3 次地面气象观测,夜间不守班。观测项目有云量、云状、能见度、天气现象、气压、气温、湿度、风向、风速、降水、雪深、日照、蒸发、地温、蒸发量、冻土深度(1983 年 4 月取消)、草温(2008 年 1 月 1 日增加)。

每天 08、14、20 时 3 次发报(其中 1988 年 1 月—1991 年 12 月只观测不发报),每月 1 日、11 日、21 日编发旬(月)报,不定时编发重要天气报。

建站后气象月报表(气表-1)、年报表(气表-21)用手工方式编制,一式 3 份,分别向河北省气象局、唐山市气象局各报送 1 份,本站留底本 1 份。1999 年 4 月开始使用计算机打印气象报表,向唐山市气象局用磁盘报送气象观测数据。2004 年 12 月开始使用 2 兆光纤传输数据文件,停止报送纸质报表。

2003 年 10 月 27 日 CAWS600-B 型地面自动气象站建成并试运行;2004 年 1 月 1 日自动气象站和人工气象站双轨运行,2006 年 1 月 1 日起,自动气象站单轨运行。

2005 年 7 月滦南县建成长凝、宋道口、程庄、青坨营、司各庄、柏各庄、南堡、胡各庄 8 个区域自动气象站;2006 年 5 月陆续建设扒齿港、安各庄、黄坨、姚王庄、方各庄、马城 6 个区域自动气象站。

天气预报　滦南县气象局天气预报主要有短期预报和中长期预报。1966 年 7 月—1985 年 8 月短期预报主要通过收听河北、唐山、天津电台的预报加以订正而得。1985 年 3 月开始使用传真机接收气象传真图表;1985 年 8 月开始参加唐山市气象台组织的天气会商,1999 年 7 月建立了卫星单收站,使用了 MICAPS 1.0 预报系统,2006 年 9 月升级到

MICAPS 2.0 预报系统。长期预报主要有月预报、春季首场透雨预报、春播期预报、汛期预报、初霜预报、秋季预报、年展望预报等。

气象信息网络 1966—1985 年使用电话进行传报,1986 年开始使用甚高频电话传报,1999 年 7 月起利用分组交换网(X.28 异步拨号入网)发报,2002 年 9 月开始使用 X.25 通信系统发报,2005 年 3 月开始使用 2 兆光纤发报。

2. 气象服务

公众气象服务 1996 年 8 月滦南县气象局同县邮电局合作开通"121"天气预报自动咨询电话。2005 年 1 月"121"电话升位为"12121"。1997 年 10 月滦南县气象局建成多媒体电视天气预报制作系统,通过滦南县电视台发布天气预报信息。

决策气象服务 2007 年 7 月为有效应对突发气象灾害,提高气象灾害预警信号的发布速度,避免和减轻气象灾害造成的损失,更及时准确地为县、镇、村领导服务,建立了气象灾害防御联系人信息库,通过移动通信网络开通了"企信通"短信群发服务平台,以手机短信方式向滦南县各级领导发送气象信息。

专业与专项气象服务 1985 年 8 月开通甚高频无线对讲通讯电话,实现与唐山市气象局业务会商。1987 年 3 月滦南县政府出资购置警报发射机 1 台,1988 年 9 月为滦南县34 个乡镇安装气象警报接收机,建成气象预警服务系统。

1974 年 8 月成立滦南县防雹办公室,办公地点设在滦南县气象站。1976 年在 51 个村建立消雹点。1978 年第一门"三七"高炮投入防雹业务。1984 年撤销滦南县防雹办公室。1999 年 10 月成立滦南县人工影响天气办公室,设立岳地、门庄、东石家林、小庄、魏各庄、杨岭镇、小薛各庄 6 个人工影响天气火箭发射点。2008 年 4 月因航空管制原因,只保留小薛各庄发射点。

1999 年 3 月滦南县防雷中心成立,负责滦南县的防雷安全管理,定期对液化气站、加油站、烟花爆竹场所等高危行业和企事业单位的防雷设施进行检查,对不符合防雷技术规范的单位,责令进行整改。2006 年滦南县气象局被列为滦南县安全生产委员会成员单位。

气象科普宣传 2005 年 7 月,为更好地为农业生产服务,建起了滦南气象网站。在每年"3·23"世界气象日和 6 月安全生产月都积极组织气象科普知识宣传。

气象法规建设与社会管理

法规建设 重点加强探测环境保护和雷电灾害防御工作的依法管理工作。2002 年 7月 19 日滦南县政府办公室转发了滦南县气象局、建设局、发展计划局《关于依法规范管理建设项目、防雷设计、施工、验收管理的意见》的通知(〔2002〕31 号)。2008 年 5 月 5 日滦南县政府办公室转发了《河北省气象探测环境保护办法》(〔2008〕22 号)。

制度建设 2002 年 3 月修订了《滦南县气象局规章制度》,主要内容包括业务管理制度、会议制度、财务管理制度等。

政务公开 对气象行政审批程序、服务内容、服务承诺、气象行政执法依据等,通过户外公示栏、电视广告、行政服务中心窗口、互联网等方式向社会公开。干部任用、财务收支、目标考核、基础设施建设等内容则采取职工大会、公示栏、局域网等方式公开。

党建与气象文化建设

党建工作　1988 年 8 月滦南县气象局成立党支部,有党员 4 人。截至 2008 年 12 月有党员 6 人。

认真落实党风廉政建设目标责任制,积极开展廉政教育和廉政文化建设活动,努力建设文明机关、和谐机关和廉洁机关,2001—2008 年连续 8 年被滦南县直机关党工委评为"优秀基层党支部"。

气象文化建设　始终坚持以人为本,弘扬自力更生、艰苦创业精神,深入持久地开展文明创建工作,政治学习有制度、文体活动有场所、电化教育有设施,职工生活丰富多彩,文明创建工作跻身于唐山市先进行列。

滦南县气象局多次选送职工到南京大学、南京信息工程大学和成都信息工程学院等院校进修,鼓励职工积极参加中国气象局组织的远程教育培训。

积极开展文明创建规范化建设,改造观测场,装修业务值班室,制作局务公开栏、学习园地、警示宣传牌等,建设"两室一网"(图书阅览室、职工活动室、气象文化网)。

荣誉与人物　1966—2008 年滦南县气象局共获集体荣誉奖 120 项。

台站建设

滦南县气象局 1966 年 6 月建站时有房屋 27 间,建筑面积 540.5 平方米,除测报值班室为水泥、砖混结构的两层楼,其余均为砖木结构的平房,其中工作用房 9 间,使用面积 161 平方米,其余为生活或其他用房。1995 年 9 月—1996 年 7 月对办公环境进行综合改善,扩建了二层办公楼。2002—2003 年因滦南县城规划,经河北省气象局批准,滦南县气象局进行搬迁,新址占地 6667 平方米。2003—2005 年对院内的环境进行了绿化改造,在庭院内修建了草坪和花圃,种植了乔木、灌木,绿化覆盖率达 50%;整修硬化了道路;完善了自来水管网,解决了办公和生活用水问题;气象业务现代化建设也取得了突破性进展。2005 年 8 月河北省建设厅授予滦南县气象局"河北省园林式单位"称号。

滦南县气象站旧貌(1982 年)

滦南县气象局现貌(2007 年)

乐亭县气象局

乐亭县位于唐山市东南部,属滦河冲积平原,地势平坦开阔,北高南低,气候温和湿润,属暖温带滨海半湿润大陆性季风型气候,四季分明。

机构历史沿革

始建情况 1931 年 2 月建立乐亭测候所,地处乐亭县穆楼村。1956 年 10 月 1 日建立乐亭县气象站,站址由乐亭县穆楼村迁至乐亭县阁各庄"集镇"。

站址迁移情况 1965 年 1 月 1 日迁至乐亭县城关"郊外",北纬 39°25′,东经 118°54′。1994 年 1 月 1 日迁至城关"郊外",位于北纬 39°26′,东经 118°53′,观测场海拔高度 10.5 米。

历史沿革 1956 年 10 月 1 日乐亭测候所改为乐亭县气象站;1960 年 2 月改称乐亭县气象服务站;1971 年 7 月改称河北省乐亭县气象站;1982 年 3 月改称乐亭县气象站;1982 年 8 月改称河北省乐亭县气象站;1989 年 4 月,改称乐亭县气象局。

1988 年 1 月 1 日定为国家基准气候站;2007 年 1 月 1 日定为乐亭县国家气候观象台。

管理体制 1956 年 10 月—1959 年 12 月属河北省气象局领导。1959 年 12 月—1963 年 3 月由乐亭县农林局代管。1963 年 3 月—1970 年 1 月以气象部门领导为主。1970 年 1 月—1973 年 5 月以乐亭县人民武装部领导为主、乐亭县革命委员会领导为辅。1973 年 5 月—1982 年 1 月属乐亭县革命委员会领导。1982 年 1 月起实行气象部门与地方政府双重领导,以气象部门领导为主的管理体制。

单位名称及主要负责人变更情况

单位名称	姓名	职务	任职时间
乐亭县气象站	崔玉华	站长	1956.10—1957.04
	陈冰其	站长	1957.04—1959.07
	徐久利	站长	1959.07—1960.02
			1960.02—1961.10
乐亭县气象服务站	陈冰其	站长	1961.10—1962.04
	李玉生	站长	1962.04—1966.04
	岑 均	站长	1966.04—1969.11
	张俊奎	站长	1969.11—1971.07
			1971.07—1972.09
河北省乐亭县气象站	王德新	站长	1972.09—1972.12
	李际永	站长	1973.01—1973.12
	刘 平	站长	1973.12—1979.09
	任成良	站长	1979.09—1980.04

续表

单位名称	姓名	职务	任职时间
河北省乐亭县气象站	周文昌	站长	1980.04—1982.03
乐亭县气象站			1982.03—1982.08
			1982.08—1982.12
河北省乐亭县气象站	任成良	站长	1983.01—1984.11
	王文光	站长	1984.11—1987.07
	李方针	站长	1987.08—1988.08
乐亭县气象局	任成良	站长	1988.08—1989.04
		局长	1989.04—1992.05
	石广合	局长	1992.05—2001.12
	王晓林	局长	2001.12—2007.06
	李宝东	局长	2007.06—2008.04
	桂古今	局长	2008.04—

人员状况 1956年建站时有10人。1960年定编为15人。1978年底有24人。2008年底有在职职工19人,其中:本科学历7人,大专学历5人,中专学历7人;中级职称14人,初级职称5人;50~55岁6人,40~49岁1人,40岁以下12人。

气象业务与服务

1. 气象业务

①地面测报

1956年10月1日开始观测,观测次数为24次,观测项目有:气压、气温、湿度、风向、风速、降水量、蒸发量、日照、云、能见度、天气现象、雪深、雪压、地温、地面状态、冻土、日照、电线积冰、辐射、草温。每天进行02、05、08、11、14、17、20、23时(北京时)8次发报(1966年—1972年5月20日取消23时补充绘图报)。

为北京、唐山、遵化、山海关、北戴河、锦西、天津、兴城、沈阳、平泉、大连、涿县发航危报、预约报(根据需要进行调整)。每月1日、11日、21日向河北省气象台(气候中心)编发气象旬(月)报;不定期编发重要天气报。编制的报表有气表-1、气表-21、特表-1。

观测项目变更情况 1957—1959年进行雨量自记观测,1960—1963年取消雨量自记观测,1964年恢复。1957年10月取消固定量雪器观测,改为08时测1次雪深;同时取消最大雪深观测。1957年8月11日增加观测地面最高、最低温度观测。1959年11月1日开始观测5、10、15、20厘米地中温度。1961年1月1日废止《地面气象观测暂行规范——地面部分》,执行《地面气象观测规范》,观测时次改为北京时02、08、14、20时,气象观测和绘图报时次合一,日界从地方时改为北京时20时,自记记录日界仍为24时。1961年1月1日起取消云向、云速、地面状态、降水时数项目的观测。1969月1月1日开始使用EL型电接风向风速器。1982年5月1日开始使用遥测雨量计。1988年1月1日定为国家基准气候站,由每日4次气象观测改为24次气象观测。1990年1月1日开始深层地温观测,分别为 40、80、160、320 厘米,观测时次为北京时 02、08、14、20 时。1992 年 1 月 1 日开始日辐射观测。1993 年 4 月开始 E-601 大型蒸发观测。1997 年 4 月 1 日,大型蒸发由 E-601 型改为 E-601B 型。1996—2002 年使用虹吸式雨量计。

观测仪器 1986 年 1 月 1 日地面测报开始使用 PC-1500 袖珍计算机。1994 年 4 月气表-1 使用微机制作。1995 年气表-21 使用微机制作。1998 年 12 月 1 日地面观测试行计算机发报。1999 年 1 月 1 日 02 时起,使用 AHDOS 4.0 测报软件,实现地面测报、编报、制作报表一体化。

2004 年 1 月 1 日起,辐射观测由人工观测改为自动观测。

2008 年 6 月完成 GPS 水汽探测项目建设。

2008 年 8 月完成闪电定位仪建设。

自动气象站 2003 年 1 月 1 日地面自动气象站开始观测。2005 年 7 月—2006 年 6 月,乐亭县 14 个乡镇建成了 DSD3 型温度、雨量区域自动气象站。

②高空测报

高空小球、雷达测风每日 07、19 时观测、发报。

1966 年 2 月 1 日开始小球测风业务,经纬仪海拔高度 13 米。1985 年 10 月小球测风取消绘图板,改用 PC-1500 袖珍计算机计算。1988 年 7 月 1 日小球测风改为 701B 雷达测风,海拔高度 23 米。1992 年 9 月高空测风由化学制氢改为电解水制氢。1994 年 4 月—1995 年 9 月改用小球测风,经纬仪海拔高度 13 米。1995 年 10 月改用 701B 雷达观测,海拔高度 27 米。2007 年 5 月 22 日 701C 雷达投入运行。

2000 年 1 月 1 日高空记录改用微机打印。2001 年 1 月 1 日取消手工抄录月报表,改用微机打印。

③天气预报

乐亭县气象局天气预报主要有短期预报和长期预报。1956 年 10 月—1985 年 8 月短期预报主要通过收听河北、唐山、天津电台的预报加以订正而得,1985 年 8 月开始参加唐山市气象台组织的天气会商,1999 年 11 月建立了卫星单收站,使用了 MICAPS 1.0 预报系统,2006 年 9 月升级到 MICAPS 2.0 预报系统。长期预报主要有月预报、春季首场透雨预报、春播期预报、汛期预报、初霜预报、秋季预报、年展望预报等。

④气象信息网络

1956 年 10 月—1985 年 8 月使用电话进行传报,1985 年 8 月使用甚高频电话传报,1999 年 7 月利用分组交换网(X.28 异步拨号入网)发报,2002 年 9 月开始使用 X.25 通信系统发报,2005 年 3 月开始使用 2 兆光纤发报。

⑤农业气象

1957 年开始进行农业气象观测,1960 年终止,1976 年恢复农气观测至 1979 年终止。

2. 气象服务

公众气象服务 1963 年通过乐亭县电影院、乐亭县广播站发布天气预报。1998 年 9 月建成多媒体电视天气预报制作系统,通过乐亭县电视台发布天气预报信息。1996 年 9 月同乐亭县邮电局合作正式开通"121"天气预报自动答询电话。2005 年 1 月"121"电话升位为"12121"。

决策气象服务　2007年6月开通了气象信息短信平台,以手机短信方式向各级领导发送气象信息。1989年6月购置无线通讯接收装置,安装到乐亭县防汛抗旱办公室、农业委员会和各乡镇,建成气象预警服务系统,每天上午、下午各广播1次。

专业与专项气象服务　1977年开展了人工影响局部天气业务,乐亭县政府在乐亭县气象站建立了防雹办公室,设防雹炮点23个,有高炮3门。1999年5月购置人工增雨火箭车1辆,火箭发射架1个,设4个发射点。

1997年10月6日乐亭县防雷中心成立,负责全县范围内的防雷设施的设计、审核、检测、验收工作。

气象科技服务与技术开发　1999年11月地面卫星接收小站建成并正式启用,开始全面接收各种气象图表和资料。

气象科普宣传　2005年1月乐亭气象网站开通。在每年的"3·23"世界气象日和6月安全生产月都积极组织气象科普知识宣传。

气象法规建设与社会管理

法规建设　重点加强了对雷电灾害防御、探测环境保护、气球施放等工作的依法管理。2004年10月13日乐亭县政府办公室转发了《唐山市防雷减灾管理办法》(乐政办〔2004〕8号)。2004年10月21日乐亭县政府办公室转发了《河北省气象探测环境保护办法》(乐政办〔2004〕9号)。

制度建设　1999年1月制订了《乐亭县气象局制度汇编》,2008年重新修订,内容包括业务管理、党务、精神文明、安全生产、会议、财务管理等。

政务公开　为进一步深化政务公开,保障干部职工的知情权、参与权、表达权和监督权,营造公正、透明、高效、和谐的工作氛围,通过网上公开、会议公开、书面公开、个别解释的"四种形式"和定期公开、适时公开、及时公开"三种方式"全面推动事权、人事、财务、执法、党务五项局务公开。

党建与气象文化建设

党的组织建设　1956年12月有党员3人,编入阎各庄医院党支部。1965年编入乐亭县医院党支部。1972年12月乐亭县气象站成立党支部,有党员3人。截至2008年12月有党员13人。

党风廉政建设　认真落实党风廉政建设目标责任制,经常性地开展廉政教育和廉政文化建设活动,努力建设文明机关、和谐机关和廉洁机关,2000—2008年连续9年被乐亭县直机关党工委评为"优秀基层党支部"。

气象文化建设　始终坚持以人为本,弘扬自力更生、艰苦创业精神,深入持久地开展文明创建工作,做到政治学习有制度、文体活动有场所、电化教育有设施,职工生活丰富多彩,文明创建工作跻身于河北省气象部门先进行列,2005—2008年被唐山市委、市政府评为精神文明建设先进单位。

荣誉　乐亭县气象局共获得集体荣誉奖 136 项。1996 年 9 月被河北省气象局命名为县(市)级三级强局单位。1997 年,乐亭县气象局档案管理工作升至河北省一级。

乐亭县气象局共获得个人奖项 263 次。有 15 人 97 次被中国气象局授予"全国质量优秀测报员"称号。

台站建设

1956 年建站时,有 9 间平房,1 栋二层筒子楼。1965 年 1 月 1 日迁至乐亭县城关"郊外",占地 333 平方米,建砖木结构平房 22 间。1976 年 7 月 28 日唐山地区大地震以后盖起 29 间砖木结构平房。1979 年建 2 栋二层楼。1985 年征地 10201 平方米,1987 年建起 400 平方米的办公楼。1994 年 1 月 1 日迁至乐亭城关齐庄北,占地面积 15227 平方米,建有 1 栋办公楼 900 平方米,制氢室平房 103 平方米,观测室平房 150 平方米,车库 60 平方米。

2004—2008 年,乐亭县气象局对院内环境进行了改造,修建了草坪和花坛,栽种了风景树,整修了道路,重新修建装饰了围墙和大门,使院内变成了风景秀丽的花园。2005 年被河北省建设厅评为河北省"园林式单位"。

乐亭县气象局旧貌(1984 年)

乐亭县气象局新貌(2008 年)

唐海县气象局

唐海县属于东部季风区暖温带半湿润地区,气候年际变化较大,四季分明,冬季盛行偏北风,夏季盛行偏南风,具有春季干燥多风,夏季闷热多雨,秋季昼暖夜寒,冬季寒冷少雪的气候特点。

机构历史沿革

始建情况　1956 年 1 月 1 日,成立河北省柏各庄气候站,站址在国营柏各庄农场一农场。

站址迁移情况　1956 年 9 月 1 日迁至国营柏各庄农场总场;2008 年 12 月 31 日迁至唐海

县创业大街与永丰路交叉口东北角,北纬 39°17′,东经 118°28′,观测场海拔高度 3.2 米。

历史沿革 1960 年 1 月 1 日改称国营柏各庄农场气象服务站;1960 年 3 月 1 日改称唐山市柏各庄区气象服务站;1962 年 1 月 1 日改称国营柏各庄农场气象服务站;1964 年 3 月 13 日改称滦南县柏各庄气候站;1966 年 6 月 1 日改称丰南县柏各庄气象服务站;1968 年 10 月 1 日改称河北省柏各庄农垦区气象站;1984 年 9 月 1 日改称唐海县气象站;1989 年 4 月 21 日改称唐海县气象局。

管理体制 1956 年 1 月 1 日河北省柏各庄气候站属河北省气象局管理;1960 年 1 月由国营柏各庄农场农科所代管;1964 年 3 月体制上收由唐山地区气象局领导;1969 年 12 月,由国营柏各庄农场生产科领导;1971 年 6 月由国营柏各庄农场人民武装部领导;1973 年 9 月由当地政府领导,河北省柏各庄农垦区农业办公室代管。1982 年 1 月实行气象部门与地方政府双重领导,以气象部门领导为主的管理体制。

单位名称及主要负责人变更情况

单位名称	姓名	职务	任职时间
河北省柏各庄气候站	龙维和	站长	1956.01—1958.08
	郝金生	站长	1958.08—1960.01
国营柏各庄农场气象服务站			1960.01—1960.03
唐山市柏各庄区气象服务站			1960.03—1961.12
国营柏各庄农场气象服务站			1962.01—1964.02
滦南县柏各庄气候站			1964.03—1966.06
丰南县柏各庄气象服务站			1966.06—1968.10
河北省柏各庄农垦区气象站			1968.10—1982.03
	董树万	站长	1982.03—1984.08
唐海县气象站			1984.09—1989.04
		局长	1989.04—1990.12
唐海县气象局	王绍臣	局长	1990.12—1998.09
	曹新斌	局长	1998.09—

人员状况 1956 年 1 月 1 日建站时有 3 人,1986 年 12 月有 11 人,设观测、预报、农气 3 个业务组。2005 年 12 月有在职人员 7 人,地方编制防雷人员 1 人。截至 2008 年底有在职职工 8 人,其中:本科学历 1 人,大专学历 7 人;汉族 7 人,满族 1 人;中级职称 1 人,初级职称 7 人。

气象业务与服务

1. 气象业务

气象观测 1956 年 1 月 1 日开展观测业务,观测时次为 07、13、19 时 3 次,夜间不守班。观测项目有云、能见度、天气现象、气压、气温、空气湿度、蒸发、地温、降水、风向、风速、日照、冻土、地面状态、积雪深度、草温(2008 年 1 月 1 日增加)。

1974 年 1 月 1 日开始编发天气报,每天 14 时通过唐海县邮电局向河北省气象台发报

1次,其中5月24日—9月30日每天进行08、14、20时3次发报;每日不定时编发重要天气报;每月1日、11日、21日向河北省气象台编发气象旬(月)报。编制的报表有3份气表-1;3份气表-21,向河北省气象局、唐山市气象局各报送1份,存档1份。2004年12月通过2兆光纤向河北省气象局、唐山市气象局传输气象资料。

天气报的内容有云、能见度、天气现象、气压、气温、湿度、风向、风速、降水、雪深、地温等;重要天气报的内容有暴雨、大风、雨凇、积雪、冰雹、龙卷风等。

1983年在五农场、八农场、九农场、十农场、十一农场建立4个气象哨,1983年4月对五农场、九农场、十一农场气象哨人员进行了业务培训。

2005年7月在一农场、三农场、六农场、七农场、八农场、九农场、十一农场、十里海养殖场建成8个区域自动气象站。2006年5月在唐海镇、四农场、五农场、十农场、八里滩、十一场十五队建成6个区域自动气象站。

农业气象 1979年9月定为河北省农业气象站,在柏各庄农垦区二场农业试验场开始观测水稻发育期,自然物候观测项目有刺槐、马蔺、家燕、土壤及霜、雪、雷、闪。作物观测有2个水稻品种,在拔节与抽穗期进行大田调查,对每个发育期观测记载评定,按时向唐山市气象局发农气旬(月)报,手工制作年报表一式3份,共9份。1986—1987年在唐海县六农场四队观测啤酒大麦。

2. 气象服务

公众气象服务 1958年1月开始制作短期和长期天气预报,每天通过柏各庄农场广播站对外发布。1989年组建气象警报广播网,每天4次向各农场、养殖场及各大中型企业广播短期天气预报及气象警报,定期播发中长期天气预报。1995年由唐海县政府及唐山市气象局共同投资建成气象资料数据传输终端。1995年1月唐海县气象局和唐海县邮电局联合开通"121"天气预报自动咨询电话,2005年1月"121"电话升位为"12121"。1997年9月唐海县气象局建成多媒体电视天气预报制作系统,通过唐海县电视台发布天气预报信息。

决策气象服务 2006年5月为有效应对突发气象灾害,提高气象灾害预警信号的发布速度,避免和减轻气象灾害造成的损失,利用短信业务开展了气象预警及气象灾害信息发布工作。2007年5月开通了气象信息短信平台,利用"企信通"向全县各级领导发送气象信息。

1988年1月开通甚高频无线对讲通讯电话,实现与唐山市气象局业务会商。1988年12月唐海县政府购置无线通讯接收装置,安装到唐海县防汛抗旱办公室、唐海县农业委员会和唐海县各乡镇,建成气象预警服务系统,每天08、17时各广播1次。

专业与专项气象服务 1999年唐海县气象局开展人工增雨和防雹业务,在唐海县设4个作业点,每年在各作业点根据需要实施人工增雨和防雹作业。

1997年8月成立唐海县防雷中心,负责唐海县范围内的防雷设施设计、检测、验收工作。2003年12月唐海县政府批复确认唐海县气象局具有独立的行政执法主体资格,3名人员取得行政执法证。

气象科技服务与技术开发 2000年3月1日地面气象卫星接收小站建成并正式启用,

开始全面接收各种气象图表和资料。

气象科普宣传 2005年1月建成唐海气象网,促进了唐海县农村产业化和信息化的发展。2008年7月建立唐海县气象应急联系人制度,经唐海县气象局培训,150名农村、厂矿企业气象信息员正式上岗,进一步拓宽了气象信息传播渠道。在每年"3·23"世界气象日组织科普宣传。

气象法规建设与社会管理

法规建设 重点加强探测环境保护和雷电灾害防御工作的依法管理工作。2006年5月唐海县政府办公室下发了《唐海县人民政府关于进一步加强防雷安全监督管理工作的通知》(唐海政办〔2006〕11号);2006年6月唐海县政府办公室下发了《关于进一步做好防雷减灾工作的通知》(唐海政办〔2006〕21号)等有关文件。进一步促进了防雷安全监督管理工作的开展,防雷行政许可和防雷技术服务逐步规范化;2007年7月唐海县政府办公室下发了《唐海县人民政府关于印发唐海县气象灾害应急预案的通知》(唐海政办〔2007〕42号);2007年12月唐海县政府办公室下发了《唐海县人民政府关于印发唐海县气象局探测环境保护的通知》(唐海政函〔2007〕60号)。

制度建设 2005年3月制订了《唐海县气象局综合管理制度》,主要内容包括业务管理制度、会议制度、财务管理制度等。

政务公开 对气象行政审批程序、服务内容、服务承诺、气象行政执法依据等,通过户外公示栏、电视广告、宣传等方式向社会公开。干部任用、财务收支、目标考核、基础设施建设等内容采取职工大会、公示栏、局域网等方式公开。

党建与气象文化建设

党建工作 1973年有2名党员,组织关系隶属柏各庄农垦区农林局党支部。1985年组织关系隶属唐海县医药公司党支部。1995年5月唐海县气象局建立第一届党支部,有3名党员。截至2008年底,有5名党员。

认真落实党风廉政建设目标责任制,经常性地开展廉政教育和廉政文化建设活动,努力建设文明机关、和谐机关和廉洁机关。

气象文化建设 始终坚持以人为本,弘扬自力更生、艰苦创业精神,深入持久地开展文明创建工作,政治学习有制度、文体活动有场所、电化教育有设施,职工生活丰富多彩。制作局务公开栏、学习园地、法制宣传栏和文明创建标语等宣传用语牌。建设"两室一网"(图书阅览室、职工学习室、气象文化网)。荣获2006—2007年度唐山市"精神文明建设先进单位"。

荣誉 1984—2008年获"先进集体"、"市级文明建设先进单位"、三级"强局"等集体荣誉31次。

台站建设

1957年建站时有简易平房6间,1980年建平房18间,1987年共有平房28间。1993

年 6 月河北省气象局和唐海县政府共同拨款建成唐海县气象业务楼,有房屋 32 间。2008 年唐海县政府拨专款建设 800 平方米办公楼,600 平方米附属用房,占地面积 1.2 万平方米。环境优美、现代化设施齐全的唐海县气象局落成。

唐海县气象局旧貌(1980 年) 　　　　　　　唐海县气象局现貌(2008 年)

曹妃甸工业区气象局

曹妃甸地处唐山南部沿海,是渤海湾核心地带,有着重要的地理位置和区位优势。气候特点四季分明,春季多风,夏季炎热多雨,冬季寒冷干燥,秋季秋高气爽,年平均气温 14.5℃,年极端最高气温 35.4℃,极端最低气温 -12.1℃,最热月出现在 8 月份,年平均风速 4.6 米/秒,极大风速为 27.7 米/秒,年平均相对湿度 68%,4—10 月降水量平均为 506.4 毫米。

机构历史沿革

始建情况　2006 年 12 月 26 日,曹妃甸海岛无人自动气象站建成,占地 2200 平方米,为国家气象观测二级站,东经 118°27′,北纬 39°06′,海拔高度 2.2 米,2007 年 1 月 1 日投入使用。

2007 年 10 月河北省气象局批准成立曹妃甸工业区气象局,定编为副处级,人员编制 15 人。2007 年 11 月 10 日开始开展工作,办公地点临时设在唐海县气象局。2008 年 2 月 28 日唐山市曹妃甸工业区气象局正式成立。

管理体制　自成立以来,一直由唐山市气象局和曹妃甸工业区管委会双重领导,以唐山市气象局领导为主。

单位名称及主要负责人变更情况

单位名称	姓名	职务	任职时间
曹妃甸工业区气象局	王锋	局长	2007.01—2008.06
	智利辉	局长	2008.06—

人员状况 2006年—2008年12月,有在编职工5人,其中博士研究生1人,硕士研究生1人,大学本科2人,大学专科1人;高级职称1人,中级职称2人,初级职称2人;40～49岁1人,30～39岁2人,30岁以下2人。

气象业务与服务

1. 气象业务

气象观测 2006年12月26日,在曹妃甸零公里处建成多要素无人自动气象站,为国家气象观测二级站,每日24小时自动观测。观测项目有气压、气温、湿度、风向、风速、雨量、地温、能见度共八要素,设备为芬兰VAISALA原装进口,采用GPRS模式向河北省气象局传输数据。

2. 气象服务

公众气象服务 2008年1月1日开始,每天中午、晚上在唐山新闻综合频道发布曹妃甸电视天气预报。

决策气象服务 2007年12月11日起每日08、17时向曹妃甸工业区管委会、发展改革局、安监局、海事处、规划建设管理局等单位传真发布天气预报(天气预报、海浪预报、潮位预报、天气实况)。

2008年1月1日开通了"企信通"和"短信通"。每天向曹妃甸工业区管委会领导和各单位领导发布天气预报,遇有突发天气随时发布重要天气信息、警报、预警信号等。

2008年8月为有效应对突发气象灾害,建立了气象应急联系人制度。

专业(专项)气象服务 2008年10月25日对首钢京唐钢铁联合有限公司进行专业气象服务,以短期、短时预报、预警服务为主。

气象科技服务与技术开发 2007年12月安装MICAPS 2.0系统,查阅天气形势及物理量预报等,开展各行业对气象服务需求的调查,对服务需求梳理汇总,制订预报服务流程和周年服务方案。

2008年12月建立100米风能塔1座,弥补了曹妃甸沿海无梯度气象观测资料的历史,为曹妃甸的总体规划建设、港区的运行、海上作业、生态保护等提供详实准确的气象资料,为风电场的规划、设计和建设等方面提供重要的数据支持和理论依据。

气象法规建设与社会管理

法规建设 重点加强雷电灾害防御工作的依法管理工作,2008年3月24日曹妃甸工业区气象局审批窗口成立。2008年4月1日与曹妃甸工业区安监局联合下发了《关于加强曹妃甸工业区雷电安全防护工作的通知》(唐曹管安监发〔2008〕11号),防雷行政审批逐步走向规范化。

制度建设 2008年12月制订了《曹妃甸工业区气象局综合管理制度》,主要内容包括业务管理、会议、车辆、学习、财务制度等。

政务公开 对气象行政审批程序、气象服务内容、服务承诺、气象行政执法依据、服务收费依据及标准等向社会公开。干部任用、财务收支、目标考核等内容则通过全局会或公示栏等方式向职工公开。

党建与气象文化建设

党建工作 2008年7月25日,唐曹字〔2008〕26号文件,批准成立曹妃甸工业区气象局党支部,截至2008年12月,有4名党员。

气象文化建设 曹妃甸工业区气象局把领导班子的自身建设和职工队伍的思想建设作为文明创建的重要内容,通过开展经常性的政治理论、法律法规学习,造就了清正廉洁的干部队伍,锻炼出一支高素质的职工队伍。

曹妃甸海岛无人自动气象站(2006年)

廊坊市气象台站概况

廊坊市位于河北省中部偏东,地处京津两大城市之间,素有"京津走廊上的明珠"之称。1989 年 4 月经国务院批准为省辖地级市,现辖广阳、安次两个区,三河、霸州 2 个县级市,大厂、香河、永清、固安、文安、大城 6 个县,90 个乡镇,3222 个行政村,总面积 6429 平方千米。2008 年底全市总人口为 408.3 万。

廊坊地处华北平原北部,东经 116°07′～117°15′,北纬 38°28′～40°05′之间,属暖温带半干旱半湿润季风气候,四季分明、寒暑交错、干湿界限明显。年平均降水量为 555.5 毫米,年平均降水日数为 66.0 天,降水量年际间变化较大。全市近 30 年的年平均气温为 11.9℃,其中 1 月最冷,月平均气温为 －4.7℃,日最低气温极值为－23.7℃;7 月最热,月平均气温为 26.2℃,日最高气温极值为 41.9℃。主要气象灾害有暴雨、大风、雷暴、冰雹、雾、连阴雨、干旱、沙尘暴、高温、寒潮等。

气象工作基本情况

所辖台站概况　廊坊市气象局所辖霸州、廊坊、三河、大厂、香河、固安、永清、文安、大城 9 个气象台站,其中,霸州市气象局为国家基本气象观测站,其他为国家一般气象观测站。

历史沿革　1956 年 10 月霸县气象站成立之后,相继建立了安次(1958 年 8 月)、文安(1958 年 10 月)、蓟县三河气候服务站(1959 年 5 月—1963 年 12 月)、大城(1962 年 8 月)、固安(1962 年 3 月)、大厂(1963 年 8 月)、香河(1963 年 11 月),三河(1964 年 1 月)气象站。廊坊市气象局始建于 1958 年 12 月,称为天津农业局气象处;1974 年 1 月改名为廊坊地区革命委员会气象局;1983 年 7 月撤销安次县气象局(保留安次气象观测站),业务工作归属廊坊地区气象台;1989 年改名为廊坊市气象局。2008 年 12 月市气象局下设办公室、业务科技科、计划财务科、人事教育科 4 个内设机构和廊坊市气象台、廊坊市防雷中心、廊坊市气象科技服务中心、廊坊市人工影响天气办公室 4 个直属单位,下辖 2 市 6 县 2 区气象局,其中广阳、安次 2 个区气象局分别挂靠在廊坊市气象台、廊坊市气象科技服务中心。

管理体制　1974 年 1 月前隶属河北省天津专区、天津地区,管理体制经历了从地方政府管理到河北省气象局管理、再到军管和地方政府领导的演变;1974—1980 年转为廊坊地区同级革命委会和行政公署领导;1981年体制改革,实行气象部门与地方政府双重领导,以气象部门领导为主的管理体制。

人员状况　2008年全市气象部门定编为127人,2008年12月实有在编职工115人,其中:大专以上学历93人(含研究生学历2人,本科学历43人);中级以上职称55人(含高级职称4人);30岁以下27人,31~40岁38人,41~50岁26人,50岁以上24人;离退休职工109人。聘用人员19人。

党建与精神文明建设　全市气象部门有基层党组织9个,其中:市气象局为党总支,8个县(市)气象局为党支部,2004—2008年全部被当地工委评为优秀基层党组织。截至2008年12月,共有党员121人。

廊坊市气象局1998年被评为市直"文明单位",2000年被评为市级"文明单位",2002年被评为省级"文明单位",2005年荣获"全国气象部门局务公开先进单位"和河北省卫生先进单位,2007年被评为廊坊市"文明示范单位",2008年荣获中国气象局"全国气象部门文明台站标兵单位"和"局务公开示范单位"称号。至2008年底全市共有省级"文明单位"2个,市级"文明单位"7个。

领导关怀　1994年12月17日中国气象局颜宏副局长等一行4人来廊坊市气象局检查指导工作。

1995年11月26日中国气象局局长邹竞蒙在省政府副秘书长赵景才、廊坊市市长王高鹏、副市长周士毅和河北省气象局汤仲鑫局长、吴波副局长的陪同下来廊坊市气象局视察工作。

2003年1月22日,中国气象局局长秦大河在廊坊市市长吴显国、河北省气象局局长安保政的陪同下,来廊坊市气象局视察工作,并到霸州、三河市气象局慰问视察。

2003年8月26—27日,全国气象局局长工作研讨会在廊坊市气象局召开。会议期间,中国气象局副局长郑国光到廊坊市气象局检查指导工作。

2003年11月6—7日,中国气象局纪检组长孙先健等一行3人在河北省气象局局长安保政、副局长刘燕辉、纪检组长郭春德的陪同下,到廊坊市气象局就党风廉政建设、政务公开工作进行调研指导。

2005年8月9日,中国气象局纪检组长孙先健,在河北省气象局副局长臧建升陪同下,到廊坊市气象局调研指导工作。

2007年4月27日,中国气象局纪检组长孙先健,在河北省气象局副局长姚学祥的陪同下,到廊坊市气象局调研财务核算中心建设情况。

2008年6月24日,中国气象局副局长王守荣在河北省气象局局长姚学祥陪同下,到大厂县和三河市气象局检查指导工作。

主要业务范围

地面气象观测　地面气象观测始于1956年的霸县气象站。截至2008年12月,全市有地面气象观测站9个(其中1个国家基本气象观测站,8个国家一般气象观测站)。建成区域自动气象站75个(其中两要素站74个,六要素站1个)。

国家一般气象观测站承担全国统一的观测项目,内容包括云、能见度、天气现象、气压、气温、湿度、风向、向速、降水、雪深、日照、蒸发（小型）和地温（距地面0、5、10、15、20厘米），廊坊增加电线积冰厚度与重量观测和E-601大型蒸发观测。每天进行08、14、20时3次定时观测，向省气象台拍发天气加密电报。

霸州作为廊坊唯一的国家基本气象观测站承担全国统一观测项目，每小时向省气象台传输实时数据、航空报；不定时的传送重要天气和危险天气报告；每天进行02、05、08、11、14、17、20、23时8个时次地面观测，每次向省气象台传输报文。

2002年开始建设地面自动观测站，改变地面气象要素人工观测的历史，实现地面气压、气温、湿度、风向、风速、降水、地温（包括地表、浅层和深层）、草面温度的自动记录。截至2008年12月，全市建成三河、霸州、大厂、香河、永清、文安、大城、廊坊8个自动气象观测站。2006年在三河、固安、大城安装闪电定位仪，2008年在永清、文安增加GPS水汽观测。全市基层台站的气象资料按时按规定上交到省气象局档案馆。

农业气象观测 全市有农业气象观测站3个：霸州为国家农业气象基本站，作物观测有棉花、夏玉米、冬小麦，物候观测有榆树、车前、家燕、气象水文现象。廊坊、三河为河北省农业气象基本站，廊坊站蔬菜观测项目有番茄、黄瓜、大白菜、菜豆，物候观测项目有毛白杨、马蔺、蚱蝉、气象水文现象；三河站作物观测有冬小麦、夏玉米，物候观测有加拿大杨树、车前草和大杜鹃等。

天气预报 天气预报业务始于1958年，主要负责天津市区及专区各县的天气预报业务。1974年1月制作发布廊坊地区及各县的天气预报。天气预报按时效分有短时、短期、中期、长期预报；按内容分有要素预报和形势预报；按性质分有天气预报和天气警报。从初期单纯的天气图加经验的主观定性预报，逐步发展为应用气象卫星、天气雷达、自动气象站、闪电定位系统等现代化资料制作的客观数值预报。

人工影响天气 2000年开始在三河、香河、大厂9个点作业，2002年后增加到31个，覆盖全市10个县（市、区），有增雨火箭发射架10部，作业车10辆。2005年建立市级人工影响天气指挥系统，购置指挥车1辆。

气象服务 气象服务产品逐渐丰富，服务手段更加及时高效，由单一的服务方式发展到电话、传真、报告和电视、手机短信、互联网等多种手段相结合的综合服务体系。

1994年7月12—13日，廊坊市出现30年一遇的特大暴雨。12日夜间11点多，廊坊大雨倾盆，市区因停电造成通讯中断，工作人员冒雨步行到安次站传送6号台风加密观测指令和搜集雨情，当天深夜顶风冒雨，不顾个人安危，步行涉水往返10余千米，及时将雨情报给市领导，为科学决策提供了一手资料，得到了市领导的高度评价。

2007年6月底出现大到暴雨天气过程，提前为市领导提供决策信息，廊坊市政府紧急召开全市城区防汛指挥部领导成员会议，部署防汛工作。2008年"温馨家园"廊坊文化艺术节，定于正月十五举行大型户外"民间花会调演"，经天气会商，准确预测出正月十五当天出现降雪、大风过程，建议将活动提前到正月十四上午举行，活动领导小组接受了建议，保证了户外活动的顺利进行。王爱民市长做出重要批示：气象局积极围绕全市大局开展工作，主动配合，服务到位，让人有无所不在、有求必应、无微不至的感觉，值得表扬。

廊坊市气象局

机构历史沿革

始建情况　廊坊气象机构始建于 1958 年 12 月,称为天津农业局气象处,隶属于天津农业局领导。驻地天津市和平区兴安路 183 号。

站址迁移情况　1962 年 1 月迁至天津市河西区气象台路东风里。1970 年 9 月迁到原安次县廊坊公社北史家务村南(原安次气象站),北纬 39°30′,东经 116°42′,海拔高度 13.7 米。1972 年 12 月迁到现址廊坊市爱民东道 32 号。

历史沿革　1962 年 1 月改称天津专区气象台;1963 年 1 月改称天津地区气象台;1963 年 10 月改称天津专区气象局;1968 年 1 月改称天津地区革命委员会气象局;1970 年 9 月改称天津地区革命委员会气象台;1973 年 1 月改称天津地区革命委员会气象局;1974 年 1 月改称廊坊地区革命委员会气象局;1978 年 8 月改称廊坊地区气象局;1989 年 4 月改称廊坊市气象局。

管理体制　1962 年 1 月隶属河北省气象局领导。1963 年 1 月改为天津专员公署领导。1968 年 1 月改为天津地区农林局领导。1968 年 5 月,并入天津地区革命委员会农林局。1970 年 9 月改为河北省天津军分区领导。1973 年 1 月改为天津地区革命委员会农林水利办公室领导。1973 年 11 月改为天津地委领导。1974 年 1 月隶属于廊坊地区革命委员会领导。1978 年 8 月改为廊坊地区行政公署领导。1981 年体制改革,实行气象部门与地方政府双重领导,以气象部门领导为主的管理体制。

机构设置　1978 年 8 月下设气象台和办公室。2002 年 5 月廊坊市气象局机构规格为正处级,下设 8 个正科级单位,即:办公室(与政策法规科合署办公)、业务科技科、计划财务科、人事教育科(与党组纪检组合署办公)4 个内设机构和廊坊市气象台、廊坊市防雷中心、廊坊市气象科技服务中心和廊坊市人工影响天气办公室 4 个直属事业单位。

单位名称及主要负责人变更情况

单位名称	姓名	职务	任职时间
天津农业局气象处	陈伯平	处长	1958.12—1961.07
	杨真	负责人	1961.07—1962.01
天津专区气象台	周任勤	台长	1962.01—1963.01
天津地区气象台		台长	1963.01—1963.10
天津专区气象局		局长	1963.10—1968.01
天津地区革命委员会气象局	封字芳	局长	1968.01—1970.09
天津地区革命委员会气象台	马同科	军代表	1970.09—1972.12

续表

单位名称	姓名	职务	任职时间
天津地区革命委员会气象局	刘景泽	局长	1973.01—1974.01
廊坊地区革命委员会气象局			1974.01—1978.08
			1978.08—1980.09
廊坊地区气象局	王子祥	局长	1980.09—1984.03
	李书田	局长	1984.03—1987.07
	张增福	副局长(临时负责)	1987.07—1987.10
	白瑞珊	局长	1987.11—1989.03
			1989.04—1989.07
廊坊市气象局	贾国庆	局长	1989.08—2001.03
	关福来	局长	2001.03—2005.06
	展 芳	副局长(主持工作)	2005.06—2007.09
		局长	2007.09—

人员状况 1958 年成立之初有 18 人,1963 年 10 月有 36 人;1966 年 5 月受"文化大革命"冲击,最少时只剩 6 人坚持工作;1976 年 10 月以后各项工作开始走向正轨;1987 年有 82 人。2008 年河北省气象局核定编制 72 人(管理机构编制 18 人,直属事业单位编制 54 人)。截至 2008 年底实有在职职工 59 人,离退休职工 54 人,聘用临时工 9 人。在职职工中:研究生 2 人,本科 28 人,大专 15 人;高级职称 4 人,中级职称 22 人;30 岁以下 20 人,31~40 岁 11 人,41~50 岁 16 人,50 岁以上 12 人;少数民族 2 人。

气象业务与服务

1. 气象业务

①气象观测

地面观测 1959 年 1 月 1 日开始观测。观测站站址位于廊坊市安次区北史家务村(北纬 39°30′,东经 116°42′),海拔高度 13.7 米,占地 6400 平方米,为国家一般气象观测站。承担全国统一观测项目,内容包括云、能见度、天气现象、气压、气温、湿度、风向、风速、降水、雪深、日照、蒸发(小型)和地温(距地面 0、5、10、15、20 厘米),电线积冰厚度与重量观测和 E-601 大型蒸发观测。每天进行 08、14、20 时 3 次定时观测,向省气象台拍发天气加密报。

紫外线观测 2008 年 9 月增加紫外线观测项目。

自动站观测 2002 年 11 月 25 日安装温度梯度观测系统。2007 年 6 月安装自动气象站,2008 年 1 月 1 日正式投入业务运行。

农业气象观测 1964 年开始农业气象观测,为河北省农业气象基本站。1984 年,观测项目由大田作物观测(冬小麦、玉米)改为蔬菜观测项目番茄、黄瓜、大白菜、菜豆,物候观测项目为毛白杨、马蔺、蚱蝉、气象水文现象。

②天气预报

始建时,主要负责天津市区及专区各县的天气预报业务。1974 年 1 月制作廊坊短期预报,主要是 24 小时天气预报。1976 年 1 月制作长期天气预报。1980 年 1 月发布廊坊中期天气预报,制作旬预报。2003 年 7 月制作短时天气预报(夏天 3 小时预报,其他时间 6 小时预报)。2004 年 6 月制作和发布临近预警天气预报,即 0~2 小时内的雷雨大风、冰雹、下击暴流、台风、龙卷风等灾害性天气预报。2003 年 9 月与环保局联合发布空气质量预报。2005 年 7 月开始发布灾害天气预警信号。2007 年 1 月增加一氧化碳中毒气象条件潜势预报、灰霾天气预报、人工影响天气作业天气条件预报、连阴天(低温寡照)预报。建立了月、季、年气候预测解释服务系统,定期发布预报产品。2003 年 8 月安装 711B 型雷达(X 波段,波长 3 厘米)并正式投入使用。

③气象信息网络

1986 年 5 月在廊坊市气象台和三河、霸州市气象局安装甚高频电话。1990 年 5 月市、县气象局之间全部开通甚高频电话,并与省气象台组网正式运行。1991 年开始应用 DDN 数据交换网,用于气象数据传输。1994 年 6 月建成省—市专线话路远程网络。1996 年开始气象卫星综合应用业务系统("9210"工程)建设,1997 年 4 月建成 VSAT 小站,通过卫星数据网和卫星话音网分别进行数据通信和卫星电话业务。1997 年 7 月开始应用 MICAPS 人机交互天气预报平台。1998 年建成市—县 X.28 分组交换网。1999 年 4 月建成 PC-VSAT 单收站。2000 年 4 月开通了省—市的 X.25 分组交换网。2002 年 5 月正式启用省—市 2 兆局域光纤网,用于天气会商、电视电话会议、内部 IP 电话和数据传输等多项功能。2002 年 6 月开通了各县气象局 X.25 专线。2003 年 7 月正式使用 Internet 互联网。2005 年 3 月市、县气象局两级换成 2 兆 VPN 专线,并开通 Notes 电子邮件系统。2008 年 10 月建成市—县可视化会商系统和实景观测系统。截至 2008 年 12 月,共有高性能台式微机 85 台,笔记本计算机 14 台,服务器 3 台,思科三层交换机 1 台,建立了基于 2 兆 VPN 专线的市、县连接网络和基于 8 兆数字链路的省—市连接网络,建立了基于 Internet 的备份传输线路,在数据以及资料共享上建立了专门的服务器和资料存储机制,制订了网络应急机制。

2. 气象服务

公众气象服务 1974 年 1 月开始通过廊坊广播电台、安次区广播电台对外广播 24 小时天气预报。1990 年 1 月在《廊坊日报》发布每日天气预报。1997 年 7 月 1 日电视天气预报节目在廊坊电视台正式播出。1999 年开通固定电话"121"天气预报自动答询服务业务;2001 年 3 月,开通了手机答询服务;2005 年 1 月"121"号码升位为"12121"。2003 年 7 月开始气象短信业务推广、客户服务电话答询以及短信订制等各项工作。2005 年改建了电视天气预报节目演播室,采购了虚拟演播室系统,2008 年升级为"真三维演播系统",提高了节目质量。2008 年 1 月在《廊坊日报》增设《周一看天气》栏目,开展一周天气预报服务。

决策气象服务 常年为市委、市政府以及相关部门提供《气象旬月预报》、《雨情信息》、《农业气象信息》,遇重大灾害性天气和重大活动,及时发布《重要天气报告》和《专题气象报告》。2005 年将气象预警信息和雨情资料直接通过手机短信发送到市领导和相关部门领导手中。2007 年手机短信的服务范围扩大到全市各乡镇、村街书记、主任和中小学校校长。

专业与专项气象服务 1982 年通过邮寄和传送 3~5 天预报开展了专业气象服务,主要服务对象是石油管道局、辖区内砖厂和仓储行业。2001 年对管道局和供电局等专业用户进行网络化服务,依据用户需要制作气象图形、图表和各个时段的天气预报及其他产品。

1990 年成立廊坊市避雷设施安全检测站,负责市区避雷设施安全检测工作。1997 年 7 月经廊坊市编制委员会(廊编办〔1997〕15 号)批准成立廊坊市防雷中心。2004 年开始对新建、扩建和改建的建筑物防雷设施进行设计审核,分阶段检测和竣工验收,有效地避免和减少了雷电灾害对人民生命财产造成的损失。

1977 年 6 月增设人工影响天气试验业务,并对各县土火箭和"三七"高炮消雹试验进行管理。1984 年 1 月撤销此项业务。2000 年开展人工影响天气工作。2002 年成立廊坊市人工影响天气办公室。2002 年 6 月 9 日首次组织实施火箭人工增雨作业,为缓解旱情、改善生态环境做出了积极的贡献。

气象科技服务 1989 年开展气象警报机服务,每天发 3 次预报,服务范围拓展到了工业、农业、仓储、运输等多个领域。1989 年 10 月成立彩球服务部。随着"12121"、气象短信、专业服务网站的发展,2003 年取消了气象警报服务。

气象科普宣传 充分利用"3·23"世界气象日、普法宣传日、公民道德宣传日、安全生产月、气象台开放日等活动,宣传气象科普、防灾减灾和气象法规知识。为普及防雷常识、减少雷电灾害造成的损失,将防雷安全知识挂图发放到社区、集市、学校,并向中小学校赠送了科普光盘。

气象法规建设与社会管理

依法行政 随着《中华人民共和国气象法》等相关法律、法规的出台,2000 年 1 月成立了廊坊市气象行政执法队。2002 年 5 月成立政策法规科(与办公室合署办公),现有行政执法人员 7 人。2003 年被列为廊坊市安全生产委员会成员单位。

社会管理 2002 年 1 月市气象局、公安局联合印发了《关于加强对氢气球及其他升空物管理的通知》。2005 年 6 月廊坊市安全生产委员会印发了《关于进一步加强施放气球安全工作的通知》。2002 年 11 月廊坊市政府办公室印发了《关于加强防雷减灾安全工作的通知》。2004 年 8 月廊坊市政府印发了《廊坊市雷电灾害应急预案》。2004 年 9 月市气象局、建设局联合发出《关于加强建设项目防雷管理工作的通知》。2006 年 10 月廊坊市政府办公室印发了《关于进一步做好防雷减灾工作的通知》。2005 年 8 月廊坊市政府办公室印发了《关于加强人工影响天气工作的通知》。2004 年 11 月廊坊市政府印发了《关于保护气象探测环境和设施的通知》。2008 年 6 月针对廊坊气象观测站的探测环境保护问题,市政府专门召开市长办公会议进行协调,并印发了《市长办公会议纪要》。这些规范性文件的出台,保证了气象执法工作的有序开展。

政务公开 全面推进行政权力公开透明运行和局务公开工作,建立健全了工作体制机制,坚持"突出公开重点、突出行业特色、突出公开实效",广泛接受社会各界和职工的监督。扎实有效的开展民主评议行风工作,促进了党风廉政建设和依法行政工作的深入开展。

党建与气象文化建设

1. 党建工作

党的组织建设 1958—1963 年与农业局合为一个党支部。1963 年 10 月成立独立党支部。1966 年 5 月受"文化大革命"冲击,全局只剩 6 个人(党员 2 名)坚持工作。1970 年 9 月恢复党支部。1992 年成立廊坊市气象局机关党总支,下设 2 个支部。截至 2008 年 12 月有党员 61 人(其中在职党员 31 人,离退休党员 30 人)。

通过加强党组织和党员队伍建设,认真开展一系列教育实践活动,发挥党组织的战斗堡垒作用和党员的先锋模范作用,坚持"三会一课"制度,实行党务公开,建立健全了保持共产党员先进性长效机制,深入学习实践科学发展观。

2004—2008 年连续 5 年被廊坊市直工委授予"优秀基层党组织",2007 年、2008 年被中共廊坊市委评为"廊坊市优秀基层党组织"。

党风廉政建设 1985 年 10 月成立纪检组。1989 年 4 月成立纪检监察室。1996 年 6 月纪检监察室与人事科合署办公。在党风廉政建设中,认真落实党风廉政建设责任制,贯彻落实中纪委反腐倡廉重大决策部署,落实《实施纲要》和《工作规划》,建立健全教育、制度、监督并重的惩防体系。认真开展"党风廉政教育宣传月"、"警示教育周"、"两严四廉"和廉政文化"六进"、"十个一"等项活动,推广使用计算机廉政屏幕保护程序,组织廉政文化作品征集展评和廉政歌曲大家唱活动,营造出了风清气正的工作氛围。编印了《廊坊市气象局制度汇编》,形成了用制度管理、按制度办事的良好环境。扎实开展审计工作,连续 7 年被河北省气象局评为内部审计先进单位。局纪检组连续 5 年被市直工委评为"优秀纪检组织"。

2. 气象文化建设

精神文明建设 坚持弘扬气象人精神,内强素质、外树形像,积极推进气象文化和精神文明建设。坚持"一把手"亲自抓,主管领导具体抓,分工明确、职责清晰、责任到人的创建工作领导机制,把精神文明创建工作同气象业务工作一同部署、一同落实、一同检查、一同考核,制定实施方案,明确创建目标。

文化设施日趋完善,2001 年以来先后投资 25 万元,购置了调音台、功放、音响、DVD、触屏电子点歌系统等设备,建成了篮球、排球、羽毛球为一体的活动场所和乒乓球室,为职工购置了运动服装。2005 年 11 月在全省率先建成了"两室一网"(荣誉陈列室、图书室和气象文化网),院内设立了公开栏、文化宣传栏和展牌,把气象文化建设融入到各项工作中,构建了和谐发展的良好局面。

文明单位创建 坚持每年组织开展 2 次以上丰富多彩、健康有益的群众性文体活动,先后开展了"争做诚实守信气象人"、"弘扬文明、共创和谐"、"迎奥运、讲文明、树新风"等主题教育活动,开展了"气象在我心中"、"改革、发展、创新"等为主题的演讲比赛,利用建党、建国等纪念日开展爱国歌曲演唱会。2002 年以来连续 3 届荣获河北省"文明单位"。2007 年 10 月荣获廊坊市文明示范单位。

3. 荣誉

集体荣誉　1987—2008 年共获集体荣誉奖 98 项,其中,1994 年被中国气象局评为全国汛期气象服务先进集体;2002 年以来连续 3 届荣获省级"文明单位";2004 年在全国电视气象节目观摩评比中荣获地市级无主持人节目类综合二等奖;2005 年被中国气象局评为全国气象部门局务公开先进单位,被省爱卫会评为河北省卫生先进单位;2008 年荣获全国气象部门文明台站标兵、局务公开示范单位。

个人荣誉　1987—2008 年职工个人共获奖 96 人次。其中:2 人被中国气象局评为"全国优秀值班预报员",1 人被中国气象局评为"全国优秀网络管理员",1 人被中国气象局评为"全国气象部门廉政文化建设先进个人",4 人被中国气象局授予"质量优秀测报员"荣誉称号。

台站建设

台站综合改造　1970 年 9 月天津地区革命委员会气象台由天津迁至原安次气象服务站。1972 年 12 月搬到现址,周围是一片农田,交通、用水、用电很不方便。1987 年建成建筑面积 2000 平方米的办公楼。1993 年、1996 年建成 3 栋职工宿舍楼。1994 年与原北京气象学院合建了 760 平方米的二层楼,用于综合经营。1996 年在原办公楼基础上续建了 252 平方米。现有办公轿车 2 辆,越野吉普 1 辆,中型面包车 1 辆,皮卡车 2 辆。

园区建设　2002 年以来围绕建设一流台站的目标,对园内进行规划设计,2003—2008 年累计投资近 250 多万元用于基础设施改造,先后 2 次对机关办公楼、演播室和气象台进行内外装修改造和维护,改建了机关大门、车库、自行车棚,完成了对家属区、院路面、楼道等改造工程,统一更换了办公家具;投入 30 万元用于绿化、亮化,种植法国梧桐、玉兰、雪松等树木,更换了绿地草坪,绿化面积达到 1100 平方米,院内树木成荫、绿草如茵、鲜花绽放,四季常青。楼内宽敞明亮、办公室整齐划一、统一配置,营造了优美舒适的办公环境和工作空间。2004 年 12 月被评为"廊坊市园林式单位",2005 年被河北省气象局评为优美环境建设先进单位。

安次气象站(1982 年)

廊坊市气象局(1997 年)

廊坊市气象局办公楼(2008 年)

三河市气象局

三河市历史悠久,唐武德二年(公元 619 年),析潞置临沟县。唐开元四年(公元 716年)建三河县。1993 年 3 月建三河市。

机构历史沿革

始建情况 1959 年 5 月蓟县三河气候服务站成立,隶属于蓟县农林局,站址在三河城西冯庄子北 500 米处,后来因建制变化自行取消。1964 年 1 月 1 日,正式成立三河气象服务站,为国家一般气象站,站址在三河城南兰各庄良种场院东南角。

站址迁移情况 1971 年 11 月 1 日迁至现址三河城南高各庄村西,观测场位于北纬39°58′,东经 117°05′,海拔高度 18.1 米。

历史沿革 1964 年 1 月 1 日成立三河气象服务站,为国家一般气象站;1976 年 5 月改称三河县革命委员会气象站;1976 年 10 月改称三河县革命委员会气象局;1981 年 7 月改为三河县气象局;1990 年 1 月改为三河市气象局。2007 年 1 月改为国家气象观测站二级站。

管理体制 1964 年 1 月 1 日建站时隶属河北省气象局建制,由天津专区气象台代管,党政由农林局负责领导。1967 年 12 月改为地方建制,业务、人事、财务三权下放,由农林局负责领导。1971 年 6 月由县人民武装部管理。1974 年 1 月由农林局代管,并在 16 个公社设立气象哨。1976 年 5 月归属于县生产指挥部领导,归口生产部。1981 年 11 月管理体制上收,直属廊坊地区气象局领导,党团组织关系受当地县委领导,即实行气象部门与地方政府双重领导,以气象部门领导为主的管理体制,延续至今。

单位名称及主要负责人变更情况

单位名称	姓名	职务	任职时间
	无资料		1964.01—1971.05
三河气象服务站	郑郁章	站长	1971.06—1974.06
	郝长松	站长	1974.06—1975.06
	冯浩志	副站长	1975.06—1976.05
三河县革命委员会气象站		站长	1976.05—1976.10
三河县革命委员会气象局			1976.10—1977.10
	鲍相武	局长	1977.10—1981.07
三河县气象局			1981.07—1984.03
	楚守明	局长	1984.03—1990.01
			1990.01—1990.03
三河市气象局	宋侠	局长	1990.03—2006.02
	贾贵陆	副局长（主持工作）	2006.02—2007.01
		局长	2007.01—

说明：1971年5月前，资料无法查到。

人员状况　1964年建站定编3人。2008年1月业务体制改革，定编7人，截至2008年底实有在职职工6人，其中：本科学历5人，大专学历1人；中级职称2人，初级职称4人；30～40岁5人，20～30岁1人。退休职工9人，聘用临时工1人。

气象业务与服务

1. 气象业务

①气象观测

地面观测　每天进行08、14、20时3个时次人工地面观测，并编发天气加密报。观测项目有云、能见度、天气现象、气温、湿度、风向、风速、气压、降水量、日照、小型蒸发、地面温度（含草温）、浅层地温、雪深、冻土等。1986年开始使用PC-1500袖珍计算机取代手工查算编报。

自动站观测　2002年安装CAWS600型自动气象站，2003年1月1日，正式投入业务运行。自动气象站观测项目包括气温、湿度、气压、风向、风速、降水量、地面温度和浅层地中温度、草面温度，每天24小时连续观测。未实现自动观测的项目仍用人工方法观测。从2004年开始以自动气象站观测数据作为正式气象观测记录。2005年9月安装了闪电定位仪。

农业气象观测　1974年设立农气股，台站级别为省农气基本站，主要是开展农业气象观测和农业气象服务。现观测项目包括冬小麦、夏玉米、加拿大杨树、车前草和大杜鹃等，每旬逢8日测定0～50厘米深度的土壤湿度。之前进行过观测的有春玉米、棉花、大豆、垂柳、柏树、松树、二月兰、龙葵、刺菜、芦苇、苦苣、大雁、家燕、蟋蟀、蚱蝉。农业气象服务的内容主要是：编发气象旬（月）报、编发农业气象情报和农业气象预报。

②天气预报

1974年设立预报股,并制作短期、中期和长期天气预报。1984年安装2台CE80型传真机用于接收传真图,开始使用中央气象台、省气象台的指导预报。1985年安装了301无线对讲机,开始与市气象台进行天气会商。1999年建成PC-VSAT卫星接收小站,应用MICAPS业务平台,通过气象卫星随时接收各种气象信息。2002年取消了预报股,只订正廊坊市气象台制作的本地天气预报。2008年9月建成可视会商系统,实现了省—市—县三级视频会商。

③气象信息网络

1984年1月开始使用甚高频电话发报。1998年7月安装使用X.28分组数据交换网,通过拨号与省气象台联网进行发报和报表文件传输。2002年7月安装使用X.25分组数据交换网,与省、市气象局联网,办公和业务文件使用网络传输。2005年3月安装使用2兆光纤VPN网络。2008年9月安装实景观测系统,对气象探测环境实时监控。

1964—1994年气象月报表、年报表用手工抄写方式编制。月报表一式3份,分别上报省、市气象局各1份,本站留底1份。年报表一式4份,分别上报国家气象局和省、市气象局各1份,本站留底1份。从1995年开始使用微机打印气象报表,并报送数据文件。2004年自动气象站单轨运行后,改为以光盘存储的月报表数据文件为正式资料进行存档。2006年起气象观测簿、自记纸等原始资料移交市气象局保存。

2. 气象服务

公众气象服务 1987年使用气象警报发射机,每天早、中、晚3次为砖厂等客户提供气象预报服务。1990年开通电话"121"天气预报自动答询系统。1993年使用3775型高频电话开展农村气象警报服务,覆盖了全市330多个村街。1998年1月1日在三河电视台播出电视天气预报节目。1998年12月对电话"121"自动答询系统进行了升级改造,由6根中继线改为光纤接入,可同时容纳30部电话呼入。2002年取消了气象警报机服务。2005年1月"121"电话自动答询接入号码改为"12121"。

决策气象服务 坚持常年为市委、市政府等各级领导提供《气象旬月预报》。遇重大灾害性天气和重大活动,及时发布《重要天气报告》和《专题气象报告》。2004年7月在10个乡镇建立区域气象观测站,对雨量、气温实时采集,为领导决策提供了准确的气象资料。2005年增加了手机短信的服务方式,气象预警信息和雨情资料直接发送到市级领导、各镇书记、镇长和市直相关各局领导手中。2007年手机短信的服务范围扩大到全市各村街书记、主任和中小学校长。

【气象服务事例】 1994年6号台风使三河市连降暴雨,有7个乡镇40个村庄受到洪水威胁,13400公顷良田被淹,暴雨狂风使得城市交通、通信中断。宋侠局长冒着大雨,趟着没膝深的水,顶着漆黑的夜色,步行3千米赶到市政府作了天气转好的汇报。大坝没有炸,下游没有淹,被困的群众没有转移,减少损失上千万元。市委、市政府领导做出批示:"气象局在关键时刻立下了头功!"。

专业与专项气象服务 1974年1月建立了"土火箭"生产车间。1978年1月改"土火箭"车间为"土火箭"厂,厂址由气象局院内迁到灵山公社小口里边,1981年1月停办。

1990 年成立三河县避雷设施检测站。1998 年成立三河市防雷中心。负责全市防雷设施的检测、设计、验收、咨询和雷灾事故的鉴定工作,有效的避免和减少了雷电灾害对人民生命财产造成的重大损失。

2000 年 6 月三河市人工影响天气领导小组成立,办公室设在气象局。经空域管理部门批准,在高楼、三里庄、大赵庄、大曹庄(后撤销)、南杨庄、皇庄、东兴庄设立了人工增雨作业点,先后购置了 WR 型人工增雨火箭发射架 3 部、专用车 1 辆。2006 年 6 月 9 日在大曹庄打响了人工增雨的第一炮,从此拉开了人工影响天气工作的序幕。市委书记李刚批示"气象局近来工作有很大改进,信息提供及时准确,并实施了人工降水,为三河农业农民做了件大好事,应予表扬,望再接再厉,用敬业、创新、务实精神再创新业绩!"。

气象科技服务 2006 年 5 月经批准成立了三河市蓝天科技服务中心,面向社会提供气象信息服务、庆典彩球、防雷设施检测、防雷装置设计、施工、维修等专项、专业服务,实行了统一的规范化管理。

气象科普宣传 充分利用"3·23"世界气象日、普法宣传日、公民道德宣传日、安全生产月等活动,积极宣传气象法规和科普知识,每年组织气象局开放日活动,吸引了大批的中小学生和社会公众前来参观。为普及防雷常识、减少雷电灾害造成的损失,印制了防雷安全知识挂图 1 万余套,发放到每个村街、厂矿、学校、医院和住宅小区,并向所有中小学校赠送了光盘,公众的防雷意识明显提高。

气象法规建设与社会管理

依法行政 随着《中华人民共和国气象法》、《通用航空飞行管制条例》、《防雷减灾管理办法》、《施放气球管理办法》等法律、法规的相继出台,明确了气象部门对施放气球和避雷装置的设计、审核、施工、竣工验收的管理职权。2000 年成立了行政执法队伍。

社会管理 2003 年被列为三河市安全生产委员会成员单位,负责全市防雷安全的管理。2004 年 12 月三河市政府办公室转发了《廊坊市人民政府关于保护气象探测环境和设施的通知》,气象探测环境保护标准在市政府和建设局、国土局等部门进行了备案,对依法保护气象探测环境提供了可靠保障。

政务公开 积极推进行政权力公开透明运行工作,建立健全了各项管理工作制度,印制了《三河市气象局制度汇编》,加强应急体系建设,扎实开展局务公开工作,实现了制度化规范化管理。

党建与气象文化建设

1. 党建工作

党的组织建设 建站初期,党员编入县农林局党支部。1976 年 12 月建立气象局党支部,有党员 3 名。1979 年 1 月建立党组。1983 年 3 月撤销了党组,恢复党支部。现有党员 13 名(其中退休职工党员 7 名)。

通过加强党组织和党员队伍建设,坚持"三会一课"制度,深入开展学习实践科学发展观,带领职工高标准、高质量的完成各项工作任务。2004—2008 年连续 5 年被三河市委授予"先进基层党组织"。

党风廉政建设 在加强党风廉政建设中,认真落实"一岗双责"制。开展了"党风廉政教育宣传月"、预防腐败"常青行动"等专题教育活动,利用先进典型进行正面引导和用反面典型案件进行警示教育,增强了拒腐防变的能力。在走廊和会议室张贴廉政警示标语,制作廉政警示桌牌,安装计算机廉政屏幕保护程序,营造出了风清气正的工作氛围。坚持以宣传教育为基础,以制度建设为保证,从源头上预防和治理腐败,为建立"勤政、廉洁、高效、务实"的机关作风,进一步推动三河气象事业发展奠定了坚实的基础。

2 气象文化建设

以弘扬气象精神为抓手,大力开展文明单位创建活动。深入开展创学习型单位活动,严格落实公民道德建设实施纲要,经常组织职工开展文化体育活动,进一步充实和完善"两室一网"(荣誉陈列室、图书室和气象文化网)。走廊内布置了气象文化展牌,院内设立了公开栏、科普宣传栏,建立学习园地,建设了篮球场、羽毛球场、多功能厅,安装了健身器材,丰富了职工业余文化生活。自 1992 年连续 16 年荣获三河市"文明单位"称号,自 1998 年连续 10 年荣获廊坊市级"文明单位",自 2002 年连续 3 届荣获河北省"文明单位"。

3. 荣誉

集体荣誉 1978 年 10 月被评为全国气象部门先进集体,负责人冯浩志在人民大会堂受到党和国家领导人华国锋、叶剑英、邓小平、李先念等接见。1992—2008 年共获集体荣誉 45 项,其中:先后荣获河北省文明单位,河北省"三星级"窗口单位称号,河北省气象系统二级强局单位,河北省气象局环境建设先进单位等荣誉,2007 年被河北省气象局评为"一流台站"建设先进单位。

个人荣誉 1986—2008 年职工个人共获奖 60 人次。其中 1 人被中国气象局评为"全国气象系统汛期模范工作者",7 人被中国气象局授予"质量优秀测报员"荣誉称号。

台站建设

台站综合改造 1964 年建站伊始,办公用房借的是良种场烤烟房。1971 年迁站新建 6 间平房,水、电都是从党校接入,经常停水、停电。职工上下班不但没有路,还需途经一片坟地,踩着没膝的荒草。饮用的是院内土井水,到了雨季,水位离地面仅有 1 米,办公环境和生活条件都十分艰苦。1980 年打了 108 米深的水井,职工捡来砖头瓦块自己动手盖起了井房,解决了吃水难的问题。1994 年在省气象局和地方政府的支持下,投资 36 万元,建成了 310 平方米的办公楼,安装了配电变压器,职工全部搬进了 100 平方米的新居,彻底改变了职工的办公环境和生活条件。

办公与生活条件改善 2003 年为推进现代业务体系建设,按照"四个一流"的要求,对院内及办公基础设施进行了重新规划,投资 30 余万元,对办公楼进行改造,将外置旋转楼梯改为内置楼梯,安装了空调、计算机、打印机、电话等现代化设备,使办公条件进一步改善。2008 年投资 80 余万元,新建 300 平方米防静电业务大厅,观测场围栏换成了塑钢材质,对院内的环境进行了绿化改造,绿化面积 3000 平方米,成为三季有花、四季常青的园林式单位。2003 年以来先后投资 50 余万元购置现代化设备，购置公务用车 1 辆，拥有 P4 以上计算机 13 台，组建了局域网，并配有数码相机、摄像机、GPS 卫星定位仪和非线编电视天气预报制作系统等，为基础业务、气象服务、气象文化建设等工作的开展奠定了坚实的基础。

三河市气象局旧貌（1980 年）

三河县气象局旧观测场（1980 年）

三河市气象局现貌（2008 年）

三河市气象局现观测场（2008 年）

大厂回族自治县气象局

大厂回族自治县建于 1955 年，是全国 6 个回族自治县中最年轻的一个。据口碑资料称：古时这里荒草遍野，人烟稀少。明初皇家曾在此设立马场，俗称"大场"，后逐步演化成"大厂"。

机构历史沿革

始建情况 1963 年 8 月大厂回族自治县气象服务站开始建设，1964 年 1 月 1 日正式观测记录。站址位于县政府东北方"城镇"。

站址迁移情况 1999 年 8 月 22 日迁到现址夏安路芦庄北段,占地面积 8000 平方米,北纬 39°54′,东经 116°59′,海拔高度 16.5 米。

历史沿革 1976 年 11 月更名为大厂回族自治县革命委员会气象站。1982 年 6 月更名为大厂回族自治县气象站。1990 年 1 月更名为大厂回族自治县气象局。

1988 年 1 月 1 日由省一般站改为辅助气象站。1991 年 5 月由辅助站改称省一般站。1999 年 1 月 1 日改为国家一般站。2007 年 1 月—2008 年 12 月改称国家基本气象观测站二级站。

管理体制 初建时隶属天津专区气象局领导;1969 年改由县农林局领导;1971 年改由县人民武装部领导;1973 年改由县农林局领导;1976 年改由县委生产部领导;1981 年 11 月改为气象部门与地方双重领导,以气象部门领导为主的管理体制,并延续至今。

单位名称及主要负责人变更情况

单位名称	姓名	职务	任职时间
大厂回族自治县气象服务站	李振生	站长	1963.08—1974.04
	纪 昆	站长	1974.04—1974.12
	李振生	站长	1974.12—1976.01
大厂回族自治县革命委员会气象站	白文田	站长	1976.01—1976.11
			1976.11—1982.06
			1982.06—1986.11
大厂回族自治县气象站	李焕时	站长	1986.12—1989.01
	康书林	站长	1989.01—1990.01
大厂回族自治县气象局		局长	1990.01—1991.08
	陈宝江	局长	1991.08—1994.05
	王 震	局长	1994.05—

人员状况 1963 年建站时只有 3 人。2008 年 1 月定编为 6 人,截至 2008 年底实有在编职工 6 人,其中:大学学历 2 人,大专学历 3 人,中专学历 1 人;中级职称 3 人,初级职称 3 人;50～55 岁 1 人,40 岁以下 5 人。聘用人员 1 人。离退休人员 7 人。

气象业务与服务

1. 气象业务

①气象观测

初期主要业务是地面观测,兼作土壤墒情观测。观测项目有:云状、云量、云高、能见度、天气现象、气温、湿度、气压、风向、风速、日照、小型蒸发、降水量、雪深、地温、冻土深度等。观测时次为 08、14、20 时 3 次,夜间不守班。

1968 年 7 月 18 日开始编发天气报。1990 年 5 月 1 日使用计算机查算。1999 年 1 月 1 日使用微机编制报表。2004 年 5 月在全县 5 个乡镇安装了气温、雨量两要素区域自动站。2004 年 11 月测报新软件 OSSMO 2004 正式安装使用。2007 年 11 月建成六要素自动气象站;2008 年 1 月 1 日—12 月 31 日自动站与人工站双轨运行,以人工站为准发报。

②天气预报

1973 年成立预报服务股,负责全县天气预报、警报的发布,重大气象灾害的调查取证等工作。1984 年 1 月开始使用 CE80 型传真机用于接收传真图。1986 年 7 月安装 301 无线对讲机与市气象局进行天气会商。1996 年 4 月,开始利用微机接收廊坊市气象局的气象资料,气象传真机停用。2002 年取消预报股,改由廊坊市气象台负责天气预报的制作,县气象局负责本地天气预报的订正。

③气象信息网络

1986 年 7 月安装使用 301 对讲机发报。1987 年 4 月开始使用 PC-1500 袖珍计算机编发报及编制报表。1994 年 11 月启用台式计算机编发报,用针式打印机打印报文。1998 年 7 月安装使用 X.28 分组数据交换网用于测报传输数据,同年 11 月 163 Internet 网络开通。2000 年 9 月建立了 PC-VSAT 小站和以 MICAPS 为工作平台的业务流程,使用亚洲 2 号卫星和中国气象局、河北省气象局、廊坊市气象局联网,可随时接收各种气象信息。2002 年 6 月安装使用 X.25 分组数据交换网代替 X.28,用于测报传输数据、局域网建设和与廊坊市气象局传输公文。2004 年 7 月开通 1 兆的宽带用于访问 Internet 网。2005 年 1 月开通市—县 2 兆 VPN 光纤宽带,4 月 X.25 停用。同年开通了 Notes 系统。2008 年 1 月建成大厂气象网页;10 月建成可视化会商和实景监控系统;同年建成 110 联动报警系统。

1964—1998 年气象月报表、年报表用手工抄写方式编制。月报表一式 3 份,分别上报省、市气象局各 1 份,本站留底 1 份。年报表一式 4 份,分别上报国家气象局和省、市气象局各 1 份,本站留底 1 份。1999 年 1 月开始使用微机打印气象报表,并报送数据文件。2004 年改为以光盘存储的月报表数据文件为正式资料进行存档。2006 年起,气象观测簿、自记纸等原始资料移交市气象局保存。

2. 气象服务

大厂回族自治县气象局气象服务形式随着经济社会的发展不断发展进步,经历了由最初的设置警报接收机、油印气象服务材料发展到现在的"企信通"短信预警预报、网络传真等高科技手段,服务更加快捷到位。

公众气象服务 1988 年 4 月使用气象警报发射机为砖厂和有关单位提供天气预报,每天发布 2 次预报,汛期中午增加 1 次,效果较好。1996 年 5 月开通模拟信号"121"天气预报答询系统。1998 年 3 月开始电视天气预报制作。2002 年 3 月天气预报电话自动答询系统"121"升级为数字式平台。2005 年 1 月"121"天气预报自动答询电话号码升位为"12121"。1990 年 12 月成立大厂回族自治县避雷设施安全检测站。1997 年 10 月成立大厂回族自治县防雷中心,负责全县防雷设施的检测、设计、验收、咨询以及雷灾事故的鉴定工作。1998 年 3 月开始每天在县电视台定时播出由气象局制作的"天气预报"录像带节目。2006 年 4 月电视天气预报系统更新为非线性编辑一体机,同时实现 U 盘录制节目播出。2005 年 5 月开通雨情及重要天气手机短信服务。2007 年继续扩大"气象短信"的服务对象和内容,全县 105 个自然村的支书、村长都能在第一时间收到气象预警预报短信,并通过大喇叭向全村人民广播,最大限度地预防和减小气象灾害给广大人民群众的生命财产造成的损失。

决策气象服务　决策气象服务产品主要以《重要天气报告》、《专题气象报告》、《雨情信息》、《气候影响评价报告》、《气候公报》、约稿(临时服务材料)、手机短信等形式,在第一时间报送到县四套班子领导及有关部门。

【气象服务事例】　1994年7月12日,大厂回族自治县出现了罕见的特大暴雨,给人民生命财产带来严重的威胁,县气象局迅速成立了防汛抗洪领导小组,每天及时将气象资料送到前线指挥部。由于县气象局的服务及时、准确,受到了县领导的表扬。事后,大厂回族自治县著名企业"京大铜床厂"特别赞助气象局人民币2万元,用于购置微机及配套设备。

2002年4月29日,大厂回族自治县举行首届华北地区赛牛大会,由于28日夜间一直持续着小到中雨的天气,大会能否在29日上午9时准时举行关系重大,县气象局在市气象台指导下,做出准确的预报,保证了大会按时召开,县长杨连福给予县气象局高度赞扬。

2007年8月3日,由于县气象局的雨情信息服务工作主动及时,大厂回族自治县县委书记孙宝水在县气象局报送的第11期《雨情信息》上做出批示:"县气象局气候变化信息及时,相关数据资源服务到位,为增效减灾做出了贡献。充分体现了立足部门职能、服务人民群众、配合工作大局的境界。向气象局的同志们表示感谢!望再接再厉,共同为大厂崛起而努力。"

人工影响天气　2002年8月成立大厂回族自治县人工影响天气指挥部,人工影响天气办公室挂靠在气象局。2002年9月25日成功实施了第一次人工增雨作业。2007年更新人工增雨专用皮卡车1辆。2008年更新火箭弹发射架1部。人工影响天气办公室抓住每一次有利的天气形势组织增雨作业,为有效缓解本地旱情做出了积极贡献。

气象科普宣传　大厂回族自治县气象局重视气象科普工作。利用"3·23世界气象日"、"安全生产月"等活动日编写通俗易懂的气象知识科普宣传小册子,采取设立咨询台、广播电台、电视台播出等多种形式宣传气象科普知识,对人民群众的生活和生产起到了积极的指导作用。

气象法规建设与社会管理

2002年3月大厂回族自治县政府办公室批转了县防雷中心《加强对10米以上高大建筑物、易燃易爆场所及计算机网络避雷装置检测验收的通知》;同年县气象局与建设局、公安局联合下发了《关于加强我县避雷设施安装、审核、检测、验收的通知》,加强了对大厂回族自治县新建、扩建和改建的建筑物防雷设施进行设计审核、分阶段检测和竣工验收工作,进一步规范了防雷减灾工作的管理,保障了人民的生命财产安全。

2008年4月大厂回族自治县政府下发了《关于保护气象探测环境和设施的通知》(〔2008〕10号),气象探测环境保护标准在县政府和建设局、规划局、国土局、环保局等部门进行了备案登记,对依法保护气象探测环境提供了可靠保障。

大厂回族自治县气象局注重制度建设,建立完善了各项规章制度,形成了靠制度管人、管事、管权的有效机制。积极推进行政权力公开透明运行工作,保障职工的合法权益,接受人民群众的监督。建立健全了应急管理体系,增强突发事件的处置应对能力。

党建与气象文化建设

1. 党建工作

党的组织建设 1997 年以前大厂回族自治县气象局与县农林局等部门组成联合党支部,1997 年 9 月 15 日气象局建立了独立的党支部,当时有 3 名党员。截至 2008 年有党员 5 人(其中离退休职工党员 1 人)。

党支部坚持"三会一课"制度,积极开展"保持共产党员先进性教育"和"深入学习实践科学发展观"活动,2004 年以来连续 5 年被县直工委评为"先进党支部";2 人次分别荣获"优秀党务工作者"和"优秀共产党员"称号。

党风廉政建设 坚持以落实党风廉政建设责任制为抓手,注重源头预防,完善监督制约机制,认真落实中共中央《建立健全教育、制度、监督并重的惩治和预防腐败体系实施纲要》和《工作规划》,扎实开展党风廉政教育月活动和典型及警示教育,推进廉政文化"六进"和"十个一"活动,形成了风清气正的良好氛围。

2. 气象文化建设

大厂回族自治县气象局继承和弘扬老一辈气象人的光荣传统和优良作风,凝炼出了"情系气象、振兴大厂、开拓进取、敬业奉献"的大厂回族自治县气象人精神。气象文化建设阵地得到显著加强,2005 年建成图书室、荣誉室和气象文化网,使气象文化建设迈上了新的台阶。精神文明建设进一步巩固和提高,干部职工勤奋敬业、牢记宗旨,广泛开展精神文明创建和创建学习型单位、构建和谐单位活动,"讲文明、树新风"成为职工的自觉行动。1997 年被县委、县政府授予县级"文明单位"称号;2002 年被廊坊市精神文明委员会评为"二星级窗口单位",被廊坊市委、市政府授予市级"文明单位"称号。

3. 荣誉

集体荣誉 1988—2008 年,共获集体荣誉奖 28 项,其中,2008 年荣获河北省建设厅颁发的"河北省园林式单位"称号。

个人荣誉 个人获奖 63 人次,其中 2 人次荣获"全国质量优秀测报员"称号。

台站建设

1963 年初建时只有 3 间平房,四周空旷荒芜,生活艰苦,交通不便;用手电筒观测,点煤油灯值班,出入步行。

1989 年 8 月第一次对办公房及家属房进行翻修改造,新建办公平房 300 平方米、职工家属用平房 800 平方米。1998 年省气象局拨专款用于综合改造,建成 368 平方米的二层办公楼 1 栋。1999 年经县政府批准,拆除职工原住的危旧平房,采取联合开发的形式,建设1800 平方米住宅楼 1 栋,极大地改善了职工的居住条件。同时气象局迁站,实现办公场所与居住场所分离。

　　2007 年按照"四个一流"的要求,高质量、高标准进行台站规划建设。实施综合改造,拆除原平房办公场所,占地面积扩展为 12 亩,新建 580 平方米办公楼 1 栋,辅助用房 220 平方米,建成 50 平方米防静电业务大厅。积极推进现代业务体制建设,2002 年以来先后投资 50 余万元购置现代化设备,购置车辆 2 辆,其中公务用车 1 辆;办公室安装了空调、更换了办公桌椅;实现了城市自来水接入、电网、排水顺畅;种植风景树木 200 棵、球形黄杨 80 棵、花卉 200 株,绿化面积达 5000 余平方米,绿化覆盖率达 60% 以上;形成了北、西、南三侧透明、院内规划整齐、环境优雅、景致怡人的净、绿、亮、美的良好工作环境,被评为河北省园林式单位,成为大厂回族自治县县城一道亮丽的风景线。

大厂县气象局观测场旧貌(1981 年)

大厂县气象局观测场新貌(2008 年)

大厂县气象局现貌(2008 年)

香河县气象局

　　香河位于京津之间,素有"京畿明珠"之美誉。其建制远溯辽宋,辽太宗在此设淑阳郡,时城东南滨水,掬觉微香,故名香河,迄今已有 1000 多年的历史。

机构历史沿革

始建情况　1963 年 11 月 18 日开始筹建香河县气象服务站。1964 年 1 月 1 日正式建成。位于县城东北角约 400 米处(暂借用香河中学校舍)。

站址迁移情况　1966 年 10 月 8 日迁站于县城东南角(现步行街)。1973 年 10 月 30 日迁站于县城南(南台村西北)。1978 年 6 月 1 日因唐山地震迁至现址香河县城区西北角西店村西,北纬 39°46′,东经 116°59′,海拔高度 12.6 米。1998 年 6 月观测场海拔高度调整至 13 米。占地 6300 平方米。

历史沿革　初建时为香河县气象服务站;1968 年 10 月更名为香河县革命委员会生产指挥部气象站;1971 年 6 月更名为香河县气象站;1977 年 5 月更名为香河县革命委员会气象局;1981 年 5 月,更名为香河县气象局;1982 年 6 月更名为香河县气象站。1990 年 1 月更名为香河县气象局。

初建时为国家一般气象观测站;1989 年 1 月 1 日—1998 年 12 月 31 日改为辅助气象站;2007 年 1 月改为国家基本气象观测站二级站。

管理体制　初建时隶属天津专区气象局领导,由县农林局代管党、团行政。1967 年 12 月改为地方建制,由县农林局代管。1968 年 10 月由香河县生产部领导。1971 年 6 月由县人民武装部管理。1973 年改为县生产部领导。1977 年 5 月由香河县革命委员会领导。1981 年 11 月管理体制上收,改为气象部门与地方人民政府双重领导体制,以气象部门领导为主的管理体制至今。

单位名称及主要负责人变更情况

单位名称	姓名	职务	任职时间
香河县气象服务站	高福瑞	站长	1964.01—1968.10
香河县革命委员会生产指挥部气象站	资料无法查证		1968.10—1969.12
	刘德顺	站长	1970.01—1971.06
香河县气象站	资料无法查证		1971.06—1973.09
	温树清	站长	1973.10—1974.01
	杨秉权	站长	1974.02—1977.05
香河县革命委员会气象局	高玉清	局长	1977.05—1978.09
	王维清	副局长(主持工作)	1978.09—1981.05
香河县气象局			1981.05—1982.06
香河县气象站	董凤藻	站长	1982.06—1989.12
香河县气象局		局长	1990.01—1990.11
	刘清斋	局长	1990.11—1991.08
	范佛冲	局长	1991.09—1994.02
	倪本富	局长	1994.03—2003.09
	宋仕峰	局长	2003.09—

注:1968 年 10 月—1969 年 12 月和 1973 年 10 月—1974 年 1 月两个时段,负责人资料无法查到。当时管理较乱,据老同志回忆,没有负责人。

人员状况 1964年建站时只有2人。2008年1月定编为6人。截至2008年底实有在职职工6人,其中:少数民族1人(满族);大学学历3人,大专学历2人,高中学历1人;中级职称3人,初级职称2人;50~55岁1人,40~49岁1人,40岁以下4人。离退休人员5人,聘用3人。

气象业务与服务

1. 气象业务

①气象观测

地面气象观测 地面观测项目有云状、云量、云高、能见度、天气现象、气温、湿度、气压、风向、风速、日照、小型蒸发、降水量、雪深、地温、冻土深度等。观测时次为08、14、20时3次,夜间不守班。1964年7月1日开始编发天气报(每年10月1日—5月19日,只发14时报;5月20日—9月30日08、14、20时3次发报),不定时发重要天气报及旬月报、雨情报。1986年1月1日使用PC-1500袖珍计算机查算。1989年1月1日,取消云、能见度、日照、冻土、蒸发的观测;取消小图报和雷雨、初终霜重要天气报的拍发。1999年1月1日恢复停止项目的观测,同时起用微机编制报表。

自动站观测 2007年11月建成自动气象站;2008年1月1日—2008年12月31日自动站与人工站双轨运行,进行对比观测。2004年5月在全县9个乡镇安装了两要素区域自动站。

农业气象观测 1977年5月—1981年5月设立农气股,主要任务是开展农业气象观测和和土壤墒情测定等简单的农业气象观测工作。1981年5月管理体制上收,农气股撤销。

②天气预报

1973年成立预报服务股,负责天气预报工作。1983年4月开始使用CE80型传真机用于接收传真图。1986年7月安装301无线对讲机与市气象局进行天气会商。2000年9月建成PC-VSAT卫星接收小站,应用MICAPS业务平台,预报准确率明显提高。2002年全省机构改革,取消了预报股,市气象台负责天气预报的制作,县级负责本地天气预报的订正。2008年9月建成可视会商系统,实现了省—市—县三级视频会商。

③气象信息网络

气象电报最初由专线电话,通过香河县邮电局报房转抄后传出。1984年1月开始使用甚高频电话发报。1996年4月无线数据接收机开通,利用微机接收廊坊市气象局的气象资料。1998年7月安装使用X.28分组数据交换网用于测报传输数据;同年11月163 Internet网络开通。2002年6月2日安装使用X.25分组数据交换网,代替了X.28,用于测报传输数据、局域网建设和与廊坊市气象局传输公文。2004年7月13日安装1兆的宽带,开始使用宽带网访问Internet。2005年3月安装使用2兆-VPN局域网专线,代替X.25数据交换网,用于气象数据传输、局域网建设和与全省气象系统传输文件。2007年3月建成香河气象网页。2008年6月建成110联动报警系统。

1964—1995年气象月报表、年报表用手工抄写方式编制。月报表一式3份,分别上报省气象局、市气象局各1份,本站留底1份。年报表一式4份,分别上报中国气象局、省、市气象局各1份,本站留底1份。1996年开始使用微机打印气象报表,并向上级气象部门报送数据文件。2006年起气象观测簿、自记纸等原始资料移交市气象局保存。

2. 气象服务

公众气象服务 1988年4月安装使用气象警报发射机,为有关单位每天发布2次预报。1996年7月开通"121"气象预报自动答询业务。随着"121"电话自动答询、手机短信气象预报、电视天气预报、专业服务网站的发展,1997年取消了气象警报机服务。1999年5月开始在香河电视台播出电视天气预报。2004年5月设备升级为PRO数字实时非线性编辑电视天气预报节目制作系统,实行数字化移动硬盘播出。2005年1月"121"天气预报答询系统升位为"12121"。

决策气象服务 决策气象服务产品主要是《重要天气报告》、《专题气象报告》、《雨情快讯》、《气候影响评价报告》、《气候公报》、《气象预警》。2005年5月开通手机短信服务,气象预警信息和雨情资料直接发送到县级领导、各乡镇书记、镇长和县直相关各局领导手中,保证县四大班子领导及相关决策部门在最短时间内收到最新气象信息。2007年手机短信服务范围扩大到县、乡、村三级领导和种、养殖大户及中小学校长共计600多人。内容包括天气预警、增雨作业通知、雨情公报等,使气象信息覆盖全县。

专业与专项气象服务 1990年12月成立香河县避雷设施安全检测站;1997年10月经香河编委批准,成立香河县防雷中心,负责全县防雷设施的检测、设计、验收、咨询以及雷灾事故的鉴定工作。

2000年6月成立香河县人工影响天气指挥部,办公室设在县气象局,负责组织开展人工影响天气工作。在李辛庄、孙营庄、钱旺村设立了人工增雨作业点。先后购买火箭发射架1部;专用皮卡车1辆。2002年6月19日在李辛庄作业点成功实施了第一次人工增雨作业,增雨效果十分明显。2006年更新火箭弹发射架1部。

气象科技服务与技术开发 2005年10月在工商部门注册了香河县华云气象科技服务部,面向社会提供彩球庆典、防雷设施检测、防雷装置设计等专业专项气象服务。

气象科普宣传 香河县气象局经常利用报纸、广播、电视和编制印刷品等形式进行科普宣传;每年结合"3·23"世界气象日、普法宣传日、安全生产月等活动,向人民群众宣传气象科普知识,将气象防灾减灾科普知识和气象信息送到社区、农村、学校;深入学校播放气象宣传片,并向全县中小学赠送了防雷知识光盘,取得一定的社会效益。

气象法规建设与社会管理

《中华人民共和国气象法》等有关法律、法规办法相继出台后,得到了县人大、县政府及有关部门的支持,先后于2003年出台了《香河县人民政府关于加强防雷减灾安全工作的通知》、《香河县人民政府办公室关于转发香河县气象局、建设局〈关于加强建设项目防雷管理工作的意见〉的通知》、2005年出台了《香河县人民政府办公室关于转发香河县气象局、公安局〈关于加强计算机信息网络雷电防护工作的意见〉的通知》、2006年出台了《香河县安全生产委员会关于加强防雷安全工作的通知》,以及香河县气象局、香河县教育局《关于进一步加强全县中小学防雷装置年检工作的通知》《香河县人民政府关于保护气象探测环境和设施的通知》《香河县气象灾害应急预案》等指导香河县气象事业发展的文件。加强了对新建、扩建和改建的建筑物防雷设施进行设计审核、分阶段检测和竣工验收工作及气象探测环境保护工作,优化了气象事业发展的环境。依法推进行政权力公开运行工作,增强办事透明度,强化对权力的监督制度,将工作职责,办事依据,办事程序,办事标准,办事纪律,办理时限等通过网站向社会公开。建立健全了《香河县气象局局务公开制度》,开展了行风民主评议工作。广泛接受监督,实现了规范化制度化管理。

党建与气象文化建设

1. 党建工作

党的组织建设　1975 年前只有 1 名党员,在县农林局参加组织生活。党支部始建于 1975 年 12 月,当时有党员 3 名。1977 年 5 月设立香河县气象局党组。1982 年 6 月党组撤销,党员合并到地震局党支部。1994 年 3 月,重新成立香河县气象局党支部,截至 2008 年 12 月,党支部共有党员 7 人(其中退休职工党员 2 人)。

党的作风建设　党支部注重加强党组织和党员队伍建设,发挥党组织战斗堡垒作用和党员的先锋模范作用。坚持“三会一课”制度,深入开展党的先进性教育,学习实践科学发展观,带领职工高标准、高质量地完成各项工作任务。2003 年以来连续 6 年被县直工委评为“先进党支部”;6 人次荣获“优秀共产党员”称号。

党风廉政建设　认真落实党风廉政建设责任制,全面贯彻落实《实施纲要》和《工作规划》的具体要求,建立健全惩防体系建设,完善监督制约机制,开展经常性的党风廉政教育活动。大力加强廉政文化建设,积极开展廉政文化“六进”和“十个一”活动。利用先进典型进行正面引导和反面典型案件进行警示教育,增强了广大职工拒腐防变的能力。在每个党员干部的办公桌都制作了廉政警示牌,计算机使用了廉政屏保,营造出了风清气正的工作环境。

2. 气象文化建设

加强精神文明建设的组织领导,成立了“一把手”为首的精神文明建设领导小组;制订了《香河县气象局精神文明建设制度》和《精神文明建设实施方案》。深入开展创建学习型单位活动,严格落实公民道德实施纲要;建设了多功能厅、乒乓球室和羽毛球、篮球场等,经常组织职工开展文化体育活动,建成了图书室、荣誉室和气象文化网,极大地丰富了职工业余文化生活。

3. 荣誉

集体荣誉　1978—2008 年共获集体荣誉奖 46 项。其中:1997 年被河北省气象局评为创建精神文明先进单位;2001—2008 年连续被香河县委、县政府命名为“文明单位”;2002—2008 年连续 6 年被廊坊市委、市政府命名为“文明单位”;2005 年被中国气象局评为“气象部门局务公开先进单位”。

个人荣誉　1979—2008 年个人获奖共 70 人次。其中 1 人荣获全国“新长征突击手”称号;1人被中国气象局雷电防护管理办公室评为"全国防雷减灾工作先进个人";3人先后被中国气象局授予"质量优秀测报员"称号。

台站建设

1964年初建时借用香河中学校舍平房,经常停水、停电。几经周折,1978年6月1日迁站于现址。投资2万元建成20间砖木结构的平房,约390平方米,用于办公和职工宿舍。打了1眼110米深的水井,初步解决了吃水难的问题。

1998年6月进行台站综合改造,省气象局和地方政府各出资金12万元,建成410平方米的办公楼、300平方米的辅助用房,硬化了路面。2004年接通了城市自来水,彻底解决了吃水问题。2008年淘汰了自烧多年的土暖气锅炉,接通了城市集中供热管道,使得职工冬季取暖消除了后顾之忧。办公室安装了空调,门前栽花种草,院内绿化美化,工作环境得到了彻底改善。截至2008年底香河县气象局累计投资60余万元,购置较高配置台式微机9台;笔记本电脑3台;激光打印机3台,彩色多功能一体机1台;针式打印机1台;摄像机2部;单反数码照相机1部;大屏幕等离子电视机1台。公务轿车2辆;人工影响天气专用皮卡车1辆;轻型货车1辆。现代化设备的应用,为香河县气象局业务、服务工作的开展奠定了坚实的基础。

香河县气象局旧貌(1978年)

香河县气象局现貌(2008年)

固安县气象局

固安古为幽燕之地,汉为方城县,隋开皇九年(589年)置固安县。1958年并入霸县,1962年复置。因地处京畿,故有"天子脚下"、"京南第一城"之称。

机构历史沿革

始建情况 1962年初在离县城1.5千米东南方向的吕家营村南建站,借用敬老院的房子办公,6月1日开始观测,时称固安县气象服务站。

站址迁移情况　1963 年 12 月 1 日迁至固安县城南关村南。1976 年初迁到现址固安县城西关,观测场位于北纬 39°26′,东经 116°17′,海拔高度 22.9 米。

历史沿革　1971 年 1 月 1 日更名为固安县气象站。1978 年 10 月 1 日更名为固安县革命委员会气象局。1981 年 5 月 1 日更名为固安县气象局,为国家一般气象站。2007 年 1 月改为国家气象观测站二级站。

管理体制　建站伊始隶属于天津专区气象局领导。1969 年 1 月改由县农林局领导。1971 年 1 月改为由县人民武装部领导。1973 年 1 月改由县农林局领导。1976 年 4 月改由县革命委员会生产部领导。1981 年 11 月体制上收,隶属河北省廊坊地区气象局和固安县政府双重领导,以气象部门领导为主的管理体制至今。

单位名称及主要负责人变更情况

单位名称	姓名	职务	任职时间
固安县气象服务站	翟尚义	站长	1962.01—1963.08
	赵振义	站长	1963.08—1964.12
	郑朝忠	站长	1964.12—1968.06
	孙少轩	站长	1968.06—1970.12
固安县气象站			1971.01—1973.12
	郑朝忠	站长	1974.01—1976.04
	张　俊	站长	1976.04—1978.10
固安县革命委员会气象局	刘德祥	局长	1978.10—1981.04
固安县气象局	刘树森	副局长	1981.05—1983.12
	郑朝忠	副局长	1983.12—1984.04
	张洪文	副局长	1984.04—1985.06
	牟力军	局长	1985.06—1985.11
	张洪文	副局长	1985.11—1987.02
	范佛冲	局长	1987.02—1991.10
	张洪文	副局长	1991.10—1992.04
	陈秋平	局长	1992.04—1993.11
	张洪文	局长	1993.12—1996.03
	张　云	局长	1996.03—1997.05
	刘建国	副局长	1997.05—2000.08
		局长	2000.08—

人员状况　1962 年建站时仅有 3 人,2008 年 1 月定编为 6 人,截至 2008 年底实有在职职工 5 人,其中:中专 2 人,大专 1 人,本科 2 人;中级职称 4 人,初级职称 1 人;30~40 岁 2 人,40~50 岁 1 人,50~60 岁 2 人。退休职工 5 人,聘用 1 人。

气象业务与服务

1. 气象业务

气象观测　固安气象站建站时主要业务工作是地面气象观测,1962 年 6 月 1 日开始每天进行 08、14、20 时 3 个时次地面观测,夜间不守班。观测项目有云、天气现象、气温、湿度、风向、风速、降水、日照、蒸发(小型)、地温、冻土、雪深。1963 年 6 月 1 日增加气压观测。1964 年 1 月 1 日增加能见度观测。1963 年 6 月 1 日开始每日 14 时向河北省气象台拍发小图报,后增加为每日 08、14、20 时 3 个时次,向河北省气象台拍发小图报。固安气象站的重要天气报需发往石家庄、廊坊、天津、北京,旬月报需发往石家庄、廊坊。1977 年 8 月 15 日开始向杨村机场拍发预约航危报。1985 年 5 月 28 日停止向北京、天津拍发小图报、重要天气报。1986 年 1 月正式使用 PC-1500 袖珍计算机用于编发报。1986—1993 年的每年 6 月 1 日—9 月 30 日,每日 08—19 时向 OBSPK 北京拍发每小时 1 次固定航危报。1994 年 7 月 1 日停止向廊坊市气象台拍发重要天气报。目前,每天进行 08、14、20 时 3 个时次地面观测并编发天气加密报发往河北省气象台。目前观测项目有云、能见度、天气现象、气温、湿度、气压、风向、风速、降水、日照、蒸发(小型)、地温、冻土、雪深。不定时重要天气报、汛期雨情报发往河北省气象台,同时根据需要兼作土壤墒情观测。

2004 年 5 月在固安镇、柳泉镇、渠沟乡、马庄镇、宫村镇 5 个乡镇建成了无人值守的两要素区域自动观测站。2005 年 9 月安装了 1 套闪电定位仪。

天气预报　　建站时的天气预报主要进行月预报,通过电话将预报告知固安县广播电台播发。1973 年 6 月成立预报服务股,根据服务需求,对灾害天气个例、预报技术材料、基础要素资料进行了重新归类总结,形成了本站的预报方法。1982 年 7 月开始接收北京的气象传真和日本的传真图表。1985 年 7 月安装使用 301 无线对讲机与廊坊市气象台进行天气会商。1996 年 4 月无线数据接收机开通,利用微机接收廊坊市气象局的气象资料,气象传真机停用。2000 年 9 月 11 日建立了 PC-VSAT 小站,应用 MICAPS 工作平台。2008 年 9 月建成可视会商系统,实现了省—市—县三级视频会商。

气象信息网络　　气象电报最初由专线电话,通过固安县邮电局报房转抄后传出。1984 年 1 月开始首次使用录音电话发报。1998 年 7 月 1 日起利用 X.28 分组交换网传输气象资料到河北省气象台。1999 年 1 月 1 日起利用台式微机使用 AHDM 4.0 程序编发报文。2002 年 6 月 2 日起用 X.25 技术替代 X.28。2005 年 3 月开始使用市—县 2 兆 VPN 光纤电路传输气象报文资料到河北省气象台,进一步提高了传输速度。2008 年 9 月安装实景观测系统,实现了对气象探测环境的实时监控。

1962—1997 年气象月报表、年报表用手工抄写方式编制,月报表一式 3 份,分别上报河北省气象局、廊坊地区气象局各 1 份,本站留底 1 份;年报表一式 4 份,分别上报中国气象局、河北省气象局、廊坊地区气象局各 1 份,本站留底 1 份。一般均要通过邮电局邮寄。1998 年 1 月开始使用台式微机编制打印气象报表,并向上级气象部门报送数据文件。2006 年起气象观测簿、自记纸等原始资料移交市气象局保存。

2. 气象服务

公众气象服务　　公众气象服务主要通过固安广播电台对全县广播天气预报,主要是 24 小时预报和旬月预报。1987 年 5 月安装使用气象警报发射机,为砖厂和有关单位每天 3 次提供天气预报。随着通信的迅速发展,1999 年取消气象警报机服务。1997 年 12 月开播了电视天气预报节目。1998 年 3 月县气象局与电信局合作,开通模拟信号"121"天气预报答询系统。2005年1月"121"天气预报自动答询电话号码升位为"12121"。1999年在固安县文化广场投资兴建了一块电子显示屏,用于发布天气预报、预警信息。2004年5月1日成立了固安县气象预警中心,主要以手机短信方式发送气象信息,进一步拓展了服务范围。

决策气象服务 2007年开始建立并逐步完善了乡镇、村街、中小学校等部门的气象灾害防御信息员、联系人制度,队伍人数超过500人,及时通过短信把气象预警、灾情、雨情等信息发送到领导手中,为领导科学决策提供了可靠的一手资料。为地方经济社会发展和防灾减灾发挥了重要的作用。

【气象服务事例】 1997年7月2日,成功预报未来12小时有大暴雨,县委、县政府据此做出部署。7月3日(00—06时)降雨239.5毫米,县城内多个单位、小区居民家中进水,是固安县在新中国成立以来降雨强度最大的一次。由于预报准确、组织有序、准备及时,未出现人员伤亡,财产损失也降到最低。事后,县委、县政府对气象局进行了通报表彰。

2002年6月22—29日辖区出现阵性连阴雨天气。预报服务人员积极与市气象台会商,做出28日上午以阴天为主,有零星阵雨,午后到傍晚有小阵雨的天气预报,保障了固安园区奠基仪式的顺利进行,得到了市、县领导的好评。

专业与专项气象服务 2002年8月成立了固安县人工影响天气办公室,负责开展人工影响天气工作。2003年固安县人民政府拨付人工影响天气设备购置专款,购置了人工增雨专用作业车1辆、火箭发射架1套,人工增雨(雪)抗旱工作成效显著。

1990年12月成立了固安县避雷设施安全检测站,1997年9月经县编委批准,成立固安县防雷中心,负责固安县辖区内的防雷减灾各项管理工作。

气象科普宣传 20世纪80年代曾在乡镇、学校广泛建立气象哨,提高全民参与气象的热情。进入90年代利用广播、电视宣传气象科普及防灾减灾知识。每年利用世界气象日宣传气象科技知识,开展科技下乡活动,送资料、图书到农村。2002年自办刊物《固安气象》,后改版为《气象经济信息报》,在全县免费发行,每期发行6000余份,及时报道雨、雪、风、雹等灾情,发表气象科普文章,受到广大读者的欢迎。

气象法规建设与社会管理

《中华人民共和国气象法》颁布实施后,成立了由3名职工兼任的执法队。2004年4月6日固安县政府办公室下发了《关于加强建设项目防雷工程设计、施工、验收管理工作的通知》;2007年6月7日固安县人民政府办公室下发了《关于加强学校防雷安全工作的通知》。同年8月1日下发了《关于进一步做好汛期防雷减灾工作的通知》。先后印发了《固安县气象灾害应急预案》、《固安县雷电灾害事故应急处置预案(试行)》,提高了处置气象灾害的应急管理。

加强气象探测环境和设施保护工作。2008年6月18日固安县政府办公室转发了《廊坊市人民政府关于保护气象探测环境和设施的通知》,对探测环境保护做出了明确的规定。

加强局务公开工作。对气象行政审批办事程序、气象服务内容、服务承诺、气象行政执法依据、服务收费依据及标准等,通过权力公开透明网站、发放"明白纸"("办事指南"的通俗说法)等方式向社会公开。对干部任用、重大决策、重大事项、大额度资金的使用、财务收支、目标考核、工作奖惩等事关职工利益的事项采取职工大会或公示栏张榜等多种形式,向职工及时公开,充分保障了职工的参与权、知情权、监督权。

党建与气象文化建设

1. 党建工作

党的组织建设 1976 年 3 月建立党支部,当时有党员 3 名。1978 年 10 月成立固安县气象局党组,1983 年 12 月党组撤销。截至 2008 年 12 月,气象局党支部有在职党员 4 名。

历届党支部注重发挥党支部的战斗堡垒和党员的先锋模范作用,经常性的开展学习教育活动,坚持民主集中制的组织原则,推行党务公开,完善党建工作制度,认真学习实践科学发展观。2002—2008 年连续 6 年被县直工委授予"先进基层党组织"称号。

党风廉政建设 党员干部以身作则,落实党风廉政建设责任制。认真贯彻落实《建立健全教育、制度、监督并重的惩治和预防腐败体系实施纲要》的具体要求。建立完善各项规章制度,做到用规章制度管人、管钱、管物。聘请了职工监督员,做到从严要求、从严教育、从严管理。每年确定一个主题,对全体党员进行学习教育。扎实开展党风廉政教育月活动和加强反腐倡廉体系建设、构建和谐单位活动,努力营造风清气正干事业的工作环境。

2. 气象文化建设

始终坚持"两手抓,两手硬"的工作思路,大力弘扬自力更生、艰苦奋斗的作风,深入开展文明单位创建活动。成立了精神文明建设领导小组,制定创建工作方案,明确创建目标。建立了图书阅览室、文体健身场、荣誉陈列室、气象文化网等学习娱乐场所,为精神文明创建奠定了基础。

3. 荣誉

集体荣誉 1998—2008 年共获集体荣誉奖 28 项。其中,1998 年 12 月被河北省气象局命名为"河北省气象系统三级强局单位";2004—2008 年被廊坊市委、市政府命名为"市级文明单位"。

个人荣誉 1980—2008 年获个人荣誉奖 108 人次。其中,3 人先后被国家气象局授予"质量优秀测报员"称号。

台站建设

1962 年初建站时借用敬老院的房子办公。1963 年秋固安县政府拨款,将站址迁至南关村南,建平房 5 间、二层阁楼 1 间。1976 年初搬迁到现址固安县西关村西,建平房 17 间,使用面积 290 平方米,用于办公和住宿,伙房、仓库等辅助用房 3 间。1980 年河北省气象局拨款建成职工居住平房 18 间,使用面积 306 平方米,职工第一次分到家属用房。

1995 年初河北省气象局拨专款用于基层台站综合改造,建成集办公、业务为一体的综合二层小楼,建筑面积为 308 平方米。1996 年对家属院重新规划改造,改善了职工工作、居住、生活环境。

1998 年河北省气象局拨付综合改造配套资金,用于水、电、路和围墙建设,全体职工苦战 3 个月,自行设计、施工铺设院内水泥路等 280 平方米,升高观测场,硬化观测小路、家属院胡同,种植花草树木,美化环境,台站面貌得到了充分改善。

随着现代化业务体系建设的加快,2004 年以来投资 20 万元先后购置了 SONY DSC-P150 数码照相机、Panasonic SDR-H258GK 硬盘摄像机、联想 ThinkPad R61-7755A38 笔记本电脑,Canon LBP5000 彩色激光打印机、北京微智达公司剑鱼三代数字电视天气预报制作系统,为基础业务、气象服务、气象文化建设奠定了基础。

固安县气象局旧貌(1981 年) 　　　　　固安县气象局现貌(2008 年)

永清县气象局

永清,西汉属涿郡地,东汉属安次县地,隋置通泽县,唐曾用名武隆、会昌,唐天宝元年,唐玄宗为纪念幽州节度使张守珪靖边之功,取"沙漠永清"之意,将会昌县更名为永清县至今。

机构历史沿革

始建情况　1962 年 3 月成立永清县气象服务站,站址位于永清县城关东门外。

站址迁移情况　1975 年 11 月迁站至永清县城关西门外。1997 年 6 月迁到现址永清县小西关村西,占地面积 8670 平方米,北纬 39°18′,东经 116°29′,海拔高度 12.2 米。

历史沿革　1971 年 6 月更名为永清县气象站。1978 年 1 月更名为永清县革命委员会气象局。1981 年 5 月更名为永清县气象局。1984 年 5 月,更名为永清县气象站。1990 年 1 月,更名为永清县气象局。

1988 年 1 月 1 日定为国家辅助气象站。1999 年 1 月 1 日定为国家一般气象观测站。2007 年 1 月改为国家气象观测站二级站。

管理体制　初建时隶属天津专区气象台领导。1967 年 1 月改由县农林局领导。1971

年 6 月改由县人民武装部领导。1973 年 1 月改由县农林局领导。1977 年 1 月改由县农业办公室领导。1978 年 1 月改由县革命委员会领导。1982 年 6 月体制上收,实行气象部门与地方政府双重领导,以气象部门领导为主的管理体制,延续至今。

单位名称及主要负责人变更情况

单位名称	姓名	职务	任职时间
永清县气象服务站	赵绪荣	站长	1962.03—1963.12
	牟章全	站长	1964.01—1971.05
永清县气象站			1971.06—1972.02
	赵宗哲	站长	1972.03—1977.12
		局长	1978.01—1978.10
永清县革命委员会气象局	宋九清	局长	1978.11—1980.10
	刘伯华	副局长	1980.11—1981.04
永清县气象局		局长	1981.05—1983.07
	宋九清	局长	1983.08—1984.04
		站长	1984.05—1985.03
永清县气象站	朱锡瑞	站长	1985.04—1987.05
	王兢炜	站长	1987.06—1989.08
	杨惠根	站长	1989.09—1989.12
		局长	1990.01—1990.12
	陈秋平	局长	1991.01—1992.12
	李云山	局长	1992.12—1994.06
永清县气象局	王纪汉	局长	1994.06—1995.06
	赵玉学	局长	1995.06—1998.07
	陈瑞起	局长	1998.07—2003.10
	王瑞平	副局长	2003.10—

人员状况 1962 年建站时只有 2 人。2008 年 1 月定编为 6 人,截至 2008 年底实有在职职工 6 人,其中:大学学历 3 人,大专学历 3 人;中级职称 1 人,初级职称 5 人;40 岁以下 5 人,40～50 岁 1 人。离退休职工 4 人,聘用临时工 2 人。

气象业务与服务

1. 气象业务

①气象观测

地面观测 每天进行 08、14、20 时 3 个时次人工地面观测,观测的项目有:云状、云量、云高、能见度、天气现象、气温、湿度、气压、风向、风速、日照、小型蒸发、降水量、雪深、雪压、地温、冻土深度,同时兼作土壤墒情测定等简单的农业气象观测工作。2007 年 11 月增加草温和深层地温的观测。

1986 年 1 月使用 PC-1500 袖珍计算机编报。1999 年 1 月使用台式微机编报和制作报表,同时使用针式打印机打印报文和报表。

自动站观测 2002 年 7 月中国气象局闪电定位仪项目落户永清,芬兰 Vaisala 公司技术负责人与中国气象局网络工程部总监张传祥等同志来永清实施安装,随后闪电定位仪投入运行。2006 年 6 月由河北省测绘局、河北省气象局和中国人民解放军 66240 部队共同研发的河北省卫星定位综合服务系统(GPS)项目在永清开始建设,2008 年 10 月这一项目开始正常工作。2007 年 11 月建成自动气象站。2008 年 1 月 1 日投入双轨业务运行。

②天气预报

1971 年成立预报服务股,开始制作补充天气预报,兼负重大气象灾害的调查取证等工作。1986 年 6 月安装 301 无线对讲机与市气象局进行天气会商。2000 年 9 月建成 PC-VSAT 小站,开始应用 MICAPS 业务平台,随时接收各种气象信息,提高了预报质量,拓展了服务范围。2008 年 10 月建成可视化会商系统,实现了省—市—县三级视频会商。

③气象信息网络

1986 年 6 月开始使用 301 对讲机用于发报和会商。1998 年 7 月安装使用 X.28 分组数据交换网用于测报传输数据。2002 年 6 月安装使用 X.25 分组数据交换网,代替 X.28,用于测报传输数据、局域网建设和与廊坊市气象局传输公文。2004 年 7 月开通 1 兆的宽带用于访问 Internet 网。2005 年 3 月安装使用 2 兆 VPN 光纤宽带,开通 Notes 网,实现了系统内的无纸化办公,极大地提高了工作效率。2008 年 10 月建成实景监控系统。同年 11 月,建成 110 联动报警系统。

1962—1998 年,月报表、年报表用手工抄写方式编制。月报表一式 3 份,分别上报省气象局、市气象局各 1 份,本站留底 1 份。年报表一式 4 份,分别上报中国气象局、省气象局、市气象局各 1 份,本站留底 1 份。从 1999 年 1 月开始使用微机打印气象报表,并向上级气象部门报送数据文件。2006 年 4 月 26 日将自建站以来至 2002 年的气象观测簿、自记纸等原始资料移交市气象局保存,之后每年进行一次原始资料移交工作。

2. 气象服务

公众气象服务 1987 年 9 月用气象警报发射机为砖厂和有关单位提供天气预报。1998 年 7 月开通"121"天气预报电话自动答询系统。2001 年 4 月购置电脑、扫描仪及电视天气预报制作系统一套,用于电视天气预报声像业务的制作,县电视台每天 2 次定时播出"天气预报"节目。2004 年 6 月"121"天气预报自动答询系统升级为数字式平台,并归市气象局管理。2005 年 1 月"121"天气预报自动答询电话号码升位为"12121"。

决策气象服务 决策气象服务产品主要以坚持不定时为县委、县政府提供《重要天气报告》、《专题气象报告》、《雨情信息》、《气候影响评价报告》为主。2004 年 5 月在全县 6 个乡镇安装了气温、雨量两要素区域自动站。2005 年 3 月增加了手机短信的服务方式,将气象预警信息和雨情资料直接发送到县四套班子领导、县直相关各局领导和各乡镇领导手中。2007 年 4 月手机短信的服务范围扩大到全县 386 个行政村的支书、村长,他们都能在第一时间收到气象预警预报短信,并通过大喇叭向全村村民广播,实现最大限度地预防和减小气象灾害对人民群众的生命财产安全的损害,同时为了加强应对突发气象灾害对人民生命财产安全造成的影响,研究制订了《永清县气象局气象灾害应急预案制度汇编》。

【气象服务事例】 1996 年 8 月 5 日由于永清县上游地区连降暴雨,致使县域发生新中国成立以来罕见的洪涝灾害,给人民生命财产带来严重的威胁,气象局组织精干力量,每天及时将气象资料送到前线指挥部,受到了县领导的表扬。

2001年按照中共永清县委、永清县政府下发的《为首都第二国际机场选址服务工作实施方案》相关要求,全体业务人员克服一切困难,在时间紧、任务重的情况下,为首都第二国际机场在永清论证选址提供了十几万个气象数据,受到县委、县政府的通报表扬。由于服务工作主动及时,2008年6月3日永清县主管副县长宋九胜在气象局报送的第12期《专题气象报告》上做出批示:"气象局服务意识强,服务积极性高,服务到位,望积极努力。"

专业与专项气象服务   1990年12月成立永清县避雷设施安全检测站,负责全县防雷装置的安全检测工作。1999年5月经县编制委员会批准成立了永清县防雷中心,负责全县防雷设施的检测、设计、验收、咨询以及雷灾事故的鉴定工作。

2002年1月成立永清县人工影响天气办公室,挂靠永清县气象局,组织开展人工影响天气工作。2004年11月永清县人民政府拨付人工影响天气专款,购置人工影响天气专用作业皮卡车1辆。2005年5月购火箭发射架1部。2006年2月6日成功实施了第一次人工增雪作业,为有效缓解当地旱情、优化生态环境做出了积极的贡献。

气象科普宣传   永清县气象局编写了气象知识科普宣传册、制作了科普展牌,在"3·23"世界气象日、安全生产日走上街头设立咨询台向广大群众宣传气象知识、发放宣传材料,取得很好的社会效果。

气象法规建设与社会管理

法规建设   为切实加强防雷设施的建设和管理,减少雷电灾害造成的损失,2001年4月5日永清县政府下发了《关于加强防雷管理工作的通知》;2004年11月9日永清县气象局和永清县建设局联合下发了《关于加强建设项目防雷管理工作的通知》;2005年4月11日永清县安全生产监督管理局和永清县气象局联合下发了《关于进一步加强防雷设施年检工作的通知》;2005年5月11日永清县政府办公室下发了《关于进一步加强建设项目防雷工程管理工作的通知》。2004年11月永清县建筑图纸审核和竣工验收分别列入建设局、气象局开工和竣工验收审批项目。

社会管理   加强对气象探测环境和设施的保护工作,2008年5月6日永清县政府办公室下发了《关于保护气象探测环境和设施的通知》,对探测环境保护做出了明确的规定,对不符合气象探测环境保护标准的建设项目,有关部门不得审批,对已建及在建的影响气象探测环境的建筑物,相关部门要给予改进或取消,有力地保护了气象探测环境。同时,永清县气象局及时将保护探测环境的相关法律法规文件向建设局、土地局等相关部门进行了备案。

政务公开   对气象行政审批办事程序、气象服务内容、服务承诺、气象行政执法依据、服务收费依据及标准等,通过永清县行政权力公开透明网站向社会公开。对单位内部的岗位调整、财务收支、考核奖惩和事关职工利益的事项,通过会议通报或公示栏张贴等形式向职工公开,充分保障了职工的参与权、知情权、监督权。

党建与气象文化建设

1. 党建工作

党的组织建设　永清县气象局建站初期没有独立党支部,党员编入县农林局党支部。1984 年成立党支部,当时有党员 3 名。截至 2008 年 12 月,共有党员 5 人。

注重加强基层党的组织建设,每年召开专题会议,对党建工作进行安排部署,明确年内党建工作的目标和任务,推行党务公开,增强党组织工作的透明度,充分保障广大党员的权利和义务,使党建工作进一步规范化、制度化。自 2005 年以来连续 4 年被县直工委评为"先进党支部";6 人次分别荣获"优秀党务工作者"和"优秀共产党员"称号。

党风廉政建设　严格落实党风廉政建设责任制,积极开展廉政文化进机关活动,利用先进典型进行正面引导并利用反面典型案件进行警示教育,增强了拒腐防变的能力,开展以"学习实践社会主义荣辱观,树立良好风气,构建和谐气象"为主要内容的教育实践活动,加强了党员干部队伍作风建设,每个人的办公桌都制作了廉政警示牌,计算机使用了廉政屏保,营造出了"勤政、廉洁、高效、务实"的工作氛围,增强了干部职工的法律观念和遵纪守法、廉洁自律的意识,为永清气象事业的发展提供了政治保障。

2. 气象文化建设

精神文明建设　从弘扬新时期气象人精神入手,有效地开展精神文明创建工作,制定工作规划和目标,经常性的开展政治、文化、体育活动和政治理论、法律法规的学习,充分发挥"两室一网"(荣誉陈列室、图书室和气象文化网)的作用,深入开展创建文明机关、文明单位活动,提升精神文明创建档次,树立了"清正廉洁、乐于奉献、拼搏进取"的气象人形象。2002 年被廊坊市精神文明建设委员会评为"一星级窗口单位"。2006 年以来,被廊坊市委、市政府授予市级"文明单位"。

集体荣誉　1978—2008 年共获集体荣誉奖 21 项,其中,1978 年 10 月,被评为河北省气象系统"双学"先进集体。

个人荣誉　个人获奖 66 人(次),其中,1 人在全省测报编码技术比赛中名列第一,荣获全省测报技术比赛总分第五名;1 人被评为全省气象学会先进个人;1 人在台风试验中成绩显著,受到国家气象局奖励。

台站建设

1962 年建站时有 10 间平房,占地 2400 平方米,生活艰苦,交通不便,出入只能步行。1975 年 11 月迁站至永清县城关西门外,建 15 间平房,占地 2700 平方米。由于地势低洼,职工们经常趟水上下班。1997 年 6 月,迁站至现址永清县小西关村西,建 423 平方米的办公楼和 6 间 90 平方米辅助用房,占地 5400 平方米。

2007—2008 年,永清县气象局实施了台站综合改造工程,拆除原有办公楼,新建 556 平方米办公楼和 176 平方米辅助用房 6 间,占地面积扩大到 8700 平方米,台站面貌焕然一新。配套架设了 50 千瓦变压器,安装了锅炉,打了 1 眼 310 米深水井,彻底解决了用水、用电的问题。2005 年以来投入 40 余万元用于采购现代化设备,购置了高性能计算机 11 台,笔记本电脑 1 台,激光打印机 2 台,摄像机 2 台,数码相机 2 台,建设了高标准防静电业务大厅,购置了办公用车 1 辆。院内种植各种树木 100 余棵、花卉 1000 余株,绿化面积 5500 平方米,绿化覆盖率达 65% 以上,营造了良好的工作环境。

永清县气象局旧貌(1984 年)

永清县气象局综合改造前面貌(2004 年)

永清县气象局现貌(2008 年)

霸州市气象局

霸州地处冀中平原北部,东邻天津市,西接保定市,北近北京市。京九铁路、津霸铁路、保津高速公路、京开公路、津涞公路贯境而过。1990 年 1 月,经国务院批准霸县撤县建市。

机构历史沿革

始建情况 1956 年 10 月成立霸县气象站。1957 年 1 月 1 日开始正式记录,为国家基本气象站。

站址在霸县城西贾庄北"乡村",观测场位于北纬 39°07′,东经116°23′,海拔高度 9 米。占地面积 13200 平方米。

历史沿革 1958 年 1 月更名为霸县气象服务站。1971 年 1 月更名为霸县气象站。1976 年 6 月更名为霸县革命委员会气象局。1981 年 5 月更名为霸县气象局。1990 年 1 月更名为霸州市气象局。2007 年 1 月改为国家气象观测一级站。

管理体制 建站至 1958 年 12 月由霸县人民委员会兼管。1959 年 1 月改由霸县农林局领导。1971 年 1 月改由霸县人民武装部领导。1973 年 1 月,改由霸县农林局领导。1976 年 6 月改由霸县革命委员会领导。1981 年 11 月起实行气象部门与地方政府双重领导,以气象部门领导为主的管理体制至今。

单位名称及主要负责人变更情况

单位名称	姓名	职务	任职时间
霸县气象站	苗宗伯	站长	1956.12—1957.12
			1958.01—1958.12
霸县气象服务站	李玉泉	站长	1959.01—1962.04
	荣殿祥	站长	1962.05—1966.06
	黄志刚	站长	1966.07—1970.12
霸县气象站			1971.01—1975.05
	郭文俊	站长	1975.06—1976.05
霸县革命委员会气象局		局长	1976.06—1976.11
	李庆才	局长	1976.12—1979.05
	刘 英	局长	1979.06—1981.04
霸县气象局			1981.05—1981.08
	徐凤玲	局长	1981.09—1988.10
	刘 静	局长	1988.11—1989.12
霸州市气象局			1990.01—1996.07
	修玉洪	局长	1996.08—

人员状况 1956 年 10 月建站时有 5 人。2008 年 1 月定编为 12 人。截至 2008 年底实有在职职工 12 人,其中:本科学历 2 人,大专学历 8 人,中专以下学历 2 人;中级职称 9 人,初级职称 2 人,高级工 1 人;50 岁以上 2 人,40~49 岁 4 人,40 岁以下 6 人。离退休职工 12 人。

气象业务与服务

1. 气象业务

①气象观测

地面观测 气象观测业务承担国家基本气象站的观测内容,每小时向省气象台传输实时数据、航空报;不定时的传送重要天气和危险天气报告;每天进行 02、05、08、11、14、17、20、23 时 8 个时次地面观测,每次向省气象台传输报文。观测项目有风向、风速、气温、湿度、气压、云、能见度、天气现象、降水、日照、小型蒸发、地温、草面温度、雪深、电线积冰等。

1957 年 6 月开始绘图报和辅助绘图报观测。1958 年 2 月开始航空航危报观测。1986 年 1 月 1 日配备并使用 PC-1500 袖珍计算机取代人工编报,提高了测报质量和工作效率,减轻了观测员的劳动强度。

自动站观测 2002 年 11 月 22 日建成了 CAWS-600B 型自动气象站,同年 12 月 20 日投入业务运行。自动站观测项目包括气温、湿度、气压、风向、风速、降水、地面温度、草面温度。除草面温度外都进行人工并行观测。2004 年 1 月 1 日以自动站资料为准发报,自动站采集的资料与人工观测资料存于计算机中互为备份,每月定时备份存档、上报河北省气象台和廊坊市气象台。

2004 年 5 月在霸州镇、南孟镇、岔河集乡、煎茶铺镇、王庄子乡、东杨庄乡、堂二里镇、胜芳镇、扬芬港镇 9 个乡镇,建成了两要素区域气象观测站。

农业气象观测 1990 年 1 月成立国家农业气象基本站。作物观测有棉花、夏玉米、冬小麦;物候观测有杨槐、车前草、苍耳、气象水文现象;墒情分为作物地段和固定地段。1991 年观测物候杨槐变更为枣树。1992 年观测作物棉花变更为大豆。1994 年停止物候观测。观测作物有夏玉米、冬小麦,停止大豆观测。1995 年停止固定地段测墒。1997 年 11 月开始加测墒情,观测时间为 3—6 月和 9—11 月。1998 年恢复固定地段测墒,恢复物候观测。观测项目为榆树、车前、家燕、气象水文现象。2004 年加测墒情时间改为全年观测。

②天气预报

1973 年 6 月成立预报服务股,负责管理全县天气预报、警报的发布,负责重大气象灾害的调查取证等工作。1984 年 1 月安装使用 2 台 CE80 型传真机接收传真图。1985 年 7 月安装使用 301 无线对讲机与廊坊地区气象台进行天气会商。1996 年 4 月利用微机接收廊坊市气象台的气象资料,气象传真机停用。2000 年 9 月 11 日建成了 PC-VSAT 小站,应用 MICAPS 工作平台。2002 年全省机构改革,天气预报的制作由廊坊市气象台负责,县气象局负责补充订正预报。2008 年 9 月安装了省—市—县三级的视频会商系统,利用视频会商系统进行天气会商。

③气象信息网络

1984 年 1 月使用录音电话发报。1985 年 7 月利用 301 无线对讲机发报。1998 年 7 月使用 X.28 分组数据交换网传输数据和报文。2002 年 6 月 2 日,使用 X.25 分组数据交换网传输数据和报文。2004 年 7 月 13 日安装了宽带上网,作为 X.25 分组数据交换网备份通道,利用"16900"拨号上网传输数据和报文。2005 年 3 月使用 2 兆 VPN 局域网专线传输数据和报文。2006 年 10 月气象资料原始记录上交廊坊市气象局档案室。

2. 气象服务

公众气象服务 1987 年 1 月 9 日霸县政府办公室下发了《关于建立全县气象警报系统的通知》。同年,开通了气象预警服务系统,使用气象警报发射机对外开展服务,每天早晨、中午、下午各广播 1 次,用户通过预警接收机定时接收气象预报、预警。2003 年 12 月 13 日停止使用无线警报发射机,历时 19 年的无线气象警报机服务被"12121"自动答询系统、电视天气预报、短信、Internet 所取代。1996 年 5 月开通了模拟信号"121"天气预报自动答询系统。2002 年 3 月天气预报电话自动答询系统"121"升级为数字式平台。2005 年 1 月 1 日"121"气象信息服务号码升位为"12121"。2006 年 1 月"12121"线路由电话线改为光纤,避免了因线路搭接发生的故障。

2001 年 5 月与霸州市广播电视局协商在霸州电视台播放霸州天气预报。2005 年 7 月由每天报送电视录像带,改为向电视台报 U 盘,画面比以前清晰一倍。2007 年 3 月安装了北京微智达高清非线性编辑系统,使得电视天气预报制作质量得到了提高。

决策气象服务 2007 年为了更及时准确地为县、乡(镇)、村、单位等各级领导服务,开通了气象短信平台,完善了乡镇、村街、中小学校等部门的气象灾害防御信息员、联系人制度,人数达到 742 人,及时通过短信把气象预警、灾情、雨情等信息发送到各级领导手中,为科学决策提供可靠的依据。

【气象服务事例】 1996 年 8 月 5 日由于霸州上游地区连降暴雨,致使发生新中国成立以来罕见的洪涝灾害,给人民生命财产带来严重的威胁,气象局每天及时将气象资料送到前线指挥部,为领导指挥抗洪、抢险、决策提供了大量依据,为东淀泄洪区 7 万多人的安全转移赢得了宝贵时间,保证了中亭河千里堤的安全,从而减少了灾害造成的损失,得到了领导的表扬。

2002 年我们为开发区企业提供了十几万个气象数据,促进了开发区企业的发展。市委副书记王相仁指示市宣传部、电视台就此事进行了采访,在《廊坊日报》刊登了"霸州市气象局走好服务一盘棋"的专题报道。

专业与专项气象服务 1985 年开始推行专业气象服务,主要是为全县各乡镇或相关企事业单位提供中、长期天气预报和气象资料,一般以旬天气预报为主。2004 年停止了此项服务。

1990 年 12 月成立了霸州市避雷设施安全检测站。1997 年 10 月经霸州市机构编制委员会批准成立了霸州市防雷中心,全面负责霸州市辖区的防雷减灾工作。

2002 年 4 月霸州申请到 3 个临时人工增雨(雪)作业点(刘庄、卧龙庄、堂二里),作业时间为凌晨 01—06 时,服从北京空军七分队的调度。2002 年 8 月 1 日,霸州市人民政府成立了霸州市人工影响天气指挥部,人工影响天气办公室挂靠气象局,办公室主任由气象局局长兼任,设工作人员 3 人。2003 年 11 月购买了人工增雨(雪)专用车 1 辆,BL-1 型火箭发射系统 1 套。2004 年开始组织实施人工增雨(雪)作业。

气象科普宣传 为了让广大人民群众更好的了解防雷知识,增强雷电防护意识,利用"3·23"世界气象日、防灾减灾宣传日、安全生产宣传日进行科技宣传,普及气象、防雷知识。在电视天气预报画面中,增加了防雷科普知识宣传和科普教材"进学校、进田间地头、进社区服务站、进工地"等宣传活动。

气象法规建设与社会管理

社会管理 1998 年 2 月成立了气象执法队,为 5 名职工办理了行政执法证。2003 年 2 月气象局被列为霸州市安全生产委员会成员单位,负责全市防雷安全的管理。2004 年 3

月霸州市政府办公室下发了《关于加强防雷减灾安全工作的通知》,明确了防雷中心的职责,将防雷工程从设计、施工到竣工验收,全部纳入气象行政管理范围。2004年11月9日气象局与建设局联合下发了《关于加强建设项目防雷管理工作的通知》,加强了对霸州市新建、扩建和改建建筑物防雷设施进行设计审核、分阶段检测和竣工验收的管理工作。

2008年4月21日,霸州市政府办公室下发了《关于保护气象探测环境和设施的通知》,要求规划、建设、国土、环保部门以及电力、电信和无线电管理等相关部门,在审批可能影响气象台站探测环境和设施的建设项目时,应事先征得主管气象部门的同意,未经气象部门同意,有关部门不得审批。对不符合气象探测环境保护标准的建设项目,应及时给予改进或取消。

局务公开　通过固定的局务公开栏、霸州市气象局外网、霸州市行政权力公开透明运行网和霸州市政务公开网,向社会公开单位的机构设置及工作职责,气象服务对象、内容、方式,行政职权目录和流程图,监督台、监督电话等,主动接受社会各界监督。健全完善内部规章管理制度,编制了《霸州市气象局管理制度汇编》、《霸州市气象局气象服务手册》、《霸州市气象局应急预案汇编》。

党建与气象文化建设

1. 党建工作

党的组织建设　建站初期,霸县气象站仅有2名党员,归霸县农林局党支部领导。1971年12月成立霸县气象站党支部,当时有3名党员。1976年6月成立霸县革命委员会气象局党组。1981年5月党组撤销,成立霸县气象局党支部。1990年1月成立霸州市气象局党支部。截至2008年12月,霸州市气象局党支部共有党员11人(其中离退休职工党员5人)。

自2003年以来连续6年被霸州市市直工委评为"优秀基层党组织"。

党风廉政建设　建立完善了党风廉政建设责任制,不断健全完善惩防体系建设。进一步发挥反腐倡廉"大宣教"工作格局的作用,坚持以社会主义核心价值体系教育广大党员干部,在全局深入开展"学习实践社会主义荣辱观,树立良好风气,构建和谐气象"为主要内容的教育实践活动。坚持正面典型教育和反面案例教育相结合,积极开展了廉政文化进机关活动,扎实开展了"党风廉政宣传教育月"活动。

2. 气象文化建设

成立了气象文化和精神文明建设领导小组。2005年建成了"两室一网"(荣誉室、图书室、气象文化网)。在局大门口建立了气象文化宣传展牌,图书室、荣誉室进一步巩固完善,建成了具有霸州特色的文化宣传展柜。会议室和业务大厅走廊悬挂了自己制作的书法和绘画宣传展牌。计算机全部使用了廉政屏幕保护程序。开展了"两严"、"四廉"(严明纪律、严格自律、读廉政书、讲廉政课、看廉政片、做廉政人)活动,引导干部职工树立正确的事业观、工作观、政绩观,营造出了风清气正的良好环境。院内建成了职工文体活动场所,安装了健身器材。每年组织职工开展形式多样的文体活动,丰富了职工的业余生活。

3. 荣誉

集体荣誉 1997—2008 年共获集体荣誉奖 53 项。其中,1997 年 10 月被河北省气象局命名为"河北省气象系统三级强局单位";自 2000 年以来连续保持了"廊坊市级文明单位"称号;2000 年被河北省档案局评为"档案工作省三级单位";2002 年 7 月被河北省委、省政府命名为"三星级窗口单位";2003 年 12 月被河北省建设厅命名为"河北省园林单位";2005 年 10 月被中国气象局授予"气象部门局务公开先进单位";2008 年被河北省气象局命名为"一流台站"建设先进单位。

个人荣誉 1979—2008 年获个人荣誉奖 279 人次。其中,8 人先后被中国气象局授予"质量优秀测报员"。

台站建设

霸州市位于冀中平原京、津、保三角地带的中心,是首都和直辖市天津通往全国各地军航民航航线的近邻。从气候、气象角度看,都处于十分重要的位置。1956 年在霸县人民政府的大力支持和协助下,在县城西郊建起了霸县气象站。几间平房远离县城,孤立于荒郊野地,生活艰苦,交通不便,用手电筒观测,点煤油灯值班,还要步行进城买煤买粮,自己动手做饭,随着霸县城市规划和霸县经济的发展,逐步实现了通电、通水,1985 年安装了暖气,工作生活条件逐步好转。

1990 年 10 月进行了台站综合改造,建成 430 平方米的办公楼。2004 年 4 月建成 208 平方米综合业务大厅,其中建成了 50 平方米的防静电业务室。将气象局大门改造成为具有现代气息的标志性建筑物。院内道路加宽为 6 米与市政工程道路相连。2005 年 11 月 7 日新建业务大厅正式投入使用。2008 年对办公楼进行了内外装修改造,同时对业务大厅、观测场围栏、发电室、车库等进行了维护,购买了办公家具。建成了职工食堂,解决了单身职工吃饭问题。2003—2008 年投资近 26 万元购置了微机、打印机等现代化设备,用于基础业务和气象服务工作;投资近 40 万元购置了工作用车 2 辆,其中:帕萨特轿车 1 辆,现代途胜轿车 1 辆,为建设"四个一流"奠定了基础。积极开展"净、绿、亮、美"的环境建设,不断加大绿化投入力度,植树造景。现有绿化面积 6052 平方米,绿化覆盖率达 68.4%,形成了三季有花,绿树成荫,繁花似锦的优美环境。

霸州市气象局旧貌(1979 年)

霸州市气象局现貌(2008 年)

文安县气象局

文安县地处京、津之间,幅员面积 1028 平方千米,总人口 45 万,辖 13 个乡镇、5 个国营农场。古为燕赵之地,历史悠久,文化底蕴深厚,取"崇尚文礼,治国安邦"之寓意得名。

机构历史沿革

始建情况 1958 年 10 月 15 日在文安县城西关外"娘娘宫"建站,时称任丘县文安气候站。1959 年 1 月正式开始工作,为国家一般气象观测站。

站址迁移情况 1977 年 6 月搬迁至县城南飞机场。1977 年 12 月迁到现址县城北麻各庄村南,观测场位于北纬 38°52′,东经 116°27′,海拔高度 6.4 米。占地 5500 平方米。

历史沿革 1959 年 3 月更名为文安县气象服务站。1971 年 1 月更名为文安县气象站。1977 年 7 月更名为文安县革命委员会气象局。1981 年 5 月更名为文安县气象局。2007 年 1 月改为国家气象观测站二级站。

管理体制 建站至 1959 年 2 月由天津专区气象台领导。1959 年 3 月改由天津专区农业局领导。1966 年 1 月改由文安县农业局领导。1971 年 1 月改由文安县人民武装部领导。1973 年 1 月改由文安县农业办公室领导。1977 年 7 月改由文安县革命委员会领导。1981 年 5 月起实行气象部门与地方政府双重领导,以气象部门领导为主的管理体制延续至今。

单位名称及主要负责人变更情况

单位名称	姓名	职务	任职时间
任丘县文安气候站	张富士	站长	1958.10—1959.02
文安县气象服务站			1959.03—1959.12
	李兰容	站长	1960.01—1961.12
	李跃歧	站长	1962.01—1970.12
文安县气象站	李金钟	站长	1971.01—1972.12
	李书香	站长	1973.01—1974.12
	周立云	站长	1975.01—1977.06
文安县革命委员会气象局	李志华	局长	1977.07—1980.12
	王孝合	局长	1981.01—1981.04
文安县气象局			1981.05—1981.12
	周立云	局长	1982.01—1984.12
	张会义	局长	1985.01—2002.01
	于国华	局长	2002.02—

人员状况 1958 年建站时只有 3 人。2008 年 1 月定编为 6 人,截至 2008 年底实有在职职工 8 人,其中:本科学历 1 人,大专学历 2 人,中专及以下学历 5 人;中级职称 4 人,初级职称 4 人;50～55 岁 4 人,40～49 岁 1 人,40 岁以下 3 人。退休职工 4 人,聘用 1 人。

气象业务与服务

1. 气象业务

①气象观测

地面观测　文安县气象站的主要业务是完成地面一般站的气象观测,每天向河北省气象台传输3次定时观测电报,制作气象月报和年报报表。每天进行08、14、20时3次观测,夜间不守班。现在的观测项目有云、能见度、天气现象、气压、气温、湿度、风向、风速、降水、日照、小型蒸发、地面温度、草面温度、雪深、电线积冰等,除草面温度、小型蒸发外均为发报项目。1961年1月1日开始使用虹吸式雨量计。2000年4月1日开始使用翻斗式遥测雨量计。1986年9月配备了PC-1500袖珍计算机进行编报。

自动站观测　2007年6月10日建成CAWS600-B型自动气象站,于2008年1月1日双轨运行。自动站观测项目包括气温、湿度、气压、风向、风速、降水、地温,除深层地温和草面温度外都进行人工并行观测。自动站采集的资料与人工观测资料存于计算机中互为备份,每月制作报表归档、保存、上报。2008年6月GPS水汽站建成并投入使用。

2004年6月—2006年7月在全县先后建成13个区域气象观测站,实现了各乡镇雨量的快速准确收集,同时还能提供各乡镇的气温数据。

②天气预报

1971年6月成立预报股,负责全县天气预报、警报的发布工作。1987年5月接收传真图制作天气预报。1986年6月通过301无线对讲机与廊坊地区气象台直接进行天气会商。2000年9月建成了PC-VSAT小站,应用MICAPS预报业务平台。2002年取消县级气象局制作天气预报,改为由廊坊市气象台直接制作县域天气预报,县气象局主要负责预报服务工作。

③气象信息网络

建站时每天观测电报的传输,通过电话传送至电信局报房再转发至上级气象台。1986年6月安装使用301无线对讲机,将观测电报传送至廊坊地区气象台,转发至河北省气象台。1998年7月安装使用X.28分组数据交换网传输观测数据。2000年6月1日改用X.25分组数据交换网传输观测数据。2005年4月改用2兆-VPN专线传输气象数据。2007年6月建成自动气象站,所采集的数据通过2兆-VPN专线传送至河北省气象台,每5分钟传输1次。

建站至1995年9月,气象月报、年报报表用手工抄写方式编制。年报一式4份,分别上报中国气象局、河北省气象局气候资料室、廊坊市气象局各1份,本站留底1份;月报一式3份,分别上报省气象局、廊坊市气象局各1份,本站留底1份。从1995年10月开始使用微机打印报表。现在使用高速打印机打印报表,同时上报报表和数据文件至河北省气候中心。

2. 气象服务

文安县气象局坚持"面向民生、面向生产、面向决策"的服务方向,努力扩大气象服务的覆盖面,探索新的服务方式和手段,把决策气象服务、公众气象服务、专业气象服务和气象科技服务深入到社会经济建设的各个方面和人民群众的生产生活中。

公众与决策气象服务 1987年9月1日安装使用气象警报发射机20余台,用于为砖厂和相关单位提供天气预报和警报服务。1998年1月在文安县电视台开播了天气预报服务节目。1998年3月开通"121"天气预报自动咨询电话,2002年7月"121"答询电话实现光纤通信。2005年2月"121"电话升位为"12121"。2006年4月气象警报发射机停用,改用手机短信方式发送气象信息。

【气象服务事例】 2003年7月27日—8月5日,文安县气象局准确预报出强降雨天气过程,及时进行了气象警报广播,并打电话通知所有砖厂用户,做好防风、防雨工作,使各砖厂避免了损失,此次预报服务直接经济效益上千万元。砖厂领导送来了锦旗和亲手书写的横幅,盛赞文安县气象局的气象服务做的好。

专业与专项气象服务 在做好公益服务的同时,1987年9月开始推行专业服务,专业用户通过气象警报接收机,每天定时和不定时的接收天气预报和警报。2006年4月开始逐步改用手机短信为全县各乡镇、农场、砖厂提供中、短期天气预报和气象警报。建立健全了县、乡、村及中小学等部门的气象信息员队伍,把气象信息及时传递到各级、各部门领导手中,为有效应对灾害奠定了基础。

1991年1月成立文安县避雷设施安全检测站。1998年5月经县编委批准成立文安县防雷中心,负责全县防雷设施的检测、设计、验收、咨询以及雷灾事故的鉴定工作。定期对液化气站、加油站、化工厂等易燃易爆场所的防雷设施进行检查。

2002年6月文安县政府人工影响天气办公室成立,挂靠县气象局。2003年8月购置火箭发射架1套,火箭弹10枚。2004年8月26日购置作业专用车(中兴皮卡)1辆。2004年9月14日夜间,成功实施了首次人工增雨作业,共发射BL-1型火箭弹10枚。

气象法规建设与社会管理

社会管理 2001年4月文安县政府以文政〔2001〕28号批转文件《县气象局、县防雷中心关于开展防雷装置检测、验收工作报告的通知》,将防雷装置的检测、竣工验收工作,全部纳入气象行政管理范围。2004年8月下发了《文安县人民政府办公室关于进一步做好防雷减灾工作的通知》,进一步加强防雷工作的管理。2003年1月文安县气象局成立行政执法队伍。2003年8月文安县气象局被列为县安全生产委员会成员单位,负责全县防雷安全的管理工作。

2004年12月文安县政府下发了《文安县人民政府关于气象探测环境和设施的通知》(文政〔2004〕44号),对文安县气象局气象探测环境保护的范围和具体内容做出了明确规定,并要求建设局、规划局、土地局、环保局在建设项目审批时严格遵守。

局务公开 对气象行政审批办事程序和流程图、服务承诺、气象行政执法依据、服务收费依据及标准等,通过局务公开栏、文安气象网站、文安县行政权力公开透明运行网等方式向社会公开,广泛接受社会各界的监督。

制度建设 2006年5月印发了《文安县气象局规章制度汇编》,主要内容包括:岗位管理方案、职工奖惩制度、局务会议制度、安全生产制度、重大突发事件处置预案、文安县气象局应急管理工作预案、车辆管理制度、财务制度等。

党建与气象文化建设

1. 党建工作

党的组织建设　建站时只有 1 名党员,编入农业局党支部。1978 年 12 月县直工委批准成立文安县气象局党支部,有党员 7 人。截至 2008 年 12 月,有党员 7 人(其中退休职工党员 1 人)。

党支部坚持以邓小平理论和"三个代表"重要思想为指导,每年对党员进行教育培训,开展了保持共产党员先进性教育、学习实践科学发展观等活动。注重发挥党支部的战斗堡垒和党员的先锋模范作用,严格落实"三会一课"制度。每年召开专题会议,对党建工作进行安排部署,明确党建工作的目标和任务。建立和完善党员访谈制度,提高了党建工作水平,逐步建立和完善了党内情况通报制度、重大决策征求意见制度,增强了党组织工作的透明度,充分保障广大党员的知情权、参与权、监督权,使党员更好地了解和参与党内事务。有 3 名同志先后被评为"优秀党务工作者"或"优秀共产党员"称号。

党风廉政建设　制订了《文安县气象局党风廉政建设责任制实施办法》和《文安县气象局关于落实〈实施纲要〉的具体办法》,不断健全完善惩防体系建设。认真开展"党风廉政宣传教育月"和"两严"、"四廉"(严明纪律、严格自律,读廉政书、讲廉政课、看廉政片、做廉政人)主题教育实践活动,深入开展廉政文化"六进"和"十个一"活动,安装计算机廉政屏幕保护程序,营造了风清气正的工作环境。

2. 气象文化建设

精神文明建设　成立了精神文明建设领导小组,制订了《文安县气象局精神文明建设实施方案》。2003 年 10 月修建了职工文化体育公园,购置健身器材 3 套,每年组织职工开展形式多样的文体活动,丰富了职工的业余生活。2005 年 10 月购买图书 2500 册,建成了"两室一网"(荣誉室、图书室、气象文化网)。积极创建"学习型职工、学习型党员、学习型单位",开展了"学习实践社会主义荣辱观,树立良好风气,构建和谐气象"活动,引导干部职工树立正确的事业观、政绩观、人生观,职工书画作品多次在省、市气象系统评比中获奖。

集体荣誉　文安县气象局共获得集体荣誉奖 10 项,其中,1997 年 10 月,被河北省气象局命名为"河北省气象系统三级强局单位";2000 年被河北省档案局评为"档案工作省三级单位";2004 年起连续获市级"文明单位"称号;2006 年 10 月被河北省气象局评为环境建设先进单位;2008 年 12 月被廊坊市绿化委员会评为国土绿化先进单位。

个人荣誉　共获得个人荣誉奖 24 人次。

台站建设

文安县气象站始建于一座破乱不堪的娘娘庙上,1977 年迁到现址,建平房 9 间。当时远离县城和村庄,孤立于荒郊野地,无水、无电,交通不便。1977 年接通了照明用电,1981

年接通了自来水,1998 年 11 月连通自来水管网。1996 年 10 月建成面积为 380 平方米二层办公楼和车库、门房、活动室,购置了办公桌椅。

按照"一流的装备、一流的技术、一流的人才、一流的台站"要求,自 1996 年开始先后投资 46 余万元,对观测场进行标准化建设,改种优质草坪,将木制百叶箱更换为玻璃钢百叶箱,将钢筋观测场围栏更换为 PVC 围栏,对院内、外进行硬化、绿化、亮化、美化,使工作环境得到彻底改善,院内绿化覆盖率达到 60%,办公区变成了风景秀丽的花园。现代化业务体系建设取得了突破性进展,建成防静电的业务值班室,购置了公务用车,拥有高性能计算机 10 台,购买了照相机和摄像机,建立起 MICAPS 工作平台、自动气象站、区域气象观测站、市县可视化会商和实景监测系统、自动报警系统、移动 MAS 短信平台等业务系统工程。

文安县气象局老观测场近景(1981 年)

文安县气象局老观测场远景(1981 年)

文安县气象局现观测场(2008 年)

文安县气象局现办公楼(2008 年)

大城县气象局

大城县历史悠久,早在战国时期就有了城邑,时称徐州,为齐国北部边城。公元前 250

年,燕伐齐攻克聊城,徐州归燕,改名为平舒。五代后晋天福元年(公元 936 年),石敬瑭割"燕云十六州"赂契丹,平舒县划入辽地。后周世宗显德六年(公元 959 年)收复,改名为大城县。

机构历史沿革

始建情况　大城县气象服务站始建于 1962 年 8 月,位于大城县城西夏屯村。1963 年 1 月正式开展工作,为国家一般气象观测站。

站址迁移情况　1977 年 4 月迁到现址新华西街 176 号,西环路东侧,观测场位于北纬 38°42′,东经 116°37′,海拔高度 7 米。占地面积 7130 平方米。

历史沿革　1971 年 1 月更名为大城县气象站。1977 年 12 月更名为大城县革命委员会气象局。1982 年 4 月更名为大城县气象局。

1989 年 1 月—1998 年 12 月改为国家辅助站。1999 年 1 月恢复国家一般气象观测站。2007 年 1 月改为国家气象观测站二级站。

管理体制　建站至 1968 年 12 月,隶属天津专区气象局领导。1969 年 1 月改由县农林局领导。1971 年 1 月由大城县人民武装部领导。1974 年改为大城县生产部领导。1977 年 12 月归属大城县革命委员会农业办公室领导。1982 年 11 月改为气象部门与地方政府双重领导,以气象部门为主的管理体制延续至今。

单位名称及主要负责人变更情况

单位名称	姓名	职务	任职时间
大城县气象服务站	李泽清	站长	1962.08—1964.12
	刘奉先	站长	1965.01—1965.12
	康双林	站长	1966.01—1970.12
大城县气象站			1971.01—1974.12
	常树伦	站长	1975.01—1975.12
	李广增	站长	1976.01—1977.11
大城县革命委员会气象局	郭维志	局长	1977.12—1979.12
	王荣华	局长	1980.01—1981.06
	李耀增	局长	1981.07—1982.03
			1982.04—1983.04
大城县气象局	牟利军	局长	1983.05—1985.06
	张克继	副局长	1985.07—1989.12
	陈家松	副局长	1990.01—1994.04
	刘洪华	局长	1994.05—2001.12
	李爱凤	局长	2002.01—

人员状况　大城县气象局建站时只有 3 人,2008 年 1 月定编 6 人,截至 2008 年底实有在职职工 7 人,其中:本科学历 2 人,大专学历 3 人,中专学历 2 人;中级职称 2 人,初级职称 5 人;平均年龄 40 岁,50 岁以上 1 人,40~49 岁 2 人,40 岁以下 4 人。离退休职工 6 人。聘用临时工 1 人。

气象业务与服务

1. 气象业务

①气象观测

地面观测 每天进行 08、14、20 时 3 个时次地面观测。观测项目有风向、风速、气温、湿度、气压、云、能见度、天气现象、降水、日照、小型蒸发、地面温度、草面温度、雪深、电线积冰、冻土深度。每天向省气象台传输 08、14、20 时 3 个时次的天气加密报,制作气象月报和年报表,同时兼做农业气象土壤墒情观测工作。

1962 年 8 月开始绘图报与辅助绘图报观测。1986 年 9 月开始使用 PC-1500 袖珍计算机取代人工编报。

自动站观测 2007 年 6 月建成了 CAWS600-B 型自动气象站,于 7 月 1 日投入业务运行。自动站观测项目包括气温、湿度、气压、风向、风速、降水、地面温度(包括浅层地温和深层地温)、草面温度。除深层地温和草面温度外都进行人工并行观测。2009 年 1 月 1 日开始以自动站资料为准发报,自动站采集的资料与人工观测资料每天定时存于计算机中进行备份,每月定时复制光盘归档、保存、上报。

2004 年 7 月—2006 年 7 月大城县 10 个乡镇全部建成了两要素区域气象站。2005 年 9 月安装闪电定位仪。

②气象信息网络

1984 年 1 月使用录音电话发报。1986 年 6 月利用 301 无线对讲机发报。1998 年 7 月使用 X.28 分组数据交换网传输数据和报文。2000 年 9 月 11 日建成了 PC-VSAT 小站,应用 MICAPS 业务平台,使用亚洲 2 号卫星接收各种气象信息。2002 年 6 月 2 日使用 X.25 分组数据交换网传输数据和报文。2004 年 7 月 14 日安装了宽带网,作为 X.25 分组数据交换网备份通道,利用 16900 拨号上网传输数据和报文。2005 年 3 月使用 2 兆 VPN 局域网专线传输数据和报文。

1963—1994 年气象月报表、年报表用手工抄写方式编制。月报表一式 3 份,分别上报省气象局、市气象局各 1 份,本站留底 1 份。年报表一式 4 份,分别上报中国气象局、省气象局、市气象局各 1 份,本站留底 1 份。从 1995 年开始使用微机打印气象报表,并向上级气象部门报送数据文件。2004 年 1 月停止向省气象局报送纸质月报表,改为以光盘存储的月报表数据文件为正式资料进行存档。2006 年 10 月将气象观测簿、自记纸等原始资料移交市气象局保存。

2. 气象服务

公众气象服务 1985 年 7 月开始利用 301 甚高频无线对讲通讯电话,实现与廊坊地区气象台直接天气会商。1987 年 9 月 1 日开通了气象预警服务系统,安装使用气象警报发射机 20 余台,用户通过警报接收机定时接收气象服务信息。1998 年取消了无线警报发射机。2005 年 1 月"121"天气预报自动答询电话号码升位为"12121"。

1998 年 1 月由大城县气象局制作的电视天气预报节目,每天定时在大城新闻节目后播出。节目采用非线性编辑软件制作节目画面,深受公众的欢迎。

决策气象服务　1985 年 7 月之前决策服务主要以书面文字发送和口头汇报为主。2007 年开通了"企信通"气象短信发布平台。2008 年完善了乡镇、村街、中小学校等部门的气象灾害防御信息员、联系人制度,人数达 650 人,及时通过短信把气象预警、灾情、雨情等信息发送到领导和气象信息员手中,为领导科学决策和人民群众防灾减灾提供依据。制订了《大城县气象局重特大事故应急救援预案》。

【气象服务事例】　1996 年 8 月 5 日大城县上游地区连降暴雨,致使发生新中国成立以来罕见的洪涝灾害,给人民生命财产带来严重的威胁,县气象局迅速成立了以局长为组长的防汛抗洪领导小组,每天及时将气象资料送到前线指挥部,及时、准确的气象服务工作,得到县领导的肯定和表扬。

2004 年为廊坊 220 千伏"夏屯"变电站的建站提供了数十万个气象数据,促进了站址论证工作的顺利开展。

专业与专项气象服务　在继续做好公益服务的同时,从 1986 年开展了专业气象服务工作。随着"12121"和电视天气预报服务的开通,2004 年停止了此项服务。

1990 年 12 月成立了大城县避雷设施安全检测站,1997 年 10 月经大城县机构编制委员会批准,成立了大城县防雷中心,负责全县防雷设施的检测、设计、验收、咨询以及雷灾事故的鉴定等项管理工作。

2002 年 8 月 1 日成立了大城县人工影响天气指挥部,人工影响天气办公室挂靠在气象局,主任由气象局局长兼任。2003 年 7 月 22 日购置 BL-1 型火箭发射系统 1 套,7 月 31 日购置人工增雨专用车 1 辆。2004 年开始组织实施人工增雨(雪)作业。

气象科普宣传　在气象科普宣传方面,每年利用"3·23"世界气象日、防灾减灾宣传日、安全生产宣传月等时机,以及在电视天气预报节目中加入宣传画面等方式进行科普宣传,普及气象知识和防雷知识。开展科普教材"进学校、进企业、进农村、进社区"等活动。

气象法规建设与社会管理

社会管理　为加强对大城县新建、扩建和改建的建筑物防雷设施的管理工作,保障人民的生命财产安全。2002 年 11 月 1 日大城县政府办公室下发了《关于加强防雷减灾安全工作的通知》;2002 年 12 月 3 日大城县政府下发了《大城县人民政府关于防雷减灾的管理办法》;2004 年 11 月 2 日大城县人民政府办公室下发了《关于批转县气象局、建设局〈关于加强建设项目防雷管理工作的意见〉的通知》。2005 年 4 月,建筑图纸审核和竣工验收分别列入建设局建设项目开工和竣工验收的审批项目之一,使防雷管理工作走向规范化。

2006 年 4 月 26 日大城县政府办公室下发了《关于保护气象探测环境和设施的通知》,对探测环境保护做出了明确的规定,对不符合气象探测环境保护标准的建设项目,有关部门不得审批,对已建及在建的影响气象探测环境的建筑物,相关部门要给予改进或取消;同时大城县气象局及时将保护探测环境的相关法律法规文件报送相关部门备案,有利地保护了气象探测环境。

制度建设　建立健全了《大城县气象局岗位职责》、《大城县气象局局务会制度》、《大城县气象局局务公开制度》等十几项规章制度,保证了气象工作健康有序的开展。

党建与气象文化建设

1. 党建工作

党的组织建设　1962年8月建站时,只有党员1名。1978年4月,成立大城县气象局党支部,当时有党员3名。1980年10月大城县气象局党支部撤销,编入大城县委党校支部。1986年2月成立大城县气象局党支部。截至2008年12月有党员9人(其中在职职工党员6人)。

党支部注重党组织建设,把党建工作纳入重要议事日程,每年召开专题会议,对党建工作进行安排部署,明确每年党建工作的目标和任务,推行党务公开,增强党组织工作的透明度,充分保障广大党员的权利和义务,使党建工作进一步规范化、制度化。2003—2008年连续6年被大城县直工委评为"优秀基层党组织"。

党风廉政建设　认真落实党风廉政建设责任制,积极开展廉政文化建设活动。坚持正面典型教育和反面案例教育相结合,增强了干部职工的法律纪律观念和遵纪守法、廉洁自律意识,提高拒腐防变的能力,努力营造遵纪守法、干事创业的良好氛围。

2. 气象文化建设

精神文明建设　成立了精神文明创建领导小组,制订工作规划和目标,扎实开展群众性精神文明创建工作,坚持用邓小平理论、"三个代表"重要思想和科学发展观武装头脑、指导实践,开展经常性的政治理论、法律法规的学习,形成了讲学习、讲政治、讲正气的良好风气。充分发挥"两室一网"(图书室、荣誉室、气象文化网)主阵地的作用,在院内制作了不锈钢宣传展牌,办公楼内悬挂了由职工自行制作的展牌,办公微机安装使用了廉政屏幕保护程序。形成了政治学习有园地、文体活动有场所、电化教育有设施,职工生活丰富多彩,精神文明创建工作呈现出持续健康发展的好局面。

集体荣誉　1977—2008年共获集体荣誉奖31项。其中,1977年荣获全省人工防雹先进单位;1998年12月被河北省气象局命名为"河北省气象系统三级强局单位";自2003—2008年连续6年被廊坊市委、市政府评为廊坊市级"文明单位"。

个人荣誉　1979—2008年大城县气象局共获个人荣誉奖38人次。

台站建设

建站时只有6间平房,而且远离县城,孤立于荒郊野地,生活艰苦,交通不便,用手电筒观测,点煤油灯值班。1969年4月大城县城建成了一个自来水固定供应点,职工步行去供应点挑自来水饮用。1970年2月接入了市电照明。1977年4月迁到现址,新建了工作用房14间,生活用房(职工宿舍)29间,库房2间,自打了1眼水井,职工的工作和生活条件都得到了改善。

1998年1月省气象局拨专款对台站进行综合改造,建成243平方米的办公楼。2006年落实中国气象局基本建设投资47万元,对办公用房、水、电、暖、路等基础设施进行了综合改造。新建了 65 平方米的防静电业务大厅和 204 平方米的配套用房;由烧煤锅炉取暖改造为天然气取暖;重新改造了单位供电系统,购置了具有市电、发电自动切换功能的柴油发电机组。

加快现代化体系建设。2003 年以来先后投资 50 多万元购置了 P4 以上的高配置微机 9 台、笔记本电脑 1 台、激光打印机 3 台、数码相机 1 部、数码摄像机 2 部、UPS 不间断电源 2 台、移动硬盘 2 个等现代化设备,建成了省—市—县三级可视会商系统,为各办公室安装了空调,更换了办公桌椅。购置办公用车 2 辆,职工的工作生活条件得到了根本改善,增强了气象部门的社会形象。

积极开展了优美环境创建工作,不断加大绿化投入力度,院内种植了冬青、侧柏、樱桃、桧柏、木槿等观赏树种;栽种了月季、迎春、鸢尾、海棠等观赏花卉,绿化面积 2300 平方米,绿化覆盖率达到 60%。硬化了 1100 平方米路面,把大城县气象局建成了环境怡人、景色秀美的花园式单位。

大城县气象局旧貌(1984 年)

大城县气象局(2004 年)

大城县气象局现貌(2008 年)

保定市气象台站概况

保定市地处河北省中部,西依太行山脉,东揽冀中平原,地处北京、天津、石家庄三角地带。境内群山西峙,沃野东坦,兼有平原、湖泊、湿地、丘陵、山地、亚高山草甸的地区。气候属于温带半湿润半干旱大陆性季风气候,具有冬干夏湿、降水集中、雨热同季、四季分明的特点。年平均温气 12.9℃,最高气温出现在 7 月,极端最高气温为 43.3℃(1955 年 7 月23、24 日),最低气温出现在 1 月,极端最低气温为 -23.7℃(1951 年 1 月 13 日),年平均降水量 531.9 毫米。

气象工作基本情况

历史沿革 1912 年直隶农事试验总场测候所成立。1944 年成立华北观象台保定测候所。1954 年 11 月建立保定气象站。以后相继建立了涞源、安国(1956 年),涿县(现涿州)、易县(1957 年),阜平、徐水(1958 年),安新、高阳、曲阳、望都、新城(现高碑店)、完县(现顺平)、清苑、易县紫荆关(1959 年),满城、易县西山北、保定农业气象试验站(1960 年),雄县、定兴(1961 年),唐县(1962 年),博野(1965 年),容城(1966 年),涞水、蠡县(1967 年)等各县气象站。1962 年撤销易县西山北和保定市农业气象试验站。1987 年 5 月 1 日撤销清苑、定兴、博野 3 个气象站。1958 年起各县陆续组建气象哨、组,后因仪器设备和维持经费缺乏,哨、组先后撤销。1989 年 7 月 1 日涞水气象站整体划归涞水县林业局进行管理。1998 年 4 月 1 日撤销紫荆关气象站。

现有国家基本气象观测站 1 个,国家一般气象观测站 18 个,农业气象观测站 4 个,两要素区域自动气象站 165 个,高速公路自动气象站 3 个,GPS 水汽站 5 个。

管理体制 解放初期气象机构建制隶属中国人民解放军。1953 年 8 月气象部门由军队改为地方建制。1962 年 10 月实行气象部门和地方政府领导双重领导,以气象部门为主的体制。1973 年转为地方同级革命委员会领导,接受上级气象部门的业务指导。1980 年再次进行体制改革,实行气象部门与地方政府双重领导,以气象部门领导为主的管理体制。

人员状况 1954 年建站时全市气象部门仅有在职人员 6 人。2008 年全市气象部门定编 215 人,实有在编 212 人。在编职工中:大专以上学历 154 人(其中本科 76 人,研究生 5人);中级以上职称 75 人(其中高级职称 5 人)。

党建与文明单位创建 全市气象部门共有机关党委 1 个,党支部 22 个,党员 196 人。省级"文明单位"3 个,市级"文明单位"13 个,县级"文明单位"3 个,先进党组织 5 个。

主要业务范围

气象观测 主要业务是完成国家一般气象站的气象观测。承担全国统一观测项目任务,内容包括云、能见度、天气现象、气压、气温、湿度、风向、风速、降水、雪深、日照、蒸发(小型)、地面温度、浅层地温(5、10、15、20 厘米)、冻土。每天进行 02、08、14、20 时(北京时)4 次定时观测和 05、11、17、23 时 4 次补充定时观测,并按规定拍发各类天气报告电码。

2002 年开始地面观测自动化建设,2003 年 1 月 1 日保定自动气象站建成并投入使用。截止 2008 年底,全市共建成多要素地面自动气象观测站 10 个,两要素区域自动气象站 165 个,高速公路自动气象站 3 个,GPS 水汽站 5 个。2008 年购置气象应急车和移动气象观测设备,成立应急气象观测和保障队伍。同年开始在所辖各县、市、区普遍建立气象信息员队伍。截至 2008 年底,全市登记备案的气象协管员、信息员等共约 4800 人。

天气预报 各县(市)气象台站自建站伊始便开始制作短中期天气预报。1983 年 1 月完成预报四个基本(基本资料、基本图表、基本档案和基本方法)建设。通过收听预报产品和天气形势广播,绘制小天气图,并结合韵律图、点聚图、相关图等统计预报工具和天气谚语,坚持图、资、群相结合的方法发布短、中、长期天气预报。1989 年 1 月起县气象站订正转发市气象台预报。随着业务现代化建设的进展,高频电话、雷达、卫星云图、遥感、遥测、电视会商等系统配套工程的完善,充分运用各类数值预报成果和 MICAPS 系统,使各种预报的准确率比 20 世纪 70 和 80 年代提高了 5 到 8 个百分点。

气象科技服务 保定市的气象科技服务工作最早始于 1982 年,最初的服务产品以常规气象预报和气象资料为主,随后相继开展电视天气预报、专业气象服务、气球庆典服务、公众气象信息服务、手机短信息服务、防雷检测与工程服务等。1992 年起开始开展防雷检测工作,1997—1998 年各县(市)陆续成立防雷中心。1995—2002 年陆续购置电视天气预报制作系统,开始在电视台播出天气预报节目。1996 年各县开通电话"121"答询系统,2005 年 1 月"121"电话自动答询系统统一升级为"12121"。2007 年开通气象短信平台,以手机短信方式发送气象信息,对有效应对突发气象灾害,提高气象灾害预警信号发布速度起到了至关重要的作用。

目前,服务领域已拓展到农业、林业、水利、工矿、电力、交通、建筑、保险、旅游等多个行业和部门,服务手段逐年增加。

人工影响天气 保定市气象部门从 20 世纪 50 年代末即开始进行人工增雨、防雹及防霜的试验。截至 2008 年全市已拥有各型火箭发射架 20 部,"三七"高炮 40 门,市气象局建有先进的综合指挥系统。2008 年北京奥运会、残奥会期间,保定在北京西南、正南两个方向布设人工影响天气作业炮点 15 个,为保障奥运会和残奥会的开、闭幕式正常进行发挥了重要作用,被北京奥组委授予"安全高效保障奥运,团结奉献服务首都"的荣誉称号。

保定市气象局

机构历史沿革

始建情况　1912 年民国政府建立直隶农事实验总场农业测候所。1920 年 6 月荷兰人在保定市西北角(现 252 医院处)斯洛义元内设气象观测点。1927 年河北大学农科所在保定西关薛家庄开展气象观测。1944 年(民国三十三年)1 月 1 日华北观象台保定测候所成立。1954 年 11 月 1 日成立河北省保定气象站。

站址迁移情况　1954 年 11 月 1 日建立河北省保定气象站,由保定环城西北薛家庄迁至保定市新华村西头。1958 年 1 月 1 日迁址到保定市红星路东口杨庄公社,观测场位于北纬 38°51′,东经 115°31′,海拔高度 17.2 米。

历史沿革　1958 年 1 月 1 日更名为河北省保定气象台,同年 12 月 12 日,成立保定专员公署气象局。1963 年 10 月体制上收河北省气象局,更名为河北省保定专区气象局。1973 年 9 月改名为保定地区革命委员会气象局。1978 年 10 月更名为保定地区行政公署气象局。1982 年 8 月体制再次上收,改名为河北省保定地区气象局。1995 年 2 月 20 日保定地、市合并,更名为河北省保定市气象局。

管理体制　解放初期气象机构建制隶属中国人民解放军。1953 年 8 月气象部门由军队改为地方建制。1962 年 10 月,实行气象部门和地方政府双重领导,以气象部门为主的体制。1973 年转为地方同级革命委员会领导,接受上级气象部门的业务指导。1980 再次进行体制改革,实行部门与地方政府双重领导,以气象部门领导为主的管理体制。

机构设置　1954 年建立之初无下设机构,1958 年开始下设秘书室、气象台和台站管理组 3 个机构。1965 年台站管理组改为业务科。1973 年 3 月下设办公室、气象台、业务科和人控科。1982 年 9 月 1 日经省气象局批准,下设机构改为办公室、气象台、业务科、人事科、财务科。1984 年 3 月 28 日气象台改为预报科。1985 年下设机构增加技术信息办公室,同年 12 月撤销。1988 年 10 月预报科改为气象台,同时新增服务科。1989 年下设机构增加监察室。1993 年 4 月 12 日成立气球服务中心,同年 6 月成立了声像广告服务中心。1996年 3 月 1 日机构调整,下设机构为办公室、气象台、计财科、人事科、业务科、科技产业中心、人工影响天气办公室。1998 年增设防雷中心。2002 年机构改革,下设机构为办公室、人事教育科、计划财务科、业务科、气象台、人工影响天气办公室、防雷中心和气象科技服务中心。

单位名称及主要负责人变更情况

单位名称	姓名	职务	任职时间
河北省保定气象站	李房山	站长	1955.01—1955.12
	熊保民	副站长	1956.01—1957.12
河北省保定气象台	负责人空缺		1958.01—1958.12
河北省保定专员公署气象局	曹桐凤	局长	1958.12—1960.12
	负责人空缺		1961.01—1961.04
	郭福祥	副局长	1961.05—1962.07
河北省保定专区气象局	齐英巍	副局长	1962.07—1963.10
			1963.10—1973.09
河北省保定地区革命委员会气象局		副局长（主持工作）	1973.09—1973.11
		局长	1973.11—1978.10
河北省保定地区行政公署气象局			1978.10—1982.08
			1982.08—1983.12
河北省保定地区气象局	宋永芳	副台长（主持工作）	1984.01—1984.03
		副局长	1984.03—1986.08
		局长	1986.08—1989.03
	李才	副局长	1989.03—1991.01
		局长	1991.01—1995.02
河北省保定市气象局			1995.02—2003.05
	刘玉虎	副局长	2003.06—2004.11
		局长	2004.11—

注：1958年1月—1958年12月单位负责人空缺，具体原因不明。1961年1月—1961年4月单位负责人空缺，具体原因不明。

人员状况　1954年建站时有职工6人，1958年有21人，1988年达到99人，截至2008年底，保定市气象局有在职职工102人（其中正式职工89人，聘用职工13人），离退休职工68人。在职职工中：男53人，女49人；汉族98人，少数民族4人（其中回族2人，满族1人，蒙古族1人）；大学本科以上学历40人，大专33人，中专以下29人；高级职称5人，中级职称33人，初级职称41人，工人22人；30岁以下20人，31~40岁38人，41~50岁30人，50岁以上14人。

气象业务与服务

1. 气象业务

气象观测　保定观测站1963年被定为国家基本气象站。观测项目包括云、能见度、天气现象、气压、气温、湿度、风向、风速、降水、雪深、雪压、冻土、日照、蒸发（小型）、蒸发（E-601大型）、电线积冰和各层地温（地表、浅层、深层）。每天进行02、08、14、20时（北京时）4次定时观测和05、11、17、23时4次补充定时观测，并按规定拍发各类天气报告电码。2003年1月1日起改为多要素自动气象站。

1944—1947 年保定测候所曾开展动、植物物候观测。

1960—1962 年保定南郊农业气象试验站曾开展各种农业气象观测。

1958—1990 年保定站曾执行小球测风任务。

1987 年起保定市气象局配备 711 型天气雷达 1 部。2001 年升级改造为数字雷达。

天气预报 保定市气象台最早从 1955 年开始制作和发布短期天气预报,1964 年开始制作中长期天气预报。到 2008 年底,预报产品已经从单纯的天气图加经验的主观定性预报,逐步发展为采用气象雷达、卫星云图、风廓线、区域站等各种实时数据资料,各种数值预报产品,计算机系统等先进工具制作的客观定量定点预报,有短时、短期、中期、长期等。其中短期预报每天制作至少 3 次预报,分别在 05、11、17 时,中期周报每天 1 次,长期预报每月、季各 1 次。

气象信息网络 1956—1975 年为接收莫尔斯无线广播阶段。1975—1986 年使用电传打字机进行接收并打印气象电报。1977 年起开始使用传真机接收天气图表。1985 年起通过甚高频无线电话网进行通信联络,用以收集各种气象情报、传递天气预报,上报各种观测资料。1997 年建设"9210"工程,实现卫星云图等资料的实时接收和卫星双向通信。2001 年起实现宽带上网。2002 年 8 月起分组交换方式由 X.28 改为 X.25,2005 年 4 月又改为 VPN 专线。所辖区域自动气象站采用无线 GPRS 方式实现数据上传。2002 年建成省—市可视会商系统,2008 年又实现市—县可视会商。2003 年建成三层交换网络。2008 年全部业务办公用电脑安装网络版杀毒软件。

2. 气象服务

决策气象服务 20 世纪 80 年代初,决策气象服务主要以书面文字发送为主;90 年代至今,决策产品逐步由电话、传真、信函等向电视、微机终端、互联网等发展,各级领导可通过电脑随时调看实时云图、雷达回波图、中小尺度雨量点的雨情。主要决策服务产品包括:重要天气报告、专题气象报告、气候评价、汛期天气日报、实时雨情分析等。

1979—1986 年根据全区热量、水分资源鉴定及灾害性天气分析和农业生产现状及未来发展等多种要素综合考虑,先后完成了全区以及 22 个县(市)的农业气候区划,提出了各气候区农业生产合理布局和种植结构调整建议。2004—2005 年根据气候变化特征,又进行了第二次全市农业气候区划。

科技服务与技术开发 保定市气象局的气象科技服务工作最早始于 1982 年。1985 年正式成立服务科,产品以常规气象预报和气象资料为主,主要服务方式是气象警报接收机和专项气象服务。20 世纪 90 年代,气象科技服务获得较快的发展。1996 年成立华云公司,开通"121"电话天气预报自动答询系统,同年开始制作电视天气预报。2000 年创建气象网站,声像节目制作从线性编辑改为非线性系统。2003 年开通手机气象短信服务,电视天气预报节目实现主持人播报。2008 年"12121"电话已经实现数字化、多通道、多信箱,固定电话和手机全方位覆盖。天气预报节目改为光纤数字传送,并引入"实时在线包装"概念,使节目的整体制作水平更上一个台阶。每天制作的视频节目总长超过 30 分钟,在保定市电视台 3 套节目分 6 次播出。同年开通数字频道交互式点播天气预报服务。

专项气象服务 包括为电力系统、建筑部门、热电厂、交通运输部门通过专业服务网站提供专项预报服务和分析,与国土资源局联合发布地质灾害如山体滑坡、泥石流预报,与环保局合作开展城市空气质量预报,以及森林火险气象预报等。

1993—2007年间,保定市气象局曾开展气球庆典服务;1999—2002年间,开设气象寻呼台,进行无线寻呼服务。

人工影响天气 保定市气象局从20世纪50年代末即开始进行人工降雨、防雹及防霜的试验。1989年保定市防雹办正式成立,1996年更名为保定市人工影响天气办公室。市气象局建有先进的综合指挥系统,指挥全市的人工影响天气作业。人工影响天气技术由过去的单一依靠人工观测云层、采用"三七"高炮发射碘化银炮弹作业,发展到利用气象卫星、多普勒天气雷达等先进探测手段,形成车载式火箭与"三七"高炮作业相结合的新局面。

防雷技术服务 防雷工作起步于1994年。1998年保定市防雷中心正式成立,并取得了《计量认证合格证书》;2006年4月取得《事业单位法人证书》。所开展的技术服务包括:防雷装置安全性能检测、新建防雷装置设计技术评价和跟踪检测、雷击风险评估、雷电灾害调查鉴定、防雷工程设计施工、技术咨询、培训等。

防雷中心的技术服务,一直为保定市的经济、社会发展提供着重要的保障作用。近年来全市每年检查出的防雷安全隐患都在1000起左右,并都由防雷中心监督完成整改。2007年防雷中心为雷电灾害多发村——阜平县海沿村养殖场设计安装了防雷装置,相关事迹在中央电视台6个频道12次播出,产生了广泛而积极的影响。

气象学术交流与科普宣传 保定市气象局最早于1962年在河北省气象学会领导下建立气象学会小组。1979年正式成立保定地区气象学会,并在年底召开第一届学会会议。截至2008年底,全市气象学会共有注册会员158人,定期召开理事会议,每年组织数十篇学术论文进行各种交流。每年"3·23"世界气象日、安全生产月、科技周等期间,市气象学会都组织进行广泛的气象科普宣传活动。

气象法规建设与社会管理

法规建设 2003年保定市政府出台《保定市雷电安全管理暂行规定》。2005年保定市政府办公厅下发《保定市人民政府办公厅关于加强防雷安全工作的通知》。2006年保定市政府办公厅下发《关于进一步做好防雷减灾工作的通知》。2007年保定市政府办公厅下发《保定市防雷安全监管责任制》。2007年保定市安全生产委员会办公室印发《保定市安全生产责任网格化管理暂行规定》。2008年保定市政府办公厅下发《关于加强奥运期间施放气球及防雷监管工作的通知》。

政务公开 保定市行政服务中心统一向社会公开气象行政审批内容、办事程序、服务承诺等。对气象行政执法依据、气象服务内容、收费依据和标准通过户外公示栏、气象局外网和政府信息公开网页向社会公开。干部任用、财务收支、目标考核、基础设施建设和工程招投标等内容在局内公开。

党建与气象文化建设

1. 党建工作

党的组织建设 1958 年河北省保定专员公署气象局党支部成立,1986 年保定地区气象局党总支成立,1989 年保定地区气象局机关党委成立,下辖 4 个党支部。党建工作归地方直属机关工作委员会直接领导。截至 2008 年 12 月,全局共有党员 96 人(其中在职党员 52 人,离退休职工党员 44 人)。

党风廉政建设 按照构建反腐倡廉"大宣教"工作格局的要求,利用知识竞答等方式,学习《建立健全教育、制度、监督并重的惩治和预防腐败体系实施纲要》。注重党风廉政建设和对党员干部监督、廉洁自律教育有机地结合,常抓不懈、警钟长鸣。每年与县(市)气象局及各科室主要负责人签定《党风廉政建设责任书》,制订《建立健全惩治和预防腐败体系 2008—2012 年工作规划》。相继制订了《保定市气象局机关工作纪律》、《保定市气象局车辆管理制度》和《保定市气象局公务接待制度》等。

2. 气象文化建设

保定市气象局建有灯光篮球场、乒乓球室、台球室、健身房、老年活动室等各种职工文体活动设施。2003 年起,每年举行春、秋季职工运动会,羽毛球、篮球、乒乓球等比赛。每年举办春节联欢会及歌咏比赛。荣誉室、图书室、气象文化作品展览室、气象政务信息网的建设日臻完善。

保定市气象局一直十分注重开展扶贫帮困献爱心活动,每年都向贫困户、特困生、帮扶村捐款捐物。2008 年"5·12"四川汶川地震发生后,全局职工多次捐款,每名共产党员都缴纳了特殊党费,共筹集到 12.37 万元善款捐助灾区。

3. 荣誉

集体荣誉 1994—2008 年,保定市气象局一直保持着市级"文明单位"的光荣称号;2002—2008 年又连获 6 年省级"文明单位"荣誉称号。

在 1996 年全省目标考核评比中,保定市气象局荣获第一名,1997 年再夺冠军。在全省测报比武中,1987 年、1991 年连续两届获得团体总分第一名,1995 年获团体第二名,1999 年又获团体第一名,2006 年获团体第三名。

2004 年在第五届华风杯全国电视天气预报节目观摩评比中,保定市气象局制作的节目荣获地市级有主持人综合类节目一等奖、主持艺术三等奖。2004 年《防雷业务开发系统》获省气象局一等奖。

保定市气象局观测组自 1997 年以来连续保持"青年文明号"荣誉,保定市气象局团支部自 2003—2008 年连续被市直工委评为"五四红旗团组织"。保定市气象台 2002 年被河北省精神文明建设指导委员会确定为"星级服务单位",2008 年被市直工委授予"青年文明号"的荣誉称号。

个人荣誉 截至 2008 年,保定市气象局个人获省部级以上综合表彰及奖励 2 人次。

人物简介 ★汤仲鑫,男,汉族,湖北省孝感市人,党员,气象高级工程师,1938年出生,1954年参加工作,1962年毕业于北京大学地球物理系气象专业第一期函授班。1958—1980年间在保定地区气象局主要从事天气预报业务工作。1981年调河北省气象局工作,后任河北省气象局局长。1973年编出《保定地区旱涝史记》,其论文《保定地区近五百年旱涝相对集中期分析》被收集在《气候变迁和超长期预报文集》中,并于1978年获全国科学大会奖。主编《海河流域历代自然灾害史料》,参加编著《车贝雪夫多项式及其在水文气象中的应用文集》和《中国历史气候之重建》。其撰写的主要论文还有《气象要素与欧亚500百帕高度场显著相关区分析》《横向时间序列分析和预报检验》等。1978年因工作成绩显著,出席了全国气象系统先进集体和先进个人代表大会。

★徐志清,男,汉族,河北省安国市人,高级工程师,1963年出生,1982年7月毕业于河北气象学校,先后在蠡县气象局、保定市气象局工作。1992年被河北省气象局授予模范工作者,1998年被评为优秀中青年科技拔尖人才、十佳青年,荣记二等功,2000年被评为重大气象服务先进个人。2004年被河北省人民政府授予"先进工作者"。1992年研制的候、旬、月平均高度场格点资料微机处理软件在全省投入使用。1997年研制的"地(市)县气象信息技术服务系统"获河北省气象局气象科技进步一等奖,河北省科委三等奖。2000年开发"数字121天气预报电话语音自动答询系统"。2002年开发"市—县气象资料传输系统",主要应用于人工影响天气工作。

参政议政 李素琴任保定市第八届、第九届政协委员。李才任保定市第十届政协常委。

台站建设

台站综合改善 保定气象台1954年建站初期仅有12间房屋,工作房4间。1958年迁入现址,限于当时条件和历史原因,利用了原省气象局旧址,办公楼为松散结构楼,建筑面积2050平方米。1996年河北省气象局、保定地区行署、保定市政府共同投资120多万元建设了2100平方米的雷达业务楼。1989年建成了甚高频电话、计算机系统配套工程,开通市、县甚高频电话网。1997年"9210"工程VSAT小站建成并投入使用,卫星电话开通。2002年以来,又先后建成了综合100兆网络改造,天气预报专业演播室,省—市—县视频会商系统,气象灾害预警信息发布平台等多项建设工程。

保定市气象局现总占地面积9676.6平方米,2栋分别为四层、六层的办公楼,建筑面积共计4150平方米。另有6栋职工宿舍19660平方米,7间车库140平方米。

园区建设 2003—2006年,保定市气象局把创建优美环境列入议事日程,分期对机关院内和2个家属院的环境进行了绿化、美化、净化,申报项目重新装修了2栋办公楼,规划整修了院落,升级改造了会商室、声像室、人工影响天气指挥室等业务平台,修建了塑胶篮球场、职工活动室、气象文化室、图书室等职工文化娱乐场所。栽种了多物种乔木、灌木和草坪,绿化面积5000平方米,绿化覆盖率72%,达到了"一院两区"无裸土,建成了"园林式、生态型,适合人居,优美舒适,富有特色的生活小区和工作园区",切实改善了干部职工的工作和生活环境。

保定市气象局旧貌(1988 年) 　　　　　　　保定市气象局(2007 年)

安国市气象局

安国市位于华北腹地,总面积 486 平方千米,人口 40 万,辖 11 个乡镇(办事处),198 个行政村。安国市药业兴旺发达,是全国最大的中药材集散地,有"举步可得天下药"之称,素以"药都"和"天下第一药市"驰名中外。安国市属北温带半湿润半干旱大陆性季风气候区,具有冬干夏热、日照充足、湿热同季、四季分明的特点。年平均气温 12.8℃,最高气温出现在 7 月,极端最高气温为 42.3℃(2002 年 7 月),最低气温出现在 1 月,极端最低气温为 －20.8℃(1985 年 12 月),年平均降水量 468.3 毫米。

机构历史沿革

始建情况　1956 年 12 月 1 日安国气候站建立,位于安国县城南关大街。

站址迁移情况　1961 年 11 月 30 日由南关大街迁至东关外药材场。1967 年 7 月 1 日站址迁至安国县保衡路西侧气象路 6 号。观测场位于北纬 38°25′,东经 115°20′,海拔高度 29.6 米。

历史沿革　1961 年 1 月 1 日更名为安国气象服务站。1963 年 7 月 1 日改名为安国县气象服务站。1969 年 11 月 1 日更名为安国县革命委员会生产指挥组气象站。1972 年 1 月 1 日更名为安国县革命委员会生产指挥处气象服务站。1976 年 1 月 1 日更名为安国县革命委员会气象站。1983 年 1 月 1 日更名为安国县气象站。1989 年 10 月 1 日更名为安国县气象局。1991 年 8 月安国实行撤县建市,更名为安国市气象局

1956 年建站伊始被确定为气候站,1961 年 1 月改为国家一般气象站,2006 年 6 月改为国家气象观测站二级站,2008 年 12 月 31 日改回国家一般气象站。

管理体制　自建站至 1982 年 12 月 31 日,由安国地方党委政府负责人、财、物的管理,气象部门进行业务管理与指导。气象站曾隶属林业、农业等部门管理。1983 年 1 月进行

体制改革,实行部门与地方政府双重领导,以气象部门领导为主的管理体制。

单位名称及主要负责人变更情况

单位名称	姓名	职务	任职时间
安国气候站	张玉婷	站长	1956.12—1960.12
安国气象服务站			1961.01—1963.06
			1963.07—1965.03
安国县气象服务站	崔毅英	站长	1965.03—1969.10
			1969.11—1971.02
安国县革命委员会生产指挥组气象站	王彭汉	站长	1971.02—1971.11
	克力	站长	1971.11—1971.12
安国县革命委员会生产指挥处气象服务站			1972.01—1974.09
	党荣	负责人	1974.09—1975.05
安国县革命委员会生产指挥处气象服务站	张春林	站长	1975.06—1975.12
			1976.01—1978.06
安国县革命委员会气象站	崔毅英	站长	1978.07—1982.12
			1983.01—1983.12
	不详		1984.01—1984.05
安国县气象站	王东光	站长	1984.06—1987.11
	韩力欣	副站长	1987.11—1988.04
	刘跃忠	站长	1988.05—1989.10
安国县气象局	王杏军	局长	1989.10—1991.07
安国市气象局			1991.08—

注:1984年1月—1984年5月无记载,具体原因不明。

人员状况 截至2008年底,有在职职工8人(在编6人,编外临时用工2人)。在职职工中:本科2人,大专1人,中专1人,高中学历3人,初中1人;中级职称2人,初级职称4人;50岁以上1人,40~49岁4人,40岁以下3人。

气象业务与服务

1. 气象业务

气象观测 1956年12月1日起安国气候站每天进行01、07、13、19时(地方时)4次地面观测。1960年8月1日改为02、08、14、20时(北京时)4次定时观测。1974年7月1日改为08、14、20时3次定时观测。

建站初期观测项目有风向、风速、气温、湿度、云、能见度、天气现象、降水、日照、小型蒸发、雪深、地面温度。1958年5月1日增加曲管地温(5、10、15、20厘米)观测任务。1959年4月1日增加气压和虹吸式雨量计观测任务。1961年4月1日增加深层地温(40、80厘米)观测任务。1977年1月31日取消深层地温(40、80厘米)观测任务。1963年1月1日增加冻土观测。

天气预报 1986年3月预报股安装传真机,用于接收各种天气形势图及预报图。

1987年开始制作短期预报、汛期天气报、重要天气专报。1999年建立 PC-VSAT 小站和以 MICAPS 为工作平台的业务流程,使用亚洲2号卫星并和中国气象局、河北省气象局、保定气象局联网,可随时接收各种气象信息和云图,大大提高了预报质量。2008年8月市气象局统一安装了会商系统,用于每天与上级气象部门的天气会商和召开视频会议。

气象信息网络　1994年6月安国气象站配备了计算机和袖珍式打印机。1994年7月起以计算机人工输入观测数据来制作月报表,取代传统的人工抄录报表,减轻了观测员的劳动强度,提高了报表质量。1998年7月安装 X.25 分组数据交换网,用于测报数据传输和制作地面气象月报表及年报表。

2. 气象服务

决策气象服务　一年一度的中国安国药材医药保健品交流会,是由河北省政府主办,多家药业企业联办,安国市政府承办的药材医药保健品交流盛会。它是对外展示千年药都新形象、提升知名度、美誉度和影响力的盛会。安国市气象局将药交会期间的气象服务工作作为重点,尽全力做好药交会期间天气预报、天气专报、庆典气球施放等服务工作,及时将天气状况向主要领导汇报。基于多年来出色的服务,安国市气象局多次受到安国市委、市政府主要领导的表扬。

气象科技服务　1986年7月购置气象警报发射机,为有关企、事业单位提供预、警报服务。1987年县气象局制作的预报服务产品开始报送政府主要领导、各乡镇及各相关单位。

1992年5月购置电话自动答询天气"121"设备,采用人工录音,循环播放的方式为公众提供气象服务。1995年购置微机1套,用于"121"改造,5条电话线路,采用模拟信号与电脑合成录音。1997年9月购置"121"微机设备1套,开通博野县"121"电话自动答询系统。2004年5月架设光缆,完成"121"数字化改造,30个电话用户可同时拨入,开通4个信箱。2005年1月"121"电话自动答询系统升位为"12121"。

1996年投资4万元购置电视天气预报制作系统1套,在保定市首家实现由气象部门录制电视天气预报,并于同年6月1日正式播出。2006年12月购置新型非线性电视天气预报编辑系统1套,简化了预报制作过程,进一步提高了广告画面质量。

人工影响天气　1997年6月购置人工影响天气火箭发射架1套,火箭弹300枚,打破了保定市人工影响天气工作无火箭设备的记录。1997年7月投资10万元,购置人工影响天气火箭专用车1辆,同时购置车载电台及手机各1部。在保定市气象局、安国市政府的指导和支持下,人工降雨和人工防雹工作有序开展,既合理利用了空间水资源又减轻了冰雹天气造成的灾害。

2001年12月省气象局配备 WR-1 型人工增雨防雹火箭架1部。2002年购置旧北京吉普车1辆,用于安装 WR-1 型火箭架。

防雷技术服务　1998年安国市防雷中心成立后,市气象局正式开展防雷装置的安全检测和防雷装置的设计审核和竣工验收工作。

科学管理与气象文化建设

社会管理　安国市气象局先后将气象探测环境保护资料在安国市政府、建设局、规划局、国土资源局备案,以便于各职能部门在进行土地审批时考虑到气象探测环境保护的要求,进而更好地保护好气象探测环境。

根据《施放气球管理办法》,组织了多次执法行动,制止了多起违法施放气球活动,并对无证施放单位进行法规教育。规范了气球施放市场,保障了气球施放市场的工作安全和空域安全。

依法开展防雷装置安全检测和防雷装置的设计审核和竣工验收工作。

政务公开　对市气象局的主要职能、服务理念、行政审批办事程序、服务收费依据等通过公示栏予以公开。年终对全年收支、职工奖金福利发放等情况向职工做详尽说明。

党建工作　1956 年 12 月—1970 年有党员 4 人;1971—1980 年有党员 6 人;1981—1988 年有党员 7 人,均编入县林业局党支部。1988 年 9 月安国县气象局成立党支部。近几年来发展新党员 3 人。截至 2008 年 12 月有党员 4 人。

气象文化建设　1994—1999 年市气象局被评为县级"文明单位"。2000—2009 年连续 9 年被保定市委、市政府评为市级"文明单位"。十几年来积极参与地方组织的各项活动,如生态文明村建设,帮扶贫困户及贫困学生,各种社会捐款等。2008 年随着深入开展"气象文化建设"和"气象科普进农村"活动,着力进行了本单位的文化建设。职工们结合本市特点创作了一批文化作品,其中包括安国气象赋;制作了政务公开栏及科普宣传栏;各项工作制度上墙;给示范村、学校安装了电子显示屏,并帮助学校建立了"小气象站"。近年来为活跃职工业余文化生活,购置了乒乓球台和多种健身器材,建立了职工活动室、图书室,开通了气象文化网站。与此同时还经常开展文体项目比赛,职工的业余生活丰富多彩。

集体荣誉　1998 年被河北省气象局评为"优质服务、优良作风、优美环境先进单位";1998 年被河北省气象局评为"三级强局";1998 年电视天气预报节目制作获河北省"银图杯"二等奖;1995—1997 年在目标管理综合考评中被保定市气象局评为"先进单位";2003—2008 年连续 6 年被保定市气象局年终考核评定为"优秀达标单位"。2001—2002 年被保定市委、市政府授予"文明单位"。

台站建设

台站综合改善　1995 年安国市气象局自筹资金 10 余万元,续建业务室、职工活动室、车库等 230 平方米。1998 年河北省气象局拨专款 20 万元,实施第一次综合改造,新建办公楼(两层)450 平方米,建围墙 160 平方米,硬化地面 900 平方米,绿化面积 1300 平方米。2006 年省气象局又下达了综改资金 44.2 万元,对安国市气象局实施综合改善。对办公用房、业务室、会议室等进行了装修改造,建立了警卫室,安装了电动大门,装修了业务楼门厅,改造了给排水管道,对院落墙体进行了粉刷,房顶进行了隔热、防雨处理。新购空调 13 台、节能锅炉 1 台,极大地改善了安国市气象局职工的生活和工作环境。

安国市气象局观测场全景(2008 年)

安新县气象局

安新县位于华北平原的中部,被誉为"华北明珠"的白洋淀就在安新县境内。白洋淀风光秀美、物产丰富,自古就有"北国江南、日进斗金"之称,是全国首批 5A 级景区。白洋淀总面积 366 平方千米,淀区被 3700 条沟壕,12 万亩芦苇分割成大小不等、形状各异的 143 个淀泊,其中 85% 的水域在安新县境内。安新县总人口 42 万,主要支柱产业有旅游业、有色金属冶炼、制鞋、羽绒加工等。

机构历史沿革

始建情况　安新县气象局始建于 1959 年 1 月,成立时为徐水县气象站新安分站,站址位于县城外白洋淀边。

站址迁移情况　安新县气象局建站于 1959 年,位于县城西白洋淀边。1963 年水灾,气象站全部遭到水毁,当年 10 月搬到城内西关白洋淀水产研究所。1964 年在原址重新建站,于当年 9 月份全部建成,并安装仪器。1996 年安新县气象局迁至县城西关外王公堤村,观测场位于北纬 38°56′,东经 115°56′,海拔高度 4.4 米,占地面积 7800 平方米。

历史沿革　1959 年成立徐水县气象站新安分站,当年 3 月徐水与安新分县后正式改名为安新县气象站。1976 年 5 月安新县气象站更名为安新县革命委员会气象站,从农林局分出,归口生产,隶属安新县生产指挥部领导。1976 年 10 月安新县革命委员会气象站更名为安新县革命委员会气象局。1981 年 7 月安新县革命委员会气象局更名为安新县气象局。1984 年 3 月安新县气象局更名为安新县气象站。1990 年 1 月安新县气象站更名为安新县气象局。

管理体制 安新站建站时隶属河北省气象局,1967年12月由省气象局建制改为地方建制,归安新县农林局负责领导。1971年6月安新县人民武装部进驻,实行军管。1974年1月由军管转交地方,由县农林局代管。1976年5月从农林局分出,隶属安新县生产指挥部领导。1981年4月业务体制上收,人员调配、经费收支、业务管理归直属地区气象局领导,党团组织关系、行政由安新县委领导。2002年11月机构改革,人员实行聘任制管理,实行河北省保定市气象局和安新县人民政府双重领导,以保定市气象局领导为主的管理体制。

单位名称及主要负责人变更情况

单位名称	姓名	职务	任职时间
徐水县气象站新安分站	程万昌	站长	1959.01—1959.02
			1959.03—1962.04
安新县气象站	空缺		1962.04—1963.10
	王振邦	站长	1963.11—1973.02
	马光友	站长	1973.03—1976.04
安新县革命委员会气象站		站长	1976.05—1976.10
安新县革命委员会气象局		局长	1976.10—1981.07
安新县气象局			1981.07—1984.03
安新县气象站		站长	1984.03—1984.04
	龚志雄	站长	1984.04—1985.07
	张栋相	站长	1985.07—1988.07
	空缺		1988.07—1990.01
			1990.01—1991.03
安新县气象局	邸建荣	局长	1991.03—1994.07
	杨景文	局长	1994.07—1996.12
	李海青	局长	1996.12—1998.11
	顾东彦	局长	1998.11—2004.02
	黄 强	局长	2004.03—

注:1962年4月—1963年10月和1988年7月—1991年3月,都是因为原主要负责人任命到期后未任命新的负责人,所以空缺。

人员状况 安新县气象局2008年底有在编职工6人,其中:男4人,女2人;中级职称1人,初级职称5人;本科学历4人,专科2人;30岁以下3人,30~40岁3人。

气象业务与服务

1. 气象业务

气象观测 安新县气象局为国家一般气象站,人工观测,夜间不守班,每天进行08、14、20时3次观测发报。观测项目有云、能见度、天气现象、气压、气温、湿度、风向、风速、降水、雪深、日照、蒸发、地温等。担负编发天气加密报、不定时重要天气报、旬月报、地面气象月报表和年报表等任务,汛期增发 06 时雨情报。

1998 年 9 月开始使用 AHDM 4.0 测报软件,结束气象电报手工查算的历史。

1999 年 7 月以 X.28 异步拨号方式加入公用分组数据交换网,实现气象电报编发报微机自动处理。

2001 年 11 月通过专用网络向市气象局传输电子气象报表,停止纸质报表的上报。

2005 年 1 月 1 日起开始使用地面测报软件 OSSOS 2004。

2005—2006 年陆续在大王、芦庄、三台、同口、安州、庄子农场、圈头 7 个乡镇、白洋淀荷花大观园景点内建成 8 个两要素区域气象站。

天气预报 1973 年 2 月安新县气象站开始制作短、中期天气预报。1983 年 1 月完成预报四个基本(基本资料、基本图表、基本档案和基本方法)建设:抄录整理 48 项资料,绘制基本图表,撰写《安新县气候区划》及《安新县冰雹的调查分析与预报》,完成灾害性天气调查、预报方法使用结果检验、预报质量报表等业务技术基本档案。通过收听京、津、冀、鲁、保的预报产品和天气形势广播,绘制小天气图,并结合韵律图、点聚图、相关图等统计预报工具和天气谚语,坚持图、资、群相结合的方法发布短、中、长期天气预报。

1985 年 7 月开始使用甚高频电话设备。1986 年 7 月开始接收日本传真图等预报产品。

1989 年 1 月起县气象局订正转发市气象台预报。

气象信息网络 1984 年 1 月开始首次使用甚高频电话发报;安装 2 台 CE80 型传真机用于接收传真图。1985 年 7 月安装 301 无线对讲机与市气象局进行天气会商。1986 年 1 月正式使用 PC-1500 袖珍计算机编报。1998 年 7 月安装使用 X.28 分组数据交换网测报传输数据;12 月投资 2 万元升级"121"自动答询系统。1999 年建立 PC-VSAT 地面卫星接收小站和以 MICAPS 为工作平台的业务流程,使用亚洲 2 号卫星和中国气象局、河北省气象局、保定市气象局联网,可随时接收各种气象信息。2002 年 7 月 2 日开通 X.25,代替 X.28 分组数据交换网。2005 年 3 月安装使用 2 兆 VPN 局域网专线,代替 X.25 数据交换网,用于气象数据传输,与全省气象系统实现文件网上传输。2008 年安装可视化天气会商系统,建立预警信息发布平台。

2. 气象服务

公众气象服务 1998 年与电视台合作开始制作电视天气预报节目,定时在安新县新闻后播出,随后开通了固定电话"12121"天气预报自动答询服务业务,随后手机、小灵通短信预报服务、电子显示屏、预警信号广播大喇叭及网站等多种服务方式,使服务内容更贴近百姓生活。

建立健全县级气象灾害防御体系,积极开展防灾减灾工作。在全县范围内建立气象灾害防御体系,建立气象灾害预警信息发布平台,在各单位及自然村设立信息员,适时对各信息员发布预警信息,制定了科学严密、规范有序、运转正常的灾害收集、上报和发布制度。

决策气象服务 始终把决策气象服务放在各项工作的首要位置,不断提高气象服务的时效性和针对性。服务材料从最初的纸质天气汇报,到气象预警信息屏和手机短信,气象服务实现了快速高效的制作和发送。先后为县委、县政府等相关部门安装气象预警预报电子显示屏 11 块。

专业与专项气象服务 2001 年成立人工影响天气办公室,同年 5 月 6 日首次开展人工影响天气作业。2008 年第 29 届奥运会在北京召开,在奥运会、残奥会开闭幕式期间成功开展了人工消减雨作业,为开闭幕式的顺利进行提供了气象保障。

1993 年开展防雷设施检测工作。1998 年成立安新县防雷中心,获省技术监督局计量认证资格。按照管理及服务职责,防雷设施检测和技术服务范围逐步拓宽,已扩展到石油(气)库站、加油站、氢(氧)气站、化工生产车间、储存易燃易爆产品的仓库、各中小学校、医院、住宅小区、计算机网络、通信设施等多个行业和部门。

气象科普宣传 每年充分利用"3·23"世界气象日、安全生产宣传月的时机,上街开展各种科普宣传,向各界群众发放宣传材料,解答群众的咨询;利用电视天气预报画面、门户网站等媒体和单位外围墙等界面,宣传各种气象常识;同时采取走出去、请进来的方式,走进社区、校园、乡村,广泛开展各种科普宣传活动,邀请广大群众和小学生到县气象局参观学习。

气象法规建设与社会管理

制度建设 2003 年 3 月县安全生产委员会办公室下发《安新县安全生产委员会关于加强防雷安全管理工作的通知》;2008 年县政府下发《安新县人民政府办公室关于做好气象灾害防御工作的通知》,旨在进一步加强气象灾害防御能力,最大限度地减轻或避免灾害损失,确保人民群众生命财产安全。2008 年 5 月安新县人民政府办公室下发《安新县人民政府办公室关于做好气象探测环境保护工作的通知》,气象探测环境保护逐步规范。

社会管理 2007 年初设立行政许可股,开办行政审批窗口,负责承办县级气象行政许可事项,将防雷设计审核和竣工验收纳入建设项目联办件办理流程。

探测环境保护 不断加大探测环境保护力度,在单位外墙粉刷了保护气象探测环境的标语,制作了宣传栏;利用电视天气预报栏目进行宣传,同时向县委、县政府主要领导就气象探测环境保护工作进行汇报,提高各级领导和群众保护气象探测环境的意识;向政府、国土、建设、规划等部门就气象探测环境保护的范围和要求进行了备案,确保早发现、早制止;对气象局周边的建设情况严密监视,有建设的立即与之沟通,提前了解情况,采取相应措施;建立气象探测环境保护工作台帐,记录保护工作的相关情况;每月就探测环境变化情况向上级部门汇报。

政务公开 2007 年建立"议事日"和"公开日"制度。"议事日"召开全体人员参加的议事会,讨论重大事项、重大财务活动和大家关心的热点、难点问题,提高决策的科学化。"公开日"对重大决策、相关政策执行情况、财务收支、各项任务目标等内容通过多种形式进行公开,增加工作的透明度。

党建与气象文化建设

党建工作 2004 年 7 月成立党支部,截至 2008 年 12 月有党员 3 人(其中退休职工党员 1 人)。

2005 年被安新县委评为"先进基层党组织"。

气象文化建设 开拓创新、扎实进取,抓好"软、硬"件建设,不断提高干部职工的思想道德素质和科学文化水平,创建学习型部门,不断拓展气象服务工作领域,提供优质的气象服务,不断改善职工工作生活环境,提高职工的文化生活质量。2002—2004 年被安新县委、县政府授予"文明单位"称号;2005—2008 年被评为市级"文明单位"。

全面开展气象文化建设活动。对台站环境进行总体布局,对单位外墙和楼梯粉刷,加强绿化,在绿化中体现气象文化;在辅助用房的西墙设置局务公开栏,将气象局的职能和服务项目进行公开公示;对办公楼内业务室进行改造,安装防静电地板,设置背景墙,墙上张贴业务制度以及各种标识;在楼道悬挂"廉、勤、礼、信、仁",作为气象文化的着力点;在局长室悬挂贾至的书法作品"春思",提醒职工要珍惜时间;在南墙设置气象文化长廊,内容分别为中国气象发展史、新中国气象从延安走来、安新气象事业发展历程、关怀与期望等;通过开展征文、绘画比赛和经常购置图书等多种形式和方式,不断提高广大职工文化素质和修养。

荣誉 自 1996 年以来地面气象测报共创"百班无错情"36 个,"250 班无错情"5 个。2004 年在全市测报比武中安新县气象局荣获第一名。1994 年被安新县委、县政府评为汛期工作"先进集体"。2002—2007 年在保定市气象局综合目标考核评比中被评为"优秀达标单位"。2006—2007 年被中国气象局评为"局务公开先进单位"。2004—2008 年连续 5年被安新县委、县政府评为"安全生产监督管理先进单位"。

台站建设

安新县气象站于 1959 年建站,位于县城西白洋淀边,建站时仅有几间平房,经常停水、停电。1963 年安新县遭受洪水袭击,气象站完全被毁。1964 年在县城西环城边重建气象站。

1995 年搬迁现址,修建了 250 平方米的办公楼。1996 年正式投入使用。从 1997 年开始多方筹措资金,改造单位办公环境,建设了锅炉房,安装了暖气,1999 年对院落进行了硬化,2004 年改造了后院大坑,使昔日又脏又臭的大坑,成为鱼虾嬉戏,荷花竞开的一道风景。2005 年打 230 米深水井 1 眼,解决了职工用水问题。随业务内容的不断拓展、现代化水平的不断提高,投资安装了 50 千伏变压器。2007 年对楼内进行了整体装修,安装了太阳能,整体厨房,改善了职工的居住条件。

安新县气象局旧貌(1981 年)

安新县气象局新貌(2008 年)

定州市气象局

机构历史沿革

始建情况 定州市气象局始建于 1950 年 7 月,建站时台站名称为定县专署实验农场气候站,站址在安国县太平山。

站址迁移情况 1951 年 7 月,由安国县迁至定县城内西北角城根。1960 年 4 月,由城内迁到韩家洼公社青年试验场。1961 年 3 月,气象站由韩家洼公社迁至城内东北角行宫。观测场位于北纬 38°31′,东经 115°00′,海拔高度 54.8 米。

历史沿革 1950 年 7 月定县专署实验农场气候站在安国县太平山建成,只为农场服务。1954 年 8 月,气候站体制上收河北省气象局,改名为河北省定县农场气候站。1959 年 4 月,实行站、场分开,在原有基础上,建立定县气候站。1960 年 1 月,改称定县气象站,同年 11 月,被河北省气象局定为河北省农业气象基本站。1963 年 6 月,按河北省气象局指示,改称定县气象服务站。1971 年 2 月,更名为河北省定县气象站。1974 年 4 月,更名为定县革命委员会气象站。1982 年 1 月,更名为定县气象站。1982 年 12 月,更名为河北省定县气象站。1986 年 4 月,经河北省气象局批复,河北省定县气象站改称河北省定州市气象站。1987 年 4 月 1 日,河北省定州市气象站更名为河北省定州市气象局,1989 年 1 月更名为定州市气象局。

管理体制 1950 年 7 月至 1954 年 6 月属定州专署农场,由定县农业局领导。1954 年 7 月定县专署撤销,气候站改为河北省气象局领导。1958 年 1 月,改为保定专署气象局领导,1959 年 1 月,改为定县农业局领导。1962 年 7 月至 1966 年 12 月,为河北省气象局建制,保定专署气象局领导。1967 年改由县政府领导,定县农业局代管。1983 年 1 月起,实行气象部门与地方政府双重领导,以气象部门领导为主的管理体制。

单位名称及主要负责人变更情况

单位名称	姓名	职务	任职时间
定县专署实验农场气候站	不详	不详	1950.07—1954.07
河北省定县农场气候站	不详	不详	1954.08—1959.03
定县气候站	不详	不详	1959.04—1959.06
	刘济贤	站长	1959.07—1960.01
			1960.01—1960.02
定县气象站	李真辰	站长	1960.03—1961.02
	陈建国	站长	1961.03—1963.05
定县气象服务站			1963.06—1971.01

续表

单位名称	姓名	职务	任职时间
河北省定县气象站	王振生	站长	1971.02—1974.03
			1974.04—1975.12
定县革命委员会气象站	刘记忠	站长	1976.01—1977.12
	崔希哲	站长	1978.01—1978.10
		副站长	1978.11—1981.12
定县气象站			1982.01—1982.11
河北省定县气象站	王喜珠	站长	1982.12—1986.03
河北省定州市气象站			1986.04—1987.03
河北省定州市气象局		局长	1987.04—1989.12
			1989.01—2004.10
定州市气象局	刘平果	副局长	2004.11—2005.10
		局长	2005.11—

注:1950年7月—1959年6月单位负责人无资料可查。

人员状况 截至2008年底,有在职职工12人,其中:大学学历4人,大专学历4人,中专学历4人;中级职称7人,初级职称5人;50~59岁5人,40~49岁3人,40岁以下的有4人。

气象业务与服务

1. 气象业务

气象观测 自建站至1959年12月为气候站;1960年1月—2006年12月为国家一般气象站;2007年1月—2008年12月底改为国家气象观测站一级站。观测项目包括云、能见度、天气现象、气压、气温、湿度、风向、风速、降水、雪深、雪压、冻土、日照、蒸发(小型)、地温。每天进行02、08、14、20时(北京时)4次定时观测和05、11、17、23时4次补充定时观测,并按规定拍发各类天气报告电码。

2005年6月和2006年5月,分2批在息家、李亲顾等12个乡镇建成了DSD3型温度、雨量两要素区域自动气象站并投入使用,采用无线GPRS方式实现数据上传。2007年10月17日,定州市气象局CAWS600SE-N型自动气象站建成,采用专线实现数据上传。

1961年5月15日—1963年3月20日,每天向北京民航台拍发预约航空报和固定危险报,启用GD21和GD23电码。

1956年10月—1965年开始农业气象观测,开展作物观测和土壤湿度测定。1979年下半年从冬小麦播种开始继续开展农业气象观测工作,观测任务有作物观测、土壤水份测定以及物候观测。

天气预报 1958年6月县气象站开始作补充天气预报。1982年以来,县气象站根据预报需要共抄录整理55项资料、共绘制简易天气图等9种基本图表。

20 世纪 80 年代初,通过传真接收中央气象台,省气象台的旬、月、季、年天气预报,再结合分析本地气象资料,短期天气形势,天气过程的周期变化等制作中长期天气预报。中长期预报主要有:旬预报、月预报、汛期预报、年度预报、各农事关键期预报。2008 年实现市—县可视会商。

气象信息网络 1984 年 1 月架设开通甚高频无线对讲通讯电话,实现与地区气象局直接业务会商。1998 年 7 月安装使用 X.28 分组数据交换网,预报所需资料全部通过县级业务系统进行网上接收。1999 年 12 月地面卫星接收小站建成并正式启用。2004 年 9 月建成了气象专题网页并接通定州市兴农网。

2. 气象服务

公众气象服务 1989 年 5 月起,定州市气象局在定州市电视台黄金时段播放天气预报。1996 年 8 月市气象局建成多媒体电视天气预报制作系统,将自制节目录像带送电视台播放。2000 年 7 月电视天气预报制作系统升级为非线性编辑系统。

1994 年 6 月市气象局同电信局合作正式开通"121"天气预报自动咨询电话。2005 年 1 月"121"电话升位为"12121"。

为提高气象灾害预警信号的发布速度,避免和减轻气象灾害造成的损失,2008 年利用在乡镇安装的电子显示屏开展了气象灾害信息发布工作。

决策气象服务 1984 年定州市气象局在全省气象部门率先建成气象预警服务系统。每天上、下午各广播一次,各乡镇及其他服务单位通过预警接收机定时接收气象服务。2008 年为了更及时准确地为市、镇、村领导服务,通过移动通信网络开通了气象预警信息短信发布平台,以手机短信方式向全县各级领导发送气象信息。

专业与专项气象服务 1996 年 6 月成立了定州市人工影响天气办公室,挂靠在定州市气象局,购置了解放客货车 1 辆、人工影响天气火箭发射装置 1 套。开始了人工影响天气作业,消除(减轻)由于灾害天气对定州市经济和社会造成的损失,多次受到市政府相关领导的签字表彰。

防雷技术服务 2001 年 5 月定州市政府办公室发文,将防雷工程从设计、施工到竣工验收,全部纳入气象行政管理范围。2002 年 10 月定州市政府法制办批复确认县气象局具有独立的行政执法主体资格,并为 6 名干部办理了行政执法证。2004 年 8 月气象局被列为市安全生产委员会成员单位,负责全县防雷安全的管理,定期对易燃易爆行业的防雷设施进行检查。

气象科普宣传 每年在"3·23"世界气象日以及安全生产宣传月组织科技宣传,向媒体和公众散发丰富的宣传材料,普及气象知识和防雷知识。

气象法规建设与社会管理

法规建设 为加强雷电灾害防御的依法管理工作。定州市政府下发了《定州市防雷减灾管理办法》(定政办发〔1992〕23 号)和《关于加强定州市建设项目防雷装置防雷设计、跟踪检测、竣工验收工作的通知》(定建〔2001〕34 号)等有关文件。逐步规范了定州市防雷市场行政执的管理,提高防雷设施的安全性。

探测环境保护 制作了气象设施和气象探测环境保护警示牌;利用电视天气预报栏目对保护气象探测环境进行广泛宣传,达到提高社会公众保护气象探测环境的意识;在发改、国土、建设、规划、环保、无线电管理等部门就气象探测环境保护的范围和要求进行了备案。对气象局周边的建设情况严密监视,建立气象探测环境保护工作台帐。

政务公开 对气象行政审批办事程序、气象服务内容、服务承诺、气象法依据、服务收费依据及标准等,通过户外公示栏、《定州日报》、发放宣传单等方式向社会公开。干部任用、财务收支、目标考核、基础设施建设、工程招投标等内容则采取职工大会或上局务公示栏张榜等方式向职工公开。财务每半年公示一次,年底对全年收支、职工奖金福利发放、领导干部待遇、劳保、住房公积金等向职工作详细说明。干部任用、职工晋职、晋级等及时向职工公示或说明。

党建与气象文化建设

党建工作 1959年7月—1960年2月有党员1人,编入县农业局党支部。1960年3月—1974年5月有党员4人。1974年6月气象站成立党支部。截至2008年12月,有党员8人。

认真落实党风廉政建设目标责任制,积极开展廉政教育和廉政文化建设活动,努力建设文明机关、和谐机关和廉洁机关。局财务帐目每年接受上级财务部门年度审计,并将结果向职工公布。

气象文化建设 定州市气象局把领导班子的自身建设和职工队伍的思想建设作为文明创建的重要内容,通过开展经常性的政治理论、法律法规学习,造就了清正廉洁的干部队伍,锻炼出一支高素质的职工队伍。近年来多次选送职工到南京信息工程大学、中国气象局培训中心学习深造。

定州市气象局始终坚持以人为本,弘扬自力更生、艰苦创业精神。改造观测场,装修业务值班室,统一制作局务公开栏、学习园地、法制宣传栏和文明创建标语等宣传用语牌。建设"两室一网一场"(图书阅览室、职工活动室、气象文化网、小型运动场),有图书5000余册。2006—2007年度定州市气象局第一次被保定市委、市政府授予"文明单位";2008年被评为"保定市绿色机关"。

荣誉 1979—2008年定州市气象局共获集体荣誉奖76项,个人获奖共118人次。1998年被河北省气象局评为"二级强局";2004年被评为"河北省地面测报先进单位";2005年被中国气象局授予"局务公开先进单位"。

台站建设

台站综合改造 1997年向河北省气象局申请综合改善资金9万元,装修改造了办公楼;1998年自筹资金8万元改造了办公楼三楼;2007年投入资金7万元更换了采暖锅炉,同年市财政拨付30万元,建成高标准多要素自动气象观测站并投入使用;2008年投入10万元铺设了下水管道并与城市排水管网接通,结束了气象局几十年来污水无处流的历史。气象业务现代化建设上也取得了突破性进展,改造了业务值班室,完成了业务系统的规范化建设,建起了气象地面卫星接收站、自动观测站、决策气象服务平台、气象预警信息短信发布平台、省—市—县可视化会商等业务系统工程。

园区建设 气象局现占地面积 6467 平方米。办公楼 1 栋,建筑面积 500 平方米;职工宿舍 2 排,建筑面积 1500 平方米;车库 3 间 100 平方米。2000—2005 年定州市气象局响应省、市气象局的号召开展了优美环境创建工作,分期对机关院内的环境进行了绿化改造,规化整修了道路,在院内修建了 2500 平方米草坪、花坛,栽种了风景树,全局绿化覆盖率达到了 60%,硬化了 1500 平方米路面,形成了水、电、暖、天然气、有线电视、排水全通,绿化硬化合理,干净、整洁、优美的工作和生活环境。

定州市气象局办公楼(2008 年)

定州市气象局观测场(2008 年)

阜平县气象局

阜平县地处保定市西部山区,属暖温带半湿润半干旱大陆性季风气候。

机构历史沿革

始建情况 阜平县气象局始建于 1957 年 1 月,其前身为阜平气候站,位于阜平县城赵家沟坡顶。观测场位于北纬 38°51′,东经 114°11′,海拔高度 281.9 米。自建站以来,站址没有迁移。

历史沿革 1959 年 8 月 1 日更名为阜平县气象站,1960 年 2 月 1 日更名为阜平县气象服务站,1979 年 1 月 1 日更名为河北省阜平县气象站,1989 年 1 月 1 日更名为河北省阜平县气象局。2007 年 1 月 1 日升格为国家气象观测站一级站,2008 年 12 月 31 日恢复为国家气象观测一般站。

管理体制 自建站至 1963 年 10 月,由阜平县农业局管理,1963 年 11 月—1966 年 10月由保定地区气象局管理,1966 年 11 月—1982 年 8 月由阜平县农业局管理,1982 年 9 月全国实行机构改革,实行部门与地方政府双重领导,以气象部门领导为主的管理体制。

单位名称及主要负责人变更情况

单位名称	姓名	职务	任职时间
阜平县气候站			1957.01—1959.08
阜平县气象站	张广德	站长	1959.08—1960.02
			1960.02—1960.07
阜平县气象服务站	马国志	站长	1960.08—1974.12
	白银堂	副站长	1975.01—1978.12
		站长	1979.01—1981.09
	龚志雄	副站长	1981.10—1984.04
阜平县气象站	王兴军	副站长	1984.06—1986.05
	马文忠	负责人	1986.06—1986.08
	高玉才	副站长	1986.09—1987.09
		站长	1987.09—1988.12
		局长	1989.01—1990.02
阜平县气象局	刘玉虎	副局长	1990.02—1990.05
		局长	1990.06—1996.02
	张新利	副局长	1996.03—1997.03
		局长	1997.03—

人员状况 1957 年建站之初有 3 人,截至 2008 年有在编职工 10 人,其中:本科学历 3 人,大专学历 2 人,中专学历 5 人;中级职称 5 人,初级职称 5 人;50 岁以上 4 人,40～50 岁 2 人,30～40 岁 2 人,30 岁以下 2 人。

气象业务与服务

1. 气象业务

气象观测 1958 年 3 月—1960 年 7 月 31 日,每天进行 07、13、19 时(地方时)3 次观测,1960 年 8 月 1 日起改为 08、14、20 时(北京时)3 次观测。2007 年 1 月起每天进行 02、05、08、11、14、17、20、23 时 8 次观测,每天编发 02、08、14、20 时 4 次定时天气报,05、11、17、23 时补充天气报。观测项目有云、能见度、天气现象、气压、气温、湿度、风向、风速、降水、雪深、日照、蒸发、地温、草面温度等,天气加密报的内容有云、能见度、天气现象、气压、气温、风向、风速、降水、雪深、地温等,重要报的内容有定时降水量、大风、龙卷、积雪、雨凇、冰雹、雷暴、霾、浮尘、沙尘暴、雾、初终霜、暴雨等。

1959 年 1 月开始拍发固定航危报及预约航危报。1962 年 4 月向北京和石家庄机场拍发航危报。1972 年 3 月 29 日省气象局发出通知,要求县气象站担负 04—18 时固定航危报和 19—03 时预约航危报任务,1994 年停止拍发固定航危报和预约航危报。

2003 年 11 月建成地面气象自动监测站。建成两要素自动观测站 9 个。

天气预报 1958 年 3 月阜平站开始做补充天气预报。20 世纪 80 年代初期,完成预报四个基本(基本资料、基本图表、基本档案和基本方法)建设。同时,通过结合中央气象台、省气象台的旬、月天气预报和本地气象资料等制作一旬天气过程趋势预报。

气象信息网络 建站初期,采用人工编报方式。1986 年 1 月起使用 PC-1500 袖珍计算机取代人工编报。1985 年 7 月安装 301 无线对讲机与市气象局进行天气会商。1986 年开始首次使用甚高频电话发报;安装 2 台 CE 80 型传真机用于接收传真图。1998 年 7 月安装使用 X.28 分组数据交换网用于测报传输数据。1999 年建立 PC-VSAT 地面卫星接收小站和以 MICAPS 为工作平台的业务流程,使用亚洲 2 号卫星和中国气象局、河北省气象局、保定市气象局联网,可随时接收各种气象信息。1999 年 7 月以 X.28 异步拨号方式加入公用分组数据交换网,实现气象电报编发报微机自动处理。2002 年 7 月 2 日开通 X.25,代替 X.28 分组数据交换网。2005 年 3 月安装使用 2 兆 VPN 局域网专线,代替 X.25 数据交换网,用于气象数据传输,与全省气象系统实现文件网上传输。2008 年安装可视化天气会商系统,建立预警信息发布平台。

农业气象 1964 年 5 月 25 日省气象局确定阜平县气象站为省农气基本站,主要观测项目有农作物:冬小麦、玉米;木本:刺槐;草本:车前子;果树:红枣;昆虫:蚱蝉。2010 年 5 月取消冬小麦观测项目。

2. 气象服务

阜平县气象局坚持以经济社会需求为牵引,把决策气象服务、公众气象服务、专业气象服务、气象科技服务和气象科普宣传融入经济社会发展和人民群众生产生活中。

公众与决策气象服务 1996 年 6 月开通"121"天气预报自动咨询电话。2005 年 1 月,"121"电话升位为"12121"。

1998 年 3 月在电视台开播阜平天气预报。2005 年 5 月电视天气预报制作系统升级为非线性编辑系统。2008 年 1 月在气象局、广播电视局之间架起专用光纤,实现了点对点网络传输。

2007 年 3 月为各乡镇和县领导及有关部门安装电子显示屏,及时发布天气预报、气象灾害预警信号及防御指南。

2007 年 10 月建立了阜平信息网站,2009 年 7 月阜平信息网站更名为阜平气象网站。

2008 年 6 月完成气象预警服务短信发布平台建设。

专业与专项气象服务 在做好公益服务的同时,1990 年 3 月开始推行气象有偿专业服务。

1962 年 6 月阜平县开始进行人工消雹作业,1982 年 5 月停止人工防雹工作,1994 年 6 月恢复防雹工作,同时成立阜平县人工影响天气办公室。2002 年 5 月购置了火箭发射架,现有固定炮点 3 个,移动火箭发射架 1 个。

1992 年 3 月开始进行防雷设施检测工作。1996 年 1 月开始对防雷工程进行施工和竣工验收。2003 年 3 月阜平县政府确认县气象局具有独立的行政执法主体资格,现有行政执法人员 7 人。2004 年 1 月气象局被列为县安全生产委员会成员单位,负责全县防雷安全管理。

气象科普宣传 每年"3·23"世界气象日,结合气象日的主题开展科普讲解、街头咨询、参观气象局、电视专访、发放宣传品等宣传活动。每年安全生产月均开展防灾减灾,安全生产科普宣传活动。

科学管理与气象文化建设

政务公开 对气象行政审批办事程序、气象服务内容、服务承诺、气象行政执法依据、服务收费依据及标准等,通过户外公示栏方式向社会公开。干部任用、职工晋职、晋级等及时向职工公示或说明。

气象探测环境保护 阜平县气象局就探测环境保护标准和具体范围向阜平县政府相关部门进行备案。2008年建立观测环境状况证书公示制度

党建工作 1982年8月县气象局成立党支部。截至2008年12月有党员5名。

阜平县气象局不断加强党风廉政建设,开展廉政思想教育,认真落实党风廉政目标责任制,加强局务公开、民主生活会、三项谈话制度,努力建设文明机关、和谐机关和廉政机关。积极开展党风廉政宣传教育月活动。

气象文化建设 始终坚持以人为本,弘扬自力更生、艰苦创业精神,深入持久地开展文明创建工作,自建站起就不断开展气象文化建设工作,改造观测场,改建了办公楼,建设了综合活动室、图书室、气象文化网,统一制作局务公开栏、学习园地、法制宣传栏和文明创建标语等宣传用语牌。

文化创建阵地建设得到加强。2008年12月正式开展气象文化创建月,撰写了台站史和台站赋;更换了乒乓球台,同时开展乒乓球、羽毛球、飞镖、跳绳、歌咏比赛等群众性的文化活动,丰富了职工的文化生活。

荣誉 2002年被保定市委、市政府授予"精神文明单位";被河北省气象局授予"河北省气象部门县(市)强局单位"。2004年被阜平县委授予"创建文明生态村帮建工作优秀单位"。2004年、2005年、2006年被阜平县政府授予"阜平县先进单位"。2004年获"阜平县人口与计划生育工作先进单位"。2005年、2007年荣获阜平县"工作实绩突出单位"。2008年荣获"河北省园林式单位"。

参政议政 张新利任阜平县第六届、第七届政协委员。

台站建设

1958年3月建站时只有房屋3间。1962年10月建办公室3间。1981年5月建办公室6间。1989年8月建成二层办公楼14间。2005年向省气象局申请综合改造资金50万元,2006年9月建成新办公楼,建筑面积496平方米。

阜平县气象局现占地面积4167.51平方米,办公楼1栋496平方米,综合活动中心1个210平方米,职工宿舍1栋866平方米。

2002—2006年,阜平县气象局对机关院内的环境进行了绿化改造,规划整修了道路,在庭院内修建了花坛、荷花池,栽植了荷花,栽种了风景树,把气象局建成了四季有绿、三季开花的花园式单位,使机关院内变成了风景秀丽的花园。

阜平县气象站旧貌(1984 年)

阜平县气象局新貌(2008 年)

高碑店市气象局

　　高碑店市的前身为新城县,原县城位于高碑店市区东南 13 千米的新城镇。1969 年县城由新城迁至高碑店,1993 年撤新城县建高碑店市,辖原新城县全境,现隶属河北省保定市。高碑店历史悠久,春秋战国时期属燕国方城地,唐文宗太和六年(公元 832 年)设立新城县,隶属涿州。高碑店因古时境内建有"燕南赵北之天下第一高碑"而得名。

机构历史沿革

　　始建情况　1959 年 2 月气象站由涿县搬迁而来,站址位于高碑店东南角(现老电力局)附近,名为涿县中心气象水文站。

　　站址迁移情况　1960 年 2 月站址迁至闫家务村南,更名为涿县气象服务站,同月正式观测记录。1965 年在原址上重新建站,8 月正式观测。1967 年站址迁至新城镇西太平庄村西。1970 年迁回原址。1982 年 1 月观测场南移 300 米至新城县闫家务村南富民胡同,北纬39°19′,东经 115°53′,海拔高度 28.3 米,6 月 1 日正式记录观测。

　　历史沿革　1960 年 2 月更名为涿县气象服务站,同月正式观测记录。1962 年 1 月更名为新城县气象服务站,当年 7 月因精简人员而停止观测,1965 年重新在原址建站。1982 年 1 月更名新城县气象站,体制上收河北省气象局。1989 年 1 月更名为新城县气象局。1993 年 12 月撤县建高碑店市,更名为高碑店市气象局。2007 年 12 月 31 日改为国家气象观测站二级站,2009 年 1 月 1 日改为国家一般气象站。

　　管理体制　1959 年 2 月—1981 年 12 月归属市农业局。1982 年 1 月开始气象部门实行机构改革,改为气象部门与地方政府双重领导,以气象部门领导为主的管理体制。

单位名称及主要负责人变更情况

单位名称	姓名	职务	任职时间
涿县中心气象水文站	邱俊峰	站长	1959.02—1960.01
涿县气象服务站	聂州	站长	1960.02—1962.01
新城县气象服务站	刘林	站长	1962.01—1962.07
撤站			1962.07—1965.08
新城县气象服务站	刘林	站长	1965.08—1972.01
	牛支先	站长	1972.02—1976.01
新城县气象站	杨会山	站长	1976.01—1981.12
			1982.01—1984.01
	董富	站长	1984.02—1988.12
新城县气象局		局长	1989.01—1991.04
	蒋凤兰	站长	1991.01—1991.04
	张云聘	局长	1991.05—1993.12
高碑店市气象局		局长	1993.12—2003.01
	马文忠	局长	2003.01—

人员状况 1959 年建站时有 7 人,1965 年恢复建站时有 4 人,截至 2008 年 12 月有职工 9 人(正式职工 7 人,临时工 2 人),其中:男 5 人,女 4 人,汉族 8 人,满族 1 人;本科以上学历 2 人,大专学历 4 人,中专学历 3 人;中级职称 3 人,初级职称 4 人;30 岁以下 1 人,31～40 岁 4 人,41～49 岁 2 人,50 岁以上 2 人。

气象业务与服务

1. 气象业务

气象观测 1959 年 2 月 3 日起,采用地方时每天进行 01、07、13、19 时 4 次观测。1960 年 8 月 1 日改为每天北京时 02、08、14、20 时 4 次观测,夜间不守班,每日 08、14 时 2 次发报。1962 年 1 月 1 日起取消 02 时定时观测。观测项目有云、能见度、天气现象、气压、气温、湿度、风向、风速、降水、日照、蒸发(小型)、地温(浅层和深层)、雪深等。其中 1972 年 1 月 1 日—1974 年 7 月 1 日增加 02 时观测,夜间守班,1999 年 5 月 1 日—10 月 2 日增加每日 20 时的天气加密报。2008 年 1 月 1 日起温度、湿度、气压、风向、风速、地面温度、浅层地温(5～20 厘米)由自动站代替人工观测,并新增 40、80、160、320 厘米深层地温和草温观测项目,实行双轨运行,以人工站为主。2009 年 1 月 1 日并轨运行,以自动站为主。

2005—2006 年市政府投资陆续在植物园、肖官营、辛立庄、泗庄、十里铺和新城建成 5 个两要素自动气象站,每 5 分钟上传 1 次气温、雨量数据。

1959 年 4 月 10 日开始向省气象台编发绘图天气报告 1 次,1959 年 11 月 28 日向专区气象台发绘图报,1962 年 1 月 1 日开始向省、专区气象台拍发雨情、墒情电报,1966 年 3 月 10 日增加旬报,1972 年 6 月 5 日开始发 3 次绘图报,1978 年 10 月 9 日 06 时雨情报改为 08 时发雨情暴雨情报,1993 年 3 月 1 日改发天气加密报、重要天气报、汛期雨量报、气象旬月报等。编制的报表有气表-1,气表-21,向中国气象局、省、地(市)气象局各报送 1 份,本站留底本 1 份。2000 年 11 月通过 162 分组网向省气象局传输原始资料,停止报送纸质报表。2004 年 1 月至今利用县市网络系统向上级传送报表。

天气预报 1959 年 4 月开始向省气象局拍发天气报告。在基本档案方面,主要对建站后有气象资料以来的各种灾害性天气个例进行建档,对气候分析材料、预报服务调查与灾害性天气调查材料、预报方法使用效果检验、预报质量月报表、预报技术材料、中央省地各类预报业务会议材料等建立业务技术档案。中期预报主要通过传真接收中央气象台,省气象台的旬、月天气预报,再结合分析本地气象资料,短期天气形势,天气过程的周期变化等制作一旬天气过程趋势预报。长期预报主要运用相关曲线和相关图方法气象资料图表及天气谚语、韵律关系等方法,分别做出具有本地特点的补充订正预报。20 世纪 80 年代为适应预报工作发展的需要,进一步贯彻执行中央气象局提出的"大中小、长中短、图资群相结合"技术原则,组织力量,多次会战,建立一整套长期预报的特征指标和方法,长期预报主要有春播预报、汛期(5—9 月)预报、年度预报、秋季预报。1985 年 6 月正式开始天气图传真接收工作,主要接收北京的气象传真和日本的传真图表,7 月架设开通甚高频无线对讲通讯电话,实现与地区气象局直接业务会商。2008 年安装可视化天气会商系统,建立预警信息发布平台。

气象信息网络 1998 年 7 月安装使用 X.28 分组数据交换网用于测报传输数据。1999 年建立 PC-VSAT 小站,使用亚洲 2 号卫星与中国气象局、河北省气象局、保定市气象局联网,可随时接收各种气象信息。1999 年 7 月以 X.28 异步拨号方式加入公用分组数据交换网,实现气象编发报微机自动处理。2002 年 7 月 2 日开通 X.25,代替 X.28 分组数据交换网。2005 年 3 月安装使用 2 兆 VPN 局域网专线,代替 X.25 数据交换网,用于气象数据传输,与全省气象系统实现文件网上传输。

2. 气象服务

公众与决策气象服务 20 世纪 80 年代初主要通过口头、电话、传真向县政府提供决策服务。1987 年 9 月开始开展气象警报广播服务,先后为市防汛抗旱办公室、各乡镇及砖厂等企业安装了气象警报广播接收机,建成包括 1 台发射机和 48 台接收机的气象预警服务系统,每天上、下午各广播 1 次。1998 年规范了决策气象服务形式,将公众气象服务和决策气象服务进一步规范化、标准化。2008 年上半年组建乡镇协管员、村信息员队伍,明确了职责,6 月完成气象预警服务短信发布平台建设,以手机短信方式向全市各级领导和相关部门及气象信息员发送气象信息,提高了气象灾害预警信号的发布速度。

1999 年 9 月—2000 年 10 月,市气象局与市广播电视局达成协议在高碑店一台、白沟电视台播放高碑店天气预报节目,每天 1 次,每次 2 分钟,电视天气预报节目由市气象局制作。2004 年 10 月与电视台达成协议,重新在高碑店一台和电视剧频道开播天气预报节目。气象局购置非线性节目编辑系统,提高了节目质量。

1993 年 6 月市气象局同电信局合作正式开通"121"天气预报自动答询电话,号码先后改为"1210"、"12121"。2005 年 6 月"121"答询电话实行集约经营,改为"12121",主服务器由保定市气象局建设维护。

专业气象服务　2001年高碑店市人工影响天气办公室成立,由主管市长担任主任,气象局局长担任副主任,办公地点设在气象局,每年维持经费由市财政承担。同年10月由市政府投资购置了四轨道WR型火箭增雨防雹发射系统,作业点设在肖官营乡;2006年4月由河北省气象局投资购置了轻型车载发射架;2007年3月高碑店市政府投资购买1辆中兴牌皮卡车,用于人工影响天气作业。

1998年6月高碑店市政府下发高机编字(1998)第1号文件,批准成立高碑店市防雷中心,由气象局局长兼任中心主任,实行局、中心合并,人员从气象局现有人员中调剂,主要负责全市避雷装置年检发证,新、改、扩建工程防雷装置设计审核验校,雷电灾害收集调查鉴定。2006年防雷中心开始开展新、改、扩建设项目防雷工程跟踪检测验收服务。2007年高碑店市编委办批准确认高碑店市气象局和高碑店市防雷中心独立法人资格。

气象科普宣传　每年在"3·23"世界气象日、法制宣传日、安全生产宣传月,组织科技宣传,普及防雷知识和气象法规宣传。

科学管理与气象文化建设

法规建设与管理　2003年12月高碑店市政府法制办批复确认市气象局具有独立的行政执法主体资格,并为5名干部办理了行政执法证,气象局成立行政执法队伍。2004年气象局被列为市安全生产委员会成员单位,负责全市防雷安全的监管工作。2003年高碑店市政府下发了《高碑店市建设工程防雷项目管理办法》。2005年由市政府出台了《关于加强高碑店市防雷安全管理工作的通知》,使防雷监管工作逐步政府化、规范化。

2007年6月高碑店市行政审批服务大厅开始运行,市气象局进驻大厅,负责气球施放活动审批、建设项目防雷装置设计审核和竣工验收两项许可职能。市气象局将行政审批办事程序、气象服务内容、服务承诺、气象行政执法依据等制作成明白卡,向社会公开,同时通过电视广告、上街宣传发放宣传单等方式向社会公开。

探测环境保护　积极从多方面不断加大探测环境保护力度:制作了气象探测环境保护宣传栏,安装在门卫室临街墙上,利用电视天气预报栏目进行宣传,提高各级领导和群众保护气象探测环境的意识。向市委市政府主要领导就气象探测环境保护工作进行汇报,并由市政府拨款进行《气象探测环境保护专项规划》编制。向国土、建设、规划、环保、发改等部门就气象探测环境保护的范围和要求进行了备案并上报市政府,确保早发现、早制止;对气象局周边的建设情况严密监视,有建设的立即与之沟通提前了解情况采取相应措施;建立气象探测环境保护工作台帐,记录保护工作的相关情况,每月初向市气象局汇报探测环境保护情况。由于多方面努力,相关部门在气象局站址周边审批用地时,均向气象局征询意见,使得本局探测环境保护不存在压力。

党建工作　1959年有党员1名,属林业局党支部。1975年5月—1981年有党员3人。1981—1992年有党员3人。1986年5月成立气象局党支部。截至2008年12月,有党员7人。

认真落实党风廉政建设目标责任制,积极开展廉政教育和廉政文化建设活动,努力建设文明机关、和谐机关和廉洁机关。

气象文化建设　始终坚持以人为本,弘扬自力更生、艰苦创业精神,深入持久地开展文明创建工作,政治学习有制度、职工生活丰富多彩,文明创建工作跻身于保定市先进行列。

高碑店市气象局把领导班子的自身建设和职工队伍的思想建设作为文明创建的重要内容,积极参加市里组织的各种活动,丰富职工的业余生活。多年来,积极选送职工到气象院校、中国气象局培训中心和市党校学习深造。

荣誉 1986 年和 1998—2003 年连续 6 年被保定市气象局评为"先进单位",1988 年在双文明建设中被河北省气象局评为"先进集体",1988 年被保定地区气象局评为地区"先进集体",1998—2007 年连续 8 年度被保定市委、市政府评为"文明单位",2000 年被河北省气象局评为"二级强局",2005—2008 年连续 4 年被保定市气象局评为"目标考核优秀达标单位"。基础业务工作成绩显著,自 1986—2008 年累计创"百班无错情"61 个,"250 班无错情"21 个。

台站建设

台站综合改善 1981 年经上级部门批准,站址向南迁移 300 米,新建一个 25 米×25 米标准观测场,建职工宿舍和办公用房(平房)各一排,建筑面积总计 480 平方米。1997 年向省气象局申请综合改善资金 20 万元,地方政府出资 20 万元,购买幸福南路临街三层楼,建筑面积 340 平方米,局长、财务、气象服务办公迁至新楼办公,原站址保留了地面观测、防雷中心和人工影响天气业务。

气象局现占地面积 4600 平方米,办公平房 1 栋 240 平方米。

园区建设 2000—2004 年,高碑店市气象局分期分批对机关院内的环境进行了硬化、绿化改造,硬化路面 420 平方米,在庭院内修建了草坪,栽种观赏性花木,全局绿化覆盖率达到了 60%,使机关院内变成了风景秀丽的花园。

高碑店市气象局旧貌(1982 年)

高碑店市气象局现观测场(2008 年)

高阳县气象局

高阳县位于保定地区东南部,距省会石家庄 134.4 千米。东与任丘接壤,北与安新毗邻,西与清苑交界,南与蠡县相连。

机构历史沿革

始建情况　高阳县气象站始建于 1958 年秋,1959 年 5 月 1 日正式开始工作,位于高阳县城东北圈头村。

站址迁移情况　2004 年 9 月 1 日迁移至距原址 4000 米处,位于高阳县政府北 1000 米,北纬 38°43′,东经 115°46′,海拔高度 10.0 米。

历史沿革　1959 年 5 月成立高阳县气象站,1960 年 4 月 1 日更名为高阳县气象服务站,1983 年 1 月 1 日更名为河北省高阳县气象站,1989 年 1 月 1 日更名河北省高阳县气象局。

管理体制　高阳县气象站从成立至 1962 年底,由高阳县农林局管理。1963 年 1 月—1966 年底改为由保定市气象局管理,1967 年 1 月—1982 年 8 月 31 日转为高阳县农业局管理,1982 年 9 月起实行气象部门与地方政府双重领导,以气象部门领导为主的管理体制。

单位名称及主要负责人变更情况

单位名称	姓名	职务	任职时间
高阳县气象站	张金庆	站长	1959.05—1959.12
	张平仁	站长	1960.01—1960.04
高阳县气象服务站			1960.04—1970.12
	王永福	站长	1971.01—1974.12
	尹长发	站长	1975.01—1982.12
河北省高阳县气象站			1983.01—1984.03
	董汝昌	站长	1984.02—1986.12
	杨小国	站长	1987.01—1988.12
		局长	1989.01—1991.09
河北省高阳县气象局	董凤藻	局长	1991.10—1994.03
	段秀朵	局长	1994.03—2000.03
	邢彦超	副局长	2000.03—2001.07
		局长	2001.07—

人员状况　高阳县气象站成立时有 5 人。截至 2008 年底有在职职工 9 人(其中正式职工 6 人,临时用工 3 人),正式职工中:本科学历 3 人,大专学历 1 人;工程师 1 人,助理工程师 2 人。

气象业务和服务

1. 气象业务

气象观测　高阳县气象局建站至 1962 年底为国家一般站,1963 年—2006 年 5 月改为国家一般气象站,2006 年 6 月—2008 年 12 月底为国家气象观测站二级站,2009 年 1 月 1 日改为国家气象观测站一般站。

1959 年 5 月起地面观测实测次数 4 次,实测时间 07、13、19、01 时(地方时),发报次数

3次,发报时间05、11、17时,1960年8月起改为08、14、20时(北京时)3次观测。观测项目有云、能见度、天气现象、气压、气温、湿度、风向、风速、降水、浅层地温(5、10、15、20厘米、地面直管40厘米)、雪深、日照、蒸发(小型)、冻土。

1983年1月1日—1988年12月31日,每天进行08、14、20时(北京时)3次定时观测,夜间不守班。

从1984年5月20日起每年5月20日—9月30日向保定市气象台3次拍发小图报(08、14、20时)。

从1999年起每年5月1日—10月2日期间增加每日20时天气加密报。

2000年6月1日起每日3次拍发天气加密报(08、14、20时);同时增加拍发08时24小时变压变温组和14时最低气温组。

承担全国统一观测项目任务,内容包括云、能见度、天气现象、气压、气温、湿度、风向、风速、降水、雪深、日照、蒸发(小型)、地面温度、浅层地温(5、10、15、20厘米)、冻土,每天08、14、20时3次定时观测,向省气象台拍发天气加密电报。

天气预报 1973年2月开始制作短中期天气预报。1983年1月完成预报四个基本(基本资料、基本图表、基本档案和基本方法)建设:抄录整理48项资料,绘制基本图表,撰写《高阳县气候区划》及《高阳县冰雹的调查分析与预报》,完成灾害性天气调查、预报方法使用结果检验、预报质量报表等业务技术基本档案。通过收听京、津、冀、鲁、保的预报产品和天气形势广播,绘制小天气图,并结合韵律图、点聚图、相关图等统计预报工具和天气谚语,坚持图、资、群相结合的方法发布短、中、长期天气预报。

1986年7月开始接收日本传真图等预报产品。2008年安装可视化天气会商系统,建立预警信息发布平台。

从1989年1月起县气象局订正转发市气象台预报。

气象信息网络 1985年7月使用甚高频无线对讲通讯电话发报。1995年底购置1台586计算机和打印机,并开通远程终端,实现气象资料实时传输。1999年3月使用162拨号上网传输气象报文。2004年12月安装使用2兆VPN局域网专线,代替X.25数据交换网,用于气象数据传输,与全省气象系统实现文件网上传输。2005年1月1日统一使用新版地面测报软件,通过162分组网向市气象局传输原始资料。

2. 气象服务

公众气象服务 1987年购置气象警报发射机,为砖厂提供气象警报服务。1996年底同电信局合作正式开通"121"天气预报自动咨询电话。1998年初购入电视天气预报制作系统、数码照相机等设备,开始在电视台播放高阳县天气预报。

决策气象服务 按气象服务手册制作气候预测、农作物管理建议等农业专题服务。预报有重要天气过程时书面报送县委、政府主要领导及水利部门。2007年为更加及时准确地为县、镇、村领导服务,通过移动通信网络开通了气象短信平台,以手机短信方式发送气象信息,对有效应对突发气象灾害,提高气象灾害预警信号发布速度起到了至关重要的作用。

2008年高阳县政府成立气象灾害防御领导小组,明确了县、乡、村三级气象灾害防御责任人(气象信息员)的职责。

专业与专项气象服务 2002年春成立人工影响天气办公室,抓住有利时机开展人工消雹增雨作业。

1998年成立高阳县防雷中心,开展防雷检测工作。每年3—6月对石油(气)库站、加油站、化工生产车间,学校、医院、住宅小区等易燃易爆、人员密集场所进行防雷安全检测,排除安全隐患。

气象科普宣传 每年利用"3·23"世界气象日,安全生产宣传月,上街开展各种科普宣传,向各界群众发放宣传材料,接受群众的咨询;利用天气预报画面、门户网站、单位外围墙等媒体,宣传各种气象常识。同时会同科协和农牧局合力开展气象科普进农村、进校园活动,制定了进村方案,并与建新小学达成协议,建设一个集科普宣传、观测实践活动的"红领巾气象站"。

气象法规建设以社会管理

法规建设 2007年4月高阳县政府办公室下发《进一步加强高阳县新建、改建、扩建(构筑物)安全管理的通知》;高阳县安全生产委员会办公室下发《关于印发雷电安全专向治理实施方案的通知》,加强防雷装置设计审核和竣工验收工作;2003年6月高阳县人民政府办公室下发《关于依法保护气象探测环境的通知》,气象探测环境保护逐步规范。

雷电灾害防御工作管理 2007年4月27日高阳县气象局进驻高阳县行政服务中心,设立行政审批窗口。同时县人民政府发布通知要求新建、改建、扩建项目必须办理防雷设计审核和竣工验收许可。设立行政许可股,负责承办县级气象行政许可事项,将防雷设计审核和竣工验收纳入建设项目联办件办理流程。

1998年高阳县防雷中心成立,与高阳县气象局合署办公,正科级单位。2006年高阳县气象局被列为县安委会成员单位,经过近几年发展,雷电防护已建立了一套有序的管理运行程序。

探测环境保护工作 分别于2003年、2008年、2009年3次向县政府、县城建局、城乡规划局、环保局和国土局进行气象台站探测环境保护备案。做好气象台站探测环境保护的宣传工作,设立警示栏和探测环境保护范围。2008年建立观测环境状况证书公示制度和观测场实景监测系统。

政务公开 2006年底台站综合改善基本完成后,高阳县气象局加强气象政务公开,对单位职责、气象行政审批流程、气象服务内容、服务承诺、气象行政执法依据、服务收费依据及标准、违法投诉处理途径等通过公示栏、电视广告等方式向社会公开;干部人事安排、财务管理、目标考核、基础建设工程招投标、重大事项与重大改革决策及内部规章制度等通过职工大会、局务会、公示栏等方式公开;财务收支情况每季度公示一次,年底对全年收支情况、职工奖金福利发放、领导干部待遇、住房公积金等向职工做详细说明,干部人事的变动安排及时向职工公示说明。

党建与气象文化建设

党建工作 1959—2000年县气象局党建工作归属高阳县农林局党支部。2000年11

月 7 日成立气象局党支部,直属县直机关工委。2003 年因人员调动,党员人数不足 3 人而撤销党支部,归属农业局党支部。截至 2008 年 12 月有党员 2 人,参加农业局党支部的组织活动。

认真落实党风廉政建设目标责任制,积极开展廉政教育和廉政文化建设活动,努力建设文明机关、和谐机关和廉洁机关。

气象文化建设 始终把领导班子的自身建设和职工队伍的思想建设作为文明创建的重要内容,通过开展经常性的政治理论、法律法规学习,造就了清正廉洁的干部队伍,锻炼出一支高素质的职工队伍。1999 年被高阳县人民政府评为县级"文明单位";2006—2007 年连续 2 年被评为保定市"文明单位"。

全面开展气象文化建设活动,成立领导小组,制订设计方案。在 2008 年"气象文化月"活动的基础上,创建了以"业精于勤"为特色的高阳气象文化。

荣誉 2000 年年终考核被保定市气象局评为先进达标单位;2001 年被河北省气象局评为省三级强局;2004 年、2005 年、2007 年、2008 年年终考核被保定市气象局评为优秀达标单位。基础业务工作成绩显著,1993—2008 年底累计创"百班无错情"13 个;个人获奖 20 余人(次)。

台站建设

高阳县气象局建站伊始只有两排平房,房屋 13 间,建筑面积 245 平方米,房屋为砖木结构。台站所辖区域土地总面积 2666 平方米。

2004 年由县城东关街迁移到县政府北侧,占地 7733 平方米,办公楼和附属用房面积 830 平方米,绿化面积 6000 平方米,硬化面积 1100 平方米,绿化率为 78%,绿化覆盖率为 92%。

以建设环境优美型、景观型、园林式单位为目标,加大绿化力度,投资 20 余万元,聘请专业技术人员进行全面规划,设计绿化方案。以种植经济树木为主,观赏树木为辅,突出绿化,体现美化为特点,结合气象探测环境要求来实施绿化工作,基本达到了四季常绿,三季有花。为达到观赏休闲式的园林效果,修建了林间小路和休憩小广场,摆放小石桌,修建小鱼池等设施。2008 年顺利通过了河北省建设厅验收团的验收,被评为省级园林单位。

高阳县气象局旧貌(1981 年)

高阳县气象局新貌(2007 年)

涞源县气象局

机构历史沿革

始建情况　涞源气候站建于 1956 年 2 月,位于涞源县城东 3 千米水云乡村。

站址迁移情况　1956 年 2 月在涞源县城东水云乡村建立河北省涞源气候站,1959 年 5 月迁至涞源县城太平关村西,1963 年 1 月迁至涞源县城大北关村北,1967 年 6 月迁至涞源县城太平关村北,2006 年 10 月迁址到涞源县城关镇张家村东,观测场位于北纬 39°22′,东经 114°41′,海拔高度 884.4 米。

历史沿革　1956 年 2 月建立河北省涞源气候站,1960 年 1 月更名涞源县气象服务站,1969 年 11 月更名为涞源县气象站,1974 年 6 月更名为河北省涞源县气象站,1981 年 12 月更名为涞源县气象站,1983 年 1 月更名为河北省涞源县气象站,1989 年 1 月更名为涞源县气象局。2007 年 1 月 1 日升级为国家气象观测站一级站,2009 年 1 月 1 日改为国家一般站。

管理体制　自建站至 1958 年 3 月由河北省气象局直接领导。1958 年 4 月—1962 年 12 月 1 日涞源县委领导。1963 年 1 月—1967 年 12 月由河北省气象局和涞源县政府双重领导,以河北省气象局领导为主。1968 年 1 月—1979 年 12 月由以河北省气象局领导为主改为以地方领导为主。1980 年起实行气象部门与地方政府双重领导,以气象部门领导为主的管理体制。

单位名称及主要负责人变更情况

单位名称	姓名	职务	任职时间
河北省涞源气候站	王增华	站长	1956.02—1958.06
	孙玉峰	站长	1958.06—1959.12
涞源县气象服务站			1960.01—1963.10
	潘玉民	站长	1963.10—1969.10
涞源县气象站			1969.11—1974.06
河北省涞源县气象站	亢锦义	站长	1974.06—1978.10
			1978.10—1981.12
涞源县气象站	许玖龄	站长	1981.12—1983.01
			1983.01—1985.12
河北省涞源县气象站	陈 龙	副站长	1986.01—1986.12
		站长	1987.01—1988.12
		局长	1989.01—1992.05
涞源县气象局	龙瑞霞	副局长	1992.05—1992.12
		局长	1993.01—2003.02
	高月梅	局长	2003.02—

人员状况　1956 年建站时有职工 2 人。截至 2008 年底有职工 10 人(其中正式职工 7 人,聘用职工 3 人),离退休职工 3 人。在职正式职工中:男 3 人,女 4 人;汉族 6 人,少数民族 1 人;大学本科以上 3 人,大专 3 人,中专以下 1 人;中级职称 4 人,初级职称 2 人;30 岁以下 2 人,31～40 岁 2 人,41～50 岁 1 人,50 岁以上 2 人。

气象业务与服务

1. 气象业务

①地面气象观测

1956 年 2 月开始地面观测,1958 年成立地面气象测报组,1988 年 1 月更名为地面气象测报股。

1970 年 6 月配备 EL 型电接风。1980 年 1 月 1 日执行《地面气象观测规范》1980 年版。1989 年使用 PC-1500 袖珍计算机编报。1998 年用 APPLE-Ⅱ编制气表-1。2004 年 1 月 1 日执行《地面气象观测规范》2003 年版。2009 年 6 月自动站建设完成。2009 年 12 月发降雪加密报,增加超声波积雪深度监测仪。

观测项目　包括云、能见度、天气现象、气压、气温、湿度、风向、风速、降水、雪深、冻土、日照、蒸发(小型)、地温(地表、浅层)。

观测时次　1956 年 2 月—1960 年 7 月,每天进行 07、13、19 时(地方时)3 次定时观测;1960 年 8 月—1966 年 12 月、1977 年 1 月—2006 年 12 月每天进行 08、14、20 时(北京时)3 次定时观测。1960 年 8 月—1961 年 12 月、1967 年 1 月—1976 年 12 月每天进行 02、08、14、20 时 4 次观测,2007 年 1 月升格为国家气象观测站一级站。2007 年 1 月—2008 年 12 月每天进行 05、11、17、23 时 4 次补充定时观测。2009 年 1 月 1 日调整为国家一般站,每天进行 08、14、20 时 3 次观测,夜间不守班。

发报种类　小图报或天气加密报(1959 年 4 月开始向省气象局发绘图报),旬月报,重要天气报,航危报(1958—1989 年,拍发预约航危报),2009 年 12 月增加降雪加密报。

发报内容　小图报或天气加密报的内容有云、能见度、天气现象、气压、气温、风向、风速、降水、雪深等。重要天气报的内容有暴雨、大风、雨凇、积雪、冰雹、龙卷风等。航空报的内容有云、能见度、天气现象、风向风速等。降雪加密报上报降雪和雪深。

电报传输　1987 年以前通过邮局拍发电报,1988—2001 年通过甚高频电话传报,2002 年以后通过内部宽带网络传报。

编制报表　气象月报表和年报表。

区域自动站观测　2005 年 5 月建成 2 个雨量自动观测站,2006 年 5 月建设 10 个雨量自动观测站,2007 年 5 月建设 1 个雨量自动观测站,初步形成覆盖全县的雨量自动观测系统。

②农业气象观测

1962—1983 年对玉米生长期开展农业气象观测,并测量土壤墒情。1984 年开始,每年 4—6 月进行土壤墒情测量。

③天气预报

短期天气预报　1959 年县气象站开始作补充天气预报,"文化大革命"期间一度停止,

20 世纪 80 年代初期,上级业务部门非常重视基层的业务基本建设,台站建立了预报基本资料、基本图表、基本档案和基本方法,短期预报开始步入正轨,并开始对外广播天气预报。进入 21 世纪,随着气象现代化建设的发展,卫星云图、雷达、数值预报资料的应用,短期预报质量有了很大提高,较好服务了全县经济社会发展。

中期天气预报　20 世纪 80 年代后期,通过接收中央气象台,省气象台的旬、月天气预报,再结合分析本地气象资料,短期天气形势,天气过程的周期变化等制作一旬天气过程趋势预报。此种预报作为专业专项服务内容,有一定的参考价值,在指导农业生产、抗旱春播等方面发挥了重要作用。

长期天气预报　县气象站主要运用数理统计方法及天气谚语、韵律关系等方法,分别做出具有本地特点的补充订正预报。

长期预报主要有:春播预报、汛期预报、年度预报。

到 20 世纪 90 年代后期,上级业务部门对长期预报业务不作考核,但因服务需要,这项工作仍在继续。

④气象信息网络

21 世纪初,气象信息网络建设开始起步,现在网络办公十分方便,预报信息、云图资料、公文传达、信息报送以及预警服务等都通过气象信息网络实现。2001 年开始通过网络接收天气预报和云图资料;2005 年实现公文传输、信息报送网络化;2007 年实现预警信息发布网络化。

2. 气象服务

公众气象服务　1983 年 1 月通过广播电台播送天气预报。1987 年架设开通甚高频无线对讲通讯电话,实现与地区气象局直接业务会商,提高了预报准确率。1994 年开始在电视台播放涞源天气预报。2003 年起由气象局制作有模拟主持人的电视天气预报。1999 年 1 月正式开通“121”天气预报自动咨询电话。2006 年 1 月“121”电话升位为“12121”。

决策气象服务　2008 年,通过移动通信网络开通了气象短信平台,以手机短信方式向县领导发送气象信息,安装电子显示屏发布气象信息和预警信息。不定期地向政府部门提供中期天气趋势、转折性天气报告、重要灾害性天气报告以及专题气象报告等。

专业与专项气象服务　1988 年开始推行气象有偿专业服务。2005 年 3 月成立涞源县人工增雨办公室,设在气象局,专门负责人工增雨作业,服务农业生产和生态环境建设。2007 年 6 月省人工影响天气办公室拨火箭发射架 1 部,县政府落实增雨经费 10 万元,气象局开始开展人工增雨作业。

1998 年涞源县防雷中心成立,开始开展防雷安全检测工作。2006 年 5 月涞源县人民政府办公室发文,将防雷工程从设计、施工到竣工验收,全部纳入气象行政管理范围。2005 年气象局被列为县安全生产委员会成员单位,负责全县防雷安全的管理。

气象科技服务　利用气象科技优势,积极服务地方项目建设。2003 年在火电厂厂址开展梯度风观测。2004 年在全县开展风能资源普查,2005 年对重点区域风能资源进行观测。2006 年 11 月开始开展太阳能观测。

气象科普宣传　2004 年以来在“3·23”世界气象日、安全活动周、安全生产月等活动期间积极组织气象科普宣传活动,累计发放宣传材料 6000 多份。

认真开展好气象科普"进农村、进学校、进社区、进厂矿、进集市"等活动,2008—2009年确立涞源第一小学为气象科普示范学校,确立北石佛乡井子会村为气象科普示范村,开展宣传活动。在气象科普示范村的基础上,增加南上屯村养鸡专业户、南屯村食用菌种植户两个进农村工作典型,以此为切入点,全方位提供气象科技服务,带动了两个村气象科普宣传、防灾减灾、科技服务工作发展。同时加强气象灾害引发的地质灾害预防工作,在涞源镇二道河村开展灾害防御常识宣传,推动气象预警服务工作深入发展。

涞源县气象局进行风力资源普查,在空中草原山顶上测风(2005年)

建立了覆盖全县的气象信息员队伍,并开展了培训工作。

气象法规建设与社会管理

法规建设   2003年涞源县安全生产委员会下发《关于加强防雷安全检测的通知》。2005年涞源县政府下发《关于加强涞源县建设项目防雷装置防雷设计、跟踪检测、竣工验收工作的通知》。2009年6月涞源县政府印发了《关于重大气象灾害应急预案》。

制度建设   1983年开始规范制定各项规章制度,经过不断完善,形成县气象局综合管理制度,内容包括计划生育,干部、职工脱产(函授)学习和申报职称等,干部、职工休假及奖励工资,医药费,业务值班室管理制度、会议制度,财务,福利制度等。

气象探测环境保护   2006年实施整体搬迁以后,为确保探测环境不再被破坏,通过广播电视等手段宣传气象探测环境保护内容,在气象站周围安装气象探测环境保护警示牌,按照要求在规划、城建、土地、环保等部门对气象探测环境保护进行备案。并建立气象探测环境保护工作台帐。

社会管理   积极开展防雷安全宣传工作,"3·23"世界气象日、防灾减灾日以及安全生产月活动中发放宣传材料。加强防雷安全管理力度,认真督导检查防雷安全制度落实情况。开展防雷检测工作,认真排查安全隐患,确保不发生安全事故。

积极宣传施放气球管理规定,认真检查施放气球市场,坚决取缔无证施放气球行为。

认真开展气象探测环境保护宣传,安装气象探测环境保护警示牌,对气象探测环境保护进行备案。

依法行政   坚持公开,明确程序,严格落实依法行政管理规定。加强检查,对违反规定和不作为、乱作为的行为坚决予以纠正。文明办公,礼貌办公,树立单位良好形象。

政务公开   对气象行政审批办事程序、气象服务内容、服务承诺、气象行政执法依据、服务收费依据及标准等,通过户外公示栏、电视广告、发放宣传单等方式向社会公开。干部任用、财务收支、目标考核、基础设施建设、工程招投标等内容则采取职工大会或上局公示栏张榜等方式向职工公开。年底对全年收支、劳保、住房公积金等向职工作详细说明。干部任用、职工晋职、晋级等及时向职工公示或说明。

党建与气象文化建设

1. 党建工作

党的组织建设 1959 年 10 月—1963 年 3 月因党员不足 3 人,党的组织生活由涞源县农业委员会党支部代管。1963—1971 年,建立党小组,归涞源县农林局党支部管理。1982—1998 年因党员不足 3 人,党员归涞源县直工委领导。1972 年有党员 7 人,成立了党支部。1982—1998 年,党员不足 3 人,党员归涞源县直工委领导。1998 年 9 月,有党员 3 人,重新建立党支部。1998 年后气象局加强党组织建设,积极培养发展党员,党员队伍不断扩大,截至 2008 年 12 月,有党员 8 人(其中离退休职工党员 2 人)。

2006 年陈龙同志被县委推举为先进共产党员的代表,局党支部被评为先进支部;2007 年高月梅被县委推举为优秀共产党员。

党的作风建设 弘扬先进、鞭挞落后,培养勇于克服困难的精神,营造积极向上的文化氛围,推进气象事业不断向前发展。2005 年初春,在空中草原冒着鹅毛大雪、顶着 10 级大风建设测风站,首先冲上去的是党员。顶严寒冒酷暑开展防雷检测,啥话也不说、默默带头干的人也是党员。"98'"抗洪、"5·12"抗震救灾以及送温暖帮扶济贫等,党员都带头捐款。党员的带头作用促进了党的作风建设深入发展。

党风廉政建设 严格学习制度,保证学习时间,用正面典型影响人,用正确思想武装人,树立积极向上的人生观、价值观。召开民主生活会,开展批评与自我批评,查找问题,改正不足。设立举报信箱,建立监督体制,不让腐败行为有藏身之所。

2. 气象文化建设

精神文明建设 坚持以人为本,弘扬自力更生、艰苦创业精神,深入持久地开展精神文明建设。做到政治学习有制度、文体活动有场所,职工生活丰富多彩。

规范服务行为,作到文明礼貌,举止优雅。制订制度,约束不正之风,坚决杜绝办事拖沓、吃拿卡要歪风。

气象文化建设不断出亮点,统一制作局务公开栏、学习园地、法制宣传栏和文明创建标语等宣传用语牌。建设图书阅览室、职工学习室。建设职工食堂,方便职工生活。深化气象防灾减灾服务,建设气象预警中心。绿化美化大院,建设园林式单位。

文明单位创建 2003—2004 年度涞源县气象局第一次被保定市委、市政府授予"文明单位"。此后,2005—2006 年度、2007—2008 年度又连续 2 次被保定市委、市政府授予"文明单位"。2008 年荣获"河北省园林式单位"。

台站建设

台站综合改造 1998 年以前气象局只有 10 间低矮平房。为改善办公条件,1998 年向省气象局争取 15 万元资金,拆掉平房,新建 1 栋 400 平方米的办公楼。

　　由于城市建设发展,旧站址不满足气象探测环境要求,通过用旧站址置换、省气象局拨付 50 万元建设资金,2006 年实现了县气象局搬迁。搬迁到新址后,县气象局环境面貌有了质的提高。

　　县气象局现占地面积 13000 平方米,有办公楼 1 栋 800 平方米,车库等辅助房 200 平方米。

　　2007 年涞源县气象局对院内的环境进行了绿化建设,规划整修了道路,种植草坪、花坛,栽种了风景树,绿化覆盖率达到了 70%,硬化了 1000 平方米路面,使院内变成了美丽的花园。

涞源县气象局旧貌(1984 年)

涞源县气象局现貌(2007 年)

蠡县气象局

　　蠡县位于河北省中部,保定市东南部,面积 650 平方千米。辖区 13 个乡(镇),232 个行政村,总人口 51 万人。县城驻地蠡吾镇,地理位置优越,交通便利,为全县政治、经济、文化中心。蠡县属大陆东部季风暖湿带半干旱地区,大陆性季风气候显著,四季分明,光、热、水资源比较充沛。春季少雨多风、夏季湿热多雨、秋季天高气爽、冬季寒冷少雪。历年平均气温 13.0℃,极端最高气温 41.8℃(1972 年 6 月 10 日),极端最低气温－25.2℃(1970 年 1 月 4 日),历年平均降水量 487 毫米,历年平均无霜期为 186 天,最多年份 195 天,最少 146 天。灾害天气主要包括:暴雨、干旱、大风、冰雹、雷电、大雪、寒潮等。

机构历史沿革

　　始建情况　　蠡县气象站始建于 1967 年 4 月,其前身属县农业局的一个科室,站址位于县城西北角范蠡西路国骏胡同一号,距县政府 2 千米。

　　站址迁移情况　　1967 年 4 月建站,站址位于县城西北角范蠡西路国骏胡同一号。1984 年 7 月气象站观测场西移 200 米,观测场位于东经 115°34′,北纬 38°29′,海拔高度 18.5 米。

　　历史沿革　　自 1967 年 4 月建站,名为蠡县气象服务站;1983 年 1 月更名为河北省蠡县气象站;1989 年 10 月更名为河北省蠡县气象局;1999 年 1 月改名为蠡县气象局。

管理体制 自 1967 年 4 月建站至 1983 年 1 月 1 日前,由蠡县地方党委政府负责人、财、物的管理,气象部门进行业务管理与指导,气象站隶属蠡县农业局。1983 年 1 月 1 日至今,由于气象部门进行体制改革,实行体制上收,实行气象部门与地方政府双重领导,以气象部门领导为主的管理体制。

单位名称及主要负责人变更情况

单位名称	姓名	职务	任职时间
蠡县气象服务站	张保江	站长	1967.04—1982.12
河北省蠡县气象站			1983.01—1984.03
蠡县气象站	赵全计	副站长	1984.04—1985.07
蠡县气象站	张建民	站长	1985.08—1989.09
河北省蠡县气象局		局长	1989.10—1998.12
			1999.01—2004.07
蠡县气象局	赵全计	副局长	2004.08—2006.06
		局长	2006.07—

人员状况 1967 年建站时有 5 人,截至 2008 年底,蠡县气象局有在职职工 8 人(其中正式职工 6 人,聘用职工 2 人),离退休职工 5 人。在职职工中:男 6 人,女 2 人,汉族 8 人;本科以上学历 4 人,大专 1 人,中专以下 3 人;中级职称 1 人,初级职称 4 人;30 岁以下 4 人,31~40 岁 1 人,41~50 岁 1 人,50 岁以上 2 人。

气象业务与服务

1. 气象业务

气象观测 1967 年 4 月蠡县气象站成立,最初沿用安国气象站的资料作为对比资料开始试观测。1970 年 1 月 1 日正式观测。观测项目包括云、能见度、天气现象、气压、气温、湿度、风向、向速、降水、5~20 厘米地温、日照、冻土、蒸发、雪深。每日进行 02、08、14、20 时 4 次定时观测,夜间守班。

1973 年 1 月 1 日起定时(14 时)发报 1 次。

1974 年 7 月 1 日停止 02 时定时观测,夜间不守班。

1989 年 1 月 1 日蠡县气象站由一般站改为辅助站,观测项目改为气压、气温、湿度、风向、风速、降水,只观测不发报。

1999 年 1 月 1 日起恢复一般站。

蠡县气象站自 1970 年 1 月 1 日开始制作气象报表。气象月报表、年报表用手抄方式编制,一式 4 份,报中国气象局、省、市气象局各 1 份,本站留底本 1 份。1989 年 1 月 1 日—1998 年 12 月 31 日改为辅助站期间,年报表只做日合计。1994 年 6 月气象站配备了计算机和袖珍式打印机。1998 年 7 月安装 X.25 分组数据交换网,用于测报数据传输和制作地面气象月报及年报。1999 年 1 月起使用计算机人工输入观测数据,打印月报表,取代人工抄录报表,减轻了观测员的劳动强度,提高了报表质量。

天气预报　1984 年以前预报员用收音机接收河北省广播电视台对县站的广播,内容包括几十个有代表性台站 14 时的气象要素,再进行分析,结合本站的三线图制作天气预报,最后通过县广播站向全县人民广播。1985 年 3 月开始天气图传真接收,主要接收北京、日本和欧洲的传真图,利用传真图表分析判断天气变化来制作天气预报。1986 年开通甚高频电话,实现了与市气象台直接的天气会商。天气预报的准确率有了很大的提高。1988 年 7 月购买了天气预报制作系统,将天气预报制成录像带,定时送到电视台,同时在蠡县电视台开辟了电视天气预报栏目,每天晚上在黄金时段向全县人民播出天气预报。

1999 年建立 PC-VSAT 小站和以 MICAPS 为工作平台的业务流程,使用亚洲 2 号卫星和中国气象局、河北省气象局、保定气象局联网,可随时接收各种气象信息和云图,大大提高了预报质量,拓展了服务范围。

2. 气象服务

决策气象服务　1987 年 4 月与农业局、县科委合作,成立了蠡县气象科技服务中心,并购买了气象警报发布机 1 台、接收机 150 台,分别放到政府各部门、各乡(镇)和气象服务对象手中,每天上午、下午定时发布天气预报,不定时发布灾害性天气警报。2008 年 4 月为县委、政府主要领导安装了决策气象服务系统,使领导在办公桌前就能了解各种气象信息。

公众气象服务　1992 年 3 月气象局同移动公司(原电信局)合作,开通了天气预报自动答询系统"121",后升位为"12121"。2007 年县气象局投入资金建成短信预警平台,向政府各部门、各乡镇领导、行政村气象信息员及时发送气象预报、气象预警信号。

专业与专项气象服务　1994 年 5 月蠡县人工影响天气办公室成立,在林堡乡设立高炮炮点 1 个,每年 5—10 月份负责防雹增雨作业。2000 年河北省人工影响天气办公室调拨 WR 型火箭发射架 2 部,县政府拨付配套资金购 2 辆运载车,同时增设辛兴、留史、南庄 3 个火箭发射点用于防雹增雨作业。

1998 年 7 月 24 日蠡县编办〔1998〕4 号文件同意县气象局增挂蠡县防雷中心的牌子,蠡县防雷中心由此成立。其主要职能包括负责本辖区内避雷装置年检工作及新建、扩建工程防雷设施的设计审批、竣工验收工作。

2005 年 6 月建设区域自动站 4 个,2006 年 6 月又增设区域自动站 3 个。区域站建成投入使用为政府领导决策、为防汛抗旱工作做出了突出贡献。

气象法规建设与社会管理

制度建设　2005 年蠡县人民政府办公室下发《关于加强气象探测环境保护的通知》,气象探测环境保护逐步规范;2009 年蠡县人民政府办公室下发《蠡县重大气象灾害应急预案》,旨在进一步加强气象灾害防御能力,最大限度地减轻或避免灾害损失,确保人民群众的生命财产安全。

雷电灾害防御　2009 年初设立行政许可股,开办行政审批窗口并进驻县行政服务中心,负责承办县级气象行政许可事项,将防雷设计审核和竣工验收纳入建设项目联办件办理流程。

探测环境保护 不断加大探测环境保护力度,在单位四周墙壁粉刷了保护气象探测环境的标语,制作了宣传警示栏;利用电视天气预报栏目进行宣传,提高各级领导和群众保护气象探测环境的意识;向国土、建设、规划、环保、发改等部门就气象探测环境保护的范围和要求进行了备案并上报县政府,确保早发现、早制止;对气象局周边的建设情况严密监视,并建立气象探测环境保护工作台帐。

党建与气象文化建设

党的组织建设 蠡县气象局 1985 年以前,党务工作属农业局党支部。1986—1998 年由于气象站仅有 2 名党员,不符合组建党支部的条件,隶属于城关镇机关支部。1999 年 1 月组建了气象局党支部,截至 2008 年底,有党员 5 名。

党的作风建设 党支部重视党建工作,时刻发挥党支部的战斗堡垒作用,注重对党员和群众的爱国主义教育工作。坚持周五党员活动日活动,定期召开党的生活会,组织党员干部学习党的各项方针政策。党员以身作则,处处起模范作用,在全局形成了以党的事业为荣、克服困难、努力工作、团结友爱的风气,培养出了一支爱岗敬业、争创一流,特别能战斗的队伍。

党风廉政建设 认真落实党风廉政建设目标责任制,积极开展廉政教育和廉政文化建设活动,努力建设文明机关、和谐机关和廉政机关。推进行政权力监控机制建设,建立健全惩治和防腐败体系,加强反腐倡廉建设。加强行政权力廉政风险评估预警防范工作,查找单位、股(室)、班子成员廉政风险点,确定风险等级,制作廉政风险警示牌,所有风险点全部落实"一对一"防范措施和防范责任,确保推进行政权力监控机制建设工作。

气象文化建设 以科学发展观为指导,把促进机关工作人员的全面发展作为气象文化建设的出发点和落脚点,以高品位的气象精神文化、管理文化、廉政文化、法治文化、团队文化、环境文化建设为重点,把气象文化建设与机关队伍建设、作风建设、效能建设、环境建设等有机结合起来,不断提高机关建设水平,提升气象部门形象。在办公楼前东侧设置宣传橱窗,加强廉政文化宣传;设置 1 间廉政图书室,还在办公室走廊悬挂廉政题材的图片、题词等,以加强廉政文化阵地建设,促进廉政文化的传播;通过开展反腐倡廉主题教育、廉政知识竞赛等活动,构建廉政文化情境;通过举办廉政沙龙和廉政教育主题征文、书画、演讲竞赛等,使全体党员干部在喜闻乐见的活动和浓厚的文化氛围中受到感染、得到教育;通过发现、培养和宣传廉政建设典型,开展警示教育,倡导清正廉洁光荣,贪污腐败可耻的人生观、价值观。通过建立职工活动室、学习室、科普室、职工文化作品展室等,提升良好的文化品位,建设美好的人文环境,展示深厚的地方文化,满足职工的精神文化需求。

近年来县气象局不断提高气象影视制作水平和天气预报节目制作水平,逐渐强化品牌和精品意识,并制作专题片,向社会推介气象事业的发展,展现县气象局现代化建设、精神文明建设和文化建设的硕果。

集体荣誉 1998 年被蠡县文明办评为县级精神文明单位,同年被河北省气象局评为"市(县)强局单位",2000 年至今连续 9 年被保定市文明办评为市级"文明单位"。

台站建设

台站综合改善　1967 年 4 月组建蠡县气象站,属县农业局的一个科室。1984 年 7 月 24 日气象站观测场西移 200 米。观测场改为 20 米×16 米,建设平房 7 间,面积 150 平方米,气象站占地总面积 7 亩。

1998 年实施综合改善,由平房改建成 700 平方米的宿办楼 1 栋,其中办公室 250 平方米。1999 年自筹资金 2 万元,铺设自来水管道 1000 米与县城自来水网连通,解决了机关用水难问题。

环境建设　2005 年按照河北省气象局绿化会议精神,县气象局筹措资金,大搞以绿化、美化为主要内容的环境建设。新打机井 1 眼,配套资金共投入 1.5 万元;植法桐 15 棵、垂柳 10 棵、桧柏 600 棵、沙地柏 600 棵、黄杨 500 棵、紫叶小檗 600 棵、玉针 500 棵、迎春 10 棵,绿化投资共计 1.0 万元,使环境建设上了一个新台阶。

蠡县气象站旧貌(1970 年)　　　　　　蠡县气象局现貌(2008 年)

满城县气象局

机构历史沿革

始建情况　满城县气象局始建于 1959 年 9 月,站址在满城县城东村,站名为保定市满城区气象站。1960 年 1 月开始观测记录,正式观测记录时间为 1960 年 5 月 1 日。

站址迁移情况　2001 年 1 月满城县气象局搬迁至满城县长旺村西南,占地 4202 平方米,办公楼及配套设施当年 8 月底完工。新观测场于 2001 年 1 月 1 日正式使用,位于北纬 38°56′,东经 115°19′,海拔高度 44.8 米。

历史沿革　1959 年 9 月建立保定市满城区气象站。1960 年 3 月改为清苑县满城中心气象服务站。1961 年 6 月改为满城县气象站。1962 年 6 月撤销满城县气象站,每日只拍发 06 时 24 小时降水报文。1963 年 1 月,恢复满城县气象站,级别为一般站,6 月改为满城县气象服务站。1983年1月改为河北省满城县气象站。1987年4月改为河北省满城县气象局。

管理体制 1980年体制改革,实行气象部门与地方政府双重领导,以气象部门领导为主的管理体制。

单位名称及主要负责人变更情况

单位名称	姓名	职务	任职时间
保定市满城区气象站	程翠平	站长	1959.08—1960.03
清苑县满城中心气象服务站	程翠平	站长	1960.03—1961.05
满城县气象站			1961.06—1962.05
满城县气象服务站	赵金芳	站长	1963.01—1963.06
			1963.06—1967.03
满城县气象服务站	王文乐	副站长	1967.03—1973.03
	张兰芝	站长	1973.04—1974.10
	王文乐	副站长	1974.11—1978.08
河北省满城县气象站	毕金义	站长	1978.09—1982.12
			1983.01—1984.03
	王博学	站长	1984.04—1985.03
	索亚鹏	副站长	1986.01—1987.03
		副局长	1987.4—1987.12
河北省满城县气象局	韩春林	局长	1988.01—1990.02
	马文忠	局长	1990.03—1996.10
	毕金义	局长	1996.11—1998.12
	刘悦	副局长	1999.01—2001.03
		局长	2001.03—

人员状况 1959年建站之初有2人,截至2008年底有在职职工8人(其中正式职工6人,聘用职工2人),离退休职工3人。在职职工中:男5人,女3人;汉族7人,少数民族1人;大学本科以上2人,大专2人,中专以下4人;中级职称2人,初级职称6人;30岁以下1人,31~40岁5人,50岁以上2人。

气象业务与服务

1. 气象观测业务

观测项目 观测项目有云、能见度、天气现象、气压、气温、湿度、风向、风速、降水、雪深、日照、蒸发(小型)、地面温度、浅层地温和深层地温。

观测时次 1960年5月开始记录第一份正式观测记录,每天进行08、14、20时3次观测,夜间不守班。1972年1月1日定时观测改为02、08、14、20时4次观测,夜间守班。1974年7月1日起,定时观测改为08、14、20时3次观测,夜间不守班。

发报种类 向河北省气象台拍发省区域天气加密报。白天段定时、不定时拍发重要天气报。

天气加密报的内容有云、能见度、天气现象、气压、气温、风向、风速、降水、雪深、地温、大风、冰雹等。重要天气报的内容有雷暴、大风、雨凇、积雪、冰雹、龙卷风、暴雨、初(终)霜等。

电报传输 1987年使用甚高频无线对讲通讯电话发报。1995年购置1台586计算机和打印机,并开通远程终端,实现气象预报资料实时传输。1999年3月使用162拨号上网,传输气象报文,自此停止使用高频无线电话发报。2004年11月购置奔腾4计算机用于测报业务;12月安装使用2兆VPN局域网专线,代替X.25数据交换网,用于气象数据传输、与全省气象系统实现文件网上传输。2005年1月通过162分组网向市气象局传输原始资料,停止报送纸质报表;10月市气象局统一购置2台联想奔腾4商用电脑;12月对现有网络物理隔离组成两个局域网,气象系统内部网和与外部连接的Internet网。

气象报表制作 每月定期制作气象报表。

资料管理 严格按照《中华人民共和国档案法》等要求执行,高度重视档案管理工作,努力做好气象档案管理各项工作,逐步实现档案管理的规范化、制度化、科学化、网络化。

自动气象观测站 2005年8月安装坨南乡区域加密自动雨量站;2006年建立7个区域加密自动雨量站。2007年6月5日开始试运行地面自动观测站,实现地面气压、气温、湿度、风向、风速、降水、地温(包括地表、浅层和深层)自动记录。2008年1月1日开始自动站双轨运行,自动站每分钟采集一次资料,每五分钟向省气象局上传一次采集资料。

2. 气象服务

①公众气象服务

及时修订周年气象服务手册,增加农业周年气象服务手册。细化气象预警预报信息发送平台的分类,明确不同预报的发送内容、方式和范围,有针对性地开展服务工作。

节、假日和高考、中考及重要活动时,及时制作气象服务信息。

2008年3月11日,满城县政府组织当地网通、移动、联通三大通信运营商及政府广场大屏幕使用单位召开气象预报预警信息发布专题工作调度会,各通信运营商免费向全县手机、小灵通用户发布气象预报预警信息,政府广场大屏幕滚动播出气象预报预警信息,满城县气象局与此三大通信运营商签订了气象预报预警信息发布合作备忘录。

②决策气象服务

全年每日向县委办、政府办、防火办、防汛办电话报送天气预报,遇有中雨以上降水时,制作天气预报发送到县委、县政府、有关部门和乡镇,电话通知和短信发送预报内容到县领导、部门负责人、乡镇领导;当遇有重要天气过程时,制作重要天气报告,除发送到县委、政府和有关部门外,短信发送给县、乡、村三级领导干部和气象灾害防御责任人、气象信息员、气象协理员。

2002年5月研发决策气象服务系统,气象资料一键即得,增强了服务的效能,各种气象信息为领导决策指挥时提供有力的气象保障。2007年进行改版升级,增加服务内容,美化系统界面。2008年在保定市各县气象局推广使用。2009年研发满城新农村气象服务平台。

③专业与专项气象服务

专业气象服务 1998年以来,每年"五一"期间满城旅游局都在汉墓组织滑翔伞比赛。

为做好比赛的气象保障服务工作,在满城县成立了滑翔伞比赛气象保障领导小组和技术组,对气象保障服务工作做出了具体安排,比赛期间派专人全程进行现场气象服务。

2008年起各有关部门、学校、旅游景点、社区、乡(镇)、村等单位明确了气象灾害防御责任人,及时传播气象灾害预警信息,组织气象灾害防御和上报灾情。

人工影响天气 2010年安装碘化银发生炉。

防雷技术服务 1998年满城县防雷中心成立,2004年满城县气象局被列为满城县安全委员会成员单位,县政府非常重视,每年都下发有关防雷安全专项检查的文件,组织有关单位进行防雷安全专项检查。

2006年满城县满安防雷设施检测所正式成立,主要负责满城县内防雷检测工作。

④气象科技服务

1987年购置气象警报发射机,为砖厂提供气象警报服务。1996年11月开展天气预报电话"121"自动答询业务。1998年年底电视天气预报节目正式开通,购置价值6万元电视天气预报制作系统、数码照相机、扫描仪、不间断电源、电瓶等设备。1999年建立PC-VSAT小站和以MICAPS为工作平台的业务流程,使用亚洲2号卫星和中国气象局、河北省气象局、保定市气象局联网,可随时接收各种气象信息。2000年10月开通气象信息网—"风云在线",进行网上气象服务,成为保定首家县级气象网站。2001年7月开通"满城农业信息网"。2007年研发气象预报预警短信发送平台。2009年研发满城新农村气象服务平台。

2008年7月满城县举行"奥运安保暨防汛应急演练",满城县气象局作为应急演练第一项目,利用自行研发的气象应急保障现场服务平台调阅了上游指标自动站气象要素情况及市局预报服务产品(云图、雷达图、天气预报、雨情)。

⑤气象科普宣传

每年的"3·23"世界气象日、"12·5"防灾减灾日、安全生产月等都组织气象科普宣传,普及气象防灾减灾知识。整齐有序的咨询台,丰富多彩的宣传材料,让气象知识走进了满城县人民的生活。

科学管理与气象文化建设

1. 科学管理

制度建设 结合气象发展新情况,加强了管理制度建设,按照市气象局财务核算中心的要求,强化基层财务管理,利用财政资金动态监控系统,强化对资金支付行为的监督,对财务的监管。并制订统一的综合管理制度规范。

社会管理 满城县气象局于2003年、2007年和2010年3次向县政府、县城建局、规划局、环保局和满城镇进行气象台站探测环境保护备案,并做好气象台站探测环境保护的宣传工作,在外墙粉刷标语,设立警示栏和探测环境保护范围示意图。

政务公开 坚持将重要事项通过局务公开栏向全体干部职工进行公示,要求每季度公开一次单位局务情况,包括公开的内容、时间、形式。还积极推进党务公开。

2. 党建工作

截至 2008 年,满城县气象局有党员 2 人(其中离退休职工党员 1 人),没有独立的党支部,挂靠在农业局党支部。

满城县气象局全面推行党风廉政建设目标责任制,完善领导干部民主生活会制度,凡涉及重大决策,重大事项安排和大额度资金的使用,都要通过局务会集体讨论决定。

3. 气象文化建设

将气象文化建设作为重点工作,融入各项工作中,2008 年以来,制作气象科普长廊、气象文化长廊、楼内企业宣传海报等,并充分调动职工积极性,形成群策群力的创建氛围。2008 年年底职工创作各类气象文化作品 10 余件,包括诗、词、赋、散文等文学作品和篆刻、书画、十字绣、布贴画等。

4. 荣誉

集体荣誉 1998—2007 年连续 10 年年终考核被保定市气象局评为优秀达标单位,2008—2009 年年终考核连续 2 年被保定市气象局评为先进单位。2000 年以来一直保持市级"文明单位"荣誉称号,2001 年被河北省气象局评为省三级强局。2002、2008 年被满城县委、县政府评为实绩突出单位。2005 年被满城县安全生产委员会评为安全生产先进单位。

个人荣誉 1997—2009 年累计创"百班无错情"11 个。

台站建设

台站综合改造 2001 年满城县气象站站址由满城县城东村搬迁至满城县长旺村西南,占地面积 4202 平方米,有办公楼 1 栋占地 418 平方米,种植了 4700 平方米草坪、花坛,栽植的乔、灌木错落有致,院内硬化面积 1200 平方米。2005 年满城县气象台站建设成就被收入《全国基层气象台站建设成就》一书。2008 年对办公楼进行了装修,院落绿化重新规划整理,做到了三季有花、四季长青,乔、灌、草相搭配,蜂飞蝶舞,鸟语莺声。

满城县气象局旧貌(1984 年)

满城县气象局现貌(2008 年)

曲阳县气象局

曲阳历史悠久,战国时曲阳地名即已使用,秦时置县,以"北岳、雕刻、定瓷"三大文化著称,为河北省最古老的县份之一。

机构历史沿革

始建情况 1959年6月曲阳县气象服务站成立并正式开始工作,地址位于曲阳县城西北1.5千米处,北纬38°38′,东经114°41′,海拔高度104.1米。

历史沿革 1961年1月定县、曲阳县合并,更名为定县曲阳气象站;1962年1月定县、曲阳县分县,更名为曲阳县气象站;1964年1月更名为曲阳县气象服务站;1969年1月更名为曲阳县科学技术革命委员会气象服务站;1970年1月更名为曲阳县气象服务站革命领导小组;1977年1月更名为曲阳县气象站;1989年10月根据保定市气象局办公室字(1989)第22号文件,更名为曲阳县气象局。

管理体制 自建站至1982年8月由河北省曲阳县农业局管理;1982年8月全国实行机构改革,气象部门改为气象部门与地方政府双重领导,以气象部门领导为主的管理体制,即垂直管理。这种管理体制一直延续至今。

单位名称及主要负责人变更情况

单位名称	姓名	职务	任职时间
曲阳县气象服务站	刘树峰	副站长	1959.06—1960.12
定县曲阳气象站			1961.01—1961.12
曲阳县气象站			1962.01—1963.12
曲阳县气象服务站			1964.01—1968.12
曲阳县科学技术革命委员会气象服务站			1969.01—1969.12
曲阳县气象服务站革命领导小组		负责人	1970.01—1972.12
曲阳县气象站	赵玉存	负责人	1973.01—1976.12
		站长	1977.01—1977.12
	骆伟民	站长	1978.01—1980.01
	站长空缺		1980.01—1984.03
	刘晓光	站长	1984.03—1989.10
曲阳县气象局		局长	1989.10—

注:1980年1月原站长去世,至1984年3月站长空缺。

人员状况 1959年建站时只有2人,截至2008年底,曲阳县气象局有在职职工6人(其中正式职工5人;聘用职工1人),离退休职工4人。在职职工中:男3人,女3人;本科学历4人,大专2人;中级职称1人,初级职称4人,30岁以下3人,31~40岁1人,50岁以上2人。

气象业务与服务

1. 气象业务

①气象观测

地面观测 自 1959 年 6 月 1 日—1960 年 7 月 31 日,每天进行 07、13、19 时(地方时)3 次观测,夜间不守班。1960 年 8 月起改为 08、14、20 时(北京时)3 次观测。每天编发 08、14、20 时 3 次天气加密报。观测项目有云、能见度、天气现象、气压、气温、湿度、风向、风速、降水、雪深、日照、蒸发、地温等,天气加密报的内容有云、能见度、天气现象、气压、气温、风向、风速、降水、雪深、地温等;重要报的内容有定时降水、大风、龙卷、积雪、雨凇、冰雹、雷暴、霾、浮尘、沙尘暴、雾、初终霜、暴雨等。

区域自动站观测 2005 年开始建设乡镇自动雨量观测站。现有气温、雨量两要素自动观测站 11 个。

自动气象站观测 2009 年 6 月建成 CAWS-600 型自动气象站,于 2009 年 7 月 1 日开始试运行。自动气象站观测项目有气压、气温、湿度、风向、风速、降水、地温、草面温度等。

②气象电报传输

建站时每天 3 次地面小图报的传输,由值班员电话发到邮电局,再由邮电局的报务员转出。1986 年配备了甚高频电话,用口传方式发至市气象台。以后改为微机编报、专线传输。

建站后气象月报、年报气表均用手工抄写方式编制,一式 3 份,分别上报省气象局气候资料室、市气象局各 1 份,本站留底 1 份。从 1996 年 1 月开始用微机打印气象报表。

③天气预报

短期天气预报 1959 年 6 月开始制作补充天气预报,主要预报手段是收听预报、看天加预报员经验。在 20 世纪 80 年代初期,上级业务部门非常重视基层的业务基本建设,要求每个台站的基本资料、基本图表、基本档案和基本预报方法必须达标。后来发展到模式预报、数值天气预报等高科技预报方法。

中长期天气预报 20 世纪 80 年代初,通过传真接收中央气象台、省气象台的旬、月天气预报,再结合分析本地气象资料、天气形势、天气过程的周期变化等制作一旬天气过程趋势预报。

2. 气象服务

曲阳县地处保定市西南部,属温带半湿润半干旱大陆性季风气候。灾害性天气较为频发,尤以暴雨、大风、冰雹、雷电、干旱为甚。

长期以来曲阳县气象局始终坚持以经济社会需求为中心,把决策气象服务、公众气象服务、专业气象服务、气象科技服务融入到经济社会发展和人民群众生产生活。

服务方式 2003 年以前,每天的天气预报都通过电话传送到县广播局,由广播局通过县城街道喇叭播发。2003 年 3 月由曲阳县广播电视台播放曲阳县天气预报。天气预报节目由气象局制作完成后,送到电视台播放。1996 年,气象局和电信局合作正式开通"121"

天气预报自动咨询电话。2004年根据保定市气象局的要求,全市"121"答询电话实行集约经营,主服务器由保定市气象局建设维护。2005年1月"121"电话升位为"12121"。2008年开始使用气象信息预警发布系统向社会发布气象灾害预警。同年建立了曲阳气象网站,网站预报发布、更新及时、内容丰富。

服务种类 在做好公益服务的同时,1990年开始推行气象科技服务。气象科技服务主要是为全县相关企、事业单位提供专业中、长期天气预报、气象资料和防雷技术服务。

1964年曲阳县开始使用土火箭进行人工消雹作业,"文化大革命"开始后停止;1992年又重新成立曲阳县人工影响天气办公室。现有高炮1门,移动火箭发射架1套。

1992年开始进行防雷检测工作,现有行政执法人员4人。1998年1月成立了曲阳县防雷中心,负责定期对液化气站、加油站、烟花爆竹等高危行业的防雷设施进行检查,对不符合防雷技术规范的单位,责令进行整改。2004年县气象局被列为县安全生产委员会成员单位,负责全县防雷安全管理工作。

科学管理与气象文化建设

1. 法规建设与管理

社会管理 重点是加强雷电灾害防御依法管理工作。多年来曲阳县政府和曲阳县安全生产委员会下发了一系列有关雷电安全管理方面的通知,目的是为规范曲阳县防雷市场的管理,提高防雷工程的安全性,进一步减少雷电灾害造成的损失,使防雷行政许可和防雷技术服务逐步走向制度化、规范化。

探测环境保护 不断加大探测环境保护力度,制作了宣传栏;利用电视天气预报栏目进行宣传,同时向县委、县政府主要领导就气象探测环境保护工作进行汇报,提高各级领导和群众保护气象探测环境的意识;向政府、国土、建设、规划等部门就气象探测环境保护的范围和要求进行了备案,确保早发现、早制止;对气象局周边的建设情况严密监视,有建设的立即与之沟通提前了解情况采取相应措施。

政务公开 对气象行政审批办事程序、气象服务内容、服务承诺、气象行政执法依据、服务收费依据及标准等,均通过户外公示栏、气象网站等方式向社会公开。干部任用、财务收支、目标考核、基础设施建设、工程招投标等工作,则通过局务会议研究通过并张榜公式等方式向职工公开。财务一般每季度公示一次,年底对全年收支、职工奖金福利发放、领导干部待遇、劳保等向职工作详细说明。干部任用、职工晋职、晋级等及时向职工公示或说明。同时建立和健全了机关内部一系列规章制度。用制度约束、规范每一个干部职工的行为。

2. 党建工作

1999年10月曲阳县气象局成立党支部,有党员3人。截至2008年底,有党员4人。党支部坚持开展思想政治工作,团结群众完成各项工作任务。在全站形成了以艰苦为荣、克服困难、努力工作、团结友爱的风气,培养出一支爱岗敬业、不惧艰险、特别能战斗的队伍。

3. 气象文化建设

曲阳县气象局始终坚持以人为本,弘扬自力更生、艰苦创业精神,深入持久地开展精神文明创建工作。自建站起就不断开展气象文化建设工作,改造观测场、办公楼,建设图书室,统一制作局务公开栏、学习园地、法制宣传栏和文明创建标语等宣传用语牌。

文化创建阵地建设得到加强。2008 年正式开展了气象文化创建月活动;2009 年开展了气象文化创建年活动,撰写了台站史和台站赋,同时购置了体育健身器材。近年来经常开展乒乓球、羽毛球等群众性的文化活动,丰富了职工的文化生活。

4. 荣誉

1984—2008 年曲阳县气象局获多项集体荣誉。1998 年在创建文明气象系统活动中,被河北省气象局授予"优质服务、优良作风、优美环境"先进单位。2002—2004 年连续 3 年,获曲阳县委、县政府颁发的"经济发展特别贡献"奖。1999—2005 年连续 7 年被评为曲阳县精神文明先进单位;2006—2007 年度被评为保定市精神文明先进单位。2004 年获曲阳县委、县政府颁发的"维护稳定工作先进单位"称号。

台站建设

台站综合改造　曲阳县气象局现占地面积 2610 平方米。1959 年建站时只有房屋 5 间。1972 年建职工宿舍 3 间。1978 年建办公用房间。1997 进行综合改造,拆除原有旧房,建成二层业务楼,建筑面积 320 平方米。2009 年 4 月对业务楼进行了综合改造。

园区建设　从 2002 年开始,曲阳县气象局分期对机关院内的环境进行了绿化改造,硬化了道路,在庭院内修建了草坪和花坛,绿化覆盖率达到了 50% 以上。同时,改造了业务值班室,完成了业务系统的规范化建设。

办公与生活条件改善　2009 年 10 月建立了职工食堂,并建成职工宿舍、多功能厅和会议室等。

曲阳县气象站旧貌(1984 年)

曲阳县气象局新貌(2008 年)

容城县气象局

　　容城县位于冀中平原中部,地势开阔平坦,自西北向东南略有倾斜,海拔高度 7.5～15 米。全县总面积 304 平方千米,人口 22 万,以服装企业为支柱产业,素有"中国男装名城"的美誉。

　　容城县气候属于温带半湿润半干旱大陆性季风气候,具有冬冷夏热,四季分明的特点。春季气候干燥多风,降水稀少;夏季炎热多雨,降水集中;秋季昼暖夜凉,秋高气爽;冬季寒冷干燥,雨雪稀少。年平均温度 12.6℃,历史极端最高气温 41.2℃,极端最低气温 −21.5℃,年均降水量 478.8 毫米,其中 5—10 月为 428.5 毫米,占全年降水量的 89%。无霜期 203 天,年均雷暴日数 27 天。全年日照 2304.4 小时。年平均风速 1.5 米/秒,最多风向 SSW。主要气候灾害有干旱、寒潮、暴雨、大风等。

机构历史沿革

　　始建情况　容城县气象局的前身是容城县气象服务站,始建于 1966 年 3 月。1967 年 6 月 1 日容城县气象服务站正式挂牌成立,并开展业务工作。站址位于容城县城关镇西关村,东经 115°51′,北纬 39°03′,海拔高度 14.1 米。

　　站址迁移情况　2008 年 10 月 1 日迁至容城县南张镇沙河村,观测场位于东经 115°49′,北纬 39°04′,海拔高度 12.8 米,承担国家一般站观测任务,并肩负省农业气象基本站的观测任务。

　　历史沿革　1967 年 6 月正式开展业务工作。当时称为容城县气象服务站。1975 年 7 月更名为容城县气象站。1989 年 1 月 1 日更名为河北省容城县气象局。

　　管理体制　1967 年 6 月容城县气象服务站属保定地区气象局和容城县政府双重领导(当时由农业局代管)。1980 年开始实行气象部门与地方政府双重领导,以气象部门为主的管理体制。

单位名称及主要负责人变更情况

单位名称	姓名	职务	任职时间
容城县气象服务站	崔梅英(女)	站长	1967.06—1975.07
容城县气象站			1975.07—1988.04
	刘淑年	站长	1988.04—1988.12
容城县气象局		局长	1989.01—1993.12
	杨彦斌	局长	1994.01—1999.06
	任建国	局长	1999.06—

　　人员状况　1967 年建站时只有 2 人。截至 2008 年底,有在职职工 8 人(其中正式职工 7 人,临时聘用人员 1 人),离退休职工 2 人,在职职工中:男 6 人,女 2 人;大学本科以上 3 人,大专 3 人,中专以下 2 人;中级职称 5 人,初级职称 2 人;30 岁以下 2 人,31～40 岁 3 人,

50 岁以上 3 人。

气象业务与服务

1. 气象观测

①地面气象观测

观测项目　观测项目有云、能见度、天气现象、风向、风速、气温、气压、湿度、降水、地面状态、地面温度、曲管、直管地中温度、小型蒸发、日照(乔唐式)、积雪深度、冻土。1984 年取消直管地温观测。

观测时次　1967 年 5 月 1 日—1971 年 12 月 31 日,每天进行 08、14、20 时 3 次观测,夜间不守班;1972 年 1 月 1 日—1973 年 12 月 31 日,每天进行 02、08、14、20 时 4 次观测,夜间守班;1974 年 1 月 1 日—1974 年 2 月 28 日,每天进行 08、14、20 时 3 次观测,夜间不守班;1974 年 3 月 1 日—1974 年 4 月 30 日,每天进行 02、08、14、20 时 4 次观测,夜间守班;1974 年 5 月 1 日起,每天进行 08、14、20 时 3 次观测,夜间不守班。

发报种类　天气加密报:每天 08、14、20 时编发 3 次天气加密报;重要天气报:每天 08—20 时编发出现的重要天气报。

电报传输　1985 年 7 月开始使用甚高频电话作为发送报文的手段。1986 年 1 月正式使用 PC-1500 袖珍计算机用于编发报。1998 年 7 月安装使用 X.28 分组数据交换网,用于测报传输数据。2002 年 7 月 2 日开通 X.25,代替 X.28 分组数据交换网。2005 年 3 月安装使用 2 兆 VPN 局域网专线,用于气象数据传输。

气象报表制作　1970 年 1 月开始编制地面气象记录气表-1,气表-21,均手工抄录编制,一式 3 份,全部寄往市气象局,市气象局审核后,1 份寄回容城,1 份寄到省气象局,市气象局留 1 份。2000 年 1 月 1 日报表改为由计算机制作报表和网络传输。

资料管理　1966—1986 年根据中央气象局有关规定,将气象记录的原始资料、报表等作为主要的资料档案。为方便使用,由测报组、农气组分别整理、装订、保管。1987 年根据地区气象局关于建立科技档案工作的要求,抽调专人兼职档案员,配备有防护系统的档案室。2007 年历史观测资料由省气象局管理。本站只保留近 3 年原始资料。

自动气象观测站　2005—2008 年先后在晾马台、平王、小里建成 3 个区域自动气象站,进行气温、降水两要素自动观测。2009 年 5 月 CAWS600-B 型自动站设备在本站观测场开始投入运行,观测业务进入双轨运行阶段。

②农业气象观测

容城县气象站设有农业气象观测业务,类别为国家农业气象基本站。1979 年 9 月开始农作物生育状况、土壤湿度观测。1980 年 3 月开始物候观测。1983 年 1 月 10 日开始编发气象旬月报农气段。

观测时次和日界　发育期一般 2 天观测 1 次,隔日或双日进行,旬末巡视观测。禾本科作物抽穗、开花期每日观测。冬小麦越冬期每月末巡视 1 次。日界以北京时 24 时为日界。

观测项目 小麦、玉米、棉花。2009年取消棉花观测。

观测仪器 烘干箱、土钻、取土盒、天平、米尺,2009年建设土壤水分自动观测站。2010年12月在站内增设一处土壤水分自动观测站。

农业气象情报 1976年开始执行周年农业气象方案,并开始编发不定期农业气象情报。1976年8月开展播种期预报,1977年5月开展干热风预报、1979年2月开展发育期预报,5月开展收获期预报和产量预报。根据冀气业发(1987)021号文规定,1987年5月开始向省气象局科研所提供作物产量预测。

农业气象报表 1979年开始制作农气报表一式3份,上报保定地区气象局和河北省气象局。

③土壤湿度观测

1979年9月开始进行土壤湿度观测,作物生育期内,每旬第8天采用烘干称重法测定土壤湿度。冬季冻结深度大于或等于10厘米起到春季0~10厘米冻土层完全融化这一时段内停测。2009年2月开始每旬第3天增加1次土壤湿度观测。2010年4月18日开始建设并使用土壤湿度自动检测站,每小时自动向省气象局传输1次土壤湿度监测数据;人工土壤湿度观测同时进行。

④物候观测

1980年3月开展物候观测,观测项目有家燕、刺槐、车前子。

2. 气象信息网络

通信现代化 建站之初,容城县气象站的报文编制为手工编报,报文要经邮政局报房分别传给保定市气象局和河北省气象局。1985年开始使用甚高频电话作为发送报文的手段。1986年1月正式使用PC-1500袖珍计算机用于编发报。1998年7月安装使用X.28分组数据交换网,用于测报传输数据。2000年1月1日起天气电报由手工编报改为微机编报,同时制作报表和传输。2002年7月2日开通X.25,代替X.28分组数据交换网。2005年3月安装使用2兆VPN局域网专线,用于气象数据传输,全省气象系统实现文件网上传输。2008年安装可视化天气会商系统,建立预警信息发布平台。

信息接收 2006年采用内网FTP接收上级信息,2007年开始采用Notes网络接收信息,2009年增加省—市—县会商系统,进一步提高信息接收效率。

信息发布 建站初期,气象信息发布主要靠有线大喇叭广播。1995年2月开通了"121"天气预报电话自动答询系统,2005年3月开辟容城天气预报电视栏目,扩大了信息发布领域,提高了发布时效,2008年开通了气象预警电子显示屏。

3. 天气预报制作

短期天气预报 担负24、48、72小时短期天气预报的制作,每天15时,开通省—市—县视频天气会商系统,结合卫星云图、雷达图及本站资料制作天气预报。每晚通过容城县电视台向社会公众发布。

中期天气预报 中期天气预报以决策服务系统和气象简报的形式向政府和有关部门发送,为决策服务提供依据。

短期气候预测（长期天气预报） 短期气候预测系统在对本地气候背景分析的基础上，集成常用的短期气候预报方法，预报结果以服务材料形式输出。建立基本气象资料库是本系统的基础工作，容城县气象局建站 40 年来历史气象资料以逐月、逐旬为单位建立独立的原始数据资料库。目前系统中，逐月资料库主要包括平均气温、平均最高气温、平均最低气温、极端最高气温、极端最低气温、平均相对湿度、降雨日数、暴雨日数、大暴雨日数、降水量及日照时数等 11 项气象资料逐月值；逐旬资料库主要包括平均气温、降水量、日照时数等气象资料的逐旬值。预报产品发布途径为决策预报服务系统和服务材料形式。发送对象为政府机关、农业水利等相关部门、特色农业种植示范村。

4. 气象服务

公众气象服务 建站之初，容城气象站本着为人民服务的宗旨为农业局、水利局提供墒情、虫情，服务材料均采用蜡纸刻板，油印机印刷。1992 年下半年建立了天气警报发射系统，对外发布天气预警信息。同年，容城气象局开始每周作一期"气象小报"，邮寄给各乡镇和县直各单位。随后增添了雨情信息、雨情快递、重要天气报告、专题气象服务、人工影响天气信息、气象灾害预警信号、气候公报等决策服务产品。2008 年上半年组建乡镇协管员、村信息员队伍，明确了职责，6 月完成气象预警服务短信发布平台建设，以手机短信方式向全市各级领导和相关部门及气象信息员发送气象信息，提高了气象灾害预警信号的发布速度。2010 年 8 月为 11 个农业特色种植示范村安装气象预警大喇叭，扩大了气象信息发布领域。

1985 年容城气象局开始向需要天气预报的个人或企业单位发放天气预报警报接收器。1991 年开始开展彩球服务业务。1995 年 2 月开通了"121"天气预报电话自动答询系统，2007 年改为"12121"。2005 年 3 月开辟容城天气预报电视栏目，并正式播出。2006 年 6 月开通移动和联通气象短信服务，使天气预报产品涵盖了移动电话市场。

决策气象服务 容城县气象局为容城县各级党政领导和决策部门指挥生产、组织防灾减灾，以及气候资源合理开发利用及环境保护方面科学决策提供气象信息。

专业与专项气象服务 1991 年容城气象局开始防雷安全检测工作，每年 3—10 月对石油（气）库站、加油站、氢（氧）气站、化工生产车间和储存易燃易爆产品的仓库、服装企业、学校、医院、住宅小区、计算机网络、通信设施等多个行业进行防雷安全检测，排除安全隐患，提出合理化整改意见。

气象科技服务 1985 年 1 月起开展气象有偿专业服务。1990 年 3 月开始施放气球，1996 年 7 月开展电视天气预报广告业务。20 世纪 90 年代后气象科技服务收入逐年增加，为气象事业快速发展提供了保障。

气象法规建设与社会管理

制度建设 容城县气象局历年来高度重视廉政建设工作，对新情况、新问题及时总结经验，探索对策，以制度创新为突破口，坚持做到以制度管人、管事、管权。2008 年 2 月修订完善了《容城县气象局规章制度》，内容涵盖了政务、纪检监察、财务、基础业务、科技服务等，形成了较完整的制度体系。同时对制度落实情况进行动态监察，结合机关效能建设，坚持问责制度,确保将制度落到实处。廉政制度的制定和有效执行,为事业发展创造一个风清气正的良好工作环境。

加强法制建设,依法实行社会管理。依据气象法律法规,制定了《容城县雷电防护管理办法》、《容城县施放气球管理办法》、《容城县气象探测环境保护办法》、《容城县气象预报统一发布管理办法》、《气象资料汇总管理》等,加强了社会管理职能。

认真贯彻落实《中华人民共和国气象法》、《河北省气象灾害防御条例》、《河北省防雷减灾管理办法》、《河北省探测环境保护办法》等法律法规。2008年制定《容城县气象局灾害防御管理办法》,对气象环境保护、气象信息发布、人工影响天气等做出了明确的规定。该《办法》的实施,有效解决容城县气象事业发展过程中急需规范的问题,进一步促进当地气象事业又快又好地发展,更好地为全县防灾减灾和经济社会发展服务。

依法行政 1998年4月成立容城县防雷中心,负责全县防御雷电灾害管理工作。2003年开始先后开展了防雷安全执法和庆典气球施放安全执法。同时,组织开展气象法制宣传教育,负责监督有关气象法规的实施,对违反《中华人民共和国气象法》有关规定的行为依法进行处罚。

政务公开 对气象行政审批办事程序、气象服务内容、服务承诺、气象行政执法依据、服务收费依据及标准等,通过户外公示栏、电视广告、发放宣传单等方式向社会公开。

党建与气象文化建设

1. 党建工作

党的组织建设 容城县气象局党员隶属农业局党支部。1967—1979年只有1名党员,1979—1985年有2名党员。1999—2009年有3名党员。截至2008年底,有4名党员(其中离退休职工党员1人)。

党的作风建设 在党建工作中,容城县气象局的党员,始终按照上级党组织的要求,在容城县直属机关工委的指导下,稳步推进党建工作。在党风廉政建设中,严格按照党章要求,发扬艰苦奋斗的工作作风,积极参加政治学习,定期开展民主生活会,保持党组织的纯洁性和先进性,使党组织焕发出青春和活力。

党风廉政建设 2007年3月为了加强党风廉政建设,明确党政领导班子和领导干部对党风廉政建设应负的责任,保证中共中央、国务院、省委、省纪委和县委、县纪委关于党风廉政建设的决策和部署的贯彻落实,根据《中国共产党党内监督条例》和《容城县推进构建惩治和预防腐败体系工作意见》,结合本局实际,制订《容城县气象局党风廉政建设实施办法》。2008年2月开始执行党员年度廉政考评制度。深入开展党风廉政建设活动成绩突出,2007—2009年连续3年获得县直属机关工委颁发的"党风廉政建设先进单位"荣誉称号。

2. 气象文化建设

精神文明建设 在精神文明建设中,容城县气象局按照"三个代表"重要思想要求,认真落实"树正气、讲团结、求发展"的根本要求,进一步转变工作作风,增强"服务人民、奉献社会"的能力。

容城县气象局始终倡导增强职工身体素质,活跃业余文化生活。1978 年购置第一张乒乓球桌,是容城县直单位最早的乒乓球桌之一。近年来,随着办公条件的提高,先后添置了羽毛球,篮球等体育用品及健身器材,使职工的体育活动丰富多采。

文明单位创建 2009 年容城县气象局成立文明单位创建活动领导小组,并进行了详细的分工,责任到人,措施得力,实行责任追究制度,为创建活动提供了强有力的组织保障。

3. 荣誉

集体荣誉 1972—1984 年先后获得锦旗 3 面(省气象局 1 面,地区气象局 2 面),奖状 13 个。

个人荣誉 1978 年崔梅英作为全国先进气象站代表参加了全国气象先进工作者代表大会,在人民大会堂受到党和国家领导人的接见。

台站建设

台站综合改造 1967 年 6 月气象站占地面积 4600 平方米,尖顶平房 6 间。1975 年在平房东侧建成两层楼房 6 间,东侧附带平房 4 间,建筑面积 205.9 平方米。1981 年 10 月征收观测站西侧西关八队土地 4400 平方米,作为农气观测地段,总面积达到 9000 平方米。2008 年 10 月 1 日县气象局迁至容城县南张镇沙河村东,占地面积 11800 平方米,东侧建观测场,西南建附属用房 9 间,西北侧拟建业务楼,建设标准符合现代化业务需要,正在规划建设中。

园区建设 2003 年开始容城县气象局把创建优美环境列入议事日程,分期分批对机关院内的环境进行了绿化、美化、净化。2008 年迁站后,更加注重了园区绿化美化建设,规划整修了院落,升级改造了业务综合工作平台、会商室、人影指挥室等,修建了职工活动室、气象文化室、图书室等职工文化娱乐场所。园区内安装了太阳能光伏路灯,栽种了多物种乔木、灌木和草坪,绿化面积 9000 平方米,绿化覆盖率 80%,达到了绿色生态型工作园区,切实改善了干部职工的工作和生活环境。

容城气象局旧貌(1999 年)

容城气象局新观测场(2008 年)

顺平县气象局

顺平县位于太行山脉东麓,大陆性气候特点明显,四季分明,春季干旱少雨,夏季炎热多雨,秋季风凉气爽,冬季寒冷少雪。

机构历史沿革

始建情况 顺平县气象站始建于 1972 年,当时名称为完县气象站,1973 年 7 月 1 日正式开始观测,站址位于完县东关村东北(原木兰祠遗址),观测场位于北纬 38°50′,东经 115°09′,海拔高度 51 米。

历史沿革 1989 年 11 月完县气象站更名为完县气象局。1993 年 8 月更名为顺平县气象局。

管理体制 1972—1973 年完县气象站由农电组(保定地区革命委员会)接管,1974—1982 年由县农业局代管。1983 年体制上收,实行气象部门与地方政府双重领导,以气象部门领导为主的管理体制。

单位名称及主要负责人变更情况

单位名称	姓名	职务	任职时间
完县气象站	臧全寿	站长	1972.04—1974.05
	张金星	站长	1974.06—1983.09
	陈宝成	站长	1983.10—1987.11
完县气象局	解文明	站长	1987.12—1989.10
		局长	1989.11—1993.07
顺平县气象局		局长	1993.08—1999.10
	刘新建	局长	1999.11—

人员状况 1973 年 7 月 1 日开始工作时只有正式职工 3 人。截至 2008 年 12 月,有正式职工 6 人,临时聘用人员 3 人。正式职工中:本科学历 3 人,大专学历 3 人;中级职称 2 人,初级职称 4 人。

气象业务与服务

1. 气象业务

①气象观测

1973 年 7 月 1 日正式开展气象观测,每天进行 02、08、14、20 时 4 次观测,昼夜守班;观测项目有云、能见度、天气现象、气温、湿度、风向、风速、气压、降水、蒸发、日照、冻土、雪深;同年 8 月 1 日增加日照观测。1974 年 7 月 1 日改为每日 3 次观测,取消夜间守班。1984

年起每年 5 月 20 日—9 月 30 日,由每天发 1 次小图报增加为向省气象台发 3 次小图报。

1999 年 1 月 1 日改为国家一般站,观测内容和项目进行了调整,每天进行 08、14、20 时 3 次观测,担负编发天气加密报、重要天气报、旬月报、06 时汛期雨情报,同时增加拍发 08 时 24 小时变温、变压组和 14 时最低气温组。

2005—2006 年先后建成 5 个气温、降水两要素区域自动气象站。2007 年 6 月建成七要素地面自动气象监测站。

2008 年 1 月 1 日建立自动站,增加深层地温(40、80、160、320 厘米)和草温观测项目,自动站温度、湿度、气压、风向、风速、地面温度、浅层地温(5～20 厘米)代替人工观测,自动站双轨运行,以人工站为主。2009 年 1 月 1 日自动站并轨运行,以自动站为主。

完县气象站建站后制作的报表有气表-1,气表-21,均手工抄录编制,一式 3 份,本站留底 1 份,省气候资料室 1 份,市气象局业务科 1 份。1999 年 3 月 1 日开始使用 AHDOS 4.0 测报软件打印报文,停止报送纸制表。2005 年 1 月 1 日统一使用新版测报软件并通过 162 分组网向市气象局传输原始资料。

②气象信息网络

1984 年正式开始天气图传真接收工作,主要接收北京气象传真和日本传真图表。1987 年 7 月开通甚高频无线对讲通讯电话,实现与地区气象局直接业务会商,同时开通各县之间的甚高频电话的通话。1998 年 7 月安装使用 X.28 分组数据交换网,用于测报传输数据。2002 年 7 月 2 日开通 X.25,代替 X.28 分组数据交换网。2005 年 3 月安装使用 2 兆 VPN 局域网专线,代替 X.25 数据交换网,用于气象数据传输,与全省气象系统实现文件网上传输。2008 年安装可视化天气会商系统,建立预警信息发布平台。

③天气预报

1979 年 7 月县气象站开始做补充天气预报,做到基本资料、基本图表、基本档案和基本方法达标。1982 年以来共抄录整理 32 项资料,共绘制简易天气图等 6 种基本图表,对有气象资料以来的灾害性天气个例进行建档,对气候分析材料、预报服务调查与灾害性天气调查材料、预报方法使用效果检验、预报质量月报表、预报技术材料、中央省地各类预报业务会议材料等建立业务技术档案。

通过传真接收中央气象台、省气象台的旬、月天气预报,结合分析本地气象资料、短期天气形势、天气过程的周期变化等制作一旬天气过程趋势预报。运用数理统计方法和常规气象资料图表及天气谚语、韵律关系等方法制作具有本地特点的补充订正长期预报,产品有春播预报、汛期(5—9 月)预报、年度预报、秋季预报。

2. 气象服务

顺平县气象局坚持以经济社会需求为牵引,把决策气象服务、公众气象服务、专业气象服务和气象科技服务融入到经济社会发展和人民群众生产生活。

公众与决策气象服务 20 世纪 80 年代初主要通过口头、电话、传真等向县政府提供决策服务。1987 年 4 月正式使用天气预警广播系统对外开展服务,每天上、下午各广播 1 次。2002 年 11 月县气象局与广播电视局达成协议,在电视台播放顺平天气预报,天气预报信息由气象局提供。县气象局建成多媒体电视天气预报制作系统。2002 年 12 月正式开通"121"天气预报自动咨询电话。2006年保定市"121"答询电话实行集约经营,主服务器由保定市气象局建设维护。2007年"121"电话升位为"12121"。

2008年上半年组建乡镇协管员、村信息员队伍,明确了职责,6月完成气象预警服务短信发布平台建设,以手机短信方式向全市各级领导和相关部门及气象信息员发送气象信息,提高了气象灾害预警信号的发布速度。同年在顺平县委、县政府、国税局、水利局、林业局、财政局、联社等10家安装了电子显示屏,开展了气象灾害信息发布工作。

专业气象服务 1987年顺平县气象站开始推行气象有偿专业服务,主要为部分乡镇(场),相关企事业单位提供中、长期天气预报和气象资料,以旬天气预报为主。

1996年6月顺平县政府人工影响天气办公室成立,挂靠县气象局。同年6月县政投资5万元,在安阳乡司仓村南和河口乡大岭沟各建防雹增雨炮点1个。

1997年1月顺平县防雷中心成立。2003年顺平县政府办公室发文,将防雷工程从设计、施工到竣工验收,全部纳入气象行政管理范围。2004年县气象局被列为县安全生产委员会成员单位,负责全县防雷安全的管理,定期对液化气站、加油站、危爆仓库等高危行业和非煤矿山的防雷设施进行检查,对不符合防雷技术规范的单位,责令进行整改。

气象科普宣传 每年在"3·23"世界气象日、法制宣传日、安全生产宣传日,都组织科技和气象法规宣传,普及防雷知识。

科学管理与气象文化建设

依法行政 2003年12月顺平县政府法制办批复确认县气象局具有独立的行政执法主体资格,为5名干部办理了行政执法证。气象局成立行政执法队伍,重点加强雷电灾害防御工作的依法管理工作。2006年顺平县政府下发了《关于加强顺平县建设项目防雷装置防雷设计、跟踪检测、竣工验收工作的通知》。

探测环境保护 随着全县各类自动观测设备不断增多,为进一步加强气象设施和气象探测环境保护工作,县气象局根据《气象设施和气象探测环境保护条例》要求,2008年、2009年两次根据气象探测环境保护要求和标准向县人民政府、县发改局、国土资源局、城乡规划局、住房建设局、无线电管理、环境保护等部门进行了备案。在观测站、区域观测站周边设立了《气象观测站气象设施和气象探测环境保护规定》警示牌,以加强观测站周边探测环境保护力度。

政务公开 顺平县气象局对气象行政审批办事程序、气象服务内容、服务承诺、气象行政执法依据、服务收费依据及标准等,通过户外公示栏、电视广告、发放宣传单等方式向社会公开。财务一般每半年公示一次,年底对全年收支、职工奖金福利发放、领导干部待遇、劳保、住房公积金等向职工作详细说明。

制度建设 健全内部规章管理制度。2001年1月制订了《顺平县气象局综合管理制度》,主要内容包括计划生育,干部、职工脱产(函授)学习和申报职称等,干部、职工休假及奖励工资,医药费,业务值班室管理制度、会议制度,财务,福利制度等。

党建工作 1972—1975年有党员1人,编入县委办公室党支部。1975—1982年有党员3人,编入农林局党支部。1987年7月县气象局成立机关党支部。近3年来共发展党员2人,预备党员1人。截至2008年12月,有党员6人。

顺平县气象局经常性的开展政治理论、法律法规学习,党风廉政教育,开展了以"情系民生,勤政廉政"为主题的廉政教育。组织观看了《忠诚》等警示教育片。

气象文化建设 顺平县气象局始终注重开展文明创建活动,改造观测场,装修业务值班室,统一制作局务公开栏、学习园地、法制宣传栏和文明创建标语等宣传用语牌。积极参加县里组织的文艺汇演和户外健身,丰富职工的业余生活。

荣誉 1982年以来全局共创"百班无错情"15个。

1989年被保定市气象局授予年度工作成绩显著先进单位;2001年、2006年、2007年3次被保定市委、市政府授予市级精神文明单位;2002年被授予安全生产先进单位;2003年被县委、县政府授予实绩突出单位和优秀花园式单位荣誉称号。

台站建设

台站综合改善 建站初期顺平县气象站仅有工作用房6间,生活用房12间。1997年争取省、市气象局资金15万元建成宿办楼,极大地改善了住房条件和办公环境。顺平县气象局现占地面积5500平方米,有办公兼宿舍楼1栋(1200平方米),车库1个(30平方米),锅炉房1间(15平方米)。

园区建设 2001—2002年,顺平县气象局对机关院内的环境进行了绿化、美化、硬化,改造了业务值班室,完成了业务系统的规范化建设。种草坪、修花坛,栽风景树,全局绿化面积1200多平方米,绿化覆盖率达到60%,硬化了1300平方米路面,使机关院内变成了风景秀丽的花园。

顺平县气象局旧观测场(1984年)

顺平县气象局新观测场(2007年)

唐县气象局

唐县气象局位于华北平原西北部,主要受季风环流影响,属暖温带半干旱半湿润大陆性季风气候。其气候特征是秋短冬长,四季分明,光照充足,雨量偏少,夏暑冬寒,温差较大。年平均气温12.4℃,年平均降水量500毫米,年平均无霜期184天。年平均日照时数2612.5小时,占可照时数的59%。春冬季多西北风,夏季盛行偏东南风,年平均风速为2.0米/秒。

机构历史沿革

始建情况　唐县气象局始建于 1962 年 7 月,站址位于唐县城东南丁家园(乡村),北纬 38°44′,东经 114°59′,海拔高度 65.9 米,占地总面积 5336 平方米。

站址变迁　2003 年 3 月 30 日观测场由原来的 25 米×25 米改为 16 米×20 米,2007 年 4 月 6 日观测场垫高 0.6 米,海拔高度由 65.9 米变为 66.5 米。

历史沿革　唐县气象局于 1962 年上半年开始筹建,7 月 1 日开始观测记录,始建站名 为唐县气象服务站,隶属唐县农业局,编制 3 人。1983 年 1 月被省气象局命名为河北省唐 县气象站。1987 年 7 月,由国家一般站改为辅助气象站。1989 年 1 月,更名为唐县气象 局。1999 年 1 月由辅助气象站改为国家一般气象站。2006 年 6 月—2008 年底由国家一般 气象站调整为国家气象观测二级站。

管理体制　1962 年 7 月 1 日唐县气象局隶属唐县农业局。1983 年 1 月业务体制上 收,实行气象部门与地方政府双重领导,以气象部门领导为主的管理体制。

单位名称及主要负责人变更情况

单位名称	姓名	职务	任职时间
唐县气象服务站	李贵贤	站长	1962.07—1971.03
	张玉海	代理站长	1971.04—1977.12
		站长	1978.01—1982.12
唐县气象站			1983.01—1983.12
	段文生	副站长	1984.01—1988.12
	程坤哲	局长	1989.01—1990.03
	李万军	局长	1990.04—2000.02
	马文忠	局长	2000.03—2002.12
唐县气象局	侯庆奎	局长	2003.01—2004.12
	刘英凤	副局长	2005.01—2006.01
		局长	2006.01—2007.11
	黄雪英	副局长	2007.11—2008.11
		局长	2008.11—

人员状况　1962 年建站时有 3 人。截至 2008 年底,有在职职工 8 人(其中正式职工 5 人,计划内临时工 1 人,聘用职工 2 人),离退休 3 人。在职职工中:男 5 人,女 3 人;大学本 科 3 个,大专 1 个,中专及以下 4 人;中级职称 2 人,初级职称 3 人,工人 3 人;21～30 岁 5 人,31～40 岁 2 人,50 岁以上 1 人。

气象业务与服务

1. 气象业务

气象观测　唐县气象局始建至 1982 年底,主要开展云、能见度、天气现象、气压、日照、 蒸发、冻土、雪深、地面温度、气温、湿度、风向、风速、降水等气象观测业务。1962 年起每天进行 08、14、20 时 3 次定时观测,5 月 20 日—9 月 30 日 08、14、20 时发报 3 次,10 月 1 日—次年 5 月 19 日 14 时发报 1 次。1972 年改为每日进行 02、08、14、20 时 4 次观测。1974 年 7 月开始恢复 08、14、20 时 3 次观测。1983 年 1 月业务体制上收,主要业务有观测和预报。1987 年 7 月主要业务有测报和补充测报等。1999 年 1 月起每天进行 08、14、20 时 3 次定时观测并拍发天气加密报,每年 6 月 1 日—8 月 31 日 06 时向省气象局拍发汛期雨量报,每旬初 09 时前拍发旬、月报,不定时拍发重要天气报。

气象信息网络　1962 年 7 月 25 日起用有线电话通过邮电局拍发报文。1984 年 1 月测报股开始首次使用甚高频电话发报;预报股安装 2 台 CE80 型传真机用于接收传真图。1985 年 7 月预报股安装 301 无线对讲机与市气象局进行天气会商。1986 年 1 月测报股正式使用 PC-1500 袖珍计算机用于编发报文。1993 年购置 1 台 286 计算机、3775 型高频电话、录音机、"121"天气预报电话自动答询机,开展农村警报服务。1994 年购置微机、不间断电源、电瓶等设备用于基础业务工作。1998 年 7 月安装使用 X.28 分组数据交换网,用于测报传输数据;12 月投资 2 万元升级"121"电话自动答询系统。1999 年建立 PC-VSAT 小站和以 MICAPS 为工作平台的业务流程,使用亚洲 2 号卫星与中国气象局、河北省气象局、保定市气象局联网,随时接收各种气象信息。2001 年购买联想电脑 1 台。2002 年 7 月开通 X.25,同年 8 月购置 586 电脑、胶片照相机各 1 台。2003 年筹借资金 3 万元,购置电视天气预报制作系统 1 套。2004 年 1 月 1 日正式开播各乡镇和景点电视天气预报。2005 年 1 月"121"天气预报电话自动答询系统升位为"12121"。同年 3 月安装使用 2 兆 VPN 局域网专线,代替 X.25 数据交换网,用于省内气象数据传输。市气象局配发 IBM 笔记本电脑 1 台,开通 1 兆宽带接入国际互联网。

2006 年市气象局配发三星数码照相机 1 台,购买捷达轿车 1 辆。

2007 年投资 4 万元更新了电视天气预报制作设备,市气象局配发复印机 1 台,为人工影响天气作业配备长城皮卡车 1 辆。

2008 年购置传真机 1 台,安装可视化天气会商系统,建立预警信息发布平台。

至 2008 年底唐县气象局拥有计算机 14 台(含笔记本电脑 1 台),数码照相机 2 部,数码摄像机 1 部,打印机 3 台,复印、打印一体机 1 台。

区域自动站观测　2005 年 1 月、2006 年,分两批在大茂山、石门、高昌、北罗和迷城等和川里、军城、齐家佐、王京、北店头等 10 个乡镇建成了气温、雨量两要素区域自动气象站并投入使用,至今运行良好,为唐县防汛抗旱工作提供了科学详实的依据。

天气预报　20 世纪 80 年代初通过传真接收中央气象台,省气象台的旬、月、季、年天气预报,再结合分析本地气象资料,短期天气形势,天气过程的周期变化等制作中长期天气预报,县站订正转发市气象台预报。中长期预报主要有:周预报、汛期预报、各农事关键期预报。

2. 气象服务

公众气象服务　唐县气象局于 2003 年与唐县电视台合作开展了电视天气预报节目,定时在唐县新闻后播出,2008 年 8 月在唐县影视频道增加了电视天气预报节目,含全县 20

个乡镇及主要旅游景点的预报,与"12121"天气预报自动答询系统、手机、小灵通短信预报服务、电子显示屏、预警信号广播、网站等形成全方位服务方式。

在全县范围内建立气象灾害防御体系,建立预警信息发布平台,为相关单位安装了32块预警显示屏,在各单位及自然村确定信息员,适时对各信息员发布预警信息,制定灾害收集、上报和发布制度。为县委、县政府主要领导及防汛抗旱指挥部安装了气象服务决策系统,随时调阅雷达、云图、气象预报、雨情等资料。

决策气象服务 唐县气象局制订了详细的预报服务计划,预报产品包括:《每月气象信息》、《天气周报》、《雨情快报》、《农业天气报告》、《重要天气报告》、《专题天气报告》、《汛期天气预报》等。这些决策服务产品为县领导提供了重要的决策依据。

专业与专项气象服务 1999年6月成立人工影响天气办公室并开展人工影响天气作业,始终将人工影响天气工作作为唐县气象局工作的重中之重,抓住一切有利时机开展人工影响天气作业。2006年11月购置BL型火箭发射架2部,与西大洋水库管理处在水库上游的唐河流域开展联合增雨(雪)工作。到2008年底联合累计作业8次,发射增雨防雹火箭96发。《中国气象报》、《中国绿色时报》、《燕赵都市报》、《保定日报》、《保定晚报》、唐县新闻等多家媒体就唐县气象局人工影响天气工作进行了报道。

2007年唐县气象局先后为南水北调和保阜高速唐县段建设两个工程的指挥部提供《天气周报》和《重要天气报告》,为工程建设保驾护航。2007年河北立马水泥有限公司在唐县落户考察,唐县气象局为该项目提供了近3年逐时气象统计资料。另外,为林业局提供防火期天气条件分析和防火等级预报服务,与国土局共同发布地质灾害预报服务,积极做好气象服务"三农"工作。

气象科技服务 1995年唐县防雷中心正式成立。检测设备有4102型电阻测试仪1套,4105型电阻测试仪1套,FC-2G防雷元件测试仪1套,万用表1套,照相机2部,摄像机1部以及其他辅助检测设备等。

从20世纪90年代初开始开展防雷安全性能检测以来,防雷设施检测和技术服务的领域扩展到县安全生产重点保护单位,石油(气)库站、加油站、氢(氧)气站、化工生产车间和储存易燃易爆产品的仓库、各中小学校、医院、住宅小区、计算机网络、通信设施等多个行业。每年参加政府组织的安全生产大检查。

气象科普宣传 多年来唐县气象局每年利用"3·23"世界气象日、安全生产宣传月,上街开展各种科普宣传,向群众发放宣传材料,解答群众咨询;利用天气预报画面、唐县气象局门户网站、单位外围墙等媒体,宣传各种气象常识;走进社区、校园、乡村,广泛开展各种科普宣传活动。

气象法规建设与社会管理

法规建设 2007年唐县政府办公室下发《唐县防雷安全监管责任制》。2008年唐县安全生产委员会下发《关于加强防雷安全检测工作的通知》。

社会管理 唐县气象局不断加大防雷、施放气球等市场行政执法管理,尤其是不断加大气象探测环境保护力度,利用单位外墙、电视天气预报、报纸等媒体进行气象探测环境保护宣传;向县政府、国土局、建设局、规划局、镇政府等单位就气象探测环境保护的范围和要求进行备案;严密监视气象局周边建设情况;建立气象探测环境保护工作台帐,及时向县委、县政府及上级主管部门汇报情况。

政务公开　对气象行政审批办事程序、气象服务内容、服务承诺、气象法依据、服务收费依据及标准等,唐县气象局于 2007 年建立了"议事日"和"公开日"制度,对外设立了公开栏,对内通过会议、橱窗等形式进行公开,保障局务公开工作的正常运行。干部任用、财务收支、目标考核、基础设施建设、工程招投标等内容则通过职工大会或上局务公示栏张榜等方式向职工公开。财务每半年公示一次,年底对全年收支、职工奖金福利发放、领导干部待遇、劳保、住房公积金等向职工作详细说明。干部任用、职工晋职、晋级等及时向职工公示或说明。

党建与气象文化建设

党建工作　2008 年 7 月唐县气象局成立了党支部,2008 年底有党员 3 人(其中退休职工党员 1 人)。党支部定期召开民主生活会,开展民主评议党员活动等。

唐县气象局定期组织召开专题会议,分析党风廉政责任制落实情况;采取集中学习、个人自学、组织讨论、做笔记、写心得、开座谈会、观看专题片等形式,建立和完善了学习教育机制,提高了干部职工自我防范能力;凡涉及重大决策,重大事项安排和大额度资金的使用,都要通过局务会集体讨论决定,强化班子内部的相互监督作用。实行政务公开,制作了公示栏,设立了举报箱、意见簿和举报电话,主动接受广大群众的监督。

气象文化建设　唐县气象局抓好"软、硬"件建设,提高干部职工的思想道德素质和科学文化水平,不断拓展气象服务工作领域,提供优质的气象服务,树立良好的社会形象。

唐县气象局不断改善职工的工作生活条件,丰富职工的文化生活,购买了电视机,安装了有线电视;2006 年建成了篮球场、乒乓球台、职工休闲活动室和科普活动中心,每年不定期组织全体职工开展各种文体活动。

集体荣誉　2004 年 11 月被保定市政府评为"文明单位";2007 年被省气象局评为"一流台站";2007 年被省建设厅园林局评为"省园林式单位";2007 年被保定市气象局评为先进单位、优秀达标单位和信息上报先进单位;2008 年被保定市人民政府评为 2006—2007年度"文明单位";1987—2008 年累计创地面测报"250 班无错情"10 个、创"百班无错情"22 个。

个人荣誉　1987—2008 年个人获奖共 11 人次。

台站建设

唐县气象局建站时有房屋 2 幢共 11.5 间,建筑面积 239.5 平方米。1990 年 10 月 6 日建办公室、宿舍 6 间,翻盖宿舍 6 间,土地往北扩延 15 米,观测场以南 18 米外增加环城路一条。2002 年进行综合改造,拆除原有平房,建成 412 平方米办公楼,20 平方米锅炉房,110 米围墙,路面硬化 520 平方米。2005—2006 年进行院落规划、绿化。2008 年按照气象文化建设的要求进一步完成了院落及办公区的整体设计和规划,建成了科普活动室、多功能会议室、职工休闲活动室等。

唐县气象局旧貌(1984年)

唐县气象局新貌(2010年)

望都县气象局

机构历史沿革

望都县位于太行山东麓,河北平原中部,属暖温带半湿润半干旱大陆性季风气候,四季分明,夏季高温多雨,冬季寒冷干燥,春季多大风沙尘天气,灾害性天气频发。

始建情况 望都县气象局始建于1959年初,属国家一般气象站、省基本气象站,地址位于望都县沈庄西北500米处,观测场位于北纬38°43′,东经115°07′,海拔高度45.0米,占地面积5069平方米。

站址迁移情况 1959年初建站于望都县沈庄村西。1971年4月站址迁移到望都县小白陀村西。1972年10月回迁至望都县沈庄村西。

历史沿革 1959年始建站,1959年3月1日有正式气象记录,属国家一般气象站,站名为河北省唐县气象站。1962年3月气象站撤销,1965年4月恢复,站名由县政府命名为望都县气象服务站。1981年1月更名望都县气象站。1983年1月更名河北省望都县气象站。1989年10月更名河北省望都县气象局。2006年6月1日改为国家气象观测二级站,2009年1月1日改为国家一般气象站。

管理体制 1953年8月气象部门由军队改为地方建制。1962年10月实行气象部门和地方政府领导双重领导,以气象部门为主的体制。1973年转为地方同级革命委员会领导,接受上级气象部门的业务指导。1980再次进行体制改革,实行气象部门与地方政府双重领导,以气象部门领导为主的管理体制。

单位名称及主要负责人变更情况

单位名称	姓名	职务	任职时间
唐县气象站	张福祥	站长	1959.03—1962.03
撤销			1962.03—1965.04
望都县气象服务站	杨小水	副站长	1965.04—1974.10
	郗丙荣	站长	1974.10—1977.10
	郗桂湘	站长	1977.10—1979.01
	杨小水	副站长	1979.01—1980.09
	无负责人		1980.09—1980.12
望都县气象站	杨小水	副站长	1981.01—1984.02
	贾宝庆	站长	1984.02—1986.07
	葛占芬	站长	1986.07—1989.09
望都县气象局		局长	1989.10—2007.11
	田丽光	副局长	2007.11—2008.11
		局长	2008.11—

人员状况 截至 2008 年,有在职职工 8 人(其中正式 6 人,聘用职工 2 人),离退休 1 人。在职正式职工中:男 5 人,女 1 人;大学本科以上 4 人,大专 1 人,中专以下 1 人;中级职称 3 人,初级职称 3 人;30 岁以下 1 人,31～40 岁 2 人,41～50 岁 2 人,50 岁以上 1 人。

气象业务与服务

1. 气象业务

①气象观测

1959 年 3 月开始,每天进行 07、13、19 时(时方时)3 次观测,1960 年 8 月 1 日改为每天 08、14、20 时(北京时)3 次观测,夜间不守班。观测项目有云、能见度、天气现象、气压、气温、湿度、风向、风速、降水、雪深、日照、蒸发、地温、冻土等。

主要拍发天气加密报、气象旬月报、汛期雨量报和重要天气报告等。1998 年 7 月安装使用 X.28 分组数据交换网,用于测报传输数据。2002 年 7 月 2 日开通 X.25。2005 年 3 月安装使用 2 兆 VPN 局域网专线,用于气象数据传输、与全省气象系统实现文件网上传输。

编制的报表有气表-1 和气表-21,2000 年停止报送纸质报表。

1996 年购置计算机 1 台,1998 年开始使用 ASDOS 4.0 进行查算编报制作报表,2003 年开始使用 OSSMO 2004 软件。

2005 年 5 月在望都县中韩庄乡首先建成两要素区域自动观测站。2006 年初在固店镇、寺庄乡和黑堡乡建成 3 个两要素区域自动观测站。

②天气预报预测

短期天气预报 1965 年望都县气象服务站开始作补充天气预报,根据一些民谚再结合观测资料发布 24 小时预报,甚高频电话开通后抄录省市气象局预报,进行订正预报工作。

中期天气预报 20 世纪 80 年代末,通过接收省市气象台的旬、月天气预报,结合分析本地气象资料,运用一定的预报工具制作一旬天气过程趋势预报。

长期天气预报 主要运用数理统计方法和常规气象资料图表及天气谚语、韵律关系等方法,结合上级业务的指导,做出具有本地特点的补充订正预报。

农事关键期预报 主要制作小麦返青期、春播、小麦收获期、汛期、小麦播种期和重要节假日预报。

2. 气象服务

公众气象服务 20 世纪 90 年代前后,开通甚高频无线对讲通讯电话,实现与地区气象局直接业务会商。1990 年县政府拨款购置 20 余部无线通讯接收装置,安装到县防汛抗旱办公室和各乡镇,建成气象预警服务系统,每天上、下午各广播 1 次,服务单位通过预警接收机定时接收气象服务。

1995 年 11 月望都县气象局与县电信局协商开通 5 路"121"电话答询系统;1997 年 9 月与县广播局协商在电视台播放望都县天气预报,天气预报节目由望都县气象局制作提供,电视台播放。2008 年 3 月改造成多媒体电视天气预报制作系统。

2009 年由县委、县政府出资在全县 8 个乡镇、以及部门政府部门安装了 17 块电子显示屏,每天 3 次滚动播发当天天气预报信息。

2010 年开展农业气象服务体系和农村气象灾害防御"两个体系"建设,建立了黑堡乡农村气象服务工作站,并为黑堡乡赠送了 3 套计算机设备,安装了"新农村现代气象服务平台"。

决策气象服务 20 世纪 80 年代初,决策气象服务主要以书面文字发送为主。20 世纪 90 年代后,决策产品由电话、信函等方式转向电视、微机终端及互联网传输,各级领导可通过电脑随时调看实时云图、雷达回波图、中小尺度雨量点的雨情。

专业与专项气象服务 20 世纪 80 年代末开始推行专业有偿气象服务,主要是为全县各乡镇(场)或相关企事业单位提供中、长期天气预报和气象资料。

2000 年 4 月成立望都县防雷中心,从事望都县区域内防雷安全检测工作。

2002 年 3 月望都县气象局成立人工影响天气办公室,购买火箭发射设备 1 套,开展人工增雨作业,实施用空中水资源。

【气象服务事例】 2008 年 8 月参与了第 29 届北京奥运会人工消减雨作业,为圆满完成奥运开、闭幕仪式做出了贡献。2009 年 3 月面对 100 多天久旱不雨的灾情,抓住有利时机开展增雨作业解除了旱情,县委书记做出了重要批示:"很好。依据科学手段,准备工作超前,抓住了机会,对缓解旱情、保障农业生产起到了较好的效果。继续关注。"

气象科技服务与技术开发 1999 年建立 PC-VSAT 小站和以 MICAPS 为工作平台的业务流程,使用亚洲 2 号卫星和中国气象局、河北省气象局、保定市气象局联网,可随时接收各种气象信息。

2003 年 1 月"121"电话天气预报自动答询系统升位为"12121"。

2008 年安装可视化天气会商系统,每天收看全省气象系统天气会商实况,掌握详细的天气变化情况。

2008 年开通了气象短信预警预报发布平台,以手机短信方式向全县各级领导发送气象信息。为有效提高气象灾害预警信号的发布速度,在全县机关大院和 8 个乡镇及重要部门安装了气象灾害预警信息电子显示屏,开展了气象灾害信息发布工作。

气象科普宣传 望都县气象局每年利用"3·23"世界气象日、防灾减灾日、安全生产宣传月、法制宣传日,上街开展各种科普宣传,向各界群众发放宣传材料,解答群众的咨询;利用天气预报画面、单位外围墙等媒体,宣传各种气象常识;望都县气象局还采取走出去、请进来的方式,走进社区、校园、乡村,广泛开展各种科普宣传活动。

科学管理与气象文化建设

法规建设 为加强雷电灾害防御的依法管理工作。望都县政府下发了《望都县人民政府办公室关于加强安全管理工作的通知》(望政办发〔2006〕10 号)等有关文件。逐步规范了望都县防雷市场行政执的管理,提高防雷设施的安全性。

为加强农村气象灾害防御能力,2008 年望都县政府下发了《望都县气象灾害应急预案》,成立了望都县气象灾害应急指挥部,2010 年望都县政府下发了《望都县气象服务工作站实施方案》,完善和普及望都县乡镇气象服务工作站,提高气象为农服务能力。

探测环境保护 随着全县各类自动观测设备不断增多,为进一步加强气象设施和气象探测环境保护工作,县气象局根据《气象设施和气象探测环境保护条例》要求,将气象探测环境保护要求和标准向县发改委、国土资源局、城乡规划、住房建设、无线电管理、环境保护等部门进行了备案。在观测站、区域观测站周边设立了《气象观测站气象设施和气象探测环境保护规定》警示牌,以加强观测站周边探测环境保护力度。

政务公开 对气象行政审批办事程序、气象服务内容、服务承诺、气象法依据、服务收费依据及标准等,通过户外公示栏、发放宣传单等方式向社会公开。干部任用、财务收支、目标考核、基础设施建设、工程招投标等内容则通过职工大会或上局务公示栏张榜等方式向职工公开。财务每半年公示一次,年底对全年收支、职工奖金福利发放、领导干部待遇、劳保、住房公积金等向职工做详细说明。干部任用、职工晋职、晋级等及时向职工公示或说明。

党建工作 建站伊始有党员 2 人,编入农业局党支部。20 世纪 80 年代,望都气象局成立独立党支部,至 2008 年底,有党员 6 人(其中离退休职工党员 1 人)。

认真落实党风廉政建设目标责任制,积极开展廉政教育和廉政文化建设活动,努力建设文明机关、和谐机关和廉洁机关。开展以"情系民生,勤政廉政"为主题的廉政教育,组织观看《忠诚》等警示教育片。

气象文化建设 始终坚持以人为本,弘扬自力更生、艰苦创业精神,深入持久地开展文明创建工作,政治学习有制度,文体活动有场所,电化教育有设施。

十几年来积极参与地方组织的各项活动(如生态文明村建设,帮扶贫困户及贫困学生、各种社会捐款等)。2009—2010 年望都县气象局开展气象文化建设年和"一站、一景、一特色"创建活动,投入大量资金对单位进行绿化,将食堂、办公室、单位大门进行了装修改造,2010 年投资 5000 多元种植了 1000 多棵女贞、30 多棵木槿、20 多棵龙爪槐,现已形成四季有绿、三季有花的优美工作和生活环境。先后安装了太阳能热水器,建起了单位浴室;安装健身、羽毛球器材,建成职工健身活动区;每年举行春、秋季职工运动会,开展羽毛球、篮球、乒乓球等比赛。职工们结合本县特点创作了一批文化作品(其中包括望都气象赋);制作了政务公开栏及科普宣传栏,将各项工作制度上墙;给示范村、学校安装了电子显示屏,并帮助学校建立了气象站。

2000—2011年连续被保定市委、市政府评为"市级文明单位"。

台站建设

望都县气象局占地面积5069平方米,办公用房为20世纪70年代建成。1998年装修改造平房建筑面积200平方米,车库等辅助用房90平方米。

2000年起望都县气象局对机关院内的环境进行逐步绿化改造,规划整修了道路,在庭院内修建了草坪,重新修建装饰了大门,改造了业务值班室,完成了业务系统的规范化建设。绿化覆盖率达到50%。在气象业务现代化建设中,建起了气象地面卫星接收站、自动观测站、决策气象服务等业务系统工程。

望都县气象旧貌局(1970年)　　　　　　望都县气象局现貌(2009年)

雄县气象局

雄县地处华北平原中部,西南紧靠白洋淀,属暖温带大陆性季风气候。

机构历史沿革

始建情况　雄县气象局始建于1972年10月,站址坐落于城关公社四铺大队,北纬38°59′,东经116°06′,观测场海拔高度10.2米。

站址迁移情况　2007年1月1日由原址迁至雄县朱各庄乡陈家台村南。新站址位于北纬39°01′,东经116°06′,海拔高度11.1米。

历史沿革　1972年10月成立雄县气象站,为国家一般站。1989年1月1日更名为雄县气象局,并改为辅助站。1999年1月1日改为国家一般气象站。2007年1月1日改为国家气象观测站二级站。2008年12月31日改为国家气象观测站一般站。

管理体制　建站至1982年7月属雄县革命委员会领导,归口雄县农林水电局代管,保定地区革命委员会气象局负责业务指导。1982年8月再次进行体制改革,实行气象部门与地方政府双重领导,以气象部门领导为主的管理体制。

单位名称及主要负责人变更情况

单位名称	姓名	职务	任职时间
雄县气象站	尹鹤田	站长	1972.10—1973.12
	冯玉民	站长	1974.01—1980.09
	负责人空缺		1980.09—1981.09
	张金声	负责人	1981.09—1984.03
	董志强	副站长	1984.04—1986.08
	王博学	站长	1986.09—1987.08
	董志强	站长	1987.09—1988.12
雄县气象局		局长	1989.01—1989.09
	王博学	局长	1989.10—1992.09
	董志强	局长	1992.10—

注:1980年9月—1981年9月,单位负责人空缺,具体原因不明。

人员状况 1972年建站时有3人。截至2008年底有在职职工9人(其中正式职工5人,外聘职工4人),退休职工4人。在职正式职工中:大学学历3人,大专1人,中专1人;中级职称3人,初级职称2人;40岁以下3人,40～49岁1人,50～59岁1人。

气象业务与服务

雄县气象局坚持以气象业务为基础,恪守"关心百姓冷暖,服务大众生活,无微不至,无所不在"的服务理念,为促进县域经济社会发展,积极开展气象服务。

1. 气象业务

气象观测 自1974年1月1日开始,执行每天02、08、14、20时4次观测任务,观测项目有气压、气温、湿度、风向、风速、云、能见度、天气现象、降水量、蒸发(1989年1月1日至1998年12月31日调整为国家一般站,期间取消小型蒸发项目,后恢复)、日照、地温、雪深、冻土等。1974年7月1日取消02时观测和夜间守班。

1989年1月1日调整为辅助站,主要任务是根据当地气象农业需要进行气压、气温、湿度、风向、风速等的观测,月(年)报表改为月(年)简表。

1998年9月开始使用AHDM 4.0测报软件,结束气象电报手工查算的历史。

1999年1月1日改为国家一般站,观测内容和项目进行了调整,每天进行08、14、20时3次观测,担负编发天气加密报、重要天气报、旬月报、06时汛期雨情报,并编制气象月报表和年报表。

2004年11月全市首家测试地面测报软件OSSMO 2004获得成功。

2006年5月建成张岗、米家务、北沙口、大营4个两要素区域气象站。2007年10月建成地面气象自动观测站。

气象信息网络 1984年1月开始首次使用甚高频电话发报,安装2台CE80型传真机用于接收传真图。1985年7月安装301无线对讲机与市气象局进行天气会商。1998年7

月安装使用 X.28 分组数据交换网用于测报传输数据。1999 年建立 PC-VSAT 小站和以 MICAPS 为工作平台的业务流程,使用亚洲 2 号卫星和中国气象局、河北省气象局、保定市气象局联网,可随时接收各种气象信息。1999 年 7 月以 X.28 异步拨号方式加入公用分组数据交换网,实现气象电报编发报微机自动处理。2002 年 7 月 2 日开通 X.25,代替 X.28 分组数据交换网。2005 年 3 月安装使用 2 兆 VPN 局域网专线,代替 X.25 数据交换网,用于气象数据传输,与全省气象系统实现文件网上传输。2008 年安装可视化天气会商系统,建立预警信息发布平台。

天气预报　1973 年 2 月雄县气象站开始制作短中期天气预报。1983 年 1 月完成预报四个基本(基本资料、基本图表、基本档案和基本方法)建设:抄录整理 48 项资料,撰写《雄县气候区划》及《雄县冰雹的调查分析与预报》,完成灾害性天气调查、预报方法使用结果检验、预报质量报表等业务技术基本档案。通过收听预报产品和天气形势广播,绘制小天气图,并结合韵律图、点聚图、相关图等统计预报工具和天气谚语,坚持图、资、群相结合的方法发布短、中、长期天气预报。

1985 年 7 月开始使用甚高频电话设备。1986 年 7 月安装气象传真设备,并开始接收日本传真图等预报产品。1989 年 1 月起县气象站订正转发市气象台预报。

2. 气象服务

公众及决策气象服务　1974—1976 年陆续建成了 4 个气象哨和 11 个雨量点,开始进行农业气象观测和墒情测试,培训了一批农村气象员。预报服务主要通过县广播站广播、口头汇报、电话通知、书面专题报告等形式开展。

1986 年 10 月建立县级天气警报广播接收系统,正式对外开展气象服务。

1988 年 8 月雄县政府下发文件,要求在全县组建天气警报系统,充分利用天气条件和科技信息为全县农业生产和经济建设服务。同年汛期由县气象局提供气象保障服务,县政府具体运作的全国首例"引水回灌"获得成功,引洪水约 8000 万立方米回灌补充地下水。

1995 年 6 月在电视台开播天气预报。1997 年 6 月建成多媒体电视天气预报制作系统。2007 年 7 月电视天气预报制作系统升级为非线性编辑系统。

1997 年 1 月"121"电话天气预报自动答询系统开通。1998 年 2 月"121"改为"1210";2004 年上半年"1210"集中改为"12121"。

2008 年上半年组建乡镇协管员、村信息员队伍,明确了职责,制定了《雄县重大气象灾害应急预案》。

2008 年 6 月完成气象预警服务短信发布平台建设。

专业与专项气象服务　1985 年 8 月雄县政府办公室下发《雄县气象站关于开展气象有偿专业服务的通知》,规范了有偿服务的对象、范围、收费原则和标准。

1994 年起开展防雷设施检测工作。1998 年成立雄县防雷中心,获省技术监督局计量认证资格。

1995 年起开展气球广告服务业务。

2002 年 1 月雄县人民政府成立人工影响天气领导小组,办公室设在雄县气象局。

在朱各庄乡王储村和北沙乡西龙堂村设立人影作业点,配备 BL 型人影作业火箭架和流动作业车。2003 年 7 月 4 日首次开展防雹作业。2008 年奥运会期间,构筑奥运消减雨正南防线,布设作业炮点 5 个,为保障奥运会、残奥会开闭幕式的正常进行发挥了重要作用。

气象科普宣传 雄县气象局通过举办农村气象员培训班、农业科技讲座,开展科技活动月,组织气象科技咨询"赶大集"活动,撰写、播发科普文章等多种形式,积极开展科普宣传。每年"3·23"世界气象日主题开展科普讲解、街头咨询、参观气象局、电视专访、发放宣传品等宣传活动。每年安全生产日均开展防灾减灾,安全生产科普宣传活动。

气象法规建设与社会管理

法规建设 2005 年 4 月雄县政府办公室下发《进一步加强雄县新建、改建、扩建(构筑物)安全管理的通知》;雄县安全生产委员会办公室下发了《关于印发雷电安全专向治理实施方案的通知》,加强防雷装置设计审核和竣工验收工作。2006 年 5 月雄县人民政府办公室下发了《关于进一步加强气象探测环境保护的通知》,气象探测环境保护逐步规范。

制度建设 1987 年开始严格行政管理方法,健全规章制度,做到各项工作有章可循,有章必循。2001 年各项工作纳入标准化、规范化、秩序化轨道,重新制定完善了各项规章制度。2002 年 10 月开始施行岗位责任制,制订了各个岗位职责。2003 年建立了局务会制度和职工议事制度。2008 年 1 月进一步细化了各项规章制度、岗位职责及业务流程等,主要内容分别包括:业务值班、会议、财务、档案保密、纪检监察等制度,重大气象灾害预警、应急预案等。

社会管理 2005 年下半年雄县气象局进驻雄县行政服务中心,设立行政审批窗口,审批内容主要有防雷装置设计审核及竣工验收、施放气球、气象行政处罚、气象探测环境保护等。2007 年 3 月雄县政府发布通知要求新建、改建、扩建项目必须办理防雷设计审核和竣工验收许可。2007 年初设立行政许可股,负责承办县级气象行政许可事项,将防雷设计审核和竣工验收纳入建设项目联办件办理流程。

2002 年 12 月向雄县建设规划局、国土资源局、环境保护局、无线电管理办公室进行气象探测环境保护标准和具体范围备案。2007 年 1 月雄县气象局就新址探测环境保护标准和具体范围向雄县政府法制办、朱各庄乡政府、县规划局、建设局、国土资源局、发展改革局、环境保护局进行备案。2008 年建立观测环境状况证书公示制度和观测场实景监测系统。

政务公开 2002 年 3 月雄县气象局进一步加强气象政务公开,对单位职责、气象行政审批流程、气象服务内容、服务承诺、气象行政执法依据、服务收费依据及标准、违法投诉处理途径等通过公示栏、电视广告、发送宣传单等方式向社会公开;干部人事安排、财务管理、目标考核、重大事项与重大改革决策及内部规章制度等采取职工大会、局务会、公示栏等方式向公开;财务收支情况每季度公示一次,年底对全年收支情况、住房公积金等向职工详细说明,干部人事的变动安排及时向职工公示说明。

党建与气象文化建设

党建工作　1981年以前由于党员人数少,先后参加农林、水电局党支部的活动。1985年参加县科委党支部的活动。1986年经县机关党委批准气象站与地震办公室合建党支部。1992年8月雄县气象局从气象、地震党支部分离出来,成立了气象局党支部。截至2008年12月,有党员2人,预备党员2人。

雄县气象局不断加强党风廉政建设,开展廉政思想教育,选配纪检监察员,落实党风廉政目标责任制,执行局务公开、民主生活会、三项谈话制度,开展"党风廉政宣传教育月活动"。

精神文明建设　坚持以人为本,弘扬自力更生、艰苦创业精神,深入持久地开展文明创建工作。2007年气象局整体搬迁,为气象文化建设提供了硬件环境。同时加强了软环境建设,健全完善了各项规章制度,建立了图书阅览室、休闲活动室、学习报告厅,安装了文化娱乐设施、购买了体育建身器材,订阅了10余种报纸、期刊、杂志。积极开展文体活动,全局的精神面貌焕然一新。

集体荣誉　1975—2008年底,共获市、县级"文明单位"、"先进单位"、"优秀达标单位"等集体荣誉奖26项。1977年气象局地震测报组荣获国家地震局、河北省地震局"先进测报组"称号。2002年荣获河北省气象局"省气象科技服务奖"。2004年雄县气象局业务股被河北省气象局评为"优秀测报股"。2007年荣获"河北省气象局部门基本建设先进单位"。

个人荣誉　1978—2008年,个人获奖60余人次。4人次获得中国气象局"质量优秀测报员"称号。

台站建设

台站综合改善　1973年10月—1975年11月,陆续征地8533平方米。1979年10月中国气象局和国家计委拨款2万元,县气象站投资1.6万元,扩建办公室、宿舍各9间,新建了伙房、仓库、围墙,铺设了自来水管道。

1997年底至1998年上半年,河北省气象局投资12万元,县政府投资10万元,对办公场所进行了综合改造。

园区建设　2007年1月1日,气象局整体搬迁至朱各庄镇陈家台村南,占地10533平方米,总投资300多万元。建成业务楼1栋,建筑面积823.6平方米;附属用房9间,建筑面积202.5平方米。水暖电配套设施齐全,其中采暖为地热温泉水集中供热。购置配备了现代化办公设备,建成高标性现代化业务平台、建成了自动站、可视化天气会商系统、县级人影作业指挥系统及预警信息平台。硬化路面1000平方米,绿化面积6000平方米,种植各种花木,绿化覆盖率73%。院落四周通透、视野广阔、风景优美、文化氛围浓厚,达到园林型、生态型气象工作园区标准,切实改善了干部职工的工作和生活环境。

雄县气象局旧貌（1982 年）

雄县气象局新貌（2008 年）

徐水县气象局

徐水县位于太行山东麓，河北省中部，属大陆性季风气候。县内四季分明，光照充足，雨量偏少，夏暑冬寒，温差较大，自然环境良好。年平均气温 11.9℃，年无霜期平均 184 天，年均降水量 546.9 毫米，年日照时数平均 2744.9 小时。

机构历史沿革

始建情况　徐水县气象局始建于 1958 年 8 月，站址在县内东张丰村。

历史沿革　1958 年 9 月—1960 年 3 月称徐水县水文气象站。1960 年 4 月—1971 年 4 月称徐水县气象服务站。1971 年 5 月—1975 年 8 月称徐水县农电站气象服务所。1975 年 9 月—1979 年 3 月称徐水县农林局气象站。1979 年 4 月—1989 年 10 月，称河北省徐水县气象站。1989 年 10 月更名为徐水县气象局。

站址迁移情况　徐水县气象局于 1958 年 8 月建站，地点在徐水县东张丰村。1958 年 12 月 2 日迁至大寺各庄村。1963 年 12 月 31 日迁至徐水县城东南现驻军营房附近。1972 年 5 月 1 日因 1546 部队修建营房，徐水县气象站暂时迁至县城西北角的原北上关微波站。1973 年 12 月 31 日迁至徐水县城南环路，观测场位于北纬 38°59′，东经 115°39′，海拔高度 13.1 米。

管理体制　徐水县气象站 1958 年成立时隶属徐水县水利局。按当时行政区划，徐水、安新、容城合并称"徐水县"，徐水气象站为中心站，在安新、瀑河建有分站（1961 年瀑河站交给徐水县水利局管理。1962 年徐水、安新两县分开，气象站也随之分属管理）。1962 年 10 月实行气象部门和地方政府双重领导，以气象部门领导为主的管理体制。1973 年转为地方同级革命委员会领导，接受上级气象部门的业务指导。1980 再次进行体制改革，实行气象部门与地方政府双重领导，以气象部门领导为主的管理体制。

单位名称及主要负责人变更情况

单位名称	姓名	职务	任职时间
徐水县水文气象站	楚顺珍	站长	1958.08—1960.03
			1960.04—1961.12
徐水县气象服务站	魏智灵	站长	1962.01—1968.03
	马凤明	站长	1968.04—1971.04
			1971.05—1972.04
徐水县农电站气象服务所	石 山	所长	1972.05—1973.06
	马凤明	所长	1973.07—1975.08
徐水县农林局气象站	李福田	站长	1975.09—1979.03
徐水县气象站			1979.04—1988.12
	郭 仑	站长	1989.01—1989.09
		局长	1989.10—1994.09
徐水县气象局	李福田	局长	1994.10—2000.09
	陈玉峰	局长	2000.10—2005.11
	崔合义	副局长	2005.12—2008.02
		局长	2008.02—

人员状况 截至 2008 年底,徐水县气象局有在职职工 7 人(其中在编职工 5 人,外聘职工 2 人)。在编职工中:大学本科 3 人,大专 2 人;中级职称 3 人,初级职称 2 人;平均年龄 33 岁。

气象业务与服务

1. 气象业务

气象观测 地面观测开始日期为 1958 年 9 月 5 日,观测次数 7 次,观测时间为 01、07、13、19 时(地方时),05、11、17 时(北京时)。开始发报日期为 1959 年 4 月 10 日,发报次数 3 次,发报时间 05、11、17 时。1960 年 8 月改为 02、08、14、20 时(北京时)进行观测。观测项目有云、能见度、天气现象、风向、风速、气温、气压、湿度、降水、地面状态、地面温度、直管地温、曲管地温、小型蒸发、日照、积雪深度、冻土。徐水观测站 1987 年被确定为国家一般气象站。每天进行 08、14、20 时(北京时)3 次定时观测,并按规定拍发各类天气报告电码。1989 年 1 月 1 日徐水气象站改为辅助气象站,工作业务调整,观测项目精简,执行辅助站观测规范,取消天气电报。1999 年 1 月 1 日又由辅助站改为一般站,观测项目、发报业务恢复原来规定的项目。

气象信息网络 徐水县气象站建站之初只观测记录不发报。从 1959 年 4 月 10 日开始传报,传报过程比较繁琐,先打电话给邮政局报房,再由邮政局报房分别给保定市气象局和省气象局传报,这种发报方式速度慢并且容易出现人为差错。1985 年开始使用甚高频电话作为发送报文的手段。1986 年 1 月正式使用 PC-1500 袖珍计算机编发报。1998 年 7 月安装使用 X.28 分组数据交换网传输数据;2000 年 1 月 1 日起采用微机编发报、制作报表。2005 年 3 月安装使用 2 兆 VPN 局域网专线,用于气象数据传输。

天气预报 徐水县气象局最早从 1999 年开始制作和发布短期天气预报,2002 年开始制作中长期天气预报。到 2008 年底,预报产品包括电视天气预报、"12121"电话答讯、短信预报、电子显示屏每天 3 次定时滚动播出预报等短期预报服务产品和雨情快递、重要天气报告、专题气象服务报告、人工影响天气作业信息、气象灾害预警信号、气候公报等不定期专题服务产品,其中后者多为书面纸质材料,一式多份报送县委县政府领导,同时还用短信方式将服务内容发送给相关服务对象。

2. 气象服务

①公众和决策气象服务

1995 年 2 月开通"121"天气预报电话自动答询系统(2002 年升位为"12121"),与有线广播并行,同时每周制作"气象小报",用邮寄的方式寄往各乡镇和县直各单位。1999 年 3 月"天气预报"节目初步上镜县电视台,以滚动播出形式定时播报。2004 年 12 月购置专业天气预报制作软件,增加虚拟主持人和广告画面,实现了电视天气预报的多媒体展现。2005—2006 年先后推出雨情快递、重要天气报告、专题气象服务报告、人影作业信息、气象灾害预警信号、气候公报等有针对性的服务产品,为地方政府提供决策建议。2007 年安装气象灾害预警信息发布平台,完成全县主要领导及重点服务对象的手机号码收集备案,利用该平台实现了各类预报预警信息的第一时间、大范围发布。2008 年 6 月为县委、县政府主要领导及防汛抗旱指挥部安装了气象服务决策系统,随时可以调阅雷达、云图、气象预报、雨情等资料,在政府门口和徐水会堂广场安装预警显示屏共 3 块,及时滚动播出各类预警预报信息,进一步拓宽了气象服务内容的覆盖面。

②专业与专项气象服务

人工影响天气 2001 年 6 月成立徐水县人工影响天气办公室。2002 年徐水县气象局开始实施人工防雹增雨作业,经费由市、县两级财政拨款。2006 年陆续建成五香坡、新农村 2 个防雹增雨固定炮点。现有防雹增雨作业系统 2 套、人工影响天气作业人员 10 人。人工影响天气技术由过去的单一依靠人工观测云层、采用"三七"高炮发射碘化银炮弹作业,发展到利用气象卫星、多普勒天气雷达等先进探测手段,形成车载式火箭与"三七"高炮作业相结合的新局面。2002—2008 年,共开展人工消雹增雨作业 80 余次,累计增雨量5800 多万立方米,为农民节省农田灌溉用水支出 580 余万元;消雹作业挽回经济损失约3000 万元。2008 年北京奥运会和残奥会期间,在市气象局的组织领导下参与消减雨工作,为保障奥运会和残奥会的开、闭幕式正常进行发挥了重要作用。

防雷技术服务 1995 年徐水县防雷中心正式成立。徐水县防雷中心是徐水县内具有法律公证地位,对徐水县防雷行业进行监督,并提供技术服务指导的唯一权威专业机构。防雷中心现配检测设备有 4102 型电阻测试仪 2 套,另有 FC-2G 防雷元件测试仪 1 套、万用表 1 套、照相机 2 部、摄像机 1 部等其他辅助检测设备。

从 20 世纪 90 年代初开始开展防雷安全性能检测以来,防雷安全管理工作发展势头良好,防雷设施检测和技术服务的范围越来越广,服务领域扩展到石油(气)库站、加油站、氢(氧)气站、化工生产车间和储存易燃易爆产品的仓库、计算机网络、通信设施等多个行业和部门以及各中小学校、医院、住宅小区。

近年来徐水县气象局全面落实防雷监管职能,划清行政许可和技术服务的界面,严格执行防雷装置设计审核和竣工验收程序。每年参加政府组织的安全生产大检查,得到了县委、县政府及相关部门的认可。

③科技服务与技术开发

徐水县气象局从1995年开始开展科技服务,早期产品以常规气象预报和气象资料为主,主要服务方式是气象警报接收机和专项气象服务。1996年在市气象局的技术支持下,开通"121"天气预报自动答询电话,每天3次定时发布最新预报。1999年开始制作电视天气预报。2004年购置专业天气预报制作软件,更新播出设备,增加虚拟主持人。2007年安装气象灾害预警信息发布平台,完成全县主要领导及重点服务对象的手机号码收集备案,利用该平台实现了各类预报预警信息的第一时间、大范围发布。

④气象科普宣传

多年来,徐水县气象局每年利用"3·23"世界气象日、安全生产宣传月,上街开展各种科普宣传,向群众发放宣传材料,解答群众咨询;利用天气预报画面、徐水县气象局门户网站、单位外围墙等媒体,宣传各种气象常识;走进社区、校园、乡村,广泛开展各种科普宣传活动。

科学管理与气象文化建设

1. 法规建设与管理

制度建设 2001年徐水县气象局制订了第一本规章制度并装订成册。其后逐年对规章制度进行了修订和完善。

社会管理 多年来徐水县气象局不断加大探测环境保护力度,制作了宣传栏;严密监视气象局周边的建设情况,主动向县委、县政府主要领导汇报并向县政府、国土、建设、规划政府等单位进行备案;建立气象探测环境保护工作台帐。2003年以来先后制止了巨力集团和太行毛纺集团破坏探测环境的行为。

政务公开 2007年开始建立了"议事日"和"公开日"制度,制作了公示栏,设立了举报箱和意见簿,并公布了举报电话。徐水县气象局对外公开建立了公开栏,对内公开则采用通过会议、公开栏等多种形式,保障局务公开工作的透明运行。

2. 党建工作

2001年2月经中共徐水县直机关工委批准,成立了徐水县气象局党支部,有党员3人,截至2008年12月,有党员5人。

徐水县气象局全面推行党风廉政建设目标责任制,完善领导干部民主生活会制度,凡涉及重大决策,重大事项安排和大额度资金的使用,都通过局务会集体讨论决定。

3. 气象文化建设

徐水县气象局抓好"软、硬"件建设,创建学习型部门,拓展气象服务工作领域,提供优质的气象服务,树立良好的社会形象。2000年购置了乒乓球台、羽毛球、跳绳等体育器材,积极开展文体活动,职工的工作生活条件不断得到改善、文化生活不断丰富。

荣誉 徐水县气象局2000年被河北省气象局评为县级强局单位。2003—2008年连续 6 年被评为市级"文明单位"。截至 2008 年,徐水县气象局个人获省部级以上综合表彰及奖励 1 人次。

台站建设

台站综合改善 徐水县气象局初建时没有办公用房,只能借用民房,直到 1963 年 12 月才有了单位的住房。1973 年迁至徐水县城西南角后,重新规划,建有砖混结构平房 1 幢 12 间,建筑面积 349.8 平方米。宿舍 7 间,可使用年限 30 年。1983 年 10 月在原有基础上向西扩增 3 间家属住房,东南增加 3 间办公用房,共计 125 平方米。2000 年 5 月在调整土地后,在原址的南边进行综合改造,新建两层业务办公楼 12 间,建筑面积 315 平方米。2002 年在办公楼的西面增建附属用房 2 间,车库 1 间。

园区建设 2002—2008 年,徐水县气象局把创建优美环境列入议事日程,对办公环境和院落环境进行了绿化、美化、净化,先后升级改造了业务值班室、天气会商室等业务平台,建立了羽毛球场、气象文化室、图书室等职工文化娱乐场所。栽种了多物种乔木、灌木和草坪,绿化面积 1500 平方米,绿化覆盖率 60%,建成了园林式、生态型,适合人居,优美舒适的工作园区,切实改善了干部职工的工作环境。

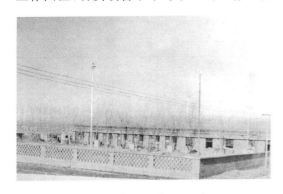

徐水县气象局旧貌(1977 年)

综合改造后的徐水县气象局(2000 年)

易县气象局

易县气象局位于太行山北段东麓,具有平原半干旱和山区半湿润气候特点,春季平均气温 13.4℃,夏季 25.3℃,秋季 12.3℃,冬季 -2.7℃,全年平均气温 12.1℃,极端最高气温 41.6℃,极端最低气温 -23.1℃,历年主要降水时间集中于 7—8 月。虽然灾害性天气较多,但气候从总体上讲还是有利于农作物生长的。

机构历史沿革

始建情况 易县气象局始建于 1956 年秋,1957 年 1 月 1 日 02 时正式开始气象记录。

站址迁移情况 2003 年 1 月 11 日观测场向西平移 20 米,现址位于易县朝阳东路 211 号,北纬 39°21′,东经 115°30′,海拔高度 55 米。

历史沿革 1956 年秋建站时名称为易县气候站。1963 年 1 月 1 日改为河北省易县气象服务站。1984 年 1 月改为易县气象站。1989 年 1 月改为河北省易县气象局,承担国家一般气象站任务。

管理体制 1956 年秋建站至 1962 年 12 月 31 日隶属易县政府农林局和保定地区气象局双重领导。1963 年 1 月 1 日归属保定地区气象局领导,"文化大革命"期间归属易县农业局管理。1983 年 1 月进行体制改革,实行气象部门与地方政府双重领导,以气象部门领导为主的管理体制。

机构设置 易县气象局成立之初仅有观测组,1958 年 3 月增设天气预报股。2006 年 1 月设置办公室。2006 年 8 月财务管理实现电算化,配齐兼职会计与出纳人员。

单位名称及主要负责人变更情况

单位名称	姓名	职务	任职时间
易县气候站	胡学良	站长	1956 年秋—1962.12
河北省易县气象服务站			1963.01—1978.11
	赵秋署	站长	1978.12—1979.08
	王士华	站长	1979.09—1983.12
易县气象站			1984.01—1984.03
	赵宗寿	站长	1984.04—1988.12
河北省易县气象局	蒋洪祥	局长	1989.01—1989.05
	隗焕田	局长	1989.06—1996.12
	杨景文	局长	1996.12—

人员状况 易县气象局成立之初仅有 2 人;2006 年以前人员编制 7 人,2006 年编制改为 6 人。目前在职职工 6 人(在编职工 5 人,临时职工 1 人),在职职工中:本科学历 2 人,大专学历 1 人,中专学历 3 人;汉族 3 人,回族 3 人;工程师 4 人,助理工程师 2 人。

气象业务与服务

1. 气象业务

①气象观测

地面观测 易县气象局自 1957 年 1 月 1 日开始,每天进行 07、13、19 时(地方时)3 次地面观测,1960 年 8 月 1 日改为 08、14、20 时(北京时)进行观测。观测项目有气压、气温、湿度、风向、风速、云、能见度、天气现象、浅层地温、降水、日照、小型蒸发、地面温度、雪深、冻土等。每天向河北省气象台传输 3 次定时天气加密报,制作气象月报和年报报表。

1957 年 1 月 1 日开始正式观测气象数据,4 次观测,昼夜守班。1957 年 1 月 1 日开始向北京航空公司拍发航危报,9 月开始向省、地气象台编发天气报告。1967 年 1 月 1 日取消 02 时定时气象观测,3 月 20 日停止向北京航空公司发航危报。1966 年 1 月 1 日取消 1.6 米、3.2 米深度的直管地温观测。

2007 年 5 月安装 CAWS600BS-N 自动气象站,在原有观测项目的基础上,增加了草温和深层地温,每 5 分钟向河北省气象局上传一次加密观测数据,每小时上传正点观测数据。2008 年 1 月 1 日开始与人工站双轨运行,对比观测。

区域自动站观测 2005 年 7 月在清西陵、南城司、紫荆关、白水巷、蔡家峪、高村、甘河净、狼牙山、高阳、桥家河、白马 11 个乡镇安装加密雨量站,通过 GPRS 向河北省气象局实时传送温度和降水数据。

农业气象观测 1957 年 11 月增加农业气象观测,1985 年停止农业气象观测。每年 3 月 8 日—6 月 30 日、9 月 8 日—11 月 30 日逢 8 日观测土壤墒情。

②气象信息网络

建站之初每天通过专用电话向县邮电局发报,再由邮电局分别给保定市气象局和河北省气象局传报。1985 年 2 月配备了 M7-1540 型甚高频电话,观测电报通过白石山站中转,用口传方式发至保定市气象台,由保定市气象台转发至河北省气象台。1986 年 1 月正式使用 PC-1500 袖珍计算机编发报。1995 年 1 月开始使用高速打印机打印气象月报、年报表,并上报电子数据。2000 年 1 月 1 日天气电报由 X.28 传输,同时微机制作报表。2005 年 3 月安装使用 2 兆 VPN 局域网专线,用于气象数据传输。

2. 气象服务

公众气象服务 建站初期每天通过收音机定时接收高空资料,手工绘制天气图,1987 年配置气象传真机 2 部,利用传真机接收高空图等气象资料进行资料分析,制作短期预报通过电台播放。1989 年 5 月,为开展有偿专业气象服务,增设气象警报发射机 1 部,接收机 12 部,每天 3 次通过气象警报发射机,向安置在各被服务单位的接收机发布天气预报。1998 年 3 月集资购买了"121"电话天气预报答询设备,每天 3 次通过电脑向答询平台输入气象资料,1998 年 12 月"121"电话答询系统全部替代警报发射机和接收机。2004 年 7 月购置了电视天气预报制作系统,开始每天在电视台播放天气预报视频节目。2007 年春建立了集公文、天气资料、天气预报接收为一体的气象资料接收平台,取代了小站接收。2008 年 5 月组建了县、乡(镇)、村三级气象信息员队伍,负责气象灾害预警信息的传播、气象灾情的调查、上报等工作。2008 年 7 月由易县政府财政拨款,为易县防汛办及 20 个乡镇共计安装了 21 块气象灾害预警电子显示屏,建立了气象综合服务平台,每天定时向气象预警电子显示屏和移动电话发布天气预报、预警信息。2008 年 8 月 14 日安装了市县两级视频天气会商系统,每天进行省、市、县三级天气会商。

决策气象服务 日常气象服务工作包括制作和发布 24 小时、72 小时、周、月、年和汛期、农事、森林防火等关键时期天气预报和专题预报;同时为全县飞播造林、防汛抗旱提供有力的气象保障;为县委、县政府指挥农业生产提供正确的决策依据。

气象科技服务 1991 年春季开展辖区内防雷装置安全检测工作。1998 年 4 月 6 日成立易县防雷中心。1997 年 4 月 17 日成立易县人工影响天气办公室,负责指挥县域内各炮点人工影响天气作业。2005 年 7 月设置法制科,对辖区内未按要求开展防雷装置设计审核和竣工验收的情况开展行政执法工作。1997 年 5 月易县气象局组建西陵镇白水港、桥家河乡两个防雹炮点,并购买防雹专用车 1 辆。2000 年 4 月组建南城司乡防雹炮点。2002

年秋撤销桥家河乡炮点,相继组建独乐乡北独乐村、狼牙山镇北管头村两个防雹炮点,由河北省气象局配置 BL 型人工增雨火箭发射架 1 部。2007 年 5 月新建西山北乡北娄山炮点,至此建成了由 5 个炮点和 1 个火箭增雨点组成的较为完备的人工防雹增雨体系,2003 年 4 月易县气象局人工影响天气经费 10 万元列入了县财政预算,2007 年 3 月北娄山炮点人工影响天气经费 3.5 万列入了县财政预算。每年通过实施人工影响天气作业,减少气象灾害对县域经济造成的损失逾亿元。

气象法规建设与社会管理

制度建设　贯彻落实《中华人民共和国气象法》及相关法律法规,制订了易县气象局管理制度,主要内容包括请销假制度、财务制度、安全制度、奖惩制度、考核制度等,每年重新修订。

社会管理　保护气象探测环境,从 2007 年 1 月开始每年初向县规划局、建设局、国土局进行气象探测环境保护备案。加强雷电灾害防御工作的依法管理。每年落实防雷装置设计审核、跟踪检测、竣工验收三项职能。从 1991 年春季开始每年对县域内中小学校、机关、企事业单位、危化企业等机构的防雷设施安全性能进行检测。2005 年 7 月开始对新、改、扩建项目防雷装置设计审核和竣工验收工作进行行政审批。2006 年 11 月 27 日防雷装置设计审核和竣工验收项目的行政许可审批工作由易县行政服务中心气象局窗口受理。

政务公开　为加强气象政务公开,将气象服务内容、服务承诺、服务收费等通过户外公示栏、网络等方式向社会公开。干部任用、财务收支、目标考核等通过职工大会、内部公示栏等方式向职工公开。

党建与气象文化建设

1. 党建工作

1984 年 3 月根据易县县委、县直党委意见,脱离农业局党支部,单独成立党支部,有党员 6 人。截至 2008 年底,易县气象局共有党员 8 人(其中离退休职工党员 2 人)。

1999—2008 年连续 10 年被中共易县县委机关工作委员会评为"易县先进党支部"。

2. 气象文化建设

精神文明建设　易县气象局在机关大院建立局务公开栏,建设易县气象文化网和易县气象兴农网两个专业网站和图书阅览室、职工学习室、小型运动场等,有图书 2000 多册,经常举行各种文体活动,丰富职工生活。每年"3·23"世界气象日和安全生产月都组织气象科普宣传,发放气象法律、法规及安全防护知识手册等宣传资料。

文明单位创建　1998—2007 年,连续 10 年被易县县委、县政府评为"文明单位",2004—2007 年度被保定市委、市政府评为"文明单位",2006—2007 年度被河北省委、省政府评为"文明单位"。

3. 荣誉

集体荣誉 1995 年被河北省气象局记大功奖励。1999 年被河北省气象局评为年度重大气象服务先进集体。1999 年易县气象局地面观测股被评为年度全省先进地面观测组。2006 年被河北省气象局评为"环境建设先进单位"。2006 年被河北省建设厅评为河北省园林式单位。2008 年 12 月被保定市"五绿"创建组评为保定市"绿色机关"。

个人荣誉 建站以来,创"百班无错情"27 个,"250 班无错情"15 个。蒋洪祥 1966 年被评为河北气象系统五好干部,1978 年被评为中央、省、地气象系统先进工作者,并出席全国气象系统先进工作者表彰大会,受到党和国家领导人的接见。

台站建设

1998 年秋季建成 329 平方米办公楼 1 栋;2003 年 6 月建成 2000 平方米职工住宅楼 1栋;2005 年春季投资 9.3 万元建成了气象生态园,绿化面积 5726 平方米,气象生态园中种植草坪、鲜花和各种风景树木,绿化覆盖率达到 76%,建成了规划科学、环境优美,以园林式、生态型为主要特点的气象工作园区。

易县气象局旧貌(1987 年)

易县气象局现观测场(2005 年)

涿州市气象局

机构历史沿革

始建情况 河北省涿州市气象局始建于 1957 年,站址在涿县松林店农场。位于北纬 39°25′,东经 115°54′,海拔高度 40.7 米。

历史沿革 1957 年 1 月 1 日河北省松林店气候站成立,台站级别为气候站。1958 年 9月 9 日更名为涿县气象水文站第一分站。1959 年 2 月 1 日更名为涿县涿州镇气象站。

1960年4月1日更名为涿县涿州镇气候服务站。1960年9—10月撤站,11月恢复,名称不变。1962年1月1日更名为涿县气象服务站,改为国家一般气象站。1978年4月1日更名为涿县气象站。1972年6月建小邵村气象哨,1984年8月撤销。1986年11月11日涿州撤县建市,更名河北省涿州市气象站。1987年4月2日更名河北省涿州市气象局。2006年6月1日改为国家气象观测站二级站。

站址迁移情况 1958年9月9日迁至涿县南关东后村。1959年2月1日、1963年11月2日、1991年6月1日迁移观测场,站址不变。1999年1月1日迁至涿州市开发区万达小区,观测场位于北纬39°29′,东经116°02′,海拔高度29.3米。

管理体制 建站初期隶属河北省气象局。1958年9月9日属涿县人民政府,归水利局领导。1958年11月涿县、新城、涞水、雄县合并,总称涿县,属涿州镇人民公社。1960年12月归农业局领导。1962年1月1日体制上收河北省气象局。1980再次进行体制改革,实行气象部门与地方政府双重领导,以气象部门领导为主的管理体制。

单位名称及主要负责人变更情况

单位名称	姓名	职务	任职时间
河北省松林店气候站	无负责人		1957.01—1958.09
涿县气象水文站第一分站			1958.09—1959.02
涿县涿州镇气象站			1959.02—1960.04
涿县涿州镇气候服务站			1960.04—1961.12
涿县气象服务站	阴济良	站长	1962.01—1971.06
	彭飞	站长	1971.06—1978.03
涿县气象站			1978.04—1983.12
	赵玉芬(女)	站长	1983.12—1984.06
	冯丽珠(女)	站长	1984.06—1986.11
河北省涿州市气象站	刘士忠	站长	1986.11—1987.04
		局长	1987.04—1987.11
河北省涿州市气象局	王德蓉(女)	局长	1987.11—2001.11
	单国华(女)	局长	2001.11—2007.11
	刘英凤(女)	局长	2007.11—

注:1957年1月—1961年12月只有2名工作人员,没有负责人。

人员状况 截至2008年底,涿州市气象局有在职职工11人(其中正式职工7人,聘用职工4人),离退休10人。在职正式职工中:男5人,女2人;汉族7人;本科学历1人,大专学历5人,中专学历1人;中级职称6人,初级职称1人;40岁以下3人,41～50岁2人,50岁以上2人。

气象业务与服务

1. 气象业务

地面气象观测 观测项目包括云、能见度、天气现象、气压、气温、湿度、风向、风速、降水、雪深、冻土、日照、蒸发(小型)、浅层地温。每天进行08、14、20时(北京时)3次定时观测,并按规定拍发天气加密报、重要天气报、旬月报等天气报告电码。

2007 年 6 月建成 CAWS600BS-N 型自动气象站,气压、气温、湿度、风向、风速、降水、地温七要素实现自动观测,于 2008 年 1 月 1 日正式运行。

2008 年 9 月建成 GPS 水汽观测站,购置六要素移动应急监测设备。

农业气象观测 1978 年 1 月开始农业气象观测业务,属农业气象一级观测站。观测作物有冬小麦、夏玉米、水稻,主要任务有作物生长发育状况观测、土壤湿度观测、自然物候期观测、报表制作和预审等项目。手工编制报表。

区域自动站观测 2005—2006 年在涿州市建立 11 个区域自动站,自动观测气温、降水量 2 项气象资料。

天气预报 1962 年开始制作和发布短期天气预报。20 世纪 80 年代前,手工绘制天气图,制作补充天气预报。1982 年 6 月用传真机接收天气图,结束手工绘图。1984 年 6 月安装使用甚高频电话,加强预报会商。1994 年 4 月使用计算机接收天气预报图。1999 年 8 月建立 PC-VSAT 小站,使用 MICAPS 系统,提高了预报质量。2007 年 5 月对外发布短时预警信号。到 2008 年底预报产品已经从单纯的天气图加经验的主观定性预报,逐步发展为采用气象雷达、卫星云图、区域站等各种实时数据资料,各种数值预报产品,计算机系统等先进工具制作的客观定量定点预报,其中在每天 05、11、17 时制作 3 次短期预报。

气象信息网络 20 世纪 80 年代以前,气象电码通过邮电局上报。1977 年起开始使用传真机接收天气图表。1985 年起通过甚高频无线电话网进行通信联络,用以收集各种气象情报、传递天气预报,上报各种观测资料。1997 年建设"9210"工程,实现卫星云图等资料的实时接收。1999 年 7 月气象数据通过 X.28 传输。2002 年 9 月起分组交换方式由 X.28 改为 X.25。2005 年 4 月又改为 VPN 专线。所辖区域自动气象站采用无线 GPRS 方式实现数据上传。2008 年 8 月省—市—县三级视频会商系统投入使用。

2. 气象服务

①公众气象服务

1987 年春季建成气象预警服务系统,利用警报接收机对外发布天气预报。

1994 年 4 月与电信局合作开通"121"天气预报自动答询电话,有 5 条答询线路。1998 年 2 月系统升级,实现数字化,答询线路升至 10 条。2002 年 7 月平台改设在电信局机房,光纤接入,答询线路升至 30 条,开通 5 个语音信箱。2005 年 1 月"121"电话升位为"12121"。2008 年 7 月"12121"实行集约经营,由保定市气象局管理平台。

1996 年 8 月 1 日电视天气预报正式开播。2001 年 12 月由虚拟气象小姐主持节目,提高了节目的档次和质量。2005 年 7 月实现数字信号输出,U 盘报送。2008 年 8 月创建第二套天气预报节目,向广大市民提供气象指数预报;在第一套天气预报节目中新增空气质量预报;与广播局建立了光纤传输系统。

2005 年 6 月建立气象网站,利用网络对外提供服务。2007 年 7 月利用电子显示屏开展气象灾害预警发布工作。2008 年 7 月成立气象信息员队伍。

②决策气象服务

1962 年春季开始为地方政府提供防御气象灾害的决策信息。20 世纪 80 年代初决策气象服务主要以书面文字发送为主。1995年起印发《涿州气象》为领导提供气象服务信息,其他主要决策服务产品包括重要天气报告、专题气象报告、气候评价、实时雨情分析、人影作业简报等。2007年7月开始以手机短信方式向全市各级领导发送气象信息。2008年5月为市领导安装气象决策服务系统,各级领导可通过电脑随时调看实时云图、雷达回波图、中小尺度雨量点的雨情。同时,积极开展专题服务,在河北省第六届农民运动会、"三国文化历史名城"挂牌仪式、涿州花灯节等重大活动中提供优质气象服务。

【气象服务事例】 2001年7月24日河北省军民共建"双三好"万人大会在涿州广场露天举行,国防部长迟浩田出席。当时天气多雨,气象局积极做好服务,建议将会议提前1小时举行。会后,市委副书记给予电话表扬。

③专业与专项气象服务

1985年1月起开展气象有偿专业服务。1990年3月起开展气球庆典服务。1996年7月开始开展电视天气预报广告业务。此外多次为电力系统、建筑部门、热电厂、交通运输等部门提供专项气象分析。

人工影响天气 涿州是冰雹、干旱等气象灾害多发区,每年因灾造成的损失均在千万元以上。1997年5月涿州市人工影响天气办公室成立,开展高炮防雹工作。1998年6月增加了火箭增雨作业。2002年1月市政府将人工影响天气经费列入了财政预算。2004年8月建设标准化人工影响天气作业基地。截至2008年底已拥有火箭发射架2部,高炮3门,标准化人工影响天气作业基地1个。人工影响天气技术由过去的单一依靠人工观测云层、采用"三七"高炮发射碘化银炮弹作业,发展到利用气象卫星、多普勒天气雷达等先进探测手段,形成车载式火箭与"三七"高炮作业相结合的新局面。人工影响天气工作有效减少了气象灾害,市领导多次给予批示表扬。

防雷技术服务 1991年春季成立涿州市避雷装置检测站,开展建筑物避雷装置检测工作。1998年5月经市编委批准,成立涿州市防雷中心,编制5人,属正科级单位。2006年取得《事业单位法人证书》。所开展的技术服务包括:防雷装置安全性能检测、新建防雷装置设计技术评价和跟踪检测、雷击风险评估、雷电灾害调查鉴定等。防雷中心的技术服务,一直为涿州市的经济、社会发展提供着重要的保障作用。

④气象科普宣传

全体干部职工都为河北省气象学会会员。每年"3·23"世界气象日、安全生产月、"12·4"法制宣传日积极开展科普活动,并利用电视、网站、"12121"咨询电话等开展气象科普宣传。

气象法规建设与社会管理

法规建设 2005年涿州市政府办公室下发《关于保护气象探测环境的通知》、《涿州市雷电防护安全管理工作实施方案》;2006年涿州市政府办公室下发《关于保护区域气象站的通知》;2007年涿州市政府下发了《涿州市防雷安全监管责任制》;2008年涿州市政府办公室下发《关于做好气象灾害防御工作的通知》等法规性文件。

社会管理 2008年8月涿州市行政服务中心统一向社会公开防雷装置设计审核及竣工验收、施放气球管理三项气象行政审批内容、办事程序、服务承诺等。

政务公开　将气象行政执法依据、气象服务内容、收费依据和标准等,通过户外公示栏、气象局外网和政府信息公开网页向社会公开。干部任用、财务收支、目标考核、基础设施建设和工程招投标等内容在局内公开。

党建与气象文化建设

1. 党建工作

党的组织建设　1989年10月成立党支部,有5名党员。2004年有8名党员。截至2008年底,有8名党员(其中在职职工党员4人)。

2005—2008年,连续4年被涿州市机关工委评为"先进基层党组织",3人被评为涿州市"优秀共产党员"。

党风廉政建设　将党风廉政建设与对党员干部监督、廉洁自律教育有机地结合,积极开展廉政教育和廉政文化建设活动,2008年7月建立了领导干部廉政档案,并相继制订了《涿州市气象局车辆管理制度》和《涿州市气象局公务接待制度》等。

2. 气象文化建设

历任领导非常重视气象文化建设工作,1995年制订《文明公约》,其后不断丰富,以先进的气象文化推进气象事业发展。2008年12月开展气象文化建设,立足涿州"三国文化",结合气象行业特点,确立了以"忠、义、和"为核心内涵的涿州气象精神,深刻反映五十多年来涿州气象人表现出来的精神风貌。截至2008年建有乒乓球室、台球室、老年活动室等各种职工文体活动设施。荣誉室、党员活动学习室的建设日臻完善。十分注重开展扶贫帮困献爱心活动,每年都向贫困户、特困生、帮扶村捐款捐物。涿州市气象局通过气象文化软实力建设,逐步建成文化底蕴深厚、工作氛围积极、内部管理规范、外部环境优雅的和谐单位。

3. 荣誉

集体荣誉　1978年小邵村气象哨被评为全国气象系统先进单位。涿州市气象局1980、1982年受到省委、省政府的嘉奖;1983、1988年被河北省气象局评为气象服务先进集体;1991、1994年被河北省气象局评为先进气象局;1995—1997年被河北省气象局评为省三级强局单位、省二级强局单位、省三优气象局;1997年获"全国文明服务示范单位";1999年获中央文明委"全国创建文明行业工作先进单位",获河北省委、省政府"创建文明行业工作先进窗口单位";2005年获中国气象局"局务公开先进单位";2006年获"全国气象部门文明台站标兵";2007年获河北省气象局"一流台站建设先进单位";2008年获河北省建设厅"省级园林式单位";获保定市委宣传部"政治思想创新工作三等奖";1998—2007年连续10年获省委、省政府"文明单位",同时连续10多年被涿州市委、市政府评为"实绩突出单位",多年蝉联保定市气象局年度考核第一名。

个人荣誉　截至2008年底,涿州市气象局个人获省部级以上综合表彰及奖励3人次。

人物简介　★王德蓉,女,汉族,四川乐山人,4次受到河北省气象局的记功奖励,7次被评为全省优秀局长及先进个人。1996年被中国气象局评为先进个人,2000年12月被人事部和中国气象局授予"全国气象系统先进工作者"。

★单国华,女,汉族,河北涿州市人,党员,高级工程师,1978年10月作为气象哨优秀代表参加全国气象部门双学会议,受到华国锋、邓小平、叶剑英等国家领导人的接见,同年被河北省政府授予"科学先进工作者",1979年被团中央和团省委授予"新长征突击手",1985年12月获省级科技进步三等奖,1992年被河北省气象局授予"先进工作者"。2005、2006年连续2年被河北省气象局记二等功。

参政议政　1978—2008年,单国华连任市政协委员。

台站建设

台站综合改造　1989年9月投资32万元在全省首建综合宿办楼,建筑面积1345平方米,改善办公条件,告别低矮潮湿平房。1998年10月建设新办公楼,三层别墅式,建筑面积828平方米,办公条件优雅舒适。

园区建设　加强绿化、美化、净化,1999年整修道路,修建荷塘,栽种风景树。2008年装修办公楼,改造会商室、声像室、业务值班室。全局绿化率达到了90%,成为京珠高速公路旁的一景,切实改善了干部职工的工作和生活环境。

涿州市气象局旧貌(1989年)　　　　　　　涿州市气象局新貌(2008年)

沧州市气象台站概况

沧州市位于河北省东南部,东临渤海,北靠京津,南接山东。辖18个县(市、区),东西长181千米,南北宽165千米,总面积14369平方千米,海岸线长95.3千米,总人口690万。

沧州市属暖温带半干旱半湿润季风气候,四季分明,温度适中,光照充足,降水集中,雨热同季,灾害性天气时有发生。年平均气温12.6℃,年平均降水量为540毫米。

气象工作基本情况

沧州市气象局下辖14个国家气象观测站,其中国家气象观测基本站2个(黄骅市、泊头市气象观测站)。国家一般气象观测站12个(沧州市、任丘市、河间市、青县、东光县、吴桥县、海兴县、南皮县、盐山县、献县、肃宁县、孟村回族自治县)。

历史沿革 1953年6月沧县气象站建立。1955年初黄骅歧口气象站建立。1957年河间气候站、泊头气候站、明泊洼(盐山)气象站建立。1958年初肃宁气象站建立。1959年任丘县气象站、吴桥县气象站、献县气候服务站建立。1961年7月在沧州专员公署农林局建立"气象科",这是沧州市第一个气象管理机构。1962年初青县气象站建立。1962年9月沧州专员公署农林局气象科和沧州专区气象服务台合并升为局级单位。1964年初南皮县气象服务站建立。1965年东光县气象站、海兴县气象服务站建立。1971年初孟村县气象站建立。1987—1989年全市所辖13个气象站相继由气象站更名为气象局,机构规格为正科级。

管理体制 1973年前管理体制经历了从军队建制到地方政府管理、再到军队管理的演变;1973—1980年转为同级地方政府领导,业务受上级气象部门指导;1981年体制改革,实行气象部门与地方政府双重领导,以气象部门领导为主的管理体制。

人员状况 全市气象部门1960年有在职职工9人,1970年有26人,1980年有101人,1990年有151人,2000年达到177人。截至2008年底有在职职工164人,其中:大学本科学历61人,专科学历52人;高级职称7人,中级职称42人。

党建和精神文明 2004年沧州市气象系统14个创建单位中,有7个市级"文明单位",2个省级"文明单位"。2006年、2008年市气象局所辖13个县气象局全部被沧州市委、市政府评为市级"文明单位",其中沧州市、任丘市、泊头市、南皮县气象局被河北省委、省政府评为省级"文明单位"。2000—2008 年沧州市气象局党总支连续 9 年被沧州市直工委评为"先进基层党组织"和"党建工作先进单位",2006 年被沧州市委评为"先进基层党组织",在市直工委年度综合评比中 7 次被评为优秀单位,7 次分别获得特色党建、廉政文化建设、党员统计和党费收缴等单项评比优秀单位。

领导关怀 1987 年 8 月 5 日,国家气象局副局长骆继宾一行五人,在河北省气象局副局长游景炎陪同下,来沧州地区气象局视察工作。1990 年 7 月 12 日,国家气象局副局长马鹤年,在河北省气象局副局长冯生臣陪同下,来沧州地区气象局检查指导工作。1997 年 10 月 29 日,中国气象局副局长马鹤年率全国人工影响天气科技咨询评估委员会成员到沧州考察。1997 年 12 月 20 日,沧州市海洋气象台在沧州市人民政府的大力支持下,经中国气象局批准正式成立。中国气象局副局长颜宏,河北省气象局局长汤仲鑫,沧州市副市长杜润明、魏镇宗等 80 余人参加庆典活动。2004 年 1 月 15 日,在河北省气象局局长安保政陪同下,中国气象局副局长刘英金莅临沧州调研、慰问。2005 年中纪委驻中国气象局纪检组长孙先健一行到任丘市气象局调研和检查指导。2007 年中国气象局局长秦大河院士莅临黄骅气象局检查工作。

主要业务范围

综合气象观测 沧州市气象局辖国家气象观测基本站 2 个(黄骅市、泊头市气象观测站)承担国家基本气象观测站任务。国家一般气象观测站 12 个(沧州市、任丘市、河间市、青县、东光县、吴桥县、海兴县、南皮县、盐山县、献县、肃宁县、孟村回族自治县),承担国家一般气象观测站观测任务。截至 2008 年底,全市所有气象观测站全部建成自动气象观测站。除基本观测任务外,黄骅市气象局还承担航危报观测发报任务和农业气象观测任务,河间市气象局承担农业气象观测任务。2005 年初开始在全市范围内建设区域自动气象站,截至 2008 年底,共建成 178 个两要素(气温、降水)区域自动气象观测站,2 个五要素海岛自动站,中国气象局环渤海 2 个六要素岸基站,1 个卫星通信小站、14 个卫星系统单收站和传输系统,4 个 GPS/MET 水汽监测站。

沧州 711 天气雷达建成于 1980 年;1997 年引进 713 雷达。2005 年建成三探头闪电定位系统。2008 年底沧州新一代多普勒天气雷达项目正在筹建中。

天气预报服务 沧州市天气预报业务始于 20 世纪 50 年代,从最早的利用彩旗颜色发布天气情况起,经过几十年的现代化建设,气象服务方式和内容不断丰富,已经覆盖广播、电视、报纸、网络、电话等多种公众媒体。截至 2008 年,已有气象短信服务用户 61 万,每天向市民和社会提供服务 23 次,服务产品达 31 种。

人工影响天气 从 20 世纪 70 年代采用土炮防雹起,人工影响天气作业已发展到利用气象卫星、多普勒天气雷达等探测手段监测降雨和冰雹云团,使用增雨防雹火箭与"三七"高炮相结合作业的新局面。截至 2008 年底,全市气象部门拥有 37 门"三七"高炮、14 套车载火箭发射系统、80 个作业点的人工影响天气作业规模。全市所有人工增雨作业车均安装了 GPS 定位终端设备,通过沧州市气象局监控中心电子地图可以清楚判别车辆所在的准确位置等信息,遇有合适天气能随时开展人工增雨及局地防雹作业。2008 年 8 月沧州市人工影响天气工作小队参与并圆满完成了北京奥运会、残奥会开闭幕式人工消减雨工作。

沧州市气象局

机构历史沿革

始建情况 沧州市气象局于 1953 年 6 月,由中国人民解放军河北省军区筹建,名称为河北省沧县气象站,站址在河北省沧县专区沧镇城北水月寺,站址地理坐标为北纬 38°20′,东经 116°55′,海拔高度 11.7 米,观测站级别为国家基本站。

站址迁移 1964 年 9 月沧州专区气象局由沧镇城北水月寺迁往沧州市西环中街新办公楼,观测站新址坐标为北纬 38°20′,东经 116°50′,海拔高度 9.6 米。2000 年 3 月 1 日沧州市气象局观测场迁往沧州市小王庄乡小圈村西,站址坐标为北纬 38°21′,东经 116°51′,海拔高度 8 米。

历史沿革 沧州市气象局始建于 1953 年 6 月,名称为沧县气象站,1954 年 1 月沧县气象站由军队转到地方,称河北省沧县气象站。1958 年 6 月河北省沧县气象站更名为天津专区气象台。1958 年 12 月因天津专区并入河北省天津市,天津专区气象台撤销,恢复河北省沧县气象站建制。1960 年 1 月河北省沧县气象站改称河北省沧县气象服务站。1961 年 7 月在沧州专员公署农林局建立气象科,负责沧州专区气象台的业务管理工作,这是沧州市第一个气象管理机构。1961 年 9 月扩建为河北省沧州专区气象服务台。1962 年 9 月沧州专员公署农林局气象科和沧州专区气象服务台合并升为局级单位。1963 年 9 月正式更名为河北省沧州专区气象局和河北省沧州专区气象台。1970 年 1 月受"文化大革命"影响,沧州地区气象局、气象台合并降格为科级单位。1971 年 6 月沧州地区气象局转归沧州军分区管理,地区气象局改称河北省沧州地区气象台。1975 年 5 月恢复沧州地区气象局,改称河北省沧州地区革命委员会气象局。1978 年 7 月更名为河北省沧州地区行政公署气象局。1981 年 12 月更名为河北省沧州地区气象局。1983 年正式更名为河北省沧州市气象局一直沿用至今。

1996 年 1 月沧州市气象局观测站级别由国家基本气象站变更为辅助站。1997 年 1 月观测站级别变更为国家一般气象站。2007 年 1 月—2008 年 12 月观测站级别为国家气象观测站二级站。

管理体制 1953 年 6—12 月由中国人民解放军河北省军区管理。1954 年 1 月—1958 年 6 月由河北省政府气象科管理。1958 年 7 月—1961 年 7 月由天津专署(设在沧州)农林局管理。1961 年 8 月—1963 年 8 月隶属地方政府管理。1963 年 9 月—1966 年 7 月隶属河北省气象局和沧州专员公署双重领导。1966 年 8 月—1971 年 5 月隶属沧州地区革命委员会管理。1971 年 6 月—1973 年 7 月转归中国人民解放军沧州军分区领导。1973 年 8 月—1981 年 11 月隶属地方政府管理。1981 年 12 月起实行气象部门与地方政府双重领导,以气象部门领导为主的管理体制。

单位名称及主要负责人变更情况

单位名称	姓名	职务	任职时间
沧县气象站	逯俊喜	站长	1953.09—1954.01
河北省沧县气象站	王兴业	站长	1954.01—1958.06
天津专区气象台		台长	1958.06—1958.12
河北省沧县气象站		站长	1958.12—1959.10
	杜景祥	副站长	1959.10—1960.01
河北省沧县气象服务站		副站长	1960.01—1961.09
河北省沧州专区气象服务台		副台长	1961.09—1962.09
	张斌	副台长	1962.09—1963.09
		副台长	1963.09—1964.04
河北省沧州专区气象局	王连元	局长	1964.04—1968.03
	张斌	负责人	1968.03—1970.03
	张俊恩	负责人	1970.03—1971.06
河北省沧州地区气象台		负责人	1971.06—1971.04
	王俊恒	台长	1971.04—1975.05
河北省沧州地区革命委员会气象局		局长	1975.05—1975.12
	刘宗培	局长	1975.12—1978.07
河北省沧州地区行政公署气象局		局长	1978.07—1981.10
	李兰卿	副局长	1981.10—1981.12
河北省沧州地区气象局		副局长	1981.12—1982.08
	杨慰泮	局长	1982.08—1983.01
		局长	1983.01—1985.01
	张立波	局长	1985.01—1992.07
	徐登文	局长	1992.07—1996.09
河北省沧州市气象局	秦庚	局长	1996.09—2004.11
	王月宾	副局长	2004.12—2006.04
		局长	2006.04—2008.04
	赵现平	局长	2008.04—

人员状况 1953年建站时有9人。1965年底全局有32人。1970年由于"文化大革命",机关只留11人坚守工作。1978年底全局有48人(其中技术干部30人)。截至2008年底全局有在职人员71人,其中:硕士2人,本科31人,大专20人,高中以下18人;高级职称6人,中级职称17人,初级职称37人;35岁以下17人,36～40岁7人,41～45岁14人,45～50岁17人,51～54岁11人,55岁以上5人;汉族66人,回族4人,满族1人。

气象业务与服务

1. 气象业务

①地面观测

1953年12月—1960年7月,每天进行01、07、13、19时(地方时)4次观测和其他时间的补充观测、航空天气报、航空危险天气报观测;1960 年 8 月—1995 年 12 月,变更为 02、08、14、20 时(北京时)4 次观测和 05、11、17、23 时 4 次补充观测发报及根据需要增加的灾情报、航空报等观测发报;1996 年 1 月—2008 年 12 月,观测时次减少为 08、14、20 时 3 次观测。观测项目由建站时的气温、气压、湿度、风向、风速、降水、蒸发、日照时数、云、能见度、天气现象、雪深变更为 2008 年时的气温、气压、湿度、降水、云、能见度、天气现象、风向、风速、日照、冻土、雪深、蒸发、0~320 厘米地温、草面温度。

气象报表制作 1954 年 1 月—1990 年 12 月气象月报表、年报表手工抄写编制一式 3 份,分别上报河北省气象局气候资料室、沧州市气象局各 1 份,本站留底 1 份。1991 年 1 月开始使用微机打印气象报表。1998 年 7 月起报送磁盘。2003 年 1 月—2004 年 12 月分别制作自动站和人工站报表。2005 年 1 月开始只制作自动站报表。从 1998 年 7 月开始报表均以文件形式在微机内保存。

编发报方式 1953 年建站时采用手工查算编报。1984 年初安装使用 PC-1500 袖珍计算机地面气象测报程序。1986 年起袖珍计算机正式取代人工编报。1992 年初装配了电子计算机控制的气象电报收、发设备。

现代化观测系统 1980 年 7 月 711 雷达安装完毕投入使用。1991 年 8 月从天津市气象中心引进 714 数字雷达终端。1997 年 5 月 13 日"9210"工程全部完成,并经验收合格。2002 年 10 月沧州市观测站开始建设遥测 I 型地面自动气象站并试运行。2003 年 3 月 16 日引进安装了 718 雷达。2005 年 1 月 1 日起沧州地面自动气象站单轨运行。2005 年建成三探头闪电定位系统和静止卫星接收系统。2005—2008 年在市区共建成加密自动观测站 5 个。2008 年建成五要素海岛自动站 2 个、中国气象局环渤海六要素岸基站 2 个。

②气象信息网络

气象通讯 1986 年之前,沧州市气象局主要通过无线莫尔斯通讯进行报文的接收与发送。1986 年初开始租用邮电局专线,改为有线电传,不再受自然条件的干扰。1992 年底,地区气象台与省气象台建立 DDN 专有网络进行连接。1998 年底,DDN 专线改为 X.28 网络。1999 年底,X.28 网络升级到 X.25 网络。2004 年底,X.25 网络升级到 SDH 2 兆光纤,市县气象局相连的 X.25 网络升级到了 2 兆的 VPN 网络。2008 年初,省市气象局之间的网络升级到了 MSTP 8 兆光纤。

③天气预报预测

1958—1959 年,通过无线电收报机抄收中央气象台的天气广播,发布天气预报。1959 年初,因建制变化天气预报工作停止。1961 年 8 月重新建气象台,开始应用晋北地区气象台和四川省气象台的分片预报法和模式配套法进行短期天气预报。1964 年初开始发布中期天气预报。1966—1973 年由于受"文化大革命"影响,许多科技人员被调离气象部门,一些观测和预报业务被迫终止。1974 年情况有所好转,陆续更新了仪器,并开展了统计预报方法会战。建立了"判断分析"、"多元回归"等统计预报工具。1981 年初建立了综合预报图系统并投入正式使用。1981—1988 年,沧州地区气象台逐步配备了电传、传真、微机、雷达等设备,可以更多地接收北京、东京等国内外气象中心发布的各种天气形势图、数值预报图、卫星云图、雷达资料,提高了对天气变化的预测能力。1990—1999 年,沧州地区短期预报业务系统(1992 年)等一批优秀预报产品应运而生,大大提高了沧州本地预报产品制作效率和预报准确率。2000—2008年,随着单收站和PC-VSAT站(2000年)的建立,MICAPS 2.0系统(2002年)、省市视频会商系统(2004年)、FY-2C静止卫星接收系统(2005年)、MICAPS 3.0系统(2008年)的投入应用,形成了以数值天气预报产品为基础、人机交互处理系统为平台,综合应用多种技术方法的天气预报业务。

2. 气象服务

①公众气象服务

沧州市气象局公众气象服务始于1958年初,当时在沧县城内公共场所树立旗杆,悬挂彩旗,用不同颜色表示不同天气情况。1961年初开通广播电视和有线广播站。1989年4月开播电视天气预报节目。1997年开始通过当地报纸发布天气预报。同年电话气象资讯服务开通。2000年初沧州市气象信息网正式建成并投入使用。2004年建立了气象新闻发布会制度。截至2008年底,已有气象短信服务用户60多万,每天向市民和社会提供服务23次,服务产品有30种。

②决策气象服务

沧州市气象局决策服务最早出现在1961年,当时主要使用电话对党、政、军等领导机关进行服务。20世纪70—80年代决策服务形式较简单,只有雨情及特殊天气服务。90年代以后,随着各行业对气象服务需求的增加,沧州市气象局服务内容逐渐丰富。截至2008年底,决策服务产品已包括:《重要天气报告》《专题气象报告》《雨情信息》《周预报》以及重大社会活动时的临时服务材料等13种,每年为政府、机关提供决策服务材料200份。

【气象服务事例】 2005年8月8—9日,受台风"麦莎"影响,沧州市沿海出现风暴潮,潮位达到5.02米,已超过警戒水位,由于沧州市气象台对"麦莎"台风的强度、移动方向及影响范围的预报较为准确,并及时地向有关领导和单位进行了跟踪服务,取得了明显的经济社会效益。2007年5月11日,中国化工沧州大化集团TDI公司硝化车间甲苯气罐发生爆炸,造成5人死亡,14人重伤,有毒气体扩散,严重威胁下游群众生命财产安全。沧州市气象局得到爆炸事故消息后,立即启动重大突发性公共事件气象保障应急预案,全力做好TDI事故气象服务工作,共呈递各种服务材料130次,受到沧州市刘学库市长充分肯定和赞扬。

沧州大化工厂TDI爆炸气象应急服务现场(2007年9月)

③专业与专项气象服务

人工影响天气 1976 年成立沧州地区人工降雨、人工防雹指挥部,1993 年初成立沧州市气象局人工影响天气办公室,当时主要以高炮发射人工增雨、防雹炮弹为主。2000 年开始使用人工增雨火箭弹。2006 年 8 月沧州市气象局购置 11 辆新型火箭人工增雨作业车和发射架。2007 年 4 月所有人工增雨作业车安装了 GPS 定位终端。2008 年 8 月参与并圆满完成了北京奥运会人工消减雨工作。

防雷工作 1998 年 10 月沧州市防雷中心正式成立,为科技事业单位,设在沧州市气象局。1998 年 12 月通过了河北省技术监督局计量认证,2004 年 3 月通过河北省气象局防雷检测资质认证,2008 年成立沧州市防雷管理办公室,负责防雷管理和防雷行政审批工作。

④气象科技服务

1984 年 12 月初建服务组,以电话或信件形式进行服务。1985 年 4 月沧州地区气象科技咨询服务中心成立。1986 年 1 月购置警报发射机与接收机,对服务用户进行专项服务。1997 年 4 月气象"121"答询系统全面开通。2001 年 7 月手机"121"天气预报特种服务台正式开始服务。2003 年 3 月开通气象短信服务业务。2005 年 1 月"121"正式升位为"12121"。2006 年 3 月开始发展气象电子显示屏业务,截至 2008 年年底,已有电子显示屏用户 27 家。科技服务单位涉及大型盐场 2 家,砖厂 26 家,中国铁路建设集团第十五局、华北石油沧州输油管道公司、中国交通建设集团第一航运公司黄骅港项目部、神华黄骅港务有限责任公司、天津航道局黄骅项目部、黄骅港港口建设办公室等 30 家企事业单位。

防灾减灾 2005 年沧州市气象局开通"800-803-8121"灾情上报免费电话,开展灾情收集工作,制订灾情直报、灾情旬月报制度。2006 年 7 月沧州市政府印发了《沧州市气象灾害应急预案》。2007 年初沧州市政府下发了《建立气象灾害应急防御联络人制度的通知》,截至 2008 年底沧州市气象局已备案气象应急联络人 7113 名,覆盖了沧州地区所有行政村、自然村和中小学校、厂矿企业、政府机构等相关部门。2008 年 12 月沧州市气象局购置了整套应急移动观测设备。建成了 11 个农村防御气象灾害大喇叭示范村。

3. 科学技术

气象科普工作 沧州市气象局自 20 世纪 80 年代开始,充分利用"3·23"世界气象日、"全国科技宣传周"等重大科普活动,开展气象科普宣传工作。2002—2008 年,全市共举办各种形式的气象宣传科普活动 32 次。

科研成果 截至 2008 年底,沧州市气象局共承担各类研究课题 41 项,其中省气象局课题 23 项。1993 年《沧州地区预报服务业务系统》获得河北省气象局科技进步一等奖和河北省政府科技进步三等奖。《短期预报业务系统推广研究》获得河北省气象局科技进步一等奖和国家气象局科技进步三等奖。2008 年《河北省沿海风暴潮预报技术研究》课题,获得河北省科学技术进步二等奖和沧州市科学技术进步一等奖。

气象法规建设与社会管理

法规建设 2002 年 7 月 6 日沧州市政府发出《沧州市防雷减灾管理办法(暂行)》(沧政

通〔2002〕67 号）到各县（市、区）政府、开发区管委会、市政府各部门。2004 年 9 月 22 日沧州市政府第 2 号令公布了《沧州市防雷减灾管理办法》。

制度建设 2007 年初沧州市气象局完成了《工作制度汇编》，制订和完善了包括会议制度、廉政建设制度、机关纪律、行政管理制度、业务科研管理制度、财务管理制度、行政执法制度等 7 个方面 41 项工作制度。

行政执法 沧州市气象局于 2001 年成立了法制工作机构，组建了执法队。2002—2008 年共计执法 713 次，处罚案件 521 件。2004 年法规科获得河北省气象局法制先进集体称号。

探测环境保护 2004 年 5 月 27 日沧州市政府下发了《沧州市人民政府关于加强气象探测环境保护工作的通告》（沧政告〔2004〕3 号），各县（市）政府也出台了相应的气象探测环境保护通告。2007 年初沧州市气象局下发通知，责令各县（市）气象局拆除院内废弃的通讯铁塔、砍伐对气象探测环境有影响的树木，使探测环境得到了进一步改善。2007 年各县（市）气象局全部安装了气象探测环境视频监视系统，实现了探测环境全景监视和实时监控。2008 年全市气象部门统一制作了气象探测环境保护警示标志。2004—2008 年，基层台站在依法保护气象探测环境方面做了大量工作，有效阻止气象探测环境违法行为 27 起。

政务公开 通过会议公开、网上公开、政务公开栏等形式，对外公开规范性文件及政策依据、行政审批流程内容、便民服务事项、动态信息等事项，对内公开财务收支、工资调整、职称评聘、评先评优等事项。

党建与气象文化建设

1. 党建工作

党的组织建设 1953 年建站时有党员 1 人，关系在沧县专署办公室党支部。1962 年初成立沧州专区气象服务台党支部，有党员 4 人。1963 年 10 月中国共产党河北省沧州专区气象局党组成立，局长担任党组书记，另有成员 2 名。截至 2008 年底，党总支下辖行政、业务、科技服务和离退休 4 个党支部，有党员 73 人（其中在职党员 54 人）。

沧州市气象局党总支 2000—2008 年连续 9 年被沧州市直属机关工作委员会评为先进基层党组织和党建工作先进单位，2006 年被沧州市委评为"先进基层党组织"，在市直属机关工作委员会年度综合评比中 7 次被评为"优秀单位"，并 7 次获得特色党建、廉政文化建设、党员统计和党费收缴等单项评比优秀单位。

党风廉政建设 沧州市气象局高度重视党风廉政建设工作，下大力抓好教育、制度、监督三个关键环节。加强气象文化建设和廉政文化建设，2000—2008 年分别开展了全市廉政书法、摄影、绘画比赛、读书思廉等活动。2003—2008 年连续 6 年被河北省气象局授予"内部审计先进单位"。2008 年被河北省审计厅授予"内部审计先进单位"。

2. 气象文化建设

精神文明建设 2005 年沧州市气象局建成"两室一网"，图书室有图书 1500 册；2000—2008 年组织了全市文艺汇演、全市篮球比赛、全市乒乓球比赛等各类活动总计 30 次。

文明单位创建 1997—2008年连续12年被沧州市委、市政府授予市级"文明单位"，2004—2008年连续5年被河北省委、省政府评为省级"文明单位"。

3. 荣誉

集体荣誉 1978—2008年底沧州市气象局共获得各项集体荣誉奖84项。其中沧州市气象台分别于1986年被评为全国气象系统重大灾害性、关键性、天气预报服务先进单位；1997年被中国气象局评为气象服务先进单位；2008年荣获全国重大气象服务先进集体称号。

个人荣誉 截至2008年，沧州市气象局个人获市级以上奖励115人次，获得省部级以上综合表彰及奖励14人次。

台站建设

2000年沧州市气象局观测场迁往沧州市小王庄乡小圈村西，占地3371平方米，2002年建成新观测场和办公楼，办公面积210平方米。2005年沧州市气象局重修了通往观测场的道路。2008年底绿化覆盖率达85％，硬化面积100％。

沧州市气象局西环中街办公楼(1963年)

沧州市气象局位于小圈村苗圃观测场(2000年)

沧州市气象局搬入沧州市防灾减灾中心大楼(2003年)

黄骅市气象局

机构历史沿革

始建情况 1955年9月1日河北省气象局派员在黄骅市歧口镇建立黄骅歧口气象站。1959年10月在黄骅县城建立黄骅县气象站,北纬38°33′,东经117°14′,海拔高度6.6米。1962年4月1日根据河北省气象局业发字〔1962〕8号文件通知,黄骅歧口气象站、黄骅县气象站两站合并撤销歧口站,合并后称黄骅县气象服务站,属国家基本站。

历史沿革 1968年1月更名为黄骅县气象站,1978年7月更名为黄骅县革命委员会气象局,1981年12月,更名为黄骅县气象站,1989年5月更名为黄骅县气象局,1989年11月更名为黄骅市气象局。

1956—1962年,台站级别为省基本站,1962—2006年底为国家基本气象站,2007—2008年为国家观测一级站,2008年底重新更改为国家基本气象站。

管理体制 1955年9月由河北省气象局领导。1959年10月—1963年1月隶属黄骅县人民委员会领导。1963年1月—1968年11月由沧州专区气象局和黄骅县人委双重领导。1968年12月—1978年7月隶属黄骅县革命委员会领导(其中,1971年9月—1973年7月实施军管,由县人民武装部领导)。1978年8月—1981年12月隶属黄骅县人民政府领导。1982年以来实行气象部门与地方政府双重领导,以气象部门领导为主的管理体制。

单位名称及主要负责人变更情况

单位名称	姓名	职务	任职时间
黄骅县歧口气象站	李培恭	站长	1955.09—1962.04
黄骅县气象服务站			1962.04—1968.01
			1968.01—1972.10
黄骅县气象站	校秀臣	站长	1972.11—1973.04
	陈兴才	站长	1973.05—1975.11
	王金峰	站长	1975.11—1978.07
黄骅县革命委员会气象局			1978.07—1981.12
			1981.12—1983.10
黄骅县气象站	马延寿	副站长	1983.10—1983.12
		站长	1983.12—1984.04
	张长铎	站长	1984.04—1989.05
黄骅县气象局		局长	1989.05—1989.10
	杨长波	局长	1989.10—1989.11
黄骅市气象局			1989.11—1999.02
	董洪发	副局长	1999.02—1999.09
	史青梓	局长	1999.09—2007.09
	李文军	李文军	2007.09—

人员状况 建站初期到 1962 年以前,虽两处设站,但属同一领导,总人数在 12～13 人,其中中专学历 4 人。1963 年以后,人员减少到 8～9 人,维持到 1971 年军管,之后再度增加到 12 人。截至 2008 年底,共有在职职工 15 人,其中:男 8 人,女 7 人;均为汉族;本科学历 4 人,本科在读 3 人,大专学历 3 人,中专学历 5 人;中级职称 9 人,初级职称 6 人;30 岁以下 1 人,31～40 岁 6 人,41～50 岁 4 人,50 岁以上 4 人。

气象业务与服务

1. 气象业务

①地面气象观测

观测项目 观测项目有云、能见度、天气现象、气压、气温、湿度、风向、风速、降水、雪深、日照、蒸发、地温等。

观测时次 在 1960 年 8 月 1 日以前为昼夜守班,每天 01、07、13、19 时(地方时)4 次观测并发报,1960 年 8 月 1 号后改为每天 02、08、14、20 时(北京时)4 次观测并发报,其中 1962 年 1 月 1 日到 3 月 1 日期间,除去了夜间守班的 02 时发报,后又重新恢复。截至 2008 年年底黄骅市气象局观测基本任务是每天进行 8 次(02、08、14、20 时天气报,05、11、17、23 时辅助天气报)定时天气观测、发报和编制报表。

发报种类 1960 年 9 月开始担负着固定 24 小时航危报任务。每小时向有关军事部门和民航机场拍发一次航空天气报告。每发现有危及飞行安全的重要天气现象,则随时拍发危险天气报告。2003 年后改为每天 04 时到 18 时拍发航空报。

1999 年 3 月 1 日起开始发天气加密报,原小图报停止发送。2008 年 6 月 1 日正式执行河北省重要天气报告电码(2008 版),原 2002 版停止使用。1999 年 6 月 1 日起汛期(6—8 月份)06 时开始发汛期 06—06 时雨量报。

气象报表制作 黄骅市气象局(站)编制的报表有 2 份气表-1,向沧州市气象局报送 1 份,本站留底本 1 份。1994 年 1 月正式开始机制报表,停止手工抄录报表。

观测编报 建站开始黄骅市气象局一直为手工编报,直到 1986 年开始使用 PC-1500 袖珍计算机取代人工编报,1999 年开始使用微机编发各类天气报。

现代化观测系统 2003 年 1 月 1 日黄骅市气象局开始建设自动气象站,2004 年 1 月 1 日自动气象站双轨运行,2005 年 1 月 1 日正式单轨运行。自动站观测除云量、云状、能见度、天气现象外,均实现自动化观测,但除深层地温和草面温度外,其他观测项目均保留每天 20 时 1 次对比观测。2005 年春黄骅气象站在全市 11 个乡镇建立了 11 个自动加密雨量站,监测局地雨量和气温。

②农业气象

黄骅市气象局承担农业气象业务,主要包括农业气象观测和农业气象服务。早在 1959 年 1 月,黄骅市气象局开展过水稻、小麦、甘薯等农作物发育期观测和预报。20 世纪 60 年代起进行土壤墒情、雨情、灾情等农业气象情报服务。70 年代后期恢复全国农业气象网时被定为国家二级基本农业气象站。1978 年 1 月设立农业气象组,确定 2 人专门从事农业气象业务工作。具体业务是根据需要进行农业气象试验研究和系统的农业气象观测。

记录和观测气象与农作物平行观测的详细情况,并结合当地农业生产开展专题服务。截至 2008 年 12 月,先后对冬小麦、玉米、高粱、大豆、向日葵 5 种主要农作物、12 种草木本植物、7 种候鸟昆虫和两栖类动物进行过系统的物候期观测。并曾承担过小麦干热风对比实验任务。1980—1983 年期间完成了农业气候资源调查和区划工作。

③气象信息网络

建站初期台站的天气报都是观测员手工编报,用电话发报到电信局,然后由电信局转发。1985 年 7 月配备甚高频电话后,由甚高频电话传报,后又改为电话传报。直到 1998 年 8 月 1 日改为用内网 X.28 传报,后改为用 X.25 传报,基本实现了网络化。2005 年 2 月 1 日后传输方式为两条通道,主要依靠内网 VPN,辅助通道为电话线,基本可以保障气象信息的顺利传输。

④天气预报预测

黄骅市气象局天气预报业务始于 1958 年 7 月,当时称作"单站补充预报"。仅限于发布 24 小时天气预报和未来 3 天趋势预报,同年 10 月开始发布长期天气预报。当时虽开展了预报业务,但片面强调土法测天,单纯依靠老农经验、天物象反映和本站资料,内部分工也仅限于专人负责,并无专门机构设置。1976 年单独设立了预报股,抽出 3 人专门从事预报业务工作。1982 年 6 月黄骅市气象局安装了气象传真接收机。1985 年 7 月配备了甚高频电话。1986 年 3 月安装了气象警报系统,建起发射铁塔,装备了气象雷达远程接收终端和微型计算机,形成较完整的通讯传递网络。从而能够获得更多的气象资料,如传真天气图、雷达回波拼图、卫星云图分析和数值预报产品等。同时,河北省气象台、沧州市气象台直接提供有关物理量和要素预报以及测雨雷达信息,弥补了单站资料的不足,为综合分析气象情报资料做好时间和空间的结合奠定基础,推动预报业务发展。1989 年充分利用上级台站预报产品,开展了解释预报工作。1992 年预报业务从最初的常规分析预报发展到综合运用天气学、动力学和统计学方法制作各种时效的天气预报与各类专业气象预报。1999 年 12 月 31 日甚高频电话停止使用。2003 年 4 月黄骅市气象局建立了 PC-VSAT 小站和 MICAPS 工作平台,实现传真图、云图等实时接收,大大提高了预报质量。2004 年 9 月安装闪电定位仪,为准确地分析雷电信息提供了可靠的资料。2008 年 7 月黄骅市气象局正式开通视频会商系统。截至 2008 年底黄骅市气象预报产品包括:短时预报(6 小时以内)、短期预报(1～3 天)、中期预报(3～10 天)、长期预报(月、季、年趋势)。发布形式有:电视、广播、专题材料印刷和无线预警通信等,后随着科技发展,又逐渐增加了"12121"咨询电话、短信平台和电子显示屏等方式。

2. 气象服务

①公众气象服务

从 20 世纪 50 年代末发布补充天气预报之初,就开始了公众气象服务,特别是针对农业生产的气象服务。黄骅市气象局从 1999 年开始制作电视天气预报栏目,并在黄骅市电视台播出,时间为 110 秒,包括当地的 24、48、72 小时预报,以及全国主要城市预报和当地日出日落时间等。

③决策气象服务

2005 年开始黄骅市气象局每周一发布《一周气象信息》,对未来一周天气情况进行分析、预报;每月 6、16、26 日发布《农业气象信息》,对过去 10 天的作物生长情况,以及土壤墒情和未来 10 天作物长势情况进行总结。《一周气象信息》和《农业气象信息》由单位印制,分别发放给各级党政领导以及农业相关部门的主要负责人,对全市生产活动起到了很好的指导和参考作用,获得了多方好评。2008 年黄骅市气象局建立了短信平台,服务对象包括市领导,各乡镇主要负责人和主管农业的副职领导,以及相关业务单位和城市建设等部门主要负责人,每次有重要天气过程、预警信息来临,黄骅气象局都无偿为各级决策人员群发短信。这一举措,相应地提高了气象的知名度,获得了社会广泛的认可。

④专业与专项气象服务

人工影响天气 2003 年 1 月成立人工影响天气办公室,由上级气象部门提供增雨火箭设备,地方政府承担火箭弹款,开展了防雹增雨作业。2007 年 1 月配备中兴皮卡车 1 辆。从 2003 年 1 月开展人工影响天气作业。截至 2008 年 12 月,共计发射火箭弹 126 发,为当地农业缓解土壤墒情起到了一定作用。

防雷工作 1991 年黄骅市气象局开展了避雷针检测和安装业务,2005 年又增加了防雷图纸审核、防雷工程跟踪检测和竣工验收业务。

气象科技服务 1984 年 5 月起黄骅市气象局开始开展了专业气象服务。1987 年为全市重点生产单位安装了气象预警系统,当时拥有 30 多个用户,每天按时向用户发布天气预报,随时发布灾害性天气预警。到 20 世纪 90 年代初期,已经形成比较完整的专业服务系统。服务手段除专项预报外,主要有专业气候分析,专题情报资料,科研成果应用以及强对流灾害性天气跟踪服务等。服务行业扩大到电力、交通、采油、仓储、建筑、纺织等 13 个行业和部门,其中制砖、晒盐、对虾养殖和海洋捕捞更是专业气象服务的重点。黄骅市气象局积极发展电子显示屏业务。截至 2008 年底,黄骅市电子显示屏用户达 28 家,涵盖了黄骅市机关单位、学校、重点生产单位以及人员密集场所等。

⑤气象科普宣传

从 2000 年—2008 年 12 月,黄骅市气象局每逢"3·23"世界气象日等重大节日,都会组织技术人员,到人员密集场所,进行气象知识的宣传和普及工作。从 2007 年 1 月开始,每月 23 日利用黄骅市广播电台宣传气象法规以及气象知识。平时利用网络、手机短信等途径积极宣传气象文化。

气象法规建设与社会管理

法规建设 2004 年、2006 年、2008 年,黄骅市政府根据《中华人民共和国气象法》和《河北省实施〈中华人民共和国气象法〉办法》的相关规定,制订了《黄骅市人民政府关于加强防雷减灾安全工作的通知》。另外,黄骅市气象局每年都将有关气象探测环境的相关法律、法规在规划部门备案,依法保护气象探测环境。

依法行政 从 2000 年《中华人民共和国气象法》实施后,一系列气象法规又相继出台,依照这些法规,黄骅市气象局先后培养了 13 名行政执法人员。截至 2008 年底共有执法人员 6 名。

政务公开　黄骅市气象局加强气象政务公开工作。对社会公开承诺内容包括：单位职责、办事制度、办事依据、办事程序及要求、服务承诺、违诺违纪的投诉处理途径。对内公开包括：精神文明建设、党建和党风廉政建设、单位业务和事业发展等方面的重要事项和重大决策、领导干部廉洁自律情况以及财务管理等。

党建与气象文化建设

1. 党建工作

党的组织建设　经县人民武装部党委批准，黄骅市气象局于 1972 年 7 月 3 日成立了党支部，隶属县直机关党委会，当时有党员 5 人。截至 2008 年底有党员 9 人。

党风廉政建设　黄骅市气象局紧抓党风廉政建设不放松，专门设立党风廉政建设学习办公室，要求全体党员积极学习各类文件精神，定期组织集体学习、交流，不定期组织考试，不断保持共产党员的先进性和模范带头作用。

1999—2008 年，黄骅市气象局连续 10 年获得市直机关党委会授予的"先进党支部"称号。

2. 气象文化建设

精神文明建设　2005 年黄骅气象局建立了"两室一网"，2006—2008 年在单位院内增置了篮球架、网球架以及乒乓球台等体育设施，购置了羽毛球、毽子等体育器材，大大地丰富了职工文化生活。

黄骅市气象局每年均不定期举办一些文体活动，采取比赛的方式进行，鼓励全体职工参与，通过举办文体活动，增加了职工之间的交流，促进了和谐单位的建立。

文明单位创建　1985 年首获县级"文明单位"称号，1991 年再获县级"文明单位"称号，2003—2008 年连续 6 年获得县级"文明单位"。2004—2008 年连续 5 年获得市级"文明单位"称号。

3. 荣誉

集体荣誉　截至 2008 年底，黄骅市气象站共获得集体荣誉奖 26 项。3 次受到河北省委、省政府表彰奖励。1989 年 4 月被国家气象局授予"全国先进集体"称号。2004—2008 年连续 5 年获得沧州市气象局授予的"优秀达标单位"称号。

个人荣誉　截至 2008 年底，黄骅市气象局个人获得县处级以上奖励 77 人次，其中，沈和利 1973 年被评为河北省模范气象工作者，1978 年被评为全国气象先进工作者，参加了全国气象部门先进集体、先进工作者代表"双学"会议，并受到党和国家领导人的接见。陈德勋于 1979 年被评为河北省劳动模范。

人物简介　★陈德勋，男，汉族，1941 年出生，江苏省武进县人，1965 年 9 月毕业于南京气象学院气象专业，同年参加工作，任黄骅县气象站气象员。多次在学术期刊上发表科研论文。1979 年被评为省农业劳动模范，受到省委、省政府表彰。1981 年 3 月，陈德勋晋升为气象预报工程师，并被选为政协委员。1984 年 5 月，陈德勋被选为黄骅县第八届人民代表大会代表。

　　★沈和利,男,汉族,1949 年出生,中共党员,河北省黄骅县人,1970 年 5 月毕业于黄骅工农专业学校机电专业,同年参加工作,任黄骅县气象站测报组长。1978 年 4 月,在全省气象系统"双先"表彰会上,被评为"先进个人"。1978 年 5 月因连续创百班无错情、双百班无错情,受到河北省气象局表彰奖励。1978 年 10 月,沈和利作为先进个人代表出席全国气象部门"双学"表彰会,被评为"全国气象部门先进工作者",受到华国锋、叶剑英、邓小平、李先念等党和国家领导人接见。1986 年 7 月 24 日,沈和利调任河间县气象站站长。

台站建设

　　黄骅市气象局于 1988 年 1 月盖起三层办公楼,改善了工作环境。2006 年 10 月在院内往南 60 米修建了两层新办公楼,面积 600 平方米。2008 年 1 月黄骅市气象局又对大院进行绿化和路面硬化,绿化面积为 3000 平方米,硬化面积 2000 平方米。种植树木 30 多株,其中包括冬枣树、梧桐树、槐树、白蜡树等品种,绿化美化了办公环境。

黄骅市气象局旧貌(1984 年)

1988 年修建的黄骅市气象局办公楼

黄骅市气象局新建办公楼(2007 年)

任丘市气象局

机构历史沿革

始建情况　任丘市气象局始建于 1958 年,位于任丘县城东北北各庄东,站址地理坐标北纬 38°43′,东经 116°07′,观测场海拔高度 8.7 米。1959 年 1 月正式开始工作,建站初期名称为任丘县气象站。

站址迁移情况　第 1 次迁站:1962 年 6 月 2 日,由于交通不便利原因迁站。迁移距离3500 米,海拔高度 9.5 米。第 2 次迁站:1964 年 9 月 10 日,由于观测环境原因迁站。迁移距离 400 米,海拔高度 10 米。第 3 次迁站:1975 年 10 月 19 日,由于台站规划原因迁站。迁移距离 20 米,海拔高度 10.7 米。第 4 次迁站:2000 年 1 月 1 日,由于城市规划原因迁站,迁移距离 2500 米,位于东经 116°06′,北纬 38°44′,海拔高度 8.1 米。

历史沿革　1958 年建站时名称为任丘县气象站;1960 年 6 月更名为任丘县气象服务站;1971 年 9 月又改名为任丘县气象站;1973 年 4 月更名为任丘县革命委员会气象站;1976 年 4 月改站为局,名称变为任丘县革命委员会气象局;1981 年 4 月更名为任丘县气象局;1982 年 9 月更名为任丘县气象站;1986 年 3 月更名为任丘市气象站;1987 年 4 月更名为任丘市气象局。

观测站 1959 年 1 月 11 日被定为国家气候站,1963 年 1 月 1 日被定为国家一般气象站,2007 年 1 月 1 日—2008 年 12 月 31 日改为国家气象观测站二级站。

管理体制　1959 年 2 月—1963 年 10 月属任丘县农林局领导;1963 年 10 月—1968 年12 月属河北省气象局领导;1969 年 1 月—1971 年 8 月属任丘县农林局领导;1971 年 9月—1973 年 3 月属任丘县人民武装部领导;1973 年 4 月—1982 年 12 月属任丘县政府领导,其中 1974 年 5 月—1976 年 12 月由农业局代管;1982 年隶属河北省气象局领导;1983年 1 月以来实行气象部门与地方政府双重领导,以气象部门领导为主的管理体制。

单位名称及主要负责人变更情况

单位名称	姓名	职务	任职时间
任丘县气象站	李炳照	负责人	1958—1959.08
	李阑荣	站长	1959.08—1960.06
			1960.06—1961.05
任丘县气象服务站	李生发	站长	1961.05—1965.05
	崔书坤	站长	1965.05—1971.08
			1971.08—1971.09
任丘县气象站	季兆发	站长	1971.09—1973.04
任丘县革命委员会气象站			1973.04—1974.03

续表

单位名称	姓名	职务	任职时间
任丘县革命委员会气象站	赵洋来	站长	1974.03—1975.07
	崔　英	站长	1975.07—1976.04
任丘县革命委员会气象局	王盛云	局长	1976.04—1978.01
	季兆发	局长	1978.01—1978.09
	田掌旺	局长	1978.09—1979.11
任丘县气象局	柴寿来	局长	1979.11—1981.04
		局长	1981.04—1982.09
任丘县气象站		站长	1982.09—1984.05
任丘市气象站	丁桂卿	站长	1984.05—1986.03
		站长	1986.03—1987.04
任丘市气象局		局长	1987.04—1992.12
	宋书芒（女）	局长	1992.12—1995.10
	王贵青	副局长	1995.10—1998.08
	刘树青（女）	局长	1998.08—

人员状况　1958 年建站时,任丘市气象局只有 1 人,之后一般为 3 人。1971 年以后人员增多,一般是 9～11 人。1976 年由站改局后人员达到 16 人。2002 年 10 月正式施行全员合同制,有职工 4 人。截至 2008 年底,有职工 12 人(其中正式职工 6 人,聘用职工 6 人),离退休职工 10 人。在职正式职工中:男 3 人,女 3 人;汉族 6 人,无少数民族;大学本科以上 2 人,大专 3 人,中专以下 1 人;中级职称 1 人,初级职称 5 人;31～40 岁 5 人,50 岁以上 1 人。

气象业务与服务

1. 气象业务

①地面气象观测

观测机构　1959 年 1 月开始正式观测。1961 年 1 月成立地面气象测报组,定编为 4～6 人。1982 年 6 月更名为地面气象测报股,定编 5～6 人。2002 年机构改革时定编为 3 人。2003 年—2008 年 12 月,观测股有 3 名工作人员,均为气象专业大专学历。

观测时次　1959 年 2 月 1 日—1960 年 7 月 31 日,每天进行 01、07、13、19 时(地方时) 4 次观测,夜间守班,观测时制为地方时;1960 年 8 月 1 日—1961 年 12 月 31 日,改为每天进行 02、08、14、20 时 4 次观测,夜间守班,观测时制为北京时;1962 年 1 月 1 日—1971 年 12 月 31 日改为每天进行 08、14、20 时 3 次观测,夜间不守班,观测时制为北京时;1972 年 1 月 1 日—1974 年 4 月 30 日改为 02、08、14、20 时 4 次观测,夜间守班,观测时制为北京时; 1974 年 5 月 1 日—2008 年 12 月 31 日每天进行 08、14、20 时 3 次观测,夜间不守班,观测时制为北京时。

观测项目　至 2008 年底观测项目有:云、能见度、天气现象、气压、气温、湿度、风向、风速、降水、雪深、日照、蒸发、地温、草温等。

发报种类 天气加密报、重要天气报、汛期雨量报、旬月报、航危报。1970 年 7 月 1 日根据《沧州地革委指挥组关于拍发预约航危报的通知》增发航危报,1979 年 5 月因业务变更停发航危报。

气象报表 任丘市气象局编制的报表为气表-1,一式 2 份,向沧州市气象局报送 1 份,本站留底本 1 份。1999 年 3 月 1 日正式编制机制报表。

现代化观测系统 任丘气象现代化建设起步于 21 世纪,2005 年 6 月 1 日任丘市气象局在全市 17 个乡镇建成并投入使用 DSD3 型区域自动观测站。2007 年 6 月建成 CAWS600-B 自动气象站,同年 7 月 1 日开始试运行。

②气象信息网络

建站初期任丘市气象局的天气报都是观测员手工编报,用电键发报到电信局,然后由电信局转发;1984 年首次使用录音电话发报;1985 年 7 月配备甚高频电话后,由甚高频电话传报,后又改为电话传报;1999 年 1 月 1 日发报方式由甚高频电话改为 X.28 网络传输;2002 年 6 月 1 日 X.28 升级为 X.25;2004 年 11 月改为 2 兆-VPN 专线传输,用于气象数据传输、局域网建设和与全省气象系统文件传输。

③天气预报预测

1958—1983 年,任丘县气象局主要运用"听、看、谚、地、资、商、用、管"八字措施的补充天气预报方法制作降水、温度等点聚图三要素曲线图、天气形势示意图等;1984 年任丘县气象局安装了 2 台 C880 型传真机,用于接收传真图,主要接收北京的气象传真和日本的传真图表,利用传真图表独立地分析判断天气变化;1985 年安装 301 天线对讲机与市气象局进行天气会商;1989 年为充分利用上级台站预报产品,开展了地县解释预报工作;1996 年无线数据接收机开通,利用微机接收气象资料,气象传真机停用;2000 年建立了 PC-VSAT 小站和 MICAPS 工作平台的业务流程;2006 年安装了灾情直报 1.0 系统,随着应用的不断改进逐步升级到灾情直报 2.2 系统。

2. 气象服务

①公众气象服务

任丘市气象局天气预报业务始于 1958 年,当时仅限于发布 24 小时天气预报和未来 3 天趋势预报,同年 10 月开始发布长期预报;1986 年后任丘市气象局不再做中长期天气预报,而是由沧州市气象台制作,任丘市气象局参考采用;1999 年 3 月 5 日任丘市气象局正式开通任丘市电视台、华北油田电视台天气预报节目;2003 年 7 月电视天气预报制作系统升级为非线性编辑系统,实现电视天气预报动画播出;2005 年 7 月开通了任丘气象服务网站和任丘气象兴农网站,实现了气象服务资料资源共享;2006 年 11 月电视天气预报节目由原来的录像带传输改为硬盘传输。2008 年 6 月在电视台建立 FTP 服务器,实现了电视天气预报节目网络传输,提高了电视天气预报节目质量。

随着气象科技的不断发展,任丘市气象局的公众气象服务产品不断丰富,主要包括:重要天气报告、气象灾害预警信号、农业气象信息、短期预报、周预报、月预报等,这些预报分别通过电视天气预报、手机短信、网络气象服务、电话传真、纸质专送等形式向社会各界发布。

②决策气象服务

建站初期任丘市气象局主要依靠电话为政府领导提供决策气象预报服务，20世纪90年代后任丘市气象局在公众预报服务的基础上增添了雨情信息、人工影响天气简报以及重大社会活动专题气象服务材料。2007年为了更及时准确地为县、镇、村领导服务，提高气象灾害预警信号的发布速度，通过任丘市网通公司开通了信息平台，以手机短信方式向各级领导、气象信息员、中小学校长、村支书发送气象信息。

③专业与专项气象服务

人工影响天气　1976年6月任丘市气象局开始人工影响天气工作，并成立人工影响天气办公室。2000年8月争取地方资金购买BL型车载增雨火箭架1部，2006年3月购置了人工增雨作业车。2007年4月人工影响天气作业车安装了GPS定位终端设备。2008年8—9月参加了北京奥运会开闭幕式人工消减雨工作。

防雷工作　1998年12月20日，根据冀机编办〔1997〕61号，任机编字〔1998〕6号文件精神，防雷中心通过质量认证并正式挂牌，独立工作，同年12月通过河北省技术监督局计量认证。2004年3月通过河北省气象局防雷检测资质认证，负责防雷管理和防雷行政审批工作。

④气象科技服务

任丘市气象局1985年组建服务组，以电话或信件形式进行服务，并于当年为砖厂和有关单位安装气象警报发射机20余台，用于短期天气预报和重要天气预报的接收。1997年6月任丘市气象局同电信局合作正式开通"121"天气预报自动咨询电话；2001年9月开通华北油田"121"天气预报自动答询电话；2002年7月1日"121"升级至数字化；2004年天气预报电话自动答询系统"121"升位至"12121"；2007年7月"12121"系统统一由沧州市气象局管理。

服务效益　2006年11月任丘市气象局为石化基地千万吨炼油项目前期环评工作提供了大量气象资料数据，受到工程人员好评。

2007年11月—2008年3月中旬，任丘市无有效降水，针对严峻的干旱形势，任丘市气象局加强值班，严密监视天气变化。在4月20—22日有利的降水天气过程中，进行了人工增雨作业，发射炮弹12枚，过程降水量达到46.8毫米，乡镇雨量全部为大雨量级，比预报降水量高出了两个等级。解除了旱情，取得了良好的经济社会效益，受到任丘市赵学明市长的充分肯定和赞扬。

⑤气象科普宣传

2000年以来，任丘市气象局充分利用"3·23"世界气象日、安全生产日等重要节日组织科普宣传，向市民普及气象防雷知识，收到了良好的社会宣传效果。

气象法规建设与社会管理

法规建设　2002年任丘市政府转发了《沧州市防雷减灾管理办法（暂行）》；2004年任丘市政府转发了《沧州市防雷减灾管理办法》。2004年、2006年、2008年，任丘市政府根据《中华人民共和国气象法》和《河北省实施〈中华人民共和国气象法〉办法》的相关规定，制定了《任丘市人民政府关于加强防雷减灾安全工作的通知》。另外，任丘市气象局每年都将有关气象探测的相关法律、法规在规划部门备案，依法保护气象探测环境。

制度建设　2000年1月制订了任丘市气象局各项制度，2007年重新修订完善，主要内容包括基础业务制度、科技服务制度、集中采购制度、财务管理制度、卫生管理制度、车辆管理制度等。

社会管理 任丘市气象局于 2005 年 1 月起正式组建气象行政执法队伍,聘请了法律顾问,并纳入任丘市政府法制办公室规范管理。2007 年依法成功处理案件 2 起。截至 2008 年底,任丘市气象局有执法人员 6 名。

政务公开 对外公开内容包括:气象行政审批有关政策依据、内容、审批标准、审批程序、审批结果、气象行政执法依据、气象服务内容、服务承诺、服务收费依据及标准等。对内公开内容包括:机构设置及职能、办事程序、财务收支、领导干部廉洁自律等方面。

党建与气象文化建设

1. 党建工作

党的组织建设 1959 年 2 月—1963 年 10 月任丘县气象站只有党员 1 人,编入县委办公室党支部。1963 年 10 月—1969 年 12 月有党员 2 人,编入农林局党支部。1970 年 1 月—1971 年 10 月"文化大革命"期间,因气象站和邮电局同为军管单位,编为同 1 个党支部。1971 年 10 月—1984 年 7 月编入任丘县农业局党支部。1984 年 7 月任丘县气象局成立党支部,共有党员 8 人。截至 2008 年底,共有党员 12 人(其中离退休职工党员 8 人)。

1984—2008 年共有 26 人次被任丘市直属机关工委授予"优秀共产党员"称号。

党风廉政建设 任丘市气象局认真落实党风廉政建设责任制的有关规定,加大从源头上预防和治理腐败的工作力度,每年组织召开两次民主生活会;财务账目每年接受上级财务部门年度审计,并将结果向职工公布;注重开展创建学习型机关活动,开展讲党课、书法、绘画、摄影展、大合唱等活动,凝聚人心,创建和谐机关;组织干部职工观看廉政教育警示录、《北极星》等教育片,教育职工克己奉公,防微杜渐。2006—2008 年连续 3 年被任丘市直属机关工委评为"先进基层党组织"。

2. 气象文化建设

精神文明建设 任丘市气象局始终坚持"两个文明"一起抓,建立健全各项规章制度,抓好落实。做到政治学习有制度、文体活动有场所、电化教育有设施,2004 年 1 月制作了局务公开栏、学习园地、发展简史栏等宣传用语牌。同年,购置了卡拉 OK、羽毛球等文体设施和用品;2005 年完成"两室一网"建设,现有图书 3000 册。2006 年 1 月任丘市气象局编制了《任丘气候》一书,2007 年 1 月编制了《任丘气象服务手册》,并在全市发放,受到普遍好评;2003—2008 年在沧州市气象局举办的文艺汇演、乒乓球比赛、演讲比赛等文体活动中共获奖 4 次。2007 年任丘市气象局组织全体职工参加了任丘市妇联组织的"思雨爱心基金"捐助活动;2008 年全体职工向汶川特大地震灾区捐款 4100 元。此外,任丘市气象局每年组织全局职工参加"博爱一日捐活动",增强干部职工的社会责任感。

文明单位创建 任丘市气象局 1999—2008 年连续 10 年被评为任丘市"文明单位"。2000—2008 年连续 9 年被沧州市委、市政府评为"文明单位"。2004—2005 年度、2006—2007 年度、2007—2008 年度连续 3 次被河北省委、省政府评为"文明单位"。

3. 荣誉

集体荣誉 1978—2008 年,任丘市气象局共获得集体荣誉奖 55 项。其中 2000 年被河北省气象局命名为三级强局单位,2001 年被河北省气象局命名为二级强局单位,2002、2003 年被河北省气象局命名为花园式单位,2003 年被中国气象局评为"一流台站"建设单位,同年被河北省文明办命名为三星级窗口服务单位,2005 年、2007—2008 年被河北省命名为河北省精神文明单位。

个人荣誉 建站以来有 24 人次获得"百班无错情",有 3 人被中国气象局评为优秀观测员。1990—2008 年,任丘市气象局个人获奖共 105 人次,刘树青于 2008 年被评为沧州市"三八红旗手"。

台站建设

任丘市气象局现占地面积 1 万平方米,有业务办公用房 310 平方米。1999 年 1 月新建观测场和办公楼,2000 年 1 月迁入新址。截至 2008 年底,总绿化面积为 4500 平方米,种植树木 200 余棵,硬化面积 1100 平方米。

任丘市气象局旧观测场(1975 年)　　　　　　任丘市气象局现貌(2000 年)

河间市气象局

机构历史沿革

始建情况 河间市气象局始建于 1957 年 1 月,最初名称为河间县气候站,位于河间县城关镇西北公路旁(郊外)。

站址迁移情况 1992 年 10 月 1 日气象局由原址迁至河间市果子洼乡堤口村(乡村),观测场位于北纬 38°27′,东经 116°05′,观测场海拔高度 11.2 米。

历史沿革 河间市气象局始建时名称为河间县气候站,1960 年 1 月改为河间县农业气象站,同年 3 月 1 日改为河间县农业局气象服务站。1971 年 1 月 1 日更名为河间县气象站。1977 年 6 月改称为河间县气象局。1982 年 10 月 1 日更名为河间县气象站。1989 年 5 月 19 日改称为河间县气象局。1990 年 11 月更名为河间市气象局。

管理体制　河间县气候站自建站至 1959 年 9 月隶属河北省气象局。1959 年 9 月—1963 年 5 月 30 日隶属县农业局领导。1963 年 6 月 1 日—1970 年由上级气象部门和县农业局双重领导。1970 年—1973 年 3 月 5 日由县人民武装部和地方政府双重领导。1973 年 3 月 6 日—1981 年 12 月由上级气象部门和地方双重领导。1981 年 12 月实行气象部门与地方政府双重领导,以气象部门领导为主的管理体制。

单位名称及主要负责人变更情况

单位名称	姓名	职务	任职时间
河间县气候站	梁寿春	站长	1957.01—1959.08
	刘开林	站长	1959.08—1959.12
河间县农业气象站			1960.01—1960.02
			1960.03—1962.06
河间县农业局气象服务站	梁　谦	站长	1962.07—1970.07
	王敬勋	站长	1970.07—1970.12
	周洪勋	站长	1971.01—1972.08
河间县气象站	王士辉	站长	1972.08—1973.09
	梁　谦	站长	1973.10—1977.05
	杨庆增	局长	1977.06—1979.09
河间县气象局	刘立秋	局长	1979.09—1981.12
	李啸泊	局长	1981.12—1982.09
		站长	1982.10—1986.07
河间县气象站	沈和利	站长	1986.07—1988.07
	孙梅秀	站长	1988.07—1989.05
		局长	1989.05—1990.03
河间县气象局	周庆东	局长	1990.03—1990.11
			1990.11—1992.02
河间市气象局	李继良	局长	1992.02—2001.04
	刘天吉	局长	2001.04—

人员状况　1957 建站时只有 2 人,1959 年 9 月增至 7 人,1999 年定编 8 人。截至 2008 年底,有在编职工 9 人,聘用 3 人,在编职工中:大学学历 2 人,大专学历 3 人,中专学历 4 人;中级职称 3 人,初级职称 5 人;40～49 岁 5 人,40 岁以下 4 人。

气象业务与服务

1. 气象业务

①地面观测

观测时次　1957 年 1 月 1 日—1960 年 7 月 31 日,每天进行 01、07、13、19 时(地方时)

4 次观测,夜间守班,观测时制为地方时;1960 年 8 月 1 日—1961 年 12 月 31 日,每天进行 02、08、14、20 时(北京时)4 次观测,夜间守班;1962 年 1 月 1 日—1971 年 12 月 31 日每天进行 08、14、20 时 3 次观测,夜间不守班;1972 年 1 月 1 日—1974 年 4 月 30 日每天进行 02、08、14、20 时 4 次观测,夜间守班;1974 年 5 月 1 日—2008 年 12 月为 08、14、20 时 3 次观测,夜间不守班。

观测项目 观测项目有云、能见度、天气现象、气压、气温、湿度、风向、风速、降水、日照、蒸发、地温、冻土、雪深等。

发报种类 1999 年 3 月 1 日起开始发天气加密报,原小图报停止发送。2008 年 6 月 1 日正式执行河北省重要天气报告电码(2008 版),原 2002 版停止使用。1999 年 6 月 1 日起汛期(6—8 月份)06 时开始发汛期 06—06 时雨量报。

气象编报及报表制作 1957—1998 年台站天气报都是观测员手工查算编报,气象月报、年报表用手工抄写方式人工编制;1999 年 1 月 1 日开始用微机编发各类天气报,各类测报业务报表用微机输出打印。

现代化观测系统 2005 年 8 月河间市 20 个乡镇建成 DSD3 型气温、降水两要素区域自动气象站,并开始投入业务运行。2008 年 12 月建成 CAWS600 型自动气象站并投入试运行,观测项目有气压、气温、湿度、风向、风速、降水、地温、草温,观测项目全部采用仪器自动采集、记录、传输。2008 年 12 月建成 GPS 水汽观测系统并投入使用。

②气象信息网络

1957—1985 年河间市气象局用专线及电话向邮局传送报文。1985—1998 年通过有线电话和甚高频电话向沧州市气象局传送报文。1999 年 1 月 1 日河间市气象局改用 X.28 专线进行报文传送。2002 年 9 月改用 X.25 专线向沧州市气象局、河北省气象局传送报文及各类气象信息资料。从 2005 年 3 月起改用 2 兆 VPN 局域网传输,由此各类气象信息、资料的传输实现了网络化。

③天气预报预测

1959 年开始河间县气候站运用听、看、谚及本站资料进行补充预报,主要是 24、48 小时短期天气预报。从 1974 年开始沧州地区气象局组织开展了预报方法会战,河间市气象局建立运用数理统计方法、常规气象资料图表进行补充天气预报。1984 年河间市气象局安装了 2 台 CZ80 型天气图传真接收机,接收北京的气象传真和日本的传真图表,利用传真图表分析判断天气变化,取得了较好的预报效果,并有预报质量考核。1998 年开始河间市气象局不再独立做天气预报。

④农业气象

1960 年农业气象观测业务正式开展,主要负责物候期、农作物发育期、土壤墒情观测。1970 年停止农业气象观测。1990 年 9 月成立农业气象测报股并正式开始观测,有 2 名工作人员,观测项目有冬小麦、夏玉米、棉花生育状况观测、物候观测,作物地段、固定地段土壤湿度测定。棉花观测于 1996 年 1 月停止。

2. 气象服务

①公众气象服务

1960—1985 年,河间县广播站分早晚每天 2 次广播由河间市气象局提供的天气预报。

1985年电视台成立后,电视台以字幕加语音的形式,每天19时50分播放由河间市气象局提供的天气预报。1997年6月河间市气象局与河间市广播电视局协商在电视台播放河间市天气预报,河间市气象局自制节目录像带送电视台播放。2003年7月起天气预报系统升级为非线性编辑系统,实现了电视天气预报动画播出。2005年8月开通了河间气象兴农网站。

②决策气象服务

20世纪70—80年代决策服务形式比较简单,只有雨情及特殊天气的预报服务。90年代以后随着各行业对气象服务需求的增加,河间市气象局服务内容逐渐丰富,目前已有包括《重要天气报告》《重大天气预警》《气象灾害预警信号》《专题气象报告》《雨情报告》《周预报》《农业气象旬报》《麦收期间天气预报》《人工增雨快报》等服务产品。1997年3月河间市气象局编辑出版第一期"河间气象",向全市市直各部门、各乡镇、相关企业发放。1998年3月改为"河间气象与农业"每期5000份。2000年3月改为"河间市气象局一周天气预报"。2007年开通企信通,建立信息服务平台。河间市委、市政府、市人大、市政协、市直各部门领导、各乡镇领导、各学校校长、各行政村支部书记、村主任、各有关单位领导的手机号码输入信息平台,进行各种气象服务及气象预警。

③专业与专项气象服务

人工影响天气 1976—1978年河间县气象站和县人民武装部联合开展人工防雹作业,有"三七"高炮8门。2000年8月河间市气象局争取地方资金,购买BL型车载增雨火箭发射架1部,并成立人工影响天气办公室,办公室设在气象局,正式开展人工增雨作业。

防雷工作 1990年5月河间市气象局成立河间市避雷装置检测中心,对全市防雷设施进行检测。1998年10月经河间市编制委员会批准,河间市防雷中心正式成立,为科级事业单位,挂靠河间市气象局。12月通过河北省技术监督局计量认证并正式开展工作。2004年3月通过河北省气象局防雷检测资质认证。从2006年开始进行防雷装置设计审核、验收工作。

④气象科技服务

1985年3月河间市气象局开始开展专业气象服务,当时以电话和信件的形式进行服务。1986年10月购置QJF-83型气象警报发射机1台,气象警报接收机16台,11月正式使用气象警报系统对外开展气象服务,每天上、下午各广播1次。1987年开始汛期中午加播1次,遇突发天气,随时广播。1988年气象警报接收机增加到30台。1997年7月河间市气象局与电信局合作开通"121"天气预报自动咨询电话,2002年10月升级至数字化;2004年天气预报自动答询系统"121"升位至"12121";2007年7月"12121"天气预报自动答询系统统一由沧州市气象局集约化管理,服务器设在沧州市气象局。

服务效益 2007年3月3日,为缓解冬春连旱造成的灾情,河间市气象局抓住有利天气形势发射增雨火箭弹8发,增雨效果明显。受到河间市委副书记刘振华批示表扬,领导批示:气象局转变作风、工作细致、服务百姓、服务农业、关注民生、创造性地造福人民、惠及百姓,望继续努力,发扬光大。

⑤气象科普宣传

每年在"3·23"世界气象日,都组织人员到河间市繁华地带进行科技宣传,发放宣传资料,普及防雷知识;同时气象局对外开放参观,让社会公众了解气象工作。每年6月积极参加由河间市安委会组织的安全月宣传活动,制作气象灾害防御标牌,走上街头,走上乡村大集,发放资料,宣传气象法律法规、防雷知识及教授公众如何避免气象灾害。

气象法规建设与社会管理

法规建设 河间市政府多次发文规范河间市防雷减灾的管理。2004年河间市政府下发《河间市人民政府关于做好防雷防静电设施安全检查的通知》(河政字〔2004〕17号)、《河间市人民政府关于加强项目防雷减灾设计审批和施工验收工作的通知》(河政字〔2004〕34号)。2005年下发《河间市人民政府关于进一步加强防雷安全工作的通知》(河政字〔2005〕51号)。2006年下发《河间市人民政府关于加强防雷安全工作的通知》(河政字〔2006〕9号),《河间市人民政府办公室关于进一步加强做好防雷减灾工作的通知》(河政办字〔2006〕15号);河间市气象局和河间市安全生产监督管理局联合下发的《关于对避雷设施进行年度申报检测的通知》(河气发〔2006〕6号)。2007年河间市政府下发了《河间市防雷减灾管理办法》(河政发〔2007〕36号)。2008年河间市安全生产监督管理局和河间市气象局联合下发的《关于进一步加强防雷安全工作的通知》,《河间市人民政府关于加强防雷安全工作的通知》(河政字〔2007〕23号)。

社会管理 2003年11月河间市气象局成立了执法队伍,有执法人员5名。2007年执法案件2例,收到了良好的宣传效果。通过安全检查和行政执法工作,进一步规范了防雷、气球、气象信息的发布、气象资料使用、探测环境保护管理领域。

政务公开 对内部行政事务、财务收支每月公开一次。对气象局行政权力,气象行政审批有关依据、内容、程序、结果;气象局服务内容、服务诚诺、服务收费依据及标准等,通过公开栏、电视媒体、气象网站等方式向社会公开。

党建与气象文化建设

1. 党建工作

党的组织建设 1957—1991年河间市气象局没有党支部,挂靠在农业局和建设银行党支部。1992年气象局成立党支部,有党员3人。截至2008年底,有党员3人。

2001—2008年连续8年被河间市直属机关党委授予"先进党支部"称号。

党风廉政建设 认真落实党风廉政建设责任制的有关规定,加大从源头上预防和治理腐败的工作力度,积极开展气象廉政文化建设和反腐倡廉警示教育。在实际工作中认真学习《中国共产党党内监督条例》、《中国共产党纪律处分条例》,严格遵守河间市委、市政府《二十不准规定》,遵守四大纪律、八项要求,坚持民主集中制原则,严格执行局务会制度,政务、财务每月公开一次。

2. 气象文化建设

精神文明建设 1997年河间市气象局创建《河间气象》,内容丰富多彩,形式活泼,每期印刷 5000 份,向全市发放,受到全市人民的欢迎。河间市委书记王增明、人大主任常保兴、政协主席梁印诗分别为《河间气象》题词。经常性的组织全体职工进行义务劳动,每年组织全局职工参加"博爱一日捐活动",每年有职工义务献血,增强干部职工社会责任感。2005 年气象局建成"两室一网",购买图书 300 余册,利用楼道走廊建成了气象文化墙。

文明单位创建 1998—1999 年、2002—2003 年、2004—2005 年、2006—2007 年度,河间市气象局被河间市委、市政府授予"文明单位"。2004—2005 年、2006—2007 年度,被中共沧州市委、市政府授予"文明单位"。2001 年在河间市精神文明建设委员会举办的 2001 年度"优质服务"杯竞赛活动中被授予"优胜单位"。

文体活动 积极开展有气象特色的群众性文化娱乐活动和体育健身活动。举办了篮球比赛、羽毛球比赛、象棋比赛,业务人员举行编报比赛。5 次参加沧州市气象局举办的文艺联欢会、乒乓球比赛、演讲比赛、篮球比赛。

3. 荣誉

集体荣誉 1997—2008 年,河间市气象局共获得集体荣誉奖 26 项。2006 年被河间市委、市政府授予"2006 年度先进领导集体"称号;2008 年被河北省气象局授予"农业气象测报工作先进集体"。

个人荣誉 1984—2008 年,河间市气象局获表彰的先进个人有 30 人次。

台站建设

1992 年河间市气象局进行了综合改造,征地 0.66 公顷,盖办公楼 334 平方米,家属楼 666 平方米。1993 年 8 月河间市气象局全部搬迁完毕。2002 年后办公楼相继铺了地板砖、更换门窗、装修办公室。绿化面积 3000 平方米,种植乔木 180 棵,灌木 3000 棵。硬化面积 1500 平方米。

河间市气象局办公楼(1992 年)

泊头市气象局

机构历史沿革

始建情况 泊头市气象局始建于 1957 年 1 月,站址位于泊头郊外河西市北第二中学后侧。

站址迁移情况 1960 年 1 月 1 日交河县气象站迁址至交河。1963 年 1 月 1 日迁至交河县双庙公社高庄村西。1994 年 1 月 1 日站址由交河迁至泊头市,位于泊头市五里屯村西,北纬 38°05′,东经 116°33′,观测场海拔高度 13.2 米。

历史沿革 1957 年 1 月 1 日建站时名称为泊头气候站。1960 年 1 月 1 日改名为交河县气象站。1960 年 2 月 1 日改名为交河县气象服务站。1971 年 8 月 1 日更名为交河县气象站。1978 年 8 月改称交河县气象局。1982 年 10 月 1 日又改回交河县气象站名称。1984 年 2 月交河县气象站更名为泊头市气象站。1987 年 4 月 1 日更名为泊头市气象局。

1957 年 1 月定为国家气候站,1989 年 1 月 1 日定为河北省基本站,1995 年 12 月 31 日改为河北省辅助站,1995 年 8 月经河北省气象局和沧州市气象局批准由辅助站升格为国家基本站,实行昼夜守班。

管理体制 泊头气候站 1957 年 1 月 1 日建站时隶属农业局领导。1963 年 5 月—1970 年隶属河北省气象局和交河县农业局双重领导。1970 年—1973 年 3 月转为军队和地方双重领导(交河县人民武装部),人员及业务未变。1973 年 4 月—1981 年 11 月份由军管转为地方领导。1981 年 12 月以来实行气象部门与地方政府双重领导,以气象部门领导为主的管理体制。

单位名称及主要负责人变更情况

单位名称	姓名	职务	任职时间
泊头气候站	朱荣轩	站长	1957.01—1958.12
交河县气象站			1959.01—1960.01
交河县气象服务站			1960.01—1962.11
	刘国卿	站长	1962.12—1971.07
交河县气象站			1971.08—1971.12
	杨国瑞	站长	1972.01—1978.07
交河县气象局	苏国兴	局长	1978.08—1982.09
交河县气象站		站长	1982.10—1983.10
	李秀章	站长	1983.11—1984.01
泊头市气象站		站长	1984.02—1987.03
泊头市气象局		局长	1987.04—1995.02
	李荣莉	局长	1995.03—

人员状况 1957 年建站时编制为 2 人。1971—2008 年在职职工稳定在 6～10 人。自建站至 2008 年底先后有 37 人在泊头市气象局工作。截至 2008 年底有在编职工 10 人,其

中:大学学历5人,大专学历3人,中专学历2人,中级职称4人,初级职称6人,50~55岁1人,40~49岁2人,40岁以下7人。

气象业务与服务

1. 气象业务

①气象观测

观测时次及观测项目 1957年1月1日—1960年7月31日每日进行01、07、13、19时(地方时)4次定时观测;1960年8月1日—1974年6月30日改为每日进行02、08、14、20时(北京时)4次定时观测;1974年7月1日—1995年12月31日每日进行08、14、20时3次定时观测。其中1989年1月1日以前执行河北省基本站任务,向省气象台传输3次定时天气电报,1989年1月1日—1995年12月31日执行河北省辅助站任务,仅向沧州市气象台发送雨情报。自1996年1月1日起每天进行02、05、08、11、14、17、20、23时共8次观测和发报,全年夜班值守。观测项目有云、能见度、天气现象、气压、气温、湿度、风向、风速、降水、日照、蒸发、地面温度(含草温)、雪深、浅层和深层地温、冻土、电线积冰、雪压等。发报类型主要为天气报、重要报、旬月报、雨情报。

编发报方式 1957年1月建站开始采用手工查算编报,1996年1月1日起PC-1500袖珍计算机正式取代人工编报,1998年7月全面启用微机编报。1971年1月—1998年8月报文通过电话传送至省气象局,1998年9月—1999年8月改由X.28传输,1999年9月升级为X.25,直至2005年2月设置VPN专线。

气象报表制作 1957年1月—1995年12月气象月报、年报气表手工抄写编制一式3份,分别上报河北省气象局气候资料室、市气象局各1份,本站留底1份。1996年1月开始使用微机打印气象报表。为便于保存,1998年7月起报送磁盘。2003年1月—2004年12月制做自动站和人工站报表。2005年1月开始仅做自动站报表。1998年7月开始报表均以文件形式在微机内保存。

现代化观测系统 2002年10月气象现代化建设开始起步,11—12月CAWS600 BS-N型自动气象站建成并试运行。自动气象站观测项目有气压、气温、湿度、风向、风速、降水、地温等,部分观测项目采用仪器自动采集、记录,替代了人工观测。2003年1月1日自动气象站正式投入业务运行。2004年1月1日起正式使用自动站采集资料作为发报标准,与人工观测资料每日20时对比校准并存于计算机中互为备份。2006年8月在交河镇、富镇、西辛店、齐桥镇、王武镇5个乡镇建成首批区域自动站。2007年8月在郝村、营子、泊镇、洼里王、文庙、寺门村、四营7个乡镇建成气温、雨量两要素自动观测站。

②气象信息网络

1979—1992年期间,通过定时收听河北省广播电台的天气预报广播和接听沧州地区气象台电话告知的天气预报结果等形式,由交河县广播站每天16时原文播报1次天气预报。1992年3月—2004年11月期间,架设开通高频无线对讲通讯电话,实现与地区气象局直接呼叫会商。1999年3月,泊头市政府和河北省气象局投资十几万元建成并正式启用"9210"工程。2004年12月,随着局域网技术的应用,通过气象信息综合分析处理系统、多普勒雷达、华云气象卫星云图处理应用系统等各种软件对沧州公共气象服务信息平台查收的沧州市短时、中长期预报产品进行分析订正,然后对外发布。2008 年 10 月正式建成天气会商系统,实现了市县两级信息资源的双向交互。

2. 气象服务

①公众气象服务

1992 年 1 月与泊头市广播局协商决定,正式开办泊头天气预报节目,气象信息由市气象局提供,电视台通过电话获取并负责制作。1996 年 9 月市气象局安装多媒体天气预报制作系统,具备了自制天气预报节目的能力,将图文并茂的节目制成录像带送电视台每晚定时播放。2000 年 8 月制作系统升级为非线性编辑系统。2005 年 11 月建成气象网站,由专人每日修改维护,实现了气象信息资源的社会共享。

②决策气象服务

2007 年 8 月通过移动通信网络开通了气象商务短信平台,以手机短信方式向全县各级领导 112 人次发送气象信息。为有效应对突发气象灾害,每年通过《一周天气预报》《每月天气预报》《农业气象信息》《重要天气报告》《专题气象报告》《农业气象旬报》《气象灾害预警》《泊头气象》等 100 多期的书面报告向决策部门和社会公众发布常规性、关键性、转折性预报信息。2006—2008 年为泊头市委、市政府、农业局等 13 个单位安装了电子显示屏,及时发布常规性、关键性、转折性预报信息。

③专业与专项气象服务

人工影响天气 1996 年 2 月正式成立人工影响天气办公室,隶属泊头市气象局管理,同年 10 月配备 4 门防雹高射炮分别设在王武、洼里王、齐桥、文庙 4 个乡镇。2000 年 4 月添置车载火箭发射架 1 部(型号为 CF4-1C),为开发空中云水资源,减轻自然灾害起到了重要作用。

防雷工作 1990 年 3 月开展防雷常规检测,为泊头市合格防雷装置发放年检合格证,不符合规范要求的责令限期整改。2005 年 9 月起履行图纸审核、跟踪检测、竣工验收防雷三项职能,并对全市各种设施的防雷装置逐步加以完善。

④气象科技服务

1989 年 3 月气象预警服务系统初现雏形,购置无线通讯接收装置 9 部,每天 08、11、17 时 3 次播报短时天气预报,轧辊厂、五四砖厂等企事业单位通过预警接收机定时接收气象服务。1996 年 1 月同泊头市电信局合作正式开通“121”答询电话,2005 年 11 月“121”升位为“12121”。2008 年 3 月实行集约经营,由沧州市气象局统一维护管理。

服务效益 1998 年 7 月 12 日泊头市出现 57 年不遇的特大暴雨,12 小时降水量达 186 毫米,泊头市气象局于 7 月 10—11 日进行了准确预报并特别制作了重要天气报告,专门呈报市委、市政府以供决策,由于信息及时、防范得力,使灾害损失降到了最低,收到诸多单位发来的感谢信和感谢电话。

⑤气象科普宣传

每年“3·23”世界气象日、安全宣传日,充分利用裕华路 28 面广告灯箱、千余本宣传资料、天气预报节目等形式广泛开展气象科普宣传。

气象法规建设与社会管理

法规建设 2006—2008 年泊头市政府分别下发《泊头市人民政府关于进一步加强防

雷安全工作的通知》（泊政字〔2006〕38 号）、《泊头市人民政府关于进一步加强防雷减灾工作的通知》（泊政办字〔2007〕16 号）、《泊头市人民政府关于进一步加强防雷安全工作的通知》（泊政字〔2008〕6 号）、《泊头市人民政府办公室关于印发〈泊头市气象灾害应急预案〉的通知》（泊政办发〔2007〕6 号），泊头市气象局与教育局联合起草下发了《关于加强学校防雷安全工作的通知》（泊气发〔2007〕1 号），使全市防雷减灾工作有据可依。2006—2008 年，泊头市政府根据《中华人民共和国气象法》和《河北省实施〈中华人民共和国气象法〉办法》的相关规定，分别下发《泊头市人民政府关于进一步加强防雷安全工作的通知》（泊政字〔2006〕38 号、泊政办字〔2007〕16 号、泊政字〔2008〕6 号）、《泊头市人民政府办公室关于印发〈泊头市气象灾害应急预案〉的通知》（泊政办发〔2007〕6 号），泊头市气象局与教育局联合起草下发了《关于加强学校防雷安全工作的通知》（泊气发〔2007〕1 号）。另外，泊头市气象局每年都将有关气象探测的相关法律法规在规划部门备案，依法保护了气象探测环境。

制度建设　1998—2008 年经职工大会讨论，按照任务目标和岗位职责分别从精神文明建设、基础业务工作、行政管理三方面明确奖惩措施，结合实际情况逐年修订，形成了规范性制度在单位内部予以施行。

社会管理　2004 年 4 月泊头市气象局被正式列为安全生产委员会成员单位，定期对全市的防雷设施进行检查，对不符合防雷技术规范要求的单位坚决责令整改。2005 年 1 月起正式组建气象行政执法队伍，纳入泊头市政府法制办公室规范管理，共有 5 人持有河北省政府颁发的执法证件，对全市的防雷检测、防雷工程、气球施放等事项进行全面监管。2007 年全面推进行政许可工作，对新建、改建、扩建项目进行图纸审核和竣工验收。

政务公开　自 2007 年 3 月起制作政务公开栏，对外将工作职责、机构设置、服务承诺、收费项目依据、气象行政执法处罚程序、气象探测环境保护办法和违法案件查处流程图通过上墙公示、网上公开的方式接受社会监督；对内将年度目标考核、人事任免、福利待遇、固定资产、财务支出节余等事项在公开栏和职工大会上每季度公开一次。2008 年制作泊头市气象局信息公开指南和目录向社会公开。

党建与气象文化建设

1. 党建工作

党的组织建设　1993 年 4 月成立气象局党支部。截至 2008 年底共有党员 7 人。2001—2008 年连续 8 年获"先进基层党组织"荣誉称号。

党的作风建设　2002 年 7 月成立局务会，涉及人事变动、财务支出、全局发展的重大问题均上会讨论予以决定。党风廉政建设活动内容丰富、形式多样，每年组织 2 次民主生活会，并开展讲党课、摄影展、大合唱等活动，与沧州市气象局签订党风廉政建设责任状，订阅《中国纪检监察报》、《求是》等学习资料，为凝聚人心、创建和谐单位创造条件。

2. 气象文化建设

精神文明建设　建站伊始泊头市气象局设备简陋，房屋破旧，1996—2008 年泊头气象人发扬自力更生、艰苦奋斗的精神，不断改善办公条件，气象面貌焕然一新。为完善文化设施,2005年11月建成"两室一网"(活动室、图书室、气象文化网),购置了篮球架、乒乓球桌、羽毛球、台球等健身器材,图书藏量500余册,供大家随时学习借阅。

文明单位创建 1996—2005年连续10年被评为沧州市精神文明建设工作先进单位。2006—2008年连续3年被评为河北省精神文明建设工作先进单位。

文体活动 积极开展有气象特色的群众性文化娱乐、体育健身活动,举办健步走、乒乓球、拔河、跳绳和踢毽子等比赛10余次,2006—2008年在沧州市气象局举办的文艺联欢会、乒乓球比赛、演讲比赛等文体活动中共获奖3次。每年组织全局职工参加"博爱一日捐活动",增强干部职工社会的责任感。

3. 荣誉

集体荣誉 1997—2008年泊头市气象局共获集体荣誉奖19项,其中1997年被河北省气象局评为"三级强局"。1999年晋级河北省"二级强局"。2001、2003、2005年观测股被河北省气象局评为"先进地面观测股"、"优秀测报股"。2004年被河北省建设厅评为"河北省园林式单位"。2005年被中国气象局评为"局务公开先进单位"。2007年被河北省气象局评为"一流台站"。2008年被中国气象局评为"局务公开示范点"。

个人荣誉 截至2008年,泊头市气象局个人共获奖166人次。

台站建设

台站综合改造 1993年4月在泊头市五里屯村西200米处新建办公楼1座,建筑面积450平方米,职工宿舍6套,建筑面积400平方米。1996年在原站址东面增拨用地5040平方米。1998年10月建职工宿舍楼及其配套设施,建筑面积650平方米。2005年9月进行台站综合改造。截至2008年底,泊头市气象局占地面积1.15万平方米,有办公楼1座500平方米。

园区建设 1995—2008年,泊头市气象局分期对院内的环境进行规划修整,栽种白腊、柳树等乔木50棵,修建草坪和花坛5000平方米,全局绿化覆盖率达到50%,硬化路面2000平方米。

泊头气象站旧貌(1984年)

泊头市气象局现办公楼(2006年)

青县气象局

机构历史沿革

始建情况　青县气象站始建于 1962 年 1 月 1 日,位于青县城里天齐庙(今纪念碑)。

站址迁移情况　1962 年 8 月迁址青县唐窑闸郊外。1963 年 1 月迁址青县县城城东郊外(今李镇新村),观测场位于北纬 38°35′,东经 116°50′,海拔高度 7.2 米。

历史沿革　1963 年 1 月青县气象站更名为青县气象服务站。1971 年 1 月更名青县气象站。1978 年 8 月 1 日更名青县气象局。1982 年 9 月改名青县气象站。1989 年 1 月改名青县气象局。2007 年 1 月 1 日起青县气象站级别调整为国家二级站。

管理体制　1962 年 1 月—1963 年 8 月隶属地方政府管理,1963 年 9 月—1971 年 5 月实行地方政府与气象部门双重管理,1971 年 6 月—1973 年 3 月归属军队与地方政府双重管理,1973 年 4 月—1981 年 11 月隶属地方政府管理,1981 年 12 月以来实行气象部门与地方政府双重领导,以气象部门领导为主的管理体制。

单位名称及主要负责人变更情况

单位名称	姓名	职务	任职时间
青县气象站	刘国卿	站长	1962.01—1963.01
青县气象服务站			1963.01—1963.06
	魏治安	站长	1963.06—1971.01
青县气象站	林则生	站长	1971.01—1972.05
	罗裕联	站长	1972.05—1978.08
青县气象局	牛金刚	副局长	1978.08—1982.09
青县气象站		站长	1982.09—1984.03
	王玉芝	站长	1984.03—1989.01
青县气象局		局长	1989.01—1996.03
	赵延斌	局长	1996.03—

人员状况　青县气象站建站时有 5 人,1963—1971 年有 4 人,1972—1981 年有 4~5人,1982—2007 年有 5~6 人。截至 2008 年底有在职职工 7 人(其中正式职工 4 人,聘用职工 3 人),离退休职工 5 人。在职职工中:男 4 人,女 3 人;大学本科以上 2 人,大专 4 人,中专以下 1 人;中级职称 3 人,初级职称 1 人;30 岁以下 3 人,31~40 岁 2 人,41~50 岁 1 人,50 岁以上 1 人。

气象业务与服务

1.气象业务

①地面气象观测

观测时次及内容 建站以来每天进行08、14、20时3次观测,夜间不守班。观测项目为云、能见度、天气现象、风向、风速、气压、气温、湿度、地温、冻土、蒸发、降水、日照、积雪、深层地温。1962年5月1日增加24小时降水量观测,1965年3月增加气压计观测,1966年1月1日取消1.6米、3.2米直管地温的观测。

发报内容 1963年1月1日开始每天08、14、20时3次编发天气报,1964年5月11日开始向省防汛指挥部发汛期雨量报,1965年1月10日起增加气象旬报,1966年1月28日开始每天14时编发1次小图报,不定时编发重要天气报,发往省、地气象局。雨情报自1968年1月28日08时开始观测并向省、地气象局发报。1969年6月5日起向天津市气象台拍发雨情报。1974年3月11日每天增加08、14、20时3次向北京、天津、石家庄、沧州气象局发绘图报及灾情报。1999年3月1日08时开始向石家庄市气象局每天编发08、14、20时3个时次的天气加密报,原小图报规定作废。从1999年6月1日06时开始执行每年6—8月向河北省气象台编发06—06时雨量报。

编发报方式 1962年1月建站开始采用手工查算编报。1971年1月—1998年8月用电话和甚高频电话发报。1990年4月1日开始使用PC-1500袖珍计算机编报。1998年9月改由X.28传输。1999年1月1日开始采用微型计算机编报。1999年9月升级为X.25。2005年2月开始使用VPN专线。

气象报表 青县气象站建站后,手工抄写人工编制的报表有3份气表-1、3份气表-21,向河北省气象局、沧州市气象局各报送1份,本站留底本1份。从1999年3月开始使用微机统计打印气象报表,向上级气象部门报送磁盘。2008年底上报电子与纸质报表并保存资料档案。

现代化观测系统 2005年4月在青县曹寺乡、新兴镇、门店镇、盘古乡、陈嘴乡、上伍乡、青州镇、流河镇、马厂镇、金牛镇、农场建立了11个HY-SR-001型气温、雨量两要素加密自动气象站。2008年12月建成CAWS600-B型自动气象站。

②天气预报预测

1962年2月青县气象站开始作补充天气预报。1982年6月青县气象站根据预报需要共绘制简易天气图等6种基本图表。1985年7月安装了气象传真收片机和甚高频电台,可以接收华北气象中心发出的观测资料和各种分析图、预报图,华北地区雷达拼图,还可以接收日本东京的卫星云图、降水预告图及风云一号拍发的卫星云图、云分析图等。1986年以后青县气象站不再作中长期天气预报,而是由沧州市气象台制作,青县气象站参考采用。1999年4月青县气象局通过VSAT单收站和MICAPS处理系统,直接接收气象卫星发回的各种云图、水汽图、传真图、高空500百帕、700百帕、850百帕和地面天气图等资料,与河北省、沧州市气象台会商,结合青县的气象要素、资料进行分析加工。2006年3月安装了灾情直报1.0系统,随着应用的不断改进逐步升级到灾情直报2.2系统,灾情直报系统的应用,使得出现的各种气象灾情均得到及时上报。2008 年 7 月青县气象局正式开通了视频会商系统。

2. 气象服务

①公众气象服务

1963—1985 年青县广播站开始广播青县气象局提供的天气预报。1985 年 9 月电视台成立后,电视台以字幕加语音的形式,每天夜间 19 时播放由气象局提供的天气预报。1998年 2 月开始在县电视台播出电视天气预报,2000 年 5 月制作系统升级为非线性编辑系统。

②决策气象服务

20 世纪 70—80 年代决策服务形式比较简单,只有雨情及特殊天气的预报服务。90 年代以后主要向县委、县政府领导提供灾害性天气预警信号、重要天气报告、雨量报告等决策气象服务信息。2006 年通过网通公司开通了短信平台,以手机短信方式向各级领导、气象信息员、中小学校长、村支书发送气象信息;同年开始向县委、县政府、广播局发送《重要天气报告》和《气象灾害预警信号》;降水过程结束后及时向县委、县政府发送《雨情信息》,麦收期间制作《小麦卫星遥感产量分析预报》报县政府领导参考。

【气象服务事例】 2003 年 10 月 10—11 日分别作出大到暴雨、局部大暴雨过程预报,建议防办提前采取应对措施,取得了良好的社会效益,得到领导的好评。

③专业与专项气象服务

人工影响天气 1996 年 5 月青县气象局开展高炮增雨防雹作业,分别在新兴镇、盘古乡、木门店镇、司马庄设置了高炮作业点。1999 年 4 月青县成立人工影响天气办公室,办公地点设在青县气象局,开始实施火箭人工增雨防雹作业,全县范围内流动作业,同时停止了高炮人工影响天气作业。1999—2006 年增雨设备采用四轨道人工增雨火箭架,增雨时需用车辆拖动到增雨作业点方能作业。2006 年 9 月青县气象局配备了 1 辆中兴皮卡汽车做为人工增雨专用车辆。2007 年 3 月又配备车载 4 轨道增雨火箭架 1 套,使人工增雨的灵活性,时效性以及增雨范围都得到了提高。2008 年 8 月北京奥运会和残奥会开幕式、闭幕式期间,在沧州市人工影响天气办公室的组织下,青县气象局派出 3 名同志及火箭增雨防雹作业车 1 辆,参加并圆满完成了奥运会外围人工消减雨工作。

防雷工作 1997 年 12 月经青县机构编制委员会批准成立青县防雷中心,为科级事业单位,设在青县气象局,防雷工作包括对雷电灾害工作防御、防雷设施检测、防雷工程设计和施工、防雷工程设计图纸审核、施工质量监督和竣工验收、雷击事故和防雷产品鉴定等;1991 年 3 月开始在青县开展防雷检测服务;2003 年 4 月成立青县气象服务中心,开始对青县新建建筑物防雷装置实施设计进行审核、质量监督及竣工验收工作。

④气象科技服务

1989 年 3 月购置气象警报接收机 11 部,每天 08 时、17 时 2 次播报天气预报,砖厂定时接收气象服务,1998 年停止此项服务。20 世纪 80 年代初制作《一周天气预报》作为专业专项服务内容。1996 年 6 月开通"121"天气预报自动答询系统,2005 年 1 月"121"升位为"12121",2008 年 3 月实行集约经营,由沧州市气象局统一维护管理。截至 2008 年底专业气象服务对象涉及全县 11 个乡镇(场)、34 个砖瓦厂、电力局、交通局、农业局等相关企事业单位。

⑤气象科普宣传

青县气象局每年通过"3·23"世界气象日、安全生产月等宣传活动,接受群众咨询,发放气象知识宣传单、宣传册。

气象法规建设与社会管理

法规建设　2004年10月28日青县人民政府下发了《关于加强保护气象探测环境的通知》。2007年3月青县人民政府下发了《关于开展防雷设施安全大检查的通知》(青政办〔2007〕30号)。

社会管理　重点加强雷电灾害防御工作的依法管理、探测环境的保护工作。自2004年3月起对本县区域内涉及气象、防雷、施放氢气球等方面的事项进行执法管理。2005年1月起正式组建气象行政执法队伍,并纳入青县法制办公室规范管理,共有3人持有河北省人民政府颁发的执法证件,对全县的防雷检测、防雷工程、气球施放等事项进行全面监管。2004年4月全面推行行政许可,对新建项目进行图纸审核和竣工验收。2003年4月、2007年5月分别在青县政府办公室、青县环保局、青县国土资源局、青县城建局进行了环境保护备案,在观测场围栏周围竖立探测环境保护警示牌。

政务公开　对气象行政审批办事程序、气象服务内容、服务承诺、气象行政执法依据、服务收费依据及标准等,通过公式栏、政务网等方式向社会公开。干部任用、财务收支、目标考核、基础设施建设、工程招投标等内容通过职工大会、局务公开栏张榜等方式向职工公开。

党建与气象文化建设

1.党建工作

党的组织建设　1962年1月—1992年5月青县气象局与青县地震局同编为一个党支部。1992年6月青县气象局成立独立党支部。截至2008年,有党员5人。

青县气象局党支部2000—2008年连续9年被青县直属机关工作委员会评为先进基层党组织。

党风廉政建设　青县气象局领导班子平时注重自身建设,抓管理、规范行为;学政治、提高素质,加强对党员干部的廉政教育。2006—2008年广泛开展理想信念、党风党纪、宣传教育月活动。青县气象局党支部定期召开民主生活会,开展民主评议党员活动,重大问题由局务会讨论决定,定期开展局务会。全体干部职工团结协作,思想稳定,工作积极,勇于进取,未出现违法乱纪现象。

2.气象文化建设

精神文明建设　青县气象局始终坚持以人为本,弘扬自力更生、艰苦创业精神,深入持久地开展文明创建工作,围绕气象事业发展主题,以提高全局整体素质为目标,大力弘扬气象精神,极大地促进了气象事业的发展。坚持以人为本,加强队伍建设,干部职工整体素质明显提高,文明创建阵地建设得到加强。青县气象局在注重人员素质提高的同时,进一步加强了硬件设施的建设,2005年4月建设"两室一网"(党员活动室、图书室、气象文化网),拥有图书200册。

文明单位创建　2006—2008年连续3年被沧州市委、市政府评为市级"文明单位"。

文体活动　青县气象局积极参加沧州市气象局举办的各项文体赛事,每年组织全体职工参加"博爱一日捐活动"。2008年3月参加了青县县委组织的"进百村、帮万户"帮扶活动,积极参加青县政府组织的文艺汇演和全民健身运动会,丰富职工的业余生活。

荣誉　1978—2008年青县气象局共获集体荣誉46项。1979—2008年青县气象局个人获奖共58人次。

台站建设

台站综合改善　1996年10月新建并装修了办公楼,占地面积149.2平方米;2008年底气象局占地面积2733平方米,办公楼1栋290平方米,职工宿舍楼1栋525平方米,车库2个70平方米。

园区建设　1997—2000年青县气象局分期分批对机关院内的环境进行了绿化改造,规划整修了道路。在院内种植了冬青、迎春、红叶李、竹子、月季等花卉和白蜡、龙爪槐等树木20棵。2007年青县气象局大院硬化面积500平方米,改造了业务值班室,完成了业务系统的规范化建设。

青县气象局旧貌(1962年)

青县气象局现貌(1997年)

东光县气象局

机构历史沿革

始建情况　东光县气象局始建于1965年1月1日,并开始正式观测记录。站址设在东光县城南纺纱厂院外南面,北纬37°54′,东经116°32′,观测场海拔高度14.5米。

站址迁移情况 1970 年因纺纱厂改为化肥厂,迁至东光中学院内,又因东光中学院内障碍物多,1974 年 1 月建新站,站址为北纬 37°53′,东经 116°32′,海拔高度 13.8 米,1974 年 6 月 19 日 20 时迁入新站并正式观测,一直承担国家一般观测站任务。

历史沿革 始建时名称为东光县气象服务站。1971 年 7 月更名为东光县气象站。1989 年 5 月更名为东光县气象局。

管理体制 自建站至 1969 年 12 月,东光县气象服务站由东光县人民政府领导,为农林局下属单位。1970 年 1 月—1973 年 12 月按照国发 75 号文件转军队和地方双重领导,由县人民武装部管理。1974 年 1 月—1981 年 12 月按照国务院中央军委批示由军队转地方由农业局管理。1982 年 1 月开始实行气象部门与地方政府双重领导,以气象部门领导为主的管理体制,一直延续至今。

单位名称及主要负责人变更情况

单位名称	姓名	职务	任职时间
东光县气象服务站	张俊西	站长	1965.01—1971.07
东光县气象站			1971.07—1983.12
	刘桂林	站长	1984.01—1989.05
		局长	1989.05—1991.09
东光县气象局	李文军	局长	1991.10—2007.09
	张云兰	副局长	2007.10—

人员状况 1965 年建站时只有 4 人。建站至 2008 共有 24 人在东光县气象局工作过,均为汉族,其中党员 10 人。截至 2008 年底,有职工 6 人,其中:30 岁以下 1 人,30 岁以上 5 人;均为中级职称;6 人中大学本科、专科、中专学历各 2 人。

气象业务与服务

1. 气象业务

①地面气象观测

观测项目 初建站时每天进行 08、14、20 时 3 个时次的地面观测,夜间不守班。观测项目有风向、风速、气温、湿度、气压、云、能见度、天气现象、降水、日照、小型蒸发、地面温度、5～20 厘米浅层地温、雪深、冻土。1966 年 1 月 28 日开始每天 14 时编发 1 次小图报、不定时编发重要天气报,发往省、地气象局。1968 年 1 月 28 日 08 时开始向省、地气象局编发雨情报。1968 年 2 月 1 日 08 时开始向省气象台编发气象旬(月)报。1999 年 3 月 1 日 08 时开始每天编发 08、14、20 时 3 个时次的天气加密报,原小图报规定作废。1999 年 3 月 1 日开始使用微机编报,取代了人工编报。从 1999 年 6 月 1 日 06 时开始每年 6—8 月向省气象台编发 06—06 时雨量报。

建站以来 77 人次获得"百班无错情",24 人次获得"250 班无错情"。

气象报表制 东光县气象站建站后,气象月报、年报气表用手工抄写方式人工编制。从 1994 年 1 月开始使用微机统计气象报表,向上级气象部门报送磁盘。1999 年 3 月—

2008 年 12 月使用高速打印机打印气象报表,上报电子与纸质报表,并将原始资料和报表及时归档保存。

编发报方式 1966 年 1 月 28 日开始,气象电报传递方式为电话传送到邮电局电报房。1987 年开始使用甚高频电话向市气象局传送报文。1999 年 8 月 16 日气象电报传输由邮电局转发改为 X.28 分组交换网传输。2002 年 7 月 2 日由 X.28 分组交换网传输改为 X.25 分组交换网传输。2005 年 3 月 1 日 X.25 分组交换网传输改为省—市—县 2 兆 VPN 局域网光纤专线传输。

现代化观测系统 2000 年建成县级地面气象卫星接收小站。2005 年建成闪电定位系统。2005 年 6 月东光县各乡镇建成了 HY-SR-002 型气温、雨量两要素自动观测站,并开始运行。2008 年 12 月 15 日东光县气象局建成 CAWS600-B 型自动气象站。

②天气预报

1971 年开始作补充天气预报。1980 年开始绘制简易天气图。1983 年 4 月正式开始天气图传真接收工作,主要接收北京和日本的传真图表,利用传真图表独立地分析判断天气变化并制作发布天气预报。1987 年开通甚高频无线对讲通讯电话,与沧州地区气象局直接进行业务会商。1989 年开展了县站解释预报工作。2000 年建设了单收站,开始接收沧州市气象局的预报产品,根据市气象局的指导预报结合本地的气象资料进行订正,制作出短、中、长期天气预报,短期预报每天 07、17 时发布。

2. 气象服务

①公众气象服务

东光县气象局自 1976 年 6 月开始制作 24～48 小时天气预报,电话传输到东光县广播站向全县广播。1987 年 5 月东光县气象局购置了 200 套无线通讯接收装置,安装到东光县防汛抗旱办公室、东光县农业局、各乡镇和每个自然村,建立无线通讯联系,1987 年 6 月正式使用预警系统对外开展服务,每天广播 3 次,在全国首先建成气象预警服务系统。

1996 年 3 月开始在电视台播放天气预报,1997 年 2 月开始自制节目录像带送电视台播放。2004 年 6 月开始用非线性编辑系统制作电视天气预报。

1997 年 6 月东光县气象局同电信局合作正式开通"121"天气预报自动咨询电话。2005 年 1 月"121"电话升位为"12121"。2007 年 8 月开始以手机短信方式发送气象信息,同时在县委、县政府安装的电子显示屏,发布天气预报和气象灾害信息。

2005 年 1 月建成了东光气象局网。2005 年 8 月建成了东光兴农网,网站建设不仅丰富了干部职工的文化生活,而且打开了外界了解气象的窗口。

2008 年在全县有关部门和乡镇、村配备气象信息员、协管员 600 人,为气象信息走进千家万户和解决气象服务"最后一公里"问题进行了积极探索。

②决策气象服务

东光县气象局从 1990 年开始制作《东光气象信息》每周一刊,对党、政机关进行服务,随着各行业对气象服务的需求,服务内容不断增加,截至 2008 年 12 月,决策服务产品有《重要天气报告》、《农业气象旬报》、《月预报》、《专题气象报告》、《气象灾害预警信息》、《人工增雨简报》、《雨情快报》。

【气象服务事例】 1992 年 7 月 23 日,东光县出现了有史以来的特大暴雨,降水持续 7 个小时,降水量达到 358.4 毫米。在这次特大暴雨到来之前,东光县出现了严重的干旱,根据天气形势的特点,东光县气象局在 7 月 21 日制作发布了我县将出现特大暴雨天气的《重要天气报告》、《旱情解除专题预报》进行服务,建议工作重点由抗旱转为防汛。在特大暴雨过程中,东光县气象局每半小时向东光县委、县政府及东光县防汛指挥部报告一次雨情、天气发展趋势,同时准确无误地向气象部门发送各种气象电报。由于这次特大暴雨预报服务及时准确,未造成人员伤亡。受到东光县委、县政府的好评。

③专业与专项气象服务

人工影响天气 东光县气象局积极配合科学种田开展农业气象工作,1977 年 3 月设 3 个气象哨;1978 年 3 月,经东光县委研究确定设置了 6 个炮点;1979 年 5 月 2 日增设东光炮点;1979 年底撤销。1994 年春季,投资购置 10 门"三七"高炮,设在 6 个乡镇,在防灾减灾中起到了较好的作用。1999 年由于经费不足,炮点陆续撤销。自 2000 年开始由沧州市气象局统一布署,增设了 1 部火箭发射架,进行人工增雨,效果较好,一直持续到 2008 年 12 月。

服务效益 2003 年 7 月东光县出现严重旱情,7 月 23 日夜间东光县气象局在张彦恒西、大单乡西、东光县城东、连镇东实施了火箭增雨作业。本次作业共持续 3 个多小时,累计发射增雨火箭弹 9 枚,全县平均降水量 134 毫米,城区降水量最大有 180 毫米,达到特大暴雨降水强度,过程降水量明显多于周边县市。

本次的增雨作业彻底解除了东光县的旱情,东光县县长刘立著批示,"这次人工增雨效果明显,既解除了旱情,又补充了地下水,是一件利民的好事。感谢气象局的积极工作"。主管副县长柴宝良批示:"这段时间我县的旱情非常严重,老百姓急盼一场透雨,气象局的同志们紧紧抓住降水过程,实施了火箭增雨作业,效果非常好。据水务局计算,这次降雨可增加水资源 7000 万方,老百姓仅浇地一项就节约了近 2000 万元,大家非常高兴,同时这场雨也振奋了我县干部群众的精神,工作干劲更大了,气象局功不可没,非常感谢!"

气象法规建设与社会管理

1. 法规建设

2002 年 9 月,东光县政府下发了《关于规范城建工程审批及收费工作的通知》(东政字〔2002〕82 号),把建设项目防雷装置设计审查首次纳入行政审批程序中,截至 2008 年 12 月,先后下发了《关于加强防雷减灾工作的通知》(东政字〔2003〕20 号)、《关于加强项目防雷减灾设计审批和竣工验收工作的通知》(东政字〔2003〕117 号)、《关于开展防雷安全专项检查的通知》(东政字〔2004〕74 号)、《关于加强建设项目防雷管理做好防雷安全检测的通知》(东政字〔2008〕16 号),进一步明确了项目建设单位和气象部门应遵守的工作制度和法律责任,防雷减灾和气象行政许可纳入法制化管理轨道。

2. 社会管理

探测环境保护　为了使气象探测环境保护真正成为全社会的责任,2008年4月18日东光县政府行文并下发了《关于加强气象探测环境保护工作的通告》(东政告字〔2008〕5号),在县政府及有关单位进行备案,并将通告复印50份发给周围住户进行宣传,号召大家一起保护观测环境。

防雷管理　1991年4月9日东光县政府《关于在全县进行避雷装置检测的通知》(东政通字〔1991〕23号)中规定,委托气象局负责全县避雷装置检测。1998年东光县人民政府《关于成立东光县防雷中心的通知》(东政字〔1998〕36号)和东光县机构编委办"东机编字办〔1998〕1号"文,成立了东光县防雷中心,2002年按照《河北省实施〈中华人民共和国气象法〉办法》的规定,开展了防雷装置设计审核和竣工验收;2003年气象局4名干部办理了行政执法证,气象局成立了行政执法队伍,开展行政执法。2004年7月中国工商银行东光支行住宅楼防雷装置拒绝进行审核,竣工后未经验收就已投入使用。东光县气象局执法人员找到主管领导进行面谈,督促其进行申报检测验收,但该单位仍置之不理。东光县气象局依据《河北省实施〈中华人民共和国气象法〉办法》的有关规定,依照程序对其进行了罚款处理,并在规定的期限内,申请法院对其进行了强制执行,投入使用后的住宅楼防雷装置进行了检测和整改,直至验收合格,确保了人民生命财产的安全,促进了防雷工作的开展。2004年东光县气象局被列为东光县安全生产委员会成员单位,负责东光县防雷安全的管理,防雷安全列入东光县安全责任制中。截至2008年12月共执法121次。

3. 政务公开

对气象行政审批办事程序、气象服务内容、服务承诺、气象行政执法依据、服务收费依据及标准等,通过户外公示栏、电视广告、发放宣传单等方式向社会公开。干部任用、财务收支、目标考核、基础设施建设、工程招投标等内容则通过职工大会或上局公示栏张榜等方式向职工公开。财务账目一般每半年公示一次,年底对全年收支、职工奖金福利发放、领导干部待遇、劳保、住房公积金等向职工作详细说明。干部任用、职工晋职、晋级等及时向职工公示或说明。每年接受上级财务部门年度审计,并将结果向职工公布。

党建与气象文化建设

1. 党建工作

党的组织建设　东光县气象站1965年1月—1983年12月,先后共有党员6人,编入地方党支部;1984年1月东光县气象局建立党支部。截至2008年底,有党员3人。

历届党支部重视对党员和群众进行政治思想教育。坚持每周召开一次党的生活会,组织党员学习政策文件,发挥党支部的战斗堡垒作用和党员的模范带头作用。

党风廉政建设　党支部认真落实党风廉政建设目标责任制,积极开展廉政教育和廉政文化建设活动,利用廉政光盘对党员干部进行廉政教育,建设文明机关、和谐机关、廉洁机关。1997—2008年期间保持市级"文明单位",4次被评为先进基层党组织。

2. 气象文化建设

东光县气象局为了充实职工业余生活,2005 年开展"两室一网"建设,修建了图书室、文娱活动室和气象文化网,增购图书300 册,购买了象棋、DVD 等文化娱乐器材和羽毛球、乒乓球等体育器材,开展体育竞赛和文艺活动。2005—2008 年组织开展"3·23"世界气象日科普宣传活动。

3. 荣誉与人物

集体荣誉 东光县气象局 1996—2008 年共获集体荣誉奖 34 项。

个人荣誉 1983—2008 年共获个人奖 120 人次,"250 班无错情奖励"24 个。1979 年张力被河北省政府授予劳动模范称号。

人物简介 张力,女,山东省无棣县人,汉族,生于 1956 年 10 月,党员,1975 年 1 月参加工作,2012 年 9 月退休。

张力工作兢兢业业,刻苦钻研,于 1979 年创出河北省第一个百班无错情,填补了全省气象业务劳动竞赛的空白,被评为河北省劳动模范。从业 34 年间受到沧州市气象局、沧州市委市政府、河北省气象局的各种奖励共计 20 次,为沧州气象事业发展做出了突出贡献。

台站建设

台站综合改善 1989—1997 年,东光县气象局有办公平房 8 间。1997 年综合改善建设了 213 平方米的办公楼房,装修了 8 间平房。2008 年综合改善项目列入河北省气象局正式项目库。

园区建设 1998—2008 年,东光县气象局分期对机关院内的环境进行了绿化改造,规划整修了道路,庭院内修建了草坪和花坛,重新修建业务观测场地,完成了业务综合平台系统的规范化建设。绿化面积 1000 平方米,栽种了月季、冬青、竹子等花卉,种植了龙爪槐、柳树、红叶梨、夹竹桃等多种观赏树木 50 棵,硬化面积 1000 平方米,使机关院内变成了三季有花、四季长绿的花园。

东光县气象局旧貌(1984 年)

东光县气象局现貌(2008 年)

吴桥县气象局

机构历史沿革

始建情况 吴桥县是国内外公认的著名"杂技之乡"。吴桥县气象局始建于 1959 年 1 月 1 日,创建时名称为吴桥县气象台,地址在吴桥县桑园镇东北孙家园子。

站址迁移情况 1974 年 6 月第一次迁站至吴桥县桑园镇东桑宁公路南侧王庄大队村北。2008 年 1 月第二次迁站,站址位于吴桥县桑园镇东民营工业园区,北纬 37°38′,东经 116°24′,观测场海拔高度 17.1 米。

历史沿革 1960 年 6 月吴桥县气象台更名为吴桥气象服务站。1971 年 5 月更名为吴桥县气象站。1989 年 12 月更名为吴桥县气象局。

从 1959 年 1 月 1 日建站至今,一直承担国家一般观测站任务。

管理体制 1959 年 1 月 1 日—1969 年 12 月 31 日属吴桥县农林局管辖。1970 年 1 月 1 日—1973 年 3 月 5 日转为由军队和地方双重领导。1973 年 3 月 6 日—1979 年 12 月 31 日由军队转为地方管辖。1980 年 1 月以来实行气象部门与地方政府双重领导,以气象部门领导为主的管理体制。

单位名称及主要负责人变更情况

单位名称	姓名	职务	任职时间
吴桥县气象台	米森林	站长	1959.01—1960.06
吴桥气象服务站			1960.06—1961.12
	王世奇	站长	1962.01—1963.09
	孙树章	站长	1963.10—1971.05
吴桥县气象站	王起龙	站长	1971.05—1979.04
	张立波	站长	1979.05—1984.04
	曹立新	站长	1984.05—1988.04
	侯和平	站长	1988.05—1989.12
吴桥县气象局		局长	1989.12—

人员状况 1959 年建站时有 14 人,1980 年底有职工 8 人。截至 2008 年底,共有在职职工 10 人(在编职工 6 人,聘用职工 4 人),在编职工中:大学学历 1 人,大专学历 2 人,中专学历 3 人;工程师 2 人,助理工程师 4 人。

气象业务与服务

1. 气象业务

①地面测报

气象观测 1962 年 1 月—2008 年 12 月吴桥县气象站每天进行 08、14、20 时 3 次地面观测。截至 2008 年底,观测项目有风向、风速、气温、湿度、气压、云、能见度、天气现象、降水、日照、小型蒸发、地面温度、草面温度、雪深、冻土等。每天编发 08、14、20 时 3 次定时绘图报。从 1999 年 6 月 1 日开始,增加了每年 6—8 月向省气象台编发 06—06 时雨量报。

现代化观测系统　1999 年建成 PC-VSAT 单收站以及 MICAPS 气象信息综合分析处理系统;2005 年 6 月建成 5 个乡镇 SL2-1 型雨量、气温两要素区域加密自动气象站,2007 年 4 月全县所有乡镇建成两要素加密自动观测站;2007 年 12 月建成了 CAWS600-B 型自动气象站,于 2008 年 1 月 1 日投入业务运行。2008 年 10 月,开通市—县视频会商系统。

编发报方式　1959 年建站开始采用手工查算编报;1999 年 4 月 22 日开始使用计算机编报;1999 年 8 月 26 日气象电报传输由邮电局转发改为 X.28 分组交换网传输;2002 年 7 月 2 日由 X.28 分组交换网传输改为 X.25 分组交换网传输;2005 年 1 月 11 日由 X.25 分组交换网传输改为省—市—县 2 兆 VPN 局域网光纤专线传输。2008 年 1 月 1 日自动气象站正式运行,每天定时传输 24 次。由此气象电报传输实现了网络化、自动化。自动站数据传输由网络主通道和网络辅助通道(备份)传输两部分组成,网络出现故障时可通过电话传递气象电报,气象电报的传输得到了双重保障。

气象报表制作　吴桥气象站建站后,用手工抄写方式人工编制气象月报、年报气表。从 1999 年 4 月开始使用微机统计打印气象报表,向上级气象部门报送磁盘。截至 2008 年 12 月 31 日使用高速打印机打印气表,上报电子与纸质报表并保存资料档案。

②天气预报

建站初期,主要采用谚语、老农经验、天物象反映和本站资料作短期预报;20 世纪 80 年代天气预报靠收听中央、省气象台天气预报广播,本站有三线图、绘制小天气图、统计预报等方法制作短、中、长期天气预报;1982 年安装了气象传真接收机;1989 年为充分利用上级预报产品,开展了县站解释预报工作;1998 年 10 月安装了气象卫星资料接收系统。

2. 气象服务

①公众气象服务

建站初期的公众气象服务是通过广播站有线定时广播。进入 20 世纪 90 年代后发布渠道越来越广,服务内容不断增加。1995 年 5 月吴桥县气象局同电信局合作正式开通"121"天气预报电话自动答询系统,2005 年 1 月"121"电话升位为"12121",2008 年 4 月根据沧州市气象局的要求,"12121"实行集约管理;1997 年 2 月吴桥县气象局与广播局协商开始在电视台播放吴桥县天气预报,每晚在新闻节目后分两次播出,2004 年 2 月开始使用语音合成多媒体电视天气预报制作系统,天气预报由使用录像带改为 U 盘报送;2005 年开通吴桥县气象网站。2008 年 12 月在吴桥县委、县政府和县水利局安装了气象信息电子显示屏。

②决策气象服务

20 世纪 70—80 年代决策服务形式比较简单,只有雨情和特殊天气的预报服务。进入 90 年代以后,随着各行业对气象服务需求的增加,服务内容逐渐丰富,目前已经包括:重要天气报告、气象灾害预警信号、专题气象报告、雨情信息、天气气候评价、一周天气预报、每月天气预报以及有临时性重大社会活动时的临时服务材料。

2005 年 6 月开通了企信通短信服务平台,以手机短信的方式向全县各级领导发送气象信息,包括突发灾害天气预报、雨情、气象灾害预警信号等。

③专业与专项气象服务

防雷工作 1991 年 3 月吴桥县气象局开始对全县高大建筑物及易燃、易爆、化工场所的防雷装置进行检测。1998 年 8 月成立吴桥县防雷中心,对从事防雷检测业务的人员实行资格证管理,并将防雷工程的图纸审核、竣工验收及部分防雷工程的设计安装纳入业务范围。2002 年 9 月 1 日《河北省实施〈中华人民共和国气象法〉办法》的出台和宣传贯彻,正式使吴桥县的防雷管理走向法制化轨道。

人工影响天气 1993 年在梁集镇、安陵镇、于集镇、铁城镇、宋门乡设立了 5 个防雹炮点;2000 年购置车载火箭增雨作业系统;2007 年 4 月为人工增雨作业车安装 GPS 定位终端设备。

服务效益 1990 年 8 月 10 日根据预报资料分析未来 48 小时将有一次暴雨过程,吴桥县气象局及时通知县委、政府、防汛办、砖瓦厂等单位,建议提前做好应对工作并安排生产自救。8 月 12 日降雨量达到了 262.2 毫米,由于提前做好准备工作,有关单位将灾害损失降到最低,创间接经济效益 500 万元。

2006 年春季吴桥县降水偏少,旱情持续发展,冬小麦生长和春播受到严重影响,抗旱形势严峻。5 月 24 日 15 时 30 分发射火箭弹 6 枚、增雨防雹炮弹 50 发,吴桥县桑园镇降水量达到了 40.8 毫米。25 日下午的雷雨天气,剧烈的辐合气流使云体发展强盛,个别地点降了冰雹。但由于实施增雨作业,增雨火箭的催化作用,大量的人工冰核使空中的水汽凝华成冰晶转化为雨滴,不仅最大程度地增加了降水,还很大程度上削弱了冰雹的势力,基本上无灾。

气象法规建设与社会管理

法规建设 紧紧依靠地方政府,建立完善的防雷减灾管理体系。2002 年吴桥县政府下发了《吴桥县人民政府关于全县加强避雷装置安全检测的通知》(吴政通〔2002〕16 号)。2007 年吴桥县人民政府下发了《吴桥县人民政府关于进一步加强防雷安全工作的通知》(〔2007〕45 号)文等文件。

行政执法 2008 年 6 月 12 日,吴桥县气象局执法人员在执法检查中发现中国石油天然气股份有限公司河北销售分公司沧州第十二加油站防雷装置未按规定进行申报检测,要求 3 日内停止违法行为,取得防雷实施年检合格证,下达了《责令停止违法行为通知书》。该加油站以种种理由推脱,置之不理,吴桥县气象局于 2008 年 7 月 4 日下达了《行政处罚决定书》,对加油站进行了警告,责令改正违法行为并给予了罚款 1 万元的处罚决定。通过执法,加油站对违法行为认识态度较好并服从管理,消除了安全隐患。

社会管理 2003 年吴桥县气象局成立执法科,有执法人员 4 人。2003—2008 年执法 300 次,按照"严格执法、热情服务"的执法理念,寓管理于服务之中,防雷行政许可和防雷技术服务正逐步走向成熟和规范化。

2008 年 1 月 1 日迁至此站址并正式运行观测业务。在探测环境保护方面,吴桥县政府下发了《吴桥县人民政府办公室关于加强气象探测环境的通知》(〔2004〕44 号文);2007 年 12 月在吴桥县政府等有关单位进行了气象探测环境标准和具体范围备案;2008 年 2 月筹集资金和地方政府、交通局、公路站等单位多方协商,宣传和解释气象探测环境保护的法规和相关标准,取得了他们的理解和支持,刨掉了吴桥县气象局南桑宁公路上 120 米距离 50 棵不符合探测环境保护标准的树木,进一步优化了探测环境。

政务公开 对气象行政审批办事程序、气象服务内容、服务承诺、气象行政执法依据、服务收费依据及标准等,通过户外公示栏、县政府的电视承诺、发放宣传单等方式向社会公开。干部任用、财务收支、目标考核、基础设施建设、工程招投标等内容则通过职工大会或上局公示栏张榜等方式向职工公开。财务一般每半年公示一次,年底对全年收支、职工奖金福利发放、领导干部待遇、劳保、住房公积金等向职工作详细说明。干部任用、职工晋职、晋级等及时向职工公示或说明。

党建与气象文化建设

1. 党建工作

党的组织建设 1978—1992 年党员编入县科委党支部。1993 年县气象局成立党支部,当时有党员 3 人。1996 年党员发展到 6 人。截至 2008 年 12 月,有党员 4 人。2005—2008 年连续 4 年被县直机关党委评为"先进基层党组织"。

党风廉政建设 吴桥县气象局历来重视党风廉政建设工作,按照"为民、务实、清廉"的方针,围绕气象工作的中心,坚持标本兼治、惩防并举、注重预防,求真务实,扎实有效的推进党风廉政建设工作。2002 年 4 月制订了《吴桥县气象局工作管理制度》,以后每年年初根据实际情况进行修订完善,主要内容包括学习制度、业务管理奖惩制度、考勤制度、财务管理制度、车辆管理制度、行政执法制度等。党风廉政活动内容丰富、形式多样,每年组织召开两次民主生活会,开展学习型机关活动,开展讲党课、摄影展、大合唱等活动,凝聚人心,创建和谐机关。

2. 气象文化建设

精神文明建设 吴桥县气象局坚持物质文明和精神文明一起抓,深入持久地开展精神文明创建活动,做到政治学习有制度、文体活动有场所、电化教育有设施,2005 年建成"两室一网",2008 年新建乒乓球室,购进了体育健身器材,建有健身休闲广场,职工文化生活丰富多彩。

文明单位创建 2001 年第一次被市委、市政府授予市级"文明单位",此后 2002—2003 年、2004—2005 年、2006—2007 年度连续 3 次被市委、市政府授予"市级文明单位"。

荣誉 1978—2008 年底吴桥县气象局共获集体荣誉奖 20 项。2006 年吴桥县气象局测报股被河北省气象局评为"先进测报股"。截至 2008 年,吴桥县气象局个人获奖 77 人次。2002—2008 年通过验收"250 班无错情"14 个。

台站建设

1959 年吴桥县气象局建站在桑园镇东北孙家园子乡村,当时办公和生活条件简陋。

1974年6月迁站至王庄大队村后,占地0.5公顷,有办公和生活用房2幢26间,建筑面积528.7平方米,办公和生活均用煤炉取暖。1996年7月对原平房进行改造,建成三层1500平方米的办公、门市和职工生活综合楼,一层为门市出租,办公面积300平方米,当时被称为河北气象第一楼,同年对院内进行了绿化,绿化面积2500平方米。2005年院内旱厕所改造为楼内水冲式厕所,职工生活、办公、卫生条件得到全面改善。

2008年1月吴桥县气象局第二次迁站,按照园林式单位和一流台站的标准对办公楼和工作环境进行了综合建设,台站实际占地面积0.8公顷,办公楼建筑面积582平方米,附属用房18平方米,建有健身休闲广场、活动室、图书室、大会议室、综合业务平台、职工厨房,冬有暖气,夏有空调;硬化面积1200平方米;绿化面积6000平方米,种植乔木14棵,花卉、灌木5000棵,草坪面积3700平方米,绿化覆盖率达到77%,实现了乔、灌、花草错落有致,三季有花、四季常绿的工作环境。

吴桥局县气象局办公楼(2008年)

吴桥县气象局(2008年)

海兴县气象局

机构历史沿革

始建情况 1965年11月根据冀气1965(41)号文件批准建立海兴县气象服务站,站址位于海兴县城北旷野地区,占地0.19公顷,有办公平房1.5间,宿舍6间,为国家一般气象观测站。1966年1月1日开始观测记录。

站址迁移情况 2004年1月海兴县气象局迁至海兴县城北郊外,经纬度为北纬38°09′,东经117°29′,海拔高度6.4米,占地0.42公顷。截至2008年底,站址再未变化。

历史沿革 1976年1月海兴县气象服务站更名为海兴县气象科。1979年2月更名为海兴县气象局。

管理体制 海兴县气象服务站刚成立时隶属于海兴县农业局。1971年6月由海兴县武装部领导。1973年8月军管结束仍由海兴县农业局领导。1981年12月开始实行气象部门与地方政府双重领导,以气象部门领导为主的管理体制。

机构设置 截至 2008 年底,海兴县气象局设有综合业务科、法制监管科、防雷检测站,分担着气象行业管理、地面气象观测与资料传输、天气预报预警服务、人工影响天气、防雷减灾、气象宣传等方面的工作。

单位名称及主要负责人变更情况

单位名称	姓名	职务	任职时间
海兴县气象服务站	郭三元	站长	1966.01—1971.04
	刘希海	站长	1971.04—1975.01
海兴县气象科	李怀兰	站长	1975.01—1976.01
		科长	1976.01—1976.03
	于培新	科长	1976.03—1976.12
	蔡建华	科长	1976.12—1977.03
	窦承颜	科长	1977.03—1977.11
	崔金龙	科长	1977.11—1979.02
海兴县气象局	张长岭	局长	1979.02—1980.11
	胡淑芳	局长	1980.11—1982.04
	王玉春	局长	1982.04—1984.04
	韩如昌	局长	1984.04—1988.01
	崔保国	局长	1988.01—2002.03
	魏秀梅	副局长	2002.03—2006.05
		局长	2006.05—

人员状况 1965 年建站时只有 1 人,1969—1970 年,县农业局派 2 人协助海兴县气象服务站工作。在职人员最多时为 1977 年有 12 人。截至 2008 年 12 月,海兴县气象局有在职职工 7 人(在编职工 5 人,外聘临时工 2 人),退休职工 2 人。在职职工中:本科学历 3 人,大专学历 2 人,中专学历 2 人;工程师 2 人,助理工程师 3 人;45 岁以上 1 人,30~45 岁 3 人,30 岁以下 3 人。

气象业务与服务

1. 气象业务

①地面测报

观测内容 海兴县气象局为国家一般气象观测站,1966 年 1 月 1 日正式开始观测,每天进行 08、14、20 时 3 次地面观测,夜间不守班。观测项目有云、能见度、天气现象、气压、气温、湿度、风向、风速、降水、雪深、日照、蒸发、地温、冻土等,除日照观测时制为真太阳时外,其他项目观测时制均为北京时,当时主要观测仪器有干湿球温度表,最高、最低温度表,小型蒸发器,气压表,雨量筒,地面温度表,地面最高、最低温度表,5~20 厘米曲管地温表,冻土器,日照计,风向风速计等。1967—1971 年相继增加气压计,温度计,湿度计,虹吸雨量计,EL 型电接风向风速计。1980 年 1 月 1 日起执行 1979 年版《地面气象观测规范》。

1988年1日1日—1998年12月31日台站级别调整为辅助气象站,部分观测任务相应减少。2004年1月1日起执行2003年版《地面气象观测规范》。

发报种类 海兴气象站刚建站时只发不定时灾害报和旬月报,1972年7月1日开始向省气象台和地区气象台编发14时绘图报,同时每年5月20日—9月30日增编08、20时绘图报。1988年1日1日—1998年12月31日取消了绘图报任务。1999年1月1日开始每天发08、14、20时3次绘图报,同时开始使用微机编发报。截至2008年12月海兴县气象局所承担的发报任务有天气加密报(08、14、20时3次)、重要天气报(不定时)、气象旬月报(每旬1日)、06—06汛期雨量报(6月1日—8月31日)。

气象报表制作 建站后编制的报表有气表-1(月报)与气表-21(年报)。1972年7月—1978年12月制作有气表-5(降水)与气表-6(风)。1988年1月—1998年12月只制作气象简表。1994年6月开始微机制作打印各类报表。

现代化观测系统 2000年建设了单收站,可以接收各类气象数据与资料。2005年6月、2006年5月、2008年6月分别在海兴县各乡镇、农场共安装了两要素加密自动气象观测站8个。2008年9月建设市—县视频会商系统。2008年12月遥测Ⅰ型自动站建设完毕并试运行。

②气象信息网络

建站初期通过电话将报文传送至邮电局,由邮电局中转后发往河北省气象台。1986年4月开始使用甚高频电话将各类信息资料直接传送至沧州地区气象局,再转发到河北省气象局。1999年1月改用X.28通信系统进行传输。2002年9月通信系统改为X.25系统。2005年3月通讯网络全部改为2兆VPN电路。

③天气预报

1971年开始每天发布2次天气预报。1973年11月30日起用"最近相似法"作5—9月的月降水趋势预报。1976年1月开始每日下午绘制是500百帕、700百帕高空图和本站天气图,并绘制本站曲线图制作24小时天气预报,通过广播局的大喇叭在每天07时和20时向公众播报。1982年用"多因子综合效预报法"制作1—12月的月降水趋势预报。1986年4月由甚高频电话每天07、17时收听上级天气预报,同时上报实况雨情。2000年后对市气象台的预报订正后再通过电视台播发。2002年底开始安装并使用MICAPS 2.0系统。

2. 气象服务

①公众气象服务

海兴县气象局天气预报业务始于1971年,当时每天发布天气预报2次;2000年1月开通了电视画面天气预报,结束了只有播音员在幕后播音的局面。2005年4月电视天气预报制作系统升级为非线性编辑系统,实现电视天气预报动画播出。1999年9月海兴县气象局同电信局合作正式开通"121"气象服务;2005年系统升位为"12121";2008年3月由沧州市气象局实行集约化管理。

②决策气象服务

1999年4月创办了《海兴气象》小刊物,报送县委、县政府、政协、人大领导和各乡、镇场及有关部门主要领导,用于各级领导指导安排工作。截至 2008 年,气象服务材料不断丰富,内容包括《雨情信息》、《重要天气报告》、《专题气象报告》、《农业气象旬报》、《海兴人工影响天气简报》等,为领导的决策提供科学、准确的依据。

③专业与专项气象服务

人工影响天气 1996 年购置 3 门"三七"高炮开展人工防雹增雨作业,海兴气象局分别在小山乡、赵毛陶镇、高湾镇建立 3 个人工影响天气作业点。2006 年 3 门高炮停止作业。2007 年 3 月上级气象部门调拨长城皮卡汽车 1 辆,新购置防雹增雨火箭发射架 1 套,开展流动人工增雨作业。

防雷工作 1999 年 5 月海兴县防雷中心正式成立,为科级事业单位,挂靠海兴县气象局。2004 年 3 月通过河北省气象局防雷检测资质认证。从 2004 年开始进行防雷装置设计审核、验收工作。

④气象科技服务

1980 年 3 月开始,先后为农业、畜牧、水利、交通等多个部门提供气象资料服务。1984 年 3 月积极开展气象科技服务,先后与盐务局、青先化工厂、建筑公司、运输队签订了气象服务合同。1986 年 4 月沧州市气象局给海兴气象站安装了高频电话。1988 年 7 月购置了警报发射机 1 部,警报接收机 19 部。1989 年上半年又购进警报接收机 10 部,下发到各乡、镇、场。2003 年开始为盐务局下设备盐场系统提供气温、降水、日照、蒸发等气象资料证明。2005 年县气象局为新建风力发电项目进行搜集、整理和分析气象数据,为项目建设提供了可靠的科学依据。县气象局与盐务局分别于 2005 年 4 月与 2006 年 3 月联合下发《关于对沿海盐业加强专业气象预报的通知》、《关于对盐场进行气象预报的通知》等文件,大力拓展气象服务用户范围,截至 2008 年底,已与 32 家盐业主达成气象服务协议。2007 年 6 月海兴县气象局与广播电视局签订了气象灾害预警信息发布协议,畅通了气象灾害预警信息发布渠道。2007 年 9 月—2008 年 5 月,为县政府、各乡镇及相关单位 24 个部门安装了气象预警电子显示屏。2008 年 11 月为沿海村庄安装了预警接收机,形成覆盖县乡村三级的气象服务网络体系。

服务效益 1999 年海兴县气象局开展防雹作业 5 次,发射炮弹 196 发。1999 年 6 月 2 日高湾炮点作业及时、迅速,有效控制了冰雹云的发展,海兴县辖区内未遭受冰雹灾害,防雹效果明显。而临近的山东省大山镇却受到冰雹袭击,损失重大。

2007 年 6 月 23 日,利用 FY-2C 气象卫星云图、加密自动气象站等寻找有利作业时机,并成功实施人工增雨作业,作业效果十分明显。根据加密自动雨量站观测显示,全县范围普降大到暴雨,为农民提供了夏播良机,时任海兴县委书记张振海在"雨情快报"上做出重要批示,表扬气象部门服务及时,增雨效果显著。

气象法规建设与社会管理

法规建设 1999 年海兴县防雷中心正式成立,当时负责全县防雷设施的检测和计算机防雷设施的检测安装工作。2003 年 5 月海兴县气象局与城建局联合下发《关于加强建筑工程防雷设计和施工管理的通知》,将防雷行政许可纳入施工与竣工的前置条件。2004 年 11 月海兴县政府下发《关于完善防雷减灾管理有关问题的批复》,进一步规范了防雷行政许可实施行为。此后,海兴县政府自 2005 年起连续 4 年就防雷减灾工作下发相关文件,提高社会防雷减灾意识。2005—2008 年海兴县气象局与安监局每年就防雷监管工作联合下发文件,规范海兴县防雷安全管理工作。

社会管理 在行业管理方面,海兴县气象局施行宣传与管理双结合的工作方针。2004 年以来海兴县气象局每年都利用"3·23"世界气象日、安全生产宣传月、入汛前等时机,采用"12121"信箱、电子显示屏、安全讲座等方式进行宣传防雷监管及探测环境保护法律法规。2007 年 7 月在海兴县电视台 32 个有线频道每晚 4 次滚动播出防雷安全知识,使防雷安全深入人心。2007 年 3 月海兴县气象局执法人员通过宣传法规,成功制止了海兴中学体育馆建设影响探测环境的行为。2007 年 9 月开始海兴县气象局在天气预报开头宣传探测环境保护法律法规。截至 2008 年,海兴县气象局共有行政执法人员 3 人,共执法 65 起。

政务公开 海兴县气象局设立了社会公开栏,将单位办事制度、依据、职责范围、干部人事、财务等重点工作事项予以公开。社会公开栏内容包括:单位职责、办事依据、办事程序及要求、岗位职责、主要领导简介;服务承诺、违诺违纪的投诉处理途径。各项内容在县政府网上公开。

党建与气象文化建设

1. 党建工作

党的组织建设 海兴县气象局成立后由于党员人员少,没有成立党支部,党员活动挂靠县直机关党委会,2003 年成立了海兴县气象局党支部,隶属县直机关党委会。截至 2008 年,有党员 5 人,预备党员 1 人。

党风廉政建设 海兴县气象局历来重视党风廉政建设工作。自 2005 年海兴县气象局党支部连续 4 年被海兴县县直机关党委授予"先进基层党组织"称号。2007 年海兴县气象局开始创建学习型机关,制定每周二集体学习制度;2008 年明确以"建制履责年"为主题,开展党风党纪、廉政宣传教育月活动。

2. 气象文化建设

精神文明建设 海兴气象局始终坚持"公共气象、安全气象、资源气象"发展理念,培育出"艰苦奋斗、甘于奉献,改革创新、开拓进取"的海兴气象人精神。海兴气象局积极参加市气象局文艺汇演、体育比赛等活动,展现出海兴气象人昂扬向上的斗志。2005 年建成"两室一网",其中图书室有图书 829 册,丰富了职工的业余生活。

在精神文明单位创建工作中,2006 年、2008 年荣获市级"文明单位"称号。

荣誉 截至 2008 年,海兴县气象局共获集体荣誉奖 56 项。其中被海兴县委、县政府授予荣誉奖 23 项;被沧州市委授予荣誉奖 6 项;被沧州市气象局授予得荣誉奖 12 项;创"百班无错情"15 个。海兴县气象局个人共获奖 43 人次。

台站建设

　　1988年5月海兴站在省气象局和海兴县政府共同的资助下,新建办公室6.5间、宿舍8间、伙房9间,仓库、厕所各1间,建筑面积共350平方米;2003年11月新办公楼及附属设施开工建设,2004年初建成,同年4月1日新站正式开展地面气象观测业务以及其他业务的运行;2005年建成图书室、阅览室及荣誉室,购置夏利服务用车1辆及立式空调2台;2007年8月安装有线电视、热水器等生活附属设施,以丰富单身职工文化生活;2008年8月装修改造综合办公楼,同年10月对院内排水系统进行了综合改造。

　　新台站建成后,对局机关环境面貌进行了逐步改善。2005年6月完成院内路面硬化和绿化工作,水泥路面硬化面积660平方米,院内种植金丝槐、垂杨柳等树木。海兴县气象局现占地面积0.57公顷,综合办公楼面积360平方米,各类辅助用房280平方米,硬化面积660平方米,绿化面积1750平方米。

海兴县气象局旧貌(2002年)

海兴县气象局业务室(2002年)

海兴县气象局现貌(2008年)

南皮县气象局

机构历史沿革

始建情况　南皮县气象局始建于 1964 年 1 月,建站时名称为南皮县气象服务站,为国家一般气象站。1965 年 1 月 1 日正式观测值班。站址位于南皮县城西郊泊南公路南侧,北纬 38°02′,东经 116°40′,观测场海拔高度 12.3 米。

历史沿革　南皮县气象局始建名称南皮县气象服务站,1971 年 12 月更名南皮县气象站;1978 年 6 月更名南皮县气象局;1981 年 12 月更名南皮县气象站;1989 年 6 月 1 日又更名南皮县气象局。

1988 年 1 月 1 日变更为河北省辅助站。1999 年 1 月 1 日改为国家一般气象站。2007 年 1 月 1 日改为为国家气象观测站二级站。

管理体制　自建站至 1969 年 12 月,由南皮县农林局领导;1970 年 1 月 1 日根据国发 75 号文件精神转由县人民武装部和地方政府双重领导;后经国务院、中央军委批示,于 1973 年 3 月 6 日起转由地方领导;1980 年 1 月 1 日,根据河北省政府 217 号文件开始实行气象部门与地方政府双重领导,以气象部门领导为主的管理体制。

单位名称及主要负责人变更情况

单位名称	姓名	职务	任职时间
南皮县气象服务站	周建新	站长	1964.12—1971.06
	张世平	站长	1971.06—1971.12
			1971.12—1972.01
南皮县气象站	王兴文	站长	1972.01—1975.11
	张良臣	站长	1975.11—1978.06
南皮县气象局	付书香	局长	1978.06—1979.11
	曹保章	局长	1979.11—1981.01
	张良臣	局长	1981.01—1981.12
		站长	1981.12—1984.05
南皮县气象站	钱家振	站长	1984.05—1987.06
	孙 平	站长	1987.06—1988.02
	张立明	站长	1988.02—1989.06
		局长	1989.06—1989.08
南皮县气象局	钱家振	局长	1989.09—1992.07
	张立明	局长	1992.08—

人员状况　1964 年建站时只有 2 人,截至 2008 年 12 月,先后有 35 人在南皮县气象局工作。2008 年 12 月有在职职工 9 人(其中在编职工 5 人,临时聘用职工 4 人)。在编职工

中:大学本科学历 2 人,大专学历 1 人,中专学历 2 人;初级职称 5 人;50~55 岁 1 人,40~
49 岁 3 人,40 岁以下 1 人。

气象业务与服务

1. 气象业务

①地面气象观测

观测内容 1965 年 1 月 1 日—2008 年底,每天进行 08、14、20 时 3 次观测,夜间不守班。
观测项目有云、能见度、天气现象、气压、气温、湿度、风向、风速、降水、日照、蒸发、雪深、地温、
5~20 厘米浅层地温、冻土等。2004 年 1 月 1 日开始增加视程障碍现象最小能见度观测。

2008 年 12 月 18 日 18 时自动站安装并调试成功,开始投入试运行,观测项目有气压、气
温、湿度、风向、风速、降水、地温、5~20 厘米浅层地温以及 40~320 厘米深层地温、草温。

发报内容 天气加密报内容有云、能见度、天气现象、气压、气温、湿度、风向、风速、降
水、雪深、地温等;重要天气报的内容有暴雨、大风、龙卷、积雪、冰雹、雷暴降水、初终霜、特
大降水量;2002 年重要天气报内容增加浮尘、扬沙、沙尘暴、强沙尘暴、雾;2008 年 5 月重要
天气报内容增加了雨凇、霾,并将雷暴降水更改为雷暴。

编制的报表有 3 份气表-1,3 份气表-21,向河北省气象局、沧州市气象局各报送 1 份,
台站留底 1 份。1999 年 8 月 1 日通过 X.28 分组网向省气象局传输原始资料 F 文件,向市
气象局上报 1 份纸质文件。

编发电报:1965—1985 年为手工编发各种电报;1986 年 2 月起开始使用 PC-1500A 计
算编报再由人工转发;1999 年 3 月开始使用微型计算机编报。

现代化观测系统 2005 年 5 月南皮县气象局在 9 个乡镇陆续建成雨量、气温两要素自
动气象观测站。2008 年 12 月 18 日 18 时南皮县气象局 CAWS600-B 型自动气象站建成,
并投入试运行。

②农业气象

1979 年 4 月开始农作物生育状况观测,并发布棉花、及冬小麦播种期预报;1980 年在
省气象局的支持下,利用飞机进行苜蓿播种;1983 年 1 月 10 日开始编发农业气象旬报;
1983 年 3 月发布冬小麦产量预报,7 月发布夏玉米产量预报;1984 年 3 月开展物候观测。

1980—1984 年共发布农业情报、预报共 96 篇;1982 年开展农业气候分析及评价专题
研究,整理出农业气候区划文章 6 篇,移交区划办公室。

③气象信息网络

1999 年 8 月 1 日安装使用 X.28 分组数据交换网,用于测报传输数据、局域网建设及
公文传输;2002 年 7 月 2 日 X.28 分组交换网升级为 X.25,提高了传输速度。2005 年 1 月
11 日改为市—县 2 兆 VPN 局域网光纤专线传输。

④天气预报

1965 年南皮县气象服务站开始运用数理统计方法和常规气象资料图表及天气谚语等
方法制作补充天气预报。1981 年 5 月使用收音机,收听全国各站气候资料,然后手工绘制
小天气图,结合其他地方天气预报和地面天气图、500 百帕天气图及本站多要素数据进行

综合分析,做出南皮县补充订正预报,取得了较好的预报效果。1986 年以后南皮县气象站不再制作中长期天气预报,参考采用沧州市气象台预报。1988 年 7 月架设开通甚高频无线对讲通讯电话,实现了与地区气象局直接业务会商。2000 年南皮县气象局建成了 PC-VSAT 单收站,接收沧州市气象台预报产品。2002 年安装了 MICAPS 处理系统,直接接收各类气象卫星资料,以沧州市气象台预报产品为指导并结合卫星资料进行预报制作。

2. 气象服务

①公众气象服务

1993 年南皮县气象局与县广播电视局协商,由电视台播放,预报信息由县气象局提供,并指派专人每天下午定时送往电视台,电视台负责播放。1997 年 1 月 1 日南皮县气象局引进天气预报制作系统,开始以电视节目形式提供公众气象服务。2004 年 4 月南皮县气象局对天气预报制作系统进行升级,预报节目由以往的静态画面升级为动态画面。

1997 年 5 月,南皮县气象局与电信局合作,正式开通"121"天气预报自动答询系统。2006 年 4 月 22 日,"121"升位成"12121"。2007 年按照沧州市气象局要求,"12121"自动答询系统由沧州市气象局统一建设维护,节目修订工作交予沧州市气象台。

2005 年 8 月为更好地为农业生产服务,建起了南皮兴农网,并于 2006 年与南皮政务网链接,促进了全县农业产业化和信息化的发展。

②决策气象服务

2005 年通过移动通信网络开通了气象短信平台,以手机短信方式向县各级领导、相关部门负责人发送各类气象信息。2007 年南皮县气象局开始逐步设立乡村气象信息员。2008 年正式利用手机短信向乡村气象信息员发布气象信息,并将信息员作为服务农民的桥梁和纽带,将各类灾害性天气信息第一时间发布到农民手中。

2006 年底为进一步拓宽气象信息覆盖面,南皮县气象局以县政府及 9 个乡镇政府为试点增设了气象信息屏,发布各类气象信息、科普知识及相关政策法规。

另外南皮县气象局定期制作《南皮气象》周刊,不定期印发《气象灾害预警信号》、《重要天气报告》、《专题气象报告》、《雨情信息》、《人影简讯》等,报送县委、县政府及有关部门。

③专业与专项气象服务

专业气象服务 1989 年安装了到乡镇、砖厂及服务用户的无线通讯接收装置(预警接收机),正式对外开展服务,每天上午、下午各广播 1 次天气预报。服务单位通过预警接收机定时接收气象服务信息。

人工影响天气 1976 年南皮县气象局使用土火箭在当地开展人工影响天气工作。1995 年 9 月南皮县人工影响天气指挥部成立,下设办公室,挂靠县气象局。1996 年由县政府牵头农民集资购进"三七"高炮 5 门,分别在段六拨、董村、王寺、大七拨、潞灌设立 5 个炮点,开始实施人工影响天气作业。1997 年再次购进 2 门高炮,分设在城关、乌马营 2 个炮点;同年增设了车载式火箭发射系统,完善了人工影响天气作业装备。

防雷工作 1990 年南皮县开始培训技术人员,建立县级避雷设施检测中心,开展对外防雷检测工作,其业务局限于对已投入使用的防雷装置的检测,并一直延续到 1998 年。1998 年 12 月根据河北省机构编制委员会《关于河北省各级部门成立防雷中心机构的通知》,成立了南皮县防雷中心。

服务效益 2006 年 7 月 5 日南皮县出现强对流天气,大部分乡镇遭遇冰雹袭击,冰雹所到之处一片狼藉,465 公顷农田受灾,绝收面积达 270 公顷。而此时,由于南皮县大浪淀乡炮点提前准备、及时作业,保护区内未出现冰雹。此次作业效果非常明显,得到县政府领导的高度认可。

气象法规建设与社会管理

法规建设 执法工作以加强对雷电灾害防御管理工作为重点,南皮县气象局积极争取县政府的支持,2001—2008 年每年年初下发《南皮县人民政府关于加强防雷工程管理做好防雷设施安全检测的通知》;此外,南皮县气象局被列入南皮县安全生产委员会,加强联合执法力度;为规范南皮县防雷市场的管理,南皮县气象局积极争取城建部门支持,从源头治理,有效地保证了防雷工程的安全性,使防雷行政许可和防雷技术服务逐步规范化。通过防雷安全管理,消除了事故隐患,2005—2008 年连续 4 年被南皮县政府授予"南皮县安全生产监督管理先进单位"。

2008 年 12 月南皮县气象局被河北省气象局评为"2007—2008 年度河北省气象部门执法工作先进单位"。

探测环境保护 为保证台站探测环境和设施长期稳定,2005 年南皮县政府下发了《关于加强气象探测环境保护工作的通知》(南政字(2005)21 号),2008 年底南皮县气象探测环境已纳入城乡建设总体规划。

政务公开 通过公开栏、网上公开等方式对工作职责、机构设置、服务承诺、收费项目依据、气象行政执法处罚程序、雷击灾害事故调查鉴定程序、气象探测环境保护办法和违法案件查处流程图进行公开;定期在公开栏及职工大会上公开年度考核、福利待遇、财务支出等。制订了《南皮县气象局局务公开制度》,并严格制度落实,2006 年被中国气象局评为"全国气象部门局务公开先进单位"。

党建与气象文化建设

1. 党建工作

党的组织建设 1965—1987 年先后共有党员 7 人,编入南皮县县直党委会;1987 年南皮县气象局成立党支部,共有党员 3 人。截至 2008 年 12 月,南皮县气象局有党员 4 人。

党风廉政建设 认真落实党风廉政建设目标责任制,积极开展廉政教育和廉政文化建设活动,努力建设文明机关、和谐机关和廉洁机关。进一步完善制度建设,制订了党风廉政建设责任制、领导班子自身建设制度、党支部建设制度。2004—2008 年连续 5 年被评为南皮县"先进基层党组织"。

2. 气象文化建设

精神文明建设 南皮县气象局建站伊始只有 3 间房。房屋简陋、设备原始、人手少、任务重,但精神乐观。之后,机构几经变迁,人员不断变化,代代气象人秉承积极乐观的态度艰苦创业,不断改写着南皮的气象风貌。文明创建阵地建设得到加强。开展文明创建规范化建设,改造业务办公楼,制作局务公开栏、学习园地、法制宣传栏和文明创建标语等宣传用语牌。2005 年完成了"两室一网"建设,有图书 1200 册。每年在"3·23"世界气象日组织科技宣传,并常年利用电视天气预报节目做好气象知识宣传。积极参与沧州市气象局及县委、县政府组织的文艺汇演和各类运动项目比赛,丰富职工的业余生活。2008 年 12 月南皮县气象局修建成了乒乓球室。

文明单位创建　坚持以人为本,深入持久地开展文明创建工作,政治学习有制度,职工生活丰富多彩,文明创建工作跻身于全省先进行列。1996—2008 年连续 13 年被评为"南皮县文明单位";2002—2007 年连续 6 年被授予"沧州市文明单位"称号;2006 年、2008 年连续 2 次荣膺"河北省文明单位"称号。

荣誉　1997—2008 年底南皮县气象局共获得各级集体荣誉称号 33 项,其中 2005 年被中国气象局评为"局务公开先进单位",2006 年、2008 年连续 2 次被河北省委、省政府授予"文明单位"称号。

截至 2008 年底,南皮县气象局共获个人荣誉奖 32 人次,其中共创全国质量优秀测报员竞赛"250 班无错情"11 个。

台站建设

南皮县气象局 1964 年建站时,有砖木结构平房 526.4 平方米,设有 1 间二层砖木结构观测楼、办公室、会议室、资料室、宿舍、厨房、贮藏室等房间。1998 年 9 月现用办公楼竣工,于 1999 年 9 月投入使用。2008 年南皮县气象局对办公楼又进行了改造,建成近 80 平方米的业务值班室,同时更新了办公室家具,安装空调,更换了不锈钢观测场围栏,办公条件得到进一步改善。

2008 年底南皮县气象局大院硬化面积 2354 平方米,绿化面积 3250 平方米,全部实现硬化、绿化,大院卫生和绿化工作有专人常年负责管理。现种植乔木 147 棵,其中白蜡 41 棵、柳树 7 棵、其他树木 99 棵、种植花卉、灌木 3000 株、草坪面积 1200 平方米。基本实现了乔、灌、花草相结合,一年四季常绿、三季有花。2003 年对旱厕所进行了彻底改造,建成了水冲厕所,使职工卫生、生活条件有了较大改善。

南皮县气象局旧貌(1980 年)

南皮县气象局现貌(2008 年)

盐山县气象局

机构历史沿革

始建情况   盐山县气象局始建于 1957 年 1 月 1 日,原址在现河北省海兴县明泊洼农场(原海兴县属盐山县管辖),成立时称为明泊洼气象站,建制单位为盐山县农林局,业务隶属天津专区气候处。

站址迁移情况   1961 年 4 月盐山县气象站迁至盐山县城西大韩庄,沿用至 1981 年底。1980 年盐山县气象服务站由大韩庄迁至盐山县城东南杨庄北侧,205 国道东侧。站址位于北纬 $38°02'13'$,东经 $117°14'30'$,海拔高度 8.2 米。

历史沿革   1960 年 8 月更名为盐山县气象服务站。1971 年 6 月更名为盐山县气象站。1989 年 7 月更名为盐山县气象局。

1957 年 1 月 1 日—2006 年 12 月 31 日属国家一般气象站,2007 年 1 月 1 日改为国家气象观测站一般站。

管理体制   1957 年 1 月—1961 年 5 月隶属县农林局管理,业务隶属天津专区业务处;1961 年 7 月—1971 年 6 月隶属沧州专员公署气象站管理、业务人员归县农林局管理;1971 年 6 月—1973 年 8 月隶属县人民武装部管理;1973 年 8 月—1981 年隶属县农林局管理;1981 年以来实行气象部门与地方政府双重领导,以气象部门领导为主的管理体制。

单位名称及主要负责人变更情况

单位名称	姓名	职务	任职时间
明泊洼气象站	程炳煜	站长	1957.01—1960.08
盐山县气象服务站	蔡福祥	站长	1960.09—1961.06
		台长	1961.06—1971.06
			1971.06—1983.01
盐山县气象站	马增荣	负责人	1983.01—1984.03
	黄自强	站长	1984.03—1988.02
	王国儒	站长	1988.02—1989.07
盐山县气象局		局长	1989.07—1997.11
	张寿华	局长	1997.11—

人员状况   盐山县气象局 1957 年建站时只有 3 人,建站至 2008 年 12 月,先后有 53 人在盐山县气象局工作过,人员最少时 2002—2007 年为 6 人,最多时 1971—1974 年为 14 人。截至 2008 年底,有在职职工 6 人,其中:大学本科学历 1 人,专科学历 5 人;高级工程师 1 人,工程师 1 人,助理工程师 4 人。

气象业务与服务

1. 气象业务

①地面气象观测

观测内容和时次 1957年1月1日—1960年7月31日每天观测4次,观测时间为01、07、13、19时(地方时);开始发报时间为1959年5月1日,发报次数3次,发报时间为05、11、17时。1960年8月1日开始改为每天进行08、14、20时(北京时)3次观测。每天编发08、14、20时3个时次的定时绘图报。开始时观测项目有:云、能见度、天气现象、气温、湿度、风向、风速、降水、日照、蒸发、雪深、地面状态。1959年1月1日增加气压观测。1961年1月1日增加冻土、地面温度和浅层地温观测,同时取消地面状态观测。

气象报表制作及归档 建站初期月报、年报气表,用手工抄写方式编制,一式4份,分别上报中国气象局、河北省气象局气候资料室、沧州市气象局各1份,本站留底1份。从1994年6月开始使用微机打印气象报表。

编发报方式 建站时为手工编发各种电报,自1993年7月1日使用PC-1500袖珍计算机取代人工编报,1999年2月1日起由PC-1500袖珍计算机编报改为微机编报。发报种类有天气加密报、重要天气报、旬月报、小图报。

现代化观测系统 2006年在盐山镇、常庄乡、圣佛镇、小营乡安装自动气象雨量站4套。2007年4月7日建成了GPS/MET河北省卫星定位综合系统。2008年在孟店乡、小庄乡、庆云镇、千童镇、边务乡、杨集乡、望树镇、韩集镇等8个乡镇安装了太阳能自动雨量站。

②气象信息网络

建站初期靠手摇发电机给电台供电,报务员用电键发报。邮电局接收后再发到目的地。后改为甚高频电话发报,又改为电话传报。1999年改用内网X.28直接传报。气象电报传输实现了网络化、自动化。2002年7月2日由X.28分组交换网传输改为X.25分组交换网传输,传输速度更快。2005年3月1日X.25分组交换网传输改为省—市—县2兆VPN局域网光纤专线传输。截至2008年时有两个通道传报,主通道为内网,辅助通道为电话专线,气象电报的传输得到双重保障。

③天气预报

建站初期县气象站主要运用"听、看、谚、地、资、商、用、管"八字措施的补充天气预报方法制作降水、温度等点聚图、三要素曲线图、天气形势示意图等,建立起中小配套的预报方法,对大台预报进行补充订正。1986年后县气象局不再作中长期天气预报,而是由市气象台制作,县气象局参考采用。1989年采取充分利用服务产品,开展县站解释预报服务工作。1996年无线数据接收机开通,利用微机接收气象资料,气象传真机停用;2000年建立了PC-VSAT小站和MICAPS工作平台的业务流程;2006年安装了灾情直报1.0系统,随着应用的不断改进,逐步升级到灾情直报2.3系统。2008年安装天气预报视频会商系统。

2. 气象服务

①公众气象服务

1997年1月在县广播局的支持下,新上了电视天气预报节目编播系统,多媒体天气预报节目制作完成后,将录像带送达盐山县广播局,在晚20时和晚22时播出,时间为90秒。1999年设备更新为非线性编辑系统,天气预报节目更加美观,收视率列所有节目第一;2006年由录像带改为移动U盘递送,播出时间由原来的90秒增至120秒。

随着气象科技的不断发展,盐山县气象局的公众气象服务产品不断丰富,主要包括:《重要天气报告》、《专题气象报告》、《气象灾害预警信号》、《农业气象信息》、《短期预报》、《周预报》等,分别通过电视天气预报、手机短信、网络气象服务、电话传真、纸质专送、农村预警大喇叭、气象预警电子显示屏等形式向社会各界发布。

②决策气象服务

建站初期盐山县气象局决策气象服务主要依靠电话为政府领导提供预报服务,20世纪90年代后在公众预报服务的基础上增添了雨情信息、人工影响天气简报以及重大社会活动专题气象服务材料。2007年为了更及时准确地为县、镇、村领导服务,提高气象灾害预警信号的发布速度,通过盐山县移动公司开通了短信平台,以手机短信方式向各级领导、气象信息员、中小学校长、村支书发送气象信息。2008年3月16日,盐山县县委书记吴国君在盐山县气象局提供的每周天气预报上做出批示:气象局的各项工作周到细致,为地方经济发展做出了贡献。对气象局的工作给予了充分肯定。

③专业与专项气象服务

人工影响天气 1999年成立了盐山县人工影响天气办公室,挂靠在盐山县气象局,添置人工增雨火箭设备1套,开展了春秋季的流动人工增雨作业。2007年4月人工影响天气作业车安装了GPS定位终端设备。

防雷管理 为减少雷灾事故的发生,1989年开展了避雷针检测和安装业务。1998年2月26日根据沧机编字〔1997〕6号文件精神,防雷中心通过质量认证并正式挂牌独立工作。2005年又增加了防雷图纸审核、防雷工程跟踪检测和防雷工程竣工验收业务。

④气象科技服务

1988年在28个乡镇和30多个砖瓦生产单位安装了气象预警系统;到1994年扩展到171个村庄,使这些单位和村庄每天都能按时收听到天气预报,若遇有重大灾害性天气,随时发布预报。自1996年开始向县四套班子领导及相关科局、乡镇、50家重点单位送达每周天气预报。1996年6月盐山县气象局同电信局合作正式开通"121"天气预报自动咨询电话。2002年7月1日"121"升级至数字化;2004年天气预报电话自动答询系统"121"升位至"12121";2007年7月"12121"系统统一由沧州市气象局管理,2007年开通移动短信服务。

服务效益 2008年7月,针对严峻的干旱形势,盐山县气象局加强值班,严密监视天气变化。在7月5日的降水天气过程中,进行了人工增雨作业,发射炮弹12枚,过程降水量达到69.0毫米,乡镇雨量全部为大雨量级,解除了旱情,取得了良好的经济效益和社会效益,受到主管县长高培涛的充分肯定和赞扬。

⑤气象科普宣传

1999 年以来盐山县气象局充分利用"3·23"世界气象日、安全生产日等重要节日组织科技宣传,向市民普及防雷知识,收到了良好的社会宣传效果。

气象法规建设与社会管理

法规建设 2002 年 7 月 6 日《沧州市防雷减灾管理办法(暂行)》由沧州市政府以沧政通〔2002〕67 号文件的形式正式下发;2004 年 9 月 22 日沧州市政府第 2 号令公布了《沧州市防雷减灾管理办法》,盐山县人民政府相继进行了转发。盐山县气象局每年都将有关气象探测的相关法律、法规在规划部门备案,依法保护气象探测环境。

制度建设 1992 年 2 月制订了《盐山县气象局工作管理制度》,以后每年年初根据实际情况进行修订并不断完善,主要内容包括学习制度、业务管理奖惩制度、考勤制度、财务管理制度、车辆管理制度、行政执法制度、卫生制度、局务会制度等。

社会管理 盐山县气象局于 2000 年配备了 4 名执法人员,2004 年和 2005 年相继对盐山县信用联社、盐山县联通公司新建项目防雷装置设计未经审核擅自投入使用的违法行为进行了检查和处罚,最后经法院实行了强制执行。2006 年分别对盐山县建设银行、盐山县曾庄加油站、盐山县乔庄加油站已有防雷装置拒绝进行检测的违法行为进行了查处,对违法责任人进行了罚款。盐山县气象局按照"严格执法、热情服务"的执法理念,寓管理于服务之中,防雷行政许可和防雷技术服务正逐步走向成熟和规范化,违法案件逐年减少。

政务公开 对气象行政处罚流程、防雷装置设计审核流程、防雷装置竣工验收流程、气象资料使用流程、气象服务内容、气象执法依据、服务收费及标准等,通过公开栏、电视广告、电视点播等形式向社会公开。干部任用、财务收支、目标考核、基础建设、工程招投标等内容通过职工大会、局务会专栏张榜的形式向职工公开。局内部财务收支、重大事项、各项制度的制订以及人事等方面的事项全面向职工公开公示。

党建与气象文化建设

1. 党建工作

党的组织建设 盐山县气象局成立后由于党员人数少,没有成立党支部,党员活动挂靠县直机关党委会,1997 年 11 月成立盐山县气象局党支部,隶属县直机关党委会,党员 3~5 人不等。截至 2008 年底共有党员 7 人,定期组织党员进行集中学习。

党风廉政建设 按照"为民、务实、清廉"的要求,盐山县气象局在全体干部职工中开展职业道德教育和学习,紧密结合业务技术体制改革,要求职工立足本职,认真履行岗位职责。建立了完善的目标管理责任制和奖惩制度。盐山县气象局认真落实党风廉政建设责任制的有关规定,每年组织召开两次民主生活会;财务账目每年接受上级财务部门年度审计,并将结果向职工公布;注重开展学习型机关活动,开展讲党课、摄影展、大合唱等活动,凝聚人心,创建和谐机关;组织职工观看廉政教育警示录、《北极星》等教育片,教育职工克己奉公,防微杜渐。1999—2008 年连续 9 年被盐山县机关党委评为"先进基层党组织"和

"机关党建主题实践活动"先进单位。

2.气象文化建设

精神文明建设 2003年制作了局务公开栏、学习园地、发展简史栏等宣传用语牌。2005年完成"两室一网"建设,有图书500册。每年组织职工积极参加市气象局组织的文艺汇演和本局开展的趣味体育等项目,丰富了职工的业余文化生活。

文明单位创建 在精神文明单位创建工作中,自1999年获得了县级"文明单位"后,连续七届获得县级"文明单位"称号,2006年获得市级"文明单位"称号,2008年继续获得市级"文明单位"称号。

荣誉 1979—2008年盐山县气象局共获得集体荣誉奖69项;1990—2008年盐山县气象局个人获奖共123人次。

台站建设

台站综合改善 盐山县气象局办公条件和环境改善自1998年开始。1998年平整大院,清除多年垃圾,垒起东侧、南侧围墙;1999年装饰办公楼;2000年县财政拨给皮卡汽车1辆,安装空调2个;2001年开通自来水、有线电视,解决了干部职工吃水难的问题;2002年大院内换土种花种草栽树;2006年4月4日观测场在原址上进行了微调整,即在原址自北向南缩进3米、由南向北缩进2米,自西向东缩进9米,东边不动。由原来的25米×25米改为20米×16米,观测场及观测场外围1米处均在原址上抬高0.5米。

园区建设 2003年扒掉旧平房,盖4间平房、水冲厕所,对局大院进一步整理。2004年对大院进行硬化和美化,大院硬化面积1000平方米,绿化面积2000平方米,全部实现硬化绿化。大院卫生、绿化工作有专人常年负责管理。种植乔木、白蜡、灌木、花卉等。实现了一年四季常绿、三季有花。2005年购置上海桑塔纳汽车1辆。2006年大院东扩400平方米,抬高0.5米,改造观测场,购置中兴吉普车1辆。2007年国家气象局调拨北京现代途胜汽车1辆,改善办公条件,为各办公室安装空调。2008年对测报室等办公室更新办公桌椅,使办公环境更加舒适优美。

盐山县气象局旧貌(1998年)

盐山县气象局现貌(2008年)

献县气象局

机构历史沿革

始建情况 1959 年献县气候服务站开始筹建,1961 年 1 月 1 日正式开始观测,名称为献县气象服务站,站址在献县城东 2.5 千米的高庄村东,站址地理坐标北纬 38°11′,东经 116°07′,海拔高度 14.8 米,观测站级别为气候站。

站址迁移情况 1971 年 11 月由高庄村迁到城东 0.5 千米的东翟庄村南。后因工作环境遭到严重破坏,2004 年 5 月 1 日由东翟庄村南迁到东环路与北环路交叉口东北角,北纬 38°11′,东经 116°07′,观测场海拔高度 13.2 米。

历史沿革 献县气象局始建于 1959 年,建站时称为献县气候服务站。1961 年 1 月 1 日—1971 年 7 月 31 日称为河北省献县气候服务站,1971 年 8 月 1 日—1989 年 5 月 18 日更名为河北省献县气象站,1989 年 5 月 19 日起更名为河北省献县气象局。

1961 年 1 月 1 日定为国家气候站,1963 年 1 月 1 日更改为国家一般气象站,2007 年 1 月 1 日改为国家气象观测二级站。

管理体制 自 1959 年建站至 1963 年 10 月属献县农林局领导;1963 年 10 月—1968 年属河北省气象局领导;1969—1971 年属献县农林局领导;1971—1973 年属献县人民武装部领导;1973—1981 年属献县人民政府领导,其中 1974—1976 年由献县农业局代管;1981 年体制改革,实行气象部门与地方政府双重领导,以气象部门领导为主的管理体制。

单位名称及主要负责人变更情况

单位名称	姓名	职务	任职时间
献县气候服务站	高荣秀	站长	1961.01—1962.08
	李玉昌	站长	1962.09—1969.08
	卢大陆	站长	1969.09—1971.07
献县气象站	李汝明	站长	1971.08—1974.03
	于清涛	站长	1974.04—1979.06
	袁茂生	站长	1979.07—1984.04
献县气象局	卢大陆	站长	1984.05—1989.04
		局长	1989.05—1989.05
	李文军	局长	1989.06—1991.04
	张立军	局长	1991.05—1996.03
	崔凤鸾	局长	1996.04—

人员状况 1961 年气象站正式开始工作时有 6 人,最多时达到 14 人。截至 2008 年底有在职职工 10 人(其中在编职工 7 人,非编用工 3 人),在职职工中:大学学历 3 人,中专学

历 5 人;中级职称 1 人,初级职称 4 人;20～40 岁 5 人,40～60 岁 5 人。

气象业务与服务

1. 气象业务

①地面气象观测

献县气候服务站 1959 年开始筹建,1961 年 1 月 1 日地面气象测报组正式开始观测。1982 年 6 月更名为地面气象测报股。

观测时次　1961 年 1 月 1 日—1961 年 12 月 31 日,每天进行 02、08、14、20 时 4 次观测,1962 年 1 月 1 日改为每天进行 08、14、20 时 3 次观测,1961 年 1 月以来夜间均不守班,观测时制均为北京时。

观测项目　云、能见度、天气现象、气压、气温、湿度、风向、风速、降水、雪深、日照、蒸发、地温等。

气象报表制作　报表种类有天气加密报、重要天气报、旬月报、汛期雨量报、小图报。1999 年 3 月 1 日开始发天气加密报,原小图报停止发送。2008 年 6 月 1 日正式执行河北省重要天气报告电码(2008 版),原 2002 版停止使用。1999 年 6 月 1 日起,汛期(6—8 月)06 时开始发汛期 06—06 时雨量报。

献县气象局(站)编制的报表有 2 份气表-1,向沧州市气象局报送 1 份,本站留底本 1 份。1994 年 1 月正式开始机制报表,停止手工抄录报表。

编发报方式　1961 年 1 月—1986 年 1 月为手工编发各种电报,1986 年 2 月 1 日开始用 PC-1500 袖珍计算机编报,1999 年 3 月 1 日开始用微机计算编报。

现代化观测系统　县级气象现代化建设开始起步于 21 世纪,献县气象局 2008 年 12 月建成 CAWS600-B 自动气象观测系统。自动气象站观测项目有气压、气温、湿度、风向、风速、降水、地温、草温等。

乡镇自动雨量观测站分 2 批建成。2005 年 6 月献县气象局在 8 个乡镇建成通过市电供电的 HY-SR-002 型气温、雨量两要素自动观测站。2007 年 8 月继而在剩余 9 个乡镇建成通过太阳板供电的 SL2-1 型气温、雨量两要素自动观测站。

②气象信息网络

1961 年 1 月献县气候服务站用电话将报文传至邮电局,邮电局再转发到石家庄。1985 年 7 月改用甚高频电话将报文发向沧州市气象局,沧州市气象局再转发到河北省气象局。1999 年 1 月 1 日改用 X.28 通信系统进行报文传送。2002 年 9 月升级为 X.25 系统。2005 年 3 月 1 日 08 时起改为 2 兆 VPN 光纤专线传输。2008 年 12 月自动站建设完成后,设有主通道和辅通道两种传输途径,使气象资料的传输得到双重保障。

③天气预报

1961 年 1 月献县气候服务站开始制作补充天气预报,主要运用数理统计方法和常规气象资料图表及天气谚语、韵律关系等方法,分别作出具有本地特点的补充订正预报。

1981—1986 年献县气象站预报员手工绘制小天气图,通过参考河北及天津等气象台发布的地方天气预报和绘制的小天气图、地面天气图及 500 百帕天气图分别做出本地的补充订正天气预报。1986年后献县气象站不再做中长期天气预报,而是由沧州市气象台制作,献县气象站参考采用。2000年后献县气象局全部采用由沧州市气象台制作的各种预报产品。

1985年7月架设开通甚高频无线对讲通讯电话,实现与地区气象局直接业务会商。1999年12月31日甚高频电话停止使用。2005年开通了Notes内网系统,使气象局的内部文件和信息的上传下达变得更加方便、快捷。2008年7月正式开通了视频会商系统。

2003年4月建立了PC-VSAT小站和MICAPS工作平台,实现传真图、云图等时实接收,极大地提高了预报质量。2004年9月安装闪电定位仪,为准确的分析雷电信息提供了可靠的资料。

2006年1月安装了灾情直报1.0系统,随着应用的不断改进逐步升级到灾情直报2.2系统,灾情直报系统的应用,使得出现的各种气象灾情均得到及时上报。

2. 气象服务

①公众气象服务

1995年献县气象局与广播站协商在广播电台播报献县天气预报。1996年8月建成多媒体电视天气预报制作系统。2003年7月电视天气预报制作系统升级为非线性编辑系统,实现电视天气预报动画播出。

②决策气象服务

2004年4月开始每月制作一期农业气象信息,麦收期间制作小麦卫星遥感产量分析预报。2006年1月开始不定期制作雨情信息、预警信息、重要天气报等各种气象信息。

2006年12月15日通过献县网通公司开通了信息短信平台,以手机短信方式向各级领导、科局长、气象信息员、中小学校长、村支书发送气象信息。

气象防灾减灾 2005年开通"800"灾情上报免费电话,开展灾情收集工作,制订灾情直报、灾情旬月报制度。2006年12月4日献县政府印发了《献县气象灾害应急预案》。截至2008年底献县气象局已备案气象应急联络人700名,覆盖了献县所有行政村和中小学校、厂矿企业、政府机构等相关部门。建成了2个农村防御气象灾害大喇叭示范村。

③专业与专项气象服务

人工影响天气 1999年6月献县成立人工影响天气办公室,办公地点设在献县气象局。1999—2006年人工增雨设备采用四轨道人工增雨火箭发射架,增雨时需使用车辆拖动到增雨作业点方能作业。2006年9月献县气象局配备了1辆中兴皮卡汽车作为人工增雨专用车辆,2007年又配备车载四轨道人工增雨火箭发射架1套,使人工增雨的灵活性、时效性以及增雨范围都得到了提高。2007年4月人影作业车安装了GPS定位终端设备。2008年参加了北京奥运会开闭幕式人工消减雨工作。

防雷工作 1998年11月献县防雷中心正式成立。献县防雷中心的成立进一步加强了献县防雷减灾工作,促进了防雷工作的规范化和法制化。

④气象科技服务

1988年5月开始向砖厂提供有偿天气预报广播,献县气象局利用无线发射机每天上午07时、下午17时向20个砖厂发送2次天气预报,砖厂利用专用的气象警报接收机接收天气预报信息。1998年停止此项服务。

1996年5月购置"121"天气预报电话自动答询系统1套,同邮电局合作正式开通"121"天气预报自动咨询电话。2004年天气预报电话自动答询系统"121"升位至"12121";2007年7月"12121"系统统一由沧州市气象局管理。

2006年1月献县气象局加入了献县兴农网站,实现了气象数据的资源共享,使气象服务更加及时有效,促进了献县农村产业化和信息化的发展。

服务效益 2004年献县统一种植了7000公顷速生杨,因干旱少雨,大部分速生杨面临着是否能够成活的问题,献县气象局针对这一问题,制订了一系列制度,要求抓住一切有利天气进行人工增雨。2004年4月25日出现有利增雨天气,献县气象局立即组织人员进行人工增雨作业,效果明显,献县县委书记回学勇在文件上就此事件特作出批示:"献县气象局见事急,行动快,抓住有利时机为百姓造福,为献县造福,各单位要切实立足于三个代表,向献县气象局学习。"同时还在献县电视台上进行公开表彰。

⑤气象科普宣传

献县气象局通过每年"3·23"世界气象日、安全生产宣传月等活动,解答群众咨询,发放气象知识宣传单、宣传册。利用献县电台、电视台、网站等媒体广泛深入宣传气象文化建设的基本思路和主要任务,统一了思想,明确了目标,达成了共识,提升了气象公众地位。

气象法规建设与社会管理

法规建设 献县政府先后下发《关于防雷装置安全生产检查的通知》(献政字〔2006〕34号)、《献县人民政府关于开展防雷装置安全生产大检查的通知》(献政字〔2007〕28号)等文件,加强气象局对防雷工作的监督管理。

制度建设 2005年1月制订了献县气象局各项制度,2007年重新修订完善。主要内容包括基础业务制度、科技服务制度、集中采购制度、财务管理制度、内部局(政)务公开实施办法等制度。

社会管理 在探测环境保护方面,献县政府下发了《关于加强气象探测环境保护工作的通告》(献政字〔2005〕21号)。2007年12月在县政府等有关单位进行了气象探测环境标准和具体范围备案。观测场、区域气象站围栏周围均树立了醒目的探测环境保护警示牌。

2003年12月献县政府法制办批复确认献县气象局具有独立的行政执法主体资格,同年献县气象局被列为安全生产委员会成员单位,负责全县防雷安全的管理。2005年4月献县政府办公室发文,将防雷工程从设计、施工到竣工验收,全部纳入气象行政管理范围。2003—2008年防雷行政许可和防雷技术服务正逐步走向成熟和规范化,违法案件逐年减少,6年期间共处理执法案件5个。截至2008年12月,献县气象局共有执法人员7名。

政务公开 献县气象局设立了对社会公开和对内公开两块公开栏。对社会公开栏的内容包括:单位职责、办事制度、办事依据、办事程序及要求;每位工作人员的职责、职务;服务承诺、违诺违纪的投诉处理途径。对内公开栏的内容包括:精神文明建设、党建和党风廉政建设的公开;单位业务和事业发展等方面的重要事项和重大决策;领导干部廉洁自律情况以及财务管理等。

探测环境保护 2005 年 4 月 8 日献县政府下发了《献县人民政府关于加强气象探测环境保护工作的通告》(献政字〔2005〕21 号),2007 年 12 月将气象探测环境保护文件在县政府、建设局、国土资源局等相关部门进行了备案。2007 年安装了气象探测环境视频监视系统,实现了探测环境全景监视和实时监控。2008 年制作了气象探测环境保护警示标志。

党建与气象文化建设

1. 党建工作

党的组织建设 1961—1962 年有党员 3 人。1963—1972 年有党员 5 人。1972 年献县气象站成立第一个党支部,成立时共有党员 7 人。截至 2008 年 12 月有党员 4 人。

献县气象局党支部自 2004 年起连续 5 年被献县县直工委评为"先进基层党组织"。

党风廉政建设 献县气象局广泛宣传党风廉政建设,抓好廉洁自律、搞好廉洁从政、扎实推进干部队伍作风建设。按照"为民、务实、清廉"的要求,献县气象局在全体干部职工中开展职业道德教育学习。2006—2008 年每年明确一个主题,广泛开展理想信念、党风党纪、宣传教育月活动,每年组织召开两次民主生活会。

2. 气象文化建设

精神文明建设 为进一步搞好精神文明建设,献县气象局按照与时俱进、不断创新的要求,成立了创建活动工作领导小组,一把手任组长,层层签订责任书,制订并实施了文明创建考核办法,坚持以人为本,加强队伍建设,干部职工整体素质明显提高。

2005 年献县气象局建成了"两室一网"(图书阅览室、活动室、气象文化网),有图书 1000 册。

献县气象局每年都多次、不定期组织丰富多彩的文娱活动,且积极参加沧州市气象局举办的各项文体赛事,获得集体奖 2 次,单项奖 3 人次。献县气象局每年组织全体职工参加"博爱一日捐活动"。2008 年积极参加献县县委组织的"进百村、帮万户"帮扶活动,并资助了 10 个贫困女童帮助其完成学业,同年出资完成了献县宋房子村危桥修缮等工作。

文明单位创建 2004 年、2005 年献县气象局连续 2 次被沧州市委、市政府授予"文明单位"。

3. 荣誉

集体荣誉 2004—2008 年献县气象局共获集体荣誉奖 32 项,其中 2005 年献县气象局被中国气象局授予"气象部门局务公开先进单位",2007 年获得河北省"一流台站"称号。

个人荣誉 1991—2008 年献县气象局个人获奖共 85 人次。1979 年卢大陆获河北省劳动模范称号。

人物简介 卢大陆,男,河北省保定市人,汉族,生于 1940 年 4 月,河北省气象学校毕业,中专学历,党员,1961年分配到气象站工作直到2000年退休。

卢大陆工作认真负责,成绩优异。在沧州地区气象部门气象业务劳动竞赛中,率先创出5个百班无错情,多次受到河北省气象局和沧州市气象局的奖励,并于1979年被评为河北省劳动模范,1983年被评为河北省气象系统先进代表,1984年被任命为献县气象站(科级单位)站长,1989年5月献县气象站改制为献县气象局后任局长,1987年被河北省气象局评为工程师,1993年被聘为气象服务工程师。

台站建设

台站综合改造 2003年11月献县气象局开始新台站的建设工作,2004年完工,同年5月1日在新站址正式开展地面气象观测业务以及其他业务。2004—2008年对献县气象局局机关的环境面貌和业务系统逐步进行了改善,使软硬件都得到了大大的提高。

园区建设 献县气象局现占地面积4200平方米,有办公楼1栋490平方米,辅助用房120平方米。2007—2008年,献县气象局按照沧州市园林处的设计方案重新对院内外的绿化、美化进行改造。目前绿化面积3800平方米,未绿化部分全部实现了硬化,已经建成水冲厕所,实现雨、污分排。办公楼与环境相协调、美观大方、装修简洁明快。办公楼顶的"中国气象"四个字加上了霓虹灯的修饰,夜晚格外引人注目。

献县气象局旧貌(1984年)　　　　　　　献县气象局新建办公大楼(2004年)

肃宁县气象局

机构历史沿革

始建情况 肃宁县气象局始建于1958年11月。建站时名称为肃宁县农业局气候服务站,站址为肃宁县城关镇东泽城村北,1959年3月1日开始观测工作。

站址迁移情况 1980年6月30日站址迁到肃宁县城关镇张泽城村西。2009年1月1

日从原站址张泽城正式搬迁到肃宁县城关镇西泽城,站址地理坐标为东经115°49′,北纬38°25′,海拔高度13.9米。

历史沿革　1959年12月名称由肃宁县农业局气候服务站变更为河间县农业局肃宁气候服务站。1960年9月1日—1962年1月31日停止观测工作,撤站,在停止观测期间站址房屋交由肃宁县农业技术站保管使用。1962年1月6日恢复肃宁县建制,从河间搬迁回原站址。1962年2月1日恢复气象观测工作,名称变更为肃宁县气象服务站。1969年7月变更为肃宁县农林水系统革委会病虫测报组。1971年8月更名为肃宁县气象站。1978年10月更名为肃宁县气象局。1983年1月8日,根据河北省气象局指示,更名为肃宁县气象站。1988年1月1日,根据河北省业务改革台站网布局调整(冀气业发字〔87〕042号文件),肃宁县气象站执行辅助站任务。1988年5月再次更名为肃宁县气象局。1991年初,辅助站改为一般站。1999年1月1日起肃宁县气象站由辅助站改为省基本站,恢复1988年前的观测项目和新增加发报任务。2007年1月1日起肃宁县气象站级别调整为国家气象观测站二级站。2008年1月1日肃宁县气象站由国家气象观测站二级站恢复为国家一般站(省基本站)。

管理体制　1958年11月建站—1959年12月隶属肃宁县农林局领导;1959年12月—1962年2月隶属河间县农业局领导;1962年2月—1969年属肃宁县人民政府领导;1969年—1971年8月隶属肃宁县农林水系统革委会领导;1971年8月—1978年10月属肃宁县革委会领导;1978年10月—1983年6月隶属肃宁县革委会和沧州地区气象局双重领导;1983年6月以来实行气象部门与地方政府双重领导,以气象部门领导为主的管理体制。

单位名称及主要负责人变更情况

单位名称	姓名	职务	任职时间
肃宁县农业局气候服务站	宋忠泰	负责人	1958.11—1959.12
河间县农业局肃宁气候服务站	梁寿春	副站长	1959.12—1960.09
撤站			1960.09—1962.01
肃宁县气象服务站	梁寿春	副站长	1962.02—1969.07
肃宁县农林水系统革委会病虫测报组			1969.07—1971.08
肃宁县气象站			1971.08—1978.10
肃宁县气象局	朱秀峰	局长	1978.10—1983.01
肃宁县气象站		站长	1983.01—1983.06
	单孟东	副站长	1983.06—1988.05
肃宁县气象局	孙秀华	局长	1988.05—1994.10
	宋凤莲	局长	1994.10—2006.05
	杨建秋	副局长	2006.05—2008.06
	齐亚杰	副局长	2008.06—

注:1960年9月1日—1962年1月31日停止观测工作期间,梁寿春副站长未撤职。

人员状况　1972年以前人员较少,一般为4人,最少时仅1人。1972年以后人员增多,一般是9～12人,2002年10月正式实行全员合同制,有职工6人。2003年12月肃宁县气象局事业编制 6 人。截至 2008 年底有在编职工 5 人,其中:本科学历 3 人,大专学历 2 人;中级职称 1 人,初级职称 3 人;40 岁以上 1 人,40 岁以下 4 人。

气象业务与服务

1. 气象业务

①地面气象观测

观测内容 肃宁县气象局于 1959 年 3 月 1 日正式开展气象观测工作,建站时有 4 人,为地面气象测报组,定编为 3~5 人。1982 年 6 月更名为地面气象测报股,定编为 5~6 人。1978 年以来,观测股一般有 3 人。

1959 年 3 月 1 日—1960 年 7 月 31 日,每天进行 01、07、13、19 时(地方时)4 次观测,夜间不守班;1960 年 8 月 1 日起改为 02、08、14、20 时(北京时)4 次观测。1962 年 2 月 1 日以后,每天进行 08、14、20 时 3 次观测,夜间不守班。

观测项目由建站时的云、能见度、天气现象、气压、气温、湿度、风向、风速、降水、日照、蒸发、地温、冻土变更为 2008 年时的云、能见度、天气现象、气压、气温、湿度、风向、风速、降水、日照、蒸发、地温、冻土、雪深。

编发报方式 1959 年 3 月 1 日—1963 年 10 月 31 日采用手工查算,不发报,1998 年 7 月全面启用微机编发报。

气象报表制作及归档 气象报表种类有天气报、雨情报、重要天气报、旬月报、天气加密报。

肃宁县气象局编制的报表有两份气表-1,向沧州市气象局报送 1 份,本站留底本 1 份。1999 年 3 月 1 日正式机制报表。

现代化观测系统 县级气象现代化建设开始起步于 21 世纪,2008 年 12 月建成 CAWS600BS-N 型自动气象站并开始试运行。观测项目有气压、气温、湿度、风向、风速、降水、地温、草温等,观测项目全部采用仪器自动采集、记录,替代了人工观测。

从 2005 年 7 月开始建设 DSD3 型区域自动观测站,截至 2008 年 6 月,在全县 9 个乡镇全部建成并投入使用。

②气象信息网络

1964 年 11 月 1 日—1998 年 12 月报文通过固定电话和甚高频电话发报,1999 年 1 月 1 日发报方式由电话改为 X.28 网络传输,2002 年 6 月 1 日 X.28 升级为 X.25,2004 年 11 月安装 2 兆 VPN 专线传输,代替 X.25 数据交换网,用于气象数据传输、局域网建设和与全省气象系统文件传输。

③天气预报

肃宁县气象局天气预报业务始于 1964 年,仅限于发布 24 小时天气预报和未来 3 天趋势预报。同年 10 月开始发布长期预报,当时县气象站主要学习和运用"听、看、谚、地、资、商、用、管"八字措施的补充天气预报方法制作降水、温度等点聚图三要素曲线图、天气形势示意图等;1985 年安装 301 天线对讲机与市气象局进行天气会商;1986 年后县气象局不再做中长期天气预报,而是由市气象台制作,县气象局参考采用;1989 年为充分利用上级台站预报产品,开展了地县解释预报工作;1996年无线数据接收机开通,利用微机接收气象资料;2000年建立了PC-VSAT小站和MICAPS工作平台的业务流程;2006年安装了灾情直报1.0系统,随着应用的不断改进逐步升级到灾情直报2.2系统,灾情直报系统的应用,使得出现的各种气象灾情均能得到及时上报。

2. 气象服务

①公众气象服务

2000年1月1日肃宁县气象局正式开通肃宁县电视台天气预报节目。2006年10月电视天气预报制作系统升级为非线性编辑系统,实现电视天气预报动画播出;2005年7月开通了肃宁气象兴农网站;2007年8月开通了肃宁气象网站,实现了气象数据的资源共享;2008年3月电视天气预报节目由原来的录像带传输改为U盘传输,提高了电视天气预报节目质量。

随着气象科技的不断发展,肃宁县气象局的公众气象服务产品不断丰富,主要包括:《重要天气报告》、《气象灾害预警信号》、《农业气象信息》、《短期预报》、《周预报》、《月预报》等,分别通过电视天气预报、手机短信、网络气象服务、电话传真、纸质专送等形式向社会各界发布。

②决策气象服务

建站初期肃宁县气象局决策气象服务主要依靠电话为政府领导提供预报服务,20世纪90年代后肃宁县气象局在公众预报服务的基础上增添了雨情信息、人工影响天气简报以及重大社会活动专题气象服务材料。2006年6月为了更及时准确地为县、镇、村领导服务,通过肃宁县移动公司开通了短信通,以手机短信方式向各级领导、气象信息员、中小学校长、村支书发送气象信息。

③专业与专项气象服务

人工影响天气 1976年7月肃宁县气象局开始人工影响天气工作。2000年8月6日,购置了人工增雨火箭发射架并成立人工影响天气办公室,正式开展火箭人工增雨作业工作。2006年8月购置了人工增雨作业车。2007年4月人工影响天气作业车安装了GPS定位终端设备。2008年参加了北京奥运会开闭幕式人工消减雨工作。

防雷工作 1998年12月20日根据冀机编办〔1997〕61号文件精神,肃宁县防雷中心通过质量认证并正式挂牌,独立开展工作,12月通过河北省技术监督局计量认证。2004年3月通过河北省气象局防雷检测资质认证,负责防雷管理和防雷行政审批工作。

④气象科技服务

肃宁县气象局气象科技服务开始于1988年,当时为砖厂和有关单位安装气象警报发射机35台,用于短期天气预报和重要天气预报的接收。1997年4月10日气象局同电信局合作正式开通"121"天气预报自动咨询电话;2002年7月1日"121"升级至数字化;2004年天气预报电话自动答询系统"121"升位至"12121";2007年7月"12121"系统统一由沧州市气象局管理。

服务效益 气象服务在当地经济社会发展和防灾减灾中发挥了重要作用,曾多次受到决策部门领导表扬,并取得了良好的经济效益和社会效益。

1990 年 8 月 11 日准确预报 24 小时暴雨,《河北日报》9 月 24 日头版登载事例。

2007 年 3 月 3 日发射增雨火箭弹 4 枚,过程降水量为 35.2 毫米,增雨效果显著,受到了主管副县长的高度赞扬和肯定,并为此作了批示:"这次人工增雨效果很好,极大地缓解了旱情,希望县气象局继续努力,更好地为全县经济发展服务。"

⑤气象科普宣传

2000 年以来肃宁县气象局充分利用"3·23"世界气象日、安全生产日等重要节日组织科技宣传,向群众普及防雷知识,收到了良好的社会宣传效果。

气象法规建设与社会管理

法规建设 2006—2007 年肃宁县政府先后下发了《肃宁县人民政府关于进一步加强防雷安全工作的通知》(肃政字〔2006〕15 号)、《肃宁县人民政府关于进一步加强防雷安全工作的通知》(肃政字〔2007〕70 号)等文件,经过不懈的努力,肃宁县气象局防雷行政许可,防雷技术服务逐渐规范化。

社会管理 1991 年 4 月按照地区气象局、人事劳动管理局、保险公司联合通知要求,由肃宁县气象局承担全县避雷检测任务。2003 年 1 月肃宁县政府办公室发文,将防雷工程从设计施工到竣工验收,全部纳入气象行政管理范围。同年,肃宁县政府法制办批复确认肃宁县气象局具有独立的行政执法主体资格,并为干部办理了执法证,自此肃宁县气象局成立行政执法队伍。2003 年肃宁县政府下发了《肃宁县人民政府关于保护气象探测环境的通知》(〔2003〕106 号文件);2003 年 12 月 15 日肃宁县气象局分别向县政府、城建局、国土局、环保局等部门分别报送了气象探测环境保护标准和具体范围的备案材料,将气象探测环境保护纳入了政府城市规划和村镇规划。2004 年肃宁县气象局被列为安全生产委员会成员单位,对全县防雷安全、施放气球等安全隐患每年进行全面排查,定期对液化气站、加油站、烟花爆竹等高危行业的防雷设施进行检查,对不符合防雷技术规范的单位,责令进行整改。

政务公开 对社会公开内容有单位职责、办事制度、办事依据、办事程序及要求;每位工作人员的职责、职务;服务承诺、违诺违纪的投诉处理途径。

对内公开内容有干部任用、财务收支、目标考核、基础建设、工程招投标等,主要通过职工大会、局务会专栏张榜的形式向职工公开。局内部财务收支、重大事项、各项制度的制订以及人事等方面全面向职工公开公示。

党建与气象文化建设

1. 党建工作

党的组织建设 1959 年建站伊始,肃宁县气象局有党员 1 人,编入农林局党支部。1978 年成立肃宁县气象局党支部,共有党员 8 人。截至 2008 年底,有党员 10 人(其中在职职工党员 4 人)。

2004—2008 年连续 5 年被县直党委评为"先进基层党组织"。

党风廉政建设　肃宁县气象局认真落实党风廉政建设责任制的有关规定,加大从源头上预防和治理腐败的工作力度,每年组织召开两次民主生活会;财务账目每年接受上级财务部门年度审计,并将结果向职工公布;注重开展学习型机关活动,开展讲党课、摄影展、大合唱等活动,凝聚人心,创建和谐机关;组织职工观看廉政教育警示录、《北极星》等教育片,教育职工克己奉公,防微杜渐。

2. 气象文化建设

精神文明建设　2004 年制作了局务公开栏、学习园地、发展简史栏等宣传用语牌。2005 年完成"两室一网"建设,有图书 3000 册。每年组织职工积极参加本市组织的文艺汇演和运动比赛、户外健身等项目,丰富了职工的业余文化生活。

文明单位创建　肃宁县气象局 1999—2008 年被评为肃宁县"文明单位",2000—2008 年被沧州市委、市政府评为"文明单位"。

荣誉　1977—2008 年,肃宁县气象局共获得集体荣誉奖 40 项;1978—2008 年肃宁县气象局个人获奖共 43 人次。

台站建设

台站综合改善　肃宁县气象局现占地面积 0.56 公顷,有业务办公用房 260 平方米。从 2004 年到 2006 年的 3 年时间内对机关的环境面貌和业务系统进行了大的改造。1997 年建造了办公楼;1998 年迁入新址,台站环境得到有效的改善;2008 年 12 月在肃宁县泽城路(河定路)西段路南征地 1 公顷建设新址,12 月 14 日开始新观测场的建设。

园区建设　2005 年肃宁县气象局对办公和生活环境进行整体规划,完成旱厕所改造、车库建设及车库前路面硬化工作,对墙体进行了整体绿化,总绿化面积为 3000 平方米,整体绿化覆盖率达到 100%,种植树木 200 棵,硬化面积 1000 平方米。

肃宁县气象局旧貌(1980 年)

肃宁县气象局 1997 年建的办公楼(1997 年 10 月)

孟村回族自治县气象局

机构历史沿革

始建情况 孟村回族自治县气象局前身为孟村县气象哨,建于 1971 年 1 月,站址为县城西南角。1974 年 1 月 1 日正式开始地面观测。

站址迁移情况 1978 年 11 月 30 日因原址地势低洼影响气象资料"三性",经省、地气象局批准迁至团结路 1 号,距原气象站址北 200 米。2007 年 1 月 1 日迁至县城中心东部约 2 千米处(王御史村武港路北侧),北纬 38°08′,东经 117°07′,观测场海拔高度 10.5 米

历史沿革 1972 年 1 月孟村回族自治县气象哨更名为孟村回族自治县气象站。1976 年 1 月经孟村回族自治县革命委员会研究决定,由原气象站改为气象局。更名为孟村回族自治县气象局。1982 年 8 月恢复孟村回族自治县气象站。1989 年 9 月再次更名为孟村回族自治县气象局,业务规格为辅助站。2000 年 1 月业务规格由辅助站升格为国家一般气象站。

管理体制 1971 年 1 月建气象哨。1972 年 1 月正式建站时开始军管。1973 年 3 月 1 日军管结束,气象站隶属农林局。1974 年 1 月 1 日起隶属县人民武装部管理。1976 年 1 月 10 日隶属地方政府管理,1982 年 8 月经省气象局批准气象局改为气象站,隶属省地两级管理,1989—2008 年实行气象部门与地方政府双重领导,以气象部门领导为主的管理体制。

单位名称及主要负责人变更情况

单位名称	姓名	职务	任职时间
孟村回族自治县气象哨	王在如	站长	1971.06—1972.01
孟村回族自治县气象站			1972.01—1972.04
	张学周	站长	1972.04—1976.01
孟村回族自治县气象局	李秀峰	局长	1976.01—1978.08
	王冲力	局长	1978.08—1979.09
	马志远	局长	1979.09—1982.08
孟村回族自治县气象站		站长	1982.08—1985.04
	杨长坡	站长	1985.04—1989.09
孟村回族自治县气象局	张立明	局长	1989.09—1991.09
	张文昌	局长	1991.09—1998.01
	吴胜平	局长	1998.01—

人员状况 1971—1973 年只有 1 名工作人员。1974 年增加到 5 人。建站以来先后有 40 人在孟村县回族自治县气象局工作过。截至 2008 年 12 月底,有在职职工 10 人(在编职

工 6 人,非编制人员 4 人),在职职工中:本科学历 4 人,大专学历 2 人;汉族 6 人,回族 4 人;中级职称 1 人,初级职称 2 人;20~40 岁 9 人,41~60 岁 1 人。

气象业务与服务

1. 气象业务

①地面气象观测

观测内容 1974 年 1 月 1 日起正式开展地面观测,每天进行 08、14、20 时 3 次观测;观测项目为云、能见度、天气现象、气压、气温、湿度、风向、风速、降水、地温(地面、曲管)、蒸发、日照、冻土、雪深。截至 2008 年,观测项目变更为云、能见度、天气现象、气压、气温、湿度、风向、风速、降水、雪深、日照、蒸发(小型)和地温(0、5、10、15、20 厘米)、冻土、草面温度。

编发报方式 1974 年 1 月开始手工查算编报,1981 年 5 月开始电话传报。1993 年 7 月 1 日安装使用 PC-1500 袖珍计算机地面气象测报程序。2000 年 4 月 1 日—2008 年 12 月 31 日由手工编报、电话传报改为微机编报。

现代化观测系统 2007 年 7 月 1 日孟村回族自治县气象局现代化建设开始起步,建设了 DZZ2 型地面自动观测站,并开始试运行,2008 年 1 月 1 日投入业务运行。实现地面气压、气温、湿度、风向、风速、降水、地温(包括地表浅层、深层)、草面温度自动观测记录。2005 年 5 月在新县、牛进庄、高寨、辛店、孟村镇、宋庄子 6 个乡安装了区域气象自动观测站,全县达到每个乡镇均有 1 个区域气象自动观测站。

气象报表制作及归档 报表种类有天气加密报、重要天气报、小图报、旬月报、汛期雨量报。1974 年 1 月—1990 年 12 月气象月报、年报气表由手工抄写编制。1999 年 1 月开始使用微机打印气象报表。2003 年 1 月—2008 年 12 月制作人工站报表,分别报送沧州市气象局与河北省气象局。2007 年 1 月开始制作自动站报表,报送沧州市气象局业务科与河北省气象局气候中心。

②农业气象观测

1976 年 1 月起开展农业气象观测工作,主要观测玉米、小麦、棉花的发育期和收获期、病虫害及气象灾害的数据指标。观测方法是钻土取样。1982 年 3 月取消农气工作。

③气象信息网络

建站初期,靠手摇发电机给电台供电,报务员用电键发报。电信局接收后,再发到目的地。后用甚高频电话发报,再后来改为电话传报。1964 年 11 月—1998 年 12 月报文通过固定电话和甚高频电话发报;1999 年 1 月 1 日发报方式由电话改为 X.28 网络传输;2002 年 6 月 1 日 X.28 升级为 X.25;2004 年 11 月安装 2 兆 VPN 专线传输,代替 X.25 数据交换网,用于气象数据传输、局域网建设和与全省气象系统文件传输。

④天气预报

1975 年 1 月开始天气预报工作,当时主要学习和运用"听、看、谚、地、资、商、用、管"八字措施的补充天气预报方法制作降水、温度等点聚图、三要素曲线图、天气形势示意图等,每日制作一次中、短期预报,每月发布一次长期预报,并结合农时发节令专题预报。1976

年1月开始每日下午绘制500百帕、700百帕高空图和本站天气图,并绘制本站曲线图,制作24小时天气预报。1986年4月20日安装了甚高频电话,可直接与沧州市气象台及部分县站通话,进行天气会商。1986年12月停止做中长期天气预报,改由沧州市气象台制作,县气象局结合本地实际情况和气候特点参考采用。1989年1月充分利用上级台站预报产品,开展了县站解释预报工作。2000年4月后对沧州市气象台的指导预报经过订正后再通过电视台播发。2006年4月26日安装了灾情直报1.0系统,随着应用的不断改进逐步升级到灾情直报2.2系统,灾情直报系统的应用,使得出现的各种气象灾害均得到及时上报。

2. 气象服务

①公众气象服务

孟村回族自治县气象局最早的公众气象服务始于1980年2月,分别在孟村县砖厂、各乡镇、各人口密集的公共场所安装大喇叭,每天早晚2次广播天气预报。1987年4月1日购进气象警报发射机1台,接收机30部,对开展气象公益服务起了很大的促进作用。1996年5月开通"12121"天气自动答询电话系统并投入使用。1998年9月开播电视天气预报节目。2003年3月开办《孟村气象》,其内容为:天气预报、农事建议,为所有公众和专业用户提供监测资料。2006年9月开通企信通。2007年2月开始在电力局、回民中学等场所安装电子显示屏,及时播发天气预报。

②决策气象服务

孟村回族自治县气象局决策服务始于1976年,当时每周天气预报、临时性重大活动等预报以书面形式报送县委、县政府及各相关部门。20世纪90年代以后决策产品由电话、传真、书面文字等多种形式报送。报送内容有《每周天气预报》《重要天气报》《预警信号》《雨情信息》《孟村气象》《麦收》《秋收专题预报》及各类节假日预报、临时性重大活动预报。

【气象服务事例】 1986年7月,孟村回族自治县气象局在遇到大风、雷电和强降水天气时,及时电话通知辛店粮站做好防患准备,避免了很大的经济损失,对方特赠镜匾一块。

③专业与专项气象服务

人工影响天气 1976年4月开展人工影响天气作业,建防雹指挥部,有人员3名,由地区气象局调进"三七"高炮3门,分别设在气象站院外、董林村、杨庄村,各配炮手1人。2000年4月气象局购置1台人工影响天气车载式移动火箭,开始人工影响天气工作,服务于民众。2007年3月为人工影响天气作业车安装了GPS定位系统。

孟村回族自治县地势低洼加上年月季降水变化大,旱涝已成为主要灾害。孟村气象局每年根据上级指示与本地实际情况开展人工影响天气作业以缓解旱情,取得良好经济社会效益。

防雷工作 2002年4月孟村回族自治县防雷中心成立,隶属孟村回族自治县气象局。2003年7月孟村回族自治县气象局被列为县安全生产委员会成员单位,负责全县防雷安全的管理,定期对加油站、学校、液化气站、民爆仓库、医院、银行、联通、移动等行业的防雷设施进行检查。截至2008年,共检测单位96个,防雷执法3次。2006年5月新县镇一砖窑拒绝防雷检测,防雷工作人员对其进行防雷教育,解说防雷安全的重要性,但其仍不合作,最终通过法院对其进行强制执法检测。

④气象科普宣传

统一制作局务公开栏、学习园地、法制宣传栏、文明创建标语等宣传用语牌。每年在"3·23"世界气象日组织科技宣传,普及防雷知识。孟村回族自治县气象局还制作防雷宣传彩页及探测环境宣传材料,不定期地在各大公共场所发放,受到群众的赞扬。

气象法规建设与社会管理

法规建设 2002年7月6日《沧州市防雷减灾管理办法(暂行)》由沧州市政府以沧政通〔2002〕67号文件的形式正式下发;2004年9月22日沧州市政府第2号令公布了《沧州市防雷减灾管理办法》,孟村回族自治县政府相继进行了转发。

制度建设 孟村气象局先后制订各种规章制度,并不断完善,主要内容包括基础业务制度、科技服务制度、财务管理制度、卫生管理制度、车辆管理制度、考勤请销假制度。

社会管理 2002年5月开展气象行政执法工作。负责本行政区域内气象行政执法工作。2002—2008年执法9次,对违反《中华人民共和国气象法》、《河北省实施〈中华人民共和国气象法〉办法》以及部门规章的违法行为予以查处。孟村回族自治县气象局严格按照《河北省防雷减灾管理办法》进行安全防雷。截至2008年底,孟村回族自治县气象局已有5名执法人员。

探测环境保护 2004年初孟村气象局发现县供电局在相距气象观测场不足20米的地方破土动工,计划修建数栋高层建筑物,该行为严重违反了《气象探测环境和设施保护办法》,造成气象局迁站。2006年3月孟村海鑫家具城在孟村气象局东侧建设,为了保护探测环境不被破坏,与地方政府及海鑫家具城法定代表多方协商,详细解释气象探测环境保护的法规及相关标准,取得他们的理解及支持,海鑫家具城降低了建筑物高度。2007年12月孟村气象局在县委、县政府、孟村镇及城市建设局、环境保护局等部门进行了气象探测环境标准和具体范围备案。

政务公开 2008年5月制作孟村县气象局信息公开服务指南。将各项行政审批、办事程序、服务内容、服务承诺、收费依据、标准等通过会议、宣传资料等不同形式进行宣传,向社会公开。对局内部财务收支、重大事项、各项制度的制订以及人事等方面全部向职工公开公示。

党建与气象文化建设

1. 党建工作

党的组织建设 1971—1975年有党员1人;1976—1977年有党员2人;1977年1月成立孟村县气象站党支部。1978年党员达到4人;截至2008年底,有党员5人。

2005—2008年连续4年被孟村县直属机关工作委员会评为"先进基层党组织"。

党风廉政建设 全局重视党建工作,注重发挥党支部的战斗堡垒和党员的模范带头作用,带动群众完成各项工作任务。党支部定期召开民主生活会,开展民主评议党员活动,重大问题由局务会讨论决定,定期开展党务会。认真落实党风廉正建设,无重大违纪违法案件发生。重视文化建设,注重安全生产,实行重大事项报告制度。近年来先后开展了一系列的学习活动。

2. 气象文化建设

精神文明建设　坚持以人为本,弘扬自力更生、艰苦创业精神,坚持两个文明一起抓。深入持久地开展文明创建工作,政治学习有制度、文体活动有场所、电化教育有设施。2005年6月孟村气象局建立了"两室一网",有图书1500册。每年组织全局职工参加"博爱一日捐"活动,增强职工的社会责任感。

文明单位创建　1988年1月15日孟村县气象站被地区评为"双文明"单位,同时被评为先进单位;2005—2007年被县委、县政府评为县"文明单位";2006—2007年被沧州市委、市政府评为"文明单位";2006—2007年被县委、县政府评为城乡建设先进单位。

荣誉　孟村回族自治县气象局1975—2008年共获得集体荣誉奖18项。1975—2008年孟村县气象局个人获奖共17人次。其中,创测报质量"250班无错情"共3个。有2人被中国气象局授予"全国质量优秀测报员"称号;1人被中国气象局授予"全国气象行业技术能手"称号;1人获得首届全国气象行业地面测报技能竞赛个人全能三等奖和"地面观测观测综合理论"单项一等奖。

台站建设

台站综合改善　1973年6月正式建房及观测场。1978年11月30日迁至县城城西团结路1号,建房21间,建筑面积310平方米,砖瓦结构,观测场占地625平方米,四周空旷。由于房屋建自1978年,至2007年迁站前房屋已破旧不堪,冬天寒冷无暖气,四处漏风,夏天遇有雨天房屋还漏雨。2007年1月1日由团结路迁至孟村县王御史村武港路北侧(郊外)。现占地4992平方米,有办公楼1栋536平方米,车库40平方米,仓库、厨房40平方米,建筑院墙300米。办公楼美观大方,突出气象系统的特色,树立了一流台站的形象,围墙既防盗又美观。

园区建设　2007年气象局按照创建"花园式台站"的标准,对环境进行了绿化改造,在院内修建了草坪和花坛,种植花木品种10种。规划整修了道路,路面绿化2000平方米,硬化1000平方米。改造了业务值班室,宽敞明亮,整洁优雅。

孟村回族自治县气象局旧貌(2006年)

孟村回族自治县气象局新建办公楼(2007年)

孟村回族自治县气象局现观测场(2007 年)

衡水市气象台站概况

衡水市地处河北省的东南部,海拔高度 20.7 米,气候湿润,四季分明,年平均气温 12.8℃,最高气温出现在 7 月,极端最高气温为 42.8℃(2002 年),最低气温出现在 1 月,极端最低气温为−26.0℃(1972 年),年平均降水量 509.1 毫米。

衡水市位于中纬度欧亚大陆的东岸,属温带大陆性季风气候,特点为春季干燥多风,气温波动大;夏季炎热多雨;秋季晴朗,冷暖适中;冬季干寒少雪。主要灾害性天气为暴雨、冰雹、大风、高温、干热风、连阴雨、寒潮等。

气象工作基本情况

衡水市气象局辖冀州市、深州市、故城县、枣强县、景县、武邑县、阜城县、武强县、饶阳县、安平县等 10 个县级气象台站和 1 个衡水观测站。

建制情况 衡水市最早的气象站为建于 1954 年 3 月 1 日的冀衡农场气候站(冀州市气象局的前身);1957—1959 年先后建成衡水气象站、饶阳气象站、深县(现深州)气候站和郑口(现故城)气象哨;1965 年 1 月 1 日建成枣强气象站,1967 年 1 月 1 日阜城气候站建成,1969 年 10 月—1970 年 1 月相继建成武邑、安平、武强气象站和景县气候站。

1980 年以前管理体制经历了从地方政府到气象部门管理,又从部队管理到地方管理的管理体制变化。1981 年以后实行气象部门与地方政府双重领导,以气象部门领导为主的管理体制。

编制情况 1996 年全区定编 158 人(其中地区局编制 73 人,各县气象局编制 85 人)。2006 年全市人员编制核定为 139 人(其中市气象局机关编制 19 人,全市气象业务系统 120 人),业务系统中,市气象局直属事业单位 51 人,县(市)局(台、站)69 个。2008 年全市编制核定为 141 人,市气象局机关编制 19 人,市气象局直属事业单位 50 人,县(市)局(台、站)72 人。

人员状况 截至 2008 年底,全市气象系统有在职职工 145 人,离退休职工 67 人。市气象局有在职职工 70 人,离退休职工 39 人。在职职工中:高级职称 7 人,中级职称 31 人;研究生学历 1 人,本科学历 46 人,专科学历 7 人。县气象局有在职职工 75 人;退休职工 28

人。在职职工中:中级职称 25 人;本科学历 21 人,专科学历 33 人。

党建工作 衡水市气象系统现有 1 个党总支和 13 个基层党支部,有在职职工党员 93 人,离退休职工党员 47 人。

文明单位创建 全市有 2 个省级"文明单位",8 个市级"文明单位"。1999 年 12 月被河北省气象局和衡水市文明委联合授予"文明气象系统"。

台站建设 随着气象事业的不断发展壮大,通过台站搬迁和综合改善,衡水基层气象台站办公、生活环境都有了明显改善。衡水市气象局按照"绿化、硬化、美化、净化、亮化相结合,突出气象特色"的原则,对全市 11 个气象台站进行了总体规划,在市、县两级气象部门的共同努力下,衡水市气象局、枣强县气象局、饶阳县气象局 3 个单位相继通过了省级园林单位的验收。2008 年 2 个县气象局被河北省气象局评为"一流台站"。

主要业务范围

地面观测 衡水市气象局现辖 11 个地面气象观测站(10 个县市气象站和衡水市气象观测站),基中 1 个国家基准气候站(饶阳),10 个国家一般气象站。

全市 11 个台站承担有重要天气报和气象旬月报发报任务,饶阳、衡水两站承担航空危险天气发报任务,饶阳站承担气候月报发报任务,国家一般气象站还承担每年 6—8 月 06—06 时汛期雨量报任务。

2002 年 12 月衡水、饶阳安装建成 2 个 CAWS-600 型自动气象站。2007 年 6 月枣强、武邑、深州建成 3 个 CAWS-600 型自动气象站。

农业气象观测 衡水市有深州、阜城两个国家一级农业气象观测站。1985 年起各气象站每年从 4 月开始,每天对外发布 0~5 厘米地温、地面最低气温实况至 1996 年止。20 世纪 90 年代后期开始使用卫星遥感资料做小麦产量预报。2004 年起利用极轨卫星资料监测小麦长势、土壤墒情等。

其他观测 2002 年 12 月温度梯度观测系统在衡水建成并投入使用。2008 年 10 月在深州、阜城和枣强建成了 3 个 GPS 水汽监测站。至 2008 年底建有区域自动气象站 90 个,均为气温、降水两要素站。

天气预报业务 从 20 世纪 60 年代手工绘制天气图到现在,1981 年 711 天气雷达在衡水地区气象局安装使用,成为短时订正预报的重要工具。1983 年省气象局先后给各站配备了 PC-1500 袖珍计算机和苹果-Ⅱ微型计算机。1986 年衡水地区气象台实现以多因子集成相似预报工具为主的 15 种 MOS 预报方法。预报产品越来越丰富,在原有天气预报基础上增加了假日天气预报、火险和相对湿度预报、城市环境预报、上下班预报、紫外线指数、穿衣指数、医疗气象、铁路沿线城市预报、农业气象预报、空气污染指数预报、地质灾害预警预报、城市积涝预报和城市火险预报等多项预报内容。服务时效在原长、中、短期天气预报的基础上将短期的 72 小时以内预报向长、短双向延伸,加强周预报、特别是加强了短时订正预报。

气象科学技术 2001 年开始构思科研业务的创新思路,先后制订完善了《科技发展基金支持科研课题管理规定》等一系列管理制度,完成科研课题 60 余项,并对取得科研成果的业务人员给予奖励,取得明显效果。

截至 2008 年底,衡水气象系统科研人员在全国气象刊物上发表学术论文 200 余篇,在国家核心期刊上发表学术论文 10 余篇,实现了衡水气象学术研究史上的新突破。2006 年 9 月 13 日挪威卑尔根大学尼尔斯教授到衡水市气象局进行学术访问。2007 年首次争取到了地方指令性科研项目。

气象服务 主要有公众气象服务、决策气象服务、专业气象服务和气象防灾减灾服务四大类。气象服务的主要手段有天气预报(特别是灾害性、关键性天气预报服务)、气候分析、气象资料和情报等。

改革开放之前的公众气象服务主要是以广播为主,改革开放初期主要通过电台广播、《衡水日报》刊登天气预报。随着现代化建设的发展,气象服务也进入新的阶段,从 20 世纪 90 年代开始,公众气象服务形式更加多样化、服务内容更加具体、服务方式更加快捷、服务范围更加广泛,主要通过电台、电视台、气象网站、"12121"电话、手机短信、电子显示屏等方式向公众服务,遇有灾害性天气及时向公众发布预警信号,为人民群众减灾防灾提供准确的预报信息。

决策气象服务以重大灾害性天气预报警报服务、重要季节气象服务和重点工程建设气象服务为核心。服务方式由电话、口头汇报、文件传输发展为利用现代化通讯设备。2005 年 6 月成立了决策气象服务领导小组,指导全市的决策气象服务工作,规范了服务形式、服务内容,有"天气预报信息"、"重要天气报告"、"专题气象报告"等服务产品。

目前专业气象服务的方式,有"12121"电话、气象短信、电子屏、气象网页和特殊用户的专业预报服务。气象科技开发项目有电力与气象、供暖期预报、气象预警服务系统、"12121"自动站天气实况自动语音生成系统等。

衡水市气象局开展人工影响天气工作是从 20 世纪 90 年代开始的,1990 年前后河北省人工增雨飞机在故城军用机场作为起降机场,1994 年人工影响天气工作开始正式启动,在全区设立了 6 个作业点,6 门高炮和一部火箭流动作业车投入使用。到 2001 年底全市配备了 7 部 WR 型火箭作业系统,2006 年 5 月购置 3 部 WR 型火箭流动作业系统和 2 部 BL 型火箭作业系统。至 2008 年底共有 6 门双"三七"高炮,9 部 WR-1 型火箭作业系统,2 部 BL 型火箭作业系统,36 个作业点,具备了数字化雷达、闪电定位仪及相关仪器设施的天气监测系统。人工影响天气工作的开展,为衡水市防汛抗旱和消雹减灾做出了贡献。1999 年维修、改造了 711B 数字化雷达,提高了雷达自动化程度,具备了对危险天气自动警戒功能,进一步提高了人工影响天气作业的效果。

防雷减灾气象服务工作是新时期随着经济社会发展,政府赋予气象部门的一项新的职能。1997 年 12 月衡水市防雷中心正式挂牌成立,各县市防雷中心也相继成立。随着技术服务水平的提高和管理的规范化,全市防雷检测已普及到机关、企业、加油加气站、输气管线、电厂、大型机房等场所,服务流程逐步正规化。市防雷中心对全市在建项目进行防雷设计审核、跟踪监测和竣工验收,从建筑源头把好防雷关,有效地减少了雷灾损失。市防雷中心重点加强对农村中小学的防雷教育,在衡水日报、电视台等媒体进行农村防雷知识科普宣传,提高社会各界对雷电灾害的重视程度。

衡水市气象局

机构历史沿革

始建情况　衡水市气象局的前身为衡水县气象站,始建于 1957 年 1 月,站址位于衡水县城关镇南门外衡水农科所院内,北纬 37°44′,东经 115°42′,观测场海拔高度 23.7 米。

站址迁移情况　衡水站共迁站 3 次。1960 年 8 月 21 日由衡水县城关镇南门外衡水农科所院内迁至衡水县南门外“郊外”(现址),位于原址东面 400 米,北纬 37°44′,东经 115°42′,观测场海拔高度 21.9 米;1977 年 5 月 1 日观测场迁往气象局西北 500 米衡水县农林局院内,北纬 37°44′,东经 115°42′,观测场海拔高度 22.4 米;1983 年 6 月 1 日原衡水县气象站和原衡水地区气象台合并,同时迁回南门外郊外(现址:衡水市京衡南大街 766 号)至今。

历史沿革　1957 年 1 月建立衡水县气象站;1962 年 10 月扩建为衡水专区气象服务台;1963 年 6 月在原衡水专区气象服务台的基础上成立衡水专区气象局;1967 年 7 月撤销衡水专区气象局,改为衡水地区气象台;1974 年 11 月更名为衡水地区革命委员会气象局;1978 年 8 月改称衡水地区气象局;1996 年 7 月 19 日衡水撤地建市,改称衡水市气象局。

管理体制　建站初期衡水县气候站隶属于衡水县农林局,1962 年恢复衡水专区建制,归衡水专署农林局代管。1963 年 6 月由河北省气象局管理。1968 年—1973 年 8 月隶属衡水地区军分区领导。1973 年 8 月—1981 年 4 月隶属衡水地区革命委员会领导。1981 年 5 月起,实行气象部门与地方政府双重领导,以气象部门领导为主的管理体制,隶属河北省气象局和衡水市(地区)政府双重领导。

机构设置　1963 年 6 月衡水专区气象局成立,下设办公室、气象台、业务科。1964 年 3 月下设秘书室、业务科、气象台 3 个科室。1974 年 11 月下设政办室、业务科、人事科、研究科、气象台。1981 年 5 月下设办公室、人事科、计财科、业务科、预报科。1985 年成立衡水地区气象局纪律检查组。1988 年设立了服务科,1996 年 10 月撤销。1993 年 3 月成立综合经营办公室,1996 年 5 月更名科技产业中心,2002 年 5 月更名为科技服务中心。1994 年 3 月成立人工影响天气办公室。1999 年 4 月成立衡水市防雷中心。2008 年 5 月观测组从气象台分离,设立衡水市气象观测站。截至 2008 年底设有办公室、业务发展科、计划财务科、人事教育科 4 个内设机构和气象台、科技服务中心、衡水市防雷中心、衡水市人工影响天气办公室、市观测站 5 个直属事业单位。

单位名称及主要负责人变更情况

单位名称	姓名	职务	任职时间
衡水县气象站	吴祖恩	站长	1957.01—1958.09
	张子良	站长	1958.09—1958.12
	苏健林	站长	1959.01—1960.09
	范化南	站长	1960.09—1961.07
	苏健林	站长	1961.07—1962.09
衡水专区气象服务台	寇志刚	台长	1962.10—1963.06
衡水专区气象局		局长	1963.06—1967.07
衡水地区气象台		台长	1967.07—1969.09
	冯生臣	台长	1969.09—1974.11
衡水地区革命委员会气象局		局长	1974.11—1976.09
	贾国瑞	局长	1976.09—1978.08
衡水地区气象局	冯生臣	局长	1978.08—1983.07
	檀盛歧	局长	1983.08—1988.08
	徐登文	局长	1988.08—1992.07
	刘红旗	局长	1992.07—1993.11
	王序宁	局长	1993.11—1996.07
衡水市气象局		局长	1996.07—2001.05
	牛忠保	局长	2001.05—

人员状况 衡水县气候站建站初期仅有职工 3 人;1963 年衡水专区气象局成立,有职工 26 人;1998 年有在职职工 76 人,其中大学本科以上 13 人,大专 15 人;高级职称 5 人,中级职称 36 人。截至 2008 年 12 月有在职职工 69 人,其中:汉族 68 人,满族 1 人;大学本科以上 46 人,大专学历 3 人;高级职称 7 人,中级职称 40 人。

气象业务与服务

1. 气象业务

气象观测 衡水市气象观测站为国家一般站,1957 年 1 月 1 日正式观测记录。当时的观测项目有云、能见度、天气现象、风向、风速、气温、气压、湿度、降水量、蒸发量(小型)、地面状态、雪深、日照、地温(0~20 厘米),昼夜守班,每天进行 01、07、11、19 时(地方时)4 次定时观测。1960 年起先后承担了北京、天津、长治、故城、德州等机场不同时段的航危报任务。1963 年因洪水淹没全部仪器,该年 8 月 8 日—10 月 31 日全部记录缺测。1986 年 1 月 1 日开始使用 PC-1500 袖珍计算机观测编报,1999 年实现微机编发报一体化,2002 年 12 月安装 CAWS-600B 型自动气象站和温度梯度观测系统。2005 年 1 月自动站单轨运行,自动观测项目有气温、湿度、气压、降水、风向、风速、浅层及深层地温、草温等。2007 年 1 月变更为国家气象观测站二级站。现承担的发报任务:OBSER 北京 08—20 时航危报,08、14、20 时定时天气加密报,白天段重要天气报和气象旬月报以及汛期雨量报。

1981 年 10 月 711 测雨雷达安装运行,1999 年进行了数字化改造。2004 年 6 月开始风云系列卫星资料和 NOAA 卫星资料的接收和上传。

气象信息网络　气象通信工作先后经历了莫尔斯电码通信、电传报通信、计算机通讯、网络通讯等 4 个阶段。1986 年 8 月开通使用省地有线电传；1988 年高频电话投入使用；1992 年 3 月无线通讯网开通；1993 年 7 月，省地微机远程终端开通；1995 年 8 月通讯网络 DDN 网切换，开通了景县、饶阳、深州 3 个县气象局的地—县通讯远程微机终端；1996 年 6 月开通地—县气象通信微机终端；1997 年 3 月"9210"工程卫星电话开通；1997 年 11 月底 PES 数据站正式开通，"9210"卫星配套程控电话交换机并入卫星网；1998 年卫星地面接收站建成，PC-VSAT 卫星单收站投入业务使用；2000 年 7 月开通了 X.25 通讯；2002 年 5 月省市 2 兆 SDH 宽带网开通；2002 年 6 月省—市电视会商系统建成，省市 IP 电话系统开通，市县 X.25 通讯系统建成；2002 年 8 月 10 日互联网线路开通，建成百兆局域网；2003 年 12 月对外服务网站正式运行；2007 年 6 月新一代卫星数据广播接收（DVB-S）地市级用户站投入业务使用；2007 年 12 月省市 2 兆 SDH 升级到 8 兆 MSTP。

天气预报　天气预报业务始于 1958 年底，当时无专职预报人员和通讯工具，在没有任何监测设备的情况下，只能采用单站资料做预报。

衡水气象站人员在收听大台天气预报　　　　衡水气象站预报员正在进行会商（1970 年）
（1950 年）

1976 年开始使用天气图预报方法；1981 年 711 测雨雷达业务运行，日本、欧洲的数值预报资料得到应用；1983 年配备了 PC-1500 袖珍计算机和苹果-Ⅱ微型计算机，开始使用卫星红外云图资料；1986 年实现以多因子集成相似预报工具为主的 MOS 预报方法。

1992 年开始计算机广泛应用于天气预报业务，1996 年开始使用 MICAPS 系统，2002 年 6 月省—市电视会商系统建成使用，2004 年多普勒雷达开始应用，2005 年灾害天气预警信号开始发布，闪电定位仪、多普勒雷达应用于临近天气预报预警效果显著。2007 年 9 月预报用微机全部更新，取消了人工绘制的天气图，2008 年 MICAPS 3.0 系统试用，数值预报产品多样化，增加了火险和相对湿度预报、医疗气象、紫外线指数、穿衣指数、空气污染指数预报、预警信号发布等预报内容。

农业气象　1980 年以前农气服务主要以测墒和主要农事季节服务为主，1985 年开始发布棉播期地温预报,1991年卫星遥感资料开始应用于小麦产量预报,2004年起利用极轨卫星资料监测小麦长势、土壤旱情等。气象咨询电话"12121"、手机短信、户外显示屏、报纸、电视、气象网站等都先后成为农业气象服务载体。

2. 气象服务

公众气象服务 1958年底气候站开展天气预报服务,每天向衡水县有线广播站发3次天气预报。1962年3月建立衡水专区气象台,以农业服务为重点。1963年8月上旬,太行山东侧一带连降暴雨导致洪水泛滥,气象站水深达2.3米,气象台把预报用黑板报的形式写在主要街口为群众服务。1964—1976年公众服务方式以广播为主。

1976年以后天气预报服务主要通过电台和报纸刊播,1994年6月天气预报节目走上电视荧屏,公众服务主要通过电台、电视台、网站、"12121"、手机短信、电子显示屏等方式对公众服务,2005年3月开始在衡水电视台、衡水人民广播电台发布灾害性天气预警信号。

决策气象服务 1958年1月制作天气预报以后,每年的春播、三夏和汛期等关键季节都为当地政府领导提供决策服务。1963年8月上旬,太行山东麓连降暴雨,降水量多达700毫米以上,预报人员昼夜坚守,加强资料分析和天气会商,8月上旬的7次降水预报准确、服务及时,洪水刚退的9月14日气象台把预报复写后送地委专署。1966年8月建立了气象服务基地,决策服务主要针对农业生产需要。1976—1991年采取当面汇报、书面报告、专题服务等形式为地方领导决策提供依据和墒情、雨情、灾情信息等。

1993年5月后成立了决策气象服务领导小组,开通了气象局到行署的气象服务微机终端。2000年5月下发《衡水市气象局决策气象服务规范》,2003年6月建立了城市防灾减灾气象服务系统,规范决策服务材料的编制、分类和签发。

专业气象服务 衡水市气象局的专业气象服务,早期以警报机为主,服务手段主要是警报机广播。对特殊服务用户制作专业预报,如砖厂停(开)产期预报、酒厂调排预报等。

2005年气象短信服务在全市展开,2007年3月之后增加了电话服务、电子显示屏、网络和特殊用户的专业预报服务。气象科技服务开发项目有:电力与气象、供暖期预报、气象预警服务系统、"12121"自动站天气实况自动语音生成系统等。

气象影视中心成立于1996年2月,初期的天气预报画面由电视台制作,1997年6月开始自己制作。2005年以前天气预报节目以mini DV带送到电视台,之后以mpegII编码的视频文件通过移动硬盘送到电视台,现在以DVCPRO带为载体,在衡水市电视台三个频道播出。

气象科普宣传 每年"3·23"世界气象日、法制宣传日、科普宣传周,市气象局都印发气象知识宣传册到广场发放,业务人员现场解答群众提问,气象台在"3·23"世界气象日对外开放,让大家直观感受气象工作,同时还利用媒体等传播渠道进行气象科普知识的宣传。

气象法规建设与社会管理

法规建设 1994年4月6日衡水地区行署办公室向各市、县政府和有关部门下发了《关于加强公开发布天气预报管理工作的通知》。2006年8月衡水市政府办公室下发《关于进一步做好防雷减灾工作的通知》。1992年10月衡水地区行署下发了《关于认真贯彻执行国发〔1992〕25 号和冀政〔1992〕78 号文件的通知》。

社会管理 2005 年 1 月衡水市政府下发《关于加强气象探测环境保护工作的通知》。2002 年 10 月影响饶阳县气象探测环境的衡水移动分公司的通讯铁塔被强行拆除。2008 年 4 月 22 日衡水市气象局指导景县气象局对其北邻景县鑫奥公司影响气象探测环境的建筑物进行了拆除。

1994 年 5 月衡水地区气象局和衡水市公安局联合下发了《关于加强充放氢气球管理的通知》。

1997 年 12 月 19 日衡水市防雷中心挂牌成立。1998 年 5 月 29 日,衡水市防雷中心取得了河北省劳动厅颁发的《河北省特种设备安全认可证》。2002 年 7 月衡水市政府下发了《关于进一步加强和规范防雷减灾工作的通知》,明确规定全市防雷减灾管理和防雷设施的安全检测工作统一由气象主管机构管理。2005 年 1 月防雷三项职能纳入市建筑市场服务中心正式运行。

政务公开 对气象行政审批办事程序、气象服务内容、服务承诺、气象行政执法依据、服务收费依据及标准等,通过户外公示栏、电视广告、发放宣传单、网络等方式向社会公开。干部任用、职工晋级、财务收支、目标考核、基础设施建设、工程招投标等内容通过职工大会或局内公示栏张榜、网络等方式向职工公开。

党建与气象文化建设

1. 党建工作

党的组织建设 1957 年 1 月成立衡水县气候站第一届党支部,有党员 10 人;1996 年 10 月成立衡水市气象局第一届党总支,总支下辖 3 个党支部,共有党员 56 人;党建工作归衡水市委、市直工委直接领导。截至 2008 年 12 月有党员 74 人(其中在职职工党员 45 人,离退休职工党员 29 人)。

党风廉政建设 衡水市气象局认真落实领导干部廉洁从政若干准则,健全完善领导干部个人重大事项报告、收入申报、礼品礼金上缴登记、述职述廉、民主评议、诫勉谈话和经济责任审计等制度。完善了干部人事、劳动分配、教育培训、后勤保障、资金使用审批公开、大宗物品采购和基建工程招投标等各项制度。在局域网站开设有党风廉政、气象文化、政策法规等专栏,在机关办公楼内的每层楼梯口,设立了醒目的由职工自己创作的气象文化展牌。多次组织廉政文化书画、摄影作品竞赛活动,多幅作品参加了省气象局组织的全省气象部门廉政书画摄影展览并获奖,建立了廉政书画展览室。在机关大院设立了政务公开专栏和文明用语标牌,在图书室设立了廉政书架。建立了党风廉政建设责任考核制度和领导干部在职、离任审计制度,实行一岗双责。完善了各项行政规章制度,将 21 项机关事务管理规定辑印成册,并做到人手一册。

2. 气象文化建设

精神文明建设 衡水市气象局历届领导班子高度重视精神文明创建工作。市气象局党组把精神文明创建工作列入了重要议事日程,成立了创建工作领导小组,党组书记为第一责任人。理论学习中心组坚持每周五学习制度,各党支部落实"三会一课"制度,保证学习时间和到课率。积极响应市委、市政府的号召,深入开展争创"五型"机关活动。

文体活动 积极拓展文化阵地,建成了标准的图书阅览室,拥有图书5000多册;相继建成了篮球场、羽毛球场、门球场、乒乓球室、台球室、棋牌室、健身房和党员活动室、荣誉室、廉政文化室等活动场所。

2006年组织举办了庆祝建局50周年一系列大型庆祝活动。9月28日举办了纪念衡水市气象局建局50周年征文颁奖典礼暨文艺演出活动。10月11日《衡水日报》以"衡水气象五十年,风霜雨雪铸辉煌"为题刊登了气象专版。衡水市副市长邹立基发表了署名文章,对气象部门的工作给予了肯定和支持。编辑出版了反映衡水气象事业发展的《风霜雨雪铸辉煌》一书。在办公楼大墙上镌刻着蕴涵衡水人文历史和气象文明发展的《衡水气象赋》。

2008年1月在全市气象系统开展了"十大文明道德模范"评选活动,对在爱岗敬业、文明礼貌、诚实守信、廉洁自律等方面做出突出成绩的同志进行表彰。举办了纪念改革开放30周年暨"迎国庆"文艺演出。每年"五一"之前,举办迎"五一"运动会。多次举办廉政书画摄影作品比赛和展览。由于工作突出,特色明显,中国气象局局长郑国光和中纪委驻中国气象局纪检组长孙先健先后到衡水市气象局视察指导工作。

3. 荣誉

集体荣誉 衡水市气象局从1985年起被评为市级"文明单位";1999年12月被河北省气象局和衡水市文明委联合授予"文明气象系统"。2006年和2008年连续两届被授予省级"文明单位"称号;2006年被市文明委授予"衡水市2006年度创建文明行业三杯竞赛活动优胜行业"荣誉称号;2007年获省级园林单位称号;2008年获省级卫生先进单位;2008年获全国气象部门廉政文化示范单位。

个人荣誉 从1978—2008年,衡水市气象局个人获地厅级以上奖励100多人次。

参政议政 2008年牛忠保当选为衡水市政协委员。

台站建设

建站初期市气象站只有3间办公用房,到1963年扩建衡水地区气象局的时候,办公用房稍稍得到改善,增加了8间职工宿舍。至2008年底衡水市气象局有土地面积21334.93平方米,有总计3578平方米的业务楼2栋、70平方米的观测站用房,住宅用房6178平方米,门卫室、配电室、职工食堂、车库等辅助用房共计530平方米。其中2栋业务楼分别建于1989年11月和2007年6月,新业务楼的建筑面积为2277平方米,有中央空调,设施较为齐全,所建的气象预警信息发布平台、影视中心、人工影响天气作业指挥中心均按照"集约、开放"的宗旨建设。办公计算机实现了人手一机。配有公务用车、人工影响天气作业指挥车以及科技服务用车等共计9辆。这些已基本满足了气象事业发展的需要。

机关大院环境建设近年来得到较大改善,从2000年开始先后投资百万元进行绿化、硬化、美化,建草坪3000平方米,栽种小树林两块2000平方米,硬化道路500米,全局绿化覆盖率达到70%,实现了三季有花、四季有绿,使机关变成了美丽、和谐的大院。

现代化的衡水气象预报平台(2008年)

现代化的衡水气象业务大楼(2008年)

冀州市气象局

冀州市之名渊源于古冀州。据《尚书·禹贡》记载,大禹治水后,划华夏为"九州",冀州为"九州之首"。冀州市地处华北平原腹地,东与枣强县为邻,南与南宫市、新河县接壤,西与宁晋县、辛集市相连,北隔衡水湖与衡水市相望。市区北郊的衡水湖是北方稀有的平原淡水湖,也是国家级湿地自然保护区。

机构历史沿革

始建情况   1954年3月1日建站,站址在冀县南良庄冀衡农场(乡村),站名为河北省冀衡农场气候站,属国营冀衡农场领导。

站址迁移情况   1961年4月1日迁至冀县南良庄村西北角;1964年2月1日迁至冀县南关南门外"城郊",现昌成西路426号,北纬37°33′,东经115°34′,海拔高度21.8米。

历史沿革   1954年3月1日建站之初名为河北省冀衡农场气候站,1955年6月改名为河北省冀县气候站。1959年1月更名为衡水县冀州气象站。1960年5月更名为衡水县南良气象服务站。1961年5月更名为冀县气象服务站。1971年1月更名为冀县气象站。1989年4月根据衡气党字〔1989〕第06号文,冀县气象站更名为冀县气象局。1993年11月18日冀县撤县建市改为冀州市气象局。

1954年建站时定为国家一般气象站;2007年1月1日—2008年12月31日为国家二级观测站;2009年1月1日又改为国家一般气象站。

管理体制   建站伊始由国营冀衡农场领导。1955年6月由国营冀衡农场划归省气象局领导。1958—1960年归地方领导。1960—1971年由省气象局直接领导。1971—1972年由冀县人民武装部领导。1972—1981年划归地方领导。1981年4月至今根据省政府冀政字〔1980〕217号文,实行气象部门与地方政府双重领导,以气象部门领导为主的管理体制。

单位名称及主要负责人变更情况

单位名称	姓名	职务	任职时间
河北省冀衡农场气候站	郭福钰	站长	1954.03—1955.06
河北省冀县气候站			1955.06—1957.12
	王在品	站长	1957.12—1959.01
衡水县冀州气象站			1959.01—1960.05
衡水县南良气象服务站			1960.05—1961.05
冀县气象服务站			1961.05—1964.12
	高喜银	站长	1964.12—1971.01
			1971.01—1973.03
	赵桂林	站长	1973.03—1976.06
冀县气象站	常桂芝	站长	1976.06—1981.06
	朱金桢	站长	1981.06—1981.08
	张朝英	站长	1981.08—1987.05
		站长	1987.05—1989.04
冀县气象局	李庆长	局长	1989.04—1993.11
		局长	1993.11—2001.07
冀州市气象局	何玉娟	副局长	2001.07—2002.03
	高　东	局长	2002.03—2006.09
	宋建清	局长	2006.09—

人员状况　1954 年冀州市气象局初建时,有在职人员 3 人;20 世纪 70 年代有 6 人;80 年代达到 8 人;1996 年人员编制 8 人,实有 4 人;2006 年人员编制 7 人;截至 2008 年 12 月人员编制 6 人,实有在职职工 7 人,退休职工 4 人。在职职工中:大学本科以上 3 人,大专 4 人;中级职称 2 人,初级职称 5 人。30 岁以下 2 人,30~39 岁 1 人,40~49 岁 3 人,50~59 岁 1 人。

气象业务与服务

1. 气象业务

地面气象观测　1954 年 3 月 1 日—1960 年 7 月 31 日观测时制采用地方时,定时观测时次为 01、07、13、19 时 4 次,夜间不守班。1960 年 8 月 1 日观测时制改为采用北京时。1963 年 10 月 30 日开始编发天气报,14 时发报。自 1999 年 3 月 1 日开始由每天 14 时 1 次发报改为每天 08、14、20 时 3 次发报。观测项目有气压(计)、气温(计)、湿度(计)、风向、风速、云、能见度、天气现象、地温(地面)、雪深、日照、蒸发、降水。1962 年 1 月 10 日启用气象旬月报电码《(60)冀气台字第 122 号》,1963 年 4 月 1 日启用雨情墒情、灾害天气电码,1965 年 1 月 10 日启用河北省气象旬报电码,1980 年 1 月 1 日报表增加自记风、雨量自记,1983 年 1 月 1 日启用气象旬月报(HD-02),1983 年 10 月 15 日启用重要天气报(GD-11),1999 年 6 月 1 日开始执行河北省"汛期 06—06 时雨量报告电码"。

数据传输　建站之初电报的传输是观测员先用电话传到电信局的报房,再由报房传到省气象局;1984年1月首次用甚高频电话发报至衡水市气象局,再由市气象局传到省气象局;1999年6月开始建立河北省气象系统内部专网,利用网络上传报表。1999年1月开始用AHDOS地面测报业务软件进行地面气象数据处理,制作、打印报表,结束了人工编报的历史,地面气象报表的审核也由人工过渡到机审为主,人工为辅。1999年6月安装X.28异步拨号上网系统,利用分组交换传输气象电报。2002年7月改用X.25通讯系统传输电报。2005年4月1日开始使用2兆光纤发报,取消原来的X.25线路。2005年1月1日正式运行地面气象测报业务系统软件2004版。

区域气象观测站建设　2005年8月在4个乡镇建设用市电供能型温度、雨量两要素加密自动气象站4个(魏屯、码头李、西王、南午村)。2006年7月又增加4个太阳能供能型两要素加密自动站(周村、徐庄、漳淮、小寨)。截至2008年底全市两要素无人职守的加密自动站覆盖率达80%。

天气预报　1958年6月冀州市气象局开始制作补充天气预报。主要是收听上级台站及周边地区台站的天气预报广播,结合本地情况,绘制本地天气图,制作天气预报。1984年1月架设开通甚高频无线对讲通讯电话,实现与地区气象局直接预报会商。1999年建立PC-VSAT小站和MICAPS为工作平台的业务流程,使用亚洲2号卫星,与河北省气象局、衡水市气象局联网,气象预报服务功能增强,各种资料齐全,有了卫星云图、雷达图,加上观测站点增多,预报准确率明显提高。

农业气象　1962年1月启用农业气象旬报电码,每月逢8日到田间取10、20、50厘米深度的土壤测量墒情,逢1、11、21日编旬报发往省气象局,同时根据墒情判断作物是否需要浇水。冬季土壤冻结后,停止测墒,开始冻土观测。1981年1月停止冻土观测。

2. 气象服务

公众气象服务　1997年7月冀州市气象局通过市长办公会,与电视台协议开始播出天气预报节目,由气象局制作节目录像带送至电视台,从此天气预报开始在电视中播出。2001年5月投资2万元将电视天气预报制作系统升级为非线性编辑系统。2008年3月再次升级天气预报制作系统,由录像带改为U盘,画面更加清晰。

决策气象服务　随着经济社会的不断发展,天气预报已成为领导决策的依据。每年春播、麦收、秋收季节,冀州市气象局都制作详细的预报,送到领导手中作为指导服务的依据。汛期每次重大天气都向领导报送天气预报,每次天气过程的雨量都送到市委、市政府,为指导防汛抗旱提供决策服务。有重要会议、重大活动时,及时提供准确的天气预报决策服务。2007年5月为了更加准确及时地为市、镇、村领导服务,通过移动通信网络开通了气象商务短信平台,以手机短信方式向全市各级领导发送气象信息。为有效应对突发气象灾害,提高气象灾害预警信号的发布速度,避免和减轻气象灾害造成的损失,在公共场所安装实时电子显示屏。

专业气象服务　1988年7月开始建立气象警报发射台,信号覆盖全县及周边。气象警报接收机安装到各乡镇、砖厂、大型企业,建成气象预警服务系统,使用预警系统对外开展服务。每天上午11时、下午17时各广播1次,服务单位通过气象警报接收机定时接收气象预报。1996年6月冀州市气象局同冀州市电信局合作,正式开通"121"天气预报自动答讯系统,同时停止气象预警服务系统。2004 年 4 月改为由衡水市气象局统一管理维护。2005 年 1 月"121"电话升位为"12121"。

人工影响天气　1997 年成立人工影响天气办公室,申请了码头李作业点。2001 年申请漳淮乡作业点,每年都对作业人员进行培训。作业用的火箭发射架先后更换了 3 次,开始是用"三七"高炮,后更换成山西长治产的车载式火箭发射架,2006 年 4 月更换为江西九〇九四厂生产的 CF-13 型火箭发射架。目前利用火箭发射架由衡水人工影响天气办公室统一指挥进行人工增雨消雹作业。

科学管理与气象文化建设

1. 科学管理

防雷工作　1996 年 6 月成立冀州市防雷中心,开始对建筑物、易燃易爆场所进行防雷检测。此后每年冀州市防雷中心对人员密集的学校、企事业单位办公场所、易燃易爆的化工厂、中石油、中石化加油站、个体加油站进行年检。2006 年 11 月防雷工程从图纸审核、跟踪检测、竣工验收全部纳入气象行政管理。

探测环境保护　自 2000 年 1 月 1 日《中华人民共和国气象法》实施以来,冀州市气象局认真贯彻执行。2004 年 10 月 1 日起《气象探测和设施保护办法》开始实施,冀州市气象局按要求,制作了警示标牌,公告气象探测环境和设施保护范围、保护标准,使公众了解相关规定和要求。加强了与规划、建设部门的合作,把气象探测环境保护工作融入到地方的长期规划中,做到了长久保护。2004 年 6 月冀州市气象局开始具有独立的行政执法主体资格,为 3 名干部办理了行政执法证,气象局成立行政执法队伍。

政务公开　不断健全内部规章管理制度。自 2003 年 3 月起制订了《冀州市气象局管理办法》,以后每年修订,主要内容包括政务公开、局务公开、考勤制度,业务值班管理制度、安全值班制度、服务制度、财务制度等。

强化气象政务、局务公开。设立了专栏,对气象行政审批办事程序、气象服务内容、服务承诺、气象行政执法依据、服务收费依据及标准等,通过公示、发放宣传单等方式向社会公开。财务收支、目标考核、基础设施建设、工程招投标等内容上局公示栏张榜,向职工公开。财务及时公示,年底对全年财务收支、职工奖金福利发放、领导干部待遇、劳保、住房公积金等向职工作详细说明。

2. 党建工作

建站之初成立了党支部,当时有党员 4 人。截至 2008 年底有党员 3 人(其中离退休职工党员 1 人)。

历届党支部重视对党员和群众进行荣誉教育、爱岗敬业和艰苦奋斗、团结协作的集体主义教育。近几年来对政治上要求进步的同志,党支部进行重点培养,发展了一批青年党员,在工作中起到了模范带头作用。加强党风廉政建设,认真落实党风廉政建设目标责任制,积极开展廉政教育和廉政文化建设活动,努力建设文明机关、和谐机关和廉洁机关,组织观看了《阳光心态》等教育片。局财务账目每年接受上级财务部门年度审计,局内设监察员,负责监督,并将结果向职工公布。党支部 2007、2008 年连续 2 年被冀州市委评为优秀党支部。

3. 气象文化建设

冀州市气象局凝炼了"爱岗敬业、服务社会、改革创新、与时俱进"的冀州气象人精神。冀州市气象局把领导班子的自身建设和职工队伍的思想作风建设作为文明创建的重要内容,通过开展经常性的政治理论、法律法规学习,锻炼出了一支高素质的职工队伍。相继建成了荣誉室、图书阅览室和活动室,阅览室收藏各种图书 500 多册,内容包括气象业务、服务、农气、防雷减灾、人工影响天气、气象法规、自然科学、文史小说等方面。活动室有乒乓球、篮球、羽毛球、呼啦圈、毽子、跳绳等体育器材。职工工作之余可以看书、学习,进行体育锻炼,极大丰富了职工们的业余生活。自 2007 年起,每年组织秋季趣味运动会,干部职工积极参加,起到了凝神聚气、强身健体的作用。

统一制作局务公开栏、学习园地、法制宣传栏和文明创建标语等宣传用语牌。每年在"3·23"世界气象日组织科技宣传,普及防雷知识。

荣誉 1983—2008 年共获集体荣誉奖 20 多项,有 32 人次获得各种表彰奖励。1994被衡水市气象局评为综合性年终考核先进集体。1998 年被衡水市气象局评为综合改善先进单位、强局建设先进单位,被河北省气象局评为县(市)三级强局。1999 年测报股被河北省气象局评为先进测报股。2004 年、2006—2008 年被衡水市委评为市级精神文明单位。

台站建设

1984 年冀州市气象站面积 3330 平方米,有平房 2 栋 19 间,508.7 平方米,工作用房 3间,生活用房 15 间,其他用房 1 间。出门没有公路,走的是田间小路,没有自来水,吃水靠肩挑,用电不正常,值班员经常在煤油灯下值班。1998 年向省气象局申请综合改善资金,建设二层办公楼 1 栋(水、电、暖齐全,面积 200 平方米),职工宿舍 5 间 140 平方米,车库 1间 30 平方米。2004 年更换自来水管道,冬季取暖由煤炉改为集体供暖。

2006 年 10 月将院内地面硬化。2007 年分期对机关院内的环境进行了绿化改造,规化整修了道路,在庭院内修建了草坪和花坛,完成了业务系统的规范化建设。修建了 400 多平方米草坪、花坛,栽种了风景树,全局绿化覆盖率达到 70%,机关院内整洁美观。

冀县气象站旧貌(1984 年)

冀州市气象局现貌(2005 年)

景县气象局

景县位于河北省东南部,京杭大运河西岸,辖 10 镇 6 乡 848 个行政村,全县总面积 1183 平方千米,人口 52 万。景县自秦置县,历史悠久,地近齐鲁,人杰地灵,涌现了西汉大儒学家董仲舒、唐朝边塞诗人高适等历史文化名人和已故全国政协副主席王任重等。全县地势由西南向东北逐渐倾斜,最高点海拔高度 25 米,最低点海拔高度 14 米。

景县处于中纬度地区、位于华北平原中部,主要受季风环境影响,属于暖温带半湿润半干旱大陆性季风气候。年平均降水量为 545.3 毫米,年平均气温 12.7℃,无霜期 190 天左右。具有干寒同期、雨热同季、干湿相间、寒暑交替、四季分明的气候特点。

机构历史沿革

始建情况　1970 年 1 月 1 日景县气候服务站成立,站址在县城东郊老农业局南侧。观测场位于北纬 37°41′,东经 116°16′,海拔高度 18.9 米。

站址迁移情况　1999 年 1 月 1 日站址迁至县城西北景州镇亚夫路北段三里庄南,位于北纬 37°42′,东经 116°17′,海拔高度 18.3 米。

历史沿革　1970 年 1 月 1 日成立景县气候服务站。1971 年 1 月更名为景县气象站。1974 年 5 月改名为景县农林局气象站。1975 年 1 月改名为景县农业局气象站。1982 年 3 月改名为河北省景县气象站。1989 年 8 月更名为河北省景县气象局。

1988—1998 年气象观测由国家一般站改为辅助站,之后又改回一般站;2006 年 7 月 1 日改为国家气象观测站二级站;2009 年 1 月 1 日再改为国家气象观测一般站。

管理体制　自建站始由县人民武装部军管;1972 年 1 月—1981 年 4 月由县政府领导;1981 年 5 月改为由河北省气象局和景县县政府双重领导,以省气象局领导为主的管理体制,一直延续至今。

单位名称及主要负责人变更情况

单位名称	姓名	职务	任职时间
景县气候服务站	米森林	站长	1970.01—1970.05
	贾玉华	站长	1970.06—1970.12
景县气象站			1971.01—1974.04
景县农林局气象站			1974.05—1974.12
景县农业局气象站	刘聚山	站长	1975.01—1982.02
河北省景县气象站			1982.03—1984.07
	唐治有	站长	1984.08—1989.07
河北省景县气象局		局长	1989.08—1996.03
	史金鹏	局长	1996.04—2006.11
	路云清	局长	2006.12—

人员状况　1970年建站时只有3人。1996年定编为7人,2006年定编为5人,2008年定编为6人。实有在编职工5人,聘用职工2人,退休职工5人,均为汉族。在编职工5人中:大学本科以上3人,大专2人;中级职称3人,初级职称2人;30岁以下2人,30～39岁3人。

气象业务与服务

1. 气象业务

观测任务　河北省景县气象局属于国家一般气象站,地面气象观测工作的基本任务是观测、记录处理和编发气象报告。白天守班,夜间不守班,每天进行08、14、20时3次观测。观测项目有云、能见度、天气现象、气压、气温、湿度、风向、风速、降水、雪深、日照、蒸发、地温等。

发报内容　天气加密报的内容有云、能见度、天气现象、气压、气温、风向、风速、降水、雪深、地温等;重要天气报的内容有暴雨、大风、雨凇、积雪、冰雹、雷暴等。

每月4日制作上传上月的的气表-1。向市气象局报送1份,本站留底本1份。

现代化观测、信息传输系统　20世纪90年代末之前,采用人工观测、手工编报、甚高频电话口传报文;气象报表手工抄写人工合计平均。之后,县级气象现代化建设开始起步,1999年8月开始使用微机制作气象报表,向上级气象部门报送磁盘,提高了报表质量和工作效率,减轻了观测员的劳动强度。2000年使用基于DOS操作系统的安徽测报软件,结束了手工编报的历史,实现了微机编发报,信息传输也由甚高频电话口传改为X. 25、X. 28专线传输。2004年地面气象测报软件改用由中国气象局研制开发,基于WINDOWS-XP,OSSMO 2004测报软件,一直沿用至2008年底。信息传输改为2兆光纤。

2004—2006年,13个乡镇区域自动气象站陆续建设并投入使用。时时监测区域内温度和降水量,为我局开展气象决策服务提供了重要依据。

2. 气象服务

景县气象局坚持以经济社会需求为牵引,把决策气象服务、公众气象服务、专业气象服务和气象科技服务融入到经济社会发展和人民群众生产生活。

服务方式　1987年7月架设开通甚高频无线对讲通讯电话,实现与地区气象局直接业务会商。1989年9月县政府拨款购置20部无线通讯接收装置,安装到县防汛抗旱办公室、县农业委员会和各乡镇,建成气象预警服务系统。1990年6月正式使用预警系统对外开展服务,每天上、下午各广播1次,服务单位通过预警接收机定时接收气象服务。

1996年2月县气象局与县广播电视局协商同意在电视台播放景县天气预报,天气预报信息由气象局提供,录制好录像带送电视台播放。2005年1月电视台电视播放系统升级,电视天气预报制作系统升级为非线性编辑系统。

1996年5月县气象局同邮电局合作正式开通"121"天气预报自动咨询电话。2005年全市"121"答询电话实行集约经营,主服务器由衡水市气象局建设维护。同年1月"121"电话升位为"12121"。

2001 年 4 月地面卫星接收小站建成并正式启用,从此气象预报服务功能增强。2004 年 9 月为更好地为农业生产服务,建起了景县兴农网,并在全县各镇开通了信息站,促进了全县农村产业化和信息化的发展。

服务种类　在继续做好公益服务的同时,1985 年开始推行气象有偿专业服务。1988 年 6 月景县政府办公室转发《县气象局关于开展气象有偿专业服务报告的通知》,对景县气象有偿专业服务的对象、范围、收费原则和标准等内容进行规范。气象有偿专业服务主要是为全县各乡镇(场)或相关企事业单位提供中、长期天气预报和气象资料,一般以旬天气预报为主。

2000 年 6 月景县政府人工影响天气办公室成立,设在景县气象局。采取省市县三级政府共同投资的方式,配备了人工影响天气作业设备。

科学管理与气象文化建设

1. 科学管理

依法行政　景县气象局努力开展雷电灾害防御工作的依法管理工作。2003 年 1 月景县政府办公室发文,将防雷工程从设计、施工到竣工验收,全部纳入气象行政管理范围。2003 年 12 月景县政府法制办批复,确认县气象局具有独立的行政执法主体资格,并为 4 名干部办理了行政执法证,县气象局成立行政执法队。为规范景县防雷市场的管理,提高防雷工程的安全性,景县气象局加强与城建部门的合作,由景县政府办公室下发了《景县人民政府办公室关于转发〈县建设局、县气象局关于加强建设项目防雷工程、设计施工、验收管理工作的通知〉的通知》(景办字〔2004〕62 号),使防雷行政许可和防雷技术服务逐步规范化。2004 年景县气象局被列为县安全生产委员会成员单位,负责全县防雷安全的管理,定期对液化气站、加油站、鞭炮库等高危行业的防雷设施进行检查,对不符合防雷技术规范的单位责令进行整改。2005 年在全县范围内开始实施防雷执法工作。2007 年 6 月《景县人民政府办公室关于切实加强防雷减灾工作的通知》(景政字〔2007〕26 号)、《景县人民政府办公室关于进一步加强防雷减灾工作的通知》(景办字〔2007〕9 号)、《景县人民政府办公室关于切实加强防雷减灾工作的通知》(景办字〔2008〕42 号)等有关文件陆续下发。

探测环境保护　2002 年景县政府下发了《景县人民政府关于保护气象探测环境有关问题的通知》(景政字〔2002〕42 号文件)。景县气象局于 2007 年 11 月 26 日对新建家属楼景县静园小区实施探测环境执法工作,2008 年 2 月 15 日对其北临的衡水鑫奥矿冶橡塑制品有限公司实施了探测环境执法工作,依法保护了气象探测环境。

政务公开　景县气象局于 2003 年开始将气象行政审批办事程序、气象服务内容、服务承诺、气象行政执法依据、服务收费依据及标准等,采取了通过户外公示栏、电视广告、发放宣传单等方式向社会公开。干部任用、财务收支、目标考核、基础设施建设、工程招投标等内容则通过职工大会或上局公示栏张榜等方式向职工公开。财务一般每半年公示一次,年底对全年收支、职工奖金福利发放、领导干部待遇、劳保、住房公积金等向职工做详细说明。

干部任用、职工晋职、晋级等及时向职工公示或说明。

制度建设 1996年4月制订了《景县气象局综合管理制度》,2001年经重新修订后下发,主要内容包括计划生育、干部职工脱产(函授)学习和申报职称、干部职工休假及奖励工资、医药费、业务值班室管理制度、会议制度、财务收支、福利制度等。

2. 党建工作

1985年7月经县直工委批准成立景县气象局党支部,共有党员6人。党支部成立20多年来,非常注重考察和培养党的骨干力量和入党积极分子队伍,1985—2008年先后发展15名新党员,截至2008年底,景县气象局有党员9人(其中离退休职工党员3人)。

历届党支部高重视对党员和群众进行荣誉教育、爱岗敬业和艰苦奋斗、团结协作的集体主义教育。坚持每周召开一次党的生活会,组织党员学习政策文件,发挥党支部的战斗堡垒作用和党员的模范带头作用。全站形成了以艰苦为荣、克服困难、努力工作、团结友爱的风气,培养出一支爱岗敬业、不惧险险、特别能战斗的队伍。

切实加强党风廉政建设和精神文明建设。认真落实党风廉政建设目标责任制,景县气象局党支部连年被县直工委评为先进基层党支部。

3. 气象文化建设

文体活动 2004年景县气象局以"两室一网"建设为契机,建成了荣誉室、阅览室,开通了气象网站。同时还建立了室内外文体活动场所,购置了文体活动器材,组织职工开展各项文体活动。

文明单位创建 自1999年景县气象局被评为县级"文明单位"后,积极创建市级"文明单位"。经过几年的不懈努力,2004年被市文明办评为市级"文明单位"后,至2008年连年被评为市级"文明单位"

集体荣誉 1998年被县委、县政府评为"对口帮扶先进单位";1999年被县委、县政府评为"支农先进单位";2004—2008年被衡水市委市政府评为市级"文明单位";2006年12月被河北省气象局评为2005—2006年度河北省气象部门法制工作先进集体。

台站建设

台站综合改善 1970年刚建站时景县气象局只有砖木结构办公用房9间。1980年进行第一次基础设施建设,新建房屋15间。1995年8月新上第一台联想486微机。1996年在县政府的大力支持下,在城西亚夫路北段征得土地3400平方米,从省气象局申请迁站资金17万元,用3年的时间盖起了业务综合楼,并对业务系统进行了大的改造。1998、1999年分别向地方政府和省气象局争取十几万元资金,建成了县级地面气象卫星接收小站、AMS-II型地面自动观测站、县级气象服务终端等多项业务工程。2001年秋自筹资金购买了长安面包车1辆;2006年9月,河北省气象局和景县政府共同出资8万元购买中兴皮卡车1辆,用于人工增雨作业。2008年5月又自筹资金购买了帕萨特1.8T轿车1辆。

园区建设 2000—2003年,景县气象局分期对机关院内的环境进行了绿化改造,规划整修了道路,在庭院内修建了草坪和花坛,改造了业务值班室,完成了业务系统的规范化建设。栽种了风景树,全局绿化覆盖率达到了60％,使机关院内变成了风景秀丽的花园。气象业务现代化建设取得了突破性进展,2001年5月建起气象卫星地面接收站。决策气象服务、政务短信平台等业务系统工程也相继建成。

景县气象局旧貌(1984年)　　　　　　　　景县气象局新貌(2008年)

深州市气象局

机构历史沿革

始建情况　1956年12月深县气候站成立,位于深县城关乡南庄村东南,占地面积6285.6平方米。1957年1月1日开始正式观测。

站址迁移情况　1982年9月23日观测场在原位置向东南方向移动9米。1983年1月1日测定观测场经纬度为北纬38°00′,东经115°33′,海拔高度26.1米。

历史沿革　1956年12月成立深县气候站;1958年12月改为深县人民委员会气象站;1960年3月更名为深县气象服务站;1981年8月更名为河北省深县气象站;1989年5月10日更名为深县气象局;1994年12月更名为深州市气象局。

1957年1月1日—2006年12月31日为地面气象观测站国家一般站;2007年1月1日改为国家气象观测站二级站。

管理体制　建站初属省气象局领导。1958年12月改由深县人民委员会领导。1960年3月起归衡水地区气象局和深县人民委员会共同领导,以地区气象局为主。1969年6月起归深县人民武装部领导。1971年6月起归深县革命委员会领导。1983年10月开始实行气象部门与地方政府双重领导,以气象部门领导为主的管理体制。

单位名称及主要负责人变更情况

单位名称	姓名	职务	任职时间
深县气候站	李 恒	站长	1957.01—1958.01
			1958.02—1958.11
深县人民委员会气象站	孙希思	站长	1958.12—1960.02
			1960.03—1970.05
深县气象服务站	徐桂坤	站长	1970.06—1972.07
	邱大政	站长	1972.08—1974.03
深县气象站	孟庆和	站长	1974.04—1981.07
			1981.08—1983.06
	邱大政	站长	1983.07—1989.04
深县气象局		局长	1989.05—1990.03
	刘刚明	副局长	1990.04—1992.11
		局长	1992.12—1994.12
			1994.12—1995.04
深州市气象局	高俊英	副局长	1995.06—1996.10
		局长	1996.10—2008.05
	刘 华	局长	2008.10—

人员状况 建站时有 2 人。2006 年定编为 7 人。截至 2008 年 12 月有在职职工 10 人（其中在编职工 9 人，聘用职工 1 人），在职职工中：30 岁以下 2 人，30～40 岁 1 人，40～50 岁 4 人，50 岁以上 3 人；大学本科以上 2 人，大专 4 人，中专以下 3 人；中级职称 3 人，初级职称 5 人。

气象业务与服务

深州市气象局主要业务是完成地面气象观测，地面气象记录处理和编发气象电报，制作月报表和年报表；进行主要农作物农气观测，向上级气象部门报送农气月年报表，拍发旬月报，制作农情报告；制作并发布天气预报；开展各项气象服务工作。

1. 气象业务

气象观测 1957 年 1 月 1 日成立地面气象观测组，1991 年 12 月改为地面气象测报股。

1957 年 1 月 1 日开始观测的项目有：风向、风速、气温、气压、湿度、云、能见度、天气现象、降水、日照、地面温度、日照、地面状态、小型蒸发。1958 年 4 月—1984 年 8 月增加 5～40 厘米地温观测。1959 年 2 月 1 日增加冻土观测。1959 年 11 月开始观测气压。1970 年 8 月安装电接风向风速仪。

现在的观测项目为：风向、风速、气温、气压、湿度、云、能见度、天气现象、降水、日照、地面及 5～20 厘米浅层地温、冻土、日照、雪深、小型蒸发。

2007 年 6 月安装了天津仪器厂的自动气象站。2008 年 1 月 1 日开始试运行，自动采集数据有：气温、相对湿度、风向、风速、气压、降水、地面温度及地温（5、10、15、20、40、80、

160、320 厘米)、草温。根据省气象局文件精神,2009 年 6 月拆除天津厂仪器,安装了华云公司的 CAWS600-B 自动气象站,原采集数据项目不变。

建站初观测时次为每天 07、13、19 时(地方时)3 次,现在为每天 08、14、20 时(北京时)3 次。1960 年 8 月 1 日定时观测时间由地方时改为北京时。

1960 年 1 月 1 日起每天 14 时向衡水和石家庄气象台发送小图报,不定时发送重要天气报。1999 年 3 月 1 日起,由原来的 5 月 20 日—次年 10 月 2 日期间每天 3 次报,改为每天 08、14 时常年报,其余时间 1 次报。5 月 1 日—10 月 2 日加发 20 时报,电报格式做相应调整。2000 年 5 月改为全年每天 3 次发报。

1997 年 6 月 1 日—8 月 31 日每日 06 时发 06—06 时降水报。

1993 年 8 月 9 日深县气象局观测组"台风业务试验"达优秀标准。

1980 年和 2004 年,2 次依照国家新标准执行新的地面气象观测规范。

2005 年 1 月 1 日开始使用新版测报软件 OSMMO 2004。

2005 年 5 月建成 6 个乡镇雨量点和 1 个中心分站。2006 年 6 月乡镇雨量点增加到 12 个。2006 年 6 月河北省测绘局在深州市气象局院内安装了水汽站,2008 年 10 月开始使用。

气象信息网络　1960 年 1 月 1 日开始每日 14 时编发天气报,电报数据经邮局传至河北省气象局。1986 年 8 月开始用甚高频电话传报至衡水市气象局。1999 年 8 月 16 日正式用分组交换网传送报文至河北省气象台,用微机制作报表并报送软盘。2002 年 9 月开始用 X.25 专线传送报文及相关数据。2005 年 4 月改用 2 兆光纤发报。安装自动站后,备有专用电话线作为辅助通道,以备光纤不正常时保证自动站资料的传输。

天气预报　最初是手工填图制作补充天气预报;1985 年 3 月开始用传真机收图;同年 8 月开始使用甚高频电话接收预报;1999 年 8 月卫星接收站开通,接收各时次天气图;2005 年 4 月内网开通,接收天气预报更为快捷。预报员接收市气象局发布的预报后,再结合本地气象资料及天气形势,制作和发布短、中、长期天气预报。应季制作发布麦收期、汛期、棉播期、小麦播种期专题天气报告。

农业气象　1976 年 1 月开始农气观测,主要观测农作物状况和土壤湿度。1980 年 1 月增加物候观测。现在的农作物观测项目有:冬小麦、棉花、花生;物候观测项目有:家燕、马蔺、毛白杨。

1994 年 1 月开始执行《农业气象观测规范》。1998 年 4 月上旬到 5 月中旬,河北省气象局在深州市气象局开展了农气中子仪对比试验。2008 年 9 月安装了土壤水分自动测试仪,10 月 1 日开始正式采集数据。

1976 年开始农业气象观测时为国家二级农气站;1989 年 12 月 28 日改为国家一级农气站。

2. 气象服务

深州市气象局一直坚持"公益服务让群众满意,决策服务让领导满意,专业服务让用户满意"的服务原则,将气象服务真正融入人民群众生产生活和社会经济发展中。

公众气象服务　主要服务内容为发布常规长、中、短期天气预报和各季节趋势天气预报。1989 年 9 月使用气象警报系统,每天 11、17 时 2 次播出天气预报。1993 年 9 月气象警报服务台改称为综合服务台,播出内容有长、中、短期天气预报、棉花跟踪服务、农事建议、科技讲座、经济信息等。

1996 年 7 月开通了"121"自动答询,内容包括短期天气预报及雨量实况,应时加播麦收期、棉播期的天气趋势和 5 厘米地温等。2005 年 1 月 1 日"121"电话答询系统升级为"12121"数字式平台,设在衡水市气象局,实行集约化管理。"12121"主信箱即短期预报由深州市气象局值班员输入,通过网络传至衡水市气象局"12121"平台;其他分信箱由衡水市气象局值班员录入,分信箱内容包括多时效多区域天气预报、气象资讯、气象科普、生活常识、休闲娱乐等。

1997 年 1 月 1 日电视天气预报节目在深州市电视台正式开播,由深州市气象局制作成录像带每日送往电视台。2006 年 5 月天气预报制作系统升级为非线编辑,改为每天送 U 盘。遇有重大天气时,及时发布预警信号,以使广大民众能够提前防范。春播期在电视天气预报中加报 5 厘米地温,麦收期增加了天气趋势预报和农事建议。

决策气象服务　按时报送专题气象报告。遇有重要天气时,及时把预报结果送往领导手中,采取口头汇报和书面形式相结合的方式,及时向领导提供雨情、灾情及旱情分析、农事建议等。

1994 年 6 月深县政府成立了人工防雹增雨领导小组,组长为主管农业的副县长,副组长为气象局局长,小组办公地点设在气象局,以便实时实地依据气象服务快捷做出科学决策。

专业与专项气象服务　1993 年 10 月 28 日深州市政府召开秋交会放气球协调会,由此深州市气象局开始开展气球庆典服务。

1992 年 7 月 4 日深县人民代表大会提出"要求气象局开展人工防雹"的建议,县气象局局长从降雹路径及其规律,如何开展防雹工作等方面进行了回复。1994 年 7 月 23 日衡水地区气象局调配 2 门"三七"高炮送至木村防雹点,下午 16 时 20 分试炮成功。8 月 30 日 19 时首次作业取得成功。2006 年 4 月深州市气象局购火箭发射架 1 部,同年 9 月购买人工影响天气作业车 1 辆,增强了人工影响天气作业的机动性。2008 年 6 月 25 日深州出现降雹天气,木村炮点及时作业,发射炮弹 38 发,控制区内 22 平方千米果木未受雹灾,直接避免经济损失 1.65 亿元。

1993 年 5 月 1 日深县气象局向深县政府递交了《深县气象局关于准予开展避雷检测的请示报告》,6 月 9 日县长常务会研究决定,本着自愿的原则适当收费。1994 年 4 月开始防雷检测;1997 年 12 月防雷中心成立,防雷工作更加规范;2006 年 3 月落实防雷三项职能。

气象科普宣传　1993 年 4 月 16 日深县气象局局长发表了"当好气象哨兵,为棉花丰产丰收做贡献"的电视讲话,首次对公众进行了气象科普宣传。自 1994 年起每年在"3·23"世界气象日都开展科普宣传活动,并积极参加地方政府组织的宣传活动,进行气象、防雷、人工影响天气、气象法律法规等方面科普知识的宣传。多次在《衡水日报》、《衡水晚报》及《中国气象报》上发表宣传文章。多次接受深州电视、衡水电视台及河北电视台的采访。较有代表性的是 2008 年 7 月 1 日,深州电视台和衡水电视台就人工影响天气工作对深州市气象局进行了专访,在衡水电视台直播 30 分栏目中进行一周滚动播出。

气象法规建设与社会管理

法制建设 为加强防雷安全,规范防雷装置设计审核和竣工验收工作,深州市政府于2004年3月和2005年4月先后下发了《深州市人民政府办公室关于进一步加强防雷安全工作的通知》(〔2004〕17号)、《深州市人民政府办公室关于实行防雷装置设计审核和竣工验收规定的通知》(〔2005〕31号);2006年5月11日深州市防雷中心、深州市教育局联合发出《关于做好全市教育系统防雷装置年度检测的通知》。1997年12月深州市气象局防雷中心成立,依法执行防雷装置设计审核和竣工验收许可以及防雷检测工作。

为切实加强气象探测环境保护工作,2004年3月29日深州市政府下发了《深州市人民政府关于加强对气象探测环境保护的通知》(深政发〔2004〕13号)。

1993年10月开始施放气球专业服务并进行境内气球施放管理。

政务公开 深州市气象局对气象行政审批办事程序、气象服务内容、服务承诺、气象行政执法依据、服务收费依据及标准等设立公示栏面向社会公开。

通过职工大会或公示栏张榜公开的方式公开干部任用、职工晋级、财务收支、目标考核、基础设施建设、各种规章制度等。财务收入支出情况每季度公示一次,年底对全年收支、职工奖金福利发放、领导干部待遇、劳保、住房公积金等向职工做详细说明。设立了岗位职责公示栏,实施岗位公开监督制。

党建与气象文化建设

党建工作 1982年1月成立深县气象站党支部,有党员6人。截至2008年底有党员9人(党员8人,预备党员1人),入党积极分子1人。

深州市气象局始终坚持党风廉政建设,坚持党务公开,维护团结统一。贯彻落实各项制度,开展各项思想建设和深入学习活动。坚持政务公开,重大事项局务会研究决定,财务收支公开,严格财务管理。坚持做好年终述职述廉、总结工作,实行民主评议制度。

气象文化建设 深州市气象局始终坚持"自力更生,艰苦奋斗"的优良传统,不断加强精神文明建设,全局干部职工及家属子女无一人违法违纪、无一例刑事民事案件。为丰富职工业余文化生活,建立了文体活动室,购置了球类、棋类用品,安装了健身器材设施。

荣誉 长期以来深州市气象局的各项工作在稳定中不断发展。1998—2002年连续5年被衡水市气象局评为目标考核第一名。2002年被河北省气象局评为二级强局。2003年被评为河北省气象部门重大气象服务先进单位。2005年被河北省气象局评为农业气象观测工作优秀单位,被中国气象局授予"局务公开先进单位"称号。2006年被河北省气象局评为环境建设先进单位,被河北省建设厅评为园林式单位。2004年和2006年度被评为省级"文明单位"。

被河北省气象局记二等功1人次。

台站建设

台站综合改善 建站初期,办公、生活用房共有24间砖木结构的简陋平房,水电供应困难,周围是洼地和农田,院内是土路出行困难。深州市气象局职工自己动手,1993 年 5 月从局东面废弃的池塘里捡废砖,把院内地面进行了初步硬化;1994 年 6 月建成 120 米水泥路通往永昌大街;2003 年 10 月全部换成水泥砖。1986 年 4 月打成 300 米深井,1995 年 1 月全部接通自来水。1985 年 3 月、2000 年 1 月分别安装了 20 千瓦、30 千瓦变压器,解决了用电难题。1992 年 9 月大家动手拆除了旧办公用房,向省气象局申请综合改善资金,建起了办公楼。2000 年 10 月职工集资建起职工住宅楼,同年办公楼和住宅楼开始采用锅炉取暖。2004 年 6 月建成水冲厕所,院内安装了健身器材。2006 年 9 月办公、生活区全部改用地热取暖,职工工作和生活质量逐步得以改善。

自 1998 年 4 月开始加快了院内绿化进程,种植了多种花草树木。2004 年 3 月对院内绿化重新规划,实现了三季有花,四季常青,购置了吸辐射、净化空气的花草摆放在各办公室和楼道内,既美化了环境又保护了职工的身心健康。

台站现代化建设 1999 年 5 月省气象局给农气股配备摩托车 1 辆;2000 年 7 月省气象局调拨普桑车 1 辆;2005 年 8 月购买北京现代车 1 辆。2004 年 8 月,衡水市气象局统一购买财务专用微机;2004 年 12 月省气象局配给 P4 台式机和东芝笔记本电脑各 1 台;2005 年 9 月用经营收入购扫描、复印传真一体机;2008 年先后购办公微机 6 台,购买摄像机 2 部,数码相机 3 部。相继建设了地面气象卫星接收站、自动气象观测站、气象综合服务平台等系统。开通了兴农网、气象文化网,气象现代化建设的进一步加快,使深州市气象局的服务能力和手段不断得以提高。

深州市气象站旧貌(1984 年)　　　　　深州市气象局新貌(2007 年)

武强县气象局

武强县地处河北省东南部,面积 445 平方千米,人口 21 万。武强县历史悠久,西晋惠帝时置武强县,2006 年 10 月被联合国地名专家组中国分部命名为"千年古县"。其境内出产的武强年画有 500 多年的历史,1993 年 12 月被文化部正式命名为"国家民间艺术木版年画之乡"。

机构历史沿革

始建情况　1970年1月1日武强县组建地面气象观测站，正式开展业务，称为武强县气象站。位于县城滏阳河东，欧庄和东牌村之间，为国家一般气象站。

站址迁移情况　2008年12月气象局搬迁至武强县城迎宾街北500米处，北纬38°02′，东经115°56′，观测场海拔高度16.2米。

历史沿革　1970年1月1日建武强县气象站。1989年1月1日更名为武强县气象局，由国家一般气象站改称国家辅助气象站。1999年1月1日改为国家一般气象站。2007年1月1日改为国家气象观测站二级站。2008年12月改为国家一般气象站。

管理体制　建站初期由武强县农林局领导。1971年1月—1973年2月，由武强县人民武装部领导。1974年3月—1981年3月由武强县农林局领导。1981年4月起实行河北省气象局和武强县政府双重领导，以气象部门领导为主的管理体制。

单位名称及主要负责人变更情况

单位名称	姓名	职务	任职时间
武强县气象站	何文修	站长	1970.01—1971.12
	张保财	副站长	1972.01—1975.05
	贾忠玖	站长	1975.06—1984.12
	郭秀庭	副站长	1985.01—1989.01
武强县气象局		副局长	1989.01—1989.12
	翟来福	局长	1990.01—1993.06
	赵保新	局长	1993.06—2002.04
	路云清	局长	2002.04—2006.10
	彭卫刚	局长	2006.10—2008.05
	周友信	局长	2008.05—

人员状况　初建站时只有2人。1996年定编6人，2006年定编5人，2008年定编6人。截至2008年底，实有在职职工7人，离退休职工1人，均为汉族。在职职工中：大学本科以上1人，大专2人，中专及以下4人；50～55岁4人，40～49岁1人，40岁以下2人。

气象业务与服务

1. 气象业务

气象观测　每天进行08、14、20时3个时次地面气象观测，夜间不守班。观测项目主要有：风向、风速、气温、湿度、气压、云、能见度、天气现象、降水、日照、小型蒸发、地面温度、浅层地温、雪深、冻土深度、重要天气等。每天编发08、14、20时3个时次天气加密报，每月逢1日发送气象旬报，重要天气报实时发送。

1973年1月1日增加小图报，每天14时向衡水气象台发送。1975年7月14日恢复能见度等级统计。1980年停止冻土观测。1983年5月增加编发重要天气报。1999年3月

1日增加08时天气加密报,并改换重要天气报的部分编码。2005年1月1日正式执行地面测报服务系统软件2004版。2008年5月开始执行河北省重要天气报告电码(2008版)。

资料传输　县气象站编制的报表有4份气表-1;4份气表-21。向中国气象局、河北省气象局、衡水市气象局各报送1份,本站留底本1份。1999年1月开始用AHDOS地面测报软件制作打印报表。1999年8月1日利用分组交换网(X.28异步拨号入网)传输气象资料。2002年7月启用X.25线路发报。2004年1月地面测报软件改用OSSMO 2004软件,安装使用2兆光纤通信线路,代替X.25数据交换网。

区域自动气象站建设　2005年武强县气象局先后在街关、码头、周窝、北代4个乡镇建成了区域雨量自动气象站。2006年又相继建成了孙庄、豆村2个乡镇的区域雨量自动气象站。

天气预报　1970年1月武强县气象站成立预报组,开始作补充天气预报。1983年5月开始进行天气图传真的接收工作,主要接收北京气象传真和日本传真图表,利用传真图表独立地分析判断天气变化。1987年8月架设开通甚高频无线对讲通讯电话,实现与地区气象局直接业务会商。1996年1月改为订正衡水市气象台的天气预报,不再独立承担天气预报业务。

农业气象　根据地方农业生产的需要,从1975年开始每年4—6月逢8日在本辖区所有乡镇进行0～50厘米深度的土壤湿度测量(即土壤测墒),直接服务于当地党委、政府。1983年开始每年4—6月逢8日在气象站附近进行0～50厘米深度的土壤湿度测量,并开始编发农气旬月墒情电报。2003年重新测定土壤容重、田间持水量、凋萎系数等参数。为配合全市的棉花生产,1985—1996年每年4月每天对外发布0～5厘米地温实况和地面极值。

2. 气象服务

武强县地处黑龙港流域,滹沱河、滏阳河汇流的三角地带,灾害性天气频发,尤以暴雨、干旱、大风、冰雹为甚。武强县气象局坚持以社会需求为牵引,把决策气象服务、公众气象服务和气象科技服务融入到经济社会发展和人民群众生产生活中。

①公众气象服务

建站初期武强县天气预报通过县广播站进行广播。1993年9月武强县成立电视台,开始播放天气预报信息,天气预报信息由县气象局通过电话传送。1998年4月武强县气象局建成多媒体电视天气预报制作系统,气象局开始独立制作电视天气预报录像带送到电视台播出。预报内容也由最初的24小时预报逐渐增加到24、36、72小时以及紫外线、穿衣指数等预报。

1989年10月武强县气象局启动气象预报警报服务系统,即警报接收机的建设、安装工作。1990年6月武强县气象预警服务系统覆盖了全县6个乡镇,并正式投入应用。武强县气象局的职工每天分上、下午两次定时广播天气预报以及相关的农业、养殖业服务信息,服务对象涵盖武强县党政机关、相关事业单位、各行政村以及砖窑厂、养殖户等。随着电话、手机、电视、网络气象服务信息的普及,警报接收机的使用范围逐渐缩小,到1997年底基本停用。

1997年6月武强县气象局与当时的县电信局合作,购置设备,开通了"121"天气预报自动答询信息服务系统。2005 年 1 月"121"升位为"12121",并升级为数字平台。信箱容量由最初的一个主信箱几个分信箱扩容为一个主信箱、几十个分信箱。除了主信箱的 24 小时天气预报保持不变外,分信箱内容随时令、季节的变化增添或变化内容,如:中考高考、麦收期分别开通中、高考以及麦收期天气预报。

2000 年 4 月 1 日启用地面卫星接收小站。2006 年停用。

②决策气象服务

建站初期主要为武强县委、县政府、武装部等单位提供气象服务,内容包括气温、降水、风的短期预报、长期预报、农业气象预报、农业气象情报等,服务方式为电话传送和书面抄送。以后逐渐增加了小麦卫星遥感、雨情信息、气象灾害预警、专题农业气象报告等服务内容,服务对象也扩大到水利局、财政局、农业局等职能部门。2007 年 1 月武强县气象局与中国网通(联通)武强县分公司合作,开通了气象商务短信平台,以手机短信方式向服务对象发送气象服务信息。同时增加了部分中、小学校预防雷电灾害手机短信服务。

③专业与专项气象服务

人工影响天气工作　2002 年 4 月武强县政府下发文件,成立武强县人工影响天气办公室,挂靠在县气象局。2002 年 6 月由县政府投资,配备长城皮卡作业车 1 辆、WR 型车载火箭发射架 1 部,建成北代、台南等人工影响天气作业点。经费从 2003 年 3 月开始列入地方财政预算,人工影响天气工作开始规模发展。

防雷减灾工作　1997 年 9 月武强县编委发文成立武强县防雷中心,与县气象局合署办公。2003 年 1 月武强县政府办公室发文,将防雷三项职能纳入气象行政管理范围。

科学管理与气象文化建设

社会管理　2003 年 12 月武强县政府法制办批复确认县气象局具有独立的行政执法主体资格,并为 5 名干部办理了行政执法证,气象局正式成立行政执法队伍。2004 年 3 月武强县气象局被列为县安全生产委员会成员单位,进一步明确了气象局的防雷安全管理职能,防雷三项职能得到落实。

2003 年 11 月、2005 年 4 月、2008 年 1 月武强县气象局将气象探测环境保护材料在武强县政府、国土局、规划局、建设局以及气象局所在周边单位进行了备案。2008 年 3 月武强县气象局与衡水市气象局签订了《保护气象探测环境责任书》。

党建工作　建站之初有 1 名党员,没有成立党支部。1973 年 6 月加入育苗场党支部。1978 年 10 月成立武强县气象局党支部,有党员 4 人。自成立支部以来,共发展 4 人入党。截至 2008 年底,有党员 6 人。

2005—2008 年武强县气象局党支部连续 4 年被县直工委评为先进党支部或先进集体。

武强县气象局认真落实党风廉政建设目标责任制,积极开展廉政教育和廉政文化建设活动,以开展迎"五一"运动会、迎国庆诗歌朗诵等活动为载体,积极创建文明机关、和谐机关、廉洁机关。武强县气象局建立了较为完善的财务、业务、科技服务、考勤等奖惩制度。并于 2003 年 4 月建立了 3 人局务会制度,对重大决策和财务收支实行局务会研究决定,财务收支情况每季度进行 1 次公开。

气象文化建设　2005 年 5 月武强县气象局完成了两室一网(荣誉室、图书室和气象文化网)的建设工作,并逐年投入资金,建成了羽毛球场,购买了羽毛球、篮球、象棋、健身器材等,丰富了职工的业余生活。2004年3月武强县气象局被县直工委评为"文明单位"。

荣誉　自建站以来武强县气象局获得多项集体荣誉。1976年、1978年、1982年分别荣获衡水地区气象系统先进单位称号;1981年气象站被评为县直先进科技单位;2004年被武强县委、县政府评为农业农村工作先进单位;2006年被市气象局授予气象行政执法先进单位称号;2005—2008年被评为衡水市气象系统优秀达标单位。

武强县气象局(站)先后有6人次获得河北省"质量优秀测报员"称号。

人物简介　张广智,男,汉族,1945年2月生,河北省束鹿县人(今辛集市),大学本科学历,1970年8月参加工作,1993年3月任河北省气象局副局长,1994年12月任高级工程师,2005年3月退休。

1976—1977年,张广智在农业气象工作中刻苦钻研业务,在防御小麦干热风的试验研究中,找出了方田林网防御小麦干热风的方法和多项指标,使小麦增产13.5%～18.7%,并且提出建设高标准配套林网的意见。撰写的《方田林网防御小麦干热风的调查分析》论文,在国家和省级学术会议上进行了交流,得到了专家们的肯定。

同时在气象为农业服务上,对小麦、玉米、棉花进行了物候观测,并总结出了这三种作物生长发育期的气象指标,写出了有价值的农业气象分析和报告几十篇。

由于工作业绩突出,1979年被河北省人民政府授予河北省劳动模范。

台站建设

武强县气象站建站初期,只有2间平房,因站址位于城外农村,去县城要走2千米的土路,交通、用水、用电都极为不便,职工的工作、生活条件非常艰苦。1990年由上级部门投资,新建了5间办公用房,10间职工宿舍,县气象局的办公、生活条件初步得到改善。

2005年3月武强县气象局启动迁站工作,2008年12月完成搬迁任务。武强县气象局新站址土地面积6660平方米,新建两层业务楼447平方米,并建有职工宿舍、锅炉房、车库、伙房、警卫室等附属用房220平方米。安装了变压器、取暖锅炉,水、电、暖全通,新修水泥路面700平方米,院落硬化、绿化工作也在有序开展,办公环境焕然一新。

武强县气象站面貌(1971年)

武强县气象局旧貌(1991年10月)

武强县气象局现貌(2008 年)

武邑县气象局

　　武邑县历史悠久,夏朝时称武罗国,商因之,战国属赵,秦属钜鹿郡,汉高祖五年(公元前 202 年)始置武邑县,已历经 2200 多年。武邑县位于河北省中南部,现隶属河北省衡水市,2002 年被国务院确定为国家扶贫开发工作重点县。

机构历史沿革

　　始建情况　武邑县气象站始建于 1969 年 2 月,站址位于武邑县城南畜牧局附近。1970 年 1 月 1 日开始正式观测,为国家一般气象站。

　　站址迁移情况　1972 年 12 月武邑县气象站搬迁到武邑县城西郊外。2004 年 7 月 1 日武邑县气象局搬迁至县城西南,宏达路北,武邑中学北面。观测场位于北纬 37°48′,东经 115°53′,海拔高度 21.3 米。

　　历史沿革　1969 年 2 月始建武邑县气象站。1989 年 8 月 29 日更名为武邑县气象局。

　　建站时为国家一般气象站。1988 年 1 月 1 日改为辅助站。1999 年 1 月 1 日改为国家一般气象站。2007 年 1 月 1 日改为国家气象观测站二级站。2009 年 1 月 1 日改为国家一般气象站。

　　管理体制　武邑县气象站从成立至 1972 年底由县人民武装部直接管理。1973—1981 年由武邑县人民政府领导。1981 以来实行气象部门与地方政府双重领导,以气象部门领导为主的管理体制,武邑县气象站改由衡水地区气象局领导。

单位名称及主要负责人变更情况

单位名称	姓名	职务	任职时间
武邑县气象站	王荣忠	站长	1969.02—1970.11
	魏长春	站长	1970.11—1974.12
	李福全	站长	1974.12—1984.03
武邑县气象局	李书栋	站长	1984.04—1989.09
		书记	1989.09—1990.03
	史金鹏	局长	1990.03—1993.03
	高东	局长	1993.03—1996.04
	李月英	书记	1996.04—2000.07
	王晓霞	副局长	2000.07—2002.02
	韩建广	局长	2002.03—2008.05
	彭卫刚	局长	2008.05—

人员状况 1969年建站时只有2人。1996年定编为7人。2006年编制为5人。2008年6月编制为6人。截至2008年12月有现在职职工8人(在编职工7人,聘用职工1人),在职职工中:大学本科以上3人,大专4人;中级职称1人,初级职称6人;50～55岁2人,其余人员均在35岁以下。

气象业务与服务

1. 气象业务

气象观测 武邑县气象局的主要业务是完成地面一般站的气象观测,并完成天气加密报、重要报、06—06时加密雨量报、以及旬月报的编发与传输,制作气象月报表和年报表。夜间不守班,每天进行08、14、20时3次观测。在每年的3—11月加测土壤墒情。

1969年主要业务工作是地面气象观测,观测项目有:云状、云量、云高、能见度、天气现象、气温、湿度、气压、风向、风速、日照、蒸发、降水量、雪深、地温、冻土深度等,同时兼做土壤墒情观测。配合防汛抗旱指挥部做各乡镇雨情收集和雨、雪、冰雹等灾情调查工作,并及时向当地政府和地区局报告。1970年1月1日正式编发气象旬月报、雨情报、墒情报。1972年1月1日开始编发小图报(14时1次)。1982年11月停止冻土观测。1988年1月1日改为辅助站后,取消的观测项目有:云、蒸发、能见度、日照,5～20厘米曲管地温只在4—10月观测,规范中规定的天气现象进行简化,停止编发小图报,只保留部分重要天气报、旬月报、雨量报。

1991年4月5日恢复蒸发、日照观测。1997年6月1日增发06—06时雨量报。1999年1月由辅助站改为省基本站,增加的观测项目有:云、能见度,5～20厘米曲管地温恢复全年观测,业务任务增加小图报。1999年3月1日增加08时天气加密报,原小图报的规定同时作废。同年5月增加20时天气加密编发。

2004年1月1日起执行2003年版《地面气象观测规范》。

2005年10月在清凉店、桥头2个乡镇安装了加密自动雨量站,2006年7月在审坡、

554

紫塔、赵桥、龙店、韩庄5个乡镇安装了加密自动雨量站,使得雨量收集更加迅速、准确、及时。

2007年7月1日武邑县气象局自动气象观测站建成并投入试运行。2008年1月1日人工观测和自动观测系统双轨运行。2009年1月1日人工观测和自动观测系统并轨运行。

气象信息网络　1983年5月开始使用传真机接收预报图。1999年1月开始用AHDOS软件制作打印报表。1999年8月1日利用分组交换网(X.28异步拨号入网)传输气象资料。2002年7月启用X.25线路发报。2006年安装了气象灾情直报系统,2008年升级为2.2版本。

天气预报　最初通过手工填图制作补充天气预报,接收市气象局预报从传真机收图、电话、高频电话、卫星接收站过渡到现用的内网接收。通过接收市气象局的短、中、长期天气预报,再结合本地气象资料及天气形势,制作当天天气预报及中、长期预报。应季制作棉播期、麦收期、汛期、小麦播种期专题天气报告。

2. 气象服务

根据《中华人民共和国气象法》和《河北省地方国家气象系统机构改革方案》的有关规定,武邑县气象局主要负责本行政区域内气象监测、预报管理工作,及时提出气象灾害防御措施,并对重大气象灾害做出评估,为本级人民政府防御气象灾害提供决策依据;管理本行政区域内公众气象预报、灾害性天气警报以及农业气象预报、城市环境气象预报、火险气象等级预报等专业气象预报的发布;组织实施人工影响天气作业;组织管理雷电灾害防御工作,对可能遭受雷击的建筑物、构筑物和其他设施安装的雷电灾害防护装置进行检测。

公众气象服务　主要服务内容为发布常规长、中、短期天气预报和各季节趋势天气预报。1984年使用气象警报系统每天2次播出。播出内容有:长、中、短期天气预报,棉花跟踪服务、农事建议、科技讲座、经济信息等。1996年8月在武邑县电视台开播电视天气预报栏目。1997—2006年在武邑县教育频道播放电视天气预报。1997年5月开通了"121"自动答询系统。2005年1月1日"121"升位为"12121",每天3次更新天气预报。遇有重大天气时,及时发布预警信号,以使广大民众能够提前防范。春播期在电视天气预报中加报5厘米地温,麦收期增加天气趋势预报和农事建议。武邑县气象局在继续做好"12121"等气象信息电话服务的同时,还利用因特网开展气象服务,并开展手机短信气象信息服务,利用电视等方式及时向公众发布气象预报预警产品。

决策气象服务　武邑县气象局积极做好决策气象服务工作,并把防御和减轻气象灾害放在决策气象服务突出的位置。

抓好气象灾害及次生灾害监测预警工作,使其成为政府防灾减灾的主要依据;每旬末制作一期中期预报,结合本旬天气情况,发布下一旬的天气预报,并将其送到全县各相关单位领导的手中,为领导决策提供参考。2008年6月通过通信网络开通了气象商务短信平台,以手机短信方式向全县各级领导发送气象信息。

在乡镇和有关部门设置气象协理员,加强气象灾害信息员队伍建设,每个乡镇有一名副乡级干部兼任气象协理员,各有关部门也有人担任气象协理员。以村为单位建立气象灾害信息员队伍,到 2009 年已经做到各村镇都有 1 名气象灾害信息员。

专业与专项气象服务　自 1991 年开展防雷工作以来,经过多年发展,武邑县气象局已建成了一支专业的防雷技术服务队伍。以设计审核、施工监督和竣工验收为重点的管理职能全面落实,同时负责全县防雷安全的管理,定期对液化气站、加油站、化工厂等高危行业以及人口密集场所的防雷设施进行检查,为武邑县的防雷减灾工作做出了重要贡献。

人工影响天气工作的主要内容为人工增雨、人工消雹。自从人工影响天气工作开展以来,武邑县气象局在为武邑县的抗旱增雨、防灾减灾等方面发挥了积极作用。

1999 年开始开展人工影响天气作业,购买了西安中天火箭防雷增雨系统,截至 2008 年,共作业 78 人。

1995 年 1 月开始开展气球庆典服务。2005 年 5 月为更好地为农业生产服务,建立了武邑县兴农网。

气象科普宣传　每年"3·23"世界气象日、普法宣传日以及其他关键季节,以发放传单及现场答询的方式进行科普宣传,同时还利用媒体、网络等现代化科技手段宣传气象科普知识。

气象法规建设与社会管理

法规建设　为预防雷击事故发生,确保人民生命和国家财产的安全,2005 年 4 月武邑县政府下发了《关于进一步加强和规范防雷减灾工作的通知》,将防雷工程从设计、施工到竣工验收,全部纳入气象行政管理范围,防雷设施的年检工作由武邑县防雷中心实施,并搞好建(构)筑物、通讯设施、计算机及网络、配电所等防雷装置的安全性能检测。

为保证气象探测资料的代表性、准确性和比较性,提高气象预报水平,2005 年 4 月武邑县政府下发了《关于加强气象探测环境保护工作的通知》,要求各有关部门切实加强气象探测环境保护工作。

制度建设　2006 年武邑县气象局制订了《武邑县气象局综合管理制度》,并在 2008 年对其进行了修订。主要内容包括计划生育、职工脱产(函授)学习和申报职称、职工休假及奖励工资、业务值班管理制度、会议制度、财务制度、职工福利等。

社会管理　1991 年 4 月开始避雷检测服务。1995 年 1 月开始施放气球专业服务。1997 年 12 月武邑县防雷中心成立。2005 年 4 月开始依法实施防雷装置设计审核和竣工验收许可和升放无人驾驶自由气球或者系留气球活动审批 2 项行政许可项目,按照工作流程、工作时限完成项目审批。

政务公开　武邑县气象局为增强工作透明度,提高办事效率,规范服务标准,对气象行政审批办事程序、气象服务内容、服务承诺、气象行政执法依据、服务收费依据及标准等设立公开栏向社会公开。

干部任用、财务收支、目标考核、基础设施建设、各种规章制度等通过职工大会或在局公示栏张榜公布等方式向职工公开。财务一般每月公开一次,年底对全年财务收支、职工奖金福利发放、领导干部待遇、劳保、住房公积金等向职工做详细说明。干部任用、职工晋职、晋级等及时向职工公示或说明。

党建与气象文化建设

党建工作 武邑县气象站始建时,有党员 1 人,编入武邑县农业局党支部。在 1984 年 7 月,经县直工委批准成立了武邑县气象局党支部,有党员 5 人。随着时代的发展,武邑县气象局积极培养和吸收有知识、肯钻研、肯吃苦、愿意为党的事业做出积极贡献的优秀人才加入到党的队伍里来,使武邑县气象局的党员人数不断增加。截至 2008 年 12 月,武邑县气象局在职在编职工 7 人中有党员 5 人,入党积极分子 1 人。

认真落实领导干部廉洁从政若干准则,健全完善了领导干部个人重大事项报告、收入申报、礼品礼金上缴登记、述职述廉、民主评议和经济责任审计等制度。完善了干部人事、劳动分配、教育培训、后勤保障、资金使用审批公开、大宗物品采购和基建工程招投标等各项制度。建立了党风廉政建设责任考核制度和领导干部在职、离任审计制度,实行一岗双责。

气象文化建设 精神文明建设工作一步一个台阶。武邑县气象局历届领导班子都高度重视精神文明创建工作,始终把精神文明创建工作作为单位的中心工作、龙头工作来抓,切实加强领导,认真组织实施并成立了创建工作领导小组,局长为第一责任人。实行政务公开,增加工作透明度。积极响应县委、县政府的号召,深入开展了争创"五型"机关活动。以"解放思想、为民、务实、清廉"为主题,高扬"创新实干、跨越发展"主旋律,切实转变工作作风,提高工作效能,树立良好形象,努力把武邑县气象局建设成为素质优良、服务优质、廉洁高效、文明和谐、勇于创新的学习型、创新型、效能型、和谐型、廉洁型机关。

从 1997 年起被评为市级"文明单位",已连续 12 年被评为市级文明单位。2005 年 10 月被中国气象局评为全国气象系统政务公开先进单位。武邑县气象局以"三个代表"重要思想为指导,三个文明建设同步发展,达到了内增凝聚力,外增吸引力,提高服务能力的良好效果。

积极拓展文化阵地,购置了大量图书,建成了标准的图书阅览室。为丰富职工的文化娱乐生活,购买了乒乓球台、羽毛球网等体育设施,并于 2007 年完成了"两室一网"的建

与兄弟县气象局举行联谊赛(2008 年)

设,经常与兄弟县气象局举行联谊比赛,既丰富了职工的业余生活,又加强了同事之间的合作精神。

荣誉 从 1978—2006 年武邑县气象局获多项集体荣誉奖。1978 年被评为省级先进站。1989 年 12 月被河北省气象局评为气象专业有偿服务先进单位。1998 年在创建文明气象系统活动中被河北省气象局评为"优质服务、优良作风、优美环境"先进单位。2005 年 10 月被中国气象局评为"全国气象系统政务公开先进单位"。2002—2008 年连续 7 年被武

邑县县直工委评为先进基层党组织。多次被武邑县政府评为"支农先进单位"。在市气象局举办的各项比赛活动中多次获奖。获河北省质量优秀测报员7人次,获得省部级以下综合表彰的个人共22人次(其中先进共产党员4人次,先进工作者18人次)。

台站建设

台站综合改善 武邑县气象局始建时,办公与生活条件非常简陋,1996年在原有办公室的基础上投资10万元,翻盖了6间150平方米平房,作为办公用房。

2004年为了改善基础设施和工作条件,武邑县气象局实施了整体搬迁。累计投资50万元,建成了456平方米的办公楼1栋,车库等附属用房64平方米,并对院落进行了硬化、绿化,使武邑县气象局的办公条件大为改善。

2008年武邑县气象局投资17万多元,重新装修改造了办公楼,对院落环境进行了重新设计,使院落景观更加协调、漂亮。气象业务现代化建设也取得了一定进展,为了解决因停电造成数据以及报文无法传输和数据安全等问题,先后购买了UPS电源、发电机以及计算机,保证了业务工作的顺利开展。

为了方便职工的生活,购买了电视机、冰箱,并安装了太阳能热水器,为职工创造了良好的生活工作环境。

园区建设 2004—2009年,武邑县气象局分期分批对机关院内的环境进行了绿化改造,对院落重新进行了规划设计和施工,使武邑县气象局的环境质量有了较大提高。在庭院内修建了草坪和花池,重新装修院落围墙,改造了业务值班室,完成了业务系统的规范化建设。全局绿化覆盖率达到了60%,使机关院内变成了风景秀丽的花园。气象业务现代化建设也取得了突破性进展,建起了自动气象站、县级气象服务系统、气象短信平台等业务系统工程。

武邑县气象局办公楼(2004年)

阜城县气象局

阜城县位于河北省东南部,京杭大运河西岸,总面积 697 平方千米,总人口 33 万。阜城县历史悠久,始置于西汉时期,至今已有 2000 多年的历史。北齐的刘昼、北周的熊安生、现代冀派内画艺术大师王习三、著名国画家皮之先、儿童文学作家罗辰生等阜城籍人士在国内外均享有一定声誉。

机构历史沿革

始建情况 1967 年 1 月 1 日阜城县组建地面气象观测站,正式开展业务,称阜城县气候服务站。位于阜城县城东门外,即现在的河北省阜城县阜兴大街 88 号,北纬 37°52′,东经 116°10′,观测场海拔高度 18.6 米。

历史沿革 1967 年 1 月 1 日成立阜城县气候服务站,1981 年 5 月更名为河北省阜城县气象站,1987 年 9 月更名为河北省阜城县气象局。

1967 年 1 月—1979 年 12 月为国家一般气象站。1980 年 1 月被定为省级农业气象基本站。1989 年 3 月,被定为农气国家基本气象站。

管理体制 1967 年 1 月—1969 年 12 月隶属于衡水地区气象局。1970 年 1 月—1970 年 12 月隶属于阜城县革命委员会。1971 年 1 月—1973 年 12 月隶属于阜城县人民武装部。1974 年 1 月—1981 年 4 月隶属于阜城县人民政府。1981 年 5 月至今实行河北省气象局和阜城县政府双重领导,以气象部门领导为主的管理体制。

单位名称及主要负责人变更情况

单位名称	姓名	职务	任职时间
阜城县气候服务站	邱大政	站长	1966.12—1972.12
	陈书明	站长	1973.01—1979.04
	徐忠焕	站长	1979.04—1981.04
河北省阜城县气象站	王丙林	副站长	1981.04—1981.05
		站长	1981.05—1982.07
	刘红旗	站长	1982.07—1986.03
河北省阜城县气象局	于长利	副站长	1986.03—1987.09
		局长	1987.09—1996.04
	张苍根	局长	1996.04—2003.01
	董维良	局长	2003.01—

人员状况 1966 年建站时仅有 2 人,1996 年定编为 10 人,2006、2008 年均定编为 7 人。2008 年底阜城县气象局共有在职职工 7 人,离退休职工 5 人。在职职工中:大学本科以上 4 人,大专及以下 3 人;工程师 1 人,助理工程师 4 人;25～30 岁 2 人,30～40 岁 2 人,

40~50 岁 2 人,50~55 岁 1 人。

气象业务与服务

1. 气象业务

阜城县气象局的主要业务是完成地面基本站的气象观测和农业气象观测,每天向衡水市气象台和省气象台传输 3 次定时观测电报,制作气象月报和年报报表。农气观测主要进行农作物生育期观测和土壤墒情观测,每月编发旬月报及逢 6 日发送土壤墒情报。

气象观测 每天进行 08、14、20 时 3 个时次地面气象观测,夜间不守班。观测项目主要有:风向、风速、气温、气压、湿度、云、能见度、天气现象、降水、日照、小型蒸发、地面温度、浅层地温、雪深、冻土深度、重要天气等。每天编发 08、14、20 时 3 个时次的天气加密报,每月逢 1 日发送气象旬报,重要天气报实时发送。

1969 年 6 月 20 日根据衡水地区气象局电报通知,编发旬、月、雨量、墒情报。1973 年 1 月 1 日增加小图报,每天 14 时向衡水气象台发送。1975 年 7 月 14 日恢复能见度等级统计。1983 年 5 月增加编发重要天气报。1999 年 3 月 1 日增加 08 时加密气象报,并改换重要天气报的部分编码。2005 年 1 月 1 日正式运行地面测报服务系统软件 2004 版。2008 年 5 月开始执行河北省重要天气报告电码(2008 版)。

区域雨量自动气象站 2006 年阜城县气象局先后在蒋坊、建桥、大白、王集、霞口、码头、崔庙、漫河 8 个乡(镇)政府建成区域雨量自动气象站,加快了雨情信息的传递速度。

气象信息网络 建站初期的测报业务以人工观测为主,观测的数据经人工编报成气象电码通过邮政局,经专用电报线路传送至市气象局、省气象局。1986 年 8 月改由甚高频电话传递。1989 年 8 月配备了计算机,开始利用计算机制作报表。1999 年 1 月开始用 AHDOS 地面测报业务软件制作、打印报表,进行地面气象数据处理。1999 年 8 月开通分组交换通信系统。2002 年 9 月 1 日开始通过 X.25 通信系统向省台拍发各类气象报。2005 年 4 月 1 日开始使用 2 兆光纤发报,取消原来的 X.25 线路。

2008 年 10 月建设河北省卫星定位综合服务系统 GPS 阜城基准站,于当年 11 月 1 日正式投入运行。

天气预报 初期天气预报工作是以接收周边县、市的天气预报并结合绘制天气图分析判断天气变化,取得了较好的预报效果。预报制作包括短期、中期和长期预报,并通过送县广电局利用无线传输方式进行播报。1985 年 8 月安装使用甚高频电话,实现与地区气象局直接业务会商。1996 年 1 月改为订正衡水气象台的天气预报,不再独立承担天气预报业务。

农业气象 1980 年 1 月开始增加农业气象观测,并设立农气组,主要任务是用烘干称重法测量土壤墒情并进行农作物生育期观测及物候观测。1983 年 1 月增发农业气象旬报。物候观测曾于 1994 年 2 月 21 日停止观测,1998 年 1 月 1 日又恢复观测。每月逢 3 日测量固定地段土壤墒情,分别测量 10、20、30、40、50 厘米 5 个土层深度;逢 8 日进行相关农作物和固定地段观测,固定地段观测 10、20、50 厘米 3 个土层深度,在作物生育期测量行距、株高、密度及产量分析。每月逢 6 日发送农气墒情报。

2. 气象服务

阜城县位于衡水市东北角,地势由西南向东北倾斜。受东部季风影响,属暖温带半湿润地区,大陆季风气候显著,四季分明,冬夏久长,春秋短促。冷暖干湿差异明显,灾害性天气频发,尤以暴雨、干旱、大风、冰雹、雷电、大雪为甚。

①公众气象服务

建站初期阜城县天气预报通过县广播站进行广播,后通过电视报进行播报。1998 年 9 月阜城县气象局建成多媒体电视天气预报制作系统,气象局开始独立制作电视天气预报,并将制作好的电视天气预报送到电视台播出。预报内容也由最初的 24 小时预报逐渐增加到 24、36、72 小时以及紫外线、穿衣指数预报等。

1989 年 6 月阜城县气象局建成警报接收机系统,覆盖到县、乡(镇)政府和部分企业,每天 08、11、17 时 3 个时次进行气象信息广播。随着电话、手机、电视、网络气象服务信息的普及,警报接收机的使用范围逐渐缩小,到 1997 年底基本停用。

1996 年 8 月阜城县气象局与县电信局合作购置设备,开通了"121"天气预报自动答询信息服务系统。2005 年 1 月"121"升位为"12121",并升级为数字平台。信箱容量由最初的一个主信箱几个分信箱扩容为一个主信箱、几十个分信箱。除了主信箱的 24 小时天气预报保持不变外,分信箱内容随时令、季节的变化增添或变化内容,如:中考高考、麦收期分别开通中、高考以及麦收期天气预报。

2000 年 4 月 1 日启用地面卫星接收小站。2006 年停用。

②决策气象服务

决策气象服务为阜城县气象发展史的首要任务。作为决策服务依据,气象旬、月报、农业气象预报、雨情信息,阜城县气象局都在第一时间报送到阜城县委、县政府及相关职能部门。

2006 年阜城 8 个区域雨量自动气象站的建设完工,使雨情信息的收集、上报更加迅速便捷。

为进一步完善了气象灾害预警信息发布体系,2008 年 5 月阜城县气象局与县广播电视局就预警信号的发布达成一致意见,逢有灾害性天气预报,电视台都要随时向公众发布。此后有多次雷暴、大风等灾害性天气的发生,由于预警发布及时,有效地减少了所造成的损失。2008 年 6 月初阜城县气象信息员工作启动,在每个乡镇确定了一名兼职人员,对灾害性天气的预警进行及时发布,并及时向县气象局上报气象灾情信息。2007 年 1 月阜城县气象局开通了气象商务短信平台,以手机短信方式向服务对象发送气象服务信息。同时增加了部分中、小学校预防雷电灾害手机短信服务。

③专业与专项气象服务

人工影响天气 阜城县早期的人工影响天气工作主要依靠"三七"高炮进行作业,设立了蒋坊和王集 2 个高炮作业点,归县气象局管辖,高炮手由各乡镇负责,一般安排退伍军人或民兵进行操作。2007 年购置了 1 台 BL-1 型火箭发射架和 1 辆皮卡作业车,实现了固定作业和流动作业的结合。

阜城县人工影响天气作业经费从 2002 年开始列入地方财政预算,为人工影响天气工作的正常开展提供了保障。

防雷减灾工作 1997 年 9 月阜城县编委发文成立阜城县防雷中心,与县气象局合署办公。2003 年 1 月阜城县政府办公室发文,将防雷三项职能纳入气象行政管理范围。

科学管理与气象文化建设

社会管理 2003 年 11 月、2005 年 4 月、2008 年 1 月阜城县气象局将气象探测环境保护材料在阜城县政府、国土局、规划局、建设局以及气象局所在地的周边单位进行了备案。2008 年 3 月阜城县气象局与衡水市气象局签订了《保护气象探测环境责任书》。

2005 年阜城县气象局为 2 名职工办理了气象行政执法证,成立行政执法队伍。

党建工作 1967 年 1 月成立党小组;1982 年 7 月成立党支部,有党员 3 人。截至 2008 年底,阜城县气象局党支部有党员 5 人。

阜城县气象局认真落实党风廉政建设目标责任制,积极开展廉政教育和廉政文化建设活动,建立了较为完善的财务、业务、科技服务、考勤等奖惩制度,2003 年 4 月建立了 3 人局务会制度,对重大决策和财务收支实行局务会研究决定,财务收支情况每季度进行公开。

气象文化建设 阜城县气象局始终坚持以人为本,弘扬自力更生、艰苦创业精神,深入持久地开展文明创建工作。2005 年 10 月建成了"两室一网"(图书室、荣誉室、气象文化网)。2004—2008 年先后建立了乒乓球室、羽毛球场、图书室,购买了羽毛球、乒乓球、跳绳、毽球等体育器材,添置了气象科普、生活常识等 200 余册书籍,丰富了职工的业余文化生活。1996 年阜城县气象局被县直工委评为"文明单位",2007 年被评为衡水市"文明单位"。

荣誉 1972 年被推选为出席河北省气象系统代表会先进站代表;1982 年被评为河北省气象部门预报四个基本建设省级先进代表;1983 年被评为河北省气象部门省级质量月先进单位。

台站建设

建站初期阜城县气象局的位置特别偏僻,在当时阜城县城的东北郊外,四周都是田野,所有的工作都是在几间平房里完成,夏天闷热,冬天只有靠煤炉取暖,条件十分艰苦。1997 年 6 月在观测场东北方向 25 米处,规划建设了 1 座建筑面积 334 平方米的三层综合业务楼,购置了取暖锅炉,并于 1998 年 3 月投入使用。

2004 年开始阜城县气象局按照省、市气象局创建优美环境的活动要求,按照院落总体规划,逐年投入资金的原则,对院落进行了绿化、美化、硬化改造。截至 2008 年底,总占地面积为 3404 平方米的阜城县气象局,绿化面积达到了 1200 平方米。

阜城县气象站旧貌(1984 年)

阜城县气象局现貌(2008 年)

故城县气象局

机构历史沿革

始建情况　1959 年 8 月故城县成立气象服务哨,开始记录观测资料,站址位于故城县城东北"乡村",占地面积 1192.3 平方米,东经 115°59′,北纬 37°21′,海拔高度 28.5 米。

站址迁移情况　故城站迁站一次。1964 年 1 月 1 日由故城县城东北"乡村"迁至郑口镇东北"乡村"(现址),位于原址北偏东 1100 米,北纬 37°21′,东经 115°59′,观测场海拔高度 27.4 米。

历史沿革　1959 年 8 月故城县成立气象服务哨。1966 年 2 月更名为故城县气象服务站。1971 年 1 月正式建立故城县气象站。1989 年 10 月故城县气象站更名为故城县气象局。

1971 年 1 月—2006 年 12 月为国家一般气象站,2007 年 1 月至今为国家气象观测站二级站。

管理体制　1959 年 8 月—1970 年 12 月由故城县农业局领导。1971 年 1 月—1973 年 12 月归属故城县武装部领导。1974 年 1 月—1981 年 3 月归属故城县农林局领导。1981 年 4 月起实行气象部门与地方政府双重领导,以气象部门领导为主的管理体制。

单位名称及主要负责人变更情况

单位名称	姓名	职务	任职时间
故城县气象服务哨	无资料		1959.08—1961.06
	王振亭	站长	1961.06—1965.03
	徐建荣	站长	1965.04—1965.09
	刁其海	站长	1965.10—1966.02
故城县气象服务站			1966.02—1971.01

续表

单位名称	姓名	职务	任职时间
故城县气象站	刁其海	站长	1971.01—1971.04
	祁明善	站长	1971.05—1972.04
	孙风行	站长	1972.05—1976.12
	任建华	站长	1977.01—1980.04
	杨庆兰	站长	1980.05—1981.04
	刁其海	站长	1981.05—1982.04
	贾立志	站长	1982.05—1989.04
	姜福志	站长	1989.05—1989.10
故城县气象局		局长	1989.10—2007.06
	潘滇	局长	2007.07—

注：1959年8月—1961年6月期间的领导任职情况无资料可查。

人员状况 1959年建站时仅有2人。2008年编制6人，实有在职职工8人，离退休职工4人。在职职工中：30岁以下3人，40~49岁4人，50~55岁1人；大学本科2人，大专3人；初级职称3人。

气象业务与服务

1. 气象业务

地面气象观测 1959年8月建哨时观测项目有气温、风(维尔达式)、云、地面温度；1966年2月增加浅层地温观测；1970年12月维尔达测风改为EL型电接风速仪观测；1971年1月开始气压观测后，观测项目包括云、能见度、天气现象、气压、气温、湿度、风向、风速、降水、日照、蒸发(小型)、地面温度、浅层地温、冻土、雪深等。

建站初始每天进行08、14、20时3次观测；1972年1月—1974年6月增加夜间02时观测；自1999年1月配备计算机和AH测报软件后，使用计算机取代手工编报、制作报表。

1971年1月开始每月编制3份地面气象记录月报表，每年编制4份地面气象记录年报表，分别向中国气象局、河北省气象局、衡水市气象局各报送1份，本站留底本1份，自2007年1月起通过网络向衡水市气象局传输地面气象资料，停止报送纸质报表。

区域气象观测站建设 2005年5月建饶阳店、军屯、建国、半屯、房庄站；2006年6月建故城、夏庄、里老站，共建8个区域气象观测站，形成了以故城县气象站为中心，8个乡镇区域气象观测站为辅的区域气象监测系统，观测要素有气温和降水。

2008年4月建成观测场实景观测系统，实现了天气实景、观测场地环境、探测设备运行的实时监控，通过专用线路将监测实况传递到河北省气象局监控业务平台。

数据传输 随着气象现代化建设的不断推进，应用于气象信息传输的设备也在不断地更新。1971年1月—1987年8月电报数据通过邮局传报。1987年9月开始使用甚高频电话发报，取代了通过邮局电话传报。1999年8月建立县—市有线通信，利用X.28异步拨号方式加入公用分组数据交换网，用于气象数据和公文传输。2002年6月升级为X.25同步拨号方式。2002 年 7 月以电话拨号方式通过互联网调取衡水市气象台天气图等预报产品资料。2004 年 9 月安装使用 2 兆光纤通信线路,代替 X. 25 数据交换网。

天气预报 1971 年 1 月开始制作天气预报,主要根据河北省、衡水市气象台的天气预报做出本县的订正预报。每天定时发布 1～2 次 24～48 小时的天气预报,内容包括最高、最低气温、天空状况、风向风速、灾害性天气预报等。1981 年 1 月开始根据预报需要抄录整理各项资料,绘制简易天气图、三线图等基本图表和气候图集,为准确制作短期天气预报提供依据。1981 年 1 月开始根据河北省、衡水市气象台的旬天气预报,再结合分析本地气象资料、短期天气形势、天气过程的周期变化等制作一旬天气过程趋势预报;根据衡水市气象台的月、季天气预报,运用数理统计和常规气象资料图表及天气谚语、韵律关系等方法,做出具有本地特点的补充订正预报,主要有:春播预报、汛期(6—8 月)预报、秋季预报和年度气候预测等。1985 年 4 月上级业务部门对预报业务不作考核,但因服务需要,该项工作仍在继续。1987 年 1 月开始不再绘制天气图、三线图等。

农业气象 农业气象预报主要是随着气象服务"三农"工作的不断深入而展开的,自 2002 年 2 月开始制作农作物长势分析、灾害性天气对农业生产的影响分析以及小麦适宜播种期预报、冬小麦产量预报等。2002 年 5 月开始利用卫星遥感资料,为故城县政府提供作物长势分析、土壤墒情监测、小麦估产等方面的农业气象服务。

2. 气象服务

故城县气象局坚持"气象为经济建设服务,为农业服务"的工作方针,把公众气象服务、决策气象服务、专业气象服务融入到经济社会发展和人民群众生产生活中。

公众气象服务 1996 年 12 月与县广播电视局协商在县电视台开播天气预报信息,县电视台制作节目,通过字幕或语音播出。2001 年 1 月故城县气象局建成多媒体天气预报制作系统,开始独立录制天气预报节目,县电视台每天播出 1 次。2004 年 11 月采用高标准视频采集卡,以信息文件形式传送,提高了画面的清晰度和稳定度。2005 年 12 月电视天气预报制作系统升级为非线性编辑系统,预报内容包括每天 24 小时预报及 3～5 天预报。

1997 年 3 月开通模拟信号"121"天气预报电话自动答询系统,2004 年 1 月天气预报电话自动答询系统"12121"升级为数字式平台,信息内容包括主信箱每日 3 次的 24 小时天气预报,10 个分信箱内容包括每日更新的滚动周预报,每月一次的短期气候预测信息等。

2005 年 8 月开始通过兴农网对公众发布天气预报。

决策气象服务 1980 年 1 月开始为县委、县政府、县生产办公室等 10 个单位提供气象服务,主要内容包括气温、降水的短期预报、灾害性天气预报、农业气象分析等,服务方式为电话传送和书面报送。目前为县政府提供的气象专题报告有:周预报、月预报、重要天气预报、气象灾害预警、专题农业气象报告等,每年都不断进行更新和完善。例如:1996 年 8 月 4—5 日故城县出现 30 年一遇的暴雨,故城县气象局于 8 月 3 日做出未来 24 到 48 小时有大到暴雨、局部大暴雨过程预报,及时给县政府领导和故城县防汛指挥部提供气象服务信息和防汛工作建议,减轻了暴雨带来的灾害。

专业与专项气象服务 2002 年 3 月成立故城县人工影响天气办公室,挂靠故城县气象局。2002年4月购置中兴皮卡汽车1辆,衡水市气象局配发WR火箭发射架1台,开展人工增雨(雪)、防雹作业。2003年3月人工影响天气经费列入地方预算。

1990年4月正式安装使用气象警报发射机为各乡镇和有关单位开展气象服务,每天上、下午各广播1次,服务单位通过接收机定时接收气象信息。

气象科普宣传 在每年的"3·23"世界气象日、安全生产月等活动中进行多种形式的气象科普知识宣传。2007年7月与故城县教育局联合下发了《关于加强学校安全防雷工作的通知》,并对全县中小学校发放了气象灾害防御挂图和气象科普知识光盘,增强了中小学校师生的气象灾害防御知识。

科学管理与气象文化建设

依法行政 2004年6月故城县政府法制办公室批复,确认故城县气象局具有独立的行政执法主体资格,并为县气象局3名干部办理了行政执法证,故城县气象局成立了行政执法队伍。

2003年11月、2005年4月、2008年1月,3次将气象探测环境保护有关文件在故城县国土局、规划局、建设局进行备案,备案内容:《中华人民共和国气象法》、《河北省实施〈中华人民共和国气象法〉办法》、《河北省气象探测环境保护办法》、故城县气象站现状图、故城县气象站规划图等。2008年3月与衡水市气象局签订《保护气象探测环境责任书》。2008年5月故城县政府下发了《故城县人民政府办公室关于加强气象探测环境和设施保护工作的通知》。

2004年4月故城县政府下发了《关于进一步加强防雷安全工作的通知》。2005年4月故城县安全生产委员会下发了《关于加强防雷安全工作的通知》。2004年6月故城县气象局对县域内从事施放气球活动进行了规范,对非法从事气球施放的单位进行了制止和行政处罚。

政务公开 2002年6月制订了局(政)务公开工作机制,通过发放明白卡,向社会公开气象行政审批办事程序、气象服务内容、服务承诺、气象行政执法依据、服务收费依据及标准等。在故城县气象局公示栏张榜公开财务收支、目标考核、业务楼建设等内容。

党建工作 1965年1月到1973年12月有党员3人,编入县人民武装部党支部。1982年12月成立故城县气象局党支部,有党员6人。从成立支部至2008年12月共发展党员4名,现有党员7名。

故城县气象局党支部认真制订和落实党风廉政建设目标责任制,积极开展廉政文化建设。2007年开展创建学习型、阳光型、效能型、服务型、文明型、廉洁型"六型机关"活动。坚持局务公开制度,做到重大事项局务会研究、财务开支、热点问题每季度在公开栏公开。单位负责人坚持年终述廉报告,群众评议制度。

气象文化建设 故城县气象局始终坚持以人为本,弘扬自力更生、艰苦创业精神,不断加强精神文明建设,制订精神文明建设规划。2006年4月进行了荣誉室、图书室和气象文化网的"两室一网"建设,丰富了职工的文化生活。

荣誉 1975年被河北省气象局评为先进单位,出席青岛全国先进代表工作会议;1985年被衡水市气象局评为先进站;1988年被河北省气象局评为气象服务工作标兵;1991年在目标管理和十无竞赛活动中被衡水市气象局评为第一名。1997 年被衡水市气象局评为综合目标考评第一名。2005—2006 年获故城县"文明单位";2007—2008 年获衡水市"文明单位"。2000—2006 年创地面测报"百班无错情"10 个,"250 班无错情"4 个。

台站建设

1997 年 3 月—2008 年 12 月故城县气象局的台站面貌发生了很大的变化,1989 年 4 月观测场由北向南平移 30 米;2008 年 11 月经上级业务部门批准观测场由正方形改为圆形;1997 年 3 月在制订台站综合改造总体规划的基础上,将办公平房拆除 1 间,新建二层办公楼;2008 年 12 月新科技业务室规划建设,预计新建科技业务室,建筑面积 452 平方米。

故城县气象站旧貌(1982 年)

故城县气象局现貌(2005 年)

安平县气象局

安平县位于河北省中部,地处东经 115°19′~115°41′,北纬 38°05′~38°21′,县境总面积 505 平方千米,总人口 33 万。北距首都北京 250 千米,西距省会石家庄 90 千米。安平古称博陵,自汉高祖时置县,迄今已有 2200 多年历史。安平县是国家命名的"中国丝网之乡",河北省第一个中共县委在安平建立,全国农村第一个党支部在安平台城村建立。

机构历史沿革

始建情况 安平县气象局始建于 1969 年 10 月,1970 年 1 月 1 日开始正式观测记录。站址位于安平县城北关郊外,占地面积 3647.7 平方米。

站址迁移情况 2007 年 9 月 1 日迁至安平县城彭庄村北,位于原址西北方位,距原址 1500 米,占地面积 9800 平方米,北纬 38°15′,东经 115°30′,观测场海拔高度 25.5 米。

历史沿革 1969 年 10 月建站时称为安平县气象站,1989 年 5 月 1 日改称安平县气象局。

1969 年 10 月—1987 年 12 月 31 日为国家一般气象站,1988—1998 年为辅助气象站;1999 年 1 月 1 日又调整为国家一般站;2007 年 1 月 1 日起改为国家气象观测站二级站。

管理体制　1970 年 1 月—1971 年 5 月由安平县农业局直接领导;1971 年 6 月—1973 年 9 月由安平县人民武装部领导;1973 年 10 月—1981 年 4 月转由农业局直接领导;1981 年 5 月实行河北省气象局和安平县政府双重领导,以气象部门领导为主的管理体制。

单位名称及主要负责人变更情况

单位名称	姓名	职务	任职时间
安平县气象站	李继世	负责人	1970.01—1972.07
	张万顺	站长	1972.07—1986.04
	王树凯	站长	1986.04—1989.05
安平县气象局		局长	1989.05—2008.11
	董英丽	局长	2008.12—

人员状况　1970 年建站之初仅有 3 人,1972 年增加到 5 人,1982 年人员最多时为 11 人,1996—2006 年编制为 6 人,1996—2002 年有在职职工 5 人,2002—2007 年有在职职工 6 人,截至 2008 年底有在编职工 7 人,其中:大学本科 3 人,大专 1 人,中专及以下 3 人;中级职称 3 人,初级职称 4 人;50～59 岁 4 人,30～35 人 1 人,30 岁以下 2 人。

气象业务与服务

1. 气象业务

地面气象观测　安平地面观测站建站初期为国家一般站,1970 年 1 月 1 日正式开展地面气象观测业务。最初的观测项目有:云、能见度、天气现象、气温(计)、湿度(计)、气压(计)、风向、风速(轻型维尔达测风仪)、降水(计)、日照、蒸发(小型)、地面及浅层地温、冻土深度。1971 年 12 月改用 EL 型电接风向风速计;1982 年取消冻土观测;1988 年 1 月 1 日改为辅助气象站后,取消了云、能见度、蒸发量、日照观测,天气现象只记现象符号,5～20 厘米曲管地温表仅在每年 4 月和 10 月两个月观测;1991 年 4 月 5 日恢复蒸发、日照观测;1999 年 1 月 1 日恢复为国家一般站,观测项目有云、能见度、天气现象、气温(计)、湿度(计)、气压(计)、风向、风速(EL 型)、降水(计)、日照、雪深、蒸发(小型)、地面及浅层地温。

1970 年 1 月开始每月逢 1、11、21 日编发气象旬月报;每日编发 14 时小图报,08—20 时时段内编发不定时重要天气报;6—8 月编发 06—06 时雨情报;1988 年 1 月起停止编发小图报;1999 年 1 月开始增加编发 14 时天气加密报;1999 年 2 月 27 日增加 08 时天气加密报;1999 年 5 月增加 20 时天气加密报。

1998 年以前手工制作气象月报和年报表。1999 年 6 月开始使用微机安装 AHDOS 业务软件编报、制作打印报表,8 月实现微机编发报、报表制作一体化。2005 年 1 月开始使用地面测报业务软件 OSSMO 2004 版进行编发报、制作报表。

区域自动气象站 2005年10月在南王庄、两洼、油子、何庄4个乡镇安装温度、雨量两要素区域自动气象站;2006年6月在黄城、马店2个乡镇安装了太阳能供能型温度、雨量两要素区域自动气象站。

气象信息传输 1986年以前气象报文利用电话通过邮局向河北省气象台转报;1986年开始通过甚高频电话将报文发往衡水地区(市)气象台;1995年8月开通地—县通讯远程微机终端;1999年8月开通X.28分组交换系统,并实现微机编发报;2002年9月升级为X.25线路。2005年4月2兆VPN投入气象信息传输业务运行。

天气预报 1970—1981年天气预报主要根据河北省气象台和衡水地区气象台的天气预报做出当地24~48小时天气预报。1981年开始自己绘制天气图等基本预报工具,分析判断天气变化,制作并定时发布天气预报。1988年以后县气象局不再自己绘制天气图,主要通过接收地市气象台短、中、长期预报信息经过补充订正后制作成当地的预报产品向社会发布。

农业气象 自1972年开始每年春季各旬逢8日进行0~50厘米土壤墒情观测,每月逢1、11、21日编发气象旬月报。1996年3月1日起每年3—6月逢3日加测土壤湿度并发报。2002年开始每年3—11月逢8日进行固定测墒,如有旱情出现及时向县委、县政府汇报。定期发布"农业气象旬(月)预报",春播、三夏和秋收秋种期间及时通过电视、"12121"电话、气象短信等平台发布近期天气预报,为农民播种、抢收快打提供保障。

2. 气象服务

安平县地处滹沱河流域,灾害性天气频发,主要有干旱、洪涝、风雹、冻害等。安平县气象局始终以全县经济社会建设和人民群众生产生活需求为出发点,坚持做好公众气象服务、决策气象服务、专业气象服务和气象科技服务。

①公众气象服务

1988年之前天气预报通过高音喇叭向社会发布;1988年以后气象站把通过甚高频电话接收到的地区(市)气象台天气预报信息用电话转发给县广播站,并由其利用无线传输方式进行播报。随着科学技术的不断发展,1996年11月安平县气象局与广播电视局协商在电视台播放天气预报,气象局将天气预报节目录像带派专人送交广播局,由广播局在每日的"安平新闻"节目之后播出。2005年县气象局购进电视天气预报非线性编辑系统,音效和画面效果都有明显改观,天气预报节目的收视率显著增加。

②决策气象服务

每月及时向安平县委、县政府领导报送长、中、短期预报,每次重要天气过程及时上报过程分析、农事建议和降水量。

【气象服务事例】 1985年8月5日下午安平县石干乡出现龙卷风,受灾严重,气象站及时组织人员实地进行灾情调查、拍照。1996年8月受9608号台风影响,安平县上游地区因特大暴雨而出现山洪暴发,安平县遭遇了1963年以来的最大洪水,上游放水流量为3650立方米/秒,随时都有决堤的危险。安平县气象局干部职工不顾个人财产和生命安危仍24小时坚守岗位,及时向县委、县政府上报天气实况和预报,并通过气象警报接收机向各乡镇传达,为领导决策提供有力保障。

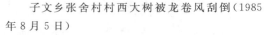

子文乡张舍村村西大树被龙卷风刮倒(1985
年8月5日)   石干乡北王宋村村东新盖砖房被龙卷
风卷塌(1985年8月5日)

　　2001—2008年安平县政府连续8年举办了中国·安平国际丝网博览会,安平县气象
局加强与市气象台会商,提前向县政府领导报送长、中、短期天气预报,全力保障博览会的
顺利召开。

　　③专业与专项气象服务

　　人工影响天气　　1998年成立了人工影响天气办公室,并分别在刘口村和马店村布设
人工影响天气作业点,各有"三七"高炮1门。1999年更换为WR-98车载火箭,2002年4
月购置1辆皮卡汽车用于人工影响天气作业。气象局4名职工经培训合格后负责火箭发
射和火箭发射架维护。

　　防雷服务　　2002年9月成立安平县防雷中心,根据《中华人民共和国气象法》等相关
法律法规,对安平县境内的礼花厂、加油站、人员密集场所、电力、通信、广播、计算机系统等
一、二、三类建筑物的防雷装置进行检测。

　　④气象科技服务

　　气象科技服务范围涉及农业、水利、建筑、交通等多个行业和部门。除常规发布的长、
中、短期天气预报外,还针对用户需要,参照衡水市气象台预报产品,发布农业气象旬(月)
预报、紫外线强度指数等预报产品。服务手段由原来单一的气象专用警报机发展到电话、
电视、计算机终端、因特网、手机短信等多种方式。1996年安平县气象局同电信局开通电
话"121"气象咨询服务平台,并于2002年1月进行了升级改造,增添咨询线路30条,服务
内容增至10个。2005年1月升位为"12121"之后,随着手机短信等服务领域的拓宽,固定
电话"12121"拨打率逐渐萎缩。

　　⑤气象科普宣传

　　安平县气象局在每年"3·23"世界气象日组织职工走上街头,通过竖立展牌、发放科普
知识宣传单等多种形式进行宣传;向各中小学校发放防雷知识光盘和图片;利用电视画面
宣传防灾减灾常识等等,使更多的人民群众了解和掌握气象防灾减灾知识。

气象法规建设与社会管理

　　行政执法　　2004年经安平县政府法制办批准,安平县气象局具有行政执法主体资格,
气象局成立了执法队伍。到2008年具有行政执法资格人数达4人。

　　探测环境保护　　为加强气象探测环境保护,先后于1999年、2002年和2004年向县委、

政府、人大、政协、建设局、土地局、环保局、畜牧局等十几个部门进行气象探测环境保护备案,备案内容包括:《中华人民共和国气象法》、《河北省气象探测环境保护办法》、安平县气象局现状图、安平县气象局规划图、气象探测环境保护范围等内容。2004 年 5 月 12 日安平县政府出台了《关于加强对气象探测环境保护的通知》(〔2004〕10 号),要求各相关单位切实重视气象探测环境的保护。2008 年 4 月分别与河北省气象局和衡水市气象局签订了《气象观测环境保护责任书》。2008 年 8 月制作了"气象探测环境和设施保护警示标牌",公告了气象探测环境和设施保护范围、保护标准;制作完成了气象探测环境现状证书公示牌。

防雷管理 2006 年安平县政府下发了《安平县人民政府关于切实加强防雷安全工作的通知》(安政〔2006〕6 号),2006 年 11 月防雷工程图纸审核、跟踪检测、竣工验收三项职能纳入气象行政管理范畴,防雷行政许可和防雷技术服务步入正轨。

政务公开 健全内部规章管理制度。1997 年制订了(包括业务值班、仪器管理、财务等内容在内的)《安平县气象局工作奖惩制度》,并在实施中不断完善。对气象行政审批办事程序、气象服务内容、服务承诺、服务收费依据及标准等,通过公示栏等方式向社会公开。干部任用、财务收支、目标考核等内容采取局务会、公示栏等方式向职工公开。安平县气象局从 2008 年起设廉政监督员。

党建与气象文化建设

党建工作 1970 年建站时成立安平县气象局党小组;1972 年成立党支部,有党员 5 人,截至 2008 年底有党员 3 人。

在衡水市气象局、安平县委、县政府领导下,安平县气象局认真落实党风廉政建设目标责任制,扎实有效地推进党员队伍的思想、组织、作风建设,使党员干部的整体素质不断得到提高。认真落实局财务公开制度,争取做到单位办事透明,职工心中有数。

气象文化建设 安平县气象局建站之初,工作环境简陋,设备原始,老一辈气象人艰苦创业,培养了"艰苦奋斗、甘于奉献,敬业爱岗、服务人民"的安平气象人精神,这一精神始终在一代代安平气象人身上得到传承和发扬。

2007 年底通过站址迁移和加强环境建设,职工的办公环境得到极大的改善,在新址建设了图书室、活动室和气象文化网,购置了乒乓球桌、羽毛球、毽子、跳绳、羽毛球等健身娱乐器材,购买了近 500 册各种气象图书,丰富了职工的业余文化生活。为提高职工业务技能和综合素质,积极选送职工到南京信息工程大学深造,鼓励职工参加中国气象局培训中心举办的远程培训班。积极参加 2008 年衡水市气象局举办的"十大文明道德模范"评比等活动,增强了职工的活力,全局面貌焕然一新。

1997 年 3 月被安平县委、县政府评为"文明单位";2003 年开始成立精神文明建设领导小组,局长任组长,完善了相关制度和设施。2003—2004 年、2005—2006 年、2007—2008 年被衡水市人民政府评为市级"文明单位"。

集体荣誉 1997 年 8 月被省气象局验收为"三级强局";1998 年 2 月被省气象局评为"三优"气象局;1999 年 4 月被安平县政府评为"科技支农先进单位";2000 年 3 月被衡水市气象局评为"1999 年汛期气象服务先进单位";2000 年 4 月被安平县政府评为"科技兴农先

进单位";2001年4月被安平县政府评为"支农先进单位";2003年4月被安平县政府评为"支持农业产业化发展先进单位";2006年5月被安平县政府评为"支农工作先进单位";近10年来连续被市气象局评为优秀达标单位。2001年测报股被河北省气象局评为先进测报股。

个人荣誉 1982—2008年共有33人次获得个人奖励。多人次被评为河北省气象系统先进个人、优秀测报员等荣誉。

台站建设

安平县气象局在建站初期位于安平县城北关"郊外",四周都是耕地,早期的气象工作人员就在几间平房里办公,条件十分艰苦。1980年在原址建成1座两层综合办公楼,面积372.1平方米。2007年9月1日迁至安平县城彭庄村北,现占地面积9800平方米,办公面积687平方米,车库2间。办公楼有测报室、广告科、防雷中心、人工影响天气办公室、会议室、图书室、荣誉室、活动室等。

1997年以后购置了电脑、空调等现代化办公设备;2002、2004年分别购置了长城皮卡和捷达轿车各1辆。现微机数量达到8台,拥有笔记本电脑1台,SONY相机1部。

2008年7月对院落进行植树绿化改造,在观测场周边种上了优质草皮,对办公楼前的空地进行了硬化,在小路两边安装了明亮、美观的路灯,改造了业务值班室,完成了业务系统的规范化建设。

安平县气象站旧貌(1984年)

安平县气象局现办公楼(2008年)

饶阳县气象局

饶阳县位于河北省东南部,隶属于衡水市,总面积573平方千米,总人口30万。北距首都北京和天津均240千米,西距省会石家庄110千米,京九铁路从饶阳县域穿过,交通十分便利。

机构历史沿革

始建情况 饶阳县气象局始建于 1956 年 7 月 10 日,名为河北省饶阳县气象站,1957 年 1 月 1 日开始正式观测记录。

站址迁移情况 1956 年 7 月 10 日建站,位于旧县城西南(现喜奥街和振兴街交叉口西 100 米)。1981 年 1 月 1 日站址改为饶阳县健康东路 188 号,观测场位于北纬 38°14′,东经 115°44′,海拔高度 19 米,在原站址南东南方向,距离为 464.8 米。

历史沿革 1956 年 7 月始建时名称为饶阳县气象站;1960 年 8 月由于深县、饶阳两县 合并,更名为深县饶阳气象站;1961 年 10 月 1 日因深县、饶阳、安平三县合并为安平县,更 名为安平县气象服务站;1962 年 1 月原合并县又分为原三县,更名为饶阳县气象服务站; 1970 年 1 月更名为饶阳县革命委员会生产指挥部农林领导小组;1971 年 6 月根据冀革 (71)129 号文件精神,更名为饶阳县气象站;1989 年 5 月更名为饶阳县气象局。

饶阳县气象站建站时定为国家基本站;1967 年 3 月 1 日—1970 年 12 月 31 日为一般 气象站;1971 年 1 月 1 日开始又调整为国家基本站;1991 年 1 月 1 日调整为国家基准气候 站;2007 年 1 月 1 日调整为国家气候观象台。

管理体制 1957—1968 年隶属饶阳县农林局;1968 年对气象部门实行了军事管制,隶 属饶阳县人民武装部领导;1973 年 8 月解除军管,由饶阳县革命委员会领导;1978 年饶阳 县革命委员撤销,气象站改由饶阳县农林局领导;1981 年 5 月根据冀政(1980)14 号文件精 神,实行河北省气象局和饶阳县政府双重领导,以气象部门领导为主的管理体制。

单位名称及主要负责人变更情况

单位名称	姓名	职务	任职时间
饶阳县气象站	赵希明	副站长	1956.10—1960.07
深县饶阳气象站			1960.08—1961.09
安平县气象服务站	邸永鹏	副站长	1961.10—1962.01
饶阳县气象服务站	王自强	站长	1962.02—1965.05
	王庆坤	站长	1965.05—1969.12
饶阳县革命委员会生产指挥部农林领导小组	邸永鹏	副组长	1970.01—1971.06
饶阳县气象站	戴和平	指导员	1971.06—1972.04
	邸永鹏	副站长	1972.04—1973.03
	王庆坤	站长	1973.04—1975.04
	王祝亮	书记	1975.04—1976.06
	李继世	负责人	1976.06—1977.06
	王祝亮	书记	1977.06—1978.09
	张义民	站长	1978.09—1984.06
	李中华	副站长	1984.06—1986.04
		站长	1986.05—1989.05
饶阳县气象局		局长	1989.05—1993.12
	李士杰	局长	1993.12—

人员状况　建站初期有在职人员9人；1970年有6人；1980年有16人；1990年有12人；1996年定编17人，实有在编人员17人；2006年定编15人；2008年定编12人，实有在编职工11人，其中：大学本科4人，大专3人，中专4人；中级职称4人，初级职称6人；50～55岁3人，40～49岁2人，40岁以下6人。

气象业务与服务

1. 气象业务

地面气象观测　1957年1月1日开展地面气象观测业务，地面观测项目有：气温、湿度、本站气压(计)、云量、云状、能见度、降水量、天气现象、小型蒸发、雪深、风向、风速、日照时数。观测时制采用地方时，每天进行01、07、13、19时4次定时观测，昼夜守班。1967年2月1日起日照计由桥唐式改为暗筒式。1967年12月29日起测风由维尔达型风压器改为EL型电接风向风速计。1960年8月1日观测时制改为北京时，每天进行02、08、14、20时4次定时观测，昼夜守班。1967年3月1日起改为08、14、20时3次观测，夜间不守班。1971年1月1日又改为02、08、14、20时4次定时观测，昼夜守班。1991年1月1日根据冀气业发〔1990〕16号文件要求，开始每小时1次的24次定时气候观测。

现有地面观测项目有：温度(计)、湿度(计)、本站气压(计)、云量、云状、能见度、降水量、天气现象、蒸发(小型和E-601B)、雪深雪压、风向、风速、冻土深度、电线积冰、日照时数、地面温度、浅层与深层地温。每天进行24次定时观测，编发02、08、14、20时4次定时天气报和05、11、17、23时4次补充天气报，向北京空军机场发送24小时航空报和不定时危险报，编发气候月报、气象旬月报和24小时不定时重要天气报，制作气象月报和年报报表。

从1957年3月1日起，饶阳站一直担负相关机场的航危报观测发报任务，其间历经增减。曾经承担过北京、德州、长沙、唐山、石家庄、沧州、涿县、临城、天津、张家口等地相关飞机场的航危报和航空预约报，最多曾同时向5个用报单位发报。2004年以后只承担OB-SAV北京24小时航危报任务。

1985年开始使用日本生产的PC-1500袖珍计算机进行编报和地面气象数据的处理。1998年12月运行AHDOS地面测报软件进行编制报文和数据处理，地面气象报表的审核也由人工过度到机审为主，人工为辅。2005年1月1日正式运行地面气象测报业务系统软件2004版。

2002年7月开始建设地面自动气象站，同年11月底建成。2003年1月1日进入双轨运行阶段。2004年1月1日实现人工观测和自动观测并轨运行。自动气象站观测项目有气温、湿度、气压、风向、风速、降水、大型蒸发、地面及地中温度、草面温度。

区域自动气象站　2005年在饶阳县建成里满、留楚、官厅3个市电供能型温度、雨量两要素区域自动气象站，同年8月投入运行。2006年7月建成五公、同岳、尹村3个太阳能供能型温度、雨量两要素区域自动站。

气象信息传输　建站初期气象报文的传输使用无线短波电台，靠手摇发电机给电台供电，值班员用电键发报。1964年开始用电话机口传方式通过邮局发报，邮局再转发至相关单位。1986 年甚高频电话投入使用,除航危报外,其他各类气象报文一律用甚高频电话传递到衡水地区气象台,再由衡水地区气象台转发。1995 年 8 月开通地—县通讯远程微机终端。1999 年 8 月县气象局 X.28 分组交换网开通。2002 年 6 月升级为 X.25 同步拨号方式。2005 年 4 月 2 兆 VPN 投入气象传输业务运行。2006 年 11 月航危报改由通过 2 兆光纤发往河北省网通公司。

天气预报 1958 年底开始制作天气预报,由于当时没有专职预报人员,也没有专门的预报工具,更没有通讯工具和监测天气的设备,只能照抄上级气象台的天气预报,由于地形和地理位置的明显差异,准确率很低。20 世纪 60 年代中期,开始自填自绘天气图,包括高空 500 百帕、700 百帕、850 百帕等压面图和地面天气图,分析影响本区的天气系统,判断天气系统的移动、加强或减弱趋势,找出规律,分类制成预报指标。80 年代以后,开始接收并使用传真图,每天固定 3 次与衡水地区气象台进行会商,加强了天气信息的交流,预报质量明显提高。1988 年后县级气象台站取消了天气预报制作,将衡水市气象台的气象预报进行补充订正,制作成当地的预报产品向社会发布。

农业气象 饶阳县是典型的农业县,饶阳县气象局一直把服务农业作为工作的重点,大力发展农业气象专业服务。在春播、三夏和秋收秋种期间,及时发布针对性强的农业气象服务产品,受到了农民群众和农业部门的好评。

每年春季各旬逢 8 日进行 0～50 厘米土壤墒情观测,每月逢 1、11、21 日编发气象旬月报。1996 年 3 月 1 日起每年 3—6 月逢 3 日加测土壤湿度并发报。2002 年开始每年 3—11 月进行逢 8 日固定测墒。

气象服务走进农民的田间地头(2008 年)

2. 气象服务

①公众气象服务

20 世纪 80 年代以前,天气预报主要靠黑板报和有线广播发布,气象工作人员每天傍晚在县气象局门口、火车站、汽车站等人员密集的地点抄写天气预报,并通过有线广播(高音喇叭)发布。1996 年县气象局与广播电视局协商在电视台播放天气预报,由县气象局通过电话向广播电视局提供天气预报信息,电视台负责电视节目制作,通过语音或字幕播放。1998 年 4 月 1 日多媒体电视天气预报制作系统建成,自制天气预报节目在电视台首播。此后由县气象局制作的天气预报节目录像带每天 17 时 30 分前送电视台定时播放。2005 年4 月购置北京伍豪制作系统,天气预报制作系统升级。

②决策气象服务

饶阳县气象局每月向饶阳县委、县政府领导报送长期、中期、短期预报,每次重要天气过程都及时将过程分析、降水分布及农事形成专题报告报县委、县政府。遇到灾害性天气及时发布预警信号,认真调查收集灾情信息,为领导决策提供及时准确的科学依据。目前向县政府提供的气象专题报告有:周天气预报、月预报、重要天气预报、气象灾害预警、专题气象报告。

③专业与专项气象服务

人工影响天气服务 1971年根据河北省气象局指示精神成立人工增雨火箭厂,搞土火箭人工降雨实验,开始了人工影响天气作业。研制的"四五四型四级土火箭"射高可达3500米左右,曾获1978年河北省科技大会科技成果奖。1978年底经河北省气象局批准土火箭厂划归农林局,人工影响天气作业中止。近期的人工影响天气工作从2000年开始,配备了WR型火箭作业系统,在当时尚未配备人工影响天气作业车辆的情况下自制拖车。2002年配备人工影响天气作业车1辆。

防雷工作 1998年8月10日经饶阳县编制委员会批准成立饶阳县防雷中心,将防雷工程从设计、审批、竣工验收、年检等工作全部纳入气象行政管理范围。全面负责全县的防雷安全管理,定期对液化气站、加油站、鞭炮厂等高危行业的防雷设施进行检查。

④气象科技服务

20世纪80年代后期,重点单位和企业安装了天气预报警报接收机,气象局通过无线广播的形式向需求用户发布天气预报和警报。1998年10月1日正式安装并开通"121"天气预报语音自动答询系统。2005年1月"121"电话升位为"12121"。

⑤气象科普宣传

每年"3·23"世界气象日组织职工走上街头,进行气象科普知识宣传。近两年气象科普宣传进学校、进工厂、进企业,为全县中小学发放气象灾害防御挂图和科普知识光盘,增强了全社会气象防灾减灾意识。

气象法规建设和社会管理

依法行政 2004年经饶阳县政府法制办批准,饶阳县气象局具有独立的行政执法主体资格,气象局成立了执法队伍。2008年获得行政执法资格人数达4人。

探测环境保护 为加强气象探测环境保护,先后于1999年、2002年和2004年向县委、县政府、人大、政协、建设局、土地局、环保局、食品厂等相关部门进行气象探测环境保护备案,备案内容包括:《中华人民共和国气象法》、《河北省气象探测环境保护办法》、饶阳县气象局现状图、饶阳县气象局规划图、气象探测环境保护范围等内容。通过户外公示栏、标语、电视广告、发放宣传单等方式向社会宣传气象探测环境保护工作,加强了与规划、建设部门的合作,把气象探测环境保护工作纳入到地方的长期规划。2004年4月25日饶阳县政府下发《关于加强对气象探测环境保护的通知》(〔2004〕25号文件)。2008年4月与衡水市气象局签署了《气象观测环境保护责任书》。2008年8月制作了气象探测环境和设施保护警示标牌,公告了气象探测环境和设施保护范围、保护标准;制作完成了气象探测环境现状证书公示牌。

2002年饶阳县气象局通过气象行政执法,对观测场西南方位距观测场50米的食品厂院内突然耸立的中国移动分公司新建基站铁塔进行了拆除,避免了对气象探测环境的影响。

防雷管理 1998年8月10日饶阳县编制委员会办公室发文(饶编〔1998〕2号),批准成立饶阳县防雷中心,将防雷工程的设计、审批、竣工验收、年检等工作全部纳入气象行政管理范围。饶阳县防雷中心全面负责全县的防雷安全管理,定期对液化气站、加油站、鞭炮厂等高危行业的防雷设施进行定期检查,对不符合防雷技术规范的单位责令进行整改。

政务公开　将气象行政审批办事程序、气象服务内容、服务承诺、气象行政执法依据、服务收费依据及标准,通过户外公示栏、电视广告、发放宣传单等方式向社会公开。干部任用、财务收支、目标考核、基础设施建设、工程招投标等内容通过职工大会和局务公开栏等方式向职工公开,局务政务公开透明。

党建与气象文化建设

党建工作　1986 年成立了第一届党支部,有党员 5 人。截至 2008 年有党员 7 人。

饶阳县气象局重视党建工作,注重发挥党支部战斗堡垒和党员模范带头作用,带动群众完成各项工作任务。先后开展了学习"八荣八耻"、解放思想大讨论、实践科学发展观等活动,气象局党支部多次被饶阳县直工委评为"先进基层党组织"。通过开展经常性的政治理论、法律法规学习,造就了清正廉洁的干部队伍,锻炼出了一支高素质的职工队伍。

气象文化建设　半个世纪以来,饶阳气象人默默奉献,取得了许多优异的成绩。2006年进行了荣誉室、图书室和气象文化网的"两室一网"建设,荣誉室内陈列着 50 年来所获得的所有荣誉证书、奖牌、奖状、锦旗,激励着年轻一代为饶阳气象事业的发展和地方经济建设争做贡献。30 余平方米的图书阅览室,收藏图书 1000 余册,内容涵盖气象业务、服务、农气、防雷减灾、人工影响天气、气象法规、自然科学、文史小说等。在办公楼大厅、楼道等显著位置张贴贴图、标语,宣传党的政策和气象事业发展成果,营造浓厚的气象文化氛围。购置安装了跑步机等多种健身器材,供职工休闲锻炼。积极组织职工参加县、市组织开展的文体活动,极大地丰富职工的业余文化生活。

饶阳气象局把领导班子的自身建设和职工队伍的思想建设作为文明创建的重要内容,2001—2002 年饶阳县气象局第一次被中共衡水市委、市政府授予"文明单位";2003—2004年、2005—2006 年、2007—2008 年连续被衡水市委、市政府评为"文明单位"。

集体荣誉　1986—2008 年饶阳县气象局共获得集体荣誉奖 42 项。1996 年被河北省气象局评为"抗洪抢险气象服务先进集体"、"气象部门三级强局单位";2001—2002 年度、2003—2004 年度、2005—2006 年度、2007—2008 年度 4 次被衡水市委、市政府评为"文明单位";2004 年被河北省气象局评为"气象法制工作先进集体";2006 年被河北省气象局评为"环境建设先进单位";2006 年被河北省建设厅评为"河北省园林式单位";2007 年被河北省气象局评为"一流台站建设先进单位"。近 10 年来连续被衡水市气象局评为"优秀达标单位"、"文明单位",被县委、县政府评为先进单位,每年获得市气象局和县委、县政府嘉奖。

个人荣誉　截至 2008 年,饶阳县气象局个人获奖共 326 人次。特别是自中国气象局和河北省气象局组织开展气象测报劳动竞赛活动以来,饶阳气象局共有 51 人次获得中国气象局"质量优秀测报员"称号,212 人次获得河北省气象局"质量优秀测报员"称号。

台站建设

建站时饶阳县气象局占地面积只有 5133 平方米,1958 年扩建到 8530 平方米。1981

年迁站后占地面积为 5260 平方米,其中办公楼面积 220 平方米。为了更好地保护气象探测环境,又在原基础上先后进行了 3 次征地,现有占地面积为 17500 平方米。1992 年新建办公楼面积 402 平方米,并建有 2 间车库。1995 年经河北省气象局批准,在办公楼北面建了 1 栋 18 户职工宿舍楼。2004 年对办公楼进行了扩建和整体装修,现办公楼面积为 666 平方米。2002 年和 2007 年分别购置中兴皮卡汽车和中华尊驰轿车各 1 辆;2008 年底有计算机 8 台,笔记本电脑 1 台,打印机 4 台,照相机 2 台,摄像机 1 台。现代化办公设施正在逐步完善。

1995 年后饶阳县气象局分期对机关院落环境进行了绿化、硬化改造,在庭院内修建了草坪、花坛,栽种了风景树,安装了健身器材,改造了业务值班室,完成了业务系统的规范化建设。院落绿化覆盖率达到了 80%,2006 年被评为河北省"园林式单位"。

饶阳县气象局现办公楼(2006 年)

枣强县气象局

枣强县地处华北平原,地形平坦,四季气候分明,常年种植小麦、玉米、棉花等,境内有两条河流,东为清凉江,西为索泸河。

枣强县四季气候分明,春季少雨干旱,夏季连阴多雨,秋季气候凉爽,冬季寒冷多偏北风,灾害性天气有暴雨、旱涝、大风、冰雹、雷电、寒潮,连阴雨等。

机构历史沿革

始建情况   1965 年 1 月在枣强县城关公社城东农场建立枣强县气象服务站。

站址迁移情况   1967 年由城东农场迁到城北,位于枣强县城关镇城北"乡村"。2003 年 3 月枣强县气象局迁到新址,位于枣强县枣强镇城东"乡村",东经 115°44′,北纬 37°30′,

观测场海拔高度为 23.6 米。

历史沿革　1965 年 1 月成立枣强县气象服务站,1984 年 6 月更名为河北省枣强县气象站,1989 年 4 月根据衡气字(1989)第 06 号文件精神改为河北省枣强县气象局。

1965 年 1 月—1987 年 12 月为国家一般气象站,1988 年 1 月—1998 年 12 月为辅助站,1991 年 1 月—2006 年 12 月改为河北省一般气象站,2007 年 1 月—2008 年 12 月为国家二级站。

管理体制　1965 年 1 月—1969 年 12 月归属衡水地区气象局领导;1970 年 1 月—1971 年 5 月归属枣强县政府领导;1971 年 6 月—1973 年 9 月归属枣强县人民武装部领导;1973 年 10 月—1981 年 4 月归属枣强县政府领导;1981 年 5 月起,实行气象部门与地方政府双重领导,以气象部门领导为主的管理体制,改为河北省气象局领导。

单位名称及主要负责人变更情况

单位名称	姓名	职务	任职时间
枣强县气象服务站	郑荣弟	站长	1965.01—1965.06
	李 恒	站长	1965.07—1984.05
河北省枣强气象站	张国光	站长	1984.06—1988.01
	牛忠保	站长	1988.02—1989.04
河北省枣强县气象局		局长	1989.04—1993.03
	周英彪	代理局长	1993.04—1993.04
	郭金名	局长	1993.05—2002.03
	杨 红	局长	2002.04—

人员状况　1965 年建站时只有 2 人;1996 年定编为 7 人,实际人数 8 人;2006 年定编为 5 人,实际为 7 人;2008 年定编为 6 人,实际人数为 7 人,其中:大学本科 3 人,大专 3 人,中专及以下 1 人;中级职称 3 人,初级职称 3 人;30 岁以下 2 人,30～39 岁 1 人,40～49 岁 3 人,50 岁以上 1 人。

气象业务与服务

1. 气象业务

气象观测　建站以来每天进行 08、14、20 时 3 个时次地面观测,观测项目有风向、风速、气温、湿度、气压、云、能见度、天气现象、降水、日照、小型蒸发、地面温度、雪深等。1970 年 5 月改维达尔观测为 EL 型电接风;1966 年 5 月增加雨量自记;1982 年 1 月增加冻土观测;1988 年 1 月—1991 年 4 月停止日照观测,1991 年 5 月恢复日照观测;2008 年全年为人工站和自动站双轨运行,每天编发 08、14、20 时 3 个时次的定时报。

自建站至 1998 年 6 月均为每日 14 时 1 次发报,观测员通过电话把报文传给邮电局报务员,由邮电局接收后,传至河北省气象台。1988 年配备了甚高频电话,观测电报通过口传方式发至衡水市气象台,由市气象台转发至河北省气象台。1999 年开始增加了 08、14、20 时天气加密报,由计算机取代人工编报,观测电报报文由微机通过光纤向河北省气象台传输,提高了测报质量和工作效率,减轻了观测员的劳动强度。2007 年 7 月建成了自动气象站,同时投入业务试运行。2008 年人工站和自动站双轨运行,自动站观测项目包括:气温、气压、湿度、风向、风速、降水、地面温度、草面温度等。除地面温度和草面温度外都进行人工并行观测,所采集的数据每 5 分钟通过光纤传送至河北省气象局,气象电报传输实现了网络化、自动化。2005 年—2006 年 7 月完成了唐林、枣强镇、马屯、肖张、嘉会、王常、王均、恩察、新屯 9 个乡镇的区域自动气象站(气温、降水)建设。

枣强县气象局建站后,气象月报、年报气表,用手工抄写方式编制一式 3 份,分别上报河北省气象局、衡水市气象局各 1 份,本站留底 1 份。从 1997 年 1 月开始使用微机打印气象报表,向上级气象部门报送磁盘。2002 年 1 月—2008 年 12 月使用微机传送气象报表,报河北省气象局、衡水市气象局各 1 份,本站留底 1 份。

天气预报 1971 年 1 月开始根据衡水市气象台的预报制作本县的订正预报,每天定时发布 24～48 小时的天气预报,内容包括最高、最低气温、天空状况、风向、风速、灾害性天气预报,并且还根据市气象台的旬、月天气预报结合本地气象资料,做出本地的一旬天气过程趋势预报和月预报,另外,运用数理统计和常规气象资料图表以及天气谚语、韵律关系等方法做出具有本地特点的订正预报。主要有:春播预报、汛期(6—8 月)预报、秋季和年度气候预测。

农业气象 农业气象预报主要是随着气象服务"三农"工作的不断深入而开展的,2002 年开始制作农作物生长分析、灾害性天气对农业生产的影响分析以及小麦适宜播种预报,棉播期预报,干热风预报,冬小麦产量预报等。

2. 气象服务

枣强县气象局坚持"气象为经济建设服务,为农业服务"的工作方针,以经济社会需求为牵引,把决策气象服务、公众气象服务、专业气象服务融入到经济社会发展和人民群众生产生活中。

1987 年 7 月架设开通甚高频无线通讯电话,实现与地区气象局直接业务会商。1989 年 6 月购置无线通讯接收装置,为县防汛抗旱办公室、县农业委员会和各乡镇,建成气象预警服务系统,服务单位通过预警接收机定时接收气象服务。

1996 年 10 月起在枣强县电视台播放枣强天气预报,天气预报节目由气象局制作提供。1997 年 6 月气象局同电信局合作正式开通"121"天气预报自动答询系统。

2007 年 6 月为了更及时准确地为县、镇、村领导服务,通过移动通信网络建立了气象短信服务平台,以手机短信方式向全县各级领导发送气象信息,提高了气象灾害预警信号的发布速度,避免和减轻气象灾害造成的损失。

气象法规建设与社会管理

法规建设 2004 年枣强县政府法制办公室批复枣强县气象局具有独立的行政执法主体资格,并为枣强县气象局 2 名干部办理了行政执法证,县气象局成立了行政执法队伍,重点加强了雷电灾害防御工作的依法管理工作。枣强县政府下发了《枣强县建设工程防雷项目管理办法》等有关文件,防雷行政许可和防雷技术服务正逐步规范化。

2005 年、2008 年将气象探测环境保护的有关文件在枣强县国土局、规划局、城建局进行了备案,内容包括:《中国人民共和国气象法》、《河北省气象探测环境保护办法》、枣强县气象局现状图和规划图等。枣强县气象局在气象探测环境保护中依照相关法律,制止了一些影响探测环境事件的发生,并充分利用各种媒体向全社会广泛宣传气象探测环境保护的法律法规,切实维护了气象法律的严肃性。

政务公开 枣强县气象局通过发放明白卡,户外公示栏方式向社会公开了气象行政审批办事程序、气象服务内容、服务承诺、气象行政执法、服务收费依据及标准等。

党建与气象文化建设

党建工作 1984 年枣强县气象局成立了党支部,先后发展 5 名党员,截至 2008 年 12 月气象局党支部共有 6 名党员,党员占职工总数的 85%。

枣强县气象局认真落实党风廉正建设目标责任制,积极开展廉正文化建设,党员干部争做执行党的纪律和各项规章制度的模范,严格用共产党员的八条标准规范自己的行动,虚心听取群众意见,牢固树立为人民服务的宗旨,廉洁办事,公正无私,认真贯彻"八个坚持,八个反对"的方针,争做"立党为公、保持先进"的好党员。

气象文化建设 枣强县气象局始终坚持以人为本,弘扬自力更生、艰苦奋斗的创业精神,不断加强精神文明建设,制订精神文明建设规划和目标实施方案,成立了精神文明建设领导小组,建立和完善了规章制度,确保各项工作有序进行。2003 年购置了乒乓球台。2007 年 8 月份购置了篮球架、运动器械等一批健身器材,开展了丰富多样的文体活动。2007—2008 年枣强县、故城县、冀县气象系统趣味运动会在枣强县气象局成功举办,通过比赛增进了友谊,促进了交流,相互学习,共同进步。2006 年开展了"两室一网"(图书室、荣誉室、气象文化网)的建设,取得了可喜的成绩。1996—2006 年被评为枣强县"文明单位",2004—2007 年被授予衡水市"文明单位",2008 年被授予河北省"文明单位"。

集体荣誉 1965 年被评为河北省气象局先进集体;1977 年被评为河北省先进集体;1978 年被评为枣强县先进集体;1988 年被评为衡水地区气象系统和河北省气象局气象服务先进单位;1996、1997、1998 年获枣强县"支持经济建设先进单位";2003 年被评为枣强县"巾帼文明示范岗";2006 年获河北省气象部门"环境建设先进单位";2007 年获得了由衡水市精神文明建设委员会、城建局、环保局等六家单位颁发的"绿色机关"荣誉称号;2007 年被河北省气象局评为"一流台站"。

个人荣誉 1977—2008 年有 3 人荣获衡水市气象局三等功,7 人 9 次获得市气象局先进个人。

台站建设

2003 年枣强县气象局的台站面貌发生了很大的变化,由于枣强县宾馆扩建,县气象局进行了整体搬迁,3 月新站址观测业务开始启用,同年 12 月底搬进新建的二层办公楼,建筑面积 500 平方米,办公环境得到了很大的改善。2005 年购巨石,并雕刻汉代儒学家董仲舒《雨雹对》于巨石上。庭院内种植草坪 2000 多平方米,并移栽了风景树,绿化覆盖率达到60%以上,硬化面积达 1000 平方米,使枣强县气象局变成了环境优美的"花园式"绿色机关。同时气象业务现代化建设上也取得了较大进展,建成了气象卫星地面接收站、区域自动站、自动观测站、决策气象服务平台等业务系统工程,完成了业务系统的现代化建设。

枣强县气象局观测场(2008 年)

枣强县气象局办公楼(2006 年)

邢台市气象台站概况

邢台市地处河北省南部,太行山南段东麓,位于北纬 37°04′～37°47′,东经 113°52′～115°49′,总面积 1.25 万平方千米,总人口 670 万。

邢台属于温带大陆性季风气候,其主要特点:四季分明,春旱风大,夏热多雨,秋凉时短,冬寒少雪。主要气象灾害有:干旱、洪涝、连阴雨、低温冷害、大风、冰雹、雷电、冰雪、冻害等

气象工作基本情况

历史沿革 1953 年邢台市建站;1957 年隆尧县、宁晋县建站,1958 年南宫县、临城县建站;1959 年浆水、巨鹿县建站(其中浆水气象站是邢台市气象局直属站,1998 年 3 月撤销);1960 年内邱县、清河县建站;1961 年威县建站;1963 年沙河县建站;1967 年临西县建站;1972 年柏乡县、任县、南和县、广宗县、平乡县、新河县建站;1976 年邢台县南石门建站,1988 年撤销。邢台市气象局属于国家基准气候站;南宫市气象局属于国家基本气象站和国家农业气象基本观测站;内邱县气象局属于国家一般气象观测站和河北省气象局农气基本观测站;其他台站均属于国家一般气象观测站。

邢台市气象局现下辖 17 个县(市)气象局(台、站),1 个国家基准气候站,1 个国家基本气象站,15 个国家一般气象观测站,2 个农气观测站,1 个探空站,一个酸雨观测站,3 个 GPS 水汽通量卫星定位观测站;134 个区域气象观测站。

管理体制 1973 年前管理体制经历了从上级气象部门到地方政府管理,再到地方政府和军队双重领导的演变。1973—1980 年又转归地方政府领导。1981—1985 年以上级气象部门领导为主。1986 年以后实行气象部门与地方政府双重领导,以气象部门领导为主的管理体制。

人员状况 全市气象部门 2008 年定编为 208 人。2008 年 12 月 31 日实有在编正式职工 199 人,其中:硕士学位 4 人,本科学历 78 人,专科学历 61 人;中级以上职称 66 人(其中高级职称 5 人),初级职称 121 人。

党建与文明单位创建 截至 2008 年 12 月全市气象部门设机关党总支 1 个,党支部 21 个,有党员 118 人。邢台市气象局每年与各科室和县(市)气象局签订党风廉政责任状,没

有出现违法违纪现象。全市气象部门截至 2008 年底共有市级"文明单位"13 个,省级"文明单位"1 个。

主要业务范围

地面观测　各气象观测站承担的观测项目包括:云、能见度、天气现象、气压、气温、湿度、风向、风速、降水、日照、蒸发(小型、大型)、地面温度、地温(浅层、深层)、冻土、雪深、雪压、电线积冰。

2002 年建成邢台、南宫 2 个地面气象观测自动站。2007 年建成平乡地面气象观测自动站。至 2008 年南宫为自动站单轨运行,邢台、平乡现为自动站并轨运行。

2008 年 9 月临城、南和、临西分别建成河北省水汽通量卫星定位综合服务系统 GPS 基准站。

高空观测　邢台探空站 1966 年 3 月 1 日正式开展高空探测业务,主要观测项目有规定层气温、湿度、气压、风每分钟数据和特性层气温、湿度、气压每分钟数据的观测。建站初期用无线电接收信号、手工操作,经纬仪测风观测气球。1978 年 5 月 1 日由经纬仪测风改为 A 型 701 测风雷达测风。1993 年 7 月 1 日由 A 型 701 测风雷达改为 C 型 701 探空测风雷达。从建站施放气球夜间 01 时经纬仪观测用 20 号小球,07、19 时雷达测风用 120 号气球。1993 年 7 月 1 日改为 07、19 时雷达测风用 80 号气球。

1966 年 3 月 1 日—1982 年 12 月 31 日观测时次为:北京时 01、07、19 时 3 次定时放球观测。1983 年 1 月 1 日改为北京时 01 时 15 分、07 时 15 分、19 时 15 分放球观测。1991 年 1 月 1 日改为北京时 07 时 15 分、19 时 15 分 2 次放球、测风观测。

从建站正式发报到 1993 年,用手摇式电话向当地邮局读取编报报文,邮局再把抄收的报文拍发到河北省气象台和国家气象中心。从 1993 年 7 月 1 日改为市气象局网络向河北气象台传输探空编报报文。2003 年开始由观测人员用微机编报后直接向省气象台传输报文,使探空业务基本实现了网络化数据自动传输。

农业气象观测　南宫县气象服务站 1962 年 4 月定为省农气基本站。1964 年 6 月定为全国农业气象基本观测点。1977 年定为省农气基本站。1979 年 12 月定为国家农业气象基本观测站,同时亦为省农气基本观测站。1998 年 1 月开始进行自然物候观测。2005 年 5 月农气"土壤湿度自动观测系统"投入运行。开展的业务有:小麦、棉花生长发育期观测、物候观测、土壤墒情观测。

1976 年内邱县气象站定为河北省农业气象观测站,主要观测项目有:土壤墒情、小麦、玉米、棉花生长发育期。

邢台 711 测雨雷达　1981 年 3 月建成邢台 711 测雨雷达站,位于邢台市境内,同年投入运行。

酸雨观测　2005 年 8 月新建南宫酸雨站。2006 年 7 月 1 日酸雨站建成投入试运行。2007 年 1 月 1 日正式开始酸雨采样观测。

观测站视频监控系统　2008 年 6 月,邢台市 16 个县(市)气象局安装了观测站视频监控系统,实现了天气实景监控、观测场地环境、探测设备运行与安全监测的有机结合,通过专用网络线路将监测实况传递到监控业务平台。

气象服务　主要有公众气象服务、决策气象服务、专业气象服务和气象防灾减灾服务四大类。气象服务的主要手段有：天气预报（特别是灾害性、关键性天气预报服务）、气候分析、气象资料和情报等。

决策服务主要是为市委、市政府指挥防汛抗旱等重要决策提供科学依据。服务的手段和内容主要有天气预报、情报、气候分析、气象通讯、人工影响天气等。

1987—1998 年广泛使用气象警报发射机。1993 年 10 月建立天气预报节目制作系统。1993 年 12 月省—市天气预报微机远程终端开通。1997 年 6 月 24 日全市 16 个县（市）气象局全部开通微机终端和"121"天气预报自动答询系统。2001 年"121"天气自动答讯电话系统投入使用，同年 12 月 26 日开通移动"121"天气自动答讯电话系统；2002 年 6 月开通联通"121"天气自动答讯电话系统；2005 年 8 月开通铁通"121"天气自动答讯电话系统。2005 年 1 月 1 日"121"天气自动答讯电话号码升位为"12121"。2004 年开通短信平台，以手机短信方式向各级领导和有关单位发送气象灾害预警信号。2008 年建立了以各乡（镇）、村干部和各直属单位有关人员为成员的气象灾害应急防御联系人队伍。服务手段和服务方式越来越多样化、高科技化。服务产品也从单一的天气预报拓展到农业气象、森林火险等级、空气质量、地质灾害、生活指数等多个领域，并向多学科交叉的新型气象服务领域发展。

人工影响天气工作由最初的土火箭、"三七"高炮防雹，发展到现在的增雨（雪）专用车、火箭发射架和火箭弹增雨（雪）、防雹。2008 年全市共有"三七"高炮 25 门，火箭发射架 15 部；"三七"高炮防雹作业点 16 个，711 数字化雷达 1 部。开展火箭增雨作业的县（市）15 个，16 部火箭发射架流动作业车安装了 GPS 定位调度指挥系统。

邢台市气象局

机构历史沿革

始建情况　邢台市气象局（其前身为邢台气象站）1953 年 12 月建立，初建站址为邢台新兵营，现位于邢台市守敬北路 76 号，北纬 37°04′，东经 114°30′，海拔高度 76.8 米。1954 年 1 月 1 日正式开始地面观测。

历史沿革　1961 年 8 月成立邢台地区专员公署气象局；1963 年 3 月更名为邢台地区气象局；1968 年 8 月更名为邢台地区气象台革命委员会；1971 年 6 月更名为邢台地区革命委员会气象台；1973 年 10 月更名为邢台地区革命委员会气象局；1981 年 3 月更名为河北省邢台地区气象局；1993 年 7 月因地市合并，更名为邢台市气象局。

管理体制　1953 年 11 月—1961 年 7 月隶属河北省气象局；1961 年 8 月—1963 年 3 月隶属邢台专员公署；1963 年 4 月—1968 年 7 月隶属河北省气象局；1968 年 8 月—1971 年 5 月隶属邢台地区行署；1971 年 6 月—1973 年 9 月隶属中国人民解放军邢台军分区；

1973 年 10 月—1981 年春季隶属邢台地区行署；1981 年春季—1985 年 12 月隶属河北省气象局；1986 年 1 月起实行气象部门与地方政府双重领导，以气象部门领导为主的管理体制。

机构设置 邢台市气象局机构规格为正处级事业单位。内设机构有办公室、人事教育科、计划财务科、业务科技科。直属事业单位有气象台、人工影响天气办公室、气象科技服务中心、防雷中心。

单位名称及主要负责人变更情况

单位名称	姓名	职务	任职时间
邢台气象站	杨振武	代主任	1953.12—1955.06
	王 泰	站长	1955.06—1957.07
	孟久满	站长	1957.08—1961.07
邢台地区专员公署气象局	王秉衡	副局长	1961.08—1963.03
邢台地区气象局			1963.03—1966.05
	王希贤	副局长	1966.05—1968.07
邢台地区气象台革命委员会	郝学明	主任	1968.08—1971.05
邢台地区革命委员会气象台	门同心	教导员	1971.06—1973.09
邢台地区革命委员会气象局	许金贵	局长	1973.10—1981.03
邢台地区气象局			1981.03—1983.12
	孟增芳	副局长	1984.01—1986.07
	吴 波	局长	1986.07—1991.11
邢台市气象局	梁建义	局长	1991.12—1993.06
			1993.07—1996.09
	焦英峰	局长	1996.10—2004.11
	梁 钰	局长	2004.12—

人员状况 1953 年建站时仅有 8 人。截至 2008 年底市气象局人员编制 105 人，实有在职职工 92 人，其中：男 57 人，女 35 人；汉族 89 人，满族 1 人，回族 2 人；大学本科以上 42 人，大专 31 人，中专以下 19 人；高级职称 5 人，中级职称 39 人，初级职称 24 人；46 岁以上 31 人，35～45 岁 40 人，35 岁以下 21 人。

气象业务与服务

气象业务从简单的人工观测和预报业务发展到现在的人工和自动化相结合的综合业务体系，气象服务也从单一的方式发展到全方位的综合服务体系。改革开放以来，邢台气象事业得到了长足发展和变化。特别是从 20 世纪 90 年代后期开始，相继建成了"9210"工程、地面气象自动站；信息网络实现了现代化；数据、信息处理、资料传输、地面观测和高空探测基本实现了自动化。

1. 气象业务

①地面气象观测

1953 年 11 月 26 日建站，1954 年 1 月 1 日正式开展地面气象测报业务工作。1972 年

1月1日—1986年12月31日改为邢台国家基本站,1987年1月1日改为邢台国家基准气候站。从建站正式观测至2008年12月。每天06—18时固定进行航空报观测,不定时进行航空危险报和危险天气解除报的观测和编发报。编发地面气象句(月)报、气候月报。

观测时次 1954年12月18日—1960年7月31日,采用地方时每天进行01、07、13、19时4次观测和04、10、16、22时4次补充天气报观测,昼夜守班。1960年8月1日—1986年12月31日,采用北京时每天进行02、08、14、20时4次定时观测和05、11、17、23时4次补充观测。1987年1月1日起,采用北京时每天进行24次定时地面气象气候观测,昼夜守班。

人工观测项目 云、能见度、天气现象、气压、气温、湿度、风向、风速、降水、日照、大型蒸发(冬季小型蒸发)、地面温度、浅层和深层地温、雪深、雪压、冻土、电线积冰等。

自动站观测项目 气温、湿度、气压、风向、风速、降水、大型蒸发、地面温度、浅层和深层地温、草面温度。

自动气象站建设 2002年邢台CAWS-600S型自动气象站建成。现为自动站和人工站双轨运行。观测项目除云、能见度、天气现象、冻土、雪深雪压、蒸发、电线积冰、日照由人工观测外,其余采用仪器自动采集、记录。

观测站视频监控系统 2008年6月安装观测站视频监控系统,实现了天气实景监控、观测场地环境、探测设备运行与安全监测的有机结合,通过专用网络线路将监测实况传递到监控业务平台。

信息传输 建站初期采用莫尔斯通信接收报文,报务员将电码进行编译后交由填图人员进行填图。1982年3月使用有线电传收发传真和报文。1986年8月建成甚高频无线电话网络,市气象局报务员抄收县气象局的报文再向河北省气象局发报。1991年12月机器填图替代人工填图。1994年5月加入电信部门的X.28公用分组交换网(X.28异步拨号入网),同时气象台局域网建成。1996年5月开通基于DDN专线的"省—市地面通信业务系统"使用NOVELL网。1997年6月气象卫星综合业务系统("9210"工程)投入业务运行,与X.28线路并轨运行。1999年4月开始在市、县气象局安装卫星地面单收站(PC-VSAT)。2002年6月建成与河北省气象局的2兆SDH同步光纤数字电路,完成省市电视会商系统的建设。2002年7月市县X.28异步拨号方式升级为X.25同步专线方式,同时完成县气象局局域网的建设,实现省市县三级公文信息传输。2004年X.25切换为2兆VPN光纤。2007年12月2兆SDH电路升为8兆(MSTP)电路。

②天气预报

1958年开始制作和发布天气预报。1961年开始每天制作3次预报。1964年开始制作时限为1~3天的天气预报。20世纪70年代后期开始接收中央台转发的传真图。80年代初期开始应用"MOS"预报方法,并逐步采用气象雷达、卫星云图、计算机系统等制作客观定量定点数值预报。1997年12月随着"9210"工程系统的业务化应用,建立起《气象信息综合分析处理系统MICAPS 1.0、MICAPS 2.0、MICAPS 3.0》,以人机交互处理系统为预报工作平台。

常规天气预报按时效分有短时、短期、中期、长期预报;按内容分有要素预报和形势预报;按性质分有天气预报和天气警报;按预报精度分有分片预报、分县预报和乡镇预报。

除常规天气预报业务外,还开展了地质灾害气象等级预报,空气质量预报预警,雷电监测预报,灰霾预报,一氧化碳中毒气象条件潜势预报,人工影响天气作业条件预报,旅游物候期预报等专业专项预报业务和穿衣、晾晒、感冒、晨练、闷热等生活指数预报。

③农业气象

农业气象预报服务开展于1961年,主要服务内容包括:作物长势分析、旱情分析、灾害性天气对农业生产的影响分析以及小麦适宜播种期预报、棉花适宜播种期预报和冬小麦产量预报。2000年按旬发布定期农业气象情报。2007年3月开展农业病虫害气象条件等级预报、农业干旱监测及预报、温室低温寡照监测与预警等农业气象预报服务,并研发《冀中南棉纤维品质与气象因子相关性研究》,开展棉花生产气象服务专题。2008年3月邢台市气象局与农业局建立气象灾害预警联动机制,双方就针对农业生产布局和不同农作物的生长发育阶段发布和共享涉农气象信息等方面合作达成一致意见。

④高空气象观测

邢台高空气象探测站为国家一类探空站。1966年3月1日—1982年12月31日观测时次为北京时01、07、19时3次。1983年1月1日改为北京时01时15分、07时15分、19时15分3次。1991年1月1日改为北京时07时15分、19时15分2次。

2. 气象服务

①公众气象服务

公众气象服务最早始于1958年,主要通过广播电台向公众发布天气预报。20世纪80年代开始由市气象局为邢台电视台提供天气预报。1995年9月成立电视天气预报广告部,同年10月开始由市气象局制作邢台县电视天气预报节目,向电视台报送录像带。1997年5月开通邢台有线电视台天气预报节目。1997年10月开通邢台市电视台天气预报节目。2002年天气预报广告部归属科技服务中心。截至2008年12月在邢台电视台4个频道开播天气预报节目,每天4套节目5次播出,节目时长15分钟。

②决策气象服务

1961年开始开展决策气象服务,服务内容主要是长、中、短期天气预报,服务方式以信件和电话为主。20世纪90年代后期服务方式改为传真。2003年开始每年制作决策气象周年服务方案。2005年逐渐规范了决策气象服务发布机制,为市委、市政府提供《重要气象专报》、《重大过程气象评估报告》、《天气预报信息》、《专题气象报告》、《雨(雪)情信息》、《气象灾害预警信号》、《气象灾情报告》、《气候灾害监测公报》、《气候公报》、《气候影响评价》、《人影作业信息》、《农业气象旬月报》、《农业气象专题(灾害、病虫害、作物发育期等)》、《农业干旱监测预报》、《土壤水分监测公报》、《作物产量预报》等系列化的气象决策服务材料,制订《邢台市气象灾害应急预案》。2004年2月起通过手机短信发送气象信息。

③专业与专项气象服务

人工影响天气 1994年3月31日市政府成立人工防雹增雨指挥部,指挥部下设办公室,办公室挂靠气象局。

防雷减灾 1992年3月设立避雷检测站开展防雷工作。1997年9月15日成立邢台市防雷中心,列入邢台市气象局直属事业单位序列,承担邢台市防雷中心各项职能以及所属各县(市)气象局的防雷管理任务。

④气象科技服务与技术开发

1983年6月开展专业气象服务工作,向用户定期邮寄中长期预报和电话服务短时天气预报。1986年2月为用户安装警报接收机100多台。1987年3月成立服务中心。1996年4月成立科技产业中心。1998年3月科技产业中心改为邢台市气象服务中心。2002年6月邢台市气象服务中心改为邢台市气象科技服务中心。

⑤气象科普宣传

邢台气象学会于1980年1月20日成立,理事会成员由地区科协、气象局、水利局、农业局、地震局等单位人员组成。1981—1987年编写《风云》《邢台气象》。1995年3月编写并印发《防雹增雨工作手册》100多册。1999—2000年编写《邢台气象》。2004年8月为加强防雷知识的普及和宣传,编写并印发《雷电知识手册》4000册、防雷宣传单5000张向全市无偿赠送,并深入校园、农村进行雷电知识科普宣传。1991—2008年编写了《邢台市气象科普知识》,参加邢台市10月6—12日科普宣传周活动,发放气象科普和防雷减灾宣传材料千余份。

科学管理与气象文化建设

1. 科学管理

法制建设 2000年1月1日开始气象行政执法工作,市气象局选配11名执法人员,通过培训均取得《行政执法证》。2006年对气象行政执法依据进行了全面清理和汇总,形成了《邢台市气象局行政执法依据综览》《邢台市气象局行政权力运转流程》《邢台市气象局行政执法流程》等,规范了邢台市气象部门行政管理工作。2007年4月,成立了邢台市气象执法大队,配备了4名专职执法人员。出台的规范性文件有:《邢台市防雷安全管理规定》《邢台市人民政府办公室关于加强防雷安全工作的通知》《邢台市人民政府办公室关于切实加强防雷安全工作的通知》。

社会管理 气象局的社会管理业务主要是防雷技术服务和施放气球服务,防雷工程专业设计或者施工资质管理、施放气球单位实行资质认定,施放气球活动实行许可制度。

2. 党建工作

党的组织建设 1953年建站时成立了党支部;1987年成立中共气象局党总支,下辖5个党支部。现有机关党总支1个,党支部5个,截至2008年12月有党员54人。

党风廉政建设 自2006年起每年都与各县(市)气象局签订《党风廉政建设责任状》。2006年开展"八荣八耻"教育活动,牢固树立社会主义荣辱观。2006年和2007年分别制订了《邢台市气象局党风廉政建设责任制实施细则》《邢台市党风廉政建设责任制的考核办法》。

3. 气象文化建设

精神文明建设 1984年开展"五讲四美三热爱",争当文明气象员活动。此后开展"学习孔繁森、陈金水同志先进事迹"、"强局建设工程"等一系列活动。1998年开展创建"三讲"(讲职业道德、讲职业纪律、讲职业责任)文明机关活动。2003年成功组织了抗击"非典"工作。2006年完成"两室一网"(图书室、荣誉室、气象文化网)建设。

文明单位创建 1998—2008年8次被邢台市委、市政府命名为市级"文明单位";4次被河北省委、省政府命名为河北省"文明单位"。

4. 荣誉与人物

自20世纪80年代开始至2008年,市气象局获得各类集体奖项131个,科研成果获得奖项16个,课题研究获得奖项10个,获得地市级以上个人奖励达60人393次。

集体荣誉 1995年被中国气象局评为"汛期气象服务先进集体"。1996年被河北省委、省政府评为"抗洪救灾气象服务"先进集体。1997年全国人工影响天气咨询评议委员会通过认真考察评议,邢台市人工影响天气工作被评为全国领先水平。1998年在国家"九五"四个重大基础研究项目的联合外场观测试验中,因成绩显著,被中国气象局评为先进单位。1999年被中国气象局、中国气象学会授予全国气象科技扶贫先进单位。2000年被中国气象局评为"全国重大气象服务"先进集体。2000—2001年度被邢台市政府评为森林防火先进单位。2004年5月邢台国家基准气候站被评为"邢台市青年文明号"窗口单位。2005—2006年被河北省气象局评为"河北省气象部门法制工作"先进集体。

人物简介 吴波,男,汉族,1943年2月生,浙江省江山县人,大学本科学历。1968年9月参加工作,1984年7月—1991年11月历任邢台地区气象局副局长、局长,1991年11月任河北省气象局副局长,1991年7月任高级工程师,2003年3月退休。

1972—1984年,吴波在河北省邢台市气象局从事长期天气预报工作。期间曾担任本地区长期天气预报的制作和发布,并且在实际工作中,不断钻研业务技术,注意积累预报经验,先后撰写了《邢台地区夏季降水与前期500mb环流特征分析》、《邢台降水气候分析》、《磁暴与暴雨》及《对长期天气预报中几个问题的看法》等论文。这些分析报告和论文不仅在气象刊物上发表,还在国家和省级学术会议上交流,成为有价值的科技论文,为河北省邢台地区准确做好长期天气预报奠定了基础。

由于工作业绩突出,1979年被河北省人民政府授予河北省劳动模范。

台站建设

台站基本建设的变化,生活和工作环境的改善是精神文明建设的基础条件。1976年6月投资十几万元建成办公楼,面积2646平方米;1991年10月开工建设探空雷达楼,面积220平方米;1993年建成邢台市气象局4栋住宅楼,同年完成对预报会商室的更新改造;2003年10月对办公环境进行改造,装修了办公室、会议室,并更换办公桌椅;1992年10月和2001年2月又分别开工建设3栋高标准住宅楼;2000年1月邢台国家基准气候站搬迁到邢台市紫金公园内。

邢台市气象局还对机关院、家属院环境进行改造。修建了阅览室、老干部活动室,对院落进行了绿化、美化,获得河北省建设厅"园林式居住小区"称号,使气象局机关成为花园式的单位。

邢台市气象局老观测场(1984年)

邢台基准气候站现观测场(2003年)

邢台市气象局7、8号职工住宅楼(2003年)

沙河市气象局

　　沙河市区位优越,交通便利。古称"赵北之咽喉,襄南之藩蔽",是沟通晋、冀、鲁、豫的交通枢纽。京广铁路纵贯市区,褡午铁路西延中部,京珠高速、107国道以及邢都、平涉、褡花公路等纵横交错,交通十分发达,国道、省道等公路铁路交织在一起,四通八达。

机构历史沿革

　　始建情况　沙河县气象服务站始建于1963年1月1日,地址为沙河县尚贤村。北纬36°53′,东经114°29′,海拔高度68.9米。

　　站址迁移情况　1963年11月16日迁至沙河县褡裢镇集镇。北纬36°52′,东经114°30′,海拔高度61.5米;1978年1月1日迁至沙河县赵泗水村,北纬36°52′,东经

114°28′,观测场海拔高度61.9米。

历史沿革 1971年12月改为河北省沙河县气象站,1987年6月改为河北省沙河县气象局,1987年9月22日沙河县改为沙河市,河北省沙河县气象局改为河北省沙河市气象局。沙河市气象局为正科级事业单位。

管理体制 1963年1月1日—1970年5月30日隶属邢台地区气象局。1970年6月1日—1972年2月1日隶属沙河县人民武装部。1972年2月2日—1981年5月1日隶属沙河县农业局。1981年5月1日改为气象部门与地方政府双重领导,以气象部门领导为主的管理体制。

单位名称及主要负责人变更情况

单位名称	姓名	职务	任职时间
沙河县气象服务站	张祥魁	站长	1963.01—1971.11
		负责人	1971.12—1975.12
河北省沙河县气象站	窦文明	站长	1975.12—1977.11
	左生信	负责人	1977.11—1980.05
	魏占荣	站长	1980.06—1984.07
	候子龙	站长	1984.08—1986.03
		代站长	1986.04—1987.06
河北省沙河县气象局	吴建路	代局长	1987.06—1987.09
		局长	1987.09—1988.03
	张祥魁	负责人	1988.04—1989.03
河北省沙河市气象局	郝聚爱	副局长	1989.04—1990.02
	杨功华	副局长	1990.03—1991.10
		局长	1991.11—1992.03
	李青格	副局长	1992.04—1994.05
	郝聚爱	局长	1994.06—1998.11
	焦入祥	副局长	1998.12—2001.07
		局长	2001.08—2001.12
	李世广	副局长	2002.01—2004.07
	张英彬	副局长	2004.08—2007.02
	赵京民	副局长	2007.03—

人员状况 1962年建站时有职工4人。截至2008年底有在职职工7人,离退休职工5人。在职职工中:男3人,女4人;汉族7人,大专7人;中级职称4人,初级职称3人;30岁以下2人,31~40岁5人。

气象业务与服务

1.气象观测业务

沙河市气象局现开展地面气象测报业务工作。每天定时和不定时向河北省气象台编发地面天气加密报、重要天气报、气象旬(月)报、雨情报。制作地面气象记录月报表和地面气象记录年报表。

观测时次 沙河市气象局为国家一般气象站,每天进行 08、14、20 时 3 次定时地面气象观测并向河北省气象台编发气象电报。其中 1971 年 1 月 1 日—1974 年 4 月 1 日增加 02 时定时观测,每日 4 次定时观测,夜间守班。

编发电报 从建站开始到 1998 年 12 月 31 日每天 14 时向河北省气象台编发小图报 1 次。1999 年 1 月 1 日起每天向河北省气象台编发 08、14、20 时 3 个时次的天气加密报。1999 年 6 月 1 日起,每年 6 月 1 日—8 月 31 日向河北省气象台编发"汛期 06—06 时雨量报",全年不定时向河北省气象台编发雷暴、霾、浮尘、暴雨、初霜、终霜、龙卷、积雪、雨凇、大风、冰雹、沙尘暴、雾、特大降水量等重要天气报。

观测项目 云、能见度、天气现象、气压、气温、湿度、风向、风速、降水、日照、小型蒸发、地面温度、浅层地温、雪深、冻土。

气象电报传输 沙河市气象局从建站开始用电话机通过邮电局传输报文。1987 年 4 月开始用甚高频电话向邢台市气象台传送,气象台抄收后再拍发到河北省气象台。1999 年 7 月开始用 X.28 通讯网,2002 年 6 月升级为 X.25 通信网向河北省气象台传输气象报文资料。2004 年 12 月改为 2 兆宽带光纤传输,2008 年 1 月升级为 4 兆宽带光纤传输。

气象报表制作 沙河市气象局自建站后,气象站的地面气象记录月报表、地面气象记录年报表,用手工抄写方式编制,一式 3 份,分别上报河北省气象局气候中心信息科、邢台市气象局审核室各 1 份,留底 1 份。1994 年 4 月开始地面气象记录月报表和年报表由邢台市气象局审核室代输入微机制作报表,并向河北省气象局气候中心上报月报表 1 份和磁盘。1999 年 1 月河北省气象局给沙河市气象局配发联想 486 微机,观测员使用微机输入制作地面气象记录月报表,通过 X.28 局域网通讯线路,每月 5 日以前向河北省气象局气候中心传输报表资料。2002 年 6 月开始通过 X.25 局域网通讯线路每月 5 日以前,上传到邢台市气象局审核室,由邢台市气象局审核完毕后统一打包上传河北省气象局气候中心。2007 年 1 月以来通过光纤给省市气象局传输电子版原始资料和报表,停止报送纸质报表。

自动站建设 2008 年 10 月沙河市气象局自动站开始建设,自动站观测项目包括气温、湿度、气压、风向、风速、降水、地面温度、浅层地温和深层地温、草面温度。

区域自动站建设 2006 年 5 月在沙河市沙河城镇、禅房乡、柴关乡建成了温度、雨量两要素的区域自动气象站 3 个。2008 年 8 月在沙河市政府大院、刘石岗乡、十里亭镇、新城镇、禅房乡石盆村、西左村、石岭村气象局建设两要素区域自动气象站 7 个。

观测站视频监控系统 2008 年 6 月安装观测站视频监控系统。实现了天气实景监控、观测场地环境、探测设备运行与安全监测的有机结合,通过专用网络线路将监测实况传递到监控业务平台。

2. 气象服务

①公众气象服务

1992 年 6 月沙河市 15 个乡镇及市委办、政府办、农业局等安装了气象警报接收机,每天播放气象局发布的天气预报。1996年春,沙河市气象局与市邮电局联合投资开通"121"电话自动答询系统。2003年10月模拟设备更新为数字设备。2004年5月全市进行升级改造,并设为1个平台,由邢台市气象专业台统一制作。2005年1月电话"121"升位为"12121"。2008年5月在全市建立了气象应急联系人、协理员与信息员队伍。

②决策气象服务

沙河市气象局于1982—1984年开展农业气候区划工作,并通过邢台市气象局验收,编写了《沙河市农业气候手册》。2007年7月沙河市气象局编写了《沙河市气象服务手册》。2002年1月沙河市气象局开始制作"气象信息周预报",每周一向市领导及有关单位报送。年发送周预报、重要活动及节日预报70余期3500份;春播、三夏、汛期、麦收和高考专题服务报告20期1000余份;发布月、季预报和气候概况10期500余份;并充分利用电话、手机短信、报刊、电台等新闻媒体进行全方位气象信息服务。2008年5月与沙河市委、市政府办公室协商,利用市委办公务内网移动短信服务平台开通气象信息服务。每次发送信息在千余条。2008年8月沙河市气象局自筹资金2万元,在沙河市委、市政府院内安装了电子显示屏。

③专业与专项气象服务

人工影响天气 1970年5月沙河市气象局组织生产队人员在沙河市禅房乡试制土炮进行人工防雹工作,2002年6月建立禅房乡大台炮点,有2门"三七"高炮进行人工防雹工作。2007年11月由沙河市康源公司投资,在西左村建立了防雹炮点。

环境评价 2006年5月开始开展气象环评工作,为新城电厂、迎新玻璃厂等多家大型企业提供气象环评资料。

气球服务 1994年6月沙河市气象局开始为市委、市政府及各企业开展气球庆典服务。

④气象科普宣传

沙河市气象局充分利用电视、广播、报纸、电话"12121"、手机短信、电子显示屏等手段进行科普宣传。每年还利用"3·23"世界气象日、法制宣传日及政府组织的宣传日进行科普咨询与讲座。2000—2008年底利用各种手段共发放气象宣传信息10万余次,进行各类气象科普宣传50余场次。

科学管理与气象文化建设

1. 科学管理

依法行政 2000年1月1日《中华人民共和国气象法》开始实施以来,沙河市气象局法制工作不断得到加强。2000年8月沙河市气象局有3人获得执法资格证。2002年5月16日沙河市政府办公室下发了《关于加强防雷安全工作的通知》(办字〔2002〕7号)。2007年7月沙河市安全生产委员会印发了《沙河市安全生产委员会关于印发〈沙河市有关部门安全生产监督管理职责〉的通知》,第二十九条规定了沙河市气象局的安全职责:负责提供危及生产安全的气息灾害的监测及预测预警服务;为沙河市安全生产应急救援工作提供气息监测及预测保障;负责全市雷电灾害防御工作的监督管理和防雷设施、设备的检测检验;负责人工影响天气作业的安全保障工作。2008 年 3 月分别向沙河市政府、沙河市环保局、规划局、建设局、沙河市无线电管委会就保护气象探测环境进行了备案。

防雷检测 1992 年 7 月沙河市气象局开始在全市范围内开展防雷安全工作。主要以搞好避雷设施管理、安装和检测工作,规范新建建筑物、新建计算机网络等设施的防雷图纸审核、跟踪检测工作。2004 年 7 月沙河市气象局成为沙河市安全生产委员会成员。2007 年 6 月成立了沙河市防雷中心,并获得了河北省气象局防雷检测资质证书。开展了煤矿、铁矿、玻璃厂及其他危险行业的防雷检测工作。

政务公开 2003 年 1 月推行局务公开工作,对沙河市气象局的重大事项及财务情况,每月在公式栏内进行公开。

2. 党的组织建设

沙河市气象局在建站之初就成立了党支部。1963 年 1 月—2008 年 12 月发展了 6 名新党员。现沙河市气象局共有党员 8 人(其中离退休职工党员 4 人)。

3. 气象文化建设

精神文明建设 沙河市气象局始终坚持以人为本,弘扬自力更生、艰苦创业精神,文明创建工作跻身于全市先进行列。先后有 20 人次被选送到南京信息工程大学、中国气象局培训中心和市党校学习深造。文明创建阵地建设得到加强。开展文明创建规范化建设,改造观测场,装修业务值班室,统一制作局务公开栏、学习园地、法制宣传栏和文明创建标语等宣传用语牌。建设"两室一网"(图书阅览室、荣誉室、气象文化网),有图书2000 多册。

荣誉 1990—2008 年沙河市气象局共获集体和个人荣誉 30 项。2008 年被邢台市气象局评为特别优秀达标单位;2002—2003 年度被沙河市委、市政府,邢台市委、市政府授予"文明单位"。此后,2004—2005 年度、2006—2007 年度连续被沙河市委、市政府授予"文明单位"称号。2003 年被邢台市精神文明委员会命名为"窗口单位"。

台站建设

沙河市气象局自 1962 年建站以来先后经过 3 次迁站,3 次建站均为老式平房,条件艰苦。1996 年 10 月河北省气象局和沙河市政府共同投资建设了 300 平方米的新楼房,上下二层共 14 间。沙河市气象局的办公环境得到较大改善。2003 年 5 月对整个院落进行规划,院内硬化面积为 600 平方米,绿化面积 3000 平方米,并设花池,种植草坪、树及各种花卉,整个院落乔、冠木花草高低错落有致、四季飘香。2008 年 11 月对大门进行了改造,院内全部改为大理石地面,并且投资 3 万元在室内安装了水暖,投资 1 万元进行了门窗改造。2007 年 8 月、2008 年 8 月先后添置了 2 辆小汽车、3 台笔记本电脑、3 台台式电脑,实现了人手一机的现代化办公条件,墙面、地板都进行了更新,安装了太阳能热水器。

沙河县气象局旧貌（1984 年）　　　　　　　沙河市气象局现貌（2008 年）

内邱县气象局

内邱县为南温带亚湿润大陆性季风气候，四季分明，雨热同季，光照充足，适于大多数作物生长。造成农业危害的气象灾害主要有：大风、冰雹、雷暴、暴雨、雾（霾）、沙尘、连阴雨、干热风、霜冻等。

机构历史沿革

始建情况　内邱县中心气象站始建于 1960 年 1 月 1 日，位于内邱县城东北角四里铺村南"乡村"，北纬 37°18′，东经 114°31′，海拔高度 68.1 米。

站址迁移情况　1972 年 1 月 1 日，迁到内邱县城西南角小刘庄村东北角"乡村"。北纬 37°17′，东经 114°30′，海拔高度 77.1 米。2001 年 1 月 1 日，迁到内邱县城南康庄路南侧河村西北角"乡村"，北纬 37°17′，东经 114°31′，海拔高度 73.9 米。

历史沿革　1962 年 4 月更名为内邱县气象服务站。1968 年 10 月更名为内邱县农林畜牧革命委员会气象服务站。1971 年 7 月更名为河北省内邱县气象站。1989 年 3 月 4 日更名为河北省内邱县气象局。

管理体制　1960 年 1 月 1 日—1961 年 12 月 31 日隶属内邱县农林局；1962 年 1 月 1 日—1965 年 12 月 31 日隶属邢台专署气象局；1966 年 1 月 1 日—1971 年 5 月 31 日隶属内邱县农业局；1971 年 6 月 1 日—1973 年 9 月 30 日隶属内邱县人民武装部；1973 年 10 月 1 日—1981 年 4 月 30 日隶属内邱县农业局；1981 年 5 月 1 日改为气象部门与地方政府双重领导，以气象部门领导为主的管理体制。

单位名称及主要负责人变更情况

单位名称	姓名	职务	任职时间
内邱县中心气象站	杨魁元	站长	1960.01—1962.04
内邱县气象服务站	赵振林	站长	1962.04—1968.10
内邱县农林畜牧革命委员会气象服务站			1968.10—1971.07
			1971.07—1971.11
河北省内邱县气象站	刘安太	站长	1971.11—1980.12
	李广东	副站长	1980.12—1982.06
	李玉海	副站长	1982.06—1984.06
	牛文华	副站长	1984.06—1984.10
	池玉生	副站长	1984.10—1988.04
	梁 钰	代站长	1988.04—1989.03
河北省内邱县气象局	池玉生	副局长	1989.03—1990.07
	苑海文	局长	1990.07—1992.07
	池玉生	副局长	1992.07—1994.04
		局长	1994.04—1996.09
	张衍伟	局长	1996.09—2008.10
	黄学宁	副局长	2008.10—

人员状况 建站时有职工4人。截至2008年底,有在职职工6人,离退休职工6人。在职职工中:男3人,女3人;汉族6人;大学本科以上6人;初级职称6人;30岁以下5人,31～40岁1人。

气象业务与服务

1. 气象业务

内邱县气象局现开展地面气象测报业务。每天定时和不定时向河北省气象台编发地面天气加密报、重要天气报、气象旬(月)报、雨情报。制作地面气象记录月报表和地面气象记录年报表。

①气象观测

观测时次 从1960年1月1日开始正式观测,每天进行01、07、13、19时4次定时观测,昼夜守班,时制采用地方时。1960年8月1日—1961年12月31日每天定时观测时间为02、08、14、20时,采用北京时。1962年1月1日—1971年12月31日每天改为3次观测,取消了02时的观测,夜间不守班。1972年1月1日—1974年6月30日恢复4次观测。1974年7月1日又改为3次观测,观测时间不变。

观测项目 开始观测项目为气温、湿度、云、能见度、天气现象、降水、地温(最低);1962年4月1日增加冻土观测,停止能见度观测;1968的1月停止蒸发观测,1972年1月恢复蒸发观测;1975年1月恢复能见度观测。现在观测项目为云、能见度、天气现象、气压、气温、湿度、风向、风速、降水、日照、蒸发(小型蒸发)、地面温度、浅层地温、雪深、雪压、冻土、电线积冰等。

编发电报 1960 年 4 月 1 日开始发报,发报时次每年的 5—9 月为 08、14、20 时 3 次,10 月至次年 4 月为 14 时 1 次。1987 年 5 月 20 日延长河北省小图报协作站每日 3 次拍报终止。1987 年 6 月 15 日 08 时小图报第 5 组省略不编报。1987 年 7 月 1 日从河北省小图报中选组编发航空报。1988 年 5 月 15 日内邱县气象局增加雨量观测和传递。1991 年 7 月 18 日开始汛期加密观测发报。1999 年 1 月 1 日起每天向河北省气象台编发 08、14、20 时 3 个时次的天气加密报。1999 年 6 月 1 日起每年 6 月 1 日—8 月 31 日向河北省气象台编发"汛期 06—06 时雨量报",全年不定时向河北省气象台编发雷暴、霾、浮尘、暴雨、初霜、终霜、龙卷、积雪、雨凇、大风、冰雹、沙尘暴、雾、特大降水量等重要天气报。

气象电报传输 内邱县气象局 1960 年 1 月建站开始用电话机通过邮电局传输报文,1987 年 4 月开始用甚高频电话向邢台市气象台传送,气象台抄收后再拍发到河北省气象台。1999 年 7 月开始用 X.28 通讯网,2002 年 6 月升级为 X.25 通信网向河北省气象台传输气象报文资料。2005 年 1 月改为 2 兆宽带光纤传输,2008 年 1 月升级为 4 兆宽带光纤传输。

气象报表制作 内邱县气象局自建站后地面气象记录月报表、地面气象记录年报表,用手工抄写方式编制,一式 3 份,分别上报河北省气象局气候中心信息科、邢台市气象局审核室各 1 份,留底 1 份。1994 年 4 月开始地面气象记录月报表和年报表由邢台市气象局审核室代输入微机制作报表,并向河北省气象局气候中心上报月报表 1 份和磁盘。1999 年 1 月河北省气象局给内邱县气象局配发联想 486 微机,观测员使用微机输入制作地面气象记录月报表,通过 X.28 局域网通讯线路,每月 5 日以前向河北省气象局气候中心传输报表资料。2002 年 6 月开始通过 X.25 局域网通讯线路每月 5 日以前,上传到邢台市气象局审核室,由邢台市气象局审核完毕后统一打包上传河北省气象局气候中心。2007 年 1 月通过光纤给省市气象局传输电子版原始资料和报表,停止报送纸质报表。

区域自动站建设 2005 年 11 月在南赛、五郭 2 个乡;2006 年 5 月在侯家庄、柳林、獐么、官庄 4 个乡镇;2007 年 3 月在七里会、柴炭窑、摩天岭、老树围、金店镇、西北岭、大孟镇 7 个乡镇建立温度、雨量两要素区域自动站。

观测站视频监控系统 2008 年 6 月安装观测站视频监控系统。实现了天气实景监控、观测场地环境、探测设备运行与安全监测的有机结合,通过专用网络线路将监测实况传递到监控业务平台。

②农业气象

内邱县气象局是河北省农业气象基本站,开始成立于 1976 年 1 月,每月 8 日、18 日、28 日从指定地取土测墒情,于 1 日、11 日、21 日编发农业气象报告。指令性观测项目为冬小麦、玉米、大豆,指导性观测项目为核桃。观测数据最后用 AB 报(农业气象报)发往邢台市气象局、河北省气象局,以农业气象旬月报形式向当地有关部门发布。同时,内邱县气象局情报服务为雨情、墒情、灾情,预报服务为播种期预报、产量预报、干热风服务。

2. 气象服务

内邱县共有各类地质灾害隐患点 109 处,分布在 7 个乡镇,其中滑坡 8 处,泥(水)石流

20处,山体裂缝1处,不稳定斜坡50处,危岩体1处,地面塌陷与地裂缝29处。有13处为重点防范区:水石流2处、滑坡2处、不稳定斜坡9处。为此,内邱县气象局把决策气象服务、公众气象服务、专业气象服务和气象科技服务融入到经济社会发展和人民群众生产生活中是极为重要的。内邱县气象局坚持"主动、及时、准确、科学、高效"地做好气象服务工作,并与各有关单位合作,增强气象预报预警信息直达能力,扩大信息覆盖面,达到预警信息发布"最后一公里"目标。

①公众气象服务

1997年1月1日内邱县气象局同电信局合作正式开通"121"天气预报自动咨询电话。1997年6月5日邢台市气象局开始制作内邱县各乡镇的天气预报在内邱县电视台开播。1998年3月5日内邱县气象局制作内邱县各乡镇的天气预报在内邱县电视台开播。2005年1月"121"升位成"12121"。2005年6月内邱县气象局气象网正式开通,名为NQQXJ.COM。2006年7月内邱县气象局安装了农村信息机,在遇有突发性灾害天气时,及时通过信息机向内邱县委、县政府、各乡镇、村、大型企业、社会职能管理单位领导发布手机短信预警信号。2008年7月开始实施农村大喇叭,实现气象信息的实时遥控广播发布。该系统从制作到发布和接收,气象预警实现了"零时差"且不受地面通信条件限制。

②决策气象服务

1960年成立之初到1979年12月,直接向县领导汇报做好预报服务工作,材料为手写。1980年2月增添了油印机,自己刻板印制长、中、短期天气预报信息,报送县委、县政府。2000年5月依据河北省、邢台市气象局的下传气象预报信息,同时结合分析MI-CAPS系统中各种气象资料和天气形势在农事关键期制作专题气象服务报告、重要天气专报等预报材料,根据实况资料定期制作雨情快报、灾情信息等,送到巨鹿县委、县政府及有关部门。

③专业与专项气象服务

人工影响天气 2000年4月18日内邱县人工影响天气指挥部办公室成立,挂靠内邱县气象局。2000年5月4日"三七"高炮在岗底作业点首次实施防雹作业。2001年1月6日首次利用WR-1型火箭弹实施人工增雪作业。2008年冬季出现干旱,内邱县气象局积极开展抗旱工作,先后作业6次,发射火箭弹18发,其中森林防火增雨作业2次,有效地降低了森林火险等级。富岗山庄发射炮弹45发,实施作业1次,为内邱县经济增收做出了应有的贡献。

社会管理 1998年3月5日,内邱县气象局防雷中心正式成立,负责全县防雷工程设备、设施的设计、安装、监测、维修;负责全县避雷装置年检工作及新建、改建工程中防雷设施验收和雷灾事故鉴定。2007年7月1日内邱县蓝天气象服务中心成立。

气象科普宣传 每年"3·23"世界气象

日积极参加县里组织的各种活动,发放宣传手册、去学校义务讲解防雷知识。

2008年3月在世界气象日来临之际,内邱县科协、县气象局和县实验小学共同组织开展了气象日科普活动。县委常委、副县长邢连军出席活动并做了讲话。参加活动的师生有150余名。

科学管理与气象文化建设

法规建设 为了进一步提高对做好防雷安全工作重要性的认识,严格责任,强化监管,突出重点,专项整治,严格执行防雷装置申报检测制度,2007年7月19日内邱县政府办公室下发了关于《加强防雷安全管理工作》的通知。

党建工作 内邱县气象局党支部成立于1979年9月,有党员3人。截至2008年12月有党员5名(含离退休职工党员2名)。

气象文化建设 内邱县气象局以马列主义、毛泽东思想、邓小平理论和"三个代表"重要思想为指导,与时俱进,不断创新,努力创建成具有时代特征、行业特点和内邱特色的气象文化,推动内邱气象事业快速、健康、持续发展。将业务规章制度、局务公开栏、文明创建标语等喷绘成的宣传栏,并张贴上墙。每年订购《中国气象报》、《人民日报》、《中国纪检监察报》等报纸供职工阅读。

荣誉 1982年内邱县气象局获河北省"先进站"奖励,获2004—2005年、2006—2007年度市级"文明单位"。2006年获河北省园林式单位。

台站建设

内邱县气象局始建时建筑面积为407.7平方米,砖木结构,带脊瓦房一层2栋18间,面积为269平方米。砖水泥结构平房一层1栋6间,面积为138.7平方米。现土地面积为6168.66平方米。2008年10月大力推进办公条件综合改善,继续推进创建优美环境活动,规划修整道路,种植树木。进一步加大气象现代化建设投入力度,购置办公桌椅、液晶显示器、分体空调,共投入资金3万余元。经过对办公设备的更新,使单位办公室的面貌焕然一新,舒适的办公环境,为创建一流台站打下了良好的基础。

内邱县气象局旧貌(1984年)

内邱县气象局现观测场(2007年)

临城县气象局

机构历史沿革

始建情况 临城县气象服务站(当时名称为内邱县西竖临城气象服务站)始建于 1958 年 11 月,1959 年 5 月 1 日正式开始地面观测。位于临城县西竖村村西坡上,北纬 37°32′,东经 114°26′,海拔高度 114.7 米。

站址迁移情况 1995 年 1 月 1 日迁至临城县县城城北 1000 米处,北纬 37°27′,东经 114°29′,观测场海拔高度 113.0 米。

历史沿革 1961 年 7 月更名为内邱县西竖临城气象站,1962 年 3 月更名为临城县气象站,1986 年 9 月更名为临城县气象局。临城县气象局为正科级事业单位。

管理体制 1959 年 5 月 1 日—1961 年 12 月 31 日隶属内邱县农林局;1962 年 1 月 1 日—1965 年 12 月 31 日隶属邢台专署气象局;1966 年 1 月 1 日—1971 年 5 月 31 日隶属临城县农业局;1971 年 6 月 1 日—1973 年 9 月 30 日隶属临城县人民武装部;1973 年 10 月 1 日—1981 年 4 月 30 日隶属临城县农业局;1981 年 5 月 1 日改为气象部门与地方政府双重领导,以气象部门领导为主的管理体制。

单位名称及主要负责人变更情况

单位名称	姓名	职务	任职时间
内邱县西竖临城气象服务站	李文秀	副站长	1958.11—1961.07
内邱县西竖临城气象站			1961.07—1962.03
临城县气象站			1962.03—1969.10
	姚福娥(女)	副站长	1969.10—1971.01
	马占成	副站长	1971.01—1976.12
	李秀德	副站长	1976.01—1979.09
	李文秀	副站长	1979.10—1984.09
	路振奇	副站长	1984.09—1985.03
		站长	1985.04—1986.08
临城县气象局		局长	1986.09—1998.09
	郭玉林	副局长	1998.09—2001.01
	张计峰	副局长	2001.01—2002.02
		局长	2002.03—2003.09
	赵俊法	副局长	2003.09—2007.03
	李智峰(女)	副局长	2007.03—

人员状况 建站时只有 2 人。截至 2008 年底有 7 人(正式职工 6 人,聘用职工 1 人),正式职工中:男 4 人,女 2 人;汉族 6 人;大学本科以上 3 人,中专以下 3 人;中级职称 2 人,

初级职称 4 人;30 岁以下 1 人,31~40 岁 1 人,41~50 岁 2 人,50 岁以上 2 人。

气象业务与服务

1. 气象观测业务

临城县气象局现开展地面气象测报业务。每天定时和不定时向河北省气象台编发地面天气加密报、重要天气报、气象旬(月)报、雨情报。制作地面气象记录月报表和地面气象记录年报表。

观测时次 每天进行 08、14、20 时 3 次定时地面气象观测,其中 1971 年 1 月 1 日— 1974 年 4 月 1 日增加 02 时定时观测,每日 4 次定时观测,夜间守班。

编发电报 从建站开始到 1998 年 12 月 31 日每天 14 时向河北省气象台编发小图报 1 次,1999 年 1 月 1 日起,每天向河北省气象台编发 08、14、20 时 3 个时次的天气加密报。1999 年 6 月 1 日起,每年 6 月 1 日—8 月 31 日向河北省气象台编发汛期 06—06 时雨量报,全年不定时向河北省气象台编发雷暴、霾、浮尘、暴雨、初霜、终霜、龙卷、积雪、雨凇、大风、冰雹、沙尘暴、雾、特大降水量等重要天气报。

观测项目 云、能见度、天气现象、气压、气温、湿度、风向、风速、降水、日照、小型蒸发、地面温度、浅层地温、雪深、冻土。

气象电报传输 临城县气象局从建站开始用电话机通过邮电局传输报文,到 1987 年 4 月开始用甚高频电话向邢台市气象台传送,气象台抄收后再拍发到河北省气象台。1999 年 7 月开始用 X.28 通讯网、2002 年 6 月升级为 X.25 通信网向河北省气象台传输气象报文资料。2004 年 12 月改为 2 兆宽带光纤传输,2008 年 1 月升级为 4 兆宽带光纤传输。

气象报表制作 临城县气象局自建站后地面气象记录月报表、地面气象记录年报表用手工抄写方式编制,一式 3 份,分别上报河北省气象局气候中心信息科、邢台市气象局审核室各 1 份,留底 1 份。1994 年 4 月开始地面气象记录月报表和年报表由邢台市气象局审核室代输入微机制作报表,并向河北省气象局气候中心上报月报表 1 份和磁盘。1999 年 1 月河北省气象局给临城县气象局配发联想 486 微机,观测员使用微机输入制作地面气象记录月报表,通过 X.28 局域网通讯线路,每月 5 日以前向河北省气象局气候中心传输报表资料。2002 年 6 月开始通过 X.25 局域网通讯线路,每月 5 日以前上传到邢台市气象局审核室,由邢台市气象局审核完毕后统一打包上传河北省气象局气候中心。2007 年 1 月通过光纤给省、市气象局传输电子版原始资料和报表,停止报送纸质报表。

区域自动站建设 2006 年 5 月先后在临城的西竖镇、郝庄镇、东镇镇、赵庄乡、石城乡、黑城乡和鸭鸽营乡 7 个乡镇和虎头岭建立雨量、气温两要素区域自动站;2007 年 4 月在郝庄的李家庄、闫家庄地质灾害点和西竖的屯院河道流域建立 3 个两要素区域自动站。

观测站视频监控系统 2008 年 6 月安装观测站视频监控系统。实现了天气实景监控、观测场地环境、探测设备运行与安全监测的有机结合,通过专用网络线路将监测实况传递到监控业务平台。

GPS 水汽通量建设 2008 年 9 月由河北省气象局、河北省地质勘探局联合建成 GPS 水汽通量卫星定位系统。

2. 气象服务

公众气象服务 1966 年 1 月—1995 年 1 月临城县气象站(局)每天通过县广播站发布短期天气预报。2001 年 4 月 1 日—10 月 31 日临城县气象局与县广播电视局协商同意在临城县电视台播放天气预报。1997 年 1 月"121"天气预报自动答询系统正式开通。2005 年 1 月"121"升号为"12121"。2008 年 5 月在全县建立了气象应急联系人、协理员与信息员队伍,共计 218 人。在遇有突发性灾害天气时,临城气象局通过"农村信息机"向气象信息员发布手机短信预警信号,信息员通过大喇叭等方式及时向其所在村、镇、单位播发预警内容,气象信息员同时负责气象灾害的收集并向临城县气象局进行汇报,气象信息员队伍的建立,较好地解决了气象服务"最后一公里"的问题。

决策气象服务 1960 年春季起临城县气象站应用统计学原理和天气形势分析定期制作纸质长、中、短期气象服务信息及雨情信息、灾情信息、气候公报等,发送到临城县委、县政府及各乡镇、重点企业、农村种养殖专业户。1996 年 4 月临城县气象局开通了"9210"工程气象信息综合分析处理系统(MICAPS 系统),主要依据河北省、邢台市气象局下传的气象预报信息,同时结合分析 MICAPS 系统中各种气象资料,形成月预报、重要天气专题报告、天气预报信息等决策气象服务材料。

人工影响天气 临城县人工影响天气工作开始于 1975 年春季,1994 年 5 月经临城县政府批准,成立临城县人工影响天气办公室,办公室挂靠在气象局。临城县人工影响天气办公室从 1975 年春季开始先后在临城县气象局院内、南沟果园、黑城的绿岭薄皮核桃基地设"三七"高炮防雹作业点,开展人工防雹增雨作业。截至 2008 年 12 月,共开展高炮防雹增雨作业近百次,1975—1980 年还进行了"土火箭"防雹作业。1998 年 8 月河北省人工影响天气办公室为临城县人工影响天气办公室配发了人工增雨火箭发射架 1 部,2006 年 8 月为临城县人工影响天气办公室配备了(长城皮卡)火箭发射架牵引车 1 辆。截至 2008 年 12 月临城县人工影响天气办公室组织了 30 余次火箭增雨(雪)作业。

气象科普宣传 广泛宣传气象防灾减灾、气象现代化建设成果和效益,宣传气象信息应用的新领域和高效益;实事求是地报道气象服务的能力和水平,做好重大灾害性天气预报服务突出事例的总结和宣传报道;发挥气象科普基地的作用,利用"3·23"世界气象日,对社会开放,普及气象科学知识,破除迷信,提高全民气象科学意识。

科学管理与气象文化建设

科学管理 重点加强雷电灾害防御工作依法管理工作。主要是对全县加油站、液化气站、企业、学校、有关单位的防雷装置进行安全性能及防静电检测、建筑防雷竣工验收,并开展各种防雷装置设计安装。2007 年 5 月临城县政府印发《关于切实加强防雷安全工作的通知》,临城县安全生产委员会多次下发关于加强防雷安全生产工作的通知文件,对全县煤矿防雷安全进行检查。2007 年 7 月在全县中小学校进行了防雷安全知识宣传,并赠送了防雷知识挂图和光盘,对中小学、幼儿园的防雷设施进行摸底调查,形成书面材料报县政府。对气象行政审批办事程序、气象服务内容、服务承诺、气象行政执法依据、服务收费依据及标准等,通过临城县政务网向社会公开。

党建工作 1974 年—1994 年 11 月与其他单位合并成立党支部,1994 年 11 月气象局成立党支部,截至 2008 年 12 月,有党员 3 名。

认真落实党风廉政建设目标责任制,积极开展廉政教育和廉政文化建设活动,努力建设文明机关、和谐机关和廉洁机关。开展了以"情系民生,勤政廉政"为主题的廉政教育。局财务账目每年接受上级财务部门年度审计,并将结果向职工公布。

气象文化建设 开展文明创建规范化建设,改造观测场,装修业务值班室,统一制作局务公开栏、学习园地、法制宣传栏和文明创建标语等宣传用语牌。建设"两室一场"(图书阅览室、荣誉室、小型运动场),有图书 3000 册。积极参加临城县组织的文艺汇演和户外健身,丰富职工的业余生活。深入持久地开展文明创建工作,做到政治学习有制度、文体活动有场所、电化教育有设施,职工生活丰富多彩,文明创建工作跻身于临城县先进行列。

集体荣誉 从 1959 年建站以来临城县气象局共获集体荣誉奖 4 项,其中 2003—2004 年、2005—2006 年、2007—2008 年 3 次被县委、县政府评为"文明单位",2007 年被临城县委、县政府评为"实绩突出单位"。

个人荣誉 临城县气象局个人获奖共 6 人次,有 2 人获得"河北省优秀测报员"荣誉称号。

台站建设

台站综合改善 临城县气象局建站时只有平房 8 间,楼房 1 栋 2 间,均为砖瓦木制结构,总建筑面积 160 平方米,其中值班室 3 间。1972 年 11 月 28 日征得西竖大队土地,于1982 年在原址进行了扩建,共建成值班室 4 间,面积 80 平方米;生活用房 6 间,面积 120 平方米;其他用房 19.5 间,面积 372 平方米;总建筑面积 572 平方米,总土地面积 4870 平方米。1995 年 1 月在临城县城北 1000 米处通过移交旧站土地和建筑物,置换土地面积 4530 平方米建设新站址,建有砖混水泥结构二层楼房 1 栋,工作、生活用房各 5 间,面积 278 平方米;其他用房 2 间,面积 20 平方米,总建筑面积 298 平方米。

园区建设 自 2000 年 1 月起临城县气象局先后分期投资十几万元对院内环境进行了绿化、美化、亮化、硬化改造,更新了观测场草坪,栽种了多种观赏性风景乔木和灌木,绿化覆盖率达 75%。完成了旱厕所改造,硬化了大门口至鸭临公路路面,改造了业务值班室。

临城县气象局旧貌(1984 年)

临城县气象局新颜(1995 年)

隆尧县气象局

隆尧县历史文化悠久,人文底蕴深厚。早在仰韶文化时期,境内便有人类活动,自公元前206年,汉朝置县至今已有2200年的历史。这里曾是唐侯封地,尧帝故乡,也是开创大唐帝国300年基业的李唐王室的祖籍。历史上曾涌现出后周皇帝郭威和柴荣、翻译家彦宗、教育家孔潘、《五方元音》作者樊腾凤等众多历史文化名人。

机构历史沿革

始建情况 河北省隆尧县气候站始建于1957年1月1日,位于隆尧县第一区固城村南,北纬37°21′,东经114°46′,观测场海拔高度29.6米。

站址迁移情况 1963年6月1日迁到隆尧县隆尧镇山口路13号,北纬37°21′,东经114°45′,观测场海拔高度33.1米。

历史沿革 1959年4月1日改称内邱县固城气象站;1961年6月1日改为隆尧县气象服务站;1971年10月改为河北省隆尧县气象站;1989年5月11日改为河北省隆尧县气象局。隆尧县气象局为正科级事业单位。

管理体制 1957年1月1日—1958年11月30日隶属隆尧县农林局;1958年12月1日—1961年4月30日隶属内邱县农林局;1961年5月1日—1961年12月31日隶属隆尧县农林局;1962年1月1日—1965年12月31日隶属邢台专署气象局;1966年1月1日—1971年5月31日隶属隆尧县农业局;1971年6月1日—1973年9月30日隶属隆尧县人民武装部;1973年10月1日—1981年4月30日,隶属隆尧县农业局;1981年5月1日改为气象部门与地方政府双重领导,以气象部门领导为主的管理体制。

单位名称及主要负责人变更情况

单位名称	姓名	职务	任职时间
河北省隆尧县气候站	不明		1957.01—1958.03
	吴维钢	负责人	1958.04—1959.04
内邱县固城气象站			1959.04—1961.06
隆尧县气象服务站			1961.06—1971.10
			1971.10—1977.09
河北省隆尧县气象站	黄在己	副站长	1977.10—1985.09
		站长	1985.09—1989.05
		局长	1989.05—1994.04
河北省隆尧县气象局	徐志勇	副局长	1994.04—1995.02
		局长	1995.02—2007.02
	张纪峰	局长	2007.02—

注:1957年1月—1958年3月期间由于历史原因,负责人不明。

人员状况 1957 年建站时有 3 人。截至 2008 年底有在职职工 6 人,离退休职工 3 人。在职职工中:男 5 人,女 1 人;汉族 6 人;大学本科以上 3 人,大专 3 人;初级职称 6 人;30 岁以下 1 人,31～40 岁 2 人,41～50 岁 3 人。

气象业务与服务

1. 气象观测业务

隆尧县气象局现开展地面气象测报业务。每天定时和不定时向河北省气象台编发地面天气加密报、重要天气报、气象旬(月)报、雨情报。制作地面气象记录月报表和地面气象记录年报表。

观测时次 每天进行 08、14、20 时 3 次定时地面气象观测。其中 1971 年 1 月 1 日—1974 年 4 月 1 日增加 02 时定时观测,每日 4 次定时观测,夜间守班。

编发电报 从建站开始至 1998 年 12 月 31 日每天 14 时向河北省气象台编发小图报 1 次,1999 年 1 月 1 日起每天向河北省气象台编发 08、14、20 时 3 个时次的天气加密报。1999 年 6 月 1 日起,每年 6 月 1 日—8 月 31 日向河北省气象台编发汛期 06—06 时雨量报,全年不定时向河北省气象台编发雷暴、霾、浮尘、暴雨、初霜、终霜、龙卷、积雪、雨凇、大风、冰雹、沙尘暴、雾、特大降水量等重要天气报。

观测项目 云、能见度、天气现象、气压、气温、湿度、风向、风速、降水、日照、小型蒸发、地面温度、浅层地温、雪深、冻土。

气象电报传输 隆尧县气象局从建站开始用电话机通过邮电局传输报文,到 1987 年 4 月开始用甚高频电话向邢台市气象台传送,邢台市气象台抄收后再拍发到河北省气象台。1999 年 7 月开始用 X.28 通讯网、2002 年 6 月升级为 X.25 通信网向河北省气象台传输气象报文资料。2004 年 12 月改为 2 兆宽带光纤传输,2008 年 1 月升级为 4 兆宽带光纤传输。

气象报表制作 隆尧县气象局自气象站建站后地面气象记录月报表、地面气象记录年报表,用手工抄写方式编制,一式 3 份,分别上报河北省气象局气候中心信息科、邢台市气象局审核室各 1 份,留底 1 份。1994 年 4 月开始地面气象记录月报表和年报表由邢台市气象局审核室代输入微机制作报表,并向河北省气象局气候中心上报月报表 1 份和磁盘。1999 年 1 月河北省气象局给隆尧县气象局配发联想 486 微机,观测员使用微机输入制作地面气象记录月报表,通过 X.28 局域网通讯线路每月 5 日以前向河北省气象局气候中心传输报表资料。2002 年 6 月开始通过 X.25 局域网通讯线路,每月 5 日以前上传到邢台市气象局审核室,由邢台市气象局审核完毕后统一打包上传河北省气象局气候中心。2007 年 1 月通过光纤给省市气象局传输电子版原始资料和报表,停止报送纸质报表。

区域自动站建设 2006 年 5 月在莲子镇、固城、牛家桥和双碑,2007 年 3 月在北楼、山口和大张庄建立了 7 个温度、雨量两要素区域自动气象站。

观测站视频监控系统 2006 年 4 月在邢台市气象系统率先安装监控系统一套,实现了天气实景监控、观测场地环境、探测设备运行与安全监测的有机结合,通过专用网络线路将监测实况传递到监控业务平台。

2. 气象服务

公众气象服务　隆尧县气象局 1988 年 5 月建立气象警报系统,1989 年 1 月 1 日正式向各乡镇发布天气预报。1996 年 12 月购置"121"天气预报自动答询系统。1998 年 3 月购置天气预报制作系统,电视台电视天气预报及电视广告栏目开播。2003 年 7 月完成"121"数字化改造。2004 年 12 月改用 2 兆 VPN 局域网光纤专线传输数据。2005 年 10 月购置数字化电视天气预报编辑系统,实现硬盘播出电视天气预报节目。2008 年 5 月隆尧县广播电台成立,每天通过电台向全县发布短期天气预报。

决策气象服务　隆尧县气象局于 1982—1984 年开展农业气候区划,并获市级验收,编写了《隆尧县农业气候手册》。开始为农业农村提供气象服务。1996 年 4 月开通了"9210"工程气象信息综合分析处理系统(MICAPS 系统)。1999 年 5 月卫星地面接收站建成投入使用,主要依据河北省气象局、邢台市气象局的下传气象预报信息,同时结合分析 MICAPS 系统中各种气象资料,形成决策气象服务材料。2008 年 5 月开通了"信息魅力"手机短信发布平台,当遇有突发性灾害天气时,及时通过"信息魅力"向隆尧县委、县政府、各乡镇、村、大型企业、社会职能管理单位领导发布手机短信预警信号。气象信息员队伍的建设与扩大较好地解决了气象服务"最后一公里"的问题,大大提高了预报实效。

人工影响天气　1996 年 5 月成立隆尧县人工防雹增雨办公室,配备"三七"高炮 3 门,开展高炮人工防雹增雨作业,办公室挂靠在隆尧县气象局。2000 年 8 月购置中兴皮卡汽车 1 辆和人工增雨火箭发射架 1 部,用于人工影响天气流动作业。2002 年 10 月拥有 2 套人工增雨防雹火箭系统。隆尧县人工影响天气办公室自 1996 年 5 月成立以来,先后在全县开展人工防雹增雨作业共 50 余次。

气象科普宣传　广泛宣传气象防灾减灾、气象现代化建设成果和效益,宣传气象信息应用的新领域和高效益;实事求是地报道气象服务的能力和水平,做好重大灾害性天气预报服务突出事例的总结和宣传报道;发挥气象科普基地的作用,利用"3·23"世界气象日,对社会开放,普及气象科学知识,破除迷信,提高全民科学防灾意识。

科学管理与气象文化建设

科学管理　1991 年 4 月成立隆尧县避雷装置安全性能监测站,开展全县防雷安全检测。2001 年 1 月根据《中华人民共和国气象法》,开展了防雷工程设计、施工、验收等工作,2001 年 5 月隆尧县人民政府法制办确认了隆尧县气象局具有独立的行政执法主体资格,并为 3 名同志办理了行政执法证,成立了行政执法队伍。2002 年 4 月隆尧县气象局被列为隆尧县安全生产委员会成员单位,负责全县防雷安全的管理;2003 年隆尧县人民政府下发了《隆尧县人民政府关于保护县气象局观测环境的通知》(政字〔2003〕49 号),以加强对探测环境的保护;2007 年 6 月成立隆尧县气象科技服务中心,挂靠隆尧县气象局,原先成立的隆尧县避雷装置安全性能监测站同时废止。

党建工作　1958 年 4 月—1971 年 8 月,编入隆尧县委办公室支部。1971 年 8 月隆尧县气象站成立党支部,有党员 3 人。截至 2008 年底有党员 4 人(其中离退休职工党员 2 人)。

隆尧县气象局认真落实党风廉政建设目标责任制,积极开展廉政教育和廉政文化建设活动,努力建设文明机关、和谐机关和廉洁机关。开展了以"情系民生,勤政廉政"为主题廉政教育。局财务账目每年接受上级财务部门年度审计,并将结果向职工公布。

气象文化建设 隆尧县气象局广泛开展群众性的文化体育活动,丰富气象职工的精神文化生活。经常开展活动或比赛,组织职工加强体育锻炼,强身健体,促进群众性体育活动的开展。努力创建学习型单位。建设"两室一网"(图书阅览室、荣誉室、气象文化网),拥有图书3000多册。

荣誉 从1957年建站以来隆尧县气象局共获集体荣誉奖25项。1998年2月在创建文明气象系统活动中,被河北省气象局评为"优质服务、优良作风、优美环境"先进单位;1998—1999年、2002—2005年被邢台市委、市政府授予"文明单位"称号;2003年10月被邢台市精神文明建设委员会授予"二星级窗口单位";2005年10月被中国气象局评为"局务公开先进单位";2007年4月被河北省建设厅评为"河北省园林式单位"。

个人荣誉 1982—2008年隆尧县气象局个人获奖共34人次。

台站建设

台站综合改善 隆尧县气象局自建站以来不断对局机关的环境面貌和业务系统进行改造:1957年1月1日建站时房屋破旧,工作条件非常艰苦。1963年3月8日隆尧县发生强烈地震,站上房屋倒塌,于1967年5月重新建设房屋6间。1984年隆尧县气象站共有房屋2幢14间,建筑面积243.1平方米,工作用房3间、面积49.5平方米。1991年12月—1992年7月省气象局拨款10万元,县气象局筹款5万元新建办公楼1栋。目前整个局大院占地总面积4035平方米,办公用二层楼房190平方米,家属院6户,办公大院硬化面积550平方米。

园区建设 2000—2003年隆尧县气象局对院内的环境进行了绿化改造,规划整修了道路,在庭院内修建了草坪和花坛。2006年12月重新修建装饰了办公楼,改造了业务值班室,完成了业务系统的规范化建设。气象业务现代化建设取得了突破性进展,建起了气象卫星地面接收站、决策气象服务和预报预警短信平台等业务系统工程。隆尧县气象局现有绿化面积1200平方米,绿化覆盖率达68%以上,是河北省气象局三级强局单位,市级"文明单位",省级园林式单位。

隆尧县气象站旧貌(1984年)

隆尧县气象局现貌(2007年)

任县气象局

机构历史沿革

始建情况　任县气象站始建于 1972 年 1 月 1 日,站址位于任县城北关。北纬 37°08′,东经 114°42′,观测场海拔高度 35.9 米。

站址迁移情况　1982 年 1 月迁到任县城关公社前营村南,距县城 2000 米处,北纬 37°08′,东经 114°42′,观测场海拔高度 35.9 米。

历史沿革　1989 年 7 月改称任县气象局。任县气象局为正科级事业单位。

管理体制　1972 年 1 月 1 日—1973 年 7 月隶属任县人民武装部,1973 年 8 月—1981 年 4 月隶属任县革命委员会。1981 年 5 月 1 日起实行气象部门与地方政府双重领导,以气象部门领导为主的管理体制。

单位名称及主要负责人变更情况

单位名称	姓名	职务	任职时间
任县气象站	孟久满(满)	站长	1971.06—1982.04
	卢智丰	站长	1982.04—1984.01
	贺贵良	副站长	1984.01—1984.03
		站长	1984.03—1989.07
任县气象局		局长	1989.07—2003.10
	阮文博	副局长	2003.10—2008.03
		局长	2008.03—2008.11
	卫朝贤	局长	2008.11—

人员状况　1972 年 1 月建站时有 5 人。截至 2008 年底有在职职工 6 人,退休职工 1 人。在职职工中:男 4 人,女 2 人;汉族 6 人;大学本科以上 3 人,大专 1 人,中专以下 2 人;30 岁以下 2 人,31～40 岁 1 人,41～50 岁 1 人,50 岁以上 2 人。

气象业务与服务

1. 气象观测业务

观测时次　任县气象局自 1972 年 1 月 1 日起开展地面气象观测。观测时间为 02、08、14、20 时 4 次观测。1974 年 4 月 1 日取消 02 时观测,改为 3 次观测,02 时记录用自记代替。每天进行 08、14、20 时 3 次定时观测。

观测项目　观测项目有云、能见度、天气现象、气压、气温、湿度、风向、风速、降水、日照、蒸发、地面温度及浅层(5、10、15、20 厘米)地温、雪深、冻土等。其中 1988 年 1 月 1 日—

1998 年 12 月 31 日停止日照、蒸发、冻土、能见度、云的观测,且此期间每年只有 3—5 月及 9—10 月观测记录地面及 5～20 厘米温度。

编发电报 1972 年 3 月 20 日—1998 年 12 月 31 日,任县气象局每天 14 时向河北省气象台编发"小图报"。1999 年 1 月 1 日起每天向河北省气象台编发 08、14、20 时 3 个时次天气加密报。从 1999 年 6 月 1 日起,每年 6 月 1 日—8 月 31 日向河北省气象台编发汛期 06—06 时雨量报,全年不定时向河北省气象台编发雷暴、霾、浮尘、暴雨、初霜、终霜、龙卷、积雪、雨凇、大风、冰雹、沙尘暴、雾、特大降水量等重要天气报。

报表制作 从 1972 年 1 月起手工制作地面气象记录月(年)报表,一式 3 份,报送河北省气象局气候中心信息科、邢台市气象局审核室各 1 份,任县气象局留存 1 份。1994 年 4 月开始地面气象记录月报表和年报表由邢台市气象局审核室代输入微机制作报表,并向河北省气象局气候中心上报月报表 1 份和磁盘。1999 年 1 月河北省气象局给任县气象局配发联想 486 微机,观测员使用微机输入制作地面气象记录月报表,通过 X.28 局域网通讯线路每月 5 日以前向河北省气象局气候中心传输报表资料。2002 年 9 月开始通过 X.25 局域网通讯线路,每月 5 日以前上传到邢台市气象局审核室,由邢台市气象局审核完毕后统一打包上传河北省气象局气候中心。2007 年 1 月通过光纤给省市气象局传输电子版原始资料和报表,停止报送纸质报表。

气象电报传输 任县气象局从 1972 年 1 月—1987 年 4 月用电话通过任县邮电局口传各类气象电报;1987 年 4 月—1999 年 6 月使用甚高频电话向邢台市气象台口传各类电报,邢台市气象台抄收后再拍发到河北省气象台;1999 年 7 月份起用 X.28 通讯网络直接向河北省气象台传输气象报文资料。2002 年 9 月起用 X.25 通讯网络传输。2004 年 12 月改为 2 兆宽带光纤传输。

制氢站运行 1999 年 6 月任县制氢站建成并投入运行,开始制取氢气以满足邢台市气象局高空探测站用氢需要。2008 年 6 月中国气象局和河北省气象局下发《关于做好高空台站北京奥运气象服务加密探测工作的通知》,邢台市气象局高空探测站将 7 月 1 日—9 月 20 日为期 82 天的每天 2 次的高空探测加密观测。接到邢台市气象局氢气保障通知后,任县气象局局领导高度重视,立刻组织相关人员开会部署,对准备工作做出统筹安排。全局干部从思想上高度重视,加强业务知识培训,认真做好制氢设备的保养与检修工作,保证耗材、氢气储备充足,切实做好后勤保障工作。最终,任县气象局制氢工作经受住了严格的考验,克服人员少、制氢任务重等困难,认真落实各项防范措施,做到任务明确,责任到人,措施到位,胜利完成北京奥运高空探测加密观测氢气保障工作。

气象哨与区域自动站建设 1978 年 5 月任县气象局在苏屯、永福庄、辛店 3 个乡镇设立气象观测哨,主要任务是补充观测土壤墒情和降水量,1984 年 12 月撤销。2006 年 5 月建立了大屯、辛店 2 个两要素(雨量、气温)区域自动气象观测站,2007 年 3 月建立了天口两要素区域自动气象观测站。

观测站视频监控系统 2008 年 4 月安装观测站视频监控系统。实现了天气实景监控、观测场地环境、探测设备运行与安全监测的有机结合,通过专用网络线路将监测实况传递到监控业务平台。

2. 气象服务

公众气象服务　1999 年 5 月—2000 年 5 月任县气象局每天 17 时向任县电视台提供并制作天气预报节目内容,在当天"任县新闻"后播出。1997 年 1 月"121 气象预报自动答询"系统正式开通。2005 年 1 月"121"升号为"12121"。2008 年 5 月在全县建立了气象应急联系人、协理员与信息员队伍,共计 217 人。

决策气象服务　为有效应对突发气象灾害,提高气象灾害预警信号的发布速度,避免和减轻气象灾害造成的损失,及时准确地为各级领导服务,2003 年 3 月起任县气象局以手机短信方式向全县各级领导发送气象信息。遇有重大天气过程,及时制作天气预报信息专人报送至县委、县政府领导及各相关科室;过程结束,制作专题气象服务报告及过程总结,为领导决策提供精确、细致化的气象信息。

人工影响天气　根据任县多年冰雹降落路径,于 1996 年 8 月在大屯乡贾村村北建立第一个"三七"高炮防雹点。2007 年 7 月在东盟台汇昌果木园建立 1 个防雹点,县气象局负责对防雹人员进行技术管理和上岗培训及后续教育。

科学管理与气象文化建设

科学管理　深入贯彻《中华人民共和国气象法》、《气象探测环境和设施保护办法》、《河北省防雷减灾管理办法》等系列法律法规,制作保护气象探测环境警示牌。

制订了党风廉政建设制度、局务公开制度、财务制度等多项制度,坚持常年用制度约束干部职工的行为;财务管理上严格要求,建成有力的内控机制。干部任用、财务收支、目标考核、基础设施建设、工程招投标等内容则通过职工大会或以公示栏张榜等方式向职工公开。财务每半年公示一次,年底对全年收支、职工奖金福利发放、领导干部待遇、劳保、住房公积金等向职工作详细说明。干部任用、职工晋职、晋级等及时向职工公示或说明。

党建工作　任县气象局在建站之初就成立了党支部,建站时有党员 4 人。截至 2008 年 12 月,有党员 3 人。

气象文化建设　全站重视气象文化建设,坚持以人为本,弘扬自力更生、艰苦创业精神,深入开展文明创建工作,营造政治学习有制度、文体活动有场所、职工生活有保障的和谐环境,形成了"小局要有大作为"的优良传统。努力培养高素质人才,实现科技人才强局战略,多次选送职工到南京信息工程大学、中国气象局培训中心、河北省气象培训中心学习深造,并组织职工参加中国气象局培训中心远程培训课程学习。

气象科普宣传　印发宣传标牌、明白纸,充分利用"3·23"世界气象日组织气象探测环境保护宣传,及时公布和宣传本地区气象探测环境保护的范围和标准,使广大群众,特别是从事城市建设活动的单位与个人了解相关规定和要求,切实做到知法、懂法、守法。普及防范雷电灾害的科普常识,尤其高危高险行业防范雷电灾害的必要性。广泛宣传人工影响天气工作,充分树立气象为民生的公益服务形象。

荣誉　2003 年任县气象局荣获邢台市精神文明建设委员会二星级"窗口单位";2008 年被评为 2006—2007 年度市级"文明单位"。

台站建设

　　任县气象局现占地 6399.36 平方米,有办公楼 1 栋,面积 440 平方米;职工宿舍 1 栋,面积 200 平方米。2004 年 10 月在原站址上新建业务办公楼 1 栋,面积 440 平方米。2005 年 12 月任县气象局圆满完成台站综合改善,2006 年 12 月完成新业务办公楼的基本装修,顺利实现了新旧业务平台的切换更新及行政办公的搬迁。1999 年 9 月任县气象局实现现代化办公条件,有业务用微机 6 台,实现了会计电算化,配备财务专用微机,卫星接收设备一套。2007 年 3 月将业务、办公用微机全部换成液晶显示屏,工作环境更加人性化。2005 年 11 月开始集中取暖、2008 年 9 月建成水塔供水系统,解决了职工取暖、饮水难题。1999 年 8 月—2008 年 12 月,任县气象局分期对机关院内环境进行了绿化改造。规划整修了道路,硬化了 800 余平方米的路面;在庭院内种植了千余平方米的草坪、花坛,栽种了风景树,全局绿化覆盖率达到 60%,将机关院内建设成园林式单位标准。

任县气象局旧貌(1984 年)

任县气象局现貌(2008 年)

柏乡县气象局

机构历史沿革

　　始建情况　柏乡县气象站始建于 1972 年 1 月 1 日,站址位于柏乡县城关公社西北乡村,北纬 37°30′,东经 114°41′,观测场海拔高度 30.0 米。

　　站址迁移情况　2004 年 1 月 1 日迁站,新站址位于柏乡县柏乡镇前三里村村北,北纬 37°31′,东经 114°40′,观测场海拔高度 35.0 米。

　　历史沿革　1981 年 5 月 6 日改称为柏乡县气象局;1984 年 7 月改为柏乡县气象站;1993 年 9 月改为柏乡县气象局。柏乡县气象局为正科级事业单位。

　　管理体制　自建站至 1973 年 12 月隶属柏乡县人民武装部;1974 年 1 月隶属柏乡县革

命委员会;1981年5月1日改为气象部门与地方政府双重领导,以气象部门领导为主的管理体制。

单位名称及主要负责人变更情况

单位名称	姓名	职务	任职时间
柏乡县气象站	李俊敏(女)	站长	1972.01—1972.09
	李云甫	副站长	1972.09—1973.10
	张明秋	站长	1973.10—1980.11
	安保京	副站长	1980.11—1981.04
柏乡县气象局	李胜法	副局长	1981.05—1984.07
柏乡县气象站	吴桂秀(女)	站长	1984.07—1987.04
	李胜法	副站长	1987.05—1988.06
		站长	1988.06—1993.09
柏乡县气象局	赵莹玖	副局长	1993.09—1996.10
		局长	1996.10—2008.11
	路立广	副局长	2008.11—

人员状况 建站时有职工6人。截至2008年12月有在职职工5人,离退休职工1人。在职职工中:男4人,女1人;汉族5人;大学本科以上2人,中专以下3人;初级职称5人;30岁以下1人,31~40岁1人,50岁以上3人。

气象业务与服务

1. 气象业务

柏乡县气象局现开展地面气象测报业务工作。每天定时和不定时向河北省气象台编发地面天气加密报、重要天气报、气象旬(月)报、雨情报。制作地面气象记录月报表和地面气象记录年报表。

①地面气象观测

观测时次 柏乡县气象局自1972年1月1日起开展地面气象观测。观测时间为02、08、14、20时4次观测。1974年4月1日取消02时观测,02时记录用自记代替,改为每天进行08、14、20时3次定时观测。

观测项目 云、能见度、天气现象、气压、气温、湿度、风向、风速、降水、日照、小型蒸发、地面温度、浅层地温、雪深、冻土。

编发电报 1972年3月20日—1998年12月31日,柏乡县气象局每天14时向河北省气象台编发小图报。1999年1月1日起每天向河北省气象台编发08、14、20时3个时次的天气加密报。从1999年6月1日起,每年6月1日—8月31日向河北省气象台编发汛期06—06时雨量报,全年不定时向河北省气象台编发雷暴、霾、浮尘、暴雨、初霜、终霜、龙卷、积雪、雨凇、大风、冰雹、沙尘暴、雾、特大降水量等重要天气报。

气象电报传输 从1972年1月—1987年4月用电话通过柏乡县邮电局口传各类气象电报;1987年4月—1999年6月使用甚高频电话向邢台市气象台口传各类电报,邢台市气象台抄收后再拍发到河北省气象台;1999年7月起用X.28通讯网络直接向河北省气象台传输气象报文资料。2002年9月起用X.25通讯网络传输。2005年3月改为2兆宽带光纤传输。

气象报表制作 柏乡县气象局从1972年1月起手工制作地面气象记录月(年)报表,一式3份,报送河北省气象局气候中心信息科、邢台市气象局审核室各1份,柏乡县气象局留存1份。1994年4月开始地面气象记录月报表和年报表由邢台市气象局审核室代输入微机制作报表,并向河北省气象局气候中心上报月报表1份和磁盘。1999年1月河北省气象局给柏乡县气象局配发联想486微机,观测员使用微机输入制作地面气象记录月报表,通过X.28局域网通讯线路,每月5日以前向河北省气象局气候中心传输报表资料。2002年9月开始,通过X.25局域网通讯线路,每月5日以前上传到邢台市气象局审核室,由邢台市气象局审核完毕后统一打包上传河北省气象局气候中心。2007年1月通过光纤给省市气象局传输电子版原始资料和报表,停止报送纸质报表。

区域自动站建设 2006—2008年分别建立了固城店镇、西汪镇、柏乡镇3个气温、降水两要素区域自动气象站。

观测站视频监控系统 2008年6月安装观测站视频监控系统。实现了天气实景监控、观测场地环境、探测设备运行与安全监测的有机结合,通过专用网络线路将监测实况传递到监控业务平台。

②天气预报

短期天气预报 1974年开始利用建站2年的气象资料和抄录鸭鸽营机场1967年以来的气象资料,绘制地面、高空简易天气图制作补充天气预报。

中期天气预报 通过邮寄的方式接收河北省气象台和邢台地区气象台的旬、月天气预报,再结合分析本地的气象资料,近期天气形势、天气过程的周期变化等制作一旬的天气过程趋势预报,用以开展气象服务。

③农业观测

1975—1980年开展了农业气象观测,调查试验,进行了喷洒石油助长剂和草木灰防御小麦干热风、棉花分期播种、防棉花蕾铃脱落等对比试验。

2. 气象服务

①公众气象服务

1974年柏乡县气象站通过柏乡县广播站有线广播对全县城镇农村发布天气预报服务。1990年7月,柏乡县政府拨款购置了20部无线通讯接收装置,安装到县防汛抗旱办公室、县农村工作委员会、各乡镇、各粮站(库)和部分果园,建成了柏乡县气象警报服务系统。气象警报系统开通后,每日11—12时、17—18时2次定时发布24小时和48小时的天气预报,并结合柏乡实际,开展了农业气象等专题气象科普宣传,服务单位通过警报接收机定时接收气象服务。1996年6月与县电信局合作正式开通了"121"天气预报自动咨询服务。1997年9月在电视台播放柏乡县天气预报栏目。2001年起不定期编辑出版"柏乡气象报",更广泛地进行气象科普宣传。

②决策气象服务

从1993年1月开始按时向柏乡县委、县政府、农委等撰写关键农事季节的专题气象服务报告。2007年1月开始利用传真机传送服务报告。

③专业与专项气象服务

专业气象服务　1976年开始为柏乡县镇内粮库提供天气预报、气象资料等专业气象服务。并协助粮库利用温、压、湿等气象要素分析制作出"科学储粮一年早知道曲线图挂图"。1993年开始为柏乡县镇内国家粮食储备库开展专业有偿气象服务,定期提供中长期天气趋势预报和定时、短期天气预报。

人工影响天气　1977年夏季由部队驻进柏乡县,设置4个高炮作业点,首次开展"三七"高炮人工增雨、消雹作业,后因单位改制撤停。1995年春季又进驻1门"三七"高炮,炮点设在柏乡县气象局,进行人工消雹增雨作业。

科学管理与气象文化建设

法规建设　重点加强雷电灾害防御和氢气球施放市场依法管理。2002年1月1日柏乡县政府办公室下发了《关于加强氢气管理、限制在公共场合施放氢气球和低空充气飞行物的通知》。2005年5月与柏乡县建设局联合下发了《关于加强建设工程防雷管理工作的通知》,规范柏乡县防雷市场的管理,将防雷工程从设计、施工到竣工验收全部纳入气象行政管理范围,提高防雷工程的安全性。2006年4月10日与教文体局联合下发了《关于加强教育系统防雷安全工作的通知》。

政务公开　针对气象行政审批办事程序、气象服务内容、服务承诺、气象行政执法依据、服务收费依据及标准等,通过户外公示栏向社会公开。财务收支、目标考核、基础设施建设、工程招标等内容一律在职工大会、局务会或采取张榜等方式向职工公开。财务一般半年公示一次,年底对全年的收支、职工福利发放、劳保、住房公积金、医疗保险等向职工详细说明。

制度建设　2002年5月制订了《精神文明建设和思想政治工作实施办法》、《党风廉政建设责任制度》、《预报服务工作规定》、《测报工作岗位职责》、《测报工作规定》、《民主生活制度》、《安全生产工作制度》、《工作考勤制度》、《财务管理制度》、《紧急重大情况报告制度》、《环境卫生制度》等11项制度,并不断修订完善。

党建工作　柏乡县气象局于1983年成立党支部,有党员3人。截至2008年12月,有党员4人。1988—2005年先后发展了4名新党员。

气象文化建设　坚持开展文明创建工作,从2003—2008年连续5年被邢台市委、市政府授于市级"文明单位"。文体活动有场所、电化教育有设施,柏乡县气象局重视职工业务素质培养,先后选送4人次到河北省信息工程学校、南京信息工程大学、南京大学深造和函授学习。2007年建起了图书阅览室、荣誉室和气象文化网。

荣誉　1996—2008年柏乡县气象局共获得集体荣誉奖11项;1979—2008年个人获奖28人次。杨凤英1979年10月被团中央授予全国"新长征突击手"。

台站建设

柏乡县气象站始建时占地面积 3150 平方米,建筑面积 185 平方米,有观测室、办公室和宿舍。2004 年 1 月 1 日迁站,占地面积 6000 平方米,建筑面积 260 平方米,有观测室、资料室和宿舍。大院硬化面积 684 平方米,绿化面积 2570 平方米,有灌乔木、花、竹等十多个品种,4000 多棵。2006 年 10 月建车库、厨房和餐厅。2007 年打吃水井 1 眼,使职工的工作和生活条件明显改善。

柏乡县气象站旧貌(1984 年)

柏乡县气象局现貌(2008 年)

南和县气象局

机构历史沿革

始建情况　南和县气象站始建于 1972 年 1 月 1 日,位于南和县北部野外,北纬37°00′,东经114°41′,海拔高度 41.5 米。

站址迁移情况　2005 年 8 月 1 日迁至南和县南任路,北纬 37°01′,东经 114°01′,海拔高度 43.0 米。

历史沿革　1989 年 6 月 24 日更名为河北省南和县气象局。南和县气象局为正科级事业单位。

管理体制　自成立至 1972 年 12 月隶属南和县人民武装部。1973 年 1 月—1980 年 12 月隶属南和县革命委员会。1981 年 1 月起实行气象部门与地方政府双重领导,以气象部门领导为主的管理体制。

单位名称及主要负责人变更情况

单位名称	姓名	职务	任职时间
河北省南和县气象站	聂立夫	站长	1971.06—1973.04
	宁文勤（女）	站长	1973.04—1977.10
	韩锦亭	站长	1977.10—1980.12
	卢志丰	站长	1981.01—1982.04
	仪金河	站长	1982.05—1984.09
	王荣庭	站长	1984.10—1988.12
河北省南和县气象局	孙妙斋（女）	站长	1989.01—1989.06
		局长	1989.06—1993.04
	苑海文	局长	1993.04—1994.04
	杨爱民	副局长	1994.04—1998.03
	李秋生	副局长	1998.03—2001.09
	杨爱民	副局长	2001.09—2004.04
		代局长	2004.04—

人员状况 建站时有职工 6 人。截至 2008 年底有职工 6 人，其中：男 3 人，女 3 人；汉族 6 人；大学本科 4 人，中专及以下 2 人；初级职称 5 人；30 岁以下 3 人，31～40 岁 1 人，41～50 岁 2 人。

气象业务与服务

1. 气象观测业务

观测时次 南和县气象局自 1972 年 1 月 1 日起开展地面气象观测。观测时间为 02、08、14、20 时 4 次观测。1974 年 4 月 1 日取消 02 时观测，改为每天进行 08、14、20 时 3 次定时观测，02 时记录用自记代替。

观测项目 观测项目有云、能见度、天气现象、气压、气温、湿度、风向、风速、降水、日照、蒸发、地面温度及浅层(5、10、15、20 厘米)地温、雪深、冻土等。其中 1988 年 1 月 1 日—1998 年 12 月 31 日停止了日照、蒸发、冻土、能见度、云的观测，且此期间每年只有 3—5 月及 9—10 月观测记录地面及浅层(5～20 厘米)温度。

编发电报 1972 年 3 月 20 日—1998 年 12 月 31 日，南和县气象局每天 14 时向河北省气象台编发"小图报"。1999 年 1 月 1 日起每天向河北省气象台编发 08、14、20 时 3 个时次的天气加密报。从 1999 年 6 月 1 日起，每年 6 月 1 日—8 月 31 日向河北省气象台编发汛期 06—06 时雨量报，全年不定时向河北省气象台编发雷暴、霾、浮尘、暴雨、初霜、终霜、龙卷、积雪、雨凇、大风、冰雹、沙尘暴、雾、特大降水量等重要天气报。

气象电报传输 南和县气象站从建站开始拍发气象电报，采用电话机通过南和县邮电局传输。1987 年 4 月开始用甚高频电话向邢台市气象台报告，气象台抄收后再拍发到河北省气象台。1999 年 7 月开始用 X.28 通讯网向河北省气象台传输气象报文资料。2002 年 9 月起用 X.25 通讯网络传输。2004 年 3 月改为 2 兆宽带光纤传输。

气象报表制作 南和县气象站建站后地面气象记录月报表、地面气象记录年报表,用手工抄写方式编制,一式 3 份,分别上报河北省气象局气候中心信息科、邢台市气象局审核室各 1 份,南和县气象站留底 1 份。1994 年 4 月开始地面气象记录月报表和年报表由邢台市气象局审核室代输入微机制作报表,并向河北省气象局气候中心上报月报表 1 份和磁盘。1999 年 1 月河北省气象局给南和县气象局配发联想 486 微机,观测员使用微机输入制作地面气象记录月报表,通过 X.28 局域网通讯线路,每月 5 日以前向河北省气象局气候中心传输报表资料。2002 年 6 月开始通过 X.25 局域网通讯线路,每月 5 日以前上传到邢台市气象局审核室,由邢台市气象局审核完毕后统一打包上传河北省气象局气候中心。2007 年 1 月通过光纤给省市气象局传输电子版原始资料和报表,停止报送纸质报表。

气象哨和区域自动站建设 1972 年 4 月建立郝桥、贾宋、三召、西里 4 个气象哨,主要用于收集雨情和灾情信息。1980 年 10 月取消了气象哨。2006 年 5 月在贾宋、郝桥建立了2 个温度、雨量两要素区域自动气象站。2007 年 3 月在三思、东三召、史召建立了 3 个温度、雨量两要素区域自动气象站。

卫星定位综合服务系统建设 2006 年 6 月河北省测绘局、河北省气象局在南和县气象局安装了河北省卫星定位综合服务系统,设立南和基准站,2008 年 11 月投入使用。

观测站视频监控系统 2008 年 6 月安装观测站视频监控系统。实现了天气实景监控、观测场地环境、探测设备运行与安全监测的有机结合,通过专用网络线路将监测实况传递到监控业务平台。

2. 气象服务

公众气象服务 1984 年 12 月制作完成了农业气候资源考察综合报告和农业气候手册,主要是气候资源和作物分析,开始为南和县农村提供气象服务。1990 年 9 月气象警报系统开通,南和县气象局通过气象警报系统直接向广大农村提供各种天气预报,特别是重大灾害性天气预报服务。2004 年 5 月为南和县区划办编写了南和县农业气候资源开发报告。1997 年 1 月"121"气象预报自动答询系统正式开通。2005 年 1 月"121"号码升位为"12121"。2003 年 5 月南和县气象局与县广播电视局达成协议,每天通过电话向南和县电视台传天气预报。2006 年 1 月开始给南和县"三农直通车"栏目提供一周天气预报,并通过该节目对当前的农事进行指导。2006 年 4 月 1 日起,南和县气象局针对南和县特色农业——蔬菜大棚,为种植户提供专项气象服务。根据乡、村划分区域,每区选举一名负责人,每遇灾害天气便通过手机向各区负责人发布预警信息,再由其告知各大棚种植户。2008 年 5 月在全县建立了气象应急联系人、协理员与信息员信息队伍,共计 217 人。当遇有突发性灾害天气时,南和县气象局通过手机向气象信息员发布预警信号,信息员及时通过大喇叭等方式向其所在村、镇、单位播发预警内容,气象信息员同时负责气象灾害的收集并及时向南和县气象局进行汇报。

决策气象服务 1974 年 5 月—1988 年 12 月,南和县气象局每天应用统计学原理和天气形势分析制作天气预报,报送到南和县委、县政府。2000 年 1 月 1 日起根据河北省气象局、邢台市气象局的天气预报制作南和县的天气预报。每周向南和县委、县政府及相关部门报送周预报、中长期预报,在麦收、秋收、汛期制作专项气象预报。

人工影响天气　南和县气象局从 2007 年 1 月开始开展人工影响天气作业,但未配备火箭发射架,每次作业都是协同邢台市气象局或其他县气象局共同完成。截至 2008 年 12 月 31 日,共开展人工增雨(雪)作业 2 次。

科学管理与气象文化建设

法规建设　南和县政府认真贯彻《中华人民共和国气象法》,重视气象事业的发展,先后下发了《南和县人民政府办公室关于切实加强防雷安全工作的通知》(办字〔2005〕13 号,2005 年 4 月 20 日)、《南和县人民政府关于加强防雷安全检测及防护设施安装工作的通知》(政字〔2006〕14 号,2006 年 3 月 13 日)、《南和县人民政府关于印发〈南和县气象灾害应急预案〉的通知》(南政〔2008〕1 号,2008 年 1 月 3 日)、《南和县人民政府关于印发〈南和县防雷减灾管理办法〉的通知》(南政〔2008〕16 号,2008 年 8 月 15 日)等文件。2003 年 6 月 20 日南和县安全生产委员会办公室下发了《南和县安委办关于进一步做好防雷安全工作的通知》(南安办〔2003〕2 号)。2006 年 5 月 28 日南和县气象局与县教育文化体育局联合下发了《南和县气象局南和县教文体局关于加强防雷安全工作的通知》(南教发〔2006〕14 号),使教育系统的防雷安全检测走向规范化。

社会管理　1997 年 4 月南和县气象局下设河北省南和县避雷检测站。2008 年 4 月河北省南和县避雷检测站更名为河北省南和县防雷中心。2001 年 6 月 27 日南和县政府法制办确认了南和县气象局具有独立的行政执法主体资格,并为 2 名同志办理了行政执法证,成立了行政执法队伍,在防雷检测中开展行政执法。2003 年 1 月根据《中华人民共和国气象法》规定,开展了防雷工程设计、施工、验收等工作。2003 年 12 月 24 日确定南和县气象局为南和县安全生产委员会成员单位,负责全县防雷安全的管理,定期对加油站、学校、通信公司等进行防雷设施检查。

政务公开　南和县气象局切实加强干部作风建设,规范机关管理,强化监督制约,财务、政务、重大决策、重大事项等进行全面公开。2003 年 6 月根据邢台市气象局发〔2003〕26 号文件《建立县(市)气象局局务会制度》精神,制订了南和县气象局局务会制度,对重大事项进行讨论并公布。制订了学习制度、考勤制度、财务制度、请销假制度、车辆管理制度、安全保卫制度、卫生管理制度、廉政建设制度,接受职工和社会各界的监督。

气象科普宣传　每年在"3·23"世界气象日组织科技宣传,发放宣传材料,并通过南和县电视台、《南和报》扩大宣传范围,增强宣传力度。2008 年"3·23"世界气象日,组织北关小学部分学生到县气象局进行参观,邀请南和县委、县政府有关人员以及相关部门到县气象局进行参观并进行座谈。当日向北关小学赠送宣传材料、挂图光盘各 95 份。

党建工作　南和县气象局建立之初,有党员 5 人,编入南和县人民武装部党支部。1973 年 7 月编入南和县农业局党支部。1988 年 7 月成立南和县气象局党支部,有党员 3 人。截至 2008 年 12 月,有党员 4 人。

气象文化建设　2005 年 8 月迁到新站址,为进一步加强文明创建阵地的建设,制作了公开栏,悬挂了宣传标语;建设"两室一网"(图书阅览室、荣誉室、气象文化网),有图书 2000 册;开通了气象政务网;购买了乒乓球桌、篮球、羽毛球等娱乐用品,丰富了职工的业余生活。

集体荣誉　2003 年 10 月南和县气象局被邢台市精神文明建设委员会授予"二星级窗口单位";2003、2004 年连续 2 年被邢台市气象局评为"达标单位";2006—2007 年度被邢台市委、市政府授予"文明单位";2006年10月获得省级绿化建设先进奖。

个人荣誉 南和县气象局先后有2人次受到邢台市气象局嘉奖,有1人受到南和县政府嘉奖2次。

台站建设

台站综合改善 南和县气象局始建时有平房3间,建筑面积为60.4平方米;瓦房15间,建筑面积268.7平方米,均为砖木结构。另有小楼1栋3间,建筑面积83.2平方米,水泥钢筋结构。工作用房4间,生活用房13间,其他用房4间。设有观测值班室、办公室、宿舍、储藏室、厨房等。当时条件较差,冬天职工只能靠小火炉取暖,到了早晨脸盆里的水都冻成了冰。

2003年11月新征地4550平方米,并在河北省气象局大力支持下,投资36.75万元,在新址上进行了综合改造,建起400平方米的二层办公楼1栋,并配有水冲男、女卫生间。给职工提供4间宿舍,供职工休息。为值班室、会议室安装了空调,冬天由小锅炉供暖,极大地改善了职工们工作和生活环境。2006年10月南和县气象局自筹一部分资金,河北省气象局下拨一部分资金,购置了长城皮卡1辆,交通工具的改善提升了办事效率。该车被用于行政执法、防雷检测、人工影响天气等多项任务。

园区建设 南和县气象局投资5.6万元改善工作环境,种植乔木132棵(主要品种有:榆叶梅、红叶碧桃、法国梧桐、龙爪槐等,直径一般都在8~12厘米)、灌木5200株(主要品种有:月季、冬青、红叶小檗、金叶女贞等)。院内绿化面积3200平方米,草坪面积1800平方米,绿化覆盖率为80%,硬化面积450平方米。在绿化维护及环境卫生方面,专门聘请一名园艺工,负责院内林木、花草的维护和管理,并配备专门的垃圾桶和垃圾车。

南和县气象局旧貌(2004年)

南和县气象局现貌(2008年)

宁晋县气象局

机构历史沿革

始建情况 宁晋县气象局始建于1956年,原名为宁晋县气候站,位于宁晋县城的西北方向,北纬 $37°38'$,东经 $114°55'$,观测场海拔高度 32.4 米。于 1957 年 1 月 1 日正式开展工作。

站址迁移情况 1959 年 6 月 18 日迁到离原站址西南方 1500 米的农研所附近,北纬 $37°37'$,东经 $114°53'$,观测场海拔高度 30.1 米。

历史沿革 1959 年 5 月 1 日改为宁晋县气象站,1961 年 12 月 1 日改为宁晋县气象服务站,1968 年 12 月 1 日改为宁晋县良种地震气象服务站,1969 年 5 月 1 日改为宁晋县气象服务站,1971 年 8 月 1 日改为宁晋县气象站,1987 年 3 月 1 日改为宁晋县气象局。宁晋县气象局为正科级事业单位。

管理体制 1957 年 1 月 1 日—1967 年 5 月 31 日隶属宁晋县农业局,1967 年 6 月 1 日—1968 年 9 月 31 日隶属宁晋县人民武装部,1968 年 10 月 1 日—1981 年 4 月 30 日隶属宁晋县革命委员会生产指挥部,1981 年 5 月 1 日—1982 年 9 月 31 日隶属宁晋县政府,1982 年 10 月 1 日起实行气象部门与地方政府双重领导,以气象部门领导为主的管理体制。

单位名称及主要负责人变更情况

单位名称	姓名	职务	任职时间
宁晋县气候站	张富生	负责人	1957.01—1959.02
宁晋县气象站	刘振祥	站长	1959.03—1959.04
			1959.05—1959.06
宁晋县气象服务站	张富生	负责人	1959.07—1961.11
			1961.12—1968.11
宁晋县良种气象地震服务站			1968.12—1969.04
宁晋县气象服务站			1969.05—1971.07
宁晋县气象站			1971.08—1972.06
	曹保山	站长	1972.07—1973.02
	赵秀珍(女)	站长	1973.03—1975.04
	薛增录	站长	1975.05—1978.03
	赵俊龙	站长	1978.04—1978.03
	郑爱均	站长	1978.09—1983.08
	王淑仙(女)	副站长	1983.09—1987.02
宁晋县气象局		副局长	1987.03—1989.06
	李茂印	代局长	1989.07—1992.06
		局长	1992.07—2002.01
	寇明国	副局长	2002.01—2004.01
		局长	2004.02—

人员状况 建站时只有 2 人。截至 2008 年底有职工 8 人(其中正式职工 5 人;聘用职工 3 人),退休职工 5 人。在职正式职工中:男 2 人,女 3 人;汉族 5 人;大学本科以上 3 人,大专 2 人;中级职称 2 人,初级职称 3 人;30 岁以下 2 人,31~40 岁 1 人,41~50 岁 1 人,50 岁以上 1 人。

气象业务与服务

1. 气象业务

宁晋县气象局现开展地面气象测报业务。每天定时和不定时向河北省气象台编发地面天气加密报、气象旬（月）报、不定时重要天气报。制作地面气象记录月报表和地面气象记录年报表，每月向河北省气象局气候中心传输地面气象记录月报表。

①气象观测

观测时次 从1957年1月1日开始正式观测，每天进行01、07、13、19时4次定时观测，昼夜守班，时制采用地方时。1960年8月1日—1961年12月31日每天4次定时观测时间改为02、08、14、20时，采用北京时。1962年1月1日—1971年12月31日每天改为3次观测，取消02时观测，夜间不守班。1972年1月1日—1974年6月30日恢复4次观测。1974年7月1日又改为08、14、20时3次观测。

观测项目 建站初期观测项目为气温、湿度、云、能见度、天气现象、降水、地温（最低）；1961年1月1日增加气压观测；1962年4月1日增加冻土观测；停止能见度观测，1968的1月停止蒸发观测，1972年1月恢复蒸发观测；1975年1月恢复能见度观测。现在观测项目为云、能见度、天气现象、气压、气温、湿度、风向、风速、降水、日照、蒸发（小型蒸发）、地面温度、浅层地温、雪深、雪压、冻土、电线积冰等。

编发电报 1957年1月1日开始发报，发报时次为每年5—9月为08、14、20时3次，10—次年4月为14时1次。1987年5月20日延长河北省小图报协作站每日3次拍报终止。1987年6月15日08时小图报第5组省略不编报。1987年7月1日从河北省小图报中选组编发航空报。1988年5月15日宁晋县气象局增加雨量观测和传递。1991年7月18日开始汛期加密观测发报。1999年1月1日起每天向河北省气象台编发08、14、20时3个时次的天气加密报。1999年6月1日起，每年6月1日—8月31日向河北省气象台编发"汛期06—06时雨量报"，全年不定时向河北省气象台编发雷暴、霾、浮尘、暴雨、初霜、终霜、龙卷、积雪、雨凇、大风、冰雹、沙尘暴、雾、特大降水量等重要天气报。

气象电报传输 宁晋县气象局从1960年1月建站开始用电话机通过邮电局传输报文，到1987年4月开始用甚高频电话向邢台市气象台传送，气象台抄收后再拍发到河北省气象台。1999年7月开始用X.28通讯网，2002年6月升级为X.25通信网向河北省气象台传输气象报文资料。2005年1月改为2兆宽带光纤传输，2008年1月升级为4兆宽带光纤传输。

气象报表制作 宁晋县气象局自建站后地面气象记录月报表、地面气象记录年报表，用手工抄写方式编制，一式3份，分别上报河北省气象局气候中心信息科、邢台市气象局审核室各1份，留底1份。1994年4月开始地面气象记录月报表和年报表由邢台市气象局审核室代输入微机制作报表，并向河北省气象局气候中心上报月报表1份和磁盘。1999年1月河北省气象局给宁晋县气象局配发联想486微机，观测员使用微机输入制作地面气象记录月报表，通过X.28局域网通讯线路，每月5日以前向河北省气象局气候中心传输报表资料。2002年6月开始通过X.25局域网通讯线路，每月5日以前上传到邢台市气象局审核室，由邢台市气象局审核完毕后统一打包上传河北省气象局气候中心。2007年1月通过光纤给省市气象局传输电子版原始资料和报表,停止报送纸质报表。

区域自动站建设 2005 年 7 月—2006 年 5 月两年时间内,宁晋县气象局新建唐邱、北鱼、四芝兰、耿庄桥、侯口、贾家口、河渠、换马店 8 个温度、雨量两要素区域自动站。

观测站视频监控系统 2008 年 6 月安装观测站视频监控系统。实现了天气实景监控、观测场地环境、探测设备运行与安全监测的有机结合,通过专用网络线路将监测实况传递到监控业务平台。

②农业气象

宁晋县气象局农业气象观测开始于 1958 年 10 月,主要是玉米、小麦、棉花生育期的物候观测,1985 年 5 月取消农业气象观测。

2. 气象服务

气象服务内容有年气候概况、季气候预测、月天气预报、汛期一周天气预报、春播气象服务报告、三夏、麦收气象服务报告等关键农事季节的气象服务和高考专题气象服务报告,突发性天气和重大灾害性天气的预警服务,每日电视天气预报,“12121”电话查询天气预报,短信平台,防雷监测和人工防雹增雨等。

公众气象服务 宁晋县气象局早在 1957 年 6 月就开始了天气预报服务,服务方式是将每日天气预报写在小黑板上,由专人骑自行车挂到县城人员密集的地方,预报方法是物候观测法;1961 年 5 月通过电话报到宁晋县广播电台,早晚各 1 次;1988 年 5 月安装警报器,天气预报发往乡政府;1992 年 5 月—1994 年 8 月建成乡村大喇叭,每天早、中、晚发布 3 次天气预报;1997 年 6 月正式开通“121”天气预报自动咨询电话;2003 年 4 月全市“121”答询电话实行集约经营,2005 年 1 月,“121”电话升位为“12121”;1996 年 6 月起宁晋电视台一套节目播放宁晋县天气预报;2004 年 6 月开始我局在电视天气预报中增加天气实况,包括当日最高、最低气温、降水量,并在每年 4—5 月的电视天气预报节目中增加 5 厘米地温,以便于指导农民春播;2005 年 11 月 1 日宁晋天气预报在大曹庄管理区电视台开播,同时添加了模拟主持人,节目时长 4 分钟。

决策气象服务 为做好领导决策服务,遇有重大天气过程及降水过程及时向县、乡领导和县直有关部门发布雨情信息。2005 年 6 月以手机短信的形式发布雨情信息,2006 年 6 月宁晋县气象局与中国移动宁晋分公司协商,建立了短信服务平台。

人工影响天气 1994 年 5 月县气象局成立人工影响天气办公室。主要负责宁晋县人工增雨和人工防雹作业,人工防雹时间为每年的 4—10 月,人工增雨作业时间为常年。

气象科技服务与技术开发 1993 年开始气球庆典活动服务;1996 年 9 月创办了内部刊物“宁晋气象”;2006 年 11 月建立了“宁晋县兴农网”。

气象科普宣传 每年“3·23”世界气象日进行气象科普宣传,普及防雷知识。

科学管理与气象文化建设

法规建设与管理 1996 年 5 月县气象局成立宁晋县避雷装置安全性能检测站,并于同年开展防雷装置检测工作;1998 年 4 月,经宁晋县政府批准(宁政办〔1998〕39 号)成立宁晋县防雷中心,当时仍以防雷装置检测为主;到 2004 年 12 月防雷管理三项职能得到落实;

2004年12月15日宁晋县防雷中心首次对建筑物图纸防雷部分的设计进行了审核。2004年5月以县政府名义下发了《关于进一步保护气象探测环境及气象探测环境备案的通知》（宁政办发〔2004〕49号），探测环境保护在环保、规划、土地、建设等有关部门进行了备案，并将气象探测环境保护纳入规划。2006年4月宁晋县政府下发了《关于加强防雷安全管理的通知》（宁政办发〔2006〕37号）和《转发了国务院办公厅关于进一步做好防雷减灾工作的通知》（宁政办字〔2006〕35号）。防雷管理主要包括两个方面，一是每年定期的防雷装置检测工作，二是防雷管理三项职能的实施，即防雷工程的图纸审核、跟踪监督、竣工验收。

党建工作 1957年8月编入县委办公室党支部。1975年6月成立宁晋县气象站党支部，有党员4人。截至2008年12月有党员5人（其中退休职工党员2人）。

政务公开 加强气象政务公开。财务工作每季度公示一次，年底对全年收支、职工奖金福利发放、领导干部待遇、劳保、住房公积金等向职工作详细说明。

气象文化建设 宁晋县气象局开展气象文化建设，装修业务值班室，购置了大量图书和部分文体活动器材，建起了图书阅览室，经常组织职工开展丰富多彩的文体活动。

集体荣誉 1957—2008年宁晋县气象局共获集体荣誉奖24次。1958年9月被石家庄专区授予"气象服务之花"；1963年9月被评为邢台专区气象系统抗洪标兵，同年被评为河北省五好红旗单位；1964年被邢台专区评为五好站；1998被邢台市气象局评为年度目标考核"先进集体"；2000—2001年、2002—2003年、2004—2005年3次被评为市级"文明单位"；2003年被评为邢台市"窗口单位"；2004年被评为"河北省园林式单位"；2004年被评为河北省气象部门三级强局单位。

个人荣誉 有2人先后被河北省气象局记为二等功3次、三等功1次；1998—2003年3人获河北省质量优秀测报员9次；获邢台市气象局、邢台市科协奖励有23人次；获宁晋县县委、县政府奖励有16人次。

台站建设

宁晋县气象站1956年建站时有办公室1间，宿舍2间，观测时用煤油罩子灯。1959年11月宁晋县气象站有房屋1幢8间，建筑面积133.4平方米，房屋均为砖木平房。工作室3间，使用面积52.5平方米；宿舍5间，使用面积80.9平方米。气象站所辖土地面积870平方米，房屋占地133.4平方米，观测场占地625平方米，其余为菜地、院落和道路。1963年宁晋县气象局建有房屋2幢12间，建筑面积195.97平方米，有观测小楼1栋，其他为平房，均为砖木结构。工作室3间，使用面积35.36平方米；宿舍4间，使用面积47.97平方米；仓库3间，使用面积36.45平方米；空闲房屋2间，使用面积24.30平方米。所辖土地面积1285平方米，房屋占地195.97平方米，观测场占地625平方米，其余为院落和道路。1972年宁晋县气象局建有房屋3幢29间，建筑面积360平方米，有观测小楼1栋，均为砖木结构瓦房。工作室11间，使用面积145平方米；宿舍14间，使用面积182平方米；其他房屋4间。所辖土地面积3490平方米，房屋占地360平方米，观测场占地625平方米，菜地750平方米，其余为院落和道路占地。1998年宁晋县气象局建有二层楼房1栋14间，建筑面积340平方米，为砖混结构。车库3间，占地50平方米。所辖土地面积8671平方米，房屋占地1430平方米，观测场占地625平方米，其余为院落和道路。2003年更新了观测场草坪,自筹资金近万元实现了宿办隔离,排除了多年来的不安全隐患。2004年下大力搞好环境建设,宁晋县气象局实现院内全部绿化,不再留有菜地,将农业作物全部更换为种植三叶草,并适当添置一些花卉品种,在庭院内修建了草坪和花坛,栽种了风景树,全局绿化覆盖率达到了70%,使机关院内变成风景秀丽的花园。2008年宁晋县气象局新建业务楼1栋,为地上二层,建筑面积720平方米,建筑工程等级三级,耐火等级二级,抗震设防烈度为七度,整体为砖混结构。

宁晋县气象站旧貌(1983年)

宁晋县气象局办公楼(1998年)

宁晋县气象局绿化后的观测场(2003年)

宁晋县气象局新办公楼及观测场(2008年)

巨鹿县气象局

机构历史沿革

始建情况 巨鹿县气象站始建于1959年1月1日,站址在县城北面夏旧城村东。北纬37°16′,东经114°58′,海拔高度30.8米。

站址迁移情况 1959 年 12 月 31 日站址迁移到巨鹿县城关公社柳林村南,北纬 37°14′,东经 114°59′,海拔高度 29.8 米。2008 年 10 月 1 日站址迁移到巨鹿县植物生态园内,北纬 37°14′,东经 114°59′,海拔高度 25.9 米。

历史沿革 1963 年 6 月巨鹿县气象站更名为巨鹿县气象服务站,1971 年 7 月更名为河北省巨鹿县气象站,1989 年 9 月改为巨鹿县气象局。巨鹿县气象局为正科级事业单位。

管理体制 1958 年 12 月—1963 年 6 月隶属巨鹿县农林局。1963 年 6 月—1967 年 10 月隶属巨鹿县人民委员会。1967 年 10 月—1971 年 6 月隶属巨鹿县革命委员会。1971 年 6 月—1972 年 2 月隶属巨鹿县人民武装部领导。1972 年 2 月—1980 年 4 月隶属巨鹿县革命委员会;1980 年 5 月—1981 年 4 月隶属巨鹿县政府;1981 年 5 月改为气象部门与地方政府双重领导,以气象部门领导为主的管理体制。

单位名称及主要负责人变更情况

单位名称	姓名	职务	任职时间
巨鹿县气象站	王午言	站长	1959.01—1961.06
	无资料		1961.06—1961.12
	甄怀仁	副站长	1961.12—1962.08
	李 云	站长	1962.09—1963.05
巨鹿县气象服务站			1963.06—1964.01
	李世泽	负责人	1964.01—1970
	无资料		1970—1971.06
河北省巨鹿县气象站	信金河	站长	1971.06—1971.07
			1971.07—1982.06
	赵立夫	副站长	1982.06—1984.02
	袁士珍	负责人	1984.02—1984.08
	刘瑞璞	副站长	1984.08—1987.11
		站长	1987.12—1989.08
河北省巨鹿县气象局		局长	1989.09—2005.11
	王胜国	副局长	2005.11—2007.12
		局长	2008.01—

注:1961 年 6—12 月和 1970 年—1971 年 6 月期间无资料可查领导任职情况。

人员状况 建站时有职工 6 人。截至 2008 年底有在职职工 7 人,离退休职工 3 人。在职职工中:男 3 人,女 4 人;汉族 7 人;大学本科以上 4 人,大专 1 人,中专以下 2 人;中级职称 3 人,初级职称 4 人;30 岁以下 2 人,31～40 岁 2 人,41～50 岁 2 人,50 岁以上 1 人。

气象业务与服务

1. 气象观测业务

观测时次 巨鹿县气象局为国家一般气象站。从 1959 年 1 月 1 日开始正式观测,每天进行 01、07、13、19 时 4 次定时观测,昼夜守班,时制采用地方时。1960 年 8 月 1 日—1961 年

12月31日每天4次定时观测时间为02、08、14、20时,采用北京时。1962年1月1日—1971年12月31日每天改为3次观测,取消了02时观测,夜间不守班。1972年1月1日—1974年6月30日恢复4次观测。1974年7月1日起又改为3次观测,观测时间不变。

观测项目 建站初观测的项目有云、能见度、天气现象、气温、湿度、风向、风速、降水、雪深、地面状态。1961年1月1日增加气压观测。现在观测项目有云、能见度、天气现象、气压、气温、湿度、风向、风速、降水、日照、小型蒸发、地面温度和浅层(5、10、15、20厘米)地温、雪深、冻土。

编发电报 从建站开始到1998年12月31日每天14时向河北省气象台编发小图报1次,其中1960年9月—1984年5月28日向北京空军司令部拍发预约航危报。1970年9月1日—1980年3月1日每日03—18时向长治拍发预约航危报。1999年1月1日起每天向河北省气象台编发08、14、20时3个时次的天气加密报。1999年6月1日起,每年6月1日—8月31日向河北省气象台编发"汛期06—06时雨量报",全年不定时向河北省气象台编发雷暴、霾、浮尘、暴雨、初霜、终霜、龙卷、积雪、雨凇、大风、冰雹、沙尘暴、雾、特大降水量等重要天气报。

气象电报传输 从1958年建站到1987年4月用电话机通过邮电局传输报文,到1987年4月开始用甚高频电话向邢台市气象台传送,气象台抄收后再拍发到河北省气象台。1999年7月开始用X.28通讯网,2002年9月升级为X.25通信网向河北省气象台传输气象报文资料。2005年1月改为2兆宽带光纤传输,2008年1月升级为4兆宽带光纤传输。

气象报表制作 巨鹿县气象局自建站后,地面气象记录月报表、地面气象记录年报表,用手工抄写方式编制,一式3份,分别上报河北省气象局气候中心信息科、邢台市气象局审核室各1份,留底1份。1994年4月开始,地面气象记录月报表和年报表由邢台市气象局审核室代输入微机制作报表,并向河北省气象局气候中心上报月报表1份和磁盘。1999年1月河北省气象局给巨鹿县气象局配发联想486微机,观测员使用微机输入制作地面气象记录月报表,通过X.28局域网通讯线路,每月5日以前向河北省气象局气候中心传输报表资料。2002年6月开始通过X.25局域网通讯线路,每月5日以前上传到邢台市气象局审核室,由邢台市气象局审核完毕后统一打包上传河北省气象局气候中心。2007年1月通过光纤给省市气象局传输电子版原始资料和报表,停止报送纸质报表。

区域自动站建设 2006年5月18日在阎疃镇,2006年6月5日在官厅镇和王虎寨镇,2007年3月30日在小吕寨镇和苏营乡分别建立5个气温、降水两要素区域自动气象站。

2. 气象服务

①公众气象服务

20世纪60—80年代,利用巨鹿县广播站向广大群众发布天气预报。1994年春巨鹿县气象局开通气象警报发射接收系统,为西郭城镇安装了警报接收机。1997年4月18日新上"121"天气预报自动答询系统。1998年12月巨鹿县电视台在当天"巨鹿新闻"后面播放天气预报。2006年1月巨鹿县广播电台成立,4月巨鹿县广播电台每天早、中、晚3次播报气象局提供的天气预报。2008年5月在全县建立了气象应急联系人、协理员与信息员队伍,遇有突发性灾害天气时,巨鹿县气象局通过县政府信息平台向气象信息员发布手机短信预警信号,信息员通过大喇叭等方式及时向其所在村、镇、单位播发预警内容,气象信息员同时负责气象灾害的收集,并及时上报巨鹿县气象局。

②决策气象服务

1959 年成立之初到 1979 年 12 月,靠直接向县领导汇报完成预报服务工作,材料为手写。1980 年 2 月增添了油印机,自己刻板,印制长、中、短期天气预报信息,报送县委、县政府。2000 年 5 月依据河北省、邢台市气象局的下传气象预报信息,同时结合分析 MICAPS 系统中各种气象资料和天气形势在农事关键期制作专题气象服务报告、重要天气专报等预报材料,根据实况资料定期制作雨情快报、灾情信息等,送到巨鹿县委、县政府及有关部门。

③专业与专项气象服务

人工影响天气 1994 年 5 月成立巨鹿县人工防雹增雨办公室,在巨鹿县官厅镇建立了高炮人工增雨防雹作业点,开展人工防雹增雨作业。2002 年 2 月巨鹿县气象局购置中兴皮卡汽车 1 辆。2002 年 7 月河北省人工影响天气办公室为巨鹿县气象局配发人工增雨火箭发射架 1 部,开展了车载火箭流动人工增雨作业项目。火箭增雨雪是巨鹿县气象局现在主要人工影响天气的方式,取得了很好的社会效益。

重大工程的专项服务 2006 年 3 月巨鹿县开展村村通自来水工程,巨鹿县气象局主动承担了该工程的气象保障任务,为县政府提供专项气象服务报告 30 期,电话服务 100 多次,受到时任主管县长焦立军多次表扬。

重大活动的专项服务 巨鹿县是全国串枝红杏生产基地县,河北省"串枝红杏之乡、枸杞之乡、金银花之乡"。杏节暨枸杞金银花交易会是全县政治文化经济生活中的一件大事。从 1994 年首届杏节开始,巨鹿县气象局每年为杏节提供精细化预报、滚动预报。尤其是 2006 年运用省市气象台指导预报,日本传真图及本站预报工具,提前半个月预报出 6 月 18 日为晴到多云天气,实况和预报非常相符,受到巨鹿县政府领导的称赞,此届杏节气象服务情况曾刊登在《中国气象报》上。

④气象科普宣传

每年利用"3·23"世界气象日组织单位干部职工走上街头,向群众发放防雷知识挂图和光盘,进行气象科普、人工影响天气、防雷安全知识宣传。分别在《巨鹿晚报》、《牛城晚报》、《河北日报》、《中国气象报》、河北气象政务网发表文章、信息,积极宣传气象工作在人们工作和日常生活中的重要性,提高人们对气象工作的了解和支持。

科学管理与气象文化建设

法规建设与管理 2006 年 4 月巨鹿县政府下发了《巨鹿县人民政府关于加强气象探测环境保护工作的通知》,发到县委、县政府和各乡镇及相关部门。2008 年 10 月巨鹿县气象局在站址搬迁工作中,注意宣传气象法规,在县政府各部门的配合下,消除影响探测环境的现象,使新址气象探测环境得到了很好的保护。

气球施放管理 按气象法规的要求,巨鹿县气象局担负着气象管理的社会职能,长期以来认真落实《气球施放管理办法》,制止查处违法施放活动。

防雷管理工作 2005 年 4 月巨鹿县政府下发了《巨鹿县人民政府关于加强防雷工作的通知》。2006 年 6 月、2007 年 6 月两次联合教育主管部门,下发了《巨鹿县气象局巨鹿县教育文化体育局关于加强中小学防雷工作的通知》,并和巨鹿县教育部门组成联合检查组,开展防雷安全隐患检查检测,为教育系统排除了大量隐患,保证了广大师生的安全。与巨鹿县教育局达成协议,自 2006 年 6 月后,新、改、扩建中小学教学楼工程,无防雷验收报告,教育部门将不予以拨款,从源头上把好了防雷关。和巨鹿县消防部门合作,加强防雷三项职能工作,使防雷工作进入了建设项目的验收流程。

党建工作 巨鹿县气象站 1958 年 12 月成立时有党员 1 人,编入巨鹿县农林局党支部。1987 年 11 月巨鹿县气象站党支部成立,有党员 3 人。1989 年 9 月改称为巨鹿县气象局党支部,截至 2008 年 12 月有党员 8 人(其中离退休职工党员 2 人)。

气象文化建设 巨鹿县气象局从建站起就加强精神文明建设,不断更新现代化办公设施,开辟了局务公开栏,开通了气象文化网、互联网,购置图书,安装了电视。多次组织职工参加邢台市总工会和巨鹿县工会举行的棋类比赛,积极参加市气象局举办的乒乓球比赛,为职工购置了羽毛球拍、乒乓球台、毽子等体育用品,号召大家开展骑自行车上下班等健身活动。

集体荣誉 从 1958 年建站以来巨鹿县气象局共获集体荣誉奖 28 项。1978 年 1 月作为先进集体出席了河北省科研大会,领取奖状、光荣册、书籍。1978 年 4 月出席河北省气象部门双学会,领取锦旗一面。1978 年 11 月信金河代表先进集体出席全国气象部门双学代表大会,受到党和国家领导人接见,中央气象局为代表挂红花,发奖状。2000—2001 年巨鹿县气象局被邢台市委、市政府授予"文明单位"。1998—2001 年连续 4 年、2005—2007 年又连续 3 年被河北省气象局评为先进地面观测股。2006 年和 2008 年荣获邢台市重大气象服务先进集体。

个人荣誉 1978—2008 年巨鹿县气象局个人获奖共 78 人次。3 人先后 7 次被中国气象局授予"质量优秀测报员"。

台站建设

1958 年巨鹿县气象局成立时借房居住。1959 年 12 月迁站时在新址建房 11 间,为砖木结构。1979 年 4 月在原办公室南面又盖起一排 10 间砖木结构的房屋用作办公。其后两排为职工宿舍。1993 年 8 月将后两排以"私建公助"形式,分给单位职工用以改善住房条件。

2008 年 9 月巨鹿县气象局观测场及单位进行了整体搬迁。办公室临时设在原生态植物园建设指挥部院内,2 间不足 50 平方米的小屋内,条件比较艰苦。围墙、观测场已经建设完成并投入使用,水电等配套设施已齐全,只有办公楼在待建中。

巨鹿县气象站(1984 年)   巨鹿县气象局观测场(2008 年)

平乡县气象局

平乡县气象站位于河北省南部,邢台地区东部,属于暖温带半干旱气候,处于亚洲东部季风气候区,具有大陆性季风显著、四季分明的气候特点。年平均日照 2439.5 小时,日照百分率为 50%,年平均气温 13.0℃,极端最高气温为 42.2℃,极端最低气温为 —20.5℃。一年中 7 月最热,1 月最冷,初霜冻日平均为 10 月 26 日,终霜冻日平均为 4 月 16 日,无霜期为 197 天。年平均降雨量为 519.0 毫米。

机构历史沿革

始建情况 平乡县气象站始建于 1971 年 10 月,1972 年 1 月 1 日正式开始工作。站址位于平乡县乞村村东,东经 115°02′,北纬 37°04′,观测场海拔高度 34.0 米。

站址迁移情况 2007 年 7 月 1 日观测场向南移动 68 米,建成直径为 25 米的圆形观测场,海拔高度和经、纬度不变。

历史沿革 1987 年 1 月改为河北省平乡县气象局。平乡县气象局为正科级事业单位。

管理体制 从建站至 1973 年 8 月 9 日隶属平乡县人民武装部;1973 年 8 月 10 日—1980 年 4 月 8 日隶属平乡县革命委员会;1980 年 4 月改为气象部门与地方政府双重领导,以气象部门领导为主的管理体制。

单位名称及主要负责人变更情况

单位名称	姓名	职务	任职时间
河北省平乡县气象站	田秀金	站长	1971.10—1973.09
	孙洪亮	站长	1973.09—1974.06
	甄孟卜	站长	1974.06—1983.02
	杨德仁	副站长	1983.02—1984.08
	刘会敏	副站长	1984.08—1985.09
		站长	1985.09—1987.01
河北省平乡县气象局	郭玉林	局长	1987.01—2002.02
		局长	2002.02—

人员状况 建站时有 5 人。截至 2008 年底有在职职工 7 人,离退休职工 5 人。在职职工中:男 4 人,女 3 人;汉族 7 人;大学本科以上 3 人,大专 2 人,中专以下 2 人;初级职称 7 人;30 岁以下 4 人,31~40 岁 1 人,50 岁以上 2 人。

气象业务与服务

1. 气象观测业务

观测时次 平乡县气象局自 1972 年 1 月 1 日起开展地面气象观测。观测时间为 02、

08、14、20 时 4 次观测。1974 年 4 月 1 日取消 02 时观测,4 次观测改为 3 次观测,02 时记录用自记代替。每天进行 08、14、20 时 3 次定时观测。

观测项目 观测项目有云、能见度、天气现象、气压、气温、湿度、风向、风速、降水、日照、蒸发、地面温度及浅层(5、10、15、20 厘米)地温、雪深、冻土等。其中 1988 年 1 月 1 日—1998 年 12 月 31 日停止日照、蒸发、冻土、能见度、云的观测,且此期间每年只有 3—5 月及 9—10 月观测记录地面及 5~20 厘米温度。

编发电报 1972 年 3 月 20 日—1998 年 12 月 31 日,平乡县气象局每天 14 时向河北省气象台编发小图报。1999 年 1 月 1 日起每天向河北省气象台编发 08、14、20 时 3 个时次的天气加密报。从 1999 年 6 月 1 日起,每年 6 月 1 日—8 月 31 日向河北省气象台编发"汛期 06—06 时雨量报",全年不定时向河北省气象台编发雷暴、霾、浮尘、暴雨、初霜、终霜、龙卷、积雪、雨凇、大风、冰雹、沙尘暴、雾、特大降水量等重要天气报。

气象报表制作 从 1972 年 1 月起手工制作地面气象记录月(年)报表,一式 3 份,报送河北省气象局气候中心信息科、邢台市气象局审核室各 1 份,平乡县气象局留存 1 份。1994 年 4 月开始,地面气象记录月报表和年报表由邢台市气象局审核室代输入微机制作报表,并向河北省气象局气候中心上报月报表 1 份和磁盘。1999 年 1 月河北省气象局给平乡县气象局配发联想 486 微机,观测员使用微机输入制作地面气象记录月报表,通过 X.28 局域网通讯线路,每月 5 日以前向河北省气象局气候中心传输报表资料。2002 年 9 月开始通过 X.25 局域网通讯线路,每月 5 日以前上传到邢台市气象局审核室,由邢台市气象局审核完毕后统一打包上传河北省气象局气候中心。2007 年 1 月通过光纤给省市气象局传输电子版原始资料和报表,停止报送纸质报表。

气象电报传输 平乡县气象局从 1972 年 1 月—1987 年 4 月用电话通过平乡县邮电局口传各类气象电报;1987 年 4 月—1999 年 6 月使用甚高频电话向邢台市气象台口传各类电报,邢台市气象台抄收后再拍发到河北省气象台;1999 年 7 月起用 X.28 通讯网络直接向河北省气象台传输气象报文资料;2002 年 9 月起 X.25 通讯网络传输;2005 年 3 月改为 2 兆宽带光纤传输。

区域自动站建设 2006 年 5 月在油召、平乡镇建立了 2 个两要素区域自动站,观测项目为降水和气温。2007 年 5 月在河古庙和节固乡建立了 2 个区域自动站。

观测站视频监控系统 2007 年 8 月安装观测站视频监控系统。实现了天气实景监控、观测场地环境、探测设备运行与安全监测的有机结合,通过专用网络线路将监测实况传递到监控业务平台。

自动站建设 2007 年 10 月 14 日平乡县气象局建成了多要素自动气象观测站,并开始试运行,是邢台市国家二级站中第一个自动站。2008 年 1 月 1 日起正式双轨运行,观测项目增加了自动深层地温、草面温度的要素观测。自动站观测项目包括气温、湿度、气压、风向、风速、降水、地面温度、草面温度、浅层地温和深层地温。

2. 气象服务

公众气象服务 1991 年春季在各乡(镇)及有关部门建立了气象警报网,每天上午和下午通过气象警报网广播天气预报、农业气象知识等内容。1997 年 10 月与电信局协商开通平乡县电话"121"自动答询服务台。2003年10月全市"121"答询电话实行集约经营,主服务器由邢台市气象局建设维护。2005年1月"121"电话升位为"12121"。2003年6月县气象局与广播电视局协商同意在电视台播放平乡县天气预报,每天定时通过电视向社会公众播送。2005年4月开通了平乡县气象局网站。2007年6月为了更加及时准确地为县、乡、村领导服务,通过与网通公司协商开通了"信息魅力"气象服务短信平台,以手机短信形式向全县各级领导和乡村信息员发送气象信息。2007年4月建立了气象信息联络员队伍,覆盖全县253个村和各中小学校,遇有重大天气,及时用手机短信向他们发布灾害天气和预警信息,避免或减少气象灾害造成的损失。2007—2009年平乡县政府连续3年在正月十五举办烟火和灯展活动,县气象局及时做出准确天气预报,保证活动圆满结束。积极做好避雷检测工作,避免因雷击造成停电停产和人身事故发生

决策气象服务 平乡县气象站于1982—1984年开展农业气候区划,并获市级验收,编写了平乡县农业气候手册,开始为农业、农村提供气象服务。1998年7月开始建立县气象局服务系统,通过纸制文件和电话向县委、县政府和有关单位提供决策服务。在春播、麦收、三夏、汛期期间,为县领导和有关部门提供长中期和不定时天气预报,遇有重大天气状况,及时将文字材料送到有关领导手中,便于安排生产。

人工影响天气 积极做好人工增雨,2004年开始人工增雨工作,在干旱期间抓住有利天气时机,进行人工增雨,缓解旱情。尤其是2008年冬季在极其干旱的情况下,抓住有利天气条件,进行了5次人工增雨作业,发射火箭弹18枚,降水量达38.3毫米,缓解了旱情,给春播打下了良好的基础,为农业增产、农民增收创造了好条件。

科学管理与气象文化建设

科学管理 1991年春季成立平乡县避雷装置检测站,开展全县避雷检测工作。2003年3月根据《中华人民共和国气象法》规定,开展了防雷工程设计、施工、验收等工作。2003年5月平乡县政府法制办批复确认平乡县气象局具有独立的行政执法主体资格,并为2名同志办理了行政执法证,成立了行政执法队伍。2004年6月平乡县气象局被列为平乡县安全生产委员会成员单位,负责全县防雷安全的管理。2007年4月由平乡县避雷装置检测站改为平乡县防雷中心。2004年9月配备火箭增雨系统一部、中兴皮卡车一辆,进一步完善人工影响天气作业设备。

党的组织建设 2003年5月建立了平乡县气象局党支部,有党员3人。截至2008年12月有党员5人(其中退休职工党员2人)。

气象文化建设 平乡县气象局从1972年至今,始终坚持以人为本,弘扬自力更生、艰苦创业精神,坚持文明创建工作,为职工创造良好文体活动场所,以开展丰富多彩文化生活。经过不断努力,在2008年又进行大的综改工作,建起办公楼,建成荣誉室、阅览室、图书室、业务平台、气象网络平台、活动室,给职工工作文化生活创造了一个良好的环境。

党风廉政建设 平乡县气象局加强领导班子自身建设,定期进行政治理论和法律法规学习,加强党风廉政建设,团结务实,廉洁勤政,坚持政务公开、局务公开、财务公开,一个月不少于一次民主会议,不断对职工进行职业道德教育,展现团结一致奋发向上的新局面。

集体荣誉 2004—2005年被邢台市委、市政府评为市级"文明单位";2003年被邢台市文明委员会评为二星级窗口单位;2003、2008年2次被邢台市气象局评为优秀达标单位;

2004—2007 年被邢台市气象局评为达标单位;2007 年被平乡县委、县政府评为社会公益事业发展突出贡献单位。

个人荣誉 平乡县气象局从建站至 2008 年底,有 1 人获中国气象局授予的全国质量优秀测报员荣誉称号;18 人次获河北省气象局授予的质量优秀测报员荣誉称号。

台站建设

台站综合改善 平乡县气象局自 1972 年建站起,从未进行过大的改造,办公房屋只有 5 间,包括值班室、办公室、资料室、仪器室和职工宿舍,房屋破漏紧缺。办公用电是从气象局西 400 米远的国税局拉接的,电线是架在电话线杆上的临时线,遇到刮风下雨经常断线。办公室前不到 2 米远就是厕所,工作生活条件十分艰苦。2008 年 8 月 23 日新办公楼竣工验收,11 月投入使用,至此平乡县气象局工作、生活条件得到彻底改善。现平乡县气象局占地面积 3670 平方米,办公楼建筑面积 557 平方米,值班室占地面积 60 平方米。

园区建设院内硬化面积占 40%,绿化面积占 60%,办公楼前圆形水池中央矗立着一座假山。院中一条 4 米宽硬化道路,道路两边绿化种植草坪、小叶黄杨、垂直槐、百日红、法桐,建成为鸟语花香的花园式单位。

平乡县气象站旧貌(1984 年)

平乡县气象局新貌(2008 年)

平乡县气象局现观测场(2008 年)

新河县气象局

机构历史沿革

始建情况　新河县气象站始建于 1971 年 12 月 27 日,位于新河县城药材批发部西侧。北纬 37°31′,东经 115°15′,观测场海拔高度 25.3 米。

站址迁移情况　1998 年 9 月 1 日搬迁到新河县城振堂路 250 号,北纬 37°31′,东经 115°14′,观测场海拔高度 26.3 米。

历史沿革　1989 年 6 月 24 日改为河北省新河县气象局。新河县气象局为正科级事业单位。

管理体制　1971 年 12 月 27 日—1973 年 8 月 8 日隶属新河县政府与新河县人民武装部,以武装部为主;1973 年 8 月 9 日—1980 年 4 月 8 日隶属新河县革命委员会;1980 年 4 月 9 日隶属新河县政府;1981 年 5 月改为气象部门与地方政府双重领导,以气象部门领导为主的管理体制。

单位名称及主要负责人变更情况

单位名称	姓名	职务	任职时间
新河县气象站	郭继芳	站长	1971.12—1987.12
	宋其云	站长	1987.12—1989.06
新河县气象局		局长	1989.06—1990.05
	袁同芳	副局长	1990.05—1992.07
		局长	1992.07—2002.02
	李明财	副局长	2002.02—2004.05
		局长	2004.05—2006.10
	乞宏修	副局长	2006.10—2008.01
		局长	2008.01—

人员状况　1971 年建站时有正式职工 6 人。2008 年底有正式在职职工 6 人,离退休职工 2 人。在职职工中:男 4 人,女 2 人;均为汉族;大专 4 人,中专及以下 2 人;中级职称 2 人,初级职称 4 人;31～40 岁 3 人,41～50 岁 1 人,50 岁以上 2 人。

气象业务与服务

1. 气象观测业务

观测时次　新河县气象局 1972 年 1 月 1 日开始地面气象观测,观测时间为 02、08、14、20 时 4 次观测。1974 年 4 月 1 日取消 02 时观测,改为 08、14、20 时 3 次定时观测,02 时记录用自记代替。

观测项目 观测项目有云、能见度、天气现象、气压、气温、湿度、风向、风速、降水、日照、蒸发、地面温度及浅层(5、10、15、20厘米)地温、雪深、冻土等。其中1988年1月1日—1998年12月31日停止了日照、蒸发、冻土、能见度、云的观测,且此期间每年只有3—5月及9—10月观测记录地面及5~20厘米土壤温度。

编发电报 1972年3月20日—1998年12月31日,新河县气象局每天14时向河北省气象台编发小图报。1999年1月1日起每天向河北省气象台编发08、14、20时3个时次的天气加密报。从1999年6月1日起,每年6月1日—8月31日向河北省气象台编发汛期06—06时雨量报。全年不定时向河北省气象台编发雷暴、霾、浮尘、暴雨、初霜、终霜、龙卷、积雪、雨凇、大风、冰雹、沙尘暴、雾、特大降水量等重要天气报。

报表制作 从1972年1月开始手工制作地面气象记录月(年)报表,一式3份,报送河北省气象局气候中心信息科、邢台市气象局审核室各1份,新河县气象局留存1份。1994年4月开始地面气象记录月报表和年报表由邢台市气象局审核室代输入微机制作报表,并向河北省气象局气候中心上报月报表1份和磁盘。1999年1月河北省气象局给新河县气象局配发联想486微机,观测员使用微机输入制作地面气象记录月报表,通过X.28局域网通讯线路,每月5日以前向河北省气象局气候中心传输报表资料。2002年9月开始通过X.25局域网通讯线路,每月5日以前上传到邢台市气象局审核室,由邢台市气象局审核完毕后统一打包上传至河北省气象局气候中心。2007年1月通过光纤给省市气象局传输电子版原始资料和报表,停止报送纸质报表。

气象电报传输 新河县气象局从1972年1月—1987年4月用电话通过新河县邮电局口传各类气象电报;1987年4月—1999年6月使用甚高频电话向邢台市气象台口传各类电报,邢台市气象台抄收后再拍发到河北省气象台;1999年7月开始用X.28通讯网络直接向河北省气象台传输气象报文资料;2002年9月用X.25通讯网络传输;2005年3月改为2兆宽带光纤传输。

气象哨与区域自动气象站 1978年5月新河县气象局在西流、仁让里、寻寨3个乡镇设立气象观测哨,主要任务是对土壤墒情和降水量进行补充观测;1984年12月撤销。

2006年5月建立了寻寨、仁让里2个两要素(气温、雨量)区域自动气象观测站;2007年3月建立了西流、荆庄2个两要素区域自动气象观测站。

观测站视频监控系统 2008年6月安装观测站视频监控系统。实现了天气实景监控、观测场地环境、探测设备运行与安全监测的有机结合,通过专用网络线路将监测实况传递到监控业务平台。

2.气象服务

①公众气象服务

1972年8月开始每天通过新河县广播站向全县发布短期天气预报。1993年2月因广播站全面停止广播业务而停播天气预报。1991年6月开通气象警报发射接收系统,在14个乡镇、部分县直单位安装了警报接收机;1991年6月—1994年4月,新河县气象局每天06时和17时通过该系统向全县播发短期天气预报、进行气象知识和气象灾害防御知识的普及。1996年4月,新河县气象局每天17时向新河县电视台提供天气预报内容,由新河县电视台负责制作电视预报节目,并在当天"新河新闻"后面播出。1997年1月"121"天气预报自动答询系统正式开通。2005年1月"121"号码升位为"12121"。2008年5月根据中国气象局预测减灾司要求,在全县建立了气象应急联系人、协理员与信息员队伍,共计179人,主要职责是负责重要天气信息传播与气象灾害收集上报。2008年6月新河县气象局在党政机关、各乡镇、具有社会公共服务职能的单位和重点企业开通了实时气象预警电子显示服务系统,每天05时和17时2次定时发送短期天气预报、周边城市预报、一周天气预报、气象知识等服务信息,不定时发布气象灾害预警信息。

②决策气象服务

新河县气象局从1972年1月开始应用简单的预报模式并参照河北省、邢台市气象台预报结论制作中、长期天气预报、预测等决策气象服务材料。2000年6月使用气象信息综合分析处理系统(MICAPS),决策内容更加丰富、准确,决策服务内容包括中期天气预报、重要天气预报、灾害性天气预警、农业气象情报等。服务对象有新河县党政领导、各乡镇和县直有关部门、重点企业和种植、养殖专业组织等。2008年5月开通了"企信通"短信平台。

③专业与专项气象服务

人工影响天气 新河县人工影响天气工作始于1994年5月,1994年6月—2008年5月先后在寻寨、白神、新河镇、荆庄4个乡镇设"三七"高炮防雹作业点,开展人工防雹增雨作业。截至2008年5月,共实施作业30余次。2000年8月由河北省人工影响天气办公室和新河县政府共同投资,购置1套移动式人工增雨火箭设备(包括发射架和牵引车),随即开展火箭人工增雨作业,截至目前共实施增雨作业近30次。2005年以后"三七"高炮防雹作业点相继撤销。

防雷减灾 新河县气象局防雷安全工作开始于1991年4月,主要对全县防雷装置进行安全性能年度检测,组织管理雷电灾害防御工作,负责防雷装置的设计审核、分阶段检测和竣工验收,对防雷装置实行定期检测制度,负责组织气象灾害的调查、统计和评估、鉴定。每年在全县企业、乡村、学校开展防雷安全知识宣传,2007年7月向全县中小学校赠送了防雷安全知识挂图和光盘。

科学管理与气象文化建设

法规建设 新河县气象局根据气象管理职能,积极开展气象法规建设,1991年4月—2008年3月新河县政府先后下发了《关于对避雷装置进行安全性能检测的意见》、《新河县人民政府关于进一步加强防雷安全检测的通知》、《新河县人民政府关于对雷电灾害防护装置管理的通知》、《新河县人民政府关于转发〈县建设局、气象局关于加强建设工程防雷管理工作的通知〉的通知》、《新河县防雷减灾管理办法》、《新河县人民政府关于加强气象探测环境和设施保护工作的通知》(政字〔2008〕26号)等文件,这些法规性文件,促进了各项气象工作的开展,尤其是防雷安全管理职能的落实。

党的组织建设 1971年12月新河气象局成立时有党员2人,编入县人民武装部党支部。1973年成立新河县气象局党支部,有党员3人,截至2008年12月有党员6人(其中离退休职工党员2人)。

政务公开　新河县气象局坚持制度建设,根据不同发展时期制订完善各项规章制度,坚持党风廉正建设和科学民主管理,局财务账目每年接受上级财务部门年度审计,并将结果向职工公布,促进了单位和谐稳定和干部队伍整体素质的提高。

气象文化建设　新河县气象局建有"两室一网"(图书阅览室、荣誉室、气象文化网),有图书3100多册。配备有整套音响设备,每年组织羽毛球比赛,歌咏比赛。积极参与新河县宣传部每年组织的"消夏文艺汇演"等活动,活跃干部职工业余文化生活,以此促进精神文明建设。2000—2008年连续8年被邢台市委、市政府命名为市级"文明单位"。

集体荣誉　1976—1979年新河县气象局连续4年被邢台地区气象局评为先进单位;1978、1983年2次被河北省气象局评为全省气象系统先进单位;1994年被河北省人工影响天气办公室评为人工防雹先进单位;1997年被邢台市气象局评为整体工作第三名;1998年被河北省气象局评为"三优单位";1999年被邢台市气象局评为优秀达标单位;2002—2008连续7年被邢台市气象局评为优秀达标单位;2003年测报股被河北省气象局评为优秀测报股;2007、2008年连续2年被邢台市气象局评为"重大天气服务先进集体";2008年被邢台市气象局评为"公共气象服务创新工作二等奖"。

个人荣誉　新河县气象局先后有28人次受到邢台市气象局嘉奖或记功奖励,16人次受新河县人民政府记功奖励,21人次被新河县委评为优秀共产党员。1人次被中国气象局授予"质量优秀测报员"荣誉称号。

台站建设

新河县气象局建站之初仅有砖木结构平房7间,后增至20间,其中工作用房仅有5间。由于房屋建设质量一般,排水设施不完善,办公条件特别差。到20世纪90年代初,单位房屋已成为"危房"。1994年8月连降大到暴雨,使值班室屋顶局部突然塌落,部分观测仪器设备被砸损坏。1998年9月1日气象观测场及局机关实施整体迁移,新址占地面积5375平方米,新建二层办公楼1栋,面积349平方米,标准观测场,辅助用房、围墙等其他辅助设施完善。

新河县气象局2000年起,硬化了道路,在单位院内栽植了冬青、小柏、金银花、爬山虎等景观植物,2008年栽植玉兰、木槿等观赏树木,绿化美化了单位环境,是邢台市级"文明单位"。

新河县气象站旧貌(1984年)

新河县气象局现貌(2007年)

广宗县气象局

广宗县气象站位于河北省东南部。属暖温带半干旱大陆性季风气候,四季分明。年平均气温 13.1℃,年平均降水量为 498.4 毫米,历年最大冻土深度 41 厘米,最大积雪深度 22 厘米。

机构历史沿革

始建情况 广宗县气象站始建于 1971 年 10 月,1972 年 1 月 1 日正式开始工作。站址位于广宗县城北宋村西南(野外)。北纬 37°05′,东经 115°08′。观测场海拔高度 31.2 米。

站址迁移情况 1976 年 1 月 1 日迁至广宗县城西南(野外),北纬 37°04′,东经 115°09′,观测场海拔高度 32.4 米。

历史沿革 1989 年 3 月改为河北省广宗县气象局,广宗县气象局为正科级事业单位。

管理体制 从成立至 1973 年 12 月隶属广宗县人民武装部;1974 年 1 月—1979 年 12 月隶属广宗县革命委员会;1980 年 1 月改为气象部门与地方政府双重领导,以气象部门领导为主的管理体制。

单位名称及主要负责人变更情况

单位名称	姓名	职务	任职时间
河北省广宗县气象站	杨福华	站长	1972.01—1973.12
	韩风印	站长	1973.12—1979.07
	乔占勇	站长	1979.07—1980.11
河北省广宗县气象局	邓宝坤	站长	1980.11—1989.03
		局长	1989.03—1990.09
	李广霞	副局长	1990.09—1993.02
	孟令福	副局长	1993.02—1995.04
	卫朝贤	副局长	1995.04—1997.03
		局长	1997.03—2008.10
	张衍伟	局长	2008.10—

人员状况 广宗县气象站成立时有职工 5 人。截至 2008 年底有在职职工 8 人(其中正式职工 6 人,聘用职工 2 人),离退休职工 3 人。在职正式职工中:男 4 人,女 2 人;汉族 6 人;大学本科以上 4 人,大专 2 人;中级职称 1 人,初级职称 5 人;30 岁以下 4 人,31~40 岁 1 人,41~50 岁 1 人。

气象业务与服务

1. 气象观测业务

观测时次 广宗县气象局自 1972 年 1 月 1 日开始地面气象观测。观测时间为 02、08、

14、20时4次。1974年4月1日取消02时观测,改为3次观测,02时记录用自记代替。每天进行08、14、20时3次定时观测。

观测项目 观测项目有云、能见度、天气现象、气压、气温、湿度、风向、风速、降水、日照、蒸发、地面温度及浅层(5、10、15、20厘米)地温、雪深、冻土等。其中1988年1月1日—1998年12月31日停止日照、蒸发、冻土、能见度、云的观测,且此期间每年只有3—5月及9—10月观测记录地面及5~20厘米土壤温度。

编发电报 1972年3月20日—1998年12月31日,广宗县气象局每天14时向河北省气象台编发小图报。1999年1月1日起每天向河北省气象台编发08、14、20时3个时次的天气加密报。从1999年6月1日起,每年6月1日—8月31日向河北省气象台编发汛期06—06时雨量报,全年不定时向河北省气象台编发雷暴、霾、浮尘、暴雨、初霜、终霜、龙卷、积雪、雨凇、大风、冰雹、沙尘暴、雾、特大降水量等重要天气报。

气象电报传输 广宗县气象站从建站开始拍发气象电报用电话机通过广宗县邮电局传输。1987年4月开始用甚高频电话向邢台市气象台报告,气象台抄收后再拍发到河北省气象台。1999年7月开始用X.28通讯网向河北省气象台传输气象报文资料。2002年9月起用X.25通讯网络传输。2004年10月改为2兆宽带光纤传输。

气象报表制作 广宗县气象站建站后地面气象记录月报表、地面气象记录年报表,用手工抄写方式编制,一式3份,分别上报河北省气象局气候中心信息科、邢台市气象局审核室各1份,广宗县气象站留底1份。1994年4月开始地面气象记录月报表和年报表由邢台市气象局审核室代输入微机制作报表,并向河北省气象局气候中心上报月报表1份和磁盘。1999年1月河北省气象局给广宗县气象局配发联想486微机,观测员使用微机输入制作地面气象记录月报表,通过X.28局域网通讯线路,每月5日以前向河北省气象局气候中心传输报表资料。2002年6月开始通过X.25局域网通讯线路,每月5日以前上传到邢台市气象局审核室,由邢台市气象局审核完毕后统一打包上传河北省气象局气候中心。2007年1月通过光纤给省市气象局传输电子版原始资料和报表,停止报送纸质报表。

区域自动站建设 2006年5月在核桃园乡和冯寨乡,2007年5月在葫芦乡和东召乡先后共建立了4个温度、雨量两要素区域自动气象站。

观测站视频监控系统 2008年6月安装观测站视频监控系统。实现了天气实景监控、观测场地环境、探测设备运行与安全监测的有机结合,通过专用网络线路将监测实况传递到监控业务平台。

2. 气象服务

公众气象服务 广宗县气象局1982—1984年开展农业气候区划,并获市级验收,编写了《广宗县农业气候手册》。开始为农业农村提供气象服务。1991年4月在各乡(镇)及有关部门建立了气象警报网,每天上午和下午通过气象警报网广播天气预报和农业气象知识。1997年10月与电信局协商开通广宗县电话"121"自动答询服务台。2003年10月全市"121"答询电话实行集约经营,主服务器由邢台市气象局建设维护。2005年1月"121"电话升位为"12121"。1998年10月与广播电视局协商后在电视台播放广宗县天气预报,购置了计算机及制作天气预报的相关设备,自己制作天气预报节目(时长5分钟),每天定时通过电视向社会公众播报。2005年4月开通了广宗县气象局网站。2008年11月为了更加及时准确地为县、乡、村领导服务,通过与移动公司协商开通了气象服务短信平台,以手机短信方式向全县各级领导和乡村信息员发送气象信息。

决策气象服务　1998年7月开始建立县气象局服务系统,通过纸制文件和电话向县委、县政府和有关单位进行决策服务。

人工影响天气　1994年5月成立广宗县人工防雹指挥部(指挥长由原主管农业的副县长兼任),办公室设在气象局。在东召乡建立了第一个"三七"高炮防雹作业点。1995年5月、1996年3月相继在核桃园乡和董里乡增设防雹点开展防雹作业。2002年8月配备火箭增雨系统1部、中兴皮卡车1辆,进一步完善人工影响天气作业设备。

气象科普宣传　广泛宣传气象防灾减灾、气象现代化建设的成果和效益,宣传气象信息应用新领域和高效益;实事求是地报道气象服务的能力和水平,做好重大灾害性天气预报服务突出事例的总结和宣传报道;发挥气象科普基地的作用,利用"3·23"世界气象日对社会开放,普及气象科学知识,破除迷信,提高全民气象科学意识。

科学管理与气象文化建设

科学管理　根据《中华人民共和国气象法》、《河北省地方国家气象系统机构改革方案》有关规定,1991年5月成立了广宗县避雷装置检测站,开展全县避雷检测工作。2003年1月根据《中华人民共和国气象法》规定,开展了防雷工程设计、施工、验收等工作。同年广宗县政府法制办确认广宗县气象局具有独立的行政执法主体资格,并为4名同志办理了行政执法证,成立了行政执法队伍。2004年6月广宗县气象局被列为广宗县安全生产委员会成员单位,负责全县防雷安全的管理。广宗县气象局围绕社会发展和经济建设制订气象事业发展规划并组织实施;组织管理气象监测资料汇总传输;提供气象灾害防御措施,并对重大气象灾害做出评估,为政府决策提供依据;管理气象预报、灾害性天气警报、农业气象预报、城市环境气象预报、依法保护气象探测环境;组织实施人工影响天气作业;组织管理雷电灾害防御工作,负责防雷装置的设计审核、分阶段检测和竣工验收,对防雷装置实行定期检测制度;负责组织气象灾害的调查、统计和评估、鉴定;负责向本级政府和同级有关部门提出利用、保护气候资源和推广应用气候资源区划等成果的建议;组织对气候资源开发利用项目进行气候可行性论证;组织开展气象法制宣传教育;负责和监督有关气象法规的实施,对违反《中华人民共和国气象法》等有关规定的行为依法进行处罚,承担有关行政应诉工作。承担邢台市气象局和广宗县政府交办的其他事项。2005年广宗县人民政府下发了《广宗县人民政府关于保护气象探测环境的通知》(政字〔2005〕15号),以加强对探测环境的保护力度。

党的组织建设　广宗县气象站在建站之初就成立了党支部,5名工作人员全是党员。1972—2009年发展新党员6人。截至2008年12月有党员4人(其中离退休职工党员3人)。

气象文化建设　始终坚持以人为本,弘扬自力更生、艰苦创业精神,深入持久地开展文明创建工作。政治学习有制度,文体活动有场所,职工生活丰富多彩,文明创建工作跻身于全市气象部门先进行列。开展文明创建规范化建设,改造观测场,装修业务值班室,统一制作局务公开栏、学习园地、法制宣传栏和文明创建标语等宣传用语牌。建成"两室一网"(图书阅览室、荣誉室、气象文化网),有图书 2000 多册。

荣誉 1993—2008 年广宗县气象局共获集体和个人荣誉奖 27 项。2002—2003 年度广宗县气象局第一次被市委、市政府授予"文明单位"。2004—2005 年度、2006—2007 年度连续被市委、市政府评为"文明单位"。1994、1997 年广宗县气象局 2 次被河北省气象局人工影响天气办公室授予"人工影响天气先进单位"。2003 年被邢台市精神文明委员会命名为"窗口单位"。

台站建设

台站综合改善 广宗县气象局 1972 年建站时房屋破旧,工作生活条件非常艰苦。经过 30 多年的不断建设,通过 1976 年 1 月迁站,1990 年 4 月、1999 年 10 月 2 次综合改善,特别是 2008 年 7 月新办公楼的竣工使用,广宗县气象局的工作、生活条件得到彻底改善。广宗县气象局现占地面积 6320 多平方米,有办公楼 1 栋 585 平方米,职工宿舍 2 排 500 平方米,车库及附属用房 1 栋 100 平方米。

园区建设 2000—2005 年广宗县气象局分期对机关院内的环境进行绿化美化,规化整修道路,在庭院内修建草坪和花坛。改造业务值班室,完成了业务系统的规范化建设。修建了 1000 多平方米草坪、花坛,栽种了风景树,使局机关大院三季有花,四季有绿。硬化500 多平方米路面,使机关院内变成了风景秀丽的花园。

广宗县气象局旧貌(2007 年)

广宗县气象局新办公楼(2008 年)

南宫市气象局

南宫市历史悠久,因西周八士之一的南宫适隐于此地而得名,西汉初设县建城至今 2000 余年。南宫市是革命老区,具有光荣的革命斗争传统,曾为冀南四专署、冀南行政主任公署、冀南军区、一二九师东进纵队司令部驻地,是当时冀南政治、军事中心。1986 年 3 月撤县建市,现隶属河北省邢台市。

机构历史沿革

始建情况　1958 年 1 月 1 日成立河北省南宫气象站,站址在南宫县城北郊外,北纬 37°22′,东经 113°23′,海拔高度 27.4 米。

历史沿革　1959 年 12 月更名为南宫县中心水文气象站,1962 年 6 月更名为南宫县气象服务站,1968 年 11 月更名为南宫县农业技术革命委员会气象服务组,1971 年 6 月更名为河北省南宫县气象站,1977 年 4 月扩建为南宫县气象局,1980 年 4 月更名为南宫县气象站,1986 年 4 月 14 日更名为南宫市气象站,1987 年 9 月 22 日更名为南宫市气象局。南宫市气象局为正科级事业单位.

管理体制　1958 年 1 月 1 日—1959 年 11 月 30 日隶属邢台专署气象局。1959 年 12 月 1 日—1962 年 5 月 31 日隶属南宫县政府。1962 年 6 月 1 日—1965 年 12 月 31 日隶属邢台专署气象局。1966 年 1 月 1 日—1971 年 5 月 31 日隶属南宫县农林技术站。1971 年 6 月—1973 年 7 月 31 日隶属南宫县人民武装部。1973 年 8 月 1 日—1977 年 3 月 31 日隶属南宫县农林局。1977 年 4 月 1 日—1980 年 3 月 31 日隶属南宫县革命委员会。1980 年 4 月起实行气象部门与地方政府双重领导,以气象部门领导为主的管理体制。

单位名称及主要负责人变更情况

单位名称	姓名	职务	任职时间
河北省南宫气象站	柴宗水	站长	1958.01—1959.12
南宫县中心水文气象站			1959.12—1960.01
	韩澄	站长	1960.01—1960.03
	吕志敏	站长	1960.03—1962.06
南宫县气象服务站			1962.06—1963.11
	柴宗水	站长	1963.11—1968.11
南宫县农业技术革命委员会气象服务组		组长	1968.11—1971.06
河北省南宫县气象站		站长	1971.06—1973.10
	白恒礼	站长	1973.10—1977.04
南宫县气象局	侯增利	副局长	1977.04—1980.04
南宫县气象站	夏致廷	站长	1980.04—1983.09
	温广代	副站长	1983.09—1984.09
	王歧波	站长	1984.09—1986.04
南宫市气象站			1986.04—1986.11
	姜伏生	站长	1986.11—1987.09
南宫市气象局		局长	1987.09—1994.04
	李学凯	局长	1994.05—2008.11
	石金祥	局长	2008.11—

人员状况　1958 年建站时有职工 5 人,截至 2008 年底有在职职工 10 人,其中:男 5 人,女 5 人;均为汉族;大学本科以上 5 人,大专 4 人,中专 1 人;中级职称 9 人,初级职称 1 人;30 岁以下 1 人,31~40 岁 5 人,41~50 岁 3 人,50 岁以上 1 人。

气象业务与服务

1. 气象业务

南宫市气象局现开展地面气象测报业务工作,每天定时和不定时向河北省气象台编发地面天气报、地面补充天气报、重要天气报。制作地面气象记录月报表和地面气象记录年报表,每月向邢台市气象局传输地面气象记录月报表。

①地面气象观测

观测时次 南宫市气象局为国家基本气象站,昼夜守班,每天进行 02、08、14、20 时 4 次定时地面气象观测和 05、11、17、23 时 4 次补充地面气象观测。

观测项目 人工观测项目有云(云量、云状、云高)、能见度、天气现象、气压、气温、湿度、风向、风速、降水、日照、蒸发(夏季使用大型蒸发、冬季使用小型蒸发)、地面温度、浅层地温、雪深、雪压、冻土、电线积冰。

自动观测项目包括气温、湿度、气压、风向、风速、降水、地面温度、草面温度、浅层和深层地温。南宫市气象局的天气报发报资料以自动站采集资料为准。

编发电报 每日 02、08、14、20 时 4 次定时编发绘图报,05、11、17、23 时 4 次定时编发补充绘图报,不定时编发大风、龙卷、冰雹、雷暴、雾、霾、浮尘、沙尘暴、初终霜、暴雨、特大暴雨的重要天气报。定时编发积雪、雨凇的重要天气报。1958 年 6 月 10 日—2004 年 1 月 1 日向北京空军司令部拍发预约航空报、向鸭鸽营机场每日 0—24 时拍发固定危险报,中间时间向石家庄、太原、长治、武昌、德州、邯郸、元氏等地机场拍发定时航空报、不定时航空危险报和危险天气解除报。1986 年 1 月配备 PC-1500 袖珍计算机取代手工查算和人工编报,提高了工作效率和测报质量。1989 年 1 月启用新的地面气象测报程序,1999 年 1 月地面测报编发报开始使用微机程序。

气象报表制作 自 1958 年 1 月地面气象记录月报表、地面气象记录年报表用手工抄写方式编制,一式 4 份,分别上传中国气象局、河北省气象局、邢台地区气象局各 1 份,留底 1 份。1994 年 4 月开始由邢台市气象局审核室代输入微机制作报表。1999 年 1 月观测员开始使用微机制作地面气象记录月报表,通过 X.28 网络每月 5 日前向河北省气象局气候中心传输报表资料。2002 年 6 月开始通过 X.25 局域网通讯线路,每月 5 日以前上传到邢台市气象局审核室,由邢台市气象局审核完毕后统一打包上传河北省气象局气候中心。2007 年 1 月通过光纤给省市气象局传输电子版原始资料和报表,停止报送纸质报表。

自动站建设 2002 年 12 月建成 CAWS600-B 型自动气象站,2003 年 1 月 1 日投入试运行,2004 年 1 月 1 日开始并轨运行,2005 年 1 月 1 日开始自动站单轨运行。自动站单轨运行后取消了气压、气温、湿度、风向、风速自计纸的整理和日极值挑选,取消了人工观测的报表制作。开始用自动站观测数据和部分人工观测数据制作月报表,目测项目和定时降水仍用人工观测作为正式记录,暴雨发报以虹吸雨量计记录为准,特大暴雨发报以自动站记录为准,其他人工仪器仍保留,保持正常维护,并于每日 20 时进行一次对比观测。

区域自动站建设 2006 年 5 月在段芦头、苏村、高村,2007 年 3 月在大村、大召、大屯、吴村、明化先后建立了 8 个温度、雨量两要素区域自动气象站。

观测站视频监控系统 2006 年 4 月在邢台市气象系统率先安装监控系统一套,实现了天气实景监控、观测场地环境、探测设备运行与安全监测的有机结合,通过专用网络线路将监测实况传递到监控业务平台。

②农业气象

南宫市气象局建站之初就开展农业气象观测和服务。1962 年 4 月定为省农气基本站,1964 年 6 月定为全国农业气象基本观测点,1977 年 1 月定为省农气基本站,1979 年 12 月 25 日定为国家农业气象基本观测站,同时亦为省农气基本观测站。1996 年 5 月加测编报土壤湿度,1998 年 1 月开始进行自然物候观测,2005 年 5 月农气"土壤湿度自动观测系统"投入运行。目前农气开展的项目:一是小麦、棉花生长发育期观测,二是物候观测,三是土壤墒情观测。农气业务:逢 1 日(31 日除外)发句报、逢 3 日加测土壤墒情、逢 6 日加测土壤墒情发报、逢 8 日固定时间取土观测土壤墒情。制作年报表邮寄至河北省气候中心。

③酸雨观测

2005 年 8 月新建南宫酸雨站,2006 年 7 月 1 日酸雨站建成投入试运行。2007 年 1 月 1 日—2008 年 12 月 31 日,与国家重点基础研究发展计划(973 计划)"中国酸雨沉降机制、输送态势及调控原理"第 2 课题组进行合作观测,负责采集、测量、保存、定时寄送酸雨样品和测量记录。酸雨观测按照规范要求,有降水时要采集样品,降水量达到 1.0 毫米时进行降水样品的酸碱度和电导率测量并编发报,无降水时也要发报,发报时间段固定在上午(08—12 时)进行。月报表、年报表上传 1 份电子版到河北省气象台,另打印 1 份留底存档。

④气象信息网络

最初气象电报通过专线电话发报,把编好的天气报代码传至当地邮电局报房,再由邮电局报房采用电报方式发至中国气象局和河北省气象局。1999 年 1 月开始使用微机观测程序,发报路径由电信局(原邮电局)报房改为通过 X.28 拨号向河北省气象局直接传报。2002 年发报路径由拨号 X.28 改为专线 X.25。2004 年 12 月建设 2 兆光纤通信电缆,通过专用网络向河北省气象局传报,同时保留固定电话 16900 拨号线路,作为业务传输备用通道。

2. 气象服务

①公众气象服务

目前每天制作的天气预报通过南宫电视台和气象信息电子显示屏按时发布。1987 年 9 月配备气象警报发射机,先后在 17 个乡镇的村委会安装气象警报接收大喇叭,市气象局根据其高频电话会商和传真天气图分析进行预报,定时预报、不定时预警。1996 年 10 月购置第一台 386 微机和"121"天气预报自动答询系统,与电信局合作开通电话"121"气象服务台,答询系统开通短期、长期天气预报、气象知识、周边城市预报等几个分信箱。1998 年 3 月 15 日购置天气预报制作系统,南宫电视台天气预报栏目开播。2005 年 1 月电话"121"自动答询号码升位为"12121"。2005 年 4 月购置"微智达"天气预报非线性编辑系统,实现了硬盘播出。2007 年 6 月 12 日开始向社会公众发布气象灾害预警信号。2008 年 5 月为政府及各乡镇办等公共场所安装电子显示屏,由业务值班员负责每日 2 次发布预报,解决了气象预报传输的"最后一公里"问题。

②决策气象服务

按照农事季节需要和气候变化情况,适时为市委、市政府和乡镇撰写《专题气象服务报告》、《农业气象信息》、《天气预报信息》，为各级领导和有关部门指挥农业生产生活提供科学气象预报和生产建议。重大灾害性天气预警信息可通过短信平台向市委、市政府领导、市直领导、乡镇村气象信息员随时发布。重大天气过程前后向政府部门和主要领导报送服务材料。灾害性天气过后，及时收集灾情，按规定时间上报，使预警信息服务和灾情调查统一运作。重大事件及时启动应急预案。

③专业与专项气象服务

农业气象服务 坚持以农业生产需求为牵引，结合本地自然物候特点及墒情、雨情状况及时制作农业气象情报，通过有效渠道发布。另外，各方筹集材料、信息为南宫市棉花、韭菜、大棚蘑菇、养蚕产业等农村特色项目进行系列化专题服务

人工影响天气 2000年8月购置人工增雨火箭发射架1部，开始开展人工影响天气作业。2004年10月购置中兴商务汽车1辆，用于人工增雨作业。开展人工影响天气作业的人员全部持证上岗。近几年共发射增雨火箭100余枚。

防雷服务 1995年春季设避雷检测站，开始开展避雷设施检测工作，同时制作防雷工程。1999年1月南宫市防雷中心成立，开始在全市范围内开展防雷专项服务。2005年1月针对新建楼房、小区开展防雷图纸审核、跟踪检测、工程竣工验收。2006年10月南宫市气象局气象科技服务中心成立，防雷服务开始由专人负责，防雷工作常年开展。

④气象科普宣传

每年"3·23"世界气象日和南宫市科普宣传日，南宫市气象局都要根据不同主题，精心准备，通过向社会开放、发放宣传材料、现场答疑等活动开展气象科普宣传。除主题宣传外，固定宣传内容还包括雷电灾害防御、探测环境保护、人工影响天气、农业气象咨询等。

气象法规建设与社会管理

1. 法规建设

2000年1月1日《中华人民共和国气象法》开始实施以来，南宫市气象局的法制工作不断得到加强。与公安、消防、安监、教育等有关部门积极配合，多次就有关工作联合行文，并开展执法检查，2004年6月南宫市气象局、南宫市公安消防支队联合下发《关于加强建设项目防雷设施设计审核、检测、验收的通知》；2008年8月南宫市气象局、南宫市安全生产监督管理局联合下发《关于开展防雷安全工作联合检查的通知》；2007年7月南宫市教育局、南宫市气象局联合下发《关于做好学校防雷安全工作的紧急通知》，全方位开展南宫市全部中小学校的防雷安全检查。

2008年12月南宫市行政服务中心启动运行，南宫市气象局进驻中心设立气象局窗口，办理气象行政许可事项。

2. 社会管理

探测环境保护 南宫市气象局不断加大气象探测环境保护宣传和执法力度，面对城市规划不断调整、建设规模速度加快的严峻形势，通过加强宣传、执法和与政府有关部门积极沟通，在修订规划、日常监督、征用土地等方面做了大量工作，使观测场周边土地控制在保

护范围内。2005 年 12 月、2007 年 4 月分别划拨食品公司土地 9113.8 平方米和征用北关耕地 2586.8 平方米,使探测环境免遭破坏并得到有效改善。2008 年 6 月南宫市政府在气象局树立警示牌,警示气象探测环境受法律保护。2005 年 12 月报南宫市人大办公室、政府办公室、建设局、规划处、土地管理局和无线电管理委员会等规划行政主管部门,依据《中华人民共和国气象法》、《河北省气象探测环境保护办法》等相关法律法规对南宫市气象局现状图、规划图、气象探测环境和设施的保护范围和标准进行备案。2008 年 11 月加入建设局城市规划联合审查小组,参与对城市规划项目的监督审查,实现气象探测环境自主保护。长期使用天气预报栏目广告页面发布"保护气象探测环境人人有责"通告。在市气象局附近书写墙体标语:"依法保护气象探测环境,维护社会公共利益"、"保护气象探测环境人人有责"、"气象探测环境受法律保护"等,加强探测环境保护宣传。

施放气球管理 自 2003 年施放气球管理办法发布以后,依法开展施放气球管理。2008 年 12 月南宫市气象局进驻南宫市行政服务中心开展施放气球审批。

防雷管理 南宫市气象局 2006 年 1 月开展防雷执法,先后有 5 人取得执法证,通过行政执法使联通、移动、中石油、中石化等通信和高危行业对防雷管理认可。2008 年 12 月南宫市气象局进驻南宫市行政服务中心,依法行使气象行业行政职能。

党建与气象文化建设

党的组织建设 1958 年 1 月—1971 年 6 月由于党员数量较少,编入南宫县委办公室党支部。1971 年 7 月—1973 年 7 月编入南宫县人民武装部党支部。1973 年 8 月编入南宫县农林局党支部。1977 年 4 月成立南宫县气象局党支部,有党员 3 人。截至 2008 年 12 月有党员 9 人(其中退休职工党员 4 人)。

气象文化建设 2006 年 6 月按照河北省气象局和邢台市气象局"两室一网"的建设要求,建立了荣誉陈列室、品味较高的图书室,开通了南宫气象网站,建成了合格的"气象职工之家"。图书室图书更新率达到 15% 以上,每年征订多种报纸、刊物,开拓职工文化视野,购置了羽毛球、乒乓球等体育器材,积极组织职工开展丰富多彩、健康有益的体育活动。在职教育方面,1990—2008 年,先后有 6 人考入大专、4 人考入本科,参加河北省保定气象学校、南京信息工程大学函授学习。现已有 5 人大专毕业、1 人本科毕业、另有 3 人本科在读。

集体荣誉 建站以来南宫市气象局共获得集体荣誉奖 19 项。1963 年 1 月被评为"省五好站";1965 年 3 月被河北省委、河北省人委授予"农业社会主义建设先进单位",2000—2007 年连续 8 年被邢台市委、市政府授予"文明单位";在 2002、2003、2006、2007 年的年度目标考核中被邢台市气象局授予"优秀达标单位";2003 年 10 月被邢台市精神文明建设委员会授予"二星级窗口单位";2004 年 12 月被中国气象局评为"局务公开先进单位";2005 年 12 月被邢台市气象局评为"先进单位";2006 年 10 月被河北省气象局授予"环境建设先进单位";2007 年 8 月被河北省气象局授予"'一流台站'建设先进单位"。

个人荣誉 自 1958 年 1 月—2008 年 12 月南宫市气象局个人获奖 126 项。其中地面测报方面,有 11 人先后获中国气象局授予的质量优秀测报员和河北省气象局授予的质量优秀测报员荣誉称号 119 人次;1 人在 1988 年、1995 年获河北省气象局记大功各 1 次,1997 年和 2007 年记二等功各 1 次。

台站建设

台站综合改造与园区建设 自建站之初至今,南宫市气象局历经 5 次大的改造,台站建设整体规划遵照可持续发展和"高起点、高质量、高效益"的原则,在城市发展规划的框架内,2005—2007 年新征土地 11700.6 平方米。站址大院实现三面环路,南面、东面为通透围墙,新建电动伸缩门,形成当前综合占地 19167.6 平方米、办公楼 300 平方米、家属楼 1600 平方米的整体格局,建成了布局合理、设施一流、环境优美的气象台站,被河北省气象局授予"'一流台站'建设先进单位"。

办公与生活条件改善 建站初期至 1973 年 2 月,使用煤油灯照明,值班任务中还有下午班擦灯罩、添煤油的规定。气象观测全部是人工观测、手工查算,报表采用手抄形式,计算工具用珠算盘,录入和校对费时费力。1972 年 6 月从附近微波站拉了一条临时线路,开始使用交流电,办公区采用白炽灯照明,结束了使用煤油灯和蜡烛照明的历史。1984 年 5 月开始使用南宫县供电所单回路民用电,供电趋于稳定。建站初期,饮用水要到县供水站购买,用水车拉到气象站。居住条件也非常艰苦,普通职工都住 3 人 1 间的集体宿舍。到 20 世纪 80 年代初,每位职工可以分到 1 间半到 2 间平房,居住情况才有所改善。气象电报传输方式是采用专线电话传到邮电局报房间接传输。

随着社会发展和经济进步,历经数次改造的南宫市气象局也发生了翻天覆地的变化,办公条件、生活条件都有了质的飞跃。目前,有附属设施齐全配套的办公用房 300 平方米;宽敞明亮的业务大平面 40 平方米,自动站、农气、酸雨、人工站仪器,安排有序、秩序井然;职工家属楼 12 户,每户 6 间,总面积达 1600 平方米,家家户户都通了有线电视、电话、宽带,居住条件和生活条件和当年相比已是天差地别。

市气象局内因特网宽带、视频会议、远程教育、影视、传真等通讯设备齐全。建成了自动气象站,气象资料实现自动采集、存储、显示,通过 2 兆 VPN 光纤定时自动传输,观测发报路径稳定、通畅。

南宫市气象局机关大院宽敞、整洁,院内乔、灌、草层次分明,绿化面积 50% 以上,多次被评为环境建设先进单位。

南宫市气象局旧观测场(1984 年)

南宫市气象局现观测场(2006 年)

南宫市气象局现办公楼(2006 年)

威县气象局

机构历史沿革

始建情况　威县气象局始建于 1960 年 3 月,当时名称为南宫县威镇水文气象站,位置在威县县城东南农场,北纬 $36°56'$,东经 $115°11'$,观测场海拔高度 34.2 米;1961 年 1 月 1 日起,开始从事地面气象观测、发报、气象服务等工作。

站址迁移情况　1967 年 6 月搬迁到县城北关,北纬 $36°56'$,东经 $115°11'$,观测场海拔高度 33.7 米。1977 年 8 月搬迁到威县县城西北,北纬 $36°59'$,东经 $115°15'$,海拔高度 33.7 米。

历史沿革　1961 年 6 月 1 日更名为威县气象服务站;1971 年 8 月更名为威县气象站;1989 年 3 月更名为河北省威县气象局。威县气象局为正科级事业单位。

管理体制　1961 年 1 月—1970 年 12 月隶属威县农业局;1971 年 1 月—1973 年 12 月隶属威县人民武装部;1974 年 1 月—1981 年 4 月隶属威县革命委员会;1981 年 5 月起实行气象部门与地方政府双重领导,以气象部门领导为主的管理体制。

单位名称及主要负责人变更情况

单位名称	姓名	职务	任职时间
南宫县威镇水文气象站	刘振西	站长	1960.03—1960.10
	程哲吾	站长	1960.11—1961.05
威县气象服务站			1961.06—1971.07
威县气象站	邓保坤	站长	1971.08—1977.02
	刘焕文	站长	1977.03—1980.06

单位名称	姓名	职务	任职时间
威县气象站	刘守义	站长	1980.07—1984.04
	侯艳秋	站长	1984.05—1989.02
威县气象局		局长	1989.03—1992.06
	苑海文	局长	1992.07—1993.04
	李金素	副局长	1993.05—1996.02
	张广生	副局长	1996.03—1998.03
		局长	1998.04—2006.10
	赵振远	负责人	2006.10—2006.11
		副局长	2006.12—

人员状况　建站时有职工 3 人。截至 2008 年底有在职职工 11 人（其中正式职工 8 人,聘用职工 3 人）,离退休职工 3 人。在职正式职工中:男 4 人,女 4 人;汉族 8 人,大学本科以上 3 人,大专 1 人,中专以下 4 人;初级职称 6 人;30 岁以下 2 人,31～40 岁 1 人,41～50 岁 2 人,50 岁以上 3 人。

气象业务与服务

1. 气象观测业务

观测时次　1961 年 1 月 1 日—1961 年 12 月 31 日每天进行 4 次定时观测,时间为 02、08、14、20 时,采用北京时。1962 年 1 月 1 日—1971 年 12 月 31 日改为每天 3 次观测,取消了 02 时的观测,夜间不守班。1972 年 1 月 1 日—1974 年 6 月 30 日恢复 4 次观测。1974 年 7 月 1 日起又改为 08、14、20 时 3 次观测。

观测项目　开始观测时的项目有气温、湿度、云、能见度、天气现象、降水、地温(最低);1961 年 1 月 1 日增加气压观测;1962 年 4 月 1 日增加冻土观测,停止能见度观测;1968 的 1 月停止蒸发观测,1972 年 1 月恢复蒸发观测;1975 年 1 月恢复能见度观测。现在观测项目为云、能见度、天气现象、气压、气温、湿度、风向、风速、降水、日照、蒸发(小型)、地面温度、浅层地温、雪深、雪压、冻土、电线积冰等。

编发电报　1961 年 1 月 1 日开始发报,发报时次每年 5—9 月为 08、14、20 时 3 次,10 月至次年 4 月为 14 时 1 次。1987 年 5 月 20 日延长河北省小图报协作站每日 3 次拍报终止,1987 年 6 月 15 日 08 时小图报第 5 组省略不编报,1987 年 7 月 1 日从河北省小图报中选组编发航空报。1988 年 5 月 15 日威县气象局增加雨量观测和传递。1991 年 7 月 18 日开始汛期加密观测发报,1999 年 1 月 1 日起,每天向河北省气象台编发 08、14、20 时 3 个时次的天气加密报。1999 年 6 月 1 日起,每年 6 月 1 日—8 月 31 日向河北省气象台编发汛期 06—06 时雨量报,全年不定时向河北省气象台编发雷暴、霾、浮尘、暴雨、初霜、终霜、龙卷、积雪、雨凇、大风、冰雹、沙尘暴、雾、特大降水量等重要天气报。

气象电报传输　威县气象局从 1961 年 1 月建站开始用电话机通过邮电局传输报文,到 1987 年 4 月开始用甚高频电话向邢台市气象台传送,气象台抄收后再拍发到河北省气象台。1999 年 7 月开始用 X.28 通讯网,2002 年 6 月升级为 X.25 通信网向河北省气象台传输气象报文资料。2005 年 1 月改为 2 兆宽带光纤传输,2008 年 1 月升级为 4 兆宽带光纤传输。

气象报表制作 威县气象局自建站后地面气象记录月报表、地面气象记录年报表,用手工抄写方式编制,一式 3 份,分别上报河北省气象局气候中心信息科、邢台市气象局审核室各 1 份,留底 1 份。1994 年 4 月开始地面气象记录月报表和年报表由邢台市气象局审核室代输入微机制作报表,并向河北省气象局气候中心上报月报表 1 份和磁盘。1999 年 1 月河北省气象局给威县气象局配发联想 486 微机,观测员使用微机输入制作地面气象记录月报表,通过 X.28 局域网通讯线路,每月 5 日以前向河北省气象局气候中心传输报表资料。2002 年 6 月开始通过 X.25 局域网通讯线路,每月 5 日以前上传到邢台市气象局审核室,由邢台市气象局审核完毕后统一打包上传河北省气象局气候中心。2007 年 1 月通过光纤给省市气象局传输电子版原始资料和报表,停止报送纸质报表。

区域自动站建设 为了更好地服务当地经济,取得更为详尽的气象要素数据,2005 年 5 月在章台、七级、梨园屯,2006 年 11 月在方家营、第什营、常屯、贺钊、赵村等乡镇建设了 8 个温度、雨量两要素区域自动站。

观测站视频监控系统 2007 年 11 月安装观测站视频监控系统。实现了天气实景监控、观测场地环境、探测设备运行与安全监测的有机结合,通过专用网络线路将监测实况传递到监控业务平台。

2. 气象服务

威县位于黑龙港流域,属暖温带大陆性季风气候。灾害性天气频发,尤以暴雨、干旱、大风、冰雹、雷电、大雪为甚。威县气象局坚持以经济社会需求为牵引,把决策气象服务、公众气象服务、专业气象服务和气象科技服务融入到经济社会发展和人民群众生产生活中。

公众气象服务 1988 年 11 月正式安装使用气象警报发射机为各乡镇和有关单位对外开展气象服务,每天上、下午各广播 1 次,服务单位通过接收机定时接收气象信息。1989 年 12 月服务单位增至 35 家。2000 年 9 月—2001 年 12 月威县电视台播放天气预报。2002 年 2 月购置天气预报自动答询系统一套。开通模拟信号“121”天气预报电话自动答询系统。2005 年 1 月天气预报电话自动答询系统“12121”升级为数字式平台。信息内容包括主信箱每日 3 次的 24 小时天气预报。2007 年 5 月通过移动通信网络开通了气象商务短信平台,以手机短信方式向全县各级领导发送气象信息。

决策气象服务 自 1976 年开始,威县气象局为县委、县政府、生产办公室等单位提供气象服务,主要内容包括气温、降水、风的短期预报、长期预报、灾害性天气、农业气象资料等,服务方式为电话传送和书面抄送等方式。1988 年 11 月正式使用预警系统对外开展服务,每天上、下午各广播 1 次,服务单位通过预警接收机定时接收气象服务信息。2003 年以来每年的棉花播种期间不定期给威县政府和相关单位递送《棉花播种期天气简报》。遇有重要天气时给县主要领导和各个相关单位递送《重要天气简报》。从 2006 年 8 月开始,每周一给县领导和相关单位以纸质材料发送一周天气预报。每次降水结束、灾害性天气结束后,第一时间以书面形式向威县主要领导和相关单位发送灾情信息。

人工影响天气　1999 年 5 月在七级镇马军寨和张营乡西平镇村布设"三七"高炮 2 门；2002 年购置 1 部火箭发射系统，高炮和火箭均由县气象局负责指挥。2004 年 5 月由河北省气象局配备中兴皮卡车 1 辆，用于人工影响天气流动作业。

气象科普宣传　威县气象局在每年的"3·23"世界气象日和安全生产月，都走上街头进行宣传。主要宣传方式有播放视频科教片、挂图张贴和发放宣传资料。2008 年 5 月与威县教育局合作，购买了 300 余套气象灾害科教光盘对辖区内的学校进行发放、宣传。

科学管理与气象文化建设

科学管理　1997 年 8 月成立了威县防雷中心，负责对全县区域内的防雷设施进行安全检测，并对施工图纸进行技术论证。2007 年 12 月成立了威县气象科技服务中心，将防雷技术服务、气球施放、气象资料查询等气象科技服务职能纳入中心职能，在威县境内行使防雷管理权。2005 年 6 月威县政府颁发了《威县人民政府关于加强建设工程防雷管理的通知》(〔2005〕28 号)。威县气象局肩负着气象探测环境保护的任务，针对近年来不断恶化的探测环境，威县气象站共出动执法人员 33 人次，对探测环境立案调查 1 起，使探测环境得到了有效地保护。2003 年 10 月威县政府法制办批复确认威县气象局具有独立的行政执法主体资格，并为威县气象局 4 名工作人员办理了行政执法证。2004 年 5 月威县气象局被列为县安全生产委员会成员单位，负责全县防雷安全的管理。对县内所有带有防雷设施的建筑工程，实行审核制度。定期对液化气站、加油站、危险化工企业的防雷设施进行检查。

政务公开　对气象行政审批办事程序、气象行政执法依据、服务收费依据及标准等，按照威县政府的要求，对社会进行公开，依法接受社会各界的评议监督。

党建工作　从建站初期到 1970 年 12 月，威县气象局有党员 1 人，编入县农业局党支部。1971 年 1 月—1973 年 12 月编入人民武装部党支部。1974 年 1 月—1986 年 12 月编入农业局种子公司党支部。1987 年 1 月党员增加到 3 人，威县气象局成立党支部，截至 2008 年 12 月有党员 6 人(其中离退休职工党员 2 人)。

威县气象局高度重视党风廉政建设。局务会成员认真学习关于廉政建设的各项规章制度。坚持每月不少于两次的廉政知识集中学习，努力建设高效廉洁的学习型机关。

气象文化建设　威县气象局注重精神文明建设。2007 年 4 月成立了以局领导为组长的精神文明建设小组。将精神文明建设贯穿于整个工作当中。订阅了《人民日报》、《河北日报》、《半月谈》等党报党刊。建立了图书阅览室，精神文明荣誉室，先后分批次购买了图书 400 余册，极大的丰富了职工的精神生活。多次派职工积极参加市气象局和县政府组织的各种文体活动。

集体荣誉　主要有 2000—2001 年度、2002—2003 年度、2004—2005 年度、2006—2007 年度被邢台市委、市政府评为"精神文明单位"。

台站建设

威县气象站于 1960 年在威县县城东南农场筹建，当时只有 4 间砖木结构瓦房。1967

年 6 月在县城北关新站址建砖木结构瓦房 7 间,建筑面积为 90 平方米。1977 年 8 月在现址建房屋 12 间,建筑面积约 180 平方米。设有观测值班室、办公室、宿舍、储藏室等。1995 年 6 月新建两层砖混结构办公楼 1 栋,建筑面积约 220 平方米。2003 年对围墙进行了修缮,将职工生活区、办公区、观测场实行了隔离。对局门口进行了硬化处理,加固了护堤。对办公区的地面进行了硬化处理,硬化面积 750 余平米。在院落硬化的同时,对办公区和生活区的排水设施进行了规划施工。2004 年 9 月在办公楼西侧修建了凉亭。2007 年 6 月对办公楼进行了维修。在加强硬件建设的同时,还对院落进行了绿化,在庭院中修建了花坛,在观测场两侧种植了苜蓿,观测场南侧于 2004 年 6 月种植了草坪。在院落里栽种了塔松、红叶李、木棉等观赏树木;在花池中栽种了月季、迎春花、金叶女贞、串红、冬青等观赏花草。通过近几年的努力,使威县气象局实现了三季有花、四季常绿的办公生活环境。截至目前,威县气象局的绿化覆盖率达到了 57%。

威县气象局观测场(2006 年)

威县气象局办公楼(2007 年)

临西县气象局

机构历史沿革

始建情况　临西县气象局始建于 1967 年 1 月 1 日,名称为河北省临西县气象服务站,位于临西县先锋桥镇大米庄村北 500 米处,北纬 36°51′,东经 115°40′,观测场海拔高度 32.9 米。

站址迁移情况　1976 年 1 月 1 日搬迁到童村公社高村大队村东,距原址 17.5 千米,北纬 36°51′,东经 115°29′,观测场海拔高度 34.8 米。

历史沿革　1972 年 1 月 1 日改为河北省临西县气象站;1978 年 1 月改为临西县革命委员会气象站;1982 年 6 月改为河北省临西县气象站;1988 年 1 月改为河北省临西县气象局。临西县气象局为正科级事业单位。

管理体制　1967年1月1日—1970年6月隶属邢台地区气象局;1970年6月—1972年1月隶属临西县人民武装部;1972年1月—1981年4月30日隶属临西县农业局,1981年5月1日起实行气象部门与地方政府双重领导,以气象部门领导为主的管理体制。

单位名称及主要负责人变更情况

单位名称	姓名	职务	任职时间
河北省临西县气象服务站	杨辅培	站长	1967.01—1971.12
河北省临西县气象站	王书珩	站长	1972.01—1974.06
	周明录	站长	1974.07—1977.05
	杨土锋	副站长	1977.05—1977.12
临西县革命委员会气象局	董春友	副局长	1978.01—1979.05
	王步云	副局长	1979.05—1980.06
	武法考	副局长	1980.06—1982.06
河北省临西县气象站		副站长	1982.06—1984.09
	马友祯	站长	1984.09—1988.01
河北省临西县气象局		局长	1988.01—1988.10
	范秀珍	副局长	1988.10—1990.03
		局长	1990.03—1997.01
	石金祥	副局长	1997.01—1997.07
		局长	1997.07—2008.11
	耿世明	副局长	2008.11—

人员状况　建站时有职工3人。截至2008年12月有在职职工7人(其中正式职工6人;聘用职工1人),离退休职工3人。在职正式职工中:男4人,女2人;汉族6人,大学本科以上2人,大专3人,中专以下1人;中级职称1人,初级职称5人;30岁以下1人,31～40岁1人,41～50岁3人,50岁以上1人。

气象业务与服务

1. 气象业务

临西县气象局现开展地面气象测报业务工作。每天定时和不定时向河北省气象台编发地面天气加密报、重要天气报、气象旬(月)报、雨情报。制作地面气象记录月报表和地面气象记录年报表。

①地面气象观测

观测时次　临西县气象局在1967年1月1日—2006年12月31日为国家一般站,2007年1月1日—2008年12月31日为国家气象观测二级站。每天进行08、14、20时3次定时地面气象观测并向河北省气象台编发气象电报。其中在1972年1月1日—1974年3月31日增加02时定时地面气象观测。

编发电报　从建站开始到1998年12月31日每天14时向河北省气象台编发小图报1次,1999年1月1日起每天向河北省气象台编发08、14、20时3个时次的天气加密报。

1999 年 6 月 1 日起每年 6 月 1 日—8 月 31 日向河北省气象台编发汛期 06—06 时雨量报，全年不定时向河北省气象台编发雷暴、霾、浮尘、暴雨、初霜、终霜、龙卷、积雪、雨凇、大风、冰雹、沙尘暴、雾、特大降水量等重要天气报。

观测项目　云、能见度、天气现象、气压、气温、湿度、风向、风速、降水、日照、小型蒸发、地面温度、浅层地温、雪深、冻土。其中在 1968 年 1 月 1 日—1971 年 12 月 31 日取消蒸发量观测。1970 年 4 月 1 日—1975 年 12 月 31 日增加 40 厘米、1969 年 9 月 20 日—1975 年 12 月 31 日增加 80 厘米、1969 年 10 月 20 日—1975 年 12 月 31 日增加 160 厘米深层地温观测。

气象电报传输　临西县气象局从建站开始用电话机通过邮电局传输报文，到 1987 年 4 月开始用甚高频电话向邢台市气象台传送，气象台抄收后再拍发到河北省气象台。1999 年 7 月开始用 X.28 通讯网、2002 年 9 月 1 日升级为 X.25 通信网向河北省气象台传输气象报文资料。2005 年 3 月 1 日改为 2 兆宽带光纤传输，2008 年 1 月升级为 4 兆宽带光纤传输。

气象报表制作　临西县气象局自建站后地面气象记录月报表、地面气象记录年报表，用手工抄写方式编制，一式 3 份，分别上报河北省气象局气候中心信息科、邢台市气象局审核室各 1 份，留底 1 份。1994 年 4 月开始地面气象记录月报表和年报表由邢台市气象局审核室代输入微机制作报表，并向河北省气象局气候中心上报月报表 1 份和磁盘。1999 年 1 月河北省气象局给临西县气象局配发联想 486 微机，观测员使用微机输入制作地面气象记录月报表，通过 X.28 局域网通讯线路，每月 5 日以前向河北省气象局气候中心传输报表资料。2002 年 6 月开始通过 X.25 局域网通讯线路，每月 5 日以前上传到邢台市气象局审核室，由邢台市气象局审核完毕后统一打包上传河北省气象局气候中心。2007 年 1 月通过光纤给省市气象局传输电子版原始资料和报表，停止报送纸质报表。

区域自动站建设　2006 年 5 月 9 日—2007 年 4 月建成尖冢、东枣园、下堡寺、吕寨、河西、大刘庄 6 个 DSD3 型温度、雨量两要素自动观测站。

观测站视频监控系统　2008 年 6 月安装观测站视频监控系统。实现了天气实景监控、观测场地环境、探测设备运行与安全监测的有机结合，通过专用网络线路将监测实况传递到监控业务平台。

②农业气象

1979 年 1 月为省农业气象基本站，开展农气工作。主要是玉米、小麦、棉花生育期的物候观测。1985 年 12 月撤销临西县气象站农气组。

1980 年 12 月农气组获省农气服务第一名，颁发奖状。

2. 气象服务

公众气象服务　临西县气象局 1989 年 7 月建立气象警报系统。1997 年 1 月 16 日同电信局合作正式开通"121"天气预报自动咨询电话。2003 年 8 月全市"121"答询电话实行集约经营，主服务器由邢台市气象局建设维护。2005 年 1 月"121"电话升位为"12121"。1998 年 6 月 1 日与县广播电视局协商同意后在电视台播放临西天气预报，天气预报由气象局提供，电视节目由电视台制作。2002 年 1 月县气象局建成多媒体电视天气预报制作系统,将自制节目录像带送电视台播放。2007年6月电视台电视播放系统升级为非线性编辑系统。

决策气象服务 临西县气象局于1979—1983年开展农业资源调查和区划,并获市级验收,编写了《临西县农业气候手册》,开始为农业农村提供气象服务。1982年8月开始接收天气图传真接收工作,主要接收北京的气象传真和日本的传真图表,利用传真图表独立地分析判断天气变化,取得较好的预报效果。1996年4月临西县气象局开通了"9210"工程气象信息综合分析处理系统(MICAPS系统),1999年6月卫星地面接收站建成投入使用。主要依据河北省气象局、邢台市气象局的下传气象预报信息,同时结合分析MICAPS系统中各种气象资料,形成决策气象服务材料。2008年2月为了更及时准确地为县领导服务,通过网通公司开通了"信息魅力"网上短信发布平台,遇有突发性灾害天气时,以手机短信方式向全县各级领导发送手机短信预警信号。2008年6月建立了农村气象信息员队伍。

人工影响天气 由人工观测云层、"三七"高炮发射碘化银炮弹作业,发展到利用气象卫星接收系统、车载式火箭发射碘化银火箭弹作业。2000年6月由县政府投资5万元,购置了1台人工影响天气车载式火箭发射系统。

气象科普宣传 每年在"3·23"世界气象日进行气象知识宣传,普及防雷知识。

气象法规建设与社会管理

1. 法规建设

2004年9月临西县政府下发《关于加强对雷电灾害防护装置管理的通知》(政字〔2004〕80号),2006年3月临西县政府出台《临西县防雷安全管理规定》,2007年12月临西县政府下发《临西县防雷减灾管理办法》(临政〔2007〕8号)。1992年3月根据上级文件精神,临西县气象局开展了高层建筑、高危行业的防雷设施的检测工作。1997年10月依据河北省机构编制委员会办公室文件(冀执编〔1997〕61号),关于各级气象部门成立防雷中心机构的通知,成立临西县防雷中心。2004年4月临西县政府法制办批复确认临西县气象局具有独立的行政执法主体资格,并为4名同志办理了行政执法证,县气象局成立行政执法队伍。2005年4月1日开始开展防雷装置审核和竣工验收工作。定期对液化气站、加油站等高危行业进行检查。对不符合防雷技术规范的单位,责令进行整改。

2. 社会管理

探测环境保护 2003年9月临西县政府下发了《关于对气象观测环境予以保护的通知》(政字〔2003〕75号)。临西县气象局根据中国气象局、省市有关规定,已就探测环境保护于2008年3月在县规划局、县人大办公室、县政府办公室、国土局、建设局、县无线电管理小组备案。

依法行政 严格按照《中华人民共和国气象法》及有关法规和规章办理,对违反《中华人民共和国气象法》等有关规定的行为依法进行处罚,承担有关行政应诉工作。承担邢台市气象局和临西县政府交办的其他事项。

3. 政务公开

2006 年 12 月临西县气象局编印《行政权利公开透明运行资料汇编》。内容包括对气象行政审批办事程序、气象服务内容、服务承诺、气象行政执法依据、服务收费依据及标准等。

党建与气象文化建设

1. 党建工作

党的组织建设 1967 年 1 月与邮电局合编为一个党支部,1981 年 1 月—1994 年 4 月与建设银行同属一个党支部,1994 年 4 月—2000 年 9 月与县畜牧局同属一个党支部。2000 年 9 月成立了临西县气象局党支部,有党员 3 人。截至 2008 年 12 月有党员 4 人(其中离退休职工党员 1 人)。

党风廉政建设 认真落实党风廉政建设目标责任制,积极开展廉政教育和廉政文化建设活动,努力建设文明机关、和谐机关和廉洁机关。开展了以"情系民生、勤政廉政"为主题的廉政教育,组织观看了多部廉政警示教育片。每年接受当地审计、纪检和上级财务部门的审计,并将结果向职工公布。

2. 气象文化建设

精神文明建设 临西县气象局充分利用现有设施,因地制宜,开展丰富多彩、健康有益的文化体育活动,丰富气象职工的精神文化生活。开展文明创建规范化建设,装修业务值班室,统一制作局务公开栏,建立了室内外文体活动场所,购置了大量图书和文体活动器材,建起了图书阅览室,经常组织职工开展丰富多彩的文体活动或比赛,组织职工加强体育锻炼,促进群众性体育活动的开展。

文明单位创建 临西县气象局自开展建设精神文明单位以来,多次受到上级和地方政府好评。1998 年 2 月被县委、县政府评为县级"文明单位";1998—2008 年连续 10 年被邢台市委、市政府评为市级"文明单位"。

3. 荣誉与人物

集体荣誉 1978—2008 年临西县气象局共获集体荣誉奖 19 项。1992 年 2 月在全省"一先两优"活动中,被省气象局授予"全省先进气象局"称号。1999 年 1 月 8 日被省气象局评为"河北省气象部门县(市)三级强局单位"。2005 年 11 月临西县气象局还被中国气象局授予"局务公开先进单位"。

个人荣誉 1978—2008 年临西县气象局个人获奖 36 人次。

人物简介 王书珩,男,1936 年 12 月生,1961 年 8 月毕业于南京大学气象系。1970 年 12 月调到临西县气象站工作。1982 年 4 月调到宁晋县气象站任副站长。1984 年 10 月调到邢台市气象局工作。1987 年受聘为邢台市气象局气候分析高级工程师。1996 年 12 月退休。

在临西县气象站工作期间,参加了河北省栾城农业自然资源考察和农业区划工作。王书珩和赵聚宝等人研制的"太阳辐射气候计算公式",经专家认可,已在全省各地应用,从而弥补了我省太阳辐射资料空白,为光能利用和光能生产潜力的计算奠定了基础。参加栾城气候区划科研成果,获河北省(1984年)科学技术成果三等奖和中国科学院(1985年)科学技术成果二等奖。1979年下半年,邢台地区在临西县搞气候考察和区划试点,负责技术培训、全面技术指导及主要课题和综合报告的编写。王书珩主动承担了这项工作,晚上连续加班20多天完成任务,因而受到领导和同志们一致好评。1979年被评为河北省劳动模范。

台站建设

台站综合改善 临西县气象局建站时的房屋已非常破旧,工作条件非常艰苦。1997年10月向河北省气象局申请改善资金20万元,向县政府申请资金3万元,于12月16日在原址建设房屋8间150平方米。2006—2007年投资112万元,新征土地3300平方米,新建办公楼1栋561平方米。

园区建设 2000—2003年临西县气象局分期对院内的环境进行了绿化改造。共修建5000平方米草坪、花坛、栽种了风景树,全局绿化率达到了75%。规划整修了道路,硬化面积1700平方米。是河北省气象部门县(市)三级强局单位,市级"文明单位"。

临西县气象站旧貌(1984年)

临西县气象局新办公楼(2008年)

清河县气象局

河北省清河县历史悠久,夏商时先民已在此繁衍生息。清河县是全国最大的羊绒加工经销集散地和重要的羊绒制品产销基地,有"世界羊绒看中国,中国羊绒看清河"之誉,先后被国家有关部门授予"中国羊绒之都"、"中国羊绒纺织名城"称号。也是中华张姓起源地,近年来,世界张氏总会及马来西亚、新加坡等地张氏后人多次前来寻根认祖。清河人杰地灵,人才辈出,西汉大儒张禹、东汉白马令李云、巾帼学士《女论语》作者宋若莘、我国历史上第一位状元孙伏伽、近代著名学者顾随等都是清河人。清河还是打虎英雄武松的故乡,是文学名著《水浒传》《金瓶梅》中许多故事的发生地。2007年清河先后被国家有关部门授予"中国武松文化之乡"、"中国金瓶梅文化研究基地"称号。

机构历史沿革

始建情况 清河县气象局始建于1960年1月1日,创建成立时名称为南宫县清河水文气象站,站址位于清河县戈仙庄村南偏西"郊外"。北纬37°04′,东经115°39′,观测场海拔高度30.5米。

站址迁移情况 1990年5月23日迁至清河县戈仙庄村外,北纬37°04′,东经115°39′,观测场海拔高度29.8米。1999年4月迁至清河县黄金庄镇王化庄村北"郊外"。位于北纬37°05′,东经115°40′,海拔高度31.5米。

历史沿革 1961年6月更名为清河县气象服务站。1971年6月更名为河北省清河县气象站,1989年1月28日更名为河北省清河县气象局。清河县气象局为正科级事业单位。

管理体制 1960年1月1日—1966年12月隶属邢台地区气象局管理。1967年1月起隶属清河县人民委员会管理;1971年6月起隶属清河县人民武装部管理;1973年10月隶属清河县革命委员会管理;1981年5月起实行气象部门与地方政府双重领导,以气象部门领导为主的管理体制。

单位名称及主要负责人变更情况

单位名称	姓名	职务	任职时间
南宫县清河水文气象站	王一斌	站长	1960.01—1961.05
清河县气象服务站			1961.06—1963.05
	潘吉奎	负责人	1963.06—1968.02
	刘贵秀	负责人	1968.03—1971.05
河北省清河县气象站		负责人	1971.06—1972.04
		站长	1972.05—1983.04
	邓亨贤	负责人	1983.05—1984.07
	姜素珂	副站长	1984.08—1986.05
		站长	1986.05—1989.01
河北省清河县气象局		局长	1989.01—2002.02
	薛华	局长	2002.03—

人员状况 建站时有职工3人。截至2008年底有在职职工7人,离退休职工4人。在职职工中:男4人,女3人;汉族7人;大学本科以上2人,大专4人,中专1人;中级职称2人,初级职称5人;30岁以下1人,31~40岁3人,41~50岁2人,50岁以上1人。

气象业务与服务

1. 气象观测业务

清河县气象局现开展地面气象测报业务工作。每天定时和不定时向河北省气象台编发地面天气加密报、重要天气报、气象旬(月)报、雨情报。制作地面气象记录月报表和地面气象记录年报表。

观测时次 清河县气象局为国家一般气象站,每天进行08、14、20时3次定时地面气象观测(其中1971年1月1日—1974年4月1日增加02时定时观测,每日4次定时观测,夜间守班)。

编发电报 从建站开始到1998年12月31日每天14时向河北省气象台编发小图报1次。1999年1月1日起每天向河北省气象台编发08、14、20时3个时次的天气加密报。1999年6月1日起,每年6月1日—8月31日向河北省气象台编发汛期06—06时雨量报,全年不定时向河北省气象台编发雷暴、霾、浮尘、暴雨、初霜、终霜、龙卷、积雪、雨凇、大风、冰雹、沙尘暴、雾、特大降水量等重要天气报。

观测项目 云、能见度、天气现象、气压、气温、湿度、风向、风速、降水、日照、小型蒸发、地面温度、浅层地温、雪深、冻土。

气象电报传输 清河县气象局从建站开始用电话机通过邮电局传输报文,1987年4月开始用甚高频电话向邢台市气象台传送,气象台抄收后再拍发到河北省气象台。1999年7月开始用X.28通讯网,2002年6月升级为X.25通信网向河北省气象台传输气象报文资料。2004年12月改为2兆宽带光纤传输,2008年1月升级为4兆宽带光纤传输。

气象报表制作 河北省清河县气象局自建站后地面气象记录月报表、地面气象记录年报表,用手工抄写方式编制,一式3份,分别上报河北省气象局气候中心信息科、邢台市气象局审核室各1份,留底1份。1994年4月开始地面气象记录月报表和年报表由邢台市气象局审核室代输入微机制作报表,并向河北省气象局气候中心上报月报表1份和磁盘。1999年1月河北省气象局给清河县气象局配发联想486微机,观测员使用微机输入制作地面气象记录月报表,通过X.28局域网通讯线路,每月5日以前向河北省气象局气候中心传输报表资料。2002年6月开始通过X.25局域网通讯线路,每月5日以前上传到邢台市气象局审核室,由邢台市气象局审核完毕后统一打包上传河北省气象局气候中心。2007年1月通过光纤给省市气象局传输电子版原始资料和报表,停止报送纸质报表。

区域自动站建设 2006年5月在连庄镇、王官庄镇建立了2个两要素(温度、雨量)区域自动气象观测站。2007年3月在油坊镇、孙家庄镇、谢炉镇建立了3个两要素(温度、雨量)区域自动气象观测站。

2. 气象服务

公众气象服务 1992年5月全县20个乡镇及县委办、政府办、农业局等安装了气象警报接收机,每天播放气象局发布的天气预报。1996年2月清河县气象局与县邮电局联合投资开通"121"电话自动答询系统,全县境内的所有电话,均可拨通。2003年8月模拟设备更新为数字设备,全市进行升级改造,并设为1个平台,由市气象专业台统一制作。2005年1月电话"121"升位为"12121"。2004年8月19日开始通过清河电视台、电台发布天气预报。1994年开始承办气球庆典活动,后来又购置彩虹门、立柱宫灯、高空彩色礼炮等。

决策气象服务 1999年7月清河县气象局新上微机3台,气象卫星接收天线1个,"9210"工程启用,建立了气象信息网络系统,雨情、讯情、灾情快速反应系统。2002年5月清河县气象局开始制作气象信息周预报,每周一向县领导及有关单位报送。每年发送周预报、重要活动及节日预报 70 余期 3500 份,春播、三夏、汛期、麦收和高考专题服务报告 20 期 1000 余份,发布月、季预报和气候概况 10 期 500 余份。并充分利用电话、手机短信、报刊、电台等新闻媒体进行全方位气象信息服务。2009 年 3 月与县委、县政府办公室协商,利用县委办公务内网移动短信服务平台开通气象信息服务。服务范围:县四大班子领导、县直单位主要领导、乡(镇)主要领导、县级管理员、乡(镇)级协管员、村级信息员和学校校长等。内容主要包括:气象灾害预警、周预报、主要天气过程、区域自动站雨量等。

人工影响天气 清河县人工影响天气工作始于 1994 年 5 月,1994 年 6 月建立孙庄乡炮点,1995 年 5 月又建立西张宽乡、辛集乡炮点。2003 年 3 月配备流动式火箭发射架和运载车。清河县人工影响天气办公室自 1994 年 5 月成立以来,先后在全县开展人工防雹增雨作业共 50 余次。

气象科普宣传 每年在"3·23"世界气象日组织科普宣传,普及防雷知识。

科学管理与气象文化建设

科学管理 1992 年清河县气象局开始在全县范围内开展避雷检测防雷业务。主要以搞好避雷设施管理、安装和检测工作,规范新建建筑物、新建计算机网络等设施的防雷图纸审核、跟踪检测工作。2007 年 7 月 23 日清河县政府下发《关于印发〈清河县气象灾害应急预案〉的通知》(清政〔2007〕7 号),2007 年 12 月 29 日清河县政府下发《清河县防雷减灾管理办法》(清河县人民政府令〔2007〕3 号)。2004 年清河县政府法制办批复确认清河县气象局具有独立的行政执法主体资格,并为 4 名同志办理了行政执法证,气象局成立行政执法队伍。2005 年 3 月清河县气象局在清河县行政服务中心设气象局窗口,对雷电防护及施放气球进行行政审批。

在实际工作中,建设局、教育局、公安局等单位积极配合,就防雷管理工作与清河县气象局联合行文,并开展执法检查。2002 年 3 月 1 日清河县公安消防大队、清河县气象局联合下发《关于做好避雷检测工作的通知》,2005 年 4 月 1 日清河县建设局、清河县气象局联合下发《关于加强建设工程防雷管理工作的通知》,2006 年 4 月 20 日清河县气象局、清河县教育局联合下发《关于加强教育系统防雷安全工作的通知》。

党建工作 清河县气象站 1960 年建站之初,有党员 1 人。1989 年 8 月经县直党委批准清河县气象局建立党支部,有党员 3 人。从 1960 年至今清河县气象局共发展党员 14 人。截至 2008 年 12 月有党员 7 人(其中离退休职工党员 2 人)。

认真落实党风廉政建设目标责任制,积极开展廉政教育和廉政文化建设活动,努力建设文明机关、和谐机关和廉洁机关。开展了以"情系民生、勤政廉政"为主题的廉政教育,组织观看了多部廉政警示教育片。每年接受当地审计、纪检和上级财务部门的审计,并将结果向职工公布。

气象文化建设 清河县气象局始终把文明创建放在全局工作的重中之重,努力实现"塑造文明行业形象,建优质干部队伍,创一流工作业绩"的具体目标。有健全的精神文明创建工作组织领导体系、保障机制和考核奖励机制,落实各项精神文明创建活动措施得力,成效显著。连续多年获得县级"文明单位"、市级"文明单位";获邢台市文明委市级"窗口单位"等荣誉称号。不断选送多名职工参加南京信息工程大学、中国气象局培训中心和县党校的学习深造。积极参加市、县组织的体育活动和户外健身,丰富职工的业余生活。

荣誉 1989—2008 年清河县气象局共获集体荣誉奖 27 项。其中,2000 年被河北省气象局命名为"河北省三级强局"单位;1977—2008 年清河县气象局个人获奖共 97 人次;4 人先后被中国气象局授予"质量优秀测报员"7 次。

台站建设

台站综合改善 1999 年 4 月 1 日迁入新址,近几年对局内环境面貌和业务系统进行了大的改造。按照中国气象局"一流台站"的建设标准,2003 年 4 月对业务值班室进行了装修改造,现代化设备齐全。将整个院落进行规划,院内硬化面积 600 平方米,绿化面积 3600平方米,并设花坛、种植草坪、树及各种花卉,整个院落乔冠木和花草高低错落有致、四季花香。

清河县气象站旧貌(1984 年)

清河县气象局现貌(2007 年)

邯郸市气象台站概况

邯郸市位于河北省最南端,南连黄淮海平原,是太行山隆起与华北平原沉降区之间的过渡带。邯郸市地处中纬度欧亚大陆东岸,属于温带半湿润地区向半干旱地区过渡的大陆性季风气候区。气候特点是四季分明,春季多大风天气,春旱频繁,温度变化大;夏季炎热多雨;秋季风和日丽,秋高气爽;冬季寒冷干燥,雨雪稀少。年平均气温 13.3℃,年平均降水量 523.2 毫米。主要气象灾害有干旱、暴雨、冰雹、大风、干热风、雷电、高温、连阴雨、大雾和寒潮等,次生灾害有洪涝、泥石流、山体滑坡等。

气象工作基本概况

管理体制 邯郸市气象局原名称为邯郸气象站,始建于 1954 年,为邯郸市最早的气象工作机构,归河北省气象部门管理。1958 年管理体制下放,归口地方政府管理,省气象部门负责业务和技术指导。1966 年"文化大革命"开始后,管理体制再次回到地方,先后由军队机构和地方革委会负责管理。1981 年开始进行体制改革,实行由气象部门与地方政府双重领导,以气象部门领导为主的管理体制。

台站概况 邯郸市气象局下辖 15 个县(市、区)气象局及邯郸市气象台共 16 个台站,其中肥乡、涉县 2 站同时为农业气象观测站。截至 2008 年底,共建成自动观测气象站 5 个,两要素区域气象站 163 个,GPS 水汽监测站 2 个。

继邯郸气象站建成后,1956 年建立峰峰矿区气象站;1957 年建立大名县气象站;1959 年建立磁县、涉县、曲周、武安县气象站;1961 年建立临漳县气象站;1962 年建立肥乡县气象站;1972 年建立永年、魏县、广平、馆陶县气象站;1973 年建立成安、鸡泽县气象站,;1974 年建立了邱县气象站。邯郸市气象局所辖气象台站建站之初均为国家一般气象站。

1988 年 1 月广平、成安、魏县、邱县、鸡泽、永年县气象站调整为辅助气象站;1989 年 1 月临漳县气象站调整为辅助气象站;1991 年 6 月辅助气象站改称省一般气象站;1999 年 1 月恢复为国家一般气象站。

2007 年 1 月起,涉县、肥乡县气象站调整为国家气象观测一级站,其他 14 个气象站调整为国家气象观测二级站。

人员状况 1981 年邯郸市气象系统有在编职工 189 人,1992 年有 204 人,2000 年有

184人。截至2008年底有职工220人(其中正式职工171人,聘用职工49人),离退休职工96人。在职职工中:男112人,女59人;汉族170人,少数民族1人(回族);大学本科以上66人,大专48人,中专以下57人;高级职称2人,中级职称56人,初级职称90人;30岁以下38人,31~40岁35人,41~50岁56人,50岁以上42人。

党建与文明单位创建 邯郸市气象部门有党总支1个,党支部15个,党员123人。邯郸市气象局连续多年被评为市级"文明单位"。截至2008年底,各县气象局均建成县级"文明单位",其中13个县气象局建成市级"文明单位"。

主要业务范围

地面气象观测 邯郸市气象局所辖各县气象站统一观测的项目为气压、气温、湿度、云量、云状、能见度、降水、风向、风速、蒸发量、积雪深度、地温、冻土、日照。邯郸市气象观测站另有电线积冰、深层地温观测任务。所有气象台站均承担天气报、气象旬(月)报、雨情报和重要天气报发报任务。广平、成安、魏县、邱县、鸡泽、永年、临漳县气象站在调整为辅助气象站期间,停止拍发天气报。

2003年1月1日邯郸市气象观测站建成自动观测气象站,2008年1月1日武安、肥乡、大名、成安建成自动观测气象站,实现了气压、气温、湿度、风向、风速、降水、0~320厘米地温、草面温度的连续24小时自动观测。2007年1月1日涉县气象站、肥乡县气象站调整为国家气象观测一级站,每天进行02、05、08、11、14、17、20、23时8次定时观测,夜间守班。邯郸市气象观测站由昼夜守班调整为白天守班,每天进行08、14、20时3次人工定时观测。

资料交换途径:1987年之前使用电话通过邮电局拍发气象电报,1987年开始使用甚高频电话发送电报,1999年开始使用计算机网络发送气象电报,2005年1月开始通过专用光纤传送气象电报及数据。

报表制作:邯郸市气象局所辖各气象台站每月制作地面气象记录月报表(气表-1)一式3份,报邯郸市气象局、河北省气象局各1份,本站留底1份。每年制作地面气象记录年报表(气表-21)一式4份,报邯郸市气象局、河北省气象局、中国气象局各1份,本站留底1份。

农业气象观测 邯郸市气象局现有肥乡、涉县2个农业气象站。肥乡县农业气象站为国家一级农气站,观测项目有作物观测、物候观测和固定地段观测。涉县农业气象站为河北省农业气象观测基本站,观测项目为作物观测和物候观测。

雷达观测 邯郸市气象局有711测雨雷达1部。1995年通过对雷达进行了数字化改造,完善了数据、数控功能,实现了探测方法、数据格式和产品输出的规范化。

特种观测 2008年10月在邯郸市气象观测站和魏县气象站建立2个GPS水汽监测站。

天气预报业务与服务 天气预报业务始于20世纪50年代中期,经过50多年发展,已基本完成了由传统的手工填写绘制天气图为主的定性分析方式向自动化、客观和定量分析方向的重大变革,形成了以数值天气预报产品为基础、以人机交互处理系统为平台、综合应用多种技术方法的天气预报业务流程。MICAPS系统成为日常天气预报业务的基本平台,天气预报特别是中短期重大灾害性、关键性和转折性天气过程的预报准确率明显提高,短时临近预报取得了长足进步。

广泛开展了专业、专项服务和各种技术服务,服务的领域扩展到工业、农业、商业、能源、水利、交通、环保、旅游等行业。开展了短时临近预报、内涝预报、地质灾害气象预报预警、森林火险气象等级预报、交通线路气象服务、人工影响天气、风能资源普查、太阳能利用的服务及涉及人民群众生产、生活的各种"指数"预报等服务项目,服务领域不断拓宽。

　　建立了覆盖面广、传播速度快的公众天气预报预警服务体系。在邯郸市电台、电视台、市内主要报纸开设了天气预报栏目。与邯郸市电视台和广播电台建立了"突发性重大灾害性天气预警插播机制",当有突发重大灾害性天气发生时,可制作"加急天气预警节目"直接送电视台和电台随时播出。

　　人工影响天气　　邯郸市人工影响天气工作开始于 1975 年春,机构名称为人工控制天气办公室。1979 年初成立邯郸行署人工影响天气领导小组,下设办公室。1985 年起邯郸市人工影响天气工作暂停,同时撤销了人工影响天气办公室。1994 年重新恢复人工影响天气工作,同年成立了邯郸市人工影响天气领导小组,在市气象局设人工影响天气办公室,负责各县人工影响天气作业的空域请示、作业指挥及日常管理工作。2000 年河北省人工影响天气办公室开始实施太行山东麓人工影响天气工程,邯郸市除魏县外的 14 个县(市、区)气象局规划为实施单位,各县陆续配备了 BL-1 型火箭发射系统和火箭作业车,人工影响天气业务也由原来的阶段性防雹作业扩展转为全年增雨防雹。全市有 14 个县开展人工影响天气作业,拥有"三七"高炮13 门,BL-1 型火箭发射系统 29 套,火箭作业车 20 辆,形成了覆盖全市的人工影响天气作业网。

邯郸市气象局

机构历史沿革

　　始建情况　　邯郸市气象局始建于 1954 年 10 月 1 日,建站时称邯郸气象站,位于邯郸市贸易东街陵西路路口东南角。北纬 36°36′,东经 114°29′,海拔高度 60.7 米。

　　站址迁移情况　　1958 年 1 月 1 日迁到邯郸县南堡乡中堡村,北纬 36°33′,东经114°32′,海拔高度 59.5 米。1965 年 1 月 1 日迁到现址(邯郸市和东平路 347 号),北纬 36°36′,东经 114°30′,海拔高度 58.6 米。2000 年 1 月 1 日邯郸市气象台观测站迁出邯郸市气象局大院,新台址位于邯郸市城区西北插箭岭公园内,北纬 36°37′,东经 114°28′,海拔高度 66.6 米。

　　历史沿革　　1958 年 8 月 1 日改称河北省邯郸气象台,1959 年 11 月 1 日改称河北省邯郸专区气象台,1960 年 10 月 1 日改称邯郸市气象服务台,1961 年 7 月 1 日改称河北省邯郸专区气象台,1961 年 12 月 1 日改称河北省邯郸专员公署气象局,1965 年 1 月 1 日改称河北省邯郸专区气象局,1969 年 4 月 10 日改称河北省邯郸地区农业服务部气象台,1970年 12 月 1 日改称河北省邯郸地区革命委员会农林局气象台,1971 年 7 月 1 日改称河北省邯郸地区气象台,1974 年 12 月 1 日改称河北省邯郸地区革命委员会气象局,1978 年 12 月1 日改称邯郸地区行政公署气象局,1982 年 9 月 1 日改称河北省邯郸地区气象局,1993 年7 月 1 日改称河北省邯郸市气象局至今。

　　管理体制　邯郸市气象局成立时归河北省气象部门管理。1958 年春管理体制下放，归口地方政府管理，省气象部门负责业务和技术指导。1962 年 10 月重新归河北省气象部门管理。1969 年管理再次回到地方，先后由邯郸军分区和革命委员会负责管理。1981 年 11 月进行体制改革，实行气象部门与地方政府双重领导，以气象部门领导为主的管理体制。

　　机构设置　现邯郸市气象局内设 4 个职能科室（办公室、人事教育科、计划财务科、业务科技科）和 4 个直属事业单位（邯郸市气象台、邯郸市气象科技服务中心、邯郸市人工影响天气办公室和邯郸市防雷中心）。

单位名称及主要负责人变更情况

单位名称	姓名	职务	任职时间
邯郸气象站	廉介之	站长	1954.10—1955.04
	杨永生	站长	1955.04—1957.12
	陈世耕	站长	1958.01—1958.07
邯郸气象台		负责人	1958.08—1959.08
	李枝青	副台长	1959.09—1959.10
		副台长	1959.11—1960.02
邯郸专区气象台	陈世耕	负责人	1960.03—1960.05
	张建信	负责人	1960.06—1960.09
邯郸市气象服务台			1960.10—1961.06
邯郸专区气象台	祝瑞肖	负责人	1961.07—1961.11
邯郸专员公署气象局		副局长	1961.12—1963.02
	张秀清	副局长	1963.03—1964.12
邯郸专区气象局	毕仲武	局长	1965.01—1965.07
	肖永茂	局长	1965.08—1965.12
	赵振明	负责人	1966.01—1969.04
邯郸地区农业服务部气象台			1969.04—1970.11
邯郸地区革命委员会农林局气象台			1970.12—1971.06
邯郸地区气象台			1971.07—1972.12
	杨德修	负责人	1972.12—1974.11
邯郸地区革命委员会气象局	戎改林	副局长	1974.12—1978.11
邯郸地区行政公署气象局			1978.12—1981.07
	焦英	局长	1981.07—1982.08
			1982.09—1984.07
邯郸地区气象局	薛遂猷	副局长	1984.07—1986.11
	柴全璋	副局长	1986.11—1988.10
	马有祯	副局长	1988.10—1990.11
		局长	1990.11—1993.06
			1993.07—1993.12
	宫全胜	代理局长	1993.12—1994.11
邯郸市气象局		局长	1994.11—1996.04
	蔺虎山	局长	1996.04—2004.12
	扈成省	副局长	2004.12—2006.04
		局长	2006.04—

　　人员状况　邯郸市气象局初建时不足 10 人,技术人员仅有 4 人。1981 年有在编正式职工 54 人,1992 年增加到 88 人,2002 年确定编制为 76 人。截至 2008 年底有在职职工 81 人(其中正式职工 72 人,聘用职工 9 人),离退休 47 人。在职职工中:男 45 人,女 27 人;汉族 72 人;大学本科以上 35 人,大专 21 人,中专以下 16 人;高级职称 2 人,中级职称 30 人,初级职称 30 人;30 岁以下 15 人,31~40 岁 20 人,41~50 岁 20 人,50 岁以上 17 人。

气象业务与服务

　　1. 气象业务

　　①气象综合观测

　　地面气象观测　邯郸市气象局下设地面气象观测站,级别为国家一般气象站。1954 年 10 月 1 日开始观测,每天进行 01、07、13、19 时(地方时)4 次观测,1960 年 8 月起改为北京时 02、08、14、20 时观测,夜间守班。观测项目有气压、气温、湿度、云量、云状、能见度、天气现象、风向、风速、降水量、蒸发量、积雪深度、地温、冻土深度、日照。每年 5 月 20 日—9 月 30 日编发 08、14、20 时 3 次小图天气报,10 月 1 日至次年 5 月 19 日编发 14 时小图天气报。另外编发气象旬(月)报、重要天气报、雨情报和预约航危报。报文使用电话经邮局转发到河北省气象台。每月制作地面气象记录月报表(气表-1)一式 2 份,报邯郸市气象局、河北省气象局各 1 份。每年制作地面气象记录年报表(气表-21)一式 3 份,报邯郸市气象局、河北省气象局、中国气象局各 1 份。

　　1986 年 1 月 1 日开始使用 PC-1500 袖珍计算机编发气象电报。

　　1995 年 1 月 1 日开始使用 AHQB-E 软件制作气象报表。1999 年 8 月开始使用《AHDM 4.0》地面测报软件,实现资料输入、编报、报表制作一体化。

　　2003 年 1 月 1 日邯郸市气象观测站建成自动观测气象站,2008 年 1 月增加了草面温度观测项目,实现了气温、湿度、气压、风向、风速、降水、地温、草面温度 24 小时自动观测。

　　2006 年 1 月 1 日起邯郸市气象观测站取消预约航危报任务。

　　2007 年 1 月 1 日起邯郸市气象观测站由国家一般气象站调整为国家气象观测二级站,由昼夜守班调整为白天守班,每天进行 08、14、20 时 3 次人工定时观测。

　　雷达观测　邯郸市气象局雷达组成立于 1976 年,配有 711 测雨雷达 1 部,24 小时值班。

　　特种观测　2008 年 10 月在邯郸市气象观测站建立 GPS 水汽监测站。

　　区域气象站　2006 年在市区建成邯郸市气象局、邯郸市人民政府、邯郸市开发区、赵王城遗址、邯郸工程学院 5 个两要素(气温、降水)区域气象站。

　　②天气预报预测

　　1956 年邯郸气象局开始通过报纸、电台每天定时对外发布短期天气预报。之后又相继开展了为当地党委、政府和有关部门提供中期(旬)预报和长期(月、季)预报。

　　2002 年开始邯郸市气象台正式开展了 7 天逐日滚动分县气象要素预报,并将 7 天(中期)天气预报由仅为党政领导和有关部门服务扩展到为全社会服务。

　　2006 年 8 月邯郸地质灾害气象预报预警中心正式在邯郸市气象台挂牌,邯郸市地质灾害气象预报预警工作进入气象业务化运作状态。

③气象信息网络

20 世纪 80 年代后期,邯郸市气象局与所属各县气象局之间组建开通了甚高频无线通信网,实现了观测资料和天气预报的共享。

1994 年邯郸市气象局开始以计算机为代表的现代气象信息网络建设,市气象台通过网络拨号方式从省气象台调取卫星云图和常规气象资料,并在部分县气象局试验组建市—县有线通信网络。

1995 年 10 月邯郸市气象局开始"9210"工程(气象卫星综合应用业务系统)的建设工作。

1996 年邯郸市气象局开通了基于 DDN 专线的省—市地面通信业务系统。

1997 年 12 月邯郸市气象局"9210"通信系统和气象信息综合分析处理系统(MICAPS)投入业务使用。

1999 年邯郸市气象局开始在市、县气象局安装卫星地面单收站(PC-VSAT)。同年 10 月 1 日省—市地面(DDN)通信业务系统停止运行,由"9210"通信系统取代。

2002 年 6 月省—市 2 兆光纤数字电路开通,9 月县气象局公用分组网(X.25)投入业务使用,省—市—县通信网络连成一体。

2004 年邯郸市气象局开始市—县 2 兆 VPN 宽带网络建设。

2007 年 5 月完成了新一代卫星数据广播接收系统(DVB-S)地市级接收站的技术改造。

2. 气象服务

邯郸市气象局始终坚持以经济社会需求为准则,把搞好决策气象服务、公众气象服务、专业气象服务和气象科技服务作为气象工作的出发点和落脚点,把准确、及时、优质的服务融入到经济社会发展和人民群众生产生活中去。除以文字形式提供天气预报信息、汛期天气日报、气象灾害预警信号、雨雪情快报、重要气象专报、专题气象报告、农业气象信息、农业气象专题、短期气候预测、季气候评价等常规气象服务信息外,还有以下形式和种类。

有偿专业服务 1985 年开始推行有偿专业服务,主要是为邯郸市相关企事业单位提供中、长期天气预报和气象资料,一般以旬、月天气预报为主。

电视天气预报 1994 年 5 月邯郸市气象局与邯郸市广播电视局商定在邯郸电视台播放天气预报,开始由邯郸市气象局提供天气预报,电视台制作播出。1997 年 1 月起由邯郸市气象局录制节目送电视台播出。2002 年 5 月电视天气预报制作系统升级为非线性编辑系统。现在邯郸电视台新闻频道、经济生活频道、都市频道、邯郸县电视台都设有天气预报栏目。

天气预报自动答询电话 1997 年 11 月邯郸市气象局与市电信局合作开通"121"天气预报自动答询电话。2004 年 3 月全市"121"答询电话实行集约经营,各县(市、区)"121"电话业务统一上收到市气象局,服务器由邯郸市气象局建设维护。2005 年 1 月"121"电话升位为"12121"。

气象灾害预警信息发布 2008 年通过移动通讯网络开通了"企信通"(指移动通讯公司为企业集团进行服务所建立的短信系统)平台,以手机短信方式向各级领导发送气象信息,并利用全市公共场所安装的电子显示屏开展气象灾害预警信息发布工作。

防雷工作 邯郸市初始防雷机构为邯郸避雷检测站,组建于 1990 年 9 月,受托于原邯郸行署安全生产委员会、邯郸行署公安处消防支队、中国人民保险公司。1997 年 6 月成立邯郸市防雷中心,主要负责对县(市、区)防雷中心进行管理,负责市区防雷装置年检和建设工程防雷设施验收工作,并对进入本地的防雷产品进行监督、审查,负责市区雷灾调查、鉴定及统计上报工作。2004 年 10 月邯郸市气象局进驻邯郸市行政服务大厅,防雷装置设计审核和防雷装置竣工验收成为行政服务大厅气象审批项目。2005 年起防雷设计审核、施工跟踪检测和竣工验收工作在市区(包括邯郸县)内展开。

气象科普宣传 每年"3·23"世界气象日和邯郸市科技活动周,邯郸市气象台和邯郸市气象观测站对社会开放,向社会各界宣传气象知识,讲解天气预报制作过程、雷电防御知识、观测仪器的原理功能等。同时还通过制作气象科普专题片和印制气象科普宣传材料、在《邯郸晚报》、《中原商报》刊登重要天气预报消息和气象服务信息文章等方式广泛普及气象知识。2008 年邯郸市气象局在邯郸市第三十一中学建立了第一个校园气象站。

科学管理与气象文化建设

法规建设与管理 邯郸市气象局于 2003 年成立了气象行政执法支队,并促成邯郸市政府以政府规章的形式先后颁布了《邯郸市防御雷电灾害管理办法》和《邯郸市气象灾害预警信号发布与传播办法》,同时还以邯郸市政府或办公厅名义下发了《关于在全市加强雷电灾害防御工作的通知》、《关于加强氢气管理限制在公共场所施放氢气球和低空充气飞行物的通知》等一系列规范性文件。通过开展防雷专项执法检查和部门联合执法检查,排查安全隐患,纠正违法行为,实现了全市无人为因素雷击事件发生。在施放气球管理工作中,坚持发现一起查处一起的原则,多次制止违法施放气球行为发生,确保了全市施放气球安全。

2008 年 12 月邯郸市气象局与邯郸市规划局联合下发了《关于切实做好气象探测环境保护工作的通知》。

党建工作 邯郸市气象局建立初期无独立党支部。1965 年 1 月成立党支部。1996 年 3 月成立邯郸市气象局机关总支部委员会,下设机关党支部和离退休党支部。截至 2008 年底,共有在职党员 32 人,离退休党员 26 人。

1994 年 5 月成立邯郸市气象局工会委员会。

认真落实党风廉政建设目标责任制,积极开展廉政教育和廉政文化建设活动,努力建设文明机关、和谐机关和廉洁机关。开展丰富多彩的廉政教育活动,多次组织开展党风廉政建设书画展活动,举办廉政演讲比赛,观看警示教育片等活动。

气象文化建设 深入贯彻落实科学发展观,更新观念,创新模式,坚持以人为本,对内营造发展氛围,对外抢抓发展机遇,整体工作得到了快速发展。

以举办各项文体活动为载体,强健干部职工的身心。以关心干部职工的工作、生活为切入点,增强单位的活力、动力、凝聚力。组织全局干部职工积极参加邯郸市委、市政府举办的各种政治、文化、体育、"志愿者"服务等活动,踊跃为灾区和困难群体捐款捐物,奉献爱心。

2006 年被河北省气象局授予全省气象部门精神文明建设先进集体,2004—2008 年连续被评为市级"文明单位"。

荣誉 2000—2008 年,集体获荣誉奖 30 多项,2002 年被中国气象局授予气象科技扶贫工作先进集体;个人共获得地市级以上各种表彰奖励 50 多人次。

人物简介 ★苏剑勤,男,汉族,原籍福建晋江,1941 年 9 月出生于印度尼西亚,1960 年从印度回国,1964 年 8 月广西农学院农业气象专业毕业,1964 年 9 月参加工作,1986 年 2 月加入中国共产党,1967 年 1 月取得研究生学历,正研级高级工程师。

他曾在中央气象局和河北省邯郸地区气象局工作,有较强的工作能力,1979 年在邯郸地区气象局工作期间,因工作认真,业务质量高,长期预报服务工作做得较好,被河北省政府授予劳动模范。

1981 年 11 月调到河北省气象局,参加河北省农业气候区划工作,曾参加了河北省海岸带及海涂资源调查、风能资源考察等,成绩显著。并作为主研人参加了一些科研课题。1987—1996 年由他任主编或副主编,编写了《全国海岸带气候资源调查》、《河北省海岛资源调查》、《京津冀气候图集》等论著,期间,还承担了多项科研课题,为河北省气候区划工作做出了积极贡献。

★王亨,男,汉族,1928 年 2 月出生,原籍山西平遥,1949 年 4 月参加工作,1951 年以前在部队气象台工作,1958 年 4 月调入邯郸市气象局,工程师,1988 年 6 月离休,1989 年 5 月被评为河北省劳动模范。

1978 年参加河北省栾城自然资源考察和农业区划全国试点工作,起到骨干作用,获河北省气象局科技成果表彰,1982 年被评为河北省科技成果二等奖,1985 年中国科学院认定为院二等奖。

1979 年主持邯郸地、县二级农业资源调查和农业区划工作,论文《曲周县盐碱地与气候分析》被河北省气象局评为资源考察成果,参加杭州技术交流会,受到南京气象学院冯秀藻教授高度评价,"在这一方面填补了我国农气科研的一项空白",被河北省农业区划委员会评为先进工作者。

积极开展利用农业资源和区划成果,提出了麦、棉、玉米的增产途径和黑龙港流域低、中产综合治理课题研究,1983 年被邯郸地区科委邀请为科技顾问,并被授予黄淮海平原黑龙港地区农业科技攻关先进工作者。

长期致力于科技成果为农业生产服务和科技成果转化为生产力的研究工作,积极撰写农业气候资源文章,先后在国家、省、地级科技刊物和学术交流会发表论文 20 多篇。

台站建设

台站综合改善 邯郸市气象局初建时只有六七间平房,一个两层的观测平台。1958 年迁至邯郸县南堡乡后,业务值班办公室仍为平房,行政办公地点位于附近的邯郸市拖拉机站内。

1963 年遭受水灾,气象局损失严重,国家下拨水毁款用于重建工作。根据观测要求,气象局迁建于当时邯郸东南部市郊,即现在的和平路 347 号,占地面积 10397.7 平方米。建办公楼 1 栋约 1500 平方米,为砖混结构,共两层,局部三层;平房 20 余间,约 400 平方米。除锅炉房外,其他都为砖木结构。1979 年建雷达观测楼 1 栋,约 900 平方米。1995 年将办公楼统一改建为三层。2000年1月1日将观测场迁至插箭岭公园。

　　园区建设　为改善职工住房条件,1993年置换土地2600多平方米用于职工宿舍楼建设。2000年自筹资金对机关院内的环境进行了绿化改造,规划修整了道路,修建了花坛和草坪,栽种了风景树和各种花木,改善了职工工作和生活环境。同时还购置了运动健身器械,修建了篮球场和健身休闲场地,丰富了职工的业余文体生活。

邯郸市气象局旧貌(1984年)

邯郸市气象局新貌(2008年)

邯郸市气象局生活区(2008年)

成安县气象局

　　成安县属于暖温带半干旱半湿润大陆性季风气候区,四季分明,冬夏较长,春季较短。气象灾害主要是:旱涝、暴雨、冰雹、大风、霜冻等。

机构历史沿革

始建情况　成安县气象站始建于 1972 年夏季,1973 年 1 月 1 日正式观测,最初位于成安县城东北角"郊外"(东关北村东),北纬 36°27′,东经 114°42′,观测场海拔高度 56.7 米。

站址迁移情况　2008 年 1 月 1 日迁址到成安县未西村成峰公路北,北纬 36°27′,东经 114°39′,海拔高度 57.9 米。

历史沿革　建站时名称为成安县气象站,1991 年 8 月 13 日改称成安县气象局。

成安县气象站始建时为国家一般气象站,1988 年 1 月 1 日调整为辅助气象站,1999 年 1 月 1 日调整为国家一般气象站,2007 年 1 月 1 日调整为国家气象观测二级站。

管理体制　成安县气象局建站时归地方政府管理,1976—1980 年归成安县农林局领导,省气象部门负责业务领导和技术指导。1981 年体制改革,实行气象部门与地方政府双重领导,以气象部门领导为主的管理体制。

单位名称及主要负责人变更情况

单位名称	姓名	职务	任职时间
成安县气象站	杨希仲	站长	1973.01—1980.01
	苏树华	负责人	1980.02
	杨希仲	站长	1980.03—1981.08
	苏树华	站长	1981.09—1982.10
	张 浩	负责人	1982.11
	苏树华	站长	1982.12
	张 浩	负责人	1983.01—1983.03
	苏树华	站长	1983.04—1983.08
	张 浩	站长	1983.09—1984.06
	李清珍	站长	1984.07—1991.08
成安县气象局		局长	1991.08—1992.07
	孔祥金	负责人	1992.08
	任树随	局长	1992.09—1996.03
	郭红梅	局长	1996.04—1999.01
	任树随	局长	1999.02—2001.11
	冯俊霞	局长	2001.12—2004.01
	牛彦明	局长	2004.02—2005.09
	薛庆国	局长	2005.10—2008.03
	赵志川	局长	2008.03—

人员状况　成安县气象局建站时有 5 人。现编制为 6 人。截至 2008 年底有在职职工 9 人(其中正式职工 6 人;聘用职工 3 人),离退休职工 2 人。在职职工中:男 7 人,女 2 人;汉族 9 人;大学本科以上 3 人,大专 1 人,中专以下 5 人;中级职称 1 人,初级职称 4 人;30 岁以下 3 人,31～40 岁 4 人,41～50 岁 1 人,50 岁以上 1 人。

气象业务与服务

1. 气象业务

地面气象观测 成安县气象局于 1973 年 1 月 1 日开始地面气象观测工作,每天进行 08、14、20 时(北京时)3 次定时观测,夜间不守班。观测项目有云、能见度、天气现象、气压、气温、湿度、风向、风速、降水、日照、蒸发、雪深、冻土、地温等。1988 年 1 月 1 日—1998 年 12 月 31 日辅助气象站期间,停止观测蒸发量、雪深和冻土项目。1999 年 1 月 1 日恢复原有观测项目。

成安县气象局承担天气加密报、气象旬(月)报、雨情报,重要天气报发报任务。天气加密报的发报内容有云、能见度、天气现象、气压、气温、风向、风速、降水、雪深、地温等。重要天气报的内容有暴雨、大风、视程障碍现象、初终霜、雨凇、积雪、冰雹、龙卷风等。

成安县气象局每月制作地面气象记录月报表(气表-1)一式 3 份,上报河北省气象局、邯郸市气象局各 1 份,存档 1 份。每年制作地面气象记录年报表(气表-21)一式 4 份,上报国家气象局、河北省气象局、邯郸市气象局各 1 份,存档 1 份。1999 年前为手工编制气象报表,1999年 1 月开始使用微机编制气象报表,并向邯郸市气象局报送打印的纸质报表和数据文件。

2007 年成安县气象局建成了 CAWS 600 型自动气象站,2008 年 1 月 1 日投入业务运行,增加了深层地温和草面温度观测项目,24 小时自动连续观测气温、湿度、气压、风向、风速、降水、地温、草面温度。自动气象站采集的资料与人工观测资料每月定时上报。

区域气象站 成安县气象局 2005 年在商城镇、辛义乡和漳河店镇 3 个乡镇建成 3 个区域气象站。2006 年在成安县气象局观测场西北方院内、北乡义乡、道东堡乡、长巷乡、柏寺营乡、李家疃镇建成的 6 个区域气象站,自动观测降水和气温两个气象要素。

2. 气象服务

服务方式 1973 年建站初期,使用电话通过邮电局拍发气象电报,通过广播站有线广播向全县发布天气预报。

1987 年使用甚高频电话向邯郸市气象台口传电报。

1997 年 7 月成安县气象局与电信局合作正式开通"121"天气预报自动答询电话。2004 年 3 月全市"121"答询电话实行集约经营,服务器由邯郸市气象局建设维护。2005 年1 月"121"电话升位为"12121"。

1998 年 1 月成安县气象局与县广播电视局协商在电视台播放天气预报,气象局每天将节目制成录像送到电视台播放。2006 年 1 月开始使用 U 盘报送天气预报节目。

2005 年使用 2 兆光纤网络传输报文。

2008 年开始自动站配备了 16900 电话辅助通道。

2008 年为了更及时准确地为县、乡(镇)、村领导服务,通过移动通信网络开通了气象商务短信平台,以手机短信方式向全县各级领导发送气象信息。为有效应对突发气象灾害,提高气象灾害预警信号的发布速度,避免和减轻气象灾害造成的损失,在县政府和县直单位安装电子显示屏,开展气象灾害信息发布工作。

服务种类 1985 年开展气象有偿专业服务,主要是为全县各乡镇或相关企事业单位提供中、长期天气预报和气象资料,一般以旬、月预报为主。

2000 年 4 月成安县气象局在郎堡村设立一处炮点,5 月人工影响天气作业正式展开。

2004 年开始增加了给地方政府提供专题气象报告、重要天气过程预报的服务,为相关领导及部门科学决策和指挥防灾减灾提供依据。

2006 年成安县气象局成立防雷中心,负责全县防雷安全管理,定期对液化气站、加油站、仓库等高危行业防雷设施进行检测,对不符合防雷技术规范的单位,责令进行整改。2006 年成安县政府发文,将防雷工程从设计、施工到竣工验收,全部纳入气象行政管理范围。

气象科普宣传 为提高公众的气象意识,成安县气象局通过多种渠道进行气象科普宣传。每年"3·23"世界气象日开展气象科普宣传,积极参加成安县组织的各项宣传活动,充分利用集会、节假日等有利时机开展宣传活动,发放宣传材料,使公众关注气象,关注气候变化。

此外,成安县气象局还深入到成安县第一中学、向阳小学等中小学校开展防雷科普知识宣传活动,讲解雷电基本知识和防雷避雷常识,与学生们面对面交流,并且在汛期之前通过成安县电视台向全县宣传防雷科普知识。

气象法规建设与社会管理

法规建设 2006 年成安县政府办公室印发了《关于进一步做好防雷减灾工作的通知》(成办发〔2006〕83 号),将防雷工程从设计、施工到竣工验收,全部纳入气象行政管理范围。

2006 年成安县机构编制委员会批复成立成安县防雷中心(成机编〔2006〕3 号),负责全县防雷安全的管理,对防雷装置不符合防雷技术规范的单位,责令限期进行整改。

2006 年成安县政府法制办确认成安县气象局具有独立的行政执法主体资格,为 4 名干部办理了行政执法证,气象局成立了行政执法队伍。对防雷工程设计、施工、竣工验收以及防雷装置使用单位和气球的施放进行依法管理。对非法播发天气预报和破坏气象探测环境的案件进行依法查处。

制度建设 1999 年 12 月,成安县气象局制订了《成安县气象局综合管理制度》,主要包括基础业务、科技服务、计划生育、干部在职教育、职称申报等内容。2008 年 1 月进行了修订,增加了人工影响天气作业、雷电防御、气球管理、预报广告、奖励工资、环境卫生、考勤、业务值班室管理、会议、财务、福利等制度。

政务公开 通过成安县政务网、户外公示栏、电视广告、发放宣传单等方式对气象行政审批办事程序、气象服务内容、服务承诺、气象行政执法依据、服务收费依据及标准等向社会公开;财务收支、目标考核、基础设施建设、工程招投标等内容则通过局务会或公示栏等方式向全体职工公开。

党建与气象文化建设

党建工作 1992 年 10 月成安县气象局党支部成立,有党员 3 人。截至 2008 年 12 月,有党员 6 人(其中离退休职工党员 2 人),预备党员 1 人。

不断加强党员干部廉政学习,保持清醒的头脑,与时俱进、恪尽职守、廉洁自律,局领导发挥表率作用,影响和带动一班人勤政廉洁、奋发向上,确保党风廉政工作的落实。

精神文明建设 成安县气象局在各级党委、政府和上级主管部门的正确领导下,在气象业务建设、气象服务建设、工作生活环境建设、精神文明建设等方面取得了长足发展。在气象文化建设中,以丰富职工精神文化生活为宗旨,设立图书阅览室、建立室内外文体活动场所,购置文体活动器材,丰富了职工文化生活,文明创建工作取得了实效。

1998—1999年、2005—2007年被评为县级"文明单位",2004—2005年、2006—2007年连续被评为市级"文明单位"。

2005年被中国气象局授予"局务公开先进单位"。

2008年成安县气象局观测组被授予县级"青年文明号"荣誉称号。2008年成安县气象局党支部被授予"先进基层党组织"。

荣誉 1998—2008年成安县气象局共获得县级以上各种集体荣誉奖12项。1989—2008年个人共获得县级以上各种表彰12人次。

台站建设

成安县气象局建站初期,占地3866.7平方米,办公用房有平房16间,建筑面积240平方米,砖木结构瓦房,设有测报值班室、办公室和宿舍。用水用电从敬老院接入。院子是土地面,交通道路为土路,阴雨天道路泥泞,出行不便。2000年成安县气象局向河北省气象局申请资金15万元,向成安县政府申请资金15万元,新建了办公楼、厨房、车库,建筑面积300平方米。2003年自筹资金3万元安装了变压器。2004年邯郸市气象局拨款1.5万元打1眼水井,建了1座水塔,从根本上解决了工作生活用水问题。

2007年成安县气象局向河北省气象局申请迁站资金101万元,向成安县政府申请资金30万元,在未西村成峰公路北征土地7800平方米建设新站。2007年3月26日招投标,同年7月动工,于2007年底竣工。新站建综合业务楼596.2平方米,建门卫、车库、宿舍181平方米。安装了CAWS 600型自动气象站,打了一眼110米深水井,建设了3吨无塔供水设备,安装30千伏变压器,安装电动门,绿化、美化了院内环境、硬化了路面。2008年1月1日迁入新站,彻底改善了职工的办公和生活条件。

成安县气象局(2008年)

成安县气象局办公楼(2008年)

磁县气象局

磁县属于温暖带半湿润地区,大陆型季风气候(大陆度62.4,干燥度1.46),年平均日照时数为2456.0小时,灾害性天气频发,主要天气灾害有干旱、暴雨、大风、冰雹、雷暴、低温连阴雨、寒潮等。

机构历史沿革

始建情况 1958年在当时的磁县人民委员会迅速开展气象化工作的精神指导下,磁县就开展了气象工作,全县(包括现在的马头、成安、临漳,当时成安、临漳、磁县三县合一)当年建设了4个气象站。1959年1月1日磁县中心气象站(磁县气象局的前身)正式投入业务运行,站址位于磁州镇北五里铺村南,北纬36°23′,东经114°23′,海拔高度69.7米。

历史沿革 建站时称磁县中心气象站,1963年6月改称磁县气象服务站,1971年4月改称河北省磁县气象站,1983年1月改称磁县气象局,1985年1月改称磁县气象站,1991年6月恢复磁县气象局名称。

从建站至2006年12月31日为国家一般气象站,2007年1月1日改为国家气象观测二级站。

管理体制 磁县气象局自1959年建站至1981年5月归磁县政府管理,当时由磁县农林局代管。1981年6月体制改革,开始实行气象部门与地方政府双重领导,以气象部门领导为主的管理体制。

单位名称及主要负责人变更情况

单位名称	姓名	职务	任职时间
磁县中心气象站	杨鸿声	局长	1959.01—1961.10
	王亨	负责人	1961.11—1963.05
磁县气象服务站			1963.06—1967.05
	负责人空缺		1967.06—1971.03
			1971.04—1971.08
河北省磁县气象站	连文江	站长	1971.09—1972.12
	段贵生	站长	1973.01—1982.12
		局长	1983.01—1983.05
磁县气象局	刘信	局长	1983.06—1984.04
		副局长	1984.05—1984.12
磁县气象站	吴维纲	站长	1985.01—1991.05
磁县气象局		局长	1991.06—1994.05

续表

单位名称	姓名	职务	任职时间
磁县气象局	王 利	副局长	1994.06—1996.04
		局长	1996.05—1997.01
	李东明	副局长	1997.02—1998.02
		局长	1998.02—1999.05
	郭红梅	副局长	1999.06—2000.07
		局长	2000.08—2001.12
	张永兴	副局长	2002.01—2003.06
		局长	2003.07—2006.05
	任树随	局长	2006.06—

注:1967年6月—1971年3月,由于"文化大革命"原因,负责人空缺。

人员状况 磁县气象局建站时有3人,1980年最多时增至10人。现编制为6人,截至2008年底有在职职工7人(其中正式职工6人,聘用职工1人),退休职工2人。在职职工中:男4人,女3人;均为汉族;大学本科以上2人,大专4人,中专以下1人;中级职称2人,初级职称4人,见习期1人;30岁以下4人,31～40岁1人,50岁以上2人。

气象业务与服务

1. 气象业务

地面气象观测 磁县气象局于1959年1月1日开始地面气象观测工作,每天进行01、07、13、19时(地方时)4次定时观测,夜间守班。1960年8月1日改为北京时02、08、14、20时4次定时观测,夜间守班。1962年1月1日开始每天进行08、14、20时3次定时观测,夜间不守班。观测项目有云、能见度、天气现象、气压、气温、湿度、风向、风速、降水、日照、冻土、地温、雪深、蒸发等。

磁县气象局承担天气报、气象旬(月)报、雨情报、重要天气报发报任务。天气报的内容有云、能见度、天气现象、气压、气温、风向、风速、降水、雪深、地温等,重要天气报的内容有雷暴、暴雨、特大暴雨、大风、雨凇、初终霜、冰雹、龙卷风等。

磁县气象局建站时执行《气象观测暂行规范——地面部分(1954年版)》,1962年开始执行《地面气象观测规范(1961年版)》,1980年开始执行《地面气象观测规范(1979年版)》,2004年至今执行《地面气象观测规范(2003年版)》。

建站初期计算设备就是一把算盘。1980年添置计算器,1985年开始使用PC-1500袖珍计算机处理气象观测资料,气象电报的编写进入手工与计算机并存时期。1995年5月开始使用486台式计算机,为气象报表的制作和审核,提供了很好的支持。2000年以后开始使用奔腾系列计算机,提高了观测数据处理效率,减轻了观测员的劳动强度。

磁县气象局每月制作地面气象记录月报表(气表-1)一式3份,上报河北省气象局、邯郸市气象局各1份,存档1份。每年制作地面气象记录年报表(气表-21)一式4份,上报国家气象局、河北省气象局、邯郸市气象局各1份,存档1份。1999年前为手工编制气象报表,1995 年 1 月开始使用微机编制气象报表,并向邯郸市气象局报送打印的纸质报表和数据文件。

区域自动气象站 2006 年磁县气象局先后在路村营乡、讲武城乡、观台镇、陶泉乡、林坦镇、南城乡、花管营乡、辛庄营乡、西光禄镇、高夬镇、时村营乡、岳城镇和磁县气象局观测场北方院内,建成 13 个区域气象站,自动观测气温和降水两个气象要素。

天气预报 20 世纪 60 年代后期,磁县气象局开始补充订正天气预报,方法是利用制作单站气压、温度、湿度、风等气象要素时间变化曲线图、气象要素之间前后相关的点聚图和通过收听广播得到的气象要素空间分布的简易天气图等,另外还结合群众看天经验和观测员多年积累的经验,进行综合分析判断,制作补充天气预报。20 世纪 70 年代后引进统计学方法,增加了统计预报工具,提高了天气预报质量。20 世纪 90 年代后期,取消了县气象局制作天气预报的业务,县气象局只负责转发市气象台天气预报为地方服务。

气象信息网络 建站初期,手工编制的气象报文用手摇电话传送到邮电局,邮电局再转发到河北省气象台。20 世纪 80 年代初,手摇电话由拨号电话代替,1987 年开始采用甚高频电话发报和与邯郸地区气象台进行联络,编报工作使用计算机后,改用专线电话,通过计算机局域网自动发送报文。2006 年安装使用通信光缆,使气象电报、气象部门上下级的通信速度大大提高。

2. 气象服务

磁县气象局以服务地方农业生产和经济发展为宗旨,坚持"公共气象、安全气象、资源气象"理念,把决策气象服务、公众气象服务和气象科技服务融入到经济发展和人民群众生产生活中去。

服务方式 1980 年开始,磁县气象局在全县大力发展气象警报接收机,在岳城镇发展了气象信息双向警报系统,通过警报接收机,用于常规的气象预报和突发灾害天气预警信息的发布。

1993 年磁县气象局把印制的旬、月天气预报材料送到县委、县政府及有关部门和厂矿企业。1997 年创办了《磁州气象》小报。2000 年起为县委、县人大、县政府、县政协有关领导赠阅《中国气象报》。

2003 年安装了气象卫星单收站,使用 MICAPS 2.0 系统可以查看全部地面、高空天气图和卫星云图、水汽图等多种图表,使气象服务内容更加丰富。

1997 年初开通"121"天气预报自动答询电话,1999 年和 2003 年 2 次对"121"系统进行升级,增加了服务内容。2004 年 3 月全市"121"电话实行集约经营,服务器由邯郸市气象局建设维护。2005 年 1 月"121"电话升位为"12121"。

2006 年通过移动通信网络开通了气象短信平台,以手机短信方式向全县各级领导发送气象信息。

2008 年 6 月磁县在全县各乡镇、村建立了气象信息员队伍。

服务种类 磁县气象局建站初期,主要是通过广播向公众发布天气预报。1996 年开始开展电视天气预报业务。

1980 年起为政府领导提供长、中、短期天气预报和专题服务材料;2006 年起利用气象预警平台向县四套领导班子、乡镇领导及时提供雨情信息、气象预警信息,重大天气过程和农时季节提供书面专题服务材料。

1995年2月成立磁县人工影响天气办公室。1996年在光禄镇建成人工增雨防雹炮点,配有"三七"高炮1门。2000年"三七"高炮被CF-4火箭弹发射系统代替,2004年新增火箭发射系统1套。

1992年起磁县气象局开展避雷检测工作。1998年成立磁县防雷中心,负责全县重点企业和易燃易爆设施的防雷安全检测。2006年开始开展防雷装置工程设计审核和竣工验收气象服务。

气象法规建设与社会管理

法规建设 2006年10月磁县政府办公室下发了《关于印发〈磁县气象灾害应急预案〉的通知》,加强了对气象灾害的预防工作。2007年5月磁县政府办公室下发了《关于对全县避雷装置安全性能进行检查、检测的通知》,促进了气象安全管理工作的开展。2008年7月磁县政府办公室下发了《关于加强气象探测环境保护的通知》,加强对气象探测环境的保护。

社会管理 2003年12月磁县政府法制办确认磁县气象局具有独立的行政执法主体资格,2名干部办理了行政执法证,成立行政执法队伍。2004年磁县气象局被列为县安全生产委员会成员单位。负责对全县范围内防雷安全的管理,定期对煤矿、液化气站、加油站、仓库等高危行业的防雷设施进行管理检查,对辖区内施放氢气球的行为进行了规范管理。

制度建设 近年来,磁县气象局逐步建立健全了各项规章制度,完善了学习制度、请销假制度、财务管理制度、卫生管理制度、车辆管理制度等,使各项工作管理更加规范。

政务公开 加强气象政务公开制度,财务收支、目标考核、基础设施建设、工程招标等内容通过职工大会或上公示栏等方式向职工公示。财务收支每半年公示一次,年底对全年的财务收支情况在全局大会上公示。

党建与气象文化建设

党建工作 1972年磁县气象局有党员1人,编入县委办公室党支部。1982年磁县气象局成立党支部,现有党员4人(其中退休职工党员1人)。

气象文化建设 磁县气象局始终坚持以人文本,弘扬自力更生、艰苦奋斗精神,统一制作局务公开栏、学习园地、文明用语牌。建设"两室一网",购买图书1000余册。2005年底购买了乒乓球台、羽毛球网等体育器材,开展多种形式的文体活动,丰富了职工的业余生活。

2001—2008年连续被评为市级"文明单位"。2000年磁县气象局被为河北省气象局评为"三级强局"。2008年磁县气象局荣获河北省园林式单位荣誉称号。

荣誉 1998—2008年磁县气象局共获得县级以上各种集体荣誉奖16项。1982—2008年个人共获得县级以上各种表彰52人次。

台站建设

　　磁县气象局建站初期有 7 间砖木结构的平房,占地面积 4950 平方米。1980 年河北省气象局拨款 2 万元扩建 11 间瓦房,重修了大门和部分围墙。1982 年因保护观测环境及出行需要,征地 317.5 平方米。地方政府投资 5000 元平整了道路,修建了一座石桥,解决了出入问题。1984 年投资 4000 元安装了变压器。1985 年河北省气象局拨款 9000 元打了 1 眼井,建蓄水池 1 个,安装了自来水管,解决了工作、生活用水用电问题。1999 年 3 月河北省气象局拨款 15 万元,磁县气象局自筹资金 10 万余元进行了综合改造,建成办公楼,面积 370 平方米,改善了职工的办公条件。对机关的环境进行绿化、美化改造。2004 年因磁县修建三环路,占用气象局土地 825.8 平方米,现实有面积 4441.7 平方米。

磁县气象局旧貌(1997 年)

磁县气象局新颜(2006 年)

大名县气象局

机构历史沿革

　　始建情况　1956 年底河北省气象局确定在大名县建立气象机构。大名县气象局建成于 1957 年 2 月,1957 年 3 月 1 日正式开始观测,站址位于大名县城关镇北,北纬 36°18′,东经 115°09′,海拔高度 45.3 米。

　　站址迁移情况　2000 年 1 月 1 日迁址到大名县北环路西段路北,北纬 36°18′,东经 115°08′,海拔高度 46.3 米。2006 年 10 月 1 日迁址到大名县西北郊外,北纬 36°18′,东经 115°08′,海拔高度 44.9 米。

　　历史沿革　建站时称河北大名县气候站,1959 年 1 月改名为河北大名县气象站,1962 年 12 月改为河北省大名县气象服务站,1972 年 1 月改名为河北省大名县气象站,1981 年 1 月 1 日改为河北省大名县气象局。

大名县气象局建站时为国家一般气象站,1991年6月1日定为省基本站,2007年1月调整为国家气象观测站二级站。

管理体制 1957年3月—1958年12月大名县气候站由河北省气象局领导。1959年1月—1962年12月大名县气象站由省气象局与地方政府双重领导,县农林局代管。1963年1月归地方政府领导,省气象部门提供业务指导。1972年以后由县革命委员会与人民武装部领导。1981年体制改革,实行气象部门与地方政府双重领导,以气象部门领导为主的管理体制。

单位名称及主要负责人变更情况

单位名称	姓名	职务	任职时间
大名县气候站	马有力(回族)	站长	1957.03—1958.12
大名县气象站	魏振东	站长	1959.01—1962.11
大名县气象服务站	赵善堂	站长	1962.12—1965.11
	吴培后	站长	1965.12—1968.11
	马有力(回族)	站长	1968.12—1971.12
大名县气象站	郑国庆	站长	1972.01—1973.11
	王守仁	站长	1973.12—1977.12
	马惠来(回族)	站长	1978.01—1980.12
大名县气象局	马有力(回族)	局长	1981.01—1984.12
	李深	副局长	1985.01—1990.03
	金志勇(回族)	局长	1990.04—

人员状况 大名县气象局建站时有2人。现编制为6人,截至2008年底有在职职工6人(其中正式职工5人,聘用职工1人),离退休职工4人。在职职工中:男5人,女1人;汉族5人,回族1人;大学本科以上4人,大专1人,中专以下1人;初级职称5人;30岁以下2人,31~40岁2人,41~50岁1人,50岁以上1人。

气象业务与服务

1. 气象业务

地面气象观测 大名县气象局于1957年3月1日开始地面气象观测工作,按地方时每天进行01、07、13、19时4次定时观测。1960年8月改为北京时每天进行02、08、14、20时4次定时观测,夜间守班。1962年1月开始改为每天进行08、14、20时3次观测,夜间不守班。观测项目有云、能见度、天气现象、风向、风速、气温、湿度、气压、降水、日照、蒸发、地温、雪深等。每月8、18、28日开展土壤墒情观测,干旱时期降水大于5毫米时,进行加密土壤墒情观测。

大名县气象局承担天气报、气象旬(月)报、雨情报。天气报的内容有云、能见度、天气现象、气压、气温、湿度、风向、风速、降水、雪深、地温等,重要天气报的内容有雷暴、暴雨、特大暴雨、大风、雨凇、初终霜、冰雹、龙卷风等。1958年6月15日开展农作物物候观测,主要观测小麦、玉米。1977年9月建立农业气象基本站,1985年11月撤销。1965年开始先后为济南民航、天津民航、北京民航、山西长治拍发预约航危报,1990 年 1 月取消航危报发报任务。

大名县气象局建站时计算设备只有一把算盘。1980 年 5 月添置了计算器。进入 20 世纪 90 年代后,业务上陆续使用了 PC-1500 袖珍计算机、486、586 型计算机。目前业务上使用微型计算机。建站初期使用手摇电话发报,1982 年 7 月改为拨号电话发报。1987 年 9 月转为甚高频电话发报,1999 年 1 月 1 日改由计算机发报。1999 年 8 月大名县气象局建起地面卫星接收系统,2000 年 1 月 1 日正式使用。预报所需资料全部通过县级业务系统进行接收。

2007 年 9 月大名县气象局建设 CAWS 600 型自动气象站,2008 年 1 月 1 日自动气象站正式投入业务运行,增加了深层地温和草面温度观测项目,24 小时自动观测气温、湿度、气压、风向、风速、降水、地温、草面温度。自动站采集的资料与人工观测资料存于计算机中互为备份,每月定时复制光盘归档、上报。

大名县气象局每月制作地面气象记录月报表(气表-1)一式 3 份,上报河北省气象局、邯郸市气象局各 1 份,存档 1 份。每年制作地面气象记录年报表(气表-21)一式 4 份,上报中国气象局、河北省气象局、邯郸市气象局各 1 份,存档 1 份。1995 年前为手工编制气象报表,1995 年 1 月开始使用微机编制气象报表,并向邯郸市气象局报送打印的纸质报表和数据文件。

区域自动气象站　大名县气象局 2006 年分别在万堤、黄金堤、束馆、铺上、张铁集、大街、金滩镇 7 个乡镇和县气象局观测场内建成了 8 个区域气象站,自动观测气温和降水两个气象要素。

天气预报预测　1958 年 3 月大名县气象局开始做补充天气预报,通过电话向县广播电台传送当天的预报。1981 年大名县气象局业务工作进行了"四个基本"(即基本资料、基本图表、基本档案和基本方法)的建设,用于开展预报服务,每天用收音机收听并记录指标站广播,手工填制天气图,用于制作每天的天气预报。1983 年开始使用传真机接收 8 种传真资料,作为补充预报的参考。2000 年后利用地面卫星接收站、内部网络接收省市气象局指导预报,进行补充订正后,送县电视台播出。目前还制作关键期、转折期及一周和一月天气预测,报县领导用于指导工农业生产。

2. 气象服务

大名县气象局坚持以经济社会需求为牵引,把决策气象服务、公众气象服务、专业气象服务和气象科技服务融入到经济社会发展和人民群众生产生活。建成了以公益服务、专业有偿服务、科技服务等各种服务形式的气象服务体系。服务的行业由最初的农业部门发展到了农、林、牧、副、渔、交通、电力、石油、化工等与人民生活的各各方面。

服务方式　1958—1959 年大名县与魏县合并,在各公社相继办起 10 余个气象哨,开展简单气象观测和气象服务。这些气象哨在 1965 年底全部撤销。

1983 年正式开始天气图传真接收工作,利用传真图表分析判断天气变化。1985 年由大名县政府发文各乡镇出资购置发射机和警报器,建成气象预警服务系统。1991 年 3 月配备了气象信息双向警报系统。

1997 年 11 月起大名县气象局开始开展"121"天气预报自动咨询电话服务,1998 年 2 月对"121"增加了实况采集功能。2004 年 3 月"121"答询电话实行集约经营,服务器由邯郸市气象局建设维护。2005年1月"121"升位为"12121"。

1998年10月大名县气象局建成多媒体电视天气预报制作系统,县气象局与广播电视局商定在电视台播放天气预报,天气预报信息由县气象局提供,县气象局制作录像,广播局播放。

2008年3月大名县气象局通过移动通信网络开通了气象商务短信平台,以手机短信方式向全县各级领导发送气象信息,建成了气象灾害预警平台。为有效应对突发气象灾害,提高气象灾害预警信号的发布速度,避免和减轻气象灾害造成的损失,服务媒体发展到了大名县报纸、杂志、广播、电视等。

服务种类 1961年大名县气象局通过飞机播撒干冰、盐粉进行人工增雨作业,首次增雨取得成功。同年,做闪电制肥试验和人工消雹的自制炮试验。

20世纪80年代中期开展气象有偿专业服务。气象有偿服务主要是为全县各乡镇或相关企事业单位提供天气预报和气象资料。

1996年3月大名县人工影响天气办公室成立。县政府拨款9万元购买了交通工具和火箭发射架等设备,分别在西未庄乡和杨桥镇建立了2个流动作业点,在防雹增雨服务中取得了显著的经济效益和社会效益。

2006年大名县防雷中心成立。大名县政府办公室发文,将防雷工程从设计、施工到竣工验收,全部纳入气象行政管理范围。同年,大名县气象局被列为大名县安全生产委员会成员单位,负责全县防雷安全的管理,定期为液化气站、加油站、仓库等高危行业和非煤矿山的防雷设施进行检查,对不符合防雷技术规范的单位,责令进行整改。

气象法规建设与社会管理

法规建设 为加强雷电灾害防御工作的依法管理。2007年7月大名县气象局取得行政执法主体资格,3名同志办理了行政执法证,大名县气象局成立执法队伍。大名县政府下发了《大名县建设工程防雷项目管理办法》和《关于加强大名县建设项目防雷装置设计、跟踪检测、竣工验收工作的通知》、《关于进一步做好防雷减灾开展防雷设施安全大检查的通知》等有关文件,防雷行政许可和防雷技术服务正逐步规范化。为加强气象探测环境保护工作,自2007年开始,每年把探测环境保护方面的法律法规及保护内容向政府、人大以及国土、规划等部门进行备案,同时,制作了永久性的宣传牌悬挂在气象局周边。2008年大名县政府下发了《关于加强气象探测环境保护的通知》。

政务公开 加强政务公开制度,财务收支、目标考核、基础设施建设、工程招投标等内容则通过职工大会或公示栏等方式向职工公开。对气象行政审批办事程序、气象服务内容、服务承诺、气象行政执法依据、服务收费依据及标准等,通过电视广告、发放宣传单等方式向社会公开。

制度建设 1986年大名县气象局制订了《大名县气象局工作制度》,后又修订补充了业务值班管理制度、会议制度、财务管理制度、车辆使用制度、福利制度等。

党建与气象文化建设

党建工作 大名县气象局1985年10月建立党支部。现有党员3人。

认真落实党风廉政建设目标责任制,积极开展廉政教育和廉政文化建设活动,努力建设文明机关、和谐机关和廉洁机关。开展了廉政教育,组织观看了警示教育片。

气象文化建设 以《中国气象文化建设纲要》为指导,积极探索以气象创新文化建设为核心内容的气象文化建设的实践形式,大力弘扬以爱国主义为核心的民族精神和以改革创新为核心的时代精神,塑造气象科技工作者形象。坚持以人为本,积极营造和谐的气象环境。

改造观测场,装修业务值班室,统一制作局务公开栏、监督台、大名气象事业发展栏、学习园地、勤政廉政图画等。积极参加县委、县政府组织的"送温暖、献爱心"活动,踊跃向灾区人民捐款。组织参加了冀鲁豫三省七县经验交流会。每年在"3·23"世界气象日组织气象科普宣传,普及防雷防灾知识。

2000—2008 年大名县气象局连续被评为县级"文明单位",2007—2008 年度被评为市级"文明单位"。

荣誉 2000—2008 年大名县气象局共获得县级以上各种集体荣誉奖 9 项。1995 年金志勇被邯郸市委、市政府评为农业战线标兵。

台站建设

1957 年大名县气象站初建时,占地 3200 平方米,办公用房 3 间。1972 年综合改善,办公用房增至 26 间,使用北街村农用电。2000 年 1 月 1 日迁站到北环路西段路北,占地 4120 平方米,建设办公楼,建筑面积 383 平方米,配房 3 间,车库 1 间,用电从收费站接入,自打 1 眼小井。2006 年因城区扩展,大名县气象局再次搬迁,占地 6866.7 平方米,建办公楼 552 平方米,配房 143 平方米,安装了电动大门,打 1 眼深井,安装了无塔供水设备,安装 30 千伏变压器 1 台。

2006—2008 年大名县气象局分期对单位院内的环境进行了绿化、美化、硬化改造,建铁艺围栏和仿古围墙 330 米,院内修建了草坪和花坛,栽种了风景树,共建绿地 4000 多平方米,硬化路面 2000 多平方米,安装了路灯和墙灯,实现了绿化、硬化、亮化,工作和生活环境得到了彻底改善。

大名县气象局旧貌(1981 年)

大名县气象局新颜(2006 年)

肥乡县气象局

肥乡县地处中纬度地带,属暖温带半湿润大陆性季风气候,年平均总降水量 516.9 毫米,年平均气温 13.1℃,年极端最高气温 42.0℃,年极端最低气温－22.5℃,年平均日照时数 2683.4 小时,平均无霜期 202 天。肥乡县是农业大县,直接影响农业生产并能造成危害的气象灾害主要是:干旱、洪涝、暴雨、冰雹、大风、霜冻、低温连阴雨、干热风等。尤其是旱涝、暴雨、冰雹、大风给农业带来的危害极大。

机构历史沿革

始建情况 肥乡县气象站建成于 1962 年 1 月 1 日,站址位于肥乡县城南郊外,北纬 36°33′,东经 114°48′,海拔高度 50.2 米。

历史沿革 肥乡县气象局始建时为国家一般气象站。2007 年 1 月 1 日起台站类别调整为国家气象观测一级站。

建站时名称为肥乡县气象站,1963 年 1 月 1 日更名为肥乡县气象服务站,1971 年 6 月 1 日更名为河北省肥乡县气象站,1979 年 4 月 1 日更名为肥乡县气象局,1988 年 12 月 1 日更名为肥乡县气象站,1991 年 8 月更名为肥乡县气象局。

管理体制 肥乡县气象局自 1962 年建站至 1970 年 12 月,由肥乡县农业局代管;1971 年 1 月—1972 年 12 月归肥乡县人民武装部领导;1973 年 1 月—1979 年 3 月归肥乡县农业局代管;1979 年 4 月由肥乡县革命委员会领导;1981 年进行体制改革,实行气象部门与地方政府双重领导,以气象部门领导为主的管理体制。

单位名称及主要负责人变更情况

单位名称	姓名	职务	任职时间
肥乡县气象站	曹汉卿	站长	1962.01—1962.12
肥乡县气象服务站			1963.01—1971.05
河北省肥乡县气象站			1971.06—1971.09
	宋跃国	站长	1971.10—1979.03
肥乡县气象局		局长	1979.04—1986.11
	王学孔	局长	1986.12—1988.11
肥乡县气象站		站长	1988.12
	刘景钰	站长	1989.01—1991.08
肥乡县气象局		局长	1991.08—2008.03
	董占强	局长	2008.03—2008.10
	郭江宁	局长	2008.10—

人员状况 肥乡县气象局建站时有 6 人,1978 年底有职工 8 人。现编制 11 人,截至 2008 年底有在职职工 14 人(其中正式职工 12 人,聘用职工 2 人),离退休职工 1 人。在职职工中:男 9 人,女 5 人;汉族 14 人;大学本科以上 4 人,大专 4 人,中专以下 6 人;中级职称 2 人,初级职称 12 人;30 岁以下 7 人,31~40 岁 1 人,41~50 岁 1 人,50 岁以上 5 人。

气象业务与服务

1. 气象业务

地面气象观测 肥乡县气象局于 1962 年 1 月 1 日开始地面气象观测工作,每天进行 08、14、20 时(北京时)3 次定时观测,夜间不守班。2007 年 1 月肥乡县气象局台站级别调整为国家气象观测一级站,改为每天进行 02、05、08、11、14、17、20、23 时 8 次定时观测,8 次发报,昼夜守班。

观测项目有云、能见度、天气现象、气压、气温、湿度、风向、风速、降水、地温、雪深、冻土、日照、蒸发等。

肥乡县气象局 1963 年 6 月 9 日用手摇电话通过邮电局向河北省气象局、邯郸市气象局拍发小图天气报、旬(月)报、灾害报、雨情报、重要天气报。其中冬季每日 14 时发小图天气报,夏季 08、14、20 时 3 次发报。1972 年 4 月开始雨情报、灾情报、旬(月)报在发往河北省气象局、邯郸市气象局的同时,也发往天津市气象台,同年 12 月停止向天津市气象台发报。1975 年 4 月开始增加向国家地震局拍发绘图报,1978 年停止。1979 年 6 月 15 日将 06 时向河北省气象台拍发的雨情报改为 08 时。1981 年 2 月开始使用拨号电话拍发气象电报,同年 4 月停止拍发每日 08、20 时河北省绘图天气报。1987 年 7 月开始使用甚高频电话发报,9 月通过邯郸地区气象台有线电话向河北省气象台拍发小图天气报、雨情报、重要天气报、旬(月)报。1989 年 1 月 1 日起使用 PC-1500 袖珍计算机和观测程序编报。1999 年 1 月 1 日改由计算机编报。2007 年 1 月 1 日改为编发天气报,建成的自动气象站通过专用光纤每 5 分钟传输一次分钟数据,每小时传输一次定时数据,同时有 3 个不间断电源可以在停电时保证自动站正常运行。

2007 年 7 月肥乡县气象局建成 CAWS 600 型自动气象站,2008 年 1 月正式投入业务运行,增加了深层地温、草面温度观测项目。24 小时自动观测气温、湿度、气压、风向、风速、降水、地温、草面温度。自动站采集的资料与人工观测资料存于计算机中互为备份,每月定时复制光盘归档、上报。

肥乡县气象局每月制作地面气象记录月报表(气表-1)一式 3 份,上报河北省气象局、邯郸市气象局各 1 份,本站存档 1 份;每年制作地面气象记录年报表(气表-21)一式 4 份,上报国家气象局、河北省气象局、邯郸市气象局各 1 份,本站存档 1 份;用手工抄写方式编制。1995 年 1 月开始使用计算机制作地面气象报表,并保存上报打印的纸质报表和数据文件。

区域自动气象站 2006 年 5 月肥乡县气象局先后在毛演堡乡、辛安镇乡、天台山镇、旧店乡、东漳堡乡、屯庄营乡和肥乡县气象局观测场西方院内建立了 7 个区域气象站,自动观测气温和降水两个气象要素。

农业气象观测 1977 年 9 月 29 日肥乡县气象局成立了农业气象观测组,类别为国家农业气象观测站,开始小麦、玉米生育期观测,并制作报表;1978 年 4 月开始棉花生育期观测及报表制作;1980 年 3 月开始枣树、苍耳、蚱蝉,气象水文和物候观测并制作报表;1990 年 3 月开始对作物的高度、密度、有关产量因素、固定地段进行观测并制作报表;1980 年 4 月开始对作物土壤水分观测。农业气象观测向河北省气象局拍发气象旬(月)报和土壤墒情报。

天气预报　1978 年 2 月肥乡县气象局预报组成立,开展短、中、长期天气预报,小麦、玉米、棉花播种期预报。短期预报通过广播发布,中期天气预报和长期天气预报利用网络接收省、市气象台预报,结合分析本地气象资料、短期天气形势、天气过程的周期变化等制作本地天气过程趋势预报,通过县、乡政府发布。1996 年通过电视天气预报节目发布,2000 年增加网络、报纸等媒体发布预报内容。

2. 气象服务

服务方式　1978 年 2 月通过广播站有线广播和纸质材料发布天气预报;1989 年 1 月气象信息双向警报系统开始使用;1996 年 2 月与肥乡县广播局合作制作天气预报,用字幕机开始了字幕电视天气预报广告业务;2002 年天气预报节目改为硬盘传送,从而大大提高了画面质量;2006 年开始使用 U 盘传送。

1997 年 11 月肥乡县气象局开展了"121"电话自动答询天气预报服务。2004 年 3 月全市"121"电话实行集约经营,服务器由邯郸市气象局建设维护。2005 年 1 月"121"电话升位为"12121"。

为了做好气象服务工作和及时搜集灾情信息。2007 年 3 月建立了农村气象信息员队伍,并进行定期集中短期气象知识培训,同年 11 月建立了气象信息预警平台,以手机短信方式向全县各级领导及农村气象信息员发送预报、预警信息;2008 年 11 月增加了专题气象服务材料的制作,为准确、及时、全方位地做好气象服务工作奠定了基础。

服务种类　1992 年 4 月起开始开展防雷检测业务,2000 年 2 月正式成立肥乡县防雷中心,负责全县防雷安全的检查、管理工作,定期对加油站、电力局等高危行业和各企业楼房的防雷设施进行检查,对不符合防雷技术规范的单位责令进行整改。

2001 年 2 月肥乡县气象局配备 BL-1 型火箭发射系统 1 套,成立了人工影响天气办公室。多年来人工影响办公室密切监视天气变化,结合本地农业生产需求,适时开展人工增雨防雹作业,在有效缓解旱情和减轻灾害性天气危害方面发挥了重要作用。

科学管理与气象文化建设

法规建设　2004 年 4 月 20 日肥乡县政府下发了《肥乡县防御雷电灾害管理办法》(肥政办〔2004〕12 号);2005 年 8 月 16 日肥乡县气象局与建设局联合下发了《关于依法规范建设项目防雷工程设计施工验收管理的通知》;2006 年 7 月 18 日肥乡县政府办公室转发了《国务院办公厅关于进一步做好防灾减灾工作的通知》,成立气象执法队伍,开始了气象执法工作;2008 年 7 月 23 日肥乡县政府下发了《关于加强全县气象探测环境和设施保护的通知》(肥政办〔2008〕24 号)。由于一系列相关文件的出台和气象执法工作的开展,使肥乡县防雷行政许可、科技服务、气象探测环境的保护工作逐步走向正规化、法制化。

社会管理　2008 年肥乡县政府下发了《关于加强全县气象探测环境和设施保护的通知》（肥政办〔2008〕24 号），在县人大、县政府以及国土、建设等部门进行探测环境备案；依法行政，加强防雷管理；按照"严格审批程序、重点抓好管理、监督落实责任"的原则，加大对施放氢气球的管理力度。

政务公开　加强政务公开制度建设，财务收支、目标考核、基础设施建设等及时向职工进行公开。财务情况每季度公示一次，年底对全年收支、福利发放、领导干部待遇、住房公积金等向职工都要做出解释说明。将气象行政审批办事程序、气象科技服务内容、承诺，气象行政执法内容等，通过户外公示栏、电视广告、政府信息公开手册、发放宣传单等方式向社会进行公开。

党建工作　肥乡县气象局 1972 年 1 月成立党支部，有党员 3 人。现有党员 10 人（其中离退休职工党员 1 人）。

认真落实党风廉政建设目标责任制，在广大党员干部中深入开展了学习"八荣八耻"、"三个代表"等活动。

气象文化建设　为丰富职工文体生活，肥乡县气象局 2006 年成立了气象文化建设工作小组，建设"两室一网"（即活动室、阅览室和气象文化网），户外安装了健身器材，开展卡拉 OK 文艺联欢，组织职工书法和气象文化创意作品比赛以及多种形式的体育活动，极大丰富了职工的业余文体生活。单位购买了洗衣机、新床、衣柜等家具，使职工们的宿舍变得整齐而舒适，极大改善了职工的生活环境。

1998—2001 年连续被评为县级"文明单位"，2002 年、2006—2008 年度被评为市级"文明单位"。

荣誉　1961—2008 年，肥乡县气象局共获集体荣誉奖 62 项，其中 1975—1979 年被河北省政府评为"支农先进单位"。1963—2008 年个人获得县级以上各种表彰 49 人次。

人物简介　李蕊，女，1936 年 10 月出生，汉族，党员，中专学历，工程师，河北省肥乡县人。1956 年 12 月在肥乡县天台山技术站参加工作；1957 年 10 月—1961 年 7 月在邯郸农校学习，毕业后在肥乡县农林局工作；1962 年 3 月到肥乡县气象局工作，先后从事气象测报、预报、农气工作，1987 年 12 月被聘为工程师，1991 年 10 月退休。李蕊同志热爱本职工作，从事气象工作以来，刻苦钻研业务，测报、预报质量优秀，多次被评为先进工作者。1974 年起开始进行预防冬小麦干热风研究，经过多年试验，提出利用磷化钾水溶液在扬花期喷施，石油助长剂、草木灰浇水可有效防止干热风，使小麦亩增产 30～50 千克，1979 年被评为"河北省劳动模范"。

台站建设

肥乡县气象局建站时占地 3134.9 平方米，观测场占地 625 平方米，建有砖木泥瓦平房 12 间，打井 1 口，城区统一供电，道路为土路。1980 年扩建砖木平房 10 间，建筑面积 725.4 平方米。1996 年河北省气象局拨款 13.6 万元进行综合改造，建成了办公楼，建筑面积 364 平方米。2006 年河北省气象局拨款 85.5 万元进行综合改造，开工建设办公楼，建筑面积 638.6 平方米，建宿舍、车库共 59.4 平方米，2007 年投入使用。2008 年河北省气象局拨款 32 万元，征地 986 平方米，现总占地 6003.2 平方米。硬化路面，更换了 50 千伏专用变压器,安装了自来水管,院内种植了冬青、月季、三叶草、雪松、百日红、迎春等多种观赏花木,工作和生活环境得到彻底改善。

肥乡县气象局旧貌(1984 年)　　　　　　　肥乡县气象局新颜(2008 年)

峰峰矿区气象局

　　峰峰矿区地处中纬度地带,属暖温带半湿润大陆性季风气候,年平均降水量 526.4 毫米,年平均气温 14.1℃,年极端最高气温 41.9℃,年极端最低气温−15.7℃,年平均日照时数 2550.3 小时,平均无霜期 202 天。区内主要灾害性天气有干旱、暴雨、大风、冰雹、雷暴、低温连阴雨、寒潮等。

机构历史沿革

　　始建情况　峰峰矿区气象局成立于 1956 年 1 月 1 日,位于邯郸市峰峰矿区新市区跃进路 11 号,北纬 36°25′,东经 114°13′,海拔高度 126.6 米。

　　历史沿革　峰峰矿区气象局建站时为国家一般气象站,2007 年 1 月 1 日调整为国家气象观测二级站。

　　峰峰矿区气象局 1956 年 1 月成立时名称为峰峰矿务局气候站,1960 年 1 月改称峰峰矿区气象站,1991 年 8 月改称峰峰矿区气象局。

　　管理体制　峰峰矿区气象局前身是峰峰矿务局气候站,1956 年 1 月—1959 年 12 月由峰峰矿务局管理。1960 年 1 月峰峰矿务局将峰峰矿务局气候站移交峰峰矿区政府,称峰峰矿区气象站,归峰峰矿区农林局管理。1970 年峰峰矿区气象站由峰峰矿区第一中学代管。1972 年 4 月由峰峰矿区人民武装部接管。1973 年由峰峰矿区农电局管理。1981 年气象部门进行体制改革,实行气象部门与地方政府双重领导,以气象部门领导为主的管理体制。

单位名称及主要负责人变更情况

单位名称	姓名	职务	任职时间
峰峰矿务局气候站	张国璧	站长	1956.01—1959.12
峰峰矿区气象站	陈爱民	站长	1960.01—1972.03
	陈　昌	站长	1972.04—1980.07
	薛守仁	站长	1980.08—1984.08
	张习文	站长	1984.09—1991.08
峰峰矿区气象局		局长	1991.08—2002.01
	王　利	局长	2002.02—

人员状况　峰峰矿区气象局1956年建站时只有职工3人,1978年底有职工7人,从建站到2008年先后有35人在峰峰矿区气象局(站)工作,现在编制为6人。截至2008年底有在职职工9人(其中正式职工6人,聘用职工3人),离退休4人。在职职工中:男4人,女2人;汉族6人;大学本科以上3人,大专2人,中专以下1人;中级职称2人,初级职称4人;30岁以下2人,31~40岁1人,41~50岁2人,50岁以上1人。

气象业务与服务

1. 气象业务

地面气象观测　峰峰矿区气象局1960年7月以前每天进行07、13、19时(地方时)3次定时观测,1960年8月起改为08、14、20时(北京时)进行观测,夜间不守班,观测项目有云、能见度、天气现象、气温、湿度、气压、风向、风速、地温、蒸发量、日照、降水量、冻土。发报任务有天气报、气象旬(月)报、重要天气报、雨情报。

1986年5月开始使用PC-1500袖珍计算机处理气象观测资料,1999年改用686台式计算机处理气象观测资料,2000年后实现了计算机处理气象观测资料、编发气象电报、制作报表一体化。

峰峰矿区气象局每月制作地面气象记录月报表(气表-1)一式3份,报邯郸市气象局、河北省气象局各1份,峰峰矿区气象局存档1份。每年制作地面气象记录年报表(气表-21)一式4份,报中国气象局、河北省气象局、邯郸市气象局各1份,峰峰矿区气象局存档1份。1995年开始使用计算机制作地面气象记录报表,上报打印的纸质报表和数据文件。

区域自动气象站　2005年峰峰矿区气象局在义井镇、大社镇、界城镇、大峪镇、和村镇、新坡镇、峰峰镇、彭城镇建立了8个区域气象站。2007年在峰峰矿区气象局观测场外办公楼顶建立1个区域自动站。全区共有9个区域气象站,自动观测气温和降水两个气象要素。

气象信息网络　建站初期,气象电报用电话传给邮电局,邮电局再转发到河北省气象台。测报工作使用计算机后,改用专线电话,计算机自动发报。1987—1988年使用甚高频电话与地区气象台进行通信联络。2006年安装使用通信光缆,使气象电报有了专线,通信速度大大提高。2007年开始使用Notes办公系统进行通信联络,电子公文传输。

天气预报　20世纪60年代后期开展补充订正天气预报,其方法是利用单站气压、气温、湿度、风等气象要素制作时间变化曲线图和剖面图、气象要素之间前后相关的点聚图和通过收听广播得到的气象要素空间分布的简易天气图等。另外,还结合群众看天经验,尤其是峰峰矿区气象站人员多年积累的丰富经验,进行综合分析判断,来制作补充订正天气预报。20 世纪 70 年代后引进统计学方法,增加了统计预报工具,提高了天气预报质量。1985 年开始使用传真机接收天气图,并配备了甚高频电话与地区气象台进行天气会商,进一步提高了短期补充订正天气预报的能力。1996 年停止使用传真机接收天气图。20 世纪 90 年代后期取消了县气象局制作天气预报的业务。

2. 气象服务

峰峰矿区气象局坚持以经济社会需求为牵引,把决策气象服务、公众气象服务、专业气象服务和气象科技服务融入到经济社会发展和人民群众生产生活中。

服务方式 气象服务开展初期,气象预报传播手段主要是用信函邮寄或者用电话传递;1988 年使用气象警报器后,主要靠气象警报器来发送天气预报,主要服务对象有区政府、区直有关部门、乡镇、部分企业等,1995 年后气象警报器逐步退出市场。1998 年在峰峰建设国家重点项目邯峰电厂,专门开通了传真电话,利用传真为邯峰电厂提供气象预报服务。

2003 年安装了气象卫星单收站,使用 MICAPS 2.0 系统可以查看全部地面、高空天气图和卫星云图、水汽图等多种图表,使气象服务内容更加丰富。2007 年为了更及时准确地为县、镇、村领导服务,提高气象信息服务的时效性,通过移动通信网络开通了气象短信平台,以手机短信方式向全区各级领导发送气象信息。

服务种类 决策气象服务:利用气象信息为领导提供决策依据和建议是气象服务工作的重要任务。目前主要是通过气象短信平台向区、镇领导提供中、短期天气预报、雨情信息、气象预警信号等服务,重大天气过程和农事关键季节提供书面专题服务材料。1983 年开展农业气候区划工作,编写了《峰峰矿区农业气候区划成果汇编》和《峰峰矿区农业气候区划手册》,为调整农业种植结构提供了依据。

公众气象服务:峰峰矿区气象局建站初期主要是通过广播向公众发布天气预报,目前主要通过电视、广播、"12121"电话、手机短信等向公众发布天气预报,气象服务内容不断丰富。1995 年与区电视台协商在电视台播出天气预报节目,用电话把天气预报传到电视台,由电视台制作播出。1997 年气象局建成多媒体电视天气预报制作系统,将自制节目录像带送电视台播放。此后多媒体电视天气预报制作系统逐步升级,2008 年 6 月后开始制作报送光盘。1997 年峰峰矿区气象局与区电信局合作正式开通"121"天气预报自动咨询电话。2004 年 3 月根据邯郸市气象局要求,"121"答询电话实行集约经营,主服务器由市气象局建设维护。2005 年 1 月"121"电话升位为"12121"。

专业与专项气象服务:2000 年开始开展人工影响天气工作,配置了火箭发射系统。每年开展增雨作业 4～5 次,每年作业发射火箭弹最多达 30 枚,增雨效果明显,为农业抗旱保丰收和补充地下水发挥了重要作用。

气象科技服务:1984 年开展有偿气象服务,当时主要服务内容是气象资料和天气预报。随着气象事业的发展,专业气象服务逐步扩大到涉及各行业的多种形式的专业、专项气象服务。

气象科普宣传 每年"3·23"世界气象日,峰峰矿区气象局根据当年的气象日主题印制气象宣传材料进行发放,同时利用电视、"12121"电话等进行气象知识的宣传和普及。

气象法规建设与社会管理

法制建设 2004年7月峰峰矿区政府以〔2004〕89号文下发《峰峰矿区人民政府关于进一步加强防雷安全工作的通知》,将防雷工程从设计、施工到竣工验收,全部纳入气象行政管理范围,促进了防雷安全管理工作的开展。2005年12月峰峰矿区气象局与峰峰矿区规划建设局联合下发《关于开展建筑工程防雷装置设计审核和竣工验收的通知》,防雷装置设计审核和竣工验收工作在峰峰矿区全面开展。2008年5月下发了《峰峰矿区人民政府关于加强对气象探测环境保护的通知》,对加强气象探测环境保护提出了具体要求。

制度建设 2002年以来峰峰矿区气象局逐步健全了各项规章制度,完善了学习制度、请销假制度、财务管理制度、夜间值班制度、卫生管理制度、车辆管理制度、岗位工资制度等,使各项工作有据可依,管理更加规范。

社会管理 2003年12月为2名干部办理了行政执法证,气象局成立行政执法队伍。2004年被列为区安全生产委员会成员单位,负责全区防雷安全的管理,定期对液化气站、加油站、仓库等高危行业和非煤矿山的防雷设施进行检查,对不符合防雷技术规范的单位,责令进行整改。

政务公开 对气象行政审批办事程序、气象服务内容、服务承诺、气象行政执法依据、服务收费依据及标准等内容,通过户外公示栏、电视广告、发放宣传单等方式向社会公开。干部任用、财务收支、目标考核、基础设施建设、工程招投标等内容通过职工大会或公示栏等方式向职工公开。职工奖金福利发放、领导干部待遇、劳保、住房公积金等通过职工大会向职工作详细说明。

党建与气象文化建设

党建工作 峰峰矿区气象局1956年建站时没有党员,1972年4月有党员1人,编入区人民武装部党支部;1976年8月有党员2人,归区农电局机关党支部管理;1985年6月峰峰矿区气象站建立党支部,有党员3人。截至2008年12月有正式党员5人(其中离退休党员2人),预备党员1人。

气象文化建设 峰峰矿区气象局始终坚持以人为本,弘扬自力更生、艰苦创业精神,改造观测场,装修业务值班室,统一制作局务公开栏、学习园地、文明创建栏等宣传用语牌。建设"两室一网"(图书阅览室、荣誉室、气象文化网),有图书1000余册。购置了体育器材,建成了乒乓球室、台球室等活动场所,每年举办2次职工运动会,丰富了职工的文化生活。1999年以来连续10年获得区级"文明单位"称号。

荣誉 1987—2008年,峰峰矿区气象局共获得县级以上集体荣誉奖28项,个人获得县级以上荣誉奖 50 多人次,1 人被中国气象局授予"质量优秀测报员"称号。

台站建设

峰峰矿区气象局建局初期占地面积 3559 平方米,1978 年征地 2001 平方米,现有土地面积 5560 平方米。

峰峰矿区气象局初建时仅有办公房 5 间约 75 平方米,其中 2 间值班室,3 间职工宿舍。20 世纪 70 年代中期续建了 80 平方米的平房作为职工住房,1979 年争取资金 2 万元建设了 12 间 180 平方米的办公平房。

1999 年河北省气象局拨款 15 万元、区财政投资 10 万元、自筹资金 5 万元建起了二层 450 平方米的业务办公楼,并硬化了院内路面 500 多平方米,办公环境得到较大改善。2003 年以后积极开展建设优美环境活动,对大院进行了大规模的绿化、美化,种植草坪 2000 多平方米,种植各种乔木、灌木等 10000 多株。2007 年投资 2 万余元建设下水管道,解决了排污问题。2007 年获得市级园林式单位称号,2008 年获得省级"园林式单位"称号。

峰峰矿区气象局旧貌(1984 年)　　　　　峰峰矿区气象局新颜(2008 年)

馆陶县气象局

馆陶县位于邯郸市东部,东与山东省接壤,面积 456 平方千米,耕地面积 48.7 万亩。主要粮食作物有小麦、玉米、谷子、红薯等,经济作物有棉花、花生等。馆陶县地势平坦,系古黄河冲积而成的平原,由西南微向东北倾斜。南部海拔高度 43 米,北部海拔高度 36 米。土壤主要有壤质潮土、沙质潮土、粘质潮土、盐化潮土。壤质潮土分布在中南部,沙质潮土分布在西部,粘质潮土分布在南部,盐化潮土主要分布在草厂、油寨、王二厢等乡镇。境内河流主要有卫河、漳河。卫河沿东部县界流过,境内流长 52 千米,水位稳定。漳河境内流长 4 千米,后并入卫河。

馆陶县属暖温带,半湿润地区,大陆性季风气候,四季分明,温差较大。春季干旱多风少雨,夏季雨量集中,尤以 7 月下旬和 8 月上旬常因暴雨成灾,造成部分沥涝。雷雨季节个别乡镇往往出现冰雹灾害,秋季一般降雨正常,个别年份多连阴雨,冬季干旱少雨雪。

机构历史沿革

始建情况 馆陶县气象站始建于 1971 年 8 月,1972 年 1 月 1 日正式投入业务运行。站址位于馆陶镇西北,北纬 36°33′,东经 115°18′,后经重新测量,于 1983 年 1 月 1 日确定为北纬 36°33′,东经 115°17′,海拔高度 41.3 米,地理环境为乡村。

历史沿革 建站时名称馆陶县气象站,1991 年 8 月更名为馆陶县气象局。

建站时为国家一般气象站,2007 年 1 月 1 日调整为国家气象观测二级站。

管理体制 馆陶县气象站建站时由地方政府领导为主,气象部门负责业务领导和技术指导。1981 年实行机构改革,改为实行气象部门与地方政府双重领导,以气象部门领导为主的管理体制。

单位名称及主要负责人变更情况

单位名称	姓名	职务	任职时间
馆陶县气象站	负责人空缺		1971.08—1971.12
	张从周	站长	1972.01—1974.05
	王思龄	站长	1974.06—1976.08
	李云生	站长	1976.09—1981.10
	李同兴	站长	1981.11—1991.01
	梁书印	站长	1991.02—1991.08
馆陶县气象局		局长	1991.08—2005.08
	李占民	局长	2005.09—

注:1971 年 8 月—1971 年 12 月为筹建时期,负责人空缺。

人员状况 馆陶县气象局成立时有 4 人。截至 2008 年底有在职职工 8 人(其中正式职工 4 人,聘用职工 4 人),离退休职工 5 人。在职职工中:男 6 人,女 2 人;汉族 8 人;大学本科以上 1 人,大专 4 人,中专以下 3 人;中级职称 1 人,初级职称 2 人;30 岁以下 5 人,31～40 岁 1 人,41～50 岁 1 人,50 岁以上 1 人。

气象业务与服务

1. 综合气象观测

地面气象观测 馆陶县气象局是国家一般气象站,每天进行 08、14、20 时 3 次定时观测,夜间不守班。观测项目有:云、能见度、风向、风速、气温、湿度、气压、降水、日照、小型蒸发、地温、雪深,连续观测天气现象。每月 8 日、18 日、28 日开展土壤墒情观测。

1972 年 4 月 20 日开始,馆陶县气象局向河北省气象局拍发旬报、灾害报、雨情报,并向天津市气象台拍发雨情报。1973 年 1 月 1 日每天 14 时向邯郸市气象台发送天气报。每月

1日、11日、21日向河北省气象台、邯郸市气象台发送气象旬（月）报，不定时向邯郸市气象台、河北省气象台发送重要天气报。1974年3月9日停止向河北省气象台拍发绘图报，同时停止向天津市气象台拍发雨情报。1978年10月9日将06时向河北省气象台拍发的雨情报，改为08时拍发。1999年1月1日开始每天08、14、20时3次向河北省气象台发送天气加密报，不定时发送重要天气报，每月1日、11日、21日发送气象旬（月）报。

天气报的内容有云、能见度、天气现象、气压、气温、风向、风速、降水、雪深、地温等。重要天气报的内容有暴雨、大风、雨淞、积雪、冰雹、龙卷风、雷暴、视程障碍现象、初终霜、特大降雨量等。气象旬（月）报的内容包括基本气象段和农业气象段。基本气象段包括旬（月）平均气温、旬（月）平均气温距平、旬极端气温出现日期、旬极端气温、旬（月）降水日数、旬（月）降水量距平百分率、旬（月）大风日数、旬日照时数。农业气象段包括干土层厚度，以及10、20、50厘米土壤湿度占田间持水量的百分比。

馆陶县气象局每月制作气象记录月报表（气表-1）一式3份，上报河北省气象局、邯郸市气象局各1份，馆陶县气象局存档1份。每年制作地面气象记录年报表（气表-21）一式4份，上报中国气象局、河北省气象局、邯郸市气象局各1份，馆陶县气象局存档1份。1995年1月开始使用计算机制作气象报表，并向邯郸市气象局报送打印的纸质报表和数据文件。

1987年之前使用电话通过邮电局拍发气象电报，1987年开始使用甚高频电话发送电报，1999年8月开始使用网络发送气象电报，2005年1月开始通过专用光纤传送气象电报及数据。

区域自动气象站　馆陶县气象局2005年12月在魏僧寨、房寨、柴堡3个乡镇建成区域气象站，2006年5月在王桥乡、寿山寺乡、路桥乡、南徐村乡建成4个区域气象站，2006年9月在馆陶县气象局观测场外办公楼顶建成1个区域气象站。截至2008年底，共建成8个区域气象站，自动观测气温、降水两个气象要素。

天气预报　馆陶县气象局开展的气象预报主要有电视天气预报、中期天气预报、长期天气预报、专题气象预报等。其中，电视天气预报每天播出4次；中期天气预报和长期天气预报利用网络接收省、市气象台预报，结合分析本地气象资料、短期天气形势、天气过程的周期变化等制作本地天气过程趋势预报；专题气象预报主要包括春播预报、麦收预报、中高考预报等。

2. 气象服务

馆陶县气象局始终坚持"决策服务让领导满意，公众服务让社会满意，专业服务让用户满意"的服务宗旨，坚持"以人为本"的服务理念，全力做好气象服务工作。

服务方式　1987年配置了甚高频电话，用于与邯郸市气象局开展天气会商以及天气预报的发布，大大提高了气象服务的效率。

1991年3月气象信息双向警报系统的建成标志着馆陶县气象局气象服务进入高速发展阶段，该系统提升了气象在为县域经济服务中的作用。

1993年2月馆陶县气象局将天气预报信息内容进行充实，扩大信息容量，添加了蔬菜价格、经济信息、市场行情等内容，上报县委、县政府和有关单位和企业。

1996年6月开展电视天气预报广告业务,使用字幕机制作。1998年在原有设备的基础上进行了升级。2002年又进行了第三次升级,由字幕机播放改为数字非线性编辑机播放,天气画面也由原来的录像带传递改为可擦写移动盘传递。2006年5月改为使用U盘传递。

1997年11月开展了"121"电话服务,1998年2月又对电话"121"增加了实况采集功能。2004年3月根据邯郸市气象局的要求,全市"121"答询电话实行集约经营,主服务器由邯郸市气象局建设维护,统一上收市气象局管理。2005年1月"121"电话改为"12121"。

2008年6月气象灾害预警平台开通,实现了气象信息以短信形式向手机发送,大大提升了决策气象服务的效率。

服务种类 1997年5月成立了馆陶县人工影响天气办公室,同年开展作业。当时作业使用的是JFJ-1型防雹增雨火箭弹,安全性能差,播撒范围小。2001年6月改为BL-1型防雹增雨火箭弹,安全性能和播撒范围得到了提高和扩展。多年来,馆陶县人工影响天气办公室根据天气情况,抓住有利时机适时进行人工增雨与防雹作业。

1999年2月成立了馆陶县防雷中心,对全县各企事业单位、液化气站、加油站的防雷设施进行检查,对不符合防雷技术规范的单位,责令进行整改。

气象科普宣传 馆陶县气象局每年利用"3·23"世界气象日开展气象科普宣传,积极参加馆陶县组织的各项宣传活动,充分利用集会、节假日等有利时机开展宣传活动,发放宣传材料。

科学管理与气象文化建设

依法行政 自《中华人民共和国气象法》及《河北省实施〈中华人民共和国气象法〉办法》颁布实施以来,馆陶县气象局将气象行政执法作为一项重要工作来抓。2003年馆陶县政府法制办批复确认气象局具有独立的行政执法主体资格,并为2名干部办理了行政执法证,馆陶县气象局成立执法队伍,依法保护气象探测环境,对违反《中华人民共和国气象法》有关规定的行为依法查处,气象执法工作走上了正规化。

2005年12月27日馆陶县政府办公室下发了《关于印发馆陶县雷电防护安全管理工作实施方案的通知》,对防雷工作的工作目标、方法步骤和保证措施等方面做了具体要求。

2006年9月20日,馆陶县人民政府办公室下发了《关于进一步做好防雷减灾开展防雷设施安全大检查的通知》,并成立了联合检查小组,在全县范围内开展了一次防雷设施全面大检查。

为切实加强气象探测环境保护工作,从2007年开始,在政府、人大以及国土、规划等部门进行了气象探测环境保护备案。

制度建设 20世纪90年代制订了《馆陶县气象局工作制度》,后经多次修订,不断更新、完善,目前已形成了制度体系,内容包括业务值班管理制度、会议制度、财务管理制度、车辆使用制度、福利制度等。

政务公开 对气象行政审批办事程序、气象服务内容、气象行政执法依据、服务收费依据及标准等向社会公开。对干部任用、财务收支、目标考核、基础设施建设等内容通过全体职工大会或公开张榜等方式向全体职工公开。对行政权力进行梳理,公布行政执法流程图。

党建工作 建站初期只有党员2人,编入县农业局党支部。1983年7月馆陶县气象局党支部成立。截至2008年12月有党员6人(其中离退休职工党员2人)。

加强党风廉政建设,认真落实党风廉政建设目标责任制,实行党风廉政建设第一责任人制度,积极开展廉政教育和廉政文化建设活动。

气象文化建设　馆陶县气象局大力推进气象文化建设,以创建文明单位为载体,把加强精神文明建设作为提高职工整体素质,提升单位整体形象的重要途径。通过开展政治理论学习、法律法规学习,造就了清正廉洁的干部队伍和高素质的职工队伍。大力发展党员后备力量,多次选送职工到中国气象局培训中心、河北省气象学校和县党校培训学习,不断提高自身政治、业务素质。

2003年以来,连续为职工购买意外伤害险。2006年建成了"两室一网"(荣誉室、图书阅览室和气象文化网),并配置了健身器材。2008年重新规划院落,硬化面积300平方米,设置活动场地,安装健身器材。制作标志墙,举办廉政书法展。积极参加县委、县政府组织的"送温暖、献爱心"活动,积极向灾区人民和困难群体捐款。

荣誉　1972—2008年馆陶县气象局共获得县级以上各种集体荣誉奖49项,1996年被河北省气象局评为"三级强县局"。

1972—2008年个人共获得县级以上各种表彰93人次,1人被中国气象局评为"质量优秀测报员"。

台站建设

馆陶县气象局始建时有房屋1幢10间,为水泥窑洞结构。1980年修建了2间砖木结构的平房。其中,工作用房3间45平方米,其他9间135平方米为生活用房。建站初期自打水井供水,使用农村用电线路。1996年初由河北省气象局拨付综合改造资金,进行了一次较大的综合改造,建成二层332平方米办公楼1栋,办公条件大为改善;同时又改建了3排20间生活住房,接通了自来水,极大地改善了职工的生活条件。2006年又建成职工宿舍和车库,解决了单身职工的住宿问题。馆陶县气象局现占地面积5837.46平方米,有办公楼1栋332平方米,职工宿舍4间60平方米,车库2间30平方米。

馆陶县气象局建立了长期的环境建设制度,定期开展环境维护工作。院内修建了花坛和草坪,装修了办公楼,全局绿化覆盖率达50%以上。形成了"三季有花、四季常青"的优美环境。

馆陶县气象局旧貌(1984年)

馆陶县气象局新颜(2008年)

广平县气象局

机构历史沿革

始建情况　广平县气象局始建于 1971 年 8 月,1972 年 1 月 1 日开始正式观测记录,气象站位于广平县城东,北纬 36°29′,东经 114°58′,海拔高度 48.5 米,地理环境为乡村。

历史沿革　广平县气象局始建时称广平县气象站,1981 年 8 月 31 日改称广平县革命委员会气象局,1985 年 1 月恢复广平县气象站名称,1991 年 5 月改称广平县气象局。

1972 年 1 月 1 日—1987 年 12 月 31 日属国家一般气象站,1988 年 1 月 1 日—1998 年 12 月 31 日为辅助气象站,1999 年 1 月 1 日—2006 年 12 月 31 日为国家一般气象站,2007 年 1 月 1 日至今为国家气象观测二级站。

管理体制　从建站到 1973 年 7 月归广平县人民武装部领导。1973 年 8 月划归广平县农业局。1981 年实行机构改革,改为实行气象部门与地方政府双重领导,以气象部门领导为主的管理体制。

单位名称及主要负责人变更情况

单位名称	姓名	职务	任职时间
广平县气象站	周治国	站长	1971.08—1980.02
	仝仑峰	副站长	1980.03—1981.08
广平县革命委员会气象局		副局长	1981.08—1984.10
	秦建军	副局长	1984.10—1984.12
		副站长	1985.01—1987.03
广平县气象站	吕恩金	副站长	1987.03—1988.02
	秦建军	站长	1988.02—1991.05
广平县气象局		局长	1991.05—2008.03
	薛庆国	局长	2008.03—

人员状况　广平县气象局初建时有职工 5 人。现编制 6 人,截至 2008 年底有在职职工 8 人(其中正式职工 6 人,聘用职工 2 人),离退休 3 人。在职正式职工中:男 6 人;汉族 6 人;大专 3 人,中专以下 3 人;中级职称 3 人,初级职称 3 人;31～40 岁 1 人,41～50 岁 3 人,50 岁以上 2 人。

气象业务与服务

1. 综合气象观测

地面气象观测　广平县气象局 1972 年 1 月 1 日开始地面气象观测,每天进行 08、14、20 时 3 次观测,夜间不守班。观测项目包括:云、能见度、天气现象、气压、气温、湿度、风向、风速、降水、日照、小型蒸发、雪深、冻土和地温(距地面 0、5、10、15、20 厘米)。1988 年 1

月1日—1998年12月31日辅助气象站期间,停止观测蒸发量、雪深和冻土项目。地温仅在每年的3—4月和9—10月观测供农业服务用,天气现象的观测种类也进行了合并。1999年1月1日恢复原有观测项目。

广平县气象局1973年1月1日—1981年5月20日,每天14时编发绘图天气报发往邯郸市气象局。另有重要天气报、气象旬(月)报、雨量报分别发往邯郸市气象局和河北省气象局。1988年1月1日—1998年12月31日辅助气象站期间停止拍发绘图报,只发重要天气报、气象旬(月)报、雨量报。1999年1月1日—1999年4月30日每天08、14时向河北省气象局发天气加密报。1999年5月1日—1999年10月2日每天08、14、20时向河北省气象局发天气加密报。1999年10月3日—2000年4月30日每天08、14时向河北省气象局发天气加密报。2000年5月1日至今,每天08、14、20时向河北省气象局发天气加密报,并拍发气象旬(月)报、雨量报、重要天气报等。

1973年1月开始用手摇电话通过邮电局发报,1980年开始用拨号电话通过邮电局发报,1987年开始使用甚高频电话向邯郸市气象台发报,1999年1月开始用专用线路向河北省气象局发报,2000年5月—2008年12月,使用专用光纤发送气象电报。

广平县气象局每月制作地面气象记录月报表(气表-1)一式3份,上报河北省气象局、邯郸市气象局各1份,广平县气象局存档1份。每年制作地面气象记录年报表(气表-21)一式4份,上报中国气象局、河北省气象局、邯郸市气象局各1份,广平县气象局存档1份。1999年前是手工编制气象报表,1999年1月开始使用微机编制气象报表,并向邯郸市气象局报送打印的纸质报表和数据文件。

区域自动气象站 广平县气象局于2006年5月在东张孟、十里铺和双庙乡建成3个区域气象站,2007年5月在平固店、南韩村、南阳堡和广平县气象局观测场内建成4个区域气象站,自动观测气温和降水两个气象要素。

天气预报 短期预报始于1973年1月1日,当时通过对收到的天气图分析制作短期预报,以后逐渐演变成对上级制作的数值预报进行订正,通过广平县广播站利用有线广播进行传播。1974年以后通过接收上级天气预报,再结合分析本地气象资料、短期天气形势、天气过程的周期变化等制作一旬天气过程趋势预报。长期天气预报制作在1975年开始起步,用蜡纸刻印,为广平县政府领导提供服务。

2. 气象服务

1997年4月创办《广平气象》,用微机打印,内容也不断充实更新。《广平气象》立足广平气象,在服务于农业、经济等行业中发挥了重要作用。

1997年6月开通"121"天气预报自动答询系统,2004年上收至邯郸市气象局,2005年1月升位为"12121"。

2008年5月建成气象短信预警平台,以手机短信方式向县乡村有关人员发送气象预警短信和主要气象要素实况。

1999年5月建成电视天气预报制作系统,7月开始在电视台播放。2008年1月对电视多媒体制作系统进行升级,采用非线性编辑制作系统,同时采用U盘报送电视天气预报。

1991年4月开始防雷减灾管理。1997年广平县气象局被列为县安全生产委员会成员单位,负责全县气象安全生产管理。1999 年广平县编制委员会以广编〔1999〕1 号文批准成立广平县防雷中心,对全县各企事业单位、液化气站、加油站的防雷设施进行检查。

2001 年 2 月配置 BL-1 型火箭发射系统 1 套,开始开展人工防雹、增雨作业。2004 年 11 月 11 日成立了广平县人工影响天气办公室。

2008 年 9 月组建了广平县气象信息员队伍,召开了气象信息员培训大会,发放了气象信息员聘书。信息员队伍由县直有关部门主要负责同志、乡镇副乡(镇)长、169 个行政村的主要负责人以及重点企业、中小学校业务骨干组成。

【气象服务事例】 2008 年 8 月 25 日夜间,广平县东张孟乡、平固店镇、南韩村乡出现了强对流天气,3 个小时降水量达 71.8 毫米,并伴有大风、雷电,8 级以上大风持续了约 15 分钟,刮倒大树数棵,造成部分玉米成片倒伏,棉花损害严重。虽然距南韩村 7 千米之外的气象局观测点滴雨未下,但由于这 3 个乡镇均安装了区域气象站,及时获得了雨情资料。8 月 26 日早晨,广平县气象局局长薛庆国即和县农办取得了联系,广平县农业办公室组织农业、保险和气象局技术人员一起赶赴受灾地区调查,收集灾情资料,为保险公司及时理赔提供了依据,减少了农民的损失。

受强冷空气影响,2008 年 12 月 5 日早晨,广平县出现入冬以来的最低气温。日最低气温−9.8℃,比 12 月 4 日最低气温−1.4℃下降了−8.4℃。对此次降温过程,广平县气象局 12 月 3 日提前作出了预报:5—6 日早晨极端最低气温可达−10℃～−8℃,将出现严重冰冻,对部分暴露在空气中或敷设在近地面层的供水管网有明显不利影响,建议做好防风、防寒、防冻准备工作。同时 12 月 4 日 17 时在电视天气预报栏目中发布了寒潮蓝色预警信号,通过气象预警平台向县委、县政府领导和各级气象信息员发布预警信息 400 多条,收到很好的服务效果,受到各级领导和广大群众的好评。

气象法规建设与社会管理

法规建设 2001 年广平县政府办公室下发了《关于加强氢气管理限制在公共场所施放氢气球和低空充气飞行物的通知》;2004 年广平县政府办公室下发了《广平县关于开展人工影响天气的实施办法》;2005 年广平县政府下发了《广平县人民政府关于加强气象工作的通知》;2005 年 7 月广平县气象局、广平县发展计划局、广平县建设局、广平县安全生产监督管理局联合下发了《关于依法规范建设项目防雷工程设计、施工、验收管理的通知》;2006 年广平县政府下发了《关于防御雷电灾害管理工作的通知》;2008 年广平县政府下发了《关于加强对气象探测环境保护的通知》。

行政执法 2003 年广平县政府法制办公室向气象局 3 名干部颁发了气象行政执法证书,广平县气象局成立了行政执法队伍,对依法对防雷减灾、升放气球、天气预报刊播、探测环境保护等开展行政执法与监管。

政务公开 对气象行政审批办事程序、气象服务内容、服务承诺、气象行政执法依据、服务收费依据及标准等,通过公示栏、电视广告、发放宣传单等方式向社会公开。干部任用、财务收支、目标考核、基础设施建设、工程招投标等内容则通过职工大会等方式向职工公开。财务收支一般每半年公示一次,年底对全年收支、职工奖金福利发放、领导干部待遇、劳保、住房公积金等向职工详细说明。

党建与气象文化建设

党建工作 广平县气象局刚建站时没有独立党支部,党员编入县人民武装部党支部。1984 年 3 月广平县组织部批准成立广平县气象局党支部,有党员 3 人。截至 2008 年 12 月有党员 7 人(其中离退休职工党员 2 人)。

气象文化建设 以创文明单位为载体,把加强精神文明建设作为提高职工整体素质,提升单位整体形象的重要途径。通过开展政治理论学习、法律法规学习,造就了清正廉洁的干部队伍和高素质的职工队伍。2006 年建成了"两室一网"(荣誉室、图书室和气象文化网)。

为了丰富职工业余文化生活,先后建成了篮球场、乒乓球活动室,安装了迈步机、健骑机、腰背按摩器等健身器材,利用星期天和节假日组织大家进行多种形式的体育活动。2008 年 4 月组织职工参加了广平县体育竞技比赛,获得优秀组织奖。

广平县气象局 1994 年以来连续多年被广平县委、县政府评为"文明单位",2003—2007 年连续被邯郸市委、市政府评为市级"文明单位"。

荣誉 1998 年以来广平县气象局共获得县级以上集体荣誉奖 12 次。2005 年被中国气象局评为政务公开先进单位;个人获得县级以上各种表彰 39 人次。

台站建设

从建站到 1996 年,广平县气象局基本维持原貌,共有房屋 12 间,其中办公用房 5 间、职工宿舍 5 间、仓房 2 间。1972 年开始使用乡村变压器供电,由于频繁停电,备有煤油玻璃罩灯应急。1982 年 5 月 25 日安装 10 千伏变压器 1 台,结束了使用农村电的历史。2001 年 7 月更新 20 千伏变压器 1 台,但是仍使用农用高压线路,仍有停电现象,常备有蜡烛应急。2004 年 5 月购买发电机 1 台,作为应急备用。1971 年 11 月与所驻地生产队合作打浅机井 1 眼,供农村浇地和内部吃水。2000 年以后由于水位下降,只够供内部吃水使用,水质咸硬,水垢大。2008 年 10 月接通了北张固深井自来水,结束 30 多年饮用浅井水的历史。2004 年 7 月修通了单位门口至广铺路(广平县城至十里铺乡)的柏油路。

1996 年 10 月台站综合改造,建二层办公楼约 330 平方米,1997 年 7 月投入使用。综合改造以后,又陆续硬化道路、游乐园、观测场四周等 1500 平方米,种植了绿地和花草,彻底改善了生活和办公条件。

广平县气象局旧貌(1984 年)

广平县气象局新颜(2008 年)

鸡泽县气象局

鸡泽县属暖温带半湿润大陆性季风气候,气候特点是气候温和,雨量适中,冬寒夏热,四季分明,光照充足,无霜期较长,光热水资源比较丰富。春季气温回升快,降水量少,干燥多风,蒸发量大,土壤失墒严重,十年九旱;夏季受热带海洋气团影响,炎热多雨;秋季降温迅速,昼暖夜凉,天高气爽;冬季气候寒冷,雨雪稀少。

鸡泽县直接影响农业生产并能造成危害的气象灾害主要是:旱涝、暴雨、冰雹、大风、霜冻、低温连阴雨、干热风等。其中旱涝、暴雨、冰雹、大风给农业带来的危害较大,是影响农业生产的主要因素。

机构历史沿革

始建情况　鸡泽县气象站始建于 1972 年 6 月,站址位于鸡泽县城南关,北纬 36°55′,东经 114°52′,海拔高度 36.0 米。

历史沿革　建站时名称鸡泽县气象站,1991 年 8 月改称鸡泽县气象局。

建站时为国家一般气象站,1988 年 1 月调整为国家辅助气象站,1999 年 1 月恢复为国家一般气象站,2007 年 1 月调整为国家气象观测二级站。

管理体制　鸡泽县气象局自建站至 1975 年由县人民武装部领导,1975 年以后以县政府领导为主,气象部门负责业务领导和技术指导。1981 年实行机构改革,改为气象部门与地方政府双重领导,以气象部门领导为主的管理体制。

单位名称及主要负责人变更情况

单位名称	姓名	职务	任职时间
鸡泽县气象站	负责人空缺		1972.06—1972.08
	李振东	站长	1972.09—1973.08
	贾福昌	站长	1973.08—1979.09
	郝运法	站长	1979.09—1980.09
	贾福昌	站长	1980.09—1982.12
	马石桥	站长	1982.12—1991.08
鸡泽县气象局		局长	1991.08—1996.10
	王嘎	副局长	1996.10—2000.07
		局长	2000.07—2002.05
	任树随	局长	2002.05—2006.05
	郭江宁	副局长	2006.05—2008.10
	徐雅	副局长	2008.10—

注:1972 年 6 月—1972 年 8 月为筹建时期,负责人空缺。

人员状况　1973 年建站时有 5 人,2008 年编制调整为 6 人。截至 2008 年底有职工 9

人(其中正式职工6人,聘用职工3人),离退休职工4人。正式职工中:男2人,女4人;汉族6人;大学本科以上3人,大专3人;中级职称2人,初级职称4人;30岁以下3人,31～40岁1人,41～50岁1人,50岁以上1人。

气象业务与服务

1. 气象业务

地面气象观测 自1973年1月1日开始地面气象观测工作,每日进行08、14、20时3次定时观测,夜间不守班。观测项目有:云、能见度、天气现象、气压、气温、湿度、风向、风速、降水、蒸发、日照、地温、雪深、冻土。1988年1月1日—1998年12月31日辅助气象站期间,停止观测蒸发量、雪深和冻土项目。地温仅在每年的3—4月和9—10月观测供农业服务用,天气现象的观测种类也进行了合并。1999年1月1日恢复原有观测项目。

担负天气报、气象旬(月)报、雨情报、重要天气报发报任务。1974年7月1日开始每天14时向邯郸市气象台发送小图天气报;每月的1日、11日、21日向河北省气象台、邯郸市气象台发送气象旬(月)报;不定时向邯郸市气象台、河北省气象台发送重要天气报。1978年10月9日将06时向河北省气象台拍发的雨情报改为08时拍发。1999年1月1日开始每天08、14、20时3次向河北省气象台发送天气加密报。

每月制作地面气象记录月报表(气表-1)一式3份,上报河北省气象局、邯郸市气象局各1份,存档1份。每年制作地面气象记录年报表(气表-21)一式4份,上报中国气象局、河北省气象局、邯郸市气象局各1份,存档1份。1999年前为手工编制气象报表。1999年1月开始使用微机编制气象报表,并向邯郸市气象局报送打印的纸质报表和数据文件。

建站初期,只有算盘等基础计算工具,条件艰苦,随着经济社会的发展,逐步购置了PC-1500袖珍计算机、奔腾系列计算机。建站时由手摇电话通过邮电局发报,20世纪80年代初改为直拨电话发报,1987年改为甚高频电话发报,1999年1月改由计算机发报。

天气预报 开展的气象预报主要有电视天气预报、中期天气预报、长期天气预报和专题气象预报等。电视天气预报每天播出2次;中期天气预报和长期天气预报是利用网络接收省、市气象台预报;专题气象预报主要包括春播预报、麦收预报、中高考预报等。

区域自动气象站 2006年在双塔、小寨、浮图店、曹庄、风正、吴官营以及鸡泽县气象局建成7个区域气象站,自动观测气温和降水两个气象要素。

2. 气象服务

服务方式 建站初期鸡泽县气象局通过广播站有线广播向全县发布天气预报。1987年配置了甚高频电话,用于与邯郸市气象台开展天气会商以及天气预报的发布,大大提高了气象服务的效率。

20世纪90年代初期,大力发展气象警报业务,每天2次播送警报,内容包括:天气预报、天气警报、各种气象信息等。

1998 年 1 月 1 日与县广播局合作,开始通过电视节目播送天气预报。2000 年对原有设备进行了升级,2002 年又进行了第三次升级,软件也换成非线性编辑软件,节目传送由原来的录像带改为硬盘传送,从而大大提高了画面质量。2006 年 1 月 1 日改为使用 U 盘传递。

1997 年 11 月开通了"121"电话咨询服务,内容有 24 小时、48 小时预报,之后不断丰富信箱内容。2004 年 3 月根据邯郸市气象局的要求,全市"121"答询电话实行集约经营,主服务器由邯郸市气象局建设维护。2005 年 1 月"121"电话升位为"12121"。

为更及时准确地为县、镇、村做好气象服务,2006 年开通了气象短信信息平台,以手机短信方式向全县各级领导发送天气预报信息。并在各村建立了气象信息员队伍,定期进行气象知识培训。

服务种类　2000 年成立了人工影响天气办公室,开展人工增雨防雹作业工作,作业使用的是 BL-1 型防雹增雨火箭弹。

2000 年 8 月 8 日成立鸡泽县防雷中心,定期对加油站、电力局等高危行业和各企业楼房的防雷设施进行检查,对不符合防雷技术规范的防雷装置出具整改意见。

气象科普宣传　为提高公众关注气候变化的意识和增强防灾减灾能力,鸡泽县气象局多方位、多渠道的进行气象科普宣传。利用每年"3·23"世界气象日开展气象科普宣传。同时,还充分利用集会、节假日等有利时机开展宣传活动,发放宣传材料。多次深入到鸡泽县第一中学、职教中心等中小学校开展防雷科普知识宣传活动,讲解雷电基本知识和防雷避险常识。每年汛期来临之前,还通过鸡泽县电视台做好防雷科普宣传。

气象法规建设与社会管理

1. 法规建设

出台多项规章制度,依法加强气象行政管理。2004 年 4 月 24 日鸡泽县政府下发了《鸡泽县防御雷电灾害管理办法》,2006 年 4 月 20 日鸡泽县气象局和县安监局、建设局联合下发了《关于开展建筑物防雷工程实行审核验收规定的有关通知》,2006 年 7 月 18 日鸡泽县办公室转发了《国务院办公厅关于进一步做好防灾减灾工作的通知》,2007 年 6 月 18 日鸡泽县气象局和县教育局下发了《关于加强学校防雷安全工作的通知》,2008 年 6 月 23 日鸡泽县政府下发了《关于加强全县气象探测环境和设施保护的通知》。

2. 社会管理

探测环境保护　促成鸡泽县政府下发了《关于加强全县气象探测环境和设施保护的通知》,从城市规划、村(镇)规划、建设用地及站址迁移等多方面对探测环境保护工作进行详细的规定。为了把探测环境保护工作落实到实处,从 2007 年起每年在鸡泽县人大、鸡泽县政府以及国土、建设等部门进行探测环境备案,做好气象探测环境的保护工作。

防雷管理　为了确保雷电灾害防御工作落到实处,鸡泽县气象局积极与县安监局联合开展防雷工作专项检查,对未依法安装防雷装置,未依法申报防雷装置设计审核、竣工验收以及其他违法行为进行了查处。

施放气球管理 按照"严格审批程序、重点抓好管理、监督落实责任"的原则,对气球市场进行了严格管理。

3. 政务公开

加强气象政务公开工作,对气象行政审批办事程序、气象科技服务内容、服务承诺、气象行政执法内容等,通过户外公示栏、电视广告、政府信息公开手册、发放宣传单等形式向社会进行了公开。财务收支、目标考核、基础设施建设等事项都及时向职工进行公开。财务收支情况,每季度公示一次,年底对全年财务收支、福利发放、领导干部待遇、住房公积金等向职工做出解释说明。

党建与气象文化建设

党建工作 1985 年以前只有 1 名党员,编入县农业局党支部。1994 年 5 月鸡泽县气象局成立党支部,有党员 3 人。截至 2008 年 12 月有党员 4 人。

制订了"鸡泽县气象局科学决策"、"党支部三会一课"等一系列制度。在廉政宣传教育月活动中,制订了活动安排和学习计划,对照党风廉政建设责任书进行了自查。采取谈心、交心、爱心、交朋友、批评与自我批评等多种形式开展思想政治工作。加强制度落实情况的督查,完善预防机制。深入开展"廉洁勤政好机关"创建活动,加强党员干部特别是党员领导干部的作风建设,使党员严格遵守党纪国法,牢固树立廉洁自律意识。不断巩固和完善局务公开、事务公开,诚心接受职工和群众的监督。加强重大项目建设进程中的廉政监督。

气象文化建设 以健康向上的文化生活陶冶干部职工情操,丰富职工精神文化生活,创造团结、活泼、文明、和谐的工作环境。经常组织职工开展技能比武、业务技术研讨、业务技术比赛,利用节假日和业余时间,开展多种形式的文体娱乐活动,培养职工的参与意识、竞争意识、进取意识和团队精神,增强干部职工的凝聚力。

荣誉 1972—2008 年鸡泽县气象局共获集体荣誉 28 项,个人获得县级以上荣誉 38 人次,2 人被国家气象局授予"质量优秀测报员"称号。

1975 年和 1978 年马石桥 2 次参加"全国气象部门先进代表会",受到党和国家领导人的亲切接见。

台站建设

台站综合改善 鸡泽县气象局建站时占地总面积 4733 平方米,其中建筑面积 245 平方米,观测场 625 平方米,菜地占 1725 平方米,休闲地占 1300 平方米。1980 年河北省气象局拨款 2 万元建宿办室 11 间,面积 180 平方米。建站时靠打井提供生活用水,1997 年改为自来水公司供水。从建站至 2004 年一直和鸡泽县第一中学共用一台变压器,2007 年通过电力改造改用供电公司供电。1997 年重新修建了办公楼、车库;改造了厕所,楼房面积 272 平方米。2008 年向河北省气象局申请供暖设施专款 9 万元,安装了环保节能的中央空调,从根本上改善了职工的工作和生活环境。

园区建设 鸡泽县气象局1997年在新办公楼建好以后又硬化了院内道路,2004年对机关院内的环境进行了绿化改造,在院内种植了草坪、花坛和树木,现在的鸡泽县气象局已建成"三季有花,四季常青"的园林式单位。

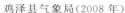

鸡泽县气象局(2008年)   鸡泽县气象局观测场(2008年)

临漳县气象局

临漳县位于河北省最南端,属华北平原南部,太行山东麓的山前平原与漳河冲积平原的交汇处,其地势开阔平缓,东西长35千米,南北宽26千米,总面积744平方千米,耕地面积75万亩,人口60万,辖9乡5镇,425个行政村。

临漳地处华北平原南部,属大陆性半湿润、半干旱气候区,春季干旱少雨,空气干燥,多大风天气;夏季高温多雨,常有大风、冰雹、暴雨发生;秋季凉爽,雨量减少;冬季干冷少雪。

机构历史沿革

始建情况 临漳县气象局始建于1961年8月1日,位于临漳县城南关,北纬36°20′,东经114°37′,海拔高度64.8米。

站址迁移情况 由于县城建设快速发展,临漳县气象局气象探测环境遭受严重影响,2002年1月1日迁址到临漳县二环路东段现在位置,北纬36°20′,东经114°37′,海拔高度64.6米。

历史沿革 创建时名称为临漳县气象服务站,1968年1月改名为临漳县农林局革命委员会气象服务站,1971年1月改名为临漳县农业服务站革命委员会气象组,1972年1月改名为临漳县气象组,1981年1月改名为临漳县气象局。

建站时级别为国家一般气象站,1989年1月1日改为辅助气象站,1999年1月恢复为国家一般气象站,2007年1月改为国家气象观测二级站。

管理体制 临漳县气象局自1961年11月建站至1967年归临漳县农业局领导,1968

年—1970年12月31日归临漳县农业局革命委员会领导,1971年1月1日—1981年10月归临漳县人民武装部领导。1981年11月实行机构改革,改为气象部门与地方政府双重领导,以气象部门领导为主的管理体制。

单位名称及主要负责人变更情况

单位名称	姓名	职务	任职时间
临漳县气象服务站			1962.11—1967.12
临漳县农林局革命委员会气象服务站	申继贤	负责人	1968.01—1970.12
临漳县农业服务站革命委员会气象组			1971.01—1972.01
临漳县气象组	洪永章	站长	1972.01—1979.08
	赵廷山	站长	1979.09—1981.01
临漳县气象局	申继贤	局长	1981.01—1986.07
	郭学文	局长	1986.08—1994.08
	李凤林	局长	1994.09—2001.04
	王秀珍	局长	2001.05—

人员状况 临漳县气象局建站时共有4人。现编制为6人,截至2008年底有在职职工8人(其中正式职工5人,聘用职工3人),退休职工4人。在职职工中:男3人,女5人;汉族8人;大学本科以上1人,大专2人,中专以下5人;中级职称1人,初级职称4人;30岁以下4人,31~40岁1人,41~50岁2人,50岁以上1人。

气象业务与服务

1. 气象综合预测

地面气象观测 临漳县气象局1961年11月开始地面气象观测,每天进行08、14、20时3次定时观测,夜间不守班。观测项目有云、能见度、天气现象、气压、气温、湿度、风向、风速、降水、雪深、日照、蒸发、地温、冻土等。1989年1月1日—1998年12月31日辅助气象站期间,停止观测蒸发量、雪深和冻土项目。地温仅在每年的3—4月和9—10月观测供农业服务用,天气现象的观测种类也进行了合并。1999年1月1日恢复原有观测项目。

临漳县气象局每月制作地面气象记录月报表(气表-1)一式3份,上报河北省气象局、邯郸市气象局各1份,临漳县气象局存档1份。每年制作地面气象记录年报表(气表-21)一式4份,上报国家气象局、河北省气象局、邯郸市气象局各1份,临漳县气象局存档1份。1999年前为手工编制气象报表,1999年1月开始使用微机编制气象报表,并向邯郸市气象局报送打印的纸质报表和数据文件。

临漳县气象局的发报任务有天气报、气象旬(月)报、重要天气报、雨情报。天气报的发报内容有云、能见度、天气现象、气压、气温、风向、风速、降水、雪深、地温等;重要天气报的内容有暴雨、大风、雨凇、积雪、冰雹、龙卷、雷暴、大雾、沙尘暴等。

区域自动气象站 2005年临漳县气象局在章里集乡、孙陶镇和砖寨营乡建成3个区域气象站。2006年在临漳县城、柏鹤乡、张村集乡、香菜营乡、习文乡和柳园镇建成

6个区域气象站。9个区域气象站组成区域气象站网,自动观测降水和气温两个气象要素。

2. 气象服务

服务方式 1961年11月建站初期,主要是进行物候观测,看云识天。1965年收听山东、河北和河南气象台预报,直接利用广播局有线广播转发出去。1979年每天利用收音机接收记录河南省多个台站的气象要素和天气形势,然后绘制天气图作短期预报,由县广播站有线广播。1982年用统计学原理,找不同时期、不同阶段的相似点开始制作长期预报。从1987年开始主要利用甚高频电话记录邯郸市气象台的天气形势和天气预报,临漳县气象局不再独立制作天气预报。

1982年7月正式开始天气图传真接收工作,主要接收高空图和地面图,独立地分析天气变化。1987年3月开通甚高频电话,接收市气象台预报信息。1988—1992年先后购置上海产发射机1台,气象警报接收机500部,安装在全县各乡镇、村、县社和粮食系统,定时发布农业气象信息和下达有关通知。

1997年6月临漳县气象局同县电信局合作,正式开通"121"天气预报咨询电话,天气预报信息由县气象局提供。2004年3月全市"121"答询电话实行集约经营,主服务器由邯郸市气象局建设维护。2005年1月"121"电话升位为"12121"。

1998年6月临漳县气象局和县广播电视局达成播放天气预报节目协议,购置多媒体微机一台,正式创建电视天气预报栏目,每天由县气象局技术人员制作预报节目录像带,送电视台播放。2004年10月电视天气预报制作系统升级为非线性编辑系统。

2001年11月气象卫星单收站建成并正式启用,可定时接收卫星云图。

2008年4月为了更及时准确地为县、镇、村领导服务,通过移动通信网络开通了气象预警信息短信发布平台,以手机短信方式向全县各级领导和气象信息员发送天气预报等气象信息。

服务种类 1998年5月临漳县气象局创办《临漳气象信息》,内容主要有中、短期天气预报、田间管理和一些生活小窍门,向县领导和有关单位报送。

1991年开始对安装有防雷装置的企事业单位进行防雷安全性能检测。2006年2月临漳县政府办公室发文,将防雷工程从设计、施工到竣工验收,全部纳入气象行政管理范围。2006年6月临漳县气象局办理了罚没许可证,2007年2月临漳县气象局开始全面履行防雷职责,实施对全县的新建建筑物防雷装置设计审核、施工分阶段检测和竣工验收。2008年11月临漳县防雷中心成立。

2001年2月河北省气象局配发BL-1型火箭发射系统1套,2002年5月临漳县气象局购买人工影响天气作业工具车1辆。每年根据天气情况,在固定作业点开展增雨防雹作业1~3次。

【气象服务事例】 受强对流天气的影响,2008年6月25日17时20分—23时,临漳县出现了大风暴雨天气,全县平均降水达到47毫米,区域气象站数据显示最大降水达67.9毫米,降雨时伴有大风,瞬时风力达到8级。全县直接经济损失约3500万元,其中农业损失2850万元。这次强降雨天气过程,临漳县气象局提前作出了准确预报,并通过天气预报预警信息发布平台向县领导和全县信息员发布了强降水预报信息。灾情发生时,县气象局领导和工作人员坚守在第一线,以电话和短信形式向县主要领导、主管领导、县防汛指挥部、水利局、农业局、民政局等单位汇报雨情,服务工作迅速、及时,为各级领导和部门指挥抗灾救灾起到了参谋作用。

科学管理与气象文化建设

科学管理 2006年临漳县政府以(〔2006〕8号)文下发了《临漳县雷电防护安全管理工作实施方案》,重点加强雷电灾害防御工作的依法管理工作。

2007年9月临漳县法制办批复临漳县气象局具有独立的行政执法主体资格,并为5名干部办理了行政执法证,成立了执法队伍,开始开展气象行政执法,履行防雷安全管理职能。定期对加油站、液化气站、计算机信息系统等单位的防雷设施进行安全性能检查,对不符合防雷技术规范的单位责令进行整改。

为依法保护好气象探测环境,2008年9月临漳县政府出台了《临漳县人民政府关于对全县气象探测环境和设施保护的通知》。

政务公开 加强气象政务公开,对气象行政审批事项、气象服务内容、服务承诺、服务收费依据及标准等内容,通过户外公示栏、电视广告和发放宣传单等形式向社会公开。

财务收支每半年公示一次,年底对全年收支、职工奖金福利发放、领导干部待遇、劳保、住房公积金等向职工作详细说明。财务账目每年接受上级财务部门年度审计,并将结果向职工公布。

党建工作 建站之初有党员1人,1961年5月—1972年1月有党员2人,编入县农业局党支部。1986年10月临漳县气象局成立党支部。截至2008年12月有党员5人(其中退休职工党员2人)。

认真落实党风廉政建设目标责任制,积极开展廉政教育和廉政文化建设活动,努力建设文明机关、和谐机关和廉洁机关。每年开展廉政教育宣传活动。

气象文化建设 始终坚持以人为本,弘扬自力更生、艰苦创业精神,深入持久地开展文明创建工作,政治学习有制度、文体活动有场所,职工生活丰富多彩。

临漳县气象局把领导班子的自身建设和职工队伍的思想建设作为文明创建的重要内容,通过开展经常性的政治理论、法律法规学习,造就了清正廉洁的干部队伍,锻炼出一支高素质的职工队伍。

文明创建阵地建设得到加强。开展文明创建规范化建设,改造观测场,装修业务值班室,统一制作局务公开栏、学习园地、法制宣传栏和文明创建标语等宣传用语牌。2006年建成"两室一网"(图书阅览室、职工活动室、气象文化网)。

每年利用"3·23"世界气象日、科技活动周和法制宣传日组织科技宣传,普及防雷知识。积极参加县里组织的文艺汇演和户外健身活动,丰富职工的业余文化生活。

荣誉 1993—2007年连续被评为县级"文明单位",2003—2008年连续被评为市级"文明单位"。1993—2008年临漳县气象局共获得县级以上各种集体荣誉奖34项;个人共获得县级以上表彰11人次。

台站建设

　　临漳县气象局建站时总占地面积 3700 多平方米。2002 年以前办公用房只有 8 间平房,办公条件和生活设施十分简陋,虽经多次修缮,始终难改落后、破旧的面貌。

　　1999 年 9 月 26 日由河北省气象局投资,临漳县气象局办公楼在新址破土动工,2000 年 12 月竣工,2002 年 1 月 1 日临漳县气象局搬迁至新址。新址占地面积 4432.5 平方米。其中建筑面积 570 平方米,绿化面积 3600 平方米。办公楼建筑面积 450 平方米,建厨房和车库 120 平方米。2003 年 4 月打深水井 1 眼,用于绿化和职工日常用水。2003 年 8 月投资 10 余万元,建起 13 米长迎门墙,购买了新的办公家具和业务微机 6 台,实现了办公自动化。办公室和值班室安装了空调,改善了办公环境。大院及观测场四周种植了多种花草树木,气象局面貌焕然一新。

临漳县气象局旧貌(2001 年)

临漳县气象局新颜(2007 年)

邱县气象局

机构历史沿革

　　始建情况　邱县气象站于 1973 年 3 月建立,1974 年 1 月 1 日正式承担观测任务。站址位于邱县柳辛庄村西北,北纬 36°49′,东经 115°10′,海拔高度 36.7 米。

　　历史沿革　建站时名称邱县气象站,1991 年 8 月更名为邱县气象局。

　　建站时级别为国家一般气象站,1988 年 1 月 1 日调整为辅助气象站,1999 年 1 月 1 日恢复为国家一般气象站,2007 年 1 月 1 日调整为国家气象观测二级站。

　　管理体制　邱县气象局自建站至 1981 年归属邱县革命委员会和邯郸地区气象局双重领导,以地方领导为主。1981 年 11 月改为实行气象部门与地方政府双重领导,以气象部门领导为主的管理体制。

单位名称及主要负责人变更情况

单位名称	姓名	职务	任职时间
邱县气象站	负责人空缺		1973.03—1973.12
	张华瑞	站长	1974.01—1984.08
	张卫国	站长	1984.09—1987.04
	张学众	负责人	1987.05—1988.08
	田汉林	负责人	1988.09—1990.11
	张卫国	站长	1990.11—1991.08
邱县气象局		局长	1991.08—

注:1973年3月—1973年12月为筹建时期,负责人空缺。

人员状况　邱县气象局始建时有4人,现有编制6人,截至2008年底有在职职工9人(其中正式职工6人,聘用职工3人),离退休职工2人。在职职工中:男6人,女3人;汉族9人;大学本科以上4人,大专1人,中专以下4人;中级职称3人,初级职称6人;31~40岁4人,41~50岁1人,50岁以上4人。

气象业务与服务

1. 气象业务

地面气象观测　邱县气象局1974年1月1日开始地面气象观测工作,每天进行08、14、20时3次观测,夜间不守班。观测项目有云、能见度、天气现象、气压、气温、湿度、风向、风速、降水、雪深、日照、蒸发、地温等。1988年1月1日—1998年12月31日辅助气象站期间,停止观测蒸发量、雪深和冻土项目。地温仅在每年的3—4月和9—10月观测供农业服务用,天气现象的观测种类也进行了合并。1999年1月1日恢复原有观测项目。

每月制作地面气象记录月报表(气表-1)一式3份,上报河北省气象局、邯郸市气象局各1份,邱县气象局存档1份。每年制作地面气象记录年报表(气表-21)一式4份,上报中国气象局、河北省气象局、邯郸市气象局各1份,邱县气象局存档1份。1999年前为手工编制气象报表。1999年1月开始使用微机编制气象报表,并向邯郸市气象局报送打印的纸质报表和数据文件。

邱县气象局承担天气报、气象旬(月)报、雨情报、重要天气报发报任务。1975年4月1日—1981年5月19日每天14时发绘图天气报。1981年5月20日—1998年12月31日发气象旬(月)报、重要天气报、雨情报。1999年1月1日开始每天08、14、20时向河北省气象局发送天气加密报。天气报的内容包括云、能见度、天气现象、气压、气温、风向、风速、降水、雪深、地温等;重要天气报的内容有暴雨、大风、积雪、冰雹、龙卷、雷暴、视程障碍现象等。

1974年—1987年3月通过邮电局转报。1987年4月始通过甚高频电话发送气象电报。1992年建立了气象无线警报通讯系统。1999年1月配备微机,使用X.28专线拨号软件发报。2002年9月使用X.25专用拨号软件发报。2003年11月发送报文专线再次升级,使用光缆VPN专线。

区域自动气象站　2005—2006 年邱县气象局分别在香城固、梁二庄、邱城、古城营、南辛店、新马头镇建成 6 个区域气象站,自动观测气温、降水两个气象要素。

2. 气象服务

邱县气象局坚持以经济社会需求为牵引,把决策气象服务、公众气象服务、专业气象服务和气象科技服务融入到经济社会发展和人民群众生产生活。

服务方式　1974 年 1 月—1993 年 1 月每旬、月制作天气预报小报送县委、县政府。1993 年 2 月天气预报小报扩充信息内容,增加了蔬菜价格、经济信息、市场行情等栏目,报送单位由县委、县政府扩展到有关单位和企业。时任县长杨仲信于 1994 年 2 月批示成立晋冀鲁豫信息中心,信息中心写入了《邱县志》。

1978 年 1 月—1986 年 12 月绘制小天气图,做出本县天气预报,通过县广播站发布。1987 年 7 月开通甚高频无线对讲通讯设备,实现与邯郸气象台直接业务会商,做出本县天气预报。1999 年 8 月开通 VSAT 气象地面卫星单收站,可动态看到天气过程的运动轨迹,预报手段有了更多依据。

1991 年 3 月在河北省气象部门率先购置气象信息双向警报系统,气象服务有了进一步发展。

1996 年 6 月开展电视天气预报服务,用字幕机录制磁带由县电视台播出。2002 年制作系统升级为数字非线性编辑系统,预报节目以数据文件形式报电视台。

1997 年 11 月开展了"121"电话服务。1998 年 2 月升级系统,增添气象要素实况采集功能。2004 年 3 月根据邯郸市气象局的要求,全市"121"答询电话实行集约经营,主服务器由邯郸市气象局建设维护。2005 年 1 月电话"121"号码升级为"12121"。

1999 年配备了雨情、灾情快速反应系统,气象服务时效性有了提高,服务范围有了扩展。

2006 年 5 月开通了气象短信预警平台,服务方式由单一的提供信息变为通过手机短信双向互动,雨(雪)情、灾害天气预报、预警、灾害情况等信息能够在第一时间相互传达。

服务种类　1985 年开始气象有偿专业服务,主要是为企事业单位提供短、长期天气预报、气象资料统计和灾害气象证明。

1997 年 5 月邱县政府人工影响天气办公室成立,挂靠邱县气象局。使用 JFJ-1 型防雹增雨火箭弹。2001 年 6 月更新为 BL-1 型防雹增雨火箭弹,提高和扩大了安全性能和播撒范围。邱县气象局每年开展人工增雨作业,县委、县政府对此项工作给予高度赞扬和充分肯定。

防雷装置检测始于 1991 年。1997 年邱县防雷中心成立。2006 年 8 月落实防雷三项职能(新建项目防雷设计审核、施工跟踪检测和竣工验收)工作。

2007 年 11 月邱县政府办公室发文在全县各乡镇村成立气象灾害信息协调管理员,实现气象信息互动。

气象法规建设与社会管理

法规建设　2006 年邱县政府下发了《邱县人民政府关于进一步加强防雷减灾工作的

通知》(邱发〔2006〕111 号);2007 年邱县气象局、邱县建设局联合下发《关于进一步加强建设工程防雷设计审核竣工验收工作的通知》(邱气字〔2007〕1 号),使防雷三项职能工作得以全面开展。2008 年加大了工作力度,开展了由邯郸市气象局法制办牵头首次防雷联查,先后对曲周、邱县、广平等县进行联合检查,对部分受检单位和建筑工程进行了检查。防雷行政许可和防雷技术服务逐步规范化。

2008 年邱县政府发布保护气象探测环境通告,同年完成了设立保护气象探测环境警示牌工作。

社会管理 2003 年 2 月邱县政府法制办确认邱县气象局具有独立的行政执法主体资格,并为 3 名干部办理了行政执法证。2004 年邱县气象局被列为县安全生产委员会成员单位,负责全县防雷安全的管理,定期对液化气站、加油站、仓库等高危行业的防雷设施进行检查。2006 年 7 月成立了执法机构,并办理了罚没许可证。

政务公开 加大了政务公开力度,通过政务公开栏、政府信息公开指南向社会公布机构职能、领导信息、计划总结、政务动态、突发公共事件、公文、行政事业收费、行政许可等内容。

党建与气象文化建设

1. 党建工作

党的组织建设 1974 年 1 月邱县气象站有党员 2 人,编入农林局党支部。1982 年 10 月邱县气象站成立党支部,隶属县直工委领导,有党员 3 人。截至 2008 年 12 月,有党员 4 人(其中退休职工党员 1 人)。

党的作风建设 从 1991 年起,局务会吸纳了全局一半的人员参加,充分发挥职工民主监督作用,使局务公开经常化、规范化、制度化,成为广大职工监督行政领导以及参政议政的主渠道,大家有了说心里话、提建议的地方,避免"暗箱"操作,解决了想公开则公开、不想公开则不公开,想公开不敢公开,真公开与假公开的问题,从源头上预防和制止了腐败行为的发生。

党风廉政建设 邱县气象局 1997 年 1 月成立了精神文明建设领导小组。制订了创建文明单位活动规划、集中开展党风廉政建设教育整顿活动、气象文化建设实施计划等制度。2006 年又系统地制订了精神文明建设各项规章制度,如"四五"普法、道德建设、文化建设、法制建设、环境建设、学习、班子建设、经济建设、一流台站建设、创建活动、思想建设、综合治理等制度,为创建文明单位打下了坚实基础。

2. 气象文化建设

邱县气象局始终坚持以人为本,弘扬自力更生、艰苦创业精神,深入持久地开展文明创建工作,政治学习有制度、文体活动有场所,职工生活丰富多彩,文化建设工作成效显著。

邱县气象局坚持把领导班子自身建设和职工队伍思想建设作为文明创建的重要内容,通过开展经常性的政治理论、法律法规学习,造就了清正廉洁的干部队伍,锻炼出一支高素质的职工队伍。为干部职工订阅报纸、书刊,培养了爱读书、求进取的职工队伍。

购置了健身器、乒乓球桌、篮球架、羽毛球、图书柜、书桌椅、空调等，组织多种形式文体活动，职工业余生活丰富多彩。

2003—2008 年期间，张卫国的摄影作品分别在全国气象行业体育摄影大赛中获二等奖、优秀奖各 1 次；在河北省直工委和河北省气象部门组织各类摄影大赛中获得一等奖 1 次，二等奖 2 次，三等奖 2 次，优秀奖 2 次；在邯郸市直工委和邱县县委、县政府举办的各类摄影大赛中获一等奖 1 次，二等奖 1 次，优秀奖 1 次。

2006 年创建了"两室一网"（荣誉陈列活动室、阅览室、气象文化网）。

3. 荣誉

集体荣誉 1978—2008 年邱县气象局共获县级以上集体荣誉奖 43 项。1996—2008 年邱县气象局连续被评为县级"文明单位"。1998—2008 年连续被评为市级"文明单位"。2005 年荣获中国气象局"气象部门局务公开先进单位"称号。2006—2007 年被评为省级"文明单位"。

个人荣誉 1978—2008 年邱县气象局个人获县级以上各种表彰共 132 人次，其中记大功 3 人次，中国气象局"质量优秀测报员"1 人次。

人物简介 张卫国，男，1954 年 3 月出生，1972 年 12 月参加工作，党员，大专学历，现任邱县气象局局长、工程师。张卫国 1978 年 6 月开始从事气象工作，30 多年来，他热爱气象事业，始终以党的利益为重，严格要求自己，处处以身作则。

1992 年 2 月以后，他利用气象部门较早使用计算机的优势，积极为当地开展经济信息服务，对当地的经济发展起了推动作用。通过信息服务，在当时计算机还不普及的年代也为单位培养了人才。

1995 年以后，他为改善办公和生活条件，带领全局人员多方筹资，建起了办公楼和家属楼，解除了职工的后顾之忧。2006 年又投资 12 万元进行了建站以来最大的一次整体环境改造，从办公楼到生活区，从硬化地面到绿地栽种都重新进行了规划和布局。对办公楼重新进行了装修，院内大道也铺上大青石，平展的大道和大道两旁的树木浑然一体，显得更加美丽和谐，在优美环境创建上取得了骄人成绩。

由于工作业绩突出，1995 年、1997 年张卫国被邱县政府授予县长特别荣誉奖。1991—2002 年多次荣获河北省优秀局（站）长称号，被评为河北省气象部门优秀中青年科技工作者。《中国气象报》2 次登载邱县气象局先进工作事迹的报道，在 1996 年召开的全国气象局长会议上张卫国局长作为特邀代表介绍经验，得到与会代表的充分肯定，并受到时任中国气象局长邹竞蒙的接见。1997 年被国家人事部和中国气象局授予全国气象先进工作者。

台站建设

邱县气象局初建时有房屋 2 幢 12 间，为砖木结构，电源是由 1000 米外县医院引来，电压不能保证，吃水需要到 2000 米外用车拉运。1980 年又添建了 2 间砖木结构的瓦房，上级拨款由县城接通了自来水。当时有工作用房 4 间 81.9 平方米，其他生活用房 10 间 182 平方米。1996 年初进行了一次大的综合改造，建成二层 400 平方米办公楼 1 栋，办公条件大为改善,同时又建成了 800 平方米的住宅楼,大大改善了职工的生活条件。2006 年对院内环境进行了改造,全部用青石板硬化路面,被邯郸市环境保护领导小组评为"绿色庭院"单位。

邱县气象局旧貌(1991 年)

邱县气象局新貌(2008 年)

曲周县气象局

曲周县属于半湿润大陆性季风气候,四季分明,冬夏较长,春季较短。春季干旱多风,夏季炎热多雨,秋季温和凉爽,冬季寒冷,雨雪稀少,日照充足。

机构历史沿革

始建情况 曲周县气象局建成于 1959 年 3 月 1 日,站址位于曲周县城东袁庄,北纬 36°45′,东经 114°56′,海拔高度 41.4 米。

站址迁移情况 1960 年 12 月因土质盐碱、观测数据缺乏代表性,迁址到曲周县城南王村,北纬 36°45′,东经 114°56′,海拔高度 38.8 米,1961 年 4 月向西迁移 500 米。1965 年 1 月迁址到曲周城东南铺,北纬 36°45′,东经 114°56′,海拔高度 39.3 米。1996 年迁移至现站址南开街中段,位于北纬 36°45′,东经 114°57′,观测场海拔高度 39.6 米。

历史沿革 建站时名称为曲周县气象站,1964 年 1 月改称曲周县气象服务站,1969 年 2 月改称曲周县农业建设服务工作革命委员会气象站,1971 年 10 月改称曲周县气象站,1977 年 6 月改称曲周县革命委员会气象站,1981 年 1 月恢复曲周县气象站,1991 年 6 月改称曲周县气象局。

曲周县气象局始建时为国家一般气象站,2007 年 1 月调整为国家气象观测二级站。

管理体制 曲周县气象局建站时归地方政府管理,省气象部门负责业务领导和技术指导。1981 年进行体制改革,实行气象部门与地方政府双重领导,以气象部门领导为主的管理体制。

单位名称及主要负责人变更情况

单位名称	姓名	职务	任职时间
曲周县气象站	李文章	负责人	1959.03—1959.10
	张华瑞	负责人	1959.10—1964.01
曲周县气象服务站	刘章兴	站长	1964.01—1969.02
曲周县农业建设服务工作革命委员会气象站		站长	1969.02—1971.10
曲周县气象站			1971.10—1973.10
	马连珍	站长	1973.10—1977.06
曲周县革命委员会气象站			1977.06—1981.01
			1981.01—1982.01
曲周县气象站	张卫国	站长	1982.01—1990.12
	刘锡美	站长	1990.12—1991.06
	梁天福	局长	1991.06—1995.10
曲周县气象局	王海峰	副局长	1995.10—1998.03
		局长	1998.03—2000.01
	杨淑玉	副局长	2000.01—2003.06
		局长	2003.06—

人员状况 曲周县气象局建站时有 5 人。现编制为 6 人,截至 2008 年底有在职职工 11 人(其中正式职工 9 人,聘用职工 2 人),离退休 1 人。在职职工中:男 6 人,女 5 人;汉族 11 人;大学本科以上 2 人,大专 2 人,中专以下 7 人;中级职称 2 人,初级职称 7 人;30 岁以下 2 人,31～40 岁 2 人,41～50 岁 3 人,50 岁以上 4 人。

气象业务与服务

1. 气象业务

地面气象观测 曲周县气象局于 1959 年 3 月 1 日开始地面气象观测工作,采用地方时每天进行 01、07、13、19 时 4 次定时观测,夜间守班。1960 年 8 月改为北京时每天进行 02、08、14、20 时 4 次观测。1962 年 1 月开始改为每天进行 08、14、20 时 3 次观测,夜间不守班。1972 年 1 月开始改为每天进行 02、08、14、20 时 4 次观测,夜间守班。1974 年 7 月开始改为每天进行 08、14、20 时 3 次观测,夜间不守班。观测项目有云、能见度、天气现象、气压、气温、湿度、风向、风速、降水、雪深、日照、蒸发、地温等。

曲周县气象局承担天气报、气象旬(月)报、雨情报、重要天气报发报任务。天气报的发报内容有云、能见度、天气现象、气压、气温、风向、风速、降水、雪深、地温等。重要天气报的内容有暴雨、大风、雨凇、积雪、冰雹、龙卷风等。曲周县气象局在 1972—1986 年期间,承担邢台、长治预约航危报发报任务。

曲周县气象局每月制作地面气象记录月报表(气表-1)一式 3 份,上报河北省气象局、邯郸市气象局各 1 份,存档 1 份。每年制作地面气象记录年报表(气表-21)一式 4 份,上报中国气象局、河北省气象局、邯郸市气象局各 1 份,存档 1 份。1995 年前为手工编制气象报表,1995 年 1 月开始使用微机编制气象报表,并向邯郸市气象局报送打印的纸质报表和数据文件。

区域自动气象站 曲周县气象局 2005 年 12 月在侯村、安寨、四町乡镇建成 3 个区域气象站,2006 年 4 月在依庄、槐桥、大河道、白寨、里岳、曲周镇、河南町乡镇建成 7 个区域气象站,自动观测气温和降水两个气象要素。

2. 气象服务

曲周县气象局坚持以经济社会需求为牵引,把决策气象服务、公众气象服务、专业气象服务和气象科技服务融入到经济社会发展和人民群众生产生活之中。

服务方式 1983 年 6 月开始天气图传真接收工作,主要接收北京气象传真和日本传真图表,利用传真图表独立分析判断天气变化,取得较好的预报效果。

1988 年 9 月开通甚高频无线对讲通讯电话,用于业务发报和接收邯郸市气象台预报信息。

1996 年 8 月曲周县气象局与曲周县广播电视局商定在电视台播放天气预报,气象局制作节目带送电视台播放。2005 年 10 月制作系统升级,开始使用 U 盘报送。

1997 年 11 月气象局与电信局合作正式开通"121"天气预报自动答询电话。2004 年 3 月以后,全市"121"电话实行集约经营,服务器由邯郸市气象局建设维护。2005 年 1 月"121"电话升位为"12121"。

2008 年为了更及时准确地为县、乡(镇)、村领导服务,通过移动通信网络开通了气象服务短信平台,以手机短信方式向全县各级领导发送气象信息。

服务种类 1988 年开始气象专业有偿服务,主要是为全县各乡镇和相关企事业单位提供中、长期天气预报和气象资料。

1995 年 10 月,曲周县气象局多次向县领导汇报,争取县政府投资 5 万元购买了 1 辆汽车,用于人工防雹、增雨作业,为人工影响天气工作的开展提供了保证。

1998 年 10 月 8 日,曲周县防雷中心成立,负责全县防雷安全管理工作,定期对液化气站、加油站等单位进行检测,对不符合防雷技术规范的单位,责令进行整改。2005 年 4 月 6 日曲周县政府办公室发文,将防雷工程从设计、施工到竣工验收,全部纳入气象行政管理范围。

气象法规建设与社会管理

法规建设 为加强曲周县防御雷电灾害的管理,2005 年 4 月 6 日曲周县政府下发了《关于转发市安全生产监督管理局、市气象局〈关于加强雷电灾害防御保证安全工作的通知〉的通知》,2006 年 4 月 30 日下发了《关于印发〈曲周县防御雷电灾害管理办法〉的通知》。为了确保雷电灾害防御工作落到实处,曲周县气象局与安监局一起定期开展防雷工作专项检查,对不按规定安装防雷装置,不按规定申报防雷装置设计审核、竣工验收,以及防雷装置存在隐患的单位,责令限期进行整改。

为了加大对施放气球的管理力度,2005 年 12 月 15 日曲周县政府办公室下发了《关于加强对氢气、氢气灌充物及低空飞行物管理工作的通知》。

为进一步加强气象灾害防御工作,避免和减轻由于气象灾害造成的损失,曲周县人民政府办公室于 2007 年 11 月 27 日下发了《关于在全县建立气象灾害信息管理队伍的通知》。

为把探测环境保护工作落到实处,曲周县气象局从 2002 年起,在县人大、县政府以及国土、消防、环保、建设等部门进行探测环境备案。2008 年曲周县政府办公室下发了《关于转发〈气象探测环境和设施保护办法〉的通知》。

2006 年曲周县气象局被列为县安全生产委员会成员单位。2007 年 7 月曲周县政府法制办批复确认曲周县气象局具有独立的行政执法主体资格,曲周县气象局成立行政执法队伍。再加上一系列制度法规的出台,使曲周县气象管理工作逐步走向正规化、法制化。

制度建设 1998 年 5 月曲周县气象局制订了《业务值班管理制度》、《车辆安全使用制度》、《机关卫生制度》、《学习制度》,2003 年 9 月又制订了《会议制度》、《财务管理制度》等。

政务公开 加强政务公开制度,财务收支、工程建设、目标考核等内容通过全局会或公示栏等方式向职工公示;将气象行政审批办事程序、气象服务内容、工作流程图、服务承诺、气象行政执法依据、服务收费依据及标准等制成彩色图板,挂在户外墙上公开。2006 年 8 月开始,曲周县气象局行政权力公开透明运行网建成,通过该网对气象行政审批办事程序、气象服务内容、工作流程、服务承诺、气象行政执法依据、服务收费依据及标准等向社会公开。

党建与气象文化建设

党建工作 1959 年 10 月—1960 年 10 月曲周县气象局有党员 1 人,编入曲周县委办公室党支部。1960 年 11 月—1972 年 2 月无党员。1972 年 3 月—1973 年 12 月有党员 3 人,编入曲周县人民武装部党支部。1974—1978 年有党员 3 人,编入曲周县农业局党支部。1979—2006 年有党员 3 人,编入曲周县农机局党支部。2006 年 7 月曲周县气象局党支部成立。截至 2008 年 12 月有党员 4 人(其中离退休职工党员 1 人)。

加强党风廉政建设工作,认真落实党风廉政建设目标责任制,积极开展廉政教育和廉政文化建设活动,努力建设文明机关、和谐机关和廉洁机关。开展了以"加强领导干部党性修养、树立和弘扬优良作风"为主题的党员教育活动,参加了"华风杯"反腐倡廉建设知识竞赛,组织观看了《忠诚》等警示教育片。

气象文化建设 坚持以人为本,发扬自力更生、艰苦创业精神,深入持久开展文明创建工作,政治学习有制度,文体活动有场所,职工生活丰富多彩,文明创建工作取得实效。

曲周县气象局始终把领导班子自身建设和职工的思想建设作为文明建设的重要内容,不断开展政治法律学习,锻炼了一支高素质的清正、廉洁的干部和职工队伍。通过参加成人高考,把优秀职工送到河北气象学校、南京信息工程大学深造学习。

2006 年创建了"两室一网"(荣誉陈列室、阅览室、气象文化网),2008 年制作了政务公开栏、学习园地、环保知识宣传栏,装修和扩建了图书室。组织职工积极参加曲周县委、县政府组织的大型运动会及文艺演出等各项活动。

1999—2008 年连续被评为县级"文明单位",2003—2004 年、2006—2008 年连续被评为市级"文明单位"。

荣誉　1998 年被河北省气象局评为"三级强县局"。1980—2008 年个人共获得县级以上各种表彰 30 人次。

台站建设

　　曲周县气象局建站初期,办公用房只租用了 5 间民房。1960 年 12 月迁到曲周县城南王庄,办公用房为土平房,取暖烧的是煤,喝的是村里的井水,使用的是民用电,交通道路为土路,阴雨天道路泥泞,出行不便。

　　1965 年迁到曲周县城东南铺后,有办公用房 6 间。1978 年扩建房屋 18 间,共有房屋 24 间,均为平房、砖木结构,建筑面积 512 平方米,设有观测值班室、办公室、宿舍、厨房、仓库等。仍然靠烧煤取暖,用电从农机修造厂接入,打了一口 18 米深的水井提供生活用水,自行修建一条 2.5 米宽的煤渣路。1996 年 4 月县城统一规划修南开街,占用县气象局一半(西半部)土地,县政府又向东划拨了宽 30 米,长度与原址长度一样的土地补偿给气象局作为办公用地。1997 年 7 月投资 5 万元建平房 1 座,面积 140 平方米。1998 年 5 月投资 25 万元建办公楼,面积 420 平方米。1998 年 8 月投资 3 万元新建了车库、厨房、值班室,接上了自来水,安装了变压器,从根本上解决了工作和生活用水用电。

　　1997 年曲周县气象局向河北省气象局申请综合改善资金 17 万元,向曲周县政府申请资金 2 万元,对机关的环境面貌和业务系统进行了改造。装修了办公楼、宿舍、业务值班室,硬化了路面,种植了冬青、月季、三叶草、樱花、柏树、柿子树、石榴树、梨树等草、木本植物,既美化了工作环境,又为机关精神文明创建和"绿色庭院"创建奠定了基础。1998 年向曲周县政府和河北省气象局争取资金 10 多万元,建成了县级地面气象卫星接收小站。2006 年向河北省气象局申请供暖设施工程款 10.2 万元,于 2007 年 11 月安装了冷暖式水暖中央空调,从根本上改善了工作和生活环境。

曲周县气象局旧貌(1984 年)　　　　　　　　曲周县气象局新颜(2008 年)

涉县气象局

　　涉县为大陆性季风气候,四季分明,降水集中,雨热同季,干寒同期。春季为过渡季节,冷暖空气交替频繁,天气多变,冷热无常,风多且大,形成"十年九旱"、"春雨贵如油"的天气特点。夏季盛行偏南风,炎热多雨,常形成初夏旱和伏旱,是洪涝、冰雹、大风等灾害频繁的季节,且涉县地处山区,雨季常伴有泥石流等地质灾害。秋季易出现连阴雨天气。

机构历史沿革

始建情况　涉县气象局建成于 1959 年初,同年 3 月 1 日正式开始观测,站址位于涉县北关凤凰台,北纬 36°34′,东经 113°40′,海拔高度 470.2 米。2004 年 5 月 20 日涉县政府对城区进行统一规划,海拔高度改为 470.4 米。

历史沿革　涉县气象局建站之初名为涉县中心气象站,1963 年 6 月更名为涉县气象服务站;1968 年 9 月—1971 年 1 月改为河北省涉县农业局系统气象站;1971 年 2 月更名为河北省涉县农林局气象站;1971 年 11 月更名为河北省涉县气象站;1985 年 1 月更名为涉县气象局。

建站时为国家一般气象站,2007 年 1 月 1 日调整为国家气象观测一级站。

管理体制　涉县气象局建站之初归地方政府管理,河北省气象局负责业务指导;1968 年 9 月由县林业局管理;1971 年 11 月由县人民武装部管理;1974 年 1 月归县政府领导;1981 年 11 月改为气象部门与地方政府双重领导,以气象部门领导为主的管理体制。

单位名称及主要负责人变更情况

单位名称	姓名	职务	任职时间
涉县中心气象站	吕　政	负责人	1959.03—1962.12
	张同林	站长	1963.01—1963.05
涉县气象服务站			1963.06—1968.08
河北省涉县农业局系统气象站			1968.09—1971.01
河北省涉县农林局气象站			1971.02—1971.10
河北省涉县气象站			1971.11—1976.12
	任长江	站长	1977.01—1979.10
	冯三和	站长	1979.11—1984.12
河北省涉县气象局	王章河	局长	1985.01—2005.10
	牛艳明	局长	2005.10—

人员状况　涉县气象局1959 年建站时只有 2 人。现编制为11 人,截至 2008 年底有在职职工 13 人(其中正式职工 9 人,聘用职工 4 人),离退休职工 3 人。在职职工中:男 8 人,女 5 人;汉族 13 人;大学本科 7 人,大专 1 人,中专以下 5 人;中级职称 4 人,初级职称 5 人;30 岁以下 5 人,31~40 岁 4 人,41~50 岁 2 人,50 岁以上 2 人。

气象业务与服务

1. 气象业务

地面气象观测　涉县气象局于 1959 年 3 月 1 日开始地面气象观测,按地方时每天进行 01、07、13、19 时(地方时)4 次观测,1960 年 8 月 1 日起改为北京时每天进行 02、08、14、20 时 4 次观测,夜间守班。1962 年 1 月开始每天进行 08、14、20 时 3 次观测,夜间不守班。观测项目有气压、气温、湿度、风向、风速、云量云状、能见度、天气现象、降水、日照、小型蒸发、地温、雪深等。

2007 年 1 月涉县气象局调整为国家气象观测一级站,每天进行 02、05、08、11、14、17、20、23 时 8 次定时观测和发报,昼夜守班。

涉县气象局每月制作地面气象记录月报表(气表-1)一式 3 份,上报河北省气象局、邯郸市气象局各 1 份,涉县气象局存档 1 份。每年制作地面气象记录年报表(气表-21)一式 4 份,上报中国气象局、河北省气象局、邯郸市气象局各 1 份,涉县气象局存档 1 份。1995 年前为手工编制气象报表,1995 年 1 月开始使用微机编制气象报表,并向邯郸市气象局报送打印的纸质报表和数据文件。

建站之初,涉县气象局担负天气报、雨量情、气象旬(月)报、重要天气报和预约航危报发报任务。1990 年 1 月取消航危报任务。

1986 年 1 月 1 日配置了 PC-1500 袖珍计算机,主要用于编写报文。建站初期使用手摇电话发报,20 世纪 80 年代初改为拨号电话发报。1987 年初改用甚高频电话发报,1999 年 1 月开始改由计算机网络发报传输数据。

农业气象观测 涉县气象局 1963 年开始农气观测,1966 年 12 月农气观测项目中断。1977 年 9 月 29 日定为河北省农业气象观测基本站,观测项目有谷子、大白菜、小麦、玉米、棉花、红薯、柿子树、核桃树、自然物候。1997 年 1 月 1 日农业气象观测改为冬小麦、夏玉米和物候观测,每月向河北省气象局发送旬(月)报和土壤墒情观测数据。

区域自动气象站 2006 年开始涉县气象局在辽城乡、偏城镇、西戌镇、关防乡、合漳乡、固新镇、西达镇、神头乡、更乐镇等乡镇先后建成 16 个区域气象站,形成了涉县区域气象站网,自动观测气温和降水两个气象要素。

天气预报 天气预报的制作起初条件比较落后,没有任何仪器设备,通过对一些动植物的观测和地面数据的观测来做一些简单的预报,然后每天通过广播在县、乡播报。随着科技的发展,配备了传真机,可以接收到国家气象中心传过来的卫星云图,大大提高了预报的准确度。1999 年 8 月开通 VSAT 气象地面卫星单收站,可动态看到天气过程的运动轨迹,预报手段有了更多依据。1999 年涉县气象局停止预报制作业务。

2. 气象服务

涉县气象局牢固树立服务是立业之本的观念,始终把为县域经济建设和社会发展、全县人民群众生活提供及时、准确、全面、优质的气象服务作为工作的出发点和归宿,增强服务观念和服务意识,努力做到"决策服务让领导满意,公益服务让群众满意,专业服务让用户满意"。

服务方式 建立了气象灾害防御综合效益评估机制,监测、预警、发布、防御方案、应急预案、法规和标准、宣传教育等功能齐全。建立了以政府牵头,各相关部门为主要成员的气象灾害防御组织领导体系,在各乡镇组建了气象信息员队伍,并定期对其进行相关知识的培训。积极参加重点工程建设的气象服务和重大社会活动的保障服务工作。

1981 年安装了气象传真机,用来接收气象云图,制作天气预报。1997 年 11 月涉县气象局开展了"121"电话咨询服务,内容有 24 小时、48 小时天气预报。2004 年 3 月根据邯郸市气象局的要求,全市"121"答询电话实行集约经营,主服务器由邯郸市气象局建设维护。2005 年 1 月"121"电话升位为"12121"。

2006 年 5 月开通了气象短信预警平台,服务方式由单一的提供信息变为通过手机短信双向互动,雨(雪)情、灾害天气预报、预警、灾害情况等信息能够在第一时间相互传达。

服务种类 1974 年涉县气象局自己制作土火箭,进行人工防雹作业。1995—1999 年争取地方资金,增设了 4 门"三七"高炮,用于消雹和增雨作业。2000 年又增加了 1 套 BL-1 型火箭发射系统,大大提高了作业效果。2008 年对火箭发射架的发控系统进行了升级,提高了发射质量和安全系数。

2008 年 1 月涉县气象局开始通过手机短信的方式向县主要领导报送气象信息。建立了重要气象信息专报制度,包括短期天气预报、中期天气预报和长期天气预报,每月初制作气象小报向县主要领导和相关部门提供气象预报服务信息。

气象科普宣传 涉县气象局利用每年"3·23"世界气象日向社会公众介绍灾害性天气的危害及防御措施,开展防雷科普知识讲座,组织中小学生到涉县气象局参观,了解气象知识。充分利用集会、节假日等有利时机开展宣传活动,发放宣传材料。

气象法规建设与社会管理

法规建设 2006 年 5 月 23 日,涉县政府下发了《关于雷电灾害管理办法的通知》,随后涉县气象局又同消防队、建设局、安监局四部门联合下发了《关于建设项目防雷工程设计、审核、竣工验收管理的通知》,进一步规范了新建、扩建、改建建筑物和其他设施防雷管理工作。涉县政府转发了中国气象局、教育部《关于加强学校防雷安全工作的通知》,进一步完善中小学防雷安全措施。

2007 年涉县政府发布了《关于进一步加强气象灾害防范应对工作》的文件,成立了以县委常委、副县长任组长,县直有关部门和各乡镇长为成员的气象灾害应急领导小组,办公室设在县气象局,在全县各乡镇、学校、农村设立了气象信息联络员队伍,人员达 480 多人。气象、公安、安监、民政、国土、建设、水利、农牧、林业等部门加强合作,实现了信息互通和资料共享,健全了防灾减灾工作协调机制,加强了气象灾害监测预警工作的领导。

2008 年涉县政府发布了《关于加强对气象探测环境保护的通知》,加强对气象探测环境的保护,保证气象探测工作的正常进行。

依法行政 1998 年 3 月成立涉县防雷中心,负责全县防雷安全的检查、管理工作,对建筑物的防雷设施进行验收,定期对全县加油站、炸药库、液化气站和移动联通基站进行防雷安全检测。

政务公开 加强气象政务公开,对气象行政审批办事程序、气象服务内容、服务承诺、气象行政执法依据、服务收费依据及标准等,通过户外公示栏、电台广播、发放宣传单等方式向社会公开。

党建与气象文化建设

党建工作　建站之初没有独立党支部,党建工作归县组织部统一管理。20 世纪 80 年代涉县气象局成立党支部。截至 2008 年 12 月有党员 6 人(其中离退休职工党员 2 人)。

涉县气象局强化学习教育,提高党员干部素质,加强组织领导,明确任务分工,确保党风廉政建设责任制落实到位。把党风廉政建设责任制和纠风目标管理责任制工作纳入年度各项工作目标考核,成立了以党支部书记为组长,纪检员、副局长为成员的党风廉政建设工作领导小组,建立了党支部统一领导、党政齐抓共管、科室各负其责、依靠群众支持和参与的领导体制和工作机制,定期研究分析职责范围内的党风廉政建设工作。

气象文化建设　涉县气象局高度重视文化建设工作,将其纳入年度工作计划,制订了各项创建措施和办法。成立了创建工作领导小组,加强组织领导,落实专人负责日常工作,制订创建考核细则,创建领导小组定期召开创建工作会议,寻找差距,督促落实,确保了文化建设取得实效。涉县气象局在文化建设工作中始终坚持抓好思想道德、法制、政治理论、业务技术、党建五个方面的教育引导,使文化创建工作一步一个脚印,扎扎实实地开展起来。

丰富职工文体生活,设置了乒乓球室和篮球场,建设了小花园,利用业余时间组织与其他县气象局开展体育比赛,加强相互之间的沟通与交流。利用节假日组织开展形式多样、健康向上的文体娱乐活动,以增强干部职工的凝聚力和战斗力。

深化"文明行业"、"文明单位"、"文明窗口"创建工作,积极开展"青年文明号"、"党员示范岗"等争创活动,在广大干部职工中开展"人人争先进,岗位做贡献,业绩创一流"活动。以服务人民、奉献社会为宗旨,以文明优质服务为重点,不断提高行业服务水平,在优质服务、优良作风、优美环境和基层满意、群众满意、领导满意方面取得新进展、新成绩。加大宣传力度,广泛宣传文化创建的新进展、新成效、新经验,向全社会全面展示气象服务新成果、新贡献、新形象,努力巩固和发展气象文化创建成果。

荣誉　1978—2008 年涉县气象局共获得县级以上各种集体荣誉奖 70 余项。1977 年在全国气象部门"双学"运动中,成绩显著,被中央气象局予以表彰。

1978 年任长江作为全国气象部门"双学"代表参加在人民大会堂举行的全国气象部门先进集体、先进工作者代表会议,受到党和国家领导人的接见。

台站建设

涉县气象局初建时共有房屋 5 幢 32 间,建筑面积 571.4 平方米。其中 3 幢土木结构,2 幢砖瓦结构;工作用房 5 间,生活用房 23 间,其他 4 间。1990 年新建办公楼,1991 年正式开始启用。

2006—2008 年,涉县气象局分期对办公楼和院落进行了改造和绿化,对办公楼内的墙壁进行了系统的粉刷,修整了花园、铺设了鹅卵石小路、种植了草坪和树木花草,绿化覆盖率达 60%。

涉县气象局旧貌（1984 年）　　　　　　　　　涉县气象局新颜（2008 年）

魏县气象局

　　魏县位于河北省最南部,平均海拔为 50 米,地势平坦,漳河自西向东穿境而过,全县总面积约 863.6 平方千米。魏县的主产粮食作物是小麦、玉米,是全国著名的鸭梨之乡。鸭梨在魏县栽培历史悠久,北宋时期已实现大面积种植。全县鸭梨种植面积 1 万公顷,年产量 2 亿千克。"魏州"牌天仙精品鸭梨,先后荣获河北省优质产品、河北省名牌产品、中国名优果品等荣誉。1995 年被农业部评定为全国鸭梨之乡。

机构历史沿革

　　始建情况　解放前,魏县无专门的气象机构。中华人民共和国成立以后,魏县水利部门有了雨量观测记载。再后来魏县农业局成立了气象哨,由杨小平负责。1970 年初魏县人民武装部筹建魏县气象站,1972 年 1 月 1 日魏县气象站建成并开始正式观测。站址位于魏县东关,北纬 36°21′,东经 114°57′,海拔高度 50.1 米。

　　历史沿革　1985 年 10 月改称魏县气象局,1987 年 3 月改称魏县气象站,1991 年 5 月改称魏县气象局。

　　建站时类别为国家一般气象站,1988 年 1 月 1 日调整为辅助气象站,1999 年 1 月 1 日恢复为国家一般气象站,2007 年 1 月 1 日调整为国家气象观测二级站。

　　管理体制　魏县气象站从筹建到 1973 年 4 月,归魏县人民武装部领导。1973 年 5 月划归魏县农业局管理。1981 年进行体制改革,实行气象部门与地方政府双重领导,以气象部门领导为主的管理体制。

单位名称及主要负责人变更情况

单位名称	姓名	职务	任职时间
魏县气象站	董学文	站长	1972.01—1978.10
	申怀星	站长	1978.10—1985.10
魏县气象局	张付生	副局长	1985.10—1987.03
魏县气象站	秦建军	站长	1987.03—1988.01
	申社学	站长	1988.01—1991.05
魏县气象局		局长	1991.05—2008.10
	董占强	局长	2008.10—

人员状况　魏县气象局成立时编制 5 人。截至 2008 年底有在职职工 9 人(其中正式职工 7 人,聘用职工 2 人),离退休职工 4 人。在职职工中:男 6 人,女 3 人;汉族 9 人;大学本科以上 2 人,大专 2 人,中专以下 5 人;中级职称 1 人,初级职称 6 人;30 岁以下 3 人,31~40 岁 1 人,41~50 岁 1 人,50 岁以上 4 人。

气象业务与服务

1. 气象业务

地面气象观测　魏县气象局 1972 年 1 月 1 日开始地面气象观测工作,每天进行 08、14、20 时 3 次观测,夜间不守班。观测项目有云、能见度、天气现象、风向、风速、气温、湿度、气压、降水、日照、蒸发、地温、雪深、冻土等。1988 年 1 月 1 日起停止观测蒸发量、雪深和冻土等项目,天气现象的观测种类也进行了合并,地温改为春播期(3—4 月)和秋播期(9—10 月)季节性观测,主要是为当地的农业生产服务。1999 年 1 月 1 日起恢复原有观测项目。

魏县气象局承担天气报、重要天气报、雨情报、气象旬(月)报发报任务。1972 年 6 月 1 日开始发报,每天 14 时向邯郸市气象台拍发绘图天气报。1988 年 1 月 1 日—1998 年 12 月 31 日停止拍发绘图天气报。1999 年 1 月 1 日开始每天 08、14、20 时向河北省气象台发送天气加密报。天气报的内容包括云、能见度、天气现象、气压、气温、风向、风速、降水、雪深、地温等。不定时向河北省气象台和邯郸市气象台拍发重要天气报,重要天气报的内容有暴雨、大风、积雪、冰雹、龙卷风、雷暴、视程障碍现象等。每月 1 日、11 日、21 日拍发气象旬(月)报。

魏县气象局每月编制地面气象记录月报表(气表-1)一式 3 份,报河北省气象局、邯郸市气象局各 1 份,存档 1 份。每年制作地面气象记录年报表(气表-21)一式 4 份,报中国气象局、河北省气象局、邯郸市气象局各 1 份,存档 1 份。1999 年 1 月开始使用微机编制气象报表,并向邯郸市气象局报送打印的纸质报表和数据文件

天气预报　建站初期,预报员每天下午收听河北、河南、山东电台发布的天气形势广播,绘制成天气图进行分析做出天气预报,并通过县广播局发布。每月底通过概率分析作出长期预报,使用油印机印刷,报送县领导及相关部门,并通过邮寄方式发送各乡镇并与周

边县交流资料。1989年开始使用气象警报接收机开展服务。短期预报始于1973年1月1日，当时通过对收到的天气图进行分析制作预报，以后逐渐演变为对上级气象台制作的数值预报进行订正，通过县广播站利用有线广播进行发布。1974年以后，通过接收上级气象台天气预报，再结合分析本地气象资料、短期天气形势、天气过程的周期变化等制作一旬天气过程趋势预报。长期天气预报在1975年开始起步，用蜡纸刻印，主要为魏县政府领导提供服务。20世纪80年代曾建立了一整套长期预报的特征指标和方法。20世纪90年代后期，逐步取消了县气象局制作天气预报的业务，县气象局只通过转发邯郸市气象台天气预报为地方服务。

区域自动气象站 2007年5月投资9万多元，在牙里集、仕望集、双井、沙口集、北皋、棘针寨、车往乡镇建成7个区域自动气象站，自动观测气温、雨量两个气象要素。

特种观测 2008年5月魏县气象局建成GPS水汽监测站。

2. 气象服务

服务方式和种类 2000年魏县气象局与县广播电视局商定在电视台开设天气预报节目，县气象局制作录像带送到电视台播放。

1997年11月开通"121"天气预报自动答询电话。2004年3月"121"电话实行集约经营，服务器由邯郸市气象局建设维护。2005年1月"121"电话升位为"12121"。

2008年开通了气象短信平台，以手机短信方式向全县各级领导发送气象信息。2008年3月组建了魏县气象信息员队伍。

1991年4月开始对辖区各部门装有避雷设施的建（构）筑物进行防雷检测。2004年魏县编制委员会批准成立魏县防雷中心。2008年5月魏县气象局深入到各中小学校赠送防雷宣传材料，专业技术人员详细讲解雷电形成原理、雷电灾害及如何预防雷电灾害等知识。通过宣传教育活动，树立学生的防灾避险意识，进而提高全社会的防雷减灾意识。对县直所有中小学校教室、计算机房等进行防雷安全检测，对不符合要求或无防雷设施的区域责令限期进行整改，以保证学校师生的生命财产安全。

【气象服务事例】 2008年6月7日，一年一度的高考来临，魏县最高气温达到37℃。高考前夕，为使考生和家长尽早了解天气变化，合理安排好考生的饮食及休息，魏县气象局组织骨干力量加强会商，认真分析高考期间魏县天气趋势，及时向县委、县政府及教育部门汇报，并于6月5日在电视台发布高考期间气温偏高的信息。同时将出现持续性高温天气的预报（包括天气、风向、风速、相对湿度、生活气象指数、空气质量等预报服务内容）发送到各考点，为提前安排好高考各项准备工作提供科学依据。6日下午又发布了2008年夏季首个高温橙色预警信号，并通过电视、"12121"咨询电话、手机短信等及时播发。由于提前知道了高考期间的天气预报和有关提示，每位考生家长在安排孩子的考试接送、休息、膳食等方面都做了充分的准备，尽量减轻高温天气对考生的影响。各考点也提前采取相应的防暑降温措施。同时，气象工作人员坚持24小时应急值班，密切监视天气变化，适时播出最新天气预报及应对措施，确保了高考顺利进行，受到县领导、相关部门和广大考生及家长的一致好评。

气象法规建设与社会管理

法规建设　2006年8月2日魏县政府办公室下发了《魏县人民政府办公室关于进一步做好防雷减灾工作的通知》(魏政办〔2006〕58号),2007年6月16日魏县气象局、教育局联合下发了《关于加强学校防雷安全工作的通知》(魏气发〔2007〕8号),2007年11月30日魏县政府办公室下发了《魏县人民政府办公室关于加强气象灾害防御信息系统建设的通知》(魏政办〔2007〕93号),2008年7月21日魏县政府办公室下发了《魏县人民政府办公室关于加强奥运期间施放气球管理工作的通知》(魏政办〔2008〕65号)。

始终把保护气象探测环境和气象设施工作放在首位。自2007年开始,魏县气象局分别在县人大、县政协、县法制办、国土资源局、城乡规划局、住房和城乡建设局等部门进行了气象探测环境保护备案。

依法行政　1997年魏县气象局被列为县安全生产委员会成员。2007年7月魏县政府法制办批复确认魏县气象局具有独立的行政执法主体资格,向2名干部颁发了气象行政执法证书,县气象局成立行政执法队伍。

制度建设　制定和完善了《机关工作制度》、《机关财务报销管理规定》、《机关接待管理制度》、《机关车辆管理办法》等,使机关管理更加制度化、规范化,也为加强机关廉政建设提供了制度保障。

政务公开　始终坚持做到办事公开化、透明化,定期召开局务会和全体会,对局内事务以全体会、公示栏等方式及时公开、如实公开;对气象行政审批办事程序、气象服务内容、服务承诺、气象行政执法依据、服务收费依据及标准等,通过电视、公示栏、发放宣传单等方式向社会公开。

党建与气象文化建设

党建工作　1972年1月—1976年7月魏县气象站有党员4人,编入魏县人民武装部党支部。1976年7月—1982年11月有党员4人,编入魏县生产指挥部党支部。1982年12月魏县气象站党支部成立。截至2008年12月有党员8人。

魏县气象局认真落实党风廉政建设目标责任制,积极开展廉政教育和廉政文化建设活动,努力建设文明机关、和谐机关和廉洁机关。

气象文化建设　深入开展优美环境建设,改造了观测场,整修了业务值班室,统一制作了局务公开栏、学习园地、法制宣传栏和文明创建标语等宣传用语牌。

注重把干部职工的思想政治工作同精神文明建设融为一体,发挥党员在精神文明建设中的表率作用。经常深入联系帮扶对象,了解社情民意,搞好贫困帮扶工作。不断完善各种规章制度,关心职工身心健康,坚持每年给职工安排健康检查,体现了单位集体大家庭的温暖。

创建了"两室一网"(荣誉陈列室、阅览室、气象文化网),开展多种形式的文体娱乐活动,增强广大干部职工的凝聚力和战斗力,连续多年被评为县级"文明单位"。

荣誉　魏县气象局1997年被邯郸市委评为"农业战线红旗单位",1998年被河北省气象局评为"三级强县气象局"。

台站建设

魏县气象局占地面积 4513.4 平方米,建站初期,只有房屋 9 间。1979 年又添建 8 间,均为砖木结构瓦房。当时电力供应不足,水源污染,照明靠蜡烛,吃水靠肩挑。1996 年 8 月安装了 1 台 20 千伏的变压器。1997 年 3 月打了 1 眼深井,解决了用电和吃水问题。1998 年 2 月建成 289 平方米的二层办公楼和 600 平方米的住宅楼,改善了职工的工作、生活条件。2003 年 4 月观测场改为圆形,直径为 25 米。

魏县气象局旧貌(1991 年)

魏县气象局新颜(2008 年)

武安市气象局

机构历史沿革

始建情况 武安市气象局建于 1959 年 5 月,位于武安县骈山乡骈山村西南,北纬 36°43′,东经 114°12′,海拔高度 219.1 米。

站址迁移情况 1999 年 1 月迁到武安市西环路路东,北纬 36°41′,东经 114°09′,海拔高度 233.7 米。

历史沿革 武安市气象局的前身是武安矿区气象站,1961 年 1 月改称武安县气象站,1963 年 1 月改称武安县气象服务站,1981 年 5 月改称武安县气象站,1985 年 6 月改称武安市气象站,1991 年 8 月改称武安市气象局。

建站时为国家一般气象站,2007 年 1 月调整为国家气象观测二级站。

管理体制 1960 年 1 月 1 日武安矿区气象站归武安县农林局管理;1961 年气象业务纳入国家气象系统,行政仍归武安县农林局管理;1971 年—1972 年 4 月由武安县人民武装部接管;1973 年归武安县农业局管理;1981 年气象部门体制改革,改为气象部门与地方政府双重领导,以气象部门领导为主的管理体制。

单位名称及主要负责人变更情况

单位名称	姓名	职务	任职时间
武安县矿区气象站	穆恒昌	站长	1959.04—1960.12
武安县气象站	张运德	站长	1961.01—1962.12
武安县气象服务站	郭明秀	站长	1963.01—1981.04
武安县气象站	郭秀章	站长	1981.05—1983.02
	李王锁	站长	1983.03—1983.08
	韩成如	副站长	1983.09—1985.05
武安市气象站	申继贤	站长	1985.06—1991.08
武安市气象局		副局长	1991.08—1992.02
	韩成如	副局长	1992.03—1996.12
		局长	1997.01—2008.03
	王梅	副局长	2008.03—

人员状况 武安市气象局成立时有 4 人。现编制 6 人,截至 2008 年底有在职职工 12 人(其中正式职工 7 人,聘用职工 5 人),离退休职工 4 人。在职职工中:男 9 人,女 3 人;汉族 12 人;大学本科以上 2 人,大专 3 人,中专以下 7 人;中级职称 6 人,初级职称 4 人;30 岁以下 1 人,31~40 岁 6 人,41~50 岁 3 人,50 岁以上 2 人。

气象业务与服务

1. 气象业务

①气象观测

观测时次 武安市气象局于 1959 年 5 月 1 日开始地面气象观测,按地方时每天进行 01、07、13、19 时 4 次观测,1960 年 8 月改为北京时每天进行 02、08、14、20 时 4 次观测,夜间守班。1967 年 2 月 15 日开始,每天进行 08、14、20 时 3 次观测,夜间不守班。观测项目有风向、风速、气温、气压、云、能见度、天气现象、降水、日照、小型蒸发、地温、冻土、雪深等。每月 8 日、18 日、28 日开展土壤墒情观测,干旱时期降水大于 5 毫米时,进行加密土壤墒情观测。

发报内容 武安市气象局担负有天气加密报、气象旬(月)报、雨量报、重要天气报的发报任务。1970—1974 年,武安市气象局先后为长治和邯郸机场拍发预约航危报。1997 年 6 月 1 日开始增发雨量报,1999 年 1 月 1 日开始向河北省气象台拍发重要天气报。现在武安市气象局每天编发 08、14、20 时 3 个时次的定时天气加密报和不定时重要天气报。天气加密报的内容有云、能见度、天气现象、气压、气温、风向、风速、降水、雪深、地温等,重要天气报的内容有雷暴、暴雨、特大暴雨、大风、雨凇、初终霜、冰雹、龙卷风等。

通信网络 武安市气象局建站时通信条件困难,使用手摇电话发报,地面气象电报经武安市邮电局分别传至邯郸市气象台和河北省气象台。1986 年配备了甚高频电话,气象电报口传至邯郸市气象台,由邯郸市气象台转发至河北省气象台。1999 年开始使用专用通信网发报。2005 年升级为 VPN 发报网络。2007 年建成自动气象站,所采集的数据每 5 分钟通过光纤传送至河北省气象台,气象电报传输实现了网络化、自动化。自动站同时配备了 16900 备份辅助通道。

报表制作 武安市气象局编制地面气象记录月报表(气表-1)一式 3 份,分别上报河北省气象局和邯郸市气象局,存档 1 份;地面气象记录年报表(气表-2)一式 4 份,分别上报中国气象局、河北省气象局和邯郸市气象局,存档 1 份。1995 年 1 月开始使用计算机制作地面气象报表,向邯郸市气象局报送数据文件和打印报表。

自动气象站 2007 年 7 月武安市气象局建成了 CAWS600 型自动气象站,2008 年 1 月 1 日自动气象站正式投入业务运行,增加了深层地温和草面温度观测项目。24 小时自动观测气温、湿度、气压、风向、风速、降水、地面温度、草面温度。

区域气象站 2005 年 8 月在矿山、贺进、阳邑等地建成 21 个区域气象站。2008 年 8 月又在大同、安庄等地建成 8 个区域气象站。

②天气预报

武安市气象局开展的气象预报主要有电视天气预报、中期天气预报、长期天气预报、专题气象预报等。

建站初期,主要通过收听周边省市电台发布的天气形势,结合本站气象资料进行分析制作天气预报。20 世纪 70 年代中期起,逐步利用上级气象台指导预报、天气图、传真图、卫星云图等手段,预报准确率大大提高。20 世纪 90 年代末期,随着气象业务的发展和调整,县级气象局停止了天气预报制作业务,利用邯郸市气象台制作的分县天气预报为地方服务。

2. 气象服务

服务方式 1960 年起武安市气象局通过有线广播向全县发布天气预报;1975—1978 年期间向国家地震局拍发了大量的气象情报,为研究预报地震发生提供了气象数据。

为了研究山区气候规律,1979 年县气象局在马店头、柏林、贺进等 8 个地方建设了气象哨,经过技术人员为期 3 年的观测工作,完成了山区不同高度及地理位置气候差异的观测任务。

1996 年 6 月县气象局同电信局合作开通"121"天气预报自动答询电话。2004 年 3 月全市"121"答询电话实行集约经营,服务器由邯郸市气象局建设维护。2005 年 1 月"121"电话升位为"12121"。天气预报自动答询电话的开通,为广大人民群众及时了解天气预报提供了便利。

1996 年 9 月县气象局与广播电视局协商在电视台播放天气预报,由县气象局制节目录像带送电视台播放。2002 年升级为数字非线性编辑系统。

2008 年为了更及时准确地为市、镇、村领导服务,通过移动通信网络开通了气象商务短信平台,以手机短信方式向全市各级领导和乡镇信息员发送气象信息。

服务种类 1975 年武安市气象局开始进行人工防雹和人工增雨作业。经过不断发展,现有专业技术人员 12 名,并陆续建成 3 个炮点,配备 3 辆火箭作业车,取得了良好的经济效益、社会效益和生态效益。人工影响天气工作已发展成为地方防灾减灾、保障农牧业生产的重要手段。

1982年在农业局自然资源和农业区划委员会的领导下,由气象站负责,组成了15人的农业气候组,由气象站站长负责并主持工作,邯郸市气象局负责技术指导,并抽调了4名业务骨干参加了实际工作。经过社会调查、多点观测对比、资料整理分析、撰写论文、汇编打印等艰苦的工作,历时2年多编写成《武安县农业气候手册》,对当地的经济发展发挥了重要作用。

1984年起为加快太行山山区造林工作,武安市西部山区使用飞机飞播造林。为确保飞机飞行安全,县气象局每年派专人到现场搞气象服务,及时、准确地为飞播提供气象情报和天气预报。

1998年成立武安市防雷中心,负责对各企事业单位、液化气站、加油站的防雷设施进行检测,对不符合防雷技术规范的单位,责令进行整改。

气象科普宣传 武安市气象局每年利用"3·23"世界气象日开展气象科普宣传,积极参加武安市组织的各项宣传活动。充分利用集会、节假日等有利时机,通过悬挂条幅、发放宣传资料、咨询讲解等形式开展气象宣传活动,普及气象知识,提高了公众的防灾减灾意识。

气象法规建设与社会管理

法规建设 2005年12月27日武安市政府办公室下发《关于印发武安市雷电防护安全管理工作实施方案的通知》,对防雷工作目标、方法步骤和保证措施等方面做了具体要求。2006年9月20日武安市政府办公室下发《关于进一步做好防雷减灾 开展防雷设施安全大检查的通知》。2008年1月19日武安市政府办公室下发了《关于进一步加强气象灾害防范应对工作的通知》。2008年5月26日武安市政府办公室下发《关于市气象局设置探测环境警示牌的批复》;2008年5月27日武安市政府办公室下发《关于进一步加强气象探测环境保护工作的通知》。2008年7月23日武安市政府办公室转发了邯郸市政府办公室《关于加强奥运期间施放气球管理工作的通知》(武政办〔2008〕75号)。

依法行政 1999年武安市政府法制办批复确认气象局具有独立的行政执法主体资格,并为4名干部办理了行政执法证,成立了气象执法队伍,气象执法工作逐渐走上了正规化。

制度建设 20世纪90年代制订了《武安市气象局工作制度》,后经多次修订,不断更新完善,包括业务值班管理制度、会议制度、财务管理制度、车辆使用制度、福利制度等。

政务公开 对气象行政审批办事程序、气象服务内容、气象行政执法依据、服务收费依据及标准等向社会公开,对行政职权进行梳理,公布行政执法流程图。对干部任用、财务收支、目标考核、基础设施建设等内容通过全体会或公示栏等方式向全体职工公开。

党建与气象文化建设

党建工作 建站初期,武安市气象局有党员2人,编入县农业局党支部。1982年8月县气象局党支部成立。截至 2008 年 12 月有党员 5 人(其中离退休职工党员 2 人)。

加强党风廉政建设,认真落实党风廉政建设目标责任制,实行党风廉政建设第一责任人制度,积极开展廉政教育和廉政文化建设活动。

气象文化建设 武安市气象局大力推进气象文化建设,以创建文明单位为载体,把加强精神文明建设作为提高职工整体素质、提升单位整体形象的重要途径。通过开展政治理论学习、法律法规学习,造就了清正廉洁的干部队伍和高素质的职工队伍。多次选送职工到中国气象局培训中心、河北省气象学校和武安市委党校培训学习,不断提高自身政治、业务素质。

2005 年建成了"两室一网"(荣誉室、活动室和气象文化网)。先后投资建起了活动室、图书阅览室等职工活动场所,购置了乒乓球台等体育器材。将各种奖励证书、奖状、锦旗、优秀作品等,以实物、图像、声像等形式完整地保存起来,丰富气象文化底蕴,推动气象文化建设的不断发展。积极参加武安市委、市政府组织的"送温暖、献爱心"活动,为贺进镇红首村帮扶 3000 元,改造饮水和灌溉工程,积极向灾区人民、困难群体和红十字会捐款。

1987 年武安市气象局被河北省气象局授予"双文明先进集体"。

荣誉 1987 年武安局被河北省气象局授予"双文明先进集体",2006 年被河北省气象局评为"三级强县气象局",2007 年被河北省气象局评为"一流台站"建设先进单位。

参政议政 1999 年 3 月在武安市政协委员换届选举中,武安市气象局韩成如当选政协武安市第四届委员会委员,并在第五届委员换届选举中实现连任。

台站建设

武安市气象局初建时有瓦房 5 间,为砖木结构房,工作用房 2 间 30 平方米。20 世纪 70 年代新建 5 间 75 平方米工作用房。1982 年又新建 10 间瓦房。建站初期吃的是村里井水,使用农村用电线路。1998 年初由河北省气象局拨付迁站资金 25 万元,争取地方资金 69.2 万,自筹资金 5.5 万,建成三层 633 平方米办公楼 1 栋,办公条件大为改善。接通了自来水,改善了职工的生活条件。2006 年又重新规划院落,建成车库和食堂,硬化面积 300 平方米。

武安市气象局建立了长期的环境建设制度,定期开展以"三季有花、四季常青"为标准的环境维护工作。装修了办公楼,院内修建了花坛和草坪,绿化覆盖率达 50% 以上。

武安市气象局旧貌(1999 年)

武安市气象局新颜(2007 年)

永年县气象局

永年县地处河北省南部、太行山东麓,有 2000 千多年的悠久历史,自古就有"商贾云集,富饶中原"之美誉,7000 多年前就孕育了仰韶文化等人类早期文明,物华天宝,人杰地灵。全县总面积 908 平方千米,耕地 6.4 万公顷。西部为低山丘陵,东部为冲积平原,呈西高东低之势。永年县属北温带季风气候区,年无霜期 200 天,平均降水量 530 毫米。

机构历史沿革

始建情况 永年县气象局建于 1972 年 1 月 1 日,站址位于永年县临洺关东南苗庄,北纬 36°46′,东经 114°30′,海拔高度 59.9 米。

历史沿革 建站时名称为永年县气象站,1981 年 8 月改称永年县气象局。

建站时为国家一般气象站,1988 年 1 月 1 日调整为辅助气象站,1999 年 1 月 1 日恢复为国家一般气象站,2007 年 1 月 1 日调整为国家气象观测二级站。

管理体制 永年县气象局自建站始由农业局管理,以地方政府领导为主,气象部门负责业务领导和技术指导。1981 年实行机构改革,实行气象部门与地方政府双重领导,以气象部门领导为主的管理体制。

单位名称及主要负责人变更情况

单位名称	姓名	职务	任职时间
永年县气象站	聂贤林	站长	1972.01—1972.10
	王协农	站长	1972.10—1981.08
永年县气象局	柴林书	副局长	1981.08—1983.06
	周永堂	副局长	1983.07—1984.06
	赵士明	副局长	1984.07—1990.07
		局长	1990.07—1995.01
	郭江宁	副局长	1995.01—1995.11
	梁天福	局长	1995.11—2003.07
	徐党英	局长助理	2003.07—2003.09
	侯艳林	副局长	2003.09—2005.12
		局长	2005.12—

人员状况 永年县气象局建站时有 6 人,1978 年达 19 人。现编制 6 人,截至 2008 年底有在职职工 9 人(其中正式职工 5 人,聘用职工 4 人),离退休职工 6 人。在职职工中:男 6 人,女 3 人;汉族 9 人;大学本科以上 3 人,大专 4 人,中专以下 2 人;中级职称 2 人,初级职称 3 人;30 岁以下 3 人,31～40 岁 2 人,41～50 岁 2 人,50 岁以上 2 人。

气象业务与服务

1. 气象业务

①地面气象观测

永年县气象局 1972 年 1 月 1 日开始地面气象观测,每天进行 08、14、20 时 3 次定时观测,夜间不守班。观测项目有:云、能见度、天气现象、气压、气温、湿度、风向、风速、降水、蒸发、日照、地温、雪深和冻土。1988 年 1 月 1 日—1998 年 12 月 31 日停止观测蒸发量、雪深和冻土项目,地温仅在每年的 3—4 月和 9—10 月观测供农业气象服务用,天气现象的观测种类也进行了合并。1999 年 1 月 1 日恢复原有观测项目。

1972 年 4 月 20 日起永年县气象局向河北省气象台和邯郸市气象台发送天气报、气象旬(月)报、雨情报。1974 年 3 月 9 日停止向河北省气象台发天气报。1981 年 5 月 20 日停止向邯郸市气象局拍发天气报。1978 年 10 月 9 日将 06 时向河北省气象台拍发的雨情报改为 08 时拍发。1999 年 1 月 1 日开始每天 08、14、20 时 3 次向邯郸市气象台和河北省气象台发送天气加密报,不定时发送重要天气报,每月 1 日、11 日、21 日发送气象旬(月)报。

永年县气象局每月制作气象记录月报表(气表-1)一式 3 份,上报河北省气象局、邯郸市气象局各 1 份,存档 1 份。每年制作地面气象记录年报表(气表-21)一式 4 份,上报中国气象局、河北省气象局、邯郸市气象局各 1 份,存档 1 份。1999 年 1 月开始使用微机编制气象报表,并向邯郸市气象局报送打印的纸质报表和数据文件。

建站时计算设备只有一把算盘,后来逐步增添了计算器、计算机。建站初期,使用的是手摇电话通过邮电局发报;20 世纪 80 年代初改为直拨电话发报;1987 年转为甚高频电话发报;1999 年 1 月 1 日起使用计算机发报。

区域自动气象站　永年县气象局 2005 年 9 月在永合会镇、正西、刘汉、小龙马乡、南沿村镇建成 5 个区域气象站;2006 年 3 月又在临名关镇、曲陌、东扬庄、辛庄堡、小西堡乡、广府镇、西苏乡、西河庄建成 8 个区域气象站,实时自动观测气温和降水两个气象要素。

②农业气象观测

永年县气象局 1975 年开始农业气象观测,主要观测小麦、玉米。1977 年 9 月建立河北省农气基本站,1985 年 11 月撤销。

③天气预报预测

短期天气预报　永年县气象局 1974 年开始制作补充天气预报。1978 年起开始建立完善台站的基本资料、基本图表、基本档案和基本方法等,根据预报需要共抄录整理 12 项资料,并绘制简易天气图等多种基本图表。编写了《永年县农业气候手册》一书,内容包括:自然地理气候概况、农业气候资源、农业气象灾害、作物与气象、农业气候图和农业气象资料共六部分,供各级领导和有关部门参考使用。

中期天气预报　20 世纪 80 年代初,通过传真接收中央气象台、河北省气象台的旬、月天气预报,再结合本地气象资料、天气形势、天气过程的周期变化等制作旬天气预报。

长期天气预报　主要运用数理统计方法和常规气象资料图表等方法,制作出本地补充订正预报。长期预报主要有:月预报、春播、三夏、汛期、秋季预报和年预报。

2. 气象服务

永年县气象局建成了以公益服务、专业有偿服务、科技服务等多种服务形式的气象服务体系,服务领域深入到经济社会发展和人民群众生产生活的方方面面。

服务方式 1985 年开始天气图传真接收工作,主要接收北京气象传真和日本传真图表,利用传真图表独立地分析判断天气变化,取得了较好的预报效果。

1984 年 7 月开通了甚高频无线对讲通讯电话,实现了与邯郸市气象台直接业务会商。1989 年 1 月购置气象警报接收机 30 台,安装到县防汛抗旱办公室、水利局、农业局和 20 个乡镇,建成了气象预警服务系统,每天上午、下午各广播 1 次,服务单位通过预警接收机定时接收气象信息。

1992 年 1 月创办了《永年气象》刊物,服务于县委、县人大、县政府、县政协、各乡镇以及农、林、水、牧、交通、电力、石油、化工、金融等行业,为领导决策起到了积极作用,受到各级领导和群众普遍赞誉。

1997 年 6 月永年县气象局与县电信局合作开通了"121"天气预报自动答询电话,通过这一科技手段,使实时天气预报走进千家万户。2004 年 3 月全市"121"答询电话实行集约经营,服务器由邯郸市气象局建设维护。2005 年 1 月"121"电话改为"12121"。

1997 年 5 月 1 日,永年县电视天气预报节目在永年县电视台正式播出,天气预报节目录像带由气象局制作,送电视台播放。

2008 年 11 月永年县气象局通过移动通讯网络开通了气象服务短信平台,以手机短信方式向全县各级领导发送气象信息。为有效应对突发气象灾害,提高气象灾害预警信号发布速度,避免和减轻气象灾害造成的损失,利用全县公共场所安装的电子显示屏、《永年报》、广播电视等载体加强气象灾害预警信息发布工作。

服务种类 1986 年 7 月开展气象有偿专业服务,主要通过《永年气象》刊物为全县各乡镇和相关企事业单位提供天气预报。

永年县气象局建站初期利用土炮、土火箭在全县 5 个点搞人工防雹试验,1974 年引进"三七"高炮进行人工增雨防雹作业。1975 年 4 月永年县人工增雨、防雹指挥部成立,下设永年县人工增雨防雹办公室,县气象局为成员单位之一。1997 年 5 月永年县政府增设县气象局领导为永年县人工增雨防雹副指挥长,负责永年县人工增雨防雹办公室日常工作,县财政每年划拨 3.8 万元专项经费,为人工影响天气工作提供了保障。

永年县气象局用电子屏发布大雾黄色预警信号(2007 年 11 月)

1998 年 3 月永年县编制委员会批准成立永年县防雷中心,挂靠县气象局,负责全县防雷安全管理工作,定期为石油、化工、仓库等高危行业的防雷设施进行检测,对不符合防雷技术规范的单位责令进行整改。2007 年永年县政府办公室发文,将防雷工程从设计、施工到竣工验收全部纳入气象行政管理范围。同年永年县气象局进驻县行政审批大厅。

【气象服务事例】 气象服务在永年县域经济社会发展和防灾减灾中发挥了重要作用。1996 年 8 月永年县发生了多年不遇的大洪水,县气象局提前作出准确预报,服务及时,为领导决策提供了科学依据,将灾害损失降到了最低,被河北省气象局和永年县委、县政府、县武装部评为抗洪抢险先进集体。由于多年来人工影响天气工作取得了显著经济效益和社会效益,1994 年 9 月《中国气象报》以"防雹二十年 效益八千万"为题对永年县气象局人工影响天气工作进行了报道。

科学管理与气象文化建设

法规建设与管理 2003 年 9 月永年县气象局取得独立的行政执法主体资格,并有 4 名同志办理了行政执法证,成立了气象执法队伍。同年永年县气象局被列为县安全生产委员会成员单位。

为加强雷电灾害防御工作,永年县政府下发了《永年县防御雷电灾害管理实施办法》、《关于永年县建设项目防雷装置防雷设计、跟踪检测、竣工验收工作的通知》和《关于防雷工程设计审核、施工监督和竣工验收管理办法的通知》等有关文件,使防雷行政许可和防雷技术服务逐步走上规范化。

为了气象探测环境保护工作,永年县政府下发了《关于加强全县气象探测环境和设施保护的通知》。

政务公开 加强气象政务公开,对气象行政审批办事程序、气象服务内容、气象行政执法依据、服务收费依据及标准等,通过公示栏、发放宣传单等方式向社会公开。干部任用、财务收支、目标考核、基础设施建设、工程招投标等内容通过职工大会等方式向干部职工公开。

党建工作 永年县气象局建站初期没有独立党支部。1974 年气象局党支部成立,当时有党员 4 人。截至 2008 年 12 月有党员 4 人(其中离退休职工党员 1 人)。

永年县气象局重视党风廉政建设和思想政治工作,制订了一系列制度和措施。在廉政宣传教育月活动中,制订了活动安排和学习计划,并对照党风廉政建设责任书进行了自查。采取谈心、交心、爱心、交朋友、批评与自我批评等多种形式开展思想政治工作。加强制度落实情况的督查,完善预防机制,深入开展"廉洁勤政机关"创建活动,加强党员干部特别是党员领导干部的作风建设,使党员严格遵守党纪国法。

气象文化建设 以健康向上的文化生活陶冶干部职工情操,丰富职工精神文化生活,营造一个团结紧张、严肃活泼的文明和谐环境。组织职工开展技能比武、业务技术研讨、业务技术比赛,利用节假日和业余时间开展丰富多彩的文体娱乐活动,培养职工的参与意识、竞争意识、进取意识和团队意识,进一步增强干部职工的凝聚力和战斗力。加强气象科普宣传,每年在"3·23"世界气象日组织科技宣传,普及气象知识。

1984 年、1987 年被评为县级"文明单位",1997—2006 年连续被评为市级"文明单位"。

荣誉 建站以来永年县气象局共获得县级以上各种集体荣誉奖 40 项。1977 年被河北省革命委员会授予先进气象站,1978 年被中央气象局授予先进气象站。

台站建设

　　永年县气象局建站时距县城 2000 米,占地 4466.7 平方米,建有工作用房 6 间,生活用房 21 间,其他用房 3 间。1978 年自打小井 1 眼,提供生活用水。至 1993 年所有房屋因年久失修、普遍漏雨、门窗破烂,于当年和 1995 年分两次对工作用房和生活用房进行了翻修。1998 年安装 50 千伏变压器 1 台,彻底改变了建站以来电压过低的状况。

永年县气象局（2008 年）　　　　　　　　　永年县气象局观测场（2008 年）

附 录

各市、县气象局主要编纂人员

石家庄市气象局:张秉祥、郭彦波、连志鸾、常山英、刘建平
高邑县气象局:赵燕
藁城市气象局:高永辉
晋州市气象局:郝彦静
井陉县气象局:张永华
灵寿县气象局:张争
栾城县气象局:王晓冉
平山县气象局:王志敏
深泽县气象局:宋英坤
无极县气象局:秦晓波
辛集市气象局:吴云龙
新乐市气象局:乔志建
行唐县气象局:王新雷
元氏县气象局:王燕
赞皇县气象局:王素丽
赵县气象局:邢睿
正定县气象局:宋伟

承德市气象局:鲍印清、李学锋、王桂龄
丰宁满族自治县气象局:董学友
围场满族蒙古族自治县气象局:朱国良
隆化县气象局:薛玉敏
平泉县气象局:李春柏
滦平县气象局:曹丽华
承德市气象站:魏跃明
兴隆县气象局:许海军

承德县气象局:刘红霞

宽城满族自治县气象局:刘桂香

张家口市气象局:贾文忠、王晓方、苗志成、樊武、王海、武玉成、郭金河、杨海杰

张北县气象局:张德贵

蔚县气象局:张聪德

怀来县气象局:郭淑华

康保县气象局:曹振宇

尚义县气象局:韩玉奎

沽源县气象局:侯树林

崇礼县气象局:刘建军

赤城县气象局:李平

怀安县气象局:岳春煜

万全县气象局:贾红

阳原县气象局:张建才

宣化县气象局:马光

涿鹿县气象局:张建雄

秦皇岛市气象局:戴振东、郭卫东、李佳旭、邵兴海

昌黎县气象局:田芳

抚宁县气象局:刘炳奎

卢龙县气象局:阎小春

青龙满族自治县气象局:刘克义

唐山市气象局:秦庚、石志增、崔成和、赵景旺、袁素琴、刘光河、袁秀锦、李岩

丰润区气象局:刘振宇

丰南区气象局:邓育伟

遵化市气象局:刘建玲

迁安市气象局:秦永红

玉田县气象局:高大惟

迁西县气象局:孙秀环

滦县气象局:田永

滦南县气象局:张立江

乐亭县气象局:常保东

唐海县气象局:袁久海

曹妃甸工业区气象局:孟艳静

廊坊市气象局:展芳、李茂生、张帅

三河市气象局:姜海生

大厂回族自治县气象局:王海平

香河县气象局:张伟生

固安县气象局:洪亚青

永清县气象局:刘新立

霸州市气象局:路广

文安县气象局:孟宪群

大城县气象局:马启河

保定市气象局:刘玉虎、王秋仙、卢建立、李祖茂、顾东彦、王兰欣、臧新伟、王文红

安国市气象局:马贵宏

安新县气象局:胡丽丽

定州市气象局:卢建龙

阜平县气象局:张艳菊

高碑店市气象局:郭华

高阳县气象局:董红英

涞源县气象局:刘玉山

蠡县气象局:韩艳君

满城县气象局:杨浩杰

曲阳县气象局:罗晓亮

容城县气象局:刘浩

顺平县气象局:张宏良

唐县气象局:柴青

望都县气象局:李晓冬

雄县气象局:韩重国

徐水县气象局:李惠英

易县气象局:赵晓美

涿州市气象局:张雷

沧州市气象局:董智敏、俞海洋、节江涛、杨雪贞

黄骅市气象局:李文军

任丘市气象局:崔万里

河间市气象局:刘天吉

泊头市气象局:李蓉莉

青县气象局:赵延斌

东光县气象局:张云兰

吴桥县气象局:侯和平

海兴县气象局:白春艳

南皮县气象局:张立明
盐山县气象局:史广山
献县气象局:崔凤娈
肃宁县气象局:齐亚杰
孟村回族自治县气象局:倪金刚

衡水市气象局:万文智、张光亮、李平阳、王银典、尹敬荣、韩建广
冀州市气象局:师素玲
景县气象局:路云清
深州市气象局:位璞
武强县气象局:周友信
武邑县气象局:董怡
阜城县气象局:刘馨
故城县气象局:贾金平
安平县气象局:王梅娜
饶阳县气象局:马锦菊
枣强县气象局:刘素云

邢台市气象局:焦英峰、燕凤先、刘玉萍
沙河市气象局:张炳炉
内丘县气象局:易学磊
临城县气象局:赵俊发
隆尧县气象局:安振海
任县气象局:赵秀云
柏乡县气象局:赵莹玖
南和县气象局:王丽娜
宁晋县气象局:靳巧芝
巨鹿县气象局:李玉梅
平乡县气象局:彭龙
新河县气象局:李世广
广宗县气象局:杨勇
南宫市气象局:陈文晖
威县气象局:刘志涛
临西县气象局:孟丽华
清河县气象局:庄萌

邯郸市气象局:张光亮、刘小国、郭洪杰、张永兴、吕研、张利萍、李菊香、王炳煌
成安县气象局:赵志川

磁县气象局:张秀萍

大名县气象局:金志勇

肥乡县气象局:陈笑娟

峰峰矿区气象局:王利

馆陶县气象局:李占民

广平县气象局:马率勤

鸡泽县气象局:李向前

临漳县气象局:张书杰

邱县气象局:张学众

曲周县气象局:李子芹

涉县气象局:张艳丽

魏县气象局:纪成照

武安市气象局:丁秀梅

永年县气象局:李丙科

编后记

　　2009年5月,为了纪念新中国成立60周年和中国气象局建局60周年,中国气象局决定组织全国气象部门基层台站编写台站史。河北省气象局立即组织力量,启动了编纂工作,并成立了编委会,编撰办公室设在机关党委(文明办),先后抽调了8名同志负责对全省气象台站史初稿的审查核对和汇总编纂。5月31日,河北省气象局文明办向各市气象局发出了《关于做好基层台站史志编纂工作的通知》,按照中国气象局的安排部署,提出了具体要求。6月3日,河北省气象局文明办向各市气象局、省气象局各有关单位发出了关于转发《基层气象台站史编纂大纲》和《气象志鉴类图书文稿撰稿规范》的通知,并进一步明确了撰稿规范,提出了健全组织的要求。6月份,河北气象部门省、市、县气象局各级编纂组织机构全部成立,《河北省基层气象台站简史》编撰工作全面展开。7月9日,河北省气象局文明办举办了全省气象部门基层台站史编纂培训班,针对编纂中遇到的具体问题进行协调,统一格式和标准。8月27日,召开全省第二次气象部门基层台站史编纂工作会议,进行了基层气象台站史编纂工作交流和研讨,并进一步就有关事项提出统一要求。9月底,《河北全省基层气象台站简史》总稿第一稿完成。后来又全部经过修改加工,有的市或县气象局几易其稿。10月底,完成了《河北省基层气象台站简史》总稿定稿。

　　在《河北省基层气象台站简史》的编撰过程中,河北气象部门各级领导高度重视,河北省气象局姚学祥局长亲自审稿并写了序言,郭春德纪检组长亲自到会讲话,抽样审稿。省气象局有关处室领导亲自审核把关。各市气象局领导把此项工作当成重要任务来完成,有些市气象局领导亲自参与编纂,各市气象局均做到有专人负责。面对河北气象事业发展几十年的历史,许多历史资料需要查寻,许多历史事件需要查证。全体编撰人员翻阅了大量历史档案,详细调查,甚至到外部门,到外地走访老领导、老同事,收集历史照片。力争做到使台站史真实可靠、无一漏缺。为了保证完成编纂规定,赶时间,加班加点辛苦写稿。《河北省基层气象台站简史》初稿完成后,河北省全体气象台站史编纂人员上下及时沟通,反复推敲修改,直至大家满意为止。

　　《河北省基层气象台站简史》编撰工作,得到了中国气象局文明办的精心指导,得到了河北省气象局党组的大力支持,也得到了河北省气象局机关各处室和各市气象局的鼎力相助,在此一并表示衷心感谢。

编　者

2012 年 10 月 30 日